Die Grundlehren
der mathematischen Wissenschaften

in Einzeldarstellungen
mit besonderer Berücksichtigung
der Anwendungsgebiete

Band 45

P. Alexandroff/H. Hopf

Topologie

Erster Band

Berichtigter Reprint

Springer-Verlag
Berlin Heidelberg New York 1974

AMS-Subject Classifications (1970) 55-02, 55CXX

ISBN-13: 978-3-642-65615-6 e-ISBN-13: 978-3-642-65614-9
DOI: 10.1007/978-3-642-65614-9

Library of Congress Catalog Card Number 73-10721

DIE GRUNDLEHREN DER

MATHEMATISCHEN WISSENSCHAFTEN

IN EINZELDARSTELLUNGEN MIT BESONDERER BERÜCKSICHTIGUNG DER ANWENDUNGSGEBIETE

GEMEINSAM MIT

W. BLASCHKE · F. K. SCHMIDT · B. L. VAN DER WAERDEN

HERAUSGEGEBEN VON

R. COURANT

BAND XLV

TOPOLOGIE I

VON

P. ALEXANDROFF UND H. HOPF

BERLIN
VERLAG VON JULIUS SPRINGER
1935

TOPOLOGIE

VON

PAUL ALEXANDROFF

PROFESSOR DER MATHEMATIK
AN DER UNIVERSITÄT MOSKAU

UND

HEINZ HOPF

PROFESSOR DER MATHEMATIK
AN DER EIDGEN. TECHNISCHEN
HOCHSCHULE IN ZÜRICH

ERSTER BAND

GRUNDBEGRIFFE DER MENGENTHEORETISCHEN TOPOLOGIE
TOPOLOGIE DER KOMPLEXE · TOPOLOGISCHE INVARIANZSÄTZE UND ANSCHLIESSENDE BEGRIFFSBILDUNGEN · VERSCHLINGUNGEN IM n-DIMENSIONALEN EUKLIDISCHEN RAUM
STETIGE ABBILDUNGEN VON POLYEDERN

MIT 39 TEXTABBILDUNGEN

BERLIN
VERLAG VON JULIUS SPRINGER
1935

L. E. J. BROUWER

GEWIDMET

Vorwort.

In den 40 Jahren, die seit dem Erscheinen der „Analysis Situs" von POINCARÉ vergangen sind, hat sich die Topologie nicht nur zu einer bedeutenden, sondern auch zu einer außerordentlich umfangreichen mathematischen Disziplin entwickelt; die wichtigsten Resultate dieser Entwicklung harren einer Darstellung, die gleichzeitig in die Vergangenheit und in die Zukunft weist: in die Vergangenheit als Zusammenfassung dessen, was heute inhaltlich abgeschlossen vorliegt; in die Zukunft als zuverlässige Grundlage für weitere Forschungen. Die an und für sich schwierige Aufgabe, eine solche Darstellung eines immerhin jungen Zweiges der mathematischen Wissenschaft zu geben, wird im Falle der Topologie dadurch besonders erschwert, daß die Entwicklung der Topologie in zwei voneinander gänzlich getrennten Richtungen vor sich gegangen ist: in der algebraisch-kombinatorischen und in der mengentheoretischen — von denen jede in mehrere weitere Zweige zerfällt, welche nur lose miteinander zusammenhängen.

Als Marksteine in der Entwicklung der mengentheoretischen Topologie dürfen der Bericht über Punktmengen von SCHOENFLIES (1908) und das klassische Buch von HAUSDORFF („Grundzüge der Mengenlehre", 1914) gelten. In den letzten Jahren sind die Bücher von FRÉCHET („Espaces abstraits"), von MENGER („Dimensionstheorie", „Kurventheorie") und von KURATOWSKI („Topologie I") erschienen. Über die allgemeine kombinatorische Topologie gab es bis vor wenigen Jahren nur das grundlegende Werk von DEHN-HEEGAARD (Enzyklopädie-Artikel über „Analysis Situs", 1907) und das klassische Buch von VEBLEN („Analysis Situs", 1922), denen 1930 die „Topology" von LEFSCHETZ folgte[1]. Im Jahre 1934 erschien dann das „Lehrbuch der Topologie" von SEIFERT-THRELFALL, welches der Wahl des Stoffes nach ungefähr dem Buch von VEBLEN gleicht, diesen Stoff jedoch, den verflossenen Jahren entsprechend, wesentlich ergänzt und modernisiert; seine lebhafte und instruktive Darstellung macht das Buch von SEIFERT-THRELFALL zur Einführung und als Lehrbuch besonders geeignet.

[1] Das in dieser Sammlung erschienene bekannte Buch von v. KERÉKJÁRTÓ ist ebenso wie das Buch von REIDEMEISTER (Einführung in die kombinatorische Topologie) ausschließlich der zweidimensionalen Topologie (Flächentopologie) gewidmet; diese Bücher nehmen daher einen besonderen Platz ein.

Aber keines unter den genannten Büchern behandelt die *Topologie als ein Ganzes*: vielmehr wird in jedem Buch konsequent nur ein Zweig dieser Wissenschaft dargestellt.

Diese bis jetzt noch fehlende *integrale* Auffassung der Topologie liegt unserem Buch zugrunde, das drei Bände umfassen soll. Wir wollen weder die mengentheoretische noch die kombinatorische Seite der Topologie bevorzugen. Wir verzichten grundsätzlich auf die Trennung mengentheoretischer und kombinatorischer Methoden; wir betrachten vielmehr die Überwindung dieser Trennung als eine der wichtigsten methodischen Aufgaben, die vor der weiteren Entwicklung der Topologie stehen, und wir wollen zu der Lösung dieser Aufgabe auch in diesem Buche nach Möglichkeit beitragen.

Wir stellen uns keineswegs das Ziel, in den drei Bänden dieses Buches eine Darstellung der *ganzen Topologie* zu geben, aber wir wollen dem Leser die Vorstellung von der *Topologie als einem Ganzen* zu erreichen helfen. Die Vorstellung vom *Ganzen* hoffen wir dadurch zu erwecken, daß wir diejenigen *Teile* der Topologie darstellen, die für jedes tiefere Eindringen in diese Wissenschaft unentbehrlich sind, die für ihre weitere Entwicklung maßgebend zu sein scheinen und die für die Anwendungen der Topologie und ihre sonstigen Beziehungen zur übrigen Mathematik und ihren Nachbargebieten besonders wichtig sind.

Eine diesen Gesichtspunkten entsprechende Wahl des Stoffes wird natürlich niemals frei von gewissen subjektiven Momenten sein. Immerhin ist es auch objektiv zu verantworten, wenn wir die Begriffe des *topologischen Raumes*, des *Komplexes* und der *n-dimensionalen Mannigfaltigkeit* als diejenigen Begriffe hervorheben, die in dem heutigen Aufbau der Topologie eine zentrale Rolle spielen. Um diese Begriffe, ihre verschiedenen Spezialfälle, Verallgemeinerungen und Spielarten konzentrieren sich die heutzutage aktuellen allgemeinen topologischen Theorien: die Homologietheorie der Polyeder und der kompakten Räume; die allgemeine Theorie der n-dimensionalen Mannigfaltigkeiten; die Theorie der stetigen Abbildungen von Polyedern und Mannigfaltigkeiten; die Dimensionstheorie; die axiomatische (oder abstrakte) topologische Raumtheorie; usw.

Näheres über den Aufbau des Buches erfährt der Leser aus der Einleitung, die gleichzeitig auch eine kurze geschichtliche Übersicht der Grundlinien in der Entwicklung der Topologie zu geben versucht.

Zwei Anhänge stellen den algebraischen und den elementargeometrischen Hilfsapparat dar. Auf diese Weise soll erreicht werden, daß das Buch so gut wie keine sachlichen Vorkenntnisse beim Leser voraussetzt; Jedoch wird eine gewisse allgemeine Kultur des abstrakten mathematischen Denkens erwartet. Das Buch dürfte daher von einem Studierenden der mittleren Semester, der sich für begriffliche Mathematik interessiert, mit Erfolg gelesen werden. Trotzdem ist das Buch durchaus nicht ein Lehrbuch im üblichen Sinne des Wortes: die Verfasser haben sich die Aufgabe gestellt, in lückenloser Darstellung, ohne die Allgemeinheit und die Abstraktion der Begriffsbildung zu scheuen, die grundlegenden Resultate einer erfolgreichen Periode in der Entwicklung der Topologie — einer Periode, die mit POINCARÉ beginnt und in den Arbeiten von BROUWER, ALEXANDER und anderen zur vollen Geltung gekommen ist — zusammenzufassen und diese Resultate dem Leser als Instrument weiterer Forschung zur Verfügung zu stellen.

Die ersten Anfänge des Buches gehen auf die Vorträge und Seminare zurück, welche die beiden Verfasser, zum Teil gemeinsam, zum Teil getrennt, in den Jahren 1925—1931 am Mathematischen Institut der Universität Göttingen auf Einladung von Herrn COURANT gehalten haben. Von Herrn COURANT ist auch die direkte Aufforderung ausgegangen, dieses Buch zu schreiben. Wir danken ihm für seine freundschaftliche Initiative, ohne die unsere Zusammenarbeit nie zustande gekommen wäre, und für seine herzliche, beständige und tätige Hilfsbereitschaft, auf die wir in jeder Hinsicht und bei jeder Gelegenheit rechnen konnten. —

Die weiteren Pläne für das Buch wurden in zahlreichen Gesprächen, für welche die damalige mathematische Atmosphäre Göttingens besonders befruchtend war, zwischen den Verfassern weiter entwickelt. Das Interesse für Topologie in Göttingen konzentrierte sich damals vor allem in dem regen mathematischen Kreise um EMMY NOETHER. An sie denken wir heute in Dankbarkeit zurück. Die allgemeine mathematische Einsicht von EMMY NOETHER beschränkte sich nicht auf ihr spezielles Wirkungsgebiet, die Algebra, sondern übte einen lebhaften Einfluß auf jeden aus, der zu ihr in mathematische Beziehung kam. Für uns war dieser Einfluß von der größten Bedeutung, und er spiegelt sich auch in diesem Buch wieder. Die Tendenz der starken Algebraisierung der Topologie auf gruppentheoretischer Grundlage, der wir in unserer Darstellung folgen, geht durchaus auf EMMY NOETHER zurück. Diese Tendenz scheint heute selbstverständlich; sie war es vor acht Jahren nicht; es bedurfte der Energie und des Temperamentes von EMMY NOETHER, um sie zum Allgemeingut der Topologen zu machen und sie in der Topologie, ihren Fragestellungen und ihren Methoden, diejenige Rolle spielen zu lassen, die sie heute spielt. —

Von großem Einfluß auf den Inhalt dieses Buches ist der Winter gewesen, welchen die beiden Verfasser in Princeton verbracht haben (1927/28). Das anregende Milieu der Princetoner topologischen Schule hat unsere Arbeit wesentlich gefördert und uns zu neuen topologischen Ansichten und Erkenntnissen geführt. Wir erwähnen dankend viele Anregungen durch die Herren VEBLEN, ALEXANDER und besonders LEFSCHETZ. —

Wir widmen diesen Band Herrn BROUWER. Die Wirkung seiner Leistungen ist in fast allen Teilen der Topologie und daher auch in fast allen Abschnitten unseres Buches zu spüren. BROUWER als Topologe und als Gelehrter überhaupt ist für unsere Tätigkeit in der Topologie von entscheidender Bedeutung gewesen. Für den einen von uns (H. HOPF) bildeten die klassischen Untersuchungen BROUWERS über stetige Abbildungen den Anreiz und die Grundlage seiner ersten selbständigen Arbeiten. Der andere (P. ALEXANDROFF) hat ein Jahr (1925—1926) in der Nähe von BROUWER verbracht, und in diesem Jahr haben seine topologischen Anschauungen unter dem Einfluß von BROUWER im wesentlichen ihre jetzige Gestalt bekommen. BROUWERS Einfluß ist, wie wir glauben, in diesem ganzen Buche lebendig geblieben.

Was die Ausführung des Buches betrifft, so wurden wir von vielen Freunden und Kollegen unterstützt. Aus Gesprächen mit Herrn PONTRJAGIN haben wir öfters wertvolle Anregung geschöpft. Die Herren MARKOFF und STIEFEL haben mit äußerster Aufmerksamkeit sehr große Teile der Korrektur mitgelesen; wir verdanken ihnen viele wichtige Verbesserungen und Berichtigungen. Zahlreiche wertvolle Ratschläge haben uns auch die Herren HAUSDORFF, BORSUK, COHN-VOSSEN, KOLMOGOROFF sowie Fräulein PANNWITZ erteilt, die alle an der Korrektur teilgenommen haben. Fräulein PANNWITZ hat überdies das Sachverzeichnis angefertigt und uns dadurch eine große Arbeit abgenommen. Die meisten Abbildungen sind von Herrn STIEFEL, einige sind von Herrn KOLMOGOROFF gezeichnet worden. Allen den genannten Kollegen danken wir herzlich für ihre freundliche und verständnisvolle Mitwirkung.

Die Verlagsbuchhandlung JULIUS SPRINGER hat nicht nur die Herausgabe des Buches in ihrer bekannten vortrefflichen Weise ausgeführt, sondern ein Entgegenkommen und eine Großzügigkeit gezeigt, welche das übliche Maß dessen, was die Verfasser erwarten durften, weit übertrafen. Wir sprechen der Firma Springer für alle ihre Bemühungen und ihr Entgegenkommen unseren aufrichtigen Dank aus.

Jalta (Krim), am 28. September 1935.

P. ALEXANDROFF.

H. HOPF.

Inhaltsverzeichnis.

Dritter Teil.

Topologische Invarianzsätze und anschließende Begriffsbildungen.

Vierter Teil.

Verschlingungen im Euklidischen Raum. Stetige Abbildungen von Polyedern.

Anhang I.

Abelsche Gruppen.

Anhang II.

Der R^n und seine konvexen Zellen.

Einleitung.

§ 1.

1. Topologie ist Stetigkeitsgeometrie; sie handelt von denjenigen Eigenschaften geometrischer Gebilde, welche bei „*topologischen*“, d. h. eineindeutigen und in beiden Richtungen stetigen, Abbildungen erhalten bleiben — von Eigenschaften also, welche jedenfalls nichts mit Größenverhältnissen zu tun haben —, und sie handelt auch von den stetigen Abbildungen selbst.

Es ist nicht ganz einfach, dieser Erklärung der Topologie einen präzisen Sinn zu geben; denn dazu gehört vor allem eine strenge Definition eines „geometrischen Gebildes“. Das wird später nachgeholt werden; in dieser Einleitung, die nur einen ersten und allgemeinen Überblick über den Gegenstand des Buches geben soll und auf die wir uns später niemals berufen werden, seien uns überhaupt etwas vage Vorstellungen und unbestimmte Ausdrücke gestattet; deren Zerlegung in exakte Begriffe wird ohnehin nachher eine der Hauptaufgaben des Buches sein.

2. Die ersten Gebilde, die man unter topologischem Gesichtspunkt betrachtet hat, waren Polygone und Polyederflächen oder, wie man zu sagen pflegt, Strecken- und Flächenkomplexe; das Wort „Komplex“ deutet dabei an, daß die betreffenden Figuren als Systeme einzelner Strecken bzw. „elementarer Flächenstücke“ (von denen jedes auf ein konvexes Vieleck topologisch abgebildet werden kann) aufgefaßt werden. Mit diesen Gebilden hat sich EULER beschäftigt — die Entdeckung des Eulerschen (richtiger[1]: Descartes-Eulerschen) Polyedersatzes darf wohl als das erste wichtige Ereignis in der Topologie gelten (1752).

Der Satz lautet, um daran zu erinnern, folgendermaßen: Ist eine Kugelfläche irgendwie in elementare Flächenstücke zerlegt, so sind die Anzahlen α_0, α_1, α_2, der Eckpunkte, Kanten und Flächenstücke, die bei der Zerlegung auftreten, durch die Beziehung

$$\alpha_0 - \alpha_1 + \alpha_2 = 2$$

miteinander verknüpft; dabei darf die Kugelfläche durch eine beliebige andere Fläche ersetzt werden, welche mit ihr „*homöomorph*“, d. h. welche ihr topologisches Bild ist[2].

---

[1] Erst im Jahre 1860 erfuhr man, daß sich die Polyederformel bereits in einem unveröffentlichten Fragment von DESCARTES befindet.

[2] Daß EULER den Satz nicht in dieser Allgemeinheit ausgesprochen hat, braucht uns hier nicht zu stören.

3. Auch GAUSS verdankt die Topologie eine Entdeckung von höchster Bedeutung: je zwei einfach geschlossenen, zueinander fremden Kurven im dreidimensionalen Raum ordnet er mittels eines Integrals eine ganze Zahl — ihre „Verschlingungszahl" — zu; sie ist dann und nur dann Null, wenn die Kurven in dem Sinne „unverschlungen" sind, daß sich in die eine ein orientierbares Flächenstück einspannen läßt, welches von der anderen Kurve nicht getroffen wird[1].

4. Man bemerkt einen prinzipiellen Unterschied zwischen dem Begriff der Verschlingung und derjenigen Eigenschaft, von welcher der Eulersche Polyedersatz handelt: der Polyedersatz bezieht sich auf alle Flächen, welche mit der Kugel homöomorph sind; er hat nichts mit dem Raum zu tun, in dem die Fläche liegt; er handelt — um dieselbe Tatsache noch anders auszudrücken — von einer „inneren" Eigenschaft oder einer Eigenschaft der „*Gestalt*" der Fläche. Betrachtet man eine Fläche von anderer „Gestalt", so hat die entsprechend definierte Zahl $\alpha_0 - \alpha_1 + \alpha_2$ nicht mehr den Wert 2; im Falle einer geschlossenen Ringfläche, eines „Torus", ist sie — um nur ein Beispiel zu nennen — gleich Null.

Dagegen gibt die Verschlingungszahl nicht eine „innere" Eigenschaft der Figur an, auf die sie sich bezieht — diese Figur besteht aus einem Paar zueinander fremder geschlossener Kurven, und je zwei solche Paare sind einander homöomorph; erst die Art, wie diese Kurven im Raume liegen, bestimmt den Wert der Verschlingungszahl. Diese drückt daher eine Eigenschaft der „*Lage*" einer Figur aus.

Es gibt somit topologische Eigenschaften der Gestalt und topologische Eigenschaften der Lage; die einen bleiben erhalten, wenn man die Figur selbst, ohne den umgebenden Raum, topologisch abbildet; die anderen im allgemeinen nur dann, wenn man den ganzen Raum, welcher die Figur enthält, einer topologischen Abbildung unterwirft.

5. GAUSS hat (im Jahre 1833) den Zustand der Topologie durch die folgenden Worte charakterisiert: „Von der Geometria situs, die LEIBNIZ ahnte und in die nur ein paar Geometern, EULER und VANDERMONDE, einen schwachen Blick zu tun vergönnt war, wissen und haben wir nach anderthalb hundert Jahren noch nicht viel mehr als nichts." Auch das — von GAUSS angeregte — Buch von LISTING: „Vorstudien zur Topologie" (1847) sowie die Untersuchungen des Physikers KIRCHHOFF über Streckenkomplexe (1847) vermochten, so interessant sie an sich sind, diesen Zustand nicht erheblich zu verbessern.

6. Die erste Periode systematischer topologischer Forschung, welche wesentliche Fortschritte gezeitigt hat, beginnt mit RIEMANN. Veranlaßt durch die geometrische Deutung funktionentheoretischer Begriffe untersucht er in seiner Dissertation (1851) die Zusammenhangsverhältnisse

[1] Vgl. Kap. XI, §§ 1, 2 und den Anhang zu Kap. XII; die Abbn. 30 und 32 zeigen unverschlungene, die Abbn. 29 und 31 verschlungene Kurvenpaare.

der Flächen, und in einer weiteren, ebenfalls funktionentheoretischen Abhandlung (1857) setzt er diese Untersuchungen fort. Systematische Arbeiten von MÖBIUS (1863), JORDAN (1866), SCHLÄFLI (1872), DYCK (1888) bringen insbesondere das Problem der Klassifizierung der geschlossenen Flächen zum Abschluß: man hat ein volles Invariantensystem für die Gestalten der geschlossenen Flächen gefunden; es besteht aus zwei Angaben: erstens der Eigenschaft, orientierbar oder nicht orientierbar zu sein, und zweitens dem Wert der Charakteristik — also der Eulerschen Zahl $\alpha_0 - \alpha_1 + \alpha_2 -$, die man auch durch das „Geschlecht" der Fläche ausdrücken kann[1].

7. Die Bedeutung des Begriffes der „Fläche" in der Theorie der analytischen Funktionen und in anderen Zweigen der Analysis führte notwendigerweise zu der Erkenntnis, daß die Beschränkung auf die Zahl Zwei als — geometrisch gesprochen — Dimensionszahl oder — analytisch gesprochen — Anzahl der unabhängigen Parameter weder zweckmäßig noch gerechtfertigt sei. Der Begriff des n-dimensionalen Euklidischen Raumes R^n als des Kontinuums von n reellen Veränderlichen[2] war um die Mitte des 19. Jahrhunderts den Geometern bekannt (GRASSMANN, 1844 und 1861; SCHLÄFLI, 1852). Stellt der R^n die Verallgemeinerung der einfachsten Fläche, nämlich der Ebene, dar, so wird der Begriff der beliebig gestalteten Fläche durch den Begriff der *n-dimensionalen Mannigfaltigkeit* verallgemeinert: eine n-dimensionale Mannigfaltigkeit wird als ein Kontinuum erklärt, welches *im Kleinen* Euklidisch ist, d. h. in welchem jeder Punkt eine Umgebung besitzt, die auf n unabhängige Parameter bezogen werden kann, die also, mit anderen Worten, einem Gebiet des R^n homöomorph ist. Von dieser „abstrakten" oder „inneren" Definition geht RIEMANN bei seinen allgemeinen differentialgeometrischen Betrachtungen aus (1854). Insbesondere wird durch jedes System von $N-n$ Gleichungen zwischen N reellen Veränderlichen eine n-dimensionale Mannigfaltigkeit im R^N erklärt — vorausgesetzt, daß die Gleichungen gewisse Regularitäts- und Unabhängigkeitsbedingungen erfüllen[3]; die Untersuchung solcher im R^N realisierten Mannigfaltigkeiten lag aus algebraischen Gründen besonders nahe.

---

[1] Wir werden in diesem Buch auf die Klassifikation der Flächen nur andeutungsweise eingehen (Anhang zu den Kapiteln IV, V, VI); eine ausführliche Darstellung findet man in dem Lehrbuch von SEIFERT-THRELFALL, Kap. VI. [Ein Verzeichnis topologischer Bücher befindet sich am Ende unseres Buches.]

[2] Terminologische Bemerkung: Unter R^n verstehen wir in dem ganzen Buch immer den n-dimensionalen Euklidischen Raum.

[3] Die Nullstellen des Funktionensystems $f_i(x_1, x_2, \ldots, x_N)$ $(i = 1, 2, \ldots, N-n)$ bilden eine n-dimensionale Mannigfaltigkeit, falls die Funktionen f_i stetige partielle Ableitungen besitzen, deren Matrix überall (d. h. in jeder Nullstelle des Systems) den Rang $N-n$ hat, und falls ferner die Menge der Nullstellen zusammenhängend ist.

Wenn auch die n-dimensionale Geometrie für $n > 3$ die Vorteile der unmittelbaren Anschaulichkeit verliert, so hat man doch erkannt, daß die geometrische Sprache bei der Behandlung vieler analytischer und algebraischer Fragen besonders kurz und treffend ist; zwar läßt sie sich, wenn man es will, immer vermeiden, und mitunter bedeutet ihre Ersetzung durch die Ausdrucksweise der Analysis keinen Schaden; jedoch gibt es Probleme, wo die analytische Sprache höchst unbequem wird — und zu diesen Problemen gehören gerade diejenigen, die nicht von Größen, sondern von qualitativen Eigenschaften handeln, also insbesondere alle Probleme der Topologie[1].

8. Der erste Beitrag zur *Topologie beliebig-dimensionaler Mannigfaltigkeiten* stammt wohl von SCHLÄFLI (1852); er übertrug den Eulerschen Polyedersatz auf n-dimensionale konvexe Polyeder, wobei sich ein wesentlicher Unterschied zwischen den geraden und den ungeraden Dimensionszahlen n herausstellte.

Die Möglichkeit, ähnliche gestaltliche Invarianten, wie sie für die Flächen existieren (Nr. 6), auch für mehrdimensionale Mannigfaltigkeiten aufzustellen, war RIEMANN — wie aus einem nachgelassenen Fragment hervorgeht — bekannt. Bestimmtere Form gewann diese Möglichkeit in einer Arbeit von BETTI (1870).

KRONECKER behandelte die Frage nach der Anzahl der gemeinsamen Nullstellen mehrerer reeller Funktionen mit einer Methode, die, der Form nach analytisch, in die Topologie der n-dimensionalen Mannigfaltigkeiten gehört (1869, 1873, 1878). Vorläufer besitzt diese Theorie der „*Kroneckerschen Charakteristik*"[2] bereits in dem ersten und dem vierten Beweise des Fundamentalsatzes der Algebra von GAUSS. Mit Hilfe der Kroneckerschen Methode hat später DYCK (1890) wesentliche Fortschritte in der Untersuchung der gestaltlichen Eigenschaften von n-dimensionalen Mannigfaltigkeiten erzielt.

Aber alle diese Arbeiten waren nur Vorboten der neuen und großen Disziplin, zu welcher die Topologie der n-dimensionalen Mannigfaltigkeiten unter den Händen von POINCARÉ werden sollte (1895).

9. Inzwischen war, unabhängig von dem Aufbau der Theorie der Mannigfaltigkeiten, der Grundstein zu dem anderen Flügel des Gebäudes der Topologie gelegt worden: G. CANTOR hatte (in den Jahren 1879—1884) die Mengenlehre und damit die *mengentheoretische Topologie* geschaffen. Ihr Grundbegriff — der des Häufungspunktes — sowie die ersten Sätze über abgeschlossene Mengen bilden den fundamentalen, aber nicht den einzigen unmittelbaren Beitrag CANTORS zur

---

[1] Wir haben uns in dem letzten Absatz eng an die Einleitung zu POINCARÉS „Analysis Situs" [J. Ec. Polyt. (2), 1] angelehnt. Wir weisen bei dieser Gelegenheit auch auf den Schlußabsatz dieser Poincaréschen Einleitung hin, den wir uns im Hinblick auf das vorliegende Buch zu eigen machen.

[2] Vgl. Kap. XII dieses Bandes.

Topologie: er schuf außerdem sowohl den Begriff des „Zusammenhanges“[1] als auch den Begriff der — heute seinen Namen tragenden — allgemeinen ebenen Kurven[2]. Aus seinen Sätzen hat man gelernt, daß der Begriff der „beliebigen“ Punktmenge des Euklidischen Raumes zu interessanten topologischen Fragen Anlaß gibt, und daß man manche derartige Fragen mit den Methoden der Mengenlehre beantworten kann. Dieser Erkenntnis entsprang eine außerordentlich lebhafte und fruchtbare Entwicklung, die mit den für ihre Zeit bahnbrechenden Arbeiten von SCHOENFLIES über die mengentheoretische Topologie der Ebene beginnt (1900, 1908) und die seitdem in verschiedenen Richtungen fortschreitet. Wir heben aus ihr hier etwa die Theorie der irreduziblen Kontinuen, die Theorie der lokal-zusammenhängenden Kontinuen und besonders die BROUWER-URYSOHN-MENGERsche Dimensionstheorie hervor[3].

10. POINCARÉ und CANTOR dürfen wir als die eigentlichen und *unmittelbaren* Begründer der Topologie ansehen. Bevor wir aber die Hauptlinien in der Entwicklung unserer Wissenschaft weiter verfolgen, ist es angebracht, einen Blick auf diejenigen mathematischen Ereignisse im 19. Jahrhundert zu werfen, welche diese Entwicklung *mittelbar* vorbereitet haben. Wir nennen hier: die Entdeckung der Nichteuklidischen Geometrie; das Entstehen der projektiven Geometrie; die Begründung der n-dimensionalen Elementargeometrie durch GRASSMANN und SCHLÄFLI; RIEMANNS Untersuchung der „Hypothesen, welche der Geometrie zugrunde liegen“; die Schaffung des Begriffes der Riemannschen Fläche. Das Gemeinsame, was diese Disziplinen mit sich gebracht haben und worauf es uns hier ankommt, kann „*abstrakte Raumkonstruktion*“ genannt werden. Während bis dahin eine geometrische Figur stets als ein Gebilde aufgefaßt wurde, das aus den Elementen des gewöhnlichen dreidimensionalen Raumes (Punkten, Geraden usw.) zusammengesetzt ist, tritt in den erwähnten geometrischen Theorien immer deutlicher ein ganz neuer Gesichtspunkt hervor: eine Figur, oder der Raum, als Träger von Figuren, wird immer mehr zu einer *Menge* von Elementen, deren individuelle Natur gleichgültig ist, die aber untereinander durch feste Beziehungen verknüpft sind, und diese *Beziehungen* sind das Wesentliche; sie machen die Menge der Elemente zu einem *Raum*, die Gesamtheit ihrer Eigenschaften zu einer *Geometrie*. Diese Auffassung hat das Wesen der ganzen modernen Geometrie bestimmt; in den Untersuchungen über die Grundlagen der Geometrie hat sie sich zu voller Klarheit entfaltet; in der Entwicklung der Topologie ist sie ein unentbehrlicher Bestandteil.

---

[1] Vgl. Kap. I, § 2, Nr. 14, und Kap. II, § 6.

[2] Eine ebene Punktmenge heißt eine Cantorsche Kurve, wenn sie aus mehr als einem Punkt besteht, abgeschlossen, beschränkt, zusammenhängend ist und keinen inneren Punkt enthält.

[3] Vgl. den § 3 dieser Einleitung.

In zwei verschiedenen Richtungen hat die abstrakte Raumkonstruktion in der Topologie Anwendung gefunden, und sie hat damit zwei prinzipiell verschiedene Raumbegriffe geliefert; diese entsprechen ziemlich genau den beiden Teilen der Topologie, von denen der eine durch den Namen POINCARÉ, der andere durch den Namen CANTOR gekennzeichnet ist.

11. Bei CANTOR ist ein geometrisches Gebilde eine beliebige Punktmenge des Euklidischen Raumes. Aber dieser Standpunkt erwies sich in der mengentheoretischen Topologie als unnötig speziell: man sah ein, daß die meisten Begriffsbildungen nicht von den speziellen Eigenschaften der Euklidischen Räume abhängen, und daß es Mengen gibt, die nicht als Punktmengen Euklidischer Räume definiert sind und trotzdem in zweckmäßiger Weise zum Gegenstand mengentheoretisch-topologischer Untersuchungen gemacht werden können. Man verdankt diese Einsicht FRÉCHET (1906). Es handelt sich dabei durchaus nicht um künstliche Konstruktionen, sondern etwa um Riemannsche Flächen, Phasenräume mechanischer Systeme, Funktionenräume (diese insbesondere bei FRÉCHET) usw. Die abstrakte Raumkonstruktion ist derart, daß diese Gebilde „*topologische Räume*“ sind; das bedeutet: in der betreffenden Menge ist ein *Nachbarschaftsbegriff* eingeführt, welcher es gestattet, von *stetigen* Abbildungen als von solchen zu sprechen, welche „benachbarte“ Elemente wieder in „benachbarte“ Elemente überführen. Die „Nachbarschaft“ kann durch Vermittlung verschiedener anderer Begriffe erklärt werden, durch „Entfernung“, „Umgebung“, „Konvergenz“[1].

Mit diesen von FRÉCHET geschaffenen Ideen der sogenannten „abstrakten“ Topologie beginnt eine neue Epoche der mengentheoretischen Topologie; die allgemeinen topologischen Raumbegriffe sind seitdem zum unentbehrlichen Bestandteil nicht nur der Topologie selbst, sondern vieler Zweige der Analysis und Geometrie geworden.

12. Natürlich ist es, um konkrete Resultate zu erhalten, nötig, die sehr große Allgemeinheit der topologischen Räume durch geeignet gewählte Axiomensysteme einzuschränken. Als ein besonders glücklich gewähltes Axiomensystem muß man dasjenige von HAUSDORFF[2] ansehen. HAUSDORFFS Buch „Grundzüge der Mengenlehre“ (1914) ist ein Markstein in der Entwicklung der topologischen Raumtheorie.

Das Ziel: ausgehend von sehr allgemeinen Räumen durch schrittweise Einführung möglichst weniger und natürlicher Axiome zu speziellen und konkreten Gebilden zu gelangen — dieses Ziel ist heute in dem folgenden Sinne erreicht: man kann vom topologischen Standpunkt aus — d. h. bis auf Homöomorphien — einerseits alle, andererseits insbesondere die abgeschlossenen und beschränkten, *Punktmengen der Euklidischen Räume* (beliebiger Dimension) unter allen topologischen

[1] Vgl. Kap. I. [2] Vgl. Kap. I, § 2, Nr. 8, sowie § 6.

Räumen durch eine geringe Zahl einfacher und begrifflich naheliegender Axiome charakterisieren[1].

13. Verlassen wir jetzt die von CANTOR ausgehende Richtung und kehren wir zu POINCARÉ zurück. Zwar ist auch der Hauptgegenstand seiner Untersuchung, die n-dimensionale Mannigfaltigkeit, zunächst im Grunde genommen mengentheoretisch definiert: nämlich als zusammenhängende Punktmenge eines (N-dimensionalen) Euklidischen Raumes, deren Punkte sämtlich solche Umgebungen besitzen, welche Gebieten des R^n homöomorph sind ($n < N$); jedoch sieht sich POINCARÉ — auf Grund einer Kritik von HEEGAARD — im Interesse einer strengen Begründung seiner Ergebnisse bald genötigt (1899), eine Voraussetzung hinzuzufügen, welche der weiteren Theorie eine ganz andere Richtung gibt: es soll möglich sein, die Mannigfaltigkeit in „Zellen" zu zerlegen, welche topologische Bilder n-dimensionaler konvexer Polyeder sind und welche, wenn überhaupt, so längs gemeinsamer Seiten beliebiger Dimension aneinanderschließen. Diese *Zellenzerlegung* wird dann der eigentliche Gegenstand der Untersuchung.

14. Wir fügen hier eine terminologische Bemerkung ein, welche für das ganze Buch Gültigkeit hat. Eine *Punktmenge*, welche in der eben angedeuteten Weise in Zellen zerlegt werden kann, nennen wir ein *Polyeder*; die — im Fall einer „geschlossenen" Mannigfaltigkeit endliche, im Fall einer „offenen" Mannigfaltigkeit abzählbare — *Menge der Zellen und ihrer Seiten* selber nennen wir einen *Komplex*[2].

Die Poincaréschen Mannigfaltigkeiten sind also Polyeder, welche — neben der Bedingung, zusammenhängend zu sein — die folgende Bedingung erfüllen: sie sind „im Kleinen Euklidisch", d. h. jeder Punkt besitzt eine Umgebung, die einem Gebiet des R^n homöomorph ist.

15. Die Richtung, in welcher, wie wir oben (Nr. 13) angedeutet haben, POINCARÉs Untersuchung der Mannigfaltigkeiten fortschreitet, läßt sich jetzt so charakterisieren: Gegenstand der Untersuchung wird ein *Komplex*, also ein System von endlich oder höchstens abzählbar vielen Elementen; die Eigenschaften der Mannigfaltigkeit, die studiert werden sollen, werden durch Eigenschaften des Komplexes ersetzt, und diese Eigenschaften des Komplexes sind durch die „Inzidenzen" seiner Elemente, d. h. durch die Art, wie diese aneinandergefügt sind, bestimmt. POINCARÉ gelangt so — um nur sein erstes Hauptresultat zu nennen — zu der strengen Definition der „Bettischen Zahlen", welche Verallgemeinerungen der Zusammenhangszahl einer Fläche sind.

---

[1] Kap. IX, § 3, Satz IX: MENGER-NÖBELINGscher Einbettungssatz für abgeschlossene beschränkte Punktmengen. Wenn man den diesem Satz zugrunde liegenden Dimensionsbegriff auf beliebige Mengen erweitert, erhält man eine topologische Charakterisierung *aller* Punktmengen der Euklidischen Räume.

[2] Vgl. Kap. III, § 1, sowie § 4, Nr. 2; die Polyeder, von denen wir jetzt sprechen, sind im allgemeinen „krumme" Polyeder im Sinne von § 4 a. a. O.

Die Methode bei diesen Untersuchungen ist algebraisch: man arbeitet systematisch mit Hilfsmitteln wie Linearformen, Matrizen, Gruppen, und es entsteht eine in sich geschlossene Theorie — die *„kombinatorische Topologie“* oder auch *„Topologie der Komplexe“* —, die man geradezu als Zweig der reinen Algebra ansehen kann[1]. Nach POINCARÉ hat diese Disziplin eine neue Blüte besonders dank den Arbeiten von VEBLEN, ALEXANDER, LEFSCHETZ (hauptsächlich in dem Jahrzehnt 1920 bis 1930) erlebt.

16. In der kombinatorischen Topologie spielt der „Komplex“ die Rolle des „geometrischen Gebildes“, ähnlich wie der „topologische Raum“ in der abstrakten mengentheoretischen Topologie; der Komplex ist der in abstrakter Weise konstruierte „Raum“ (vgl. Nr. 10)[2], dessen „Geometrie“ eben die kombinatorische Topologie ist; es kommt also (vgl. Nr. 10) nicht auf die Natur der Elemente (welche ursprünglich Zellen sind) an, sondern nur auf die Beziehungen zwischen ihnen, d. h. auf ihre „Inzidenzen“ (Nr. 15). Somit kann man kombinatorische Topologie treiben, auch wenn die Elemente nicht Zellen sind, der Komplex also nicht durch die Zerlegung eines Polyeders gegeben ist, vorausgesetzt, daß zwischen den Elementen gewisse Beziehungen erklärt sind, welche den Inzidenzen entsprechen.

Diese Erkenntnis, die in voller Schärfe DEHN und HEEGAARD in ihrem Enzyklopädie-Artikel (1907) herausgearbeitet haben, hat der kombinatorischen Topologie neue Anwendungsmöglichkeiten eröffnet, welche sich neuerdings in der topologischen Theorie viel allgemeinerer Gebilde, als es die Polyeder sind, außerordentlich bewährt haben[3].

17. Ursprünglich und hauptsächlich aber bilden die *Polyeder* das Anwendungsgebiet der kombinatorischen Topologie; man will den Komplex, welcher die Zellenzerlegung eines Polyeders darstellt, zur Auffindung und Untersuchung *topologischer Eigenschaften des Polyeders* benutzen. Für jede einzelne Eigenschaft des Komplexes erhebt sich die Frage: ist sie eine *„topologische Invariante“* des Polyeders, d. h.: kommt dieselbe Eigenschaft jeder anderen Zerlegung desselben sowie jedes homöomorphen Polyeders zu? Bei manchen Eigenschaften des Komplexes — so bei den Bettischen Zahlen — ist man aus guten Gründen zu der Erwartung berechtigt, daß sie derartige Invarianten seien.

Aber die Aufgabe, diese Invarianz streng zu beweisen, stieß auf eine prinzipielle Schwierigkeit: die Begriffe der kombinatorischen Topologie — die sich auf einen Komplex beziehen — sollen mit den

---

[1] Der für *beliebige* Komplexe gültige Teil dieser Theorie ist in Kap. IV—VII dieses Buches, der nur für die Zellenzerlegungen von *Mannigfaltigkeiten* gültige Teil wird im 3. Band dargestellt.

[2] Man kann einen Komplex sogar in vernünftiger Weise als „topologischen“ Raum im Fréchetschen Sinne auffassen; vgl. Kap. III, § 1, Nr. 8.

[3] Vgl. Kap. III, § 4, Nr. 3 und Kap. IX, § 3. Im 2. Band werden diese Anwendungen der kombinatorischen Topologie eine noch größere Rolle spielen.

ganz andersartigen Begriffen der mengentheoretischen Topologie — nämlich mit Eigenschaften von Polyedern, also von Punktmengen — in Verbindung gebracht werden. Man hatte zwar eine Topologie der Komplexe, und man hatte eine Topologie der Punktmengen, aber es fehlte zunächst eine „Topologie der Polyeder", in welcher sich beide miteinander verbänden.

18. Nicht nur für die von POINCARÉ geschaffenen Begriffe der kombinatorischen Topologie, sondern für einen ganz elementaren und uralten Begriff blieb das Invarianzproblem lange Zeit ungelöst: für den Begriff der *Dimension*. Nachdem einerseits CANTOR die Möglichkeit einer eineindeutigen, jedoch unstetigen, Abbildung eines n-dimensionalen auf einen höherdimensionalen Würfel nachgewiesen, nachdem andererseits PEANO eine eindeutige und stetige, jedoch nicht eineindeutige, Abbildung einer Strecke auf eine Quadratfläche konstruiert hatte, wurde man sich der Aufgabe bewußt, die Unmöglichkeit analoger eineindeutiger und stetiger, also topologischer, Abbildungen zu beweisen und damit zu zeigen, daß die Dimension eines Euklidischen Raumes eine topologische Invariante ist. Es lag hier ein Problem vor, das nicht nur für die Geometrie, sondern auch für die Grundlagen der Analysis von der größten Bedeutung war.

BROUWER hat als erster die Invarianz der Dimensionszahl bewiesen (1911). Dieser Beweis ist der Beginn einer neuen Epoche in der Entwicklung der Topologie: seine Methode der „simplizialen Approximation" und des „Abbildungsgrades" stetiger Abbildungen ist kraftvoll genug, um die Widerstände beim Aufbau der *„Topologie der Polyeder"* zu durchbrechen, in erster Linie also, um die notwendigen Invarianzbeweise zu führen[1]. In ihrer Wirksamkeit aber reicht diese Methode weit über die Durchführung der Invarianzbeweise hinaus; sie ist eine derjenigen Schöpfungen, durch welche BROUWER, neben CANTOR und POINCARÉ, zum Begründer der heutigen Topologie geworden ist.

19. Teils unter den Händen BROUWERS — in unmittelbarem Anschluß an den ersten Invarianzbeweis und im wesentlichen mit derselben Methode —, teils in einer zweiten Periode, insbesondere dank den neuen Ideen, durch welche ALEXANDER und LEFSCHETZ die Geometrie bereichert haben, hat die Polyedertopologie bedeutende Ergebnisse gezeitigt; wir heben hier nur die markantesten unter ihnen hervor:

BROUWER entwickelte die Theorie des Abbildungsgrades weiter[2]; er gelangte unter anderem zum Beweis des Satzes von der „Gebiets-

[1] Die Arbeiten von BROUWER selbst beschäftigen sich nicht mit den Invarianzbeweisen für die Größen der kombinatorischen Topologie. Der erste Beweis für die Invarianz der Bettischen Zahlen ist von ALEXANDER erbracht worden (1915); ihm folgten später weitere Invarianzbeweise von ALEXANDER, welche ebenfalls auf simplizialen Approximationen beruhen. Die Brouwer-Alexandersche Beweismethode für Invarianzsätze ist im Kap. VIII dieses Bandes dargestellt.

[2] Kap. XII.

invarianz"[1] und zu den berühmten ersten Sätzen über Fixpunkte und Vektorfelder (1911)[2]; gerade diese Untersuchungen und Ergebnisse haben infolge ihrer Bedeutung für große Teile der Geometrie wie der Analysis die Aufmerksamkeit breiterer Kreise von Mathematikern auf die topologische Forschung gelenkt. BROUWER bewies ferner (1912) den Jordanschen Satz für den n-dimensionalen Raum vollständig, nachdem für einen wichtigen Teil dieses Satzes ein Beweis von LEBESGUE skizziert worden war (1911).

ALEXANDER entdeckte den nach ihm benannten „Dualitätssatz" (1922)[3]; er hat damit die Kenntnisse von den Lageeigenschaften eines (krummen)[4] Polyeders im n-dimensionalen Raume in einer überraschenden und bis heute nicht übertroffenen Weise bereichert. Der Jordan-Brouwersche Zerlegungssatz wird dabei in eine systematische Theorie der Verschlingungen eingeordnet; dieser wichtige Zusammenhang war übrigens zuerst von LEBESGUE erkannt worden und bildete die Beweisidee in seiner erwähnten Skizze[5].

LEFSCHETZ brachte das Problem der Anzahl der Fixpunkte bei einer Abbildung einer Mannigfaltigkeit in sich in gewissem Sinne zum Abschluß: er drückt die „algebraische" Anzahl der Fixpunkte durch eine Formel aus, in welcher nur Größen auftreten, die bei einer vorgelegten Abbildung als bekannt gelten dürfen (1926)[6].

20. Die Erfolge in der Polyedertopologie entspringen der Verbindung algebraischer und mengentheoretischer Methoden. Bei tieferem Eindringen in das Wesen dieser Verbindung gewann man die Überzeugung, daß die Polyeder zwar ihr nächstliegendes, aber doch ein unnötig spezielles Anwendungsgebiet darstellen; man erkannte, daß auch an viel allgemeineren Gebilden kombinatorische und mengentheoretische Eigenschaften organisch miteinander verbunden sind.

So kam man dazu, die Methoden der kombinatorischen Topologie auf beliebige Punktmengen anzuwenden. Ein neuer Aufschwung der mengentheoretischen Topologie war die Folge; es entstand eine neue Richtung, die man als *„allgemeine geometrische Theorie der abgeschlossenen Mengen"* bezeichnen kann[7].

Der Begründer auch dieser neuen Richtung ist BROUWER: an ihrem Beginn steht sein „Beweis der Invarianz der geschlossenen Kurve" (1912). In der weiteren Entwicklung konnte man an eine bereits vor-

---

[1] Kap. X, § 2. [2] Kap. XII, § 3. [3] Kap. XI, § 4. [4] Kap. III, § 4, Nr. 2.

[5] Diese Idee kommt am klarsten in demjenigen Alexanderschen Beweis zum Ausdruck, der in dem „Anhang" zum Kap. XI dargestellt ist.

[6] Der ursprüngliche, für Mannigfaltigkeiten gültige Beweis der Fixpunktformel soll im 3. Band dargestellt werden. Im Kap. XIV des vorliegenden Bandes wird die Lefschetzsche Formel für beliebige Polyeder bewiesen; dieser Beweis stammt von H. HOPF.

[7] Kap. IX, § 3 des vorliegenden Bandes gehört in diese Theorie; der 2. Band wird ihr in erster Linie gewidmet sein.

her erfolgte bedeutende Entdeckung von Lebesgue anknüpfen: der von ihm aufgestellte „Pflastersatz" (1911)[1] wurde der Ausgangspunkt für die Anwendung kombinatorischer Methoden in der Dimensionstheorie[2].

§ 2.

1. Einer auf *prinzipielle und abschließende* Erkenntnisse gerichteten topologischen Forschung bieten sich in erster Linie zwei verschiedene Ziele dar: einerseits eine Theorie der Gestalt und Lage *möglichst allgemeiner Punktmengen* — wenigstens so allgemein, daß die abgeschlossenen und beschränkten Mengen der Euklidischen Räume mit umfaßt werden —, andererseits eine spezielle Theorie der *Mannigfaltigkeiten*, durch welche insbesondere diejenigen Eigenschaften der Mannigfaltigkeiten vom Standpunkt der Topologie aus geklärt werden, die bei den Anwendungen — so in der Funktionentheorie, Differentialgeometrie, Theorie der kontinuierlichen Gruppen — wichtig und merkwürdig erscheinen.

Beide Theorien sind heute begonnen, aber nicht vollendet; in ihrem weiteren Ausbau darf man wohl die Hauptaufgaben der Topologie für die nächste Zeit erblicken.

2. Der Begriff des *allgemeinen Polyeders* — d. h. des Polyeders, das nicht notwendigerweise Mannigfaltigkeit ist, — steht in der Mitte zwischen dem Begriff der beliebigen Punktmenge und dem der Mannigfaltigkeit; diese Zwischenstellung bringt es mit sich, daß die allgemeinen Polyeder als Gegenstand einer befriedigenden *endgültigen* Theorie nur in geringerem Maße in Frage kommen.

Trotzdem soll gerade die *Topologie der n-dimensionalen allgemeinen Polyeder* den Hauptinhalt des vorliegenden ersten Bandes unseres Topologie-Buches bilden. Man kann zur Rechtfertigung dieser Auswahl erstens die Tatsache anführen, daß ja fast alle materiellen Gegenstände, mit denen man es im täglichen Leben zu tun hat, Polyeder — aber im allgemeinen nicht Mannigfaltigkeiten — sind (vgl. die Abbildungen 4 und 9), und daß dadurch die Untersuchung ihrer Eigenschaften besonders nahegelegt ist. Wesentlich wichtiger erscheint uns ein Grund methodischer Natur:

Es ist bereits gesagt worden (§ 1, Nr. 17ff.), daß die Polyedertopologie der Treffpunkt der algebraisch-kombinatorischen mit den mengentheoretischen Methoden ist; man darf aber weitergehen und behaupten:

---

[1] Der Satz lautet: Wenn man einen n-dimensionalen Würfel in hinreichend kleine abgeschlossene Stücke zerlegt, so gibt es notwendigerweise Punkte, die zu wenigstens $n+1$ dieser Stücke gehören. Der erste einwandfreie Beweis stammt von Brouwer (1913). Unter den späteren Beweisen ist besonders elementar der von Sperner (Abh. math. Sem. Hamburg VI). Wir beweisen den Satz im Kap. IX, § 2 (Satz II).

[2] Zu dieser neuen Richtung in der mengentheoretischen Topologie gehören Arbeiten von Alexandroff, Vietoris, Lefschetz, Pontrjagin, Čech u. a. (beginnend 1925).

das Studium der allgemeinen Polyedertopologie bildet eine notwendige — oder zum mindesten höchst zweckmäßige — *gemeinsame Grundlage* für das Studium sowohl der Mannigfaltigkeiten als auch beliebiger Punktmengen; die Polyedertopologie darf mit besonders gutem Recht als *elementare Topologie* bezeichnet werden.

Wir werden diese Behauptung sogleich präzisieren und begründen.

3. Der Apparat der kombinatorischen Topologie, den POINCARÉ für die Untersuchung der Mannigfaltigkeiten geschaffen hat, besteht im wesentlichen aus drei Teilen: 1. der Theorie der Zyklen und Berandungen, gewöhnlich als „*Homologietheorie*" bezeichnet, 2. der Theorie des *Schnittes* von zwei oder mehr Zyklen in einer Mannigfaltigkeit, 3. der Theorie der *Fundamentalgruppe*.

Von diesen drei Teilen ist der erste weitaus der einfachste. Die Schnitt-Eigenschaften nämlich sind insofern nicht elementarer Natur, als sie sich noch nicht an *einem* Komplex äußern, der eine Zerlegung der Mannigfaltigkeit darstellt, sondern erst zutage treten, wenn man eine zweite, die „duale", Zellenzerlegung heranzieht, deren Existenz eine merkwürdige und tiefliegende Eigentümlichkeit der Mannigfaltigkeiten ist[1]. Die Theorie der Fundamentalgruppe führt zu algebraischen Schwierigkeiten, welche unendliche nichtkommutative Gruppen betreffen und die bis heute nur zum kleinen Teil überwunden werden konnten. Die Homologie-Theorie dagegen bezieht sich erstens — im Gegensatz zu der Schnitt-Theorie — nur auf den vorgelegten Komplex selbst, und zweitens besteht ihr algebraischer Inhalt aus Sätzen über Gruppen, die — im Gegensatz zu der Fundamentalgruppe — *Abelsche* Gruppen mit endlichvielen erzeugenden Elementen sind, also Gruppen, die man vollständig beherrscht[2].

Aus diesen Gründen ist es berechtigt, unter den drei Teilen der kombinatorischen Topologie die Homologie-Theorie, und nur sie, als *elementar* zu bezeichnen.

4. Nun stellt sich aber heraus: die Homologie-Theorie läßt sich unmittelbar, ohne jede Änderung, auf *beliebige* Komplexe anwenden, d. h. auf Zellenzerlegungen beliebiger Polyeder, nicht nur auf Mannigfaltigkeiten[3]. Nicht die Mannigfaltigkeiten, sondern die allgemeinen Polyeder liefern uns also in natürlicher Weise die Objekte, an denen wir die elementare kombinatorische Topologie studieren können und an denen sich die elementaren Methoden der kombinatorischen Topologie weiter entwickeln lassen. Und gerade die auf diese Weise ausgebildeten Me-

---

[1] Man vergleiche zur vorläufigen Orientierung die dualen Würfelzerlegungen in Kap. XI, § 3, Nr. 3.

[2] Die gruppentheoretische Auffassung der Homologie-Theorie rührt von EMMY NOETHER her (1925; vgl. Jber. Deutsch. Math.-Vereinig. Bd. 34, S. *104*). Diese Auffassung hat unsere Darstellung in diesem Buche bestimmt.

[3] Eine solche unmittelbare Übertragung ist auch für die Theorie der Fundamentalgruppe, jedoch nicht für die Schnitt-Theorie, möglich.

thoden der „*Homologie-Theorie der Polyeder*" sind es andererseits auch, die immer mehr und mehr Herrschaft über die Probleme der mengentheoretischen Topologie erlangen und die sich insbesondere für eine systematische Theorie der beschränkten abgeschlossenen — also sehr allgemeiner — Mengen eignen.

Soviel zur Rechtfertigung des Namens „*elementare* Topologie" für die *Homologie-Theorie der Polyeder* sowie des Standpunktes, daß das Studium dieser elementaren Topologie eine gute Grundlage für das Studium der wichtigsten anderen Zweige der Topologie sei.

5. Wenn wir somit diese elementare Topologie der *Polyeder* — nicht etwa der *Komplexe* — zum Mittelpunkt des Programmes für den vorliegenden Band machen, so dürfte schon aus dieser Wahl ersichtlich sein, daß wir auf die Trennung von kombinatorisch-algebraischen und mengentheoretischen Methoden bewußt verzichten, oder richtiger: daß wir die Überwindung dieser Trennung anstreben, auch wenn sie heute noch nicht in endgültiger Weise durchgeführt ist.

Bei dieser Gelegenheit seien — zur Vermeidung von Mißverständnissen, welche immerhin denkbar wären — noch zwei Bemerkungen gemacht.

Erstens: Mit dem, was wir über die Polyedertopologie als Grundlage weiterer topologischer Gebiete gesagt haben, behaupten wir *nicht*, daß die Polyedertopologie die *einzige* derartige Grundlage sei. Eine zweite unentbehrliche Grundlage wird von den Elementen der Lehre vom topologischen Raumbegriff, also der „abstrakten" Topologie, gebildet; die Kenntnis dieser Elemente ist eine Voraussetzung für jedes tiefere Eindringen in topologische Probleme[1].

Zweitens: Wir behaupten *nicht*, daß die Methoden der Polyedertopologie die *einzigen*, oder gar die idealen, Methoden seien, welche die Anwendung kombinatorischer Methoden auf mengentheoretische Probleme ermöglichen; wir glauben im Gegenteil, daß es in einiger Zeit möglich sein wird, diese Anwendungen durch Vermittlung anderer Begriffsbildungen als derer aus der Polyedertopologie vorzunehmen, und wir halten es für wahrscheinlich, daß eine solche „polyederfreie" Theorie gewisse prinzipielle und praktische Vorzüge besitzen wird.

6. Die Anordnung und Einteilung des Stoffes in dem vorliegenden Bande ist die folgende. Er zerfällt in vier Teile: Der erste Teil (Kap. I und II) enthält die Elemente der mengentheoretischen Topologie. Der zweite Teil (Kap. III—VII) besteht in einer Darstellung der kombinatorischen Topologie, unter Beschränkung auf deren „elementaren" Teil, d. h. die für beliebige Komplexe gültige Homologie-Theorie (s. oben Nr. 3, 4). Im dritten Teil (Kap. VIII—X) wird die Homologie-Theorie auf Polyeder übertragen; er handelt also von den sogenannten Invarianzsätzen. Den Inhalt des vierten Teiles (Kap. XI—XIV), der den Titel „Verschlingungen im R^n. Stetige Abbildungen von Polyedern" trägt, bil-

[1] Man vergleiche die Vorbemerkungen zum „Ersten Teil" dieses Bandes.

den die konkreten Ergebnisse der allgemeinen Polyedertopologie: insbesondere der Alexandersche Dualitätssatz, der Brouwersche Abbildungsgrad und Fixpunktsätze.

Über Einzelheiten unterrichten die Inhaltsverzeichnisse, welche allen, und die Vorbemerkungen, welche manchen Kapiteln vorausgeschickt sind.

7. Wir weisen noch auf diejenigen Punkte hin, in denen von dem soeben skizzierten Programm abgewichen wird:

Im zweiten Teil wird der eigentlich kombinatorisch-topologische Standpunkt erst vom Kap. IV (dem zweiten Kapitel dieses Teiles) an eingenommen; das Kap. III behandelt die elementargeometrische Lehre von den Zellenzerlegungen von Polyedern; es stellt damit den Zusammenhang zwischen *Elementargeometrie* und kombinatorischer Topologie her, und außerdem liefert es Hilfsmittel für die späteren Invarianzbeweise. Noch an einer anderen Stelle des zweiten Teiles begeben wir uns aus der rein kombinatorischen Topologie in die Elementargeometrie: bei dem Satz, daß die Homologie-Eigenschaften eines Euklidischen Komplexes erhalten bleiben, wenn man mit dem Komplex eine „Unterteilung" vornimmt (Kap. VI, § 2).

Der dritte Teil ist nicht ausschließlich den Polyedern vorbehalten; vielmehr werden im Anschluß an eine der dort dargestellten Methoden für Invarianzbeweise die einfachsten Anwendungen kombinatorischer Methoden auf *mengentheoretische Probleme* vorgenommen: insbesondere wird der Brouwersche allgemeine Dimensionsbegriff eingeführt, und einige Hauptsätze der Dimensionstheorie — darunter der Menger-Nöbelingsche Einbettungssatz — werden dargestellt (Kap. IX, § 3); es wird ferner der für beliebige abgeschlossene und beschränkte Mengen des Euklidischen Raumes gültige „Zerlegungssatz" bewiesen (Kap. X), welcher den Jordan-Brouwerschen Satz als Spezialfall enthält.

Obwohl in diesem Bande Topologie „allgemeiner" Polyeder und nicht Mannigfaltigkeitstopologie getrieben wird, besteht der Ausgangspunkt des vierten Teiles gerade in den spezifischen *Mannigfaltigkeitseigenschaften*: in den Eigenschaften des „Schnittes" und in der Existenz der „dualen" Zerlegung einer gegebenen Zellenzerlegung (Kap. XI, §§ 1, 3). Jedoch handelt es sich hier nicht um Zerlegungen einer beliebigen Mannigfaltigkeit, sondern nur um Zerlegungen des Euklidischen Raumes. Die Mannigfaltigkeiten sind also nicht vollständig aus diesem Bande verbannt; aber von allen Mannigfaltigkeiten, also den „im Kleinen" Euklidischen Räumen ist die einzige, die in diesem Bande eine Rolle spielt, der Euklidische Raum selbst. Eine Betrachtung von beliebigen Mannigfaltigkeiten im Anschluß an die Fixpunktsätze hat lediglich den Charakter einer Anwendung eines allgemeineren Satzes (Kap. XIV, § 4).

8. Die beiden noch geplanten Bände dieses Buches sollen den ersten Band in den beiden Hauptrichtungen der Topologie fortsetzen, von denen wir schon wiederholt und ausführlich gesprochen haben: der zweite Band wird der mengentheoretischen, der dritte Band hauptsächlich der Topologie der Mannigfaltigkeiten, und daneben der Theorie der Fundamentalgruppe, gewidmet sein. Mit genaueren Ankündigungen und den daraus entstehenden Verpflichtungen wollen wir uns jetzt nicht belasten.

§ 3.

Im ersten Paragraphen haben wir versucht, die Hauptlinien in der Entwicklung der Topologie zu zeichnen; im § 2 wurde ein Programm unseres Buches skizziert. Bei beiden Gelegenheiten war *Vollständigkeit* weder in historischer noch in sachlicher Hinsicht möglich, und daher sind zahlreiche wichtige Gebiete älterer und neuerer topologischer Forschung unerwähnt geblieben; manche von ihnen werden auch weiterhin in diesem Buche über Gebühr vernachlässigt werden müssen. In diesem Paragraphen wollen wir die Aufmerksamkeit des Lesers auf einige — mehr oder weniger willkürlich ausgewählte — dieser Gebiete lenken.

1. Die einfachsten Gebilde der kombinatorischen Topologie sind die *Streckenkomplexe*. Seit EULER (Königsberger Brückenproblem) hat man sich viel mit ihnen beschäftigt, und es existiert über sie eine umfangreiche Literatur[1]. Aber trotz vieler scharfsinniger Überlegungen und trotz der Einfachheit der Gebilde ist uns noch nicht alles über die gestaltlichen Eigenschaften der Streckenkomplexe bekannt: daß das bekannte „Vierfarbenproblem" bis heute allen Lösungsversuchen widerstanden hat, ist eine Folge dieser mangelhaften Kenntnisse.

2. Für unsere geometrische Einsicht wichtiger als die Lösung des Vierfarbenproblems und die Eigenschaften der Gestalt von Streckenkomplexen ist die Erforschung der *Lage*eigenschaften von Polygonen im dreidimensionalen Raum. Man betrachte im R^3 ein einfach geschlossenes Polygon oder auch ein System mehrerer zueinander fremder derartiger Polygone und frage: wie erkennt man, ob zwei solche vorgegebene Systeme die „gleiche Lage" haben, d. h. ob man den R^3 topologisch so auf sich abbilden kann, daß das eine System in das andere übergeht? Die Theorie der Verschlingungszahl[2] gibt hierüber nur unvollkommen Aufschluß. Im einfachsten Falle lautet die Frage: „Wie erkennt man, ob ein vorgegebenes Polygon ‚unverknotet' ist, d. h. ob es die gleiche Lage hat wie ein Kreis?" Das ist das „*Knotenproblem*". Zahlreiche und in die Tiefe gehende Untersuchungen (von DEHN, ALEXANDER, REIDEMEISTER, SEIFERT und anderen) haben diesen Problemkreis gefördert, jedoch ohne ihn, auch nur in dem genannten einfachsten Falle, zu erledigen. Zum Teil sind die Schwierigkeiten algebraischer Natur:

[1] Man vergleiche den Artikel von DEHN-HEEGAARD und das Buch von ST. LAGUË (s. das Bücherverzeichnis am Schluß dieses Bandes).

[2] § 1, Nr. 3 dieser Einleitung und Kap. XI.

es handelt sich dabei um unendliche diskontinuierliche nichtkommutative Gruppen[1].

3. Ein ebenfalls naheliegendes und viel behandeltes (ALEXANDER, DEHN, HEEGAARD, REIDEMEISTER, SEIFERT, THRELFALL), aber ungelöstes Problem ist das der topologischen *Klassifikation der geschlossenen dreidimensionalen Mannigfaltigkeiten*[2], also das dreidimensionale Analogon zu dem längst gelösten Problem der Klassifikation der geschlossenen Flächen (vgl. § 1, Nr. 6). Schon POINCARÉ hat es in Angriff genommen, aber bis heute ist nicht einmal die Richtigkeit der folgenden Poincaréschen Vermutung entschieden: „Die einzige geschlossene dreidimensionale Mannigfaltigkeit, welche *einfach zusammenhängend* ist (d. h. in welcher sich jeder geschlossene Weg stetig in einen Punkt zusammenziehen läßt), ist der sphärische Raum (d. h. der durch Hinzufügung eines unendlich-fernen Punktes abgeschlossene R^3)."

4. Durch Vermittlung des sogenannten „Heegaard-Diagrammes"[3] ergibt sich ein enger Zusammenhang zwischen dem soeben angeschnittenen Klassifikationsproblem und dem der Klassifikation der topologischen Abbildungen einer geschlossenen Fläche auf sich. Diese Frage wiederum, sowie die allgemeinere nach der Aufzählung der stetigen Abbildungen einer geschlossenen Fläche auf eine andere, steht, ähnlich wie das Knotenproblem, in naher Berührung — oder ist zum Teil sogar äquivalent — mit gruppentheoretischen Problemen[4]. Hier liegen Aufgaben vor, die in die Topologie der uns wohlbekannten *geschlossenen Flächen* gehören und doch noch nicht gelöst sind[5].

5. Die topologische Klassifikation der Flächen dagegen ist nicht nur, wie schon mehrmals erwähnt, für die geschlossenen, sondern auch für die *offenen Flächen* durchgeführt[6]; dazu gehört auch die, für die Funktionentheorie wichtige, Aufzählung der *ebenen Gebiete*. Deren Rolle in der Funktionentheorie zwingt bekanntlich auch zur näheren Untersuchung ihrer *Begrenzungen*, und hier ist ein weiterer und eigenartiger Schritt durch die Theorie der *„Primenden"* von CARATHÉODORY gemacht worden[7]. Neuere Arbeiten von KAUFMANN haben diese Unter-

[1] Man vergleiche vor allem das Buch „Knotentheorie" von REIDEMEISTER sowie das Buch von SEIFERT-THRELFALL.

[2] Vgl. das Buch von SEIFERT-THRELFALL sowie die soeben erschienene wichtige Arbeit von REIDEMEISTER über die „Linsenräume" in den Abh. math. Sem. Hamburg 1935. — Das Problem hängt übrigens mit dem Knotenproblem zusammen (SEIFERT-THRELFALL, § 65).

[3] SEIFERT-THRELFALL, § 63.

[4] BROUWER (Math. Ann. Bd. 82), BAER (Crelles J. Bd. 159), HOPF (Math. Ann. Bd. 102; Crelles J. Bd. 165), KNESER (Math. Ann. Bd. 100, 103), J. NIELSEN (Acta Math. Bd. 50, 53, 59).

[5] Die gruppentheoretisch orientierte Flächentopologie ist in dem Buch „Einführung in die kombinatorische Topologie" von REIDEMEISTER dargestellt.

[6] Vgl. KERÉKJÁRTÓ: Vorlesungen über Topologie, 3. und 5. Abschnitt.

[7] Math. Ann. Bd. 73.

suchungen auf dreidimensionale Gebiete übertragen[1]; hier liegen viel kompliziertere Verhältnisse vor.

6. Um wieviel komplizierter die Eigenschaften der Lage von einfach gestalteten Figuren im dreidimensionalen Raum als in der Ebene sein können, das geht besonders klar aus der berühmten These von ANTOINE hervor[2]: Während die Lage einer Kurve in der Ebene immer ziemlich „regulär" sein muß, kann man im Raume einem einfachen Bogen, einer einfach geschlossenen Kurve und einer Fläche, welche mit der Kugel homöomorph ist, eine solche Lage geben, daß dieses Gebilde keinerlei Umgebung besitzen, welche einer Umgebung der Strecke, der Kreislinie bzw. der Kugelfläche homöomorph wären. Diese Entdeckung und ihre Konsequenzen — z. B. braucht das Innengebiet einer mit der Kugel homöomorphen Fläche nicht dem Innengebiet einer Kugel homöomorph zu sein — waren ganz unerwartet; man wurde besorgt, ob nicht noch mehr anscheinend selbstverständliche Tatsachen der dreidimensionalen Topologie ihrer Widerlegung harrten. So kam es, daß erst nach ANTOINES Entdeckungen durch ALEXANDER bewiesen worden ist[3]: Von den beiden Gebieten, in welche der Raum durch eine aus geradlinigen Dreiecken aufgebaute, mit der Kugel homöomorphe Polyederfläche zerlegt wird, ist stets das eine mit dem Innen-, das andere mit dem Außengebiet einer gewöhnlichen Kugel homöomorph. Für die höherdimensionalen Räume ist bisher kein analoger Satz bewiesen.

Nach den Antoineschen Beispielen bekam das Problem der „Umkehrung des Jordanschen Satzes" im dreidimensionalen Raum, d. h. der Charakterisierung der geschlossenen Flächen des R^3 durch *Lage*eigenschaften, ein besonderes Interesse. Das entsprechende Problem für die Ebene war bereits durch SCHOENFLIES gelöst worden[4]; für den R^3 wurde es von WILDER gelöst[5].

7. Während die Schwierigkeiten, die sich einer systematischen Theorie der *Lage* selbst einfacher Figuren entgegenstellen, nur zum kleinen Teile überwunden sind — man denke einerseits an das Knotenproblem, andererseits an die Antoineschen Beispiele —, ist die Lehre von der *Gestalt* schon viel weiter fortgeschritten. So liegt die gestaltliche Theorie der *Kurven*, d. h. der eindimensionalen Kontinuen, welche schon von CANTOR begonnen worden war (vgl. § 1, Nr. 9), besonders dank der Arbeiten von URYSOHN und MENGER in einer abgeschlossenen Form vor[6]; sie handelt unter anderem insbesondere von der Natur der „Verzweigungen" einer Kurve.

---

[1] Math. Ann. Bd. 103, 106. [2] J. de Math. (8) Bd. 4.
[3] Proc. Nat. Acad. Sci. Bd. 10.
[4] Vgl. VON KERÉKJÁRTÓ: Vorlesungen über Topologie, S. 79ff.
[5] Trans. Amer. Math. Soc. Bd. 32.
[6] Vgl. das Buch „Kurventheorie" von MENGER sowie die Abhandlung „Les lignes Cantoriennes" von URYSOHN (Verh. Akad. v. Wetensch. Amsterdam XIII).

Von einer analogen Theorie der „Flächen", d. h. der zweidimensionalen Kontinuen, existieren allerdings höchstens Ansätze[1].

8. Die Probleme und Theorien, von denen bisher in diesem Paragraphen die Rede war, sind größtenteils von *spezieller* Natur; ihr Schauplatz ist im wesentlichen der dreidimensionale Raum, und gerade hierin besteht ihr Hauptreiz; man könnte sie als zur „anschaulichen Topologie" gehörig bezeichnen.

Jetzt werden wir noch von einigen *allgemeinen* Theorien aus der mengentheoretischen Topologie sprechen.

An erster Stelle nennen wir die *Dimensionstheorie.* Aus ihr sind in den vorliegenden ersten Band nur ganz wenige grundlegende Sätze aufgenommen; die systematische Darstellung der dimensionstheoretischen Eigenschaften abgeschlossener Mengen soll im Rahmen der allgemeinen geometrischen Topologie dieser Mengen (vgl. § 1, Nr. 20) im zweiten Bande erfolgen. Die Dimensionstheorie der nicht abgeschlossenen Mengen (wie sie vor allem durch HUREWICZ und TUMARKIN aufgebaut worden ist) wird dagegen voraussichtlich größtenteils außerhalb unserer Darstellung bleiben; wegen dieser Fragen verweisen wir auf das Buch „Dimensionstheorie" von MENGER sowie auf das Buch „Topologie" von KURATOWSKI.

9. Der Kurventheorie, von der wir soeben gesprochen haben, gingen historisch die Arbeiten über die *irreduziblen Kontinuen und die lokalzusammenhängenden Mengen* voran.

Die erste dieser Theorien würde von JANISZEWSKI in seiner Pariser These „Sur les continus irréductibles entre deux points" begründet (1910)[2]. Durch diese Arbeit ist JANISZEWSKI zum Begründer nicht nur einer Theorie, die sich nachher kräftig weiter entwickelt hat, sondern auch einer der produktivsten topologischen Schulen geworden, nämlich der *polnischen Schule,* deren hervorragende Vertreter vor allem MAZURKIEWICZ, SIERPINSKI, KNASTER, KURATOWSKI und zahlreiche Forscher jüngerer Generation, unter ihnen besonders BORSUK, sind.

Die Definition des irreduziblen Kontinuums ist die folgende: Ein Kontinuum heißt irreduzibel zwischen zwei seiner Punkte, wenn es kein echtes Teilkontinuum besitzt, das ebenfalls diese Punkte enthält[3]. Die Theorie der irreduziblen Kontinuen ist ein treffendes Beispiel dafür, daß eine scheinbar sehr spezielle Fragestellung zu einer Fülle von allgemeinen Kenntnissen über die gestaltlichen Eigenarten der abgeschlossenen Mengen führen kann.

Unter den irreduziblen sind besonders merkwürdig die von BROUWER entdeckten (1910) *unzerlegbaren Kontinuen*; sie gehören zu den inter-

[1] Zu erwähnen sind hier die mengentheoretischen Charakterisierungen von Flächen durch R. L. MOORE, I. GAWEHN (Math. Ann. Bd. 98; dortselbst auch Hinweise auf R. L. MOORE), ZIPPIN (Amer. J. Math. Bd. 55), sowie neue Untersuchungen von KAUFMANN (Proc. Cambridge Phil. Soc. XXX).

[2] J. de l'Ecole Polyt. (2) Bd. 16.

[3] Die Definition rührt von ZORETTI her.

essantesten Gebilden in der mengentheoretischen Topologie. Ein Kontinuum heißt unzerlegbar, wenn es nicht die Vereinigungsmenge zweier echter Teilkontinuen ist; die unzerlegbaren Kontinuen wurden von BROUWER als merkwürdige Gebietsgrenzen entdeckt: nämlich als gemeinsame Begrenzungen von drei oder mehr einfach zusammenhängenden ebenen Gebieten[1]. Später hat KURATOWSKI bewiesen, daß *jede* solche Gebietsgrenze entweder selbst unzerlegbar oder Vereinigungsmenge zweier unzerlegbarer Kontinuen ist[2]. Die systematische Theorie der unzerlegbaren Kontinuen ist von JANISZEWSKI und KURATOWSKI aufgebaut worden[3].

Besondere Erwähnung verdient ein von KNASTER entdecktes (in der Ebene gelegenes) unzerlegbares Kontinuum[4]: seine sämtlichen Teilkontinuen sind unzerlegbar, und es enthält daher insbesondere keinen Jordanbogen.

Eine Einführung in die allgemeine Theorie der irreduziblen Kontinuen — an welcher außer den schon genannten mehrere Forscher: HAHN, KLINE, ROSENTHAL, URYSOHN, VIETORIS, WILSON und andere mitgearbeitet haben — geben die §§ 31 und 39 der „Mengenlehre" von HAUSDORFF. Eine ausführliche Theorie findet man in den Arbeiten von KURATOWSKI im 3. und im 10. Bande der Fundamenta Mathematicae.

10. An die Topologie der Kontinuen schließt die allgemeinere Theorie der *zusammenhängenden Mengen* an. Die elementaren Teile dieser Theorie haben wir im Kap. I, § 2, Nr. 14, 15 und Kap. II, § 6 dieses Bandes dargestellt; wegen höherer Fragen aus diesem Gebiet verweisen wir auf die Arbeit von KNASTER und KURATOWSKI sowie diejenige von SIERPINSKI im 2. Bande der Fundamenta Mathematicae.

11. Die Theorie der „*lokal-zusammenhängenden*" Kontinuen wurde von HAHN und MAZURKIEWICZ — unabhängig voneinander — begründet (1914). Als erste Einführung können die §§ 29 und 26 der „Mengenlehre" von HAUSDORFF dienen. In den Händen der polnischen (MAZURKIEWICZ, SIERPINSKI, KURATOWSKI, ZARANKIEWICZ u. a.) sowie der amerikanischen Schule von R. L. MOORE (MOORE, KLINE, AYRES, GEHMAN, WHYBURN, WILDER u. a.) hat sich eine sehr umfangreiche Theorie entwickelt.

12. Zur Topologie gehört auch die „*deskriptive Punktmengenlehre*" (Théorie descriptive des ensembles), d. h. im wesentlichen die Theorie der Borelschen Mengen, der A-Mengen und der projektiven Mengen.

Ein Mengensystem K heißt ein *Borelscher Körper*, wenn die Differenz je zweier Mengen aus K sowie die Vereinigungsmenge von je abzählbar vielen Mengen aus K wiederum zu K gehören. Es sei K ein Borelscher Körper, dessen Elemente Punktmengen eines festen topologischen Raumes R sind. Der Körper K heißt ein *topologischer* oder *Lusinscher Körper* (ein L-Körper), wenn er zu jedem seiner Elemente M auch alle stetigen Bilder von M, (in R) enthält.

---

[1] Math. Ann. Bd. 68. [2] Fund. Math. Bd. 6. [3] Fund. Math. Bd. 1.
[4] Fund. Math. Bd. 3.

Die Elemente des kleinsten Borelschen Körpers über den abgeschlossenen Mengen von R heißen die *Borelschen* (oder B-Mengen), die Elemente des kleinsten L-Körpers (über den abgeschlossenen Mengen) heißen die *projektiven* Mengen (oder die L-Mengen) von R.[1]

Zwischen den B- und den L-Mengen liegen die A-Mengen; sie entstehen, wenn man auf abgeschlossene Mengen eine Operation anwendet, die die A-Operation heißt und allgemeiner ist als abzählbare Summen- und Durchschnittsbildung. Es hat sich später gezeigt, daß die A-Mengen als eindeutige stetige Bilder der Menge aller Irrationalzahlen, die B-Mengen als eineindeutige und (in einer Richtung) stetige Bilder der Menge aller Irrationalzahlen definiert werden können. Das Komplement $R-M$ einer A-Menge M ist nicht notwendig eine A-Menge; vielmehr sind die B-Mengen unter den A-Mengen dadurch ausgezeichnet, daß ihre Komplemente ebenfalls A-Mengen sind. Alle diese Mengenklassen (einschließlich der Komplemente zu den A-Mengen) sind topologisch invariant.

Die deskriptive Mengenlehre wurde (anschließend an Baires Arbeiten über unstetige Funktionen) von Lebesgue[2] 1905 begründet. Ihre weitere Entwicklung beginnt elf Jahre später mit dem Mächtigkeitssatz für die Borelschen Mengen[3], an den 1917 die Entdeckung der (nicht-Borelschen) A-Mengen durch Suslin und der Aufbau der Theorie dieser Mengen durch Suslin und Lusin anschließt. Die Theorie der A-Mengen führte weiter zu den projektiven Mengen (Lusin) und der allgemeinen Theorie der Mengenoperationen (Hausdorff, Sierpinski, Kolmogoroff, Kantorowicz-Livenson u. a.).

Eine Einführung in die deskriptive Mengenlehre findet man in Hausdorffs Mengenlehre (§§ 18, 19, 32, 33, 37, 43), eine ausführlichere Darstellung in dem Buch „Topologie I" von Kuratowski; eine stark philosophisch gefärbte Darstellung dieser Theorie gibt Lusin in den „Leçons sur les ensembles analytiques" (Collection Borel).

18. Zum Abschluß dieses Überblicks müssen wir wenigstens kurz auf die *Zusammenhänge der Topologie mit anderen Zweigen der Mathematik* und auf die *Anwendungen* der Topologie hinweisen; aus den Grenzgebieten hat die Topologie von jeher fruchtbare Anregungen empfangen, und gerade hier ist neuerdings eine lebhafte Entwicklung im Gange.

Die topologischen Methoden in der *Analysis* haben ihren Ursprung größtenteils in Arbeiten von Poincaré, teils in den Abhandlungen „Sur les courbes définies par les équations différentielles", teils in den „Méthodes nouvelles de la Mécanique céleste". Besonders die in dem letzteren Werke in Angriff genommenen Untersuchungen des Gesamtverlaufes der *Bahnkurven dynamischer Systeme* — so die Frage nach Existenz, Verteilung und Eigenschaften periodischer Lösungen — sind von Birkhoff, Morse, Lusternik, Schnirelmann wieder aufgenommen, durch zahlreiche neue Ideen bereichert und bis zu bedeutenden

[1] Nur diese Definitionen gelten für beliebige Räume; überall weiter braucht man gewisse Voraussetzungen über den Raum R.

[2] Sur les fonctions représentables analytiquement. J. de Math. (6) Bd. 1.

[3] Alexandroff: C. R. Acad. Sci., Paris Bd. 162 (1916). — Hausdorff: Math. Ann. Bd. 77 (1916).

Ergebnissen gefördert worden[1]. Eine gemeinsame Darstellung dieser Theorien wäre heute möglich und sehr erwünscht — in unserem Buche werden wir höchstens (im 3. Band) auf einige ihrer topologischen Grundlagen eingehen können.

14. Die Theorie der stetigen Abbildungen im Euklidischen Raume — der Brouwersche Abbildungsgrad und die Kroneckersche Charakteristik[2] — liefert Existenzsätze für die Lösungen endlich-vieler Gleichungen mit endlich-vielen Unbekannten; diese Methoden lassen sich, wie zuerst BIRKHOFF und KELLOGG[3] und dann besonders SCHAUDER[4] gezeigt haben, auf *Funktionenräume* übertragen und zum Beweis von *Existenzsätzen für die Lösungen von Differential- und anderen Funktionalgleichungen* benutzen. Man darf mit Spannung der weiteren Entwicklung der Topologie der stetigen Abbildungen in unendlich-dimensionalen Räumen und den Anwendungen dieser Theorie entgegensehen.

15. In der *algebraischen Geometrie* haben sich Anwendungen neuerer topologischer Methoden oder auch die topologische Deutung und Präzisierung älterer algebraisch-geometrischer Methoden — die Schnitt-Theorie — in den letzten Jahren besonders dank der Arbeiten von LEFSCHETZ und VAN DER WAERDEN als fruchtbar erwiesen. Eine Einführung in dieses Gebiet und weitere Literaturangaben findet man in dem letzten Kapitel der „Topology" von LEFSCHETZ.

16. Der folgende bekannte Satz (von DYCK) ist typisch für die Zusammenhänge, welche zwischen Topologie und *Differentialgeometrie* bestehen: das über eine stetig gekrümmte geschlossene Fläche vom Geschlecht p erstreckte Integral des Gaussischen Krümmungsmaßes hat den Wert $4\pi \cdot (1 - p)$. Der Satz zeigt, daß zwischen der topologischen Gestalt einer Mannigfaltigkeit und den Möglichkeiten, die Mannigfaltigkeiten im Sinne von RIEMANN zu metrisieren, merkwürdige Bindungen bestehen. Die allgemeine Frage nach diesen Gesetzen halten wir für ein wichtiges und fruchtbares Problem der Geometrie[5].

17. In den letzten Jahren haben sich die Beziehungen zwischen der Topologie und der *Theorie der kontinuierlichen Gruppen* lebhaft entwickelt. Erstens handelt es sich hier um die Topologie der „*Gruppenmannigfaltigkeiten*" (d. h. der Mannigfaltigkeiten, die als „Gruppen-

[1] BIRKHOFF: Dynamical Systems (Amer. Math. Soc. Coll. IX). — MORSE: The calculus of variations in the large (ibid. XVIII). — LUSTERNIK-SCHNIRELMANN: Méthodes topologiques dans les problèmes variationnels (Actualités scientifiques Bd. 188; bisher ist hier nur der erste Teil erschienen; die vollständige Abhandlung liegt in russischer Sprache in den Schriften des Moskauer Instituts für Mathematik und Mechanik, 1930, vor).

[2] Kap. XII. [3] BIRKHOFF-KELLOGG: Trans. Amer. Math. Soc. Bd. 23.

[4] SCHAUDER: Math. Z. Bd. 26. — Studia Mathematica 1 und 2. — LERAY-SCHAUDER: Ann. de l'Ecole Norm. (III) 51.

[5] Ergebnisse und Literatur sind von HOPF im Jber. Deutsch. Math.-Vereinig. Bd. 41 zusammengestellt; dazu kommen neue Resultate von COHN-VOSSEN (Compos. Math. Bd. 2) und MYERS (Duke Math. J. Bd. 1 — Proc. Nat. Acad. Sci. Bd. 21).

räume" auftreten); sie sind zuerst von HURWITZ, dann von WEYL und besonders von E. CARTAN für gruppentheoretische Zwecke herangezogen worden. In den Arbeiten von CARTAN sind wesentliche Beiträge für die topologische Erforschung dieser Mannigfaltigkeiten enthalten[1]; dabei spielt eine wichtige Rolle die interessante Abhandlung von DE RHAM über *mehrfache Integrale* in *n*-dimensionalen Mannigfaltigkeiten[2]. Neuerdings hat PONTRJAGIN für die wichtigsten Klassen geschlossener Gruppen die Bettischen Zahlen explizit angegeben[3].

Zweitens hat sich neuerdings der Begriff der im klassischen Sinne von LIE kontinuierlichen Gruppe zu dem viel allgemeineren und sich als äußerst fruchtbar erweisenden Begriff der *topologischen Gruppe* erweitert. Die Theorie der topologischen Gruppen ist von SCHREIER begründet worden[4] und hat durch PONTRJAGINS Untersuchungen der kompakten und im Kleinen kompakten (insbesondere Abelschen) Gruppen die größten Fortschritte erlebt[5].

Für den Zusammenhang zwischen der klassischen Lieschen und der neuen topologischen Gruppentheorie ist es von der größten Bedeutung, daß das Hilbertsche Problem der topologischen Charakterisierung (ohne Differenzierbarkeitsvoraussetzungen) der Lieschen Gruppen wenigstens für die kompakten Gruppen im Anschluß an Arbeiten von WEYL und HAAR durch VON NEUMANN[6] und kurz darauf durch PONTRJAGIN[7] gelöst worden ist. Die ersten hierhergehörigen Ergebnisse stammen übrigens schon von BROUWER[8].

Die Theorie der topologischen Gruppen ist der am weitesten ausgebildete Zweig der „*topologischen Algebra*", die nicht nur von Gruppen, sondern auch von topologischen Körpern, Ringen usw. handelt[9]. Gerade im Verein mit algebraischen Begriffen und Methoden wird die topologische Forschung, so glauben wir, weiterhin an der Klärung allgemeiner Gesetze mitwirken, welche gleichzeitig in verschiedenen Gebieten der Mathematik Gültigkeit besitzen.

---

[1] Vgl. das Buch von E. CARTAN: La Théorie des Groupes Finis et Continus et l'Analysis Situs; dort findet man auch weitere Literaturangaben.

[2] J. de Math. (9) Bd. 10.

[3] C. R. Acad. Sci., Paris Bd. 200. — Weitere hierhergehörige Sätze stammen von O. SCHREIER: Abh. math. Sem. Hamburg Bd. 4 (§ 4). — FREUDENTHAL: Math. Z. Bd. 33. — SMITH: Ann. of Math. Bd. 36. — STIEFEL: Comment. math. helv. Bd. 8.

[4] Wie in Fußnote 3 sowie ibid. Bd. 5. — In diesem Zusammenhang ist außerdem auf Arbeiten von V. KERÉKJÁRTÓ hinzuweisen: Ann. of Math. Bd. 27, 29 — Abh. math. Sem. Hamburg Bd. 8 — Acta Szeged VI, VII.

[5] Ann. of Math. Bd. 35.

[6] Ann. of Math. Bd. 34.

[7] C. R. Acad. Sci., Paris Bd. 198.

[8] Math. Ann. Bd. 67, 69.

[9] Hierher gehören Arbeiten von VAN DANTZIG (Math. Ann. Bd. 107; Compos. Math. Bd. 2) und einer Reihe anderer Mathematiker; Literaturangaben bei VAN DANTZIG, a. a. O.

Erster Teil.

Grundbegriffe der mengentheoretischen Topologie.

Die Grundbegriffe und die einfachsten Tatsachen aus der mengentheoretischen Topologie braucht man in sehr verschiedenen Gebieten der Mathematik; die Begriffe des topologischen und des metrischen Raumes, der Kompaktheit, die Eigenschaften stetiger Abbildungen u. dgl. sind oft unentbehrlich.

Insbesondere könnten wir bei der Darstellung der in den späteren Teilen dieses Bandes behandelten Gegenstände nicht ohne sie auskommen, deren Schwerpunkt, wie schon in der Einleitung betont wurde, durchaus nicht in den mengentheoretischen Fragestellungen, sondern in der Topologie der n-dimensionalen Polyeder liegt.

Würde man aber aus dem großen und bedeutenden Gebiet der mengentheoretischen Topologie *nur das* herausgreifen, was *unmittelbar* in der Polyedertopologie gebraucht wird, so entstände ein Konglomerat von Definitionen und Sätzen, das keine einheitliche Perspektive eröffnet und in den Rahmen einer systematischen Darstellung, wie sie dieses Buch sein will, weder inhaltlich noch formal paßt. Daher ziehen wir es vor, eine zusammenhängende Darstellung der *elementaren Grundbegriffe* der allgemeinen mengentheoretischen Topologie gleich zu Beginn des Buches zu geben. Gleichzeitig wird dadurch auch die Grundlage für die Entwicklungen des zweiten Bandes geliefert.

Ein Leser, der sich für mengentheoretische Fragestellungen nicht interessiert, kann die Lektüre des vorliegenden Bandes mit dem zweiten Teil beginnen und braucht auf den ersten nur nach Bedarf zurückzugreifen.

Mengentheoretische Bezeichnungen.

Punktmengen werden mit großen lateinischen oder griechischen, ihre Punkte mit kleinen lateinischen, Systeme von Punktmengen mit großen deutschen Buchstaben bezeichnet[1].

$A+B$ ist Vereinigungsmenge (*Summe*)[1] der (nicht notwendig zueinander fremden Mengen) A und B. Desgleichen ist ΣA_k bzw. ΣA die Vereinigungsmenge der

[1] Dieselben Arten von Buchstaben werden auch zur Bezeichnung von anderen Objekten — Gruppen, Zahlen usw. — gebraucht: es wird nicht gesagt, daß ein großer lateinischer Buchstabe *nur* zur Bezeichnung von Punktmengen dienen soll, wohl aber, daß, wenn von einer Punktmenge und ihren Punkten die Rede ist, die erste mit einem großen, die letzteren mit kleinen Buchstaben bezeichnet werden.

endlich- oder abzählbar-vielen Mengen A_k bzw. der Mengen A (die als Elemente eines Mengensystems, etwa $\mathfrak{A}$, erklärt sind).

$A \cdot B$ bzw. ΠA_k bzw. ΠA bezeichnet die Durchschnittsbildung[1]. Als Durchschnitt darf auch die leere Menge auftreten.

$A - B$, die Differenz, bedeutet die Menge aller Punkte von A, die nicht zu B gehören. Dabei wird im allgemeinen nicht vorausgesetzt, daß B Teilmenge von A ist.

Das Inklusionszeichen $\subset$ bzw. $\supset$ ist auszusprechen: „ist enthalten in" bzw. „enthält". Dementsprechend bedeuten $A \subset B$ und $B \supset A$ dasselbe, nämlich, daß jedes Element von A gleichzeitig auch Element von B ist (d. h. daß A Teilmenge von B, oder B Obermenge von A ist; dabei wird der Fall $A = B$ *nicht* ausgeschlossen). Es bezeichnet $p \subset A$, daß der Punkt p ein Element der Menge A ist; zwischen einem Punkt und der aus diesem einzigen Punkt bestehenden Punktmenge wird nicht unterschieden.

Die (endlich- oder unendlich-vielen) Mengen $A, B \ldots$ heißen *disjunkt*, wenn sie paarweise zueinander fremd sind.

Die leere Menge wird mit 0 bezeichnet.

Ist A eine Menge (bzw. eine Folge) reeller Zahlen, so wird durch $\sup A$ (*Supremum* von A) die obere, durch $\inf A$ (*Infimum* von A) die untere Grenze von A bezeichnet (HAUSDORFF). Besitzt die nichtleere Punktmenge A keine obere bzw. keine untere Grenze, so wird gelegentlich $\sup A = +\infty$ bzw. $\inf A = -\infty$ geschrieben.

Erstes Kapitel.

Topologische und metrische Räume.

§ 1. Die topologische Zuordnung und ihre verschiedenen Erzeugungsarten.

§ 2. Topologische Räume.

[1] Unter der Vereinigungsmenge von endlich- oder unendlich-vielen Mengen A versteht man die Menge derjenigen Elemente, die zu mindestens einer Menge A, unter dem Durchschnitt der Mengen A versteht man die Menge derjenigen Elemente, die zu jeder Menge A gehören.

§ 1. Die topologische Zuordnung und ihre verschiedenen Erzeugungsarten.

1. Allgemein-topologische Räume. Abgeschlossene und offene Mengen. Definition. In einer Menge R von irgendwelchen Gegenständen eine *topologische Zuordnung* erklären, heißt: jeder Teilmenge M von R eine Teilmenge $\overline{M}$ von R entsprechen lassen. Der Inbegriff einer Menge R und einer in ihr erklärten topologischen Zuordnung heißt ein *allgemein-topologischer Raum;* wir bezeichnen ihn, falls keine Mißverständnisse zu erwarten sind, ebenfalls mit[1] R. Die Elemente von R heißen *Punkte,* die Teilmengen von R *Punktmengen* des allgemein-topologischen Raumes R. Ist M eine Punktmenge eines allgemein-

[1] Gelegentlich schreiben wir E für die Menge selbst, R für den allgemein-topologischen Raum, welcher aus E durch Einführung einer topologischen Zuordnung entsteht.

topologischen Raumes, so heißt die Menge M die *abgeschlossene Hülle* von M; die Punkte von $\overline{M}$ heißen *Berührungspunkte von* M.

Eine Punktmenge M heißt *abgeschlossen* (im allgemein-topologischen Raume R), wenn sie alle ihre Berührungspunkte enthält (d. h. wenn $M \supset \overline{M}$ ist).

Eine Punktmenge M heißt *offen*, wenn ihr Komplement (d. h. die Punktmenge $R - M$) abgeschlossen ist.

Bemerkung. Wenn man in einer und derselben Menge E einmal die eine, ein anderes Mal eine andere topologische Zuordnung einführt, so erhält man zwei verschiedene allgemein-topologische Räume R_1 und R_2.

Beispiele. 1°. R sei die Menge aller reellen Zahlen; p ist Berührungspunkt von M, falls jedes offene Intervall, welches p enthält, mindestens einen Punkt von M enthält; dadurch wird in der Menge der reellen Zahlen eine topologische Zuordnung eingeführt, welche diese Menge zu einem allgemein-topologischen Raum macht. Dieser Raum heißt die *Zahlengerade* oder das *arithmetische Kontinuum*.

2°. Es sei R irgendeine Menge von reellen Funktionen einer reellen Variablen, die alle einen und denselben Definitionsbereich, etwa die Einheitsstrecke $0 \leq t \leq 1$, haben[1].

M sei eine (beliebige) Teilmenge, p ein Element von R. Es ist also $p = p(t)$ eine für $0 \leq t \leq 1$ definierte reelle Funktion. Wir sagen, daß p Berührungspunkt von M ist, falls es eine Folge $p_1 = p_1(t)$, $p_2 = p_2(t)$ ..., $p_k = p_k(t)$ ... von Elementen von M gibt derart, daß die reellen Funktionen $p_1(t)$, $p_2(t)$, ... $p_k(t)$, ... überall auf der Einheitsstrecke gegen die Funktion $p(t)$ konvergieren.

Man würde eine andere topologische Zuordnung und folglich einen anderen allgemein-topologischen Raum erhalten, wenn man sich in diesem Beispiel anstatt der gewöhnlichen Konvergenz von Funktionenfolgen der gleichmäßigen Konvergenz bedienen wollte.

3°. Es sei R irgendein allgemein-topologischer Raum, a irgendein Gegenstand. Ist M eine Teilmenge von R, so soll $\overline{M}_R$ die abgeschlossene Hülle von M (im Raume R) bezeichnen. Wir betrachten nun die aus dem Gegenstand a und allen Punkten von R bestehende Menge $R + a$ und erklären in ihr folgendermaßen eine topologische Zuordnung. Es sei M eine Teilmenge von $R + a$; wir setzen

$$\overline{M} = \overline{(M - a)}_R + a,$$

falls M unendlich oder eine den Punkt a enthaltende endliche Menge ist und

$$\overline{M} = M_R,$$

falls M endlich ist und a nicht enthält.

4°. Wir unterziehen die Ebene einer Einteilung in kongruente achsenparallele Quadrate (etwa von der Seitenlänge 1). Die Elemente der Menge R seien: a) die Quadrate dieser Einteilung, b) diejenigen geradlinigen Strecken, die als Seiten dieser Quadrate auftreten, c) die Punkte, die als Eckpunkte dieser Quadrate auftreten. Es sei p ein Element von R. Ist p ein Quadrat, so soll die abgeschlossene Hülle $\overline{p}$ der aus dem einzigen Element p bestehenden Teilmenge von R aus neun Elementen bestehen: aus p selbst und aus den vier Seiten und den vier Eck-

[1] Wir können als R insbesondere die Menge aller auf der Einheitsstrecke definierten und dortselbst stetigen Funktionen, oder die Menge aller quadratisch-integrierbaren, oder schließlich die Menge überhaupt *aller* auf der Einheitsstrecke definierten reellen Funktionen wählen.

punkten des Quadrats p; ist p eine Strecke, so bestehe p aus drei Elementen: aus p selbst und den beiden Endpunkten von p; ist schließlich p ein Eckpunkt, so sei $\bar{p} = p$ gesetzt. Des weiteren definieren wir für eine beliebige Teilmenge $M = (p_1, p_2, \ldots)$ von R

$$\bar{M} = \Sigma \bar{p}_i.$$

Aufgabe. Welches sind die abgeschlossenen (offenen) Punktmengen dieses Raumes?

5°. R sei irgendeine Menge. Für jede Teilmenge $M \subset R$ definieren wir $\bar{M} = R - M$. In diesem Raume ist die Menge aller Punkte des Raumes die einzige abgeschlossene, die leere Menge die einzige offene Menge.

2. Konvergenzräume. Nur in seltenen Fällen wird die topologische Zuordnung in einer Menge dadurch erklärt, daß für jede Teilmenge ihre abgeschlossene Hülle *direkt* (d. h. ohne Benutzung von Hilfsbegriffen) angegeben wird, wie dies etwa in den beiden letzten Beispielen allgemein-topologischer Räume geschehen ist. Gewöhnlich wird die topologische Zuordnung vermöge gewisser Hilfskonstruktionen eingeführt. Die wichtigsten von diesen sind: die Einführung von *Konvergenz, Metrik, Umgebungen.* Wie diese Begriffe dem genannten Zweck dienen, soll gleich an Definitionen und Beispielen klargemacht werden.

In einer Menge R *einen Konvergenzbegriff einführen,* heißt: gewisse abzählbare Folgen von Elementen dieser Menge als konvergent erklären und jeder konvergenten Folge einen eindeutig definierten Punkt als *Limes* der Folge zuordnen. Ein Konvergenzbegriff, eingeführt in der Menge R, *induziert* folgendermaßen eine topologische Zuordnung in R und *bestimmt* somit einen allgemein-topologischen Raum: das Element p von R wird dann und nur dann als Berührungspunkt der Menge $M \subset R$ definiert, wenn es in M eine konvergente Folge mit dem Limes p gibt. Allgemein-topologische Räume, deren topologische Zuordnung sich auf diese Weise durch einen passend eingeführten Konvergenzbegriff induzieren läßt, heißen *Konvergenzräume*[1]. Der unter 2° in Nr. 1 definierte Raum liefert ein Beispiel eines Konvergenzraumes.

3. Metrische Räume. In einer Menge R eine *allgemeine Metrik* einführen, heißt: für jedes Paar von Elementen a, b von R eine nicht negative reelle Zahl $\varrho(a, b)$ — die *Entfernung* von a bis b — erklären. Die Metrik heißt *eigentlich,* wenn sie die folgenden Bedingungen — die *Axiome des metrischen Raumes*[2] — erfüllt:

1. Identitätsaxiom: $\varrho(a, b) = 0$ dann und nur dann, wenn a und b identisch sind.

2. Symmetrieaxiom: $\varrho(a, b) = \varrho(b, a)$.

3. Dreiecksaxiom: bei jeder Wahl der Elemente a, b, c von R gilt: $\varrho(a, b) + \varrho(b, c) \geqq \varrho(a, c)$.

[1] Diese Begriffe rühren von FRÉCHET her (1906).

[2] Der Begriff und die Axiome des metrischen Raumes stammen von FRÉCHET (1906), der Name von HAUSDORFF (1914).

Der Inbegriff einer Menge R und einer in ihr eingeführten allgemeinen Metrik heißt ein *allgemein-metrischer* Raum; der Inbegriff einer Menge und einer in ihr eingeführten eigentlichen Metrik heißt ein *metrischer Raum*. Die Elemente von R heißen *Punkte* des Raumes.

Es seien A und B zwei Punktmengen des allgemein-metrischen Raumes R; die Zahl $\inf \varrho(a, b)$, wobei a alle Punkte von A und b alle Punkte von B durchläuft, heißt die *Entfernung von A bis B*; sie wird mit $\varrho(A, B)$ bezeichnet. In metrischen Räumen ist $\varrho(A, B) = \varrho(B, A)$, man spricht also einfach von der *Entfernung zwischen A und B*; besonders wichtig ist, wie wir gleich sehen werden, der Spezialfall, wenn die eine der beiden Mengen, etwa A, aus einem einzigen Punkt a besteht: man hat dann die *Entfernung zwischen dem Punkte a und der Menge B*.

Ist M irgendeine Punktmenge des allgemein-metrischen Raumes R, so heißt $\sup \varrho(p, q)$, wobei p und q irgend zwei variable Punkte von M sind, der *Durchmesser der Punktmenge M*.

Eine allgemeine Metrik $\varrho(a, b)$, eingeführt in einer Menge R, *induziert* folgendermaßen eine topologische Zuordnung in R und *bestimmt* somit einen allgemein-topologischen Raum: *der Punkt p von R wird dann und nur dann als Berührungspunkt der Menge $M \subset R$ erklärt, wenn $\varrho(p, M) = 0$ ist.*

Ist umgekehrt ein allgemein-topologischer Raum R gegeben und induziert eine Metrik $\varrho(a, b)$ in der Menge aller Punkte von R gerade die in R a priori gegebene topologische Zuordnung, so sagen wir, daß der allgemein-topologische Raum R die Metrik $\varrho(a, b)$ *besitzt* oder daß $\varrho(a, b)$ *eine Metrik dieses allgemein-topologischen Raumes* ist. Ein allgemein-topologischer Raum heißt *allgemein-metrisierbar*, falls er mindestens eine allgemeine Metrik besitzt. Ein allgemein-topologischer Raum heißt *metrisierbar*, falls er mindestens eine eigentliche Metrik besitzt.

Zwei verschiedene Metriken $\varrho(a, b)$ und $\varrho'(a, b)$ in einer und derselben Menge R heißen *topologisch-gleichwertig*, falls sie in R dieselbe topologische Zuordnung induzieren. Für die topologische Gleichwertigkeit von $\varrho(a, b)$ und $\varrho'(a, b)$ ist offenbar notwendig und hinreichend, daß bei beliebiger Wahl des Punktes a und der Punktmenge M in R die Bedingungen

$$\varrho(a, M) = 0 \quad \text{und} \quad \varrho'(a, M) = 0$$

beide gleichzeitig erfüllt oder beide nicht erfüllt sind.

4. Beispiele allgemein-metrischer und metrischer Räume.

1°. Die mittels

$$\varrho(a, b) = |a - b|$$

metrisierte Menge der reellen Zahlen ist ein metrischer Raum; er heißt der *eindimensionale Euklidische Raum* und wird mit R^1 bezeichnet. Diese Metrik ist eine Metrik der Zahlengerade, wie wir letztere in Nr. 1 als allgemein-topologischen Raum definiert haben.

2°. In der Menge aller auf der abgeschlossenen Einheitsstrecke der Zahlengerade definierten stetigen reellen Funktionen $f(t)$ führen wir eine Metrik ein, indem wir als Entfernung zwischen zwei stetigen Funktionen das Maximum des Betrages ihrer Differenz erklären. Dadurch entsteht ein metrischer Raum C, der in der Funktionalanalysis von großer Bedeutung ist. Wir werden übrigens auf Verallgemeinerungen dieses Raumes noch bei späterer Gelegenheit zurückkommen (vgl. § 3, Nr. 3).

3°. R sei die Menge aller geordneten Systeme von n reellen Zahlen $(t_1, \ldots, t_n)$. Die beiden folgenden Metriken

$$\varrho((t_1, \ldots, t_n); (t'_1, \ldots, t'_n)) = \sqrt{(t_1 - t'_1)^2 + \cdots + (t_n - t'_n)^2} \tag{1}$$

und

$$\varrho'((t_1, \ldots, t_n); (t'_1, \ldots, t'_n)) = |t_1 - t'_1| + \cdots + |t_n - t'_n|$$

sind topologisch-gleichwertig; der durch sie bestimmte allgemein-topologische Raum heißt der *n-dimensionale Zahlenraum*. Wird er durch (1) metrisiert, so heißt der dadurch gewonnene allgemein-metrische Raum[1] der *n-dimensionale Euklidische Raum* oder kurz *der* R^n.

Wir führen noch einige Beispiele von Räumen an, die allgemein-metrisch, jedoch nicht metrisch sind.

4°. Der Paddler auf einem Fluß und der Wanderer im Gebirge pflegen als Entfernung zwischen zwei Orten die Zeitspanne zu betrachten, die sie brauchen, um paddelnd bzw. wandernd von dem einem Ort zu dem andern zu gelangen. Die Menge aller an dem gegebenen Flusse bzw. in dem gegebenen Gebirge gelegenen Orte wird mittels dieser Entfernungserklärung zu einem allgemein-metrischen Raum, der im allgemeinen nicht metrisch ist (es fehlt das Symmetrieaxiom).

5°. R besteht aus den Punkten

$$(x, 0),\quad 0 < x \leqq 1$$

und

$$(x, 1),\quad 0 \leqq x < 1$$

der Zahlenebene. Wir definieren:

$$\varrho((x, 0); (x', 0)) \begin{cases} = x - x', & \text{falls } x \geqq x' \\ = 1, & \text{falls } x < x' \end{cases}$$

$$\varrho((x, 0); (x', 1)) \begin{cases} = x - x', & \text{falls } x > x' \\ = 1, & \text{falls } x \leqq x' \end{cases}$$

$$\varrho((x, 1); (x', 1)) \begin{cases} = x' - x, & \text{falls } x \leqq x' \\ = 1, & \text{falls } x > x' \end{cases}$$

$$\varrho((x, 1); (x', 0)) \begin{cases} = x' - x, & \text{falls } x < x' \\ = 1, & \text{falls } x \geqq x'. \end{cases}$$

In dem so gewonnenen allgemein-metrischen Raum gilt ebenfalls das Symmetrieaxiom nicht.

---

[1] Er ist, wie wir in Nr. 11 sehen werden, nicht nur allgemein-metrisch, sondern *metrisch*.

6°. Die Punkte von R seien geordnete Paare reeller Zahlen (x, y) mit der Nebenbedingung $0 < x < 1$, $0 < y < 1$. Wir setzen

$$\varrho((x, y); (x, y')) = 1 \text{ oder } = 0,$$

je nachdem $y \neq y'$ oder $y = y'$ ist, und für $x \neq x'$

$$\varrho((x, y); (x', y')) = \sqrt{(x - x')^2 + (y - y')^2}.$$

Diese Metrik erfüllt nicht das Dreiecksaxiom.

7°. Die Punkte von K seien die Paare komplexer Zahlen (x, y); die Metrik wird durch

$$\varrho((x, y); (x', y')) = +\sqrt{|(x - x')^2 + (y - y')^2|}$$

gegeben. Diese Metrik erfüllt nicht das Identitätsaxiom.

5. Satz I. *Jeder metrisierbare Raum ist ein Konvergenzraum.*

Beweis. Es genügt irgendeine Metrik des Raumes R zu wählen und in ihm die Konvergenz nach folgender allgemeiner Vorschrift zu erklären:

Definition der Konvergenz in einem metrischen Raume. Eine Punktfolge $a_1, a_2, \ldots, a_k, \ldots$ des metrischen Raumes R heißt *konvergent*, wenn es einen solchen Punkt a gibt, daß für alle hinreichend großen k die Entfernung $\varrho(a, a_k)$ beliebig klein ist; a heißt *Limes* der Folge; man sagt auch, daß die Folge *gegen den Punkt* a konvergiert.

Offenbar ist dann und nur dann $\varrho(a, M) = 0$, wenn es in M eine konvergente Folge mit dem Limes a gibt; damit ist der Satz I bewiesen.

Korollar. *Ist a Berührungspunkt der Punktmenge A des metrischen Raumes R, so gibt es in A eine konvergente Folge mit dem Limes a.*

Bemerkung. Aus dem Dreiecksaxiom folgt leicht, *daß in einem metrischen Raum eine konvergente Folge nur einen Limes hat;* in einem allgemein-metrischen Raum kann es dagegen mehrere Punkte a geben, die die Eigenschaft haben, daß $\varrho(a, a_k)$ bei hinreichend großem k beliebig klein wird; hätten wir bei der Definition der Konvergenzräume in Nr. 2 zugelassen, daß eine konvergente Punktfolge mehrere Limespunkte besitzt, so würde der obige Beweis auch für allgemein-metrische Räume gelten.

6. Umgebungsräume. In einer Menge R ein *Umgebungssystem* erklären (oder einen *Umgebungsbegriff einführen*) heißt: gewisse Teilmengen von R auszeichnen und diese Teilmengen den Elementen von R als deren *Umgebungen* zuordnen[1]. Von dieser Zuordnung wird dabei zunächst nur verlangt, daß jedes Element von R mindestens eine Umgebung besitzt.

Ein Umgebungssystem in der Menge R *induziert* in R eine topologische Zuordnung und *bestimmt* somit einen allgemein-topologischen Raum, dessen Punkte die Elemente von R sind: p heißt Berührungspunkt von M, wenn jede Umgebung von p mindestens ein Element von M enthält. Ein allgemein-topologischer Raum, dessen topologische

[1] Fréchet; Hausdorff; Weyl.

Zuordnung sich auf diese Weise mittels eines passend gewählten Umgebungssystems induzieren läßt, heißt ein *Umgebungsraum*.

Beispiele: die Zahlengerade, die Zahlenebene.

Weitere Beispiele von Umgebungsräumen:

1°. R sei die Einheitsstrecke $0 \leqq p \leqq 1$, D die Menge aller Zahlen $1/n$, $n = 1, 2, 3, \ldots$ Ist $0 < p < 1$, so sei $J(p)$ ein beliebiges offenes Teilintervall von R, welches p enthält; ist $p = 0$, bzw. $p = 1$, so sei $J(p)$ ein Halbintervall $0 \leqq t < a$ bzw. $a < t \leqq 1$, wobei a zwischen 0 und 1 liegt, und sonst beliebig ist. Falls $p \neq 0$ ist, so soll jedes $J(p)$ eine Umgebung von p sein. Dagegen werden als Umgebungen der Null alle Mengen von der Gestalt $J(0) - D$ und nur diese zugelassen.

2°. R sei die Menge aller Punkte der Halbebene $y \geqq 0$ (es sind x und y Cartesische Koordinaten). Ist $p = (x, y)$ und $y > 0$, so soll jede offene Kreisscheibe mit dem Mittelpunkt p und einem Radius $< y$ Umgebung von p sein. Ist aber $y = 0$, so bestehe eine Umgebung von p aus dem Punkt p selbst und aus allen Punkten einer beliebigen offenen Kreisscheibe, die in der Halbebene $y > 0$ liegt und deren Randkreis die x-Achse im Punkte p berührt[1].

7. Verschiedene Umgebungssysteme in einer und derselben Menge können in dieser Menge dieselbe topologische Zuordnung induzieren. So wird z. B. die topologische Zuordnung auf der Zahlengerade durch jedes der folgenden Umgebungssysteme induziert:

a) Umgebung eines Punktes p ist jedes offene Intervall, welches diesen Punkt enthält;

b) Umgebung eines Punktes p ist jedes offene Intervall mit rationalen Endpunkten, welches den Punkt p enthält;

c) Umgebung eines Punktes p ist jedes Intervall mit p als Mittelpunkt.

d) Umgebung eines Punktes p ist jedes Intervall von der Form $\left(p - \frac{1}{n}, p + \frac{1}{n}\right)$.

In den unter c) und d) genannten Umgebungssystemen kann man unter einem Intervall nach Belieben ein offenes oder ein abgeschlossenes Intervall verstehen.

Zwei Umgebungssysteme in einer und derselben Menge R heißen *gleichwertig*, wenn sie in R dieselbe topologische Zuordnung induzieren.

Ist R ein allgemein-topologischer Raum, so heißt jedes Umgebungssystem in R, welches die (den Raum R definierende) topologische Zuordnung induziert, ein *Umgebungssystem des allgemein-topologischen Raumes* R (oder ein *den Raum* R *definierendes* Umgebungssystem).

Umgebungssysteme werden gewöhnlich mit $\mathfrak{U}, \mathfrak{V}, \ldots$ bezeichnet. Ausführlicher schreiben wir: $\mathfrak{U} = \{U(p)\}$ — das heißt, daß das Umgebungssystem $\mathfrak{U}$ aus den Umgebungen $U(p)$ der Elemente p (einer Menge R) besteht.

Hausdorffsches Gleichwertigkeitskriterium. *Zwei Umgebungssysteme* $\mathfrak{U} = \{U(p)\}$ *und* $\mathfrak{V} = \{V(p)\}$ *in einer und derselben*

[1] Dieses Beispiel rührt von Herrn NIEMYTZKI her (vgl. § 6, Nr. 3).

Menge R sind dann und nur dann gleichwertig, falls für ein beliebiges $p \subset R$ jedes $U(p)$ ein $V(p)$ und jedes $V(p)$ ein $U(p)$ enthält.

Beweis. Wir nehmen zuerst an, daß ein bestimmtes $U(p)$ — etwa $U_1(p_1)$ — kein $V(p_1)$ enthält, und folgern daraus, daß $\mathfrak{U}$ und $\mathfrak{V}$ nicht gleichwertig sind. Denn unter unserer Voraussetzung enthält jedes $V(p_1)$ mindestens einen Punkt von $R - U_1(p_1)$, so daß p_1 Berührungspunkt von $R - U_1(p_1)$ im Sinne der durch $\mathfrak{V}$ induzierten topologischen Zuordnung ist. Da aber p_1 eine zu $R - U_1(p_1)$ fremde Umgebung des Systems $\mathfrak{U}$, nämlich $U_1(p_1)$ besitzt, ist p_1 kein Berührungspunkt von $R - U_1(p_1)$ im Sinne der durch $\mathfrak{U}$ induzierten topologischen Zuordnung. Die beiden Zuordnungen sind somit verschieden und die Umgebungssysteme $\mathfrak{U}$ und $\mathfrak{V}$ nicht gleichwertig.

Jetzt nehmen wir umgekehrt an, daß jedes $U(p)$ ein $V(p)$, jedes $V(p)$ ein $U(p)$ enthält, und beweisen die Gleichwertigkeit von $\mathfrak{U}$ und $\mathfrak{V}$. Es sei p ein Berührungspunkt der Menge M etwa im Sinne der durch $\mathfrak{U}$ induzierten topologischen Zuordnung. Da jedes $V(p)$ ein $U(p)$ enthält, und jedes $U(p)$ einen nicht leeren Durchschnitt mit M hat, hat auch jedes $V(p)$ einen nicht leeren Durchschnitt mit M, d. h. p ist Berührungspunkt von M im Sinne der durch $\mathfrak{V}$ induzierten topologischen Zuordnung, w. z. b. w.

8. Anwendung auf metrisierbare Räume. Sphärische bzw. ε-Umgebungen. Wir betrachten einen Punkt p des allgemein-metrischen Raumes R und eine positive Zahl ε. Die Menge aller Punkte x von R, die der Bedingung $\varrho(p, x) < \varepsilon$ genügen, nennt man *sphärische Umgebung*, und zwar *sphärische Umgebung* vom Radius ε (kurz: *ε-Umgebung*) des Punktes p; man bezeichnet sie mit $U(p, \varepsilon)$.

Satz II. *Jeder allgemein-metrisierbare Raum ist ein Umgebungsraum.*

Beweis. Der allgemein-metrisierbare Raum R sei in einer festen Metrik $\varrho(a, b)$ gedacht. Es folgt aus den Definitionen der Nr. 3, daß das System der sphärischen Umgebungen in R und die diesen Umgebungen zugrunde liegende Metrik dieselbe topologische Zuordnung in R induzieren, w. z. b. w.

Korollar. *Zwei Metriken $\varrho(a, b)$ und $\varrho'(a, b)$ in einer und derselben Menge R sind dann und nur dann topologisch gleichwertig, wenn bei fester* (aber beliebiger) *Wahl von $p \subset R$ es zu jedem $\varepsilon > 0$ ein $\delta > 0$ gibt, so daß $U(p, \varepsilon) \supset U'(p, \delta)$ und $U'(p, \varepsilon) \supset U(p, \delta)$ ist.*

Beweis. Das Korollar ergibt sich aus dem soeben bewiesenen Satz und dem Hausdorffschen Gleichwertigkeitskriterium.

Aufgabe 1. Wie sehen die sphärischen Umgebungen in den in Nr. 4 definierten allgemein-metrischen Räumen aus?

Aufgabe 2. Der Leser beweise (durch Anwendung des Dreiecksaxioms!):

Satz III. *Die sphärischen Umgebungen eines metrischen Raumes sind offene Mengen.*

Aufgabe 3 (HAUSDORFF). Der Leser beweise, daß, wenn $\varrho(a, b)$ eine beliebige Metrik in einer Menge R ist, man durch

$$\varrho'(a, b) = \frac{\varrho(a, b)}{1 + \varrho(a, b)}$$

eine topologisch-gleichwertige Metrik erhält. Ist $\varrho(a, b)$ eigentlich, so gilt dasselbe auch von $\varrho'(a, b)$. Des weiteren ist für jedes Paar (a, b) stets $\varrho'(a, b) < 1$.

Wir wollen diesem Resultat für metrische Räume gleich die Form eines allgemeinen Satzes geben.

Satz IV. *Unter den* (eigentlichen) *Metriken eines metrisierbaren Raumes gibt es solche, bei denen der Raum beschränkt ist* (d. h. einen endlichen Durchmesser besitzt).

Bemerkung. Der Übergang von einer Metrik zu einer topologisch-gleichwertigen heißt eine *Ummetrisierung* (des gegebenen metrischen Raumes). Man kann also das letzte Resultat kurz wie folgt aussprechen: *Jeder metrische Raum läßt sich in einen beschränkten metrischen Raum ummetrisieren.*

9. Relativierung[1]. Jede Punktmenge A eines allgemein-topologischen Raumes R wird selbst zu einem topologischen Raum, zum *Relativraum A* in bezug auf R, wenn man für jede Teilmenge M von A als abgeschlossene Hülle von M *in* A den Durchschnitt $A \cdot \overline{M}$ von A mit der abgeschlossenen Hülle $\overline{M}$ von M in R versteht. *Dieser Übergang von der topologischen Zuordnung in R zu der soeben erklärten topologischen Zuordnung in A heißt Relativierung* (genauer: Relativierung in bezug auf A der in R gegebenen topologischen Zuordnung).

Wenn man von einer Punktmenge eines allgemein-topologischen Raumes R als von einem Raume spricht, meint man immer den Relativraum in bezug auf R.

Nicht nur die topologische Zuordnung, sondern auch die Konvergenz, die Metrik, der Umgebungsbegriff lassen sich relativieren. Am selbstverständlichsten ist die Relativierung der Metrik: ist in R eine Metrik gegeben, so auch erst recht in $A \subset R$; ist R ein allgemein- bzw. eigentlich-metrischer bzw. metrisierbarer Raum, so auch A.[2]

Beispiel: *die n-dimensionalen Sphären.* Im R^{n+1} (als allgemein-metrischer Raum definiert in Nr. 4) betrachten wir die Menge aller Punkte $(t_1, \ldots, t_{n+1})$, deren Koordinaten der Gleichung

$$(t_1 - a_1)^2 + \cdots + (t_{n+1} - a_{n+1})^2 = \varrho^2$$

genügen, wobei die a_i reelle Zahlen sind und $\varrho > 0$ ist. Diese Punktmenge heißt die *n-dimensionale Sphäre des R^{n+1} mit dem Mittelpunkt $a = (a_1, \ldots, a_{n+1})$ und dem Radius ϱ*; sie wird mit $S^n(a, \varrho)$ bezeichnet.

[1] HAUSDORFF.

[2] Dabei kann A unter Umständen ein metrischer Raum sein, wenn auch R nur allgemein-metrisch ist (Beispiel: ebenes Stück in einer Gebirgslandschaft mit der Metrik des Wanderers).

Ist $o = (0, \ldots, 0)$ und $\varrho = 1$, so erhält man die Einheitssphäre $S^n(o, 1)$ des R^{n+1}. Die Einheitssphäre des R^{n+1}, als metrischer Raum[1] betrachtet, wird kurz die *n-dimensionale Einheitssphäre* genannt und mit S^n bezeichnet.

Die Relativierung (in bezug auf A) eines Umgebungssystems $\mathfrak{U} = \{U(p)\}$ besteht darin, daß man für jeden Punkt p von A die Mengen $A \cdot U(p)$ konstruiert. Sie heißen *Umgebungen von p in bezug auf A* (oder auch Umgebungen von *p in A*). Das aus $\mathfrak{U}$ auf diese Weise gewonnene Umgebungssystem $\mathfrak{U}_A$ in A induziert in A gerade die topologische Zuordnung, die mittels Relativierung aus der von $\mathfrak{U}$ in R induzierten Zuordnung hervorgeht.

Hieraus folgt: *Ein Umgebungsraum geht durch Relativierung wieder in einen Umgebungsraum über.*

Definition. Eine Eigenschaft eines allgemein-topologischen Raumes heißt nach HAUSDORFF *kogredient*, wenn daraus, daß sie für einen Raum R gilt, ihre Geltung für jeden *Relativraum von R folgt*.

Wir können also sagen: *Die Eigenschaft eines allgemein-topologischen Raumes, ein Umgebungsraum zu sein, ist kogredient.*

Aufgabe. Man definiere in sinngemäßer Weise die Relativierung des Konvergenzbegriffes.

10. Produktbildung. Sind X und Y irgend zwei Mengen, so heißt bekanntlich die Menge aller Paare (x, y), wobei x ein Element von X und y ein Element von Y ist, das *Produkt* von X und Y. Es wird mit $X \times Y$ bezeichnet. Liegen drei Mengen X, Y, Z vor, so wird ein für allemal die Konvention gemacht, daß zwischen den Begriffen $((x, y); z)$, $(x; (y, z))$ und (x, y, z) nicht unterschieden wird[2]. Diese Konvention erlaubt, die obige Produktbildung als eine assoziative Mengenoperation zu betrachten. Somit werden wir auch ohne weiteres vom Produkt der n Mengen $X_1, X_2, \ldots, X_n$ als von der Menge aller n-Tupel $(x_1, x_2, \ldots, x_n)$, wobei x_i ein Element von X_i ist, sprechen.

Es sei jetzt in X und in Y je ein Umgebungssystem $\mathfrak{U} = \{U(x)\}$ bzw. $\mathfrak{V} = \{V(y)\}$ gegeben. Indem wir für jedes (x, y) das Produkt einer beliebigen $U(x)$ mit einer beliebigen $U(y)$ als Umgebung erklären, erhalten wir in $X \times Y$ ein Umgebungssystem, welches wir das Produkt der beiden Umgebungssysteme $\mathfrak{U}$ und $\mathfrak{V}$ nennen und mit $\mathfrak{U} \times \mathfrak{V}$ bezeichnen. Eine Anwendung des Hausdorffschen Gleichwertigkeitskriteriums zeigt leicht, daß, wenn $\mathfrak{U}$ mit $\mathfrak{U}'$ und $\mathfrak{V}$ mit $\mathfrak{V}'$ gleichwertig sind, auch $\mathfrak{U} \times \mathfrak{V}$ mit $\mathfrak{U}' \times \mathfrak{V}'$ gleichwertig ist. Hieraus ergibt sich:

Definition. Es seien X und Y zwei Umgebungsräume. Der Umgebungsraum, zu dem $X \times Y$ wird, wenn man das Produkt eines Um-

[1] In Nr. 11 wird bewiesen, daß der R^{n+1}, folglich auch die $S^n(a, \varrho)$, nicht nur allgemein-metrische Räume, sondern auch metrische Räume sind.

[2] An und für sich sind diese Begriffe verschieden, denn $((x, y); z)$ ist ein Paar mit den Elementen (x, y) und z, während (x, y, z) ein Tripel mit den Elementen x, y, z ist.

gebungssystems von X und eines Umgebungssystems von Y als Umgebungssystem in $X \times Y$ betrachtet, heißt das *topologische Produkt* von X und Y. Er hängt von der Wahl der beiden Umgebungssysteme von X bzw. Y nicht ab.

11. Metrisches Produkt. Euklidische Räume. Sind X und Y allgemein-metrische Räume mit den Metriken $\varrho(x, x')$ und $\varrho(y, y')$, so führen wir in $X \times Y$ die Metrik

$$(1) \qquad \varrho((x, y), (x', y')) = \sqrt{\varrho(x, x')^2 + \varrho(y, y')^2}$$

ein und nennen den so aus $X \times Y$ gewonnenen allgemein-metrischen Raum das *metrische Produkt* von X und Y. Man überzeugt sich leicht, daß die Metrik (1) eine Metrik des topologischen Produktes von X und Y ist, d. h. daß die von der Metrik (1) induzierte topologische Zuordnung in $X \times Y$ diejenige ist, die man bekommt, wenn man die allgemein-metrischen Räume X und Y als Umgebungsräume und $X \times Y$ als ihr topologisches Produkt auffaßt. Dieselbe topologische Zuordnung würde man übrigens auch erhalten, wenn man in $X \times Y$ nicht die Metrik (1), sondern

$$(1_1) \qquad \varrho((x, y), (x', y')) = \varrho(x, x') + \varrho(y, y'),$$

oder auch allgemein

$$(1_p) \qquad \varrho((x, y), (x', y')) = +\sqrt[p]{[\varrho(x, x')]^p + [\varrho(y, y')]^p}$$

mit $p \geqq 1$ einführen wollte[1].

Satz V. *Das metrische Produkt zweier metrischer Räume ist ein metrischer Raum.*

Beweis. Es ist zu zeigen, daß die Metrik (1) die Axiome des metrischen Raumes erfüllt, falls $\varrho(x, x')$ und $\varrho(y, y')$ diese Axiome erfüllen. Für die ersten beiden Axiome ist das klar.

Das Dreiecksaxiom ist Folge des allgemeinen Satzes: Sind a, b, c, a', b', c' reelle nicht-negative Zahlen mit $a + b \geqq c$, $a' + b' \geqq c'$, so ist

$$(2)^{[2]} \qquad \sqrt{a^2 + a'^2} + \sqrt{b^2 + b'^2} \geqq \sqrt{c^2 + c'^2}.$$

Denn setzt man in der Formel (2)

$$a = \varrho(x, x'), \quad b = \varrho(x', x''), \quad c = \varrho(x, x'');$$
$$a' = \varrho(y, y'), \quad b' = \varrho(y', y''), \quad c' = \varrho(y, y'')$$

[wobei x, x', x'' bzw. y, y', y'' irgend drei Punkte von X bzw. Y und folglich (x, y), (x', y'), (x'', y'') drei beliebige Punkte von $X \times Y$

---

[1] Hausdorff, Mengenlehre, S. 98–102.

[2] Beweis der Formel (2):

$$\begin{aligned}(\sqrt{a^2 + a'^2} + \sqrt{b^2 + b'^2})^2 &= a^2 + a'^2 + b^2 + b'^2 + 2\sqrt{(a^2 + a'^2)(b^2 + b'^2)} \\ &= a^2 + a'^2 + b^2 + b'^2 + 2\sqrt{(ab + a'b')^2 + (ab' - a'b)^2} \\ &\geqq a^2 + a'^2 + b^2 + b'^2 + 2(ab + a'b') \\ &= (a + b)^2 + (a' + b')^2 \geqq c^2 + c'^2.\end{aligned}$$

sind], so sind die Voraussetzungen unseres Satzes erfüllt, und (2) verwandelt sich in

$$\varrho((x, y), (x', y')) + \varrho((x', y'), (x'', y'')) \geqq \varrho((x, y), (x'', y'')).$$

Wir wenden diese Betrachtungen auf den Fall der Euklidischen Räume an.

Unter dem *n-dimensionalen Euklidischen Raum* R^n verstehen wir, wie bereits erwähnt (Nr. 4), den allgemein-metrischen Raum, den man bekommt, wenn man in die Menge aller n-Tupel reeller Zahlen $(x_1, x_2, \ldots, x_n)$ die Metrik

$$\varrho((x_1, x_2, \ldots, x_n), (x'_1, x'_2, \ldots, x'_n)) = \sqrt{(x_1 - x'_1)^2 + \cdots + (x_n - x'_n)^2}$$

einführt. Die Zahlen $x_1, \ldots, x_n$ heißen bekanntlich die Koordinaten des Punktes $p = (x_1, \ldots, x_n)$. Aus dieser Definition (und der in Nr. 10 gemachten Konvention) folgt, daß R^n das metrische Produkt von R^{n-1} und R^1 ist. Da aber die Axiome des metrischen Raumes für den R^1 erfüllt sind, überzeugt man sich durch vollständige Induktion, daß sie auch für den R^n gelten.

Aufgabe. Wählt man im metrischen Produkt die Metrik (1_1) bzw. (1_p) mit $p > 1$ anstatt (1), so erhält man ebenfalls einen metrischen Raum.

12. Der Hilbertsche Raum. Aus dem Dreiecksaxiom für den R^n (das wir soeben als gültig erwiesen haben) folgt [wenn man die drei Punkte $(t_1, \ldots, t_n)$, $(0, \ldots, 0)$, $(t'_1, \ldots, t'_n)$ betrachtet]:

$$\sqrt{\sum_1^n t_k^2} + \sqrt{\sum_1^n t_k'^2} \geqq \sqrt{\sum_1^n (t_k - t'_k)^2}. \tag{3}$$

Da dies für beliebiges n gilt, ergibt sich mittels eines Grenzübergangs der Schluß: Sind die Folgen reeller Zahlen $t_1, t_2, \ldots, t_k, \ldots$ und $t'_1, t'_2, \ldots, t'_k, \ldots$ so gewählt, daß die Reihen $\sum t_k^2$ und $\sum t_k'^2$ konvergent sind, so konvergiert auch $\sum (t_k - t'_k)^2$.

Wir definieren jetzt den *Hilbertschen Raum* R^∞ (als die unendlichdimensionale Verallgemeinerung der Euklidischen Räume) folgendermaßen. Seine Punkte sind unendliche Folgen reeller Zahlen:

$$p = (t_1, t_2, \ldots, t_k, \ldots),$$

die der einzigen Bedingung unterworfen sind, daß ihre Quadrate eine konvergente Reihe $\sum t_k^2$ bilden. Als Entfernung zwischen

$$p = (t_1, t_2, \ldots, t_k, \ldots) \text{ und } p' = (t'_1, t'_2, \ldots, t'_k, \ldots)$$

definieren wir

$$\varrho(p, p') = \sqrt{\sum (t_k - t'_k)^2};$$

daß diese Entfernungsdefinition einen Sinn hat (d. h. daß sie für je zwei Punkte des Hilbertschen Raumes eine endliche Zahl als Entfernung liefert), folgt aus der zu Beginn dieser Nummer gemachten Bemerkung. Daß sie den ersten beiden Axiomen des metrischen Raumes genügt, ist klar. Daß sie auch das Dreiecksaxiom

$$\sqrt{\sum (t_k - t'_k)^2} + \sqrt{\sum (t'_k - t''_k)^2} \geqq \sqrt{\sum (t_k - t''_k)^2}$$

erfüllt, ergibt sich durch Grenzübergang aus der für jedes n als gültig erwiesenen Formel

$$\sqrt{\sum_1^n (t_k - t'_k)^2} + \sqrt{\sum_1^n (t'_k - t''_k)^2} \geqq \sqrt{\sum_1^n (t_k - t''_k)^2}.$$

Die Menge aller Punkte des Hilbertschen Raumes, deren Koordinaten t_k den Ungleichungen $0 \leqq t_k \leqq 1/k$, $k = 1, 2, \ldots$, genügen, heißt der *Fundamentalquader des Hilbertschen Raumes.*

§ 2. Topologische Räume.

1. Definition. Die Axiome von Kuratowski. Ein allgemein-topologischer Raum heißt ein *topologischer Raum*, wenn seine topologische Zuordnung den folgenden *Axiomen von* Kuratowski genügt:

Axiom I. *Die abgeschlossene Hülle der Vereinigungsmenge zweier Punktmengen ist die Vereinigungsmenge der abgeschlossenen Hüllen der beiden Punktmengen:*

(1) $$\overline{A + B} = \bar{A} + \bar{B}.$$

Axiom II. *Jede Punktmenge ist in ihrer abgeschlossenen Hülle enthalten:*

(2) $$A \subset \bar{A}.$$

Man kann das Axiom II auch so aussprechen:

Jeder Punkt einer Punktmenge ist Berührungspunkt dieser Punktmenge.

Axiom III. *Ist A eine Punktmenge, $\bar{A}$ ihre abgeschlossene Hülle, so ist jeder Berührungspunkt von $\bar{A}$ in $\bar{A}$ enthalten:*

$$\bar{\bar{A}} \subset \bar{A}.$$

Da nach II notwendig $\bar{A} \subset \bar{\bar{A}}$ ist, wird in unserem Axiomensystem nichts geändert, wenn wir Axiom III durch die Forderung

(3) $$\bar{\bar{A}} = \bar{A}$$

ersetzen.

Axiom IV. *Die leere Menge hat keinen einzigen Berührungspunkt:*

(4) $$\bar{0} = 0.$$

Mit Hilfe der Begriffe abgeschlossene und offene Menge (§ 1, Nr. 1) können wir die Axiome III und IV auch so aussprechen:

III′. *Die abgeschlossene Hülle einer jeden Punktmenge ist abgeschlossen.*

IV′. *Der ganze Raum R ist offen.*

Da die abgeschlossene Hülle einer jeden Punktmenge (also auch der Menge aller Punkte von R) eine (echte oder unechte) Teilmenge von R ist, ist R abgeschlossen. Diese Tatsache und IV′ können wir zusammenfassen:

Satz I. *Der ganze Raum und die leere Menge sind sowohl offen als auch abgeschlossen.*

Aufgabe. Der Leser diskutiere die im § 1 gegebenen Beispiele allgemein-topologischer Räume und stelle fest, welche von ihnen topologische Räume sind.

2. Zellensysteme als Beispiele topologischer Räume. Wir knüpfen an das in § 1, Nr. 1, unter 4° gegebene Beispiel eines allgemein-topologischen Raumes an; der Leser bestätigt ohne Mühe, daß die topologische Zuordnung dieses Raumes die vier Axiome von Kuratowski erfüllt, daß somit dieser Raum topologisch ist.

Als Verallgemeinerung dieses Beispiels denken wir uns irgendeine Menge von konvexen Zellen[1] beliebiger Dimensionszahlen.

Diese Zellen und ihre Seiten aller Dimensionszahlen $\geqq 0$ seien die Punkte des zu konstruierenden Raumes R. Als abgeschlossene Hülle eines Punktes p, der ja eine konvexe Zelle ist, definieren wir die aus p und allen Seiten von p bestehende endliche Menge. Als abgeschlossene Hülle einer beliebigen Menge $M \subset R$ erklären wir sodann die Summe der abgeschlossenen Hüllen der einzelnen Punkte von M.

Die Axiome I—IV sind offenbar erfüllt.

Es ist auch die folgende Verschärfung des Axioms I erfüllt:

I′. *Die abgeschlossene Hülle der Summe von beliebig vielen Punktmengen des Raumes ist die Summe der abgeschlossenen Hüllen dieser Punktmengen.*

Räume, die die Bedingungen I′, II, III, IV genügen, sollen *diskrete Räume* genannt werden.

Die diskreten Räume umfassen als Spezialfall die Komplexe der kombinatorischen Topologie (vgl. Kap. III, § 1, Nr. 8 sowie Kap. IV, § 1).

3. Metrisierbare Räume als Spezialfall der topologischen Räume.

Satz. *Jeder metrisierbare Raum ist topologisch.*

Beweis. Infolge des Identitätsaxioms (§ 1, Nr. 3) erfüllt die von einer eigentlichen Metrik induzierte topologische Zuordnung das Axiom II; sie erfüllt auch das Axiom IV.

Wir zeigen jetzt, daß das Axiom I erfüllt ist. Aus den elementaren Eigenschaften der unteren Grenze einer Zahlenmenge folgt, daß $\varrho(p, A+B)$ die kleinere unter den beiden Zahlen $\varrho(p, A)$ und $\varrho(p, B)$ ist, folglich ist $\varrho(p, A+B)$ dann und nur dann Null, wenn mindestens eine der Zahlen $\varrho(p, A)$, $\varrho(p, B)$ Null ist. Das bedeutet aber gerade $\overline{A+B} = \overline{A} + \overline{B}$, d. h. die Gültigkeit von Axiom I.

[1] Wegen der Definition der konvexen Zellen siehe Anhang II, § 4.

Eine von einer eigentlichen Metrik induzierte topologische Zuordnung erfüllt auch das Axiom III. Denn ist p ein Berührungspunkt von $\bar{A}$, so gibt es zu jedem $\varepsilon > 0$ einen Punkt $p' \subset \bar{A}$, welcher von p um weniger als ε entfernt ist; zu $p' \subset \bar{A}$ gibt es einen Punkt $p'' \subset A$ mit $\varrho(p', p'') < \varepsilon$; daraus folgt: $\varrho(p, p'') \leqq \varrho(p, p') + \varrho(p', p'') < 2\varepsilon$. Da $p'' \subset A$ und ε beliebig klein ist, ist $\varrho(p, A) = 0$, also $p \subset A$, w. z. b. w.

Bemerkung I. Aus dem Identitätsaxiom folgt, daß die topologische Zuordnung eines metrischen Raumes außer den vier Axiomen von Kuratowski noch die folgende fünfte Bedingung erfüllt:

Eine Menge, die nur einen einzigen Punkt p enthält, hat keinen von p verschiedenen Berührungspunkt:

$$\bar{p} = p.$$

Auf diese wichtige Bedingung kommen wir in § 4 zu sprechen.

Bemerkung II. Der obige Beweis zeigt, daß die Axiome I und IV auch für die allgemein-metrisierbaren Räume gelten.

4. Abgeschlossene und offene Mengen. Wir setzen einen beliebigen topologischen Raum R voraus. Wir wissen bereits (§ 1, Nr. 1):

Eine Punktmenge heißt *abgeschlossen*, wenn sie alle ihre Berührungspunkte enthält.

Wegen Axiom II können wir jetzt sagen:

Eine Punktmenge ist abgeschlossen, wenn sie mit ihrer abgeschlossenen Hülle identisch ist.

Da die offenen Mengen als Komplementärmengen zu den abgeschlossenen definiert wurden (§ 1, Nr. 1), gilt:

Das Komplement einer abgeschlossenen Menge ist offen, das Komplement einer offenen Menge ist abgeschlossen.

Ferner:

Satz II. *Aus $A \subset B$ folgt $\bar{A} \subset \bar{B}$.*

Beweis. Wegen $A \subset B$ ist $B = A + B$, $\bar{B} = \bar{A} + \bar{B}$, also $\bar{A} \subset \bar{B}$.

Satz III. *Die Summe endlich-vieler und der Durchschnitt beliebig-vieler abgeschlossener Mengen sind abgeschlossen.*

Beweis. Die Behauptung für Summen folgt unmittelbar aus Axiom I und der Definition der abgeschlossenen Mengen.

Es liege ein beliebiges System $\mathfrak{S}$ von abgeschlossenen Mengen des topologischen Raumes R vor; es seien F die Elemente von $\mathfrak{S}$ und F der Durchschnitt aller dieser F. Nach Satz II ist $\bar{\mathsf{F}}$ in jedem F, also auch in F enthalten, w. z. b. w.

Aus den Anfangsgründen der Mengenlehre[1] kennt man folgenden Satz:

Für ein beliebiges Mengensystem $\mathfrak{S} = \{M\}$ gilt

$$R - \sum_{\mathfrak{S}} M = \prod_{\mathfrak{S}} (R - M)$$

[1] Z. B. Hausdorff: Mengenlehre, S. 19.

Dieser Satz erlaubt aus Satz III und der Definition der offenen Mengen sofort abzuleiten:

Satz III'. *Der Durchschnitt endlich-vieler und die Summe beliebig-vieler offener Mengen sind offen.*

In den Sätzen III und III' ist enthalten:

Satz III''. *Die Differenz zwischen einer abgeschlossenen Menge und einer offenen ist abgeschlossen; die Differenz zwischen einer offenen Menge und einer abgeschlossenen ist offen.*

5. Innere und Randpunkte. Ist M eine Punktmenge des topologischen Raumes R, so bildet die Vereinigungsmenge aller in M enthaltenen offenen Mengen die größte offene Punktmenge in M; sie heißt der *offene Kern* von M. Seine Punkte heißen die *inneren Punkte* von M. Punkte von M, die keine inneren Punkte sind, heißen *Randpunkte*, die Menge der Randpunkte heißt der *Rand* von M. Die Vereinigungsmenge des Randes von M und des Randes von $R-M$ heißt die *Begrenzung* von M.

Da in dieser Definition M und $R-M$ symmetrisch auftreten, haben M und sein Komplement $R-M$ dieselbe Begrenzung. Bezeichnet man den offenen Kern von M mit $J(M)$, so ist die gemeinsame Begrenzung von M und $R-M$ offenbar identisch mit der Menge

$$R - \{J(M) + J(R - M)\}.$$

Da die Menge in der geschweiften Klammer offen ist, ist die *Begrenzung einer jeden Punktmenge abgeschlossen*. Bei abgeschlossenen Mengen stimmt die Begrenzung mit dem Rande, bei offenen mit dem Rande des Komplementes überein (denn die offenen Mengen sind unter allen Punktmengen dadurch ausgezeichnet, daß sie keine Randpunkte, also keinen Rand besitzen).

Einfache Beispiele:

1) M sei eine abgeschlossene Kreisscheibe in der Ebene R^2. Dann ist der Randkreis zugleich Rand und Begrenzung von M; es ist $R^2 - M$ offen, also ohne Rand.

2) $M \subset R^2$ sei eine offene Kreisscheibe. Dann ist der Randkreis Begrenzung von M und Rand von $R^2 - M$.

3) $M \subset R^2$ bestehe aus einer offenen Kreisscheibe und einer Strecke, die, in einem Punkte des Randkreises beginnend, nach außen weist. Der Rand von M besteht aus den Punkten der Strecke, die Begrenzung aus den Punkten der Strecke und den Punkten des Randkreises.

4) R sei der dreidimensionale Raum R^3, M eine offene Kreisscheibe. Alle Punkte von M sind Randpunkte, so daß die Menge M mit ihrem Rande zusammenfällt. Die Begrenzung von M ist die abgeschlossene Kreisscheibe; sie enthält also die Menge M als echte Teilmenge.

5) R ist die Zahlengerade R^1, M die Menge der rationalen Punkte derselben. Die Begrenzung von M fällt mit R^1 zusammen.

Satz IV. *Ist G offen und zu M fremd, so ist G auch zu $\overline{M}$ fremd.*

Denn aus $M \subset R - G$ folgt nach Satz II $\overline{M} \subset \overline{R - G} = R - G$.

Bemerkung. Die Sätze I bis IV benutzen nicht das Axiom III.

6. Erzeugung der topologischen Zuordnung durch Auszeichnung der abgeschlossenen Mengen.

Satz V. *Der Durchschnitt aller abgeschlossenen Mengen, die die gegebene Punktmenge M enthalten, ist die Menge $\overline{M}$.*

Beweis. Es seien: F eine beliebige abgeschlossene Menge $\supset M$, F der Durchschnitt aller dieser F. Da $\overline{M}$ abgeschlossen, also selbst ein F ist, ist jedenfalls $\mathsf{F} \subset \overline{M}$. Andererseits folgt aus $F \supset M$, daß

$F = M + F$ ist, also auch $F = \overline{F} = \overline{M} + \overline{F}$ und folglich $\overline{M} \subset F$; da dies für jedes F gilt, ist $\overline{M} \subset \mathsf{F}$, somit $\overline{M} = \mathsf{F}$, w. z. b. w.

Aus diesem Satz folgt, *daß man in einem topologischen Raum die topologische Zuordnung vollständig kennt, sobald man weiß, welches die abgeschlossenen Mengen dieses Raumes sind.*

Nun genügt aber, wie wir wissen, das System der abgeschlossenen Mengen eines topologischen Raumes den folgenden Bedingungen:

α) *Die Summe endlich-vieler und der Durchschnitt beliebig-vieler abgeschlossener Mengen sind abgeschlossen;*

β) *die leere Menge und der ganze Raum sind abgeschlossen.*

Das führt uns zum

Satz VI. 1°. *Wenn man in einer Menge E unter Geltung der Bedingungen α) und β) gewisse, sonst ganz beliebige Teilmengen Φ als „abgeschlossen" erklärt und die abgeschlossene Hülle einer beliebigen Punktmenge M als den Durchschnitt aller die Menge M enthaltenden „abgeschlossenen" Mengen definiert, so erhält man einen topologischen Raum R.*

2°. *Die abgeschlossenen Punktmengen, die der soeben definierten topologischen Zuordnung im Raume R entspringen, sind mit den „abgeschlossenen" Mengen Φ identisch.*

3°. *Jeder topologische Raum kann auf diese Weise erhalten werden.*

Beweis von 2°. Ist Φ_1 eine beliebige „abgeschlossene" Menge, so ist in R:

$$\overline{\Phi}_1 = \prod_{\Phi \supset \Phi_1} \Phi,$$

also (da Φ_1 unter den $\Phi \supset \Phi_1$ vorkommt) $\overline{\Phi}_1 \subset \Phi_1$, und Φ_1 abgeschlossen.

Ist andererseits F eine beliebige abgeschlossene Menge des Raumes R, so ist $F \supset \overline{F} = \prod_{\Phi \supset F} \Phi \supset F$, also $F = \prod_{\Phi \supset F} \Phi$ und nach β) die Menge F „abgeschlossen".

Beweis von 1°. Es ist zu zeigen, daß die in E definierte topologische Zuordnung den Axiomen I bis IV von KURATOWSKI genügt.

Zunächst folgt aus unseren Voraussetzungen unmittelbar, daß die abgeschlossene Hülle einer jeden Menge „abgeschlossen", also auch in R abgeschlossen, ist und die gegebene Menge enthält. Die Bedingungen II und III sind also erfüllt.

Da die leere Menge „abgeschlossen" ist, ist IV erfüllt.

Es seien A und B zwei Teilmengen von R. Wir bezeichnen mit Φ_{A+B} eine beliebige „abgeschlossene" Menge $\Phi \supset A + B$; da jedes Φ_{A+B} sowohl A als auch B enthält, sind $\overline{A}$ und $\overline{B}$ im Durchschnitt aller Φ_{A+B}, d. h. in $\overline{A+B}$ enthalten: $\overline{A} + \overline{B} \subset \overline{A+B}$. Da andererseits $\overline{A} + \overline{B}$ nach α) „abgeschlossen" ist und $A + B$ enthält, ist $\overline{A} + \overline{B}$ ein Φ_{A+B}, und der Durchschnitt aller Φ_{A+B}, d. h. die Menge $\overline{A+B}$, muß in $A + \bar{B}$ enthalten sein: $\overline{A + B} \subset \bar{A} + \bar{B}$. Es ist somit $\overline{A + B} = \bar{A} + \bar{B}$, und Axiom I ist erfüllt.

Beweis von 3° — ist in den Sätzen III, I, V enthalten.

7. Topologische Räume als Umgebungsräume. Absolutes Umgebungssystem.

Definition. Jede offene Menge, die einen gegebenen Punkt $p \subset R$ enthält, heißt *absolute Umgebung* dieses Punktes.

Das System aller absoluten Umgebungen eines topologischen Raumes R heißt das *absolute Umgebungssystem des Raumes R.*

Um diese Definition zu rechtfertigen, muß man zeigen, daß das absolute Umgebungssystem tatsächlich ein Umgebungssystem *des Raumes R* ist (§ 1, Nr. 6). Zu beweisen ist mit anderen Worten der

Satz VII. *Der Punkt p ist dann und nur dann Berührungspunkt der Menge M, wenn jede absolute Umgebung von p mindestens einen Punkt von M enthält.*

Beweis. Es enthalte jede $U(p)$ mindestens einen Punkt von M. Wir wählen eine beliebige abgeschlossene Menge $F \supset M$; da die offene Menge $R - F$ gewiß keinen Punkt von M enthält, enthält sie laut unserer Voraussetzung auch p nicht; es ist also $p \subset F$. Da dies für jede abgeschlossene Menge $F \supset M$ gilt, ist nach Satz V $p \subset \bar{M}$.

Es sei umgekehrt $p \subset \bar{M}$; die absolute Umgebung $U(p)$ sei beliebig gewählt. Da $\bar{M} \cdot U(p) \neq 0$ ist, ist nach Satz IV auch $M \cdot U(p) \neq 0$, w. z. b. w.

Korollar. *Jeder topologische Raum ist ein Umgebungsraum.*

Aufgabe. Der Leser beweise[1]: Der allgemein-topologische Raum R ist dann und nur dann ein Umgebungsraum, wenn seine topologische Zuordnung die folgenden Bedingungen erfüllt:

1°. Aus $A \subset B$ folgt $\bar{A} \subset \bar{B}$;

2°. $\bar{0} = 0$.

8. Basis eines topologischen Raumes. Die Hausdorffschen Umgebungsaxiome.

Definition. Ein System $\mathfrak{U}$ von offenen Mengen des topologischen Raumes R heißt eine *Basis* dieses Raumes, falls jede offene Menge Vereinigungsmenge gewisser Mengen des Systems $\mathfrak{U}$ ist.

Aus dem Hausdorffschen Gleichwertigkeitssatz (§ 1, Nr. 7) und dem Satz VII folgt, daß ein in der Menge aller Punkte des Raumes R eingeführtes Umgebungssystem $\mathfrak{U} = \{U(p)\}$ dann und nur dann den topologischen Raum R definiert, falls jede den Punkt p enthaltende offene Menge ein $U(p)$ enthält und umgekehrt. Hieraus folgt:

Satz VIII. *In dem topologischen Raum R sei ein System $\mathfrak{U}$ offener Mengen gegeben. Jede Menge des Systems $\mathfrak{U}$ sei jedem ihrer Punkte als Umgebung zugeordnet. Das so gewonnene Umgebungssystem definiert dann und nur dann den Raum R, falls $\mathfrak{U}$ eine Basis von R ist.*

[1] Der zu beweisende Satz ist von Herrn A. Markoff.

Aufgabe. Der Leser führe den Beweis dieses Satzes durch!

Satz IX. *Ein Umgebungsraum R ist dann und nur dann topologisch, falls er ein Umgebungssystem* $\mathfrak{U} = \{U(p)\}$ *besitzt mit den folgenden Eigenschaften:*

A. *Jeder Punkt p von R besitzt mindestens eine Umgebung und ist in jeder seiner Umgebungen enthalten.*

B. *Der Durchschnitt zweier Umgebungen eines und desselben Punktes enthält eine Umgebung dieses Punktes.*

C. *Liegt der Punkt q in der Umgebung U(p) des Punktes p, so besitzt er eine in U(p) enthaltene Umgebung.*

Beweis. Jeder topologische Raum besitzt ein den Bedingungen A bis C genügendes Umgebungssystem, denn sein absolutes Umgebungssystem ist ein solches.

Ist umgekehrt R ein Umgebungsraum mit einem den Bedingungen A bis C genügenden Umgebungssystem, so gelten für die topologische Zuordnung in R die Axiome I bis IV von KURATOWSKI. Es ist in der Tat Axiom IV in jedem Umgebungsraum erfüllt; Axiom II folgt unmittelbar aus A; Axiom I folgert man leicht aus B. Endlich ist Axiom III eine Folge von C: es sei in der Tat p Berührungspunkt von A; jedes $U(p)$ enthält einen Punkt $p' \subset A$ und nach C ein $U(p')$; in $U(p')$ muß aber mindestens ein Punkt von A enthalten sein, welcher somit auch in $U(p)$ liegt. Da $U(p)$ beliebig war, folgt, daß p Berührungspunkt von A ist, w. z. b. w.

Bemerkung. Die Bedingungen A, B, C sind *die ersten drei Umgebungsaxiome von* HAUSDORFF[1].

Aufgabe. Man beweise, daß die sphärischen Umgebungen (§ 1, Nr. 8) eines metrischen Raumes die Bedingungen A bis C erfüllen.

Aufgabe. Der Leser beweise folgenden

Satz IX'. *Ein Umgebungssystem definiert dann und nur dann einen topologischen Raum, falls es den Bedingungen A, B und der folgenden Bedingung C' genügt;*

C'. *Jede Umgebung* $U(p)$ *enthält eine Umgebung* $U_1(p)$ *von der Eigenschaft, daß jeder Punkt von* $U_1(p)$ *eine in* $U(p)$ *liegende Umgebung besitzt.*

Beweisskizze. Die eine Hälfte des Satzes IX' (das „dann") beweist man nach dem Muster des Satzes IX. Die zweite Hälfte folgt daraus, daß man zeigt: sind $\mathfrak{U}$ und $\mathfrak{B}$ zwei gleichwertige Umgebungssysteme, von denen das eine die Bedingungen A, B, C erfüllt, so erfüllt das andere die Bedingungen A, B, C'.

9. Erzeugung der topologischen Zuordnung durch Auszeichnung der offenen Mengen. Es seien in einer Menge E irgendwelche Teilmengen unter dem Namen *„offener"* Mengen ausgezeichnet. Wir setzen dabei voraus, daß die folgenden Bedingungen erfüllt sind:

α') *Der Durchschnitt endlich-vieler und die Summe beliebig-vieler „offener" Mengen sind „offen".*

[1] Das vierte Umgebungsaxiom von HAUSDORFF — das Hausdorffsche Trennungsaxiom — findet der Leser in § 6, Nr. 1. Besitzt ein Umgebungsraum ein Umgebungssystem, welches die vier Hausdorffschen Axiome erfüllt, so heißt er ein *Hausdorffscher Raum*. Vgl. § 6, a. a. O.

β′) Die leere Menge und die ganze Menge E sind „offen".

Wir führen jetzt in E ein Umgebungssystem ein, indem wir als Umgebung eines beliebigen Punktes jede diesen Punkt enthaltende „offene" Menge definieren. Das so gewonnene Umgebungssystem genügt, wie leicht ersichtlich, den Bedingungen A, B, C, definiert also einen topologischen Raum R. Umgekehrt wird jeder topologische Raum auf diese Weise erzeugt (nach den Sätzen VII, III′ und I).

Schließlich beweisen wir noch:

Die offenen Mengen des Umgebungsraumes R sind mit den in E a priori gegebenen „offenen" Mengen identisch. Denn ist Γ „offen", so besitzt jeder Punkt von Γ eine in Γ enthaltene Umgebung, nämlich Γ selbst, kann also nicht Berührungspunkt von $R - \Gamma$ sein. Somit enthält $R - \Gamma$ alle seine Berührungspunkte, ist also abgeschlossen, so daß Γ offen ist.

Ist andererseits G eine offene Punktmenge des Umgebungsraumes R, so enthält G zu jedem seiner Punkte p eine in G liegende Umgebung, d. h. es existiert eine „offene" Menge Γ, welche p enthält und in G enthalten ist. Das bedeutet: G ist Summe der „offenen Mengen" $\Gamma \subset G$, also nach α') selbst „offen".

Als Seitenstück zu Satz VI haben wir somit das Resultat bewiesen:

Satz X. 1°. *Wenn man in einer Menge E unter Geltung der Bedingungen α′) und β′) gewisse Teilmengen als „offene" Mengen auszeichnet und jede „offene" Menge als Umgebung eines beliebigen ihrer Punkte betrachtet, so ist der dadurch gewonnene Umgebungsraum topologisch und seine offenen Punktmengen sind mit den „offenen" Teilmengen von E identisch.*

2°. *Jeder topologische Raum kann auf diese Weise als ein Umgebungsraum erzeugt werden.*

10. Relativierung. Bereits in § 1, Nr. 9, haben wir gelernt, daß die topologische Zuordnung eines allgemein-topologischen Raumes R in jeder Punktmenge A dieses Raumes mittels Relativierung eine topologische Zuordnung erzeugt und somit A als allgemein-topologischen Raum, den *Relativraum* A in bezug auf R, auffassen läßt.

Man sieht leicht ein, daß, falls die Zuordnung in R den Axiomen von Kuratowski genügt, dasselbe auch von der relativierten Zuordnung gilt. Somit ist *jede Punktmenge eines topologischen Raumes selbst ein topologischer Raum.* Mit anderen Worten: Die Eigenschaft eines allgemein-topologischen Raumes, ein topologischer Raum zu sein, ist *kogredient* (im Sinne von § 1, Nr. 9).

Man kann also insbesondere von abgeschlossenen und offenen Mengen *in A* sprechen: die Menge $M \subset A$ ist in A abgeschlossen, wenn sie mit ihrer abgeschlossenen Hülle in A identisch ist, d. h. wenn $M = A \cdot \overline{M}$ ist. *Eine Menge $M \subset A$ ist also dann und nur dann abgeschlossen in A; wenn sie Durchschnitt von A mit einer abgeschlossenen Menge des Raumes R ist.*

In analoger Weise sind *die in A offenen Mengen mit den Durchschnittsmengen von A mit den offenen Mengen des Raumes R identisch.* Denn ist G in R offen, so ist $R - G$ abgeschlossen, $(R - G) \cdot A$ abgeschlossen in A, folglich $G \cdot A = A - (R - G) \cdot A$ in A offen. Umgekehrt: Ist H in A offen, so ist $M = A - H$ in A abgeschlossen, also $M = A \cdot \overline{M}$, folglich

$$H = A - M = A - A \cdot \overline{M} = A \cdot (R - \overline{M}),$$

w. z. b. w.

Man erhält eine Basis von A, wenn man eine Basis von R wählt und die Durchschnitte der Elemente dieser Basis mit A betrachtet. Daraus folgt insbesondere, daß, wenn R eine abzählbare Basis besitzt, dasselbe auch von jeder Punktmenge $A \subset R$ gilt.

11. Häufungspunkte. Definition. Ein Punkt p heißt *Häufungspunkt* der Punktmenge M, wenn er Berührungspunkt von $M - p$ ist.

Aus dieser Definition und aus der Tatsache, daß jeder topologische Raum ein Umgebungsraum ist, folgt, *daß p dann und nur dann Häufungspunkt von M ist, wenn jede Umgebung von p mindestens einen von p verschiedenen Punkt der Menge M enthält.*

Offenbar ist jeder Berührungspunkt von M, welcher selbst kein Punkt von M ist, notwendig Häufungspunkt von M.

Hieraus und aus Axiom II (Nr. 1) folgt:

Satz XI. *Wenn man zu M alle Häufungspunkte von M hinzunimmt, entsteht die abgeschlossene Hülle von M.*

Hierin ist enthalten:

Zusatz. *Eine Punktmenge ist dann und nur dann abgeschlossen, wenn sie alle ihre Häufungspunkte enthält.*

Aufgaben. 1. Der Leser beweise: Ist R ein metrisierbarer Raum, p ein Punkt, M eine Punktmenge von R, so ist p dann und nur dann Häufungspunkt von M, wenn jede Umgebung von p unendlich-viele Punkte von M enthält.

2. Was sind die Häufungspunkte der Menge aller Punkte des in § 1, Nr. 1 sub 4° definierten topologischen Raumes?

Definition. Ein Punkt einer Menge $M \subset R$, der kein Häufungspunkt dieser Menge ist, heißt ein *isolierter Punkt* der Menge. Mengen ohne isolierte Punkte heißen *insichdicht*; Mengen, die abgeschlossen und insichdicht sind, heißen *perfekt.*

Aufgabe. Man beweise:

1) Satz XII. *Die isolierten Punkte eines topologischen Raumes sind identisch mit den einpunktigen offenen Mengen dieses Raumes.*

2) Das *Cantorsche Diskontinuum,* d. h. die Menge aller Punkte der Einheitsstrecke $0 \leqq x \leqq 1$ der Zahlengerade, deren triadische Entwicklung ohne Benutzung der Ziffer 1 geschrieben werden kann, ist eine perfekte Menge.

12. Dichtigkeitsbegriff. Eine Punktmenge M des topologischen Raumes R heißt *dicht in* R, wenn $\overline{M} = R$ ist.

Mittels Relativierung läßt sich ohne weiteres auch von der Dichtigkeit einer Menge M in einer Punktmenge $A \supset M$ des topologischen Raumes R sprechen: M ist dicht in A, falls die abgeschlossene Hülle von M in A die ganze Menge A ist.

Eine Punktmenge M heißt *nirgendsdicht in* R, wenn bei keiner Wahl der nichtleeren offenen Menge $G \subset R$ die Menge $G \cdot M$ in G dicht ist.

Mit anderen Worten: M ist nirgendsdicht in R, wenn jede offene Menge $G \subset R$ eine offene Teilmenge G_1 mit $G_1 \cdot M = 0$ enthält.

Hieraus folgt mühelos:

Satz XIII. *Die Summe zweier* (also auch endlich-vieler) *in R nirgendsdichter Punktmengen ist in R nirgendsdicht.*

Beweis. Es seien M_1 und M_2 in R nirgendsdicht. Die offene Menge $G \subset R$ sei beliebig; $G_1 \subset G$ sei zu M_1 fremd, $G_2 \subset G_1$ sei zu M_2 fremd; dann ist G_2 auch zu $M_1 + M_2$ fremd, w. z. b. w.

Aufgaben. 1) Man beweise:

Satz XIV. *Die Punktmenge M des topologischen Raumes R ist dann und nur dann nirgendsdicht in R, wenn $R - \overline{M}$ dicht in R ist.*

2) Der Leser konstruiere Beispiele von dichten und nirgendsdichten Punktmengen des in § 1, Nr. 1 sub 4 definierten topologischen Raumes.

Beispiele. 1. Die Menge der rationalen Punkte ist dicht, das Cantorsche Diskontinuum nirgendsdicht in der Zahlengerade.

2. $R = R^2$ sei die Euklidische Ebene. Man wähle als A eine der folgenden Punktmengen:

1) Die Menge aller Punkte der Strecke $0 \leqq x \leqq 1$, $y = 0$ und der Punkte $\left(\frac{p}{2^n}, \frac{1}{2^n}\right)$, $p = 1, 3, \ldots, 2^n - 1$, $n = 1, 2, \ldots$ in inf.;

2) die Menge aller Punkte $(x, 0)$ mit $0 \leqq x \leqq 1$ und der Punkte (x, y), wobei x ein Element des Cantorschen Diskontinuums und $0 \leqq y \leqq 1$ ist, ist nirgendsdicht im Quadrat $0 \leqq x \leqq 1$, $0 \leqq y \leqq 1$;

3) die sogenannte $\sin\frac{1}{x}$-Kurve, d. h. die Menge der Punkte (x, y) mit $y = \sin\frac{1}{x}$ bei $-\frac{1}{\pi} \leqq x < 0$ und $0 < x \leqq \frac{1}{\pi}$ vermehrt um die Strecke $x = 0$, $-1 \leqq y \leqq 1$; diese Strecke bildet eine nirgendsdichte Teilmenge der Kurve;

4) die Menge aller Punkte der Ebene mit mindestens einer bzw. mit genau einer bzw. mit zwei rationalen Koordinaten. Jede dieser Mengen ist dicht in der Ebene.

Wie sehen in jedem dieser Fälle die in A abgeschlossenen bzw. die in A offenen Mengen aus? Für welche dieser Mengen A gibt es in A offene Mengen, die aus einem einzigen Punkte bestehen? Abzählbare, in A offene Mengen? Für welche gilt die Behauptung, daß jede in A

abgeschlossene Menge auch in R^2 abgeschlossen ist? Gilt für irgendeine dieser Mengen der sog. Satz von der Gebietsinvarianz? (D. h. die Behauptung: *Ist von zwei homöomorphen*[1] *Teilmengen von A die eine in A offen, so ist es auch die andere.*) Man konstruiere für jede dieser Mengen A eine aus abzählbar vielen Elementen bestehende Basis.

13. Überdeckungen. Ein System von Punktmengen eines nichtleeren topologischen Raumes R heißt eine *Überdeckung einer Punktmenge A in R*, wenn jeder Punkt von A in mindestens einer Menge des gegebenen Systems enthalten ist. Ist von zwei Überdeckungen einer und derselben Punktmenge A in R jedes Element der ersten Überdeckung gleichzeitig Element der zweiten, so sagt man, daß die zweite Überdeckung die erste *enthält*.

Eine Überdeckung heißt *offen* bzw. *abgeschlossen*, wenn alle ihre Elemente offene bzw. abgeschlossene Mengen sind.

Nach der Anzahl der Elemente einer Überdeckung werden insbesondere *endliche* bzw. *abzählbare* Überdeckungen unterschieden.

Eine Überdeckung $\mathfrak{U}$ heißt von *endlicher Ordnung*, wenn es eine natürliche Zahl λ gibt von der Eigenschaft, daß kein Punkt des Raumes zu mehr als λ Elementen der Überdeckung gehört; die kleinste unter diesen Zahlen λ heißt die *Ordnung* $o(\mathfrak{U})$ der Überdeckung $\mathfrak{U}$. Die Zahl $o(\mathfrak{U})$ wird somit unter allen natürlichen Zahlen durch folgende beiden Eigenschaften charakterisiert:

1) es gibt keinen Punkt des Raumes, der zu mehr als $o(\mathfrak{U})$ Elementen von $\mathfrak{U}$ gehört;

2) Es gibt mindestens einen Punkt des Raumes, der genau zu $o(\mathfrak{U})$ Elementen von $\mathfrak{U}$ gehört.

Eine Überdeckung eines metrischen Raumes heißt eine *ε-Überdeckung*, wenn alle ihre Elemente einen Durchmesser $< \varepsilon$ haben.

14. Zusammenhang. In dieser Nummer wird im Anschluß an HAUSDORFF der Zusammenhangsbegriff für topologische Räume aufgestellt und untersucht; damit wird ein Beispiel einer sehr allgemeinen und dennoch anschaulichen mengentheoretischen Überlegung gegeben. Da der Begriff des topologischen Raumes, den wir hier zugrunde legen, die Komplexe der kombinatorischen Topologie[2] als Spezialfall enthält, umfaßt unsere Darstellung auch den Zusammenhangsbegriff für Komplexe.

Ein topologischer Raum heißt zusammenhängend, wenn er nicht Summe zweier nichtleerer disjunkter abgeschlossener Mengen ist.

Da das Komplement einer abgeschlossenen Menge offen, einer offenen Menge abgeschlossen ist, könnte man in dieser Definition auch von offenen (anstatt von abgeschlossenen) Summanden sprechen. Man könnte auch sagen: Ein Raum ist dann und nur dann zusammenhängend, wenn er außer der leeren Menge keine gleichzeitig abgeschlossene und offene echte Teilmenge enthält.

[1] Definition: § 3, Nr. 2. [2] Kap. III, § 1, Nr. 2 sowie Kap. IV, § 5, Nr. 1.

Definition. Eine endliche Mengenfolge

$$M_1, \ldots, M_s$$

heißt eine *(Mengen)kette* (und zwar eine M_1 mit M_s *verbindende* Kette oder auch eine Kette *zwischen* M_1 und M_s), wenn $M_i \cdot M_{i+1} \neq 0$, $1 \leqq i \leqq s-1$, ist. Ein Mengensystem $\mathfrak{S}$ heißt *verkettet*, wenn je zwei seiner Elemente durch eine Kette aus Elementen des Systems $\mathfrak{S}$ verbunden werden können.

Satz XV. *Jede offene und jede endliche abgeschlossene Überdeckung eines zusammenhängenden topologischen Raumes ist verkettet.*

Beweis. Es sei $\mathfrak{U}$ eine nicht verkettete offene oder endliche abgeschlossene Überdeckung des topologischen Raumes R. Wir wählen in $\mathfrak{U}$ zwei Elemente M_1 und M_2, die durch keine Kette verbunden werden können. Es sei $\mathfrak{U}_1$ die Menge derjenigen Elemente von $\mathfrak{U}$, die mit M_1 durch Ketten verbunden werden können; $\mathfrak{U}_2$ sei die Menge der übrigen Elemente von $\mathfrak{U}$. Weder $\mathfrak{U}_1$ noch $\mathfrak{U}_2$ ist leer (denn M_1 ist ein Element von $\mathfrak{U}_1$ und M_2 ein Element von $\mathfrak{U}_2$). Die Vereinigungsmenge aller Elemente von $\mathfrak{U}_1$ bzw. $\mathfrak{U}_2$ ist eine nichtleere offene (abgeschlossene) Punktmenge A_1 bzw. A_2 von R, und es ist $R = A_1 + A_2$, also R nicht zusammenhängend, w. z. b. w.

Bemerkung. Wenn jede aus zwei Elementen bestehende abgeschlossene (offene) Überdeckung des Raumes R verkettet ist, so ist R zusammenhängend. Folglich gilt auch die Umkehrung des Satzes XV.

Da durch Relativierung jede Punktmenge eines topologischen Raumes selbst zu einem topologischen Raume wird (Nr. 10), können wir ohne weiteres auch von *zusammenhängenden Punktmengen* eines topologischen Raumes sprechen: Die Punktmenge A ist zusammenhängend, wenn sie nicht Summe zweier nichtleerer in ihr abgeschlossener disjunkter Teilmengen ist.

Satz XVI. *Wenn eine zusammenhängende Punktmenge $A \subset R$ in der Summe $H + H'$ zweier disjunkter abgeschlossener oder offener Mengen von R enthalten ist, so ist sie in einem der beiden Summanden enthalten.*

Denn wäre $A \cdot H \neq 0 \neq A \cdot H'$, so hätte man in $A = A \cdot H + A \cdot H'$ eine Zerlegung von A in zwei nichtleere in A abgeschlossene disjunkte Teilmengen.

Satz XVII. *Die Vereinigungsmenge eines beliebigen verketteten Systems zusammenhängender Punktmengen ist zusammenhängend.*

Beweis. Es sei A die Vereinigungsmenge eines verketteten Systems $\mathfrak{S} = \{M\}$ zusammenhängender Punktmengen. Wir betrachten eine Zerlegung $A = H_1 + H_2$ von A in zwei disjunkte in A abgeschlossene Summanden und wählen irgendein Element M_1 von $\mathfrak{S}$. Nach Satz XVI ist M_1 in einer der beiden Mengen H_1 und H_2 enthalten. Es sei etwa $M_1 \subset H_1$. Wir zeigen, daß jedes Element M_s von $\mathfrak{S}$ in H_1 enthalten ist (damit wird offenbar der Satz XVII bewiesen).

Es sei $M_1, \ldots, M_s$ eine Kette zwischen M_1 und M_s. Ist $M_i \subset H_1$, so ist $M_{i+1} \cdot H_1 \supset M_{i+1} \cdot M_i \neq 0$, also nach Satz XVI ist $M_{i+1} \subset H_1$. Da $M_1 \subset H_1$, sind alle $M_i \subset H_1$, insbesondere ist also $M_s \subset H_1$, w. z. b. w.

Korollar. *Die Summe beliebig-vieler zusammenhängender Punktmengen, von denen je zwei einen nichtleeren Durchschnitt haben, ist zusammenhängend.*

Satz XVIII. *Wenn je zwei Punkte eines Raumes R in einer zusammenhängenden Punktmenge dieses Raumes enthalten sind, so ist der Raum zusammenhängend.*

Beweis. Es sei a ein fester Punkt von R; zu jedem Punkt x von R gibt es eine zusammenhängende Menge $Z_x \supset a + x$; die Summe aller dieser Z_x ist nach dem Korollar zusammenhängend; sie ist mit R identisch.

Satz XIX. *Falls die Punktmenge $M \subset R$ zusammenhängend ist, so ist auch jede Menge N, welche M enthält und in $\overline{M}$ enthalten ist, zusammenhängend.*

Beweis. Es sei $N = N' + N''$ eine Zerlegung von N in zwei disjunkte in N abgeschlossene Mengen. Nach Satz XVI muß M in einer dieser Mengen, etwa in N', enthalten sein. Da N' in N abgeschlossen ist, muß jeder zu N gehörende Berührungspunkt von N', also erst recht jeder zu N gehörende Berührungspunkt von M und somit die ganze Menge N in N' enthalten sein, so daß $N'' = 0$ sein muß.

Definition. Die Vereinigungsmenge aller zusammenhängenden Punktmengen des Raumes R, die einen gegebenen Punkt p von R enthalten, heißt nach HAUSDORFF die *Komponente von p in R*. Nach dem Korollar zu Satz XVI ist sie zusammenhängend, so daß die Komponente des Punktes p im Raume R die größte diesen Punkt enthaltende zusammenhängende Punktmenge von R ist.

Aus demselben Korollar folgt ferner, daß zwei verschiedene Punkte entweder eine und dieselbe oder zwei disjunkte Komponenten haben.

Nach Satz XIX ist jede Komponente abgeschlossen.

Somit zerfällt jeder nicht zusammenhängende Raum R in eindeutiger Weise in seine Komponenten — in disjunkte abgeschlossene Mengen, von denen jede zusammenhängend ist und in keiner größeren zusammenhängenden Punktmenge von R enthalten ist.

15. Beispiele zusammenhängender und nicht zusammenhängender Räume. *Die Zahlengerade R^1 ist zusammenhängend.* In der Tat: es sei $R^1 = F_1 + F_2$ eine Zerlegung von R^1 in zwei disjunkte abgeschlossene Mengen. In der ad absurdum zu führenden Annahme, daß beide Mengen nichtleer sind, wählen wir einen Punkt a_1 in F_1, einen Punkt a_2 in F_2 und bezeichnen — in der Annahme, daß etwa $a_2 > a_1$ ist — mit

c die untere Grenze der Durchschnittsmenge von F_2 und der Strecke[1] $\overline{a_1 a_2}$. Der Punkt c ist von a_1 verschieden; das Intervall (a_1, c) besteht aus lauter Punkten von F_1, so daß der Punkt $c \subset F_2$ Berührungspunkt von F_1 sein müßte, was unmöglich ist.

Auf dieselbe Weise zeigt man, daß jede Strecke der Zahlengerade zusammenhängend ist (insbesondere auch jede Halbgerade). Man sieht ferner ohne Mühe, daß eine zusammenhängende Teilmenge der Geraden mit irgendzwei Punkten a, b auch die ganze Strecke $\overline{ab}$ enthält. Daraus schließt man leicht (Aufgabe!), daß die einzigen zusammenhängenden mehrpunktigen Teilmengen der Geraden die endlichen und unendlichen Strecken sind.

Daraus ergibt sich ferner, daß die Komponenten offener Mengen $G \subset R^1$ offene Intervalle sind (die „komplementären Intervalle" der abgeschlossenen Menge $R^1 - G$).

Das Cantorsche Diskontinuum [vgl. Nr. 11, Aufgabe, sub 2)] enthält kein Intervall, also (da es sich um eine lineare Menge handelt) keine mehrpunktige zusammenhängende Teilmenge. Solche Mengen heißen *zusammenhangslos*. Die Komponenten einer zusammenhangslosen Menge sind ihre einzelnen Punkte.

Die Menge der Punkte (x, y) der Zahlenebene, bei denen x zur Cantorschen Menge gehört und y der Ungleichung $0 \leq y \leq 1$ genügt, besteht aus einer Menge der Mächtigkeit $\mathfrak{c}$ von Komponenten, die sämtlich geradlinige Strecken sind.

Man erhält nach Satz XIX eine zusammenhängende Menge, wenn man die Vereinigungsmenge des Kurvenstücks $y = \sin\frac{1}{x}$, $0 < x \leq \frac{1}{\pi}$, und einer *ganz beliebigen* Punktmenge auf der Strecke $-1 \leq y \leq 1$ der y-Achse bildet.

Satz XX. *Eine offene Menge G des R^n ist dann und nur dann zusammenhängend, wenn je zwei Punkte von G durch einen in G liegenden (einfachen) Streckenzug verbunden werden können.*

Beweis. Lassen sich je zwei Punkte von G durch einen Streckenzug (evtl. auch mit mehrfachen Punkten) verbinden, so ist G zusammenhängend nach Satz XVIII. Bleibt übrig zu zeigen, daß, wenn es in G zwei Punkte p und q gibt, die durch keinen in G liegenden einfachen Streckenzug verbunden werden können, G nicht zusammenhängend ist.

Zu diesem Zweck bezeichnen wir mit P die Menge aller Punkte von G, die durch einfache Streckenzüge mit p verbunden werden können. Die Menge der übrigen Punkte von G sei Q. Beide Mengen sind nicht

[1] Wir rechnen zu den endlichen Strecken die offenen Intervalle (a, b), die abgeschlossenen Intervalle $[a, b]$ (oder $\overline{ab}$) und die halboffenen Intervalle $(a, b]$ und $[a, b)$, die nur einen ihrer beiden Endpunkte enthalten — in $(a, b]$ ist der Endpunkt b, in $[a, b)$ der Endpunkt a enthalten. Unendliche Strecken sind: die ganze Gerade, die Halbgeraden $(-\infty, a]$, $[a, \infty)$ und die unendlichen offenen Intervalle $(-\infty, a)$ und (a, ∞).

leer, denn es gehört p zu P und q zu Q. Da P und Q zueinander fremd sind und $P+Q=G$ ist, brauchen wir nur noch zu zeigen, daß P in G gleichzeitig offen und abgeschlossen ist.

Es sei a ein Punkt von P, $\overline{pa}$ ein einfacher Streckenzug, welcher p mit a innerhalb von G verbindet, $\overline{U(a)}$ eine in G liegende Vollkugel mit dem Mittelpunkt in a; wir bezeichnen mit a' einen beliebigen, im Innern von $\overline{U(a)}$ gelegenen Punkt, mit $\overline{aa'}$ die geradlinige Strecke, die a mit a' verbindet.

$\overline{pa}+\overline{aa'}$ ist ein p mit a' verbindender Streckenzug in G; hat er mehrfache Punkte, so ist es ein Leichtes, sie loszuwerden: wir durchlaufen den einfachen Streckenzug $\overline{pa}$ in der Richtung von p nach a, bis wir zum ersten Punkt p' gelangen, der zu $\overline{aa'}$ gehört; dann ist $\overline{pp'}+\overline{p'a'}$ (wobei $\overline{pp'}$ auf $\overline{pa}$ und $\overline{p'a'}$ auf $\overline{aa'}$ liegt) ein a und a' in G verbindender einfacher Streckenzug. Somit gehört a', d. h. ein beliebiger innerer Punkt von $\overline{U(a)}$, zu P; folglich ist a innerer Punkt von P, und P offen.

Es sei jetzt a ein Berührungspunkt von P, $U(a)$ eine in G enthaltene Vollkugel mit dem Mittelpunkt a, a' irgendein zu $U(a)$ gehörender Punkt von P, $\overline{pa'}$ ein p mit a' verbindender einfacher Streckenzug in G, und schließlich $\overline{a'a}$ die geradlinige Strecke zwischen a und a'. Wir haben wieder den in G liegenden Streckenzug $\overline{pa'}+\overline{a'a}$, auf dem sich ein einfacher Streckenzug zwischen p und a finden läßt; es gehört also a zu P, und P ist abgeschlossen, w. z. b. w.

Definition. *Offene zusammenhängende Mengen heißen Gebiete.*

Besonders häufig wird diese Benennung in bezug auf Punktmengen des R^n gebraucht.

§ 3. Stetige Abbildungen topologischer Räume.

1. Allgemeines über Abbildungen. Liegen zwei Mengen X und Y vor, und entspricht jedem Element x von X ein eindeutig bestimmtes Element $y=f(x)$ von Y, so spricht man von einer *Abbildung* von X *in* Y; dabei brauchen die Mengen X und Y zunächst keine allgemein-topologischen Räume zu sein, so daß von Stetigkeit noch nicht die Rede ist.

Das Element $f(x)$ von Y heißt das *Bild* von x bei der Abbildung f. Ist jedes Element von Y Bild mindestens eines Elements von X, so sagt man, daß die Abbildung f eine Abbildung von X *auf* Y ist.

Ist A irgendeine Teilmenge von X, so heißt die Menge aller derjenigen Elemente von Y, die Bilder der Elemente von A sind, das *Bild von A bei der Abbildung f*; es wird mit $f(A)$ bezeichnet. Es liegt offenbar eine Abbildung von A *auf* $f(A)$ vor.

Ist B eine Teilmenge von Y, so bezeichnen wir mit $f^{-1}(B)$ die Menge aller derjenigen Elemente von X, deren Bilder zu B gehören; $f^{-1}(B)$ heißt die *Originalmenge* oder das *Urbild* von B. Wenn das Urbild eines jeden Elementes von Y ein einziges Element von X ist, so liegt eine *eineindeutige* oder *schlichte* Abbildung von X auf Y vor. Eine eineindeutige Abbildung von X auf eine Teilmenge Y' von Y heißt eine eineindeutige Abbildung von X *in* Y.

Ist f eine eineindeutige Abbildung von X in Y, $f(X) = Y' \subset Y$, und läßt man jedem Element y von Y' sein Urbild $f^{-1}(y)$ entsprechen, so entsteht eine eineindeutige Abbildung f^{-1} von Y' auf X — die *Umkehrung* der Abbildung f.

Es gelten für beliebige Abbildungen f einer Menge X *auf* eine Menge Y die folgenden Relationen (durch A bzw. A_i werden dabei Teilmengen von X, durch B bzw. B_i Teilmengen von Y bezeichnet):

$$\left.\begin{array}{lr} (1) & f(A_1 + A_2 + \cdots) = f(A_1) + f(A_2) + \cdots, \\ (1^{-1}) & f^{-1}(B_1 + B_2 + \cdots) = f^{-1}(B_1) + f^{-1}(B_2) + \cdots, \end{array}\right\}^{1}$$

$$\left.\begin{array}{lr} (2) & f(X - A) \supset Y - f(A), \\ (2^{-1}) & f^{-1}(Y - B) = X - f^{-1}(B), \end{array}\right\}$$

$$\left.\begin{array}{lr} (3) & f(A_1 \cdot A_2 \cdots) \subset f(A_1) \cdot f(A_2) \cdots, \\ (3^{-1}) & f^{-1}(B_1 \cdot B_2 \cdots) = f^{-1}(B_1) \cdot f^{-1}(B_2) \cdots, \end{array}\right\}^{1}$$

$$(4) \qquad f^{-1}(f(A)) \supset A,$$

$$(4^{-1}) \qquad f(f^{-1}(B)) = B,$$

$$(5) \qquad f(f^{-1}(B) \cdot A) = B \cdot f(A).$$

Der Beweis dieser Formeln besteht aus wenigen sich zwangsmäßig ergebenden Schlüssen und soll vom Leser selbst erbracht werden[2].

Bemerkung. Liegt eine Abbildung f_1 von X_1 in X_2 und eine Abbildung f_2 von X_2 in X_3 vor, so entsteht eine Abbildung f_3 von X_1 in X_3, die jedem Element x von X_1 das Element $f_2(f_1(x))$ von X_3 entsprechen läßt; diese Abbildung f_3 wird mit $f_2 f_1$ bezeichnet.

2. Stetige Abbildungen. Definition. Die Abbildung f des allgemein-topologischen Raumes X in den allgemein-topologischen Raum Y heißt *stetig*, wenn das Bild eines jeden Berührungspunktes einer beliebigen Punktmenge $A \subset X$ Berührungspunkt der Bildmenge $f(A) \subset Y$, d. h. wenn immer $f(\bar{A}) \subset \overline{f(A)}$ ist.

Eine eineindeutige stetige Abbildung f des Raumes X in den Raum Y heißt eine *topologische Abbildung* oder eine *Homöomorphie* [zwischen X und $f(X) = Y' \subset Y$], wenn die Umkehrung von f eine stetige Abbildung (von Y' auf X) ist. Zwei Räume bzw. zwei Punktmengen heißen *homöomorph*, wenn sie aufeinander topologisch abgebildet werden können; man sagt von ihnen auch, daß sie *topologisch äquivalent* oder *vom gleichen topologischen Typus sind.*

---

[1] Die Menge der A bzw. der B kann eine beliebige Mächtigkeit haben.

[2] Die obige Tabelle ist im wesentlichen der Hausdorffschen „Mengenlehre" entnommen.

Es seien jetzt X und Y zwei topologische Räume. Wir beweisen die folgenden Sätze von einer Abbildung f von X in Y.

Satz I. *f ist dann und nur dann stetig, wenn das Urbild jeder abgeschlossenen Menge abgeschlossen ist.*

Beweis. Es ist zu zeigen:

a) Wenn f unstetig ist, so gibt es eine abgeschlossene Menge B mit nicht abgeschlossenem Urbild;

b) wenn es eine abgeschlossene Menge B mit nicht abgeschlossenem Urbild gibt, so ist f unstetig.

Ad a). Die Menge A und der Punkt x seien in X so gewählt, daß $x \subset \bar{A}$, $f(x) \not\subset \overline{f(A)}$ ist. $B = \overline{f(A)}$ ist abgeschlossen. Wir beweisen, daß $f^{-1}(B)$ nicht abgeschlossen ist. Da $B = \overline{f(A)} \supset f(A)$ ist, ist $A \subset f^{-1}(B)$, also x Berührungspunkt von $f^{-1}(B)$; x gehört aber nicht zu $f^{-1}(B)$, denn $f(x)$ ist nicht in $\overline{f(A)}$ enthalten; die abgeschlossene Menge B hat somit ein nicht abgeschlossenes Urbild.

Ad b). B sei abgeschlossen, $f^{-1}(B)$ nicht abgeschlossen, x ein Berührungspunkt von $f^{-1}(B)$, der nicht zu $f^{-1}(B)$ gehört; dann gehört $f(x)$ nicht zu $\bar{B} = B$, obwohl B Bild von $f^{-1}(B)$ ist, f ist also unstetig.

Korollar. *Ein stetiges Bild $Y = f(X)$ eines zusammenhängenden topologischen Raumes X ist zusammenhängend.*

Denn ist $Y = B_1 + B_2$ eine Zerlegung von Y in zwei disjunkte nichtleere abgeschlossene Punktmengen, so wäre $X = f^{-1}(B_1) + f^{-1}(B_2)$ eine analoge Zerlegung von X.

Satz II. *f ist dann und nur dann stetig, wenn die Originalmenge jeder offenen Menge offen ist.*

Denn die Originalmenge jeder offenen Menge ist wegen der Formel (2^{-1}) dann und nur dann offen, wenn die Originalmenge jeder abgeschlossenen Menge abgeschlossen ist. Somit folgt Satz II aus Satz I.

Bemerkung. Aus den Sätzen I und II folgt:

Bei einer Homöomorphie zwischen zwei topologischen Räumen entsprechen die abgeschlossenen sowie die offenen Mengen der beiden Räume einander eineindeutig.

Satz III. *Wenn f_1 eine stetige Abbildung von X_1 auf X_2, f_2 eine stetige Abbildung von X_2 auf X_3 ist, so ist $f_2 f_1$ eine stetige Abbildung von X_1 auf X_3.*

Beweis. Es sei F_3 abgeschlossen in X_3; dann ist $f_2^{-1}(F_3)$ abgeschlossen in X_2, also $f_1^{-1} f_2^{-1}(F_3)$ abgeschlossen in X_1; es ist aber $f_1^{-1} f_2^{-1}(F_3)$ nichts anderes als $(f_2 f_1)^{-1}(F_3)$, also die Originalmenge von F_3 bei der Abbildung $f_2 f_1$, w. z. b. w.

Satz IV (Cauchysche Stetigkeitsbedingung). *f ist dann und nur dann stetig, wenn es zu jeder Umgebung $U(y)$ eines Punktes y von Y und zu jedem Punkt x von $f^{-1}(y)$ eine Umgebung $U(x)$ gibt, deren Bild in $U(y)$ enthalten ist.*

Bemerkung I. Unter Umgebung darf hier nicht nur eine absolute Umgebung (§ 2, Nr. 7), sondern auch eine, einem beliebigen Umgebungssystem des betreffenden topologischen Raumes (§ 1, Nr. 7) entnommene Umgebung verstanden werden.

Beweis. 1°. Ist die Cauchysche Bedingung von der Abbildung f erfüllt, so ist f stetig.

Es seien in der Tat die Punktmenge $A \subset X$ und ihr Berührungspunkt x beliebig gewählt. $V \subset Y$ sei eine beliebige Umgebung von $y = f(x)$; wir wählen die Umgebung U von x unter der Bedingung $f(U) \subset V$; da $U \cdot A \neq 0$ ist, ist auch $V \cdot f(A) \neq 0$, also, da V beliebig war, $q \subset \overline{f(A)}$ und f stetig.

2°. Ist die Cauchysche Bedingung nicht erfüllt, so ist f unstetig. Die Punkte $x \subset X$, $y = f(x) \subset Y$ und die Umgebung V_0 von y seien so gewählt, daß in jeder Umgebung $U(x)$ Punkte liegen, deren Bilder nicht zu V_0 gehören. Dann ist x Berührungspunkt der Menge $A = f^{-1}(Y - V_0)$, während $f(x)$ kein Berührungspunkt von $f(A)$ ist.

Bemerkung II (A. Markoff). Der Satz IV und sein obiger Beweis gelten für jeden Umgebungsraum.

Bemerkung III. Die Cauchysche Stetigkeitsbedingung kann offenbar auch so formuliert werden: *Jeder Originalpunkt von y ist innerer Punkt der Originalmenge einer beliebigen Umgebung von y.* Oder auch: *$f^{-1}(y)$ liegt bei jeder Wahl von $U(y)$ im offenen Kern von $f^{-1}U(y)$.*

Bemerkung IV. f heißt *stetig im Punkte* x von X, wenn bei jeder Wahl der Umgebung $U(y)$ von $y = f(x)$ der Punkt x innerer Punkt von $f^{-1}U(y)$ ist. Aus dem soeben Bewiesenen folgt, daß die Abbildung f dann und nur dann stetig (im ganzen Raume X) ist, wenn sie stetig in jedem Punkt von X ist.

Bemerkung V. Der Satz I legt die Frage nahe, ob bei einer stetigen Abbildung das Bild einer abgeschlossenen Punktmenge notwendig abgeschlossen ist. Folgendes einfaches Beispiel zeigt, daß dies keineswegs der Fall zu sein braucht, selbst wenn f eineindeutig (jedoch nur in einer Richtung stetig) ist. X sei die Strecke $0 \leqq x < 2\pi$ der Zahlengerade. Wir bilden X auf die Peripherie des Einheitskreises dadurch ab, daß wir als $y = f(x)$ den Punkt mit den Polarkoordinaten $r = 1$ und $\varphi = x$ erklären. Die in X abgeschlossene Menge aller Punkte x, $1 \leqq x < 2\pi$, geht mittels f in die nicht abgeschlossene Menge $r = 1$, $1 \leqq \varphi < 2\pi$ der Kreisperipherie über. Ist bei einer stetigen Abbildung f (von X in Y) das Bild jeder abgeschlossenen Punktmenge von X eine abgeschlossene Punktmenge von Y, so heißt f *abgeschlossen*. Auf diesen wichtigen Begriff kommen wir noch zurück (im Kap. II, § 2).

Aufgabe. Der Leser zeige durch ein Beispiel, daß bei einer stetigen Abbildung das Bild einer offenen Menge nicht notwendig offen ist.

3. Raum der Abbildungen eines topologischen Raumes X in einen beschränkten metrischen Raum Y. Es seien gegeben: ein topologischer Raum X, ein metrischer Raum Y, die Menge $A(X, Y)$ *aller* (nicht notwendig stetigen) Abbildungen von X in Y. Vom metrischen Raum Y wird außerdem vorausgesetzt, daß er beschränkt ist, d. h. daß sein Durchmesser $\delta(Y) = \sup\limits_{y_1, y_2 \subset Y} \varrho(y_1, y_2)$ eine endliche Zahl ist.

In der Menge $A(X, Y)$ führen wir eine Metrik ein, indem wir für zwei Abbildungen f_1, f_2 von X in Y die Entfernung als

$$\varrho(f_1, f_2) = \sup_{x \subset X} (f_1(x), f_2(x))$$

definieren. Man bestätigt ohne Mühe, daß diese Entfernungsdefinition den Axiomen des metrischen Raumes genügt. Somit ist $A(X, Y)$ als ein metrischer Raum, *der Raum der Abbildungen von X in Y*, aufzufassen.

Im metrischen Raume $A(X, Y)$ ist als Relativraum *der Raum $C(X, Y)$ der stetigen Abbildungen von X in Y enthalten.* Es gilt:

Satz V. *$C(X, Y)$ ist eine abgeschlossene Punktmenge des Raumes $A(X, Y)$.*

Da jeder metrische Raum, also auch $A(X, Y)$, nach § 1, Nr. 5, ein Konvergenzraum ist, besagt Satz V nichts anderes als

Satz V′. *Wenn die stetigen Abbildungen $f_1, f_2, \ldots, f_k, \ldots$ von X in Y im Raume $A(X, Y)$ gegen f konvergieren, so ist f eine stetige Abbildung.*

Es ist aber leicht ersichtlich, daß die Konvergenz einer Folge $f_1, f_2, \ldots, f_k, \ldots$ in $A(X, Y)$, $f = \lim f_k$, die gleichmäßige Konvergenz der Abbildungen $f_1(x), f_2(x), \ldots, f_k(x), \ldots$ gegen $f(x)$ bedeutet. Dabei definieren wir die gleichmäßige Konvergenz einer Folge von Abbildungen wie üblich, nämlich:

Eine Folge von Abbildungen $f_1, f_2, \ldots, f_k, \ldots$ des topologischen Raumes X in den metrischen Raum Y *konvergiert gleichmäßig* gegen die Abbildung f, wenn es zu jedem ε ein k_ε gibt, so daß für jeden Punkt x von X und alle $k > k_\varepsilon$

$$\varrho(f(x), f_k(x)) < \varepsilon$$

ist.

Somit ist der Satz V zurückgeführt auf

Satz V″. *Wenn die stetigen Abbildungen f_k gleichmäßig gegen f konvergieren, so ist auch f stetig.*

Beweis. Der Punkt x_0 von X und ein $\varepsilon > 0$ seien beliebig gegeben. Es handelt sich darum, eine Umgebung $U(x_0)$ so zu bestimmen, daß für sämtliche $x \subset U(x_0)$

$$\varrho(f(x_0), f(x)) < \varepsilon$$

ist (Cauchysche Stetigkeitsbedingung). Man wähle zuerst k so groß, daß für alle x

$$\varrho(f(x), f_k(x)) < \frac{\varepsilon}{3},$$

dann die Umgebung $U(x_0)$ so, daß für $x \subset U(x_0)$

$$\varrho(f_k(x_0), f_k(x)) < \frac{\varepsilon}{3}$$

ist. Dann ist

$$\varrho(f(x_0), f(x)) \leqq \varrho(f(x_0), f_k(x_0)) + \varrho(f_k(x_0), f_k(x)) + \varrho(f_k(x), f(x)) < \varepsilon,$$

w. z. b. w.

4. Stetige Scharen von Abbildungen. Stetige Abänderungen einer Abbildung. Deformationen. Wir bleiben bei den Bezeichnungen der vorigen Nummer. Eine stetige Abbildung φ einer abgeschlossenen Strecke der Zahlengerade, etwa der Einheitsstrecke $\Delta = \{0 \leqq t \leqq 1\}$, in den Raum $C(X, Y)$, heißt eine *stetige Schar von stetigen Abbildungen* von X in Y. Die Bildmenge $\varphi(\Delta)$ ist also eine Menge von stetigen Abbildungen f_t von X in Y, die vom Parameter t (etwa $0 \leqq t \leqq 1$) abhängen, wobei es zu jedem ε ein δ gibt, so daß für alle Punkte x von X

$$\varrho(f_{t'}(x), f_{t''}(x)) < \varepsilon$$

gilt, wenn nur $|t' - t''| < \delta$ ist. Ist außerdem $f_0 = f$, so sagt man, daß die Schar eine *stetige Abänderung der Abbildung f ist,* deren Endergebnis die Abbildung f_1 (die „abgeänderte Abbildung") ist. Ist schließlich X eine Punktmenge von Y und $f = f_0$ die identische Abbildung von X auf sich (als Abbildung von X in Y betrachtet), so heißt eine stetige Abänderung von f eine *Deformation der Menge X im Raume* Y [mit der Punktmenge $f_1(X)$ als Endergebnis].

Die bei einer stetigen Schar auftretende Bildmenge $\varphi(\Delta)$ heißt die *Menge der Abbildungen der stetigen Schar.* Als stetiges Bild einer zusammenhängenden Menge (der Einheitsstrecke) *ist die Menge der Abbildungen einer stetigen Schar*[1] *eine zusammenhängende Punktmenge von* $C(X, Y)$; sie ist somit in einer Komponente des Raumes $C(X, Y)$ enthalten. Ist die gegebene stetige Schar eine Deformation, so liegt die Menge ihrer Abbildungen in der Komponente der identischen Abbildungen (des Raumes $C(X, Y)$).

5. Die stetigen (reellen) **Funktionen** bilden einen Spezialfall der stetigen Abbildungen: das sind stetige Abbildungen eines Raumes in die (reelle) Zahlengerade. Durch Übergang zu dem Produktraum gewinnt man dann die stetigen Funktionen von zwei Veränderlichen: eine solche Funktion (erklärt im topologischen Raume X) ist definitionsgemäß eine stetige Abbildung des topologischen Produktes $X \times X$ in die Zahlengerade. Diese Definition bedeutet in der Tat: Jedem Punktepaar (x, x') des Raumes X ist eine Zahl $f(x, x')$ derart zugeordnet, daß bei beliebig gewählten Punkten x_0 und x_0' von X man zu jedem $\varepsilon > 0$ solche Umgebungen $U(x_0)$ und $U(x_0')$ bestimmen kann,

[1] Nach dem Korollar zum Satz I.

daß aus $x \subset U(x_0)$, $x' \subset U(x_0')$ die Ungleichung

$$|f(x_0, x_0') - f(x, x')| < \varepsilon$$

folgt[1].

Bemerkung. Wendet man das Korollar zum Satz I (Nr. 2) auf den Fall einer in einem zusammenhängenden Raume X erklärten stetigen reellen Funktion an, so erhält man den

Satz von Bolzano. *Die Wertmenge einer in einem zusammenhängenden Raume definierten stetigen reellen Funktion ist eine* (endliche oder unendliche) *Strecke der Zahlengerade* (d. h. *eine solche Funktion nimmt alle Zwischenwerte je zweier ihrer Werte an*).

Die Sätze, daß bei stetigen f_1 und f_2 die Funktionen $f_1 \pm f_2$, $f_1 \cdot f_2$ und (für $f_2 \neq 0$) $\frac{f_1}{f_2}$ stetig sind, beweist man wörtlich so wie in der elementaren Analysis.

6. Stetige Abbildungen metrischer Räume.

Satz VI. *Die Entfernungsfunktion $\varrho(x, x')$ im metrischen Raume X ist eine stetige Funktion der zwei Veränderlichen x und x'.*

Denn aus $x_1 \subset U\left(x, \frac{\varepsilon}{2}\right)$, $x_1' \subset U\left(x', \frac{\varepsilon}{2}\right)$ folgt, daß

$$|\varrho(x, x') - \varrho(x_1, x_1')| < \varepsilon$$

ist (Dreiecksaxiom).

Satz VII. *Es sei A eine feste Punktmenge des metrischen Raumes X, x ein veränderlicher Punkt von X. Dann ist $\varrho(x, A)$ eine stetige Funktion von x.*

Dieser Satz ist in dem folgenden enthalten, den wir gelegentlich (§ 6, Nr. 11) brauchen werden:

Satz VIII. *Auf der Punktmenge A des metrischen Raumes X sei eine reelle Funktion $g(y)$ mit $0 < g(y) < c$ gegeben. Dann ist*

$$\varphi(x) = \inf_{y \subset A} [g(y) \cdot \varrho(x, y)]$$

eine stetige Funktion in X.

Beweis von Satz VIII. Es genügt offenbar, die folgende Verallgemeinerung des Dreiecksaxioms zu beweisen:

$$\varphi(x_1) \leqq c \cdot \varrho(x_1, x_2) + \varphi(x_2)$$

für je zwei Punkte x_1, x_2 von X.

Es seien also x_1, x_2 gegeben. Zu jedem $\varepsilon > 0$ gibt es einen Punkt $y_2 \subset A$ mit

$$g(y_2)\varrho(x_2, y_2) < \varphi(x_2) + \varepsilon.$$

---

[1] Verlangt man, daß diese Bedingung bloß für ein bestimmtes Punktepaar (x_0, y_0) (also nicht notwendig für alle solchen Paare) gilt, so erhält man eine „an der Stelle (x_0, y_0)" stetige Funktion $f(x, y)$.

Unter Benutzung des Dreiecksaxioms ergibt sich weiter

$$\varphi(x_1) \leqq g(y_2)\,\varrho(x_1, y_2) \leqq g(y_2)\,\varrho(x_1, x_2) + g(y_2)\,\varrho(x_2, y_2)$$
$$< c\cdot\varrho(x_1, x_2) + \varphi(x_2) + \varepsilon,$$

also, da dies für jedes positive ε gilt, die Behauptung. —

Im Falle metrischer Räume ist es öfters bequem, den Stetigkeitsbegriff auf den Konvergenzbegriff zurückzuführen. Es gilt nämlich:

Satz IX (Stetigkeitsbedingung von HEINE). *Eine Abbildung f des metrischen Raumes X auf den metrischen Raum Y ist dann und nur dann stetig, wenn für jede konvergente Folge $x_1, x_2, \ldots, x_k, \ldots$ des Raumes X aus* $\lim x_k = x$ *folgt* $\lim f(x_k) = f(x)$.

Beweis. Die Bedingung von HEINE sei erfüllt. Wenn x ein Berührungspunkt von M ist, so gibt es eine Punktfolge $\{x_k\}$ in M mit $\lim x_k = x$. Dann ist aber nach Voraussetzung $\lim f(x_k) = f(x)$, also $f(x)$ Berührungspunkt von $f(M)$, und f stetig.

Es sei jetzt die Bedingung von HEINE nicht erfüllt. Dann gibt es in einer passend gewählten konvergenten Folge $\{x_k\}$, $\lim x_k = x$, eine Teilfolge $\{x_{k_\nu}\}$ mit der Eigenschaft, daß bei hinreichend kleinem $\varepsilon > 0$ für jedes ν

$$\varrho(f(x), f(x_{k_\nu})) > \varepsilon$$

ist. Bezeichnen wir mit A die Menge aller x_{k_ν}, so ist x Berührungspunkt von A, während $f(x)$ kein Berührungspunkt von $f(A)$ ist; f ist also unstetig und der Satz IX ist bewiesen.

§ 4. Trennungsaxiome: T_0- und T_1-Räume.

Vorbemerkung: Umgebungen von Punktmengen. Unter einer Umgebung eines Punktes (im topologischen Raume R) wird hier und im folgenden stets eine absolute Umgebung dieses Punktes, d. h. eine diesen Punkt enthaltende offene Menge, verstanden. In analoger Weise heißt jede offene Menge, die eine gegebene Punktmenge M enthält, *Umgebung der Punktmenge M*. Ist der Raum R metrisch, so versteht man unter der *ε-Umgebung* $U(M, \varepsilon)$ der Punktmenge $M \subset R$ die Menge aller Punkte p von R mit $\varrho(M, p) < \varepsilon$. Man beweist leicht, daß $U(M, \varepsilon)$ offen ist (§ 3, Satz VII).

1. T_0- und T_1-Räume. Nulltes (Kolmogoroffsches) Trennungsaxiom. *Von je zwei Punkten besitzt mindestens einer eine Umgebung, die den anderen Punkt nicht enthält.*

Ein diesem Axiom genügender topologischer Raum heißt ein *T_0-Raum.*

Beispiel eines topologischen Raumes, welcher kein T_0-Raum ist. Der Raum bestehe aus zwei Punkten; die abgeschlossene Hülle der leeren Menge sei leer, die abgeschlossene Hülle jeder nichtleeren Punktmenge sei der ganze Raum. Die abgeschlossenen und offenen Mengen dieses Raumes sind: die leere Menge und der ganze Raum; jede von ihnen ist gleichzeitig offen und abgeschlossen.

Satz I_0. *Das Kolmogoroffsche Trennungsaxiom ist der folgenden Bedingung äquivalent: Zwei verschiedene Punkte haben stets verschiedene* (d. h. nicht zusammenfallende) *abgeschlossene Hüllen.*

Beweis. Wir nehmen an, es sei für zwei Punkte $p \neq q$ des topologischen Raumes R stets $\bar{p} \neq \bar{q}$; dann ist mindestens einer der beiden Punkte in der abgeschlossenen Hülle des anderen nicht enthalten (denn wäre $p \subset \bar{q}$ und $q \subset \bar{p}$, so wäre nach Satz II von § 2 und Axiom III $\bar{p} \subset \bar{q}$ und $\bar{q} \subset \bar{p}$, also $\bar{p} = \bar{q}$). Es sei etwa $p \not\subset \bar{q}$. Dann ist $R - \bar{q}$ eine Umgebung von p, welche q nicht enthält.

Ist umgekehrt $\bar{p} = \bar{q}$, d. h. $p \subset \bar{q}$, $q \subset \bar{p}$, so enthält (nach § 2, Satz VII) jede Umgebung des einen der beiden Punkte p und q auch den anderen, d. h. das Kolmogoroffsche Trennungsaxiom ist nicht erfüllt.

Erstes (Fréchetsches) Trennungsaxiom. *Für je zwei verschiedene Punkte gilt: Jeder der beiden Punkte besitzt eine Umgebung, die den anderen Punkt nicht enthält.*

Ein dem ersten Trennungsaxiom genügender topologischer Raum heißt ein *T_1-Raum.*

Der in § 1, Nr. 1 sub 4 konstruierte topologische Raum ist (ebenso wie jeder Zellenkomplex[1] von einer Dimensionszahl $\geqq 1$) ein T_0-, aber kein T_1-Raum.

Satz I_1. *Dem ersten Trennungsaxiom kann man auch die folgende Form geben:*

Axiom II'. *Jede Punktmenge, die nur einen Punkt enthält, ist mit ihrer abgeschlossenen Hülle identisch.*

Beweis. Es sei p ein Punkt eines T_1-Raumes R. Jeder von p verschiedene Punkt besitzt eine Umgebung, welche den Punkt p nicht enthält, und ist somit kein Berührungspunkt von p. Da p andererseits sein eigener Berührungspunkt ist (Axiom II von Kuratowski, § 2, Nr. 1), gilt in R das Axiom II'.

Es erfülle jetzt der topologische Raum R das Axiom II'. Sind p und q zwei Punkte von R, so sind $R - p$ und $R - q$ offen, also ist $R - p$ eine Umgebung von q, welche p nicht enthält, und $R - q$ eine Umgebung von p, welche q nicht enthält. Es gilt somit das erste Trennungsaxiom.

Aus dem Axiom II' und dem Axiom I von Kuratowski (§ 2, Nr. 1) folgt das Axiom II von Kuratowski. Denn ist A eine Punktmenge und $p \subset A$ ein Punkt des allgemein-topologischen Raumes R, in dem die Axiome I und II' gelten, so gilt

$$\bar{A} = \overline{A + p} = \bar{A} + \bar{p} = \bar{A} + p \supset p;$$

da p ein beliebiger Punkt von A ist, so gilt $A \subset \bar{A}$.

[1] Kap. III, § 1, Nr. 2.

Wir haben somit das Ergebnis:

Satz II. *Die T_1-Räume können als allgemein-topologische Räume, deren topologische Zuordnung den Axiomen I, III, IV von* KURATOWSKI *und dem Axiom II' genügt, definiert werden.*

Das Axiom IV hängt von den übrigen nicht ab. Es sei in der Tat R ein allgemein-topologischer Raum, der einen einzigen Punkt p enthält. Die topologische Zuordnung in R sei dadurch definiert, daß der ganze Raum *und die leere* Menge den Punkt p als einzigen Berührungspunkt haben. Alle Axiome (inkl. II') außer IV sind offenbar erfüllt, IV gilt aber nicht. Es ist dies aber auch das einzige Beispiel eines Raumes, in dem I, II', III, aber nicht IV gelten: *Ein Raum, der die Axiome I, II', III erfüllt und mehr als einen Punkt enthält, erfüllt notwendig auch IV.* Denn sind p und q zwei verschiedene Raumpunkte, so ist die leere Menge 0 Teilmenge der beiden einpunktigen Mengen p und q; nach § 2, Satz II und Axiom II', ist auch die abgeschlossene Hülle der leeren Menge sowohl in p als auch in q enthalten, ist somit notwendig leer.

Dadurch ist bewiesen:

Zusatz. *Die T_1-Räume sind unter allen mehrpunktigen allgemein-topologischen Räumen dadurch ausgezeichnet, daß in ihnen die Axiome I, II', III* erfüllt sind.

Aufgabe. Der Leser beweise:

Satz III. *Der Durchschnitt aller Umgebungen einer Punktmenge eines T_1-Raumes ist diese Punktmenge selbst.*

2. Häufungspunkte in T_1-Räumen.

Satz IV. *Ist in einem T_1-Raume der Punkt p Häufungspunkt der Punktmenge M, so enthält jede Umgebung von p unendlich-viele Punkte von M.*

Denn enthielte eine $U(p)$ nur endlich-viele von p verschiedene Punkte $p_1, p_2, \ldots, p_s$ von M, so würde man zu jedem dieser Punkte p_i eine ihn nicht enthaltende Umgebung $U_i(p)$ von p finden können [z. B. $U_i(p) = R - p_i$]. Der Durchschnitt $U(p) \cdot \prod_{i=1}^{s} U_i(p)$ wäre sodann eine von allen von p verschiedenen Punkten von M freie Umgebung von p, und eine solche kann nach unseren Voraussetzungen nicht existieren.

Satz V. *In einem T_1-Raume stellt ein einzelner Punkt dann und nur dann eine nirgendsdichte Menge dar, wenn dieser Punkt ein Häufungspunkt* (der Menge aller Punkte des Raumes) *ist.*

Der Beweis dieses Satzes darf dem Leser überlassen bleiben.

Aufgabe. Der Leser beweise: *Ein T_1-Raum besitzt dann und nur dann eine endliche Basis, wenn er aus endlich-vielen isolierten Punkten besteht.*

§ 5. Zerlegungen von T_1-Räumen in disjunkte abgeschlossene Mengen. Beziehungen zu stetigen Abbildungen. Zerlegungsräume[1].

Vorbemerkung. Unter einer *Zerlegung* wird in diesem Paragraphen immer eine Zerlegung eines T_1-Raumes in disjunkte abgeschlossene Mengen verstanden. Diese Mengen heißen die *Elemente* der Zerlegung.

1. Abbildungen und Zerlegungen. Äquivalenz von stetigen Abbildungen. Konjugierte Räume. Es sei eine stetige Abbildung f eines T_1-Raumes X auf einen T_1-Raum Y gegeben. Die Urbilder $A = f^{-1}(y)$ der Punkte von Y sind disjunkte abgeschlossene Punktmengen des Raumes X, und X ist in diese Punktmengen zerlegt:

(1) $$X = \sum A.$$

Die Zerlegung (1) heißt von der Abbildung f *erzeugt.*

Es entsteht die umgekehrte Frage:

Es sei eine Zerlegung (1) des T_1-Raumes X gegeben. Läßt sich diese Zerlegung durch eine stetige Abbildung von X auf einen T_1-Raum Y erzeugen?

Und ferner:

Was kann man von zwei Abbildungen f_1 und f_2 von X auf Y_1 bzw. Y_2 sagen, wenn diese Abbildungen eine und dieselbe Zerlegung (1) von X erzeugen?

Bevor wir an die Beantwortung dieser beiden Fragen gehen, führen wir einige Definitionen ein, die in verschiedenen mit der Theorie der stetigen Abbildungen verbundenen Fragen von Nutzen sind.

Definition der Äquivalenz zweier stetiger Abbildungen. *Zwei stetige Abbildungen f_1 und f_2 von X auf Y_1 bzw. auf Y_2 heißen äquivalent, falls es eine topologische Abbildung g von Y_1 auf Y_2 gibt, so daß für jeden Punkt x von X* $$f_2(x) = g f_1(x)$$ *ist.*

Es ist klar, daß zwei äquivalente Abbildungen von X immer dieselbe Zerlegung von X erzeugen.

Wir betrachten jetzt eine Zerlegung (1) des T_1-Raumes X und führen in die Menge der Elemente A dieser Zerlegung irgendeine topologische Zuordnung ein. Mit anderen Worten: wir machen auf irgendeine Weise die Menge aller Mengen A zu einem allgemein-topologischen Raum Z. Die Elemente der Zerlegung (1), d. h. die Punktmengen A von X als Punkte des Raumes Z betrachtet, bezeichnen wir mit a.

Läßt man jedem Punkt x von X diejenige Menge A entsprechen, in der x enthalten ist, so entsteht eine eindeutige Abbildung

(2) $$a = \alpha(x)$$

[1] Bei der Abfassung dieses Paragraphen machten wir wesentlichen Gebrauch von einem nichtpublizierten Manuskript von Herrn KOLMOGOROFF.

des Raumes X auf den Raum Z. Diese Abbildung heißt die von der Zerlegung (1) *erzeugte* Abbildung von X auf Z.

Wir nennen nun den Raum Z zu der Zerlegung (1) *konjugiert, wenn Z ein T_1-Raum und* (2) *eine stetige Abbildung ist.*

Satz I. *Jede stetige Abbildung f von X auf Y, die eine gegebene Zerlegung* (1) *von X erzeugt, ist äquivalent mit einer Abbildung von X auf einen zu der Zerlegung konjugierten Raum Z.*

Denn die Elemente A der Zerlegung (1) entsprechen den Punkten des Raumes Y eineindeutig; überträgt man mittels dieser eineindeutigen Abbildung g die topologische Zuordnung von Y in die Menge der A, so entsteht ein zu (1) konjugierter Raum Z; g wird dann zu einer Homöomorphie zwischen Y und Z, und die Abbildung gf von X auf Z ist mit f äquivalent.

2. Der Zerlegungsraum Z. Alle Räume, die zu einer und derselben Zerlegung konjugiert sind, bestehen aus denselben Punkten, können sich also nur durch ihre topologischen Zuordnungen unterscheiden. Daraus folgt, daß alle diese Räume mittels der identischen Abbildung $a \to a$ aufeinander eineindeutig abgebildet sind. Diese Abbildungen brauchen aber nicht stetig zu sein, und zwar nicht einmal, wenn die Mengen A einpunktig sind.

Wir betrachten in der Tat das halb-offene Intervall $0 \leqq t < 1$ als den Raum X; die Mengen A seien die einzelnen Punkte von X; wir bilden aus ihnen zwei Räume Z_1 und Z_2, die beide zu der Zerlegung von X in seine einzelnen Punkte konjugiert sind. Und zwar sei Z_1 unsere Strecke selbst (mit der Topologie der Zahlengerade). Z_2 definieren wir als Umgebungsraum folgendermaßen. Alle vom Nullpunkt verschiedene Punkte t der Strecke bekommen als Umgebungen die Intervalle (t', t''), $0 < t' < t < t'' < 1$. Eine Umgebung des Nullpunktes besteht dagegen aus diesem Punkt selbst und der Vereinigungsmenge zweier offener Intervalle: $(0; t')$ und $(t'', 1)$, wobei $0 < t' < t'' < 1$ und sonst t' und t'' beliebig sind. Offenbar ist Z_2 der Kreislinie homöomorph, und die identische Abbildung von Z_2 auf Z_1 ist unstetig (während die identische Abbildung von Z_1 auf Z_2 stetig ist)[1].

Falls zwei allgemein-topologische Räume aus denselben Punkten bestehen, und die identische Abbildung des ersten Raumes auf den zweiten stetig ist, so sagen wir: *die topologische Zuordnung des ersten Raumes sei höchstens so stark wie die des zweiten Raumes*[2]. Liegt ein System $\mathfrak{S}$ von allgemein-topologischen Räumen vor, die alle aus denselben Punkten bestehen, und ist die topologische Zuordnung eines bestimmten unter diesen Räumen höchstens so stark wie die topologische Zuordnung eines jeden anderen Raumes des Systems $\mathfrak{S}$, so

[1] Vgl. § 3, Nr. 2, Bemerkung V.

[2] Diese Bezeichnung ist berechtigt: Ist die topologische Zuordnung in X_1 höchstens so stark wie in X_2, so bedeutet das: ist p Berührungspunkt von M in X_1, so ist er gewiß Berührungspunkt von M in X_2; p kann aber Berührungspunkt von M in X_2 sein, ohne daß er Berührungspunkt von M in X_1 ist (die topologische Zuordnung in X_2 ist also eine Verstärkung der topologischen Zuordnung in X_1).

sagen wir, daß dieser Raum *die schwächste topologische Zuordnung* unter *allen* Räumen des Systems $\mathfrak{S}$ besitzt[1].

Jetzt konstruieren wir zu der Zerlegung (1) des T_1-Raumes X einen festen T_1-Raum — den **Raum der Zerlegung** (1) oder den zu (1) gehörenden **Zerlegungsraum** Z. Seine Punkte a sind die Elemente der Zerlegung (1), d. h. die Mengen A. Wir definieren Z als topologischen Raum, indem wir in der Menge seiner Punkte die „abgeschlossenen" Mengen auszeichnen (vgl. § 2, Nr. 6). Und zwar: *die Punktmenge Φ von Z heiße „abgeschlossen", wenn $\sum\limits_{a \subset \Phi} A$, d. h. $\alpha^{-1}(\Phi)$,[2] abgeschlossen in X ist.*

Es bedarf kaum eines Beweises, daß bei dieser Definition der „abgeschlossenen" Mengen die Bedingungen α) und β) von § 2, Nr. 6, erfüllt sind. Sind in der Tat Φ_1 und Φ_2 „abgeschlossene" Punktmengen in Z, so sind $\sum\limits_{a \subset \Phi_1} A$ und $\sum\limits_{a \subset \Phi_2} A$, folglich auch $\sum\limits_{a \subset \Phi_1} A + \sum\limits_{a \subset \Phi_2} A = \sum\limits_{a \subset \Phi_1 + \Phi_2} A$ in X abgeschlossen, also $\Phi_1 + \Phi_2$ „abgeschlossen". In analoger Weise zeigt man, daß der Durchschnitt beliebig-vieler „abgeschlossener" Mengen „abgeschlossen" ist. Somit ist die Bedingung α) in Z erfüllt. Daß die Bedingung β) in Z erfüllt ist, folgt ohne weiteres daraus, daß sie in X erfüllt ist. Es ist also Z ein topologischer Raum. In diesem Raume ist jeder einzelne Punkt a abgeschlossen, denn A ist abgeschlossen in X. Folglich ist der Zerlegunsgraum Z ein T_1-Raum.

Bemerkung. Da die offenen Mengen Komplemente der abgeschlossenen sind, ist eine Menge $\Gamma \subset \mathsf{Z}$ dann und nur dann offen, wenn $\sum\limits_{a \subset \Gamma} A$ in X offen ist.

Satz II. *Der zu (1) gehörende Zerlegungsraum ist ein zu der Zerlegung (1) konjugierter Raum; seine topologische Zuordnung ist die schwächste unter den topologischen Zuordnungen aller zu (1) konjugierten Räume.*

Beweis. Die von der Zerlegung (1) erzeugte Abbildung von X auf Z, d. h. die Abbildung $\alpha(x)$, die jedem Punkt x von X die ihn enthaltende Menge A entsprechen läßt, ist eine stetige Abbildung von X auf Z, denn die abgeschlossenen Punktmengen in Z wurden ja definiert

---

[1] Wenn in $\mathfrak{S}$ ein Raum mit schwächster topologischer Zuordnung existiert, so nur ein einziger, denn zwei Räume, von denen jeder eine höchstens so starke topologische Zuordnung hat wie der andere, sind homöomorph, also (da sie dieselben Punkte haben) identisch. Enthält das System $\mathfrak{S}$ einen aus lauter isolierten Punkten bestehenden Raum, so ist seine topologische Zuordnung bestimmt die schwächste unter allen Räumen des Systems $\mathfrak{S}$.

[2] Ist M eine beliebige Punktmenge in Z, so ist $\sum\limits_{a \subset \mathsf{M}} A = \alpha^{-1}(\mathsf{M})$, wobei $\alpha(x)$ die Abbildung (2) von X in Z ist. (Der Leser sei nochmals darauf aufmerksam gemacht, daß A und a dasselbe bedeuten, nämlich ein Element A der Zerlegung (1): wir bezeichnen es mit a, wenn wir es als Punkt in Z, nicht als Punktmenge in X, auffassen.)

als solche Mengen, $\Phi \subset \mathrm{Z}$, welche bei der Abbildung $\alpha(x)$ ein in X abgeschlossenes Urbild $\alpha^{-1}(\Phi)$ haben. Somit ist Z ein zu der Zerlegung (1) konjugierter Raum.

Es sei jetzt Z ein beliebiger zu (1) konjugierter Raum, F eine abgeschlossene Punktmenge in Z. Da die Abbildung α von X auf Z stetig ist, ist

$$\alpha^{-1}(F) = \sum_{a \subset F} A$$

in X abgeschlossen, also F in Z abgeschlossen. Somit hat bei der identischen Abbildung von Z auf Z jede abgeschlossene Punktmenge in Z ein in Z abgeschlossenes Urbild, die identische Abbildung von Z auf Z ist also stetig, w. z. b. w.

Der Satz II ist hiermit bewiesen.

Korollar. *Ist Z ein von Z verschiedener konjugierter Raum zu* (1), *so gibt es eine Menge, die in Z abgeschlossen und in Z nicht abgeschlossen ist.*

Aus den Sätzen I und II folgt

Satz III. *Jede stetige Abbildung f eines T_1-Raumes X auf einen T_1-Raum Y, die eine gegebene Zerlegung* (1) *erzeugt, kann in der Form*

$$y = f(x) = \varphi\alpha(x) \tag{3}$$

dargestellt werden, wobei $\alpha(x)$ die stetige Abbildung von X auf Z ist, welche jedem Punkt x das Element $A \supset x$ von (1) *zuordnet und φ eine eineindeutige stetige Abbildung von Z auf Y ist.*

Die Zurückführung dieses Satzes auf die Sätze I und II darf dem Leser überlassen bleiben.

Die zu Beginn dieses Paragraphen gestellten Fragen sind durch die Sätze I und II beantwortet.

3. Beispiele von Identifizierungen. Der Übergang von einem in der gegebenen Zerlegung (1) vorliegenden Raum X zu dem entsprechenden Zerlegungsraum Z, d. h. die stetige Abbildung $\alpha(x)$ von X auf Z, wird oft (insbesondere wenn der Raum X eine mehr oder weniger einfache geometrische Figur ist) als *Identifizierung* bezeichnet: es werden alle Punkte je einer Menge A zu einem Punkt a des Zerlegungsraumes „identifiziert".

Beispiele. 1°. X sei ein abgeschlossenes Intervall $[a, b]$ der Zahlengerade; die Mengen A seien: die einzelnen inneren Punkte der Strecke und das Punktepaar a, b. Der Zerlegungsraum ist der Kreislinie homöomorph; er entsteht aus der Strecke $[a; b]$ dadurch, daß man ihre beiden Endpunkte miteinander „identifiziert".

2°. X sei ein Quadrat. Die Mengen A seien: die einzelnen inneren Punkte des Quadrates, die Paare gegenüberliegender von den Eckpunkten verschiedener Punkte des Randes des Quadrates, die Menge der vier Eckpunkte des Quadrates. Der Zerlegungsraum ist der Ringfläche homöomorph. Man sagt oft: Die Ringfläche entsteht aus einem Quadrat durch Identifizierung der gegenüberliegenden Punkte des Randes des Quadrates. In analoger Weise erhält man aus einem Würfel durch Identifikation der gegenüberliegenden Punkte seines Randes die sog. *dreidimensionale Torusmannigfaltigkeit.*

3°. X sei die Kreislinie. Die Mengen A seien die Paare diametraler Punkte. Der Zerlegungsraum ist mit der Kreislinie homöomorph.

4°. X sei die Kugelfläche. Die Mengen A seien Paare diametraler Punkte. Der Zerlegungsraum ist mit der projektiven Ebene homöomorph.

4°_a. X sei eine Halbkugel (einschließlich des Randkreises). Die Mengen A seien die einzelnen nicht auf dem Randkreis gelegenen Punkte und die diametralen Punktepaare des Randkreises. Der Zerlegungsraum ist wieder homöomorph mit der projektiven Ebene.

5°. X sei ein ebener Kreisring (einschließlich der beiden Randkreise S_1 und S_2). Die Mengen A seien die einzelnen nicht auf S_2 gelegenen Punkte von X und die diametralen Punktepaare des Kreises S_2. Der Zerlegungsraum ist mit dem Möbiusschen Bande homöomorph.

6°. X sei die Vereinigungsmenge zweier disjunkter Punktmengen des R^3: einer Kreisscheibe mit dem Randkreise S_1 und einem Möbiusschen Bande mit der Randkurve S_2. Es sei f eine topologische Abbildung von S_1 auf S_2.

Die Mengen A seien: die einzelnen Punkte von X, welche weder auf S_1 noch auf S_2 liegen, und die Punktepaare x, $f(x)$. Der Zerlegungsraum ist homöomorph mit der projektiven Ebene.

7°. X sei eine Kreisscheibe. Die Mengen A seien: die einzelnen inneren Punkte der Kreisscheibe und die Menge aller Punkte des Randkreises. Der Zerlegungsraum ist der Kugelfläche homöomorph.

In allen diesen Fällen gibt es übrigens einen einzigen zu der gegebenen Zerlegung konjugierten Raum, den Zerlegungsraum. Das liegt an der Kompaktheitseigenschaft (s. Kap. II) der hier betrachteten Räume X.

8°. X sei die Euklidische Ebene R^2. Die Mengen A seien die Geraden einer Parallelenschar. Der Zerlegungsraum ist einer Geraden homöomorph. Der Leser konstruiere andere zu dieser Zerlegung konjugierte Räume.

9°. X sei ein offener Kreisring (die Randkreise zählen nicht mit!). Die Mengen A seien die auf dem Kreisring liegenden zu seinen Randkreisen konzentrischen Kreise. Der Zerlegungsraum ist einer Gerade homöomorph. Der Leser konstruiere andere konjugierte Räume.

Aufgabe. Der Leser konstruiere weitere Beispiele von Zerlegungsräumen (Kurvenscharen auf Flächen und in Raumgebieten usw.).

4. Stark-stetige Abbildungen. Es entsteht die Frage: Wodurch unterscheiden sich die stetigen Abbildungen $a = \alpha(x)$ des T_1-Raumes X auf den zu seiner Zerlegung

$$X = \sum A \tag{1}$$

gehörenden Zerlegungsraum[1] von den Abbildungen von X auf andere konjugierte Räume?

Diese Frage läßt sich wie folgt beantworten.

Definition. Es sei f eine stetige Abbildung des T_1-Raumes X auf den T_1-Raum Y; es sei (1) die von dieser Abbildung erzeugte Zerlegung. Die Abbildung f heißt *stark-stetig*, wenn sie folgende Bedingung erfüllt:

Jede abgeschlossene Menge $F \subset X$, welche als Summe gewisser Elemente A der Zerlegung (1) dargestellt werden kann, hat bei der Abbildung f eine abgeschlossene Bildmenge.

Bemerkung. Offenbar bilden die abgeschlossenen Abbildungen (§ 3, Nr. 2, Bemerkung V) einen Spezialfall der stark-stetigen.

Satz IV. *Die durch die Zerlegung* (1) *erzeugte Abbildung* $\alpha(x)$ *von* X *auf den Zerlegungsraum* Z *ist stark-stetig; jede stark-stetige Abbildung von* X, *die die gegebene Zerlegung* (1) *von* X *erzeugt, ist mit der Abbildung* $\alpha(x)$ *von* X *auf den betreffenden Zerlegungsraum äquivalent.*

[1] Vgl. die Formel (2) von Nr. 1.

Beweis. Die erste Behauptung des Satzes folgt unmittelbar aus der Definition der Zerlegungsräume und der Abbildungen $a = \alpha(x)$. Um die zweite Behauptung zu beweisen, genügt es zu zeigen: ist die von der Zerlegung (1) erzeugte Abbildung von X auf einen zu (1) konjugierten Raum Z stark-stetig, so ist Z notwendig der Zerlegungsraum Z. Dazu genügt es nach Korollar zum Satz II zu zeigen, daß jede in Z abgeschlossene Menge F notwendig auch in Z abgeschlossen ist. Ist F eine in Z abgeschlossene Menge, so ist (nach der Definition von Z) die Menge $\sum_{a \subset \mathsf{F}} A = \alpha^{-1}(\mathsf{F})$ abgeschlossen in X, also wegen der starken Stetigkeit von $\alpha(x)$, die Bildmenge $\alpha(\sum_{a \subset \mathsf{F}} A) = \mathsf{F}$ abgeschlossen in Z, w. z. b. w.

Beispiel einer stark-stetigen Abbildung, welche nicht abgeschlossen ist. X bestehe aus dem Innern des Einheitsquadrates und dem Punkte (0; 0) der Euklidischen Ebene, Y aus der Strecke $0 \leqq t < 1$ der x-Achse; die Abbildung f sei als orthogonale Projektion von X auf Y definiert. Sie ist stark-stetig, aber nicht abgeschlossen.

5. Schwache Zerlegungsräume. Stetige Zerlegungen. Es sei wieder

$$X = \sum A \tag{1}$$

eine Zerlegung des T_1-Raumes X. Manchmal ist es zweckmäßig, in die Menge der A eine noch schwächere topologische Zuordnung einzuführen als die Zuordnung des Zerlegungsraumes. Natürlich erhält man dabei einen Raum, der, falls er von Z verschieden ist, zu der Zerlegung (1) nicht mehr konjugiert ist (Satz II).

Definition. Unter dem zu (1) gehörenden *schwachen Zerlegungsraum* versteht man den folgenden Umgebungsraum A:

die Punkte a von A sind die Elemente A der Zerlegung (1);

man erhält die Umgebungen eines beliebigen Punktes a_0 von A folgendermaßen: man wählt eine Umgebung $U(A_0)$ in X und definiert die Umgebung $U(a_0)$ in A als die Menge aller Punkte a mit $A \subset U(A_0)$.

Man überzeugt sich mühelos, daß diese Umgebungsdefinition den Hausdorffschen Axiomen $A - C$ von § 2, Nr. 8 genügt; ebenso leicht verifiziert man auch das erste Trennungsaxiom. Somit ist *der schwache Zerlegungsraum von* (1) *immer ein T_1-Raum.*

Wir wollen beweisen: die topologische Zuordnung in A ist höchstens so stark wie in Z, d. h. die identische Abbildung von A auf Z ist stetig. Dazu genügt es zu zeigen, daß jede in Z offene Menge auch in A offen ist.

Wenn eine Menge Γ offen in Z ist, so ist $\sum_{a \subset \Gamma} A$ in X offen[1]; dann ist aber Γ Umgebung in A jedes Punktes $a \subset \Gamma$, folglich Γ offen in A, w. z. b. w.

Hieraus und aus dem Satze II folgt:

Satz V. *Ist der schwache Zerlegungsraum* A *von* (1) *konjugiert zu* (1) (d. h. ist die von (1) erzeugte Abbildung $\alpha(x)$ von X auf A stetig), *so ist* A *identisch mit* Z.

Dieser Satz legt die Frage nahe: Wie erkennt man an der Zerlegung (1), ob der zu ihr gehörende schwache Zerlegungsraum zu (1)

[1] Vgl. Nr. 2, Bemerkung.

konjugiert ist oder nicht? Diese Frage läßt sich mit Hilfe der folgenden Definition leicht beantworten:

Die Zerlegung (1) heißt *stetig*, wenn es zu jeder Umgebung $U(A_0)$ eines beliebigen Elementes A_0 von (1) eine Umgebung $V(A_0)$ von A_0 mit folgender Eigenschaft gibt: jede Menge A, welche mindestens einen gemeinsamen Punkt mit $V(A_0)$ hat, ist in $U(A_0)$ enthalten.

Es lautet nun die Antwort auf die obige Frage:

Satz VI. *Der schwache Zerlegungsraum* A *von* (1) *ist dann und nur dann konjugiert zu* (1) (also dann und nur dann mit dem Zerlegungsraum Z von (1) identisch), *wenn die Zerlegung* (1) *stetig ist.*

Der Satz VI behauptet, daß die durch die Zerlegung (1) erzeugte Abbildung $\alpha(x)$ von X auf A dann und nur dann stetig ist, wenn die Zerlegung (1) stetig ist. Dieser Beweis geht — unter der Benutzung des Cauchyschen Stetigkeitskriteriums (§ 3, Satz IV) — ganz automatisch von sich und soll dem Leser überlassen bleiben.

Beispiele stetiger Zerlegungen. 1°. Die Zerlegung der Kugelfläche in die Parallelkreise und die beiden Pole.

2°. Die Zerlegung des offenen (d. h. ohne Randkreise) ebenso wie die Zerlegung des abgeschlossenen (mit den Randkreisen) ebenen Kreisringes in die zu seinen Randkreisen konzentrischen Kreise.

3°. X sei eine offene Quadratfläche; die Mengen A seien: der Mittelpunkt von X und die zu X konzentrische seitenparallele Quadrate (nur die Konturen sind gemeint!) in X.

4°. X sei der Rand eines Würfels. Jede offene Seitenfläche zerlege man wie in 3°; außerdem nehme man die Vereinigungsmenge aller Kanten des Würfels als ein Zerlegungselement hinzu. Es entsteht eine stetige Zerlegung des Würfelrandes X.

Aufgabe. Wie sieht der Zerlegungsraum in jedem dieser Beispiele aus?

Degegen ist die Zerlegung der Ebene in die Gerade einer Parallelenschar nicht stetig; der schwache Zerlegungsraum besteht in diesem Falle aus lauter isolierten Punkten (ist also vom Zerlegungsraum Z verschieden).

Zur vollen Geltung kommen die stetigen Zerlegungen erst im Falle bikompakter Hausdorffscher Räume (s. das Kap. II); jedoch zeigen einige neuere Untersuchungen (insbesondere die Arbeiten von M. H. Stone), daß die stetigen Zerlegungen auch nicht kompakter Räume von Wichtigkeit sind.

§ 6. Trennungsaxiome: Hausdorffsche, reguläre und normale Räume.

1. Hausdorffsche Räume. Zweites (Hausdorffsches) Trennungsaxiom. *Je zwei verschiedene Punkte besitzen disjunkte Umgebungen.*

Topologische Räume, die dem zweiten Trennungsaxiom genügen, heißen *T_2-Räume* oder *Hausdorffsche Räume*. Das zweite Trennungsaxiom ist eine Verschärfung des ersten, d. h. jeder Hausdorffsche Raum ist ein T_1-Raum, wobei die Umkehrung dieser Behauptung nicht gilt (vgl. Nr. 3).

2. Reguläre und normale Räume. Drittes (Vietorissches) Trennungsaxiom. *Je zwei disjunkte abgeschlossene Mengen, von denen eine einpunktig ist, besitzen disjunkte Umgebungen*[1].

[1] Vgl. § 4, Vorbemerkung.

Dieses Axiom ist keine Verschärfung des ersten, geschweige denn des zweiten Trennungsaxioms, denn ein Punkt eines topologischen Raumes braucht noch nicht eine abgeschlossene Punktmenge dieses Raumes zu bilden. Interessant wird dieses Axiom erst, wenn man es als Zusatzbedingung zum ersten Trennungsaxiom betrachtet, d. h. auf T_1-Räume anwendet. Wir definieren deshalb:

Ein T_1-Raum, welcher das dritte Trennungsaxiom erfüllt, heißt ein T_3-Raum oder ein regulärer Raum.

Reguläre Räume bilden offenbar einen Spezialfall Hausdorffscher Räume.

Viertes (Tietzesches) Trennungsaxiom. *Je zwei disjunkte abgeschlossene Mengen besitzen disjunkte Umgebungen.*

Das vierte Trennungsaxiom bildet eine Verschärfung des dritten (aber nicht des ersten und des zweiten).

T_1-Räume, die dem vierten Trennungsaxiom genügen, heißen T_4-Räume oder normale Räume.

Die normalen Räume bilden offenbar einen Spezialfall der regulären und der Hausdorffschen Räume.

Satz I. *Jeder metrisierbare Raum ist normal.*

Beweis. In § 2, Nr. 3, einschl. Bemerkung I, wurde bewiesen, daß jeder metrisierbare Raum R ein T_1-Raum ist. Bleibt zu zeigen, daß in R das vierte Trennungsaxiom erfüllt ist. Zu diesem Zweck denken wir uns R mit einer festen Metrik versehen und betrachten zwei abgeschlossene und disjunkte Mengen F' und F''. Für jeden Punkt p, der zu irgendeiner der beiden Mengen F' und F'' gehört, bestimme man die Zahl ε_p — die Hälfte der Entfernung von p bis zur anderen Menge. Wir definieren

$$U(F') = \sum_{p \subset F'} U(p, \varepsilon_p), \qquad U(F'') = \sum_{p \subset F''} U(p, \varepsilon_p).$$

Gäbe es einen zu $U(F') \cdot U(F'')$ gehörenden Punkt a, so müßte bei passend gewählten $p' \subset F'$ und $p'' \subset F''$

$$a \subset U(p', \varepsilon_{p'}), \qquad a \subset U(p'', \varepsilon_{p''})$$

sein, folglich (wenn etwa $\varepsilon_{p'} \geqq \varepsilon_{p''}$ ist)

$$\varrho(p', F'') \leqq \varrho(p', a) + \varrho(a, p'') < \varepsilon_{p'} + \varepsilon_{p''} \leqq 2\varepsilon_{p'}$$

im Widerspruch mit der Definition von $\varepsilon_{p'}$.

8. Beispiele. Die in § 1, Nr. 1, unter 3° angeführte Konstruktion liefert, falls der Ausgangsraum R z. B. die Zahlengerade ist, einen topologischen Raum, welcher dem ersten, aber nicht dem zweiten Trennungsaxiom genügt. Der Raum von § 1, Nr. 4, 6°, ist ein Hausdorffscher irregulärer Raum, ebenso der Raum von § 1, Nr. 6, 1°. Der Raum von § 1, Nr. 6, 2°, ist regulär, jedoch nicht normal. In § 1, Nr. 4, 5°, ist ein Beispiel eines normalen nicht metrisierbaren Raumes gegeben.

Aufgabe. Man führe die Beweise der hier aufgestellten Behauptungen durch. Anweisung: die untrennbaren Mengen sind:

im Falle von § 1, Nr. 4, 6°, ein beliebiger Punkt (x_1, y_1) und die Menge aller Punkte (x_1, y), mit $y_1 < y < 1$;

im Falle § 1, Nr. 6, 1°, der Nullpunkt und die Menge D;

im Falle § 1, Nr. 6, 2°, die Menge der rationalen und die der irrationalen Punkte der x-Achse[1].

4. Relativierung. Vollständig-normale Räume. Man beweist ohne Mühe, *daß die Eigenschaften eines topologischen Raumes, ein T_0- bzw. T_1- bzw. T_2- bzw. T_3-Raum zu sein, kogrediente Eigenschaften sind* (im Sinne von § 1, Nr. 9).

Dagegen gibt es normale Räume mit nicht normalen Punktmengen. Topologische Räume, die nur normale Punktmengen enthalten, heißen *T_5-Räume* oder *vollständig normal.* Da jede Punktmenge eines metrisierbaren Raumes metrisierbar, also erst · recht normal ist, *ist jeder metrisierbare Raum vollständig-normal.* Aber auch der Raum von § 1, Nr. 4, 5°, ist vollständig-normal (obwohl nicht metrisierbar). Die Forderung der vollständigen Normalität eines Raumes wird manchmal als fünftes *Trennungsaxiom* bezeichnet[2].

5. Bemerkung. Die T_i-Räume $(i = 0, 1, \ldots, 5)$ sind offenbar topologisch-invariant; d. h. ist von zwei homöomorphen Räumen der eine ein T_i-Raum, so auch der andere. Das folgt unmittelbar daraus, daß den verschiedenen Trennungsaxiomen mit Hilfe der Begriffe abgeschlossene bzw. offenen Menge eingeführt wurden und bei einer topologischen Abbildung eines Raumes auf einen anderen die abgeschlossenen bzw. die offenen Mengen der beiden Räume einander entsprechen.

Aus § 3, Satz II, folgt ferner leicht (die Durchführung des Beweises sei dem Leser überlassen):

Satz II. *Der Hausdorffsche Raum Y sei eineindeutiges stetiges Bild des topologischen Raumes X. Dann ist X ebenfalls ein Hausdorffscher Raum.*

6. Trennungsaxiome für Zerlegungen[3]. Definition. Eine Zerlegung

$$X = \sum A \tag{1}$$

des T_1-Raumes X (in disjunkte abgeschlossene Mengen A) heißt eine *Hausdorffsche* bzw. eine *reguläre* bzw. eine *normale* Zerlegung, falls der

---

[1] Dieser letzte Fall ist etwas komplizierter als die übrigen; beim Beweis wird von der Tatsache Gebrauch gemacht, daß die Zahlengerade nicht als Summe von abzählbar-vielen nirgendsdichten Teilmengen dargestellt werden kann (Spezialfall des Baireschen Dichtigkeitssatzes, Kap. II, § 4, Satz V).

[2] Wegen zahlreicher weiterer Beispiele betreffend die Trennungsaxiome vgl. Urysohn: Über die Mächtigkeit zusammenhängender Mengen. Math. Ann. Bd. 94 (1925), sowie Alexandroff-Urysohn: Mémoire sur les espaces topologiques compacts.

[3] Vgl. § 5.

zu (1) gehörende Zerlegungsraum Z (vgl. § 5, Nr. 2) ein Hausdorffscher bzw. ein regulärer bzw. ein normaler Raum ist.

Aus dem Satz II und den Sätzen I und II von § 5 folgt mühelos:

Satz III. *Die Zerlegung (1) kann dann und nur dann durch eine stetige Abbildung von X auf einen Hausdorffschen Raum erzeugt werden, wenn sie eine Hausdorffsche Zerlegung ist.*

Die abgeschlossenen Mengen F bzw. die offenen Mengen Γ im Zerlegungsraume Z sind dadurch charakterisiert[1], daß $\sum_{a \subset F} A$ bzw. $\sum_{a \subset \Gamma} A$ in X abgeschlossen bzw. offen ist. Hieraus folgt, daß man die Hausdorffschen, regulären und normalen Zerlegungen wie folgt definieren kann:

Die *Zerlegung* (1) ist eine *Hausdorffsche*, wenn zu je zwei Elementen A_1 und A_2 von (1) zwei disjunkte Umgebungen $U(A_1)$ und $U(A_2)$ in X existieren, von denen jede Summe gewisser Elemente A von (1) ist.

Die Zerlegung (1) ist normal, wenn folgende Bedingung erfüllt ist: Sind F_1 und F_2 zwei disjunkte abgeschlossene Mengen in X, von denen jede Summe gewisser Elemente A von (1) ist, so existieren disjunkte Umgebungen $U(F_1)$ und $U(F_2)$, von denen jede Summe gewisser A ist.

Formuliert man die letztere Bedingung nur in der Voraussetzung, daß eine der beiden Mengen F_1 oder F_2 ein Zerlegungselement A ist, so erhält man die regulären Zerlegungen.

Beispiele. 1°. X sei das abgeschlossene Einheitsquadrat der Euklidischen (t_1, t_2)-Ebene. Die Mengen A sind: die Strecken $t_2 = c$, $0 \leqq t_1 \leqq 1$, $0 \leqq c < 1$, und die einzelnen Punkte $(t_1; 1)$, $0 \leqq t_1 \leqq 1$. Diese Zerlegung ist keine Hausdorffsche.

2°. Der Raum X ist als eine ebene Punktmenge, und zwar als die Vereinigungsmenge der folgendermaßen definierten Mengen A erklärt:

A_0 ist der Punkt $(0; 0)$;

A_n ist der Punkt $(1, 1/n)$, $n = 1, 2, \ldots$ in inf.

A_{nm} ist die Strecke $0 \leqq t_1 \leqq 1$, $t_2 = \frac{1}{n} + \frac{1}{nm}$, $n = 1, 2, \ldots$ in inf; $m = 2, 3, \ldots$ in inf.

Die Zerlegung von X in diese Mengen A ist eine Hausdorffsche irreguläre Zerlegung (das singuläre Zerlegungselement ist A_0). Die Existenz von regulären nicht normalen Zerlegungen normaler Räume bleibt den Verfassern unbekannt.

7. Eine andere Formulierung der Regularität und der Normalität.

Satz IV. *Ein topologischer Raum R ist dann und nur dann regulär, wenn jede Umgebung eines beliebigen seiner Punkte die abgeschlossene Hülle einer Umgebung desselben Punktes enthält.*

Bemerkung. Aus dem Hausdorffschen Gleichwertigkeitskriterium folgt, daß diese Bedingung für alle Umgebungssysteme gilt, wenn sie von einem erfüllt ist.

Beweis. Es sei R ein regulärer Raum, p ein Punkt von R, $U(p)$ eine Umgebung von p. Zu den beiden abgeschlossenen Mengen p und $F = R - U(p)$ gibt es zwei disjunkte Umgebungen $V(p)$ und $V(F)$;

[1] Vgl. § 5, Nr. 2, insbesondere auch die dortige Bemerkung.

da nach § 2, Satz IV, auch $\overline{V(p)} \cdot V(F) = 0$ ist, ist erst recht $\overline{V(p)} \cdot F = 0$, also $\overline{V(p)} \subset U(p)$.

Es sei umgekehrt die Bedingung des Satzes IV erfüllt. Wir beweisen, daß der Raum regulär ist. Zu dem Zweck wählen wir den Punkt p und die ihn nicht enthaltende abgeschlossene Menge F beliebig. Es existiert zunächst eine zu F fremde Umgebung von p, $U(p)$. Wir wählen eine $V(p)$ mit $\overline{V(p)} \subset U(p)$. Dann ist $R - \overline{V(p)}$ eine zu $V(p)$ fremde Umgebung von F, w. z. b. w.

Satz V. *Ein topologischer Raum ist dann und nur dann normal, wenn jede Umgebung einer beliebigen seiner abgeschlossenen Punktmengen die abgeschlossene Hülle einer Umgebung derselben Punktmenge enthält.*

Beweis. Es sei R ein normaler Raum, F eine abgeschlossene Punktmenge von R, $U(F)$ eine Umgebung von F. Die abgeschlossenen Mengen F und $F' = R - U(F)$ sind disjunkt, sie besitzen folglich disjunkte Umgebungen, etwa $V(F)$ und $V(F')$; nach § 2, Satz IV, sind die Mengen $\overline{V(F)}$ und $V(F')$ ebenfalls disjunkt, also

$$\overline{V(F)} \subset R - V(F') \subset R - F' = U(F).$$

Es sei umgekehrt die Bedingung des Satzes V erfüllt. Wir beweisen, daß der Raum normal ist. Zu dem Zweck wählen wir zwei disjunkte abgeschlossene Mengen F_1 und F_2 und bezeichnen mit $U(F_1)$ die Umgebung $R - F_2$ von F_1. Dann gibt es eine Umgebung $V(F_1)$ von F_1 mit $\overline{V(F_1)} \subset U(F_1)$; $V(F_1)$ und $V(F_2) = R - \overline{V(F_1)}$ sind disjunkte Umgebungen von F_1 und F_2, w. z. b. w.

8. Ähnlichkeit zweier Mengensysteme. Zwei Sätze über endliche Systeme offener bzw. abgeschlossener Punktmengen normaler Räume.

Definition. Zwei Mengensysteme $\mathfrak{S}$ und $\mathfrak{S}'$ heißen *ähnlich*, falls die Elemente des einen Systems sich derart den Elementen des anderen Systems eineindeutig zuordnen lassen, daß folgende Bedingung erfüllt ist: wenn irgendwelche Elemente des einen Systems einen nichtleeren Durchschnitt haben, so gilt das gleiche auch von den entsprechenden Elementen des anderen Systems.

In dieser Definition kann man offenbar anstatt von „nichtleerem Durchschnitt" ebenso gut von „leerem Durchschnitt" sprechen.

Beispiele ähnlicher Mengensysteme.

1. Das System aller Sechsecke einer Zerlegung der Ebene in kongruente reguläre Sechsecke (vgl. Abb. 1) ist ähnlich mit dem System der Quadrate, die bei der auf Abb. 2 dargestellten „Lebesgueschen" Zerlegung der Ebene auftreten.

2. Das auf Abb. 3 dargestellte System konvexer ebener Bereiche A, B, C, D ist dem System von vier konzentrischen Kreisscheiben ähnlich.

Satz VI. *Zu jedem endlichen System*

$$\mathfrak{F} = \{F_1, \ldots, F_s\}$$

abgeschlossener Mengen eines normalen Raumes R gibt es in R ein System

$$\mathfrak{G} = \{G_1, \ldots, G_s\}$$

offener Mengen von der Eigenschaft, daß für jedes $i \leqq s$

$$F_i \subset G_i$$

ist, und die Mengensysteme $\mathfrak{F}$ und $\mathfrak{F}_s = \{\overline{G}_1, \ldots, \overline{G}_s\}$, also erst recht $\mathfrak{F}$ und $\mathfrak{G}$, ähnlich sind.

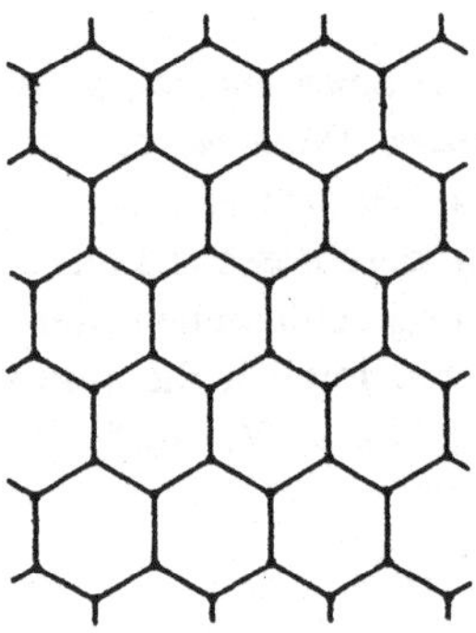

Abb. 1.

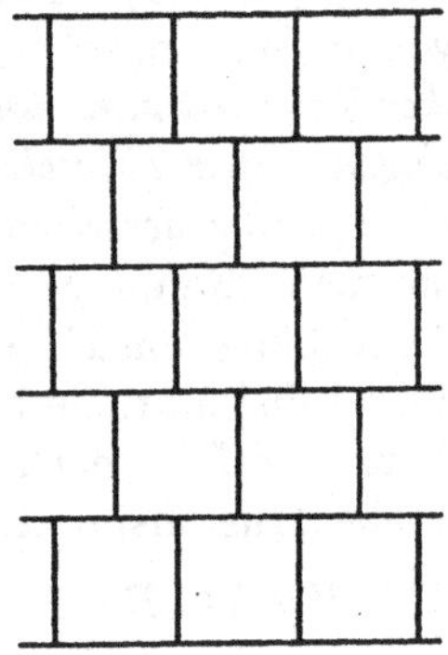

Abb. 2.

Es kann dabei immer erreicht werden, daß $G_i \subset U(F_i)$ ist, wobei $U(F_i)$ eine beliebige Umgebung von F_i ist, $i = 1, 2, \ldots, s$.

Beweis. Es sei F die Vereinigungsmenge aller Mengen von der Form $F_{i_1} \cdot \ldots \cdot F_{i_k}$ mit $F_1 \cdot F_{i_1} \cdot \ldots \cdot F_{i_k} = 0$. Da die abgeschlossene Menge F zu F_1 fremd ist, ist $R - F$ eine Umgebung von F_1; es gibt also nach Satz V eine offene Menge G_1 derart, daß $F_1 \subset G_1$, $\overline{G}_1 \subset R - F$ ist.

Die Mengensysteme

$$\mathfrak{F} = \{F_1, F_2, \ldots, F_s\}$$

und

$$\mathfrak{F}_1 = \{\overline{G}_1, F_2, \ldots F_s\}$$

sind ähnlich; denn aus $\overline{G}_1 \cdot F_{i_1} \cdot \ldots \cdot F_{i_k} = 0$ folgt offenbar $F_1 \cdot F_{i_1} \cdot \ldots \cdot F_{i_k} = 0$, während umgekehrt aus $F_1 \cdot F_{i_1} \cdot \ldots \cdot F_{i_k} = 0$ folgt, daß $F_{i_1} \cdot \ldots \cdot F_{i_k} \subset F$, also

$$\overline{G}_1 \cdot F_{i_1} \cdot \ldots \cdot F_{i_k} \subset \overline{G}_1 \cdot F = 0$$

ist.

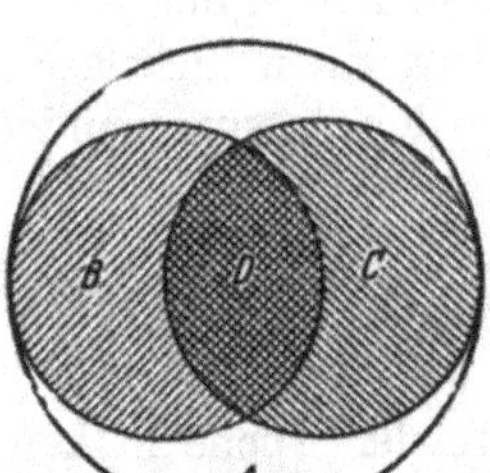

Abb. 3.

Wir nehmen jetzt an, daß die offenen Mengen $G_i \supset F_i$, $i = 1, \ldots, r < s$, so konstruiert sind, daß $\mathfrak{F}$ und

$$\mathfrak{F}_r = \{\overline{G}_1, \ldots, \overline{G}_r, F_{r+1}, \ldots, F_s\}$$

ähnlich sind. Wendet man auf das Mengensystem $\mathfrak{F}_r$ (anstatt $\mathfrak{F}$) bzw. auf F_{r+1} (anstatt F_1) die obige Schlußweise an, so erhält man eine offene Menge $G_{r+1} \supset F_{r+1}$ von der Beschaffenheit, daß die Mengensysteme $\mathfrak{F}_r$ und

$$\mathfrak{F}_{r+1} = \{\overline{G}_1, \ldots, \overline{G}_{r+1}, F_{r+2}, \ldots, F_s\},$$

folglich auch $\mathfrak{F}$ und $\mathfrak{F}_{r+1}$, ähnlich sind. Das Verfahren schließt mit dem System $\mathfrak{F}_s = \{\overline{G}_1, \ldots, \overline{G}_s\}$, mit welchem unser Ziel erreicht ist.

Sind schließlich beliebige Umgebungen $U(F_i)$ der F_i gegeben $i = 1, 2, \ldots, s$, so braucht man nur G_i durch $G_i' = G_i \cdot U(F_i)$ zu ersetzen, um ein System offener Mengen zu erhalten, welches allen Forderungen des Satzes VI einschließlich der Bedingung $G_i' \subset U(F_i)$ genügt.

Satz VII. *Zu jeder endlichen offenen Überdeckung*[1] $\mathfrak{G} = \{G_1, \ldots, G_s\}$ *eines normalen Raumes* R *gibt es eine abgeschlossene Überdeckung* $F = \{F_1, \ldots, F_s\}$ *von* R, *so daß für jedes* i, $1 \leqq i \leqq s$,

$$F_i \subset G_i$$

ist.

Beweis. Zu dem Mengensystem

$$\mathfrak{F} = \{R - G_1, \ldots, R - G_s\}$$

konstruieren wir nach Satz VI das System offener Mengen

$$\mathfrak{G} = \{V_1, \ldots V_s\}$$

so, daß $R - G_i \subset V_i$ ist und $\{\overline{V}_1, \ldots, \overline{V}_s\}$ mit $\mathfrak{F}$ ähnlich ist; aus dieser Ähnlichkeit folgt insbesondere, daß $\overline{V}_1 \cdot \ldots \cdot \overline{V}_s = 0$ ist. Setzen wir $H_i = R - \overline{V}_i$, so wird

$$\overline{H}_i = \overline{R - \overline{V}_i} \subset \overline{R - V_i},$$

also (da $R - V_i$ abgeschlossen ist)

$$\overline{H}_i \subset R - V_i$$

und — da $R - G_i \subset V_i$ ist —

$$\overline{H}_i \subset R - (R - G_i) = G_i.$$

Da ferner

$$H_1 + \cdots + H_s = R - \overline{V}_1 \cdot \ldots \cdot \overline{V}_s = R$$

ist, ist — mit $F_i = \overline{H}_i$ — der Satz VII bewiesen.

Bemerkung. Wir haben sogar mehr bewiesen, nämlich außer dem Satz VII noch den folgenden

Zusatz zum Satz VII. *Von den abgeschlossenen Mengen* $F_1, \ldots, F_s$, *deren Existenz im Satz VII behauptet wird, darf verlangt werden, daß jede von ihnen die abgeschlossene Hülle einer offenen Menge ist:* $F_i = \overline{H}_i$, *und daß bereits diese offenen Mengen eine Überdeckung von* R *bilden.*

9. Stetige Funktionen in normalen Räumen. Wir stellen uns als Ziel dieser und der folgenden Nummer den Beweis des folgenden Theorems:

Satz VIII (Erweiterungssatz). *Ist* R *ein normaler Raum,* φ *eine in allen Punkten einer abgeschlossenen Menge* $F \subset R$ *erklärte beschränkte*

[1] Eine endliche offene bzw. abgeschlossene Überdeckung eines topologischen Raumes R ist ein endliches System von offenen bzw. abgeschlossenen Punktmengen dieses Raumes von der Eigenschaft, daß die Vereinigungsmenge der Mengen des Systems der ganze Raum R ist (vgl. Kap. I, § 2, Nr. 13).

stetige reelle Funktion, so kann man eine im ganzen Raume R definierte beschränkte stetige reelle Funktion f finden, die in den Punkten von F mit φ zusammenfällt.

Der Beweis dieser wichtigen Tatsache beruht auf folgendem

Hilfssatz. *Es seien A und B zwei disjunkte abgeschlossene Mengen des normalen Raumes R, a und b zwei reelle Zahlen, $a < b$. Dann existiert eine im ganzen Raume R definierte stetige Funktion $f_{a,b}(x)$, die in den Punkten von A den Wert a, in den Punkten von B den Wert b annimmt und durchweg in R der Ungleichung $a \leqq f_{a,b}(x) \leqq b$ genügt.*

Beweis des Hilfssatzes. Der Hilfssatz ist trivial, wenn wenigstens eine Menge — etwa A — leer ist, denn dann genügt es, für alle Punkte von R zu setzen: $f_{a,b}(x) = b$. Wir nehmen also an, daß keine der Mengen A und B leer ist. Man darf ferner annehmen, daß $a = 0$, $b = 1$ ist, denn im allgemeinen Falle hat man nur zu setzen $f_{a,b}(x) = \pi f_{0,1}(x)$, wobei π die proportionale Abbildung der Strecke $[0, 1]$ der Zahlengerade auf die Strecke $[a, b]$ ist.

Wir setzen $U(A) = G_1 = R - B$ und definieren $U_1(A) = G_0$ unter der Bedingung $\bar{G}_0 \subset G_1$. Nach Satz V ist dies möglich. Wir nehmen ferner an daß für ein bestimmtes nicht negatives ganzzahliges n wir zu jeder Zahl von der Form $\frac{m}{2^n}$, $m = 0, 1, \ldots, 2^n$, eine Umgebung $G_{\frac{m}{2^n}}$ von A konstruiert haben, und zwar so, daß für $m' < m''$

$$(1_n) \qquad \bar{G}_{\frac{m'}{2^n}} \subset G_{\frac{m''}{2^n}}$$

gilt.

Man bestimmt sodann die offene Menge $G_{\frac{2m+1}{2^{n+1}}}$ nach dem Satz V als eine Umgebung von $\bar{G}_{\frac{m}{2^n}}$, deren abgeschlossene Hülle in $G_{\frac{m+1}{2^n}}$ enthalten ist, so daß die $G_{\frac{m}{2^{n+1}}}$ einer der Relation (1_n) analogen Relation (1_{n+1}) genügen.

Auf diese Weise fortfahrend, erhält man ein abzählbares System offener Mengen G_r, wobei r sämtliche dyadischen Rationalzahlen der Einheitsstrecke durchläuft und die Bedingungen

$$(2) \qquad A \subset G_0, \qquad \bar{G}_{r'} \subset G_{r''}, \quad \text{wenn } r' < r''$$

durchweg erfüllt sind.

Man setzt jetzt für jede reelle Zahl t, $0 < t < 1$, die von den soeben betrachteten r verschieden ist, $G_t = \sum_{r<t} G_r$. Es gilt dabei

$$(3) \qquad \bar{G}_{t'} \subset G_{t''}, \quad \text{wenn } t' < t'',$$

denn für $t' < r' < r'' < t''$ ist $G_{t'} \subset G_{r'}$, folglich $\bar{G}_{t'} \subset \bar{G}_{r'} \subset G_{r''} \subset G_{t''}$. Wir setzen endlich $G_t = 0$ für $t < 0$ und $G_t = R$ für $t > 1$. Die Bedingung (3) ist dann für alle reellen t erfüllt.

Aus dieser Konstruktion folgt, daß die Menge der Werte von t, für welche ein gegebener Punkt x von R zu den Mengen G_t gehört, eine Halbgerade $t > \tau_x$ oder $t \geqq \tau_x$ bildet, so daß die Zahl τ_x durch den Punkt x eindeutig bestimmt ist. Wir definieren nun $f(x) = \tau_x$.

Für $x \subset G_0$, also insbesondere für $x \subset A$, ist $f(x) = 0$. Falls x zu G_1 fremd ist, also für $x \subset B$, ist $f(x) = 1$. In allen übrigen Fällen gehört x zu einem G_t, $0 \leqq t \leqq 1$, so daß überall $0 \leqq f(x) \leqq 1$ ist.

Nur noch die Stetigkeit von $f(x)$ im ganzen R braucht nachgewiesen zu werden. Es seien $p \subset R$ und $\varepsilon > 0$ beliebig gewählt. Wir suchen eine Umgebung $U(a)$, für deren Punkte x durchweg $|f(p) - f(x)| \leqq \varepsilon$ ist (Cauchysche Stetigkeitsbedingung!); es genügt aber offenbar $U(p) = G_{\tau_p+\varepsilon} - \overline{G}_{\tau_p-\varepsilon}$ zu setzen, womit unser Hilfssatz bewiesen ist.

10. Beweis des Erweiterungssatzes. Wir setzen $\varphi_0(x) = \varphi(x)$ (erklärt nur auf F) und bezeichnen mit $\mu_0 > 0$ die obere Grenze von $|\varphi_0(x)|$, mit A_0 bzw. B_0 die Teilmengen von F, in denen $\varphi_0(x) \leqq -\frac{\mu_0}{3}$ bzw. $\geqq \frac{\mu_0}{3}$ ist; A_0 und B_0 sind als Originalmengen abgeschlossener Mengen abgeschlossen. Es sei schließlich $f_0(x)$ eine im ganzen R erklärte stetige Funktion, welche $= -\frac{\mu_0}{3}$ auf A_0 bzw. $= \frac{\mu_0}{3}$ auf B_0 ist und überall der Bedingung $|f_0(x)| \leqq \frac{\mu_0}{3}$ genügt.

Wenn man jetzt auf F

$$\varphi_1(x) = \varphi_0(x) - f_0(x)$$

setzt, so ist $\varphi_1(x)$ eine auf F stetige Funktion und die obere Grenze μ_1 von $|\varphi_1(x)|$ genügt offenbar der Ungleichung $\mu_1 \leqq \frac{2}{3}\mu_0$.

Der Übergang von $\varphi_1(x)$ zu $\varphi_2(x)$ vollzieht sich in genau derselben Weise: A_1 und B_1 sind die Teilmengen von F, in denen $\varphi_1(x) \leqq -\frac{\mu_1}{3}$ bzw. $\geqq \frac{\mu_1}{3}$ ist, $f_1(x)$ ist eine im ganzen R stetige Funktion, die auf A_1 gleich $-\frac{\mu_1}{3}$, auf B_1 gleich $\frac{\mu_1}{3}$ ist und überall der Ungleichung $|f_1(x)| \leqq \frac{\mu_1}{3}$ genügt. Man setzt auf F

$$\varphi_2(x) = \varphi_1(x) - f_1(x);$$

die obere Grenze μ_2 von $|\varphi_2(x)|$ ist $\leqq \frac{2}{3}\mu_1$.

In dieser Weise fortfahrend erhalten wir zwei Folgen $\varphi_0(x), \varphi_1(x), \varphi_2(x), \ldots, \varphi_n(x), \ldots$ und $f_0(x), f_1(x), f_2(x), \ldots, f_n(x), \ldots$ von stetigen Funktionen, wobei die φ_n in den Punkten von F, die f_n überall in R definiert sind. Wenn man die obere Grenze von $|\varphi_n(x)|$ mit μ_n bezeichnet, so ist $|f_n(x)| \leqq \frac{\mu_n}{3}$, $\mu_{n+1} \leqq \frac{2}{3}\mu_n$, also

$$(6) \qquad |\varphi_n(x)| \leqq \left(\frac{2}{3}\right)^n \mu_0, \qquad |f_n(x)| \leqq \left(\frac{2}{3}\right)^n \frac{\mu_0}{3}.$$

Überdies ist auf F

$$(7) \qquad \varphi_{n+1}(x) = \varphi_n(x) - f_n(x).$$

Wenn man

$$s_n(x) = f_0(x) + \cdots + f_n(x)$$

setzt, so konvergiert wegen (6) die Folge $s_1(x), s_2(x), \ldots, s_n(x), \ldots$ gleichmäßig gegen eine im ganzen R definierte stetige Funktion $f(x)$, wobei

$$|f(x)| \leq \sum_{n=0}^{\infty} \left(\frac{2}{3}\right)^n \cdot \frac{\mu_0}{3} = \mu_0 \tag{8}$$

ist, so daß $f(x)$ beschränkt ist.

Vermöge (7) ist *für jeden Punkt* x *von* F

$$f_n(x) = \varphi_n(x) - \varphi_{n+1}(x),$$

also

$$s_n(x) = \varphi_0(x) - \varphi_{n+1}(x),$$

folglich [da nach der ersten Ungleichung (6) $\varphi_{n+1}(x)$ mit $1/n$ gleichmäßig in x unendlich-klein wird]

$$f(x) = \lim_n s_n(x) = \varphi_0(x) = \varphi(x),$$

womit alles bewiesen ist.

Bemerkung I. In (8) ist enthalten, daß, wenn $\varphi(x)$ zum Intervall $[-\mu_0, \mu_0]$ gehört, dasselbe auch von $f(x)$ gilt. Eine Koordinatentransformation erlaubt im Wortlaut dieser Behauptung das Intervall $[-\mu_0, \mu_0]$ durch ein beliebiges Intervall $[\alpha, \beta]$ zu ersetzen.

Bemerkung II. Der Erweiterungssatz gilt auch für nicht beschränkte Funktionen: es genügt, anstatt der Funktion φ eine Funktion $g\varphi$ zu betrachten, wobei g die ganze Zahlengerade auf ein endliches Intervall topologisch abbildet [man kann z. B. $g(x) = \operatorname{arctg} x$ setzen].

Zusatz. *Ist R ein normaler Raum, φ eine stetige Abbildung der abgeschlossenen Punktmenge F von R in den Euklidischen R^n (bzw. in einen Würfel Q^n desselben), so existiert eine stetige Abbildung f des ganzen Raumes R in den R^n (bzw. in Q^n), welche in den Punkten von F mit φ zusammenfällt.*

Beweis des Zusatzes. Wenn $t_1, \ldots, t_n$ die Koordinaten im R^n sind, so definiert die Abbildung φ die n Abbildungen

$$\varphi^{(i)}(x) = t_i(x), \qquad 1 \leqq i \leqq n,$$

wobei $t_i(x)$ die i-te Koordinate des Punktes $\varphi(x)$ ist. Wenn man den Erweiterungssatz auf jede der Funktionen $\varphi^{(i)}(x)$ anwendet, erhält man den Beweis des Zusatzes. Dabei sind die beiden obigen Bemerkungen zu berücksichtigen.

11. Spezialfall der metrischen Räume. Im Spezialfall, wenn R ein metrischer Raum ist, läßt sich der obige Beweis insofern vereinfachen, als der Hilfssatz von Nr. 9 trivial wird: die gesuchte Funktion wird (für $a = 0$, $b = 1$ und $A \neq 0 \neq B$, vgl. den Beginn des Beweises des

Hilfssatzes) durch die Formel

$$f_{0,1}(x) = \frac{\varrho(x, A)}{\varrho(x, A) + \varrho(x, B)}$$

gegeben.

Wir geben hier noch einen zweiten Beweis[1] des Erweiterungssatzes (Nr. 9) für metrische Räume:

Durch die unwesentliche Addition einer Konstanten kann man erreichen, daß φ auf F wesentlich positiv, daß also

$$(1) \qquad 0 < m \leqq \varphi(p) \leqq M$$

ist. Wir setzen

$$\left.\begin{aligned} &(2a) \qquad \varrho(q) = \varrho(q, F) = \inf_{p \subset F} \varrho(q, p), \\ &(2b) \qquad \sigma(q) = \sup_{p \subset F} \frac{\varphi(p)}{\varrho(q, p)} \end{aligned}\right\} \text{ für } q \subset R - F$$

[wegen der Abgeschlossenheit von F ist $\varrho(q, p) \geqq \varrho(q) > 0$, und daher existiert $\sigma(q) \leqq \frac{M}{\varrho(q)}$]. Nach § 3, Satz VII und VIII sind $\varrho(q)$ und $\sigma(q)$ stetig, daher ist auch

$$(3) \qquad f(q) = \varrho(q) \cdot \sigma(q) \quad \text{für } q \subset R - F$$

stetig. Wir behaupten: $f(q)$ leistet die gewünschte Erweiterung, d. h. es ist

$$(4) \qquad \lim_{q \to p} f(q) = \varphi(p) \quad \text{für } p \subset F,\ q \subset R - F,$$

so daß man eine in ganz R definierte stetige Funktion f bekommt, wenn man in den Punkten p von F

$$f(p) = \varphi(p)$$

setzt.

Für den Beweis bemerken wir zunächst, daß

$$\left.\begin{aligned} &(5a) \qquad \lim \varrho(q) = 0 \\ &(5b) \qquad \lim \sigma(q) = \infty \end{aligned}\right\} \text{ für } q \to p \subset F$$

ist [(5b) gilt wegen $0 < m \leqq \varphi(p)$]. Es sei ψ eine in ganz R stetige Funktion mit

$$(6) \qquad \psi(p) = 1 \quad \text{für } p \subset F, \qquad \psi(q) > 1 \quad \text{für } q \subset R - F$$

[also z. B. $\psi(x) = 1 + \varrho(x, F)$]. Jedem Punkt $q \subset R - F$ ordnen wir zwei Punkte $p' = p'(q)$, $p'' = p''(q)$ von F so zu, daß

$$(7a) \qquad \varrho(q, p') < \varrho(q) \cdot \psi(q),$$

$$(7b) \qquad \frac{\varphi(p'')}{\varrho(q, p'')} > \frac{\sigma(q)}{\psi(q)}, \quad \text{also} \quad \varrho(q, p'') < \frac{\varphi(p'') \cdot \psi(q)}{\sigma(q)}$$

---

[1] Diesen Beweis von F. Riesz entnehmen wir den „Vorlesungen über Topologie" von Kerékjártó (S. 75—76).

ist; infolge (2a), (2b), (6) ist das möglich. Dann ist wegen (5a) und (5b)

$$\left.\begin{aligned} &(8\text{a}) \qquad \lim \varrho(q, p') = 0 \\ &(8\text{b}) \qquad \lim \varrho(q, p'') = 0 \end{aligned}\right\} \text{ für } q \to p \subset F;$$

[für (8b) berücksichtige man $\varphi(p'') \leqq M$].

Aus (3), (2b), (7a) folgt

$$(9\text{a}) \qquad f(q) \geqq \varrho(q) \cdot \frac{\varphi(p')}{\varrho(q, p')} > \frac{\varphi(p')}{\psi(q)},$$

aus (3), (2a), (7b):

$$(9\text{b}) \qquad f(q) \leqq \varrho(q, p'') \cdot \sigma(q) < \varphi(p'') \cdot \psi(q).$$

Nun strebe q gegen den Punkt $p \subset F$; aus (8a) und (8b) folgt, daß auch p' und p'' gegen p streben; dann streben wegen der Stetigkeit von φ auf F die Werte $\varphi(p')$ und $\varphi(p'')$ gegen $\varphi(p)$; hieraus, aus (9a) und (9b), folgt, da gleichzeitig $\psi(q)$ gegen 1 strebt, die Behauptung (4).

Zusatz. *Die Funktion f besitzt in ganz R die in* (1) *angegebenen Schranken von φ in F.*

Beweis. q_0 sei ein fester Punkt von $R - F$, d eine beliebige positive Zahl. Man setze in dem vorstehenden Beweis

$$\psi(x) = 1 + d \cdot \frac{\varrho(x, F)}{\varrho(q_0, F)},$$

so daß also

$$\psi(q_0) = 1 + d$$

ist. Dann folgt aus (9a), (9b), (1)

$$(10) \qquad \frac{m}{1 + d} < f(q_0) < (1 + d) M.$$

Da dies für jedes $d > 0$ gilt, ist

$$m \leqq f(q_0) \leqq M,$$

und zwar für jeden Punkt $q_0 \subset R - F$.

§ 7. Räume mit abzählbarer Basis[1].

1.[2] Satz I (Überdeckungssatz). *Jede offene Überdeckung eines topologischen Raumes mit abzählbarer Basis enthält eine höchstens abzählbare Überdeckung (desselben Raumes).*

Beweis. Es sei $\mathfrak{U}$ eine abzählbare Basis von R, $\mathfrak{S}$ eine beliebige offene Überdeckung von R. Wir betrachten die Gesamtheit $\mathfrak{U}'$ derjenigen Elemente U' von $\mathfrak{U}$, die in mindestens einem Element von $\mathfrak{S}$ enthalten sind, und wählen zu jedem U' eine U' enthaltende Menge G' des Systems $\mathfrak{S}$. Das so gewonnene Teilsystem $\mathfrak{S}'$ von $\mathfrak{S}$ ist offenbar

[1] D. h. topologische Räume, welche eine höchstens abzählbare Basis besitzen. Wegen der Definition einer Basis siehe § 2, Nr. 8.

[2] In diesem Paragraphen folgen wir im wesentlichen HAUSDORFF: Mengenlehre, §§ 25 u. 30.

höchstens abzählbar. Jeder Punkt, der zu irgendeinem G aus $\mathfrak{S}$ gehört, gehört (da G offen und $\mathfrak{U}$ eine Basis ist) zu einem in diesem G liegenden U, d. h. zu einem U' und also erst recht zu einem dieses U' umfassenden Element G' des Systems $\mathfrak{S}'$; die Vereinigungsmenge aller G (aus $\mathfrak{S}$), d. h. der ganze Raum R, ist also in der Vereinigungsmenge der G' enthalten, so daß das höchstens abzählbare Teilsystem $\mathfrak{S}'$ von $\mathfrak{S}$ eine Überdeckung von R bildet, w. z. b. w.

2. Ein geordnetes System von Mengen heißt *monoton*, und zwar wachsend (abnehmend), wenn jede Menge des Systems in jedem ihrer Nachfolger enthalten ist (jeden ihrer Nachfolger enthält).

In sehr vielen Fragen der mengentheoretischen Topologie ist folgender Satz von Wichtigkeit:

Satz II. Satz von Baire-Hausdorff. *In einem topologischen Raum mit abzählbarer Basis ist jedes wohlgeordnete monotone System paarweise verschiedener offener (abgeschlossener) Mengen höchstens abzählbar.*

Beweis. Der Satz enthält vier Behauptungen: von wachsenden bzw. abnehmenden Systemen offener oder abgeschlossener Mengen. Die beiden Sätze von den abgeschlossenen Mengen folgen aus den Sätzen über die offenen Mengen durch einen Übergang zu den Komplementen (vgl. § 1, Nr. 1). Wir beschränken uns also auf den Fall offener Mengen. Es sei

$$G_1, G_2, \ldots, G_\alpha, \ldots$$

ein wohlgeordnetes wachsendes (bzw. abnehmendes) System von paarweise verschiedenen offenen Mengen des Raumes R. Sei ferner

$$\mathfrak{U} = (U_1, U_2, \ldots, U_k, \ldots)$$

eine abzählbare Basis von R. Jedes G_α ist Vereinigungsmenge gewisser U_k. Da $G_{\alpha+1} \supset G_\alpha$ (bzw. $G_{\alpha+1} \subset G_\alpha$) und $G_{\alpha+1}$ von G_α verschieden ist, gibt es mindestens ein U_k — wir nennen es $U_{k_{\alpha+1}}$ —, welches in $G_{\alpha+1}$, aber nicht in G_α (bzw. in G_α, aber nicht in $G_{\alpha+1}$) enthalten ist. Die so gewonnenen $U_{k_{\alpha+1}}$, also auch die natürlichen Zahlen $k_{\alpha+1}$ müssen paarweise voneinander verschieden sein, folglich gibt es ihrer — und somit auch der Mengen $G_{\alpha+1}$, denen sie eineindeutig entsprechen — höchstens abzählbar-viele. Wenn aber unter den Indexen der G_α höchstens abzählbar-viele die Gestalt $\alpha + 1$ haben, ist auch das ganze Mengensystem G_α höchstens abzählbar, w. z. b. w.

Aufgabe. Warum gilt ein analoger Beweis für geordnete (nicht wohlgeordnete) monotone Mengensysteme nicht?

3. Satz III. *Wählt man in jedem Element U einer Basis des topologischen Raumes R je einen Punkt, so erhält man eine in R dichte Menge M.*

Beweis. Aus der Definition einer Basis (oder auch aus dem Satz VIII des § 2) folgt, daß jede nichtleere offene Menge und somit jede (absolute) Umgebung (§ 2, Nr. 7) eines beliebigen Punktes von R mindestens einen Punkt von M enthält. Folglich ist jeder Punkt von R Berührungspunkt von M, w. z. b. w.

Korollar. *In einem Raum mit abzählbarer Basis ist eine höchstens abzählbare Menge dicht.* Die Umkehrung dieses Satzes gilt im allgemeinen nicht[1]. Sie gilt jedoch für metrische Räume:

[1] Der in § 1, Nr. 4, 5°, angeführte Raum ist ein normaler (sogar vollständig normaler, vgl. § 6, Nr. 4) Raum mit abzählbarer dichter Teilmenge und ohne abzählbare Basis.

Satz IV. *Ist in einem metrischen Raum eine abzählbare Menge dicht, so besitzt der Raum eine abzählbare Basis* (d. h. in metrischen Räumen ist die Existenz einer abzählbaren Basis mit der Existenz einer abzählbaren dichten Punktmenge gleichbedeutend).

Beweis. Der Satz IV folgt daraus, daß man eine Basis des metrischen Raumes R erhält, wenn man alle sphärischen Umgebungen $U(a, d)$ betrachtet, deren Mittelpunkte a einer in R dichten Menge A entnommen sind und deren Radien d rationale Zahlen sind. Zum Beweise der letzteren Behauptung genügt es, zu beliebig vorgeschriebenen $p \subset G$ (p ein Punkt von R, G eine offene Menge) einen Punkt a von A unter der Bedingung $\varrho(p, a) < \frac{1}{3}\varrho(a, R-G)$ und eine rationale Zahl d unter der Bedingung $\frac{1}{3}\varrho(a, R-G) < d < \frac{2}{3}\varrho(a, R-G)$ zu wählen: dann ist $p \subset U(a, d) \subset G$, die Umgebungen $U(a, d)$ sind also (nach dem Hausdorffschen Gleichwertigkeitskriterium (§ 1, Nr. 7) und dem Satz II von § 1, Nr. 8) mit dem absoluten Umgebungssystem von R gleichwertig.

Beispiele. 1°. Im R^n ist die Menge der *rationalen Punkte* (d. h. der Punkte mit sämtlich rationalen Koordinaten) dicht. Die *rationalen Umgebungen* (d. h. die sphärischen Umgebungen mit rationalem Mittelpunkt und rationalem Radius) bilden demnach eine abzählbare Basis.

2°. Im R^∞ (§ 1, Nr. 12) ist dicht die Menge A der Punkte, deren Koordinaten sämtlich rational und alle bis auf endlich-viele Null sind. Ist $p = (t_1, t_2, \ldots, t_k, \ldots)$ ein beliebiger Punkt von R^∞, so wähle man zuerst h so groß, daß $\sum\limits_{k>h} t_k^2 < \varepsilon^2$ ist und dann die rationalen Zahlen t_1', $t_2', \ldots, t_h'$ unter der Bedingung $|t_i - t_i'| < \frac{\varepsilon}{h}$ für $1 \leqq i \leqq h$. Dann ist die Entfernung zwischen p und $p' = (t_1', t_2', \ldots, t_h', 0, 0, 0, \ldots)$ kleiner als 2ε, folglich $\varrho(p, A) = 0$, womit die Dichtigkeit von A in R^∞ bewiesen ist.

3°. R sei der Raum der auf der Einheitsstrecke $0 \leqq t \leqq 1$ erklärten und dortselbst stetigen Funktionen $f(t)$ mit der Metrik

$$\varrho(f_1, f_2) = \sup_{0 \leqq t \leqq 1} |f_1(t) - f_2(t)|.$$

In diesem Raume bilden die Polynome mit rationalen Koeffizienten eine abzählbare dichte Punktmenge (Satz von WEIERSTRASS). Der Raum besitzt folglich eine abzählbare Basis.

Beispiele von metrischen Räumen ohne abzählbare Basis.

4°. R sei irgendeine unabzählbare Menge. Wir erklären für je zwei verschiedene Elemente p und p' von R die Zahl 1 als Entfernung und setzen überdies $\varrho(p, p) = 0$ für jedes $p \subset R$. Der so gewonnene metrische Raum besteht aus lauter isolierten Punkten.

5°. R sei die Menge aller Punkte p der gewöhnlichen Koordinatenebene. Geht die Gerade durch zwei Punkte p und p' durch den Koordinatenanfang o, so setzen wir $\varrho(p, p') = \overline{pp'}$, wobei $\overline{pp'}$ die Länge der

Strecke $[p, p']$ im gewöhnlichen Sinne ist. Geht die Gerade pp' nicht durch o, so setzen wir $\varrho(p, p') = \overline{op} + \overline{op'}$. Der metrische Raum R enthält keinen isolierten Punkt (er ist sogar zusammenhängend); in R ist keine abzählbare Menge dicht.

§ 8. Der Urysohnsche Einbettungssatz.

Wir gelangen zu einem der wichtigsten und aufschlußreichsten Sätze der allgemeinen mengentheoretischen Topologie:

Urysohnscher Einbettungssatz. *Normale Räume mit abzählbarer Basis sind Punktmengen des Hilbertschen Raumes (und sogar seines Fundamentalquaders) homöomorph.*

Die prinzipielle Bedeutung dieses Theorems liegt darin, daß es in einer überraschend einfachen Weise den Weg von den allgemeinsten topologischen Gebilden — den allgemein-topologischen Räumen — zu den Punktmengen des Hilbertschen Raumes in wenigen Schritten zurückzulegen erlaubt. Diese Schritte sind: 1) die drei Axiome I, II', III (§ 4, Nr. 1) der T_1-Räume; 2) ein Trennungsaxiom — die Normalität; 3) die Existenz einer abzählbaren Basis. *Durch diese fünf Axiome sind die Punktmengen des Hilbertschen Raumes vom topologischen Standpunkt aus vollständig charakterisiert*[1].

Insbesondere ist natürlich im Urysohnschen Satze die Metrisierbarkeit aller normalen Räume mit abzählbarer Basis enthalten. Nach § 6, Nr. 2, gilt sogar folgender schärfere Satz: *Ein Raum mit abzählbarer Basis ist dann und nur dann metrisierbar, wenn er normal ist*[2].

Der Beweis des Einbettungssatzes beruht auf dem Erweiterungssatz des § 6. Wir dürfen offenbar voraussetzen, daß der normale Raum R unendlich-viele Punkte besitzt. Es seien

(1) $$U_1, U_2, \ldots, U_m, \ldots$$

die Elemente einer abzählbaren Basis von R. Da die U_m, als Umgebungen aller ihrer Punkte betrachtet, ein Umgebungssystem des Raumes R bilden (§ 2, Satz VIII), gibt es nach § 6, Satz IV zu jedem

[1] Denn nicht nur ist dem Einbettungssatz zufolge jeder normale Raum mit abzählbarer Basis einer Punktmenge des Hilbertschen Raumes homöomorph, sondern auch umgekehrt ist jede solche Punktmenge (als Punktmenge eines metrischen Raumes mit abzählbarer Basis) ein metrischer (also erst recht normaler Raum) mit abzählbarer Basis; vgl. § 6, Nr. 2 und die letzten Zeilen von § 2, Nr. 10.

[2] Daß es *metrische Räume ohne abzählbare Basis* gibt, haben wir am Schluß des vorigen Paragraphen gesehen.

Der in § 1, Nr. 6 sub 1° konstruierte Raum ist ein Hausdorffscher irregulärer (also erst recht *nicht metrisierbarer*) Raum *mit abzählbarer Basis.*

In diesem Zusammenhange sei noch erwähnt, daß auf Grund eines Satzes von Tychonoff [Math. Ann. Bd. 95 (1925) S. 139] jeder reguläre Raum mit abzählbarer Basis normal, also nach dem Urysohnschen Einbettungssatz metrisierbar ist.

Punkt p von R ein $U_k \supset p$ und ein U_i von der Eigenschaft

(2) $$p \subset U_i; \quad \bar{U}_i \subset U_k .$$

Wir nennen für einen Augenblick ein Paar (U_i, U_k) von Elementen von (1) kanonisch, wenn $\bar{U}_i \subset U_k$ ist. Aus dem soeben Gesagten folgt, daß es unendlich-viele kanonische Paare gibt. Es seien

(3) $$P_1, P_2, \ldots, P_n, \ldots, \qquad P_n = (U_i, U_k)$$

alle kanonischen Paare. Für jedes P_n definieren wir eine stetige Funktion $f_n(x)$ unter folgenden Bedingungen:

1. Überall in R ist $0 \leqq f_n(x) \leqq 1$;
2. für $x \subset \bar{U}_i$ ist $f_n(x) = 0$, für $x \subset R - U_k$ ist $f_n(x) = 1$.

Wir nennen jetzt die *n-te Koordinate* eines Punktes a von R die Zahl $t_n(a) = \frac{1}{n} f_n(a)$ und lassen jedem Punkt $a \subset R$ den Punkt

$$f(a) = (t_1, t_2, \ldots, t_n, \ldots), \; t_n = t_n(a)$$

von R^∞ entsprechen. Dadurch wird R auf eine Teilmenge M des Fundamentalquaders des Hilbertschen Raumes abgebildet.

Diese Abbildung ist eineindeutig. Es seien in der Tat p und q zwei verschiedene Punkte von R. Es existiert dann eine zu q fremde Umgebung U_k von p. Zu dieser gibt es — und zwar in der Basis (1) — eine Umgebung U_i von p, deren abgeschlossene Hülle in U_k enthalten ist, so daß (U_i, U_k) ein kanonisches Paar, etwa P_n, bildet. Da $p \subset U_i \subset \bar{U}_i$, $q \subset R - U_k$ ist, ist $f_n(p) = 0$, $f_n(q) = 1$, die Punkte p und q haben also verschiedene n-te Koordinaten, ihnen entsprechen verschiedene Punkte von M.

Die Abbildung f ist topologisch. Wir beweisen zuerst die Stetigkeit von f, dann die von f^{-1}.

1) Es sei a Berührungspunkt einer Punktmenge A von R; wir zeigen, daß $f(a)$ Berührungspunkt von $f(A)$ in M, d. h. daß $\varrho(f(a), f(A)) = 0$ ist, wobei ϱ die Entfernung im Hilbertschen Raum bedeutet. Es genügt zu zeigen, daß bei jedem $\varepsilon > 0$ man $\varrho(f(a), f(A)) < 2\varepsilon$ hat. Man wähle zu diesem Zweck ein so großes m, daß $\sum_{n=m+1}^{\infty} \frac{1}{n^2} < \varepsilon^2$ ist. Da die Funktionen f_n stetig sind, gibt es für jedes n eine Umgebung $U_n(a) = U_{i_n}$ von a, für deren Punkte x die Ungleichung $|f_n(a) - f_n(x)| < \varepsilon$ gilt. Man nehme eine $U(a)$, die in $U_1(a) \cdot \ldots \cdot U_m(a)$ enthalten ist. Für jeden Punkt z von $U(a)$ ist somit

$$|t_n(a) - t_n(z)| < \frac{\varepsilon}{n}, \qquad n = 1, 2, \ldots, m,$$

also

(4) $$\begin{cases} \varrho(f(a), f(z)) = \sqrt{\sum_{n=1}^{\infty} (t_n(a) - t_n(z))^2} = \sqrt{\sum_1^m + \sum_{m+1}^{\infty}} \\ \leqq \sqrt{\varepsilon^2 \sum_1^m \frac{1}{n^2} + \sum_{m+1}^{\infty} \frac{1}{n^2}} < \sqrt{\varepsilon^2 \left(\frac{\pi^2}{6} + 1\right)} < 2\varepsilon . \end{cases}$$

In $U(a)$ sind sicher Punkte z von A enthalten; für diese Punkte gilt die Relation (4); somit ist $\varrho(f(a), f(A)) < 2\varepsilon$, wie wir es haben wollten.

2) Um die Stetigkeit von f^{-1} zu beweisen, setzen wir $\varrho(f(a), f(A)) = 0$ voraus und beweisen, daß $a \subset \bar{A}$, d. h. daß a Berührungspunkt von A ist. $U(a)$ sei also in der Basis (1) beliebig gewählt, $U(a) = U_k$. Man wähle eine $U'(a) = U_i$ unter der Bedingung $\bar{U}_i \subset U_k$. Dann ist (U_i, U_k) kanonisch, etwa $(U_i, U_k) = P_m$. Da $\varrho(f(a), f(A)) = 0$ ist, so gibt es insbesondere Punkte $z = f(x)$ von $f(A)$, die von $f(a)$ weniger als um $1/m$ entfernt sind. Für diese Punkte gilt also die Ungleichung

$$\varrho(f(a), f(x)) = \sqrt{\sum_1^\infty (t_n(a) - t_n(x))^2} < \frac{1}{m},$$

aus der insbesondere

$$|t_m(a) - t_m(x)| < \frac{1}{m},$$

also

$$|f_m(a) - f_m(x)| < 1$$

folgt. Da $f_m(a) = 0$ ist, bedeutet das, daß $f_m(x) < 1$ und somit $x \subset U_k = U(a)$ ist, w. z. b. w.

Zweites Kapitel.

Kompakte Räume.

§ 1. Kompakte und bikompakte topologische und metrische Räume.

1. Kompakte Räume. Definition. *Ein topologischer Raum heißt nach* FRÉCHET *kompakt, wenn in ihm jede unendliche Punktmenge mindestens einen Häufungspunkt besitzt*[1].

Aus dieser Definition folgt sogleich, daß *jede abgeschlossene Punktmenge A eines kompakten Raumes R* (als Relativraum betrachtet[2]) *selbst ein kompakter Raum ist,* denn jede unendliche Teilmenge von A hat (wegen der Kompaktheit von R) einen Häufungspunkt in R, und dieser gehört (wegen der Abgeschlossenheit von A) notwendig zu A, so daß jede unendliche Teilmenge von A einen zu A gehörenden Häufungspunkt besitzt.

Von einer Punktmenge A eines topologischen Raumes R sagen wir, sie sei *kompakt,* falls sie, als Relativraum[2] betrachtet, ein kompakter topologischer Raum ist, d. h. wenn jede ihrer unendlichen Teilmengen einen zu A gehörenden Häufungspunkt besitzt. In der Literatur pflegt man solche Punktmengen auch als *in sich kompakt* zu bezeichnen; dies geschieht, um Verwechslungen mit einem anderen Begriff, der Kompaktheit einer Punktmenge in bezug auf den Raum, in dem sie liegt, zu vermeiden: Eine Punktmenge A des topologischen Raumes R heißt *kompakt in bezug auf R,* oder einfacher, *kompakt in R,* falls jede unendliche Teilmenge von A mindestens einen (nicht notwendig zu A gehörenden)

[1] Da jede unendliche Menge eine abzählbare Teilmenge enthält, so ist ein Raum schon dann kompakt, wenn jede seiner abzählbaren Punktmengen mindestens einen Häufungspunkt besitzt.

[2] Kap. I, § 1, Nr. 9.

Häufungspunkt in R besitzt. Wir gebrauchen das Wort *kompakt* stets im Sinne *kompakt in sich*; sollte von der Kompaktheit in einem Raume R die Rede sein, so werden die Worte „in R" immer ausdrücklich hingeschrieben.

Wie leicht ersichtlich, ist eine abgeschlossene Punktmenge eines topologischen Raumes R kompakt, falls sie in R kompakt ist.

Das extreme Gegenteil von kompakt ist divergent. Eine Punktmenge A des Raumes R heißt *divergent* (in R), falls sie unendlich ist und keinen einzigen Häufungspunkt in R besitzt. Das Wort divergent gebrauchen wir stets als Relativbegriff (d. h. in bezug auf einen Raum $R \supset A$); von Divergenz „in sich" hat es wenig Sinn zu sprechen, denn ein topologischer Raum ist nur dann divergent, wenn alle seine Punkte isoliert sind.

Satz I. *Ein metrisierbarer Raum ist dann und nur dann kompakt, wenn in ihm jede Punktfolge eine konvergente Teilfolge enthält.*

Denn aus unserer Bedingung folgt, daß auch jede unendliche Punkt*menge* eine konvergente Folge von lauter verschiedenen Punkten enthält, also einen Häufungspunkt besitzt. M. a. W.: die Kompaktheit folgt aus unserer Bedingung. Ist umgekehrt R ein kompakter Raum, $a_1, a_2, \ldots, a_k, \ldots$ eine Punktfolge in R, so sind zwei Fälle zu unterscheiden, je nachdem es in $\{a_k\}$ eine aus lauter verschiedenen Punkten bestehende Teilfolge $\{a_{k_h}\}$ gibt oder nicht. Im ersten Falle hat die unendliche Punkt*menge* $\{a_{k_h}\}$ einen Häufungspunkt a, und es läßt sich aus $\{a_{k_h}\}$ eine gegen a konvergierende Folge wählen; da diese eine Teilfolge der ursprünglich gegebenen Folge $\{a_k\}$ ist, ist unsere Bedingung erfüllt. Im zweiten Falle gibt es in $\{a_k\}$ eine aus lauter zusammenfallenden Punkten bestehende unendliche Teilfolge, und diese ist offenbar konvergent.

Definition. Ein kompakter metrischer Raum heißt ein **Kompaktum**[1].

2. Für jeden kompakten T_1-Raum[2] gelten die folgenden beiden Sätze:

Satz II (Durchschnittssatz von Cantor). *Jede abnehmende Folge*

$$F_1 \supset F_2 \supset \cdots F_k \supset \cdots \tag{1}$$

nichtleerer abgeschlossener Mengen hat einen nichtleeren Durchschnitt.

Satz III (Schwacher Überdeckungssatz von Heine-Borel). *Jede abzählbare offene Überdeckung eines kompakten Raumes R enthält*[3] *eine endliche Überdeckung* (*desselben Raumes*).

Beweis von II. Wenn es unter den F_k nur endlich-viele verschiedene Mengen gibt, so sind alle F_k von einer gewissen k an untereinander, also auch mit ΠF_k identisch, so daß ΠF_k nicht leer ist.

---

[1] Gelegentlich gebrauchen wir das Wort Kompaktum auch für metrisierbare kompakte Räume.

[2] Kap. I, § 4, Nr. 1. [3] Kap. I, § 2, Nr. 13.

Gibt es unter den F_k unendlich-viele paarweise verschiedene Mengen, so dürfen wir annehmen (Übergang zu einer Teilfolge!), daß alle F_k untereinander verschieden sind. Man bezeichne dann mit a_k einen zu $F_k - F_{k+1}$ gehörenden Punkt; die unendliche Menge A der so gewonnenen Punkte a_k, $k = 1, 2, \ldots$, besitzt einen Häufungspunkt p; dieser ist bei jedem k Häufungspunkt der zu F_k gehörenden Menge $A_k = (a_k, a_{k+1}, \ldots)$, gehört somit selbst zu F_k, w. z. b. w.

Beweis von III. Es sei $R = \Sigma G_k$, G_k offen. Die Mengen

$$F_k = R - (G_1 + \cdots + G_k)$$

sind abgeschlossen, bilden eine abnehmende Folge und haben einen leeren Durchschnitt. Nach Satz II ist also für ein gewisses k die Menge F_k leer, d. h. $G_1 + \cdots + G_k = R$, w. z. b. w.

Aufgabe. Der Leser beweise die Umkehrungen der Sätze II und III: gilt im T_1-Raum R der Satz II oder der Satz III, so ist R kompakt.

3. Bikompakte Räume. Heine-Borel-Lebesguescher Satz. Definition. *Ein topologischer Raum heißt bikompakt, wenn jede seiner offenen Überdeckungen eine endliche Überdeckung enthält*[1].

Aufgabe 1. $\mathfrak{U}$ sei eine Basis des topologischen Raumes R. Die folgende Bedingung sei erfüllt: Jede Überdeckung von R, die aus gewissen Elementen von $\mathfrak{U}$ besteht, enthält eine endliche Überdeckung. Der Leser beweise, daß R bikompakt ist.

Aufgabe 2. Der Leser beweise: Das topologische Produkt zweier bikompakter Räume ist bikompakt.

Beispiel eines kompakten, aber nicht bikompakten topologischen Raumes. Die Punkte des Raumes R seien die Ordnungszahlen der ersten und der zweiten Cantorschen Zahlklasse. Eine Folge $a_1, a_2, \ldots, a_k, \ldots$ von Ordnungszahlen *konvergiert* gegen die Ordnungszahl a, wenn a die kleinste unter allen Ordnungszahlen a ist, die bei jedem k der Ungleichung $a \geqq a_k$ genügen. Schließlich heißt a Berührungspunkt einer Menge M von Ordnungszahlen, falls es in M eine gegen a konvergierende Folge gibt.

Aufgabe 3. Der Leser beweise, daß der soeben konstruierte Konvergenzraum ein Umgebungsraum, und zwar ein Hausdorffscher Raum ist, und daß er kompakt, aber nicht bikompakt ist. Der Leser beweise schließlich, daß dieser Raum sich zu einem bikompakten Hausdorffschen Raum erweitern läßt, wenn man ihm einen neuen Punkt ω_1 hinzufügt, und diesen als Berührungspunkt einer jeden Menge erklärt, in der beliebig große Ordnungszahlen (zweiter Zahlklasse) vorkommen.

Satz IV. *Jede abgeschlossene Punktmenge F eines bikompakten Raumes R ist* (als Relativraum betrachtet) *bikompakt.*

Beweis. Da jede in F offene Menge Durchschnitt einer in R offenen Menge mit der Menge F ist, genügt es, folgendes zu beweisen:

Satz IV'. *Jede offene Überdeckung von F in R enthält eine endliche Überdeckung*[1].

---

[1] Kap. I, § 2, Nr. 13.

Beweis des Satzes IV'. Es sei $\mathfrak{U} = \{U\}$ eine offene Überdeckung von F in R. Wir bezeichnen mit $\mathfrak{U}'$ die aus allen Elementen von $\mathfrak{U}$ und der offenen Menge $U_0 = R - F$ bestehende offene Überdeckung von R. Die Überdeckung $\mathfrak{U}'$ enthält eine endliche Überdeckung $\mathfrak{U}''$ von R. Wir betrachten diejenigen unter den Elementen von $\mathfrak{U}''$, die Punkte von F enthalten; unter diesen Elementen kommt das Element U_0 gewiß nicht vor; somit bilden die soeben gewählten Elemente von $\mathfrak{U}''$ eine in $\mathfrak{U}$ enthaltene endliche Überdeckung von F, womit Satz IV' bewiesen ist.

Satz V. *Ein kompakter topologischer Raum mit abzählbarer Basis ist bikompakt.*

Beweis. Der Satz folgt aus dem Überdeckungssatz von Kap. I, § 7, Nr. 1, und aus dem Satz III.

Satz VI (Heine-Borel-Lebesguescher Satz). *Jedes Kompaktum ist bikompakt.*

Nach dem Satz V folgt Satz VI aus

Satz VII. *Jedes Kompaktum besitzt eine abzählbare Basis.*

Der Beweis des Satzes VII beruht auf der Konstruktion der sogenannten ε-Netze:

4. ε-Netze. Urysohnscher Metrisationssatz. Definition. Eine endliche Punktmenge N des metrischen Raumes R heißt[1] ein *ε-Netz*, $N(\varepsilon)$ von R, wenn jeder Punkt von R weniger als um ε von N entfernt ist.

Hilfssatz I. *Ist in einer unendlichen Punktmenge A eines metrischen Raumes R die Entfernung je zweier Punkte größer als ein festes positives ε, so ist die Punktmenge A divergent.*

Denn die $\varepsilon/2$-Umgebung eines beliebigen Punktes von R kann höchstens einen Punkt von A enthalten; kein Punkt von R ist folglich Häufungspunkt von A.

Hilfssatz II. *Ein kompakter metrischer Raum R enthält bei jedem $\varepsilon > 0$ ein ε-Netz.*

Beweis des Hilfssatzes II. Es enthalte R bei einem festen ε kein ε-Netz. Nach Hilfssatz I genügt es zu zeigen, daß in R eine unendliche Punktmenge liegt, deren Punkte paarweise eine Entfernung $\geqq \varepsilon$ haben. Es sei nun a_1 ein beliebiger Punkt von R. Wir nehmen an, die paarweise voneinander mindestens um ε entfernten Punkte $a_1, \ldots, a_k$ seien bereits konstruiert. Da sie nach Voraussetzung kein ε-Netz von R bilden, gibt es mindestens einen Punkt a_{k+1}, der von allen Punkten $a_1, \ldots, a_k$ eine Entfernung $\geqq \varepsilon$ hat. Auf diese Weise wird schrittweise eine unendliche Menge $A = (a_1, a_2, \ldots, a_k, \ldots)$ konstruiert, deren Punkte paarweise eine Entfernung $\geqq \varepsilon$ haben, die also divergent ist.

Beweis von Satz VII. Es sei jetzt N_m ein $1/m$-Netz des Kompaktums R. Die höchstens abzählbare Menge $N = \sum N_m$ ist in R dicht

[1] Nach Hausdorff.

(weil jeder Punkt von R eine Entfernung $\leqq 1/m$ von N_m, also die Entfernung Null von N hat); R hat also nach Kap. I, § 7, Satz IV, eine abzählbare Basis.

Der Satz VII, folglich auch der Satz VI ist hiermit bewiesen.

Da jeder metrisierbare Raum normal ist (Kap. I, § 6, Satz I), während nach dem soeben Bewiesenen jeder kompakte metrisierbare Raum eine abzählbare Basis besitzt, sind die Normalität und die Existenz einer abzählbaren Basis jedenfalls notwendig für die Metrisierbarkeit eines kompakten topologischen Raumes. Andererseits ist nach Kap. I, § 8, jeder normale Raum mit abzählbarer Basis metrisierbar.

Somit gilt folgendes grundlegende Resultat:

Satz VIII (Urysohnscher Metrisationssatz). *Ein kompakter topologischer Raum ist dann und nur dann metrisierbar, wenn er normal ist und eine abzählbare Basis besitzt.*

Beispiele nicht-Hausdorffscher bikompakter Räume erhält man durch Anwendung der Konstruktion von Kap. I, § 1, Nr. 1, 3°, auf einen Hausdorffschen (insbesondere einen metrisierbaren) bikompakten Raum (z. B. auf eine abgeschlossene Strecke, eine Kreislinie, eine Kugelfläche usw.). Als Beispiel eines normalen aber nicht metrisierbaren bikompakten Raumes kann der Raum von Kap. I, § 1, Nr. 4, 5°, dienen.

5. Spezialfall der Euklidischen Räume. Da jede nicht beschränkte Punktmenge eines metrischen Raumes eine unendliche Teilmenge enthält, deren Punkte paarweise eine Entfernung $\geqq 1$ haben[1], so ist *jede in einem metrischen Raume kompakte Punktmenge notwendig beschränkt.*

Insbesondere hat *jedes Kompaktum einen endlichen Durchmesser* (dies folgt übrigens direkt aus dem Hilfssatz II von Nr. 4).

Nun lehrt der Bolzano-Weierstraßsche Satz (den wir übrigens im § 4, Nr. 2, beweisen werden), daß jede beschränkte Punktmenge eines R^n im R^n kompakt ist. Wir haben andererseits gesehen, daß nur beschränkte Punktmengen im R^n (der ja ein metrischer Raum ist) kompakt sein können. Das Resultat ist, daß *im R^n die beschränkten Punktmengen mit den im R^n kompakten identisch sind.*

Eine beschränkte abgeschlossene Punktmenge eines R^n ist ein Kompaktum, also nach Satz VI sogar *bikompakt*. Andererseits ist jedes Kompaktum des R^n beschränkt und abgeschlossen. Das heißt: *die beschränkten abgeschlossenen Punktmengen des R^n sind mit den im R^n liegenden Kompakten und den im R^n liegenden bikompakten topologischen Räumen identisch.*

Bemerkung. Eine beschränkte, abgeschlossene Punktmenge des Hilbertschen Raumes braucht kein Kompaktum zu sein; ja, sie kann sogar divergent

[1] Beweis. Man wähle in M einen Punkt a_1; sind die paarweise voneinander mindestens um 1 entfernten Punkte $a_1, \ldots, a_m$ bereits konstruiert, so gibt es einen Punkt a_{m+1} von M, der von den Punkten $a_1, \ldots, a_m$ eine Entfernung $\geqq 1$ hat (denn sonst wäre M beschränkt). Die Punktmenge $a_1, a_2, \ldots, a_m, \ldots$ ist die gesuchte.

sein. Beispiel: die Menge A der Punkte a_k, deren Koordinaten sämtlich Null sind mit der Ausnahme einer einzigen, der k-ten, die den Wert 1 hat. Die Menge A ist beschränkt (vom Durchmesser $\sqrt{2}$); sie ist divergent, denn je zwei ihrer Punkte haben die Entfernung $\sqrt{2}$ voneinander.

6. Hausdorffsche bikompakte Räume. Ihre Normalität.

Satz IX. *Jeder Hausdorffsche bikompakte Raum ist normal.*

Bevor wir diesen Satz beweisen, bemerken wir, daß vermöge der Sätze V und IX dem Urysohnschen Metrisationssatz die folgenden Formen gegeben werden können:

Satz VIII'. *Ein kompakter topologischer Raum ist dann und nur dann metrisierbar, wenn er ein Hausdorffscher Raum mit abzählbarer Basis ist.*

Satz VIII''. *Ein kompakter Hausdorffscher Raum ist dann und nur dann metrisierbar, wenn er eine abzählbare Basis besitzt.*

Beweis des Satzes IX. Es seien F und F zwei disjunkte abgeschlossene Punktmengen des bikompakten Hausdorffschen Raumes R. Wir wählen zuerst einen bestimmten Punkt ξ von F; zu jedem Punkt $x \subset F$ existiert ein Paar disjunkter Umgebungen $U_\xi(x)$ und $U_x(\xi)$ von x bzw. ξ. Man lasse den Punkt x die ganze Menge F durchlaufen, während ξ festbleibt. Die $U_\xi(x)$ bedecken ganz F, und diese Überdeckung enthält nach Satz IV' eine endliche Überdeckung der Menge F. Es sei

$$\mathfrak{U} = \{U_\xi(x_1), \ldots, U_\xi(x_s)\}$$

diese endliche Überdeckung. Die offenen Mengen $G_\xi = \sum_{i=1}^{s} U_\xi(x_i)$ und $\Gamma_\xi = \prod_{i=1}^{s} U_{x_i}(\xi)$ sind disjunkt, denn es ist

$$G_\xi \cdot \Gamma_\xi = \sum_{i=1}^{s} U_\xi(x_i) \cdot \prod_{i=1}^{s} U_{x_i}(\xi) \subset \sum_{i=1}^{s} U_\xi(x_i) \cdot U_{x_i}(\xi) = 0\,.$$

Wir lassen jetzt den Punkt ξ die Menge F durchlaufen. Die Γ_ξ liefern dabei eine Überdeckung von F, die wiederum eine endliche Überdeckung, bestehend aus den Mengen $\Gamma_{\xi_1}, \ldots, \Gamma_{\xi_\sigma}$, enthält. Wir setzen schließlich $U(\mathsf{F}) = \sum_1^{\sigma} \Gamma_{\xi_i}$ und $U(F) = \prod_1^{s} G_{\xi_i}$. Es ist $\mathsf{F} \subset U(\mathsf{F})$, und da bei jedem i wir $F \subset G_{\xi_i}$ hatten, ist auch $F \subset U(F)$; die offenen Mengen $U(F)$ und $U(\mathsf{F})$ sind also tatsächlich Umgebungen von F bzw. F. Diese Umgebungen sind disjunkt, denn es ist

$$U(\mathsf{F}) \cdot U(F) = \sum_1^{\sigma} \Gamma_{\xi_i} \cdot \prod_1^{\sigma} G_{\xi_i} = \sum_1^{\sigma} \left(\Gamma_{\xi_i} \cdot \prod_1^{\sigma} G_{\xi_i}\right) \subset \sum_1^{\sigma} \Gamma_{\xi_i} \cdot G_{\xi_i} = 0\,,$$

w. z. b. w.

7. Hausdorffsche bikompakte Räume. H-Abgeschlossenheit. *Vorbemerkung über Erweiterung von Räumen.* Wir sagen, daß der topologische Raum R vom topologischen Raum R' *umfaßt* wird (oder, daß R sich in R' *topologisch einbetten* läßt), wenn R einer Punktmenge von R' homöomorph ist. Wir nennen einen Hausdorffschen Raum *H-abgeschlossen*, falls dieser Raum in jedem ihn umfassenden Hausdorffschen Raum abgeschlossen ist (d. h. wenn er nur auf abgeschlossene Punktmengen anderer Hausdorffscher Räume topologisch abgebildet werden kann)[1].

Satz X. *Eine notwendige und hinreichende Bedingung für die H-Abgeschlossenheit eines Hausdorffschen Raumes R lautet:*

Aus jeder offenen Überdeckung $\mathfrak{U} = \{G\}$ *von R lassen sich endlich-viele Elemente* $G_1, \ldots, G_s$ *wählen, so daß*

$$\bar{G}_1 + \cdots + \bar{G}_s = R$$

ist.

Beweis. Es sei zuerst R ein Hausdorffscher Raum, der der soeben formulierten Bedingung *nicht* genügt. Wir konstruieren einen Hausdorffschen Raum $R + \xi$, der R als nicht abgeschlossene Punktmenge umfaßt. Den Raum $R + \xi$ konstruieren wir als Umgebungsraum. Zum Zwecke dieser Konstruktion bemerken wir, daß es nach unserer Voraussetzung eine unendliche Überdeckung $\mathfrak{U} = \{G\}$ von R gibt von der Eigenschaft, daß bei jeder Wahl der endlich-vielen Elemente $G_1, \ldots, G_s$ von $\mathfrak{U}$ die offene Menge $R - \sum_1^s \bar{G}_i$ nicht leer ist. Wir ergänzen nun die Menge aller Punkte von R durch einen neuen willkürlichen Gegenstand ξ und führen in die so gewonnene Menge $R + \xi$ das folgende Umgebungssystem ein. Die absoluten Umgebungen der Punkte von R bleiben Umgebungen dieser Punkte. Der neu hinzugenommene Punkt ξ bekommt als Umgebungen die Mengen

$$U(\xi) = \xi + \left(R - \sum_1^s \bar{G}_i\right),$$

wobei $G_1, \ldots, G_s$ beliebige Elemente von $\mathfrak{U}$ in endlicher Anzahl sind. Dieses Umgebungssystem genügt offenbar den Bedingungen $A - C$ von Kap. I, § 2, Nr. 8, Satz IX. Der Raum $R + \xi$ ist also ein topologischer Raum, welcher den Raum R umfaßt; die $U(\xi)$ sind ferner offen im Raume $R + \xi$. Um zu zeigen, daß $R + \xi$ das Hausdorffsche Trennungsaxiom erfüllt, genügt es, ein Punktepaar p, ξ zu betrachten, wobei p irgendein Punkt von R ist. Wenn wir aber als $U(p)$ irgendein den

[1] Man könnte in analoger Weise auch die r- bzw. die n-Abgeschlossenheit der regulären bzw. der normalen Räume als Abgeschlossenheit in jedem umfassenden regulären bzw. normalen Raume definieren. Dagegen hat es keinen Sinn von Abgeschlossenheit in umfassenden topologischen bzw. T_1-Räumen zu sprechen, denn wie die in § 1, Nr. 1, unter 3° angeführte Konstruktion lehrt, ist ein topologischer Raum nur dann in jedem umfassenden T_1-Raume abgeschlossen, wenn er endlich ist. Ein Raum ist schließlich dann und nur dann in jedem umfassenden topologischen Raume abgeschlossen, wenn er leer ist (d. h. keinen einzigen Punkt enthält).

Punkt p enthaltendes Element G der Überdeckung $\mathfrak{U}$ wählen, so ist

$$U(\xi) = \xi + (R - \overline{U(p)})$$

eine zu $U(p)$ fremde Umgebung von ξ. Somit ist $R + \xi$ ein Hausdorffscher Raum. Da in diesem Raum jede Umgebung von ξ Punkte enthält, die von ξ verschieden sind, ist ξ Berührungspunkt von $R \subset R + \xi$. Der Raum R ist also nicht abgeschlossen in $R + \xi$, und die eine Hälfte des Satzes X ist bewiesen.

Wir beweisen jetzt die zweite Hälfte des Satzes. Wir beweisen mit anderen Worten, daß ein Hausdorffscher Raum R, der der Bedingung des Satzes X genügt, H-abgeschlossen ist.

Es sei R' ein den Raum R umfassender Hausdorffscher Raum; die dem Raume R homöomorphe Punktmenge von R' bezeichnen wir mit A und wählen irgendeinen Punkt $\xi \subset R' - A$. Wir haben zu zeigen, daß ξ kein Berührungspunkt von A sein kann. *Dazu genügt der Nachweis, daß A in $A + \xi$ abgeschlossen ist.* Diesen Nachweis führen wir wie folgt. Jedem Punkte p von A lassen wir eine absolute Umgebung $U(p)$ (im Raume $A + \xi \subset R'$) entsprechen, deren abgeschlossene Hülle den Punkt ξ nicht enthält. Da R', also auch $A + \xi$, ein Hausdorffscher Raum ist, ist das immer möglich[1]. Die Mengen $U(p)$ sind in A offen; ihre abgeschlossenen Hüllen in A und in $A + \xi$ fallen zusammen. Da dem System aller $U(p)$ mittels der zwischen A und R bestehenden Homöomorphie eine offene Überdeckung in R entspricht, läßt sich auf Grund unserer Voraussetzung aus diesem System ein etwa aus $U(p_1)$, ..., $U(p_s)$ bestehendes endliches Teilsystem wählen, so daß

$$\sum_{1}^{s} \overline{U(p_i)} = A$$

ist. Da jeder Summand dieser Summe in $A + \xi$ abgeschlossen ist, ist auch die Summe selbst, d. h. die Menge A, in $A + \xi$ abgeschlossen, w. z. b. w.

Aus dem Satz X und der Definition der bikompakten Räume folgt ohne weiteres:

Satz XI. *Jeder bikompakte Hausdorffsche Raum ist H-abgeschlossen.*

Der Satz XI läßt sich nicht umkehren: es gibt H-abgeschlossene nicht bikompakte Hausdorffsche Räume (z. B. der in Kap. I, § 1, Nr. 6 sub 1° definierte Raum). Solche Räume sind notwendig irregulär, denn es gilt:

Satz XII. *Jeder H-abgeschlossene reguläre Raum ist bikompakt.*

Beweis: Es sei $\mathfrak{G} = \{G\}$ eine offene Überdeckung des H-abgeschlossenen regulären Raumes R. Zu jedem Punkt p von R wählen wir eine diesen Punkt enthaltende Menge $G = U(p)$ des Systems $\mathfrak{G}$. In

[1] Es genügt, zwei disjunkte Umgebungen $U(p)$ und $U(\xi)$ zu wählen; dann ist $\overline{U(p)}$ zu ξ fremd.

der Umgebung $U(p)$ wählen wir eine absolute Umgebung $V(p)$ mit $\overline{V(p)} \subset U(p)$. Eine solche existiert nach Kap. I, § 6, Satz IV. Die $V(p)$ bilden eine offene Überdeckung von R; aus der H-Abgeschlossenheit von R folgt nach dem Satz X die Existenz von endlich-vielen $V(p)$ — etwa $V(p_1), \ldots, V(p_s)$ — mit $\overline{V(p_1)} + \cdots + \overline{V(p_s)} = R$. Die entsprechenden $U(p)$ bilden eine in $\mathfrak{G}$ enthaltene endliche Überdeckung von R. Da $\mathfrak{G}$ eine beliebige offene Überdeckung von R war, ist die Bikompaktheit von R und mit ihr der Satz XII bewiesen.

Angesichts der Tatsache, daß jeder normale Raum regulär ist, können die in den Sätzen IX, XI und XII bewiesenen Tatsachen in die Form eines jeden der drei Sätze XIII_H, $\text{XIII}_{r,n}$, XIII gebracht werden:

Satz XIII_H. *Ein Hausdorffscher Raum ist dann und nur dann bikompakt, wenn er normal und H-abgeschlossen ist.*

Satz $\text{XIII}_{r,n}$. *Für reguläre* (also erst recht für normale) *Räume fällt die H-Abgeschlossenheit mit der Bikompaktheit zusammen.*

Satz XIII. *Die folgenden fünf Raumtypen fallen zusammen: die Hausdorffschen bikompakten, die regulären bikompakten, die normalen bikompakten, die regulären H-abgeschlossenen, die normalen H-abgeschlossenen Räume.*

Bemerkungen. 1°. Es läßt sich zeigen, daß jeder normale Raum, der n-abgeschlossen (d. h. in jedem umfassenden normalen Raume abgeschlossen ist), bikompakt ist. 2°. Es gibt bikompakte normale Räume, die nicht vollständig normal sind (vgl. Kap. I, § 6, Nr. 4). Auf diese Fragen kommen wir im zweiten Bande zurück.

Aufgabe. Jede geordnete Menge läßt sich als Hausdorffscher Raum auffassen: es genügt als Umgebung eines Elements ein beliebiges, dieses Element enthaltendes offenes Intervall der geordneten Menge zu erklären. Der Leser beweise, daß dieser Raum dann und nur dann bikompakt ist, wenn der Ordnungstypus der geordneten Menge lückenlos ist und ein erstes und ein letztes Element enthält. (Vgl. wegen der Terminologie Hausdorff, Mengenlehre, Kap. III). Der Raum von § 1, Nr. 4, 5°, ist topologisch nichts anderes als eine nach dem Typus $1 + 2\lambda + 1$ geordnete Menge; λ ist dabei der Ordnungstypus der Zahlengerade.

8. Im Kleinen bikompakte und im Kleinen kompakte Räume. Es gibt Hausdorffsche Räume, die durch Hinzufügung eines einzigen neuen Punktes ξ in bikompakte Hausdorffsche Räume übergehen: so geht die Gerade durch Hinzufügung eines einzigen („unendlich-fernen") Punktes in eine geschlossene Kurve (die *projektive* Gerade), die Ebene in die Gaußsche Sphäre der Funktionentheorie, überhaupt der R^n in eine n-dimensionale sphärische Mannigfaltigkeit (einen mit der S^n homöomorphen topologischen Raum) über. Wir stellen uns in dieser Nummer die Aufgabe, alle Hausdorffschen Räume zu charakterisieren, die durch Hinzufügung eines einzigen Punktes zu bikompakten bzw. kompakten Räumen ergänzt werden können. Diese Aufgabe wird durch die Einführung der im Kleinen bikompakten bzw. im Kleinen kompakten Räume gelöst.

Definition. *Der topologische Raum R heißt bikompakt* (bzw. kompakt) *im Punkte a, wenn es eine Umgebung dieses Punktes gibt, deren abgeschlossene Hülle* (als Relativraum betrachtet) *bikompakt* (bzw. kompakt) *ist. Wenn ein Raum in jedem seiner Punkte bikompakt* (bzw. kompakt) *ist, so heißt er im Kleinen bikompakt* (bzw. im Kleinen kompakt).

Satz XIV. *Jeder im Kleinen bikompakte* (bzw. kompakte) *Hausdorffsche Raum und nur ein solcher Raum geht durch Hinzufügung eines einzigen Punktes ξ in einen bikompakten* (bzw. kompakten) *Hausdorffschen Raum $R + \xi$ über. Im Falle der im Kleinen bikompakten Räume ist dabei die Hinzufügung des Punktes ξ nur auf eine Weise möglich: die topologische Zuordnung des Hausdorffschen bikompakten Raumes $R + \xi$ ist durch die topologische Zuordnung des Raumes R eindeutig bestimmt.*

Wir beginnen den Beweis des Satzes XIV damit, daß wir zwei Erweiterungsmöglichkeiten eines beliebigen T_1-Raumes R untersuchen: die starke und die schwache Erweiterung. In beiden Fällen handelt es sich um Hinzufügung eines einzigen Punktes ξ; der Unterschied besteht in der Erklärung der topologischen Zuordnung im erweiterten Raume $R + \xi$. Dabei kommt es nur auf die Erklärung der abgeschlossenen Hülle einer Menge $M \subset R$ an, denn für $M \supset \xi$ wird beide Male

$$\overline{M} = (\overline{M - \xi}) + \xi$$

gesetzt. Wenn wir für $M \subset R$ mit $\overline{M}^R$ die abgeschlossene Hülle in R, mit $\overline{M}$ die abgeschlossene Hülle in $R + \xi$ bezeichnen, so lautet die Vorschrift für $\overline{M}$ in beiden Fällen folgendermaßen:

starke Erweiterung: $\begin{cases} \overline{M} = \overline{M}^R, \text{ falls } \overline{M}^R \text{ (als Relativraum von } R \text{ betrachtet) bikompakt ist,} \\ \overline{M} = \overline{M}^R + \xi \text{ im entgegengesetzten Falle.} \end{cases}$

schwache Erweiterung: $\begin{cases} \overline{M} = \overline{M}^R, \text{ falls } M \text{ (als Relativraum von } R \text{ betrachtet) kompakt ist,} \\ \overline{M} = \overline{M}^R + \xi \text{ im entgegengesetzten Falle.} \end{cases}$

R ist dabei ein beliebiger T_1-Raum. Man überzeugt sich unmittelbar, daß $R + \xi$ sowohl im Falle der starken, als auch im Falle der schwachen Erweiterung die Axiome I, II′, III der T_1-Räume erfüllt. Die abgeschlossenen Mengen in $R + \xi$ sind im Falle der starken (bzw. der schwachen) Erweiterung die folgenden:

1) die bikompakten (bzw. die kompakten) abgeschlossenen Mengen von R;

2) die Mengen $A + \xi$, wobei A in R abgeschlossen ist.

Dementsprechend sind die folgenden und nur die folgenden Punktmengen in $R + \xi$ offen:

1) die Mengen $U(\xi) = (R + \xi) - F$, wobei F eine bikompakte (bzw. kompakte) abgeschlossene Menge von R ist;

2) die in R offenen Mengen.

Wir beweisen jetzt: *Im Falle der starken Erweiterung ist* $R + \xi$ *bikompakt, im Falle der schwachen Erweiterung ist* $R + \xi$ *kompakt.*

Es sei zuerst $R + \xi$ die starke Erweiterung von R. $\mathfrak{G} = \{G\}$ sei eine beliebige offene Überdeckung von $R + \xi$; wir wählen in ihr ein $G_1 \supset \xi$. Dann ist $(R + \xi) - G_1 = F \subset R$ bikompakt. Folglich gibt es unter den G endlich-viele, etwa $G_2, \ldots, G_s$, welche F bedecken (denn die $G \cdot F$ bilden ja eine offene Überdeckung des bikompakten Raumes F). Dann ist $G_1, G_2, \ldots, G_s$ eine endliche Überdeckung von $R + \xi$.

Es sei jetzt $R + \xi$ die schwache Erweiterung von R. Wir betrachten irgendeine unendliche Punktmenge $M \subset R$. Besitzt M einen Häufungspunkt in R, so ist dieser auch ein Häufungspunkt von M in $R + \xi$. Besitzt M keinen Häufungspunkt in R, so ist M in keiner kompakten abgeschlossenen Punktmenge $F \subset R$ enthalten, somit ist bei jeder Wahl von $U(\xi)$ die Menge $U(\xi) \cdot M$ nicht leer, und ξ Häufungspunkt von M in $R + \xi$.

Bemerkung. Wir haben u. a. bewiesen: *Jeder T_1-Raum läßt sich durch Hinzufügung eines einzigen Punktes zu einem bikompakten T_1-Raum erweitern.*

Jetzt beweisen wir: Die starke (bzw. die schwache) Erweiterung eines im Kleinen bikompakten (bzw. eines im Kleinen kompakten) Hausdorffschen Raumes ist ein Hausdorffscher Raum. Es genügt offenbar zu zeigen, daß man zu jedem Punkte $p \subset R$ zwei disjunkte Umgebungen $U(p)$ und $U(\xi)$ von p bzw. ξ bestimmen kann. Solche Umgebungen erhält man aber, wenn man zuerst eine $U(p)$ mit bikompakter (bzw. kompakter) abgeschlossener Hülle und dann $U(\xi) = (R + \xi) - \overline{U(p)}$ wählt.

Es sei jetzt R ein Hausdorffscher Raum, von dem man weiß, daß er sich durch Hinzufügung eines Punktes ξ zu einem bikompakten (bzw. kompakten) Hausdorffschen Raum $R + \xi$ erweitern läßt. Wir beweisen, daß R im Kleinen bikompakt (bzw. im Kleinen kompakt) ist. Es sei p ein beliebiger Punkt von R; $U(p)$ und $U(\xi)$ seien disjunkte Umgebungen von p und ξ. Dann ist $\overline{U(p)} = \overline{U(p)}^R$ bikompakt (bzw. kompakt), also R bikompakt (bzw. kompakt) in p.

Bleibt übrig zu zeigen: Wenn $R + \xi$ ein bikompakter Hausdorffscher Raum ist, so ist er die starke Erweiterung des Raumes R. Da $R + \xi$ ein Hausdorffscher, also erst recht ein T_1-Raum ist, so gilt für jedes $M \supset \xi$

$$\overline{M} = \overline{(M - \xi)} + \xi.$$

Aus der H-Abgeschlossenheit der bikompakten Hausdorffschen Räume folgt ferner, daß für $M \subset R$ im Falle eines bikompakten $\overline{M}^R$ notwendig $\overline{M} = \overline{M}^R$ ist, während im Falle eines nicht bikompakten $\overline{M}^R$ notwendig $\overline{M} \neq \overline{M}^R$ ist. Da andererseits nach der Definition eines Relativraumes immer $\overline{M}^R = \overline{M} \cdot R = \overline{M} - \xi$, also $\overline{M} \supset \overline{M}^R$ und $\overline{M} \subset \overline{M}^R + \xi$ ist, muß bei nicht bikompaktem $\overline{M}^R$ stets $\overline{M} = \overline{M}^R + \xi$ sein.

Der Satz XIV ist hiermit in allen seinen Teilen bewiesen.

Aufgaben. 1. Der Beweis der Kompaktheit der schwachen Erweiterung $R + \xi$ kann unter Benutzung der Aufgabe von Nr. 2 in einer dem obigen Beweise der Bikompaktheit der starken Erweiterung analogen Weise geführt werden. Der Leser führe diesen Beweis durch.

2. Der Leser zeige durch ein Beispiel, daß ein im Kleinen kompakter Hausdorffscher Raum durch Hinzufügung eines Punktes im allgemeinen mehr als auf eine Weise zu einem kompakten Hausdorffschen Raume erweitert werden kann. Es soll auch gezeigt werden, daß ein im Kleinen bikompakter Raum (und zwar sogar die Zahlengerade) durch Hinzufügung eines Punktes auf verschiedene Weisen zu einem H-abgeschlossenen Hausdorffschen Raume erweitert werden kann.

3. Der Leser beweise:

a) Die im Kleinen bikompakten Hausdorffschen Räume sind mit den offenen Punktmengen Hausdorffscher bikompakter Räume identisch.

b) Eine offene Punktmenge eines regulären kompakten Raumes ist im Kleinen kompakt.

§ 2. Stetige Abbildungen und Zerlegungen bikompakter Räume.

1. Abbildungssätze. Satz I. *Ist der topologische Raum Y stetiges Bild des bikompakten topologischen Raumes X, so ist Y bikompakt.*

Beweis. Es sei $\mathfrak{B} = \{V\}$ eine offene Überdeckung von $Y = f(X)$. Wir setzen $U = f^{-1} V$. Die U bilden eine offene Überdeckung $\mathfrak{U}$ von X; da X bikompakt ist, enthält $\mathfrak{U}$ eine endliche Überdeckung $\mathfrak{U}' = \{U_1, \ldots, U_s\}$ von X. Die entsprechenden $V_i = f(U_i)$, $i = 1, \ldots, s$, bilden eine in $\mathfrak{B}$ enthaltene endliche Überdeckung von Y, w. z. b. w.

Definition. Eine stetige Abbildung des Raumes X in den Raum Y heißt *abgeschlossen*, wenn das Bild jeder abgeschlossenen Punktmenge von X eine abgeschlossene Punktmenge von Y ist[1].

Satz II. *Jede stetige Abbildung eines bikompakten topologischen Raumes in einen Hausdorffschen Raum ist abgeschlossen.*

Beweis. Es sei f eine stetige Abbildung des topologischen Raumes X in den Hausdorffschen Raum Y; jede abgeschlossene Menge $F \subset X$ ist nach § 1, Satz IV, bikompakt; folglich ist $f(F)$ nach Satz I bikompakt; als Punktmenge von Y ist $f(F)$ nach § 1, Satz XI, abgeschlossen, w. z. b. w.

Satz III. *Eine eineindeutige und in einer Richtung stetige Abbildung f eines bikompakten topologischen Raumes in einen Hausdorffschen Raum ist eine Homöomorphie.*

Beweis. Aus der Abgeschlossenheit der Abbildung f von X auf $f(X) = Y$ folgt, daß bei der Abbildung f^{-1} von Y auf X das Urbild jeder abgeschlossenen Punktmenge von X eine abgeschlossene Punktmenge von Y ist, so daß f^{-1} stetig ist, also f und f^{-1} topologisch sind.

[1] Vgl. Kap. I, § 3, Nr. 2, Bemerkung V.

Da jede bikompakte Punktmenge der Zahlengerade beschränkt und abgeschlossen ist, also sowohl ihre obere als auch ihre untere Grenze enthält, schließen wir aus Satz I auf folgende Verallgemeinerung des bekannten Weierstraßschen Satzes

Satz IV. *Jede in sämtlichen Punkten eines bikompakten topologischen Raumes R definierte stetige reelle Funktion ist beschränkt und erreicht in gewissen Punkten von R ihre obere und ihre untere Grenze; sie besitzt also einen größten und einen kleinsten Wert.*

2. Zerlegungsräume[1]. Im Falle bikompakter Räume erhält die Theorie der Zerlegungsräume einen harmonischen Abschluß.

Satz V. *Es sei*

$$X = \sum A \tag{1}$$

eine Zerlegung des T_1-Raumes X (dessen Bikompaktheit noch nicht vorausgesetzt wird). *Ist der zu (1) gehörende Zerlegungsraum Z bikompakt, so gibt es unter den zu (1) konjugierten Räumen keinen von Z verschiedenen Hausdorffschen Raum.*

Mit anderen Worten: Unter den Bedingungen des Satzes V gibt es entweder überhaupt keinen zu (1) konjugierten Hausdorffschen Raum oder nur einen einzigen, und zwar den bikompakten Hausdorffschen Raum Z.

Beweis. Ist Z ein zu (1) konjugierter Hausdorffscher Raum, so ist dieser Raum nach Kap. I, § 5, Satz II, eineindeutiges stetiges Bild des bikompakten Raumes Z, also nach Satz III mit Z homöomorph, folglich (da Z und Z aus denselben Punkten bestehen) mit Z identisch.

Aus den Sätzen I und II von Kap. I, § 5, und dem Satz V folgt ohne weiteres:

Korollar. *Unter den Bedingungen des Satzes V gibt es entweder überhaupt keine die Zerlegung (1) erzeugende stetige Abbildung von X auf einen Hausdorffschen Raum Y, oder jede solche Abbildung ist mit der Abbildung*[2] *$a = \alpha(x)$ von X auf Z äquivalent. Im letzteren Falle ist der Hausdorffsche Bildraum Y mit Z homöomorph, also bikompakt.*

Die Behauptung des Satzes V gilt jedenfalls, wenn X ein bikompakter T_1-Raum ist; denn dann ist Z als stetiges Bild von X bikompakt nach Satz I. Die Voraussetzung des Satzes V ist also erfüllt.

Ist X bikompakt und (1) eine Hausdorffsche Zerlegung, so gibt es einen zu (1) konjugierten Hausdorffschen Raum, nämlich den Zerlegungsraum Z; nach Satz V ist dies auch der einzige zu (1) konjugierte Hausdorffsche Raum. In diesem Falle gibt es also (bis auf Äquivalenz) auch nur eine einzige, die Zerlegung (1) erzeugende stetige Abbildung von X auf einen Hausdorffschen Raum, nämlich die Abbildung $a = \alpha(x)$.

---

[1] Vgl. Kap. I, § 5 und § 6, Nr. 6, insbesondere auch die Fußnote 1 auf S. 61.
[2] Vgl. Kap. I, § 5, Formel (2) der Nr. 1.

Ferner gilt:

Satz VI. *Im Falle einer Hausdorffschen Zerlegung*

$$X = \sum A \tag{1}$$

eines bikompakten T_1-Raumes X stimmt der Zerlegungsraum Z *mit dem schwachen Zerlegungsraum* A *überein.*

Beweis. Wir haben gesehen (Kap. I, § 5, Nr. 5), daß für beliebige Zerlegungen beliebiger T_1-Räume jede in Z offene Menge auch in A offen ist. Bleibt übrig zu zeigen, daß unter den Voraussetzungen des Satzes VI jede in A offene Menge in Z offen ist. Dazu genügt wiederum der Nachweis, daß das Umgebungssystem $\mathfrak{U} = \{U(a)\}$, durch welches wir in Kap. I, § 5, Nr. 5, den Raum A definiert haben, aus lauter in Z offenen Mengen besteht. Es seien ein Punkt a_0 und seine Umgebung $U(a_0)$ in A beliebig gegeben. Dann gibt es eine offene Menge $G \subset X$ mit $G \supset A_0$ und $\mathsf{A} - \alpha(X - G) = U(a_0)$. Die durch (1) erzeugte Abbildung $a = \alpha(x)$ von X auf Z ist stetig, also, da X ein bikompakter und Z ein Hausdorffscher Raum ist, nach Satz II abgeschlossen, folglich $\alpha(X - G)$ abgeschlossen in Z, also $U(a_0) = \mathsf{A} - \alpha(X - G) = \mathsf{Z} - \alpha(X - G)$ offen in Z, w. z. b. w.

Wir beweisen noch:

Satz VII. *Die stetigen Zerlegungen Hausdorffscher bikompakter Räume sind mit den Hausdorffschen Zerlegungen dieser Räume identisch.*

Beweis. Aus dem soeben bewiesenen Satz VI und dem Satz VI von Kap. I, § 5, folgt, daß jede Hausdorffsche Zerlegung stetig ist, d. h. es folgt die erste Hälfte des Satzes VII.

Um die zweite Hälfte dieses Satzes zu beweisen, betrachten wir eine stetige Zerlegung

$$X = \sum A \tag{1}$$

des Hausdorffschen bikompakten Raumes X. Es seien A_1 und A_2 zwei Elemente von (1). Da X ein Hausdorffscher bikompakter, also ein normaler Raum ist, besitzen A_1 und A_2 zwei disjunkte Umgebungen $U(A_1)$ und $U(A_2)$. Unser Ziel ist, solche Umgebungen $V(A_1) \subset U(A_1)$ und $V(A_2) \subset U(A_2)$ zu finden, die Summen gewisser Elemente der Zerlegung (1) sind.

Wir definieren $V(A_i)$, $i = 1, 2$, als die Summe der in $U(A_i)$ enthaltenen Zerlegungselemente. Bleibt übrig zu zeigen, daß $V(A_i)$ offen ist. Es sei x ein beliebiger Punkt von $V(A_i)$, $A_x \subset U(A_i)$ das den Punkt x enthaltende Zerlegungselement. Aus der Stetigkeit der Zerlegung folgt die Existenz einer Umgebung $V(A_x)$ von der Eigenschaft: jedes Zerlegungselement, welches mit $V(A_x)$ gemeinsame Punkte hat, ist in $U(A_i)$ enthalten. Aus der Definition von $V(A_i)$ folgt somit: $V(A_x) \subset V(A_i)$. Also: $x \subset V(A_x) \subset V(A_i)$. Diese Inklusion bedeutet, daß der in $V(A_i)$ beliebig gewählte Punkt x innerer Punkt von $V(A_i)$ ist, w. z. b. w.

Bemerkung[1]. Wörtlich so, wie die zweite Hälfte des Satzes VII beweist man:

Eine stetige Zerlegung eines normalen Raumes ist normal.

Wir fassen alle in dieser Nummer gewonnenen Resultate für den Spezialfall der bikompakten Hausdorffschen Räume nochmals zusammen:

Satz VIII. *Die stetigen Zerlegungen eines Hausdorffschen bikompakten Raumes X sind die einzigen Zerlegungen von X, die durch stetige Abbildungen von X auf einen Hausdorffschen Raum Y erzeugt werden. Umgekehrt erzeugt jede stetige Zerlegung von X eine stetige Abbildung, die Abbildung $\alpha(x)$, auf den zur Zerlegung gehörenden bikompakten Hausdorffschen Zerlegungsraum. Jede stetige Abbildung von X auf einen Hausdorffschen Raum Y ist einer solchen durch eine stetige Zerlegung von X erzeugten Abbildung $\alpha(x)$ äquivalent.*

Durch die Zerlegungsräume der stetigen Zerlegungen von X sind insbesondere alle Hausdorffschen Bildräume von X erschöpft.

Für eine stetige Zerlegung eines Hausdorffschen bikompakten Raumes stimmt der Zerlegungsraum Z mit dem schwachen Zerlegungsraum A überein, und es gibt keine anderen zu der Zerlegung konjugierten Hausdorffschen Räume.

3. Anwendung auf die Kompakten. Satz IX. *Ist ein Hausdorffscher Raum Y stetiges Bild eines Kompaktums X, so ist er selbst ein Kompaktum.*

Beweis. Da X wie jedes Kompaktum bikompakt ist, ist Y nach Satz I bikompakt. Bleibt übrig zu zeigen, daß Y eine abzählbare Basis besitzt.

Es sei f eine stetige Abbildung von X auf Y; die von f erzeugte Zerlegung von X sei

(1) $$X = \sum A.$$

Nach dem Satz VIII darf Y als der schwache Zerlegungsraum von (1) betrachtet werden. Um die Existenz einer abzählbaren Basis in Y zu beweisen, betrachten wir eine abzählbare Basis

(2) $$\mathfrak{U} = \{U_1, U_2, \ldots, U_k, \ldots\}$$

von X; es seien

(3) $$G_1, G_2, \ldots, G_n, \ldots$$

alle offenen Mengen von X, die als Summen von je endlich-vielen Mengen U_k dargestellt werden können. Unter Beachtung des Hausdorffschen Gleichwertigkeitskriteriums und des in Kap. I, § 5, Nr. 5; eingeführten Umgebungssystems des schwachen Zerlegungsraumes Y von (1) braucht nur gezeigt zu werden: Ist V eine beliebige Umgebung

[1] Diese Bemerkung und der obige Beweis des Satzes VII rühren von Herrn A. Markoff her.

einer beliebigen abgeschlossenen Punktmenge $A \subset X$, so gibt es eine Menge G_n aus (3), so daß

$$A \subset G_n \subset V$$

ist. Um eine solche Menge G_n zu finden, schließe man jeden Punkt von A in eine der Basis (2) entnommene Umgebung $U_k \subset G$ ein und wähle in der so gewonnenen offenen Überdeckung von A eine endliche Überdeckung von A (was nach § 1, Satz IV' immer geht). Die Summe der Elemente dieser endlichen Überdeckung ist die gesuchte Menge G_n, w. z. b. w.

Bemerkung. Es gibt Hausdorffsche Räume ohne abzählbare Basis, die stetige Bilder Hausdorffscher und sogar metrischer Räume mit abzählbarer Basis sind. So ist z. B. jeder aus abzählbar-vielen Punkten bestehende Hausdorffsche Raum auch dann stetiges Bild eines (aus abzählbar-vielen isolierten Punkten bestehenden) metrischen Raumes mit abzählbarer Basis, wenn er selbst keine abzählbare Basis besitzt. Einen abzählbaren Hausdorffschen Raum ohne abzählbare Basis hat Urysohn in Math. Ann. Bd. 94 S. 288 konstruiert.

§ 3. Spezialfall der Kompakten.

1. Direkte Beweise der metrischen Spezialfälle der Abbildungssätze von § 2, Nr. 1. Anwendungen auf Entfernungen. Da jeder kompakte metrisierbare Raum bikompakt, also H-abgeschlossen ist, ist insbesondere *jedes als Punktmenge eines metrischen Raumes R definierte Kompaktum F in R abgeschlossen.* Dieser Satz läßt sich in wenigen Worten direkt beweisen: denn wäre a ein nicht zu F gehörender Häufungspunkt von F in R, $\{a_k\}$ eine gegen a konvergierende Punktfolge in F, so würde $\{a_k\}$ keine in F konvergente Teilfolge enthalten können.

Ebenso leicht beweist man direkt folgenden Spezialfall des Satzes I des vorigen Paragraphen:

Ist X ein Kompaktum, der metrische Raum Y Bild von X bei der stetigen Abbildung f, so ist auch Y ein Kompaktum.

Beweis. Es sei $\{y_k\}$ eine Punktfolge in Y, x_k ein Originalpunkt von y_k bei der Abbildung f. Die Folge $\{x_k\}$ enthält eine konvergente Teilfolge, die nach Kap. I, § 3, Satz IX, in eine ebenfalls konvergente Teilfolge von $\{y_k\}$ übergeht. Da $\{y_k\}$ eine beliebige Punktfolge von Y war, ist Y nach Satz I von § 1 kompakt.

Aus dem soeben Bewiesenen folgt (ohne Zuhilfenahme der allgemeinen Theorie von §§ 1 und 2), daß *jede stetige Abbildung f eines Kompaktums X in einen metrischen Raum Y abgeschlossen ist.* Denn jede abgeschlossene Punktmenge von X ist selbst ein Kompaktum, geht also bei f in ein Kompaktum, also in eine abgeschlossene Punktmenge von Y über.

Hieraus folgt, daß *eine eineindeutige in einer Richtung stetige Abbildung eines Kompaktums X in einen metrischen Raum Y eine Homöomorphie ist.* Beweis: wörtliche Wiederholung des Beweises von Satz III von § 2.

Aus der Abgeschlossenheit der stetigen Abbildungen eines Kompaktums folgt ferner unmittelbar, daß *jede auf einem Kompaktum F definierte stetige reelle Funktion beschränkt ist und in gewissen Punkten von F ihren größten und ihren kleinsten Wert erreicht.*

Aufgabe. Der Leser verallgemeinere dieses Resultat auf Funktionen zweier Variablen.

Anweisung. Entweder reductio ad absurdum (kann natürlich auch auf den Fall einer Variablen angewandt werden) oder Zurückführung auf Kap. I, § 3, Nr. 5 und Aufgabe 2 von Kap. II, § 1, Nr. 3.

Hieraus folgt ferner:

Satz I. *Ist R ein metrischer Raum, F ein in R liegendes Kompaktum, A eine beliebige Punktmenge von R, so gibt es Punkte* $x \subset F$ *mit* $\varrho(x, A) = \varrho(F, A)$.

Denn $\varrho(x, A)$ ist (für $x \subset F$) eine in allen Punkten x des Kompaktums F erklärte stetige Funktion mit der unteren Grenze $\varrho(F, A)$.

Hieran schließt noch:

Satz II. *Sind F und A disjunkte abgeschlossene Punktmengen des metrischen Raumes R, und ist F kompakt, so ist* $\varrho(F, A) > 0$.

Beweis. Da kein Punkt x von F zur abgeschlossenen Menge A gehört, ist für jedes x die Zahl $\varrho(x, A)$ positiv, woraus nach dem vorigen Satz die Behauptung folgt.

Bemerkung. Ein Beispiel zweier disjunkter abgeschlossener Mengen mit der Entfernung Null ist in der Euklidischen Ebene durch einen Hyperbelast und eine Asymptote der Hyperbel gegeben. Beide Mengen sind abgeschlossen (in der Ebene), keine ist kompakt.

Satz[1] III. *In jedem Kompaktum F gibt es mindestens ein Punktepaar a, b von der Eigenschaft, daß* $\varrho(a, b) = \delta(F)$ *ist.* (Dabei bedeutet $\delta(F)$ den Durchmesser von F.)

Beweis. Nach § 1, Nr. 5 ist $\delta(F)$ eine endliche Zahl. Wir wählen für jedes n die Punkte a_n und b_n in F so, daß $\varrho(a_n, b_n) > \delta(F) - \frac{1}{n}$ ist. Es sei $\{a_{n_i}\}$ eine konvergente Teilfolge der Folge $\{a_n\}$ und $\{b_{n_{i_k}}\}$ eine konvergente Teilfolge von $\{b_{n_i}\}$. Für $a = \lim\limits_i a_{n_i}$ und $b = \lim\limits_k b_{n_{i_k}}$ gilt nach Kap. I, § 3, Satz VI: $\varrho(a, b) = \delta(F)$.

2. Die Zahl $\tau(\mathfrak{U})$. Nochmals der Heine-Borel-Lebesguesche Satz. Ein ständiges Hilfsmittel bei verschiedenen topologischen Untersuchungen bildet der folgende Satz, der auch an sich eine wichtige Eigenschaft der Kompakten darstellt:

Satz IV. *Zu jeder offenen Überdeckung* $\mathfrak{U}$ *des Kompaktums F gibt es eine Zahl* $\tau(\mathfrak{U}) = \tau > 0$ *mit folgender Eigenschaft: jede Punktmenge* $M \subset F$ *von einem Durchmesser* $< \tau$ *liegt in mindestens einem Element von* $\mathfrak{U}$.

Beweis. Eine Punktmenge $M \subset F$ heiße „zu groß" (in bezug auf $\mathfrak{U}$), falls sie in keinem Element G von $\mathfrak{U}$ enthalten ist. Die untere

[1] Ist als Spezialfall in der obigen Aufgabe enthalten.

Grenze der Durchmesser der zu großen Mengen bezeichnen wir mit τ. Wir haben zu zeigen, daß $\tau > 0$ ist.

Es sei $\{M_k\}$ eine Folge von zu großen Mengen, deren Durchmesser gegen τ konvergieren. In jedem M_k wählen wir einen Punkt a_k. Nachdem wir, wenn nötig, die Folge $\{M_k\}$ durch eine Teilfolge ersetzt haben, dürfen wir annehmen, daß die Punkte a_k gegen einen Punkt a konvergieren. Dieser Punkt liegt in einem Element G von $\mathfrak{U}$, hat also von $R - G$ eine positive Entfernung $2d$. Für alle hinreichend großen k liegt a_k in $U(a, d)$, so daß [da kein M_k in G, also erst recht in $U(a, 2d)$ liegen kann] für diese k der Durchmesser von M_k mindestens gleich d ist. Da dies für fast alle k gilt, ist $\tau \geqq d$, w. z. b. w.

Als leichten Zusatz zu diesem Satz kann man den Heine-Borel-Lebesgueschen Satz erhalten: *Jede offene Überdeckung $\mathfrak{U}$ eines Kompaktums F enthält eine endliche Überdeckung*[1]. Denn ist $N = \{a_1, \ldots, a_s\}$ ein τ-Netz, $\tau = \frac{1}{2}\tau(\mathfrak{U})$, von F, so bilden die $U(a_i, \tau)$ eine Überdeckung von F; nach der Definition von τ gibt es zu jedem i, $i = 1, \ldots, s$, ein Element G_i von $\mathfrak{U}$ mit $U(a_i, \tau) \subset G_i$; diese G_i bilden eine Überdeckung von F, w. z. b. w.

Der Satz IV läßt sich, wenn man statt von den Elementen G der offenen Überdeckung $\mathfrak{U}$ von ihren Komplementen $R - G = \mathsf{F}$ spricht, so fassen:

Satz IV′. *Zu jedem System $\mathfrak{F}$ abgeschlossener Mengen F des Kompaktums F mit leerem Durchschnitt gibt es eine Zahl $\tau = \tau(\mathfrak{F})$ mit folgender Eigenschaft: jede Punktmenge $M \subset F$ von einem Durchmesser $< \tau$ ist zu mindestens einem F fremd.*

Bemerkung. Durch Übergang zu den Komplementen erhält der Heine-Borel-Lebesguesche Satz die folgende öfters nützliche Form:

Liegt ein System $\mathfrak{F} = \{\mathsf{F}\}$ von abgeschlossenen Mengen F eines Kompaktums F vor, und ist der Durchschnitt aller dieser F leer, so gibt es unter ihnen bereits endlich-viele, die einen leeren Durchschnitt haben.

3. Das Lebesguesche Lemma. Die Lebesguesche Zahl.

Das Lebesguesche Lemma. *$\mathfrak{F} = \{F_1, \ldots, F_s\}$ sei ein System von endlich-vielen abgeschlossenen Punktmengen eines Kompaktums F. Dann gibt es eine Zahl $\sigma = \sigma(\mathfrak{F}) > 0$* (die Lebesguesche Zahl von $\mathfrak{F}$) *mit der folgenden Eigenschaft: wenn eine Punktmenge M von F mit einem Durchmesser $< \sigma$ mit gewissen unter den Mengen F_i, etwa mit $F_{i_1}, \ldots, F_{i_h}$, gemeinsame Punkte hat, so ist $F_{i_1} \cdot \ldots \cdot F_{i_h} \neq 0$.*

Beweis. Wenn $F_1 \cdot \ldots \cdot F_s \neq 0$ ist, so ist der Satz trivial. Es gebe also Teilsysteme von $\mathfrak{F}$, z. B. $\mathfrak{F}$ selbst, die einen leeren Durchschnitt haben. Diese Teilsysteme nennen wir Systeme erster Art. Dagegen heiße $\{F_{i_1}, F_{i_2}, \ldots, F_{i_h}\}$ ein System zweiter Art, wenn $F_{i_1} \cdot F_{i_2} \cdot \ldots \cdot F_{i_h} \neq 0$ ist. Zu jedem System $\mathfrak{F}_k$ erster Art gibt es nach dem Satz IV′ eine positive Konstante $\tau_k = \tau(\mathfrak{F}_k)$; wir bezeichnen mit σ die

[1] Dieser Satz besagt offenbar dasselbe wie der Satz VI von § 1.

kleinste unter ihnen. Ein System $\{F_{i_1}, \ldots, F_{i_k}\}$, dessen Elemente sämtlich mit einer Punktmenge M eines Durchmessers $<\sigma$ gemeinsame Punkte haben, kann dann kein System erster Art sein; es ist also zweiter Art, d. h. seine Elemente haben mindestens einen gemeinsamen Punkt, w. z. b. w.

Der ursprüngliche Beweis, den LEBESGUE seinem Lemma gegeben hat, ist zwar indirekt, ist aber vielleicht noch kürzer. Man nehme an, es gäbe keine positive Zahl σ von der im Wortlaut des Lemmas behaupteten Eigenschaft. Dann gibt es zu jedem n, $n = 1, 2, 3, \ldots$ in inf., ein Teilsystem $\mathfrak{F}_n$ des Systems $\mathfrak{F}$, welches die folgenden Eigenschaften besitzt: erstens haben die Elemente von $\mathfrak{F}_n$ einen leeren Durchschnitt, zweitens gibt es eine Punktmenge M_n von einem Durchmesser $<\frac{1}{n}$, welche mit allen Elementen von $\mathfrak{F}_n$ gemeinsame Punkte hat. Da das endliche Mengensystem $\mathfrak{F}$ nur endlichviele verschiedene Teilsysteme hat, gibt es ein festes Teilsystem $\mathfrak{F}_0 = \{F_{i_1}, F_{i_2}, \ldots, F_{i_k}\}$ von $\mathfrak{F}$, welches mit unendlich-vielen unter den $\mathfrak{F}_n$ identisch ist. Wählt man in jeder der entsprechenden M_n je einen Punkt a_n und in der Punktfolge a_n eine konvergente Teilfolge, so hat der Limespunkt a dieser Teilfolge die Eigenschaft, daß es in jeder beliebigen Nähe von ihm Punkte einer jeden der Mengen F_{i_1}, $F_{i_2}, \ldots, F_{i_k}$ gibt. Somit gehört a zu $F_{i_1} \cdot F_{i_2} \cdot \ldots \cdot F_{i_k}$, was unmöglich ist, denn das Mengensystem $\mathfrak{F}_0$ (welches eins der $\mathfrak{F}_n$ ist) hat nach Voraussetzung einen leeren Durchschnitt.

Korollar[1]. *Zwei nichtleere, disjunkte abgeschlossene Mengen F' und F'' des Kompaktums F haben voneinander eine positive Entfernung.*

Es sei in der Tat σ die Lebesguesche Zahl des Mengensystems F', F''. Jede Punktmenge, insbesondere jedes Punktepaar, welches mit F' und F'' gemeinsame Punkte hat, muß einen Durchmesser $\geqq \sigma$ haben, d. h. die Entfernung zwischen einem Punkt von F' und einem Punkt von F'' ist mindestens σ, w. z. b. w.

Aufgabe. Der Leser beweise dieses Korollar *direkt* (ohne das Lebesguesche Lemma und die Überlegungen von Nr. 1).

4. Gleichmäßige Stetigkeit stetiger Abbildungen von Kompakten. Es sei f eine Abbildung des metrischen Raumes X in den metrischen Raum Y. Die Abbildung f heißt *gleichmäßig stetig*, wenn es zu jedem $\varepsilon > 0$ ein $\delta > 0$ von der Eigenschaft gibt, daß aus der Ungleichung $\varrho(x, x') < \delta$ in X stets die Ungleichung $\varrho(f(x), f(x')) < \varepsilon$ folgt. Offenbar ist jede gleichmäßig stetige Abbildung auch schlechtweg stetig. Es gilt im Falle der stetigen Abbildungen der Kompakten auch die Umkehrung:

Satz V. *Jede stetige Abbildung eines Kompaktums F in einen metrischen Raum Y ist gleichmäßig stetig.*

Beweis. Das $\varepsilon > 0$ sei gegeben. Wir bestimmen für jeden Punkt x von F eine positive Zahl δ_x von der Eigenschaft, daß für jedes

[1] Dieses Korollar bildet einen Spezialfall des Satzes II.

$x' \subset U(x, \delta_x)$ man $\varrho(f(x), f(x')) < \frac{\varepsilon}{2}$ hat. Zu der aus allen $U(x, \delta_x)$ gebildeten offenen Überdeckung $\mathfrak{U}$ von F bestimmen wir die Zahl $\tau = \tau(\mathfrak{U})$ gemäß des Satzes IV. Sind nun x' und x'' zwei voneinander weniger als um τ entfernte Punkte von F, so gibt es einen Punkt $x \subset F$ so, daß $U(x, \delta_x)$ die beiden Punkte x' und x'' enthält. Somit ist

$$\varrho(f(x'), f(x'')) \leqq \varrho(f(x'), f(x)) + \varrho(f(x), f(x'')) < 2\frac{\varepsilon}{2} = \varepsilon,$$

w. z. b. w.

5. ε-Abbildungen. Definition. Eine stetige Abbildung eines metrischen Raumes X in einen metrischen Raum Y heißt eine *ε-Abbildung*, wenn die Originalmenge jedes Bildpunktes einen Durchmesser $< \varepsilon$ hat.

Ist X kompakt, so kann man auch sagen: Die stetige Abbildung f von X in Y ist eine ε-Abbildung, wenn zwei Punkte x' und x'' von X nur dann einen gemeinsamen Bildpunkt $f(x') = f(x'')$ haben können, wenn $\varrho(x', x'') < \varepsilon$ ist[1].

Es seien jetzt X und Y kompakte metrische Räume. Es gilt folgender

Satz VI. *Zu jeder ε-Abbildung f des Kompaktums X in das Kompaktum Y gibt es ein $\eta > 0$ derart, daß für je zwei mindestens um ε entfernte Punkte x' und x'' von X immer $\varrho(f(x'), f(x'')) \geqq \eta$ ist.*

Am einfachsten beweist man diesen Satz indirekt: Man nehme an, es gäbe ein solches η nicht. Dann kann man zu jedem ganzzahlig-positiven k zwei Punkte x'_k und x''_k in X so wählen, daß $\varrho(x'_k, x''_k) \geqq \varepsilon$, andererseits aber $\varrho(f(x'_k), f(x''_k)) < 1/k$ ist. Nach einem evtl. Übergang zu Teilfolgen kann man annehmen, daß die Punktfolgen x'_k und x''_k konvergent sind, und zwar $\lim x'_k = x'$ und $\lim x''_k = x''$ ist. Dann müßte aber wegen der Stetigkeit von f notwendig $f(x') = f(x'')$ sein, was unmöglich ist, denn es ist ja $\varrho(x', x'') \geqq \varepsilon$.

Wir beweisen jetzt[2]:

Satz VII. *Sind X und Y Kompakten, so ist die Menge $C_\varepsilon(X, Y)$ der ε-Abbildungen von X in Y im Raume $C(X, Y)$ offen.* Zu diesem Zweck genügt es zu zeigen: Ist f eine ε-Abbildung von X in Y, und unterscheidet sich f' von f [im Sinne der in $C(X, Y)$ eingeführten Entfernungsdefinition] hinreichend wenig, so ist f' ebenfalls eine ε-Abbildung. Wir definieren nun für f die Zahl η im Sinne des Satzes VI und setzen voraus, daß $\varrho(f, f') < \eta/2$ ist. Es seien x_1 und x_2 zwei Punkte von X, die mittels f' auf denselben Punkt von Y abgebildet werden. Da $\varrho(f(x), f'(x)) < \eta/2$ für jeden Punkt x von X, also insbesondere für $x = x_1$ und $x = x_2$ ist, ist

$$\varrho(f(x_1), f(x_2)) \leqq \varrho(f(x_1), f'(x_1)) + \varrho(f'(x_1), f'(x_2)) + \varrho(f'(x_2), f(x_2)) < \frac{\eta}{2} + \frac{\eta}{2} = \eta,$$

---

[1] Vgl. Satz III. [2] Wegen der Bezeichnungen siehe Kap. I, § 3, Nr. 3.

folglich muß $\varrho(x_1, x_2) < \varepsilon$ sein. Hierdurch ist bewiesen, daß f' eine ε-Abbildung ist, w. z. b. w.

§ 4. Kompaktheit und Vollständigkeit.

1. Total-Beschränktheit, Vollständigkeit, Kompaktheit[1]. Ein metrischer Raum, der für ein bestimmtes $\varepsilon > 0$ ein ε-Netz enthält, ist offenbar beschränkt. Ein metrischer Raum, der bei jedem ε ein ε-Netz enthält, heißt *total-beschränkt*. Die Eigenschaft der Total-Beschränktheit ist äquivalent damit, daß R bei jedem ε als Summe endlich-vieler Teilmengen von einem Durchmesser $< \varepsilon$ dargestellt werden kann. Denn besitzt der Raum R die letztere Eigenschaft, und ist $R = M_1 + \cdots + M_s$, wobei die Durchmesser der M_i kleiner als ε sind, so erhält man ein ε-Netz $a_1, \ldots, a_s$, wenn man in jedem M_i je einen Punkt a_i wählt. Ist umgekehrt ein ε-Netz $a_1, \ldots, a_s$ von R gegeben, so ist $R = U(a_1, \varepsilon) + \cdots + U(a_s, \varepsilon)$, und die Durchmesser der $U(a_i, \varepsilon)$ sind höchstens gleich 2ε. Da erst recht $\sum \overline{U(a_i, \varepsilon)} = R$ ist, *läßt ein total-beschränkter Raum bei jedem ε sowohl offene als auch abgeschlossene endliche ε-Überdeckungen zu.*

Eine Punktfolge

$$(1) \qquad a_1, a_2, \ldots, a_k, \ldots$$

eines metrischen Raumes R heißt eine *Fundamentalfolge*, wenn es zu jedem $\varepsilon > 0$ ein k_ε gibt von der Eigenschaft, daß für beliebige $p \geqq k_\varepsilon$, $q \geqq k_\varepsilon$

$$\varrho(a_p, a_q) < \varepsilon$$

ist.

Jede konvergente Folge ist eine Fundamentalfolge. Denn für $\lim a_k = a$ ist $\varrho(a_p, a_q) \leqq \varrho(a_p, a) + \varrho(a, a_q)$, also ist $\varrho(a_p, a_q)$ beliebig klein, wenn p und q hinreichend groß sind. *Ist umgekehrt jede Fundamentalfolge des metrischen Raumes R konvergent, so heißt R vollständig.*

Wir beweisen zuerst:

Satz I. *R ist dann und nur dann total-beschränkt, wenn jede seiner Punktfolgen eine Fundamentalfolge als Teilfolge enthält.*

Beweis. Bereits bei dem Beweise des Hilfssatzes II von § 1, Nr. 4, haben wir gesehen, daß ein nicht total-beschränkter Raum eine unendliche Punktfolge enthält, deren Elemente paarweise mehr als um ein festes $\varepsilon > 0$ voneinander entfernt sind. Da eine solche Punktfolge gewiß keine Fundamentalfolge enthält, ist die eine Hälfte des Satzes (das „dann") bewiesen. Um die zweite Hälfte des Satzes zu beweisen, haben wir zu zeigen, daß man in jeder Punktfolge (1) eines total-beschränkten Raumes eine Fundamentalfolge als Teilfolge wählen kann. Zu diesem Zweck beweisen wir zuerst folgenden

[1] Der Begriff der Vollständigkeit rührt von Fréchet, der Begriff der Total-Beschränktheit von Hausdorff her. Die Sätze dieser Nummer sind von Hausdorff.

Hilfssatz. Jede Punktfolge (1) eines total-beschränkten Raumes enthält bei jedem ε eine Teilfolge von einem Durchmesser $< \varepsilon$.

Zum Beweise braucht man nur eine endliche ε-Überdeckung $\mathfrak{U}$ von R zu betrachten; mindestens ein Element von $\mathfrak{U}$ enthält eine unendliche Teilfolge von (1), und diese hat dann einen Durchmesser $< \varepsilon$.

Durch Anwendung dieses Hilfssatzes konstruieren wir der Reihe nach die Teilfolgen

$$a_{p_1}, a_{p_2}, \ldots, a_{p_k}, \ldots$$
$$a_{q_1}, a_{q_2}, \ldots, a_{q_k}, \ldots$$
$$a_{r_1}, a_{r_2}, \ldots, a_{r_k}, \ldots$$
$$\ldots\ldots\ldots\ldots\ldots\ldots$$

von (1) so, daß jede dieser Folgen eine Teilfolge der vorangehenden ist und der Durchmesser der ersten < 1, der zweiten $< \frac{1}{2}$, der k-ten kleiner als $1/k$ ist. Die Diagonalfolge

$$a_{p_1}, a_{q_2}, a_{r_3}, \ldots,$$

deren Elemente wegen $p_1 \leqq q_1 < q_2 \leqq r_2 < r_3 \ldots$ in (1) alle verschieden sind, ist eine in (1) enthaltene Fundamentalfolge.

Beispiele. In einem Euklidischen Raume ist jede beschränkte Menge total-beschränkt (denn sie kann etwa in einen Würfel eingeschlossen werden, den man nachher in beliebig kleine Würfel unterteilt). Dagegen zeigt das in § 1, Nr. 5 (Bemerkung) angeführte Beispiel, daß es im Hilbertschen Raume beschränkte Mengen gibt, die nicht total-beschränkt sind.

Wir wenden uns jetzt den vollständigen metrischen Räumen zu. Das Bindeglied mit den bisherigen Ausführungen wird dabei durch den folgenden Satz gegeben:

Satz II. *Ein metrischer Raum ist dann und nur dann kompakt, wenn er vollständig und total-beschränkt ist.*

Beweis. Daß ein kompakter Raum vollständig ist, ist klar, denn eine Fundamentalfolge, die eine konvergente Teilfolge enthält, konvergiert selbst gegen den Limes dieser Teilfolge. Daß ein kompakter Raum total-beschränkt ist, ist gerade der Inhalt des Hilfssatzes II von § 1, Nr. 4. Bleibt übrig zu zeigen, daß ein vollständiger total-beschränkter Raum kompakt ist. Aus der Total-Beschränktheit folgt aber, daß jede Folge eine Fundamentalfolge, also (wegen der Vollständigkeit) eine konvergente Teilfolge enthält, w. z. b. w.

Da eine abgeschlossene Punktmenge eines vollständigen metrischen Raumes offenbar selbst ein vollständiger metrischer Raum ist, kann man auch sagen:

Satz II'. *Eine abgeschlossene Menge eines vollständigen Raumes ist dann und nur dann kompakt, wenn sie total-beschränkt ist.*

Außerdem:

Satz II''. *Eine total-beschränkte Menge eines vollständigen Raumes R ist in diesem Raume kompakt.*

2. Beispiele: Vollständigkeit des Hilbertschen und der Euklidischen Räume. Bolzano-Weierstraßscher Satz. Die wichtigsten Beispiele vollständiger Räume sind die Euklidischen Räume und der Hilbertsche Raum. Die Vollständigkeit des eindimensionalen Euklidischen Raumes (der Zahlengeraden) ist als *Cauchysches Konvergenzkriterium für Folgen reeller Zahlen* dem Leser aus den Elementen der Analysis bekannt.

Wir beweisen gleich die Vollständigkeit des Hilbertschen Raumes; in diesem Beweis wird auch der Beweis für die mehrdimensionalen Euklidischen Räume enthalten sein.

Es sei

$$a_1, a_2, \ldots, a_n, \ldots \tag{2}$$

eine Fundamentalfolge des Hilbertschen Raumes,

$$a_n = (t_1^n, t_2^n, \ldots, t_k^n, \ldots).$$

Da bei jedem k offenbar $\varrho(a_n, a_m) \geqq |t_k^n - t_k^m|$ ist, ist $t_k^1, t_k^2, \ldots, t_k^n, \ldots$ eine Fundamentalfolge reeller Zahlen, folglich existiert $t_k = \lim t_k^n$.

Wir zeigen, daß

$$a = (t_1, t_2, \ldots, t_k, \ldots) \tag{3}$$

ein Punkt des Hilbertschen Raumes und außerdem $a = \lim a_n$ ist. Beides ist erreicht, wenn gezeigt ist, daß man zu jedem ε ein n_ε finden kann derart, daß für $n > n_\varepsilon$

$$\sum_{k=1}^{\infty} (t_k - t_k^n)^2 < \varepsilon^2 \tag{4}$$

ist. Denn ist die Formel (4) bewiesen, so ist wegen

$$\sum_k t_k^2 = \sum_k (t_k - t_k^n)^2 + \sum_k (t_k^n)^2 + 2\sum_k t_k^n (t_k - t_k^n)$$

und

$$\left|\sum_k t_k^n (t_k - t_k^n)\right| \leqq \sqrt{\sum_k (t_k^n)^2 \cdot \sum_k (t_k - t_k^n)^2}\,,[1]$$

gewiß $\sum t_k^2 < \infty$, und a ein Punkt des Hilbertschen Raumes.

Des weiteren folgt aus (4), daß für $n > n_\varepsilon$

$$\varrho(a, a_n) < \varepsilon$$

ist, d. h. a_n gegen a konvergiert.

Um (4) abzuleiten, wähle man zunächst n_ε so groß, daß für $n > n_\varepsilon$ und $m > n_\varepsilon$

$$\varrho(a_n, a_m) < \varepsilon,$$

---

[1] Diese Ungleichung (von Cauchy-Schwarz) ergibt sich leicht aus der in Kap. I, § 1, Nr. 12, bewiesenen Ungleichung

$$\sqrt{\sum (t_k - t_k')^2} + \sqrt{\sum (t_k' - t_k'')^2} \geqq \sqrt{\sum [(t_k - t_k') + (t_k' - t_k'')]^2},$$

wenn man $t_k' = t_k^n$, $t_k'' = 0$ setzt und quadriert.

d. h. $\sum_{k=1}^{\infty}(t_k^m - t_k^n)^2 \leqq \varepsilon^2$. Für jede natürliche Zahl h gilt dann erst recht

$$\sum_{k=1}^{h}(t_k^m - t_k^n)^2 < \varepsilon^2,$$

somit nach einem Grenzübergang für $m \to \infty$

$$\sum_{k=1}^{h}(t_k - t_k^n)^2 \leqq \varepsilon^2,$$

schließlich (Grenzübergang $h \to \infty$) $\sum_{k=1}^{\infty}(t_k - t_k^n)^2 \leqq \varepsilon^2$, w. z. b. w.

Bemerkung. Da im R^n jede beschränkte Menge total-beschränkt ist, so folgt aus dem Satz II'' angesichts der soeben bewiesenen Vollständigkeit des R^n, daß *jede beschränkte Punktmenge eines Euklidischen Raumes in diesem Raume kompakt ist,* d. h. es folgt der Bolzano-Weierstraßsche Satz.

3. Vollständigkeit des Raumes $C(X, Y)$ der stetigen Abbildungen[1] **eines Kompaktums X in ein Kompaktum Y.** Ein weiteres wichtiges Beispiel vollständiger Räume ist durch die Räume $C(X, Y)$ im Falle, daß X und Y Kompakten sind, gegeben.

Es sei

$$f_1, f_2, \ldots, f_k, \ldots \tag{5}$$

eine Fundamentalfolge in $C(X, Y)$. Da für jeden Punkt x von X die Folge $f_1(x), f_2(x), \ldots, f_k(x), \ldots$ eine Fundamentalfolge des kompakten Raumes Y ist, so konvergiert diese Folge für jedes x gegen einen Punkt $f(x)$ von Y. Diese Konvergenz ist ferner gleichmäßig, denn für alle x ist bei jedem ε und einem passend gewählten k_ε

$$\varrho(f_p(x), f_q(x)) < \varepsilon \tag{6}$$

für $p \geqq k_\varepsilon$, $q \geqq k_\varepsilon$. Macht man bei beliebigem, aber festem x in (6) den Grenzübergang $q \to \infty$, so wird

$$\varrho(f_p(x), f(x)) \leqq \varepsilon \tag{7}$$

für beliebiges $x \subset X$ und $p \geqq k_\varepsilon$. Hierin ist aber die gleichmäßige Konvergenz von $f_k(x)$ gegen $f(x)$ enthalten. Somit ist $f(x) = \lim f_k(x)$ eine stetige Abbildung von X in Y, und (5) eine in Y gegen den Punkt f konvergierende Punktfolge in $C(X, Y)$, w. z. b. w.

4. Eigenschaften vollständiger Räume. Der Bairesche Dichtigkeitssatz.

Satz III. *In einem vollständigen Raume hat eine abnehmende Folge abgeschlossener nichtleerer Mengen $F_1, F_2, \ldots, F_k, \ldots$, deren Durchmesser gegen Null konvergieren, einen einzigen gemeinsamen Punkt.*

Beweis. Ist a_k ein Punkt von F_k, so ist $a_1, a_2, \ldots, a_k, \ldots$ eine Fundamentalfolge, $\lim a_k = a$, und a ist in allen F_k enthalten. Mehr

[1] Kap. I, § 3, Nr. 3.

als einen gemeinsamen Punkt können die F_k nicht enthalten wegen $\lim \delta(F_k) = 0$.

Hieraus folgt:

Satz IV. *Ein vollständiger metrischer Raum R kann nicht als Summe einer höchstens abzählbaren Folge nirgendsdichter Teilmengen von R dargestellt werden.*

Beweis. Es seien

$$M_1, M_2, \ldots, M_k, \ldots$$

nirgendsdichte Punktmengen in R. In jeder offenen Menge $G \subset R$ gibt es folglich einen zu $\overline{M}_k$ fremden Punkt, also auch eine Umgebung dieses Punktes mit einer zu $\overline{M}_k$ fremden abgeschlossenen Hülle. Durch sukzessive Anwendung dieser Bemerkung erhält man eine Folge

$$U(p_1), U(p_2), \ldots, U(p_k), \ldots$$

von Umgebungen von der Eigenschaft, daß $U(p_k) \supset \overline{U(p_{k+1})}$, der Durchmesser von $U(p_k)$ kleiner als $1/k$ und $\overline{U(p_k)}$ zu $\overline{M}_k$ fremd ist. Nach Satz III gibt es einen zu allen $\overline{U(p_k)}$ gehörenden Punkt, und dieser gehört zu keinem $\overline{M}_k$, also erst recht zu keinem M_k, w. z. b. w.

Da man $\overline{U(p_1)}$ in einer beliebigen offenen Menge von R wählen konnte, haben wir bewiesen, daß in jeder offenen Menge von R ein zu $\sum M_k$ fremder Punkt liegt. Es gilt mit anderen Worten die verschärfte Behauptung:

Satz V. Bairescher Dichtigkeitssatz. *Sind $M_1, M_2, \ldots, M_k, \ldots$ höchstens abzählbar-viele nirgendsdichte Punktmengen des vollständigen metrischen Raumes R, so ist $R - \sum M_k$ dicht in R.*

Diesem Satz kann man eine etwas andere Form geben.

Wir bemerken zuerst: *wenn in einem topologischen Raum R eine offene Menge G dicht ist, so ist ihr Komplement $F = R - G$ in R nirgendsdicht.* Denn gäbe es in R eine offene Menge H, in der $H \cdot F$ dicht wäre, so müßte F als abgeschlossene Menge ganz H enthalten, G könnte also in R nicht dicht sein.

Es seien jetzt $G_1, G_2, \ldots, G_k, \ldots$ höchstens abzählbar-viele offene Mengen des vollständigen metrischen Raumes R, von denen jede in R dicht ist. Dann ist $F_k = R - G_k$ nirgendsdicht, also $R - \sum F_k = \prod G_k$ dicht in R. Mit anderen Worten:

Satz V'. *Es sei R ein vollständiger metrischer Raum. Der Durchschnitt von höchstens abzählbar-vielen in R dichten offenen Mengen ist dicht in R.*

Bemerkung. Aus dem Baireschen Dichtigkeitssatz folgt, daß ein vollständiger metrischer Raum nur dann abzählbar sein kann, wenn es unter seinen Punkten solche gibt, die keine nirgendsdichte Teilmenge des Raumes bilden, die m. a. W. isoliert sind. *Ein vollständiger abzählbarer Raum enthält notwendig isolierte Punkte.*

Hieraus folgt z. B., daß die Menge der rationalen Punkte der Zahlengerade keinem vollständigen Raum homöomorph sein kann.

5.[1] Der Bairesche Dichtigkeitssatz ist in vielen topologischen Untersuchungen von Wichtigkeit. Insbesondere wurde er in den letzten Jahren mit Erfolg auf zahlreiche Existenzbeweise angewandt, und diese Anwendung hatte öfters überraschende Vereinfachungen der Beweise zur Folge. Es handelt sich dabei meistens um den Raum $C(X, Y)$ der stetigen Abbildungen[2] zweier Kompakten X und Y: Um zu zeigen, daß eine gewisse Klasse K von Abbildungen von X in Y nicht leer ist, betrachtet man K als Punktmenge im Raume $C(X, Y)$. Läßt sich diese Punktmenge als Durchschnitt von in $C(X, Y)$ dichten offenen Mengen darstellen, so ist sie nach dem Baireschen Dichtigkeitssatz gewiß nicht leer.

Wir wollen hier ein Beispiel dieser Methode angeben, welches wir später an wesentlicher Stelle brauchen werden (beim Beweise des sog. Menger-Nöbelingschen Einbettungssatzes, also bei Aufstellung einer Bedingung, die notwendig und hinreichend ist für die Möglichkeit, ein gegebenes Kompaktum in einen R^n topologisch abzubilden).

Wir nehmen an: die Kompakten X und Y sind so beschaffen, daß bei jedem ε die offene[3] *Menge $C_\varepsilon(X, Y)$ der ε-Abbildungen von X in Y in $C(X, Y)$ dicht ist*[4]. Insbesondere ist jede der offenen Mengen

$$G_k = C_{\frac{1}{k}}(X, Y)$$

in $C(X, Y)$ dicht. Da $C(X, Y)$ vollständig ist, so folgt daraus, daß auch der Durchschnitt $T = \Pi G_k$ in $C(X, Y)$ dicht ist. Dieser Durchschnitt besteht aber aus stetigen Abbildungen von X in Y, bei denen die Originalmenge eines jeden Punktes den Durchmesser Null hat, also einpunktig ist. Die Menge ΠG_k besteht also aus eineindeutigen stetigen Abbildungen von X in Y; solche Abbildungen sind nach § 3, Nr. 1, topologisch. Wir haben also nicht nur gezeigt, daß es unter unseren Voraussetzungen topologische Abbildungen von X in Y gibt, sondern auch, daß diese Abbildungen eine dichte Teilmenge des Raumes $C(X, Y)$ bilden. Also:

Satz VI (Satz von Hurewicz). *Ist die Menge aller ε-Abbildungen des kompakten metrischen Raumes X in den kompakten metrischen Raum Y bei jedem ε dicht im Abbildungsraume $C(X, Y)$, so gibt es topologische Abbildungen von X in Y, und zwar gibt es zu jeder stetigen Abbildung f von X in Y und zu jedem $\sigma > 0$ eine topologische Abbildung t_σ von X in Y*

[1] Der Inhalt dieses Paragraphen kommt erst in Kap. IX, § 3, Nr. 7, zur Anwendung.

[2] Kap. I, § 3, Nr. 3.

[3] Nach § 3, Satz VII.

[4] Bei den Anwendungen, die wir im Auge haben, ist diese Voraussetzung erfüllt (vgl. Kap. IX, § 3, Nr. 7).

derart, daß für alle Punkte x

$$\varrho(f(x), t_\sigma(x)) < \sigma$$

ist.

Diesen Satz wenden wir im Kap. IX an, um diejenigen Kompakten zu charakterisieren, die Punktmengen Euklidischer Räume homöomorph sind. Es wird sich zeigen, daß dies diejenigen Kompakten sind, die in einem noch festzulegenden Sinne eine endliche Dimension haben.

6. ε-Verschiebungen. Die ε-Abbildungen sind für uns noch von einem ganz anderen Standpunkt aus von Wichtigkeit: sie bilden das Bindeglied zwischen den allgemeinen Kompakten und den *Euklidischen* Kompakten, d. h. den beschränkten abgeschlossenen Punktmengen eines Euklidischen Raumes. Um diese Beziehung zwischen den allgemeinen und den Euklidischen Kompakten herzustellen, wollen wir den Begriff einer ε-Abbildung noch etwas spezialisieren.

Definition. Es sei eine Punktmenge A des metrischen Raumes R und eine stetige Abbildung f von A in R gegeben. Die Abbildung f heißt eine *ε-Verschiebung* oder auch eine *ε-Überführung* der Menge A, falls bei jeder Wahl des Punktes x von A die Ungleichung $\varrho(x, f(x)) < \varepsilon$ erfüllt ist.

Man überzeugt sich leicht davon, daß eine ε-Verschiebung einen Spezialfall einer $3\,\varepsilon$-Abbildung (im Falle der Kompakten sogar einer 2ε-Abbildung) darstellt.

Der Satz, um den es sich in dieser Nummer handelt, ist:

Satz VII. *Eine abgeschlossene Punktmenge A des Hilbertschen Raumes R^∞ ist dann und nur dann kompakt, wenn sie bei jedem $\varepsilon > 0$ in eine beschränkte abgeschlossene Punktmenge eines im R^∞ enthaltenen R^n ε-übergeführt werden kann.*

Da jeder kompakte metrische Raum eine abzählbare Basis besitzt und folglich einer (abgeschlossenen) Punktmenge des R^∞ homöomorph ist, stellt unser Satz eine Beziehung zwischen den allgemeinen Kompakten und den Euklidischen Kompakten her.

Beweis. $F \subset R^\infty$ sei kompakt, also total-beschränkt. Wir wählen $\varepsilon > 0$ und ein ε-Netz in F

$$N(\varepsilon) = \{a_1, \ldots, a_s\}, \quad a_i = (t_1^i, t_2^i, \ldots, t_k^i, \ldots), \qquad i = 1, 2, \ldots, s$$

beliebig, und bestimmen n so groß, daß für alle i, $1 \leq i \leq s$,

$$\sum_{k=n+1}^{\infty} (t_k^i)^2 < \varepsilon^2$$

ist. Wir bilden jetzt F auf eine Punktmenge F' des vermöge der Gleichungen $t_{n+1} = t_{n+2} = \cdots = 0$ bestimmten Euklidischen Teilraumes R^n des R^∞ durch *Projektion*, d. h. dadurch ab, daß wir jedem Punkt $x = (t_1, t_2, \ldots, t_n, \ldots)$ von F den Punkt $x' = (t_1, t_2, \ldots, t_n, 0, 0, 0, \ldots)$ entsprechen lassen. Von der so gewonnenen Abbildung beweisen wir, daß sie eine $3\,\varepsilon$-Verschiebung ist. Es sei $x = (t_1, t_2, \ldots, t_n, \ldots)$ ein beliebiger Punkt von F, a_i ein von ihm um weniger als ε entfernter Netzpunkt. Dann gilt:

$$\varrho(a_i, a_i') = \sqrt{\sum_{k=n+1}^{\infty} (t_k^i)^2} < \varepsilon,$$

$$\varrho(a_i', x') = \sqrt{\sum_{k=1}^{n} (t_k^i - t_k)^2} \leqq \sqrt{\sum_{k=1}^{\infty} (t_k^i - t_k)^2} = \varrho(a_i, x) < \varepsilon,$$

also $\varrho(x, x') \leqq \varrho(x, a_i) + \varrho(a_i, a_i') + \varrho(a_i', x') < 3\varepsilon$.

Ist umgekehrt F nicht kompakt, also auch nicht total beschränkt, so gibt es in F eine Punktfolge $\{a_i\}$, deren Elemente voneinander paarweise mehr als um eine feste positive Zahl ε entfernt sind. Wenn F' eine Menge ist, in die F durch eine ε'-Verschiebung übergeht, $\varepsilon' < \frac{\varepsilon}{3}$, so haben die Bilder a_i' der a_i noch immer eine Entfernung $\geqq \varepsilon - 2\varepsilon' > \frac{\varepsilon}{3}$ voneinander, sie können also in keiner beschränkten Punktmenge eines R^n enthalten sein. Unser Satz ist hiermit bewiesen.

Korollar. *Der Fundamentalquader des Hilbertschen Raumes ist kompakt.*

Denn er geht durch Projektion

$$x = (t_1, t_2, \ldots, t_n, \ldots) \to x' = (t_1, t_2, \ldots, t_n, 0, 0, 0, \ldots),$$

also durch eine ε_n-Verschiebung $\lim\limits_{n\to\infty} \varepsilon_n = 0$, in einen gewöhnlichen n-dimensionalen Quader über.

Aus diesem Korollar und dem Urysohnschen Einbettungssatz[1] folgt:

Zusatz zum Urysohnschen Einbettungssatz. Jeder normale Raum mit abzählbarer Basis, also jeder metrische Raum mit abzählbarer dichter Punktmenge, ist einer Teilmenge eines Kompaktums homöomorph.

§ 5. Konvergenz von Mengenfolgen[2].

1. Topologische Konvergenz. Es gibt *topologische* und *metrische* Konvergenz von Mengenfolgen. Wir beginnen mit der ersten.

Es seien

(1) $$M_1, M_2, \ldots, M_k, \ldots$$

Punktmengen eines topologischen Raumes R. Der Punkt p gehört definitionsgemäß zum *oberen topologischen Limes* der Mengenfolge (1), wenn jede Umgebung von p mit *unendlich-vielen Mengen* M_k gemeinsame Punkte hat. Den oberen topologischen Limes der Folge (1) bezeichnen wir mit $\overline{lt}\, M_k$; dabei kann $\overline{lt}\, M_k$ leer sein. Hat jede $U(p)$ mit *fast allen* M_k einen nichtleeren Durchschnitt, so gehört p zum *unteren*

[1] Kap. I, § 8.

[2] Der Inhalt dieses Paragraphen rührt im wesentlichen von Hausdorff her.

topologischen Limes $\underline{lt}\, M_k$ der Mengenfolge (1). Der Beweis des folgenden Satzes darf dem Leser überlassen werden:

Satz I. *Sowohl* $\overline{lt}\, M_k$ *als auch* $\underline{lt}\, M_k$ *sind abgeschlossene Mengen; es ist* $\overline{lt}\, M_k \supset \underline{lt}\, M_k$.

Im allgemeinen braucht nicht $\overline{lt}\, M_k = \underline{lt}\, M_k$ zu sein; es sei in der Tat M_k bei geradem k das Dreieck mit den Eckpunkten $\left(\frac{1}{k}, \frac{1}{k}\right)$, $\left(1, 1 + \frac{1}{k}\right)$ $\left(2 - \frac{1}{k}, \frac{1}{k}\right)$, bei ungeradem k das Dreieck mit den Eckpunkten $\left(\frac{1}{k}, -\frac{1}{k}\right)$, $\left(1, -1 - \frac{1}{k}\right)$, $\left(2 - \frac{1}{k}, -\frac{1}{k}\right)$. Dann besteht $\overline{lt}\, M_k$ aus allen Punkten der beiden Dreiecke $(0; 0)$, $(1; 1)$, $(2; 0)$ und $(0; 0)$, $(1; -1)$, $(2; 0)$, während $\underline{lt}\, M_k$ die Strecke $[0; 2]$ der x-Achse ist.

Ist $\overline{lt}\, M_k = \underline{lt}\, M_k = A$, so heißt die Mengenfolge $\{M_k\}$ *topologisch konvergent*, und die Menge A ist ihr *topologischer Limes*. Man schreibt dann: $lt\, M_k = A$.

Aus den obigen Definitionen folgt ohne Weiteres: für jede abnehmende Folge abgeschlossener Mengen A_k eines topologischen Raumes R gilt

$$\overline{lt}\, A_k \subset \prod A_k \subset \underline{lt}\, A_k,$$

also

Satz II. *Jede abnehmende Folge* $A_1 \supset A_2 \supset \cdots \supset A_k \supset \cdots$ *abgeschlossener Punktmengen konvergiert topologisch gegen ihren Durchschnitt.*

2. Metrische Konvergenz. Abweichung zweier Punktmengen[1] voneinander. Der Raum $\mathfrak{F}(R)$ der abgeschlossenen Punktmengen eines metrischen Raumes. Der Begriff der metrischen Konvergenz beruht auf einem von HAUSDORFF eingeführten besonderen Entfernungsbegriff, den wir unter dem Namen *Abweichung* zweier Mengen für *nichtleere beschränkte* Punktmengen eines metrischen Raumes einführen. Die Abweichung $\alpha(M, N)$ zweier Punktmengen[1] M und N des metrischen Raumes R ist die untere Grenze der den Bedingungen[2]

$$U(M, \alpha) \supset N, \qquad U(N, \alpha) \supset M$$

gleichzeitig genügenden Zahlen α. Offenbar ist stets:

$$\alpha(M, N) \geqq 0, \tag{2}$$

$$\alpha(M, N) = \alpha(N, M), \tag{3}$$

$$\alpha(M, M) = 0. \tag{4}$$

Man beweist ferner leicht (und diesen Beweis soll der Leser selbst durchführen), daß für je drei Mengen M, M', M''

$$\alpha(M, M') + \alpha(M', M'') \geqq \alpha(M, M'') \tag{5}$$

[1] Unter einer Punktmenge wird in dieser Nummer immer eine nichtleere beschränkte Punktmenge (eines metrischen Raumes) verstanden.

[2] $U(M, \alpha)$ ist die α-Umgebung von M, d. h. die Menge aller Punkte p mit $\varrho(p, M) < \alpha$.

gilt. Dagegen braucht aus $\alpha(M, N) = 0$ noch durchaus nicht zu folgen, daß $M = N$ ist: es genügt ja z. B. für M die Menge der rationalen, für N die der irrationalen Punkte der Zahlengerade zu wählen. Es gilt aber allgemein:

$$\alpha(M, N) = \alpha(\overline{M}, \overline{N}) \tag{6}$$

und:

Satz III. *Es ist dann und nur dann* $\alpha(M, N) = 0$, *wenn* $\overline{M} = \overline{N}$ *ist.*

Beweis. Es braucht nur gezeigt zu werden: wenn M einen Berührungspunkt p besitzt, der nicht Berührungspunkt von N ist, so ist $\alpha(M, N) > 0$. Dies folgt aber daraus, daß in unserem Falle $\varrho(p, N) = d > 0$ ist, folglich M in keiner Umgebung $U(N, \alpha)$ mit $\alpha < d$ liegen kann, also $\alpha(M, N) \geqq d$ ist.

Korollar. *Sind die abgeschlossenen Mengen M und N voneinander verschieden, so ist* $\alpha(M, N) > 0$.

Nennt man zwei Punktmengen *zueinander dicht,* wenn sie dieselbe abgeschlossene Hülle haben, so zerfällt die Gesamtheit der Punktmengen[1] eines metrischen Raumes R in disjunkte *Dichtigkeitsklassen,* d. h. in Klassen von zueinander dichten Mengen. Zwei Mengen haben dann und nur dann eine von Null verschiedene Abweichung, wenn sie zu verschiedenen Dichtigkeitsklassen gehören. Angesichts von (2) bis (6) können die Dichtigkeitsklassen des metrischen Raumes R als Punkte eines metrischen Raumes aufgefaßt werden: man hat als Entfernung zwischen zwei Dichtigkeitsklassen die Abweichung eines beliebigen Elementes der einen von einem beliebigen Element der anderen Klasse zu betrachten. Da jede Dichtigkeitsklasse eine einzige abgeschlossene Menge — die gemeinsame abgeschlossene Hülle aller Mengen der Klasse — enthält, so ist der Raum der Dichtigkeitsklassen kongruent[2] mit dem *Raum* $\mathfrak{F}(R)$ *der abgeschlossenen Mengen von* R, in welchem als Entfernung wiederum die Abweichung je zweier abgeschlossener Mengen erklärt wird. Somit kann man insbesondere auch von der *Konvergenz von Dichtigkeitsklassen* bzw. *von abgeschlossenen Mengen* sprechen. Liegt eine Folge von *irgendwelchen* Punktmengen[1]

$$M_1, M_2, \ldots, M_k, \ldots \tag{1}$$

des metrischen Raumes R vor, und konvergieren die Dichtigkeitsklassen $\mathfrak{M}_k$ der Mengen M_k gegen die Dichtigkeitsklasse $\mathfrak{A}$, so sagt man auch, daß (1) gegen die *abgeschlossene Menge A* der Dichtigkeitsklasse $\mathfrak{A}$ *metrisch konvergiert,* und schreibt

$$A = lm\, M_k. \tag{7}$$

Die Gleichheit (7) ist also mit der Gesamtheit der beiden folgenden Tatsachen gleichbedeutend:

---

[1] Vgl. Fußnote 1 auf der vorigen Seite.

[2] Zwei allgemein-metrische Räume heißen kongruent (oder isometrisch), wenn sie aufeinander eineindeutig und entfernungstreu abgebildet werden können.

1. Es ist $\lim \alpha(A, M_k) = 0$.

2. $A \neq 0$ ist abgeschlossen.

Da jede abgeschlossene Menge die größte Menge ihrer Dichtigkeitsklasse ist, kann man die metrische Konvergenz von Punktmengen auch so definieren: es ist $lm\, M_k = A$, wenn $\lim \alpha(A, M_k) = 0$ ist, und wenn man in letzterer Bedingung die Menge A durch keine echte Obermenge von A ersetzen kann.

3. Beziehungen zwischen topologischer und metrischer Konvergenz.

Satz IV. *Existiert $lm\, M_k$, so existiert auch $lt\, M_k$ und ist mit $lm\, M_k$ identisch, also nicht leer.*

Beweis. Es sei $A = lm\, M_k$. Dann ist ohne weiteres klar, daß $A \subset \underline{lt}\, M_k$ ist. Wir beweisen, daß andererseits $\overline{lt}\, M_k \subset A$ ist. Denn gäbe es einen nicht zu A gehörenden Punkt p von $\overline{lt}\, M_k$, so wäre (wegen der Abgeschlossenheit von A) die Entfernung $\varrho(p, A)$ positiv. Da in beliebiger Nähe von p Punkte von M_k mit beliebig großem k liegen, könnte nicht $\alpha(A, M_k)$ gegen Null konvergieren und A metrischer Limes von M_k sein.

Aus der Existenz eines nichtleeren topologischen Limes braucht die Existenz eines metrischen Limes nicht zu folgen: es bestehe M_k aus der Kontur des durch die vier Eckpunkte $(0, -k)$, $(0, k)$, $(1, -k)$, $(1, k)$ bestimmten Rechtecks. Dann bilden die beiden Geraden $x = 0$, $x = 1$ den $lt\, M_k$, während $lm\, M_k$ nicht existiert.

Wir bemerken noch: *es folgt aus der metrischen Konvergenz der Folge $\{M_k\}$, $lm M_k = A$, daß diese Folge dem Cauchyschen Konvergenzkriterium genügt*; d. h.: man kann für die metrisch konvergente Folge $\{M_k\}$ zu jedem $\varepsilon > 0$ ein n bestimmen, so daß $\alpha(M_i, M_k) < \varepsilon$ für alle $i > n$, $k > n$ ist. Dies ist in der Tat eine unmittelbare Konsequenz des Dreiecksaxioms: $\alpha(M_i, M_k) \leqq \alpha(M_i, M) + \alpha(M, M_k)$. Eine Art Umkehrung dieser Tatsache ist durch folgenden Satz gegeben:

Satz V. *Gilt für die Folge* (1) *das Cauchysche Konvergenzkriterium, so konvergiert die Folge topologisch.*

Beweis. Es sei $A = \overline{lt}\, M_k$, a ein Punkt von A, ε eine willkürliche positive Zahl, n so groß, daß für $i \geqq n$, $k \geqq n$ man $\alpha(M_i, M_k) < \frac{\varepsilon}{2}$ hat. Es existiert ein $p > n$ so, daß $\varrho(a, M_p) < \frac{\varepsilon}{2}$ ist, folglich ein Punkt a' von M_p so, daß $\varrho(a, a') < \frac{\varepsilon}{2}$ ist. Ist jetzt m eine beliebige ganze Zahl $> n$, so ist $\alpha(M_p, M_m) < \frac{\varepsilon}{2}$, so daß es insbesondere einen Punkt a''_m von M_m mit $\varrho(a', a''_m) < \frac{\varepsilon}{2}$, also $\varrho(a, a''_m) < \varepsilon$, gibt. Da $\varepsilon > 0$ und $m > n$ beliebig waren, ist a ein Punkt von $\underline{lt}\, M_k$, w. z. b. w.

4. *Es sei jetzt R kompakt.* Dann läßt sich der Satz III umkehren: Existiert (für nichtleere M_k) die Menge $lt M_k$, so auch $lm M_k$, und es ist

$lt M_k = lm M_k \neq 0$. Es sei in der Tat $A = lt M_k$; A ist nach dem Satz I abgeschlossen. A ist nicht leer; denn ist a_k ein beliebiger Punkt von M_k, so gehört der Limes jeder konvergenten Teilfolge der Folge $\{a_k\}$ zu $\overline{lt}\, M_k = lt\, M_k$. Wir nehmen an, daß A nicht der metrische Limes von (1) ist. Dann existiert ein ε derart, daß für eine Teilfolge $\{M_{k_h}\}$ von (1) man $\alpha(A, M_{k_h}) > \varepsilon$ hat. Da $lt\, M_k = lt\, M_{k_h} = A$ ist, können wir die Teilfolge $\{M_{k_h}\}$ an Stelle der ganzen Folge (1) treten lassen. Es handelt sich also darum, das gleichzeitige Bestehen der Relationen

$$A = lt M_k \neq 0, \tag{8}$$

$$\alpha(A, M_k) > \varepsilon > 0 \quad (\text{für alle } k = 1, 2, \ldots \text{ in inf.}) \tag{9}$$

ad absurdum zu führen.

Die Ungleichung (9) bedeutet, daß mindestens eine der beiden folgenden Bedingungen erfüllt ist:

1°. Es existiert ein Punkt p_k von M_k, so daß $\varrho(p_k, A) > \varepsilon$ ist.

2°. Es existiert ein Punkt a_k von A, so daß $\varrho(a_k, M_k) > \varepsilon$ ist.

Mindestens eine der beiden Bedingungen 1°, 2° ist für unendlichviele k erfüllt. Wir diskutieren einzeln die beiden Fälle. Dabei kann man (nach evtl. Übergang zu einer Teilfolge) in jedem der beiden Fälle annehmen, daß die betreffende Ungleichung für alle k gilt, und (da R kompakt ist) daß die Folge $\{p_k\}$ bzw. $\{a_k\}$ gegen einen Punkt p bzw. $a \subset A$ konvergiert. Wäre die Bedingung 1° für alle k erfüllt, so müßte der Punkt p als $\lim p_k$ zu $\overline{lt}\, M_k$, also zu A gehören, während andererseits $\varrho(p, A) \geqq \varepsilon$ ist. Wäre die Bedingung 2° erfüllt, so wäre $\varrho(a, A) \geqq \varepsilon$ im Widerspruch zu $a \subset A$. Wir sind in beiden Fällen zu einem Widerspruch gekommen, und $A = lm\, M_k$ ist durch diesen Widerspruch bewiesen.

Wir haben also das Resultat:

Satz VI. *In kompakten metrischen Räumen stimmt die topologische Konvergenz von nichtleeren Punktmengen mit der metrischen überein: aus der Konvergenz im einen Sinne folgt die Konvergenz im anderen Sinne, und die Limesmengen sind identisch und nichtleer. Eine Folge nichtleerer Mengen ist dann und nur dann konvergent, wenn sie dem Cauchyschen Konvergenzkriterium genügt.*

5. Kompaktheit des Raumes der abgeschlossenen Mengen eines Kompaktums.

Satz VII. *In einem kompakten metrischen Raume R läßt sich aus jeder Folge nichtleerer Mengen eine konvergente Teilfolge wählen.*

Mit anderen Worten: *Ist der metrische Raum R kompakt, so ist $\mathfrak{F}(R)$ ebenfalls kompakt.*

Beweis[1]. Aus dem Satz VI folgt: Ist R ein Kompaktum, so ist $\mathfrak{F}(R)$ vollständig. Nach § 4, Satz II, bleibt zu zeigen, daß $\mathfrak{F}(R)$ total-

[1] Dieser besonders einfache Beweis des Satzes VII wurde uns von Herrn Cohn-Vossen mitgeteilt.

beschränkt ist. Dies ist aber erreicht, wenn gezeigt ist: Die Menge aller nichtleeren Teilmengen eines ε-Netzes $N = \{a_1, \ldots, a_s\}$ von R ist ein ε-Netz von $\mathfrak{F}(R)$. Diese letzte Behauptung kann auch so ausgesprochen werden: Zu jeder abgeschlossenen Menge $F \subset R$ gibt es eine Teilmenge $A \subset N$, so daß $\alpha(F, A) < \varepsilon$ ist. Wir definieren nun A als die Menge aller Punkte $a_i \subset N$ mit $\varrho(F, a_i) < \varepsilon$. Offenbar ist $A \subset U(F, \varepsilon)$. Da es zu jedem Punkt von R, also insbesondere zu jedem Punkt p von F ein $a_i \subset N$ mit $\varrho(p, a_i) < \varepsilon$ gibt, ist umgekehrt $F \subset U(A, \varepsilon)$, also $\alpha(F, A) < \varepsilon$, w. z. b. w.

Bemerkung. Da auch die einzelnen Punkte eines Raumes zu seinen abgeschlossenen Mengen zählen, ist bei nichtkompaktem R auch $\mathfrak{F}(R)$ nicht kompakt. Wir können also sagen: $\mathfrak{F}(R)$ *ist dann und nur dann kompakt, wenn* R *kompakt ist.*

§ 6. Zusammenhangsverhältnisse in Kompakten. Die Kompakten als stetige Bilder des Cantorschen Diskontinuums.

1. ε-Ketten, ε-Verkettung, 0-Verkettung, ε- bzw. 0-Komponenten. Wir beginnen mit einigen Definitionen, die sich auf beliebige metrische Räume beziehen.

Es sei R ein metrischer Raum, ε eine positive Zahl. Unter einer *ε-Kette* in R versteht man eine endliche Folge von Punkten $a_1, a_2, \ldots, a_s$ von R mit $\varrho(a_i, a_{i+1}) < \varepsilon$, $i = 1, 2, \ldots, s-1$. Man sagt, daß die ε-Kette $a_1, a_2, \ldots, a_s$ die Punkte a_1 und a_s *verbindet*, oder daß sie eine ε-Kette *zwischen* a_1 und a_s ist. Selbstverständlich bildet jeder einzelne Punkt für sich eine ε-Kette (und zwar bei jedem ε), $s = 1$.

R heißt *ε-verkettet*, wenn je zwei seiner Punkte durch eine ε-Kette verbunden werden können. Es ist klar, daß R ε-verkettet ist, wenn alle seine Punkte mit einem festen Punkte durch ε-Ketten verbindbar sind. Daraus folgt, daß die Menge $K_\varepsilon(p)$ aller Punkte von R, die sich mit dem Punkt p durch ε-Ketten verbinden lassen, als Relativraum betrachtet, ε-verkettet ist. Diese Menge ist ferner die größte ε-verkettete Punktmenge[1] von R, welche den Punkt p enthält. Sie heißt die *ε-Komponente* von p in R. Wenn q ein Punkt von $K_\varepsilon(p)$ ist, so ist auch $U(q, \varepsilon) \subset K_\varepsilon(p)$, d. h. $K_\varepsilon(p)$ ist offen. Wenn q ein Punkt von $R - K_\varepsilon(p)$ ist, so ist auch $U(q, \varepsilon) \subset R - K_\varepsilon(p)$, d. h. $R - K_\varepsilon(p)$ ist offen, $K_\varepsilon(p)$ ist abgeschlossen. Somit *ist sowohl* $K_\varepsilon(p)$ *als auch* $R - K_\varepsilon(p)$ *gleichzeitig abgeschlossen und offen*. Daraus folgt, daß ein zusammenhängender metrischer Raum mit der ε-Komponente jedes seiner Punkte zusammenfällt, folglich ε-verkettet ist, und zwar bei jedem ε.

Wenn bei einem festen ε der Raum mehr als eine ε-Komponente aufweist, so sind diese notwendig disjunkt; der Raum zerfällt also in seine ε-Komponenten.

---

[1] Wir betonen: eine Punktmenge des metrischen Raumes R heißt ε-verkettet, wenn sie als metrischer Relativraum ε-verkettet ist.

Ist R bei jedem ε ε-verkettet, so heißt er 0-verkettet. Die Summe von beliebig vielen 0-verketteten Punktmengen[1], die alle mindestens einen Punkt gemeinsam haben, ist offenbar ebenfalls 0-verkettet. Daraus folgt, daß jeder Punkt p von R in einer größten 0-verketteten Punktmenge enthalten ist; diese heißt die *0-Komponente* $K_0(p)$ von p in R. *Sie ist abgeschlossen*, denn wenn man einer 0-verketteten Punktmenge eine beliebige, aus ihren Berührungspunkten bestehende Punktmenge hinzufügt, entsteht offenbar wieder eine 0-verkettete Menge. Wir haben schon gesehen, daß jede zusammenhängende Menge auch 0-verkettet ist. Die Umkehrung dieser Behauptung trifft jedoch nicht zu, wie das Beispiel der Menge aller rationalen Punkte der Zahlengerade lehrt, die zwar 0-verkettet, aber nicht zusammenhängend ist.

Satz I. *Ein Kompaktum F ist dann und nur dann zusammenhängend, wenn es 0-verkettet ist.*

Es genügt zu zeigen, daß ein 0-verketteter kompakter Raum zusammenhängend ist, d. h. daß ein nicht zusammenhängender kompakter Raum auch nicht 0-verkettet ist. Ist aber F nicht zusammenhängend, so ist

$$F = F_1 + F_2$$

mit $\varrho(F_1, F_2) = \sigma > 0$.

F ist also nicht σ-verkettet; w. z. b. w.

Korollar. *Die Komponenten $K(p)$ eines Kompaktums stimmen mit seinen 0-Komponenten überein.*

Denn einerseits ist $K(p) \subset K_0(p)$, andererseits ist aber $K_0(p)$ als abgeschlossene Menge eines Kompaktums selbst kompakt, und — da 0-verkettet — nach Satz I zusammenhängend und somit in $K(p)$ enthalten.

2. Die Mengen $K'(p)$. Die Menge der Punkte von R, die sich bei *jedem* ε mit dem Punkt p durch ε-Ketten verbinden lassen, bezeichnen wir mit $K'(p)$. Offenbar ist $K'(p)$ der Durchschnitt aller $K_\varepsilon(p)$ oder auch

$$K'(p) = \prod K_{\varepsilon_n}(p),$$

wobei die ε_n eine beliebige Folge positiver Zahlen mit $\lim \varepsilon_n = 0$ bilden. Daraus folgt, daß $K'(p)$ abgeschlossen (als Durchschnitt abgeschlossener Mengen) ist. Außerdem ist $K_0(p) \subset K'(p)$. Bei nicht kompaktem R braucht aber $K'(p)$ nicht mit $K_0(p)$ zusammenzufallen: man betrachte in der Tat die Peripherie C des Einheitskreises, $r = 1$ (Polarkoordinaten!) und auf jedem Radius $\varphi = 1/n$ die Menge A_n der Punkte, durch die dieser Radius in n gleiche Teile geteilt wird. Den metrischen Raum R definieren wir als eine Punktmenge der Euklidischen Ebene, und zwar als Vereinigungsmenge der Menge C, des Mittelpunktes o von C und aller Mengen A_n, $n = 1, 2, \ldots$ Ist p

[1] Eine Punktmenge des metrischen Raumes R heißt 0-verkettet, wenn sie als metrischer Relativraum 0-verkettet ist.

ein Punkt von C, so ist $K(p) = K_0(p) = C$, während $K'(p)$ außer den Punkten von C noch den Punkt o enthält.

Satz II. *In einem Kompaktum K ist $K'(p) = K(p) = K_0(p)$.*

Beweis. Da $K'(p) \supset K_0(p) \supset K(p)$ ist, genügt es, $K'(p) \subset K(p)$, d. h. den Zusammenhang von $K'(p)$ zu beweisen. Da ferner bei $\lim \varepsilon_n = 0$, $\varepsilon_n > \varepsilon_{n+1}$, erstens $K_{\varepsilon_n}(p) \supset K_{\varepsilon_{n+1}}(p)$, zweitens $K'(p) = \prod K_{\varepsilon_n}(p)$ ist, wobei die K_{ε_n} ε_n-verkettete Mengen sind, folgt Satz II aus

Satz III. *Es sei $F_1 \supset F_2 \supset \cdots \supset F_n \supset \cdots$ eine abnehmende Folge abgeschlossener Mengen des kompakten metrischen Raumes R. Ist bei $\lim \varepsilon_n = 0$ die Menge F_n ε_n-verkettet, so ist $F_0 = \prod F_n$ zusammenhängend.*

Beweis von Satz III.

Hilfssatz. Jede Umgebung $U(F_0)$ von $F_0 = \prod F_n$ enthält fast alle F_n.

Gäbe es in der Tat eine Teilfolge F_{n_k} mit $F_{n_k} - U(F_0) \neq 0$, so müßten die abgeschlossenen Mengen $F_{n_k} - U(F_0)$ nach dem Cantorschen Durchschnittssatz mindestens einen gemeinsamen Punkt a enthalten; dieser, als gemeinsamer Punkt einer unendlichen Teilfolge der abnehmenden Folge F_n, wäre auch in allen F_n, d. h. in F_0 enthalten, könnte also nicht außerhalb von $U(F_0)$ liegen. Der Hilfssatz ist hiermit bewiesen.

Wir nehmen an, daß F_0 nicht zusammenhängend ist, daß es also eine Zerlegung $F_0 = \mathsf{F}_1 + \mathsf{F}_2$ von F_0 in zwei nichtleere disjunkte abgeschlossene Mengen gibt. Nach § 3, Satz II, ist $\varrho(\mathsf{F}_1, \mathsf{F}_2) = \sigma > 0$. Wir setzen

$$U(F_0) = U\left(F_0, \frac{\sigma}{3}\right) = U\left(\mathsf{F}_1, \frac{\sigma}{3}\right) + U\left(\mathsf{F}_2, \frac{\sigma}{3}\right)$$

und wählen n so groß, daß $\varepsilon_n < \frac{\sigma}{3}$ und $F_n \subset U(F)$ ist; nach dem Hilfssatz ist das möglich. Da die Mengen $F_n \cdot U\left(\mathsf{F}_1, \frac{\sigma}{3}\right)$ und $F_n \cdot U\left(\mathsf{F}_2, \frac{\sigma}{3}\right)$ nichtleer sind (sie enthalten ja F_1 bzw. F_2) und voneinander mindestens um $\frac{\sigma}{3}$ entfernt sind, andererseits aber $F_n = F_n \cdot U\left(\mathsf{F}_1, \frac{\sigma}{3}\right) + F_n \cdot U\left(\mathsf{F}_2, \frac{\sigma}{3}\right)$ ist, kann F_n nicht $\frac{\sigma}{3}$- um so mehr nicht ε_n-verkettet sein, wodurch ein Widerspruch mit unseren Voraussetzungen erreicht ist.

3. Kontinuen und diskontinuierliche Kompakten. Ein zusammenhängendes mehrpunktiges Kompaktum heißt ein *Kontinuum*; den extremen Gegensatz dazu bildet ein *diskontinuierliches Kompaktum*, d. h. ein solches, welches kein Kontinuum enthält.

Bemerkung I. Aus Satz III folgt sofort: *Der Durchschnitt einer abnehmenden Folge von Kontinuen ist ein Kontinuum oder ein einzelner Punkt.*

Bemerkung II. Nach Kap. I, § 2, Nr. 15, ist eine beschränkte abgeschlossene Punktmenge der Zahlengeraden dann und nur dann ein diskontinuierliches Kompaktum, wenn sie kein Intervall enthält (oder auch, wenn sie nirgendsdicht ist).

Satz IV. *Jeder Punkt eines diskontinuierlichen Kompaktums F besitzt beliebig kleine Umgebungen, die gleichzeitig offen und abgeschlossen sind.*

Beweis. Es genügt zu zeigen, daß es zu jedem Punkt $p \subset F$ und zu jedem $\varepsilon > 0$ ein solches $\delta > 0$ gibt, daß $K_\delta(p) \subset U(p, \varepsilon)$ ist, denn dann bildet ja die gleichzeitig offene und abgeschlossene Menge $K_\delta(p)$ eine Umgebung von p, wie wir sie haben wollten.

Wir nehmen nun an, es gäbe ein solches δ nicht. Dann existiert zu jedem n ein Punkt $a_n \subset F - U(p, \varepsilon)$, welcher mit p durch eine $1/n$-Kette verbunden werden kann. Wir dürfen offenbar annehmen (evtl. Übergang zu einer Teilfolge!), daß die a_n eine konvergente Folge bilden. Der Punkt $a = \lim a_n$ läßt sich sodann bei jedem ε durch eine ε-Kette mit p verbinden, er gehört also zur Komponente von p, welche somit — als zusammenhängende mehrpunktige abgeschlossene Menge eines Kompaktums — ein in F enthaltenes Kontinuum ist.

Satz V. *Ein diskontinuierliches Kompaktum F läßt sich bei jedem ε in endlich-viele disjunkte abgeschlossene Mengen mit Durchmessern $< \varepsilon$ zerlegen.*

Beweis. Wir wählen zuerst für jeden Punkt p von F eine $U(p)$, die gleichzeitig offen und abgeschlossen ist. Eine Anwendung des Heine-Borel-Lebesgueschen Satzes ergibt sodann eine aus endlich-vielen dieser $U(p)$ bestehende Überdeckung

$$U_1, \ldots, U_s$$

von F. Wir setzen $F_1 = U_1, F_k = U_k - (U_1 + \cdots + U_{k-1}), k = 2, \ldots, s$. Die F_k sind disjunkt und bedecken den ganzen Raum F; da die U_i gleichzeitig abgeschlossen und offen sind, gilt dasselbe auch von den F_k. Somit ist $F = F_1 + \cdots + F_s$ die gesuchte Zerlegung von F.

4. Kompakten als stetige Bilder diskontinuierlicher Punktmengen.

Satz VI. *Jedes Kompaktum ist stetiges, jedes diskontinuierliche Kompaktum ist topologisches Bild einer nirgendsdichten abgeschlossenen beschränkten Punktmenge der Zahlengeraden.*

Die Beweise der beiden Behauptungen laufen parallel. Man erhält den Beweis der ersten (sich auf beliebige Kompakten beziehenden) Behauptung des Satzes, wenn man den Text in eckigen Klammern nicht liest. Es seien: F ein [diskontinuierliches] Kompaktum, $F_1, \ldots, F_s$ [disjunkte] abgeschlossene Mengen von einem Durchmesser < 1, welche eine Überdeckung von F bilden. Wir nehmen an, daß für ein festes k die [disjunkten] abgeschlossenen Mengen $F_{i_1 \ldots i_k}$ konstruiert sind, wobei in jeder Indexkombination $(i_1 \ldots i_k)$ jedes i_h, $h = 1, \ldots, k$, endlich-viele Werte, und zwar die Werte $1, 2, \ldots, s(i_1, \ldots, i_{h-1})$ annimmt, jedes $F_{i_1 \ldots i_k}$ einen Durchmesser $< 1/k$ hat und die Summe der $F_{i_1 \ldots i_k}$ der ganze Raum F ist.

Wir stellen jede mehrpunktige Menge $F_{i_1\ldots i_k}$ als Summe endlichvieler [disjunkter] abgeschlossener Summanden $F_{i_1\ldots i_k i_{k+1}}$, $i_{k+1}=1, 2,\ldots, s(i_1,\ldots,i_k)$ dar, von denen jeder einen Durchmesser $<\frac{1}{k+1}$ hat; ist $F_{i_1\ldots i_k}$ einpunktig, so sei $s(i_1,\ldots,i_k)=1$ und $F_{i_1\ldots i_{k+1}}=F_{i_1\ldots i_k}$.

Wir nennen jetzt A die Menge aller Irrationalzahlen

$$x=\cfrac{1}{i_1+\cfrac{1}{i_2+\cdots+\cfrac{1}{i_k+\cdots}}}$$

mit $1\leqq i_k\leqq s(i_1,\ldots,i_{k-1})$, $k=1, 2,\ldots$ in inf.

Wir beweisen, daß die Menge $A\subset R^1$ ein Kompaktum ist. Da A aus *Irrational*zahlen besteht, also kein Intervall enthalten kann, wird damit gezeigt, daß A eine *nirgendsdichte* beschränkte abgeschlossene Punktmenge des R^1 ist.

Es genügt zu zeigen, daß jede abzählbare Teilmenge M von A mindestens einen zu A gehörenden Häufungspunkt besitzt.

Es seien

$$(1)\qquad x_h=\cfrac{1}{i_1^h+\cfrac{1}{i_2^h+\cdots+\cfrac{1}{i_k^h+\cdots}}}\qquad h=1, 2,\ldots$$

die Elemente von M. Da die Anzahl der verschiedenen Werte, die i_1^h annehmen kann, endlich ist, gibt es eine solche natürliche Zahl r_1, daß für unendlich-viele h gilt: $i_1^h=r_1$. Es seien jetzt die natürlichen Zahlen $r_1, r_2,\ldots, r_k$ so bestimmt, daß es unter den Irrationalzahlen x_h unendlich-viele gibt, deren Kettenbruchentwicklung (1) mit $r_1, r_2,\ldots, r_k$ als den ersten Teilnennern beginnt. Die Menge dieser x_h nennen wir für einen Augenblick M_k. Da die Anzahl der verschiedenen Werte, die i_{k+1}^h annehmen kann, endlich ist, gibt es eine natürliche Zahl r_{k+1} von der Eigenschaft, daß für unendlich-viele $x_h\subset M_k$ der $(k+1)$-te Teilnenner i_{k+1}^h gleich r_{k+1} ist. Es liegt also eine unendliche Menge $M_{k+1}\subset M_k\subset A$ von Irrationalzahlen vor, deren Kettenbruchentwicklung mit den Teilnennern $r_1, r_2,\ldots, r_{k+1}$ beginnt.

Auf diese Weise wird für jedes k ein r_k bestimmt, so daß es in M unendlich-viele Irrationalzahlen gibt, deren Kettenbruchentwicklung mit $r_1, r_2,\ldots, r_k$ beginnt. Unter diesen Bedingungen gehört aber die Irrationalzahl

$$\cfrac{1}{r_1+\cfrac{1}{r_2+\cdots+\cfrac{1}{r_k+\cdots}}}$$

zu A, und sie ist ein Häufungspunkt der Menge M. Die Kompaktheit von A ist also bewiesen.

Es sei jetzt

(2) $$x = \cfrac{1}{i_1 + \cfrac{1}{i_2 + \cdots + \cfrac{1}{i_k + \cdots}}}$$

irgendein Punkt der Punktmenge $A \subset R^1$. Wir betrachten die Mengenfolge

(3) $$F_{i_1} \supset F_{i_1 i_2} \supset \cdots \supset F_{i_1 \ldots i_k} \cdots$$

im Kompaktum F. Nach dem Cantorschen Durchschnittssatz haben die Mengen (3) einen und wegen $\delta(F_{i_1 \ldots i_k}) < 1/k$ nur einen gemeinsamen Punkt. Diesen Punkt lassen wir dem Punkte (2) von A entsprechen und nennen ihn $f(x)$. Auf diese Weise entsteht eine eindeutige Abbildung f von A in F. Die Abbildung f ist eine Abbildung auf F, denn jeder Punkt von F gehört zu den Mengen mindestens einer Mengenfolge (3). [Ist F diskontinuierlich, so wurden die Mengen $F_{i_1 \ldots i_k}$ mit einem und demselben k als disjunkte Mengen gewählt; daraus folgt, daß in diesem Falle jeder Punkt von F zu den Mengen einer einzigen Folge (3) gehört, so daß die Abbildung f eine eineindeutige Abbildung von A auf F ist.]

Die Abbildung f ist in jedem Punkt $x \subset A$ stetig [also im Falle eines diskontinuierlichen F nach § 3, Nr. 1, topologisch].

Denn ist $x' \subset A$ und $|x - x'|$ hinreichend klein, so stimmen bei beliebig vorgeschriebenem k die ersten k Teilnenner der Kettenbruchentwicklungen von x und x' überein, was zur Folge hat, daß $f(x)$ und $f(x')$ in einem und demselben $F_{i_1 \ldots i_k}$ enthalten und also voneinander weniger als um $1/k$ entfernt sind.

Der Satz VI läßt sich folgendermaßen verschärfen:

Satz VI'. *Jedes Kompaktum ist stetiges Bild des Cantorschen Diskontinuums; jedes diskontinuierliche Kompaktum ist topologisches Bild einer Teilmenge des Cantorschen Diskontinuums; jedes perfekte diskontinuierliche Kompaktum ist topologisches Bild des Cantorschen Diskontinuums.*

Der Satz VI' folgt unmittelbar aus dem Satz VI und den folgenden drei Behauptungen:

1°. Alle perfekten diskontinuierlichen Kompakten auf der Zahlengerade (d. h. alle beschränkten perfekten nirgendsdichten linearen Mengen) sind untereinander, also insbesondere dem Cantorschen Diskontinuum, homöomorph.

2°. Jede beschränkte nirgendsdichte abgeschlossene Punktmenge $F \subset R^1$ ist:

a) in einem perfekten diskontinuierlichen Kompaktum $P \subset R^1$ enthalten;

b) stetiges Bild eines perfekten diskontinuierlichen Kompaktums $P \subset R^1$.

Beweisskizze von 1°. Die Komplementärintervalle zu einer beschränkten perfekten nirgendsdichten linearen Punktmenge P, d. h. die Komponenten von $R^1 - P$, bilden eine auf der Geraden (von links nach rechts) geordnete abzählbare Menge. Jedes komplementäre Intervall ist ein offenes Intervall. Zwischen je zwei komplementären Intervallen gibt es eines, also unendlich-viele komplementäre Intervalle (sonst gäbe es unter den Endpunkten der Intervalle isolierte Punkte von P). Hieraus folgt leicht, daß der Ordnungstypus der Menge der Komplementärintervalle zu P derjenige der Menge aller Rationalzahlen des abgeschlossenen Intervalls $[0; 1]$ ist. Jeder Punkt der perfekten Menge P ist entweder Endpunkt eines komplementären Intervalls oder er ist durch einen Dedekindschen Schnitt in der Menge der Komplementärintervalle eindeutig bestimmt. Hieraus folgt die Möglichkeit einer ähnlichen (d. h. einer eineindeutigen, die Ordnung erhaltenden) Abbildung je zweier beschränkter perfekter nirgendsdichter linearer Punktmengen aufeinander. Eine solche Abbildung ist erst recht topologisch.

Aufgabe. Der Beweis soll durchgeführt werden.

Beweis von 2°. Es seien $J_k = (a_k; b_k)$ die beschränkten Komplementärintervalle zu F. Wir bilden die Einheitsstrecke $[0; 1]$ auf $[a_k; b_k]$ proportional ab. Dadurch geht das Cantorsche Diskontinuum in eine perfekte nirgendsdichte Menge $P_k \subset \bar{J}_k$ über. Die Menge

$$P = A + \sum P_k \supset A$$

ist offenbar ein perfektes diskontinuierliches Kompaktum $\subset R^1$. Sie läßt sich auf A folgendermaßen stetig abbilden: man wähle auf jedem J_k einen Punkt $c_k \subset J_k - P_k$ und setze für jeden Punkt $x \subset P_k$

$$f(x) = a_k \quad \text{oder} \quad f(x) = b_k,$$

je nachdem $x < c_k$ oder $x > c_k$ ist; man setze schließlich $f(x) = x$ für alle $x \subset A$.

Hiermit sind die Behauptungen 1° und 2° und mit ihnen der Satz VI' bewiesen.

Aus dem Satz VI' und § 2, Satz IX, folgt

Satz VII. *Unter allen Hausdorffschen Räumen sind die Kompakten dadurch ausgezeichnet, daß sie stetige Bilder des Cantorschen Diskontinuums sind.*

Oder auch (nach § 2, Satz VIII):

Satz VII'. *Die Kompakten sind* (bis auf eine Homöomorphie) *mit den Zerlegungsräumen der stetigen* (der Hausdorffschen) *Zerlegungen des Cantorschen Diskontinuums identisch.*

Aufgabe. Man beweise, daß die stetigen Zerlegungen eines Kompaktums durch folgende Eigenschaft charakterisiert sind: der topologische Limes jeder konvergenten Folge von Zerlegungselementen ist in einem Zerlegungselement enthalten.

Anhang zum zweiten Kapitel.

1. Induktive Eigenschaften. Brouwerscher Reduktionssatz. Eine Eigenschaft $\mathfrak{E}$ von Kompakten heißt nach Brouwer *induktiv*, wenn aus ihrer Gültigkeit für die Kompakten einer abnehmenden Folge

$$F_1 \supset F_2 \supset \cdots \supset F_k \supset \cdots$$

ihre Gültigkeit für den Durchschnitt $F_0 = \Pi F_k$ folgt.

Als Folgerung aus dem Baire-Hausdorffschen Satz und aus dem Cantorschen Durchschnittssatz beweisen wir in diesem Anhang folgendes Theorem:

Brouwerscher Reduktionssatz. *Jedes Kompaktum F, für das eine gewisse feste induktive Eigenschaft $\mathfrak{E}$ gilt, enthält mindestens eine kleinste abgeschlossene Menge F', für die die Eigenschaft E ebenfalls gilt*[1].

Beweis. Wir setzen $F_1 = F$, und nehmen an, daß die Mengen F_β für alle Ordnungszahlen $\beta < \alpha$ bereits konstruiert sind, und zwar so, daß die Eigenschaft $\mathfrak{E}$ für sie gilt. Wenn α eine Ordnungszahl erster Art ist, so unterscheidet man zwei Fälle: entweder ist $F_{\alpha-1}$ eine kleinste Menge von der Eigenschaft $\mathfrak{E}$ — dann setzt man $F_\alpha = F_{\alpha-1}$. Oder aber enthält $F_{\alpha-1}$ eine echte abgeschlossene Teilmenge mit der Eigenschaft $\mathfrak{E}$ — dann bezeichnet man mit F_α eine solche Teilmenge. Wenn α eine Ordnungszahl zweiter Art (eine Limeszahl) ist, so setzt man $F_\alpha = \prod_{\beta<\alpha} F_\beta$. Auf diese Weise definiert man F_α für jede Ordnungszahl α der zweiten Zahlklasse. Aus dem Baire-Hausdorffschen Satze folgt, daß es ein α gibt, für das $F_\alpha = F_{\alpha+1} = \cdots$ ist. F_α ist die gesuchte Menge F'.

2. Existenzsatz für irreduzible Kontinuen. Um gleich ein Beispiel einer Anwendung des Brouwerschen Reduktionssatzes zu geben, betrachten wir für einen Augenblick die sog. *irreduziblen Kontinuen.* Ein Kontinuum K heißt irreduzibel zwischen den Punkten a und b, wenn K diese Punkte enthält, und wenn kein echtes Teilkontinuum von K die beiden Punkte a und b enthält. Nach § 6, Nr. 3, Bemerkung I, ist die Eigenschaft einer Punktmenge, ein die beiden Punkte a und b enthaltendes Kontinuum zu sein, induktiv. Man schließt also vermöge des Brouwerschen Reduktionssatzes, daß *jedes Kontinuum, welches zwei gegebene Punkte a und b zu seinen Punkten zählt, mindestens ein zwischen a und b irreduzibles Kontinuum enthält.*

Es kann durchaus vorkommen, daß ein Kontinuum K mehrere Teilkontinuen enthält, die zwischen zwei gegebenen Punkten irreduzibel sind: so enthält z. B. eine Kreislinie genau zwei irreduzible Kontinuen zwischen je zwei ihrer Punkte a und b — nämlich die beiden Kreisbögen mit den Endpunkten a und b. Eine Kreisscheibe enthält zwischen je zwei ihrer Punkte unendlich-viele irreduziblen Kontinuen usw.

[1] „Kleinste" bedeutet, daß F' ihrerseits keine echte abgeschlossene Teilmenge enthält, für welche $\mathfrak{E}$ gilt.

Die irreduziblen Kontinuen sind höchst interessante Gebilde, die den Anlaß zu einer sehr ausgebildeten Theorie gegeben haben. Wie verschieden ihre Formen sein können, sieht man bereits an folgenden einfachen Beispielen.

1. Eine Strecke mit den Endpunkten a und b ist ein zwischen a und b irreduzibles Kontinuum.

2. Die Kurve $y = \sin \frac{1}{x}$, $0 < x \leqq \frac{1}{\pi}$ mit der Grenzstrecke $x = 0$, $-1 \leqq y \leqq 1$, ist irreduzibel zwischen dem Punkt $a = \left(\frac{1}{\pi}, 0\right)$ und einem beliebigen Punkt b der Grenzstrecke.

3. Das Kontinuum K bestehe aus zwei konzentrischen Kreislinien C und C' und einem in dem durch C und C' begrenzten ebenen Kreisring verlaufenden offenen Kurvenbogen, der sich an C und C' spiralartig anschmiegt. K ist irreduzibel zwischen jedem Punkt von C und jedem Punkt von C'.

Durch eine Modifikation des letzten Beispiels kann man ein Kontinuum konstruieren, welches aus zwei konzentrischen Kugelflächen und einem zwischen ihnen gelegenen offenen Kurvenbogen besteht, welcher jedem Punkt einer jeden der beiden Kugelflächen beliebig nahe kommt. Dieses Kontinuum ist irreduzibel zwischen einem beliebigen Punkt der einen und einem beliebigen Punkt der anderen Kugelfläche.

Wegen weiterer Beispiele irreduzibler Kontinuen sei auf die in der Einleitung, § 3, angegebene Literatur hingewiesen.

Zweiter Teil.

Topologie der Komplexe.

Drittes Kapitel.

Polyeder und ihre Zellenzerlegungen.

Der zweite Teil dieses Bandes ist der sogenannten kombinatorischen Topologie gewidmet. Es werden in ihm vor allem Polyeder[1] und ihre Simplizialzerlegungen[2] untersucht. Dabei stellt sich das vorliegende Kapitel III auf einen im wesentlichen *elementargeometrischen* Standpunkt, während in den folgenden Kapiteln *der abstraktere Begriff eines allgemeinen Eckpunktbereiches*[3] zugrunde gelegt wird.

Das Kapitel III hat in der Hauptsache die Aufgabe, die elementargeometrischen Grundbegriffe der Lehre von den Zellenzerlegungen von Polyedern zusammenzufassen, die man später in den eigentlichen topo-

[1] Definition: § 1, Nr. 4 und 5. [2] Definition: § 1, Nr. 2 und 5.
[3] Definition: Kap. IV, § 1, Nr. 1.

logischen Untersuchungen (sowohl bei den Invarianzsätzen als auch in der Theorie der stetigen Abbildungen, der Verschlingungen usw.) immer braucht. Somit schließt dieses Kapitel an den Anhang II an. Aber es unterscheidet sich wesentlich von diesem Anhang: während der Anhang II nichts als elementare bzw. analytische Geometrie bringt, steht an der Spitze der Ausführungen dieses Kapitels der *Begriff des Komplexes*, der innerhalb der Topologie entstanden ist und der einen großen Teil der Topologie beherrscht. Ein Ausblick am Schluß des Kapitels in die abstrakte Auffassung des Komplexbegriffes soll dem Leser diese Auffassung näherbringen und den Übergang zum nächsten Kapitel herstellen.

§ 1. Zellenkomplexe.

1. Konvexe Zellen. Eine *konvexe Zelle* ist definitionsgemäß eine beschränkte Menge des R^n, die sich als Durchschnitt endlich-vieler Halbräume darstellen läßt[1].

Zu jeder konvexen Zelle Q gibt es eine kleinste Zahl r von der Eigenschaft, daß Q in einer r-dimensionalen Ebene R^r des R^n liegt;

---

[1] Durch eine $(n-1)$-dimensionale Ebene B wird der R^n in zwei *offene Halbräume* A und D zerlegt, wobei $\overline{A} = A + B$ und $\overline{D} = D + B$ ist; jede der beiden abgeschlossenen Mengen $\overline{A}$ und $\overline{D}$ heißt schlechtweg ein *Halbraum* (des R^n). Jeder Halbraum wird durch eine Ungleichung von der Form $a_1 x_1 + \cdots + a_n x_n + a \geqq 0$ (die x_i sind die Koordinaten im R^n), eine konvexe Zelle durch endlich-viele solcher Ungleichungen analytisch definiert. Weiteres hierüber siehe im Anhang II, wo man auch die Beweise aller in dieser Nummer ausgesprochenen Behauptungen findet.

die Zahl r ist die *Dimensionszahl* der konvexen Zelle[1]; eine r-dimensionale konvexe Zelle des R^n liegt in einer einzigen r-dimensionalen Ebene $R^r \subset R^n$ und bildet in ihr die abgeschlossene Hülle eines Gebietes G, des *Inneren* der Zelle Q.

Die Begrenzung dieses Gebietes (der Rand[2] $Q - G$ von Q) zerfällt in eindeutiger Weise in endlich-viele $(r-1)$-dimensionale konvexe Zellen, deren Inneren disjunkt sind. Diese $(r-1)$-dimensionalen Zellen heißen die $(r-1)$-dimensionalen *Seiten* [oder die *Randzellen*] der r-dimensionalen Zelle Q. Die $(r-2)$-dimensionalen Seiten der $(r-1)$-dimensionalen Randzellen von Q heißen die $(r-2)$-dimensionalen *Seiten* der Zelle Q; usw. Die eindimensionalen Seiten von Q heißen die Kanten, die nulldimensionalen die *Eckpunkte*, die Menge aller Eckpunkte heißt das *Gerüst* der konvexen Zelle Q. Schließlich wird auch die Zelle Q selbst zu ihren Seiten, und zwar als ihre einzige r-dimensionale Seite gezählt.

Unter unsere Definition der konvexen Zellen fällt auch die leere Menge. Ihr wird die Dimensionszahl -1 zugeschrieben; sie besitzt keinen einzigen Eckpunkt, ist selbst definitionsgemäß ihre einzige Seite und zählt zu den Seiten einer beliebigen Zelle. Diese Tatsache erlaubt in voller Allgemeinheit den Satz zu formulieren, daß der Durchschnitt zweier Seiten einer konvexen Zelle stets eine gemeinsame Seite dieser beiden Seiten ist. Dieser Satz bleibt richtig, wenn wir — was wir stets tun werden — auch die gegebene r-dimensionale konvexe Zelle selbst zu ihren Seiten zählen.

Die leere und die r-dimensionale Seite einer r-dimensionalen konvexen Zelle heißen die *uneigentlichen Seiten* der r-dimensionalen Zelle.

Jede r-dimensionale Zelle besitzt mindestens $r + 1$ Eckpunkte; besitzt sie genau $r + 1$ Eckpunkte, so heißt sie ein *r-dimensionales Euklidisches Simplex*.

2. Zellenkomplexe. Definition I. *Eine endliche oder abzählbare Menge K von konvexen Zellen des R^n heißt ein (geometrischer) Zellenkomplex, wenn sie folgende Bedingungen erfüllt:*

1. *Jede (eigentliche oder uneigentliche) Seite einer Zelle der Menge K ist Element dieser Menge.*

2. *Der Durchschnitt je zweier Zellen der Menge K ist eine gemeinsame Seite dieser beiden Zellen.*

3. *Es gibt keinen Punkt, der Eckpunkt von unendlich-vielen Zellen der Menge K ist*[3].

Ein Element des Komplexes heißt ein *Grundelement* (Grundzelle), wenn es keinem anderen Element als Seite angehört; die übrigen

[1] Eine nulldimensionale Zelle ist ein einzelner Punkt Q; in diesem Fall ist $r = 0$, also $R^r = R^0 = Q$ und Q in R^0 sowohl offen als abgeschlossen: $Q = G = \bar{G} = R^0$.

[2] Vgl. Kap. I, § 2, Nr. 5.

[3] In dieser Definition wird die leere Zelle als Seite einer beliebigen Zelle ausdrücklich zugelassen; außerdem gilt jede Zelle als (uneigentliche) Seite von sich selbst.

Elemente heißen *Nebenelemente* (Nebenzellen). Durch die Kenntnis seiner Grundelemente ist ein Komplex völlig bestimmt.

Ein Komplex heißt *endlich* oder *unendlich* je nach der Anzahl seiner Elemente. Die in K vorkommende höchste Dimension eines Elementes heißt die *Dimensionszahl* von K. Haben alle Grundelemente von K dieselbe Dimension n, so heißt K homogen-n-dimensional. Sind alle Elemente von K Simplexe, so heißt K ein *simplizialer* Komplex; dies sind die wichtigsten unter allen Zellenkomplexen.

Beispiele von Komplexen liegen auf der Hand. Zunächst ist das System aller Seiten einer n-dimensionalen konvexen Zelle ein Zellenkomplex; ein solcher Komplex heißt eine *n-dimensionale Zellenhülle*[1]. Insbesondere ist damit erklärt, was eine *Simplexhülle* ist. Der Komplex der höchstens n-dimensionalen Seiten einer $(n+1)$-dimensionalen Zelle heißt ein n-dimensionaler *Zellenrand*. Ein spezieller Zellenrand ist der *n-dimensionale Simplexrand*, d. h. der Komplex der höchstens n-dimensionalen Seiten eines $(n+1)$-dimensionalen Simplexes. Als Beispiele unendlicher Komplexe dienen: Zerlegung der Ebene in reguläre Sechsecke, Würfelzerlegung des R^3, Zerlegung eines ebenen Gebietes (vgl. § 3) in Quadrate oder Dreiecke usw.

3. Isomorphie von Zellenkomplexen. Die Beziehung, die der Theorie der Komplexe zugrunde liegt, ist die Beziehung zwischen einem Element eines Zellenkomplexes und seinen Seiten. Auf ihr beruht die folgende für die ganze Theorie grundlegende

Definition. Die Komplexe K und K' heißen „*isomorph*" oder „*kombinatorisch äquivalent*" oder „*vom gleichen (kombinatorischen) Typus*", wenn es eine *eineindeutige* Abbildung von K auf K' mit folgender Eigenschaft gibt[2]: *Dann und nur dann, wenn das Element* q_1 *Seite des Elementes* q *von* K *ist, ist* $f(q_1)$ *Seite des Elementes* $f(q)$ *von* K'. Eine solche Abbildung f heißt kurz eine „isomorphe Abbildung".

Wir werden in Nr. 8 die prinzipiell wichtige Tatsache besprechen, daß sich die Beziehung zwischen den Elementen und ihren Seiten allgemeinen topologischen Begriffen unterordnen läßt; dabei wird sich der soeben eingeführte „Isomorphismus" als ein „Homöomorphismus" spezieller topologischer Räume herausstellen.

Jetzt beweisen wir die folgende wichtige Eigenschaft isomorpher Abbildungen:

Satz I. *Zellen, die bei einer isomorphen Abbildung zweier Komplexe einander entsprechen, haben dieselbe Dimensionszahl.*

Beweis. Es genügt zu zeigen, daß bei einer isomorphen Abbildung zweier Komplexe K und K' aufeinander eine r-dimensionale Zelle des einen Komplexes keiner Zelle höherer Dimensionszahl des anderen Komplexes entsprechen kann.

---

[1] Vgl. Fußnote 3 auf der vorigen Seite.

[2] Da Komplexe Mengen von Zellen sind, ist eine Abbildung von K in K' ein Gesetz, welches jeder Zelle von K eine Zelle von K' zuordnet.

Für $r = -1$ folgt diese Behauptung daraus, daß die leere Zelle die *einzige* gemeinsame Seite aller Elemente eines Komplexes ist und folglich bei jeder isomorphen Abbildung sich selbst entspricht.

Wir nehmen an, unsere Behauptung sei für $r \leqq k - 1$ bewiesen und beweisen sie für $r = k$. Es sei also q eine k-dimensionale Zelle von K, q' die ihr entsprechende Zelle von K'. Bei der gegebenen isomorphen Abbildung müssen die eigentlichen Seiten von q den eigentlichen Seiten von q' entsprechen; da die ersteren höchstens $(k-1)$-dimensional sind, sind nach Induktionsvoraussetzung auch die letzteren höchstens $(k-1)$-dimensional, also ist die Dimensionszahl von q' höchstens gleich k, w. z. b. w.

Korollar. *Zwei isomorphe Komplexe haben die gleiche Dimensionszahl.*

4. Polyeder. Die Vereinigungsmenge aller Elemente eines Komplexes K, d. h. die Menge aller Punkte des R^n, die zu mindestens einem Element von K gehören, bezeichnen wir mit $\bar{K}$. Wenn K endlich ist,

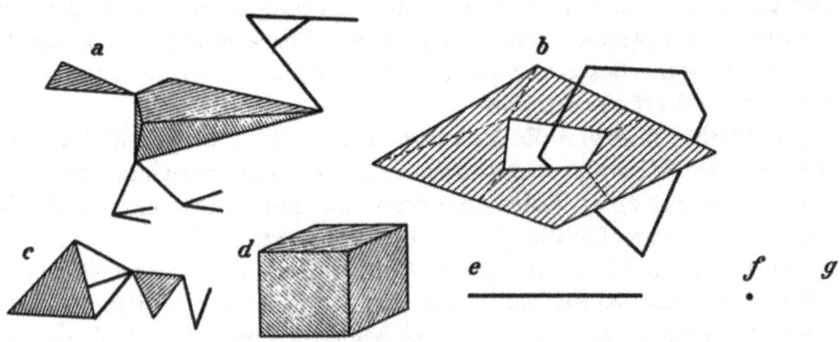

Abb. 4.

so heißt $\bar{K}$ ein *endliches Polyeder* — und zwar zur Auszeichnung vor späteren Verallgemeinerungen —, ein endliches *Euklidisches* Polyeder[1]. Beispiele von endlichen Polyedern sind auf der beigefügten Abbildung 4 angegeben. Ein Polyeder braucht nicht zusammenhängend zu sein (vgl. Abb. 4b).

Satz II. *Ein endliches konvexes Polyeder ist eine konvexe Zelle.*

Beweis. Das Polyeder P ist endlich, es gilt also

$$P = Q_1 + \cdots + Q_s,$$

wo die Q Zellen einer Zellenzerlegung von P sind. Der Rand von P ist in der Vereinigungsmenge der Ränder der einzelnen Q_i enthalten, er liegt also auf endlich-vielen Ebenen, woraus unsere Behauptung nach § 4 (Satz I und Nr. 5) des Anhanges II folgt.

Satz III. *Ist K ein Komplex und p ein Punkt von $\bar{K}$, so gibt es eine einzige Zelle von K, zu der p als innerer Punkt gehört.* Diese Zelle

[1] Somit ist ein Polyeder eine *Punktmenge*, d. h. eine Menge, deren Elemente Punkte des R^n sind. Dagegen ist ein Komplex eine Menge, deren Elemente *Zellen* sind.

heißt der *Träger* von p (in K). *Unter allen Zellen von K, die den Punkt p enthalten, ist sie dadurch ausgezeichnet, daß sie die kleinste Dimensionszahl hat.*

Beweis. Wir beweisen zuerst, daß es höchstens eine Zelle von K gibt, zu deren Inneren p gehört. Denn wäre p innerer Punkt zweier Zellen q_1 und q_2 von K, so müßten q_1 und q_2 eine nicht leere Seite q als ihren Durchschnitt haben. Da diese Seite je einen inneren Punkt von q_1 und q_2 enthält, müßte sie uneigentlich sein, d. h. sowohl mit q_1 als auch mit q_2 zusammenfallen. Eine analoge Überlegung lehrt: wenn p innerer Punkt der Zelle q und Randpunkt einer Zelle q' ist, so ist q eine Seite von q', also die Dimensionszahl von q' größer als die von q. Bleibt übrig zu zeigen, daß es *mindestens* eine Zelle gibt, die p als inneren Punkt enthält. Aber jede Zelle mit möglichst kleiner Dimensionszahl, welche p enthält, enthält p im Inneren.

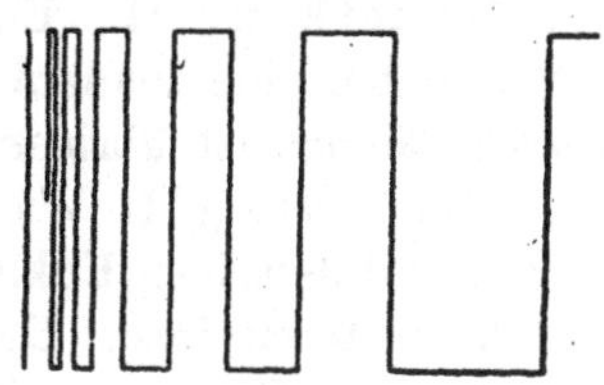

Abb. 5a.

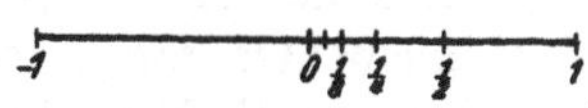

Abb. 5b.

5. Euklidische Komplexe. Euklidische Polyeder. Wollte man die Definition eines Polyeders als der Vereinigungsmenge der Elemente eines Komplexes ohne weiteres auch für den Fall unendlicher Komplexe K gelten lassen, so würde man zu „unendlichen Polyedern" kommen, die den anschaulichen Forderungen, die man an den Begriff eines Polyeders stellt, nur wenig entsprechen. Es lassen sich z. B. die auf den beigefügten Abb. 5a und 5b dargestellten abgeschlossenen Mengen, von denen die erste der durch die Grenzstrecke $-1 \leqq y \leqq 1$, $x = 0$ ergänzten $\sin \frac{1}{x}$-Kurve, $0 < x \leqq \frac{1}{\pi}$, homöomorph ist, während die zweite die Strecke $[-1; 1]$ der Zahlengeraden ist, als Vereinigungsmengen der Elemente von unendlichen Komplexen darstellen. Man wird durch solche Beispiele veranlaßt, die möglichen Beziehungen eines Komplexes K zu der Vereinigungsmenge $\bar{K}$ seiner Elemente wie folgt einzuschränken:

Definition II. K heißt *lokal-endlich* oder *Euklidisch*, falls jeder Punkt von $\bar{K}$ eine Umgebung (in bezug auf $\bar{K}$) besitzt, die nur mit endlich-vielen Elementen von K gemeinsame Punkte hat.

Jetzt definieren wir ganz allgemein:

Definition III. *Eine Punktmenge des R^n, die als Vereinigungsmenge $\bar{K}$ der Elemente eines lokal-endlichen Zellenkomplexes K dargestellt worden kann, heißt ein Euklidisches Polyeder. Der Komplex K heißt eine Zellenzerlegung des Polyeders $\bar{K}$; ist dieser Komplex simplizial, so heißt er eine simpliziale Zerlegung des Polyeders $\bar{K}$.*

Bemerkung I. Es ist ausdrücklich hervorzuheben, daß die lokale Endlichkeit eines Komplexes K eine Eigenschaft des Komplexes in bezug *auf die Punktmenge* $\bar{K}$ ist: sie läßt sich *nicht* durch den kombinatorischen Typus des Komplexes K ausdrücken. Um diese Behauptung klarzumachen, bemerken wir, daß die beiden nicht lokal-endlichen Komplexe der Abb. 5a und 5b beide dem aus den Strecken $[-2; -1]$, $[0; 1]$, $[1; 2]$, $[2; 3]$ usw. der Zahlengeraden zusammengesetzten Komplex isomorph sind, und daß dieser Komplex offenbar lokal-endlich ist. Es kann also vorkommen, daß von zwei isomorphen Komplexen der eine lokal-endlich ist, der andere nicht. Dieselben Beispiele lehren, daß isomorphe Komplexe K_1 und K_2 nicht notwendig homöomorphe Vereinigungsmengen $\bar{K}_1$ und $\bar{K}_2$ besitzen; wir werden bald sehen, daß unter der Voraussetzung der lokalen Endlichkeit eine solch unangenehme Erscheinung nicht auftreten kann.

Bemerkung II. Ein lokal-endlicher nulldimensionaler Komplex ist offenbar eine aus lauter isolierten Punkten bestehende Menge. Eine solche Menge ist übrigens stets höchstens abzählbar.

Bemerkung III. Wie leicht ersichtlich, haben zwei Zellenzerlegungen eines und desselben Euklidischen Polyeders die gleiche Dimensionszahl.

6. Teilkomplexe. Da jeder Komplex eine Menge von Zellen ist, ist der Begriff einer *Teilmenge* eines Komplexes K ohne weiteres klar. Ist eine Teilmenge K' von K selbst ein Komplex (d. h. ist jede Seite eines Elementes von K' selbst Element von K'), so heißt K' ein *Teilkomplex* von K. Eine Teilmenge M des Komplexes K bestimmt einen Teilkomplex $\lceil M \rceil$ von K, welcher aus allen Elementen von M und ihren Seiten besteht. Der Komplex $\lceil M \rceil$ heißt die *Hülle*[1] von M.

Ist K eine Zellenzerlegung des Euklidischen Polyeders $\bar{K}$ und K' ein Teilkomplex von K, so ist $\bar{K}'$ offenbar auch ein Euklidisches Polyeder, und K' ist eine Zellenzerlegung von $\bar{K}'$. Wir nennen $\bar{K}'$ ein *Teilpolyeder* von $\bar{K}$ (in bezug auf K).

Satz IV. *Jedes Teilpolyeder $\bar{K}'$ eines Euklidischen Polyeders $\bar{K}$ ist in $\bar{K}$ abgeschlossen.*

Beweis. Der Punkt $p \subset \bar{K}$ sei Berührungspunkt von $\bar{K}'$; U sei eine Umgebung von p, die nur mit endlich-vielen Elementen von K gemeinsame Punkte hat (eine solche Umgebung U existiert wegen der lokalen Endlichkeit von K). Es seien $q_1, \ldots, q_s$ diejenigen Elemente von K', die mit U gemeinsame Punkte haben. Da $U \cdot q_i$ in U abgeschlossen ist, ist auch $U \cdot \sum_1^s q_i$, d. h. $U \cdot \bar{K}'$ in U abgeschlossen; p als Berührungspunkt von $U \cdot \bar{K}'$ muß somit in $U \cdot \bar{K}'$, also erst recht in $\bar{K}'$ enthalten sein, w. z. b. w.

7. Sterne. Wir werden jetzt Umgebungen von Teilmengen M eines Polyeders $P = \bar{K}$ in Zusammenhang mit einer festgewählten Zellen-

[1] Man vgl. Nr. 8. Von Zellen- insbesondere auch von Simplexhüllen war bereits in Nr. 2 die Rede: wenn M aus einer einzigen Zelle besteht, so ist $\lceil M \rceil$ eine Zellenhülle.

zerlegung K von P bringen. Die Begriffe, die wir gleich einführen werden, sind insbesondere von Wichtigkeit, wenn M ein Grund- oder Nebenelement von K, vor allem aber, wenn M ein Eckpunkt von K ist; gelegentlich werden wir sie aber auch verwenden, wenn M aus den inneren Punkten eines Elementes besteht.

Diejenigen Grundelemente von K, die mit M gemeinsame Punkte haben, und ihre Seiten, bilden einen Komplex $S_K(M)$, den *„kombinatorischen Stern"* von M; diejenigen Grund- und Nebenelemente, die zu M fremd sind, bilden einen Komplex $A_K(M)$, den *„Gegenstern"* von M; diejenigen Elemente, die sowohl zu $S_K(M)$ als auch zu $A_K(M)$ gehören — also diejenigen Nebenelemente, die zwar selbst fremd zu M, aber Seiten von solchen Elementen sind, welche Punkte mit M gemeinsam haben —, bilden einen Komplex $B_K(M)$, den *„Begrenzungskomplex"* von M.

Da $\overline{A_K(M)}$ als Teilpolyeder von P in P abgeschlossen ist, ist die Menge $P - \overline{A_K(M)} = O_K(M)$ offen; wir nennen sie den *„offenen Stern"* von M; um zu formulieren, welche Punkte zu $O_K(M)$ gehören, stellen wir zunächst fest, wann ein Punkt p zu $\overline{A_K(M)}$ gehört: dann und nur dann, wenn es ein Element Q gibt, welches p enthält und fremd zu M ist; hieraus folgt: es ist dann und nur dann $p \subset O_K(M)$, wenn *jedes* Element, welches p enthält, auch einen Punkt von M enthält, mit anderen Worten: *wenn der Träger von p einen Punkt von M enthält.* Dagegen ist $p \subset \overline{S_K(M)}$ dann und nur dann, *wenn es ein Element gibt, das sowohl p als auch einen Punkt von M enthält.* Somit sind die folgenden Inklusionen klar:

$$M \subset O_K(M) \subset S_K(M) \tag{1}$$

Ein Punkt p gehört zwar zu $S_K(M)$, aber nicht zu $O_K(M) = P - \overline{A_K(M)}$ dann und nur dann, wenn er zu $\overline{S_K(M)} \cdot \overline{A_K(M)} = \overline{B_K(M)}$ gehört; somit ist

$$\overline{S_K(M)} - O_K(M) = \overline{B_K(M)}\,. \tag{2}$$

Ist p Randpunkt[1] von $\overline{A_K(M)}$, so ist einerseits $p \subset \overline{A_K(M)}$, andererseits p Häufungspunkt von $O_K(M)$, also, mit Rücksicht auf (1) und die Abgeschlossenheit von $\overline{S_K(M)}$, Punkt von $\overline{S_K(M)}$, mithin $p \subset \overline{A_K(M)} \cdot \overline{S_K(M)} = \overline{B_K(M)}$; umgekehrt: ist $p \subset \overline{B_K(M)}$, so ist p einerseits in $\overline{A_K(M)}$, andererseits, infolge der Definition von $B_K(M)$, in einem Grundelement Q enthalten, welches Punkte von M enthält; die inneren Punkte von Q gehören zu $O_K(M)$; daher ist p Häufungspunkt von $O_K(M)$ und somit Randpunkt von $\overline{A_K(M)}$. Damit ist gezeigt: $\overline{B_K(M)}$ ist der Rand von $\overline{A_K(M)}$. Da $O_K(M)$ als offene Menge keinen Rand besitzt, ist somit $\overline{B_K(M)}$ *die Begrenzung von $O_K(M)$* — daher die Bezeichnung „Begrenzungskomplex"[1] für $B_K(M)$.

Wenn $M = F$ kompakt ist, so ist $S_K(M)$ ein endlicher Komplex. Denn infolge der lokalen Endlichkeit von K besitzt jeder Punkt von F

[1] Vgl. Kap. I, § 2, Nr. 5.

eine Umgebung, die nur mit endlich-vielen Elementen Punkte gemeinsam hat. Eine Anwendung des Heine-Borel-Lebesgueschen Überdeckungssatzes zeigt, daß auch die ganze Menge F nur mit endlich-vielen Elementen Punkte gemeinsam hat.

8. Komplexe als diskrete Räume. Die in diesem Paragraphen eingeführten Begriffe gewinnen an Übersichtlichkeit und innerer Harmonie, wenn wir einen Zellenkomplex K als topologischen Raum (Kap. I, § 2, Nr. 2) auffassen: die Zellen von K sind Punkte des Raumes; die abgeschlossene Hülle eines Punktes (d. h. einer Zelle) q besteht aus q selbst und aus allen Seiten von q; die abgeschlossene Hülle einer beliebigen Teilmenge M von K (d. h. einer beliebigen Menge von Zellen des Komplexes K) ist die Vereinigungsmenge der abgeschlossenen Hüllen der einzelnen Elemente von M, d. h. der kleinste Teilkomplex $\lceil M \rceil$ von K, der alle Elemente von M enthält (vgl. Nr. 6).

Die auf diese Weise definierte topologische Zuordnung hat die Eigenschaft, daß die abgeschlossene Hülle der Summe von beliebig-vielen Mengen die Summe der abgeschlossenen Hüllen dieser Mengen ist (m. a. W.: *Die Summe beliebig vieler abgeschlossener Mengen ist abgeschlossen*). K ist folglich ein *diskreter Raum*[1]. Die abgeschlossenen Mengen von K sind identisch mit den *Teilkomplexen* von K. Die in Nr. 6 einer Menge M zugeordnete „Hülle" $\lceil M \rceil$ ist die abgeschlossene Hülle von M.

Da der Durchschnitt beliebig-vieler offener Mengen eines diskreten Raumes offen ist, besitzt jede Teilmenge M von K (d. h. jede Menge von Zellen des Komplexes K) eine *offene Hülle* $o(M)$ — das ist der Durchschnitt aller offenen Mengen von K, welche M enthalten.

Wir setzen jetzt voraus, daß K Euklidisch ist und betrachten das Polyeder $\bar{K}$. Dadurch, daß man jedem Punkt p von $\bar{K}$ den Träger $\varkappa(p)$ dieses Punktes entsprechen läßt, entsteht eine Abbildung $\varkappa$ von $\bar{K}$ auf K, und *diese Abbildung ist stetig*, denn jede abgeschlossene Menge K_1 von K hat bei der Abbildung $\varkappa$ die nach Satz IV abgeschlossene Teilmenge $\bar{K}_1$ von $\bar{K}$ als Urbild.

Ist M eine beliebige Teilmenge von $\bar{K}$, so betrachten wir die offene Hülle $o(\varkappa(M))$; ihre Elemente sind diejenigen Zellen von K, die mindestens einen Punkt von M enthalten. Die abgeschlossene Hülle von $o(\varkappa(M))$ in K ist nichts anderes als der Komplex $S_K(M)$ — der kombinatorische Stern von M; die Mengen $o(\varkappa(M))$ und $A_K(M) = K - o(\varkappa(M))$ —, wobei $A_K(M)$, der Gegenstern, abgeschlossen ist — haben dieselbe *Begrenzung* $B_K(M)$ in K. Da $S_K(M)$, $A_K(M)$, $B_K(M)$ in K abgeschlossen sind, haben sie bei der Abbildung $\varkappa$ abgeschlossene Teilmengen des Polyeders $\bar{K}$ als Urbilder. Desgleichen ist das Urbild $\varkappa^{-1}(o(\varkappa(M)))$ eine offene Teilmenge des Polyeders $\bar{K}$; diese offene Teilmenge ist der *offene Stern* $O_K(M)$ der Menge M. —

Da Komplexe in dieser Weise als topologische Räume aufzufassen sind, so hat es einen wohlbestimmten Sinn (Kapitel I, § 3), von *stetigen* Abbildungen eines Komplexes K in einen Komplex K' zu sprechen; man bestätigt leicht: die Abbildung f von K in K' ist dann und nur dann stetig, wenn daraus, daß ein Element q_1 Seite eines Elementes q von K ist, immer (d. h. bei jeder Wahl dieser Elemente) folgt, daß $f(q_1)$ Seite von $f(q)$ ist. Man findet hier auch den anschaulichen Inhalt des Stetigkeitsbegriffes wieder: die Erhaltung der Nachbarschafts-Eigenschaft.

Nachdem die stetigen Abbildungen definiert sind, definiert man wie üblich die eineindeutigen und in beiden Richtungen stetigen Abbildungen als *topologische* Abbildungen oder *Homöomorphien* und nennt zwei Komplexe *homöomorph*, falls sie aufeinander topologisch abgebildet werden können. Nun sieht man: dieser Begriff der „Homöomorphie" fällt zusammen mit dem Begriff der „Isomorphie",

[1] Kap. I, § 2, Nr. 2.

wie wir ihn in Nr. 3 eingeführt haben[1]. Diejenigen Eigenschaften der Komplexe, welche bei isomorphen Abbildungen erhalten bleiben, sind somit die „topologischen“ Eigenschaften der Komplexe — die Komplexe immer als diskrete Räume aufgefaßt —, und die Lehre von diesen Eigenschaften verdient daher den Namen „*Topologie der Komplexe*“.

Bezüglich der stetigen Abbildungen eines Komplexes auf einen anderen machen wir noch die folgende Bemerkung [welche im Hinblick auf den Satz I (Nr. 3) bemerkenswert ist]:

Bei einer stetigen Abbildung eines Komplexes braucht die Dimensionszahl weder des ganzen Komplexes noch seiner einzelnen Elemente erhalten zu bleiben: sie kann, wie die folgenden zwei einfachen Beispiele zeigen, sowohl erniedrigt wie erhöht werden.

Beispiel I. Der Komplex K bestehe aus allen (eigentlichen und uneigentlichen) Seiten des Dreiecks $\overline{abc}$; der Komplex K' bestehe aus der Seite $\overline{ab}$, ihren beiden Eckpunkten und der leeren Menge (die ja ein Element eines jeden Komplexes ist). Wir setzen

$$f(a) = f(c) = a; \quad f(b) = b;$$
$$f(\overline{ac}) = a, \quad f(\overline{abc}) = f(\overline{ab}) = f(\overline{bc}) = \overline{ab};$$
$$f(0) = 0.$$

Auf diese Weise wird der zweidimensionale Komplex K auf den eindimensionalen Komplex K' stetig abgebildet.

Beispiel II. Jetzt wollen wir einen eindimensionalen Komplex L auf den zweidimensionalen Komplex K des vorigen Beispiels stetig abbilden. L bestehe aus den höchstens eindimensionalen Seiten des Dreiecks $\overline{abc}$, aus dem Mittelpunkt o dieses Dreiecks und den eindimensionalen Zellen $\overline{oa}$, $\overline{ob}$, $\overline{oc}$. Jedes Element q von L besitzt in K einen *Träger*, d. h. ein Element $f(q)$ kleinster Dimensionszahl, auf welchem q liegt: so ist

$$f(o) = f(\overline{oa}) = f(\overline{ob}) = f(\overline{oc}) = \overline{abc},$$
$$f(ab) = ab, \quad f(ac) = ac, \quad f(bc) = bc,$$
$$f(a) = a, \quad f(b) = b, \quad f(c) = c,$$
$$f(0) = 0.$$

Auf diese Weise entsteht eine stetige Abbildung f des eindimensionalen Komplexes L auf den zweidimensionalen Komplex K.

Frage: Warum versagt der Beweis des Satzes I (Nr. 3) im Falle einer stetigen (nicht notwendig topologischen) Abbildung?

§ 2. Unterteilungen von Zellenkomplexen.

1. Unterteilung einer konvexen Zelle Q. Darunter versteht man einen endlichen Zellenkomplex k von der Eigenschaft, daß die Vereinigungsmenge $\overline{k}$ der Elemente von k die konvexe Zelle Q ist[2].

[1] Der Begriff *sollte* daher eigentlich auch den Namen „Homöomorphie“ tragen. Wenn wir trotzdem an der Bezeichnung „Isomorphie“ festhalten, so hoffen wir damit dem Leser die Unterscheidung zwischen den beiden folgenden Aussagen zu erleichtern: „Die Komplexe K und K' sind isomorph“ und „Die Polyeder $\overline{K}$ und $\overline{K'}$ sind homöomorph“. Wir werden also das Wort „homöomorph“ nur auf Polyeder, aber nicht auf Komplexe anwenden.

[2] Wie man leicht beweist, kann ein unendlicher Komplex k mit $\overline{k} = Q$ nicht lokal-endlich sein. Unter Verzicht auf die Bedingung der lokalen Endlichkeit kann man die Strecke $(-1; 1)$ in die Strecken $(-1; 0)$ und $\left(\frac{1}{2^{k+1}}; \frac{1}{2^k}\right)$, $k = 0, 1, 2, \ldots$, und ihre Endpunkte zerlegen, und auf diese Weise einen unendlichen Komplex erhalten (Abb. 5b).

Satz I. *Die auf einer Seite q der konvexen Zelle Q liegenden Zellen der Unterteilung k von Q bilden eine Unterteilung von q.*

Beweis. Es genügt, diesen Satz für den Fall einer $(n-1)$-dimensionalen Seite q der n-dimensionalen Zelle $Q \subset R^n$ zu beweisen.

Es sei k' die Gesamtheit aller Zellen von k, die auf q liegen. Zu zeigen ist, daß $\bar{k}' = q$ ist. Da jeder Punkt von $\bar{k}'$ auch Punkt von q ist, genügt es zu zeigen, daß auch umgekehrt jeder Punkt von q einer Zelle von k' angehört. Es sei a ein Punkt von q; dieser Punkt gehört als innerer Punkt zu einer einzigen Zelle q' von k. Wir bezeichnen mit R^{n-1} die $(n-1)$-dimensionale Ebene des R^n, in der q liegt. Wenn die Zelle q' in R^{n-1} liegt, so gehört sie als Teilmenge von Q auch zu q; daraus folgt, daß, wenn diese Zelle nicht zu q gehörte, sie notwendig R^{n-1} schneiden müßte, d. h. Punkte enthalten, die nicht zu Q gehören. Da dies unmöglich ist, gehört q' zu q, also a zu $\bar{k}'$, w. z. b. w.

2. Unterteilung eines Zellenkomplexes K. Darunter versteht man einen Zellenkomplex K_1 mit den Eigenschaften: 1° jedes Element von K_1 ist Teilmenge mindestens eines Elementes von K und 2° die Gesamtheit aller Elemente von K_1, die in einem beliebig gewählten Element von K enthalten ist, bildet eine Unterteilung dieses Elementes.

Falls das Element $\bar{x}_1$ von K_1 in zwei Elementen oder mehr Elementen von K enthalten ist, so ist es auch in einer gemeinsamen Seite aller dieser Elemente enthalten. Folglich ist $\bar{x}_1$ in einem einzigen Element kleinster Dimensionszahl von K enthalten; dieses Element heißt der *Träger von* $\bar{x}_1$ in K.

Aufgabe. Der Leser beweise: Ist K_1 eine Unterteilung von K und läßt man jedem Element von K_1 seinen Träger in K entsprechen, so entsteht eine stetige Abbildung von K_1 auf K (vgl. § 1, Nr. 8).

Man sieht mühelos ein, daß bei Unterteilungen die Endlichkeit bzw. die lokale Endlichkeit eines Komplexes erhalten bleiben.

Wir gehen jetzt zur wirklichen Herstellung von Unterteilungen von Zellenkomplexen über; und zwar wollen wir ein Verfahren angeben, welches zu jedem Zellenkomplex eine *simpliziale* Unterteilung herstellen läßt.

Für die nulldimensionalen Komplexe ist die Frage gegenstandslos, denn erstens ist ein solcher Komplex von selbst simplizial und zweitens bildet er selbst seine einzige Unterteilung. Wir nehmen jetzt an, daß wir gewisse Unterteilungen $(n-1)$-dimensionaler Komplexe besitzen und stellen uns die Aufgabe, von ihnen zu Unterteilungen n-dimensionaler Komplexe zu gelangen. Wir beginnen mit einer n-dimensionalen Zelle $\bar{x}^n$.

In $\bar{x}^n$ betrachten wir irgendeinen inneren Punkt o, den wir als das *Zentrum der Zelle* $\bar{x}^n$ bezeichnen[1].

[1] Am bequemsten wählt man als o den Schwerpunkt des Systems aller Eckpunkte von $\bar{x}^n$, d. h. den Punkt, dessen Koordinaten (im $R^n \supset \bar{x}^n$) die Mittelwerte der entsprechenden Koordinaten der Eckpunkte der Zelle sind.

Der Rand von $\bar{x}^n$ ist ein $(n-1)$-dimensionaler Komplex. Wir nehmen an, daß uns eine Unterteilung $\dot{X}$ dieses Komplexes gegeben ist und projizieren die Zellen $\bar{y}$ dieser Unterteilung aus o; die $o\bar{y}$ sind[1] dann Zellen und sie bilden[2] einen endlichen Komplex X^n. Jeder Punkt von $\bar{x}^n$ gehört zu mindestens einem Element von X^n (der Punkt o gehört zu allen Elementen von X^n; falls $p \neq o, p \subset \bar{x}^n$ ist, so liegt p auf einer Strecke oq, wobei q zum Rande von $\bar{x}^n$, also zu einem Elemente $\bar{y}$ von $\dot{X}$ gehört; somit gehört p zum Element $o\bar{y}$ von X^n); da umgekehrt jedes $o\bar{y}$ in $\bar{x}^n$ enthalten ist, ist $\overline{X}^n = \bar{x}^n$, der Komplex X^n bildet also eine Unterteilung von $\bar{x}^n$. Diese Unterteilung heißt die *Zentralunterteilung* von $\bar{x}^n$ in bezug auf die gegebene Randunterteilung $\dot{X}$. Ist die Randunterteilung $\dot{X}$ simplizial, so ist auch X^n ein simplizialer Komplex.

Es sei nun K^n ein n-dimensionaler (lokal-endlicher) Komplex, K^{n-1} der aus allen höchstens $(n-1)$-dimensionalen Elementen von K^n bestehende Teilkomplex von K^n, K_1^{n-1} eine gegebene Unterteilung von K^{n-1}. Dadurch, daß K_1^{n-1} gegeben ist, ist für jede n-dimensionale Zelle $\bar{x}^n$ von K^n eine Unterteilung $\dot{X}$ ihres Randes gegeben (Satz I). Man nehme jetzt mit jedem $\bar{x}^n$ von K die Zentralunterteilung X in bezug auf die gegebene Randunterteilung $\dot{X}$ vor. Die so gewonnenen Unterteilungen der einzelnen n-dimensionalen Zellen von K^n schließen aneinander und an die Unterteilung K_1^{n-1} der höchstens $(n-1)$-dimensionalen Zellen an und ergeben zusammen mit ihr eine Unterteilung K_1^n des Komplexes K^n — die *Zentralunterteilung von K^n in bezug auf die gegebene Unterteilung K_1^{n-1} von K^{n-1}*. Ist dabei K_1^{n-1} simplizial, so gilt dasselbe auch von K_1^n.

3. Die **baryzentrische Unterteilung** eines Komplexes wird jetzt durch folgende Induktionsvorschrift definiert. Die baryzentrische Unterteilung eines nulldimensionalen Komplexes K^0 ist definitionsgemäß der Komplex K^0 selbst. Wir nehmen an, daß für alle höchstens $(n-1)$-dimensionalen Komplexe die baryzentrische Unterteilung bereits definiert ist. Es sei K^n irgendein n-dimensionaler Komplex, K^{n-1} der aus seinen höchstens $(n-1)$-dimensionalen Elementen bestehende Teilkomplex. Wir definieren die baryzentrische Unterteilung von K^n als die Zentralunterteilung von K^n in bezug auf die baryzentrische Unterteilung von K^{n-1}.

Da die baryzentrische Unterteilung eines nulldimensionalen Komplexes offenbar simplizial ist, und simpliziale Komplexe bei Zentralunterteilung in simpliziale Komplexe übergehen, ist die baryzentrische Unterteilung eines beliebigen Komplexes simplizial.

---

[1] $o\bar{y}$ ist das Symplex, dessen Eckpunkte der Punkt o und die Eckpunkte von $\bar{y}$ sind.

[2] Anhang II, 1. Nachtrag.

Wir haben somit bewiesen:

Satz II. *Jeder Zellenkomplex besitzt unter seinen Unterteilungen simpliziale Komplexe.*

Auf den Abb. 6a und 6b ist ein Beispiel der baryzentrischen Unterteilung eines zweidimensionalen Komplexes bzw. ein baryzentrisches Grundteilsimplex eines dreidimensionalen Simplexes veranschaulicht.

Bemerkung I. Ein auf der Hand liegender Induktionsschluß zeigt, daß die Grundsimplexe

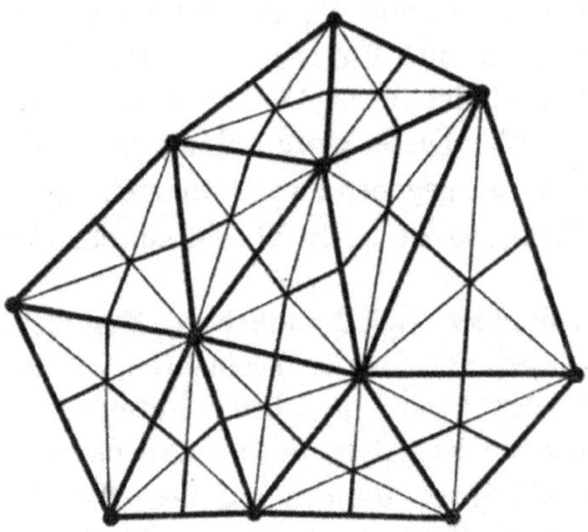

Abb. 6a.

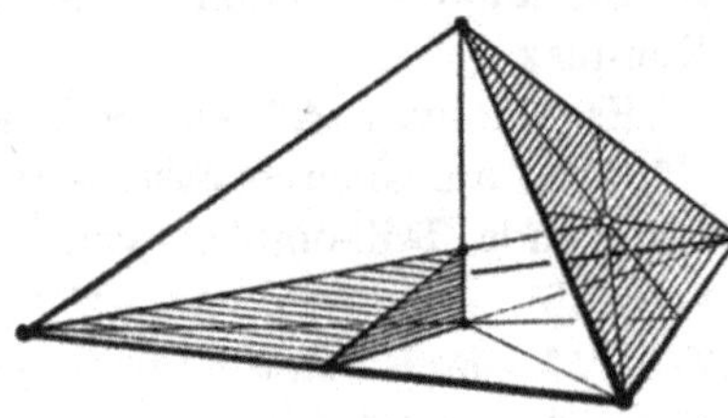

Abb. 6b.

der baryzentrischen Unterteilung einer n-dimensionalen Zelle $\bar{x}^n$ von der Form

$$\overline{o\, o_{i_1}\, o_{i_1 i_2} \dots o_{i_1 i_2 \dots i_n}}$$

sind, wobei o das Zentrum von $\bar{x}^n$, o_{i_1} das Zentrum einer $(n-1)$-dimensionalen Seite $\bar{x}^{n-1}_{i_1}$ von $\bar{x}^n$, $o_{i_1 i_2}$ das Zentrum einer $(n-2)$-dimensionalen Seite $\bar{x}^{n-2}_{i_1 i_2}$ von $\bar{x}^{n-1}_{i_1}, \dots$ und schließlich $o_{i_1 i_2 \dots i_n}$ ein Eckpunkt von $\bar{x}^n$ (und von $\bar{x}^{n-1}_{i_1}$, $\bar{x}^{n-1}_{i_1 i_2}, \dots$) ist. Somit enthält jedes Grundsimplex der baryzentrischen Unterteilung von K — wir sagen kurz, jedes *baryzentrische Grundteilsimplex* von K — unter seinen Eckpunkten einen und nur einen Eckpunkt des Komplexes K. Dieser Eckpunkt heißt der *führende Eckpunkt* des baryzentrischen Teilsimplexes[1].

Bemerkung II. Die baryzentrische Unterteilung ist von der Wahl der Zentra der verschiedenen Zellen bis auf Isomorphie unabhängig. Sind die Zentra jeweils die Schwerpunkte der Eckpunktgerüste der Zellen, so spricht man von *eigentlicher* baryzentrischer Unterteilung.

Satz IIa. *Der Durchmesser jedes Simplexes der eigentlichen baryzentrischen Unterteilung einer n-dimensionalen Zelle, welche den Durchmesser d hat, ist* $\leqq \frac{n}{n+1} \cdot d$.

[1] Einen führenden Eckpunkt besitzt nicht nur jedes baryzentrische Grundteilsimplex, sondern auch jedes r-dimensionale baryzentrische Teilsimplex, welches auf einem ebenfalls r-dimensionalen Element des Komplexes K liegt.

Der Beweis ergibt sich unmittelbar aus dem 2. Nachtrag und aus § 3 (Satz IV) des Anhanges II.

4. Elementarzerlegung von Simplexen.

Die Zentralzerlegung eines Simplexes $\bar{x}^n$ in bezug auf seinen in die $n+1$ (nicht weiter unterteilten) $(n-1)$-dimensionalen Seiten zerlegten Rand heißt die *Elementarzerlegung* von $\bar{x}^n$ *in bezug auf sich selbst*. Daneben definiert man noch die *Elementarzerlegung von* $\bar{x}^n = (\overline{a_0 a_1 \ldots a_r b_{r+1} \ldots b_n})$ *in bezug auf eine Seite* — etwa in bezug auf die Seite $\bar{x}^r = \overline{a_0 a_1 \ldots a_r}$ — von $\bar{x}^n$:

die Grundsimplexe dieser Zerlegung sind die $r+1$ Simplexe

$$\bar{y}_i^n = o\, \bar{y}_i^{n-1}, \qquad i = 0, 1, \ldots, r,$$

wobei o das Zentrum von $\bar{x}^r$ und $\bar{y}_i^{n-1} = \overline{a_0 \ldots a_{i-1} a_{i+1} \ldots a_r b_{r+1} \ldots b_n}$ eine solche $(n-1)$-dimensionale Seite von $\bar{x}^n$ ist, die einem Eckpunkt

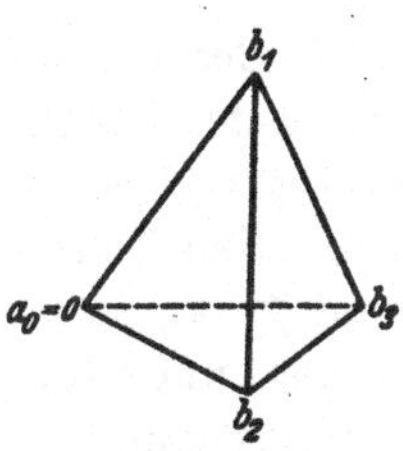

Abb. 7a.

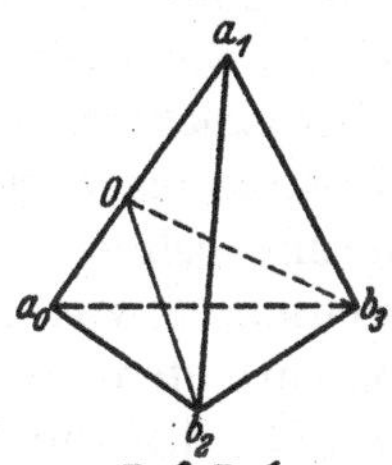

Abb. 7b.

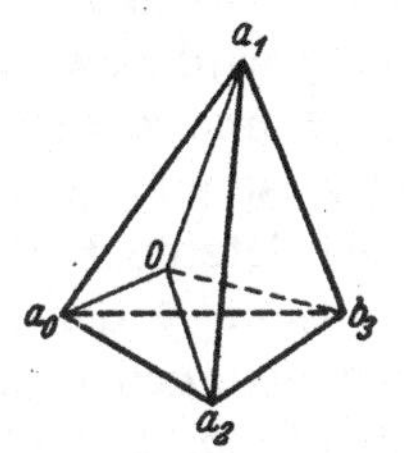

Abb. 7c.

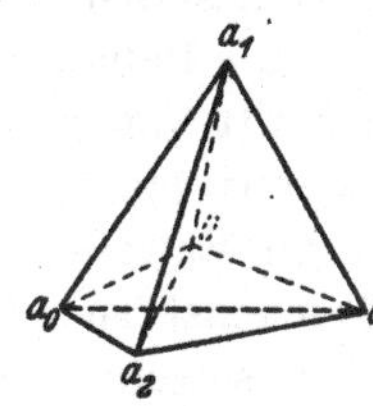

Abb. 7d.

(nämlich dem Eckpunkt a_i) von $\bar{x}^r$ gegenüberliegt; $\bar{y}_i^{n-1}$ heißt dabei die *Grundseite* von $\bar{y}_i^n$. (Abb. 7a, b, c, d.)

Man nehme eine Elementarzerlegung von $\bar{x}^n = \overline{a_0 \ldots a_n}$ in bezug auf sich selbst vor; es entstehen dadurch Simplexe von der Form $\bar{y}_{i_1}^n = \overline{o\, a_0 \ldots a_{i_1-1} a_{i_1+1} \ldots a_n}$. Jedes der Simplexe $\bar{y}_{i_1}^n$ lasse man eine Elementarzerlegung in bezug auf $\overline{a_0 \ldots a_{i_1-1} a_{i_1+1} \ldots a_n}$ erfahren; so entstehen Simplexe von der Form

$$\bar{y}_{i_1 i_2}^n = \overline{o\, o_{i_1} a_0 \ldots a_{i_1-1} a_{i_1+1} \ldots a_{i_2-1} a_{i_2+1} \ldots a_n}$$

Wenn man jedes dieser Simplexe in bezug auf

$$\overline{a_0 \ldots a_{i_1-1} a_{i_1+1} \ldots a_{i_2-1} a_{i_2+1} \ldots a_n}$$

zerlegt, entstehen Simplexe, deren erste drei Eckpunkte die Zentra $o, o_{i_1}, o_{i_1 i_2}$ sind[1], während die übrigen Eckpunkte Eckpunkte von $\bar{x}^n$ sind. Durch Fortsetzung desselben Verfahrens (man nehme die Elementarzerlegung von $\bar{y}_{i_1 i_2 \ldots i_h}^n = \overline{o\, o_{i_1 i_2} \ldots o_{i_1 i_2 \ldots i_h} a_{i_{h+1}} \ldots a_{i_n}}$ in bezug auf $\overline{a_{i_{h+1}} \ldots a_{i_n}}$ vor) gelangt man schließlich zu Simplexen der Form $\overline{o\, o_{i_1} o_{i_1 i_2} \ldots o_{i_1 i_2 \ldots i_n}}$, d. h. zu den Simplexen der baryzentrischen Zerlegung von $\bar{x}^n$. *Auf diese Weise läßt sich die baryzentrische Unterteilung auf sukzessive Elementarzerlegung zurückführen.*

[1] Wenn $\bar{x}'$ eine Seite von $\bar{x}$ ist, und $a_{i_1}, a_{i_2}, \ldots, a_{i_k}$ diejenigen Eckpunkte von $\bar{x}$ sind, die zu $\bar{x}'$ *nicht* gehören, so bezeichnen wir mit $o_{i_1 i_2 \ldots i_k}$ das Zentrum von x'.

5[1]**.** Das Simplex $\bar{x}^n$ heißt von den Simplexen $\bar{x}^r$ und $\bar{x}^s$ *aufgespannt* — in Zeichen: $\bar{x}^n = \bar{x}^r \bar{x}^s$ —, wenn $\bar{x}^r$ und $\bar{x}^s$ gegenüberliegende Seiten von $\bar{x}^n$ sind (d. h. wenn $\bar{x}^n = \overline{a_0 \ldots a_r b_0 \ldots b_s}$, $\bar{x}^r = \overline{a_0 \ldots a_r}$, $\bar{x}^s = \overline{b_0 \ldots b_s}$ und folglich $n = r + s + 1$ ist).

Es sei X^s eine Unterteilung von $\bar{x}^s$ mit den Simplexen $\bar{y}_i$. Wir beweisen, *daß die Simplexe $u_i = \bar{x}^r \cdot \bar{y}_i$ eine Unterteilung* („die Unterteilung $\bar{x}^r X^s$") *von $\bar{x}^n$ bilden.* Es ist dazu dreierlei nachzuweisen, nämlich:

1. $u_i \subset \bar{x}^n$.
2. Jeder Punkt von $\bar{x}^n$ gehört mindestens einem Simplex u_i an.
3. Die u_i bilden einen Komplex.

Die Behauptung 1 bedarf keines Beweises.

Wir beweisen 2. Es sei p ein Punkt von $\bar{x}^n$; er liegt auf einer Strecke $\overline{ab}$, wobei a ein Punkt von $\bar{x}^r$, b ein Punkt von $\bar{x}^s$ ist[2]. Es gehört b zu (mindestens) einem $\bar{y}_i$, folglich $\overline{ab}$ und somit p zu u_i.

Die Behauptung 3 wird bewiesen sein, wenn gezeigt ist: der Durchschnitt von $u_i = \bar{x}^r \bar{y}_i$ und $u_j = \bar{x}^r \bar{y}_j$ ist gleich $\bar{x}^r \bar{y}$, wenn $\bar{y}$ der Durchschnitt von $\bar{y}_i$ und $\bar{y}_j$ ist und man für ein leeres $\bar{y}$ immer $\bar{x}^r \bar{y} = \bar{x}^r$ setzt. Dem Beweise dieser letzten Behauptung gelten die folgenden Zeilen. Zunächst ist klar: wenn $\bar{y}$ der Durchschnitt von $\bar{y}_i$ und $\bar{y}_j$ ist, so ist $\bar{x}^r \bar{y}$ sowohl in $\bar{x}^r \bar{y}_i$ als auch in $\bar{x}^r \bar{y}_j$ enthalten. Bleibt also nur übrig zu zeigen: jeder Punkt p, $p \not\subset \bar{x}^r$, $p \not\subset \bar{x}^s$, des Durchschnitts von $\bar{x}^r \bar{y}_i$ und $\bar{x}^r \bar{y}_j$ ist in $\bar{x}^r \bar{y}$ enthalten. Zu diesem Ende betrachten wir wieder die Strecke $\overline{ab}$, $a \subset \bar{x}^r$, $b \subset \bar{x}^s$, auf der p liegt. Da es nur eine solche Strecke durch p gibt und da jedes Simplex u_i (als von $\bar{x}^r$ und einem $\bar{y}_i \subset \bar{x}^s$ aufgespannt) aus lauter solchen Strecken besteht, die in $\bar{x}^r$ beginnen und in $\bar{y}_i$ münden, muß die einzige Strecke $\overline{ab}$, auf der p liegt und die von $\bar{x}^r$ nach $\bar{x}^s$ führt, sowohl zu $u_i = \bar{x}^r \bar{y}_i$ als auch zu $u_j = \bar{x}^r \bar{y}_j$ und folglich b zu $\bar{y}_i$ und zu $\bar{y}_j$ gehören; es gehört somit $\overline{ab}$ und erst recht p zu $\bar{x}^r \bar{y}$, w. z. b. w.

Übrigens handelt es sich hier — ebenso wie bei den Zentralzerlegungen — um eine „Projektion", nur wird jetzt nicht aus einem Punkte, sondern aus einer r-dimensionalen Ebene projiziert.

6. Isomorphie von Komplexen und Homöomorphie von Polyedern.

Satz III. *Zwei isomorphen lokal-endlichen Komplexen K_1 und K_2 entsprechen homöomorphe Polyeder K_1 und K_2.*

Beweis. Da baryzentrische Unterteilungen isomorpher Komplexe offenbar isomorph sind, dürfen wir annehmen, daß K_1 und K_2 *simpliziale* Zerlegungen der Polyeder K_1 und K_2 sind. Aus der Isomorphie der simplizialen Komplexe K_1 und K_2 folgt sodann eine eineindeutige, in den einzelnen Simplexen von K_1 bzw. K_2 affine Abbildung f der beiden

[1] Kann bei erster Lektüre überschlagen werden; der Leser kann den in dieser Nummer erbrachten Beweis auch als Übungsaufgabe betrachten.

[2] Anhang II, § 3, Satz VII.

Punktmengen $\bar{K}_1$ und $\bar{K}_2$ aufeinander. Es ist klar, daß im Falle endlicher Komplexe diese Abbildung topologisch ist, denn die in den einzelnen Simplexen erklärten affinen Abbildungen schließen stetig aneinander. Sodann folgt dieselbe Behauptung wegen der lokalen Endlichkeit von K_1 und K_2 daraus, daß jeder Punkt p von K_1 bzw. K_2 innerer Punkt der Vereinigungsmenge von endlich vielen Simplexen des betreffenden Komplexes ist, die Abbildung f also stetig in einer Umgebung des Punktes p und somit im Punkte p ist[1].

7. Ein Einbettungssatz. Ein Euklidisches Polyeder braucht nicht eine *abgeschlossene* Punktmenge des R^n zu sein; vielmehr werden wir sehen (§ 3), daß jede offene Menge des R^n (und sogar jedes Polyeders) ein Polyeder ist. Um ein ganz einfaches Beispiel zu haben, genügt die Bemerkung, daß eine offene Strecke der Zahlengerade ein Polyeder ist: man kann die Strecke (0; 1) in die Strecken

$$\left[\frac{1}{4};\frac{3}{4}\right];\ \left[\frac{1}{8};\frac{1}{4}\right],\ \left[\frac{3}{4};\frac{7}{8}\right];\ \ldots;\ \left[\frac{1}{2^{n+1}},\frac{1}{2^n}\right],\ \left[\frac{2^n-1}{2^n};\frac{2^{n+1}-1}{2^{n+1}}\right];\ \ldots$$

zerlegen, und diese Strecken bilden offenbar einen lokal-endlichen Komplex (eine Zerlegung der offenen Strecke (0; 1)).

Es gilt aber der

Satz IV. *Jedes Euklidische Polyeder ist einem Polyeder homöomorph, welches eine abgeschlossene Menge eines Euklidischen Raumes darstellt.*

Beweis. Es genügt offenbar, zu zeigen, daß jeder n-dimensionale simpliziale Komplex K^n einem Komplex L^n des R^{2n+1} isomorph ist, welcher die Eigenschaft besitzt: jedes beschränkte Raumgebiet kann nur mit endlich-vielen Simplexen von L^n gemeinsame Punkte haben. Ein solcher Komplex L^n ist von selbst Euklidisch und $\bar{L}^n$ ist abgeschlossen.

Es seien

$$a_1, a_2, \ldots, a_i, \ldots \tag{1}$$

die Eckpunkte von K^n. Jedem Eckpunkt a_i ordnen wir einen Punkt $b_i = (t_1 \ldots t_n)$ mit $t_1 \geqq i$ des R^{2n+1} zu, unter der einzigen Bedingung, daß die Punkte

$$b_1, b_2, \ldots, b_i, \ldots \tag{2}$$

in allgemeiner Lage sind[2].

Wir betrachten nun irgendeine endliche Teilmenge $a_{i_0}, \ldots, a_{i_r}$ von (1). Bildet sie das Gerüst (§ 1, Nr. 1) eines Simplexes x_h von K^n, so konstruieren wir im R^{2n+1} das von den Punkten $b_{i_0}, \ldots, b_{i_r}$ aufgespannte Simplex und bezeichnen es mit y_h. Auf diese Weise bekommt man ein System Euklidischer Simplexe

$$\bar{y}_1, \bar{y}_2, \ldots, \bar{y}_h, \ldots. \tag{3}$$

---

[1] Vgl. Kap. I, § 3, Nr. 2. [2] Anhang II, § 1, Nr. 4.

Alle Simplexe (3), deren Eckpunkte sämtlich Nummern $> k$ haben, liegen in dem Halbraume $t_1 \geqq k$; somit kann ein beschränktes Gebiet des R^{2n+1} nur mit endlich-vielen $\mathfrak{y}_k$ gemeinsame Punkte haben.

Es bleibt nur übrig zu zeigen, daß der Durchschnitt je zweier Simplexe der Folge (3) die von ihren gemeinsamen Eckpunkten aufgespannte Seite ist. Wir greifen zwei von den Simplexen (3) heraus, etwa

$$\mathfrak{y}' = \overline{b_0 \ldots b_{q-1} b'_q \ldots b'_r}, \qquad \mathfrak{y}'' = \overline{b_0 \ldots b_{q-1} b''_q \ldots b''_s}.$$

Dabei sind $b_0, \ldots, b_{q-1}$ die gemeinsamen Eckpunkte dieser beiden Simplexe. Sie spannen ein Euklidisches $(q-1)$-dimensionales Simplex $\mathfrak{y} = \overline{b_0 \ldots b_{q-1}}$ auf, welches eine gemeinsame Seite der beiden Simplexe $\mathfrak{y}'$ und $\mathfrak{y}''$ ist. Hätten die beiden Simplexe $\mathfrak{y}'$ und $\mathfrak{y}''$ außer den Punkten von $\mathfrak{y}$ noch mindestens einen gemeinsamen Punkt c, so könnte c zunächst nicht in der durch $\mathfrak{y}$ bestimmten Ebene liegen, denn der Durchschnitt eines Simplexes (in unserem Falle $\mathfrak{y}'$ oder $\mathfrak{y}''$) mit der durch eine seiner Seiten bestimmten Ebene besteht aus der betreffenden Seite. Somit ist $\overline{c\, b_0 \ldots b_{q-1}}$ ein q-dimensionales Euklidisches Simplex, und seine Punkte müßten sowohl zu $\mathfrak{y}'$ als auch zu $\mathfrak{y}''$ gehören. Der Durchschnitt der durch die Simplexe $\mathfrak{y}'$ und $\mathfrak{y}''$ bestimmten Ebenen Y' und Y'', von denen die erste r- und die zweite s-dimensional ist, ist also eine mindestens q-dimensionale Ebene, so daß Y' und Y'', folglich auch die $r + s + 2 - q$ Punkte $b_0, \ldots b_{q-1} b'_q, \ldots, b'_r, b''_q, \ldots, b''_s$ in einer höchstens $(r + s - q)$-dimensionalen (von Y' und Y'' aufgespannten) Ebene des R^{2n+1} liegen müßten, was — wegen $r+s+2-q \leqq r+s+2 \leqq 2n+2$ — der Voraussetzung der allgemeinen Lage von (2) widerspricht.

Hiermit ist alles bewiesen.

8. Würfel- und Simplizialzerlegungen des R^n. Beliebig-feine Simplizialzerlegungen von Polyedern.

Wir wählen ein beliebiges $\varepsilon > 0$ und ziehen in dem R^n die Ebenen

$$t_i = k \cdot \varepsilon; \quad k = \cdots -2, -1, 0, 1, 2, \ldots, \quad i = 1, \ldots, n.$$

Dadurch zerfällt der R^n in lauter konvexe Zellen, die („achsenparallele") *Würfel* heißen und durch die Ungleichungen

$$k_i\, \varepsilon \leqq t_i \leqq (k_i + 1)\, \varepsilon, \qquad i = 1, \ldots, n$$

definiert sind (wobei die k_i beliebige ganze Zahlen sind). Als Durchmesser eines jeden dieser Würfel erhält man — wie man durch Rechnung leicht bestätigt — die Zahl $\sqrt{n}\,\varepsilon$. Diese Würfel bilden ferner einen unendlichen Komplex — eine *Würfelzerlegung* des R^n. Unterteilt man diesen Komplex in Simplexe, so erhält man eine simpliziale Zerlegung des R^n, deren Elemente erst recht nicht größer als $\sqrt{n}\,\varepsilon$ sein können. Mit anderen Worten:

Satz V'. *Es gibt beliebig-feine simpliziale Zerlegungen des* R^n.

Der Satz V' läßt sich verallgemeinern:

Satz V. *Zu jedem Zellenkomplex K gibt es beliebig-feine simpliziale Unterteilungen.*

Beweis. Nach Satz IIa erhält man im Falle, wenn die Durchmesser der Elemente von K eine endliche obere Grenze haben, durch sukzessive baryzentrische Unterteilung von K beliebig-feine simpliziale Unterteilungen von K. Der allgemeine Fall wird durch folgenden Hilfssatz erledigt:

Hilfssatz *Man ziehe im R^n endlich- oder abzählbar-viele Ebenen $R_1^{n-1}, R_2^{n-1}, \ldots$, von der Eigenschaft, daß jedes beschränkte Gebiet des R^n nur mit endlich-vielen dieser Ebenen gemeinsame Punkte hat. Liegt außerdem ein beliebiger Zellenkomplex K vor, so existiert stets eine simpliziale Unterteilung K_1 von K von der Eigenschaft, daß jedes Simplex von K_1 in der abgeschlossenen Hülle einer der konvexen Mengen G_i, in die R^n durch die genannten Ebenen zerlegt wird, ($R^n = \sum\limits_k R_k^{n-1} + \sum\limits_i G_i$), enthalten ist.*

Beweis. Jede Zelle Q von K wird durch die Ebenen $R_1^{n-1}, R_2^{n-1}, \ldots$ in endlich viele konvexe Zellen zerlegt (das sind die nichtleeren unter den Durchschnitten von Q mit den Mengen $\overline{G}_i$). Da das gleiche von den Seiten der Zellen Q gilt, liegt eine Unterteilung L des Zellenkomplexes K vor, und jedes Element von L ist in einem gewissen $\overline{G}_i$ enthalten. Eine simpliziale Unterteilung L_1 von L erfüllt alle Forderungen des Hilfssatzes.

Wendet man diesen Hilfssatz auf einen beliebigen Zellenkomplex K und das zu Beginn dieser Nr. definierte Ebenensystem an, so ergibt sich, daß man K in einen aus beliebig kleinen Simplexen aufgebauten Komplex unterteilen kann.

Zu demselben Gedankenkreis gehört

Satz VI. *Liegen zwei Zellenkomplexe K_1 und K_2 vor, die zwei Zellenzerlegungen eines und desselben Polyeders P sind, so existiert ein simplizialer Komplex K, der eine gemeinsame Unterteilung der beiden Komplexe K_1 und K_2 ist.*

Beweis. Nach der Voraussetzung der lokalen Endlichkeit hat eine Zelle von K_1 nur mit endlich-vielen Zellen von K_2 gemeinsame Punkte. Die Zellen, die als Durchschnitte je eines Elementes von K_1 mit einem Element von K_2 auftreten, bilden die Elemente einer gemeinsamen Unterteilung von K_1 und K_2. Eine simpliziale Unterteilung von L ist die gesuchte.

§ 3. Zellensysteme und Komplexe. Offene Teilmengen von Polyedern.

1. Satz I. *Die Vereinigungsmenge von endlich-vielen konvexen Zellen des R^n ist ein* (endliches) *Polyeder.*

Beweis. Es sei $A = Q_1 + \cdots + Q_s$ die Vereinigungsmenge von endlich-vielen konvexen Zellen $Q_1, \ldots, Q_s$ des R^n; die Menge, deren

Elemente die Zellen Q_h und ihre Seiten sind, bezeichnen wir mit $\mathfrak{S}$. Wir führen den Beweis unseres Satzes mittels eines Induktionsverfahrens: Wir nehmen an, die Behauptung des Satzes I sei richtig, wenn alle Elemente von $\mathfrak{S}$ auf endlich-vielen m-dimensionalen Ebenen des R^n liegen, und beweisen sie für den Fall, wenn die Elemente von $\mathfrak{S}$ auf endlich-vielen $(m+1)$-dimensionalen Ebenen liegen; da für $m=0$ unsere Behauptung trivialerweise richtig ist, wird durch das geschilderte Induktionsverfahren der Beweis des Satzes I tatsächlich erbracht.

Es sei also

$$A \subset R_1^{m+1} + \cdots + R_u^{m+1},$$

wobei die

$$(1) \qquad R_1^{m+1}, \ldots, R_u^{m+1}$$

$(m+1)$-dimensionale Ebenen des R^n sind. Wir setzen voraus, daß die Ebenen (1) paarweise voneinander verschieden sind und betrachten im R^n die folgenden weiteren Ebenen:

a) alle Schnittebenen von je zwei Ebenen (1);

b) alle Ebenen, welche durch die höchstens m-dimensionalen Elemente von $\mathfrak{S}$ bestimmt werden.

Es seien $R_1, \ldots, R_v$ die unter a) und b) erwähnten Ebenen; ihre Anzahl ist endlich und jede von ihnen ist höchstens m-dimensional. Ist R_i eine m-dimensionale Ebene, so schreiben wir R_i^m anstatt R_i; ist R_i höchstens $(m-1)$-dimensional, so ziehen wir durch R_i irgendeine m-dimensionale Ebene R_i^m und ersetzen R_i durch R_i^m.

Auf diese Weise erhalten wir die m-dimensionalen Ebenen

$$(2) \qquad R_1^m, \ldots, R_v^m.$$

Diese Ebenen zerlegen die Punktmenge

$$H = R_1^{m+1} + \cdots + R_u^{m+1}$$

in endlich-viele Gebiete G_j; jedes G_j liegt in einer bestimmten unter den Ebenen $R_1^{m+1}, \ldots, R_u^{m+1}$, etwa in R_i^{m+1} (es hängt natürlich i von j ab) und ist zu allen anderen Ebenen (1) fremd; als Durchschnitt gewisser offener Halbräume (welche durch (2) in R_i^{m+1} bestimmt sind) ist G_j ein konvexes Gebiet des R_i^{m+1}.

Von diesen Gebieten gilt:

1°. Kein G_j enthält Punkte eines höchstens m-dimensionalen Elementes von $\mathfrak{S}$ — denn alle diese Elemente liegen in $R_1^m + \cdots R_v^m$, sind also zu $\sum G_j$ fremd;

2°. Falls G_j einen Punkt a von A enthält, so ist $G_j \subset A$.

Denn zunächst liegt G_j in einem festen R_i^{m+1}; der Punkt a kann zu keinem R_j^m aus (2) gehören, liegt folglich im Innern einer $(m+1)$-dimensionalen Zelle Q des Systems $\mathfrak{S}$. Es ist $Q \subset R_i^{m+1}$, denn wäre $Q \subset R_h^{m+1}$, $h \neq i$, so müßte a auf der Schnittebene $R_i^{m+1} \cdot R_h^{m+1}$, also auf einer der Ebenen R_j^m liegen, was nicht der Fall ist. Falls nun ein

Punkt b von G_j nicht zu A, also erst recht nicht zu Q gehören sollte, müßte es auf der Strecke $\overline{ab}$ einen Punkt c geben, der — entgegen der Behauptung 1° — einerseits zu G_j, andererseits zum Rande von Q (d. h. zu einem höchstens m-dimensionalen Element von $\mathfrak{S}$) gehörte. Durch diesen Widerspruch ist die Behauptung 2° bewiesen.

Es seien $G_1, \ldots, G_t$ diejenigen G_j, die Punkte von A enthalten und folglich in A liegen. Die $\overline{G}_1, \ldots, \overline{G}_t$ sind konvexe Zellen, die paarweise keine gemeinsamen inneren Punkte haben. Es gilt:

$$A = \sum_{j=1}^{t} G_j + A \cdot (R_1^m + \cdots + R_v^m).$$

Die Menge

$$A' = A \cdot (R_1^m + \cdots + R_v^m) = \sum_{h=1}^{s} \sum_{k=1}^{v} Q_h \cdot R_k^m$$

ist Summe von endlich-vielen konvexen Zellen, die auf $R_1^m + \cdots + R_v^m$ liegen, also nach unserer Induktionsvoraussetzung ein endliches Polyeder bilden. Es sei K' eine endliche Simplizialzerlegung des Polyeders A'. Durch K' sind auch die Ränder sämtlicher Zellen $\overline{G}_1, \ldots, \overline{G}_t$ simplizialzerlegt. Eine Zentralzerlegung jeder dieser Zellen in bezug auf die durch K' gelieferte Unterteilung ihres Randes liefert eine Simplizialzerlegung der ganzen Menge A, die sich somit als ein endliches Polyeder erweist.

Korollar I. *Die endlichen Polyeder sind identisch mit den Vereinigungsmengen von endlich-vielen konvexen Zellen oder auch mit den Vereinigungsmengen von endlich-vielen Simplexen.*

Korollar II. *Die Vereinigungsmenge von endlich-vielen endlichen Polyedern ist ein endliches Polyeder.*

Aufgaben. Der Leser beweise:

1. Der Durchschnitt zweier endlicher Polyeder ist ein endliches Polyeder.

2. Die abgeschlossene Hülle der Differenz zweier endlicher Polyeder ist ein endliches Polyeder.

2[1]. Offene Teilmengen von Polyedern. Satz II (Satz von Runge). *Jede offene Teilmenge G eines Polyeders P ist ein* (im allgemeinen, unendliches) *Polyeder*[2].

---

[1] Kann bei erster Lektüre überschlagen werden.

[2] Runge selbst hat [bei seinen funktionentheoretischen Untersuchungen, Acta math. Bd. 6 (1884) S. 229 u. f.] eine abgeschwächte Form dieses Satzes im Spezialfall ebener Gebiete bewiesen. Er hat jedenfalls als erster erkannt, daß (ebene) Gebiete sich in abzählbar viele Zellen (in seinem Falle Quadrate) zerlegen lassen, die paarweise keine gemeinsamen inneren Punkte haben. Der Übergang davon zu dem allgemeinen Satz, wie wir ihn hier formulieren, ist ohne wesentlich neue Schwierigkeit möglich und ist mehrfach durchgeführt worden. Die hier wiedergegebene Darstellung verdanken wir im wesentlichen einer freundlichen Mitteilung von Herrn K. Borsuk.

Beweis. Hilfssatz. Es seien Q' und Q'' zwei Teilkomplexe des lokal-endlichen simplizialen Komplexes K; die Polyeder $\bar{Q}'$ und $\bar{Q}''$ seien zueinander fremd. Dann gibt es für eine beliebige Unterteilung Q_1'' von Q'' eine solche Unterteilung K_1 von K, daß die Simplexe von Q' unzerlegt bleiben und K_1 auf Q'' mit Q_1'' zusammenfällt.

Beweis des Hilfssatzes. Wir dürfen annehmen, daß ein Simplex[1], dessen Eckpunkte zu Q'' gehören, auch selbst zu Q'' gehört, denn die Voraussetzung des Hilfssatzes bleibt offenbar erfüllt, wenn man dem Komplex Q'' alle Simplexe mit zu Q'' gehörenden Eckpunkten hinzufügt und danach mittels Zentralunterteilung (Induktion nach der Dimensionszahl!) die ursprüngliche Unterteilung Q_1'' auf den durch Hinzufügung der eben genannten Simplexe ergänzten Komplex Q'' erweitert.

Auf Grund der soeben gemachten Annahme gilt:

Jedes Simplex $\bar{x}$ von K wird aufgespannt[2] von zwei Simplexen $\bar{y}$ und $\bar{x}''$, von denen das erste zu Q'' fremd ist und das zweite zu Q'' gehört: $\bar{x} = \bar{y}\,\bar{x}''$; dabei kann das eine unter den beiden Simplexen $\bar{x}''$ und $\bar{y}$ in Fortfall geraten, und zwar geschieht dies immer dann, wenn $\bar{x}$ selbst ein zu Q'' fremdes bzw. zu Q'' gehörendes Simplex ist.

Die gesuchte Unterteilung K_1 von K wird nun definiert als die Zerlegung eines jeden Simplexes $\bar{x} = \bar{y}\,\bar{x}''$ in die Simplexe $\bar{y}\,\bar{x}_i''$, wobei die Simplexe x_i'' diejenigen Simplexe sind, in die $\bar{x}''$ gemäß der Zerlegung Q_1'' zerfällt. Ist insbesondere $\bar{x}$ ein Simplex von Q'', also $\bar{x} = \bar{x}''$, so wird durch K_1 gerade die durch Q_1'' erzeugte Zerlegung von $\bar{x}$ geliefert, während im Falle $\bar{x} = \bar{y}$, also insbesondere im Falle, wenn $\bar{x}$ zu Q' gehört, das Simplex $\bar{x}$ unzerlegt bleibt. Der Hilfssatz ist hiermit bewiesen.

Jetzt gehen wir zum eigentlichen Beweis des Rungeschen Satzes über. Nach § 2, Nr. 7, Satz IV dürfen wir annehmen, daß P eine abgeschlossene Menge eines R^n ist.

Da der Fall $G = P$ ebenso wie der Fall $G = 0$ trivial ist, können wir ferner annehmen, daß $P - G \neq 0 \neq G$ ist. Sei p_0 ein beliebiger während des ganzen Beweises festbleibender Punkt von G. Wir wählen die lokal-endlichen Simplizialzerlegungen $K_1, K_2, \ldots, K_m, \ldots$ von P unter den folgenden beiden Bedingungen:

1) K_{m+1} ist eine Unterteilung von K_m.

2) Alle Simplexe von K_m sind ihrem Durchmesser nach kleiner als $\frac{1}{m}$.

Wir bezeichnen mit L_m den Komplex, welcher aus denjenigen Grundsimplexen von K_m aufgebaut ist, welche in G liegen und von p_0 höchstens um m entfernt sind. Da K_1 lokal-endlich und $\bar{K}_1 = P$ im R^n abgeschlossen ist, ist jeder in einem beschränkten Raumgebiet liegende Teil von K_1 (folglich auch von K_m) endlich; insbesondere ist L_m

[1] Von K. [2] Vgl. § 2, Nr. 5.

bei jedem $m = 1, 2, 3, \ldots$ ein endlicher Komplex. Offenbar ist $\overline{L}_m \subset \overline{L}_{m+1} \subset G$ bei jedem m. Ferner gilt

(1) $$\sum \overline{L}_m = G.$$

Denn ist p ein beliebiger Punkt von G, und m so groß, daß $m > \varrho(p_0, p)$ und $\frac{1}{m} < \varrho(p, P-G)$ ist, so gehört p zu $\overline{L}_m$. Da die $\overline{L}_m$ eine wachsende Mengenfolge bilden, so folgt aus (1), daß bei jeder Wahl der wachsenden Folge natürlicher Zahlen

(2) $$m_1 < m_2 < \cdots < m_k < \cdots$$

notwendig

(3) $$\sum_k \overline{L}_{m_k} = G$$

ist.

Da $\overline{L}_m$ kompakt ist, gibt es für jedes m ein $\varepsilon_m > 0$ derart, daß

(4) $$\varrho(\overline{L}_m, P - G) > \varepsilon_m.$$

Wir wählen jetzt eine Folge (2) natürlicher Zahlen unter der Bedingung

(5) $$\frac{1}{m_{k+1}} < \varepsilon_{m_k}, \qquad k = 1, 2, 3, \ldots,$$

und setzen[1]

$$\overline{Q}_1 = \overline{L}_{m_1}, \ldots, \overline{Q}_k = \overline{\overline{L}_{m_k} - \overline{L}_{m_{k-1}}}, \ldots.$$

Bei jedem k ist dabei das Polyeder $\overline{Q}_k$ in zu L_{m_k} gehörende Simplexe zerlegt, so daß es in einer festen Simplizialzerlegung Q_k vorliegt. Aus der Bedingung (5) und der Definition der L_m folgt ferner, daß

(6) $$\overline{Q}_k \cdot \overline{Q}_h = 0 \quad \text{für} \quad |k - h| > 1$$

gilt. Schließlich ist

(7) $$\sum_k \overline{Q}_k = \sum_k \overline{L}_{m_k} = G.$$

Die Punktmenge $\overline{Q}_k \cdot \overline{Q}_{k-1}$ besteht aus gewissen Simplexen von Q_k, so daß wir $\overline{Q}_k \cdot \overline{Q}_{k-1} = \overline{Q}'_k$ schreiben können, wobei Q'_k ein Teilkomplex von Q_k ist[2]. Die Punktmenge $\overline{Q}_k \cdot \overline{Q}_{k+1}$ besteht aus gewissen Simplexen von $L_{m_{k+1}}$, die (bei der Unterteilung $K_{m_{k+1}}$ entstandene) Teilsimplexe bestimmter Simplexe von Q_k sind. Diese Simplexe von Q_k bilden einen Teilkomplex Q''_k von Q_k, wobei offenbar $\overline{Q}''_k \supset \overline{Q}_k \cdot \overline{Q}_{k+1}$ ist; da aber $\overline{Q}_k \cdot \overline{Q}_{k+1}$ die Begrenzung von $\overline{L}_{m_k}$ (in G) ist, ist $\overline{Q}_k \cdot \overline{Q}_{k+1}$ Vereinigungsmenge gewisser Simplexe von L_{m_k}, also ist $\overline{Q}_k \cdot \overline{Q}_{k+1} = \overline{Q}''_k$. Betrachten

[1] Die Querstriche über L_{m_k} bzw. $L_{m_{k-1}}$ bedeuten den Übergang vom Komplex L_{m_k} bzw. $L_{m_{k-1}}$ zum zugehörigen Polyeder $\overline{L}_{m_k}$ bzw. $\overline{L}_{m_{k-1}}$; der Querstrich über $\overline{L}_{m_k} - \overline{L}_{m_{k-1}}$ bedeutet den Übergang zur abgeschlossenen Hülle der Punktmenge $\overline{L}_{m_k} - \overline{L}_{m_{k-1}}$.

[2] $\overline{Q}'_k$ bzw. Q'_k ist durch diese Vorschrift für jedes $k > 1$ definiert; wir dürfen also einige Zeilen weiter ohne weiteres von $\overline{Q}'_{k+1}$ bzw. Q'_{k+1} sprechen.

wir die durch $K_{m_{k+1}}$ hervorgerufene Unterteilung $Q_k''' = Q_{k+1}'$ von Q_k'', so ist $\overline{Q}_k \cdot \overline{Q}_{k+1} = \overline{Q}_{k+1}'$. Nun gibt es nach dem Hilfssatz eine Unterteilung H_k von Q_k, welche auf $\overline{Q}_k' = \overline{Q}_k \cdot \overline{Q}_{k-1}$ mit Q_k', auf Q_k'' mit $Q_k''' = Q_{k+1}'$ identisch ist, also auf $\overline{Q}_k \cdot \overline{Q}_{k+1}$ mit Q_{k+1}, d. h. mit $K_{m_{k+1}}$, übereinstimmt. (Abb. 8a, b.)

Auf diese Weise wird für jedes $\overline{Q}_k$ die Simplizialzerlegung H_k konstruiert. Da nach der Konstruktion H_k auf $Q_k \cdot \overline{Q}_{k+1}$ an H_{k+1}, auf $\overline{Q}_k \cdot Q_{k-1}$ an H_{k-1} anschließt, während andererseits (7) gilt, bildet die *Vereinigung* aller H_k einen (offenbar lokal-endlichen) Komplex, und zwar eine Simplizialzerlegung von G, wie wir sie haben wollten.

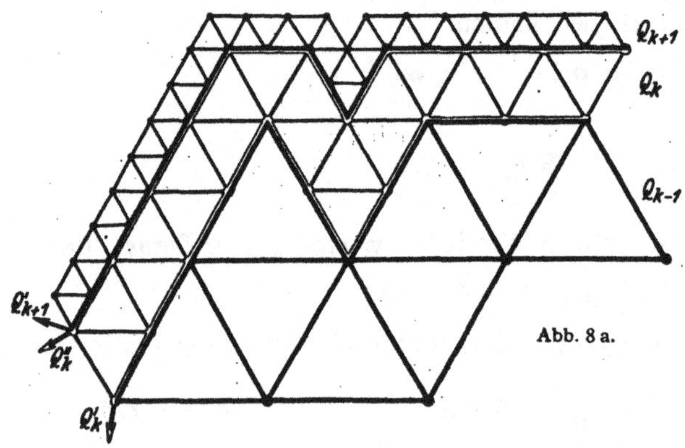

Abb. 8 a.

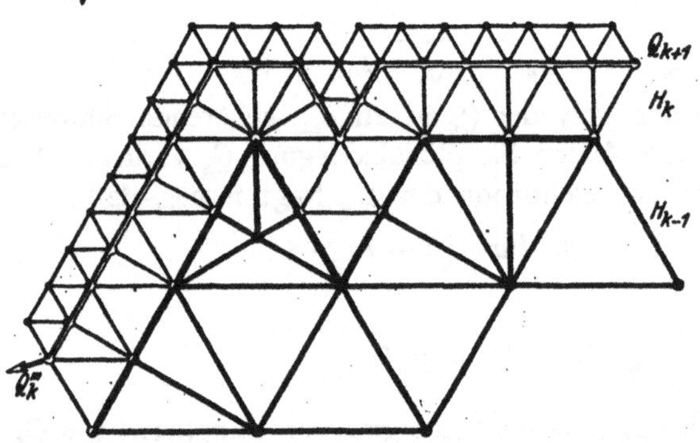

Abb. 8 b.

Der Satz von Runge ist hiermit bewiesen.

3[1]. Die obige Beweismethode wenden wir fast ohne Änderung auf den Beweis eines Satzes an, den wir später (bei dem Invarianzsatz für Bettische Gruppen, Kap. IX, § 2, Nr. 8) brauchen werden.

Satz III. *K sei ein Euklidischer Komplex mit den Grundelementen $\mathfrak{x}_1, \mathfrak{x}_2, \ldots, \mathfrak{x}_k, \ldots$ Es sei X_k der Komplex, welcher aus $\mathfrak{x}_k$ durch h_k-fache baryzentrische Unterteilung entsteht*[2].

Dann gibt es eine simpliziale Unterteilung K' von K, deren auf $\mathfrak{x}_k$ liegende Elemente bei jedem k eine Unterteilung von X_k bilden.

Beweis. Wir konstruieren der Reihe nach die endlichen Teilkomplexe K_k von K folgendermaßen. K_1 hat die Zelle $\mathfrak{x}_1$ als einziges Grund-

[1] Kann bei erster Lektüre überschlagen werden.

[2] Ist Q irgendein Euklidischer Komplex, Q_1 die baryzentrische Unterteilung von Q, Q_2 die baryzentrische Unterteilung von Q_1 usw., Q_h die baryzentrische Unterteilung von Q_{h-1}, so sagt man, daß Q_h aus Q durch *h-fache baryzentrische Unterteilung* entsteht, oder auch, daß Q_h eine h-fache baryzentrische Unterteilung von Q ist. Statt h-fache baryzentrische Unterteilung sagen wir auch baryzentrische Unterteilung *vom Grade h*.

element. Man erhält die Grundelemente von K_{k+1}, wenn man zu den Grundelementen von K_k alle an sie anschließenden Grundelemente von K sowie das Element $\bar{x}_{k+1}$ hinzunimmt. Offenbar ist $\sum K_k = K$.

Jedem Element $\bar{x}_i$ von K_k ist laut unserer Voraussetzung eine Zahl h_i, der Grad der baryzentrischen Unterteilung X_i von $\bar{x}_i$ zugeordnet. Die größte unter diesen Zahlen bezeichnen wir mit λ_k; es sei L_k die λ_k-fache baryzentrische Unterteilung von K_k. Wir bezeichnen ferner mit $\overline{Q}_1$ das Polyeder $\overline{L}_1$, mit $\overline{Q}_k$ das Polyeder $\overline{L_k - L_{k-1}}$. Bei jedem k ist dabei das Polyeder $\overline{Q}_k$ in zu L_k gehörende Simplexe zerlegt, so daß es in einer festen Simplizialzerlegung Q_k vorliegt. Des weiteren ist $\sum \overline{Q}_k = \overline{K}$, und für $|k-h| > l$ gilt $\overline{Q}_k \cdot \overline{Q}_h = 0$. Es gelten mit anderen Worten die Formeln (6) und (7) von Nr. 2 mit der einzigen Änderung, daß jetzt $m_k = k$ und $G = \overline{K}$ ist. Der weitere Verlauf des Beweises des Satzes III stimmt mit dem Schlußteil des Beweises des Rungeschen Satzes (von der Formel (7) an) wörtlich überein. Die Vereinigung der Komplexe H_k (vgl. die letzten Zeilen des Beweises des Satzes von RUNGE) ergibt in unserem Falle die gesuchte Unterteilung K' von K, w. z. b. w.

§ 4. Baryzentrische Überdeckungen. Krumme Polyeder. Übergang zum abstrakten Standpunkt.

1. Es wurde bereits festgestellt (§ 2, Nr. 3, Bemerkung I), daß jedes Grundsimplex der baryzentrischen Unterteilung K_1 eines Komplexes K einen einzigen („führenden") Eckpunkt besitzt, der zugleich ein Eckpunkt von K ist. Wir betrachten jetzt die Vereinigungsmenge $B(a)$ aller Grundsimplexe von K_1, die denselben führenden Eckpunkt a haben. $B(a)$ ist ein endliches Polyeder; wir nennen es den *baryzentrischen Stern von K mit dem Mittelpunkt a*. Offenbar gehört jeder Punkt von $\overline{K}$ zu mindestens einem baryzentrischen Stern von K, so daß die baryzentrischen Sterne eine abgeschlossene Überdeckung (die *zu K gehörende baryzentrische Überdeckung*) des Polyeders P bilden. Als Beispiel baryzentrischer Überdeckungen kann Abb. 6a dienen.

Von baryzentrischen Sternen bzw. Überdeckungen gelten folgende wichtigen Sätze.

Satz I. *Zu jedem (Grund- oder Neben-) Element $\bar{x}$ des (lokal-endlichen) Komplexes K gibt es eine Umgebung $U(\bar{x})$ in bezug auf $\overline{K}$, die in der Vereinigungsmenge derjenigen baryzentrischen Sterne enthalten ist, welche die Eckpunkte von $\bar{x}$ zu Mittelpunkten haben, und die zu jedem anderen baryzentrischen Stern von K fremd ist.*

Beweis. Bei Benutzung der in § 1, Nr. 7 eingeführten Begriffe und Bezeichnungen genügt es, zu zeigen: $S_{K_1}(\bar{x})$ besteht aus allen baryzentrischen Sternen, die eine Ecke von $\bar{x}$ als Mittelpunkt haben, d. h. denjenigen Grundsimplexen von K_1, die einen Eckpunkt mit $\bar{x}$ gemeinsam haben; denn dann erfüllt $U(\bar{x}) = O_{K_1}(\bar{x})$ die Behauptung.

Da jedes Simplex von K_1, das mit $\bar{x}$ einen Eckpunkt gemein hat, nach Definition von $S_{K_1}(\bar{x})$ zu $S_{K_1}(\bar{x})$ gehört, bleibt zu beweisen: b sei ein Eckpunkt von K, der nicht Eckpunkt von $\bar{x}$ ist; $\bar{y}$ sei ein Grundsimplex von K_1 mit b als führendem Eckpunkt; dann ist $\bar{y}$ fremd zu $\bar{x}$.

Wir beweisen dies, nicht nur für Grund-, sondern auch für Nebensimplexe $\bar{y}$, durch Induktion bezüglich der Dimension von $\bar{y}$. Ist $\bar{y}$ nulldimensional, so ist $\bar{y} = b$, die Behauptung also richtig. Es sei $\bar{y}$ r-dimensional und die Behauptung für jedes s-dimensionale baryzentrische Simplex $\bar{y}'$ mit $s < r$ schon bewiesen. Das Simplex $\bar{y}$ hat die Form $\overline{oy'}$, wobei o der Schwerpunkt eines Simplexes $\bar{Y}$ von K und $\bar{y}'$ ein baryzentrisches Simplex auf dem Rande von $\bar{Y}$ mit b als Eckpunkt ist. Nach Induktionsvoraussetzung ist $\bar{y}'$ fremd zu $\bar{x}$. Aber auch $\bar{y} - \bar{y}'$ ist fremd zu $\bar{x}$, denn $\bar{y} - y'$ besteht aus inneren Punkten von $\bar{Y}$; würde ein solcher Punkt zu $\bar{x}$ gehören, so wäre $\bar{Y}$ eine (eigentliche oder uneigentliche) Seite von $\bar{x}$, also b Eckpunkt von $\bar{x}$.

Zusatz zum Satz I. *Zu jedem Element $\bar{x}$ von K gibt es ein $\varepsilon(\bar{x}) > 0$ von der Eigenschaft, daß jeder baryzentrische Stern von K, dessen Mittelpunkt nicht Eckpunkt von $\bar{x}$ ist, von $\bar{x}$ eine Entfernung $\geqq \varepsilon(\bar{x})$ hat.*

Denn $\bar{x}$ hat von dem Polyeder $\overline{A_{K_1}(\bar{x})}$, das von den genannten Sternen gebildet wird, eine positive Entfernung.

Hierin ist enthalten:

Korollar. *Ein Punkt p von $\bar{K}$ kann nur in solchen baryzentrischen Sternen von K liegen, deren Mittelpunkte Eckpunkte des Trägers von p sind. Insbesondere liegt jeder Eckpunkt a von K in einem einzigen baryzentrischen Sterne — nämlich in $B(a)$.*

Aus dem soeben Bewiesenen folgern wir leicht den

Satz II. *Die (irgendwie gewählten) baryzentrischen Sterne $B(a_1) = B_1$, $B(a_2) = B_2, \ldots, B(a_s) = B_s$ des (lokal-endlichen) Komplexes K haben dann und nur dann einen gemeinsamen Punkt, wenn die Mittelpunkte der Sterne unter den Eckpunkten eines Elementes von K enthalten sind.*

Beweis. Wir setzen zuerst voraus, daß die Mittelpunkte a_i der B_i Eckpunkte eines Elementes $\bar{x}$ von K sind, und beweisen, daß dann das Zentrum o von $\bar{x}$ in jedem unserer Sterne — etwa in B_1 — enthalten ist.

Um sich davon zu überzeugen, betrachte man ein Grundelement $\bar{X}$ von K, welches $\bar{x}$ als (eigentliche oder uneigentliche) Seite enthält. Es gibt unter den baryzentrischen Teilsimplexen von $\bar{X}$ das Simplex $\bar{y} = (\overline{o' o_1' \ldots o_i' o\, o_1'' \ldots o_h''})$, wobei $o_i', \ldots, o_1', o'$ Zentra der Zellen $\bar{X}_i', \ldots, \bar{X}_1', \bar{X}$ sind, von denen jede eine Seite der folgenden ist und $\bar{x}$ als Seite enthält, während $o_1'', \ldots, o_h''$ Zentra der Zellen $\bar{x}_1'', \ldots, \bar{x}_h''$ sind, von denen die erste eine Seite von $\bar{x}$, jede folgende eine Seite der vorangehenden und die letzte der Eckpunkt a_1 ist. Das Simplex $\bar{y}$ hat den führenden Eckpunkt a_1, ist somit in B_1 enthalten; da es andererseits das Zentrum o von $\bar{x}$ zu seinen Eckpunkten zählt, ist dieses Zentrum tatsächlich ein Punkt von B_1.

Die eine Hälfte des Satzes II ist hiermit bewiesen.

Um die zweite zu beweisen, nehmen wir an, daß die Sterne $B_1, B_2, \ldots, B_s$ mindestens einen gemeinsamen Punkt p haben. Ist $\bar{x}$ der Träger von p, so ist (nach dem Korollar zum Satz I) der Mittelpunkt eines jeden baryzentrischen Sternes, welcher p enthält, insbesondere also der Mittelpunkt eines jeden unter den Sternen $B_1, \ldots, B_s$, Eckpunkt von $\bar{x}$, w. z. b. w.

Zusatz I. *Die (irgendwie gewählten) baryzentrischen Sterne $B(a_1)$, $B(a_2), \ldots, B(a_s)$ des simplizialen Komplexes K haben dann und nur dann einen nichtleeren Durchschnitt, wenn es in K ein Simplex mit den Eckpunkten $a_1, \ldots, a_s$ gibt.*

Zusatz II. *Die Ordnung*[1] *der baryzentrischen Überdeckung eines n-dimensionalen simplizialen Komplexes ist gleich $n+1$.*

2. Krumme Polyeder und krumme Komplexe. Die Ausführungen dieses Kapitels über Polyeder und Komplexe schließen wir mit einer kurzen Übersicht der wichtigsten Verallgemeinerungen dieser Begriffe.

Definition eines krummen Zellenkomplexes. Ein höchstens abzählbares System $\mathfrak{K}$ von Punktmengen A_i eines topologischen Raumes R heißt ein *krummer Zellenkomplex,* wenn die Vereinigungsmenge $\overline{\mathfrak{K}} = \Sigma A_i$ der Elemente von $\mathfrak{K}$ sich derart topologisch auf ein Euklidisches Polyeder $P = \bar{K}$ abbilden läßt, daß bei dieser Abbildung die Mengen A_i den Elementen einer Zellenzerlegung K von P eineindeutig entsprechen (so daß dabei jedes Element von K Bild einer Menge A_i und jedes A_i Urbild eines Elementes von K ist).

Ist dabei P eine n-dimensionale konvexe Zelle und K der aus allen Seiten von P gebildete Komplex (die Zellenhülle), so heißt das Mengensystem $\mathfrak{K}$ eine *krumme Zellenhülle.*

Ist K ein simplizialer Komplex, so heißt auch $\mathfrak{K}$ ein krummer simplizialer Komplex.

Die Vereinigungsmenge $\overline{\mathfrak{K}} = \Sigma A_i$ der Elemente eines krummen Zellenkomplexes $\mathfrak{K}$ heißt ein *krummes Polyeder;* der krumme Zellenkomplex $\mathfrak{K}$ heißt eine *(krumme) Zellenzerlegung* des krummen Polyeders $\overline{\mathfrak{K}}$. Ist $\mathfrak{K}$ eine n-dimensionale krumme Zellenhülle, so heißt die Punktmenge $\overline{\mathfrak{K}}$ eine krumme n-dimensionale Zelle oder kurz ein *n-dimensionales Element.*

Offenbar können *die krummen Polyeder einfach als topologische Räume definiert werden, die den Euklidischen Polyedern homöomorph sind. Unter den krummen Polyedern sind die krummen Zellen als topologische Räume, die konvexen Zellen homöomorph sind, ausgezeichnet.*

Beispiele krummer Komplexe des R^3 sind auf den beigefügten Abbildungen 9a—e gegeben.

---

[1] Kap. I, § 2, Nr. 13.

Unter den n-dimensionalen krummen Polyedern sind neben den n-dimensionalen Elementen die *n-dimensionalen sphärischen Mannigfaltigkeiten*, d. h. die topologischen Bilder der S^n (vgl. Kap. I, § 1, Nr. 9, Beispiel) besonders zu erwähnen. In Fällen, wo keine Mißverständnisse zu erwarten sind, werden auch allgemeine n-dimensionale sphärische Mannigfaltigkeiten mit S^n bezeichnet. Um zu zeigen, daß die sphärischen Mannigfaltigkeiten tatsächlich krumme Polyeder sind, genügt es, diese Behauptung für die S^n selbst, also für die Einheitssphäre $S^n(o, 1)$ des R^n zu beweisen. Man erhält aber eine Zellenzerlegung der Einheitssphäre, wenn man in ihrem Innern (d. h. in der sphärischen Umgebung $U(o, 1)$, wobei o der Koordinatenanfang des R^{n+1} ist) eine $(n+1)$-dimensionale konvexe Zelle Q^{n+1} nimmt und ihren Rand auf die $S^n(o, 1)$

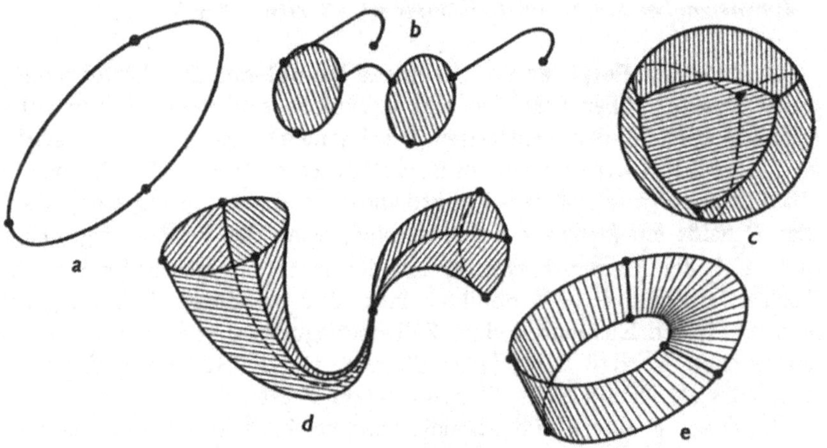

Abb. 9a—e.

aus einem inneren Punkt von Q^{n+1} projiziert. Die auf diese Weise erhältlichen Zellenzerlegungen der S^n (und diejenigen, die aus ihnen mittels Homöomorphie auf beliebige sphärische Mannigfaltigkeiten übergetragen werden) sind die einzigen, die im folgenden unter Zellenzerlegungen der S^n (bzw. einer sphärischen Mannigfaltigkeit) gemeint werden. Liegt insbesondere der Rand von Q^{n+1} in einer simplizialen Zerlegung vor (d. h. sind die Seiten von Q^{n+1} Simplexe — man denke etwa an ein Tetraeder [Abb. 9c], Oktaeder oder Ikosaeder), so entsteht durch Projektion eine (krumme) Simplizialzerlegung der S^n.

Bemerkung I. Einem und demselben krummen Komplex $\mathfrak{K}$ entsprechen vermöge der Definition eines krummen Komplexes verschiedene, jedoch (der Leser beweise es!) notwendig isomorphe Euklidische Komplexe K; die Dimensionszahl von K heißt auch die Dimensionszahl von $\mathfrak{K}$. Diese Dimensionszahl ist eindeutig bestimmt, denn nach § 1, Nr. 3, Satz I haben zwei isomorphe Euklidische Zellenkomplexe dieselbe Dimensionszahl.

Bemerkung II. Der berühmte Brouwersche Satz über die Invarianz der Dimensionszahl[1] lehrt, daß zwei Euklidische Polyeder verschiedener Dimensionszahlen nicht homöomorph sein können; somit kann auch ein und derselbe topologische Raum unmöglich zwei Polyedern verschiedener Dimensionszahlen homöomorph sein. Dadurch ist die Dimensionszahl auch für jedes krumme Polyeder eindeutig bestimmt: unter der Dimensionszahl eines krummen Polyeders $\mathfrak{P}$ versteht man die Dimensionszahl einer unter seinen krummen Zellenzerlegungen oder, was dasselbe ist, die Dimensionszahl eines beliebigen Euklidischen Polyeders, dem das krumme Polyeder $\mathfrak{P}$ homöomorph ist.

Bemerkung III. Liegt eine n-dimensionale krumme Zelle E^n vor, d. h. ein topologischer Raum, der einer n-dimensionalen konvexen Zelle homöomorph ist, so hat es keinen Sinn, von den Seiten von E^n zu sprechen, denn man weiß nicht, ob man E^n als topologisches Bild eines Simplexes, eines Würfels oder einer Vollkugel auffassen soll. Dagegen hat es klaren Sinn, von den Seiten einer krummen Zellenhülle zu sprechen. Aus analogen Gründen lassen sich die „simplizialen Zellen" nur als Spezialfall der krummen Zellenhüllen, nicht als Spezialfall der n-dimensionalen Elemente definieren[2].

Da die Euklidischen Polyeder einen Spezialfall der krummen Polyeder bilden, kann man auch von krummen Zellenzerlegungen eines Euklidischen Polyeders sprechen; offenbar gilt dabei folgendes: Sind *ein krummes Polyeder $\mathfrak{P}$ und irgendein ihm homöomorphes Euklidisches Polyeder P gegeben, so ist jede krumme Zellenzerlegung von $\mathfrak{P}$ einer (im allgemeinen ebenfalls krummen) Zellenzerlegung von P isomorph.* Andererseits ist aber *jede krumme Zellenzerlegung von $\mathfrak{P}$ einem Euklidischen Komplex, d. h. einer „Euklidischen" Zellenzerlegung eines (passend gewählten) mit $\mathfrak{P}$ homöomorphen Euklidischen Polyeders isomorph.* Man kann also die Gesamtheit der kombinatorischen Typen verschiedener krummer *Zellen*zerlegungen eines krummen Polyeders $\mathfrak{P}$ auf jede der beiden folgenden Weisen definieren: a) als *krumme* Zellenzerlegungen *irgendeines* beliebig gewählten mit $\mathfrak{P}$ homöomorphen Euklidischen Polyeders P; b) als *Euklidische* Zellenzerlegungen *verschiedener* mit $\mathfrak{P}$ homöomorpher Euklidischer Polyeder.

Dagegen kennen wir bis heute keinen rein kombinatorischen, d. h. von Stetigkeitsbegriffen freien „Äquivalenzbegriff", der die folgende

---

[1] Vgl. wegen verschiedener Beweise: Kap. VIII, § 4, Nr. 2; Anhang zum Kap. IX. Kap. IX, § 2, Nr. 3.

[2] Man könnte sich auch auf einen anderen Standpunkt stellen und ein n-dimensionales Element *mit einer gegebenen topologischen Abbildung auf eine feste konvexe Zelle* als krumme Zelle definieren. Die so erhaltenen krummen Zellen würden einen Spezialfall von „stetigen Zellen" (vgl. Kap. VIII, § 5) bilden. Dieser Begriff ist logisch komplizierter als der hier eingeführte Begriff der krummen Zellenhülle, denn er erfordert eine besondere Gleichheitsdefinition. Für die Zwecke des gegenwärtigen Kapitels ist diese weitere Verallgemeinerung des Zellenbegriffes überflüssig.

Eigenschaft hätte: Zwei Komplexe sind dann und nur dann einander „äquivalent", wenn sie (krumme) Zellenzerlegungen desselben Euklidischen Polyeders darstellen. Die sog. *„Hauptvermutung der kombinatorischen Topologie"* behauptet zwar, daß je zwei krumme Zellenzerlegungen eines Polyeders isomorphe Unterteilungen besitzen, sie ist aber bis jetzt sogar für endliche Komplexe unbewiesen geblieben[1].

8[2]. Trotzdem erobern die kombinatorischen Methoden immer größere Gebiete der topologischen Wissenschaft. Ihre Anwendbarkeit beruht darauf, daß sehr viele *topologische* Eigenschaften eines Polyeders sich auf *kombinatorische* Eigenschaften seiner Simplizialzerlegungen zurückführen lassen[3]. Eine analoge Zurückführung gilt dabei nicht nur für Polyeder, sondern für eine außerordentlich weitumschriebene Klasse geometrischer Gebilde, nämlich für alle kompakten metrischen Räume. Um anzudeuten, worum es sich handelt, führen wir folgende Definition ein.

Definition. Es liege ein endliches oder abzählbares Mengensystem $\mathfrak{S}$ von einer endlichen Ordnung $r+1$ (Kap. I, § 2, Nr. 13) und ein simplizialer Komplex K von der Eigenschaft vor, daß die Eckpunkte a von K den Elementen des Mengensystems $\mathfrak{S}$ eineindeutig zugeordnet sind, und zwar so, daß gewisse (beliebig gewählte) Eckpunkte $a_1, \ldots, a_s$ von K dann und nur dann das Eckpunktgerüst eines (Grund- oder Neben-) Simplexes von K bilden, wenn die ihnen entsprechenden Mengen des Systems $\mathfrak{S}$ einen nicht leeren Durchschnitt haben. Unter diesen Bedingungen sagt man, daß der (bis auf Isomorphie eindeutig bestimmte) Komplex K der *Nerv* des Mengensystems $\mathfrak{S}$ ist.

Dem Zusatz I zum Satz II des gegenwärtigen Paragraphen können wir jetzt die folgende prägnante Form geben:

Jeder lokal-endliche simpliziale Komplex ist der Nerv des Systems seiner baryzentrischen Sterne[4].

---

[1] Soeben ist in den Monatsheften f. Math. und Phys. 42 eine Arbeit von Nöbeling erschienen, die dem Beweis der Hauptvermutung im Falle der Mannigfaltigkeiten gewidmet ist.

[2] Diese Nummer ist nur als Ausblick auf die mengentheoretischen Anwendungen der Begriffsbildungen der kombinatorischen Topologie gedacht. Diese Anwendungen selbst werden im zweiten Bande dargestellt. Die Kenntnis des Inhalts dieser Nummer wird nirgends im Buche vorausgesetzt.

[3] Stellt man sich auf den Standpunkt der allgemeinen Theorie der topologischen (insbesondere auch der diskreten) Räume (vgl. § 1, Nr. 8 und den dortigen Hinweis auf Kap. I), so liegt eine stetige Abbildung $\varkappa$ des Polyeders $P = \overline{K}$ auf seine Simplizialzerlegung K vor (letztere als diskreter Raum aufgefaßt). Die Topologie von P wird mit der Topologie des diskreten Raumes K durch $\varkappa$ in Verbindung gebracht; auf die Untersuchung der so gewonnenen Beziehung kommt es in der kombinatorischen Topologie der Polyeder an. Die kombinatorischen Methoden in allgemeineren topologischen Theorien lassen sich letzten Endes so fassen, daß gewisse diskrete „Hilfsräume" zu dem gegebenen Kompaktum in Beziehung gebracht werden. Ein Spezialfall dieser Auffassung der Dinge wird in den folgenden Zeilen andeutungsweise besprochen.

[4] Diese Tatsache bildet die Grundlage vieler Betrachtungen des Kapitels IX.

Nun läßt jeder kompakte metrische Raum beliebig feine endliche (abgeschlossene oder offene) Überdeckungen zu. Wenn man die Nerven dieser Überdeckungen betrachtet, so erhält man eine Folge von Komplexen, die den Raum auf eine ganz bestimmte, hier nicht näher zu erörternde Weise *approximieren*[1]. Die Möglichkeit eines solchen Approximationsverfahrens ergibt auch die Möglichkeit einer Übertragung kombinatorischer Methoden auf die Topologie der kompakten metrischen Räume, also auf die topologische Untersuchung von sehr allgemeinen geometrischen Gebilden. Es sei aber sogleich erwähnt, daß bei einer solchen Übertragung der Begriff eines Komplexes in einem viel abstrakteren Sinne auftritt als in unserer bisherigen Darstellung: Der Komplex wird immer mehr zu einem abstrakten Schema, zu einem Gesetz, das lediglich dazu dient, die Heftungen der einzelnen Elemente — d. h. der Simplexe des Komplexes — zu bestimmen. Die Natur dieser Elemente — ob sie „gerade" oder „krumm" sind — ist uns bei dieser Auffassung der Dinge völlig gleichgültig: *Alles was uns an einem Komplex interessiert, liegt schon in dem System seiner Eckpunkte und in der Verteilung derselben auf die Eckpunktgerüste seiner einzelnen Simplexe vor*[2].

Man kommt auf diese Weise zum Begriff eines *abstrakten Komplexes*: Ein solcher entsteht, wenn man seine Eckpunkte angibt, mit der Vorschrift, nach der Eckpunkte zu Eckpunktgerüsten von (abstrakten) Simplexen des Komplexes vereinigt werden. Das jeweilige Simplex selbst bleibt dabei undefiniert — am einfachsten identifiziert man es mit seinem Eckpunktgerüst. Auch die einzelnen Eckpunkte sollen beliebige Gegenstände sein, Elemente einer Menge, die der *Eckpunktbereich* der betreffenden topologischen Theorie heißt. Auf diesen Standpunkt stellen wir uns im nächsten Kapitel; wir bauen ihn konsequent und von Anfang an aus; wir werden dabei die Bezeichnung „abstrakter" Komplex vermeiden, denn diese abstrakten Komplexe enthalten ja die bisherigen „konkreten" simplizialen Euklidischen Komplexe als einen Spezialfall; vielmehr werden wir einfach von *absoluten Komplexen* des gegebenen Eckpunktbereiches sprechen — *absolut* zum Unterschied von den „algebraischen" Komplexen, die ebenfalls im nächsten Kapitel definiert werden sollen und mit dem uns bisher bekannten Komplexbegriff zunächst nur wenig zu tun haben.

4. Als Mittelpunkt einer ins Prinzipielle gerichteten topologischen Untersuchung scheinen die Polyeder ziemlich wenig geeignet: sie sind einerseits zu allgemein, andererseits zu speziell. *Zu allgemein*, wenn

---

[1] Dieses Approximationsverfahren wird im zweiten Bande eingehend dargestellt.

[2] Es ist dies übrigens nur eine Vertiefung der elementaren Tatsache, daß die Euklidischen Simplexe und ihre Eckpunktgerüste einander eineindeutig entsprechen.

man diejenigen Gebilde im Auge hat, die bis jetzt die schönsten Früchte geometrischer Forschung gebracht haben und uns die verlockendsten und schwierigsten Einzelprobleme stellen — denn diese Gebilde sind innerhalb der Topologie zweifellos die Mannigfaltigkeiten[1], also gewisse *spezielle* Polyeder. *Zu speziell*, wenn man eine systematische und in sich begrifflich abgeschlossene Theorie der geometrischen Gestalt als Ziel betrachtet; denn seitdem die Mengenlehre nun einmal da ist, kann man dieses Ziel gewiß nicht eher erreichen als nach Heranziehung wenigstens der abgeschlossenen Mengen der gewöhnlichen Koordinatenräume. Ungeachtet dieses Sachverhaltes führt gerade die Polyedertopologie zur Aufstellung von Begriffen, die einerseits für die Untersuchung speziellerer Fragestellungen eine unentbehrliche Grundlage bilden, andererseits aber die gegenwärtig fruchtbarsten Methoden einer allgemeinen topologischen Raum- und Abbildungstheorie liefern. Es sind dies der Komplexbegriff und die Begriffe, die aus diesem durch Eingreifen algebraischer Begriffsbildungen entstammen. Sie sollen in dem nächsten Kapitel untersucht werden. Um aber den leitenden Faden nicht zu verlieren, muß man eins beachten: Wir entnehmen die Grundbegriffe aller weiteren Ausführungen dem konkreten und am Zufälligen haftenden Material der Polyeder, lassen sie dann die läuternde Wirkung der stärksten Abstraktion erfahren, um ein Werkzeug zu erhalten, welches nachher wiederum auf die konkrete geometrische Wirklichkeit — im allgemeinen wie im speziellen — angewendet werden soll, und allen Anforderungen, die eine solche Anwendung stellt, auch wirklich gewachsen ist.

Viertes Kapitel.

Eckpunkt- und Koeffizientenbereiche.

[1] Vgl. Kap. X, § 3, Nr. 10.

§ 1. Eckpunktbereiche. Absolute Komplexe.

1. Eckpunktbereiche und absolute Simplexe. E sei eine Menge von irgendwelchen Elementen, die *Eckpunkte* heißen; in ihr seien gewisse endliche Teilmengen ausgezeichnet — die *Gerüste*; dabei soll *jede Teilmenge eines Gerüstes selbst ein Gerüst* sein. Unter diesen Bedingungen heißt die Menge E ein *Eckpunktbereich.*

Jedem Gerüst

(1) $$a_0, a_1, \ldots, a_n$$

sei eineindeutig ein gewisser Gegenstand zugeordnet: *das von dem Gerüst* (1) *aufgespannte* (*absolute*) *Simplex*; insbesondere kann dieser Gegenstand auch das Gerüst (1) selbst sein. Die leere Menge ist als Teilmenge jedes Gerüstes selbst ein Gerüst; sie spannt das *leere* Simplex auf.

Das vom Gerüst (1) aufgespannte absolute Simplex wird mit

(2) $$|a_0 a_1 \ldots a_n|$$

bezeichnet; es wird auch das (absolute) *Simplex mit den Eckpunkten* $a_0, a_1, \ldots, a_n$ genannt. Sodann ist (1) *das Eckpunktgerüst des Simplexes* (2).

Die um 1 verminderte Anzahl der Eckpunkte eines Simplexes heißt seine *Dimensionszahl*; in unserem Falle ist also (2) ein *n-dimensionales* Simplex. Das leere Simplex hat die Dimensionszahl -1. Ein n-dimensionales absolutes Simplex wird gewöhnlich mit $|x^n|$ (oder $|y^n|$ usw.) bezeichnet:

(3) $$|x^n| = |a_0 a_1 \ldots a_n|.$$

Jede Teilmenge von (1) ist ein Gerüst; das entsprechende Simplex heißt eine *Seite* von (2). Insbesondere ist das Simplex (2) selbst seine *einzige n-dimensionale Seite*; für jedes r, $0 \leqq r \leqq n$, gibt es offenbar

$$\binom{n+1}{r+1} = \frac{(n+1)n \ldots (n+1-r)}{1 \cdot 2 \cdot \ldots \cdot (r+1)}$$

r-dimensionale Seiten; außerdem gibt es die leere oder (-1)-dimensionale Seite. Die (-1)- und die n-dimensionale Seite eines n-dimensionalen Simplexes heißen seine *uneigentlichen* Seiten.

Wenn zwei Simplexe eine Anzahl gemeinsamer Eckpunkte haben, haben sie auch die von diesen Eckpunkten aufgespannte Seite gemeinsam; unter den gemeinsamen Seiten zweier Simplexe gibt es eine, die die größte Dimensionszahl hat; das ist die Seite, die von allen gemeinsamen Eckpunkten der beiden Simplexe aufgespannt wird. Man sagt, daß die beiden Simplexe längs dieser Seiten *aneinanderschließen*. Haben zwei Simplexe keinen gemeinsamen Eckpunkt, so ist die leere Seite ihre einzige gemeinsame Seite.

Beispiel. E sei die Menge aller Punkte des R^n, in der die linear-unabhängigen Punktsysteme (Anh. II, § 1, Nr. 1) als Gerüste erklärt sind. Dieser Eckpunktbereich heißt der *Euklidische Eckpunktbereich des R^n*. Unter seinen absoluten Simplexen versteht man immer die von den betreffenden Eckpunkten aufgespannten *Euklidischen* Simplexe[1].

2. Absolute Komplexe. Teilkomplexe eines Komplexes. Eine Menge K von Simplexen des Eckpunktbereiches E heißt ein *absoluter Komplex dieses Eckpunktbereiches*, wenn folgende Bedingungen erfüllt sind:

(A_0) *Ein Eckpunkt* (des Eckpunktbereiches E) *gehört höchstens endlich-vielen Simplexen von K als Eckpunkt an.*

(B) Ist $|x| \subset K$ und $|y|$ Seite von $|x|$, so ist auch $|y| \subset K$.

Bemerkung. Aus der Bedingung A_0 folgt sofort die nur scheinbar schärfere Bedingung

---

[1] Kap. III, § 1, Nr. 1.

(A_r) *Jede nichtleere Seite eines Simplexes von K gehört nur zu endlich-vielen Simplexen von K.*

Diejenigen Simplexe von K, die nicht Seiten höherdimensionaler Simplexe von K sind, heißen die *Grundsimplexe* oder die *Grundelemente* des Komplexes K. Die echten Seiten der Grundsimplexe von K heißen *Nebensimplexe* oder *Nebenelemente* von K.

Ist eine Menge K' von Simplexen $|x_i|$ des Eckpunktbereiches E mit der Endlichkeitsbedingung A_0 gegeben, so verstehen wir unter dem „Komplex der $|x_i|$" die Menge der $|x_i|$ *und ihrer Seiten.* Ist K' Teilmenge des Komplexes K, so heißt K' ein *absoluter Teilkomplex von* K, und zwar ein *echter* Teilkomplex, wenn es mindestens ein (Grund- oder Neben-) Simplex von K gibt, welches nicht Simplex von K' ist.

3. Haben die Dimensionszahlen der Simplexe von K ein endliches Maximum n, so heißt K endlich-, und zwar n-dimensional. Die Zahl n heißt die *Dimensionszahl des Komplexes K.*

Wir werden im folgenden ausschließlich endlich-dimensionale Komplexe betrachten, so daß das Adjektiv „endlich-dimensional" als überflüssig immer fortbleiben wird.

Ferner werden wir stets (bis auf eine einzige Ausnahme in Nr. 10) stillschweigend voraussetzen, daß K *aus höchstens abzählbar-vielen Simplexen besteht.* Der weitaus wichtigste Fall ist sogar der eines *endlichen* (d. h. aus endlich-vielen Simplexen bestehenden) Komplexes. Offenbar wird durch *jede endliche Menge von Simplexen* $|x_i|$ *des gegebenen Eckpunktbereiches* ein solcher Komplex definiert, denn die Bedingung (A_0) sowie die Voraussetzung der endlichen Dimensionszahl ist in diesem Falle von selbst erfüllt. Unter den endlichen Komplexen ist auch der *leere Komplex* — als leere Menge von absoluten Simplexen — enthalten. Der leere Komplex wird mit $|0|$ bezeichnet. Er hat *keine* Dimensionszahl[1].

Ein absoluter Komplex heißt *homogen-dimensional*, wenn alle seine Grundsimplexe die gleiche Dimensionszahl haben.

Bemerkung. Der Buchstabe K (evtl. mit verschiedenen Indices, Strichen u. dgl. versehen) wird im folgenden ausschließlich für absolute Komplexe gebraucht. Ein n-dimensionaler absoluter Komplex wird in Fällen, in denen es auf seine Dimensionszahl ankommt, mit K^n bezeichnet.

Beispiel. Die absoluten endlichen Komplexe des Euklidischen Eckpunktbereiches des R^n sind *beliebige* der Bedingung (B) von Nr. 2

[1] Es wäre unlogisch, dem leeren Komplex die Dimensionszahl -1 zuzuschreiben, denn dann müßte -1 die größte Zahl sein, die als Dimensionszahl eines Simplexes von $|0|$ auftritt; die Menge dieser Simplexe, also auch ihrer Dimensionszahlen ist jedoch leer, so daß es unter den erwähnten Dimensionszahlen weder eine größte noch eine kleinste gibt. Unter allen absoluten Komplexen ist nur einer (-1)-dimensional: das ist der Komplex, der als einziges Element das leere Simplex enthält; dieser Komplex ist aber nicht leer!

genügende, endliche Mengen von Euklidischen Simplexen; sie enthalten also die Euklidischen endlichen simplizialen Komplexe (wie wir sie in Kap. III, § 1, Nr. 5, definiert haben) als Spezialfall. Abb. 10 zeigt einen, aus vier Strecken bestehenden Komplex des Euklidischen Eckpunktbereiches der Ebene R^2, Abb. 11 einen Euklidischen Komplex.

Abb. 10.

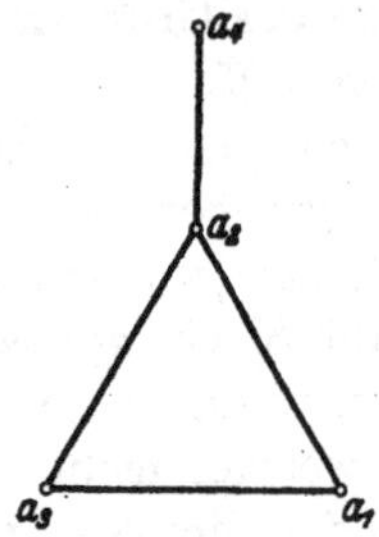

Abb. 11.

Bezüglich des Euklidischen Eckpunktbereiches des R^n machen wir noch folgende terminologische Bemerkung. Ein absolutes Simplex dieses Eckpunktbereiches können wir sowohl mit $|x|$ als auch — im Sinne von Kap. III, § 1, Nr. 4 — mit $\bar{x}$ bezeichnen. Wir schreiben $|x|$, wenn wir das Euklidische Simplex in erster Linie als Element eines Komplexes (z. B. des aus diesem Simplex und seinen Seiten bestehenden Komplexes) betrachten. Dagegen schreiben wir $\bar{x}$ immer dann, wenn wir das betreffende Simplex als eine Punktmenge (ein Polyeder) auffassen. (Diese logische Unterscheidung ist ähnlich wie die folgende: man kann eine Gerade einerseits als Element eines Büschels und andererseits als Menge ihrer Punkte betrachten.)

4. Der von einem Komplex erzeugte Eckpunktbereich. Es sei ein absoluter Komplex K irgendeines Eckpunktbereiches gegeben. Man kann dann offenbar die Menge aller Eckpunkte *des Komplexes* K als einen Eckpunktbereich $E(K)$ erklären: die Gerüste bzw. die Simplexe von $E(K)$ sind einfach die des Komplexes K. Der Eckpunktbereich $E(K)$ heißt der vom Komplex K erzeugte Eckpunktbereich. Seine absoluten Komplexe sind offenbar die absoluten Teilkomplexe des Komplexes K (Nr. 2). Besteht K aus einem einzigen Grundelement $|x|$ und dessen Seiten, so schreiben wir $E|x|$ anstatt $E(K)$.

5. Isomorphie von Eckpunktbereichen und Komplexen. Zwei Eckpunktbereiche E und E' heißen *isomorph*, wenn man die Eckpunkte des einen den Eckpunkten des anderen derart eineindeutig zuordnen kann, daß dabei auch sämtliche Gerüste des einen Bereiches den Gerüsten des anderen Bereiches entsprechen.

Zwei absolute *Komplexe* heißen isomorph, wenn die von ihnen erzeugten Eckpunktbereiche isomorph sind.

Bemerkung. Wie leicht ersichtlich, steht dieser Isomorphiebegriff mit dem in Kap. III, § 1, Nr. 3, eingeführten in Einklang.

6. Einbettungssatz. *Jeder n-dimensionale absolute Komplex* K^n *ist einem Euklidischen Komplex des* R^{2n+1} *isomorph*[1].

[1] Laut der Verabredung von Nr. 3 ist K^n als ein endlicher oder abzählbarer Komplex vorausgesetzt.

Dieser Satz gibt uns die Möglichkeit, uns beim Studium allgemeiner Komplexe auf die Euklidischen Komplexe der Euklidischen Räume zu beschränken.

Sein *Beweis* ist eine Wiederholung des Beweises von Satz IV in Kap. III, § 2, Nr. 7.

7. Beispiele von Eckpunktbereichen. Bisher haben wir kennengelernt:

a) den Euklidischen Eckpunktbereich des R^n (Nr. 1);

b) den von einem absoluten Komplex erzeugten Eckpunktbereich (Nr. 4).

Daneben sind die folgenden weiteren Eckpunktbereiche von Wichtigkeit.

c) Der Eckpunktbereich eines metrischen Raumes R. Er entsteht dadurch, daß die Punkte des Raumes R als Eckpunkte erklärt werden und unter einem Gerüst jede endliche Punktmenge von R verstanden wird. Die den Gerüsten zugeordneten Simplexe sollen die Gerüste selbst sein. Sie sollen *Simplexe von* R (oder *in* R) heißen. Der so definierte Eckpunktbereich heißt der *Eckpunktbereich von* R. Seine Komplexe heißen die (absoluten) *Komplexe* in R.

Bis jetzt wurde die Voraussetzung, daß R ein metrischer Raum, ja überhaupt ein Raum in irgendeinem Sinne ist, gar nicht benutzt — die obige Definition gilt für *jede Menge* R. Die Metrik von R spielt erst dann hinein, wenn man die sog. *ε-Eckpunktbereiche* betrachtet, die im Eckpunktbereich von R enthalten sind — man erhält diese, wenn man unter den Gerüsten des Eckpunktbereiches von R nur solche beibehält, die — als endliche Punktmengen des metrischen Raumes R — einen Durchmesser $<\varepsilon$ haben. Die Simplexe des Eckpunktbereiches von R heißen *ε-Simplexe*, die Komplexe die *ε-Komplexe von* R.

8. Bei dieser Definition sollen die Simplexe von R mit ihren Gerüsten identifiziert sein. Wenn aber (was häufig der Fall ist) der metrische Raum R als abgeschlossene Punktmenge eines Euklidischen Raumes R^n erklärt ist, so empfiehlt es sich öfters, bei derselben Definition der Gerüste (insbesondere auch der ε-Gerüste) die Simplexe als die von diesen Gerüsten aufgespannten geometrischen Simplexe des betreffenden R^n zu definieren. (Ein geometrisches Simplex braucht nicht Euklidisch, d. h. seine Eckpunkte brauchen nicht linear-unabhängig zu sein[1].)

9. Dagegen definiert man den

d) Eckpunktbereich einer offenen Menge $G \subset R^n$ auf eine andere Weise. Die Eckpunkte des zu konstruierenden Eckpunktbereiches $E(G \subset R^n)$ sind wieder die Punkte von G. Als Gerüste werden jedoch *endliche Punktmengen von G dann und nur dann zugelassen, wenn die von ihnen aufgespannten geometrischen Simplexe in G liegen.* Diese geometrischen Simplexe werden dann naturgemäß als die zum

[1] Vgl. Anhang II, §§ 1 und 3.

Eckpunktbereich $E(G \subset R^n)$ gehörenden Simplexe definiert. Die Komplexe des Eckpunktbereiches $E(G \subset R^n)$ heißen die *Komplexe in G* oder *die in G liegenden Komplexe*[1].

Ist insbesondere $G = R^n$, so liefert die soeben gegebene Definition die „*Komplexe des* R^n" (man erhält sie auch durch Anwendung der Definition von Nr. 7c auf den Fall $R = R^n$ unter Berücksichtigung von Nr. 8). Unter ihnen sind als Spezialfälle die Komplexe des Euklidischen Eckpunktbereiches enthalten (deren Simplexe sind Euklidisch).

10. Der Nerv eines Mengensystems[2]. Ein wichtiges Beispiel eines durchaus abstrakt definierten Eckpunktbereiches ist

e) der Eckpunktbereich eines Mengensystems: Man denke sich ein Mengensystem $\mathfrak{S}$, dessen Elemente nichtleere Teilmengen M_i einer festen Menge M sind. Die Mengen M_i — *oder irgendwelche ihnen eineindeutig zugeordnete Gegenstände* — nennen wir *Eckpunkte*[3]; ein endliches System von diesen Eckpunkten bildet dann und nur dann ein *Gerüst*, wenn die betreffenden Mengen einen nicht leeren Durchschnitt haben. Diesen Gerüsten seien irgendwie Simplexe zugeordnet — am einfachsten wohl dadurch, daß die Gerüste selbst als Simplexe definiert werden. Offenbar ist jede Teilmenge eines Gerüstes wieder ein Gerüst, so daß wir einen Eckpunktbereich $E(\mathfrak{S})$ vor uns haben.

Wichtig wird dieser Eckpunktbereich allerdings erst dann, wenn das Mengensystem $\mathfrak{S}$ gewissen zusätzlichen Bedingungen genügt, nämlich den folgenden:

α) Eine Menge des Systems $\mathfrak{S}$ kann nur mit endlich-vielen Mengen dieses Systems gemeinsame Punkte haben;

β) das System $\mathfrak{S}$ hat eine endliche Ordnung $r+1$ (Kap. I, § 2, Nr. 13).

Wie wirken sich die beiden Bedingungen α) und β) in der Struktur des Eckpunktbereiches $E(\mathfrak{S})$ aus? Die Bedingung a) bedeutet offenbar nichts anderes, als daß jeder Eckpunkt zu höchstens endlich-vielen eindimensionalen — also überhaupt nur zu endlich-vielen Gerüsten gehört. Die Bedingung β) besagt andererseits, daß es in unserem Eckpunktbereich zwar r-dimensionale, aber keine $(r+1)$-dimensionalen Simplexe gibt. Man sieht also, daß wegen a) die Menge aller Simplexe des Eckpunktbereiches $E(\mathfrak{S})$ einen Komplex $N(\mathfrak{S})$ bildet, und daß wegen β)

---

[1] Man könnte natürlich nicht nur für eine offene, sondern für eine beliebige Punktmenge $M \subset R^n$ in genau derselben Weise den Eckpunktbereich $E(M \subset R^n)$ und mit ihm die *in* M liegenden Komplexe definieren. Es zeigt sich aber, daß diese Konstruktion nur im Falle offener Mengen $G \subset R^n$ Anwendung beim Studium der betreffenden Mengen findet.

[2] Vgl. Kap. III, § 4, Nr. 3.

[3] Man kann z. B. jeder Menge M_i als Eckpunkt eins unter ihren Elementen, oder den Index, mit dem sie gekennzeichnet ist, od. dgl. zuordnen.

dieser Komplex die endliche Dimensionszahl r hat. Der Komplex $N(\mathfrak{S})$ heißt der *Nerv des Mengensystems* $\mathfrak{S}$.

Beispiel. Jeder endliche Euklidische Komplex kann als Nerv des Systems seiner baryzentrischen Sterne betrachtet werden (vgl. Kap. III, § 4, Nr. 3).

11. Realisation der Nerven eines endlichen Mengensystems. Der für uns wichtigste Fall ist der, in dem das Mengensystem $\mathfrak{S} = \{M_1, \ldots, M_s\}$ aus endlich-vielen nicht leeren Teilmengen einer gegebenen Punktmenge eines topologischen Raumes R besteht. Der Nerv eines solchen Mengensystems ist also ein endlicher Komplex $N(\mathfrak{S})$.

Es seien $a_1, a_2, \ldots, a_s$ die den Mengen $M_1, \ldots, M_s$ zugeordneten Eckpunkte von $N(\mathfrak{S})$. Wenn die Eckpunkte und Simplexe von $N(\mathfrak{S})$ zu einem festen Eckpunktbereich E gehören, so sagt man, daß der Nerv *in* E realisiert ist. Falls E der Eckpunktbereich eines metrischen, insbesondere aber eines Euklidischen Raumes R^n ist, spricht man schlechtweg von *einer Realisation der Nerven im betreffenden Raume.* Wenn schließlich jeder Eckpunkt a_i Punkt der Menge M_i bzw. einer in jedem einzelnen Falle eigens zu bestimmenden Umgebung dieser Menge (in bezug auf den Raum R) ist, so heißt der Nerv *in* $\mathfrak{S}$ bzw. *in der Nähe von* $\mathfrak{S}$ realisiert.

In diesem Bande wird nur der Fall betrachtet, daß alle M_i Teilmengen eines festen R^n sind; man wird dann die Bemerkung der Nr. 8 berücksichtigen: es ist dann nämlich zweckmäßig, als Simplexe des in bzw. in der Nähe von $\mathfrak{S}$ realisierten Nerven die Simplexe zu definieren, die von ihren im R^n gelegenen Gerüsten aufgespannt werden. Man erhält somit als Realisation N des Nerven von $\mathfrak{S}$ einen Komplex des R^n, der im allgemeinen kein Euklidischer Komplex ist. Ist N Euklidisch, so spricht man von einer *Euklidischen* oder *singularitätenfreien Realisation* des Nerven. (In Fällen, wo dies von Wichtigkeit ist, erhält man eine Euklidische Realisation in der Nähe von $\mathfrak{S}$ dadurch, daß man den R^n, in dem die Menge M_i und folglich auch N liegen, in einen hinreichend hochdimensionalen R^ν einbettet [$\nu \geqq 2r + 1$, wobei r die Dimensionszahl von N ist] und die Eckpunkte von N durch eine beliebig kleine Verschiebung in R^ν in allgemeine Lage bringt.)

§ 2. Orientierung. Algebraische Komplexe. Randbildung.

1. Orientierte Simplexe. Man betrachte alle $(n+1)!$ Reihenfolgen, in die sich die $n+1$ Eckpunkte eines absoluten n-dimensionalen Simplexes bringen lassen ($n \geqq 0$); falls $n > 0$ ist, zerfallen sie in zwei Klassen, wobei alle Reihenfolgen, die zu derselben Klasse gehören, durch eine *gerade* Permutation auseinander hervorgehen. Diese beiden Klassen heißen die beiden *Orientierungen* des gegebenen absoluten Simplexes. Der Inbegriff eines absoluten Simplexes und einer bestimmten unter seinen beiden Orientierungen heißt ein *orientiertes Simplex*.

Durch Orientierung des absoluten Simplexes $|x^n|$ erhält man zwei orientierte Simplexe: $+x^n$ und $-x^n$, das positiv- und das negativ-orientierte Simplex. Welche der beiden Orientierungen als die positive bezeichnet wird, bleibt bei jedem einzelnen Simplex unserer freien Wahl überlassen.

Die Orientierung x^n eines Simplexes $|x^n|$ wird also durch eine (zur entsprechenden Klasse gehörende) Reihenfolge $a_0, a_1, \ldots, a_n$ seiner Eckpunkte bestimmt. Man schreibt daher:

$$x^n = (a_0 \ldots a_n). \tag{4}$$

Da ein nulldimensionales Simplex nur einen Eckpunkt enthält, kann es nur auf *eine* Weise orientiert werden.

Beispiele. Ein eindimensionales orientiertes Euklidisches Simplex ist eine gerichtete Strecke: die beiden Orientierungen von $|a_0 a_1|$ sind $(a_0 a_1)$ und $(a_1 a_0)$.

Unter den sechs möglichen Reihenfolgen der Eckpunkte eines zweidimensionalen Simplexes (im Euklidischen Falle eines Dreiecks) stellen $(a_0 a_1 a_2)$, $(a_1 a_2 a_0)$, $(a_2 a_0 a_1)$ die eine, $(a_1 a_0 a_2)$, $(a_0 a_2 a_1)$, $(a_2 a_1 a_0)$ die andere Orientierung dar; man sieht, daß eine zyklische Permutation der Eckpunkte eines Dreiecks die Orientierung nicht ändert. Man überzeugt sich aber davon, daß im Falle eines dreidimensionalen Simplexes (eines Tetraeders) eine zyklische Permutation der Eckpunkte die Orientierung ändert.

2. Orientierte Komplexe. Eine Menge $C = \{x\}$ von orientierten Simplexen des Eckpunktbereiches E heißt ein *orientierter Komplex* dieses Eckpunktbereiches, wenn die entsprechenden absoluten Simplexe $|x|$ und ihre Seiten einen absoluten Komplex K bilden und wenn stets nur eines der beiden orientierten Simplexe $+x$ und $-x$ zu C gehört. Unter diesen Umständen sagt man, daß C eine *Orientierung des absoluten Komplexes* K ist, und schreibt $|C| = K$.

Ein orientierter Komplex C heißt endlich, n-dimensional, homogendimensional usw., wenn sich die betreffenden Attribute auf $|C|$ beziehen. Das Analoge gilt für die Begriffe „Grund- und Nebensimplex von C".

3. Ganzzahlige Komplexe. Der Begriff eines orientierten Komplexes ist die nächstliegende Übertragung ins n-dimensionale des allgemein bekannten Begriffes eines in einer bestimmten Richtung durchlaufenen polygonalen Weges; ein solcher Weg ist ja nichts anderes als ein System von gerichteten, d. h. orientierten Strecken, also ein orientierter eindimensionaler Komplex[1]. So ist der geschlossene Weg $a_1 a_2 a_3 a_4 a_1$ in (Abb. 10) als der aus den orientierten Simplexen $(a_1 a_2)$, $(a_2 a_3)$, $(a_3 a_4)$, $(a_4 a_1)$ bestehende orientierte Komplex aufzufassen; der Eckpunktbereich ist der des R^2 (§ 1, Nr. 9).

[1] Auf die Zusammenhangseigenschaft, die gewöhnlich von einem Wege vorausgesetzt wird, kommt es im Augenblick nicht an.

Es werden aber auch häufig Wege in Betracht gezogen, die etwas allgemeiner sind, bei denen es nämlich mehrfach durchlaufene Strecken gibt. Ein solcher Weg kann nicht mehr als eine Menge von orientierten Strecken schlechthin definiert werden — er ist vielmehr eine Menge von solchen orientierten Strecken, ***denen gewisse ganze Zahlen als Vielfachheiten*** oder als Koeffizienten zugeordnet werden. So ordnen in Abb. 11 die Wege $a_1a_2a_3a_1a_2a_4$ und $a_1a_2a_3a_1a_3a_2a_4$ den Strecken (a_1a_2), (a_2a_3), (a_3a_1), (a_4a_2) die Koeffizienten 2, 1, 1, —1 bzw. 1, 0, 0, —1 zu. Die Übertragung *dieses* Begriffes ins n-dimensionale liefert uns eines der wichtigsten Instrumente topologischer Untersuchungen: die ***ganzzahligen*** (und später noch allgemeiner die ***algebraischen***) Komplexe.

Unter einem ganzzahligen Komplex des Eckpunktbereiches E versteht man ein System von Simplexen eines orientierten Komplexes dieses Eckpunktbereiches, denen gewisse ganze Zahlen als Koeffizienten (Vielfachheiten) zugeordnet sind. Wenn man die Simplexe mit x_i und die ihnen zugeordneten Koeffizienten mit t^i bezeichnet, so kann man einen ganzzahligen Komplex mit $\sum t^i x_i$ bezeichnen. Dabei soll $(-t^i)\,x_i$ und $t^i(-x_i)$ definitionsgemäß dasselbe bedeuten. Man kann auch einfacher sagen: *ein ganzzahliger Komplex ist eine Linearform $C=\sum t^i x_i$, wobei als „Unbestimmte" x_i die Simplexe eines orientierten Komplexes des Eckpunktbereiches E, als Koeffizienten beliebige ganze Zahlen auftreten und die gewöhnlichen Regeln der Buchstabenrechnung* (insbesondere also $(-t)\,x = t(-x)$) *gelten*. Da man ein Simplex, welches den Koeffizienten Null bekommen hat, nicht zum Komplex (der ja eine Linearform ist) zählt, kann man die Definition eines ganzzahligen Komplexes C auch so ausdrücken: *jedem* Simplex $|x_i|$ des gegebenen Eckpunktbereiches E ordne man eine bestimmte Orientierung x_i und einen bestimmten ganzzahligen Koeffizienten zu, und zwar so, daß diejenigen $|x_i|$, denen von Null verschiedene Koeffizienten zugeordnet sind, und ihre Seiten einen absoluten Komplex $|C|$ bilden[1]; die durch diese Zuordnung entstandene Linearform $C=\sum t^i x_i$ heißt ein ganzzahliger Komplex des Eckpunktbereiches E. Denjenigen C, in dem alle $t^i=0$ sind, nennen wir den *Nullkomplex*.

Offenbar können die orientierten Komplexe als Spezialfall der ganzzahligen aufgefaßt werden: sie sind ganzzahlige Komplexe, bei denen als von Null verschiedene Koeffizienten nur die beiden Zahlen $+1$, -1 auftreten[2].

---

[1] Diese Bedingung ist im Falle, wenn nur endlich-viele Koeffizienten von Null verschieden sind, von selbst erfüllt. *Im folgenden wird übrigens nur dieser Fall* (der Fall eines endlichen Komplexes) *auftreten*.

[2] Ein ganzzahliger nulldimensionaler Komplex kann als ein System von Punkten, denen gewisse (ganz beliebige) ganze Zahlen zugeordnet sind, aufgefaßt werden. Dagegen fallen für die Dimensionszahl Null die Begriffe eines orientierten und eines absoluten Komplexes zusammen, denn ein Punkt hat ja nur eine Orientierung.

Beispiele ganzzahliger Komplexe (die sich der Leser übrigens auch bereits an dieser Stelle leicht selbst bilden kann), findet man in Nr. 8.

4. Der Rand eines orientierten Simplexes $x^n = (a_0 a_1 \ldots a_n)$ wird folgendermaßen definiert: für $n = 0$ ist er der Nullkomplex[1]; für $n \geqq 1$ soll er ein ganzzahliger Komplex

$$(5)\qquad \dot{x}^n = \sum_i \varepsilon_i x_i^{n-1} \quad \text{mit} \quad \varepsilon_i = \pm 1, \; |x_i^{n-1}| = |a_0 \ldots a_{i-1} \; a_{i+1} \ldots a_n|, \quad i = 0, 1, \ldots, n$$

sein; dabei sind die x_i^{n-1} willkürliche Orientierungen der $(n-1)$-dimensionalen Seiten $|x_i^{n-1}|$ von $|x^n|$; wir haben festzusetzen, wie die ε_i zu bestimmen sind; diese Festsetzung, die gleich erfolgen wird, muß jedenfalls derart sein, daß $\dot{x}^n$ von den Orientierungen x_i^{n-1} der $|x_i^{n-1}|$ nicht abhängt.

Verstehen wir unter $a'_0, a'_1, \ldots, a'_{n-1}$ eine Eckpunktreihenfolge von $|x_i^{n-1}|$, die die Orientierung $+x_i^{n-1}$ bestimmt, so ist $(a_i a'_0 a'_1 \ldots a'_{n-1}) = \pm x^n$; hierin hängt das Vorzeichen nicht von der speziellen Reihenfolge der a'_j, sondern nur von der Orientierung x_i^{n-1} ab; denn geht man zu einer anderen Reihenfolge über, die dieselbe Orientierung x_i^{n-1} bestimmt, so erleiden auch die Eckpunkte von $\pm x^n = (a_i a'_0 a'_1 \ldots a'_{n-1})$ eine *gerade* Permutation; somit ist durch

$$(6)\qquad (a'_0 a'_1 \ldots a'_{n-1}) = x_i^{n-1}, \qquad (a_i a'_0 a'_1 \ldots a'_{n-1}) = \varepsilon_i x^n$$

eine nur von x^n und x_i^{n-1} abhängige Zahl $\varepsilon_i = \varepsilon(x^n, x_i^{n-1}) = \pm 1$ erklärt. Offenbar ist $\varepsilon(x^n, -x_i^{n-1}) = -\varepsilon_i$; daher ist der durch (5) gegebene Komplex $\dot{x}^n$ von den willkürlichen Orientierungen x_i^{n-1} der $|x_i^{n-1}|$ unabhängig. Wir dürfen daher definieren: *Unter dem Rand des orientierten Simplexes x^n, $n \geqq 1$, verstehen wir den durch* (5) *gegebenen ganzzahligen Komplex $\dot{x}^n$, wobei die Koeffizienten ε_i durch* (6) *bestimmt sind*[2].

Den absoluten Komplex $|\dot{x}^n|$ nennen wir in jedem Fall $(n \geqq 0)$ den *Rand des absoluten Simplexes* $|x^n|$; für $n = 0$ ist er der leere Komplex, für $n \geqq 1$ sind seine Grundsimplexe die $(n-1)$-dimensionalen Seiten von $|x^n|$.

5. Bemerkungen. 1) Ist $n = 1$, so ist der Rand der orientierten Strecke $x^1 = (a_0 a_1)$ der ganzzahlige nulldimensionale Komplex $\dot{x}^1 = a_1 - a_0$; ist $n > 1$, so ist $\dot{x}^n$ ein *orientierter* Komplex, nämlich die Summe der *orientierten* Simplexe $\varepsilon_i x_i^{n-1}$.

2) Wenn wir die Orientierung x^n durch die Reihenfolge $(a_0 a_1 \ldots a_n)$ und für jedes i die Orientierung x_i^{n-1} durch die Reihenfolge

$$(a_0 \ldots a_{i-1} \; a_{i+1} \ldots a_n)$$

[1] Eine *von der obigen verschiedene* und in mancher Hinsicht zu anderen Konsequenzen führende Definition wäre: der Rand von x^0 ist das leere Simplex x^{-1}, m. a. W.: (5) gilt auch für $n = 0$ (mit $\varepsilon_1 = 1$).

[2] Eine andere Form derselben Randdefinition ist in der nächsten Nummer unter 2) gegeben [Formel (7)].

der a_k mit $k \neq i$ bestimmen, so wird $\varepsilon_i = (-1)^i$; denn die Reihenfolge $(a_i a_0 \ldots a_{i-1} a_{i+1} \ldots a_n)$ entsteht aus der Reihenfolge

$$(a_0 \ldots a_{i-1} a_i a_{i+1} \ldots a_n)$$

durch i Transpositionen; daher gilt die Gleichung

$$(a_0 \ldots a_n)^{\dot{}} = \sum_i (-1)^i (a_0 \ldots a_{i-1} a_{i+1} \ldots a_n), \tag{7}$$

die man geradezu als *Definition* des Randes eines orientierten Simplexes verwenden kann[1].

3) Man bestätigt — entweder aus (7) oder aus der ursprünglichen Definition — die Regel

$$(-x^n)^{\dot{}} = -\dot{x}^n. \tag{8}$$

4) Schließlich noch eine Bemerkung, die zuweilen nützlich ist: Es sei $i \neq j$; $|x_i^{n-1}|$ und $|x_j^{n-1}|$ seien so orientiert, daß

$$x_i^{n-1} = (a_j a_{k_1} \ldots a_{k_{n-1}}), \quad x_j^{n-1} = (a_i a_{k_1} \ldots a_{k_{n-1}}) \tag{9}$$

ist, wobei die Eckpunktreihenfolgen in diesen beiden Simplexen von der zweiten Stelle an übereinstimmen ($k_r \neq i, j$); dann ist nach (6)

$$(a_i a_j a_{k_1} \ldots a_{k_{n-1}}) = \varepsilon_i \dot{x}^n, \qquad (a_j a_i a_{k_1} \ldots a_{k_{n-1}}) = \varepsilon_j \dot{x}^n;$$

da die Reihenfolgen auf den linken Seiten dieser beiden Gleichungen sich um genau eine Transposition — die Vertauschung von a_i und a_j — unterscheiden, ist $\varepsilon_j = -\varepsilon_i$. Somit sehen wir: *Die durch* (9) *gegebenen orientierten Simplexe x_i^{n-1} und x_j^{n-1} treten in $\dot{x}^n$ mit entgegengesetzten Vorzeichen auf.*

6. Anwendung auf Orientierungen im R^n. Wir erinnern zunächst an einige leicht beweisbare Eigenschaften der (nicht singulären) affinen Abbildungen des R^n auf sich (vgl. Anhang II, § 1, Nr. 5):

a) Zu je zwei Systemen $a_0, a_1, \ldots, a_n$ und $b_0, b_1, \ldots, b_n$ von je $n+1$ linear unabhängigen Punkten gibt es eine und nur eine affine Abbildung f mit $b_i = f(a_i)$, $i = 0, 1, \ldots, n$.

b) Eine affine Abbildung heißt „positiv" oder „negativ" je nach dem Vorzeichen der Determinante des homogenen Teiles der zu ihr gehörigen Koordinatensubstitution; diese Determinante, und daher auch das Vorzeichen, ist vom Koordinatensystem unabhängig.

c) Bei Zusammensetzung zweier Abbildungen multiplizieren sich die Vorzeichen; die positiven Abbildungen bilden daher eine Gruppe.

d) Wird ein n-dimensionales Simplex durch die affine Abbildung f auf sich abgebildet, so daß die Eckpunkte permutiert werden, so ist diese Permutation gerade oder ungerade, je nachdem f positiv oder negativ ist.

---

[1] Benutzt man die Formel (7) als Definition des Randes von $x^n = (a_0 \ldots a_n)$, so muß man zeigen, daß sie von der speziellen Wahl der die Orientierung x^n von $|x^n|$ definierenden Eckpunktreihenfolge $a_0, \ldots, a_n$ unabhängig ist. Dieser Beweis ist leicht und darf dem Leser überlassen bleiben.

e) Führt die positive Abbildung f die Ebene R^{n-1} in sich über, so führt sie jeden der beiden durch R^{n-1} bestimmten Halbräume in sich oder in den anderen Halbraum über, je nachdem die durch f bewirkte Abbildung f' von R^{n-1} in sich positiv oder negativ ist. —

Es seien jetzt x^n und y^n zwei orientierte Euklidische Simplexe des R^n; f sei eine affine Abbildung mit $f(\bar{x}^n) = \bar{y}^n$. Wenn durch f *eine* positive Eckpunktreihenfolge von x^n in eine positive Eckpunktreihenfolge von y^n übergeführt wird, so gilt dies für *jede* positive Eckpunktreihenfolge; in diesem Falle sagen wir: x^n wird durch f auf y^n abgebildet, und schreiben: $y^n = f(x^n)$. Die Anzahl der affinen Abbildungen von x^n auf y^n ist $\frac{1}{2}(n+1)!$ (für $n > 0$).

Nach d) wissen wir: *Ist $f(x^n) = x^n$, so ist f positiv, ist $f(x^n) = -x^n$, so ist f negativ.* Wir behaupten jetzt: *Ist $f_1(x^n) = f_2(x^n) = y^n$, so haben f_1 und f_2 gleiches Vorzeichen.*

In der Tat: $f = f_2^{-1} f_1$ bildet x^n auf sich ab, ist also positiv; nach c) haben daher f_1 und f_2 gleiches Vorzeichen.

Da außerdem die Umkehrung einer Abbildung das gleiche Vorzeichen hat wie die Abbildung selbst, sehen wir: *Sind zwei orientierte Simplexe x^n, y^n gegeben, so sind entweder alle Abbildungen des einen auf das andere positiv oder alle diese Abbildungen sind negativ.*

Wir definieren nun: *Die orientierten Simplexe x^n und y^n heißen „gleich" oder „entgegengesetzt" orientiert, je nachdem die Abbildungen des einen auf das andere positiv oder negativ sind.*

Wir haben schon gesehen, daß x^n mit sich selbst gleich, mit $-x^n$ entgegengesetzt orientiert ist, daß also unsere neue Definition mit der alten Definition der Orientierungen *eines* Simplexes verträglich ist. Weiter folgt aus der Eigenschaft c), daß die Gesamtheit aller orientierten Simplexe in zwei Klassen zerfällt, durch die Bestimmung, daß gleich orientierte Simplexe derselben Klasse, entgegengesetzt orientierte Simplexe verschiedenen Klassen angehören.

Wenn man willkürlich die Simplexe der einen Klasse als die positiven, die der anderen Klasse als die negativen bezeichnet, so sagt man, daß man *den R^n orientiert hat.* Unter der durch das orientierte Simplex x^n bewirkten Orientierung des R^n versteht man diejenige, in der x^n positiv ist. Unter der zu einem $(t_1, t_2 \ldots t_n)$ Koordinatensystem gehörigen Orientierung des R^n versteht man die durch das positive „Einheitssimplex" $(a_0\, a_1 \ldots a_n)$ bewirkte, wobei die a_i die folgenden Koordinaten besitzen:

$$\begin{array}{llllll}
a_0: & 0 & 0 & 0 & \ldots & 0 \\
a_1: & 1 & 0 & 0 & \ldots & 0 \\
a_2: & 0 & 1 & 0 & \ldots & 0 \\
\cdot & \cdot & \cdot & \cdot & \cdot\;\cdot\;\cdot & \cdot \\
a_n: & 0 & 0 & 0 & \ldots & 1.
\end{array}$$

Dann ist ein beliebiges orientiertes Simplex y^n positiv oder negativ je nach dem Vorzeichen seiner Abbildungen auf das orientierte Einheitssimplex.

Es sei $|x^n|$ ein absolutes Euklidisches Simplex, $|x^{n-1}|$ Seite von $|x^n|$, R^{n-1} die $|x^{n-1}|$ tragende Ebene; unter der „durch die Orientierung x^n von $|x^n|$ bewirkten *Randorientierung* von R^{n-1}" versteht man diejenige, in der das orientierte Simplex x^{n-1}, das in $\dot{x}^n$ mit positivem Vorzeichen auftritt, positiv ist ($n \geqq 2$). — Wir behaupten:

Sind x^n und y^n, $n \geqq 2$, gleich orientiert und liegen die Seiten $|x^{n-1}|$ und $|y^{n-1}|$ von $|x^n|$ bzw. $|y^n|$ in derselben Ebene R^{n-1}, so bewirken x^n und y^n gleiche oder entgegengesetzte Randorientierungen von R^{n-1}, je nachdem $|x^n|$ und $|y^n|$ in demselben Halbraum oder in verschiedenen Halbräumen bezüglich R^{n-1} liegen.

Beweis: Es sei $|x^n| = |a_0 a_1 \ldots a_n|$, $|x^{n-1}| = |a_1 \ldots a_n|$, $|y^n| = |b_0 b_1 \ldots b_n|$, $|y^{n-1}| = |b_1 \ldots b_n|$. Wir können — da $n \geqq 2$ ist — positive Eckpunkt-Reihenfolgen von x^n und y^n herstellen, in denen a_0 bzw. b_0 an erster Stelle stehen, dürfen also

$$x^n = (a_0 a_1 \ldots a_n), \qquad y^n = (b_0 b_1 \ldots b_n)$$

setzen. Da x^{n-1} und y^{n-1} in $\dot{x}^n$ bzw. $\dot{y}^n$ mit positivem Zeichen auftreten, ist dann nach Nr. 5:

$$x^{n-1} = (a_1 \ldots a_n), \qquad y^{n-1} = (b_1 \ldots b_n).$$

Wir bestimmen jetzt f durch $b_i = f(a_i)$, $i = 0, 1, \ldots, n$; dann ist $y^n = f(x^n)$, und für die durch f bewirkte Abbildung f' von R^{n-1} in sich gilt: $y^{n-1} = f'(x^{n-1})$. Die beiden fraglichen Randorientierungen von R^{n-1} sind gleich oder entgegengesetzt, je nachdem f' positiv oder negativ ist; nach e) ist diese Unterscheidung gleichbedeutend damit, ob f jeden der beiden Halbräume in sich oder in den anderen transformiert, d. h. mit Rücksicht auf $|y^n| = f(|x^n|)$: ob $|x^n|$ und $|y^n|$ in demselben Halbraum oder in verschiedenen Halbräumen liegen.

7. Der Rand eines ganzzahligen Komplexes $C = \sum t^i x_i$ wird definiert als

$$\dot{C} = \sum t^i \dot{x}_i,$$

wobei $\dot{x}_i$ durch die entsprechende Linearform (nach (5)) zu ersetzen ist; dadurch wird $\dot{C}$ selbst zu einer Linearform in orientierten Simplexen, also zu einem ganzzahligen Komplex[1].

---

[1] Daß auch im Falle, wenn in C unendlich-viele Glieder mit von Null verschiedenen Koeffizienten auftreten, $\dot{C}$ dennoch ein ganzzahliger, d. h. $|\dot{C}|$ ein absoluter Komplex ist, ist klar — denn wenn $|C|$ die Bedingung (A_0) von § 1, Nr. 2 erfüllt, so gilt dasselbe auch von dem aus allen Seiten der Simplexe von $|C|$ zusammengesetzten Komplex, d. h. von $|\dot{C}|$.

8. Beispiele. 1. Die vier Seitendreiecke des Tetraeders $x^3 = (a_0 a_1 a_2 a_3)$ seien so orientiert, wie auf Abb. 12 die Pfeilrichtungen angeben. C sei der aus diesen vier Dreiecken bestehende orientierte Komplex. Der Leser bestätige durch direkte Rechnung, daß $\dot{C} = 0$ ist.

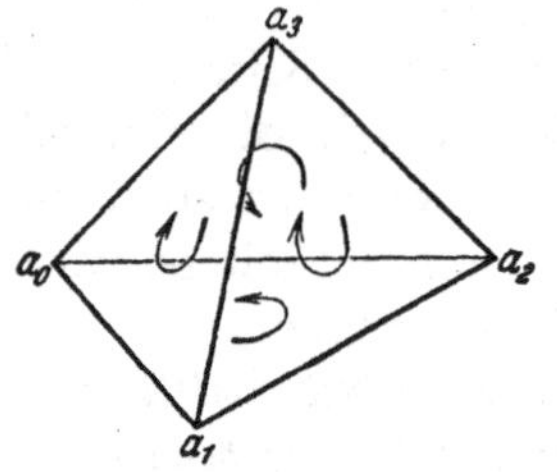

Abb. 12.

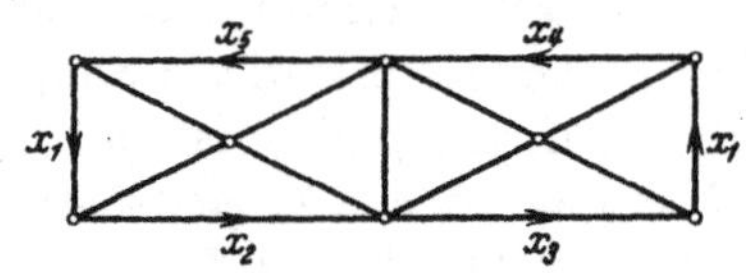

Abb. 13.

2. In Abb. 13 versehe man jedes Dreieck mit der positiven Orientierung der Ebene und man identifiziere die beiden gerichteten Strecken x_1; es entsteht eine Triangulation und Orientierung des Möbiusschen Bandes, und für den aus den acht orientierten Dreiecken bestehenden orientierten Komplex C^2 gilt

$$\dot{C}^2 = 2x_1^1 + x_2^1 + x_3^1 + x_4^1 + x_5^1 .$$

3. Man orientiere die zehn Dreiecke der auf Abb. 14 angegebenen Triangulation der projektiven Ebene so, wie es die Pfeilrichtungen zeigen. Für den aus diesen zehn Dreiecken zusammengesetzten orientierten Komplex C^2 hat man dann:

$$\dot{C}^2 = 2x_1^1 + 2x_2^1 + 2x_3^1 .$$

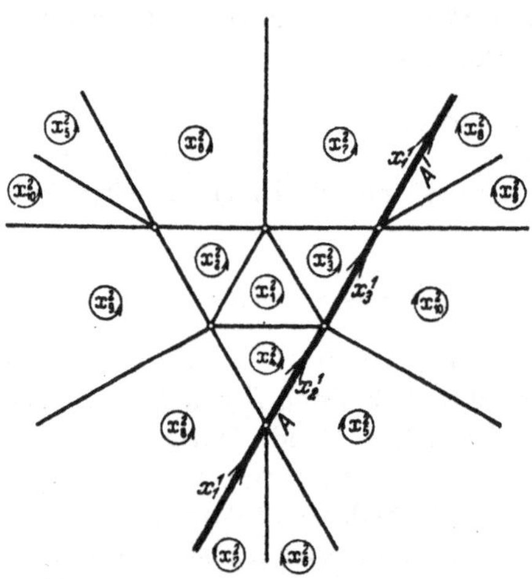

Abb. 14.

Der Rand der gewählten orientierten Triangulation C^2 der projektiven Ebene besteht also aus der (in die Strecken x_1^1, x_2^1, x_3^1 zerlegten) *doppelt zu zählenden* projektiven Geraden AA'. Bei anderer Wahl der Orientierungen $x_1^2, x_2^2, \ldots, x_{10}^2$ erhielte man andere orientierte Komplexe $C^2 = \sum_{i=1}^{10} x_i^2$, und deren Ränder wären von $2x_1^1 + 2x_2^1 + 2x_3^1$ verschieden.

Aufgabe: Man zeige, daß, wie man die zehn Dreiecke auch orientiert, der Rand des aus ihnen gebildeten Komplexes C^2 niemals Null ist.

9. Koeffizientenbereiche. Algebraische Komplexe. Wir verallgemeinern den Begriff des ganzzahligen Komplexes. Es sei neben dem Eckpunktbereich E eine Abelsche Gruppe $\mathfrak{J}$, ein *Koeffizientenbereich*, gegeben[1]. Jedem zu E gehörenden Simplex $|x_i|$ sei eine be-

[1] Wir schreiben alle Gruppen additiv. — Die vorkommenden gruppentheoretischen Begriffe und Bezeichnungen sind im Anhang I zusammengestellt.

stimmte Orientierung x_i und ein bestimmtes Element der Gruppe $\mathfrak{J}$ als Koeffizient zugeordnet, und zwar so, daß die $|x_i|$, denen von Null verschiedene Koeffizienten zugeordnet sind, und ihre Seiten einen absoluten Komplex bilden, den wir mit $|C|$ bezeichnen. Die durch diese Zuordnung definierte Linearform

$$C = \sum t^i x_i \tag{10}$$

heißt ein *zum Eckpunktbereich E* und zum *Koeffizientenbereich* $\mathfrak{J}$ gehörender *algebraischer Komplex.*

Sind in (10) alle $t^i = 0$, so ist definitionsgemäß $C = 0$ (der „algebraische Nullkomplex"). Dann ist $|C|$ der leere Komplex $|0|$ von § 1, Nr. 3.

Die x_i sind in (10) als Unbestimmte zu betrachten. Wiederum gelten durchweg die Regeln der Buchstabenrechnung, so daß stets $t(-x_i) = -t x_i$ ist und zwei algebraische Komplexe dann und nur dann als identisch erklärt werden, wenn die Linearformen im algebraischen Sinne identisch sind. *Die x_i, denen von Null verschiedene Koeffizienten t^i zugeordnet sind, heißen die Elemente oder Simplexe des algebraischen Komplexes C.*

Ein algebraischer Komplex heißt *endlich,* wenn er nur endlich-viele Elemente (oder, was dasselbe ist, nur endlich-viele von Null verschiedene Koeffizienten t^i) besitzt; *im folgenden werden ausschließlich endliche algebraische Komplexe betrachtet,* so daß das Adjektiv „endlich" in diesem Zusammenhang nicht mehr gebraucht wird.

Unter der Dimensionszahl von C wird die höchste Dimension eines Elementes von $|C|$ verstanden; in analoger Weise heißt C *homogen dimensional,* wenn alle Elemente von C die gleiche Dimensionszahl haben: $C = \sum t^i x_i^r$. Die homogen-dimensionalen Komplexe sind die wichtigsten unter allen algebraischen Komplexen.

Zuweilen wird die folgende Schreibweise verwendet. $\mathfrak{J}$ ist ein beliebiger Koeffizientenbereich, $C = \sum a^i x_i$ ein *ganzzahliger* Komplex; ist dann t irgendein Element von $\mathfrak{J}$, so verstehen wir unter tC denjenigen Komplex in bezug auf $\mathfrak{J}$, der durch

$$tC = \sum (a^i t)\, x_i$$

gegeben ist; dabei ist für jede ganze Zahl a und jedes Element $t \subset \mathfrak{J}$ klar, was man unter dem Element $at \subset \mathfrak{J}$ zu verstehen hat.

Bemerkung. Der Begriff eines algebraischen Komplexes fällt unter den allgemeineren mathematischen Begriff einer Funktion: ein algebraischer Komplex C ist eine Funktion $t = f(x)$, wobei x alle orientierten Simplexe des gegebenen Eckpunktbereiches durchläuft, und t ein Element des gewählten Koeffizientenbereiches $\mathfrak{J}$ ist. Dabei treten zwei Nebenbedingungen auf:

1) die Funktion $f(x)$ ist ungerade (d. h. es ist $f(-x) = -f(x)$),

2) nur für endlich-viele x ist $f(x) \neq 0$.

Bei der Definition der algebraischen Komplexe spielt die Dimensionszahl Null keine Ausnahmerolle: die Tatsache, daß ein nulldimensionales Simplex, d. h. ein einzelner Eckpunkt naturgemäß nur *eine* Orientierung besitzt, beeinträchtigt ja in keiner Weise unsere Definition. Wenn man will, kann man auch sagen, daß ein nulldimensionaler algebraischer Komplex ein System von Eckpunkten ist, denen gewisse Elemente des betreffenden Koeffizientenbereiches zugeordnet sind.

10. Ist $\mathfrak{J}$ nicht nur eine Gruppe, sondern ein Ring mit Einselement, so kann jedes einzelne orientierte Simplex sowie jeder orientierte Komplex als ein algebraischer Komplex des Koeffizientenbereiches $\mathfrak{J}$ aufgefaßt werden (indem $1 \cdot x = x$ gesetzt wird). Es ist in diesem Fall neben dem algebraischen Komplex $C = \sum t^i x_i$ auch jedes seiner Vielfachen

$$tC = \sum t t^i x_i$$

definiert, wobei t ein beliebiges Element des Ringes $\mathfrak{J}$ ist.

11. Die wichtigsten Koeffizientenbereiche sind:

1) der Ring der ganzen Zahlen, $\mathfrak{G}$;

2) die Restklassenringe modulo m, $\mathfrak{G}_m$;

3) der Körper der rationalen Zahlen, $\mathfrak{R}$;

4) die additive Gruppe der modulo 1 zu reduzierenden rationalen Zahlen, $\mathfrak{R}_1$, oder, was dasselbe ist: die Gruppe der Drehungen eines Kreises um rationale Teile von 2π.

Andere Koeffizientenbereiche treten in diesem Bande nicht auf. Trotzdem legen wir Wert darauf, die Begriffe eines algebraischen Komplexes und seines Randes (Nr. 15) in möglichst großer Allgemeinheit aufzustellen, erstens, weil dadurch die tatsächlichen logischen Bestandteile dieser für die ganze Topologie fundamentalen Begriffsbildungen am klarsten hervortreten dürften, zweitens, weil die neueste Entwicklung der Topologie zeigt, daß auch andere Koeffizientenbereiche von Wichtigkeit sind[1].

12. Die algebraischen Komplexe des Koeffizientenbereiches $\mathfrak{G}$ sind die uns bereits aus Nr. 3 bekannten *ganzzahligen Komplexe*; die orientierten Komplexe können als Spezialfall der ganzzahligen betrachtet werden (alle Koeffizienten $= \pm 1$). Die Komplexe des Koeffizientenbereiches $\mathfrak{G}_m$ heißen einfach Komplexe modulo m. Besonders wichtig unter ihnen sind die Komplexe modulo 2. Im Falle des Koeffizientenringes $\mathfrak{G}_2$ hat man nur zwei Elemente, die wir mit 0 und 1 bezeichnen, wobei die Rechenregeln

$$0 + 0 = 0, \quad 0 + 1 = 1, \quad 1 + 1 = 0,$$

folglich auch

$$-1 = 1$$

[1] Vgl. die Untersuchungen von PONTRJAGIN über die Verallgemeinerungen des Alexanderschen Dualitätssatzes [Annals of math. Bd. 35 (1934)].

gelten. Also ist $-x = (-1)x = x$, was das Fortfallen der Orientierung bedeutet. Ein algebraischer Komplex modulo 2 kann somit immer dadurch definiert werden, daß man jedem absoluten Simplex des gegebenen Eckpunktbereiches E eins der beiden Symbole 0 oder 1 zuordnet. Nun kann man aber auch jeden *absoluten* Komplex K des Eckpunktbereiches E genau durch dieselbe Vorschrift definieren: man ordne in der Tat dem Simplex x des Eckpunktbereiches das Symbol 1 oder 0 zu, je nachdem x zum Komplex K gehört oder nicht. *Daher kann man oft die absoluten Komplexe mit den Komplexen modulo* 2 *identifizieren* und sich auf die Betrachtung von algebraischen Komplexen beschränken.

13. Die Gruppen $L_{\mathfrak{J}}(E)$ und $L^r_{\mathfrak{J}}(E)$. Man betrachte beliebige, aber feste Eckpunkt- und Koeffizientenbereiche E bzw. $\mathfrak{J}$. Dann können je zwei algebraische Komplexe, die zu E und $\mathfrak{J}$ gehören, als Linearformen addiert werden. Da überdies zu jedem $C = \sum t^i x_i$ auch der Komplex $-C$ als $\sum -t^i x_i$ eindeutig definiert ist, und es schließlich einen Nullkomplex — d. h. die Linearform mit sämtlich verschwindenden Koeffizienten —.gibt, bilden die zu E und $\mathfrak{J}$ gehörenden algebraischen Komplexe eine *Gruppe*, die Gruppe $L_{\mathfrak{J}}(E)$. In dieser Gruppe sind die Gruppen $L^r_{\mathfrak{J}}(E)$ der *homogen r-dimensionalen algebraischen Komplexe enthalten*. Die Gruppe $L_{\mathfrak{J}}(E)$ ist direkte Summe der (höchstens abzählbar vielen) Gruppen $L^r_{\mathfrak{J}}(E)$.

14. Algebraische Teilkomplexe eines absoluten Komplexes. Für jeden absoluten Komplex K heißen die algebraischen Komplexe des Eckpunktbereiches $E(K)$ (vgl. § 1, Nr. 4) kurz *die algebraischen Teilkomplexe des Komplexes K*. Die Gruppen $L_{\mathfrak{J}}(E(K))$ bzw. $L^r_{\mathfrak{J}}(E(K))$ werden einfach durch $L_{\mathfrak{J}}(K)$ bzw. $L^r_{\mathfrak{J}}(K)$ bezeichnet.

Jeder algebraische Komplex C kann als algebraischer Teilkomplex eines eigens gewählten absoluten Komplexes betrachtet werden — nämlich des Komplexes $|C|$.

Der Eckpunktbereich $E(|C|)$ heißt *der vom algebraischen Komplex C erzeugte Eckpunktbereich* und wird mit $E(C)$ bezeichnet. Insbesondere ist für jedes Element $t \neq 0$ des beliebigen Koeffizientenbereiches $\mathfrak{J}$ stets $E(tx) = E|x|$: vgl. § 1, Nr. 4.

Bemerkung I. Ist K ein n-dimensionaler Komplex, so gibt es bei $r > n$ keine r-dimensionalen algebraischen Teilkomplexe von K: die Gruppe $L^r(K)$ existiert also in diesem Falle nicht. Es ist aber bequemer, für $r > n$ die (aus dem Nullelement allein) bestehende Nullgruppe als $L^r_{\mathfrak{J}}(K)$ zu definieren.

Bemerkung II. $C = \sum t^i x_i$ sei ein algebraischer, K' ein absoluter Teilkomplex des Komplexes K. Wir betrachten für einen Augenblick diejenigen Glieder der Linearform $\sum t^i x_i$, die zu K' gehörenden Simplexen $|x_i|$ entsprechen. Die Gesamtheit dieser Glieder (mit den ihnen zukommenden Koeffizienten) bildet einen algebraischen Komplex, den man *den auf K' liegenden Teil des algebraischen Komplexes C* nennt.

15. Der Rand eines algebraischen Komplexes wird folgendermaßen definiert. Es besitze zunächst C ein einziges Element x^n, d. h.

es sei $C = t x^n$, wobei t irgendein Element des gegebenen Koeffizientenbereiches $\mathfrak{J}$ ist. In der Schreibweise der Nr. 4 ist $\dot{x}^n = \sum_0^n \varepsilon_i x_i^{n-1}$ mit $\varepsilon_i = \pm 1$ (d. h. $\dot{x}^n$ ist die Menge der auf eine bestimmte Weise orientierten $(n-1)$-dimensionalen Seiten $x_0^{n-1}, x_1^{n-1}, \ldots, x_n^{n-1}$ von x^n).

Wir *definieren* nun als Rand von $C = t x^n$ den *algebraischen Komplex*

$$\dot{C} = \varepsilon_0 t\, x_0^{n-1} + \varepsilon_1 t\, x_1^{n-1} + \cdots + \varepsilon_n t\, x_n^{n-1}.$$

Ist jetzt

$$C = \sum t^i x_i$$

ein ganz beliebiger algebraischer Komplex, so setzen wir zunächst $C_i = t^i x_i$, bestimmen nach dem obigen Verfahren für jedes i den algebraischen Komplex $\dot{C}_i$ und definieren:

$$\dot{C} = \sum \dot{C}_i .$$

Somit ist der Rand eines beliebigen algebraischen Komplexes C stets ein algebraischer Komplex desselben Eckpunkt- und Koeffizientenbereiches wie C.

Ist $\mathfrak{J}$ ein Ring mit Einselement, so kann man $\dot{C}$ einfach durch

$$(\sum t^i x_i)^{\cdot} = \sum t^i \dot{x}_i$$

definieren (vgl. Nr. 10).

§ 3. Simpliziale Abbildungen.

1. Jedem Eckpunkt a des Eckpunktbereiches A sei ein Eckpunkt $b = f(a)$ des Eckpunktbereiches B so zugeordnet, daß bei dieser Zuordnung einem Gerüst von A stets ein Gerüst von B entspricht; eine solche Abbildung f heißt eine *simpliziale Abbildung von A in B*.

Die Abbildung f läßt jedem absoluten Simplex $|x^n| = |a_0 a_1 \ldots a_n|$ von A das absolute Simplex $f(|x^n|) = |b_0 b_1 \ldots b_n|$ mit $b_i = f(a_i)$ entsprechen; dabei ist die Dimensionszahl von $f(|x^n|)$ um 1 kleiner als die Anzahl der *verschiedenen* Eckpunkte $f(a_i)$, also $\leqq n$.

Wir definieren jetzt das Bild $f(x^n)$ eines *orientierten* Simplexes $x^n = (a_0 a_1 \ldots a_n)$ und unterscheiden dabei zwei Fälle:

1) *Sind alle Bildeckpunkte $f(a_i) = b_i$ voneinander verschieden, so ist $f(x^n)$ das orientierte n-dimensionale Simplex* $(b_0 b_1 \ldots b_n)$. [Hierdurch ist $f(x^n)$ in der Tat eindeutig bestimmt: denn wenn wir dasselbe orientierte Simplex x^n durch eine andere Reihenfolge der a_i darstellen, die also aus der Reihenfolge $a_0 a_1 \ldots a_n$ durch eine gerade Permutation hervorgeht, so erleiden auch die Punkte $f(a_i)$ eine gerade Permutation und stellen daher dasselbe orientierte Simplex $f(x^n)$ dar wie vorher.]

2) *Sind nicht alle Bildeckpunkte $f(a_i) = b_i$ voneinander verschieden, so ist $f(x^n)$ der algebraische Nullkomplex.*

Auf diese Weise läßt f entsprechen:

a) jedem (zu A gehörenden) absoluten Komplex K einen gleich- oder niedriger-dimensionalen absoluten Komplex $f(K)$, der aus den Bildern $f(|x|)$ der Simplexe $|x|$ von K zusammengesetzt ist;

b) jedem (zu A gehörenden) *homogen-dimensionalen* algebraischen Komplex
$$C = \sum t^i x_i^r$$
einen *gleichdimensionalen* (jedoch evtl. verschwindenden) algebraischen Komplex
$$f(C) = \sum t^i f(x_i^r)\,.$$

Man sagt, daß K bzw. C auf $f(K)$ bzw. $f(C)$ *simplizial abgebildet* wird. Aus diesen Definitionen folgt, daß für je zwei algebraische Komplexe C_1 und C_2 des Eckpunktbereiches A
$$f(C_1 + C_2) = f(C_1) + f(C_2)$$
ist, so daß *eine simpliziale Abbildung des Eckpunktbereiches A in den Eckpunktbereich B eine homomorphe Abbildung der Gruppen $L^r_{\mathfrak{J}}(A)$ in die Gruppe $L^r_{\mathfrak{J}}(B)$ erzeugt.* Dies gilt natürlich für jede Dimensionszahl r und für jeden Koeffizientenbereich $\mathfrak{J}$.

2. In den meisten Fällen wird der Eckpunktbereich A direkt als der von einem absoluten oder algebraischen Komplex Q erzeugte (§ 1, Nr. 4; § 2, Nr. 14) Eckpunktbereich definiert. Eine simpliziale Abbildung von A in B heißt dann eine *simpliziale Abbildung des Komplexes Q in den Eckpunktbereich B*; wenn insbesondere B der von einem absoluten Komplex K erzeugte Eckpunktbereich ist, spricht man von einer simplizialen Abbildung des (*absoluten oder algebraischen*) *Komplexes Q in den absoluten Komplex K*; dabei tritt als simpliziales Bild $f(Q)$ von Q ein Teilkomplex von K auf, und zwar ein absoluter oder ein algebraischer, je nachdem Q ein absoluter oder ein algebraischer Komplex war.

3. Simpliziale Abbildungen in ein Simplex. Eine simpliziale Abbildung f eines n-dimensionalen Komplexes in eine n-dimensionale Simplexhülle (Kap. III, § 1, Nr. 2) heißt kurz eine simpliziale Abbildung *in das* betreffende Simplex $|y^n|$. Auch unter einer simplizialen Abbildung in y^n verstehen wir eine Abbildung in dieselbe Simplexhülle. Wenn in diesem Sinne der homogen n-dimensionale algebraische Komplex C^n in y^n abgebildet wird, so tritt als Bildkomplex $f(C^n)$ ein algebraischer Komplex $t y^n$ auf (wobei t natürlich auch Null sein kann): Die Komplexe von der Form $t y^n$ sind in der Tat die einzigen n-dimensionalen algebraischen Komplexe von $|y^n|$.[1]

4. Weitere Beispiele simplizialer Abbildungen.

1) A sei der von dem (absoluten oder algebraischen) Komplex Q erzeugte, B sei der Eckpunktbereich der offenen Menge $G \subset R^n$; eine simpliziale Abbildung von A in B heißt eine *simpliziale Abbildung des Komplexes Q in die offene Menge G.*

---

[1] In etwas unkonsequenter Weise bezeichnen wir eine Simplexhülle ebenso wie ein absolutes Simplex mit $|x^n|$, $|y^n|$ usw.

2) Es sei F ein kompakter metrischer Raum, welcher mittels der stetigen Abbildung f in einen kompakten metrischen Raum F' abgebildet ist; $\varepsilon > 0$ sei beliebig, δ so klein gewählt, daß zwei Punkte von F, die voneinander weniger als um δ entfernt sind, mittels f in Punkte von F' übergehen, die eine Entfernung $< \varepsilon$ haben. A sei der δ-Eckpunktbereich von F, B der ε-Eckpunktbereich von F' (§ 1, Nr. 7); sodann erzeugt die stetige Abbildung f eine gleichnamige simpliziale Abbildung, die einen beliebigen δ-Komplex in F auf einen ε-Komplex in F' abbildet.

3) Es sei Q ein beliebiger (absoluter oder algebraischer) Komplex des metrischen Raumes R (§ 1, Nr. 7); jedem Eckpunkt a von Q sei ein Punkt $b = f(a)$ von R zugeordnet unter der einzigen Bedingung, daß $\varrho(a, f(a)) < \varepsilon$ sei (jeder Eckpunkt a wird weniger als um ε „verschoben"). Dadurch entsteht eine simpliziale Abbildung von Q auf einen Komplex $f(Q)$ in R; *eine solche Abbildung*, sowie *ihr Resultat* $f(Q)$ heißen eine *ε-Verschiebung des Komplexes* Q. Wenn eine ε'-Verschiebung eines ε-Komplexes vorliegt, so ist sie, wie leicht ersichtlich, ein $(\varepsilon + 2\varepsilon')$-Komplex.

5. Simpliziale Abbildungen von Euklidischen Komplexen und Polyedern. Wenn eine simpliziale Abbildung eines Euklidischen Komplexes K auf einen Euklidischen Komplex K' vorliegt, die dem Simplex $|x|$ von K das Simplex $f(|x|) = |y|$ zuordnet, so definiert die Abbildung des Eckpunktgerüstes von $|x|$ auf das Gerüst von $|y|$ eindeutig eine affine Abbildung von $\bar{x}$ auf $\bar{y}$. Die simpliziale Abbildung von K in K' erzeugt somit eine *stückweise affine* Abbildung des Polyeders $P = \bar{K}$ in das Polyeder $P' = \bar{K}'$, welche ebenfalls mit f bezeichnet wird; da die in einzelnen Simplexen von K erklärten affinen Abbildungen offenbar stetig aneinanderschließen, ist die resultierende stückweise affine Abbildung eine stetige Abbildung von P in P'. Sie wird abermals mit f bezeichnet und heißt eine *simpliziale Abbildung des Polyeders P in das Polyeder P'*. In analoger Weise definiert man auch die simplizialen Abbildungen eines Polyeders in eine offene Menge $G \subset R^n$.

6. Bemerkung über den Fall mod 2. Wir wissen, daß ein absoluter Komplex K als ein algebraischer Komplex modulo 2 aufgefaßt werden kann; wenn man aber K in einen Eckpunktbereich B simplizial abbildet, so ist es nicht gleichgültig, ob man K als einen absoluten Komplex oder als einen Komplex modulo 2 betrachtet; denn ein Simplex des Eckpunktbereiches B, welches als Bild von einer geraden Anzahl von Simplexen von K auftritt, ist, wenn man K als einen absoluten Komplex auffaßt, natürlich ein Element von $f(K)$, während es nicht zu $f(K)$ gehört, wenn K (folglich auch $f(K)$) modulo 2 betrachtet wird. Außerdem werden im absoluten Falle Bildsimplexe mit zusammenfallenden Eckpunkten als Simplexe entsprechend niedrigerer Dimensionszahl zu $f(K)$ gezählt, während sie im algebraischen Falle (auch modulo 2) gleich Null zu setzen sind.

Es sei z. B. ein Dreieck $a_0 a_1 a_2$ gegeben; seine drei Seiten bilden einen eindimensionalen Komplex K; dieser sei auf die Strecke $a_0 a_1$ dadurch simplizial abgebildet, daß $f(a_0) = a_0$, $f(a_1) = f(a_2) = a_1$ gesetzt ist; falls K als absoluter Komplex aufgefaßt ist, ist als $f(K)$ die Strecke $|a_0 a_1|$ zu betrachten; wenn wir dagegen uns im Falle modulo 2 befinden, ist $f(K) = 0$.

Immerhin ist zu bemerken: wenn bei einer simplizialen Abbildung eines algebraischen Komplexes modulo 2 — diesen Komplex bezeichnen wir mit C — in den absoluten Komplex K alle Grundsimplexe von K Bildsimplexe sind, so gilt dasselbe erst recht, wenn wir C als einen absoluten Komplex auffassen.

7. Erhaltung des Randes bei simplizialen Abbildungen. Es sei $x^n = (a_0 \ldots a_n)$, folglich $\dot{x}^n = \sum_0^n x_i^{n-1}$ mit

$$x_i^{n-1} = (-1)^i (a_0 \ldots a_{i-1} a_{i+1} \ldots a_n).$$

Es sei ferner eine simpliziale Abbildung f mit $f(a_i) = b_i$ gegeben. Sind alle b_i untereinander verschieden, so ist das Bild von x^n das n-dimensionale Simplex $f(x^n) = (b_0 \ldots b_n)$, und dessen Rand

$$(f(x^n))^{\cdot} = \sum (-1)^i (b_0 \ldots b_{i-1} b_{i+1} \ldots b_n)$$

ist offenbar das Bild des Randes von x^n, so daß man die Formel

$$f(\dot{x}^n) = (f(x^n))^{\cdot} \tag{1}$$

hat.

Wir wollen jetzt zeigen, daß die Formel (1) auch dann gilt, wenn mindestens zwei Bildpunkte b_i zusammenfallen. Und zwar zeigen wir, daß in diesem Falle die beiden Seiten der Formel (1) Null sind. Für die rechte Seite ist dies in der Definition von Nr. 1 enthalten. Was die linke Seite der Formel (1) betrifft, so unterscheiden wir zwei Fälle:

1) Es gibt mehr als ein Eckpunktpaar a_i, a_j, dem zusammenfallende Eckpunkte $b_i = b_j$ entsprechen. In diesem Fall gibt es in jedem Klammerausdruck $(b_0 \ldots b_{k-1} b_{k+1} \ldots b_n)$ mindestens ein Paar zusammenfallender Elemente, so daß jeder solche Klammerausdruck, d. h. das Bild jeder einzelnen Seite x_k^{n-1}, und folglich auch das ganze Bild $f(\dot{x}^n)$ Null ist.

2) Es gibt genau ein Eckpunktpaar, etwa a_i und a_j, für welches die Bilder zusammenfallen: $b_i = b_j = b$. Sodann tritt für $k \neq i$, $k \neq j$ in dem Klammerausdruck $(b_0 \ldots b_{k-1} b_{k+1} \ldots b_n)$ der Eckpunkt b zweimal auf, $f(x_k^{n-1})$ ist also der Nullkomplex; von Null verschieden sind nur die beiden Ausdrücke $f(x_i^{n-1})$ und $f(x_j^{n-1})$. Orientieren wir x_i^{n-1} und x_j^{n-1} wie in § 2, Nr. 5, Formel (9):

$$x_i^{n-1} = (a_j a_{k_1} \ldots a_{k_{n-1}}), \qquad x_j^{n-1} = (a_i a_{k_1} \ldots a_{k_{n-1}}),$$

so wird

$$f(x_i^{n-1}) = f(x_j^{n-1}) = (b\, b_{k_1} \ldots b_{k_{n-1}});$$

da aber, wie wir an der genannten Stelle sahen, x_i^{n-1} und x_j^{n-1} in $\dot{x}^n$ mit entgegengesetzten Vorzeichen auftreten, ist

$$f(\dot{x}^n) = \pm(f(x_i^{n-1}) - f(x_j^{n-1}));$$

folglich ist auch in diesem Fall das Bild $f(\dot{x}^n)$ Null.

Damit ist die Formel (1) bewiesen.

Da sich ebenso bei jeder Wahl des Elementes t eines beliebigen Koeffizientenbereiches $\mathfrak{J}$ offenbar auch $f((t\,x^n)^\cdot) = (f(t\,x^n))^\cdot$ ergibt, so ist — mit Rücksicht auf die in Nr. 1 festgestellte Additivität — für jeden algebraischen Komplex C

$$f(\dot{C}) = (f(C))^\cdot,$$

in Worten: *Bei jeder simplizialen Abbildung eines algebraischen Komplexes ist das Bild des Randes gleich dem Rande des Bildes.*

Diese wichtige Tatsache nennen wir den *Satz von der Erhaltung des Randes bei simplizialen Abbildungen* oder kurz den *1. Erhaltungssatz.*

§ 4. Zyklen. Homologie.

1. Formeln für den Rand. Der Begriff des Randes eines algebraischen Komplexes bildet die Grundlage aller Betrachtungen des gegenwärtigen und der folgenden Paragraphen. Wir stellen zunächst fest, daß aus den Definitionen des § 2 die Gültigkeit folgender Formeln folgt:

I. $$(C_1 + C_2)^\cdot = \dot{C}_1 + \dot{C}_2;$$

II. $$(-C)^\cdot = -\dot{C};$$

III. $$\dot{0} = 0,$$

(wobei 0 den Nullkomplex — die Linearform mit sämtlich verschwindenden Koeffizienten — bedeutet).

Ist der Koeffizientenbereich $\mathfrak{J}$ ein Ring, so tritt zu diesen Formeln noch die folgende:

IV. $$(tC)^\cdot = t\dot{C},$$

wobei t wie immer ein beliebiges Element des jeweiligen Koeffizientenbereiches ist.

2. Zyklen. Wenn für den algebraischen Komplex C des Koeffizientenbereiches $\mathfrak{J}$ die Gleichung

$$\dot{C} = 0$$

gilt, so heißt C ein *Zyklus* des Koeffizientenbereiches $\mathfrak{J}$.

Ein Komplex ist also ein Zyklus, falls in seinem Rand kein Simplex mit einem von Null verschiedenen Koeffizienten auftritt.

Beispiele. 1) Die Summe der geeignet orientierten Strecken eines einfach geschlossenen Polygons ist ein Zyklus (bei beliebigem Koeffizientenring mit Einselement).

2) Es seien x_i^2 die (beliebig orientierten) Dreiecke einer beliebigen Triangulation einer geschlossenen (orientierbaren oder nichtorientierbaren) Fläche[1]; dann ist $\sum x_i^2$ ein Zyklus in bezug auf $\mathfrak{G}_2$; allgemeiner: ist $\mathfrak{J}$ ein Koeffizientenbereich, welcher ein Element t der Ordnung 2 enthält, so ist $\sum t x_i^2$ ein Zyklus in bezug auf $\mathfrak{J}$.

3) Ist die eben genannte Fläche orientierbar, so ist bei geeigneter Orientierung der Dreiecke die Summe $\sum x_i^2$ ein Zyklus in bezug auf $\mathfrak{G}$.

4) Es seien x_i $(i = 1, 2, 3, 4, 5)$ die in Abb. 15 angegebenen orientierten Strecken; a, b, c seien gänze Zahlen mit $a + b + c = 0$; dann ist $a x_1 + a x_2 + b x_3 + b x_4 + c x_5$ ein Zyklus in bezug auf $\mathfrak{G}$. Ist $a + b + c = m \geqq 2$, und bezeichnen wir die Restklassen mod m, denen a, b, c angehören, mit α, β, γ, so ist $\alpha x_1 + \alpha x_2 + \beta x_3 + \beta x_4 + \gamma x_5$ ein Zyklus in bezug auf $\mathfrak{G}_m$.

5) Weitere einfache Beispiele entnimmt man der Nr. 5 dieses Paragraphen und der Nr. 11 des § 5.[2]

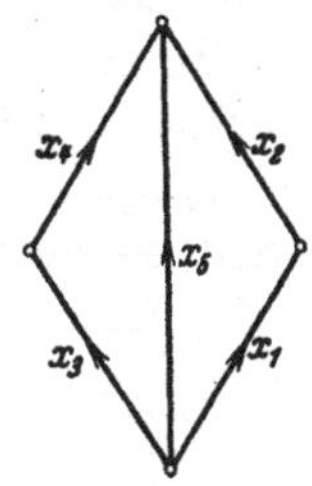

Abb. 15.

Bemerkung. Als Rand eines nulldimensionalen Simplexes, folglich auch eines nulldimensionalen algebraischen Komplexes, tritt definitionsgemäß Null auf; *alle nulldimensionalen algebraischen Komplexe sind somit Zyklen.*

Aus den Formeln I, II, III folgt:

I. Summe zweier Zyklen ist ein Zyklus.

II. Ist C ein Zyklus, so ist auch $-C$ ein Zyklus.

III. Der Nullkomplex ist ein Zyklus.

Mit anderen Worten: *In der Gruppe $L_{\mathfrak{J}}(E)$ bilden die Zyklen eine Untergruppe $Z_{\mathfrak{J}}(E)$.* Desgleichen bildet die Menge der homogen r-dimensionalen Zyklen eine Untergruppe $Z_{\mathfrak{J}}^r(E)$ der Gruppe $L_{\mathfrak{J}}^r(E)$.

In diesem Bande wird übrigens unter einem r-dimensionalen Zyklus stets ein homogen r-dimensionaler Zyklus verstanden; ein solcher wird mit z^r bezeichnet.

3. Simpliziale Abbildungen der Zyklen. Bei einer simplizialen Abbildung geht nach dem 1. Erhaltungssatz (§ 3, Nr. 7) ein Zyklus in einen Zyklus über. *Somit erzeugt eine simpliziale Abbildung des Eckpunktbereiches A in den Eckpunktbereich B eine homomorphe Abbildung der Gruppen $Z_{\mathfrak{J}}^r(A)$* bzw. *$Z_{\mathfrak{J}}(A)$* in die Gruppen *$Z_{\mathfrak{J}}^r(B)$* bzw. *$Z_{\mathfrak{J}}(B)$*.

4. Verschiedene Eckpunktbereiche. Je nach der Wahl des Eckpunktbereiches unterscheidet man:

1) Die Gruppe $Z_{\mathfrak{J}}(K)$ der Zyklen eines absoluten Komplexes K — darunter versteht man die Gruppe der Zyklen des von K erzeugten Eckpunktbereiches (§ 1, Nr. 4).

2) Die Gruppe $Z_{\mathfrak{J}}(G)$ der Zyklen, die in der offenen Menge $G \subset R^n$ liegen; das ist die Gruppe $Z_{\mathfrak{J}}(E)$, wobei $E = E(G \subset R^n)$ ist (vgl. § 1, Nr. 9); die Elemente der Gruppe $Z_{\mathfrak{J}}(G)$ werden einfach Zyklen der

[1] Wegen des Begriffes der „Orientierbarkeit" vgl. man § 5, Nr. 9; wegen des Begriffes der „Fläche" den Anhang zu den Kap. IV, V, VI, Nr. 10.

[2] Weitere kompliziertere Beispiele findet man im Anhang zu den Kap. IV, V, VI. — Im Kap. VII, § 1, wird auf die Frage eingegangen, zu welchen absoluten Komplexen K es Zyklen z mit $|z| = K$ gibt.

offenen Mengen $G \subset R^n$ genannt (wenn insbesondere $G = R^n$ ist, so hat man die Zyklen des R^n).

3) Die Gruppe $Z_\varepsilon(R)$ der ε-Zyklen des metrischen Raumes R — das sind Zyklen des ε-Eckpunktbereiches von R (§ 1, Nr. 7). In diesem Bande werden die ε-Zyklen nur bei *kompakten* metrischen Räumen — im Falle von Teilmengen der Euklidischen Räume also nur bei beschränkten und abgeschlossenen Mengen — herangezogen werden.

In allen diesen Gruppen sind als Untergruppen die Gruppen der betreffenden homogen-dimensionalen Zyklen enthalten.

5. Ränder sind Zyklen. Satz I'. *Der Rand $\dot{x}^n$ eines orientierten Simplexes x^n ist ein Zyklus.*

Beweis. Der Satz ist trivial für $n = 0$ und $n = 1$; es sei $n \geqq 2$. Verstehen wir unter $|x_{ij}^{n-2}|$ die $(n-2)$-dimensionale Seite von $|x^n| = |a_0 a_1 \ldots a_n|$, die durch Weglassen der Eckpunkte a_i und a_j entsteht, so haben wir zu zeigen: x_{ij}^{n-2} tritt in $(\dot{x}^n)^\cdot$ mit dem Koeffizienten 0 auf. Setzen wir wie früher $|x_k^{n-1}| = |a_0 \ldots a_{k-1} a_{k+1} \ldots a_n|$, so daß $\dot{x}^n = \sum_k \pm x_k^{n-1}$, $(\dot{x}^n)^\cdot = \sum \pm \dot{x}_k^{n-1}$ ist, so kommt x_{ij}^{n-2} für $k \neq i$, $k \neq j$ nicht in $\dot{x}_k^{n-1}$ vor. Orientieren wir x_{ij}^{n-2}, x_i^{n-1}, x_j^{n-1} folgendermaßen:

$$x_{ij}^{n-2} = (a_{k_1} \ldots a_{k_{n-1}}), \quad k_r \neq i, j,$$

$$x_i^{n-1} = (a_j a_{k_1} \ldots a_{k_{n-1}}), \quad x_j^{n-1} = (a_i a_{k_1} \ldots a_{k_{n-1}}),$$

so tritt nach § 2, Nr. 5, x_{ij}^{n-2} sowohl in $\dot{x}_i^{n-1}$ als auch in $\dot{x}_j^{n-1}$ mit positivem Vorzeichen auf; aber x_i^{n-1} und x_j^{n-1} treten, wie ebenfalls im § 2, Nr. 5, gezeigt wurde, in $\dot{x}^n$ mit entgegengesetzten Vorzeichen auf; daher erhält x_{ij}^{n-2} in $(\dot{x}^n)^\cdot$ den Koeffizienten 0, w. z. b. w. (Man vgl. Abb. 12.)

Genau so zeigt man auch, daß, bei beliebigem $\mathfrak{J}$, ein algebraischer Komplex $t x^{n+1}$, $t \subset \mathfrak{J}$, als Rand einen Zyklus besitzt — in allen Formeln des vorstehenden Beweises tritt nur bei jedem Gliede der Koeffizient t auf, was am Endergebnis nichts ändert.

Durch Addition folgt dann weiter der

Satz I. *Der Rand jedes algebraischen Komplexes (von E und $\mathfrak{J}$) ist ein Zyklus.*

6. Zyklen des absoluten Simplexrandes. Der Satz I' und die an ihn anschließende Bemerkung haben gezeigt, daß es in dem n-dimensionalen absoluten Komplex $|\dot{x}^{n+1}|$, den man den (*absoluten*) *n-dimensionalen Simplexrand*[1] nennt, in bezug auf jeden Koeffizientenbereich $\mathfrak{J}$ wenigstens einen von Null verschiedenen n-dimensionalen Zyklus gibt, nämlich $(t x^{n+1})^\cdot$ mit $t \subset \mathfrak{J}$, $t \neq 0$. Wir stellen bei dieser Gelegenheit die Frage nach *allen* n-dimensionalen Zyklen in $|\dot{x}^{n+1}|$, also nach den Gruppen $Z_{\mathfrak{J}}^n(|\dot{x}^{n+1}|)$.

Wir machen zunächst die folgende allgemeine Bemerkung: Wenn z ein ganzzahliger Zyklus ist, so ist der im Sinne von § 2, Nr. 9, gebildete

[1] Vgl. Kap. III, § 1, Nr. 2.

algebraische Komplex tz mit $t \subset \mathfrak{J}$ ein *Zyklus* in bezug auf $\mathfrak{J}$; denn da offenbar in der Bezeichnungsweise von § 2, Nr. 9, immer $(tC)^{\cdot} = t\dot{C}$ ist, folgt $(tz)^{\cdot} = 0$ aus $\dot{z} = 0$.

Es sei jetzt $z^n = \dot{x}^{n+1} = \sum \pm x_i^n$, wobei die $|x_i^n|$ die n-dimensionalen Seiten von $|x^{n+1}|$ sind; $\mathfrak{J}$ sei gegeben, und $z_{\mathfrak{J}}^n = \sum t^i x_i^n$ sei ein Zyklus in bezug auf $\mathfrak{J}$; da auch $t^1 z^n$ Zyklus in bezug auf $\mathfrak{J}$ ist, gilt dasselbe für $z_{\mathfrak{J}}^n - t^1 z^n = (t^2 - t^1)\, x_2^n + \cdots (t^{n+2} - t^1)\, x_{n+2}^n$. Wir setzen nun $n \geqq 1$ voraus; dann haben für jedes $i \geqq 2$ die Simplexe x_i^n und x_1^n die nicht leere Seite x_{i1}^{n-1} gemein, und diese liegt auf keinem $|x_j^n|$ mit $j \neq 1$, $j \neq i$; sie tritt daher in $(z_{\mathfrak{J}}^n - t^1 z^n)^{\cdot}$ mit dem Koeffizienten $\pm(t^i - t^1)$ auf; da aber $z_{\mathfrak{J}}^n - t^1 z^n$ Zyklus ist, ist dieser Koeffizient 0, es ist also $t^i = t^1$ für alle i. Damit ist gezeigt: *Für $n \geqq 1$ gibt es in $|\dot{x}^{n+1}|$ keine anderen n-dimensionalen Zyklen als die tz^n mit $z^n = \dot{x}^{n+1}$.*[1]

Da die Koeffizienten t dieser Zyklen offenbar einen Isomorphismus zwischen dem Koeffizientenbereich $\mathfrak{J}$ und der Zyklengruppe $Z_{\mathfrak{J}}^n(|\dot{x}^{n+1}|)$ vermitteln, gilt weiter: *Für $n \geqq 1$ ist $Z_{\mathfrak{J}}^n(|\dot{x}^{n+1}|) \approx \mathfrak{J}$.*[2]

Dagegen ist $|\dot{x}^1|$ ein Punktepaar, und man erkennt leicht (vgl. Kap. V, § 2): *$Z_{\mathfrak{J}}^0(|\dot{x}^1|)$ ist direkte Summe zweier Gruppen, deren jede mit $\mathfrak{J}$ isomorph ist.*

7. Berandungsfähigkeit. Kegelkonstruktion. Der Satz I lehrt, daß jeder Rand ein Zyklus ist; ein algebraischer Komplex, der nicht Zyklus ist, ist also nicht fähig, einen anderen Komplex zu beranden. Die Frage, ob umgekehrt *jeder* Zyklus diese Fähigkeit besitzt, wird zunächst präzisiert durch folgende

Definition: Der Zyklus z (des Eckpunktbereiches E und Koeffizientenbereiches $\mathfrak{J}$) heißt *berandungsfähig*, wenn es einen Eckpunktbereich E' und in ihm einen mit z isomorphen[3] Zyklus z' (desselben Koeffizientenbereiches $\mathfrak{J}$) gibt, welcher Rand eines Komplexes C' von E' ist: $z' = \dot{C}'$.

Unsere Frage wird nun — unter der offenbar erlaubten Beschränkung auf homogen-dimensionale Zyklen — beantwortet durch

Satz II. *Jeder homogen r-dimensionale Zyklus mit $r \geqq 1$ ist berandungsfähig. Der homogen nulldimensionale Zyklus $z^0 = \sum t^i x_i^0$ ist dann und nur dann berandungsfähig, wenn die Koeffizientensumme $\nu(z^0) = \sum t^i = 0$ ist.*

Wir beweisen zunächst den letzten Teil, d. h. die Behauptung, daß *im Falle $\nu(z^0) \neq 0$ der nulldimensionale Zyklus z^0 in keinem Eckpunktbereich beranden kann.* Mit anderen Worten: *Der Rand eines beliebigen eindimensionalen algebraischen Komplexes hat die Koeffizientensumme Null.*

---

[1] Verallgemeinerung dieses Satzes und Beweises: § 5, Nr. 11, Satz VIIIa.

[2] Das Zeichen $\approx$ bedeutet: isomorph.

[3] Zwei algebraische Komplexe C und C' (desselben Koeffizientenbereiches) heißen isomorph, wenn es eine simpliziale Abbildung f von $|C|$ auf $|C'|$ mit $C' = f(C)$ gibt, welche einen Isomorphismus zwischen $|C|$ und $|C'|$ im Sinne von § 1, Nr. 5, herstellt.

Beweis. Ist $C^1 = t x^1$, $x^1 = (a_0 a_1)$, so ist $\dot{C}^1 = t a_1 - t a_0$, also $\nu(\dot{C}^1) = 0$, woraus durch einfache Addition folgt, daß auch für einen beliebigen eindimensionalen Komplex $C^1 = \sum t^i x_i^1$ die Koeffizientensumme des Randes Null ist.

Der Beweis der übrigen Behauptungen des Satzes II beruht auf der folgenden „*Kegelkonstruktion*", die auch für andere Zwecke nützlich ist:

Der Eckpunktbereich E sei gegeben. Man füge ihm einen neuen Eckpunkt o hinzu und verstehe unter „Gerüsten" 1) die Gerüste von E, 2) alle Eckpunktmengen, die aus den Gerüsten von E durch Hinzufügung von o entstehen. Der dadurch definierte neue Eckpunktbereich E' heißt der „Kegel über E mit der Spitze o".

Falls $E = E(K)$ von einem endlichen absoluten Komplex K erzeugt wird, so wird offenbar auch E' von einem (endlichen) Komplex K' erzeugt; K' heißt der Kegel über K. Die Dimensionszahl von K' ist stets um 1 größer als die Dimensionszahl von K.

Für jedes orientierte Simplex $x^r = (a_0 \ldots a_r)$ von E verstehen wir unter $(o x^r)$ das orientierte $(r+1)$-dimensionale Simplex $(o x^r) = (o a_0 \ldots a_r)$ von E';[1] allgemeiner: zu jedem algebraischen Komplex $C = \sum t^i x_i$ von E gehört als „Kegel über C mit o als Spitze" der Komplex $(oC) = \sum t^i (o x_i)$.

Aus den Vorschriften für die Randbildung (§ 2, Nr. 4, 5) folgt leicht

$$(1_r) \qquad (o x^r)^{\dot{}} = x^r - (o \dot{x}^r) \quad \text{für} \quad r \geqq 1,$$

$$(1_0) \qquad (o x^0)^{\dot{}} = x^0 - (o).$$

Hieraus ergibt sich weiter für jeden homogen r-dimensionalen Komplex $C^r = \sum t^i x_i^r$ von E:

$$(2_r) \qquad (o C^r)^{\dot{}} = C^r - (o \dot{C}^r) \quad \text{für} \quad r \geqq 1,$$

$$(2_0) \qquad (o C^0)^{\dot{}} = C^0 - \sum t^i \cdot (o).$$

Ist $C^r = z^r$ ein Zyklus (was für $r = 0$ immer der Fall ist), so ist $\dot{C}^r = 0$ und folglich auch $(o \dot{C}^r) = 0$, mithin

$$(3_r) \qquad (o z^r)^{\dot{}} = z^r \quad \text{für} \quad r \geqq 1,$$

$$(3_0) \qquad (o z^0)^{\dot{}} = z^0 - \nu(z^0) \cdot (o).$$

Aus (3_r) und (3_0) liest man ab: *Jeder homogen r-dimensionale Zyklus z^r von E mit $r \geqq 1$ sowie jeder homogen nulldimensionale Zyklus z^0 von E mit $\nu(z^0) = 0$ ist der Rand eines Komplexes von E'.*

Nunmehr ergibt sich die Richtigkeit des Satzes II einfach dadurch, daß man über dem Eckpunktbereich E, auf den sich der Satz bezieht, den Kegel E' konstruiert.

---

[1] Sind $x = (a_0 \ldots a_r)$ und $y = (b_0 \ldots b_s)$ zwei orientierte Simplexe eines Eckpunktbereiches E', in welchem die Eckpunktmenge $\{a_0, \ldots, a_r, b_0, \ldots, b_s\}$ ein Gerüst bildet, so wird das orientierte Simplex $x^{r+s+1} = (a_0 \ldots a_r b_0 \ldots b_s)$ mit (xy) bezeichnet. Hierin ist die Bezeichnung $(o x^r)$ als Spezialfall enthalten.

8. Berandung. Homologieklassen. Wir kommen jetzt zu der für die ganze Topologie grundlegenden

Homologie-Definition. E sei ein Eckpunkt-, $\mathfrak{J}$ ein Koeffizientenbereich. Man sagt: der zu diesen Bereichen gehörende Zyklus z *berandet* oder ist *homolog Null* (in E), und schreibt:

$$z \sim 0 \quad (\text{in } E),$$

falls z Rand eines zu E und $\mathfrak{J}$ gehörenden algebraischen Komplexes ist. Ist $z_1 - z_2 \sim 0$ (in E), so schreibt man

$$z_1 \sim z_2 \quad (\text{in } E)$$

und sagt, daß z_1 und z_2 *miteinander homolog sind* — oder auch, daß z_1 *und* z_2 *zusammen beranden* (in E in bezug auf $\mathfrak{J}$).

In den Formeln I, II, III (Nr. 1) sind offenbar folgende drei Behauptungen enthalten:

1) $0 \sim 0$ (und somit $z \sim z$),

2) aus $z \sim 0$ folgt $(-z) \sim 0$ (somit auch: aus $z_1 \sim z_2$ folgt $z_2 \sim z_1$),

3) aus $z_1 \sim 0$ und $z_2 \sim 0$ folgt $z_1 + z_2 \sim 0$ (somit auch: aus $z_1 \sim z_2$ und $z_2 \sim z_3$ folgt $z_1 \sim z_3$).

Die eingeklammerten Behauptungen sind nichts anderes als die sog. „Gleichheitsaxiome" — der Reflexivität, der Symmetrie und der Transitivität, denen somit der durch das Zeichen $\sim$ ausgedrückte Homologiebegriff genügt; daher bewirkt die Homologie-Beziehung eine Einteilung aller Zyklen von E in Klassen, die *Homologieklassen* von E in bezug auf $\mathfrak{J}$.[1] Dieselben drei Behauptungen drücken auch die Tatsache aus, *daß die Klasse aller in E berandenden Zyklen des Koeffizientenbereiches $\mathfrak{J}$ eine Untergruppe $H_{\mathfrak{J}}(E)$ der Gruppe $Z_{\mathfrak{J}}(E)$ bildet.*

In den meisten Fällen werden nicht die ganzen Klassen, sondern (bei jedem r) *die Homologieklassen der r-dimensionalen Zyklen* betrachtet.

9. Doppelter Koeffizientenbereich. Der Homologiebegriff, den wir soeben eingeführt haben, läßt sich noch verallgemeinern, und zwar dadurch, daß man nicht einen, sondern gleichzeitig zwei Koeffizientenbereiche $\mathfrak{J}$ und $\mathfrak{J}'$ betrachtet, von denen der eine, $\mathfrak{J}$, eine Untergruppe des anderen, $\mathfrak{J}'$, ist. Um den Sinn und auch die Zweckmäßigkeit dieser Verallgemeinerung klarzumachen, erläutern wir sie an einem Beispiel. Wir betrachten die auf Abb. 14 dargestellte Triangulation K der projektiven Ebene. Wie wir in § 2, Nr. 8, Beispiel 3, gesehen haben, gilt (in den dortigen Bezeichnungen)

$$\dot{C}^2 = 2x_1^1 + 2x_2^1 + 2x_3^1, \tag{4}$$

d. h.: die passend orientierte Triangulation $|C|$ der projektiven Ebene wird berandet durch die doppelt gezählte projektive Gerade AA', wobei

[1] Beispiele werden im Kap. V, § 1, angegeben werden.

letztere als der aus den drei gerichteten Strecken x_1^1, x_2^1, x_3^1 zusammengesetzte orientierte Komplex aufgefaßt wird. Nun zeigt eine leichte Überlegung, die wir dem Leser überlassen dürfen, daß der Zyklus

$$z^1 = x_1^1 + x_2^1 + x_3^1$$

(die einfach durchlaufene projektive Gerade) keinen ganzzahligen Teilkomplex der gewählten Triangulation der projektiven Ebene berandet. Da wir anstatt (4) auch

$$\tfrac{1}{2}\dot{C}^2 = z^1$$

schreiben können (wobei wir vom Koeffizientenbereich $\mathfrak{G}$ zu $\mathfrak{R}$ übergehen und $\frac{1}{2}C^2$ dadurch entsteht, daß man jedem der zehn orientierten Simplexe, die den Komplex C bilden, den Koeffizienten $\frac{1}{2}$ zuordnet), berandet der ganzzahlige Zyklus z^1 zwar keinen ganzzahligen, wohl aber einen rationalen Teilkomplex unserer Triangulation:

$$z^1 \sim 0 \qquad \text{(in } K \text{ in bezug auf } \mathfrak{R}\text{)}.$$

Wir definieren jetzt ganz allgemein:

Es seien ein Eckpunktbereich E und zwei Koeffizientenbereiche (d. h. zwei Abelsche Gruppen) $\mathfrak{J}$ und $\mathfrak{J}'$ gegeben, von denen der erste eine Untergruppe des zweiten ist. Wir sagen, daß der Zyklus z des Koeffizientenbereiches $\mathfrak{J}$ in E in bezug auf $\mathfrak{J}'$ berandet (oder homolog Null ist), wenn es in E einen algebraischen Komplex des Koeffizientenbereiches $\mathfrak{J}'$ gibt, welcher den Zyklus z — der ja als Zyklus des Koeffizientenbereiches $\mathfrak{J}$ erst recht zum Koeffizientenbereich $\mathfrak{J}'$ gehört — *als seinen Rand hat.* Wir schreiben dafür

$$z \sim 0 \qquad \text{(in } E \text{ in bezug auf } \mathfrak{J}'\text{)}.$$

Genau wie in der vorigen Nummer schreiben wir auch jetzt

$$z_1 \sim z_2 \qquad \text{(in } E \text{ in bezug auf } \mathfrak{J}'\text{)}$$

für

$$z_1 - z_2 \sim 0 \qquad \text{(in } E \text{ in bezug auf } \mathfrak{J}'\text{)},$$

und genau wie vorhin beweist man die Behauptungen 1), 2), 3) — immer in bezug auf $\mathfrak{J}'$. Es folgt daraus, *daß eine Klasseneinteilung von $Z_{\mathfrak{J}}(E)$ entsteht, und daß die Zyklen des Eckpunktbereiches E, die in E in bezug auf $\mathfrak{J}'$ beranden, eine Untergruppe von $Z_{\mathfrak{J}}(E)$ bilden, die wir mit $H_{\mathfrak{J},\mathfrak{J}'}(E)$ bezeichnen.*

Die Gruppe $H_{\mathfrak{J},\mathfrak{J}'}(E)$ ist natürlich direkte Summe der Gruppen $H^r_{\mathfrak{J},\mathfrak{J}'}(E)$ der in bezug auf $\mathfrak{J}'$ berandenden homogen r-dimensionalen Zyklen, $r = 0, 1, \ldots$. Auf diese allein wird es uns im folgenden ankommen.

Infolge der Inklusion $\mathfrak{J}' \supset \mathfrak{J}$ ist offenbar

$$H^r_{\mathfrak{J},\mathfrak{J}'}(E) \supset H^r_{\mathfrak{J},\mathfrak{J}}(E) = H^r_{\mathfrak{J}}(E);$$

d. h.: *jeder Rand* (eines Komplexes aus $L^r_{\mathfrak{J}}(E)$) *ist ~ 0 in bezug auf $\mathfrak{J}'$.*

10. Schwache und starke Berandung. Randteiler. Homologie mit Division. Wir kehren zu dem wichtigsten Spezialfall zurück, von dem wir bei dem obigen Beispiel der projektiven Ebene ausgegangen sind: es sei $\mathfrak{J} = \mathfrak{G}$, $\mathfrak{J}' = \mathfrak{R}$.

Von einem *ganzzahligen Zyklus* sagt man, daß er in E *schwach* berandet (schwach homolog Null ist), wenn er in bezug auf $\mathfrak{R}$ (jedoch nicht notwendig in bezug auf $\mathfrak{G}$) berandet. Berandet er in bezug auf $\mathfrak{G}$, so heißt er *stark berandend.* Ein stark berandender Zyklus ist also erst recht ein schwach berandender.

Ist z ein schwach berandender Zyklus des Eckpunktbereiches E und C ein von z berandeter rationaler Komplex, so bezeichnen wir für einen Augenblick den gemeinsamen Nenner der als Koeffizienten von C auftretenden Brüche mit t und bemerken, daß $C' = tC$ ein durch tz berandeter ganzzahliger Komplex ist. Wenn umgekehrt ein Vielfaches tz eines ganzzahligen Zyklus z als Rand eines ebenfalls ganzzahligen Komplexes C' auftritt, so ist z Rand des rationalen Komplexes $\frac{1}{t} C'$. Mit anderen Worten:

Ein ganzzahliger Zyklus z ist dann und nur dann schwach homolog Null in E, wenn es eine von Null verschiedene ganze Zahl t von der Eigenschaft gibt, daß tz in E stark berandet.

Da das Vielfache tz von z ein ganzzahliger Rand ist, nennt man z häufig einen „*Randteiler*". Die r-dimensionalen Randteiler bilden die Gruppe $H^r_{\mathfrak{G},\mathfrak{R}}(E)$.

Da aus

$$tz \sim 0 \qquad \text{(in } E \text{ in bezug auf } \mathfrak{R})$$

im Falle $t \neq 0$ auch

$$z \sim 0 \qquad \text{(in } E \text{ in bezug auf } \mathfrak{R})$$

folgt, nennt man die Homologie in bezug auf $\mathfrak{R}$ manchmal auch *Homologie mit Division.* —

Der Ausdruck „Homologie modulo m" wird nach wie vor nur gebraucht, um anzugeben, daß ein Zyklus modulo m in bezug auf seinen Koeffizientenbereich $\mathfrak{G}_m$ berandet. Im Falle modulo m folgt übrigens aus $tz \sim 0$ die Relation $z \sim 0$ unter der einzigen Bedingung, daß t kein Nullteiler von $\mathfrak{G}_m$, d. h. m zu den Zahlen der Restklasse t teilerfremd ist. Wenn insbesondere m eine Primzahl ist, kann man Homologien mod m durch beliebige von Null verschiedene Elemente des Koeffizientenringes dividieren.

11. Simpliziale Abbildungen der Ränder. In Nr. 3 haben wir gesehen: Eine simpliziale Abbildung des Eckpunktbereiches A in den Eckpunktbereich B erzeugt einen Homomorphismus der Gruppe $Z^r_{\mathfrak{J}}(A)$ in $Z^r_{\mathfrak{J}}(B)$. Wie sich aus dem 1. Erhaltungssatz sofort ergibt, geht dabei jeder in A in bezug auf $\mathfrak{J}'$ berandende Zyklus von A in einen in B in bezug auf $\mathfrak{J}'$ berandenden Zyklus über; daher werden auch *die Gruppen*

$H_{\mathfrak{J},\mathfrak{J}'}(A)$ *bzw.* $H^r_{\mathfrak{J},\mathfrak{J}'}(A)$ *in die entsprechenden Gruppen von B homomorph abgebildet.*

12. Bemerkung zum Homologiebegriff für die verschiedenen Eckpunktbereiche, die in unserer weiteren Darstellung vorkommen: Man hat vor allem mit dem von einem absoluten Komplex K erzeugten Eckpunktbereich bzw. dem Eckpunktbereich einer offenen Menge $G \subset R^n$ zu tun. In diesem Falle schreibt man

$$z \sim 0 \qquad \text{(in } K \text{ in bezug auf } \mathfrak{J}')$$

und $H^r_{\mathfrak{J},\mathfrak{J}'}(K)$, bzw.

$$z \sim 0 \qquad \text{(in } G \text{ in bezug auf } \mathfrak{J}')$$

und $H^r_{\mathfrak{J},\mathfrak{J}'}(G)$ und spricht von Homologie in K bzw. in G.

Ferner sind auch die *ε-Eckpunktbereiche* eines metrischen Raumes R zu berücksichtigen; man erhält in diesem Falle die ε-Homologie der ε-Zyklen. Da für $\delta \leqq \varepsilon$ jeder δ-Zyklus erst recht ein ε-Zyklus ist, kann man insbesondere von ε-Homologie der δ-Zyklen in R sprechen.

13. Homologien n-dimensionaler Zyklen in n-dimensionalen Komplexen. Da es in einem n-dimensionalen Komplex K^n keinen anderen algebraischen $(n+1)$-dimensionalen Komplex als den Nullkomplex gibt, ist die Aussage

$$z^n \sim 0 \quad \text{in} \quad K^n$$

gleichbedeutend mit

$$z^n = \dot{0} = 0;$$

ebenso ist daher auch

$$z_1^n \sim z_2^n \quad \text{in} \quad K^n$$

gleichbedeutend mit

$$z_1^n = z_2^n.$$

Wir sehen also:

Homologien zwischen n-dimensionalen Zyklen in einem n-dimensionalen Komplex sind nichts anderes als Gleichungen. (Die Koeffizientenbereiche $\mathfrak{J}$, $\mathfrak{J}'$ sind dabei gleichgültig.)

14. Relativzyklen und Relativberandungen. Wir führen noch kurz zwei wichtige Begriffe ein[1]. Aus der Definition eines Eckpunktbereiches folgt ohne weiteres, daß jede Teilmenge E' eines Eckpunktbereiches E wiederum ein Eckpunktbereich ist; dabei hat man eine endliche Menge von Punkten von E' dann und nur dann als ein zu E' gehörendes Gerüst zu betrachten, wenn sie ein Gerüst des Eckpunktbereiches E ist.

Wir nennen nach LEFSCHETZ einen algebraischen Komplex C des Eckpunktbereiches E einen *Relativzyklus*, und zwar einen Relativzyklus von E *bis auf* E', falls $\dot{C}$ ein Komplex des Eckpunktbereiches E' ist. Jeder Zyklus von E ist a fortiori Relativzyklus bis auf E'.

---

[1] Anwendung finden diese Begriffe z. B. im Kap. VI, § 1.

Ein Relativzyklus C *bis auf* E' berandet in E (ist homolog Null in E) *bis auf* E', falls es einen algebraischen Komplex C' des Eckpunktbereiches E gibt, welcher *bis auf* E' durch C berandet wird, d. h. welcher der Bedingung

$$\dot{C}' = C + q$$

genügt, *wobei* q *ein algebraischer Komplex des Eckpunktbereiches* E' *ist.* (Ist dabei $q = 0$, so ist C gewöhnlicher Zyklus und ~ 0 im gewöhnlichen Sinne.)

Die wichtigsten Spezialfälle des soeben eingeführten allgemeinen Begriffes sind die folgenden beiden:

1. E sei der von dem absoluten Komplex K, E' der von dem absoluten Teilkomplex K' von K erzeugte Eckpunktbereich. Die obige allgemeine Definition ergibt in diesem Spezialfalle die *Relativzyklen von* K *bis auf* K'.

2. E sei der ε-Eckpunktbereich des metrischen Raumes R; E' sei der ε-Eckpunktbereich der Menge $A \subset R$. In diesem Spezialfalle hat man die *ε-Relativzyklen von* R *bis auf* A.

Bemerkung. Die Definitionen dieser Nummer gelten für jeden Koeffizientenbereich.

§ 5. Zusammenhangsbegriffe.

1. Der gewöhnliche Zusammenhangsbegriff für Komplexe. Der absolute Komplex K heißt *zusammenhängend*, wenn bei jeder Zerlegung

$$K = K' + K''$$

des Komplexes K in zwei Teilkomplexe K' und K'', von denen jeder wenigstens ein nichtleeres Simplex enthält, es mindestens einen Eckpunkt gibt, welcher gleichzeitig zu K' und K'' gehört[1].

Bemerkung. Faßt man einen Komplex als einen diskreten Raum auf (vgl. Kap. I, § 2, Nr. 2, sowie Kap. III, § 1, Nr. 8), so fällt dieser Zusammenhangsbegriff unter den Zusammenhangsbegriff eines topologischen Raumes. Insbesondere gelten also für den hier definierten Zusammenhangsbegriff *alle* Sätze von Kap. I, § 2, Nr. 14; dabei sind die abgeschlossenen Mengen die Teilkomplexe des Komplexes K.

Satz I. *K ist dann und nur dann zusammenhängend, wenn sich je zwei Eckpunkte a' und a'' von K durch einen Kantenzug, d. h. durch eine endliche Folge eindimensionaler Elemente*

$$|a' a_1|,\ |a_1 a_2|,\ \ldots,\ |a_k a''|$$

von K verbinden lassen.

Beweis. Ist
$$K = K' + K''$$

---

[1] Wir erinnern daran, daß ein absoluter Komplex K eine Menge von Simplexen und somit die Zerlegung $K = K' + K''$ eine Zerlegung dieser Menge in zwei Teilmengen ist.

eine Zerlegung in zwei nichtleere eckpunktfremde Teilkomplexe K' und K'', so läßt sich offenbar ein Eckpunkt von K' mit keinem Eckpunkt von K'' durch einen Kantenzug verbinden; die eine Hälfte des Satzes I ist also klar.

Um die andere zu beweisen, nehmen wir an, es gebe in K zwei Eckpunkte a' und a'', die sich durch keinen Kantenzug verbinden lassen. Dann betrachten wir die *Komponente des Eckpunktes* a' in K, d. h. den Komplex $K_{a'}$, welcher aus allen Simplexen von K besteht, deren Eckpunkte sich mit a' durch Kantenzüge verbinden lassen. $K_{a'}$ bildet einen *echten* Teilkomplex von K (denn a'' gehört nicht zu seinen Eckpunkten); der aus allen in $K_{a'}$ nicht vorkommenden Simplexen von K bestehende Komplex K'' ist somit nicht leer. Aus der Definition von $K_{a'}$ folgt ferner, daß die Komplexe $K_{a'}$ und K'' eckpunktfremd sind; da schließlich $K = K_{a'} + K''$ ist, ist K nicht zusammenhängend und unser Satz bewiesen.

2. Komponenten[1]. Ein zusammenhängender Teilkomplex von K, der in keinem von ihm verschiedenen zusammenhängenden Teilkomplex enthalten ist, heißt eine *Komponente* von K. Die Komponente des Eckpunkts a, wie wir sie beim Beweise des Satzes I definiert haben, ist — wie aus diesem Satz sofort folgt — eine Komponente von K im soeben erklärten Sinne. Umgekehrt ist jede Komponente von K Komponente jedes ihrer Eckpunkte. Es ist auch klar, daß zwei verschiedene Komponenten keinen gemeinsamen Eckpunkt haben können, folglich zueinander fremd sind. Ein nicht zusammenhängender Komplex zerfällt somit in lauter zusammenhängende disjunkte Teilkomplexe — in seine Komponenten.

3. Beziehungen zwischen dem Zusammenhang von $\boldsymbol{K}$ und $\bar{\boldsymbol{K}}$. Es sei jetzt K eine Simplizialzerlegung eines Polyeders $P = \bar{K}$. Es seien

$$K_1, K_2, \ldots, K_i, \ldots$$

die Komponenten von K. Wir bezeichnen mit Q_i den aus allen nicht zu K_i gehörenden Simplexen von K bestehenden Komplex und beweisen, *daß sowohl $\bar{K}_i$ als auch $\bar{Q}_i$ in $\bar{K}$ offen sind.* Es sei in der Tat a ein Punkt von P, T sein Träger, $O_K(T)$ der offene Stern von T (Kap. III, § 1, Nr. 7). $O_K(T)$ ist in P offen (a. a. O.); aus der Definition von K_i bzw. Q_i folgt ferner, daß $O_K(T)$ in $\bar{K}_i$ bzw. $\bar{Q}_i$ enthalten ist, je nachdem a zu $\bar{K}_i$ oder zu $\bar{Q}_i$ gehört. Unsere Behauptung ist hiermit bewiesen. Sie ist mit der folgenden gleichbedeutend:

Ist K_i eine Komponente des Komplexes K, so ist $\bar{K}_i$ in $\bar{K}$ gleichzeitig offen und abgeschlossen.

Hieraus folgt ohne weiteres (Kap. I, § 2, Nr. 14), daß jede Komponente von $P = \bar{K}$ in einer einzigen Menge $\bar{K}_i$ enthalten ist. Beweisen wir jetzt noch, daß $\bar{K}_i$ stets zusammenhängend ist, so wird gezeigt

[1] Vgl. die Bemerkung in der vorigen Nummer.

sein, daß die Mengen $\bar{K}_i$ mit den Komponenten von P übereinstimmen. Sind nun b' und b'' irgend zwei Punkte von $\bar{K}_i$, so wähle man zunächst zwei Eckpunkte a' und a'' unter den Eckpunkten der Träger T' bzw. T'' von b' bzw. b'' in K_i. Da K_i zusammenhängend ist, lassen sich die Eckpunkte a' und a'' durch einen Kantenzug $a'a''$ verbinden; verbindet man noch b' mit a' bzw. b'' mit a'' durch geradlinige Strecken in T' bzw. T'', so erhält man einen aus b' nach b'' führenden polygonalen Weg in $\bar{K}_i$; da b' und b'' beliebige Punkte von $\bar{K}_i$ sind, folgt aus dem Bewiesenen (nach Kap. I, § 2, Satz XVIII), daß $\bar{K}_i$ zusammenhängend ist.

Wir haben also folgenden

Satz II. *Ist K eine beliebige Simplizialzerlegung des Polyeders P und sind $K_1, K_2, \ldots, K_i, \ldots$ die Komponenten von K, so sind $\bar{K}_1, \bar{K}_2, \ldots, \bar{K}_i, \ldots$ die Komponenten von P.*

Korollar. *Ist eine Simplizialzerlegung K des Polyeders P zusammenhängend, so ist P eine zusammenhängende Punktmenge. Wenn umgekehrt P zusammenhängend ist, so ist auch jede Simplizialzerlegung von P ein zusammenhängender Komplex.*

Aufgabe I. Man beweise die Resultate dieser Nr. unter Benutzung der Bemerkung von Nr. 1, der Nr. 8 von Kap. III, § 1 (Stetigkeit der dort definierten Abbildung $\varkappa$) und des Korollars zum Satz I von Kap. I, § 3.

Aufgabe II. Da jeder Eckpunktbereich ein diskreter Raum ist, kann man ohne weiteres von zusammenhängenden Eckpunktbereichen sprechen. Man beweise: Ist E der Eckpunktbereich der offenen Menge $G \subset R^n$, so ist G dann und nur dann zusammenhängend, also ein „Gebiet", wenn E zusammenhängend ist.

4. Komponenten und algebraische Komplexe. Die algebraischen Komplexe, Zyklen und Ränder eines absoluten Komplexes sind durch diejenigen seiner Komponenten vollständig bestimmt. Es gilt nämlich

Satz III. *Ist $K = K_1 + K_2$, wobei die Komplexe K_1 und K_2 keine gemeinsamen Elemente von einer Dimensionszahl $\geqq r - 1$ haben (im Falle $r = 0$ natürlich außer dem leeren Simplex), so gelten die direkten Summenzerlegungen:*

(1) $$L^r_{\mathfrak{J}}(K) = L^r_{\mathfrak{J}}(K_1) + L^r_{\mathfrak{J}}(K_2),$$

(2) $$Z^r_{\mathfrak{J}}(K) = Z^r_{\mathfrak{J}}(K_1) + Z^r_{\mathfrak{J}}(K_2),$$

(3) $$H^r_{\mathfrak{J},\mathfrak{J}'}(K) = H^r_{\mathfrak{J},\mathfrak{J}'}(K_1) + H^r_{\mathfrak{J},\mathfrak{J}'}(K_2).$$

Dabei ist r eine beliebige ganze Zahl $\geqq 0$.

Beweis. Es sei C^r ein r-dimensionaler algebraischer Teilkomplex von K; den auf K_1 bzw. K_2 liegenden Teil von C^r (vgl. § 2, Nr. 14, Bemerkung II) bezeichnen wir mit C^r_1 bzw. C^r_2; es ist $C^r = C^r_1 + C^r_2$; da ferner kein von Null verschiedener r-dimensionaler algebraischer Komplex gleichzeitig Teilkomplex von K_1 und K_2 sein kann, ist (1) bewiesen.

Ist insbesondere C^r ein Zyklus, so müssen auch C^r_1 und C^r_2 Zyklen sein, denn wegen $C^r = C^r_1 + C^r_2$ ist dann $\dot{C}^r_1 = -\dot{C}^r_2$, so daß $|\dot{C}^r_1| = |\dot{C}^r_2|$ zu K_1 und K_2 gehören müßte, was $\dot{C}^r_1 = \dot{C}^r_2 = 0$ nach sich zieht.

Hierdurch ist auch die Formel (2) nachgewiesen.

Ist ferner C^r ein berandender Zyklus (in K in bezug auf $\mathfrak{J}, \mathfrak{J}'$), so müssen auch C_1^r und C_2^r in K_1 bzw. K_2 beranden, denn, wie man leicht sieht, folgt aus

$$\dot{C}^{r+1} = C^r, \quad C^{r+1} = C_1^{r+1} + C_2^{r+1}, \quad C_1^{r+1} \subset K_1, \quad C_2^{r+1} \subset K_2,$$

daß $\dot{C}_1^{r+1} = C_1^r$ und $\dot{C}_2^{r+1} = C_2^r$ ist. Damit ist auch (3) bewiesen.

Zusatz. Der Satz III (und sein obiger Beweis) behalten ihre Gültigkeit, wenn man K nicht in zwei, sondern in eine beliebige endliche oder unendliche Anzahl von Komponenten zerlegt.

5. Zusammenhang und nulldimensionale Zyklen. Satz IV. *Der Komplex K ist dann und nur dann zusammenhängend, wenn in ihm jeder berandungsfähige nulldimensionale Zyklus berandet (bei beliebig gegebenem Koeffizientenbereich $\mathfrak{J}$).*

Beweis. Sei zunächst K nicht zusammenhängend, also $K = K_1 + K_2$, wobei K_1 und K_2 eckpunktfremd sind; ferner sei: $C_1^0 = t a_1$, $C_2^0 = t a_2$, wobei a_1 bzw. a_2 ein Eckpunkt von K_1 bzw. K_2 und $t \neq 0$ in $\mathfrak{J}$ beliebig gewählt ist; dann ist $C^0 = C_1^0 - C_0^2$ berandungsfähig. Würde C^0 in K beranden, so würde, wie im Beweis der Formel (3) im Satz III, folgen, daß C_1^0 in K_1 und C_2^0 in K_2 beranden würden; da C_1^0 und C_2^0 nicht berandungsfähig sind, ist dies nicht der Fall; somit ist $C^0 \not\sim 0$ in K. Der eine Teil des Satzes ist damit bewiesen.

Sei jetzt K zusammenhängend und $C^0 = \sum t^i x_i^0$ berandungsfähig. Dann ist die Koeffizientensumme $\sum t^i$ gleich Null, folglich

$$t^1 = -t^2 - t^3 - \cdots$$

und

$$C^0 = \sum_{i \geqq 2} t^i (x_i^0 - x_1^0).$$

Es genügt also zu zeigen, daß für jedes i

$$t^i (x_i^0 - x_1^0) \sim 0 \qquad \text{(in } K \text{ in bezug auf } \mathfrak{J}')$$

ist. Dies folgt aber unmittelbar aus dem Zusammenhang des Komplexes K: Wenn $x_1^0 = a_0$, $x_i^0 = a_k$ und

$$|a_0 a_1|, \ |a_1 a_2|, \ \ldots, \ |a_{k-1} a_k|$$

ein Kantenzug ist, welcher a_0 mit a_k verbindet, so setze man $x_h^1 = (a_h a_{h+1})$; dann ist

$$\dot{\left(\sum_{h=0}^{k-1} t^i x_h^1\right)} = t^i (a_k - a_0),$$

w. z. b. w.

Zusatz. *Es sei $z^0 = \sum t^i x_i^0$ ein beliebiger nulldimensionaler Zyklus des zusammenhängenden Komplexes K. Dann und nur dann ist*

$$z^0 \sim t\, a \quad \text{in } K \qquad \text{(in bezug auf } \mathfrak{J}'),$$

wenn z_0 berandungsfähig, d. h. wenn $\sum t^i = 0$ ist.

Aufgabe. Der Leser übertrage diese Sätze auf beliebige Eckpunktbereiche (vgl. die Aufgaben I und II von Nr. 3)[1].

6. Starker Zusammenhang. An die Ausführungen der ersten beiden Nummern dieses Paragraphen schließen sich Verschärfungen des Zusammenhangsbegriffes für Komplexe.

Definition. Ein homogen n-dimensionaler Komplex K^n, $n \geqq 1$, heißt *stark zusammenhängend*, wenn bei jeder Zerlegung $K^n = K_1^n + K_2^n$ in zwei nichtleere Komplexe K_1^n und K_2^n diese mindestens eine gemeinsame $(n-1)$-dimensionale Seite besitzen.

Man beweist leicht, daß die folgende Bedingung für den starken Zusammenhang eines homogen n-dimensionalen Komplexes K^n notwendig und hinreichend ist:

Bedingung (A). Je zwei Grundsimplexe T' und T'' von K^n lassen sich durch eine „starke", d. h. eine solche Kette n-dimensionaler Simplexe

$$T' = T_1^n, T_2^n, \ldots, T_s^n = T'' \tag{4}$$

verbinden, daß je zwei aufeinanderfolgende Simplexe dieser Kette eine $(n-1)$-dimensionale Seite gemeinsam haben.

Um das zu beweisen, nehmen wir zuerst an, die Bedingung (A) sei erfüllt, und betrachten eine Zerlegung $K^n = K_1^n + K_2^n$ in zwei nichtleere Teilkomplexe. Ein beliebiges Grundsimplex T' von K_1^n kann mit jedem Grundsimplex T'' von K_2^n durch eine Simplexkette (4) verbunden werden. Es sei T_i^n das letzte Simplex in der Kette (4), welches noch zu K_1^n gehört; ist $i = s$, so haben K_1^n und K_2^n das n-dimensionale Simplex T'' unter ihren Grundelementen, folglich ist jede Seite von T'' eine gemeinsame Seite von K_1^n und K_2^n. Ist i von s verschieden, so gehört T_{i+1}^n zu K_2^n; die gemeinsame $(n-1)$-dimensionale Seite von T_i^n und T_{i+1}^n, die es nach Voraussetzung gibt, ist dann eine gemeinsame Seite von K_1^n und K_2^n. Somit ist K^n stark zusammenhängend.

Es sei jetzt die Bedingung (A) nicht erfüllt; T' und T'' seien zwei Grundsimplexe von K^n, welche durch keine starke Kette verbunden werden können. Wir betrachten die *starke Komponente* K_1^n *des Simplexes* T', d. h. die Gesamtheit aller Grundsimplexe von K^n, die sich mit T' durch starke Ketten verbinden lassen; K_2^n sei dann der aus allen übrigen Grundsimplexen von K^n gebildete Komplex. Keiner der beiden Komplexe K_1^n und K_2^n ist leer; es ist $K^n = K_1^n + K_2^n$. Wäre T^{n-1} eine gemeinsame Seite von K_1^n und K_2^n, so hätte man zwei Simplexe T_1^n und T_2^n von K_1^n bzw. K_2^n, die T^{n-1} als gemeinsame Seite besäßen; da nach Voraussetzung T_1^n mit T' verbindbar ist, wäre offenbar auch T_2^n mit T' verbindbar, was der Definition des Komplexes K_2^n widerspricht.

---

[1] Die Betrachtungen dieser Nummer werden in Kap. V, § 1, fortgesetzt werden.

Die stark zusammenhängenden Komplexe können also als Komplexe definiert werden, die der Bedingung (A) genügen.

Analog wie bei dem gewöhnlichen Zusammenhang kann man auch für den soeben eingeführten Begriff der *starken* Komponenten eines homogenen Komplexes K^n zeigen: 1) K^n zerfällt in eindeutiger Weise in starke Komponenten, wobei zwei verschiedene starke Komponenten keine gemeinsamen Elemente von einer Dimension $\geqq n-1$ besitzen können; 2) sie sind stark zusammenhängende n-dimensionale Teilkomplexe von K^n, die in keinem größeren stark zusammenhängenden Teilkomplex von K^n enthalten sind.

7. Regulärer Zusammenhang. Eine nochmalige Verschärfung des Zusammenhangsbegriffes ist zweckmäßig[1]. Eine $(n-1)$-dimensionale Seite eines homogen n-dimensionalen Komplexes K, $n \geqq 1$, soll „*regulär*" oder „*singulär*" (in bezug auf K) heißen, je nachdem sie auf genau zwei oder nicht auf genau zwei Grundsimplexen liegt; eine singuläre Seite liegt also entweder auf nur einem oder auf wenigstens drei Grundsimplexen. Nun definieren wir:

Der homogen n-dimensionale Komplex heißt *regulär zusammenhängend*, wenn bei jeder Zerlegung $K = K_1 + K_2$ in zwei nichtleere n-dimensionale Komplexe K_1 und K_2 diese mindestens eine (in bezug auf K) *reguläre* $(n-1)$-dimensionale Seite gemeinsam haben.

Es ist klar, daß ein regulär zusammenhängender Komplex a fortiori stark zusammenhängend ist.

Ähnlich wie oben beweist man, daß die folgende Bedingung für den regulären Zusammenhang notwendig und hinreichend ist:

Bedingung (B): Je zwei Grundsimplexe lassen sich durch eine „*reguläre*" Kette (4) verbinden, d. h. eine solche, in der je zwei aufeinanderfolgende Simplexe eine reguläre $(n-1)$-dimensionale Seite gemeinsam haben.

Den Beweis erhält man, wenn man in dem obigen, auf die Bedingung (A) bezüglichen Beweis das Wort „Seite" immer durch „reguläre Seite" ersetzt.

8. Reguläre Komponenten. Man definiert analog wie früher als eine „reguläre" Komponente von K die Gesamtheit der Grundsimplexe, die sich mit einem festen Grundsimplex durch reguläre Ketten verbinden lassen. Wie früher zeigt man: 1) K zerfällt in eindeutiger Weise in reguläre Komponenten, von denen je zwei weder ein Grundsimplex noch eine reguläre Seite gemein haben; 2) jede reguläre Komponente ist selbst regulär zusammenhängend. Jedoch kann — im Gegensatz zu den gewöhnlichen und den starken Komponenten — eine reguläre Komponente von K in einem größeren regulär zusammenhängenden Teilkomplex von K enthalten sein; man bestätige dies durch Bestimmung

[1] Was Beispiele betrifft, so sei ein für allemal auf den „Anhang zu den Kapiteln IV, V, VI" verwiesen.

der regulären Komponenten des eindimensionalen Komplexes, der aus drei Strecken besteht, welche einen Eckpunkt gemeinsam haben. (Der Grund ist: eine reguläre Seite eines Teilkomplexes von K braucht nicht reguläre Seite von K zu sein.) Jede Komponente im gewöhnlichen Sinne (Nr. 2) zerfällt in starke Komponenten, jede starke Komponente in reguläre Komponenten.

Die Zerlegung in reguläre Komponenten spielt praktisch eine Rolle bei der Bestimmung der n-dimensionalen Zyklen in einem n-dimensionalen Komplex[1]. Es gilt nämlich der folgende wichtige

Satz V. *Die Zerlegung in reguläre Komponenten des homogen n-dimensionalen Komplexes K sei durch*

$$K = K_1 + K_2 + \cdots + K_q \tag{2}$$

gegeben; K^* sei der Komplex der singulären $(n-1)$-dimensionalen Seiten von K, Z ein n-dimensionaler Relativzyklus bis auf K^* (also z. B. ein Zyklus) bei beliebigem Koeffizientenbereich $\mathfrak{J}$. Dann ist

$$Z = t^1 C_1 + t^2 C_2 + \cdots + t^q C_q, \tag{3}$$

wobei $t^j \subset \mathfrak{J}$ und C_j ein orientierter Komplex mit $|C_j| = K_j$ ist.

Beweis. x_i seien die n-dimensionalen beliebig orientierten Simplexe von K, und es sei $Z = \sum t^i x_i$; wir haben zu zeigen: die Koeffizienten t^i der zu derselben regulären Komponente K_j gehörigen x_i unterscheiden sich voneinander höchstens um das Vorzeichen. Es seien x_1 und x_k Grundsimplexe derselben regulären Komponente, und $x_1, x_2, \ldots, x_k$ sei eine sie verbindende reguläre Kette; y_i sei die den Simplexen x_i und x_{i+1} gemeinsame $(n-1)$-dimensionale Seite. Haben x_i und x_{i+1} in der Linearform Z die Koeffizienten t^i bzw. t^{i+1}, so hat die Seite y_i, da sie infolge ihrer Regularität auf keinen anderen n-dimensionalen Simplexen als auf x_i und x_{i+1} liegt, in $\dot{Z}$ den Koeffizienten $\pm t^i \pm t^{i+1}$ (mit irgendeiner Vorzeichenverteilung). Aus $|\dot{Z}| \subset K^*$, $|y| \not\subset K^*$ folgt, daß dieser Koeffizient 0 ist, also: $t^{i+1} = \pm t^i$, und da dies für $i = 1, 2, \ldots k-1$ gilt: $t^k = \pm t^1$, w. z. b. w.

Wir formulieren noch den Spezialfall des Satzes V mit $q = 1$:

Satz V$_1$. *K sei n-dimensional und regulär zusammenhängend, K^* sei der Komplex der singulären $(n-1)$-dimensionalen Seiten von K, Z sei ein n-dimensionaler Relativzyklus bis auf K^*. Dann ist $Z = tC$, wobei C ein orientierter Komplex mit $|C| = K$ ist.*

Wir werden diesen Satz V$_1$ nachher noch präzisieren (Nr. 10, Satz VII); vorher müssen wir aber noch eine wichtige Unterscheidung zwischen zwei Arten regulär zusammenhängender Komplexe vornehmen.

9. Orientierbarkeit und Orientierungen eines regulär zusammenhängenden Komplexes. K sei zunächst ein beliebiger homogen n-dimensionaler Komplex, $|y|$ eine reguläre $(n-1)$-dimensionale Seite von K;

---

[1] S. „Anhang zu den Kap. IV, V, VI".

$|x_1|$, $|x_2|$ seien die beiden n-dimensionalen Simplexe, auf denen $|y|$ liegt. x_1 und x_2 heißen „kohärent" orientiert, wenn y in den Rändern $\dot{x}_1$ und $\dot{x}_2$ mit entgegengesetzten Vorzeichen auftritt. Unter einer kohärenten Orientierung von K verstehen wir solche Orientierungen aller n-dimensionalen Simplexe, daß je zwei von ihnen, die eine reguläre $(n-1)$-dimensionale Seite gemeinsam haben, kohärent orientiert sind. Zu jeder kohärenten Orientierung von K gibt es die ihr entgegengesetzte, die durch Umkehrung der Orientierung jedes einzelnen Simplexes entsteht.

Sind die n-dimensionalen Simplexe x_i so orientiert, daß sie eine kohärente Orientierung von K bilden, so nennen wir den orientierten Komplex $C = \sum x_i$ den *„Repräsentanten" dieser Orientierung;* $-C$ repräsentiert die entgegengesetzte Orientierung.

Der Repräsentant C hat die folgenden beiden Eigenschaften: 1) $|C| = K$, 2) $\dot{C} \subset K^*$, wobei K^* der Komplex der singulären $(n-1)$-dimensionalen Seiten von K ist; 1) ergibt sich unmittelbar aus der Definition $C = \sum x_i$, 2) aus der kohärenten Orientierung der beiden x_i, die längs einer regulären Seite zusammenstoßen; die Eigenschaft 2) bedeutet: C ist Relativzyklus bis auf K^*. Umgekehrt: Ist C ein orientierter Komplex mit den Eigenschaften 1) und 2), so ist er offenbar Repräsentant einer kohärenten Orientierung von K. Somit sehen wir: K in kohärenter Weise orientieren, heißt: einen orientierten Komplex C angeben, der die Eigenschaften 1) und 2) besitzt.

Jetzt nehmen wir wieder an, daß K regulär zusammenhängend ist; dann gilt:

Satz VI. *Ein regulär zusammenhängender Komplex besitzt entweder überhaupt keine oder genau zwei kohärente Orientierungen* (die dann natürlich einander entgegengesetzt sind).

Beweis. K besitze eine kohärente Orientierung; sie werde durch C repräsentiert; C' repräsentiere irgendeine kohärente Orientierung von K; wir haben zu zeigen: es ist entweder $C' = C$ oder $C' = -C$. Ist $C' \neq C$, so gibt es wenigstens ein n-dimensionales Simplex, etwa x_1, das in C und C' mit entgegengesetzten Zeichen auftritt; daher tritt es in $C' + C$ nicht auf; $C' + C$ ist, ebenso wie C' und C, Relativzyklus bis auf K^*, also nach Satz V_1 von der Form tC'' mit $|C''| = K$. Aus $|x_1| \subset |C''| = K$, $|x_1| \not\subset |tC''|$ folgt aber $t = 0$, also $C' = -C$.

Wir nennen nun den regulär zusammenhängenden Komplex K *„orientierbar"* oder *„nicht orientierbar"*, je nachdem er (zwei) kohärente Orientierungen oder keine kohärente Orientierung besitzt. Die beiden kohärenten Orientierungen eines orientierbaren Komplexes nennen wir kurz seine *„Orientierungen"*. (Es lohnt sich kaum, den Begriff der Orientierbarkeit auch für allgemeinere Komplexe einzuführen.)

10. Der Hauptsatz über regulär zusammenhängende Komplexe. Wir knüpfen an Satz V_1 an und verschärfen ihn. K ist immer n-dimensional und regulär zusammenhängend, K^* der Komplex der $(n-1)$-dimensionalen singulären Seiten von K.

Satz VII. *Es gibt in K die folgenden n-dimensionalen Relativzyklen bis auf K^* und nur diese (in bezug auf einen beliebigen Koeffizientenbereich $\mathfrak{J}$): wenn K orientierbar ist, die Komplexe tC, wobei t ein beliebiges Element von $\mathfrak{J}$ und C Repräsentant der Orientierung ist; wenn K nicht orientierbar ist, die Komplexe tC, wobei t ein Element von $\mathfrak{J}$ mit $2t = 0$ und C ein beliebiger orientierter Komplex mit $|C| = K$ ist*[1].

Beweis. Die in dem Satze genannten Komplexe tC sind Relativzyklen bis auf K^*; denn wenn K orientierbar ist, so trifft dies für den Repräsentanten C einer Orientierung und folglich für alle tC zu; ferner: ob K orientierbar ist oder nicht, so kommt, wenn $2t = 0$ und C irgendein orientierter Komplex mit $|C| = K$ ist, jede $(n-1)$-dimensionale reguläre Seite in $\dot{C}$ mit dem Koeffizienten 0 oder ± 2, also in $(tC)^{\cdot}$ mit dem Koeffizienten 0 vor, tC ist also Relativzyklus bis auf den Komplex K^* der singulären Seiten.

Es sei jetzt Z ein n-dimensionaler Relativzyklus bis auf K^*; nach Satz V_1 ist $Z = tC$, C orientiert und $|C| = K$. Wenn $2t = 0$, also $-t = t$ ist, so ist $tC = tC'$, wobei C' ein ganz beliebiger orientierter Komplex mit $|C'| = K$, also z. B. im Fall eines orientierbaren K Repräsentant der Orientierung ist. Zu zeigen ist daher nur: *Wenn $2t \neq 0$ ist, so ist C Relativzyklus bis auf K^**, also Repräsentant einer Orientierung. Ist dies gezeigt, so ist der Satz bewiesen.

Die n-dimensionalen Simplexe seien so orientiert, daß $C = \sum x_i$ ist. Die reguläre $(n-1)$-dimensionale Seite y liege auf x_1 und auf x_2, und zwar komme sie in $\dot{x}_1$ mit dem Koeffizienten e_1, in $\dot{x}_2$ mit dem Koeffizienten e_2 vor; dabei ist $e_1 = \pm 1$, $e_2 = \pm 1$, und zu beweisen ist: $e_2 = -e_1$. Nun hat y in $\dot{C}$ den Koeffizienten $e_1 + e_2$, also in $\dot{Z}$ den Koeffizienten $(e_1 + e_2)t$; dieser Koeffizient ist 0, da $|y| \not\subset K^*$, $|\dot{Z}| \subset K^*$ ist. Aus $2t \neq 0$ folgt daher $e_1 + e_2 = 0$.

Damit ist Satz VII bewiesen; aus ihm folgt weiter

Satz VIIa. *K ist dann und nur dann orientierbar, wenn es einen n-dimensionalen, von Null verschiedenen, ganzzahligen Relativzyklus bis auf K^* gibt.*

Denn wenn K orientierbar ist, so ist der Repräsentant einer Orientierung ein solcher Relativzyklus. Gibt es andererseits einen Relativzyklus der fraglichen Art, so ist er gewiß nicht von der Form tC mit $2t = 0$, weil t ja eine von Null verschiedene ganze Zahl sein muß; folglich ist K nach Satz VII orientierbar.

11. Pseudomannigfaltigkeiten[2]. Dies sind die einfachsten regulär zusammenhängenden n-dimensionalen Komplexe, nämlich diejenigen,

[1] Ist K nicht orientierbar und enthält $\mathfrak{J}$ kein Element der Ordnung 2, so ist daher der Nullkomplex der einzige n-dimensionale Relativzyklus bis auf K^*.

[2] Dieser Begriff rührt von Brouwer her.

in denen jede $(n-1)$-dimensionale Seite auf höchstens zwei n-dimensionalen Simplexen liegt. Liegt jede dieser Seiten auf genau zwei Simplexen — ist also K^* leer —, so heißt die Pseudomannigfaltigkeit *geschlossen*; gibt es $(n-1)$-dimensionale Seiten, die auf nur je einem Simplex liegen — ist also K^* nicht leer —, so heißt sie *berandet*; und zwar nennt man dann K^* ihren „*Rand*" und schreibt statt K^* auch $\dot{K}$.

Der Satz VII enthält für den Fall geschlossener Pseudomannigfaltigkeiten Aussagen über gewöhnliche n-dimensionale Zyklen (da K^* leer ist), nämlich die folgenden:

Satz VIIIa. *Ist die Pseudomannigfaltigkeit K geschlossen und orientierbar, so gibt es einen ganzzahligen Zyklus $C = \sum x_i^n$ und keine anderen n-dimensionalen Zyklen als die tC. Ist K geschlossen und nicht orientierbar, so gibt es keinen von Null verschiedenen ganzzahligen n-dimensionalen Zyklus; jedoch ist $\sum t x_i^n$, wobei t das Einselement aus $\mathfrak{G}_2$ ist und die x_i^n beliebig orientiert sind, ein Zyklus mod 2.*

Wir werden auf die n-dimensionalen Zyklen in n-dimensionalen geschlossenen Pseudomannigfaltigkeiten im Kap. VII, § 1 noch einmal von einer anderen Seite her und genauer eingehen[1].

Für berandete Pseudomannigfaltigkeiten ist wichtig:

Satz VIIIb. *Eine n-dimensionale berandete Pseudomannigfaltigkeit K enthält keinen von Null verschiedenen n-dimensionalen Zyklus (Koeffizientenbereich gleichgültig).*

Denn ist Z ein n-dimensionaler Zyklus in K, so ist er a fortiori Relativzyklus bis auf $\dot{K}$, also nach Satz V_1 von der Form tC mit $|C| = K$, wobei C orientierter Komplex ist; daher kommt in Z jedes n-dimensionale Simplex von K mit dem Koeffizienten $\pm t$ vor. Hieraus folgt: In $\dot{Z}$ kommt jedes $(n-1)$-dimensionale Simplex von $\dot{K}$, da es ja auf genau einem $|x_i^n|$ liegt, ebenfalls mit dem Koeffizienten $\pm t$ vor. Aus $\dot{Z} = 0$ folgt mithin: $t = 0$, $Z = 0$.

12. Die einfachsten Beispiele berandeter Pseudomannigfaltigkeiten erhält man durch

Satz IX. *Die Simplizialzerlegung K einer n-dimensionalen konvexen Zelle $\bar{K}$ ist eine n-dimensionale orientierbare berandete Pseudomannigfaltigkeit; dabei ist K^* die Simplizialzerlegung des Randes von $\bar{K}$.*

Beweis. Zunächst zeigt man leicht (Aufgabe für den Leser!), daß K homogen n-dimensional ist, daß jede $(n-1)$-dimensionale Seite auf höchstens zwei n-dimensionalen Simplexen $|x_i^n|$ liegt, und daß sie dann und nur dann auf genau einem Simplex $|x_i^n|$ liegt, wenn sie der Zerlegung des Randes von $\bar{K}$ angehört. Um zu beweisen, daß K berandete Pseudomannigfaltigkeit und daß $\dot{K}$ die Zerlegung des Randes von $\bar{K}$ ist, ist daher nur zu beweisen: K ist regulär zusammenhängend. Hierfür neh-

[1] Der genannte Paragraph kann überhaupt als Fortsetzung des gegenwärtigen aufgefaßt werden.

men wir in den willkürlich vorgegebenen Simplexen $|x_1^n|$ und $|x_2^n|$ solche innere Punkte p_1 bzw. p_2 an, daß die Strecke p_1p_2 keine $(n-2)$-dimensionale Seite von K trifft; diese Strecke liegt wegen der Konvexität von Q ganz in $Q = \bar{K}$ und trifft daher nur *reguläre* $(n-1)$-dimensionale Seiten; folglich bilden die Simplexe $|x_i^n|$, welche die Strecke durchläuft, eine Kette, in der jedes mit dem folgenden eine reguläre Seite gemein hat; daraus folgt der reguläre Zusammenhang von K. Es bleibt zu zeigen, daß K orientierbar ist; aber die Orientierung des R^n, in dem Q liegt, bewirkt kohärente Orientierungen der Simplexe $|x_i^n|$ (vgl. § 2, Nr. 6).

Die nunmehr aus Satz VIIIb folgende Tatsache, daß es in K keinen von Null verschiedenen n-dimensionalen Zyklus gibt, ist in dem folgenden allgemeineren Satz enthalten:

Satz X. *Ein algebraischer, von Null verschiedener, n-dimensionaler, Euklidischer Komplex im R^n ist niemals ein Zyklus.*

Beweis. C sei ein derartiger Komplex; es genügt für den Beweis, eine Seite $|y^{n-1}|$ von $|C|$ zu finden, die auf genau einem Simplex $|x^n|$ von $|C|$ liegt; denn diese Seite y^{n-1} muß in $\dot{C}$ mit — bis aufs Vorzeichen — demselben von Null verschiedenen Koeffizienten auftreten wie x^n in C. Eine solche Seite $|y^{n-1}|$ aber findet man folgendermaßen: Man nimmt einen inneren Punkt p eines n-dimensionalen Simplexes von $|C|$; ferner außerhalb der beschränkten Menge $\bar{C}$ einen Punkt q, den man so wählt, daß die Strecke qp keinen Punkt einer $(n-2)$-dimensionalen Seite von $|C|$ trifft. Durchläuft man dann die gerichtete Strecke $\overrightarrow{qp}$, so liegt der erste Treffpunkt mit $\bar{C}$ offenbar auf einer Seite $|y^{n-1}|$, wie wir sie suchen.

§ 6. Spezielle Komplexe[1].

1. Anwendung der Kegelkonstruktion (§ 4, Nr. 7). Es sei E ein Eckpunktbereich mit folgender Eigenschaft: *Jede aus (höchstens) $r+2$ Eckpunkten bestehende Menge ist ein Gerüst*; wir behaupten: *Jeder berandungsfähige r-dimensionale Zyklus in E berandet in E.*

Beweis. z^r sei ein derartiger Zyklus. Wir verstehen unter $C^{r+1} = (oz^r)$ den gemäß § 4, Nr. 7 durch Hinzufügung eines Eckpunktes o zu z^r entstandenen Kegel. Jedem Eckpunkt $q \subset |C^{r+1}|$ ordnen wir einen Eckpunkt $f(q) \subset E$ durch folgende Vorschrift zu: Es ist $f(q) = q$ für $q \subset |z^r|$, und $f(o)$ ist beliebig. Da in $|z^r|$ jedes Gerüst aus höchstens $r+1$, in $|C^{r+1}|$ daher jedes Gerüst aus höchstens $r+2$ Eckpunkten besteht, und andererseits in E je $r+2$ oder weniger Eckpunkte ein Gerüst bilden, bestimmt die Eckpunktzuordnung f eine simpliziale Abbildung f

[1] Die einzelnen Nummern dieses Paragraphen hängen zum Teil nicht miteinander zusammen; sie brauchen erst gelesen zu werden, wenn wir uns an späteren Stellen des Buches auf sie berufen.

von C^{r+1} in E. Dabei ist $f(z^r) = z^r$; aus $\dot{C}^{r+1} = z^r$ folgt nach dem ersten Erhaltungssatz (§ 3, Nr. 7): $f(z^r) = f(\dot{C}^{r+1}) = (f(C^{r+1}))^{\cdot}$; mithin berandet $z^r = f(z^r)$ den Komplex $f(C^{r+1})$ in E.

Als wichtige Spezialfälle des soeben bewiesenen allgemeinen Satzes führen wir folgende Tatsachen an:

a) *Jeder berandungsfähige höchstens $(n-1)$-dimensionale Zyklus des n-dimensionalen Simplexrandes $|\dot{x}^{n+1}|$ berandet in $|\dot{x}^{n+1}|$.*

Denn der von $|\dot{x}^{n+1}|$ erzeugte Eckpunktbereich hat (für $r = n-1$) die zu Beginn dieser Nummer formulierte Eigenschaft.

b) *Jeder berandungsfähige Zyklus der n-dimensionalen Simplexhülle (d. h. des aus dem einzigen Simplex $|x^n|$ und seinen Seiten bestehenden absoluten Komplexes K) berandet in K.*

c) *Jeder berandungsfähige Zyklus einer konvexen offenen oder abgeschlossenen Menge $H \subset R^n$ berandet in H. Insbesondere berandet jeder berandungsfähige Zyklus des R^n in diesem R^n.* (Vgl. § 1, Nr. 8, 9.)

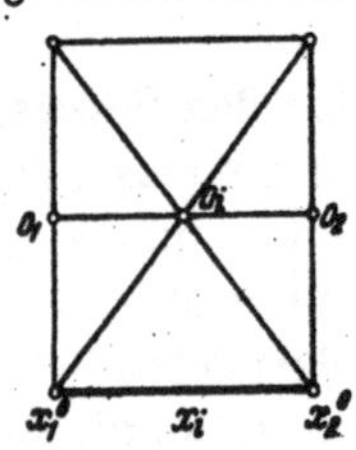

Abb. 16a.

Bemerkung. Diese Behauptungen gelten in bezug auf jeden Koeffizientenbereich.

2. Zylinderkonstruktion. Sie ist der Kegelkonstruktion aus § 4, Nr. 7 verwandt und leistet bei manchen Anwendungen gute Dienste. Es sei K ein simplizialer Euklidischer Komplex im R^n. Diesen R^n denken wir uns als Ebene im R^{n+1}; in allen Punkten des Polyeders $\bar{K}$ errichten wir nach einer bestimmten Seite des R^n die Senkrechten und tragen auf ihnen die Strecken der Länge 1 ab. Die Menge $\mathsf{Z}(\bar{K})$ der Punkte dieser Strecken ist mit dem topologischen Produkt von $\bar{K}$ und einer Strecke homöomorph (Kap. I, § 1, Nr. 10); sie ist ein Polyeder, denn die in den Punkten eines Simplexes $\bar{x}$ von $\bar{K}$ errichteten Strecken bilden offenbar eine konvexe Zelle $\mathsf{Z}(\bar{x})$, und alle diese Zellen stellen eine Zerlegung von $\mathsf{Z}(\bar{K})$ dar. Wir stellen die folgende simpliziale Unterteilung von $\mathsf{Z}(\bar{K})$ her: für jedes Simplex $\bar{x}_i \subset \bar{K}$ zeichnen wir in $\mathsf{Z}(\bar{x}_i)$ einen festen inneren Punkt o_i als „Zentrum" aus; dadurch wird zunächst jede Strecke $\mathsf{Z}(\bar{x}_i^0)$ untergeteilt; wir nehmen an, daß für alle Simplexe $\bar{x}_i^s \subset \bar{K}$ mit $s < r$

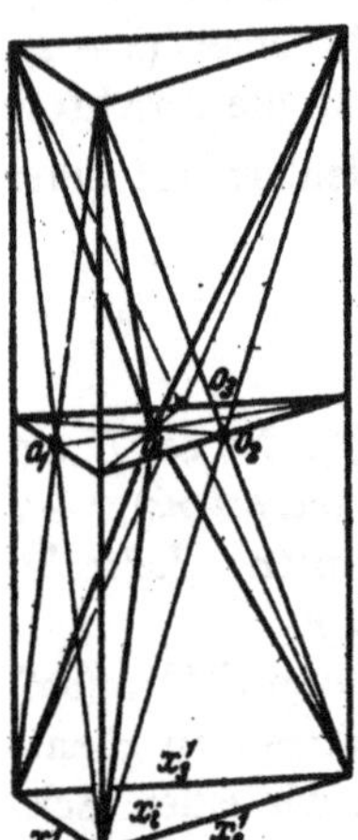

Abb. 16b.

die Unterteilung schon konstruiert sei; dann nehmen wir für jedes Simplex $\bar{x}_i^r \subset \bar{K}$ die „Zentralunterteilung" (Kap. III, § 2, Nr. 2) der Zelle $\mathsf{Z}(\bar{x}_i^r)$ mit dem vorgegebenen Zentrum und in bezug auf die bereits vorhandene Randunterteilung vor (Abb. 16a, b). Die auf diese Weise entstehende Simplizialzerlegung von $\mathsf{Z}(\bar{K})$ nennen wir den „*Zylinder* $\mathsf{Z}(K)$ *über* K".

K ist Teilkomplex von $Z(K)$. Die Endpunkte der Strecken, die wir auf $\bar{K}$ errichtet haben, bilden ein Polyeder $\bar{K}'$, das in einer mit K isomorphen Zerlegung K' vorliegt; der Isomorphismus wird hergestellt, indem man jedem Eckpunkt e von K den Endpunkt e' der in ihm errichteten Strecke — einen Eckpunkt von K' — zuordnet. Dabei entspricht jedem algebraischen Komplex C von K ein ihm isomorpher algebraischer Komplex von K', den wir C' nennen. — Wir behaupten:

Satz I. *Für jeden Zyklus z von K gilt*

$$z' \sim z \quad \textit{in} \quad Z(K).$$

Beweis. Zu jedem algebraischen Komplex C von K werden wir in $Z(K)$ einen algebraischen Komplex $Z(C)$, den „Zylinder über C", so konstruieren, daß

$$Z(C) = \sum t^i Z(x_i) \tag{1}$$

für jeden Komplex $C = \sum t^i x_i$ und

$$Z(x_i) = (o_i x_i') - (o_i x_i) - (o_i Z(\dot{x}_i)) \tag{2}$$

für jedes Simplex x_i gilt, wobei o_i der oben erklärte Punkt ist und wir uns der Begriffe und Bezeichnungen aus § 4, Nr. 7 bedienen. Diese Definition erfolgt durch Induktion in bezug auf die Dimension von C bzw. x_i: zuerst definiert man

$$Z(0) = 0$$

für den Nullkomplex 0; darauf

$$Z(x_i^0) = (o_i x_i^{0\prime}) - (o_i x_i^0)$$

für die nulldimensionalen Simplexe[1], sodann $Z(C^0)$ gemäß (1) für die nulldimensionalen Komplexe; ist $Z(C^{r-1})$ bereits für die $(r-1)$-dimensionalen Komplexe erklärt, so hat für jedes r-dimensionale Simplex x_i^r auch der letzte Ausdruck auf der rechten Seite von (2) einen bestimmten Sinn, mithin ist $Z(x_i)$ durch (2) definiert; usw.

Wir behaupten:

$$\dot{Z}(C^r) = C^{r\prime} - C^r - Z(\dot{C}^r). \tag{3_r}$$

In der Tat verifiziert man leicht (3_0); wir nehmen (3_{r-1}) als bewiesen an; um (3_r) zu beweisen, genügt es, infolge (1),

$$\dot{Z}(x_i^r) = x_i^{r\prime} - x_i^r - Z(\dot{x}_i^r) \tag{$3_r'$}$$

für ein Simplex x_i^r zu beweisen. Nun folgt aber aus (2) durch Randbildung unter Beachtung von (1_r) in § 4, Nr. 7

$$\dot{Z}(x_i^r) = x_i^{r\prime} - x_i^r - Z(\dot{x}_i^r) - (o_i(\dot{x}_i^{r\prime} - \dot{x}_i^r - \dot{Z}(\dot{x}_i^r))),$$

[1] Dies steht mit (2) im Einklang; denn $\dot{x}_i^0$ und daher auch $Z(\dot{x}_i^0)$ und $(o_i Z(\dot{x}_i^0))$ ist der Nullkomplex.

und da nach $(\mathfrak{Z}_{r-1})$

$$Z(\dot{x}_i^r)^{\cdot} = \dot{x}_i^{r\prime} - \dot{x}_i^r - Z(\dot{x}_i^r) = \dot{x}_i^{r\prime} - \dot{x}_i^r$$

ist, gilt in der Tat $(\mathfrak{Z}_r')$.

Ist in der damit bewiesenen Formel $(\mathfrak{Z}_r)$ der Komplex $C^r = z$ ein Zyklus, also $\dot{z} = 0$, so ergibt sich

$$Z(z)^{\cdot} = z' - z,$$

womit der Satz I bewiesen ist.

3. Anwendung auf Zyklen im R^n. Es seien f_1 und f_2 simpliziale Abbildungen des Zyklus z in die offene Menge $G \subset R^n$; dabei gebe es zu jedem Simplex x_i von z ein konvexes Teilgebiet G_i von G, welches sowohl $\overline{f_1(x_i)}$ als auch $\overline{f_2(x_i)}$ enthält.

Wir konstruieren den Zylinder $Z(|z|)$ und bedienen uns der Bezeichnungen aus Nr. 2. Wir bilden $Z(|z|)$ durch folgende Eckpunktzuordnung f simplizial in G ab: $f(e) = f_1(e)$ und $f(e') = f_2(e)$ für jeden Eckpunkt e von $|z|$; $f(o_i)$ ist für jedes Simplex x_i von z ein beliebiger Punkt der konvexen Hülle von $\overline{f_1(x_i)} + \overline{f_2(x_i)}$, also ist $\overline{f(Z(x_i))} \subset G_i$. Es ist $f_1(z) = f(z)$, $f_2(z) = f(z')$; aus Satz I in Verbindung mit dem 1. Erhaltungssatz (§ 3) folgt: $f_1(z) \sim f_2(z)$ in G.

Hierin ist der folgende Satz enthalten:

Satz II. *Es seien $z_1 = f_1(z)$, $z_2 = f_2(z)$ in der offenen Menge $G \subset R^n$ gelegene simpliziale Bilder des Zyklus z, und es sei*

$$\varrho(f_1(e), f_2(e)) < \alpha = \varrho(\bar{z}_1, R^n - G)$$

für jeden Eckpunkt $e \subset |z|$. Dann ist $z_1 \sim z_2$ in G.

Denn für jedes Simplex $x_i \subset z$ liegt sowohl $\overline{f_1(x_i)}$ als auch $\overline{f_2(x_i)}$ in dem konvexen[1] Teilgebiet $G_i = U(\overline{f(x_i)}, \alpha)$ von G.

Ist $\bar{z} \subset G$ und f_1 die identische Abbildung, so erhält man als Spezialfall von Satz II:

Satz IIa. *Ist z Zyklus der offenen Menge $G \subset R^n$, $z' = f(z)$ ein Zyklus, der aus z durch eine ε-Verschiebung der Eckpunkte von z entsteht, und $\varepsilon < \varrho(\bar{z}, R^n - G)$, so ist $z \sim z'$ in G.*

4. Prismenkonstruktion. Zum selben Ideenkreis wie Nr. 2 gehört auch folgende Konstruktion, die ebenfalls in verschiedenen Fällen Anwendung findet.

Gegeben seien ein absoluter Komplex K und ein simpliziales Bild $K' = f(K)$ von K. Die Eckpunkte von K bezeichnen wir mit a_i $(i = 1, 2, \ldots, s)$; unter b_i verstehen wir immer den Punkt $f(a_i)$.[2] Wir betrachten den folgenden Eckpunktbereich: Die Eckpunkte sind alle a_i und b_i; die Gerüste sind 1) die Mengen $b_{h_0}, \ldots, b_{h_i}, a_{h_i}, \ldots, a_{h_r}$ mit $h_0 < h_1 < \cdots < h_r$, für welche $a_{h_0}, \ldots, a_{h_i}, \ldots, a_{h_r}$ ein Gerüst von K

[1] Anhang II, § 2, Satz III.

[2] Es wird nicht ausgeschlossen, daß K und K' demselben Eckpunktbereich angehören und gemeinsame Eckpunkte haben. Ferner darf $b_i = b_j$ für $i \neq j$ sein.

ist, und 2) jede Teilmenge der unter 1) genannten Gerüste. Offenbar bilden die Simplexe dieses Eckpunktbereiches einen Komplex; wir nennen ihn das „Prisma" $\Pi_f(K)$.[1] [Bemerkung: Ist K n-dimensional, so ist $\Pi_f(K)$ ein höchstens $(n+1)$-dimensionaler Komplex. Ist f eine eineindeutige Abbildung, so ist das Polyeder $\overline{\Pi_f(K)}$ — wie der Leser beweisen möge — dem Produkt von $\bar{K}$ mit einer Strecke homöomorph, jedoch ist $\Pi_f(K)$ nicht mit $Z(K)$ isomorph. Ist K' ein einziger Punkt, so ist $\Pi_f(K)$ der Kegel über K (§ 4, Nr. 7).]

Zu jedem algebraischen Komplex $C \subset K$ gibt es in K' den algebraischen Komplex $f(C)$; C und $f(C)$ sind Komplexe in $\Pi_f(K)$. Wir behaupten nun:

Satz III. *Ist z irgendein Zyklus in K, so ist $f(z) \sim z$ in $\Pi_f(K)$.*

Dieser Satz ergibt sich aus

Satz III'. *Jedem algebraischen Komplex $C^r \subset K$ läßt sich ein algebraischer Komplex $C^{r+1} = \Pi(C^r) \subset \Pi_f(K)$ so zuordnen, daß*

$$\dot{C}^{r+1} = C^r - f(C^r) - \Pi(\dot{C}^r) \tag{4}$$

und

$$\Pi(0) = 0 \tag{5}$$

ist.

Es ist ersichtlich, daß der Satz III aus dem Satz III' folgt: Für einen Zyklus $z = C^r$ ist nach (4) und (5)

$$z - f(z) = \dot{C}^{r+1}.$$

Beweis des Satzes III'. Wir orientieren jedes Simplex $|x^r| = |a_{h_0} a_{h_1} \ldots a_{h_r}| \subset K$ durch die Festsetzung

$$x^r = (a_{h_0} a_{h_1} \ldots a_{h_r}), \quad h_0 < h_1 < \cdots < h_r;$$

für $i = 0, 1, \ldots, r$ ist

$$\Pi_i(x^r) = (b_{h_0} \ldots b_{h_i} a_{h_i} \ldots a_{h_r})$$

ein orientiertes Simplex von $\Pi_f(K)$, falls die auftretenden b_j und a_k sämtlich voneinander verschieden sind; andernfalls verstehen wir unter

[1] $\Pi_f(K)$ hängt nicht nur von K und f, sondern auch von der gewählten Reihenfolge der Eckpunkte ab, wie

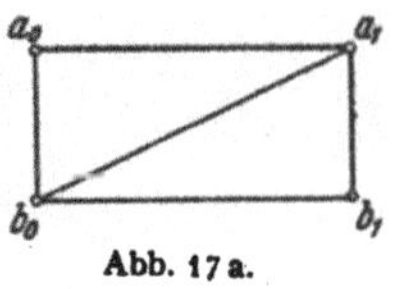

Abb. 17a.

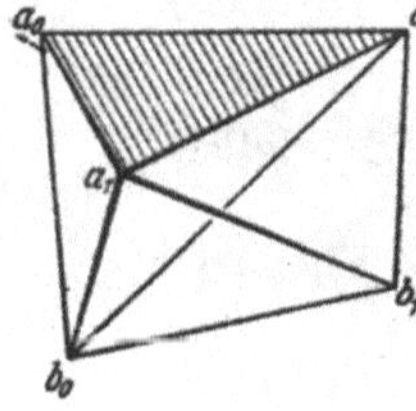

Abb. 17b.

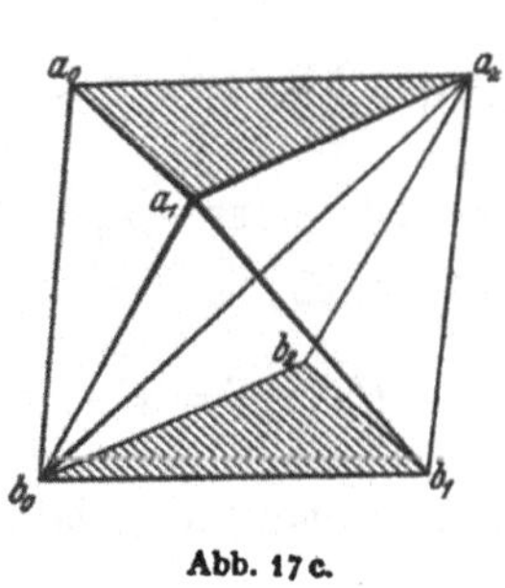

Abb. 17c.

man sich an Hand der Abb. 17a, b, c (die zugleich den anschaulichen Sinn der Prismenkonstruktion klarstellen) überzeugt. In Abb. 17b ist b_1 mit $b_2 = f(a_2)$ identisch.

$\Pi_i(x^r)$ den Nullkomplex; sodann setzen wir

$$\Pi(x^r) = \sum_i (-1)^i \Pi_i(x^r),$$

und für jeden Komplex $C^r = \sum t^u x_u^r$:

$$\Pi(C^r) = C^{r+1} = \sum t^u \Pi(x_u^r) \tag{6}$$

Wir haben zu zeigen, daß diese Komplexe $\Pi(C^r)$ die Behauptungen des Satzes III′ erfüllen. Für die Behauptung (5) ist dies klar; denn ist $C^r = 0$, so sind alle $t^u = 0$. Es bleibt (4) zu beweisen. Die Prismenbildung ist aber ebenso wie die Randbildung offenbar linear, d. h. es ist

$$\Pi(\sum t^i C_i^r) = \sum t^i \Pi(C_i^r);$$

es genügt also, die Behauptung (4) für ein einzelnes Simplex $C^r = x^r$, also die Formel

$$(\Pi(x^r))^{\dot{}} = x^r - f(x^r) - \Pi(\dot{x}^r) \tag{4'}$$

zu beweisen.

Beweis der Formel (4′). Wir dürfen $x^r = (a_0 \ldots a_r)$, $f(x^r) = y$ $= (b_0 \ldots b_r)$ annehmen; wir setzen

$$x_i^{r-1} = (a_0 \ldots a_{i-1}\, a_{i+1} \ldots a_r), \quad {}_jx^{r+1} = (b_0 \ldots b_j\, a_j \ldots a_r),$$

und verstehen ferner unter ${}_jx_{a_i}^r$ und ${}_jx_{b_i}^r$ die Simplexe, die aus ${}_jx^{r+1}$ bei Weglassung von a_i bzw. b_i entstehen. (Natürlich ist jedes der genannten Simplexe, in dem ein Eckpunkt zweimal vorkommt, gleich Null zu setzen.)

Da in ${}_jx^{r+1}$ der Eckpunkt b_j an der $(j+1)$-ten Stelle, der Eckpunkt a_j an der $(j+2)$-ten Stelle steht, ist

$$\begin{aligned}({}_jx^{r+1})^{\dot{}} &= \sum_{i=0}^{j} (-1)^i\, {}_jx_{b_i}^r - \sum_{i=j}^{r} (-1)^i\, {}_jx_{a_i}^r \\ &= (-1)^j ({}_jx_{b_j}^r - {}_jx_{a_j}^r) + \sum_{i<j} (-1)^i\, {}_jx_{b_i}^r - \sum_{i>j} (-1)^i\, {}_jx_{a_i}^r,\end{aligned}$$

und mithin, da $\Pi(x^r) = \sum_j (-1)^j\, {}_jx^{r+1}$ ist[1],

$$(\Pi(x^r))^{\dot{}} = \sum_j (-1)^j\, {}_j\dot{x}^{r+1} = \sum_j {}_jx_{b_j}^r - \sum_j {}_jx_{a_j}^r + \sum_j (-1)^j \Big(\sum_{i<j} (-1)^i\, {}_jx_{b_i}^r - \sum_{i>j} (-1)^i\, {}_jx_{a_i}^r\Big)$$

Nun ist aber ${}_jx_{a_j}^r = {}_{j+1}x_{b_{j+1}}^r$, ${}_0x_{b_0}^r = x^r$, ${}_rx_{a_r}^r = y^r$, und daher $\sum_j {}_jx_{b_j}^r - \sum_j {}_jx_{a_j}^r = x^r - y^r$, und folglich

$$(\Pi(x^r))^{\dot{}} = x^r - y^r - \sum_j \Big[\sum_{i>j} (-1)^{i+j}\, {}_jx_{a_i}^r - \sum_{i<j} (-1)^{i+j}\, {}_jx_{b_i}^r\Big].$$

Unsere Behauptung lautet:

$$(\Pi(x^r))^{\dot{}} = x^r - y^r - \Pi(\dot{x}^r);$$

---

[1] $\sum_j$ bedeutet $\sum_{j=0}^{r}$.

wir haben also nur noch zu zeigen, daß

$$\Pi(\dot{x}^r) = \sum_j \Big[\sum_{i>j} (-1)^{i+j} {}_j x^r_{a_i} - \sum_{i<j} (-1)^{i+j} {}_j x^r_{b_i} \Big]$$

ist. Da aber $\dot{x}^r = \sum_i (-1)^i x_i^{r-1}$ und die Prismenbildung linear ist, ist nur folgendes zu beweisen:

$$\Pi(x_i^{r-1}) = \sum_{j=0}^{i-1} (-1)^j {}_j x^r_{a_i} - \sum_{j=i+1}^{r} (-1)^j {}_j x^r_{b_i}$$

Nun ist unter Benutzung der oben eingeführten Bezeichnungen

$$\Pi_j(x_i^{r-1}) = {}_j x^r_{a_i} \text{ für } j = 0, 1, \ldots, i-1,$$

$$\Pi_j(x_i^{r-1}) = {}_{j+1} x^r_{b_i} \text{ für } j = i, i+1, \ldots, r-1;$$

da $\Pi(x_i^{r-1}) = \sum_j (-1)^j \Pi_j(x_i^{r-1})$ ist, folgt hieraus

$$\Pi(x_i^{r-1}) = \sum_{j=0}^{i-1} (-1)^j {}_j x^r_{a_i} + \sum_{j=i}^{r-1} (-1)^j {}_{j+1} x^r_{b_i} = \sum_{j=0}^{i-1} (-1)^j {}_j x^r_{a_i} - \sum_{j=i+1}^{r} (-1)^j {}_j x^r_{b_i},$$

w. z. b. w.

Bemerkung. Aus dem Satz III ergibt sich ein einfacher Beweis des Satzes IIa, indem man $\Pi_f(|z|)$ direkt in G konstruiert.

5. H-Simplexe. Definition. Ein absoluter Komplex heißt ein Homologie-Simplex oder kurz „*H-Simplex*", wenn er 1) wenigstens ein nichtleeres Simplex enthält, und wenn 2) in ihm jeder berandungsfähige Zyklus (irgendeines Koeffizientenbereiches) berandet.

Der Satz b) in Nr. 1 zeigt: Die n-dimensionale Simplexhülle ist ein H-Simplex ($n \geqq 0$).

Ein nulldimensionaler Komplex ist offenbar dann und nur dann H-Simplex, wenn er aus einem einzigen Punkt besteht. Ein eindimensionales H-Simplex nennt man oft einen „Baum"; die Bäume sind unter den eindimensionalen zusammenhängenden Komplexen dadurch ausgezeichnet, daß sie keinen geschlossenen Streckenzug enthalten.

Im Kap. VI, § 2, werden wir beweisen: Jede simpliziale Zellenhülle (Kap. III, § 1, Nr. 2) — d. h. jede simpliziale Zerlegung einer konvexen Zelle — ist ein H-Simplex[1].

6. Monozyklische Komplexe. Definition. Ist K^r ein r-dimensionaler absoluter Komplex, K' ein absoluter Teilkomplex von K^r, so heiße K^r „*monozyklisch bis auf* K'", wenn es in K^r einen r-dimensionalen, ganzzahligen, *von Null verschiedenen* Relativzyklus X bis auf K' mit der Eigenschaft gibt, daß *jeder* r-dimensionale Relativzyklus in K^r bis auf K' (eines beliebigen Koeffizientenbereiches) von der Form tX ist.

K' darf leer sein; in diesem Fall heißt K kurz „monozyklisch" (die Relativzyklen bis auf K' sind dann gewöhnliche Zyklen).

---

[1] Ein komplizierteres Beispiel findet man im „Anhang zu den Kap. IV, V, VI", Nr. 14.

Wichtige (aber nicht die einzigen) Beispiele liefern die orientierbaren regulär zusammenhängenden Komplexe K^r, wenn man unter K' den Komplex der singulären Seiten versteht (§ 5, Nr. 10).

Den Relativzyklus X nennen wir „Basiselement“ von K^r (bis auf K'). Wir behaupten zweierlei: 1) das Basiselement ist bis auf das Vorzeichen eindeutig bestimmt; 2) in jedem Relativzyklus tX (Koeffizientenbereich beliebig) ist t eindeutig bestimmt, d. h. aus $t^1 X = t^2 X$ folgt $t^1 = t^2$.

Beweis von 1). Sind X und X' Basiselemente, so ist $X' = tX$, $X = t'X' = t'tX$ mit ganzen t, t', also $t't = 1$, $t' = t = \pm 1$.

Beweis von 2). Zu zeigen ist: aus $tX = 0$ folgt $t = 0$. Es sei, wenn $|x_i|$ die r-dimensionalen Simplexe von $|X|$ sind, $X = \sum a^i x_i$, $a^i \neq 0$; aus $tX = 0$ folgt $a^i t = 0$ für jedes i. Hat das Element t die Ordnung m, so ist daher $a^i = mb^i$ mit ganzem b^i für jedes i, also, wenn man $\sum b^i x_i = X'$ setzt, $X = mX'$; dann ist aber auch X' Basiselement von K^r, also nach 1): $m = 1$, d. h. $t = 0$.

7. H-Sphären. Definition. Ein n-dimensionaler absoluter Komplex K heißt eine „n-dimensionale Homologie-Sphäre“ oder kurz eine HS^n, wenn er die folgenden beiden Eigenschaften besitzt: I. Jeder berandungsfähige r-dimensionale Zyklus (eines beliebigen Koeffizientenbereiches) mit $r < n$ berandet in K; II. er ist monozyklisch.

Der Satz a) in Nr. 1 in Verbindung mit Nr. 6 des § 4 zeigt: der Simplexrand $|\dot{x}^{n+1}|$ ist eine HS^n.

Im Kap. VI, § 2, werden wir beweisen: Jeder n-dimensionale simpliziale Zellenrand (Kap. III, § 1, Nr. 2) — d. h. jede simpliziale Zerlegung des Randes einer $(n+1)$-dimensionalen konvexen Zelle — ist eine HS^n.[1]

8. Drei Eigenschaften (α), (β), (γ) eines absoluten Komplexes K^r relativ zu einem nichtleeren, absoluten Teilkomplex K' von K^r sollen jetzt untersucht werden.

(α): *In K^r berandet jeder höchstens $(r-1)$-dimensionale, in K' jeder höchstens $(r-2)$-dimensionale berandungsfähige Zyklus.*

(β): *Jeder höchstens $(r-1)$-dimensionale Relativzyklus in K^r bis auf K' berandet in K^r bis auf K'.*

(γ): *Jeder höchstens $(r-2)$-dimensionale Zyklus in K', der in K^r berandet, berandet auch in K'.*

Im Hinblick auf (β) erinnern wir an die Definitionen (§ 4, Nr. 14): Der algebraische Komplex $C^s \subset K^r$ heißt Relativzyklus bis auf K', wenn $\dot{C}^s$ Teilkomplex von K' ist; man sagt, der Relativzyklus C^s berandet bis auf K', wenn es Komplexe $D^{s+1} \subset K^r$, $Q^s \subset K'$ so gibt, daß

$$C^s = \dot{D}^{s+1} + Q^s \tag{7}$$

ist.

---

[1] Weitere Beispiele: Anhang zu den Kap. IV, V, VI, Nr. 14, 17 sowie einige der Komplexe aus Nr. 15.

Wir behaupten nun erstens:

Aus (α) *folgt* (β).

In der Tat: (α) gelte, und C^s sei Relativzyklus in K^r bis auf K', $s \leqq r - 1$. $\dot{C}^s$ ist ein höchstens $(r-2)$-dimensionaler berandungsfähiger Zyklus in K'; infolge von (α) gibt es einen von ihm berandeten Komplex Q^s in K': $\dot{Q}^s = \dot{C}^s$. Dann ist $C^s - Q^s$ ein höchstens $(r-1)$-dimensionaler Zyklus in K^r; ist $s \geqq 1$, so ist er von selbst berandungsfähig; ist $s = 0$, so kann man Q^0 so wählen, daß $C^0 - Q^0$ berandungsfähig wird; aus (α) folgt, daß $C^s - Q^s$ in K^r berandet; d. h. es gibt einen solchen Komplex $D^{s+1} \subset K^r$, daß (7) erfüllt wird. Folglich gilt (β).

Wir behaupten zweitens:

Aus (β) *folgt* (γ).

In der Tat: (β) gelte, und es sei $z^s \subset K'$, $z^s = \dot{C}^{s+1}$, $C^{s+1} \subset K^r$, $s \leqq r - 2$; dann ist C^{s+1} Relativzyklus bis auf K' mit $s + 1 \leqq r - 1$, also gibt es nach (β) Komplexe $D^{s+2} \subset K^r$, $Q^{s+1} \subset K'$, die (7) — mit $s + 1$ statt s — erfüllen. Durch Übergang zu den Rändern folgt aus (7): $z^s = \dot{C}^{s+1} = \dot{Q}^{s+1}$. Folglich gilt (γ).

Bemerkung: Die Bedingung (α) ist stärker als (β), und die Bedingung (β) ist stärker als (γ). Beispiele: K^2 sei ein ebener Kreisring (trianguliert), K' bestehe aus den beiden Randkreisen und einem Streckenzug, der die beiden Randkreise verbindet (alles in der simplizialen Zerlegung K^2); dann gilt (β), aber nicht (α). — K^2 sei wieder ein Kreisring, K' sei eine einzelne Strecke von K^2; dann gilt (γ), aber nicht (β). — Der Leser beweise diese Behauptungen (man vgl. Kap. V, § 1, Nr. 2).

Zu (β) sei noch bemerkt: Jeder *Zyklus* C^s in K^r ist a fortiori Relativzyklus bis auf K'; wenn (β) gilt, so ist in (7), da $\dot{D}^{s+1}$ Zyklus ist, auch Q^s Zyklus, und wir sehen: gilt (β), so ist jeder höchstens $(r-1)$-dimensionale Zyklus C^s aus K^r einem Zyklus Q^s aus K' homolog.

9. Simplexartige Komplexe. Die Eigenschaft (β) besitzt Ähnlichkeit mit der Eigenschaft, durch welche die bis auf K' „monozyklischen" Komplexe K^r definiert worden sind: letztere handelt von den r-dimensionalen, (β) von den niedrigerdimensionalen Relativzyklen bis auf K'. Wir nehmen jetzt beide Eigenschaften zusammen: Der r-dimensionale Komplex K^r heiße „*simplexartig bis auf* K'", wenn K^r und K' die Eigenschaft (β) besitzen, und wenn außerdem K^r monozyklisch bis auf K' ist.

Man kann die Eigenschaft von K, bis auf K' simplexartig zu sein, auch folgendermaßen charakterisieren: *K hat bis auf K' dieselben Homologie-Eigenschaften wie eine Simplexhülle $|x|$ bis auf den Rand $|\dot{x}|$.* Gerade dies sind die Eigenschaften, die für die Anwendungen (Kap. VI, § 1) ausschlaggebend sind.

Bei der Definition der simplexartigen Komplexe setzen wir nicht voraus, daß K' nichtleer ist. Wenn aber K simplexartig bis auf den leeren Komplex K' ist, so ist ein aus einem einzigen Punkt von K^r

bestehender nulldimensionaler Zyklus nicht ~ 0 bis auf K'; da die Bedingung (β) erfüllt ist, muß daher $0 > r - 1$, also $r = 0$ sein. Da ferner K^0 monozyklisch (bis auf den leeren Komplex K') ist, kann K^0 offenbar nur aus einem einzigen Punkt bestehen. Andererseits ist der einpunktige Komplex K^0 offenbar „simplexartig bis auf den leeren Komplex". Somit sehen wir: *Ist K^r simplexartig bis auf K', so ist entweder K' nichtleer oder es ist $r = 0$ und K^0 besteht aus einem einzigen Punkt.*

10. Die folgenden Bedingungen sind bemerkenswert und praktisch brauchbar:

Dafür, daß K^r simplexartig bis auf K' ist, ist jede der Bedingungen (A) und (B) hinreichend:

(A): K^r ist ein H-Simplex, K' ist eine HS^{r-1}.

(B): K^r ist eine HS^r, K' ist höchstens $(r-1)$-dimensional und ein H-Simplex.

Beweis. Jede der Voraussetzungen (A), (B) enthält die Eigenschaft (α) aus Nr. 8, und daher besteht, wie dort gezeigt wurde, auch die Eigenschaft (β). Es bleibt zu zeigen, daß K^r monozyklisch bis auf K' ist.

Fall (A): Da K' eine HS^{r-1} ist, gibt es in K' einen ganzzahligen Zyklus $Z^{r-1} \neq 0$, so daß jeder $(r-1)$-dimensionale Zyklus in K' von der Form tZ^{r-1} ist. Da K^r ein H-Simplex ist, ist $Z^{r-1} \sim 0$ in K^r, es gibt also einen ganzzahligen Komplex X^r mit $\dot{X}^r = Z^{r-1}$; dabei ist $X^r \neq 0$ wegen $Z^{r-1} \neq 0$. Ist nun C^r Relativzyklus in K^r bis auf K', so ist $\dot{C}^r$ Zyklus in K', also $\dot{C}^r = tZ^{r-1} = t\dot{X}^r$; $C^r - tX^r$ ist daher Zyklus und, weil K^r ein H-Simplex ist, ~ 0, und, weil K^r r-dimensional ist, $=0$. Es ist also $C^r = tX^r$; folglich ist K^r monozyklisch bis auf K'.

Fall (B): Da K^r eine HS^r ist, gibt es in K^r einen ganzzahligen Zyklus $Z^r \neq 0$ so, daß jeder r-dimensionale Zyklus in K^r von der Form tZ^r ist. C^r sei Relativzyklus bis auf K'; $\dot{C}^r$ ist berandungsfähiger Zyklus in K', also, weil K' ein H-Simplex ist, ~ 0, und weil K' höchstens $(r-1)$-dimensional ist, $=0$. Folglich ist C^r gewöhnlicher Zyklus, $C^r = tZ^r$, und mithin ist K^r monozyklisch bis auf K'.

Die einfachsten Beispiele zu (A) sind die r-dimensionalen Simplexhüllen $K^r = |x^r|$ mit $K' = |\dot{x}^r|$; zu (B) die Simplexränder $K^r = |\dot{x}^{r+1}|$, wobei K' ein (nicht leeres) Simplex, z. B. ein Eckpunkt ist.

Ist K^2 eine Torusfläche, K' der aus einem Meridian und einem Breitenkreis von K^2 bestehende Streckenkomplex (alles in einer Triangulation von K^2), so ist K^2 simplexartig bis auf K', ohne daß einer der Fälle A und B vorliegt. (Der Leser beweise das selbst; vgl. Kap. V, § 1, Nr. 2.)

Fünftes Kapitel.

Bettische Gruppen.

§ 1. Allgemeine Eigenschaften.

1. Definition. Es seien ein Eckpunktbereich E und zwei Koeffizientenbereiche $\mathfrak{J}, \mathfrak{J}'$ $(\mathfrak{J} \subset \mathfrak{J}')$ gegeben; dann zerfällt — gemäß Kap. IV, § 4, Nr. 8 — die Gruppe $Z^r_{\mathfrak{J}}(E)$ in Klassen von untereinander in bezug auf $\mathfrak{J}'$ homologen Zyklen, oder kurz: in r-dimensionale *Homologieklassen* (von E in bezug auf $\mathfrak{J}, \mathfrak{J}'$). Diese Homologieklassen sind die Elemente der Restklassengruppe

$$B^r_{\mathfrak{J},\mathfrak{J}'}(E) = Z^r_{\mathfrak{J}}(E) - H^r_{\mathfrak{J},\mathfrak{J}'}(E)\,.$$

Die Gruppe $B^r_{\mathfrak{J},\mathfrak{J}'}(E)$ heißt die *r-te oder r-dimensionale Bettische Gruppe von E in bezug auf die Koeffizientenbereiche $\mathfrak{J}$ und $\mathfrak{J}'$*. Ist $\mathfrak{J}' = \mathfrak{J}$, so schreibt man einfach $B^r_{\mathfrak{J}}(E)$ statt $B^r_{\mathfrak{J},\mathfrak{J}}(E)$ und spricht von der Bettischen Gruppe in bezug auf $\mathfrak{J}$.[1]

[1] Bis auf die einzige — allerdings wichtige — Ausnahme $\mathfrak{J} = \mathfrak{G}$, $\mathfrak{J}' = \mathfrak{R}$ wird bei allen Anwendungen $\mathfrak{J}' = \mathfrak{J}$ sein.

Die Gruppen $B^r_{\mathfrak{Z},\mathfrak{Z}'}(E)$ mit $r = 0, 1, \ldots$ treten als direkte Summanden der „gemischten" Bettischen Gruppe

$$B_{\mathfrak{Z},\mathfrak{Z}'}(E) = Z_{\mathfrak{Z}}(E) - H_{\mathfrak{Z},\mathfrak{Z}'}(E)$$

auf; die gemischten Bettischen Gruppen werden wir aber nur selten benutzen.

Zwei Spezialisierungen der Eckpunktbereiche verdienen hervorgehoben zu werden:

1) E ist der von dem absoluten Komplex K erzeugte Eckpunktbereich; dann schreibt man $B^r_{\mathfrak{Z},\mathfrak{Z}'}(K)$ statt $B^r_{\mathfrak{Z},\mathfrak{Z}'}(E)$ und spricht von den *Bettischen Gruppen des Komplexes K.*

2) E ist der Eckpunktbereich einer offenen Menge $G \subset R^n$. In diesem Falle schreibt man $B^r_{\mathfrak{Z},\mathfrak{Z}'}(G)$ statt $B^r_{\mathfrak{Z},\mathfrak{Z}'}(E)$ und spricht von den *Bettischen Gruppen von G.*

2. Beispiele. Die gegenwärtige Nummer hat einen *vorläufigen* Charakter — ihr Inhalt ist in allgemeineren Tatsachen enthalten, die im „Anhang zu den Kapiteln IV, V, VI" zusammengestellt sind; erst an der dortigen Stelle ist eine einigermaßen systematische Darstellung von Beispielen möglich. Jedoch dürften bereits im Augenblick einige Beispiele und Anleitungen zur Bildung weiterer Beispiele erwünscht sein.

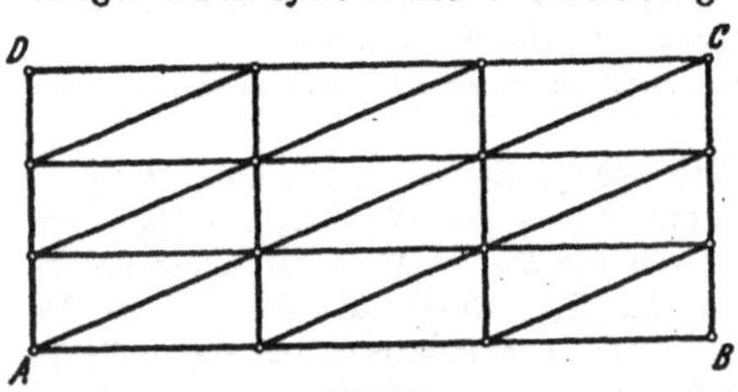

Abb. 18.

K sei der durch Abb. 18 gegebene (aus 18 Dreiecken bestehende) zweidimensionale Komplex. Zunächst wird behauptet:

Hilfssatz. *In K ist jeder eindimensionale Zyklus* $z \sim 0$. (Enthalten in Kap. VI, § 2, Satz VIII.)

Beweis (Andeutung). Für jede orientierte Strecke x von K, welche in Abb. 18 horizontale oder diagonale Richtung hat, verstehen wir unter $z(x)$ den folgenden einfach geschlossenen und einfach durchlaufenen Streckenzug: 1) die Strecke x, 2) die Senkrechte hinunter bis auf $\overline{AB}$, 3) die Projektion von $-x$ auf $\overline{AB}$, 4) die Senkrechte hinauf bis zum Anfangspunkt von x. Ist nun $z = \sum t^i x_i$ der gegebene Zyklus (wobei die x_i irgendwelche Strecken von K sind), so bilden wir den Zyklus $z' = z - \sum' t^j z(x_j)$, wobei $\sum'$ über die horizontal und diagonal gerichteten Strecken zu bilden ist; da offenbar jeder Zyklus $z(x)$ der Rand eines aus Dreiecken von K gebildeten Rechteckes oder Trapezes ist (vgl. Kap. IV, § 5, Satz IX), ist $z \sim z'$; nun enthält aber der Zyklus z' höchstens noch vertikale und solche horizontale Strecken, die auf $\overline{AB}$ liegen; man erkennt leicht (mit Hilfe von $\dot z' = 0$), daß dann $z' = 0$ sein muß. Folglich ist $z \sim 0$. —

Jetzt erzeugen wir aus dem Rechteck $ABCD$ in bekannter Weise einen Komplex T, der eine Triangulation einer „Torusfläche" ist: wir heften den Streckenzug $\overrightarrow{AB}$ mit dem Streckenzug $\overrightarrow{DC}$ und den Streckenzug $\overrightarrow{AD}$ mit dem Streckenzug $\overrightarrow{BC}$ zusammen. Aus jedem dieser beiden Paare von Streckenzügen entsteht in T ein eindimensionaler Zyklus z_1 bzw. z_2.

Wir wollen die Gruppe $B^1_{\mathfrak{G}}(T)$ bestimmen. Es sei z ein beliebiger eindimensionaler ganzzahliger Zyklus von T; unter C^1 verstehen wir den Komplex derjenigen, mit denselben Koeffizienten wie in z versehenen Simplexen von $|z|$, welche nicht auf $|z_1| + |z_2|$ liegen, und den entsprechenden Komplex in K bezeichnen wir mit C^1_0. Aus $\dot z = 0$ ergibt sich: $\dot C^1_0$ ist Teilkomplex des Randkomplexes $\dot K$

des Rechtecks $ABCD$; da $\dot{C}_0^1$ berandungsfähig und $\dot{K}$ zusammenhängend ist, folgt aus Kap. IV, § 5, Nr. 5: $\dot{C}_0^1 \sim 0$ auf $\dot{K}$, d. h. es gibt einen algebraischen Teilkomplex D_0^1 von $\dot{K}$ mit $\dot{D}_0^1 = \dot{C}_0^1$. Dann ist $C_0^1 - D_0^1$ Zyklus, und aus unserem „Hilfssatz" folgt: $C_0^1 - D_0^1 \sim 0$ in K, d. h. es gibt einen Teilkomplex C_0^2 von K mit $\dot{C}_0^2 = C_0^1 - D_0^1$; dann ist $C_0^1 - \dot{C}_0^2 = D_0^1$ Teilkomplex von $\dot{K}$. [Mit anderen Worten — vgl. Kap. IV, § 4, Nr. 14 —: der Relativzyklus C_0^1 (bis auf $\dot{K}$) ist ~ 0 bis auf $\dot{K}$.] Bezeichnen wir den C_0^2 entsprechenden Teilkomplex von T mit C^2, so liegt der Teilkomplex $C^1 - \dot{C}^2$ von T auf $|z_1| + |z_2|$; das gleiche gilt infolge der Definition von C^1 für den Komplex $z - C^1$, und daher gilt es auch für den Zyklus $z' = z - \dot{C}^2$. Damit haben wir zu dem gegebenen Zyklus z einen Zyklus z' mit $z \sim z'$, $z' \subset |z_1| + |z_2|$ gefunden.

Da z_1 und z_2 die regulären Komponenten von $|z_1| + |z_2|$ sind, folgt aus Kap. IV, § 5, Nr. 8 und Nr. 10: $z' = t^1 z_1 + t^2 z_2$, also

(1)
$$z \sim t^1 z_1 + t^2 z_2.$$

Wir behaupten: Durch z sind die Koeffizienten t^1, t^2 in der Homologie (1) eindeutig bestimmt. Diese Behauptung ist mit der folgenden gleichwertig: Aus $t^1 z_1 + t^2 z_2 \sim 0$ folgt $t^1 = t^2 = 0$.

Beweis dieser Behauptung: Die Homologie $t^1 z_1 + t^2 z_2 \sim 0$ bedeutet die Existenz eines Komplexes $C^2 \subset T$ mit $\dot{C}^2 = t^1 z_1 + t^2 z_2$; ihm entspricht in K ein Komplex C_0^2 mit $\dot{C}_0^2 \subset \dot{K}$. Nach Kap. IV, § 5, Nr. 10 ist $C_0^2 = t C_1^2$, wobei C_1^2 Repräsentant einer Orientierung von K ist, also $\dot{C}_0^2 = t z_0$, wobei $z_0 = \dot{C}_1^2$ den einmal durchlaufenen, einfach geschlossenen Rand des Rechtecks $ABCD$ bezeichnet. Verstehen wir unter f die zugrunde liegende simpliziale Abbildung von K auf T, so ist $f(C_0^2) = C^2$, also (Kap. IV, § 3, Nr. 7) $f(t z_0) = t^1 z_1 + t^2 z_2$; da aber, wie sich aus der f definierenden Randzusammenheftung des Rechteckes ergibt, $f(z_0) = 0$ ist, ist auch $t^1 z_1 + t^2 z_2 = 0$. Ist nun x_i ein eindimensionales Simplex von z_1, so tritt es in z_1 mit dem Koeffizienten ± 1, in z_2 mit dem Koeffizienten 0, also in $t^1 z_1 + t^2 z_2$ mit dem Koeffizienten $\pm t^1$ auf; folglich ist $t^1 = 0$; analog folgt $t^2 = 0$.

Damit ist bewiesen: *Jeder Zyklus z erfüllt eine und nur eine Homologie der Gestalt* (1). Mit anderen Worten: Jede Homologieklasse enthält einen und nur einen Zyklus $t^1 z_1 + t^2 z_2$, und dies ist offenbar nur ein anderer Ausdruck für das folgende Ergebnis:

Die Gruppe $B_{\mathfrak{G}}^1(T)$ ist direkte Summe zweier Gruppen, von denen jede mit $\mathfrak{G}$ isomorph ist:

(2)
$$B_{\mathfrak{G}}^1(T) = \mathfrak{G}' + \mathfrak{G}'', \quad \mathfrak{G}' \approx \mathfrak{G}'' \approx \mathfrak{G}. —$$

Ein zweites, ähnliches, Beispiel: Man hefte an dem Rechteck in Abb. 18 wieder $\overrightarrow{AB}$ mit $\overrightarrow{DC}$, außerdem aber $\overrightarrow{AD}$ mit $\overrightarrow{CB}$ zusammen; es entsteht ein Komplex T', der eine Triangulation des „Kleinschen Schlauches" ist. Wir wollen $B_{\mathfrak{G}}^1(T')$ bestimmen.

Zunächst ergibt sich wörtlich ebenso wie vorhin, daß jeder eindimensionale Zyklus z von T' eine Homologie (1) erfüllt. Jedoch ist jetzt das Zahlenpaar t^1, t^2 nicht mehr eindeutig durch z bestimmt. Vielmehr gilt jetzt: Es ist dann und nur dann $t^1 z_1 + t^2 z_2 \sim 0$, wenn $t^1 = 0$, $t^2 \equiv 0 \bmod 2$ ist; dabei sei z_2 der Zyklus, der aus $\overrightarrow{AD}$ und $\overrightarrow{CB}$ entsteht. Dies ergibt sich, wenn man den obigen Beweis verfolgt und dieselben Bezeichnungen benutzt, daraus, daß jetzt nicht $f(z_0) = 0$, sondern $f(z_0) = 2z_2$ ist. Somit erkennt man: *Jeder Zyklus z erfüllt eine Homologie* (1); *in ihr ist die ganze Zahl t^1 eindeutig, die ganze Zahl t^2 jedoch nur mod 2 bestimmt;* und dies bedeutet offenbar:

Die Gruppe $B^1_{\mathfrak{G}}(T')$ ist direkte Summe zweier Gruppen, von denen die eine mit $\mathfrak{G}$, die andere mit $\mathfrak{G}_2$ isomorph ist:

$$(2') \qquad B^1_{\mathfrak{G}}(T') = \mathfrak{G}' + \mathfrak{G}'', \quad \mathfrak{G}' \approx \mathfrak{G}, \quad \mathfrak{G}'' \approx \mathfrak{G}_2.$$

Wenn wir keine Zusammenheftung von $\overline{AB}$ und $\overline{CD}$, sondern nur eine Zusammenheftung von $\overline{AD}$ und $\overline{BC}$ vornehmen, so entsteht ein Komplex R, der, je nachdem wir $\overrightarrow{AD}$ mit $\overrightarrow{BC}$ oder mit $\overrightarrow{CB}$ zusammenheften, einen Kreisring oder ein Möbiusches Band darstellt. Aufgabe: Man zeige, daß in jedem der beiden Fälle

$$B^1_{\mathfrak{G}}(R) \approx \mathfrak{G}$$

ist. —

In ähnlicher Weise kann man bereits jetzt die übrigen Beispiele aus Nr. 10 des „Anhanges zu den Kap. IV, V, VI" behandeln.

3. Komponentenzerlegung. Aus Satz III in Kap. IV, § 5, Nr. 4, ergibt sich ohne weiteres für die Gruppen $B^r_{\mathfrak{J},\mathfrak{J}'}(K) = Z^r_{\mathfrak{J}}(K) - H^r_{\mathfrak{J},\mathfrak{J}'}(K)$:

Satz I. *Ist $K = K_1 + K_2$, wobei die Komplexe K_1 und K_2 keine gemeinsamen Elemente von einer Dimensionszahl $\geq r - 1$ haben (außer — im Falle $r = 0$ — dem leeren Simplex), so gilt (bis auf Isomorphie) die direkte Summenzerlegung*

$$B^r_{\mathfrak{J},\mathfrak{J}'}(K) = B^r_{\mathfrak{J},\mathfrak{J}'}(K_1) + B^r_{\mathfrak{J},\mathfrak{J}'}(K_2).[1]$$

Hieraus folgt weiter

Satz II. *Die Bettischen Gruppen eines absoluten Komplexes (in bezug auf beliebige Koeffizientenbereiche $\mathfrak{J}$, $\mathfrak{J}'$) sind (bis auf Isomorphie) direkte Summen der entsprechenden Bettischen[2] Gruppen der einzelnen Komponenten von K.*

Denn erstens behalten der Satz I und sein Beweis ihre Gültigkeit, wenn man K nicht in zwei, sondern in eine beliebig endliche oder unendliche Anzahl von Komponenten zerlegt, zweitens gilt — für den Fall, daß die einzelnen Komplexe überhaupt keine gemeinsamen nichtleeren Elemente haben — die Behauptung des Satzes I für jede Dimensionszahl.

4. Die Gruppe $B^0_{\mathfrak{J},\mathfrak{J}'}$. Durch den Satz II ist die Untersuchung der Bettischen Gruppen beliebiger Komplexe auf den Fall zusammenhängender Komplexe zurückgeführt. Wenn es sich insbesondere um *nulldimensionale Bettische Gruppen* handelt, so läßt sich diese Untersuchung bis zum letzten Ende durchführen. Es gelten nämlich die folgenden Sätze:

Satz III. *Es sei $z^0 = \sum t^i x^0_i$ ein beliebiger nulldimensionaler Zyklus des zusammenhängenden Komplexes K. Ist a irgendein Eckpunkt von K und setzt man $t = \sum t^i$, so ist*

$$(3) \qquad z^0 \sim ta \quad \text{in } K \qquad (\text{in bezug auf } \mathfrak{J}').$$

[1] Hier wie auch in den Nummern 4, 5 darf man übrigens statt absoluter Komplexe auch beliebige Eckpunktbereiche betrachten.

[2] in bezug auf Dimensionszahl und Koeffizientenbereich.

Denn $z - ta$ hat die Koeffizientensumme Null, und daher folgt die Behauptung aus dem Zusatz zu Satz IV, Kap. IV, § 5.

Aus dem eben zitierten „Zusatz" ergibt sich weiter: der Koeffizient t in der Homologie (3) ist durch z^0 eindeutig bestimmt; daher folgt aus Satz III:

Satz IIIa. *Ist K zusammenhängend, so ist bei beliebiger Wahl der Koeffizientenbereiche $\mathfrak{J}$ und $\mathfrak{J}'$ die Gruppe $B^0_{\mathfrak{J},\mathfrak{J}'}(K)$ mit $\mathfrak{J}$ isomorph.*

Für beliebige (nicht notwendig zusammenhängende) Komplexe folgt hieraus und aus dem Satz II unmittelbar:

Satz IV. *Die Komponentenzahl des absoluten Komplexes K sei k. Die Koeffizientenbereiche $\mathfrak{J}$ und $\mathfrak{J}' \supset \mathfrak{J}$ seien beliebig gewählt. Dann ist die Gruppe $B^0_{\mathfrak{J},\mathfrak{J}'}(K)$ direkte Summe von k Gruppen, von denen jede der Gruppe $\mathfrak{J}$ isomorph ist.*

Ferner gilt der

Zusatz. *Es seien $K_1, K_2, \ldots$ die Komponenten von K. Ist a_ν ein beliebiger Eckpunkt von K_ν und $z^0 = \sum t^i x^0_i$ ein nulldimensionaler Zyklus von K in bezug auf $\mathfrak{J}$, so gilt*

$$z^0 \sim \sum \tau^\nu a_\nu \qquad \text{(in } K, \text{ in bezug auf } \mathfrak{J}),$$

wobei $\sum \tau^\nu = \sum t^i$ ist (und zwar ist τ^ν gleich der Koeffizientensumme des auf K_ν liegenden Teiles z^0_ν von z^0).

Um sich davon zu überzeugen, genügt es, den Satz III auf jeden der Zyklen z^0_ν anzuwenden.

Bemerkung. Durch den Satz IV ist, mit Rücksicht auf Kap. IV, § 5, Nr. 3, die topologische Invarianz der nulldimensionalen Bettischen Gruppen eines Polyeders bewiesen.

5. Die Gruppe $B^{00}_{\mathfrak{J},\mathfrak{J}'}$. Die Gruppe der berandungsfähigen nulldimensionalen Zyklen des Komplexes K bezeichnen wir mit $Z^{00}_{\mathfrak{J}}(K)$, wobei $\mathfrak{J}$ der jeweilige Koeffizientenbereich ist. Die Restklassengruppe $Z^{00}_{\mathfrak{J}}(K) - H^0_{\mathfrak{J},\mathfrak{J}'}(K)$ bezeichnen wir mit $B^{00}_{\mathfrak{J},\mathfrak{J}'}(K)$ und beweisen den

Satz V. *Die Gruppe $B^{00}_{\mathfrak{J},\mathfrak{J}'}(K)$ ist direkte Summe von Gruppen, die sämtlich mit $\mathfrak{J}$ isomorph sind und deren Anzahl um 1 kleiner ist als die Komponentenzahl von K.*

Der Beweis ist angesichts des Satzes IV in folgendem allgemeineren gruppentheoretischen Satze enthalten:

$\mathfrak{A}^0$ sei direkte Summe von s mit $\mathfrak{J}$ isomorphen Gruppen, also die Gruppe der Linearformen $\sum_{i=1}^{s} t^i x_i$ in den Unbestimmten x_i, wobei die t^i dem Koeffizientenbereich $\mathfrak{J}$ entnommen sind. Die Untergruppe $\mathfrak{A}^{00}$ von $\mathfrak{A}^0$, die aus allen Elementen von $\mathfrak{A}^0$ mit verschwindender Koeffizientensumme ($\sum_i t^i = 0$) besteht, ist direkte Summe von $s - 1$ mit $\mathfrak{J}$ isomorphen Gruppen (d. h. *$\mathfrak{A}^{00}$ ist isomorph mit der Gruppe $\mathfrak{U}$ der Linearformen $\sum_{i=2}^{s} t^i x_i$).*

Um diesen Satz zu beweisen, ordnen wir jedem Element $z = \sum_{i=1}^{s} t^i x_i$ von $\mathfrak{A}^{00}$ das Element $f(z) = \sum_{i=2}^{s} t^i x_i$ von $\mathfrak{U}$ zu. Diese Zuordnung ist eine homomorphe Abbildung von $\mathfrak{A}^{00}$ *auf* $\mathfrak{U}$; denn ist $z_1 = \sum_{i=2}^{s} u^i x_i$ ein beliebig gegebenes Element von $\mathfrak{U}$, so wird das Element

$$z = -\sum_{i=2}^{s} u^i \cdot x_1 + z_1$$

von $\mathfrak{A}^{00}$ mittels f auf z_1 abgebildet.

Um zu zeigen, daß f ein Isomorphismus ist, genügt der Nachweis, daß nur das Nullelement von $\mathfrak{A}^0$ vermöge f auf $z_1 = 0$ abgebildet wird. Ist $z_1 = 0$, also $u^2 = \cdots = u^s = 0$ und $f(z) = z_1$, so müssen $x_2, \ldots, x_s$ in z mit denselben Koeffizienten wie in z_1, also gar nicht auftreten. Da aber die Koeffizientensumme in z verschwindet, muß auch x_1 in z den Koeffizienten Null haben, d. h. $z = 0$ sein, w. z. b. w.

6. Die Gruppe $B^n_{\mathfrak{J},\mathfrak{J}'}(K^n)$. Wir betrachten einen n-dimensionalen Komplex K^n. Dann erlaubt die n-dimensionale Bettische Gruppe eine weitgehende Beschreibung. Für $r > n$ ist nämlich die Gruppe $L^r_{\mathfrak{J}}(K) = 0$, also ist insbesondere auch $H^n_{\mathfrak{J},\mathfrak{J}'}(K) = 0$ bei jeder Wahl von $\mathfrak{J}$ und $\mathfrak{J}'$. Somit gilt

Satz VI. *Für einen n-dimensionalen Komplex K^n und beliebige Koeffizientenbereiche* $\mathfrak{J}$, $\mathfrak{J}'$ ($\mathfrak{J} \subset \mathfrak{J}'$) *ist*

$$B^n_{\mathfrak{J},\mathfrak{J}'}(K^n) = Z^n_{\mathfrak{J}}(K^n).$$

Man kann den Inhalt des Satzes VI auch so ausdrücken: Homologien zwischen n-dimensionalen Zyklen eines n-dimensionalen Komplexes sind nichts anderes als *Gleichungen* (vgl. Kap. IV, § 4, Nr. 13).

Benutzen wir den Satz VI noch zur Bestimmung der n-ten Bettischen Gruppen des n-dimensionalen Simplexrandes $|\dot{x}^{n+1}|$: der Satz lehrt in Verbindung mit Kap. IV, § 4, Nr. 6, daß

$$B^n_{\mathfrak{J},\mathfrak{J}'}(|\dot{x}^{n+1}|) \approx \mathfrak{J} \quad (n \geqq 1),$$
$$B^0_{\mathfrak{J},\mathfrak{J}'}(|\dot{x}^1|) \approx \mathfrak{J}^1 + \mathfrak{J}^2 \quad (\mathfrak{J}^1 \approx \mathfrak{J}^2 \approx \mathfrak{J})$$

ist.

7. Homologie-Äquivalenz. Diejenigen Eigenschaften eines Eckpunktbereiches E, die sich in der Struktur seiner Bettischen Gruppen ausdrücken, zählen wir zu den wichtigsten „gestaltlichen" Merkmalen von E; Eckpunktbereiche, die in diesen Merkmalen übereinstimmen, besitzen eine gewisse Verwandtschaft miteinander, für die wir eine besondere Benennung einführen: Die Eckpunktbereiche A und B sind einander *„homologie-äquivalent"* in bezug auf $\mathfrak{J}$, $\mathfrak{J}'$, wenn für jede Dimensionszahl r die Isomorphismen

$$B^r_{\mathfrak{J},\mathfrak{J}'}(A) \approx B^r_{\mathfrak{J},\mathfrak{J}'}(B)$$

bestehen. Sind A und B homologie-äquivalent in bezug auf *jedes* Paar von Koeffizientenbereichen $\mathfrak{J}$, $\mathfrak{J}'$ ($\mathfrak{J} \subset \mathfrak{J}'$), so heißen sie *„vollständig* *homologie-äquivalent*". Es ist trivial, daß isomorphe Eckpunktbereiche vollständig homologie-äquivalent sind.

Entsprechend den Festsetzungen in Nr. 1 ist die Bezeichnung „homologie-äquivalent" auch auf Komplexe und auf offene Mengen des R^n anwendbar.

Beispiele. 1) Ein Komplex ist dann und nur dann ein H-Simplex (Kap. IV, § 6, Nr. 5), wenn er einer Simplexhülle (beliebiger Dimension $\geqq 0$) vollständig homologie-äquivalent ist (vgl. Kap. IV, § 6, Nr. 1, b).

2) Ein n-dimensionaler Komplex ist dann und nur dann eine HS^n (Kap. IV, § 6, Nr. 7), wenn er dem Simplexrand $|x^{n+1}|$ vollständig homologie-äquivalent ist (vgl. Kap. IV, § 6, Nr. 1, a).

3) Kreisring und Möbiussches Band (Nr. 2) sind einem Dreiecksrand $|x^2|$, also auch jeder HS^1, vollständig homologie-äquivalent. (Daß in diesen Fällen $B^2_{\mathfrak{J},\mathfrak{J}'}(K) = 0$ ist, folgt aus Kap. IV, § 5, Satz VIII b.)

8. Simpliziale Abbildungen. Satz VII. *Eine simpliziale Abbildung des Eckpunktbereiches A in den Eckpunktbereich B ruft einen Homomorphismus sämtlicher Bettischen Gruppen von A in die entsprechenden Bettischen Gruppen von B hervor.*

(Unter den „entsprechenden" Bettischen Gruppen verstehen wir dabei natürlich solche mit gleicher Dimensionszahl und denselben Koeffizientenbereichen.)

Der Satz ergibt sich einfach aus Kap. IV, § 4, Nr. 3 und Nr. 11, sowie Nr. 7 des Anhanges I.

Der Homologie-Äquivalenz von Eckpunktbereichen entspricht ein ähnlicher Begriff für simpliziale Abbildungen, der durch den Satz VII nahegelegt wird: Die simplizialen Abbildungen f und g des Eckpunktbereiches A in den Eckpunktbereich B heißen von demselben „*Homologie-Typus*" oder auch kurz „*einander homolog*" in bezug auf $\mathfrak{J}, \mathfrak{J}'$, wenn sie für jede Dimensionszahl r dieselben Homomorphismen von $B^r_{\mathfrak{J},\mathfrak{J}'}(A)$ in $B^r_{\mathfrak{J},\mathfrak{J}'}(B)$ hervorrufen, mit anderen Worten: wenn für jeden Zyklus $z \subset A$ die Homologie

$$f(z) \sim g(z) \qquad \text{(in } B \text{ in bezug auf } \mathfrak{J}')$$

gilt. Sind f und g einander homolog in bezug auf *jedes* Paar $\mathfrak{J}, \mathfrak{J}'$, so heißen sie einander „*vollständig homolog*".

Auch diese Bezeichnungen können wir wieder statt auf Eckpunktbereiche direkt auf Komplexe oder offene Mengen anwenden. Beschäftigen werden wir uns später mit den Homologie-Typen der simplizialen Abbildungen eines endlichen Komplexes in einen anderen.

§ 2. Die ganzzahligen und die rationalen Bettischen Gruppen.

1. Bettische Zahlen. Der Rang der Gruppe $B^r_{\mathfrak{G}}(E)$ heißt die r-te oder r-dimensionale *Bettische Zahl* des Eckpunktbereiches E; sie wird mit $p^r(E)$ bezeichnet; $p^r(E)$ kann endlich oder unendlich sein.

Aus § 1, Satz IV, folgt

Satz I. *Die nullte Bettische Zahl $p^0(E)$ eines Eckpunktbereiches*[1] E *ist gleich der Komponentenzahl von* E;
und aus § 1, Satz VI:

Satz II. *Die n-te Bettische Zahl $p^n(K^n)$ eines n-dimensionalen Komplexes ist der Rang der Zyklengruppe $Z^n_{\mathfrak{G}}(K^n)$.*

Beispiele (vgl. § 1, Nr. 7 und Nr. 2): 1) Für jede Simplexhülle (und daher auch für jedes H-Simplex) ist $p^r = 0$ ($r \geqq 1$), $p^0 = 1$.

2) Für die Simplexränder $|x^{n+1}|$ (und daher auch für jede HS^n) ist $p^r = 0$ ($0 \neq r \neq n$) sowie $p^0 = p^n = 1$, falls $n \geqq 1$, und $p^n = 2$, falls $n = 0$ ist.

3) Für den triangulierten Torus (§ 1, Nr. 2) ist $p^1 = 2$, $p^2 = 1$; für den Kleinschen Schlauch: $p^1 = 1$, $p^2 = 0$; für Kreisring und Möbiussches Band: $p^1 = 1$, $p^2 = 0$. (Wegen der Bestimmung von p^2 beachte man Kap. IV, § 5, Nr. 11.)

2. Torsionsgruppen. Die Elemente endlicher Ordnung in $B^r_{\mathfrak{G}}(E)$ bilden — wie in jeder Abelschen Gruppe — eine Untergruppe; sie heißt die *r-te Torsionsgruppe* $T^r(E)$ von E. Ist sie von Null verschieden, so sagt man: *E besitzt r-dimensionale Torsion.*

Auf Grund des Satzes IV, § 1, enthält die Gruppe $B^0_{\mathfrak{G}}(E)$ niemals ein von Null verschiedenes Element endlicher Ordnung; dasselbe gilt auf Grund des Satzes VI, § 1, von der Gruppe $B^n_{\mathfrak{G}}(K^n)$ eines n-dimensionalen Komplexes. Daher gelten die beiden folgenden Sätze:

Satz I'. *Kein Eckpunktbereich besitzt nulldimensionale Torsion.*

Satz II'. *Ein n-dimensionaler Komplex besitzt niemals n-dimensionale Torsion.*

Korollar. *Ein höchstens eindimensionaler Komplex besitzt keine Torsion.*

In den in Nr. 1 genannten Beispielen besitzt nur der Kleinsche Schlauch Torsion: für ihn ist $T^1 \approx \mathfrak{G}_2$.

Bemerkung. Es gilt der Satz: Kein Euklidischer Komplex des R^3 und auch kein Komplex, der die Simplizialzerlegung eines krummen Polyeders im R^3 ist, besitzt Torsion (Beweise im Kap. X, § 1, Nr. 10 und Kap. XI, § 3, Nr. 12). Daher ist es erklärlich, daß der Begriff der Torsion unserer Anschauung Schwierigkeit macht. —

Ist z^r ein ganzzahliger Zyklus von E, so versteht man unter seiner *Ordnung* die Ordnung der ihn enthaltenden ganzzahligen Homologieklasse, als Element der Gruppe $B^r_{\mathfrak{G}}(E)$ betrachtet. Offenbar haben die schwach berandenden Zyklen[2], und nur diese, eine von Null verschiedene Ordnung; unter diesen Zyklen sind die stark berandenden durch die Ordnung Eins ausgezeichnet. Mit anderen Worten: Die Homologieklassen der schwach berandenden Zyklen sind die Elemente von T^r,

[1] Vgl. Fußnote 1 auf S. 208.

[2] Vgl. Kap. IV, § 4, Nr. 10.

die Homologieklasse der stark berandenden ist das Nullelement von T^r Daher entsteht, wenn man jedem schwach berandenden Zyklus seine Homologieklasse zuordnet, ein Homomorphismus der Gruppe $H^r_{\mathfrak{G},\mathfrak{R}}$ der schwach berandenden Zyklen auf die Gruppe T^r, dessen Kern die Gruppe $H^r_{\mathfrak{G}}$ der stark berandenden Zyklen ist (vgl. Kap. IV, § 4, Nr. 10). Infolge des Noetherschen Homomorphiesatzes (Anhang I, Nr. 9) gilt daher

Satz III. *Die Struktur der Torsionsgruppe $T^r(E)$ kann auch durch*

$$T^r(E) \approx H^r_{\mathfrak{G},\mathfrak{R}}(E) - H^r_{\mathfrak{G}}(E)$$

erklärt werden.

3. Die Gruppen B^r_0. Die Restklassengruppe

$$B^r_0(E) = B^r_{\mathfrak{G}}(E) - T^r(E)$$

enthält außer dem Nullelement kein Element endlicher Ordnung; dies folgt daraus, daß die Gruppe $T^r(E)$ infolge ihrer Definition Untergruppe mit Division von $B^r_{\mathfrak{G}}(E)$ ist (Anhang I, Nr. 5). Man nennt $B^r_0(E)$ die *„Bettische Gruppe mod 0"*.

Wir behaupten nun, daß $B^r_0(E)$ mit $B^r_{\mathfrak{G},\mathfrak{R}}(E)$ isomorph ist. Um das zu beweisen, betrachten wir diejenige homomorphe Abbildung der Gruppe $Z^r_{\mathfrak{G}}$ — das Argument E lassen wir als selbstverständlich weg — auf die Gruppe $B^r_{\mathfrak{G}}$, die jedem Zyklus $z^r \subset Z^r_{\mathfrak{G}}$ die ihn enthaltende ganzzahlige Homologieklasse, die ja Element von $B^r_{\mathfrak{G}}$ ist, zuordnet, und wir fragen, welche $z^r \subset Z^r_{\mathfrak{G}}$ dabei auf die Elemente von T^r abgebildet werden. Dies ist für z^r dann und nur dann der Fall, wenn z^r schwach berandet, d. h. wenn $z^r \subset H^r_{\mathfrak{G},\mathfrak{R}}$ ist. Folglich besteht nach dem „allgemeinen" Noetherschen Homomorphiesatz (Anhang I, Nr. 9) der Isomorphismus

$$Z^r_{\mathfrak{G}} - H^r_{\mathfrak{G},\mathfrak{R}} \approx B^r_{\mathfrak{G}} - T^r .$$

Die links stehende Gruppe ist aber $B^r_{\mathfrak{G},\mathfrak{R}}$, die rechts stehende B^r_0; damit ist die Behauptung bewiesen. — Wir fassen zusammen:

Satz IV. *Die Gruppen $B^r_{\mathfrak{G},\mathfrak{R}}(E)$ und $B^r_0(E) = B^r_{\mathfrak{G}}(E) - T^r(E)$ sind isomorph; sie enthalten außer dem Nullelement kein Element endlicher Ordnung; ihr Rang ist $p^r(E)$.*[1]

4. Endliche Komplexe. *Von nun an bis zum Ende dieses Paragraphen ist K ein endlicher n-dimensionaler Komplex.* Das Argument K in den Symbolen $B^r_{\mathfrak{J}}(K)$, $L^r_{\mathfrak{J}}(K)$, $p^r_{\mathfrak{J}}(K)$ usw. lassen wir weg, da kein Mißverständnis möglich ist.

Die Gruppe $L^r_{\mathfrak{G}}$ hat endlichen Rang, und zwar ist er gleich der Anzahl α^r der r-dimensionalen Simplexe von K; folglich haben auch die Untergruppe $Z^r_{\mathfrak{G}}$ von $L^r_{\mathfrak{G}}$ und deren Restklassengruppe $B^r_{\mathfrak{G}}$ endliche Ränge (Anhang I, Nr. 31, Korollar); daher gilt

Satz Va. *Die Bettischen Zahlen sind endlich.*

---

[1] T^r hat als Gruppe mit lauter Elementen endlicher Ordnung den Rang 0, also hat (Anhang I, Nr. 32) die Gruppe $B^r_0 = B^r_{\mathfrak{G}} - T^r$ denselben Rang wie $B^r_{\mathfrak{G}}$.

Alle Gruppen $Z^r_{\mathfrak{G}}$, $B^r_{\mathfrak{G}}$, B^r_0, T^r besitzen endliche Erzeugendensysteme, weil $L^r_{\mathfrak{G}}$ ein solches in Gestalt der Simplexe x^r_i besitzt (Anhang I, Nr. 37); da B^r_0 nach Satz IV außer dem Nullelement kein Element endlicher Ordnung enthält und den Rang p^r hat, gilt daher (Anhang I, Nr. 43):

Satz Vb. *Die B^r_0 sind freie Gruppen mit p^r Erzeugenden.*

Da, wie schon gesagt, auch T^r von endlich-vielen ihrer Elemente erzeugt wird, und da diese sämtlich endliche Ordnungen haben, gilt ferner

Satz Vc. *Die Torsionsgruppen T^r sind endlich.*

Aus Nr. 43 des Anhanges I folgt

Satz Vd. *$B^r_{\mathfrak{G}}$ ist direkte Summe der Torsionsgruppe T^r und einer — mit B^r_0 isomorphen — freien Gruppe mit p^r Erzeugenden.*

Darin ist enthalten:

Satz Ve. *Die Struktur der Bettischen Gruppe $B^r_{\mathfrak{G}}$ ist durch die Bettische Zahl p^r und die Torsionsgruppe T^r vollständig bestimmt.*

Nun ist T^r, wie jede endliche Abelsche Gruppe, vollständig durch ihre Elementarteiler bestimmt (Anhang I, Nr. 55); man nennt diese Elementarteiler die r-dimensionalen *Torsionskoeffizienten* von K; daher kann man die Struktur von $B^r_{\mathfrak{G}}$ auch durch rein *numerische* Angaben vollständig beschreiben, nämlich durch die Angabe erstens der Bettischen Zahl und zweitens der Torsionskoeffizienten. Wir werden aber weder hiervon noch von den Torsionskoeffizienten überhaupt Gebrauch machen.

5. Die Euler-Poincarésche Formel. Die Untersuchung der ganzzahligen Bettischen Gruppen führt zu einer berühmten Identität, die den elementaren Eulerschen Polyedersatz verallgemeinert: Unter der *Eulerschen Charakteristik des Komplexes K* versteht man die Zahl

$$\chi(K) = \sum_{r=0}^{n} (-1)^r \alpha^r,$$

wobei α^r die Anzahl der r-dimensionalen Simplexe von K ist; die Identität, um die es sich handelt, ist die sog. *Euler-Poincarésche Formel*

$$\chi(K) = \sum_{r=0}^{n} (-1)^r p^r. \tag{1}$$

Um sie zu beweisen, bemerken wir: Wenn wir jedem r-dimensionalen ganzzahligen Komplex von K seinen Rand zuordnen, so entsteht offenbar eine homomorphe Abbildung von $L^r_{\mathfrak{G}}$ auf $H^{r-1}_{\mathfrak{G}}$; dieser Homomorphismus hat als Kern die Gruppe $Z^r_{\mathfrak{G}}$; daher sind nach dem Noetherschen Homomorphiesatz die Gruppen $L^r_{\mathfrak{G}} - Z^r_{\mathfrak{G}}$ und $H^{r-1}_{\mathfrak{G}}$ isomorph; sie haben also gewiß denselben Rang, d. h. — wir nennen den Rang einer Abelschen Gruppe A immer $\varrho(A)$ — es gilt

$$\varrho(L^r_{\mathfrak{G}} - Z^r_{\mathfrak{G}}) = \varrho(H^{r-1}_{\mathfrak{G}});$$

da $L^r_{\mathfrak{G}}$ den Rang α^r hat, folgt hieraus auf Grund der Additivität der Ränge (Anhang I, Nr. 32):

(2) $$\alpha^r = \varrho(Z^r_{\mathfrak{G}}) + \varrho(H^{r-1}_{\mathfrak{G}}).$$

Andererseits liefert die Additivität der Ränge, angewandt auf $B^r_{\mathfrak{G}} = Z^r_{\mathfrak{G}} - H^r_{\mathfrak{G}}$:

(3) $$p^r = \varrho(Z^r_{\mathfrak{G}}) - \varrho(H^r_{\mathfrak{G}}).$$

Die Beziehungen (2) und (3) gelten für alle r; dabei berücksichtige man, daß $H^{-1}_{\mathfrak{G}}$ und $H^n_{\mathfrak{G}}$ Null sind, daß also $\varrho(H^{-1}_{\mathfrak{G}}) = 0$, $\varrho(H^n_{\mathfrak{G}}) = 0$ ist. Multipliziert man nun sowohl (2) als auch (3) mit $(-1)^r$ und summiert dann über r von 0 bis n, so ergibt sich die Behauptung (1).

Korollar zur Euler-Poincaréschen Formel: *Komplexe K_1, K_2, die für jede Dimensionszahl gleiche Bettische Zahlen haben: $p^r(K_1) = p^r(K_2)$, haben auch gleiche Eulersche Charakteristiken: $\chi(K_1) = \chi(K_2)$.*

Die Voraussetzung dieses Korollars ist insbesondere erfüllt, wenn K_1 und K_2 homologie-äquivalent in bezug auf $\mathfrak{G}$ sind; wir werden nachher (Nr. 10) sehen, daß die Gleichheit der Bettischen Zahlen bereits mit der Homologie-Äquivalenz in bezug auf $\mathfrak{R}$ identisch ist (und daß diese schwächer ist als die Homologie-Äquivalenz in bezug auf $\mathfrak{G}$).

Ein H-Simplex hat die Bettischen Zahlen $p^0 = 1$, $p^r = 0$ für $r \geqq 1$ (Nr. 1); folglich: *jedes H-Simplex hat die Charakteristik $+1$.*

Ferner gilt — und dies ist eine der möglichen Verallgemeinerungen des Eulerschen Polyedersatzes —: *Jede HS^n [allgemeiner: jeder beliebig-dimensionale, mit dem Simplexrand $|\dot{x}^{n+1}|$ homologie-äquivalente Komplex (in bezug auf $\mathfrak{G}$)] hat die Charakteristik $+2$ oder 0, je nachdem n gerade oder ungerade ist.*

Um dies zu beweisen, haben wir zwei Möglichkeiten: Erstens ist für den Simplexrand $|\dot{x}^{n+1}|$, wie man leicht verifiziert, $\alpha^r = \binom{n+2}{r+1}$; dann ist nach dem binomischen Satz

$$0 = (1-1)^{n+2} = 1 - \chi(|\dot{x}^{n+1}|) + (-1)^{n+2},$$

also $\chi(|\dot{x}^{n+1}|) = 1 + (-1)^n$.

Zweiter Beweis: Aus den Werten für die Bettischen Zahlen von $|\dot{x}^{n+1}|$ (Nr. 1) ergibt sich $\sum(-1)^r p^r = 1 + (-1)^n$, also nach der Euler-Poincaréschen Formel: $\chi(|\dot{x}^{n+1}|) = 1 + (-1)^n$.

Wir werden auf die Verallgemeinerungen des Eulerschen Polyedersatzes in Kap. VI, § 1, Nr. 11, 12, zurückkommen.

6. Kanonische Basen. Die orientierten Simplexe x^r_i bilden eine *Basis* der Gruppe $L^r_{\mathfrak{G}}(K) = L^r_{\mathfrak{G}}$, d. h.: jedes Element von $L^r_{\mathfrak{G}}$ läßt sich auf eine und nur eine Weise als lineare Verbindung der x^r_i darstellen. Für viele Zwecke ist die Verwendung anderer Basen praktischer, die wir jetzt einführen und als „*kanonisch*" bezeichnen werden.

Die Zyklengruppe $Z^r_{\mathfrak{G}}$ ist Untergruppe mit Division von $L^r_{\mathfrak{G}}$; denn aus $z^r \subset L^r_{\mathfrak{G}}$, $a z^r \subset Z^r_{\mathfrak{G}}$ folgt $(a z^r)^{\dot{}} = a \dot{z}^r = 0$, also $\dot{z}^r = 0$, $z^r \subset Z^r_{\mathfrak{G}}$.

Daher gibt es (Anhang I, Nr. 45) eine Untergruppe $V^r \subset L^r_{\mathfrak{G}}$, so daß $L^r_{\mathfrak{G}}$ die direkte Summe

(4) $$L^r_{\mathfrak{G}} = Z^r_{\mathfrak{G}} + V^r$$

ist.

Wenden wir Nr. 24 des Anhanges I auf die Gruppe $Z^r_{\mathfrak{G}}$ und ihre Untergruppe $H^r_{\mathfrak{G}}$ an, so erhalten wir eine Basis von $Z^r_{\mathfrak{G}}$, die aus drei verschiedenen Arten von Elementen besteht: Elementen u^r_i, z^r_i und Z^r_i, so daß die u^r_i und z^r_i zusammen eine Basis in $\overline{H}^r_{\mathfrak{G}} = H^r_{\mathfrak{G},\mathfrak{R}}$, die u^r_i und $f^r_i z^r_i$, wobei f^r_i gewisse ganze Zahlen > 1 sind, zusammen eine Basis in $H^r_{\mathfrak{G}}$ bilden (die u^r_i und die $f^r_i z^r_i$ sind also Ränder, die z^r_i Randteiler); die Anzahl p^r der Z^r_i ist der Rang der Gruppe $Z^r_{\mathfrak{G}} - H^r_{\mathfrak{G}} = B^r_{\mathfrak{G}}$, und $B^r_{\mathfrak{G}}$ ist direkte Summe von p^r freien zyklischen und von endlichen zyklischen Gruppen der Ordnungen f^r_i; die direkte Summe dieser endlichen Gruppen ist die Torsionsgruppe T^r (vgl. Satz III). Solche u^r_i, z^r_i, Z^r_i bilden eine Basis von $Z^r_{\mathfrak{G}}$, und zwar *eine kanonische Basis von* $Z^r_{\mathfrak{G}}$; die u^r_i, $f^r_i z^r_i$ bilden *die zugehörige kanonische Basis von* $H^r_{\mathfrak{G}}$.

Bilden wir, wie in Nr. 5, $L^r_{\mathfrak{G}}$ dadurch homomorph auf $H^{r-1}_{\mathfrak{G}}$ ab, daß wir jedem Komplex seinen Rand zuordnen, so wird, da $Z^r_{\mathfrak{G}}$ der Kern dieses Homomorphismus ist, die durch (4) erklärte Gruppe V^r *isomorph* auf $H^{r-1}_{\mathfrak{G}}$ abgebildet. Einer in der eben besprochenen Weise eingeführten kanonischen Basis u^{r-1}_i, $f^{r-1}_i z^{r-1}_i$ in $H^{r-1}_{\mathfrak{G}}$ entspricht vermöge dieses Isomorphismus eine Basis v^r_i, y^r_i in V^r so, daß

(5) $$\dot{v}^r_i = u^{r-1}_i,$$

(6) $$\dot{y}^r_i = f^{r-1}_i z^{r-1}_i$$

ist; diese v^r_i und y^r_i bilden definitionsgemäß *eine kanonische Basis von* V^r.

Auf Grund von (4) bilden eine Basis von $Z^r_{\mathfrak{G}}$ und eine Basis von V^r zusammen stets eine Basis von $L^r_{\mathfrak{G}}$; eine auf diese Weise aus kanonischen Basen von $Z^r_{\mathfrak{G}}$ und V^r zusammengesetzte Basis heißt *eine kanonische Basis von* $L^r_{\mathfrak{G}}$; *eine solche besteht also aus Elementen*

(7) $$Z^r_i,\ z^r_i,\ u^r_i,\ v^r_i,\ y^r_i,$$

und zwischen kanonischen Basen von $L^r_{\mathfrak{G}}$ *und* $L^{r-1}_{\mathfrak{G}}$ *gelten immer die Relationen* (5) *und* (6).

Wenn man, was zuweilen zweckmäßig ist, nicht die Gruppen $L^r_{\mathfrak{G}}$, $Z^r_{\mathfrak{G}}$, ... einer festen Dimensionszahl r, sondern die gemischten Gruppen $L_{\mathfrak{G}}$, $Z_{\mathfrak{G}}$, ... betrachtet, die als die direkten Summen $L_{\mathfrak{G}} = \sum_r L^r_{\mathfrak{G}}$, $Z_{\mathfrak{G}} = \sum_r Z^r_{\mathfrak{G}}$, ... erklärt sind, so versteht man unter kanonischen Basen dieser Gruppen die Zusammenfassung kanonischer Basen der direkten Summanden.

7. Homologiebasen. Aus der Definition der kanonischen Basis von $Z^r_{\mathfrak{G}}$ ist ersichtlich: Zwei Elemente

$$\sum a^i Z^r_i + \sum b^i z^r_i + \sum c^i u^r_i \quad \text{und} \quad \sum a'^i Z^r_i + \sum b'^i z^r_i + \sum c'^i u^r_i$$

von $Z^r_{\mathfrak{G}}$ sind dann und nur dann kongruent $\mathrm{mod}\, H^r_{\mathfrak{G}}$, wenn die Gleichungen und Kongruenzen

$$a^i = a'^i; \quad b^i \equiv b'^i \pmod{f^r_i}$$

bestehen; jedes Element $z^r \subset Z^r_{\mathfrak{G}}$ ist also $\mathrm{mod}\, H^r_{\mathfrak{G}}$ einer Verbindung $\sum a^i Z^r_i + \sum b^i z^r_i$ kongruent, wobei die a^i vollständig, die b^i $\mathrm{mod}\, f^r_i$ durch z^r bestimmt sind. Kongruenzen $\mathrm{mod}\, H^r_{\mathfrak{G}}$ sind Homologien; daher läßt sich derselbe Tatbestand auch so ausdrücken: *Jeder Zyklus z^r erfüllt eine Homologie*

$$z^r \sim \sum a^i Z^r_i + \sum b^i z^r_i; \tag{8}$$

die a^i sind eindeutig, die b^i nur $\mathrm{mod}\, f^r_i$ durch z^r bestimmt. Hierdurch ist es gerechtfertigt, das System der Z^r_i und z^r_i als eine *r-dimensionale Homologiebasis (in bezug auf $\mathfrak{G}$)* zu bezeichnen. Die Gruppe $B^r_{\mathfrak{G}} = Z^r_{\mathfrak{G}} - H^r_{\mathfrak{G}}$ ist die direkte Summe der zyklischen Gruppen, deren erzeugenden Elemente diejenigen Homologieklassen sind, welche die Z^r_i und z^r_i enthalten.

Aufgabe. Man bestimme Homologiebasen für Torus, Kleinschen Schlauch, Kreisring, Möbiussches Band (§ 1, Nr. 2).

8. Die Z^r_i darf man auch als *Homologiebasis mod* 0 *oder Homologiebasis in bezug auf* ($\mathfrak{G}$, $\mathfrak{R}$) bezeichnen; damit soll die folgende Tatsache ausgedrückt werden: *Jeder ganzzahlige Zyklus z^r erfüllt eine und nur eine Homologie*

$$z^r \sim \sum a^i Z^r_i \qquad \text{(in bezug auf } \mathfrak{R}) \tag{9}$$

mit ganzen a^i („*Homologie mit Division*" — vgl. Kap. IV, § 4, Nr. 10).

Beweis. Es erfüllt z^r die Relation (8); nach (6) ist, wenn man zu dem Koeffizientenbereich $\mathfrak{R}$ übergeht,

$$\sum b^i z^r_i = \left(\sum \frac{b^i}{f_i} y^{r+1}_i\right)^{\dot{}},$$

folglich gilt (9). Für den Beweis der Eindeutigkeit von (9) genügt es zu zeigen: Aus

$$\sum q^i Z^r_i \sim 0 \qquad \text{(in bezug auf } \mathfrak{R}) \tag{9_0}$$

mit ganzen q^i folgt $q^i = 0$. Nun bedeutet aber (9_0)

$$\sum q^i Z^r_i = (\sum r^i x^{r+1}_i)^{\dot{}}$$

mit rationalen r^i, also nach Multiplikation mit dem Hauptnenner n der r^i

$$\sum n q^i Z^r_i = (\sum c^i x^{r+1}_i)^{\dot{}}$$

mit ganzen c^i, d. h.

$$\sum n q^i Z^r_i \sim 0 \qquad \text{(in bezug auf } \mathfrak{G}),$$

folglich, da in (8) die a^i eindeutig bestimmt sind, $n q^i = 0$, $q^i = 0$.

9. Schließlich bilden dieselben Z^r_i auch eine *Homologiebasis in bezug auf* $\mathfrak{R}$; damit meinen wir: *Jeder rationale Zyklus $z^r_{\mathfrak{R}}$ erfüllt eine* *und nur eine Homologie*

(10) $$z^r_{\mathfrak{R}} \sim \sum t^i Z^r_i \qquad \text{(in bezug auf } \mathfrak{R}\text{)}$$

mit rationalen t^i.

Denn es gibt eine ganze Zahl $q \neq 0$, so daß $z^r = q z^r_{\mathfrak{R}}$ ein ganzzahliger Zyklus ist, auf welchen sich (9) anwenden läßt; dann ist (10) mit $t^i = \frac{a^i}{q}$ erfüllt; für den Beweis der Eindeutigkeit hat man wieder nur zu zeigen, daß $t^i = 0$ aus $\sum t^i Z^r_i \sim 0$ folgt; da aber aus $\sum t^i Z^r_i \sim 0$ durch Multiplikation mit dem Hauptnenner n der t^i die Homologie (9_0) mit ganzen $q^i = n t^i$ folgt, ergibt sich wie oben $q^i = 0$, also $t^i = 0$.

10. Die Beziehungen zwischen B^r_0, $B^r_{\mathfrak{R}}$, p^r. Aus dem soeben Bewiesenen folgt:

Satz VI. *Die Gruppe B^r_0 ist der Gruppe aller Linearformen $\sum a^i Z^r_i$ mit ganzen a^i, die Gruppe $B^r_{\mathfrak{R}}$ der Gruppe aller Linearformen $\sum t^i Z^r_i$ mit rationalen t^i isomorph — (die Z^r_i immer als Unbestimmte aufgefaßt; $i = 1, 2, \ldots, p^r$).*

Daraus sehen wir weiter, da einerseits $B^r_{\mathfrak{R}}$ durch die Anzahl p^r der Z^r_i, andererseits p^r als Rang von $B^r_{\mathfrak{R}}$ bestimmt ist[1]: *Die Bettische Gruppe $B^r_{\mathfrak{R}}$ ist durch die Bettische Zahl p^r, die Bettische Zahl p^r durch die Gruppe $B^r_{\mathfrak{R}}$ eindeutig gegeben.*

Wir können diese Tatsache auch so ausdrücken: *Zwei (endliche) Komplexe K_1 und K_2 sind dann und nur dann homologie-äquivalent in bezug auf $\mathfrak{R}$, wenn sie für jede Dimension r gleiche Bettische Zahlen haben: $p^r(K_1) = p^r(K_2)$.*

Da aus der Homologie-Äquivalenz in bezug auf $\mathfrak{G}$ die Gleichheit der Bettischen Zahlen folgt, ergibt sich: *Aus der Homologie-Äquivalenz in bezug auf $\mathfrak{G}$ folgt die Homologie-Äquivalenz in bezug auf $\mathfrak{R}$*; das Umgekehrte ist nicht richtig: z. B. ist die projektive Ebene einem Simplex homologie-äquivalent in bezug auf $\mathfrak{R}$, aber nicht in bezug auf $\mathfrak{G}$, da sie eindimensionale Torsion besitzt. (Vgl. Anh. zu Kap. IV, V, VI, Nr. 7.)

Im § 4 werden wir den obigen Satz dahin verschärfen: Aus der Homologie-Äquivalenz in bezug auf $\mathfrak{G}$ folgt die Homologie-Äquivalenz in bezug auf *beliebige* $\mathfrak{J}$, $\mathfrak{J}'$.

§ 3. Die Bettischen Gruppen modulo m; Zyklen erster und zweiter Art (bei beliebigem $\mathfrak{J}$).

1. Zyklen zweiter Art mod m und Torsion. Die Existenz r-dimensionaler ganzzahliger Zyklen endlicher, von 1 verschiedener Ordnung (§ 2, Nr. 2) in dem Eckpunktbereich E ist gleichbedeutend damit, daß E *r-dimensionale Torsion* besitzt. Sie hängt eng zusammen mit der Existenz gewisser $(r+1)$-dimensionaler Zyklen mod m (d. h. Zyklen in bezug auf $\mathfrak{G}_m$); diesen Zusammenhang werden wir jetzt feststellen.

[1] Daß p^r nicht nur der Rang von $B^r_{\mathfrak{G}}$, sondern auch der Rang der mit $B^r_{\mathfrak{R}}$ isomorphen Gruppe der Linearformen $\sum_{i=1}^{p^r} t^i Z^r_i$ mit *rationalen* t^i ist, beweise der Leser selbst.

Wir verstehen für jede ganze Zahl $m \geqq 2$ und jede beliebige ganze Zahl a unter $\mathfrak{r}_m(a)$ die Restklasse mod m, der a angehört. Ist $C = \sum a^i x_i$ ein ganzzahliger Komplex, so ist $\sum \mathfrak{r}_m(a^i) x_i = \mathfrak{r}_m(C)$ ein Komplex mod m; ist umgekehrt $C_m = \sum t^i x_i$, wobei die t^i Restklassen mod m sind, ein Komplex mod m, so gibt es immer einen ganzzahligen Komplex C mit $\mathfrak{r}_m(C) = C_m$; man braucht ja nur unter a^i eine beliebige Zahl aus der Klasse t^i zu verstehen und $C = \sum a^i x_i$ zu setzen.

Es ist klar, daß $\mathfrak{r}_m(\dot{C}) = (\mathfrak{r}_m(C))^{\cdot}$ ist; daraus folgt insbesondere: Ist z ganzzahliger Zyklus, so ist $\mathfrak{r}_m(z)$ Zyklus mod m; diese Zyklen $\mathfrak{r}_m(z)$ mit ganzzahligem z wollen wir „*triviale*“ Zyklen oder „*Zyklen erster Art*“ mod m nennen; ihre Untersuchung kann offenbar gegenüber der Untersuchung der ganzzahligen Zyklen kaum neue Erkenntnisse vermitteln. Die Heranziehung der Koeffizientenbereiche $\mathfrak{G}_m$ wird also lohnend erst dann, wenn es *nichttriviale* Zyklen oder „*Zyklen zweiter Art*“ mod m gibt. Bezüglich ihrer Existenz gilt nun

Satz I. *Der Eckpunktbereich E enthält dann und nur dann einen nichttrivialen r-dimensionalen Zyklus* mod m *für ein gewisses m, wenn er $(r-1)$-dimensionale Torsion besitzt.*

Beweis. Wir zeigen, daß die Abwesenheit $(r-1)$-dimensionaler Torsion mit der Trivialität aller r-dimensionalen Zyklen mod m gleichbedeutend ist. Es sei erstens keine $(r-1)$-dimensionale Torsion vorhanden und z_m^r ein Zyklus mod m. Es gibt, wie wir oben sahen, einen ganzzahligen Komplex C^r mit $z_m^r = \mathfrak{r}_m(C^r)$; da z_m^r Zyklus ist, ist $(\mathfrak{r}_m(C^r))^{\cdot} = 0$, also (s. oben) auch $\mathfrak{r}_m(\dot{C}^r) = 0$; dies bedeutet: $\dot{C}^r = m z^{r-1}$ mit ganzzahligem z^{r-1}. Da $m z^{r-1}$ Zyklus ist, ist auch z^{r-1} Zyklus, und es ist $m z^{r-1} \sim 0$; infolge der Abwesenheit von $(r-1)$-dimensionaler Torsion ist auch $z^{r-1} \sim 0$, d. h. es gibt einen ganzzahligen Komplex A^r mit $z^{r-1} = \dot{A}^r$. Dann ist $(C^r - m A^r)^{\cdot} = 0$, also ist $Z^r = C^r - m A^r$ Zyklus. Dann ist $z_m^r = \mathfrak{r}_m(C^r) = \mathfrak{r}_m(Z^r)$, d. h.: z_m^r ist trivial.

Es gebe jetzt zweitens nur triviale r-dimensionale Zyklen für jedes $m \geqq 2$, und es sei z^{r-1} ein ganzzahliger Zyklus mit $m z^{r-1} \sim 0$, $m \geqq 2$. Dann gibt es einen ganzzahligen Komplex C^r mit $\dot{C}^r = m z^{r-1}$, also $\mathfrak{r}_m(\dot{C}^r) = 0$; dann ist auch $(\mathfrak{r}_m(C^r))^{\cdot} = 0$, d. h. $\mathfrak{r}_m(C^r)$ ist Zyklus mod m, und da es nur triviale Zyklen mod m gibt, ist $\mathfrak{r}_m(C^r) = \mathfrak{r}_m(Z^r)$ mit einem ganzzahligen Zyklus Z^r. Dann gibt es einen ganzzahligen Komplex A^r, so daß $C^r = m A^r + Z^r$ ist; hieraus folgt durch Randbildung: $m z^{r-1} = m \dot{A}^r$, also $z^{r-1} = \dot{A}^r$, $z^{r-1} \sim 0$; d. h.: z^{r-1} hat die Ordnung 1. — Damit ist der Satz I bewiesen.

Es ist möglich (vgl. § 4, Nr. 10), für den Fall, daß E der Eckpunktbereich eines endlichen Komplexes ist, festzustellen, daß man die Untersuchung der Torsionsgruppen vollständig durch die Untersuchung der (um 1 höherdimensionalen) nichttrivialen Zyklen mod m ersetzen kann. Wir werden aber auch sehen (Nr. 6 des gegenwärtigen Paragraphen), daß in dieser Hinsicht der Koeffizientenbereich $\mathfrak{R}_1$ (Kap. IV, § 2, Nr. 11) den Bereichen $\mathfrak{G}_m$ noch vorzuziehen ist.

2. Zyklen erster und zweiter Art in bezug auf $\mathfrak{J}$. Die Zyklen erster Art mod m lassen sich auch folgendermaßen charakterisieren: Der Zyklus z_m mod m ist dann und nur dann von der ersten Art, wenn $z_m = \sum t^i z_i$ mit ganzzahligen Zyklen z_i und $t^i \subset \mathfrak{G}_m$ ist. In der Tat: es ist $\sum t^i z_i = \mathfrak{r}_m(\sum a^i z_i)$, wobei a^i ganz und $t^i = \mathfrak{r}_m(a^i)$ ist, und daher ist $\sum t^i z_i$ Zyklus erster Art; andererseits: der Zyklus erster Art $z_m = \mathfrak{r}_m(z)$, mit ganzzahligem Zyklus z, läßt sich als $z_m = tz$ schreiben, wobei das Element $t \subset \mathfrak{G}_m$ diejenige Restklasse mod m ist, die die Zahl 1 enthält.

Diese Charakterisierung der Zyklen erster Art mod m erlaubt es, die folgende allgemeinere Definition auszusprechen:

Definition. Der Eckpunktbereich E und der Koeffizientenbereich $\mathfrak{J}$ sind beliebig. Der Zyklus $z_{\mathfrak{J}}$ in bezug auf $\mathfrak{J}$ von E heißt *„Zyklus erster Art"*, wenn $z_{\mathfrak{J}} = \sum t^i z_i$ ist, wobei die z_i ganzzahlige Zyklen von E und die t^i Elemente von $\mathfrak{J}$ sind. Jeder Zyklus, der nicht von der ersten Art ist, heißt *„Zyklus zweiter Art"*.

Wenn $z_{\mathfrak{J}} \sim 0$ in E ist, so gibt es einen Komplex $C = \sum t^i x_i$, $t^i \subset \mathfrak{J}$, in E mit $z_{\mathfrak{J}} = \dot{C}$; es ist also $z_{\mathfrak{J}} = \sum t^i \dot{x}_i$, und da die $\dot{x}_i$ ganzzahlige Zyklen sind, ist $z_{\mathfrak{J}}$ von der ersten Art. Damit ist bewiesen:

Satz II. *Jeder Rand (in bezug auf $\mathfrak{J}$) ist Zyklus erster Art in bezug auf $\mathfrak{J}$.*

Bemerkung I. Es gilt sogar der allgemeinere Satz II': *Ist $\mathfrak{J}' \supset \mathfrak{J}$, $z_{\mathfrak{J}}$ Zyklus in bezug auf $\mathfrak{J}$ in E und ~ 0 in bezug auf $\mathfrak{J}'$, so ist z Zyklus erster Art.* — Wir werden diesen Satz im § 4, Nr. 6 [Formel (9')] für den Fall beweisen, daß E der Eckpunktbereich eines endlichen Komplexes K ist. Aus diesem Spezialfall folgt aber der Satz II' für einen beliebigen E: Ist, in einem beliebigen E, der Zyklus $z_{\mathfrak{J}} \sim 0$ in bezug auf $\mathfrak{J}'$, so gibt es in E einen Komplex C' in bezug auf $\mathfrak{J}'$ mit $\dot{C}' = z_{\mathfrak{J}}$; aus dem angeführten speziellen Satz, angewandt auf den endlichen absoluten Komplex $K = |C'|$ folgt, daß $z_{\mathfrak{J}}$ Zyklus erster Art in dem Teilkomplex K von E ist. Dann ist aber offenbar $z_{\mathfrak{J}}$ auch Zyklus erster Art in E.

Bemerkung II. Die soeben benutzte evidente Tatsache: „Ist $z_{\mathfrak{J}}$ von der ersten Art in dem Teilkomplex K von E, so ist $z_{\mathfrak{J}}$ auch Zyklus erster Art in E selbst", läßt sich nicht auf die Zyklen zweiter Art übertragen. In der Tat: Es sei $z_{\mathfrak{J}}$ von der zweiten Art in K, und E sei der Kegel über K (Kap. IV, § 4, Nr. 7); dann ist $z_{\mathfrak{J}} \sim 0$ in E, also nach Satz II Zyklus erster Art in E.

Bemerkung III. Die einfachsten *Beispiele* von Zyklen zweiter Art werden durch die geschlossenen nichtorientierbaren Pseudomannigfaltigkeiten K geliefert: ist K n-dimensional, und sind x_i die n-dimensionalen Simplexe von K, so ist $\mathfrak{r}_2(\sum x_i)$ ein Zyklus mod 2; er ist von der zweiten Art in K, da es in K keinen ganzzahligen n-dimensionalen Zyklus ($\neq 0$) gibt.

3. Die Bettischen Gruppen erster und zweiter Art. Offenbar bilden die r-dimensionalen Zyklen erster Art (in E in bezug auf $\mathfrak{J}$) eine Gruppe; wir nennen sie $\overset{*}{Z}{}^r_{\mathfrak{J}}(E)$. Da nach Satz II jeder Rand Zyklus erster Art ist, folgt weiter: wenn eine Homologieklasse *einen* Zyklus erster Art enthält, so sind *alle* Zyklen dieser Klasse von der ersten Art. Wir können daher von *Homologieklassen erster und zweiter Art* sprechen, je nach der Art der in ihnen enthaltenen Zyklen. Daraus, daß die Zyklen erster Art eine Gruppe bilden, folgt: die Homologieklassen erster Art bilden eine Gruppe; sie ist durch

(1) $$\overset{*}{B}{}^r_{\mathfrak{J}}(E) = \overset{*}{Z}{}^r_{\mathfrak{J}}(E) - H^r_{\mathfrak{J}}(E)$$

gegeben. Wir nennen $\overset{*}{B}{}^r_{\mathfrak{J}}(E)$ die „*Bettische Gruppe erster Art*".

Da $\overset{*}{Z}{}^r_{\mathfrak{J}}(E)$ Untergruppe von $Z^r_{\mathfrak{J}}(E)$ ist, ist klar, daß $\overset{*}{B}{}^r_{\mathfrak{J}}(E)$ Untergruppe von $B^r_{\mathfrak{J}}(E) = Z^r_{\mathfrak{J}}(E) - H^r_{\mathfrak{J}}(E)$ ist; die Restklassengruppe

(2) $$\overset{**}{B}{}^r_{\mathfrak{J}}(E) = B^r_{\mathfrak{J}}(E) - \overset{*}{B}{}^r_{\mathfrak{J}}(E)$$

nennen wir die „*Bettische Gruppe zweiter Art*". Wir behaupten:

(3) $$\overset{**}{B}{}^r_{\mathfrak{J}}(E) \approx Z^r_{\mathfrak{J}}(E) - \overset{*}{Z}{}^r_{\mathfrak{J}}(E).$$

In der Tat: ordnet man jedem Zyklus seine Homologieklasse zu, so entsteht ein Homomorphismus von $Z^r_{\mathfrak{J}}(E)$ auf $B^r_{\mathfrak{J}}(E)$, bei welchem den Zyklen aus $\overset{*}{Z}{}^r_{\mathfrak{J}}(E)$, und nur diesen, die Homologieklassen erster Art, also die Elemente von $\overset{*}{B}{}^r_{\mathfrak{J}}(E)$ zugeordnet werden; folglich gilt (3) nach dem allgemeinen Noetherschen Homomorphiesatz (Anhang I, Nr. 9).

Wir werden jetzt *für spezielle Koeffizientenbereiche*, aber *bei beliebigem Eckpunktbereich E*, die Gruppen $\overset{*}{B}{}^r_{\mathfrak{J}}(E)$ und $\overset{**}{B}{}^r_{\mathfrak{J}}(E)$ durch die ganzzahligen Bettischen Gruppen von E ausdrücken.

4. Die Gruppe $\overset{*}{B}{}^r_{\mathfrak{G}_m}$. Wir erinnern an die folgenden gruppentheoretischen Begriffe und Bezeichnungen (Anhang I, Nr. 2 und 4): für jede Abelsche Gruppe A und jede ganze Zahl m verstehen wir unter mA die Untergruppe der m-fachen Elemente in A, unter A_m die Restklassengruppe $A - mA$ und unter ${}_mA$ die Untergruppe derjenigen Elemente $a \subset A$, für welche $ma = 0$ ist. — Wir behaupten:

Satz III. *Für jeden Eckpunktbereich E und jedes* $m \geqq 2$ *ist*

(4) $$\overset{*}{B}{}^r_{\mathfrak{G}_m} \approx (B^r_{\mathfrak{G}})_m.$$

Beweis. Es sei ζ eine ganzzahlige Homologieklasse; sind z, z' Zyklen aus ζ, so gibt es einen ganzzahligen Komplex C mit $z' = z + \dot{C}$, also

$$\mathfrak{r}_m(z') = \mathfrak{r}_m(z) + (\mathfrak{r}_m(C))^{\cdot}$$

(vgl. Nr. 1); die Zyklen $\mathfrak{r}_m(z)$ und $\mathfrak{r}_m(z')$ (in bezug auf $\mathfrak{G}_m$) befinden sich daher in derselben Homologieklasse mod m; diese Klasse nennen wir $\mathfrak{r}_m(\zeta)$; da $\mathfrak{r}_m(z)$ von der ersten Art ist, ist $\mathfrak{r}_m(\zeta)$ Element von $\overset{*}{B}{}^r_{\mathfrak{G}_m}$. Somit bildet die Zuordnung $\mathfrak{r}_m(\zeta)$ die Gruppe $B^r_{\mathfrak{G}}$ aller ζ in die Gruppe $\overset{*}{B}{}^r_{\mathfrak{G}_m}$

ab. Daß diese Abbildung ein Homomorphismus ist, ist klar. Ferner ist sie eine Abbildung *auf* $\overset{*}{B}{}^r_{\mathfrak{G}_m}$, denn *jeder* Zyklus erster Art ist von der Form $\mathfrak{r}_m(z)$. Wir haben zum Beweise unseres Satzes noch zu zeigen: der Homomorphismus hat den Kern $mB^r_{\mathfrak{G}}$.

Es sei also $\mathfrak{r}_m(\zeta) = 0$. Das bedeutet: ist $z \subset \zeta$, so berandet $\mathfrak{r}_m(z)$ einen Komplex mod m; dieser Komplex läßt sich — wie jeder Komplex mod m — als $\mathfrak{r}_m(C)$ mit ganzzahligem C schreiben. Dann ist

$$\mathfrak{r}_m(z) = (\mathfrak{r}_m(C))^{\cdot} = \mathfrak{r}_m(\dot{C}),$$

und dies bedeutet die Existenz eines ganzzahligen Komplexes z' mit

$$z = \dot{C} + mz';$$

dann ist z' ein Zyklus mit

$$z \sim mz'.$$

Ist ζ' die Homologieklasse von z', so ist demnach $\zeta = m\zeta' \subset mB^r_{\mathfrak{G}}$.

Umgekehrt: Ist $\zeta \subset mB^r_{\mathfrak{G}}$, so ist $\zeta = m\zeta'$, $\mathfrak{r}_m(\zeta) = 0$. Damit ist alles bewiesen.

Die Tatsache, daß der soeben betrachtete Homomorphismus den Kern $mB^r_{\mathfrak{G}}$ hat, heben wir noch besonders hervor:

Zusatz zum Satz III. Es sei z^r ein ganzzahliger Zyklus. Dann und nur dann ist $\mathfrak{r}_m(z^r) \sim 0$ in bezug auf $\mathfrak{G}_m$, wenn die Homologieklasse von z^r Element von $mB^r_{\mathfrak{G}}$ ist, mit anderen Worten, wenn es einen ganzzahligen Zyklus z'^r mit $z^r \sim mz'^r$ gibt.

5. Die Gruppe $\overset{**}{B}{}^r_{\mathfrak{G}_m}$. Jetzt benutzen wir die Gruppenbildung ${}_mA$, an die wir am Beginn der vorigen Nummer erinnert haben. — Wir behaupten:

Satz IV. *Für jeden Eckpunktbereich und jedes $m \geqq 2$ ist*

(5) $$\overset{**}{B}{}^r_{\mathfrak{G}_m} \approx {}_m(B^{r-1}_{\mathfrak{G}})$$

oder, was dasselbe ist[1],

(5') $$\overset{**}{B}{}^r_{\mathfrak{G}_m} \approx {}_mT^{r-1}.$$

Beweis. Mit Rücksicht auf (3) läßt sich die Behauptung (5) auch in der Form

(5'') $$Z^r_{\mathfrak{G}_m} - \overset{*}{Z}{}^r_{\mathfrak{G}_m} \approx {}_m(B^{r-1}_{\mathfrak{G}})$$

schreiben. Wir werden daher eine Abbildung von $Z^r_{\mathfrak{G}_m}$ in $B^{r-1}_{\mathfrak{G}}$ betrachten.

Es sei y ein beliebiger r-dimensionaler Zyklus mod m; dann gibt es (vgl. Nr. 1) einen ganzzahligen Komplex C und einen ganzzahligen Zyklus z mit

(6) $$y = \mathfrak{r}_m(C), \quad \dot{C} = mz;$$

---

[1] Denn ${}_mA$ ist immer Untergruppe der Gruppe der Elemente endlicher Ordnung von A.

ist außerdem

$$y = \mathfrak{r}_m(C'), \qquad \dot{C}' = mz',$$

so folgt aus $\mathfrak{r}_m(C) = \mathfrak{r}_m(C')$ die Existenz eines ganzzahligen Komplexes A mit

$$C' = C + mA,$$

also

$$mz' = mz + m\dot{A},$$

$$z' = z + \dot{A},$$

$$z' \sim z.$$

Somit ist die (ganzzahlige) $(r-1)$-dimensionale Homologieklasse des in (6) auftretenden z durch y eindeutig bestimmt; sie heiße $h(y)$. Es liegt also eine Abbildung h von $Z^r_{\mathfrak{G}_m}$ in $B^{r-1}_{\mathfrak{G}}$ vor, und diese ist offenbar ein Homomorphismus.

Aus $mz = \dot{C}$ in (6) folgt: $mh(y) = 0$; umgekehrt: ist ζ eine ganzzahlige Homologieklasse mit $m\zeta = 0$ und z irgendein Zyklus aus ζ, so gibt es einen Komplex C mit $\dot{C} = mz$; dann ist $y = \mathfrak{r}_m(C)$ Zyklus mod m mit $h(y) = \zeta$. Damit ist gezeigt: die Bildgruppe $h(Z^r_{\mathfrak{G}_m})$ ist die Gruppe ${}_m(B^{r-1}_{\mathfrak{G}})$.

Daß $h(y) = 0$ ist, ist gleichbedeutend damit, daß in (6) $z = \dot{D}$ mit ganzzahligem D, daß also $C = mD + Z$ mit einem ganzzahligen Zyklus Z, daß also $y = \mathfrak{r}_m(Z)$ ein Zyklus erster Art ist. Mithin ist der Kern des Homomorphismus h die Gruppe $\overset{*}{Z}{}^r_{\mathfrak{G}_m}$. — Damit ist der Satz IV bewiesen.

Bemerkung. Der Satz IV ist offenbar eine Verschärfung des Satzes I.

6. Die Gruppe $\overset{**}{B}{}^r_{\mathfrak{R}_1}$. Der folgende Satz beleuchtet die Rolle des Koeffizientenbereiches $\mathfrak{R}_1$:

Satz V. *Für jeden Eckpunktbereich ist*

$$\overset{**}{B}{}^r_{\mathfrak{R}_1} \approx T^{r-1}. \tag{7}$$

Der Beweis verläuft dem Beweise des Satzes IV analog; wir werden die mit (7) gleichwertige Behauptung

$$Z^r_{\mathfrak{R}_1} - \overset{*}{Z}{}^r_{\mathfrak{R}_1} \approx T^{r-1} \tag{7'}$$

beweisen, indem wir eine homomorphe Abbildung h von $Z^r_{\mathfrak{R}_1}$ in $B^{r-1}_{\mathfrak{G}}$ angeben, bei welcher $T^{r-1} = h(Z^r_{\mathfrak{R}_1})$ die Bildgruppe und $\overset{*}{Z}{}^r_{\mathfrak{R}_1}$ der Kern ist.

Bis zum Ende dieses Beweises bedeuten lateinische Buchstaben $C, z, \ldots$ immer ganzzahlige Komplexe. Jeder rationale Komplex läßt sich, indem man die Koeffizienten seiner Simplexe auf ihren Hauptnenner bringt, in der Form $\frac{1}{m}C$ mit ganzem m schreiben. Unter $\mathfrak{r}_1\left(\frac{1}{m}C\right)$ verstehen wir immer denjenigen Komplex in bezug auf $\mathfrak{R}_1$, der entsteht, wenn man die rationalen Koeffizienten s^i der Simplexe von $\frac{1}{m}C$ durch ihre Restklassen $\mathfrak{r}_1(s^i)$ mod 1 ersetzt. *Jeder* Komplex $\Gamma = \sum t^i x_i$ in bezug auf $\mathfrak{R}_1$

ist von der Form $\mathfrak{r}_1\left(\frac{1}{m}C\right)$; denn man hat, um $\frac{1}{m}C$ zu erhalten, nur die Koeffizienten t^i der Simplexe in Γ durch beliebige rationale Zahlen a^i aus den Restklassen t^i zu ersetzen.

Es sei $\eta = \mathfrak{r}_1\left(\frac{1}{m}C\right)$ ein beliebiger r-dimensionaler Zyklus in bezug auf $\mathfrak{R}_1$; die Zyklenbedingung $\dot{\eta} = 0$ bedeutet, daß $\left(\frac{1}{m}C\right)^{\cdot}$ ganzzahlig ist; es ist also

$$\eta = \mathfrak{r}_1\left(\frac{1}{m}C\right), \quad \dot{C} = mz; \tag{8}$$

ist außerdem

$$\eta = \mathfrak{r}_1\left(\frac{1}{m'}C'\right), \quad \dot{C}' = m'z',$$

so folgt aus $\mathfrak{r}_1\left(\frac{1}{m}C\right) = \mathfrak{r}_1\left(\frac{1}{m'}C'\right)$ die Existenz eines A mit

$$\frac{1}{m'}C' = \frac{1}{m}C + A,$$

$$z' = z + \dot{A},$$

also ist

$$z' \sim z \qquad \text{(in bezug auf } \mathfrak{G}).$$

Daher ist die $(r-1)$-dimensionale ganzzahlige Homologieklasse von z in (8) durch η eindeutig bestimmt; sie heiße $h(\eta)$; h ist offenbar ein Homomorphismus von $Z^r_{\mathfrak{R}_1}$ in $B^{r-1}_{\mathfrak{G}}$.

Bestimmung der Bildgruppe $h(Z^r_{\mathfrak{R}_1})$: Ist $\zeta = h(\eta)$, so folgt aus (8): $m\zeta = 0$ $(m \neq 0)$, also $\zeta \subset T^{r-1}$. Umgekehrt: ist $\zeta \subset T^{r-1}$, so gibt es ein $m > 0$ mit $m\zeta = 0$, also einen Zyklus $z \subset \zeta$ mit $mz \sim 0$, also einen Komplex C mit $\dot{C} = mz$; dann ist $\eta = \mathfrak{r}_1\left(\frac{1}{m}C\right)$ Zyklus in bezug auf $\mathfrak{R}_1$ mit $h(\eta) = \zeta$. Folglich ist $h(Z^r_{\mathfrak{R}_1}) = T^{r-1}$.

Bestimmung des Kernes von h: Daß $h(\eta) = 0$ ist, ist gleichbedeutend damit, daß in (8) $z = \dot{D}$, daß also $C = mD + Z$, daß also $\eta = \mathfrak{r}_1\left(\frac{1}{m}Z\right)$ mit einem Zyklus Z ist. Für die Behauptung, daß der Kern des Homomorphismus h die Gruppe $\overset{*}{Z}{}^r_{\mathfrak{R}_1}$ ist, ist daher nur zu zeigen: η ist dann und nur dann Zyklus erster Art, wenn es einen Zyklus Z so gibt, daß $\eta = \mathfrak{r}_1\left(\frac{1}{m}Z\right)$ mit ganzem m ist.

Sei erstens Z Zyklus und $\eta = \mathfrak{r}_1\left(\frac{1}{m}Z\right)$; dann ist $\eta = tZ$ mit $t = \mathfrak{r}_1\left(\frac{1}{m}\right)$, also η von der ersten Art. Sei zweitens η Zyklus erster Art, also $\eta = \sum t^i Z_i$ mit ganzzahligen Zyklen Z_i und $t^i \subset \mathfrak{R}_1$; man bestimme die ganzen Zahlen a^i und m durch $t^i = \mathfrak{r}_1\left(\frac{a^i}{m}\right)$ und setze $Z = \sum a^i Z_i$; dann ist $\eta = \mathfrak{r}_1\left(\frac{1}{m}Z\right)$.

Damit ist alles bewiesen.

Die Frage nach einer dem Satz III analogen Bestimmung der Gruppen $\overset{*}{B}{}^r_{\mathfrak{R}_1}$ liegt nahe. Wir geben nur das Ergebnis an und überlassen den (dem Beweise des Satzes III ähnlichen) Beweis dem Leser:

Diejenigen rationalen Homologieklassen, in welchen (unter anderem) ganzzahlige Zyklen enthalten sind, bilden eine Untergruppe von $B^r_{\mathfrak{R}}$, die mit $B^r_{\mathfrak{G},\mathfrak{R}}$ isomorph ist und die wir auch mit $B^r_{\mathfrak{G},\mathfrak{R}}$ bezeichnen. Dann gilt

Satz VI. *Für jeden Eckpunktbereich ist* $\overset{*}{B}{}^r_{\mathfrak{R}_1} \approx B^r_{\mathfrak{R}} - B^r_{\mathfrak{G},\mathfrak{R}}$.

7. Der Fall endlicher absoluter Komplexe. Die für beliebige E und beliebige $\mathfrak{J}$ gültige Formel (2) läßt sich, falls E der Eckpunktbereich eines endlichen absoluten Komplexes ist, derart verschärfen, daß sich herausstellt: die Struktur von $B^r_{\mathfrak{J}}$ ist durch die Strukturen der beiden Gruppen $\overset{*}{B}{}^r_{\mathfrak{J}}$ und $\overset{**}{B}{}^r_{\mathfrak{J}}$ vollständig bestimmt. Es gilt nämlich

Satz VII. *Für einen endlichen absoluten Komplex K gestattet die Bettische Gruppe $B^r_{\mathfrak{J}}(K)$ bei beliebigem $\mathfrak{J}$ die folgende direkte Summenzerlegung:*

$$B^r_{\mathfrak{J}}(K) \approx \overset{*}{B}{}^r_{\mathfrak{J}}(K) + \overset{**}{B}{}^r_{\mathfrak{J}}(K). \tag{9}$$

Dem Beweise schicken wir eine Definition und einen Hilfssatz voraus, die beide auch für andere Zwecke nützlich sind.

Definition. Ein System *ganzzahliger* Komplexe X^r_j heißt eine *Basis* von $L^r_{\mathfrak{J}}(K)$, wenn man jedes Element von $L^r_{\mathfrak{J}}(K)$ auf eine und nur eine Weise als $\sum t^j X^r_j$ darstellen kann ($t^j \subset \mathfrak{J}$).

Hilfssatz. *Jede Basis von $L^r_{\mathfrak{G}}(K)$ ist auch Basis von $L^r_{\mathfrak{J}}(K)$.*

Beweis. Bilden die X^r_j eine Basis in $L^r_{\mathfrak{G}}$, so gibt es ganzzahlige Koeffizienten a^i_j, b^k_i mit[1]

$$X^r_j = \sum a^i_j x^r_i, \qquad x^r_i = \sum b^k_i X^r_k, \qquad \sum a^i_j b^k_i = \delta^k_j = \begin{cases} 0 & (j \neq k), \\ 1 & (j = k). \end{cases}$$

Jedes Element $\sum t^i x^r_i \subset L^r_{\mathfrak{J}}$ ist daher als $\sum b^k_i t^i X^r_k$ darzustellen. Zum Beweis der Eindeutigkeit dieser Darstellung genügt es zu zeigen: aus $\sum t^j X^r_j = 0$ folgt $t^j = 0$. Nun folgt in der Tat aus $\sum t^j X^r_j = 0$:

$$\sum a^i_j t^j x^r_i = 0, \qquad \text{also} \qquad \sum a^i_j t^j = 0,$$

und hieraus durch Multiplikation mit b^k_i und Summation über i:

$$\sum \delta^k_j t^j = t^k = 0.$$

Der Hilfssatz ist damit bewiesen, und wir kommen zum

Beweis des Satzes VII. Die Gruppe $L^r_{\mathfrak{G}} = L^r_{\mathfrak{G}}(K)$ — das Argument K lassen wir im folgenden weg — gestattet (vgl. § 2, Nr. 6) eine direkte Summendarstellung $L^r_{\mathfrak{G}} = Z^r_{\mathfrak{G}} + V$. Wir verstehen unter $\overset{*}{Z}{}^r_{\mathfrak{J}}$ und $\overset{*}{V}_{\mathfrak{J}}$ die Gruppen aller Komplexe $\sum t^i z_i$ mit $z_i \subset Z^r_{\mathfrak{G}}$ bzw. aller $\sum t^i v_i$ mit $v_i \subset V$, $t^i \subset \mathfrak{J}$; dann hat $\overset{*}{Z}{}^r_{\mathfrak{J}}$ dieselbe Bedeutung wie in den

[1] Es ist in den folgenden Summen über jeden doppelt vorkommenden Index zu summieren.

vorhergehenden Nummern. Wir behaupten:

(10) $$L^r_{\mathfrak{J}} = \overset{*}{Z}{}^r_{\mathfrak{J}} + \overset{*}{V}_{\mathfrak{J}}.$$

In der Tat: man nehme irgendeine Basis $\{z'_j\}$ von $Z^r_{\mathfrak{G}}$ und irgendeine Basis $\{v'_k\}$ von V; da die z'_j und v'_k eine Basis von $L^r_{\mathfrak{G}}$ bilden, bilden sie nach dem Hilfssatz auch eine Basis von $L^r_{\mathfrak{J}}$, und hieraus folgt unmittelbar: jedes Element $C_{\mathfrak{J}} \subset L^r_{\mathfrak{J}}$ läßt sich auf eine und nur eine Weise als $C_{\mathfrak{J}} = \overset{*}{z} + \overset{*}{v}$ mit $\overset{*}{z} \subset \overset{*}{Z}{}^r_{\mathfrak{J}}$, $\overset{*}{v} \subset \overset{*}{V}_{\mathfrak{J}}$ darstellen. Damit ist (10) bewiesen.

Gehen wir von $L^r_{\mathfrak{J}}$ zu der Untergruppe $Z^r_{\mathfrak{J}}$ über, so folgt aus (10) mit Rücksicht auf $\overset{*}{Z}{}^r_{\mathfrak{J}} \subset Z^r_{\mathfrak{J}}$:

(10') $$Z^r_{\mathfrak{J}} = \overset{*}{Z}{}^r_{\mathfrak{J}} + (\overset{*}{V}_{\mathfrak{J}} \cdot Z^r_{\mathfrak{J}}),$$

unter $(\overset{*}{V}_{\mathfrak{J}} \cdot Z^r_{\mathfrak{J}})$ den Durchschnitt der Gruppen $\overset{*}{V}_{\mathfrak{J}}$ und $Z^r_{\mathfrak{J}}$ verstanden. Bildet man nun die Restklassengruppe modulo $H^r_{\mathfrak{J}}$, und bedenkt man, daß

$$H^r_{\mathfrak{J}} \subset \overset{*}{Z}{}^r_{\mathfrak{J}}, \qquad Z^r_{\mathfrak{J}} - H^r_{\mathfrak{J}} = B^r_{\mathfrak{J}}, \qquad \overset{*}{Z}{}^r_{\mathfrak{J}} - H^r_{\mathfrak{J}} = \overset{*}{B}{}^r_{\mathfrak{J}}$$

ist, so ergibt sich

$$B^r_{\mathfrak{J}} = \overset{*}{B}{}^r_{\mathfrak{J}} + W$$

(wobei $W \approx (\overset{*}{V}_{\mathfrak{J}} \cdot Z^r_{\mathfrak{J}})$ ist); daß hierin $W \approx \overset{**}{B}{}^r_{\mathfrak{J}}$ ist, folgt aus Anhang I, Nr. 15. — Damit ist der Satz VII bewiesen.

8. Die Gruppe $B^r_{\mathfrak{G}_m}(K)$. Im nächsten Paragraphen werden wir sehen: für einen endlichen Komplex K lassen sich die Gruppen $B^r_{\mathfrak{J},\mathfrak{J}'}(K)$ in bezug auf beliebige $\mathfrak{J}$, $\mathfrak{J}'$ durch die ganzzahligen Bettischen Gruppen von K ausdrücken. In dem Spezialfall $\mathfrak{J} = \mathfrak{J}' = \mathfrak{G}_m$ haben wir dieses Resultat bereits jetzt erzielt, denn die Formeln (4), (5'), (9) liefern:

(11) $$B^r_{\mathfrak{G}_m}(K) \approx (B^r_{\mathfrak{G}})_m + {}_m(T^{r-1}).$$

Auf Grund von Nr. 46 des Anhanges I können wir dafür auch schreiben:

(11') $$B^r_{\mathfrak{G}_m} \approx (B^r_{\mathfrak{G}})_m + T^{r-1}_m \approx (B^r_{\mathfrak{G}} + T^{r-1})_m,$$

und mit Rücksicht auf § 2, Satz Vd:

(11'') $$B^r_{\mathfrak{G}_m} \approx (B^r_0)_m + T^r_m + T^{r-1}_m.$$

Da nach den Sätzen Vb und Vc des § 2 sowie Nr. 40 des Anhanges I jede der Gruppen B^r_0, T^r, T^{r-1} direkte Summe zyklischer Gruppen ist, liefert uns (11'') unter Beachtung von Nr. 4 („Aufgabe") des Anhanges I die in dem folgenden Satz ausgesprochene Darstellung von $B^r_{\mathfrak{G}_m}(K)$ als direkte Summe:

Satz VIII[1]. *K sei ein endlicher absoluter Komplex; seine Bettischen Zahlen seien p^r, und seine Torsionsgruppen T^r seien direkte Summen zyklischer Gruppen der Ordnungen t^r_i ($i = 1, 2, \ldots, q^r$; $r = 0, 1, \ldots$).*

[1] Einen von dem obigen verschiedenen Beweis desselben Satzes hat uns Herr Pontrjagin schon vor längerer Zeit mitgeteilt.

Dann ist die Gruppe $B^r_{\mathfrak{G}_m}(K)$ direkte Summe von p^r zyklischen Gruppen der Ordnung m, von q^r zyklischen Gruppen der Ordnungen[1] (m, f^r_i) *und von q^{r-1} zyklischen Gruppen der Ordnungen* (m, f^{r-1}_i); *(dabei ist unter einer zyklischen Gruppe der Ordnung* 1 *immer die Nullgruppe zu verstehen).*

9. Primzahlmoduln. In dem Satz VIII ist enthalten:

Satz VIII'. *K, p^r, f^r_i mögen dieselben Bedeutungen wie in Satz VIII haben; m sei Primzahl; g^r sei die Anzahl der durch m teilbaren f^r_i, und es sei*

$$p^r_m = p^r + g^r + g^{r-1}. \tag{12}$$

Dann ist $B^r_{\mathfrak{G}_m}(K)$ direkte Summe von p^r_m zyklischen Gruppen der Ordnung m.

Die Zahl p^r_m nennt man die *Bettische Zahl modulo m von K.*[2]

Für die Bettischen Zahlen mod m gilt die *Euler-Poincarésche Formel mod m:*

$$\chi(K) = \sum_{r=0}^{n} (-1)^r p^r_m, \qquad (m \text{ Primzahl}) \tag{13}$$

(vgl. § 2, Nr. 5). In der Tat folgt aus (12) unmittelbar $\sum_{r=0}^{n}(-1)^r p^r_m = \sum_{r=0}^{n}(-1)^r p^r$, also auf Grund der gewöhnlichen Euler-Poincaréschen Formel die Formel (13).

Bemerkung. Die Zahl p^r_m kann auch als der *Rang* mod m der Gruppe $B^r_{\mathfrak{G}_m}$ definiert werden (vgl. Anhang I, Nr. 29), also ohne die — oben durch (12) erfolgte — Heranziehung der gewöhnlichen Bettischen Zahlen. Die Euler-Poincarésche Formel mod m läßt sich dann ebenso beweisen, wie im § 2 die gewöhnliche Euler-Poincarésche Formel bewiesen wurde (ohne daß man diese Formel benutzt); denn die „Additivität der Ränge", auf der der Beweis beruht, gilt auch für die Ränge mod m, vorausgesetzt, daß m Primzahl ist (Anh. I, Nr. 32).

10. Ganzzahlige Ränder mod m. Es sei jetzt wieder m beliebig. Die folgende Ausdrucksweise wird zuweilen verwendet: der ganzzahlige Zyklus z *berandet mod m*, wenn $\mathfrak{r}_m(z) \sim 0$ in bezug auf $\mathfrak{G}_m$ ist. Der Zusatz zum Satz III besagt: dann und nur dann berandet z^r mod m, wenn es einen ganzzahligen Zyklus z'^r mit $z^r \sim m z'^r$ gibt. Ziehen wir eine Homologiebasis Z^r_i, z^r_i wie in § 2, Nr. 7, heran — wir setzen voraus, daß wir uns im Eckpunktbereich eines endlichen Komplexes befinden — und ist

$$z^r \sim \sum a^i Z^r_i + \sum b^i z^r_i,$$

so ist die Existenz von z'^r gleichbedeutend mit der Existenz solcher ganzer Zahlen a'^i, b'^i, daß

$$a^i = m a'^i, \qquad b^i \equiv m b'^i \pmod{f^r_i}$$

---

[1] (m, f) ist der größte gemeinsame Teiler von m und f.

[2] Die Einführung dieses Begriffes empfiehlt sich nur für Primzahlmoduln.

ist; diese Bedingungen lassen sich auch so ausdrücken:

(14) $a^i \equiv 0 \mod m, \quad b^i \equiv 0 \mod (f_i^r, m)$.

Hieraus werden wir folgern: *Wenn der ganzzahlige Zyklus z^r in bezug auf $\mathfrak{G}$ nicht berandet, so gibt es ein solches m, daß er auch mod m nicht berandet;* genauer:

z^r sei ein ganzzahliger Zyklus (des endlichen Komplexes K), und es sei $z^r \not\sim 0$ in bezug auf $\mathfrak{G}$. Ist die Ordnung von z^r — d. h. die Ordnung der Homologieklasse von z^r in $B^r_{\mathfrak{G}}$ — Null, so ist $z^r \not\sim 0$ mod m für jedes hinreichend große m;[1] *ist die Ordnung von z^r nicht Null und m durch die Ordnung der Gruppe T^r teilbar, so ist ebenfalls $z^r \not\sim 0$ mod m.*

Beweis. z^r habe die Ordnung 0; dann sind nicht alle $a^i = 0$; ist etwa $a^1 \neq 0$, so ist (14) für $i = 1$, $m > |a^1|$ nicht erfüllt. z^r habe von 0 verschiedene Ordnung; dann sind alle $a^i = 0$, also, da $z^r \not\sim 0$ in bezug auf $\mathfrak{G}$ ist, nicht alle $b^i \equiv 0 \mod f_i^r$; ist m durch die Ordnung von T^r teilbar, so ist m auch durch jedes f_i^r teilbar, es ist also $f_i^r = (f_i^r, m)$; folglich ist (14) nicht erfüllt.

Wir heben das folgende Korollar hervor (das in der Dimensionstheorie eine Rolle spielt): *Ist $z^r \not\sim 0$ (in bezug auf $\mathfrak{G}$), so gibt es eine solche Zahl $s \geq 2$, daß $z^r \not\sim 0$ mod s^k für jedes hinreichend große k ist.*

In der Tat gilt dies im Fall der Ordnung 0 von z^r für jedes s, im Fall von 0 verschiedener Ordnung für die Ordnung s von T^r.

§ 4. Die Beziehungen zwischen den Bettischen Gruppen der verschiedenen Koeffizientenbereiche.

1. Das Hauptziel dieses Paragraphen ist der Beweis des folgenden Satzes:

Zur Bestimmung der Gruppen $B^r_{\mathfrak{J},\mathfrak{J}'}(K)$, $r = 0, 1, \ldots$ eines endlichen Komplexes K mit beliebigen $\mathfrak{J}$, $\mathfrak{J}'$ reicht die Kenntnis jedes einzelnen der drei folgenden Systeme von Gruppen aus:

1) *der Gruppen $B^r_{\mathfrak{G}}(K)$, $r = 0, 1, \ldots$;*
2) *der Gruppen $B^r_{\mathfrak{R}_1}(K)$, $r = 0, 1, \ldots$;*
3) *der Gruppen $B^r_{\mathfrak{G}_m}(K)$, $r = 0, 1, \ldots$; $m = 2, 3, \ldots$.*

Aus den Beweisen werden sich die folgenden Zusätze ergeben:

Bei festem r genügen zur Bestimmung der Gruppen $B^r_{\mathfrak{J},\mathfrak{J}'}(K)$ die Gruppe $B^r_{\mathfrak{G}}(K)$ und die Torsionsgruppe $T^{r-1}(K)$.

Bei der Anwendung von 3) kommt man bei gegebenem Komplex K mit einem einzigen, von K abhängigen m aus.

Wir werden zuerst zeigen (Nr. 6), wie man die $B^r_{\mathfrak{J},\mathfrak{J}'}$ aus den $B^r_{\mathfrak{G}}$, dann (Nr. 8), wie man die $B^r_{\mathfrak{G}}$ aus den $B^r_{\mathfrak{R}_1}$, schließlich (Nr. 10), wie man die $B^r_{\mathfrak{G}}$ aus den $B^r_{\mathfrak{G}_m}$ bestimmt[2].

[1] „Hinreichend groß" heißt: $m \geq m_0$, wobei m_0 von z^r abhängt.

[2] Zwei besonders einfache Spezialfälle des Falles 1), nämlich $\mathfrak{J} = \mathfrak{J}' = \mathfrak{R}$ und $\mathfrak{J} = \mathfrak{J}' = \mathfrak{G}_m$ haben wir schon im § 2, Nr. 10 bzw. § 3, Nr. 8 erledigt.

Auf Grund des Teiles 1) unseres Satzes könnte man vielleicht glauben, daß die Heranziehung anderer Koeffizientenbereiche als $\mathfrak{G}$ überhaupt überflüssig sei; das ist jedoch nicht so; vielmehr ist die Verwendung anderer $\mathfrak{J}$, insbesondere von $\mathfrak{R}_1$ und den $\mathfrak{G}_m$, nicht nur gelegentlich bequem, sondern für manche Zwecke — so in der Theorie der Verschlingungen und der der Abbildungen — geradezu unentbehrlich. Überdies wird der obige Satz nur für *endliche* Komplexe bewiesen; ob er auch für unendliche Komplexe oder beliebige Eckpunktbereiche gilt, ist nicht bekannt[1].

Jeder der drei Teile des Hauptsatzes enthält eine hinreichende Bedingung für die *vollständige* Homologie-Äquivalenz zweier Komplexe; so besagt der 1. Teil: Wenn zwei Komplexe homologie-äquivalent in bezug auf $\mathfrak{G}$ sind, so sind sie es in bezug auf beliebige Koeffizientenbereiche $\mathfrak{J}$, $\mathfrak{J}'$; usw.

Der weitere Inhalt des Paragraphen handelt von der analogen Frage bezüglich des, der Homologie-Äquivalenz analogen, Begriffes des Homologietypus simplizialer Abbildungen (§ 1, Nr. 8). Wir werden zeigen:

Zwei simpliziale Abbildungen des endlichen Komplexes K in den endlichen Komplex K' sind einander vollständig homolog (§ 1, Nr. 8), *wenn sie einander homolog in bezug auf jeden der Koeffizientenbereiche $\mathfrak{G}_m$, $m = 2, 3, \ldots$ sind.*

Aber im Gegensatz zu den Teilen 1) und 2) des eingangs ausgesprochenen Hauptsatzes wird sich hier zeigen:

Wenn zwei simpliziale Abbildungen von K in K' einander homolog in bezug auf $\mathfrak{G}$ oder wenn sie einander homolog in bezug auf $\mathfrak{R}_1$ sind, so brauchen sie darum noch nicht einander homolog in bezug auf jeden Koeffizientenbereich zu sein.

Hier führt also die Heranziehung der Koeffizientenbereiche $\mathfrak{G}_m$ zu einer feineren Klassifikation der Abbildungen als die Benutzung von $\mathfrak{G}$ oder von $\mathfrak{R}_1$ allein[2].

2. Die Gruppe $L^r_{\mathfrak{J}}$. K sei ein endlicher Komplex, $\mathfrak{J}$ ein beliebiger Koeffizientenbereich. Die Gruppe $L^r_{\mathfrak{J}} = L^r_{\mathfrak{J}}(K)$ — das Argument K werden wir im folgenden bei allen vorkommenden Gruppen weglassen — ist die Gesamtheit der Linearformen $\sum \mathfrak{t}^i x^r_i$ mit $\mathfrak{t}^i \subset \mathfrak{J}$, wobei die x^r_i die Simplexe sind[3]; sie ist also direkte Summe von Gruppen, von denen jede mit $\mathfrak{J}$ isomorph ist, und deren Anzahl gleich der Anzahl der x^r_i ist.

Nach dem „Hilfssatz" in § 3, Nr. 7, können wir als Basis in $L^r_{\mathfrak{J}}$ jede Basis von $L^r_{\mathfrak{G}}$ einführen; wir wählen hierfür eine „kanonische" Basis,

---

[1] Man vgl. jedoch hierzu die soeben erschienenen Arbeiten von Čech (Fund. Math. 25) und Steenrod (Proc. Nat. Acad. Sci. 21, 482–484). [*Zusatz bei der Korrektur.*]

[2] Anwendungen dieses Paragraphen werden nur selten vorkommen; er kann daher zunächst überschlagen werden.

[3] Bis auf weiteres bezeichnen wir Elemente von $\mathfrak{J}$ mit *deutschen*, ganze Zahlen immer mit lateinischen Buchstaben.

wie sie in § 2, Nr. 6, erklärt worden ist: sie besteht aus Elementen

(1) $$Z_i^r,\ z_i^r,\ u_i^r,\ v_i^r,\ y_i^r;$$

die Z_i^r bilden eine Homologiebasis (in bezug auf $\mathfrak{R}$); die Homologieklassen der z_i^r haben die endlichen Ordnungen f_i^r, wobei die Torsionsgruppe T^r direkte Summe zyklischer Gruppen der Ordnungen f_i^r ist; die Z_i^r, z_i^r, u_i^r zusammen bilden eine Basis der Zyklengruppe $Z_{\mathfrak{G}}^r$; die $f_i^r z_i^r$ und u_i^r eine Basis von $H_{\mathfrak{G}}^r$; zwischen kanonischen Basen von $L_{\mathfrak{G}}^r$ und $L_{\mathfrak{G}}^{r-1}$ bestehen die Beziehungen

(2a) $$\dot{v}_i^r = u_i^{r-1},$$

(2b) $$\dot{y}_i^r = f_i^{r-1} z_i^{r-1}, \quad f_i^{r-1} > 1,$$

wobei die Torsionsgruppe T^{r-1} direkte Summe zyklischer Gruppen der Ordnungen f_i^{r-1} ist.

3. Die Gruppe $Z_{\mathfrak{J}}^r$. Die Komplexe

(3*) $$\overset{*}{z}{}^r = \sum \mathfrak{a}^i Z_i^r + \sum \mathfrak{b}^i z_i^r + \sum \mathfrak{c}^i u_i^r$$

sind die Zyklen erster Art. Wir wollen auch die Zyklen zweiter Art mit Hilfe der Basis darstellen.

Ein Zyklus ist, wie jeder Komplex aus $L_{\mathfrak{J}}^r$, in der Form

(3) $$z^r = \sum \mathfrak{a}^i Z_i^r + \sum \mathfrak{b}^i z_i^r + \sum \mathfrak{c}^i u_i^r + \sum \mathfrak{d}^i y_i^r + \sum \mathfrak{e}^i v_i^r$$

gegeben; die Zyklenbedingung $\dot{z}^r = 0$ lautet infolge von $\dot{Z}_i^r = \dot{z}_i^r = \dot{u}_i^r = 0$ und infolge von (2a), (2b):

$$\sum f_i^{r-1} \mathfrak{d}^i z_i^{r-1} + \sum \mathfrak{e}^i u_i^{r-1} = 0.$$

Da die z_i^{r-1} und u_i^{r-1} linear unabhängige Elemente in $L_{\mathfrak{G}}^{r-1}$ sind, bedeutet diese Zyklenbedingung einfach

(3') $$f_i^{r-1} \mathfrak{d}^i = 0, \quad \mathfrak{e}^i = 0.$$

Die Komplexe

(3**) $$\overset{**}{z}{}^r = \sum \mathfrak{d}^i y_i^r \quad \text{mit} \quad f_i^{r-1} \mathfrak{d}^i = 0$$

sind selbst Zyklen und bilden eine Untergruppe $\overset{**}{Z}{}_{\mathfrak{J}}^r$ von $Z_{\mathfrak{J}}^r$. Aus (3), (3*), (3'), (3**) folgt, daß sich jeder Zyklus z^r auf eine und nur eine Weise als

(4) $$z^r = \overset{*}{z}{}^r + \overset{**}{z}{}^r$$

darstellen läßt, wobei $\overset{*}{z}{}^r$ Zyklus erster Art, $\overset{**}{z}{}^r$ von der Form (3) ist.

Zusammenfassend dürfen wir sagen: Die Zyklengruppe $Z_{\mathfrak{J}}^r$ ist direkte Summe

(5) $$Z_{\mathfrak{J}}^r = \overset{*}{Z}{}_{\mathfrak{J}}^r + \overset{**}{Z}{}_{\mathfrak{J}}^r,$$

wobei $\overset{*}{Z}{}_{\mathfrak{J}}^r$ die Gruppe der Zyklen erster Art, $\overset{**}{Z}{}_{\mathfrak{J}}^r$ die Gruppe der Zyklen (3**) ist; jeder Zyklus $z^r \subset Z_{\mathfrak{J}}^r$ ist eindeutig in der Form (4) mit $\overset{*}{z}{}^r \subset \overset{*}{Z}{}_{\mathfrak{J}}^r$, $\overset{**}{z}{}^r \subset \overset{**}{Z}{}_{\mathfrak{J}}^r$ darzustellen; dabei ist dann und nur dann $\overset{**}{z}{}^r \neq 0$, wenn z^r

von der zweiten Art ist. Die Struktur der Gruppe $\overset{**}{Z}{}^r_{\mathfrak{J}}$ ist unabhängig von der Wahl der Basis dadurch gegeben, daß sie der Restklassengruppe $Z^r_{\mathfrak{J}} - \overset{*}{Z}{}^r_{\mathfrak{J}}$ isomorph ist.

Die Struktur von $\overset{*}{Z}{}^r_{\mathfrak{J}}$ ist von vornherein klar: es ist — in der Ausdrucksweise von Nr. 54 des Anhanges I —

$$(6^*) \qquad \overset{*}{Z}{}^r_{\mathfrak{J}} \approx (\mathfrak{J}, Z^r_{\mathfrak{G}});$$

die Z^r_i, z^r_i, u^r_i *bilden eine Basis in* $Z^r_{\mathfrak{J}}$.[1]

Die Struktur von $\overset{**}{Z}{}^r_{\mathfrak{J}}$ ist aus (3^{**}) zu erkennen: *Bezeichnen wir die Gruppe derjenigen Elemente* t *von* $\mathfrak{J}$, *für die* $f\mathrm{t} = 0$ *ist, mit* ${}_f\mathfrak{J}$, *so ist* $\overset{**}{Z}{}^r_{\mathfrak{J}}$ *direkte Summe*

$$(6^{**}) \qquad \overset{**}{Z}{}^r_{\mathfrak{J}} \approx {}_{f_1^{r-1}}\mathfrak{J} + {}_{f_2^{r-1}}\mathfrak{J} + \cdots.$$

Dabei ist die Torsionsgruppe T^{r-1} *direkte Summe zyklischer Gruppen der Ordnungen* f_i^{r-1}.

Nach Nr. 60 des Anhanges I ist die auf der rechten Seite von (6^{**}) stehende Gruppe isomorph mit der Gruppe $C_{\mathfrak{J}}(T^{r-1})$ der Homomorphismen von T^{r-1} in $\mathfrak{J}$; daher ist auch

$$(6_1^{**}) \qquad \overset{**}{Z}{}^r_{\mathfrak{J}} \approx C_{\mathfrak{J}}(T^{r-1}).$$

Durch (5), (6^*) *und* (6^{**}) oder (6_1^{**}) *ist* $Z^r_{\mathfrak{J}}$ *vollständig beschrieben.* Aus den Formeln (6^*) und (6_1^{**}) ist übrigens ersichtlich, daß die Strukturen von $\overset{*}{Z}{}^r_{\mathfrak{J}}$ und von $\overset{**}{Z}{}^r_{\mathfrak{J}}$ nicht von der Wahl der zugrunde gelegten kanonischen Basis abhängen.

Ist K n-dimensional, so haben wir, da dann $B^n_{\mathfrak{J},\mathfrak{J}'} = Z^n_{\mathfrak{J}}$ ist, bereits das Resultat gewonnen:

$B^n_{\mathfrak{J},\mathfrak{J}'}(K^n)$ *ist die direkte Summe von* $p^n(K^n)$ *Gruppen, die sämtlich mit* $\mathfrak{J}$ *isomorph sind, und der Gruppe* $C_{\mathfrak{J}}(T^{n-1})$.

Ferner bemerken wir: Für das Auftreten r-dimensionaler Zyklen zweiter Art ist *notwendig*, daß sowohl $(r-1)$-dimensionale Torsion in K als auch Elemente endlicher Ordnung in $\mathfrak{J}$ vorhanden sind.

Ein Beispiel: K^n sei dem Simplexrand $|\dot{x}^{n+1}|$ homologie-äquivalent (in bezug auf $\mathfrak{G}$); die Gruppe $Z^n_{\mathfrak{J}}(K^n)$ soll bestimmt werden. Da es keine Torsion gibt, ist $Z^n_{\mathfrak{J}}(K^n) = Z^n_{\mathfrak{J}}(K^n)$; die Basis Z^n_i, z^n_i, u^n_i von $Z^n_{\mathfrak{G}}(K^n)$ besteht aus einem einzigen Z^n_1. Folglich: Es gibt keine anderen n-dimensionalen Zyklen als die $\mathfrak{a}^1 Z^n_1$ mit beliebigem $\mathfrak{a}^1 \subset \mathfrak{J}$, und es ist daher $Z^n_{\mathfrak{J}}(K^n) \approx \mathfrak{J}$.

4. Die Gruppe $H^r_{\mathfrak{J}}$.

Legen wir in $L^{r+1}_{\mathfrak{G}}$ analog wie in $L^r_{\mathfrak{G}}$ eine kanonische Basis Z^{r+1}_i, z^{r+1}_i, u^{r+1}_i, y^{r+1}_i, v^{r+1}_i zugrunde, so daß insbesondere

$$(7) \qquad \dot{y}^{r+1}_i = f^r_i z^r_i, \quad f^r_i > 1,$$

[1] Definition der Basis analog wie in § 3, Nr. 7 für die Gruppe $L^r_{\mathfrak{J}}$.

und T^r direkte Summe zyklischer Gruppen der Ordnungen f_i^r ist, so erhalten wir die Gesamtheit der r-dimensionalen Ränder in Gestalt aller

$$(8)\quad \begin{cases} (\sum \mathfrak{a}^i Z_i^{r+1} + \sum \mathfrak{b}^i z_i^{r+1} + \sum \mathfrak{c}^i u_i^{r+1} + \sum \mathfrak{d}^i y_i^{r+1} + \sum \mathfrak{e}^i v_i^{r+1})^{\cdot} \\ \qquad = \sum f_i^r \mathfrak{d}^i z_i^r + \sum \mathfrak{e}^i u_i^r \end{cases}$$

mit willkürlichen $\mathfrak{d}^i$, $\mathfrak{e}^i \subset \mathfrak{J}$. Daher wird die Gruppe $H_{\mathfrak{J}}^r$ vollständig durch die Aussage beschrieben:

Die Zyklen $f_i^r z_i^r$ und u_i^r bilden eine Basis in $H_{\mathfrak{J}}^r$.

Zugleich sehen wir (vgl. § 3, Nr. 2):

$$(9)\qquad H_{\mathfrak{J}}^r \subset \overset{*}{Z}{}_{\mathfrak{J}}^r .$$

5. Die Gruppe $B_{\mathfrak{J}}^r$. Aus der Definition $B_{\mathfrak{J}}^r = Z_{\mathfrak{J}}^r - H_{\mathfrak{J}}^r$, aus (5) und aus (9) folgt

$$(10)\qquad B_{\mathfrak{J}}^r = (\overset{*}{Z}{}_{\mathfrak{J}}^r - H_{\mathfrak{J}}^r) + U$$

mit

$$(10\text{a})\qquad U \approx \overset{**}{Z}{}_{\mathfrak{J}}^r .$$

Dabei ist (vgl. § 3, Nr. 3)

$$\overset{*}{B}{}_{\mathfrak{J}}^r = \overset{*}{Z}{}_{\mathfrak{J}}^r - H_{\mathfrak{J}}^r ,$$

und die Struktur von U läßt sich (Anhang I, Nr. 15) durch

$$U \approx B_{\mathfrak{J}}^r - \overset{*}{B}{}_{\mathfrak{J}}^r \overset{**}{B}{}_{\mathfrak{J}}^r$$

(vgl. § 3, Nr. 3) definieren.

Wir benutzen jetzt (10) und (10a) zur näheren Untersuchung von $B_{\mathfrak{J}}^r$. Da wir $\overset{**}{Z}{}_{\mathfrak{J}}^r$ schon aus Nr. 3 kennen, kommt es auf die Bestimmung von $\overset{*}{Z}{}_{\mathfrak{J}}^r - H_{\mathfrak{J}}^r$ an; dies gelingt leicht infolge unserer Kenntnis von Basen der Gruppen $\overset{*}{Z}{}_{\mathfrak{J}}^r$ und $H_{\mathfrak{J}}^r$: nach Nr. 3 bilden die Z_i^r, z_i^r, u_i^r eine Basis von $\overset{*}{Z}{}_{\mathfrak{J}}^r$, nach Nr. 4 die $f_i^r z_i^r$ und u_i^r eine Basis von $H_{\mathfrak{J}}^r$; d. h. es ist $\overset{*}{Z}{}_{\mathfrak{J}}^r$ die Gruppe aller

$$\sum \mathfrak{a}^i Z_i^r + \sum \mathfrak{b}^i z_i^r + \sum \mathfrak{c}^i u_i^r ,$$

$H_{\mathfrak{J}}^r$ die Gruppe aller

$$\sum f_i^r \mathfrak{b}^i z_i^r + \sum \mathfrak{c}^i u_i^r$$

mit willkürlichen $\mathfrak{a}^i$, $\mathfrak{b}^i$, $\mathfrak{c}^i \subset \mathfrak{J}$. Verstehen wir nun unter A_i die Gruppe aller Zyklen $\mathfrak{a}^i Z_i^r$ mit beliebigen $\mathfrak{a}^i$, unter B_i die Gruppe aller $\mathfrak{b}^i z_i^r$ mit beliebigen $\mathfrak{b}^i$, unter C_i die Gruppe aller $\mathfrak{c}^i u_i^r$ mit beliebigen $\mathfrak{c}^i$, und unter $f B_i$ wie üblich die Gruppe aller f-fachen Elemente aus B_i — also aller Elemente $f X$ mit $X \subset B_i$ —, so ist demnach

$$(11)\qquad \overset{*}{Z}{}_{\mathfrak{J}}^r = \sum A_i + \sum B_i + \sum C_i ,$$

$$(12)\qquad H_{\mathfrak{J}}^r = \sum f_i^r B_i + \sum C_i ;$$

hieraus folgt (Anhang I, Nr. 16)

$$(13^*)\qquad \overset{*}{Z}{}_{\mathfrak{J}}^r - H_{\mathfrak{J}}^r \approx \sum A_i + \sum (B_i - f_i^r B_i) .$$

Jede Gruppe A_i und B_i ist mit $\mathfrak{J}$ isomorph; daher ist $\overset{*}{B}{}^r_{\mathfrak{J}} = \overset{*}{Z}{}^r_{\mathfrak{J}} - H^r_{\mathfrak{J}}$ durch (13*) bestimmt. Die mit $\overset{**}{Z}{}^r_{\mathfrak{J}}$ isomorphe Gruppe $\overset{**}{B}{}^r_{\mathfrak{J}}$ kennen wir nach (6**); daher ist uns jetzt gemäß (10) auch $B^r_{\mathfrak{J}}$ bekannt.

Die Formel für $B^r_{\mathfrak{J}}$ lautet:

(13) $$B^r_{\mathfrak{J}} \approx (U_1 + \cdots + U_{p^r}) + (V_1 + \cdots + V_{q^r}) + (W_1 + \cdots + W_{q^{r-1}}),$$

wobei

$$U_i \approx \mathfrak{J},$$
$$V_i \approx \mathfrak{J}_{f_i^r} = \mathfrak{J} - f_i^r \mathfrak{J},$$
$$W_i \approx {}_{f_i^{r-1}}\mathfrak{J}$$

ist[1]*; dabei ist p^r die r-te Bettische Zahl, haben die f_i^r und f_i^{r-1} die Eigenschaft: die Torsionsgruppen T^r und T^{r-1} sind direkte Summen zyklischer Gruppen der Ordnungen $f_1^r, f_2^r, \ldots, f_{q^r}^r$ bzw. $f_1^{r-1}, f_2^{r-1}, \ldots, f_{q^{r-1}}^{r-1}$.*

Unter Benutzung der Ausdrucksweise von Nr. 54 des Anhanges I kann man statt (13*) auch schreiben:

(14) $$\overset{*}{Z}{}^r_{\mathfrak{J}} - H^r_{\mathfrak{J}} \approx (\mathfrak{J}, B^r_{\mathfrak{G}});$$

hieraus und aus (6_1^{**}) ergibt sich eine *zweite Gestalt der Formel für $B^r_{\mathfrak{J}}$*:

(15) $$B^r_{\mathfrak{J}} \approx (\mathfrak{J}, B^r_{\mathfrak{G}}) + C_{\mathfrak{J}}(T^{r-1}).$$

6. Die Gruppen $H_{\mathfrak{J},\mathfrak{J}'}$ und $B_{\mathfrak{J},\mathfrak{J}'}$. Es sei nun noch eine Obergruppe $\mathfrak{J}'$ von $\mathfrak{J}$ gegeben; dann ist, um daran zu erinnern, $H^r_{\mathfrak{J},\mathfrak{J}'}$ die Gruppe derjenigen Zyklen z^r in bezug auf $\mathfrak{J}$, zu denen es Komplexe C^{r+1} in bezug auf $\mathfrak{J}'$ mit $\dot{C}^{r+1} = z^r$ gibt. An die Stelle von (8) tritt daher

(8′) $$\begin{cases} (\sum \mathfrak{a}'^i Z_i^{r+1} + \sum \mathfrak{b}'^i z_i^{r+1} + \sum \mathfrak{c}'^i u_i^{r+1} + \sum \mathfrak{d}'^i y_i^{r+1} + \sum \mathfrak{e}'^i v_i^{r+1})^{\cdot} \\ \qquad = \sum f_i^r \mathfrak{b}'^i z_i^r + \sum \mathfrak{e}'^i u_i^r \end{cases}$$

mit beliebigen $\mathfrak{a}'^i, \mathfrak{b}'^i, \mathfrak{c}'^i, \mathfrak{d}'^i, \mathfrak{e}'^i \subset \mathfrak{J}'$, aber $f_i^r \mathfrak{b}'^i \subset \mathfrak{J}$, $\mathfrak{e}'^i \subset \mathfrak{J}$. Somit sind die Elemente von $H^r_{\mathfrak{J},\mathfrak{J}'}$ die Linearformen $\sum \mathfrak{b}^i z_i + \sum \mathfrak{e}^i u_i^r$ mit beliebigen $\mathfrak{e}^i \subset \mathfrak{J}$ und den folgenden $\mathfrak{b}^i$: erstens ist $\mathfrak{b}^i \subset \mathfrak{J}$, zweitens gibt es ein $\mathfrak{b}'^i \subset \mathfrak{J}'$ mit $\mathfrak{b}^i = f_i^r \mathfrak{b}'^i$; diese $\mathfrak{b}^i$ bilden also die Durchschnittsgruppe $\mathfrak{J} \cdot (f_i^r \mathfrak{J}')$ (dabei ist wieder $f_i^r \mathfrak{J}'$ die Gruppe der f_i^r-fachen Elemente von $\mathfrak{J}'$). — Zugleich zeigt die rechte Seite von (8′):

(9′) $$H^r_{\mathfrak{J},\mathfrak{J}'} \subset \overset{*}{Z}{}^r_{\mathfrak{J}}.$$

Die Bestimmung von $B^r_{\mathfrak{J},\mathfrak{J}'}$ unterscheidet sich von der in Nr. 5 vorgenommenen Bestimmung von $B^r_{\mathfrak{J}}$ nur insofern, als man (10) durch

(10′) $$B^r_{\mathfrak{J},\mathfrak{J}'} \approx (\overset{*}{Z}{}^r_{\mathfrak{J}} - H^r_{\mathfrak{J},\mathfrak{J}'}) + U, \quad U \approx \overset{**}{Z}{}^r_{\mathfrak{J}}$$

und (12) durch

(12′) $$H^r_{\mathfrak{J},\mathfrak{J}'} = \sum B_i' + \sum C_i$$

zu ersetzen hat, wobei

$$B_i' \approx \mathfrak{J} \cdot (f_i^r \mathfrak{J}'), \quad C_i \approx \mathfrak{J}$$

[1] Wegen der Bezeichnungen $\mathfrak{J}_f$, $f\mathfrak{J}$, ${}_f\mathfrak{J}$ vgl. man § 3, Nr. 4.

ist. Daher tritt an die Stelle von (13) die *Formel für* $B^r_{\mathfrak{Z},\mathfrak{Z}'}$:

(13') $B^r_{\mathfrak{Z},\mathfrak{Z}'} \approx (U_1 + \cdots + U_{p^r}) + (V'_1 + \cdots + V'_{q'}) + (W_1 + \cdots + W_{q^r-1})$,

wobei die U_i und W_i ihre alte Bedeutung beibehalten, während

$$V'_i \approx \mathfrak{J} - \mathfrak{J} \cdot (f_i^r \mathfrak{J}')$$

ist.

Damit ist der in Nr. 1 angekündigte *Hauptsatz* bewiesen: *Jede Gruppe $B^r_{\mathfrak{Z},\mathfrak{Z}'}$ ist durch die Gruppen $B^r_{\mathfrak{G}}$ und T^{r-1} bestimmt.*

Ein Korollar von (13') ist: *Wenn $B^r_{\mathfrak{G}} = 0$ und $T^{r-1} = 0$ ist, so ist $B^r_{\mathfrak{Z},\mathfrak{Z}'} = 0$ bei beliebigen $\mathfrak{J}, \mathfrak{J}'$.*

7. Bestimmung der $B^r_{\mathfrak{R}_1}$ durch die $B^r_{\mathfrak{G}}$. Nach § 3, Nr. 6, ist

(16) $$\overset{**}{B}{}^r_{\mathfrak{R}_1} \approx \overset{**}{Z}{}^r_{\mathfrak{R}_1} \approx T^{r-1};$$

dies kann man auch aus (6**) ablesen, da, wie man leicht sieht, jede Gruppe $_f\mathfrak{R}_1$ die zyklische Gruppe der Ordnung f ist. Da ferner $f\mathfrak{R}_1 = \mathfrak{R}_1$, also $\mathfrak{R}_1 - f\mathfrak{R}_1 = 0$ für jedes f ist, wird aus (13) die *Formel für* $B^r_{\mathfrak{R}_1}$:

(17) $B^r_{\mathfrak{R}_1} \approx (U_1 + \cdots + U_{p^r}) + (W_1 + \cdots + W_s) \approx (\mathfrak{R}_1, B^r_0) + T^{r-1}$,

wobei die $U_i \approx \mathfrak{R}_1$ sind und $W_1 + \cdots + W_s$ eine direkte Summenzerlegung von T^{r-1} ist. Auf Grund von Nr. 62 des Anhanges I kann man die durch (17) gegebene Gruppe auch folgendermaßen als Gruppe zyklischer Charaktere auffassen:

(17') $$B^r_{\mathfrak{R}_1} \approx C_{\mathfrak{R}_1}(B^r_0 + T^{r-1}).$$

8. Bestimmung der $B^r_{\mathfrak{G}}$ durch die $B^r_{\mathfrak{R}_1}$. Auf Grund der Formel (17) beweisen wir nun die schon in Nr. 1 ausgesprochene Behauptung:

Die Gruppen $B^r_{\mathfrak{G}}$ und damit alle Gruppen $B^r_{\mathfrak{Z},\mathfrak{Z}'}$ lassen sich bestimmen, wenn man die Gruppen $B^r_{\mathfrak{R}_1}$ kennt.

Da es für den Beweis dieses Satzes nur auf die Bestimmung der Bettischen Zahlen p^r und der Torsionsgruppen T^r ankommt, haben wir folgendes zu zeigen: Von einer gegebenen Gruppe $B^r_{\mathfrak{R}_1} = B$ wissen wir: sie ist direkte Summe einer endlichen Anzahl von Gruppen U_i, deren jede $\approx \mathfrak{R}_1$ ist, und einer endlichen Gruppe T; dann ist die Anzahl p der U_i sowie die Struktur von T durch B eindeutig bestimmt.

Setzen wir $B = S + T$, $S = U_1 + \cdots + U_p$, so behaupten wir zunächst: Ein Element $x \subset B$ gehört dann und nur dann zu S, wenn es zu jeder ganzen Zahl $m > 0$ ein $y \subset B$ mit $my = x$ gibt.

In der Tat: Ist $x \subset S$, so ist $x = x_1 + \cdots + x_p$, $x_i \subset U_i$; zu jedem x_i gibt es bei gegebenem $m > 0$ ein $y_i \subset U_i$ mit $my_i = x_i$; setzt man $y = y_1 + \cdots + y_p$, so ist $my = x$. Andererseits: x habe die Eigenschaft, daß es zu jedem $m > 0$ ein y mit $my = x$ gibt; dann sei m speziell die Ordnung der Gruppe T; ist $x = my$, $y = s + t$, $s \subset S$, $t \subset T$, so ist $x = my = ms + mt = ms \subset S$.

Somit ist die Untergruppe S von B invariant in B charakterisiert; dasselbe gilt daher für die Differenzgruppe $B - S \approx T$. Es bleibt zu zeigen, daß durch S die Anzahl p der Summanden in $S = U_1 + \cdots + U_p$ mit $U_i \approx \mathfrak{R}_1$ eindeutig bestimmt ist.

Die Charakterisierung von p kann so geschehen: In $\mathfrak{R}_1$, also auch in jeder Gruppe U_i, gibt es genau zwei Elemente x mit $2x = 0$, nämlich die Restklassen modulo 1, die 0 bzw. $\frac{1}{2}$ enthalten. Folglich gibt es in S genau 2^p derartige Elemente. Damit ist die Behauptung bewiesen.

Zusatz. Aus dem Beweis ergibt sich: Bei festem r braucht man zur Bestimmung der Gruppe $B^r_{\mathfrak{G}}$ die Gruppen $B^r_{\mathfrak{R}_1}$ und $B^{r+1}_{\mathfrak{R}_1}$.

9. Bestimmung der $B^r_{\mathfrak{G}_m}$ durch die $B^r_{\mathfrak{G}}$. Schon im § 3, Nr. 8, haben wir die folgende Formel gefunden, die wir jetzt auch durch Spezialisierung von (13) erhalten können[1]:

$$(18)\qquad \begin{cases} B^r_{\mathfrak{G}_m} \approx (B^r_0)_m + (T^r)_m + (T^{r-1})_m \\ \qquad\;\; \approx (B^r_{\mathfrak{G}} + T^{r-1})_m. \end{cases}$$

Nach Nr. 63 des Anhanges I kann man diese Gruppe auch als Gruppe von Charakteren mod m auffassen:

$$(18')\qquad B^r_{\mathfrak{G}_m} \approx C_m(B^r_{\mathfrak{G}} + T^{r-1}).$$

Besonders einfach wird (18) für spezielle m: es sei m_0 *durch die Ordnungen aller Torsionsgruppen des Komplexes K teilbar*; dann ist $m_0 T^r = 0$, also $(T^r)_{m_0} = T^r$ (für alle r), und aus (18) wird

$$(19)\qquad B^r_{\mathfrak{G}_{m_0}} \approx (B^r_0)_{m_0} + T^r + T^{r-1}.$$

10. Bestimmung der $B^r_{\mathfrak{G}}$ durch die $B^r_{\mathfrak{G}_m}$. Wir beweisen jetzt, wie in Nr. 1 angekündigt: *Die Gruppen $B^r_{\mathfrak{G}}$ und damit alle Gruppen $B^r_{\mathfrak{J},\mathfrak{J}'}$ sind durch die Gesamtheit der Gruppen $B^r_{\mathfrak{G}_m}$ bestimmt.* Genauer: *Die $B^r_{\mathfrak{G}}$ lassen sich bestimmen, wenn man die Gruppen $B^r_{\mathfrak{G}_{m_1}}$ für ein geeignetes, von dem Komplex K abhängiges m_1 kennt*[2].

Beweis[3]. Es sei m_0 durch die Ordnungen aller Torsionsgruppen teilbar und $m_1 = k m_0$, $k \geqq 2$; dann gilt (19) auch für m_1 an Stelle von m_0. Wir bestimmen nach dieser Formel die Gruppe der m_0-fachen Elemente in $B^r_{\mathfrak{G}_{m_1}}$; da $m_0 T^r = m_0 T^{r-1} = 0$ ist, ist

$$m_0 B^r_{\mathfrak{G}_{m_1}} \approx m_0((B^r_0)_{m_1}).$$

Nun ist $(B^r_0)_{m_1}$ direkte Summe von p^r zyklischen Gruppen der Ordnung m_1; daher ist $m_0((B^r_0)_{m_1})$ direkte Summe von p^r zyklischen Gruppen der Ordnung k. Somit haben wir bereits die Bettische Zahl p^r aus der Gruppe $B^r_{\mathfrak{G}_{m_1}}$ bestimmt.

Um jetzt noch die Torsionsgruppen zu ermitteln, benutzen wir den folgenden algebraischen Satz (Anhang I, Nr. 53): Ist die Gruppe A (mit endlich-vielen Erzeugenden) direkte Summe von U und V, so ist die

---

[1] Wegen der Bezeichnungen siehe § 3, Nr. 4.

[2] Aus dem Beweis wird sich ergeben: für jedes hinreichend große q hat $m_1 = q!$ die genannte Eigenschaft.

[3] Dieser Beweis stammt im wesentlichen von Herrn PONTRJAGIN.

Struktur von V durch die Struktur von U bestimmt (mit anderen Worten: aus $A = U + V = U' + V'$, $U \approx U'$ folgt $V \approx V'$).

Wir wenden diesen Satz auf (19) an (z. B. mit demselben $m_1 = k m_0$): p^r und daher auch $(B_0^r)_{m_1}$ kennen wir schon; daher ist nach dem genannten Satz auch $T^r + T^{r-1}$ bekannt; nach demselben Satz ist T^r bekannt, falls man T^{r-1} kennt. Da $T^0 = 0$ bekannt ist, lassen sich daher die T^r nacheinander für $r = 1, 2, \ldots$ bestimmen. —

11. Die Bestimmtheit der vollständigen Homologietypen simplizialer Abbildungen durch die Homologietypen mod m. Wir beweisen, wie in Nr. 1 angekündigt, den folgenden Satz:

Die simplizialen Abbildungen f und g des endlichen Komplexes K in den endlichen Komplex K' seien einander homolog in bezug auf jeden der Koeffizientenbereiche $\mathfrak{G}_m$ $(m = 2, 3, \ldots)$. Dann sind sie einander homolog in bezug auf beliebige $\mathfrak{J}$, $\mathfrak{J}'$.

Beweis. z^r sei ein ganzzahliger Zyklus in K; dann ist

$$f(z^r) - g(z^r) = \varkappa^r \tag{20}$$

ein ganzzahliger Zyklus in K';[1] wenden wir die Operation $\mathfrak{r}_m$ (§ 3, Nr. 1) an, so ergibt sich

$$\mathfrak{r}_m(\varkappa^r) = f\mathfrak{r}_m(z^r) - g\mathfrak{r}_m(z^r)$$

— die Vertauschbarkeit von $\mathfrak{r}_m$ mit einer simplizialen Abbildung liegt auf der Hand —, und da f und g einander homolog in bezug auf $\mathfrak{G}_m$ sind, folgt

$$\mathfrak{r}_m(\varkappa^r) \sim 0 \qquad \text{(in bezug auf } \mathfrak{G}_m\text{)},$$

d. h. in der Ausdrucksweise von § 3, Nr. 10: $\varkappa^r$ berandet mod m; da dies für *jedes* m gilt, ist nach § 3, Nr. 10: $\varkappa^r \sim 0$, also

$$f(z^r) - g(z^r) = \dot{\Gamma}^{r+1}, \tag{21}$$

wobei Γ^{r+1} ein ganzzahliger Komplex ist.

Wir werden (21) nachher auf die Elemente Z_i^r, z_i^r und u_i^r einer kanonischen Basis von $L_{\mathfrak{G}}^r(K)$ anwenden (§ 2, Nr. 6); jetzt betrachten wir noch die Elemente y_i^r aus der kanonischen Basis: nach (2b) ist $\mathfrak{r}_{f_i^{r-1}}(y_i^r)$ ein Zyklus mod f_i^{r-1}; setzen wir

$$f(y_i^r) - g(y_i^r) = \eta_i^r,$$

so ist, da f und g einander homolog in bezug auf $\mathfrak{G}_{f_i^{r-1}}$ sind,

$$\mathfrak{r}_{f_i^{r-1}}(\eta_i^r) \sim 0 \qquad \text{(in bezug auf } \mathfrak{G}_{f_i^{r-1}}\text{)};$$

d. h.: es gibt mod f_i^{r-1} einen Komplex γ_i^{r+1}, so daß $\dot{\gamma}_i^{r+1} = \mathfrak{r}_{f_i^{r-1}}(\eta_i^r)$ ist; bestimmen wir einen ganzzahligen Komplex Γ_i^{r+1} so, daß $\gamma_i^{r+1} = \mathfrak{r}_{f_i^{r-1}}(\Gamma_i^{r+1})$ ist, so ist

$$\mathfrak{r}_{f_i^{r-1}}(\eta_i^r) = \mathfrak{r}_{f_i^{r-1}}(\dot{\Gamma}_i^{r+1})$$

[1] Wir bezeichnen im folgenden immer Komplexe in K' mit griechischen Buchstaben.

und mithin

$$(22)\qquad f(y_i^r) - g(y_i^r) = \dot{\Gamma}_i^{r+1} + f_i^{r-1}\Delta_i^r,$$

wobei Γ_i^{r+1} und Δ_i^r ganzzahlig sind.

Jetzt sei $\mathfrak{J}$ ein beliebiger Koeffizientenbereich, und $\mathfrak{z}^r$ sei ein Zyklus in K in bezug auf $\mathfrak{J}$; die Behauptung ist:

$$(23)\qquad f(\mathfrak{z}^r) - g(\mathfrak{z}^r) = \dot{\Theta}^{r+1},$$

wobei Θ^{r+1} ein Komplex des Koeffizientenbereiches $\mathfrak{J}$ in K' ist. Es genügt, die Behauptung (23) für die durch (4) gegebenen Bestandteile $\overset{*}{\mathfrak{z}}^r$, $\overset{**}{\mathfrak{z}}^r$ von $\mathfrak{z}^r$ einzeln zu beweisen.

$\overset{*}{\mathfrak{z}}^r$ ist lineare Verbindung der Basiselemente Z_i^r, z_i^r, u_i^r (mit Koeffizienten aus $\mathfrak{J}$); für diese Elemente gilt (21); durch Multiplikation mit den Koeffizienten und Addition folgt dann (23) für $\overset{*}{\mathfrak{z}}^r$.

$\overset{**}{\mathfrak{z}}^r$ ist von der Form (3**); Multiplikation von (22) mit $\mathfrak{d}^i$ und Addition liefert

$$f(\overset{**}{\mathfrak{z}}^r) - g(\overset{**}{\mathfrak{z}}^r) = \sum \mathfrak{d}^i \dot{\Gamma}_i^{r+1} + \sum f_i^{r-1}\mathfrak{d}^i \Delta_i^r,$$

und mit Rücksicht auf $f_i^{r-1}\mathfrak{d}^i = 0$:

$$f(\overset{**}{\mathfrak{z}}^r) - g(\overset{**}{\mathfrak{z}}^r) = (\sum \mathfrak{d}^i \Gamma_i^{r+1})^{\cdot},$$

also (23) für $\overset{**}{\mathfrak{z}}^r$.

Damit ist (23) für einen beliebigen Koeffizientenbereich $\mathfrak{J}$ bewiesen; ist noch ein zweiter Bereich $\mathfrak{J}' \supset \mathfrak{J}$ gegeben, so lautet die Behauptung unseres Satzes: Für jeden Zyklus $\mathfrak{z}^r$ in bezug auf $\mathfrak{J}$ gilt (23), wobei Θ^{r+1} ein Komplex des Bereiches $\mathfrak{J}'$ ist. Diese Behauptung ist in der bereits bewiesenen stärkeren Behauptung — mit $\mathfrak{J}' = \mathfrak{J}$ — enthalten.

Somit ist unser Satz bewiesen.

12. Wir geben jetzt ein *Beispiel zweier Abbildungen, die zwar denselben Homologietypus in bezug auf* $\mathfrak{G}$, *aber nicht denselben Homologietypus in bezug auf* $\mathfrak{G}_2$ *haben, also nicht vollständig homolog sind:* K sei eine simpliziale Zerlegung der projektiven Ebene, $K' = |\dot{x}^3|$ der Randkomplex eines Tetraeders. f bilde die drei Ecken eines festgewählten Dreiecks von K auf die drei Ecken eines Dreiecks $|x^2|$ von K', alle anderen Eckpunkte von K auf den vierten Eckpunkt von K' ab; g bilde K auf einen Eckpunkt von K' ab. f und g haben denselben Homologietypus in bezug auf $\mathfrak{G}$: denn[1] $f(z^0) \sim g(z^0)$ folgt unmittelbar daraus, daß K' zusammenhängend ist (vgl. Kap. IV, § 5); $f(z^1) \sim g(z^1)$ daraus, daß in K' jeder Zyklus ζ^1 berandet; $f(z^2) \sim g(z^2)$ daraus, daß es in K keinen von Null verschiedenen z^2 gibt. f und g haben aber verschiedene Homologietypen in bezug auf $\mathfrak{G}_2$: Bezeichnet $\mathfrak{z}^2$ den von Null verschiedenen Zyklus mod 2 in der geschlossenen Pseudomannigfaltigkeit K (vgl. Kap. IV, § 5, Nr. 11), so ist $g(\mathfrak{z}^2) = 0$, aber $f(\mathfrak{z}^2) \neq 0$, da x^2 in $f(\mathfrak{z}^2)$ mit dem Koeffizienten 1 auftritt.

[1] z^r bezeichnet einen beliebigen ganzzahligen r-dimensionalen Zyklus in K.

13. *Beispiel zweier Abbildungen, die zwar denselben Homologietypus bezüglich* $\mathfrak{R}_1$, *aber verschiedene Homologietypen bezüglich* $\mathfrak{G}_2$ *haben, also nicht vollständig homolog sind*: K' sei eine simpliziale Zerlegung der projektiven Ebene, ζ^1 ein solcher Zyklus mod 2 in K', daß $\overline{\zeta^1}$ eine projektive Gerade ist; K sei ein mit $|\zeta^1|$ isomorpher Streckenkomplex. f sei die zugehörige isomorphe Abbildung von K in K', g eine Abbildung von K auf einen Eckpunkt von K'. Dann haben f und g denselben Typus in bezug auf $\mathfrak{R}_1$: denn[1] $f(z^0) \sim g(z^0)$ ist ebenso trivial wie in dem vorigen Beispiel; $f(z^1) \sim g(z^1)$ ist darum richtig, weil $B^1_{\mathfrak{R}_1}(K')$ die Nullgruppe ist: dies folgt aus Nr. 7, da sowohl $B^1_0(K')$ als auch $T^0(K')$ Null sind. f und g haben aber verschiedene Typen in bezug auf $\mathfrak{G}_2$: denn bezeichnet $\mathfrak{z}^1$ den von Null verschiedenen Zyklus mod 2 in K, so ist $f(\mathfrak{z}^1) \not\sim 0$, $g(\mathfrak{z}^1) \sim 0$ in K' in bezug auf $\mathfrak{G}_2$.

14. Trotz dem Beispiel in Nr. 12 genügt bei einer großen Klasse von Komplexen K der Koeffizientenbereich $\mathfrak{G}$ für die Untersuchung der Abbildungen; es gilt nämlich der Satz:

Besitzt K keine Torsion, und haben f und g denselben Homologietypus in bezug auf $\mathfrak{G}$, *so sind f und g vollständig homolog.*

Beweis. Wenn f und g denselben Homologietypus in bezug auf $\mathfrak{G}$ haben, so gilt (21) für jeden ganzzahligen Zyklus z^r. Wenn K keine Torsion besitzt, so gibt es bezüglich jedes Koeffizientenbereiches $\mathfrak{J}$ nur Zyklen erster Art in K (Nr. 3); für diese Zyklen ergibt sich aber (23) aus (21), indem man (21) auf die Basiselemente Z^r_i, z^r_i, u^r_i anwendet. Daher sind f und g einander in bezug auf jeden Koeffizientenbereich $\mathfrak{J}$ homolog, und dasselbe gilt erst recht (vgl. Nr. 11) bei Heranziehung eines zweiten Bereiches $\mathfrak{J}' \supset \mathfrak{J}$.

Zusatz. Ist K' n-dimensional, so braucht man offenbar nur für $r < n$ die Abwesenheit r-dimensionaler Torsion in K vorauszusetzen.

15. Dem damit bewiesenen Satz entspricht der folgende, der zeigt, daß trotz dem Beispiel in Nr. 13 der Koeffizientenbereich $\mathfrak{R}_1$ in wichtigen Fällen zur Untersuchung der Abbildungen genügt:

Besitzt K' keine Torsion, und haben f und g denselben Homologietypus in bezug auf $\mathfrak{R}_1$, *so sind f und g vollständig homolog.*

Beweis. Auf Grund von Nr. 11 genügt es zu zeigen: f und g haben denselben Homologietypus in bezug auf $\mathfrak{G}_m$ bei beliebigem m.

Im folgenden bedeuten Buchstaben ohne unteren Index, also C^r, z^r, Γ^r, ... immer ganzzahlige Komplexe; Buchstaben mit unterem Index m oder 1 bedeuten Komplexe in bezug auf $\mathfrak{G}_m$ bzw. $\mathfrak{R}_1$. Ferner verstehen wir unter $\mathfrak{r}_1$ diejenige homomorphe Abbildung von $L^r_{\mathfrak{R}}(K)$ auf $L^r_{\mathfrak{R}_1}(K)$, die entsteht, wenn man in jedem Komplex aus $L^r_{\mathfrak{R}}(K)$ die Koeffizienten mod 1 reduziert; das gleiche gilt für K'.

Wir nehmen einen Zyklus z^r_m in K; die Behauptung lautet:

$$f(z^r_m) \sim g(z^r_m) \qquad \text{(in bezug auf } \mathfrak{G}_m\text{)}.$$

[1] z^r bezeichnet einen beliebigen r-dimensionalen Zyklus in bezug auf $\mathfrak{R}_1$ in K.

Es gibt einen C^r mit

(24) $$\mathfrak{r}_m(C^r) = z_m^r.$$

Setzen wir

(25) $$f(C^r) - g(C^r) = \Gamma^r,$$

so ist $\mathfrak{r}_m(\dot{\Gamma}^r) = f(\dot{z}_m^r) - g(\dot{z}_m^r)$ ein Zyklus mod m in K', und zwar, da es in K' keine Torsion gibt, ein Zyklus erster Art; folglich gibt es einen Zyklus $\varkappa^r$ mit $\mathfrak{r}_m(\varkappa^r) = \mathfrak{r}_m(\Gamma^r)$, also

(26) $$\Gamma^r = \varkappa^r + m\Delta^r.$$

Hieraus folgt, indem man zu $\mathfrak{R}$ übergeht:

$$\frac{1}{m}\Gamma^r = \frac{1}{m}\varkappa^r + \Delta^r$$

und

(27) $$\mathfrak{r}_1\left(\frac{1}{m}\Gamma^r\right) = \mathfrak{r}_1\left(\frac{1}{m}\varkappa^r\right).$$

Daß z_m^r Zyklus mod m ist, bedeutet: $\dot{C}^r = m z^{r-1}$, $\frac{1}{m}\dot{C}^r = z^{r-1}$, $\mathfrak{r}_1\left(\frac{1}{m}C^r\right)^{\cdot} = 0$; d. h.

$$\mathfrak{r}_1\left(\frac{1}{m}C^r\right) = z_1^r$$

ist Zyklus in bezug auf $\mathfrak{R}_1$. Nach Voraussetzung ist daher

$$f(z_1^r) \sim g(z_1^r) \qquad \text{(in bezug auf } \mathfrak{R}_1\text{)},$$

es gibt also einen Komplex Γ_1^{r+1} mit

(28) $$f(z_1^r) - g(z_1^r) = \dot{\Gamma}_1^{r+1}.$$

Man bestimme einen ganzzahligen Komplex Γ^{r+1} so, daß $\Gamma_1^{r+1} = \mathfrak{r}_1\left(\frac{1}{k}\Gamma^{r+1}\right)$ ist; dann wird aus (25) unter Berücksichtigung von (28) und der Definition von z_1^r:

$$\mathfrak{r}_1\left(\frac{1}{m}\dot{\Gamma}^r\right) = \mathfrak{r}_1\left(\frac{1}{k}\dot{\Gamma}^{r+1}\right),$$

also nach (27)

$$\mathfrak{r}_1\left(\frac{1}{m}\varkappa^r\right) = \mathfrak{r}_1\left(\frac{1}{k}\dot{\Gamma}^{r+1}\right).$$

Dies bedeutet:

$$\frac{1}{m}\varkappa^r = \frac{1}{k}\dot{\Gamma}^{r+1} + \eta^r,$$

also

$$k(\varkappa^r - m\eta^r) = m\dot{\Gamma}^{r+1} \sim 0 \qquad \text{(in bezug auf } \mathfrak{G}\text{)},$$

und da es in K' keine Torsion gibt:

$$\varkappa^r - m\eta^r \sim 0, \qquad \varkappa^r = \dot{\Delta}^{r+1} + m\eta^r.$$

Aus (26) wird daher

$$\Gamma^r = \dot{\Delta}^{r+1} + m\mathrm{H}^r,$$

$$\mathfrak{r}_m(\Gamma^r) = \mathfrak{r}_m(\Delta^{r+1})^{\cdot} \sim 0 \qquad \text{(in bezug auf } \mathfrak{G}_m\text{)},$$

und dies ist auf Grund von (24) und (25) gerade die Behauptung

$$f(z_m^r) \sim g(z_m^r).$$

16. Abbildungen auf die Sphäre. Der hiermit bewiesene Satz ist insbesondere immer anwendbar, wenn K' eine HS^n ist (§ 1, Nr. 7). Dieser wichtige Fall wird auch dadurch noch besonders einfach, daß für $0 < r < n$ die Gruppen $B^r_{\mathfrak{J},\mathfrak{J}'}(K')$ Null sind (für beliebige Koeffizientenbereiche); denn infolgedessen hat man nur die Abbildungen null- und n-dimensionaler Zyklen von K zu betrachten. Die nulldimensionalen Zyklen liefern nichts Interessantes: denn es ist immer $f(z^0) \sim g(z^0)$ infolge des Zusammenhanges von K' $(n \geqq 1)$. Somit spielen nur die Abbildungen der n-dimensionalen Zyklen eine Rolle.

Nehmen wir diese Tatsache zusammen mit dem Satz aus Nr. 15 und dem Satz aus Nr. 11 (von denen wir hier offenbar nur einen sehr speziellen Fall anwenden), so erhalten wir das Ergebnis:

K' sei eine HS^n, und es seien f, g zwei simpliziale Abbildungen eines beliebigen endlichen Komplexes K in K'. Dafür, daß f und g einander vollständig homolog sind, ist jede der beiden folgenden Bedingungen notwendig und hinreichend:

1) für jeden n-dimensionalen Zyklus z^n in K in bezug auf $\mathfrak{R}_1$ ist $f(z^n) = g(z^n)$;

2) für jedes $m \geqq 2$ und für jeden n-dimensionalen Zyklus z^n mod. m in K ist $f(z^n) = g(z^n)$.

Sechstes Kapitel.

Zerspaltungen und Unterteilungen von Komplexen.

§ 1. Zellenzerspaltung absoluter Komplexe.

1. Das Studium der *absoluten Komplexe* ist, wie aus dem Einbettungssatz (Kap. IV, § 1, Nr. 6) hervorgeht, gleichwertig dem Studium der *Euklidischen simplizialen Komplexe*; diese sind spezielle *Euklidische Zellenkomplexe* (Kap. III); es liegt daher nahe, eine solche Verallgemeinerung des Begriffes des absoluten Komplexes aufzustellen, daß die Untersuchung dieses allgemeineren Begriffes der Untersuchung der Euklidischen *Zellen*komplexe entspricht. Daß eine solche Verallgemeinerung des Begriffes nicht nur möglich, sondern auch für den Inhalt der Theorie wertvoll und nötig ist, lehrt bereits der elementare Eulersche Polyedersatz: er gilt ja für die Zerlegungen einer Kugelfläche nicht nur in Dreiecke, sondern auch in beliebige Zellen.

Andererseits wissen wir (Kap. III, § 2): Jeder Zellenkomplex K besitzt unter seinen Unterteilungen simpliziale Komplexe K'; man kann daher auch umgekehrt bei gegebenem simplizialen K' den Zellenkomplex K dadurch konstruieren, daß man die Menge aller Simplexe von K' in geeigneter Weise in Teilmengen zerspaltet und die Simplexe jeder einzelnen Teilmenge zu einer Zelle von K verschmilzt; diese Konstruktion legt das Bestehen der Möglichkeit nahe, daß der gesuchte Begriff, der den Euklidischen Zellenkomplexen entsprechen soll, aus dem Begriff des absoluten Komplexes hervorgeht, wenn man auf einen absoluten Komplex — also auf eine Menge von Simplexen — einen geeigneten Prozeß der „Zerspaltung" in Teilkomplexe — also in Teilmengen dieser Simplexmenge — anwendet.

Dies ist der leitende Gedanke des gegenwärtigen Paragraphen; er führt zu der Theorie der Zerspaltungen eines absoluten Komplexes in „kombinatorische Zellen"; daß hierin die Theorie der Zellenkomplexe in der oben angedeuteten Weise enthalten ist — daß, mit anderen Worten, die konvexen Zellen in gewissem Sinne als spezielle kombinatorische Zellen aufgefaßt werden können, wird allerdings erst am Schluß des § 2 bewiesen werden.

Der Begriff der „kombinatorischen Zelle", mit dem wir hier arbeiten werden, ist allgemeiner, als es für die Anwendung auf Zellenkomplexe nötig wäre. Diese Allgemeinheit scheint uns aber einerseits methodisch interessant zu sein, und andererseits ist sie bestimmt praktisch wertvoll: in der Theorie der Mannigfaltigkeiten (3. Band) kommt man — wenigstens heute — nicht ohne allgemeinere „Zellen" aus, als es die konvexen sind, und überdies wird sogar der Eulersche Polyedersatz zuweilen auf Flächenzerlegungen angewandt, deren Elemente nicht mehr konvexen Zellen homöomorph sind, so daß ihre Bezeichnung und Behandlung als „Zellen" einer Rechtfertigung bedarf[1].

2. Zerspaltungen. Elemente einer Zerspaltung. Oberfläche eines Elementes. Ein absoluter, endlicher oder unendlicher, Komplex K ist eine *Menge* von Simplexen, ein Teilkomplex von K ist eine Teil-

[1] Man vgl. Hilbert und Cohn-Vossen, Anschauliche Geometrie, S. 276, Abb. 301: daß der dort benutzte Zellenbegriff in der Tat zulässig ist, wird sich aus dem gegenwärtigen Paragraphen ergeben (Nr. 13, letztes Beispiel).

menge dieser Menge[1]. Was eine „Überdeckung" von K ist, ist daher ebenso definiert wie bei jeder Menge: wir verstehen unter einer Überdeckung Z von K ein System von Teilkomplexen E_i (beliebiger Dimension) von K mit $\sum E_i = K$. Dabei sind die E_i die „*Elemente*" von Z; weiter gebrauchen wir die folgenden Bezeichnungen: ein absoluter Teilkomplex von K ist ein „*Komplex von* Z", wenn er die Vereinigungsmenge von Elementen von Z ist; ist $E_i \subset E_j$, so heißt E_i „*Seite*" von E_j, und zwar „*eigentliche*" Seite, wenn $E_i \neq E_j$ ist.

Unter den Überdeckungen von K sind nun die „Zerspaltungen" durch die Art, wie die E_i „aneinanderschließen", ausgezeichnet:

Definition. Die durch $K = \sum E_i$ gegebene Überdeckung Z des Komplexes K mit den Teilkomplexen E_i heißt eine *Zerspaltung* von K in die *Elemente*[2] E_i, wenn die folgenden beiden Bedingungen erfüllt sind:

1) der Durchschnitt je zweier Elemente ist entweder leer oder ein Komplex von Z;

2) jede eigentliche Seite eines Elementes E_i hat niedrigere Dimension als E_i.

Die einfachste Zerspaltung ist die, deren Elemente die zu den Simplexen von K (aller Dimensionen) gehörigen Simplexhüllen sind; wir nennen sie die „*Urzerspaltung*" von K.

Die folgenden Begriffe und Eigenschaften liegen nun nahe:

Denjenigen Komplex von Z, der aus den eigentlichen Seiten von E_i besteht, nennen wir die „*Oberfläche*" von E_i; ein Simplex von K, das zu E_i, aber nicht zur Oberfläche von E_i gehört, heiße „*inneres*" Simplex von E_i.

$|x|$ sei ein beliebiges Simplex von K, E_1 sei unter den $|x|$ enthaltenden Elementen — da die E_i eine Überdeckung von K bilden, gibt es solche — eines niedrigster Dimension; dann folgt aus 2), daß $|x|$ nicht auf der Oberfläche von E_1 liegt, sondern inneres Simplex von E_1 ist; ist $|x|$ außerdem in dem von E_1 verschiedenen Element E_2 enthalten, so ist nach 1) der Durchschnitt $E_1 \cdot E_2$ ein Komplex von Z, der $|x|$ enthält; nach Definition von E_1 hat er wenigstens dieselbe Dimension wie E_1 und ist daher nach 2) mit E_1 identisch; es ist also $E_1 \subset E_2$, und $|x|$ liegt daher auf der Oberfläche von E_2. Damit sehen wir: *Jedes Simplex* $|x|$ *von* K *ist inneres Simplex von genau einem Element der Zerspaltung* Z. Wir sagen, daß dies das „*Trägerelement*" von $|x|$ ist; es ist als das niedrigst-dimensionale E_i mit $|x| \subset E_i$ charakterisiert.

Unter $K^r(Z)$ verstehen wir denjenigen Teilkomplex von K, der die Vereinigungsmenge aller höchstens r-dimensionalen Elemente von Z ist. Aus der Charakterisierung des Trägerelementes durch die niedrigste

[1] Dabei muß immer die Bedingung B aus Kap. IV, § 1, Nr. 2 erfüllt sein.

[2] Das Wort „*Element*" wird in zwei verschiedenen Bedeutungen gebraucht: erstens in der allgemein-logischen als „Element einer Menge"; zweitens wird das topologische Bild eines r-dimensionalen Simplexes ein „r-dimensionales Element" genannt. In dem obigen Text hat das Wort durchaus die erste dieser beiden Bedeutungen.

Dimension folgt: Gehört das Simplex $|x|$ zu $K^r(Z)$, so ist auch das Trägerelement von $|x|$ Teilkomplex von $K^r(Z)$.

Die wichtigsten *Beispiele* von Zerspaltungen sind die folgenden: Der Komplex K' sei eine simpliziale Unterteilung des Euklidischen Zellenkomplexes K; die dadurch bewirkten Unterteilungen der Zellen Y_i^r von K mögen E_i^r heißen; diese Komplexe E_i^r sind die Elemente einer Zerspaltung Z von K' (vgl. § 2, Nr. 3).

Ein anderes Beispiel: Es sei $K = E$ ein mindestens eindimensionaler Komplex, und ferner seien $E_1^0, E_2^0, \ldots, E_m^0$ irgendwelche Eckpunkte von K; dann sind $E, E_1^0, E_2^0, \ldots, E_m^0$ die Elemente einer Zerspaltung von K.

3. Bausteine. Unter einem „*Baustein*" verstehen wir den Inbegriff eines Komplexes E und einer solchen Zerspaltung Z' von E, daß E selbst Element von Z' ist. Ist E r-dimensional, so folgt aus der Eigenschaft 2) der Zerspaltungen, daß E das einzige r-dimensionale Element von Z' ist; die übrigen Elemente haben niedrigere Dimension und bilden die Oberfläche von E; E selbst nennen wir das „*Grundelement*" des Bausteines.

Ist Z eine Zerspaltung des Komplexes K, E_i Element von Z, so bildet das System aller Seiten von E_i, einschließlich E_i selbst, offenbar eine Zerspaltung Z_i des Komplexes E_i; wir nennen den Inbegriff des Komplexes E_i und seiner Zerspaltung Z_i einen „*Baustein der Zerspaltung* Z"[1].

Ein Spezialfall eines Bausteines ist eine Simplexhülle mit den Seiten des Simplexes als Elementen der Zerspaltung[2]. Wir haben den allgemeinen Bausteinen erhebliche Einschränkungen aufzuerlegen, um sie zu so brauchbaren Hilfsmitteln bei der Untersuchung der Zyklen und Homologien zu machen, daß sie dasselbe leisten wie die Simplexe.

4. Algebraische Zerspaltungen; die Gruppen $L^r(Z)$. Die Zerspaltung Z des Komplexes K heißt „*algebraisch*", wenn jedes Element von Z monozyklisch bis auf seine Oberfläche ist (Kap. IV, § 6, Nr. 6)[3]. In jedem Element E_i^r der algebraischen Zerspaltung Z gibt es einen ausgezeichneten r-dimensionalen ganzzahligen Relativzyklus bis auf die Oberfläche von E_i^r: das „Basiselement" von E_i^r (Kap. IV, a. a. O.); das Basiselement ist bis auf das Vorzeichen eindeutig bestimmt; wir bezeichnen das mit einem willkürlichen, aber festen Vorzeichen versehene Basiselement von E_i^r mit X_i^r. Die Basiselemente X_i^r nennen wir die „*algebraischen Elemente von* Z".

Von jetzt an sei Z immer eine algebraische Zerspaltung.

Jedes algebraische Element X_i^r ist algebraischer Komplex in K, etwa $X_i^r = \sum a_i^j x_j^r$, wobei die x_j^r die orientierten Simplexe von K sind. Jede lineare Verbindung der X_i^r ist daher auch algebraischer Komplex in K;

[1] Der Unterschied zwischen einem „Element einer Zerspaltung" und einem „Baustein einer Zerspaltung" ist analog dem Unterschied zwischen einer „Zelle" und einer „Zellenhülle".

[2] Weitere Beispiele sind leicht zu bilden; auch das letzte Beispiel in Nr. 2 liefert einen Baustein.

[3] Im folgenden werden die Nummern 6 bis 10 aus Kap. IV, § 6 mehrmals und wesentlich benutzt.

wir nennen ihn einen *algebraischen Komplex der* (algebraischen) *Zerspaltung* Z; diese Komplexe bilden — bei festem r — eine Gruppe $L^r(\mathsf{Z})$, die Untergruppe von $L^r(K)$ ist. (Wir denken uns einen beliebigen Koeffizientenbereich $\mathfrak{J}$ fest zugrunde gelegt, den wir in den Bezeichnungen nicht besonders andeuten.)

Die X_i^r *bilden eine Basis von* $L^r(\mathsf{Z})$; d. h.: jedes Element von $L^r(\mathsf{Z})$ läßt sich auf eine und nur eine Weise als $\sum t^i X_i^r$ darstellen. Die Darstellbarkeit liegt in der Definition von $L^r(\mathsf{Z})$; um ihre Eindeutigkeit zu beweisen, ist zu zeigen: aus $\sum t^i X_i^r = 0$ folgt $t^i = 0$ für alle i. Nun kommt aber ein Simplex x_j^r niemals in zwei verschiedenen X_i^r vor, da der Durchschnitt zweier verschiedener E_i^r kein r-dimensionales Simplex enthält; daher folgt aus $\sum t^i X_i^r = 0$ zunächst $t^i X_i^r = 0$ für jedes i; hieraus folgt aber weiter, nach der in Kap. IV, § 6, Nr. 6 festgestellten Eigenschaft 2) der Basiselemente: $t^i = 0$.

Somit kann $L^r(\mathsf{Z})$ als Gruppe der Linearformen in den X_i^r aufgefaßt werden; sie ist genau so aus den X_i^r gebildet wie $L^r(K)$ aus den x_j^r.

5. Satz I. Z *sei eine algebraische Zerspaltung von* K; C^r *sei ein algebraischer Komplex in* K, *und zwar Teilkomplex von* $K^r(\mathsf{Z})$; *er sei Relativzyklus bis auf* $K^{r-1}(\mathsf{Z})$ (zum Beispiel *ein gewöhnlicher Zyklus*). *Dann ist* C^r *algebraischer Komplex der Zerspaltung* Z.

Beweis. Da C^r in $K^r(\mathsf{Z})$ liegt, liegt auch das Trägerelement jedes Simplexes x_j^r von C^r in $K^r(\mathsf{Z})$ — (vgl. Nr. 2) —, ist also r-dimensional. Man kann daher C^r in eindeutiger Weise als Summe $C^r = \sum_i C_i^r$ mit $C_i^r \subset E_i^r$ schreiben, wobei die E_i^r Elemente von Z sind. Wir haben zu zeigen, daß C_i^r Relativzyklus bis auf die Oberfläche F_i von E_i^r ist; denn daraus folgt $C_i^r = t^i X_i^r$, wobei X_i^r das Basiselement von E_i^r ist, und $C^r = \sum t^i X_i^r \subset L^r(\mathsf{Z})$.

Wir nehmen etwa $i = 1$. Dann liegt $\dot{C}^r = \dot{C}_1^r + (C_2^r + C_3^r + \cdots)^{\cdot}$ nach Voraussetzung auf $K^{r-1}(\mathsf{Z})$, enthält also kein inneres Simplex von E_1^r; daher müßte, wenn $\dot{C}_1^r$ ein inneres Simplex von E_1^r enthielte, wenigstens ein $\dot{C}_i^r$ mit $i \geqq 2$ dasselbe Simplex enthalten; das ist unmöglich, da $C_i^r \subset E_i^r$ ist, und E_1^r, E_i^r $(i \geqq 2)$ kein inneres Simplex gemein haben. Da $\dot{C}_1^r$ somit kein inneres Simplex von E_1^r enthält, ist $\dot{C}_1^r \subset F_1$, d. h. C_1^r ist Relativzyklus bis auf F_1.

Aus dem damit bewiesenen Satz folgt weiter:

Satz Ia. Z *sei eine algebraische Zerspaltung von* K. *Dann ist der Rand jedes algebraischen Komplexes der Zerspaltung* Z *selbst algebraischer Komplex von* Z.

Beweis. Es genügt, die Behauptung für ein einzelnes algebraisches Element X_i^r zu beweisen. Nun ist aber erstens $\dot{X}_i^r \subset F_i \subset K^{r-1}(\mathsf{Z})$, zweitens ist $\dot{X}_i^r$ Zyklus; nach Satz I ist daher $C^{r-1} = \dot{X}_i^r$ algebraischer Komplex von Z.

6. Die Zyklen und die Homologieklassen einer algebraischen Zerspaltung. Die r-dimensionalen Ränder algebraischer Komplexe von Z bilden offenbar eine Gruppe $H^r(Z)$, die Untergruppe von $L^r(K)$ ist[1]; der Satz I a besagt: $H^r(Z) \subset L^r(Z)$. Ferner bilden diejenigen Komplexe in $L^r(Z)$, die Zyklen sind, offenbar eine Gruppe $Z^r(Z)$, die ihrerseits die Gruppe $H^r(Z)$ enthält; die Elemente von $Z^r(Z)$ nennen wir kurz die „*Zyklen der Zerspaltung* Z"; (man kann $Z^r(Z)$ als den Gruppendurchschnitt $Z^r(Z) = L^r(Z) \cdot Z^r(K)$ definieren). Schließlich führen wir noch die Restklassengruppen $B^r(Z) = Z^r(Z) - H^r(Z)$ ein; ihre Elemente sind die „*Homologieklassen von* Z".

Ist Z die Urzerspaltung (Nr. 2), so sind dies die gewöhnlichen Zyklen und Homologieklassen sowie die Gruppen $Z^r(K)$, $H^r(K)$, $B^r(K)$. Formal kann man mit den Homologieklassen einer beliebigen algebraischen Zerspaltung ebenso operieren wie mit den Homologieklassen der Urzerspaltung; wichtig werden aber besonders diejenigen Zerspaltungen sein, bei denen diese Operationen zu denselben Ergebnissen führen wie bei der Urzerspaltung. Das somit vorhandene Problem läßt sich so präzisieren:

Jede Homologieklasse von Z — also jedes Element von $B^r(Z)$ — ist in einer Homologieklasse von K — einem Element von $B^r(K)$ — enthalten; wir fragen:

I) Ist in *jeder* Homologieklasse von K eine Homologieklasse von Z enthalten? Mit anderen Worten: Besitzt jede Homologieklasse von K einen Repräsentanten in Gestalt eines Zyklus von Z?

II) Ist in jeder Homologieklasse von K *höchstens eine* Homologieklasse von Z enthalten? Mit anderen Worten: Wenn zwei Zyklen der Zerspaltung Z einander homolog in K sind, sind sie dann auch immer einander homolog in Z, d. h. beranden sie dann zusammen auch einen Komplex von Z?

Wie man leicht sieht (vgl. Nr. 10), ergibt sich aus der Bejahung beider Fragen der Isomorphismus der Gruppen $B^r(Z)$ und $B^r(K)$. In diesem Fall sind die Bausteine von Z ebenso brauchbar zur Untersuchung der Homologien und Bettischen Gruppen wie die Simplexe.

Wir werden eine recht allgemeine Klasse algebraischer Bausteine angeben — die „Zellen" —, bei deren Verwendung die Fragen I) und II) zu bejahen sind.

7. Kombinatorische Zellen. Zellenzerspaltungen. Ein Baustein heißt eine „*kombinatorische Zelle*", wenn jedes Element E_i^r des Bausteines *simplexartig* bis auf seine Oberfläche F_i ist, d. h. (vgl. Kap. IV, § 6, Nr. 9) wenn jedes Element E_i^r die beiden folgenden Bedingungen erfüllt:

1) jeder höchstens $(r-1)$-dimensionale Relativzyklus bis auf F_i in E_i^r berandet bis auf F_i in E_i^r;

2) es gibt einen solchen ganzzahligen r-dimensionalen Relativzyklus X_i^r bis auf F_i in E_i^r, daß sich *jeder* r-dimensionale Relativzyklus bis auf F_i in E_i^r (irgendeines Koeffizientenbereiches) auf eine und nur eine Weise in der Form tX_i^r darstellen läßt.

[1] $H^r(Z) = H^r_{\mathfrak{J},\mathfrak{J}'}(Z)$; $\mathfrak{J}, \mathfrak{J}'$ beliebig.

Wenn keine Verwechslung mit konvexen Zellen zu befürchten ist, lassen wir das Beiwort „kombinatorisch" zuweilen weg.

Eine Simplexhülle mit den Seiten des Simplexes als Elementen der Zerspaltung ist das einfachste Beispiel einer Zelle. Ferner werden wir im § 2 sehen, daß das Analoge für jede Zellenhülle gilt. Weitere Beispiele werden in Nr. 13 und 14 angegeben werden.

Eine Zerspaltung heißt eine „*Zellenzerspaltung*", wenn ihre Bausteine kombinatorische Zellen sind. Die obengenannte Eigenschaft 2 der kombinatorischen Zellen zeigt, daß jede Zellenzerspaltung eine algebraische Zerspaltung ist.

8. Jetzt knüpfen wir an die beiden Fragen an, die am Schluß von Nr. 6 ausgesprochen wurden; zuerst zeigen wir, daß die Frage I zu bejahen ist, falls die Bausteine von Z Zellen sind:

Satz II. *Z sei eine Zellenzerspaltung des Komplexes K; z^r sei irgendein Zyklus aus K. Dann gibt es einen solchen Zyklus ζ^r der Zerspaltung Z, daß $\zeta^r \sim z^r$ in K ist.*

Beweis. Wir sagen, daß ein algebraischer Komplex $A \subset K$ „in das Element E_i" der Zerspaltung Z „eindringt", wenn ein Simplex von A inneres Simplex von E_i ist. Zum Beweis des Satzes II genügt es, einen mit z^r homologen Zyklus ζ^r von K zu konstruieren, der in kein höher als r-dimensionales Element eindringt; denn ein solcher Zyklus ζ^r liegt auf $K^r(\mathrm{Z})$, und ist daher nach Satz I Zyklus von Z.

Die Konstruktion eines solchen ζ^r aber gelingt offenbar durch wiederholte Anwendung des folgenden Hilfssatzes:

Hilfssatz 1. Die Voraussetzungen des Satzes II seien erfüllt; s sei die größte Zahl, für die z^r in ein s-dimensionales Element eindringt, und es sei $s > r$. Dann gibt es einen Zyklus y^r mit $y^r \sim z^r$, der erstens in kein Element einer Dimensionszahl $> s$ eindringt und der zweitens in weniger s-dimensionale Elemente eindringt als z^r.

Beweis des Hilfssatzes. z^r dringe in das Element E_1^s ein; die Oberfläche von E_1^s sei F_1. Die zu z^r gehörigen inneren Simplexe von E_1^s bilden, wenn man die ihnen in z^r zugeteilten Koeffizienten beibehält, einen algebraischen Komplex C_1^r; dann gehört der Durchschnitt von E_1^s mit $|z^r - C_1^r|$, und daher auch der Durchschnitt von E_1^s mit $|(z^r - C_1^r)^\cdot|$ $= |\dot{C}_1^r|$, also $|\dot{C}_1^r|$ selbst zu F_1; C_1^r ist somit Relativzyklus in E_1^s bis auf F_1, und seine Dimension ist $\leqq s - 1$. Infolge der Eigenschaft (β) — vgl. Kap. IV, § 6, Nr. 8, Nr. 9 — gibt es daher Komplexe $D^{r+1} \subset E_1^s$, $Q^r \subset F_1$ mit

$$C_1^r = \dot{D}^{r+1} + Q^r.$$

$Q^r - C_1^r$ ist also Zyklus und ~ 0 in E_1^s; der Zyklus

$$y^r = z^r + Q^r - C_1^r$$

erfüllt dann die Behauptung des Hilfssatzes 1.

Damit sind der Hilfssatz 1 und der Satz II bewiesen.

9. Jetzt bejahen wir auch die Frage II aus Nr. 6 für den Fall, daß die Bausteine von Z Zellen sind:

Satz III. *Z sei eine Zellenzerspaltung des Komplexes K; ζ^r sei ein Zyklus dieser Zerspaltung; er berande einen Komplex C^{r+1} in K. Dann berandet ζ^r auch einen Komplex Γ^{r+1} der Zerspaltung Z.*

Zum Zweck eines später zu führenden Beweises (§ 2, Satz II) brauchen wir noch eine Verallgemeinerung dieses Satzes; die Voraussetzung über Z besagt, daß jedes Element bis auf seine Oberfläche monozyklisch ist und die Eigenschaft (β) besitzt; wir ersetzen die letztgenannte Voraussetzung durch die schwächere, daß die Elemente bis auf ihre Oberflächen die Eigenschaft (γ) — vgl. Kap. IV, § 6, Nr. 8 — besitzen; da, wie wir wissen (Kap. IV, a. a. O.), (γ) aus (β) folgt, ist in der Tat der folgende Satz eine Verallgemeinerung des Satzes III:

Satz III'. *Die Elemente der Zerspaltung Z des Komplexes K seien so beschaffen, daß sie bis auf ihre Oberflächen monozyklisch sind und die Eigenschaft (γ) aus Kap. IV, § 6, Nr. 8 besitzen. Dann gilt das im Satz III über Zyklen ζ^r Behauptete.*

Beweis von III'. Es genügt, einen Komplex Γ^{r+1} in K mit $\dot{\Gamma}^{r+1} = \zeta^r$ anzugeben, der in kein höher als $(r+1)$-dimensionales Element eindringt; denn ein solcher Γ^{r+1} liegt auf $K^{r+1}(Z)$ und, da ζ^r Zyklus der Zerspaltung Z ist, liegt $\dot{\Gamma}^{r+1} = \zeta^r$ auf $K^r(Z)$; Γ^{r+1} ist also Relativzyklus bis auf $K^r(Z)$ und daher nach Satz I Komplex der Zerspaltung Z.

Die Konstruktion eines solchen Γ^{r+1} gelingt durch wiederholte Anwendung des folgenden Hilfssatzes:

Hilfssatz 2. Die Voraussetzungen des Satzes III' seien erfüllt; $\dot{C}^{r+1} = \zeta^r$ sei Zyklus von Z; s sei die größte Zahl, für die C^{r+1} in ein s-dimensionales Element eindringt, und es sei $s > r+1$. Dann gibt es einen Komplex D^{r+1} mit $\dot{D}^{r+1} = \dot{C}^{r+1}$, der erstens in kein Element einer Dimensionszahl $> s$ eindringt und der zweitens in weniger s-dimensionale Elemente eindringt als C^{r+1}.

Beweis des Hilfssatzes. C^{r+1} dringe in E_1^s ein. Ähnlich wie im Beweise des Hilfssatzes 1 verstehen wir unter C_1^{r+1} den Komplex, der aus denjenigen Simplexen von C^{r+1} besteht, welche innere Simplexe von E_1^s sind; ebenso wie an der früheren Stelle ergibt sich: der Durchschnitt von E_1^s mit $|(C^{r+1} - C_1^{r+1})^{\cdot}|$ gehört zu der Oberfläche F_1 von E_1^s; da $|\dot{C}^{r+1}| \subset K^r(Z)$ ist, enthält auch $\dot{C}^{r+1}$ kein inneres Simplex von E_1^s; folglich liegt $\dot{C}_1^{r+1} = \dot{C}^{r+1} - (C^{r+1} - C_1^{r+1})^{\cdot}$ auf F_1; $\dot{C}_1^{r+1}$ ist also ein höchstens $(s-2)$-dimensionaler Zyklus in F_1 und ~ 0 in E_1^s. Infolge der Eigenschaft (γ) gibt es daher einen Komplex $Q^{r+1} \subset F_1$ mit $\dot{Q}^{r+1} = \dot{C}_1^{r+1}$. Dann erfüllt der Komplex

$$D^{r+1} = C^{r+1} + Q^{r+1} - C_1^{r+1}$$

die Behauptungen des Hilfssatzes 2.

Damit sind der Hilfssatz 2 und die Sätze III' und III bewiesen.

10. Die Bettischen Gruppen einer Zellenzerspaltung. Die in Nr. 6 aufgeworfenen Fragen I) und II) sind damit für jede Zerspaltung in kombinatorische Zellen bejaht. Die dadurch festgestellte Gleichberechtigung der Zellen mit den Simplexen hat insbesondere (wie auch schon in Nr. 6 angedeutet) den folgenden *Hauptsatz* über die Zellenzerspaltungen zur Folge:

Satz IV. *Z sei eine Zellenzerspaltung des Komplexes K. Dann gelten — für jede Dimension und beliebige Koeffizientenbereiche — die Isomorphien*

$$B^r(Z) \approx B^r(K).$$

Beweis. Wir ordnen jedem Zyklus ζ^r der Zerspaltung Z diejenige Homologieklasse von K zu, die ihn enthält. Das ist eine homomorphe Abbildung der Gruppe $Z^r(Z)$ in die Gruppe $B^r(K)$. Der Satz II besagt, daß es eine Abbildung *auf* $B^r(K)$ ist. Daß ζ^r gewiß ~ 0 ist, falls er in $H^r(Z)$ enthalten ist, ist trivial; daß *nur dann* $\zeta^r \sim 0$ ist, falls $\zeta^r \subset H^r(Z)$ ist, ist der Inhalt des Satzes III; folglich ist $H^r(Z)$ der Kern unseres Homomorphismus. Nach dem Homomorphiesatz ist daher $Z^r(Z) - H^r(Z) \approx B^r(K)$, w. z. b. w.

11. Die allgemeine Euler-Poincarésche Formel. Die Gleichberechtigung einer Zellenzerspaltung mit der Urzerspaltung hat auch eine Erweiterung des Gültigkeitsbereiches der Euler-Poincaréschen Formel zur Folge. Wir verstehen für eine beliebige Zerspaltung Z eines endlichen Komplexes K unter $\alpha^r(Z)$ die Anzahl der r-dimensionalen Elemente und nennen

$$\chi(Z) = \sum (-1)^r \alpha^r(Z)$$

die Eulersche Charakteristik von Z; ist Z die Urzerspaltung, so ist sie mit der Eulerschen Charakteristik $\chi(K) = \sum (-1)^r \alpha^r(K)$ des Komplexes K identisch; die Identität

$$\chi(K) = \sum (-1)^r p^r, \tag{2}$$

wobei die p^r wie immer die Bettischen Zahlen sind (Kap. V, § 2, Nr. 5), nennen wir jetzt die „spezielle" Euler-Poincarésche Formel. Wir behaupten:

Satz V. *Ist Z eine Zellenzerspaltung des endlichen Komplexes K, so ist*

$$\chi(Z) = \chi(K), \tag{3}$$

und es gilt die „allgemeine" Euler-Poincarésche Formel

$$\chi(Z) = \sum (-1)^r p^r. \tag{4}$$

Beweis. Für *jede* algebraische Zerspaltung Z des endlichen Komplexes K ist die in Nr. 6 definierte Gruppe $B^r_{\mathfrak{G}}(Z)$ eine Gruppe von endlich-vielen Erzeugenden; sie besitzt daher einen endlichen Rang π^r. Der Rang der in Nr. 4 definierten Gruppe $L^r_{\mathfrak{G}}(Z)$ ist $\alpha^r(Z)$. Zwischen den $\alpha^r(Z)$ und den π^r besteht die Relation

$$\sum (-1)^r \alpha^r(Z) = \sum (-1)^r \pi^r; \tag{5}$$

man beweist sie wörtlich ebenso wie die spezielle Euler-Poincarésche Formel. Sind nun die Bausteine von Z *Zellen*, so folgt aus Satz IV, daß $\pi^r = p^r$ ist; aus (5) ergibt sich daher (4) und hieraus auf Grund von (2) die Behauptung (3)[1].

12. Konvex-kombinatorische Zellen. Neben den Simplexhüllen, die, in die Simplexseiten zerspalten, kombinatorische Zellen darstellen (Nr. 7), liefern die *konvexen* Zellen, die ja auch den Ausgangspunkt unserer Überlegungen bildeten (Nr. 1), die wichtigsten kombinatorischen Zellen: Es sei K ein Zellenkomplex (Kap. III), K' simpliziale Unterteilung von K; E_i^r seien diejenigen Teilkomplexe von K', die die Unterteilungen der Seiten von K sind; aus den Komplexeigenschaften von K ergibt sich, daß die E_i^r eine Zerspaltung Z von K' bilden; die Bausteine einer solchen Zerspaltung nennen wir *konvex-kombinatorische oder „kk-Zellen"*.

Dann gilt der wichtige Satz:

(kk): *Die kk-Zellen sind kombinatorische Zellen.*

Da die Elemente einer kk-Zelle „Zellenhüllen", ihre Oberflächen „Zellenränder" sind (Kap. III, § 1, Nr. 2), ist dieser Satz auf Grund der Bedingung (A) aus Kap. IV, § 6, Nr. 10 in den beiden folgenden Sätzen enthalten:

(e): *Jede simpliziale Zellenhülle ist ein H-Simplex.*

(f): *Jeder* $(r-1)$*-dimensionale simpliziale Zellenrand ist eine* HS^{r-1}.

Wir werden die Sätze (e) und (f), und damit den Satz (kk), erst im § 2, Nr. 7 (Sätze VIII und IX) beweisen; trotzdem werden wir in dieser Nummer bereits die wichtigen Folgen des Satzes (kk) aussprechen; im übrigen dient er uns nur noch in der nächsten Nummer zur Bildung von Beispielen kombinatorischer Zellen; sonst wird der Satz in diesem Kapitel nirgends benutzt.

Wir kehren zu dem Zellenkomplex K zurück und nehmen also den Satz (kk) als bewiesen an. Das Basiselement X_i^r von E_i^r (Nr. 4) ist Repräsentant einer Orientierung der berandeten orientierbaren Pseudomannigfaltigkeit E_i^r (Kap. IV, § 5, Nr. 9, 11); wir nennen die X_i^r kurz die „orientierten (kombinatorischen) Zellen" von K. Anstatt von den algebraischen Komplexen, Zyklen, Homologieklassen der Zerspaltung Z und den Gruppen $L^r(\mathrm{Z})$, $B^r(\mathrm{Z})$ usw. sprechen wir jetzt von den algebraischen Komplexen usw. des Zellenkomplexes K und den Gruppen $L^r(K)$, $B^r(K)$ usw.[2] Die bisherigen Ergebnisse dieses Paragraphen, angewandt auf die Zerspaltung Z der Unterteilung K' des Zellenkomplexes K können wir dann so zusammenfassen:

Die orientierten Zellen eines Zellenkomplexes K sind ebenso zur Bildung von algebraischen Komplexen, Zyklen, Homologieklassen zu ge-

---

[1] Wegen eines zweiten Beweises von (3), und damit von (4), vgl. man Nr. 2 des Anhanges zu den Kap. IV, V, VI.

[2] Man könnte auch, da man den Begriff der orientierten Zelle hat, Gruppen $L^r(K)$, $B^r(K)$ usw. von vornherein genau so definieren wie im simplizialen Fall; diese Gruppen wären den soeben im Text definierten Gruppen isomorph.

brauchen wie die orientierten Simplexe eines simplizialen Komplexes. Die auf diese Weise gebildeten Bettischen Gruppen von K sind den entsprechenden Bettischen Gruppen einer simplizialen Unterteilung K' von K isomorph. Die zu diesen Gruppen gehörigen Bettischen Zahlen p^r *erfüllen zusammen mit den Anzahlen* α^r *der r-dimensionalen Zellen von K die Euler-Poincarésche Formel.*

Aus dieser Euler-Poincaréschen Formel und dem Satz (f) folgt insbesondere:

Bezeichnet α^s *die Anzahl der s-dimensionalen Seiten einer r-dimensionalen konvexen Zelle, so ist*

$$\sum_{s=0}^{r-1}(-1)^s\alpha^s = 1 + (-1)^{r-1}.$$

Für $r = 3$ ist dies der klassische Satz von EULER.

Wir betonen nochmals: die Beweise von (e) und (f) sind noch nachzutragen, und dies wird im § 2, Nr. 7 (Sätze VIII, IX) geschehen.

13. Weitere Beispiele. Mit den kk-Zellen ist die Gesamtheit der kombinatorischen Zellen keineswegs erschöpft (man vgl. z. B. die in Kap. IV, § 6, Nr. 10 angegebenen Beispiele zu B). Ein Verfahren, welches einen großen Vorrat allgemeinerer (wenn auch nicht aller) und praktisch ebenfalls brauchbarer kombinatorischer Zellen liefert, ist das der folgenden „Rand-Identifikation":

Es sei zunächst ein beliebiger Baustein B mit dem Grundelement E und der Oberfläche F gegeben. E_1, E_2 seien zwei eigentliche Seiten von E mit der folgenden Eigenschaft $\mathfrak{R}$: wenn alle Eckpunkte eines Simplexes $|y|$ des Komplexes E zu einer der Seiten E_i, $i = 1, 2$, gehören, so gehört $|y|$ zu E_i[1]. Es gebe eine simpliziale Abbildung f von E_1 auf E_2 mit folgender Eigenschaft: sie bildet E_1 isomorph auf E_2 und jede Seite von E_1 isomorph auf eine Seite von E_2 ab. Ferner sei g eine simpliziale Abbildung von E auf einen Komplex E' mit folgender Eigenschaft: Für zwei voneinander verschiedene Eckpunkte a und b von E ist dann und nur dann $g(a) = g(b)$, wenn $b = f(a)$ oder $a = f(b)$ ist.

Dann verifiziert man leicht (unter Benutzung von $\mathfrak{R}$): Die durch g gelieferten Bilder der Seiten von E bilden eine Zerspaltung von E'; da $E' = g(E)$ ist, wird somit E' zu einem Baustein B', dessen Seiten die Bilder der Seiten von B sind. Wir sagen, daß B' aus B durch Identifikation von E_1 und E_2 entstanden ist[2].

Wir behaupten nun: *Wenn B eine kombinatorische Zelle ist, so ist auch B' eine kombinatorische Zelle.*

In der Tat: Man hat zu zeigen, daß jedes Element von B' die Eigenschaft besitzt, simplexartig bis auf seine Oberfläche zu sein; diese Eigenschaft läßt sich unter ausschließlicher Benutzung der *inneren* Simplexe des Elementes, ohne Benutzung der Simplexe der Oberfläche ausdrücken; aber zwischen dem Komplex der inneren Simplexe eines Elementes E'_i von B' und denen des Elementes bzw. der beiden Elemente $g^{-1}(E'_i)$ von B besteht vermittels g eine *isomorphe* Beziehung; daher überträgt sich die Eigenschaft, bis auf die Oberfläche simplexartig zu sein, von den Elementen von B auf die Elemente von B'. (Diese Andeutung wird dem Leser zur vollstnädigen Beweisführung genügen.)

---

[1] Wenn die Eigenschaft $\mathfrak{R}$ nicht von vornherein vorliegt, so kann man sie durch eine Unterteilung von E herstellen; vgl. S. 336, Fußnote 1, oder S. 404, Fußnote.

[2] Faßt man Komplexe als diskrete Räume auf (Kap. III, § 1, Nr. 8), so ordnet sich dieser Identifikationsbegriff dem von Kap. I, § 5, Nr. 3 unter.

Dieses Verfahren, evtl. wiederholt angewandt, erzeugt aus einer vorgelegten kombinatorischen Zelle, z. B. einer *kk*-Zelle, neue kombinatorische Zellen.

Ein Beispiel: Identifiziert man an einer ebenen viereckigen *kk*-Zelle ein Paar gegenüberliegender Kanten (d. h. eindimensionaler Seiten), so entsteht eine Zelle, die neben dem Grundelement E^2 noch drei eindimensionale und zwei nulldimensionale Elemente besitzt; je nachdem, in welchen Richtungen man die Kanten des Vierecks identifiziert hat, ist E^2 von der Gestalt eines ebenen Kreisringes oder eines Möbiusschen Bandes; im ersten Fall sind zwei von den drei eindimensionalen Elementen einfach geschlossene Streckenzüge, einer ist ein einfacher Streckenzug; im zweiten Fall sind alle drei eindimensionalen Elemente einfache Streckenzüge.

Ein Beispiel einer Zellenzerspaltung: Man gehe von einer solchen Triangulation K der projektiven Ebene aus, daß darin die Unterteilungen E_1^1, E_2^1 zweier Geraden mit einem gemeinsamen Eckpunkt E_1^0 auftreten; die Triangulationen der beiden Teile, in die die Ebene durch $\bar{E}_1^1 + \bar{E}_2^1$ zerlegt wird, seien E_1^2 und E_2^2. Die fünf genannten E_i^r, $r = 0, 1, 2$, bilden eine Zerspaltung von K in Zellen: jedes E_i^1 ist aus einem einfachen Streckenzug (also einer eindimensionalen *kk*-Zelle) durch Identifizierung der beiden Endpunkte entstanden (wobei E_1^0 den identifizierten Punkten entspricht); jedes E_i^2 ist aus einem ebenen, von einem konvexen Polygon begrenzten Komplex durch Identifizierung zweier Punkte des Polygons entstanden. An den Anzahlen $\alpha^0 = 1$, $\alpha^1 = 2$, $\alpha^2 = 2$ bestätigt man den Eulerschen Polyedersatz: $1 - 2 + 2 = 1 = \chi(K)$.[1]

Weitere Beispiele findet man in dem Anhang zu den Kap. IV, V, VI, Nr. 19ff.

14. Erweiterung des Zellenbegriffes. Einen gewissen Typus von Zellen haben wir bisher nicht besonders hervorgehoben: E^1 bestehe etwa aus zwei Strecken $|x_1^1|$, $|x_2^1|$, die einen gemeinsamen Eckpunkt a haben; die freien Eckpunkte von $|x_1^1|$ und $|x_2^1|$ seien b_1 bzw. b_2; wir setzen $E_1^0 = b_1$, $E_2^0 = a$, und man bestätigt: E^1, E_1^0, E_2^0 bilden eine Zerspaltung von E^1, und zwar liegt eine Zelle vor; dabei besteht die Oberfläche F von E^1 aus den Punkten E_1^0, E_2^0; b_2 ist inneres Simplex des Elementes E^1. Das Basiselement von E^1 ist $X = x_1^1$. Wir sehen daraus: Für das Basiselement X des Elementes E^r einer Zellenzerspaltung braucht nicht $|X| = E^r$ zu sein; $|X|$ darf vielmehr auch echter Teil von E^r sein. (Natürlich darf, wenn das eben beschriebene Element in der Zellenzerspaltung eines größeren Komplexes auftritt, der Punkt b_2 niemals einem weiteren Element neben E^1 angehören, da der Durchschnitt von E^1 mit jedem anderen Element ja zu F gehören muß.)

Es kann also Simplexe geben — nämlich die nicht zu $|X|$ gehörigen Simplexe von E^r —, die in keinem algebraischen Komplex der betreffenden Zerspaltung auftreten; denn jeder solche algebraische Komplex ist ja lineare Verbindung der X_i. Diese Simplexe nennen wir „neutral".

Das Auftreten neutraler Simplexe legt eine Verallgemeinerung unseres bisherigen Zellenbegriffes nahe, die, wie wir nachher sehen werden (Nr. 15), für manche Anwendungen geradezu unentbehrlich ist; sie besteht in der Zulassung von Elementen, deren *sämtliche* Simplexe neutral sind.

---

[1] Diese Zellenzerspaltung der projektiven Ebene wird an der in Fußnote 1, S. 241 zitierten Stelle von HILBERT und COHN-VOSSEN behandelt.

Wir knüpfen an Kap. IV, § 6, Nr. 6 an; dem dort benutzten Begriff „monozyklisch bis auf F“ stellen wir den folgenden Begriff an die Seite: der r-dimensionale Komplex E^r heißt *„azyklisch bis auf F“*, wenn es in E^r keinen von Null verschiedenen r-dimensionalen Relativzyklus (irgendeines Koeffizientenbereiches) bis auf F gibt. Das einfachste Beispiel ist eine Strecke E^1, wenn F einer der Eckpunkte ist.

Sodann verallgemeinern wir die in Nr. 4 aufgestellte Definition folgendermaßen: Eine Zerspaltung heißt *algebraisch (im weiteren Sinne)*, wenn jedes Element bis auf seine — des Elementes — Oberfläche entweder monozyklisch oder azyklisch ist. Dem in Nr. 7 benutzten Begriff des „bis auf F simplexartigen“ Komplexes stellen wir den folgenden an die Seite: E^r heißt *„neutral bis auf F“*, wenn er azyklisch bis auf F ist und wenn außerdem E^r und F die Eigenschaft 1) aus Nr. 7 besitzen (oder kurz: wenn jeder Relativzyklus *beliebiger* Dimension bis auf F in E^r homolog Null bis auf F ist). Schließlich verstehen wir unter einer *„Zellenzerspaltung (im weiteren Sinne)“* eine Zerspaltung, deren Elemente bis auf ihre Oberflächen entweder simplexartig oder neutral sind; die bis auf ihre Oberflächen simplexartigen Elemente nennen wir die *wesentlichen*, die bis auf ihre Oberfläche neutralen Elemente kurz die *neutralen Elemente* der Zerspaltung.

An den Schlüssen und Ergebnissen der Nummern 4 bis 11 ändert sich, wenn wir die früheren Begriffe durch die eben eingeführten allgemeineren ersetzen, so gut wie nichts: in Nr. 4 sind die X_i^r die Basiselemente derjenigen E_i^r, die monozyklisch bis auf die Oberflächen sind — die bis auf die Oberflächen azyklischen E_i^r besitzen keine Basiselemente; die algebraischen Komplexe der Zerspaltung sind die Linearformen in den X_i^r. Wenn im Beweis des Satzes I das Element E_i^r, dem der Komplex C_i^r angehört, azyklisch bis auf seine Oberfläche ist, so ist $C_i^r = 0$; es tritt also keinerlei Änderung ein. In den Beweisen der Sätze II und III kommen nur noch die niedriger als r-dimensionalen Relativzyklen in E_i^r hinzu; in bezug auf diese ist aber alles beim Alten geblieben. Im Satz V hat man die $\alpha^r(Z)$ natürlich durch die Anzahlen $\beta^r(Z)$ der *wesentlichen* r-dimensionalen Elemente zu ersetzen, denn diese Anzahlen sind die Ränge der Gruppen $B_{\mathfrak{G}}^r(Z)$.

Wir dürfen also sagen:

Z sei eine Zellenzerspaltung (im weiteren Sinne). Dann gelten die Sätze I bis V unverändert, wenn man unter einem algebraischen Komplex von Z eine Linearform in den Basiselementen der wesentlichen Elemente der Zerspaltung versteht und $\alpha^r(Z)$ im Satz V durch die Anzahl der r-dimensionalen wesentlichen Elemente ersetzt.

Wir werden von dieser Verallgemeinerung sogleich Gebrauch machen.

15. Unendliche Komplexe. Abgesehen von dem Satze V haben wir in diesem Paragraphen niemals vorausgesetzt, daß die betrachteten Komplexe K endlich sind:

Die Sätze I bis IV gelten auch für die Zerspaltungen unendlicher Komplexe, und zwar für Zerspaltungen im weiteren Sinne (Nr. 14).

Dabei sind die Gruppen $L^r_{\mathfrak{G}}(Z)$, und daher auch die Gruppen $B^r_{\mathfrak{G}}(Z)$ im allgemeinen nicht — (die Gruppen $L^r_{\mathfrak{G}}(K)$ niemals) — Gruppen mit endlichen Erzeugendensystemen. Es kann jedoch vorkommen, daß sich die $L^r_{\mathfrak{G}}(Z)$ und daher auch die $B^r_{\mathfrak{G}}(Z)$ durch endlich-viele Elemente erzeugen lassen: nämlich dann, wenn es in der Zerspaltung Z nur endlich-viele wesentliche Elemente gibt; denn die Basiselemente X^r_i der wesentlichen Elemente erzeugen ja $L^r_{\mathfrak{G}}(Z)$.

Hier rechtfertigt sich die Zulassung der neutralen Elemente: denn der Fall nur endlich-vieler wesentlicher Elemente würde ohne die Zulassung neutraler Elemente bedeuten, daß der unendliche Komplex in endlich-viele Elemente zerspalten ist, von denen jedes wesentlich und mindestens eines selbst ein unendlicher Komplex ist. Aber Elemente, die zugleich unendlich und wesentlich sind, treten praktisch kaum auf; der Grund hierfür ist, daß in den meisten Beispielen die Elemente regulär zusammenhängend sind und daß der folgende Satz gilt: *Ein regulär zusammenhängender unendlicher Komplex E^r ist stets azyklisch bis auf den Komplex E^* seiner singulären $(r-1)$-dimensionalen Seiten.*

In der Tat: Ist C^r Relativzyklus bis auf E^*, so ist $|C^r|$ definitionsgemäß ein endlicher Komplex, $E^r - |C^r|$ ist also nicht leer; es gibt also Simplexe x^r_i von E^r, die in C^r mit dem Koeffizienten 0 auftreten; dann folgt aus dem regulären Zusammenhang (vgl. den Beweis von Satz V_1, Kap. IV, § 5, Nr. 8), daß *alle* Simplexe von E^r in C^r den Koeffizienten 0 haben, daß also $C^r = 0$ ist. —

Bei Zulassung neutraler Elemente dagegen sind Zellenzerspaltungen unendlicher Komplexe mit nur endlich-vielen wesentlichen Elementen von praktischer Bedeutung. Ein Beispiel: K sei eine Triangulation eines unendlichen Kreiszylinders, E^1 sei die zu K gehörige Unterteilung eines Breitenkreises des Zylinders, E^0 ein Eckpunkt von E^1; E^2_1, E^2_2 seien die Hälften, in die K durch E^1 zerlegt wird; dann bilden E^2_1, E^2_2, E^1, E^0 eine Zellenzerspaltung von K; E^2_1, E^2_2 sind neutral, E^1, E^0 wesentlich. (Daß die E^2_i neutral bis auf $F = E^1$ sind, bedarf noch des Beweises; daß sie azyklisch bis auf F sind, folgt aus der oben über unendliche regulär zusammenhängende Komplexe festgestellten Tatsache; aber daß jeder eindimensionale Relativzyklus bis auf F homolog 0 bis auf F ist, muß gezeigt werden.)

Wenn also eine Zellenzerspaltung Z des unendlichen Komplexes K mit nur endlich-vielen wesentlichen Elementen vorliegt, so haben die Gruppe $L^r_{\mathfrak{G}}(Z)$ und daher auch $B^r_{\mathfrak{G}}(Z)$ endlich-viele Erzeugende; aus Satz IV folgt dann dasselbe für die Gruppe $B^r_{\mathfrak{G}}(K)$; folglich sind insbesondere die Bettischen Zahlen endlich. Dann läßt sich auch der Beweis des Satzes V, den wir oben nur für endliche Komplexe ausgesprochen haben, insofern wörtlich beibehalten, als er zu der Formel (4) führt[1]; Formel (3) hat keinen Sinn, da $\chi(K)$ nicht definiert ist. Fassen wir zusammen:

Wenn der unendliche Komplex K eine Zellenzerspaltung Z (im weiteren Sinne, gemäß Nr. 14) mit nur endlich-vielen wesentlichen Elementen gestattet, so sind seine Bettischen Gruppen $B^r_{\mathfrak{G}}(K)$ Gruppen mit endlich-

[1] Dabei ist immer $\alpha^r(Z)$ durch $\beta^r(Z)$ zu ersetzen, auch in der Definition von $\chi(Z)$.

vielen Erzeugenden; insbesondere sind seine Bettischen Zahlen endlich, und es gilt die allgemeine Euler-Poincarésche Formel

$$\sum(-1)^r \beta^r = \sum(-1)^r p^r,$$

wobei β^r *die Anzahl der r-dimensionalen wesentlichen Elemente von* Z *ist.*

§ 2. Unterteilung Euklidischer Komplexe.

1. Der Hauptsatz des gegenwärtigen Paragraphen ist der Satz von der *Invarianz der Bettischen Gruppen eines Komplexes gegenüber Unterteilungen*; er lautet (Nr. 5): *K sei ein simplizialer Euklidischer Komplex, K' eine simpliziale Unterteilung von K* (Kap. III, § 2); *dann sind K' und K einander vollständig homologie-äquivalent* (Kap. V, § 1, Nr. 7).

Man kann den Satz noch etwas anders aussprechen. Zwei Komplexe K_1 und K_2 mögen „*kombinatorisch verwandt*" miteinander heißen, wenn sie Unterteilungen K_1' bzw. K_2' besitzen, die miteinander isomorph sind (oder, wie man zuweilen kurz sagt: wenn sie eine gemeinsame Unterteilung $K_1' = K_2'$ besitzen). Da nach dem Invarianzsatz einerseits K_1 und K_1', andererseits K_2 und K_2' vollständig homologie-äquivalent miteinander sind, und die Homologie-Äquivalenz von K_1' und K_2' trivial ist, so folgt: *Kombinatorisch verwandte Komplexe sind vollständig homologie-äquivalent.* Umgekehrt enthält dieser Satz natürlich den obigen Invarianzsatz, da ein Komplex mit jeder seiner Unterteilungen kombinatorisch verwandt ist.

Die Homologie-Äquivalenz kombinatorisch verwandter Komplexe ist in der Homologie-Äquivalenz von Komplexen, welche simpliziale Zerlegungen homöomorpher Polyeder sind, also in dem Satz von der *topologischen* Invarianz der Bettischen Gruppen, als Spezialfall enthalten. Da von den Beweisen, die wir für diesen topologischen Invarianzsatz angeben werden (Kap. VIII, § 4, Nr. 4; Kap. IX, § 2, Nr. 4 und Nr. 8), einer (Kap. VIII, a. a. O.) — aber auch nur dieser — die Invarianz der Bettischen Gruppen gegenüber Unterteilungen *nicht* benutzt, ist der Inhalt des gegenwärtigen Paragraphen für den Aufbau der Topologie der Polyeder nicht unbedingt notwendig. Trotzdem glauben wir auf die kombinatorisch-elementargeometrische Herleitung der Unterteilungsinvarianz nicht verzichten zu dürfen, erstens aus methodischen Gründen, zweitens weil dadurch andere Beweise der topologischen Invarianz vorbereitet werden, die ebenfalls Interesse verdienen (Kap. IX, a. a. O.).

Man hat die Vermutung ausgesprochen, daß aus der Homöomorphie der Polyeder $\bar{K}_1$ und $\bar{K}_2$ die kombinatorische Verwandtschaft der Komplexe K_1 und K_2 folgt — das ist die sog. „Hauptvermutung der kombinatorischen Topologie"; falls diese Vermutung richtig ist, so ist durch den Invarianzsatz dieses Paragraphen bereits die topologische Invarianz der Bettischen Gruppen bewiesen[1].

---

[1] Man beachte die Fußnote 2 auf S. 152.

2. Unterteilung algebraischer Komplexe. Der Komplex $|X|$ sei eine simpliziale Unterteilung des Euklidischen Simplexes $|y^n|$ (Kap. III, § 2); $|x_i^n|$ seien die Simplexe von $|X|$. Jetzt sei y^n eine Orientierung von y^n; dadurch ist eine Orientierung des R^n gegeben, in dem $|y^n|$ liegt, und diese Orientierung wiederum bewirkt Orientierungen x_i^n der $|x_i^n|$ (Kap. IV, § 2, Nr. 6). Unter der zu $|X|$ gehörigen Unterteilung von y^n verstehen wir nun den algebraischen Komplex $X = \sum x_i^n$; es ist klar, daß dann $-X$ die zu $|X|$ gehörige Unterteilung von $-y^n$ ist.

Es sei nun $C = \sum t^j y_j^n$ ein algebraischer Komplex, $|C|$ Euklidisch, $|C'|$ Unterteilung von $|C|$; $|C'|$ bewirkt eine Unterteilung $|X_j|$ jedes Simplexes $|y_j^n|$; wir haben erklärt, was unter X_j zu verstehen ist; jetzt verstehen wir unter der zu $|C'|$ gehörigen Unterteilung von C den algebraischen Komplex $C' = \sum t^j X_j$.

Gehören die algebraischen Komplexe C, C_1, C_2 dem (absoluten Euklidischen) Komplex K an, von dem eine Unterteilung K' vorliegt, und bezeichnen wir die zugehörigen Unterteilungen der algebraischen Komplexe immer durch Ansetzen eines Striches (C', ...), so folgt aus der Definition unmittelbar das Bestehen der folgenden Regeln:

$$(C_1 + C_2)' = C_1' + C_2', \tag{1a}$$

$$(tC)' = tC' \tag{1b}$$

(die letztere für einen Koeffizienten*ring* oder auch im Sinne von Kap. IV, § 2, Nr. 9, wobei C ganzzahlig, $t \subset \mathfrak{J}$, $\mathfrak{J}$ beliebig ist).

Die Operationen des Unterteilens und des Bildens linearer Verbindungen sind also vertauschbar. Wir beweisen nun den wichtigen Satz, daß das Unterteilen auch mit dem Bilden des Randes vertauschbar ist, d. h.:

Satz I. *Der Rand einer Unterteilung des algebraischen Komplexes C ist mit der gleichzeitig bewirkten Unterteilung des Randes von C identisch, es ist also*

$$(C')^{\cdot} = (\dot{C})'. \tag{2}$$

Beweis. Auf Grund von (1a), (1b) und der analogen Relationen

$$(C_1 + C_2)^{\cdot} = \dot{C}_1 + \dot{C}_2, \tag{3a}$$

$$(tC)^{\cdot} = t\dot{C} \tag{3b}$$

(Kap. IV, § 2, Nr, 15) genügt es, (2) für ein einzelnes Simplex $y^n = C$ mit $C' = X^n = \sum x_i^n$ (in der obigen Bezeichnung) zu beweisen. Die $(n-1)$-dimensionalen Seiten von $|y^n|$ seien so bezeichnet und orientiert, daß $\dot{y}^n = \sum y_k^{n-1}$ ist; die Unterteilungen der y_k^{n-1} seien $X_k^{n-1} = \sum\limits_j x_{kj}^{n-1}$; dann ist also $(\dot{y}^n)' = \sum\limits_k \sum\limits_j x_{kj}^{n-1}$, und es ist zu zeigen, daß dieser Komplex gleich $\dot{X}_n$, also gleich $\sum \dot{x}_i^n$ ist. Nun sind die x_i^n durch die Orientierung des R^n, in dem $|y^n|$ liegt, kohärent orientiert (Kap. IV, § 5, Nr. 9, 12); daher tritt in $\dot{X}^n$ keine $(n-1)$-dimensionale Seite eines x_i^n auf, die im Innern von $|y^n|$ liegt; andererseits tritt jede Seite, die auf $|\dot{y}^n|$ liegt, in $\dot{X}^n$ mit dem Koeffizienten ± 1 auf; es ist also $\dot{X}^n = \sum_{k,j} t^{kj} x_{kj}^{n-1}$ mit $t^{kj} = \pm 1$. Zu zeigen ist: $t^{kj} = +1$.

Greifen wir etwa das Simplex x_{11}^{n-1} heraus; es sei Seite von x_1^n, so daß also $\dot{x}_1^n = t^{11} x_{11}^{n-1} + \cdots$ ist. Durch das orientierte Simplex $t^{11} x_{11}^{n-1}$ wird in dem R^{n-1}, der dieses Simplex enthält, eine Orientierung bestimmt. In demselben R^{n-1} wird auch durch das Simplex $+y_1^{n-1}$ eine Orientierung bestimmt; dabei ist, gemäß unserer obigen Festsetzung, $\dot{y}^n = +y_1^{n-1} + \cdots$. Nun sind aber x_1^n und y^n orientierte Simplexe, deren Orientierungen — gemäß der Festsetzung über die Orientierung der Unterteilung $X^n = \sum x_i^n$ von y^n — *dieselbe* Orientierung des R^n darstellen, und ferner liegen beide Simplexe auf *derselben* Seite der Ebene R^{n-1}, die die beiden Randsimplexe $t^{11} x_{11}^{n-1}$ bzw. $+y_1^{n-1}$ enthält; folglich (Kap. IV, § 2, Nr. 6) stimmen die beiden durch diese Simplexe gegebenen Orientierungen des R^{n-1} miteinander überein. Andererseits stimmt die durch y_1^{n-1} gegebene Orientierung — gemäß der Definition der Unterteilung $X_1^{n-1} = \sum_j x_{1j}^{n-1}$ — mit der durch $+x_{11}^{n-1}$ gegebenen überein. Folglich ist $t^{11} = +1$.

Aus dem damit bewiesenen Satz I folgt:

Korollar. *Die Unterteilung eines Randes ist ein Rand. Die Unterteilung eines algebraischen Komplexes z ist dann und nur dann Zyklus, wenn z Zyklus ist.*

Denn nach Satz I ist $\dot{z} = 0$ gleichbedeutend mit $(z')^{\cdot} = 0$.

3. Die zu einer Unterteilung gehörige Zerspaltung. K' sei Unterteilung des absoluten Komplexes K; die dadurch bewirkten Unterteilungen der Simplexe $|y_i^r|$ von K mögen E_i^r heißen; sie sind Teilkomplexe von K'. Aus den Komplexeigenschaften von K folgt, daß die E_i^r eine Zerspaltung Z von K' gemäß § 1, Nr. 2, bilden; wir nennen sie die „*K-Zerspaltung*" von K'; das Bilden der K-Zerspaltung von K' kann man als die Umkehrung des Bildens der Unterteilung K' von K auffassen.

Die Elemente der K-Zerspaltung sind die Unterteilungen E_i^r der Simplexe $|y_i^r|$; die Oberfläche F_i von E_i^r ist die Unterteilung von $|\dot{y}_i^r|$. Die K-Zerspaltung ist *algebraisch* (§ 1, Nr. 4); denn erstens ist E_i^r nach Kap. IV, § 5, Nr. 12, eine berandete orientierbare Pseudomannigfaltigkeit, deren Rand — d. h. der Komplex der singulären $(r-1)$-dimensionalen Seiten — die Unterteilung des Randes von $|y_i^r|$, also die Oberfläche F_i von E_i^r ist; zweitens ist daher (Kap. IV, § 5, Nr. 10) E_i^r monozyklisch bis auf F_i (§ 1, Nr. 4). Das Basiselement X_i^r von E_i^r ist (Kap. IV, a. a. O.) die Summe der kohärent orientierten Simplexe, also die Unterteilung von y_i^r.

Da die K-Zerspaltung Z von K' somit eine algebraische Zerspaltung ist, sind die Gruppen $L^r(\mathrm{Z})$, $Z^r(\mathrm{Z})$, $H^r(\mathrm{Z})$, $B^r(\mathrm{Z})$ gemäß § 1, Nr. 4 und 6, definiert. Diese Gruppen stehen offenbar in engstem Zusammenhang mit den entsprechenden Gruppen von K. Denn die Elemente von $L^r(\mathsf{Z})$, also die algebraischen Komplexe der Zerspaltung Z, sind ja nichts anderes als die Unterteilungen der algebraischen Komplexe von K, also der Elemente von $L^r(K)$.

Wir behaupten nun, daß überdies die Elemente von $Z^r(\mathsf{Z})$ mit den Unterteilungen der Elemente von $Z^r(K)$, und daß die Elemente von $H^r(\mathsf{Z})$ mit den Unterteilungen der Elemente von $H^r(K)$ identisch sind.

Beides ergibt sich aber unmittelbar aus unserem Satz I. Denn ein algebraischer Komplex z' der Zerspaltung Z ist dann und nur dann Element von $Z^r(\mathsf{Z})$, wenn z' Zyklus, wenn also (Nr. 2, Korollar) z Zyklus, d. h. wenn $z \subset Z^r(K)$ ist. Ferner: daß $z' \subset H^r(\mathsf{Z})$ ist, bedeutet die Existenz eines $C' \subset L^{r+1}(\mathsf{Z})$ mit $z' = (C')^{\cdot}$, also nach Satz I mit $z' = (\dot{C})'$; dies ist gleichbedeutend mit $z = \dot{C}$, also mit $z \subset H^r(K)$.

Die damit bewiesene Tatsache können wir kurz so aussprechen: Beim Übergang von K zu der Unterteilung K' gehen die Zyklen und Ränder des Komplexes K in die Zyklen und Ränder der K-Zerspaltung von K' über.

Aus dem darin enthaltenen Isomorphismus der Gruppen $Z^r(\mathsf{Z})$ und $H^r(\mathsf{Z})$ mit den Gruppen $Z^r(K)$ bzw. $H^r(K)$ ergibt sich der Isomorphismus der Differenzgruppen:

(4) $$B^r(\mathsf{Z}) \approx B^r(K).$$

Der Beweis unseres Hauptsatzes, der ja die Isomorphismen

$$B^r(K') \approx B^r(K)$$

behauptet, wird daher geführt sein, sobald wir gezeigt haben, daß

$$B^r(\mathsf{Z}) \approx B^r(K')$$

ist. Diese Isomorphismen aber sind auf Grund von § 1, Nr. 10, Satz IV, sichergestellt, sobald wir bewiesen haben: Die K-Zerspaltung Z ist eine Zellenzerspaltung, oder, was dasselbe ist: Jedes Element E_i^r der K-Zerspaltung ist simplexartig (Kap. IV, § 6, Nr. 9) bis auf seine Oberfläche F_i.

Nun besteht die Eigenschaft eines Komplexes E, simplexartig bis auf seinen Teilkomplex F zu sein, aus zwei Teilen: erstens daraus, daß er monozyklisch bis auf F ist (Kap. IV, § 6, Nr. 6), zweitens daraus, daß E relativ zu F die Eigenschaft (β) besitzt (Kap. IV, § 6, Nr. 8).

Daß unsere Elemente E_i^r den ersten Teil der Eigenschaft besitzen, haben wir schon oben gezeigt, als wir bewiesen, daß die K-Zerspaltung algebraisch ist; es bleibt also lediglich (β) nachzuweisen, und hierfür genügt es nach Kap. IV, § 6, Nr. 8, zu zeigen: *Jedes Element der K-Zerspaltung besitzt in bezug auf seine Oberfläche die Eigenschaft* (α).

4. Das folgende Lemma (das übrigens nachher durch den Satz VIII überholt werden wird) fügt den bisherigen kombinatorisch-algebraischen Begriffen und Sätzen dieses Kapitels in entscheidender Weise eine Eigenschaft des *Euklidischen* Raumes hinzu.

Lemma. Der Komplex E sei eine simpliziale Zerlegung des konvexen n-dimensionalen Polyeders $\bar{E} \subset R^n$; z^r $(r \leqq n-1)$ sei ein (berandungsfähiger) Zyklus von E. Dann gibt es eine Unterteilung E' von E mit der Eigenschaft: Die durch E' bewirkte Unterteilung z' von z^r berandet in E'.

Beweis. p sei ein Punkt in $\bar{E}$ außerhalb aller Ebenen, die die $(n-1)$-dimensionalen Simplexe von E tragen. Durch p und die Ebenen, welche die $(n-2)$-dimensionalen Simplexe von E tragen, ziehen wir die $(n-1)$-dimensionalen Ebenen. Diese Ebenen zusammen mit denjenigen, die die Träger der $(n-1)$-dimensionalen Simplexe von E sind, zerlegen $\bar{E}$ in eine endliche Anzahl konvexer Zellen; E' sei eine simpliziale Unterteilung der so gewonnenen Zerlegung von $\bar{E}$ in konvexe Zellen (vgl. Kap. III, § 2, Nr. 3).

E' besitzt die gewünschten Eigenschaften. Denn erstens ist E', wie sich aus der Konstruktion ergibt, Unterteilung von E. Zweitens: zu jedem Simplex x^r von E $(r \leqq n-1)$ existiert in E' ein Komplex $C_{x^r}^{r+1}$, der eine Unterteilung des Euklidischen Simplexes $(p\,x^r)$ ist [dabei ist $(p\,x^r)$ der „Kegel" über x^r mit der Spitze p, vgl. Kap. IV, § 4, Nr. 7]; ist $z^r = \sum t^i x_i^r$, so ist $C_{z^r}^{r+1} = \sum t^i C_{x_i^r}^{r+1}$ eine Unterteilung des „Kegels" $(p z^r)$ — (der selbst aber nicht Komplex in E, sondern im Euklidischen Eckpunktbereich ist). Dann ist $\dot{C}_{z^r}^{r+1} = z'$ Unterteilung von z^r. — Damit ist das Lemma bewiesen.

5. Die Invarianz der Bettischen Gruppen bei Unterteilung. Wir kommen jetzt zu dem *Hauptsatz*:

Satz II. *K' sei eine simpliziale Unterteilung des Euklidischen simplizialen (endlichen oder unendlichen) Komplexes K. Dann sind K' und K vollständig homologie-äquivalent, d. h. es bestehen die Isomorphien*

$$B^r(K') \approx B^r(K)$$

bei beliebigem r und beliebigen Koeffizientenbereichen.

Beweis[1] durch vollständige Induktion bezüglich der Dimensionszahl n von K. Für $n = 0$ ist der Satz trivial, da dann $K' = K$ ist; er sei für alle Dimensionen $\leqq n-1$ bewiesen.

Um den Satz für einen n-dimensionalen Komplex K zu beweisen, genügt es, wie wir am Schluß von Nr. 3 festgestellt haben, zu zeigen: Die Elemente der K-Zerspaltung von K' besitzen relativ zu ihren Oberflächen die Eigenschaft (α); wir haben also die folgenden beiden Behauptungen (α_1) und (α_2) zu beweisen; in ihnen hat man unter E^r eine Unterteilung eines r-dimensionalen Simplexes von K, unter F^{r-1} die dadurch bewirkte Unterteilung des Simplexrandes, unter r eine Zahl $\leqq n$ zu verstehen.

---

[1] Man beachte, daß der noch unbewiesene Satz (kk) aus § 1, Nr. 12 hier *nicht* benutzt wird.

(α_1): In F^{r-1} berandet jeder höchstens $(r-2)$-dimensionale (berandungsfähige) Zyklus.

(α_2): In E^r berandet jeder höchstens $(r-1)$-dimensionale (berandungsfähige) Zyklus.

Beweis von (α_1). F^{r-1} ist Unterteilung eines $(r-1)$-dimensionalen Simplexrandes $|\dot{x}^r|$, und es ist $r - 1 \leqq n - 1$; da der Satz II für diese Dimensionszahlen $r - 1$ als bewiesen gilt, ist F^{r-1} mit $|\dot{x}^r|$ vollständig homologie-äquivalent; daraus folgt (α_1) [Kap. IV, § 6, Nr. 1, a].

Beweis von (α_2). z^s sei (berandungsfähiger) Zyklus in E^r, $s \leqq r-1$; nach dem Lemma (Nr. 4) gibt es eine Unterteilung E' von E^r, in welcher die durch sie bewirkte Unterteilung z' von z^s berandet. Z sei die zugehörige E^r-Zerspaltung von E' (Nr. 3); sie ist, wie wir wissen (Nr. 3), algebraisch; ihre Elemente haben ferner die Eigenschaft (γ) aus Kap. IV, § 6, Nr. 8: denn auf Grund von (α_1) berandet für jedes $r' \leqq r$ sogar *jeder* höchstens $(r'-2)$-dimensionale (berandungsfähige) Zyklus in der Oberfläche jedes r'-dimensionalen Elementes von Z. Folglich dürfen wir auf die Zerspaltung Z und den Zyklus z' dieser Zerspaltung den Satz III' (§ 1, Nr. 9) anwenden: aus ihm folgt, daß z' einen Komplex C' der Zerspaltung Z berandet. Dies bedeutet nach Nr. 3: z^s berandet den Komplex C, dessen Unterteilung C' ist. Es gilt also (α_2).

Damit ist der Satz II bewiesen.

6. Unterteilung von Simplexen. Weitere Folgerungen. Durch den Beweis des Satzes II sind wir zugleich zu der folgenden wichtigen Tatsache gelangt:

Satz III. *Die Unterteilung E eines Simplexes zusammen mit den durch sie bewirkten Unterteilungen der Seiten des Simplexes bilden eine kombinatorische Zelle.*

Denn wenn E_i die Unterteilung einer (eigentlichen oder uneigentlichen) Seite des Simplexes ist, so haben wir schon in Nr. 3 gesehen, daß E_i bis auf die Oberfläche F_i monozyklisch ist, und im Beweise des Satzes II ist das Bestehen der Eigenschaft (α), und damit auch der Eigenschaft (β) (Kap. IV, § 6, Nr. 8) für E_i und F_i gezeigt worden.

Da somit die Bausteine der zu der Unterteilung K' von K gehörigen K-Zerspaltung Z Zellen sind, dürfen wir die Sätze I, II und III des § 1 auf Z anwenden; berücksichtigen wir dabei die in Nr. 3 (§ 2) festgestellte Beziehung zwischen den Zyklen und Homologien der Zerspaltung Z einerseits, den Zyklen und Homologien in K andererseits, sowie den Satz I und sein Korollar in Nr. 2, so erhalten wir die folgenden Sätze:

Satz IV. *K sei r-dimensional, K' Unterteilung von K, z_1 ein r-dimensionaler Zyklus in K'. Dann ist z_1 die Unterteilung eines Zyklus von K.*

Satz V. *Zu jedem Zyklus z_1 der Unterteilung K' von K gibt es einen Zyklus z in K, dessen durch K' bewirkte Unterteilung z' homolog mit z_1 in K' ist.*

Satz VI. *Die durch die Unterteilung K' von K bewirkte Unterteilung z' des Zyklus z von K berandet dann und nur dann in K', wenn z in K berandet.*

Ferner machen wir zu dem „Korollar" in Nr. 2 den folgenden Zusatz:

Satz VII. *Die durch die Unterteilung K' von K bewirkte Unterteilung z' des Zyklus z ist Zyklus 1. oder 2. Art in K', je nachdem z von der 1. oder 2. Art in K ist* (vgl. Kap. V, § 3).

Beweis. Ist z von der 1. Art, so gibt es ganzzahlige Zyklen z_i in K mit $z = \sum t^i z_i$; dann ist $z' = \sum t^i z_i'$, wobei z_i' die Unterteilung von z_i ist, und da die z_i' ganzzahlige Zyklen sind, ist auch z' von der 1. Art. — Jetzt sei z' von der 1. Art; dann gibt es ganzzahlige Zyklen $y_i \subset K'$ mit $z' = \sum t^i y_i$; nach Satz V gibt es zu jedem y_i einen ganzzahligen Zyklus $z_i \subset K$, dessen Unterteilung z_i' homolog mit y_i ist; dann ist $z' \sim \sum t^i z_i'$ in K', also nach Satz VI: $z \sim \sum t^i z_i$ in K; da $\sum t^i z_i$ Zyklus 1. Art ist, ist daher (Kap. V, § 3, Nr. 2) auch z von der 1. Art. —

Schließlich heben wir noch das folgende Korollar unseres Satzes II hervor und bedienen uns dabei des in Nr. 1 eingeführten Begriffes der kombinatorischen Verwandtschaft:

Satz II'. *Kombinatorisch verwandte endliche Komplexe haben die gleiche Eulersche Charakteristik.*

7. Zellenhüllen und Zellenränder[1]. Wir werden jetzt die Lücke ausfüllen, die im § 1, Nr. 12 offen geblieben war; die dortigen Sätze (e) und (f) sind mit den nachstehenden VIII und IX identisch[2]. Wir verallgemeinern zunächst den Satz III:

Satz VIII. *E sei eine Simplizialzerlegung des konvexen n-dimensionalen Polyeders $\bar{E} \subset R^n$, d. h. eine simpliziale Zellenhülle. Dann berandet jeder (berandungsfähige) Zyklus in E, mit anderen Worten: E ist ein H-Simplex*[3].

Beweis. Nach Kap. IV, § 5, Nr. 12 gibt es keinen von Null verschiedenen n-dimensionalen Zyklus in E. Es sei $s \leqq n-1$; ist z^s ein berandungsfähiger Zyklus in E. so gibt es nach dem Lemma (Nr. 4) eine Unterteilung E' von E, in welcher die durch sie bewirkte Unterteilung z' von z^s berandet. Aus Satz V folgt, daß z^s in E berandet.

Bemerkung. Im Satz VIII darf E unendlich, also z. B. die nach dem Rungeschen Satz (Kap. III, § 3) existierende simpliziale Zerlegung eines konvexen Gebietes sein.

Satz IX. *F sei eine Simplizialzerlegung des Randes einer n-dimensionalen konvexen Zelle des R^n, d. h. ein simplizialer $(n-1)$-dimensionaler Zellenrand. Dann ist F eine HS^{n-1}.*[4]

---

[1] Vgl. Kap. III, § 1, Nr. 2.

[2] Wir betonen nochmals: der a. a. O. unbewiesen gebliebene Satz (kk) diente lediglich zur Bildung von Beispielen; insbesondere ist er bei keinem Beweis im gegenwärtigen Paragraphen benutzt worden.

[3] Vgl. Kap. IV, § 6, Nr. 5. [4] Vgl. Kap. IV, § 6, Nr. 7.

Beweis. p sei innerer Punkt von $\bar{E}$, $\bar{x}^n$ sei ein beliebiges Simplex des R^n, welches p im Innern enthält. Man ziehe die $(n-1)$-dimensionalen Ebenen, die von p und denjenigen $(n-2)$-dimensionalen Ebenen aufgespannt werden, welche $(n-2)$-dimensionale Seiten von F tragen; diese $(n-1)$-dimensionalen Ebenen, zusammen mit den $(n-2)$-dimensionalen Seiten von $|\dot{x}^n|$ zerlegen $\bar{x}^n$ in konvexe Zellen; von dieser Zerlegung stellen wir eine simpliziale Unterteilung F' her (Kap. III, § 2). F' ist einerseits Unterteilung von $|\dot{x}^n|$, andererseits offenbar mit einer Unterteilung von F isomorph; folglich sind $|\dot{x}^n|$ und F kombinatorisch verwandt; und daher nach dem Hauptsatz (Satz II) vollständig homologie-äquivalent. —

8. Fortsetzungen eines Komplexes. Zum Schluß führen wir noch den Begriff der „Fortsetzung" in Verallgemeinerung des Begriffes der Unterteilung ein. Er wird uns insbesondere bei dem Aufbau der allgemeinen Dimensionstheorie gute Dienste leisten.

Eine Unterteilung besteht im Grunde darin, daß man jedes Simplex $|y_k^r|$ des Komplexes K_0 durch einen neuen Komplex $|X_k^r|$ ersetzt, wobei zwei Bedingungen erfüllt sein müssen: erstens, daß die $|X_k^r|$ untereinander ebenso zusammenhängen, wie es die $|y_k^r|$ tun, zweitens, daß das Polyeder $\bar{X}_k^r$ mit dem r-dimensionalen Simplex homöomorph ist.

Nun ist unter Umständen die zweite Bedingung überflüssig, ja sogar störend: man muß imstande sein, von K_0 zu einem Komplex K überzugehen, der sich aus gewissen Teilkomplexen (die nicht mit Simplexen homöomorph zu sein brauchen) ebenso zusammensetzt wie K_0 aus seinen Simplexen. Solche Betrachtungen führen zu der folgenden

Definition[1]. Zwei Eckpunktbereiche E, E^* und ein Koeffizientenbereich seien gegeben; $C = \sum t^i x_i^r$ sei ein Komplex in E; jedem Grund- oder Nebensimplex x_j^s von $|C|$ sei ein zu E^* gehöriger homogen-dimensionaler algebraischer Komplex $X_j^s = \sum s_j^k \overset{*}{x}{}_k^s$ zugeordnet, so daß die folgenden beiden Bedingungen erfüllt sind:

1) Jeder X_j^0 ist ein Eckpunkt von E^*.

2) Aus $\dot{x}_j^s = \sum u_j^k x_k^{s-1}$ folgt $\dot{X}_j^s = \sum u_j^k X_k^{s-1}$.

Dann heißt $C^* = \sum t^i X_i^r = \sum\limits_k (\sum\limits_i t^i s_i^k)\, \overset{*}{x}{}_k^r$ eine „Fortsetzung" von C.

Anhang zu den Kapiteln IV, V, VI.

Zusätze; Beispiele; Aufgaben.

Dieser Anhang soll in erster Linie Beispiele für die Untersuchung Bettischer Gruppen liefern; auf manche dieser Beispiele werden wir später zurückgreifen (insbesondere im Kap. VII, § 1). Außerdem werden einige Ergänzungen zu früheren Stellen (Kap. IV, § 6; Kap. VI, § 1) gegeben. Die Durchführung der meisten Einzelheiten wird nur angedeutet und bleibt zum Teil dem Leser in Gestalt von Aufgaben überlassen.

---

[1] Wir geben die Definition hier nur für algebraische Komplexe; die absoluten Komplexe ordnen sich in diese Definition als Komplexe mod 2 ein.

1. Die Bettischen Gruppen simplexartiger Komplexe (vgl. Kap. IV, § 6, Nr. 9). K sei ein n-dimensionaler Komplex, der simplexartig bis auf seinen [höchstens $(n-1)$-dimensionalen] Teilkomplex k ist; das n-dimensionale Basiselement (Kap. IV, § 6, Nr. 6) heiße X. Ein beliebiger Koeffizientenbereich $\mathfrak{J}$ sei fest zugrunde gelegt. Unter $\{tX\}$ und $\{t\dot{X}\}$ verstehen wir die Gruppen aller Komplexe tX bzw. $t\dot{X}$ mit beliebigen $t \subset \mathfrak{J}$.

Behauptung:

(1) $$B^r(K) \approx B^r(k) \qquad \text{für } r \leqq n-2;$$

(2) $$B^{n-1}(K) \approx Z^{n-1}(k) - \{t\dot{X}\};$$

sowie entweder — „Fall a" —: $\dot{X} \neq 0$ und

(3a) $$B^n(K) = 0$$

oder — „Fall b" —: $\dot{X} = 0$ und

(3b) $$B^n(K) = \{tX\} \approx \mathfrak{J}.$$

Beweis. Es sei $r \leqq n-1$; jeder r-dimensionalen Homologieklasse von k ordnen wir die sie enthaltende Homologieklasse von K zu; das ist eine homomorphe Abbildung von $B^r(k)$ in $B^r(K)$. Es ist sogar eine Abbildung *auf* $B^r(K)$; denn zu jedem Zyklus z^r von K gibt es (da K simplexartig bis auf k ist) einen Zyklus q^r von k mit $q^r \sim z^r$ (in K). Der Kern des Homomorphismus besteht aus denjenigen Zyklen q^r von k, die ~ 0 in K sind, zu denen es also einen Komplex C^{r+1} in K mit $\dot{C}^{r+1} = q^r$ gibt.

Ist $r \leqq n-2$, so gibt es (da C^{r+1} Relativzyklus und K simplexartig bis auf k ist) Komplexe $D^{r+2} \subset K$, $Q^{r+1} \subset k$ mit $C^{r+1} = \dot{D}^{r+2} + Q^{r+1}$, also: $q^r = \dot{Q}^{r+1} \sim 0$ in k; folglich ist der Kern Null, und es gilt (1).

Ist $r = n-1$, so ist $C^{r+1} = C^n = tX$, $q^r = q^{n-1} = t\dot{X}$; ~~daher~~ gilt (2).

Alle Zyklen z^n in K sind Relativzyklen bis auf k, also von der Form tX; ist $\dot{X} \neq 0$, so folgt aus $\dot{z}^n = 0$: $t = 0$, $z^n = 0$; folglich gilt (3a). Ist $\dot{X} = 0$, so bilden alle z^n die Gruppe $\{tX\}$; folglich gilt (3b).

Bemerkung zu (2). Im Fall a ist

(2a) $$\{t\dot{X}\} \approx \mathfrak{J},$$

im Fall b ist

(2b) $$\{t\dot{X}\} = 0.$$

Zusatz. Für $r \leqq n-2$ ist jede r-dimensionale Homologiebasis von k auch Homologiebasis von K.

2. Aufgabe. K sei r-dimensional und simplexartig bis auf k; man beweise: zwischen den Eulerschen Charakteristiken besteht die Beziehung

$$\chi(K) - \chi(k) = (-1)^r.$$

Man leite hieraus für die allgemeine Euler-Poincarésche Formel (Kap. VI, § 1, Nr. 11) einen zweiten Beweis her, *ohne Benutzung der Sätze II, III, IV des Kap. VI, § 1. (Anleitung: K sei ein Element der Zerspaltung, k die Oberfläche von K.)*

3. Konstruktion neuer Komplexe durch Eckpunkt-Identifizierungen an einem gegebenen Komplex. K_0 und K seien zwei Komplexe; f sei eine simpliziale Abbildung von K_0 *auf* K. Durch f wird eine Einteilung der Menge aller Eckpunkte von K_0 in Klassen bewirkt: zwei Eckpunkte e_i, e_j gehören zu einer Klasse, wenn $f(e_i) = f(e_j)$ ist. Diese Klassen sind den Eckpunkten von K eineindeutig zugeordnet. Dabei sind Klassen $\mathfrak{K}_0, \mathfrak{K}_1, \ldots, \mathfrak{K}_r$ dann und nur dann den Eckpunkten eines Simplexes von K zugeordnet, wenn es Eckpunkte $e_\varrho \subset \mathfrak{K}_\varrho$, $\varrho = 0, 1, \ldots, r$ gibt, welche ein Simplex von K_0 bilden.

Umgekehrt: Gegeben seien K_0 und eine beliebige Klasseneinteilung der Eckpunkte von K_0; die Menge dieser Klassen $e'_1, e'_2, \ldots$ wird zu einem Eckpunktbereich durch die Festsetzung: ein System von Klassen $e'_{i_0}, e'_{i_1}, \ldots, e'_{i_r}$ ist ein Gerüst, wenn man aus jeder dieser Klassen je einen Eckpunkt $e_{i_0}, e_{i_1}, \ldots, e_{i_r}$ so auswählen kann, daß diese e_{i_ϱ} ein Gerüst des Eckpunktbereiches von K_0 bilden; offenbar bilden die Simplexe des Eckpunktbereiches der e'_i einen Komplex K. Indem man jedem Eckpunkt e von K_0 die ihn enthaltende Klasse $f(e) = e'$ zuordnet, wird K_0 durch f simplizial auf K abgebildet.

Wir sagen: K ist aus K_0 dadurch entstanden, daß man sämtliche Eckpunkte in jeder der vorgegebenen Klassen miteinander identifiziert hat. f heißt die zu dieser Eckpunkt-Identifizierung gehörige simpliziale Abbildung[1].

Wir werden in den nachfolgenden Beispielen Eckpunkt-Identifizierungen einer speziellen Art betrachten: k_0 sei ein echter Teilkomplex von K_0 mit der folgenden Eigenschaft: wenn alle Eckpunkte eines Simplexes $|x|$ von K_0 zu k_0 gehören, so gehört $|x|$ zu k_0.[2] Eine Eckpunkt-Identifizierung von K_0 heißt „isomorph bis auf k_0", wenn sie die folgenden beiden Eigenschaften hat: 1) Jeder nicht zu k_0 gehörige Eckpunkt von K_0 bildet eine Klasse für sich (er wird also mit keinem anderen Eckpunkt identifiziert); 2) wenn die Eckpunkte e_i, e_j von k_0 auf einem Simplex oder auf solchen Simplexen von K_0 liegen, welche einen nicht zu k_0 gehörigen Eckpunkt gemeinsam haben, so gehören sie nicht zu einer Klasse [aus 1) und 2) folgt: sind $|x|$ und $|y|$ voneinander verschiedene Simplexe von K_0, die nicht zu k_0 gehören, so ist $f(|x|) \neq f(|y|)$].

4. Aufgabe (vgl. Kap. VI, § 1, Nr. 13). K_0 sei simplexartig bis auf k_0; K sei aus K_0 durch eine Eckpunkt-Identifizierung entstanden, die isomorph bis auf k_0 ist. Man zeige: K ist simplexartig bis auf $k = f(k_0)$, wobei f die zu der Identifizierung gehörige simpliziale Abbildung ist.

5. Rand-Identifizierungen an einer konvexen Zelle. Von nun an ist K_0 immer eine Simplizialzerlegung einer n-dimensionalen konvexen Zelle, k_0 die zugehörige Simplizialzerlegung des Randes. Wir wissen (Kap. VI, § 1, Nr. 12): K_0 ist simplexartig bis auf k_0. Der algebraische Komplex X_0 sei Repräsentant einer Orientierung von K_0 (Kap. IV, § 5). Eine Eckpunkt-Identifizierung von K_0, die isomorph bis auf k_0 ist, nennen wir eine „Rand-Identifizierung" von K_0. Es entsteht ein Komplex K, auf den K_0 durch die zugehörige Abbildung f simplizial abgebildet ist. Zuweilen sagt man: Dadurch, daß man K „längs dem Komplex $k = f(k_0)$ aufschneidet", wird K in eine konvexe Zelle — nämlich K_0 — verwandelt.

Man beachte übrigens immer: Die Identifizierung zweier Eckpunkte e_i, e_j von k_0 ist gemäß Nr. 3 nur dann *„zulässig"*, wenn e_i und e_j nicht auf demselben Simplex und auch nicht auf solchen Simplexen von K_0 liegen, die einen nicht zu k_0 gehörigen gemeinsamen Eckpunkt besitzen.

Nach Nr. 4 ist K simplexartig bis auf $k = f(k_0)$. Das n-dimensionale Basiselement von K bis auf k ist $X = f(X_0)$. Gemäß Nr. 1 ist die Bestimmung der Bettischen Gruppen von K auf die Bestimmung der Bettischen Gruppen von k zurückgeführt: es gelten zunächst in jedem Falle die Isomorphismen (1); weiter unterscheiden wir die Fälle a und b aus Nr. 1:

$$\textit{Fall a:} \quad \begin{cases} \dot X = f(\dot X_0) \neq 0, \\ B^{n-1}(K) \approx Z^{n-1}(k) - \{t\dot X\} \quad \text{und} \quad \{t\dot X\} \approx \mathfrak{J}, \\ B^n(K) = 0; \end{cases}$$

$$\textit{Fall b:} \quad \begin{cases} \dot X = f(\dot X_0) = 0, \\ B^{n-1}(K) \approx Z^{n-1}(k), \\ B^n(K) = \{tX\} \approx \mathfrak{J}. \end{cases}$$

[1] Man vgl. hiermit den Zusammenhang zwischen stetigen Abbildungen und Zerlegungen eines topologischen Raumes (Kap. I, § 5).

[2] Vgl. S. 250, besonders Fußnote 1.

6. Die regulär zusammenhängenden Komplexe. Aufgabe. Man beweise: Ein Komplex K kann dann und nur dann durch Rand-Identifizierung aus einer konvexen Zelle erzeugt werden, wenn er regulär zusammenhängend ist. (Anleitung: Daß jeder gemäß Nr. 5 konstruierte Komplex K regulär zusammenhängend ist, ist klar; die Umkehrung beweise man durch vollständige Induktion bezüglich der Anzahl der n-dimensionalen Simplexe.)

Aufgabe. Es sei (in der Bezeichnung von Nr. 5) $\dot{X}_0 = \sum x_i^{n-1}$, wobei $|x_i^{n-1}|$ die Simplexe von k_0 sind; man zeige: dann und nur dann ist der durch Rand-Identifizierung entstandene regulär zusammenhängende Komplex K nicht orientierbar (Kap. IV, § 5), wenn es zwei Simplexe x_i^{n-1}, x_j^{n-1} $(i \neq j)$ mit

$$0 \neq f(x_i^{n-1}) = f(x_j^{n-1}) \neq f(x_k^{n-1}) \quad \text{für} \quad k \neq i, j$$

gibt. (f ist immer die zu der Identifizierung gehörige Abbildung.)

7. Der (reelle) n-dimensionale projektive Raum $\bar{P}^n$ wird folgendermaßen definiert: Seine Punkte sind die Verhältnisse reeller Zahlen $x_0 : x_1 : \ldots : x_n$ unter Ausschluß von $0 : 0 : \ldots : 0$; um in der Menge dieser Verhältnisse eine topologische Zuordnung zu erklären, fassen wir daneben $x_0, x_1, \ldots, x_n$ als Cartesische Koordinaten im R^{n+1} auf, verstehen weiter unter R_0^{n+1} den Raum, der aus R^{n+1} durch Tilgung des Punktes $(0, 0, \ldots, 0)$ entsteht, bilden R_0^{n+1} dadurch auf die Menge $\bar{P}^n$ ab, daß wir dem Punkt $(x_0, x_1, \ldots, x_n) \subset R_0^{n+1}$ den Punkt $x_0 : x_1 : \ldots : x_n$ von $\bar{P}^n$ zuordnen, und setzen fest: Eine Teilmenge von $\bar{P}^n$ ist abgeschlossen, wenn ihre Originalmenge im R_0^{n+1} abgeschlossen ist. Man überzeuge sich davon, daß dadurch $\bar{P}^n$ ein kompakter topologischer Raum wird — und sogar eine geschlossene n-dimensionale Mannigfaltigkeit (vgl. Kap. X, § 3, Nr. 9).

Zwischen $\bar{P}^n$ und der im R^{n+1} durch $\sum_{i=0}^{n} x_i^2 = 1$ gegebenen Sphäre S^n besteht offenbar die folgende Beziehung: Durch die soeben betrachtete Abbildung von R_0^{n+1} auf $\bar{P}^n$ wird S^n einzweideutig so auf $\bar{P}^n$ abgebildet, daß zwei Punkte von S^n dann und nur dann denselben Bildpunkt haben, wenn sie zueinander diametral gelegen sind. Damit sind die folgenden Aussagen gerechtfertigt: „$\bar{P}^n$ entsteht aus S^n durch Identifizierung von je zwei Diametralpunkten", und: „$\bar{P}^n$ ist der Menge der Diametralpunktpaare der S^n homöomorph". — Diese Darstellung von $\bar{P}^n$ nennen wir das „erste Modell" von $\bar{P}^n$.

Weiter ergibt sich, wenn man berücksichtigt, daß jeder Punkt von $\bar{P}^n$ bereits auf jeder Halbkugel von S^n einen Originalpunkt besitzt: Verstehen wir unter H^n die durch $x_0 \geqq 0$ gegebene Hälfte von S^n, so ist $\bar{P}^n$ homöomorph mit dem Raume, der aus H^n entsteht, wenn man je zwei Diametralpunkte auf der durch $x_0 = 0$ gegebenen Äquatorsphäre S^{n-1} von H^n miteinander identifiziert. Die senkrechte Projektion von H^n auf die Ebene $x_0 = 0$ ist eine topologische Abbildung auf die Vollkugel V^n, die durch $x_0 = 0$, $\sum_{i=1}^{n} x_i^2 \leq 1$ gegeben ist, und dabei bleibt jeder Punkt von S^{n-1} fest. Daraus ergibt sich das „zweite Modell" von $\bar{P}^n$: Der projektive Raum $\bar{P}^n$ ist homöomorph dem Raum, der aus einer Vollkugel V^n durch Identifizierung von je zwei zueinander diametralen Punkten der Randkugel S^{n-1} entsteht. Dabei stellt S^{n-1} mit dieser Identifizierung ein „erstes Modell" eines $\bar{P}^{n-1}$ dar. [Dieser $\bar{P}^{n-1}$ entspricht, wie man sich leicht überlegt, einer $(n-1)$-dimensionalen Ebene in dem durch das „zweite Modell" dargestellten projektiven Raum $\bar{P}^n$.]

Aus diesen beiden „topologischen" Modellen von $\bar{P}^n$ ergeben sich die folgenden beiden „kombinatorischen" Modelle der Simplizialzerlegungen P^n von $\bar{P}^n$:

Erstes Modell: K_0 sei der Randkomplex einer $(n+1)$-dimensionalen konvexen Zelle des R^{n+1}, die symmetrisch in bezug auf den Punkt 0 des R^{n+1} ist; $P^n = K$

entsteht aus K_0, indem man je zwei Eckpunkte von K_0, die symmetrisch in bezug auf 0 liegen, miteinander identifiziert (gemäß Nr. 3),

Zweites Modell: K_0 sei eine Simplizialzerlegung einer n-dimensionalen Zelle des R^n; der Randkomplex k_0 von K_0 sei symmetrisch in bezug auf den Punkt 0 des R^n und habe überdies die Eigenschaft: Zwei Eckpunkte von k_0, die symmetrisch bezüglich Null liegen, gehören niemals Simplexen von K_0 an, die einen Eckpunkt gemeinsam haben. Dann entsteht $K = P^n$ (gemäß Nr. 5) aus K_0, indem man je zwei, bezüglich Null symmetrische, Punkte von k_0 miteinander identifiziert.

Behauptung:

$$B^r_{\mathfrak{G}}(P^n) = 0, \quad \text{wenn } r \text{ gerade und } 0 < r < n, \tag{4a}$$

$$B^r_{\mathfrak{G}}(P^n) \approx \mathfrak{G}_2, \quad \text{wenn } r \text{ ungerade und } 0 < r < n; \tag{4b}$$

$$B^n_{\mathfrak{G}}(P^n) = 0, \quad \text{wenn } n \text{ gerade}, \tag{5a}$$

$$B^n_{\mathfrak{G}}(P^n) \approx \mathfrak{G}, \quad \text{wenn } n \text{ ungerade}. \tag{5b}$$

Beweisandeutung. Vollständige Induktion bezüglich n. P^1 ist ein einfach geschlossenes Polygon, die Behauptung ist richtig. Sie sei für $n-1$ bewiesen. Für P^n legen wir das „zweite Modell" zugrunde; dabei ist k_0 mit der vorgeschriebenen Identifizierung ein „erstes Modell" eines P^{n-1}; folglich ist (in der Bezeichnungsweise von Nr. 5) $k = P^{n-1}$. Dann folgen die Behauptungen (4a), (4b) für $r \leqq n-2$ unmittelbar aus Nr. 5 und unserer Induktionsvoraussetzung. Um (4a), (4b) für $r = n-1$ sowie (5a), (5b) zu beweisen, genügt es nach Nr. 5 (und in der dortigen Bezeichnungsweise), zu zeigen:

$$f(\dot{X}_0) = 0, \quad \text{wenn } n \text{ ungerade}, \tag{6a}$$

$$f(\dot{X}_0) = 2z^{n-1}, \quad \text{wenn } n \text{ gerade}, \tag{6b}$$

wobei z^{n-1} Basiselement der Zyklengruppe $Z^{n-1}(P^{n-1})$ ist. Die Richtigkeit von (6a) und (6b) aber ergibt sich unmittelbar aus der folgenden Tatsache, die man leicht bestätigt: Sind x^{n-1} und y^{n-1} bezüglich des Nullpunktes symmetrische Simplexe von $|\dot{X}_0|$, die in $\dot{X}_0$ mit positivem Zeichen auftreten, so ist $f(x^{n-1}) = f(y^{n-1})$ oder $f(x^{n-1}) = -f(y^{n-1})$, je nachdem n gerade oder ungerade ist.

Zusatz 1. Die Bettischen Zahlen sind

$$p^0(P^n) = 1, \quad p^r(P^n) = 0 \quad \text{für} \quad 0 < r < n,$$

$$p^n(P^n) = 0 \quad \text{für gerades } n, \quad p^n(P^n) = 1 \quad \text{für ungerades } n.$$

Die Charakteristik ist also

$$\chi(P^n) = 1 \quad \text{für gerades } n,$$

$$\chi(P^n) = 0 \quad \text{für ungerades } n.$$

Zusatz 2. P^n ist eine geschlossene Pseudomannigfaltigkeit, und zwar orientierbar für ungerades n, nicht orientierbar für gerades n.

Aufgabe. Man beweise, daß für alle r und n $(0 \leqq r \leqq n)$

$$B^r_{\mathfrak{G}_2}(P^n) \approx \mathfrak{G}_2$$

ist. [Zwei Beweismöglichkeiten: 1) durch einen analogen Induktionsschluß wie oben, indem man $\mathfrak{G}_2$ statt $\mathfrak{G}$ zugrunde legt; 2) unter Benutzung der bereits ermittelten Gruppen $B^r_{\mathfrak{G}}(P^k)$ mit den Methoden von Kap. V, § 4.]

8. Die pseudoprojektiven Räume. $m \geqq 2$ sei gegeben; K_0 sei Simplizialzerlegung einer n-dimensionalen konvexen Zelle im Cartesischen $(x_1, x_2, \ldots, x_n)$-Raum R^n $(n \geqq 2)$ mit folgender Symmetrie-Eigenschaft: K_0 geht bei den Bewegungen

$$\left.\begin{aligned} x_1' &= \cos\left(\frac{a}{m}\cdot 2\pi\right)x_1 - \sin\left(\frac{a}{m}\cdot 2\pi\right)x_2, \\ x_2' &= \sin\left(\frac{a}{m}\cdot 2\pi\right)x_1 + \cos\left(\frac{a}{m}\cdot 2\pi\right)x_2, \end{aligned}\right\} \quad (a = 1, 2, \ldots, m)$$

$$x_i' = x_i \qquad (i \geqq 3)$$

in sich über. Man identifiziere je zwei Eckpunkte des Randkomplexes k_0, von denen der eine durch eine solche Bewegung in den anderen übergeführt wird; (dabei setzen wir voraus, daß diese Identifizierungen im Sinne von Nr. 5 „zulässig" sind). Es entsteht ein Komplex $K = P_m^n$; wir nennen P_m^n einen „pseudoprojektiven Raum".

Behauptung:

$$B_{\mathfrak{G}}^r(P_m^n) = 0 \quad \text{für} \quad 0 < r \neq n-1,$$

$$B_{\mathfrak{G}}^{n-1}(P_m^n) \approx \mathfrak{G}_m.$$

Beweisandeutung. Die Behauptung folgt aus Nr. 5, sobald gezeigt ist: 1) k ist dem Simplexrand $|\dot{x}^n|$ homologie-äquivalent; 2) ist z^{n-1} Basiselement der Zyklengruppe $Z_{\mathfrak{G}}^{n-1}(k)$, so ist $f(\dot{X}_0) = m z^{n-1}$. Die Richtigkeit von 2) liegt auf der Hand, sobald 1) bewiesen ist. 1) läßt sich verschärfen zu 1'): k ist mit $|\dot{x}^n|$ kombinatorisch verwandt (Kap. VI, § 2, Nr. 1). Die Richtigkeit von 1') ist klar für $n = 2$ und kann für die höheren n durch vollständige Induktion bewiesen werden.

Zusatz 1. P_2^n ist eine nicht orientierbare, geschlossene Pseudomannigfaltigkeit; P_2^2 ist die projektive Ebene P^2; das Analoge gilt *nicht* für andere n.

Zusatz 2. Hat X dieselbe Bedeutung wie in Nr. 5 (für $K = P_m^n$), so ist $\mathfrak{r}_m(X)$ ein n-dimensionaler Zyklus 2. Art mod m (Kap. V, § 3). *Somit ist die Existenz dieser Zyklen bei beliebigen m und n $(m \geqq 2,\ n \geqq 2)$ bewiesen.*

9. Komplexe mit willkürlich vorgeschriebenen ganzzahligen Bettischen Gruppen. $B^0, B^1, \ldots, B^n$ seien Abelsche Gruppen mit endlich-vielen Erzeugenden; sie sind nur den folgenden Bedingungen unterworfen: 1) B^0 und B^n enthalten kein Element endlicher Ordnung (außer dem Nullelement); 2) B^0 ist nicht Null (während B^r für $r \geqq 1$ die Nullgruppe sein darf).

Aufgabe. Man konstruiere einen n-dimensionalen Komplex K mit

$$B_{\mathfrak{G}}^r(K) \approx B^r \quad \text{für} \quad r = 0, 1, \ldots, n.$$

(Andeutung: Jede Gruppe B^r ist direkte Summe zyklischer Gruppen; man benutze diese Tatsache und baue unter Beachtung von Kap. V, § 1, Nr. 3, K aus Simplexrändern und pseudoprojektiven Räumen auf.)

Zusätzliche Aufgabe. Man konstruiere K sogar als *homogen* N-dimensionalen Komplex, wobei $N \geqq n$ gegeben ist. (Anleitung: Man konstruiere zuerst K als Lösung der ursprünglichen Aufgabe; dann setze man an jedes r-dimensionale Simplex $|x^r|$ von K mit $r < N$, das auf keinem höherdimensionalen Simplex liegt, in geeigneter Weise ein N-dimensionales Simplex $|y^N|$ an.)

Folgerung. *Zwischen den Bettischen Gruppen der verschiedenen Dimensionen bestehen keine Beziehungen, welche für beliebige Komplexe Gültigkeit hätten, auch nicht bei Beschränkung auf homogen-dimensionale Komplexe.*

10. Zweidimensionale regulär zusammenhängende Komplexe: insbesondere: die geschlossenen Flächen. K_0 sei eine Simplizialzerlegung einer ebenen konvexen Zelle; der Randkomplex k_0 sei durch N seiner Eckpunkte $e_1, e_2, \ldots, e_N$ $(N \geqq 2)$ in die einfachen Streckenzüge $|s_1|, |s_2|, \ldots, |s_N|$ geteilt, so daß $|s_i|$ die Endpunkte e_i und e_{i+1} hat $(e_{N+1} = e_1)$. Diese Einteilung habe die folgenden Eigenschaften: 1) Alle $|s_i|$ haben die gleiche Anzahl von Eckpunkten (die Anzahl aller Ecken von k_0 ist also durch N teilbar), 2) zwei Eckpunkte e_i, sowie zwei Eckpunkte von k_0, die innere Punkte verschiedener Streckenzüge $|s_i|$ sind, liegen niemals auf einem Dreieck oder auf Dreiecken von K_0 mit einer nicht zu k_0 gehörigen gemeinsamen Ecke[1]. Aus diesen Eigenschaften folgt: Es gibt, bei beliebigen i, j, eine Randidentifizierung von K_0 gemäß Nr. 5, bei der f eine isomorphe Abbildung von $|s_i|$ und $|s_j|$ mit $f(|s_i|) = f(|s_j|)$ ist; ferner gibt es bei beliebigen i, j eine Randidentifizierung mit $f(e_i) = f(e_j)$. Wir betrachten im folgenden nur solche Randidentifizierungen von K_0, die durch mehrere Identifizierungen der beiden eben genannten Arten — also durch Identifizierung gewisser $|s_i|$ sowie gewisser e_i — entstehen. Auf diese Weise kann man, wie man im Anschluß an Nr. 6 leicht erkennt, eine Unterteilung jedes vorgegebenen zweidimensionalen regulär zusammenhängenden Komplexes erzeugen. (Bemerkung: Daß jeder $|s_i|$ nur aus einer einzigen Strecke besteht, ist durch die Bedingung ausgeschlossen, daß verschiedene e_i niemals auf einem Dreieck liegen.)

Eine Identifizierung, wie wir sie betrachten wollen, läßt sich immer durch einige symbolische Gleichungen der folgenden Gestalt vollständig beschreiben:

(7) $N = 2;\quad s_1 = -s_2$ (Abb. 19);

oder

(8) $N = 2;\quad s_1 = -s_2;\quad e_1 = e_2;$

oder

(9) $N = 2;\quad s_1 = s_2;$

oder

(10) $N = 4;\quad s_1 = -s_3;\quad s_2 = -s_4;$

oder

(11) $N = 4;\quad s_1 = -s_3;\quad s_2 = s_4;$

oder

(12) $N = 6;\quad s_1 = -s_2 = s_3;\quad s_4 = -s_5 = s_6$ (Abb. 20).

Dabei sind die Vorzeichen so zu verstehen: Die s_i sind orientierte Komplexe mit $\dot{X}_0 = \sum s_i$ (X_0 wie in Nr. 5 erklärt); die Gleichungen $s_1 = -s_2 = s_3$ usw. bedeuten:

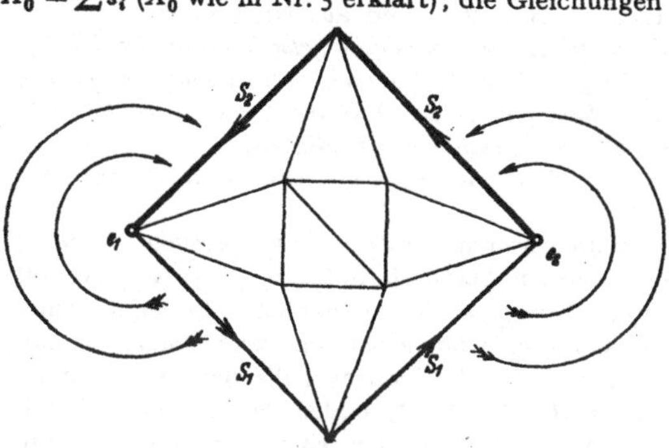

Abb. 19.

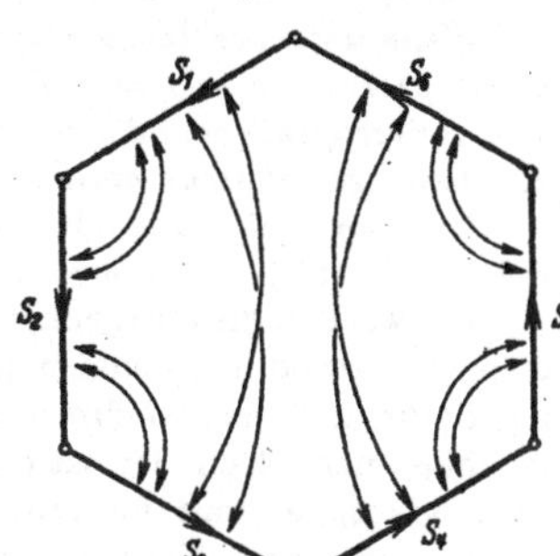

Abb. 20.

Bei der zu der Identifizierung gehörigen Abbildung f von K_0 auf den neu entstehenden Komplex K ist $f(s_1) = -f(s_2) = f(s_3)$ usw. Identifizierungen von Eckpunkten e_i, die bereits durch Identifizierungen gewisser $|s_j|$ bedingt sind, brauchen nicht besonders aufgeführt zu werden.

Man bestätige: Die durch (7), (9), (10), (11) erzeugten Komplexe K sind Simplizialzerlegungen von Kugel, projektiver Ebene, Torus, Kleinschem Schlauch; ist K der durch (8) gegebene Komplex, so ist $\overline{K}$ einer Kugelfläche homöomorph,

[1] Vgl. Abb. 19 ($N = 2$).

auf der man zwei Punkte miteinander identifiziert hat (was sich im R^3 leicht ausführen läßt), oder, was dasselbe ist, einer Torusfläche, auf der man einen Meridiankreis in einen Punkt zusammengeschnürt hat.

Aus derartigen symbolischen Gleichungen wie (7) bis (12) lassen sich nun mit Hilfe von Nr. 5 leicht die Bettischen Gruppen der erzeugten Komplexe K ermitteln. Wir werden dies jetzt für eine besonders einfache und wichtige Kategorie von Fällen — darunter (8), (9), (10), (11) — durchführen; der Leser behandle selbst den Fall (12) (vgl. Nr. 14).

Wir machen folgende speziellen Annahmen: 1) sämtliche e_i werden miteinander identifiziert (also $e_1 = e_2 = \cdots = e_N$); 2) N ist gerade, $N = 2q$, die $|s_i|$ sind in q Paare zusammengefaßt, die beiden $|s_i|$ jedes Paares werden miteinander identifiziert (es gelten also q Gleichungen $s_i = \pm s_j$, wobei $|s_i|$, $|s_j|$ einem Paar angehören); andere Identifizierungen werden nicht vorgenommen. Der dadurch erzeugte Komplex K ist offenbar eine geschlossene Pseudomannigfaltigkeit.

Unter den q Identifizierungen $s_i = \pm s_j$ seien a Identifizierungen „ungleichsinnig", d. h. von der Form $s_i = -s_j$, und b Identifizierungen „gleichsinnig", d. h. von der Form $s_i = s_j$ $(a + b = q)$.

Der Komplex k (Nr. 5) besteht aus q einfach geschlossenen Polygonen $|s'_1|$, $\ldots$, $|s'_a|$, $|s''_1|$, $\ldots$, $|s''_b|$; dabei sind die $|s'_i|$ bzw. $|s''_j|$ durch die ungleich- bzw. gleichsinnigen Identifizierungen der $|s_i|$ entstanden; alle diese $|s'_i|$ und $|s''_j|$ haben einen gemeinsamen Eckpunkt e' und sind im übrigen zueinander fremd.

Offenbar ist $p^1(k) = q$ und $B^1_{\mathfrak{G}}(k)$ die freie Gruppe von q Erzeugenden. Ferner ist

$$\dot{X}_0 = s_1 + \cdots + s_N, \qquad \dot{X} = f(X_0) = \pm 2(s''_1 + \cdots + s''_b).$$

Daher folgt zunächst aus Nr. 5:

Wenn alle Identifizierungen der s_i „ungleichsinnig" sind, $(a = q,\ b = 0)$, so ist $p^1(K) = q = \frac{1}{2}N$, $B^1_{\mathfrak{G}}(K)$ die freie Gruppe von q Erzeugenden und $p^2(K) = 1$; K ist eine geschlossene orientierbare Pseudomannigfaltigkeit.

Wenn $b \geqq 1$ ist, so führen wir in der Gruppe $Z^1_{\mathfrak{G}}(k)$, in der ja die $s'_1, \ldots, s'_a$, $s''_1, \ldots, s''_b$ eine Basis bilden, eine neue Basis ein, indem wir s''_b durch $s^* = s''_1 + \cdots + s''_b$ ersetzen; dann ist $\dot{X} = 2s^*$, und aus Nr. 5 folgt:

Wenn unter den Identifizierungen der s_i wenigstens eine „gleichsinnig" ist $(b \geqq 1)$, so ist $p^1(K) = q - 1 = \frac{1}{2}N - 1$, $B^1_{\mathfrak{G}}(K)$ direkte Summe einer freien Gruppe von $q - 1$ Erzeugenden und einer zyklischen Gruppe der Ordnung 2; es ist $p^2(K) = 0$; K ist eine geschlossene nicht orientierbare Pseudomannigfaltigkeit.

In jedem Fall, ob es gleichsinnige Identifizierungen gibt oder nicht, ist die Charakteristik $\chi(K) = 2 - q = 2 - \frac{1}{2}N$.

Wir wenden diese Ergebnisse auf die Untersuchung der „geschlossenen Flächen", d. h. der zweidimensionalen geschlossenen Mannigfaltigkeiten (Einl. § 1, Nr. 14) an; dafür, daß ein zweidimensionaler Komplex K eine simpliziale Zerlegung einer geschlossenen Fläche ist, ist offenbar hinreichend: er ist eine geschlossene Pseudomannigfaltigkeit mit folgender Eigenschaft: die Dreiecke, die den kombinatorischen Stern eines Eckpunktes (Kap. III, § 1, Nr. 7) bilden, lassen sich zyklisch so anordnen, daß jedes Dreieck mit dem folgenden eine gemeinsame Kante besitzt. (Umgekehrt ist jede Simplizialzerlegung einer geschlossenen Fläche eine Pseudomannigfaltigkeit mit der genannten Eigenschaft; wir gehen hierauf aber nicht ein.)

Man bestätigt nun leicht:

I) *Ist $N = 4p$, und sind die Identifizierungen durch*

$$s_i = -s_{i+2} \quad \textit{für } i \equiv 1 \textit{ und } i \equiv 2 \bmod 4$$

gegeben, so ist K die Simplizialzerlegung einer geschlossenen Fläche; K ist orientierbar; $p^1(K) = 2p$; die Torsionsgruppe $T^1(K)$ ist leer.

II) *Ist $N = 2q$, und sind die Identifizierungen durch*

$$s_i = s_{i+1} \text{ für } i \equiv 1 \bmod 2$$

gegeben, so ist K ebenfalls die Simplizialzerlegung einer geschlossenen Fläche; K ist nicht orientierbar; $p^1(K) = q - 1$; die Torsionsgruppe $T^1(K)$ ist zyklisch von der Ordnung 2.

Die unter I genannte Zahl p nennt man das „Geschlecht" der betreffenden Fläche; unter einer (orientierbaren geschlossenen) Fläche vom Geschlecht Null versteht man eine mit der Kugel homöomorphe Fläche. *Somit haben wir für jede der Zahlen*

$$p = 0, 1, 2, 3, \ldots$$

eine geschlossene orientierbare[1] *Fläche gefunden; die zugehörigen eindimensionalen Bettischen Zahlen sind*

$$p^1(K) = 2p = 0, 2, 4, 6, \ldots,$$

die Charakteristiken

$$\chi(K) = 2 - 2p = 2, 0, -2, -4, \ldots$$

(Abb. 21; $p = 2$).

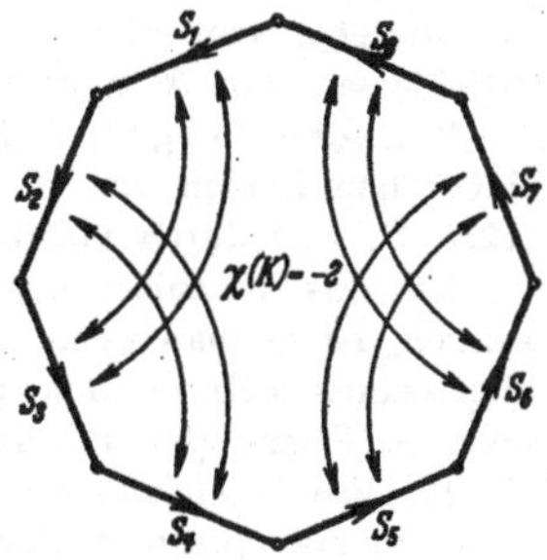

Abb. 21.

Ebenso ist aus II ersichtlich: *Wir haben für jede der Zahlen*

$$q = 1, 2, 3, 4, \ldots$$

eine geschlossene nicht orientierbare[1] *Fläche gefunden; die zugehörigen Bettischen Zahlen sind*

$$p^1(K) = q - 1 = 0, 1, 2, 3, \ldots,$$

die Charakteristiken

$$\chi(K) = 2 - q = 1, 0, -1, -2, \ldots$$

(Abb. 22; $q = 3$).

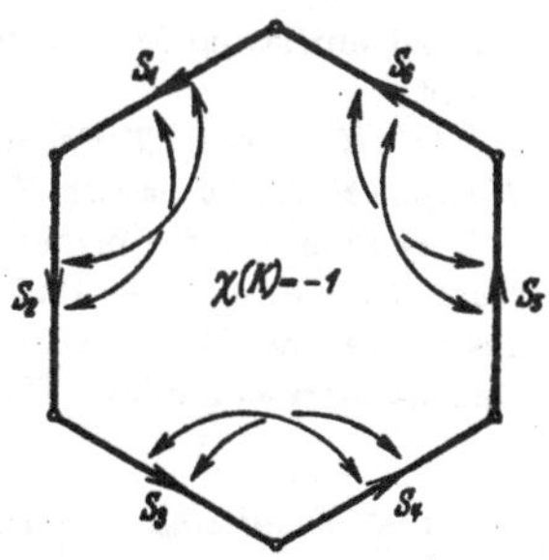

Abb. 22.

Der *Hauptsatz der Topologie der geschlossenen Flächen* lautet: *Andere geschlossene Flächen als die soeben aufgezählten gibt es nicht* (mit anderen Worten: *jede* geschlossene Fläche ist einer der aufgezählten Flächen homöomorph). Wegen des Beweises verweisen wir den Leser auf die Darstellung in dem Buch von SEIFERT-THRELFALL, § 39. (Wir werden den Satz niemals benutzen.)

11. Tilgung eines Simplexes in einem Komplex; die berandeten Flächen. K sei ein n-dimensionaler Komplex, $|x^n|$ ein Simplex von K; K' sei der Komplex, der entsteht, wenn man $|x^n|$ aus K tilgt ($|\dot{x}^n|$ aber stehen läßt). Wie ändern sich die Bettischen Gruppen beim Übergang von K zu K'?

Da der Komplex aller höchstens $(n-1)$-dimensionalen Simplexe beim Übergang von K zu K' nicht geändert wird, und da dieser Komplex der Schauplatz aller höchstens $(n-2)$-dimensionalen Homologien ist, ist

$$B^r(K') \approx B^r(K) \qquad \text{für } r \leq n-2$$

(bei beliebigem Koeffizientenbereich).

Bei der Untersuchung der ganzzahligen Bettischen Gruppen mit $r = n - 1$ und $r = n$ hat man zwei Fälle zu unterscheiden, je nachdem es einen Zyklus gibt

[1] Der Begriff der „Orientierbarkeit" bezieht sich auf die simpliziale Zerlegung von K der Fläche $\bar{K}$; daß er topologisch invariant ist, wird im Kap. X, § 3, Nr. 8 bewiesen werden.

(Fall A) oder nicht gibt (Fall B), in dem x^n mit von Null verschiedenem Koeffizienten vorkommt.

Aufgabe. Man beweise:

$$\left.\begin{aligned} p^n(K') &= p^n(K) - 1 \\ p^{n-1}(K') &= p^{n-1}(K) \end{aligned}\right\} \text{ im Fall A,}$$

$$\left.\begin{aligned} p^n(K') &= p^n(K) \\ p^{n-1}(K') &= p^{n-1}(K) + 1 \end{aligned}\right\} \text{ im Fall B.}$$

[Anleitung: Man betrachte die homomorphe Abbildung von $B^r_{\mathfrak{R}}(K')$ auf $B^r_{\mathfrak{R}}(K)$, die entsteht, wenn man den Homologieklassen von K' die sie enthaltenden Homologieklassen von K zuordnet.]

Weitere Aufgabe. Im Anschluß an diese Zusammenhänge zwischen den Bettischen Zahlen von K und K' beweise man die Euler-Poincarésche Formel (Kap. V, § 2) durch vollständige Induktion bezüglich der Anzahl der Simplexe.

Um das Verhalten der ganzzahligen Bettischen Gruppen vollständig zu erkennen, hätte man noch die Torsionsgruppen T^{n-1} zu untersuchen; dies ist im allgemeinen nicht einfach: man betrachte die Tilgung eines Dreieckes aus der projektiven Ebene (Nr. 12) und die Tilgung der Zelle E aus dem Komplex W in Nr. 17. Wir beschränken uns hier auf den für die Anwendungen wichtigsten Fall: K sei regulär zusammenhängend; dann gilt nämlich immer:

$$T^{n-1}(K') = 0.$$

Dies ist enthalten in dem folgenden Satz, der sich leicht aus Kap. IV, § 5, Satz VII ergibt:

Ist K' echter Teilkomplex des regulär zusammenhängenden n-dimensionalen Komplexes K, so besitzt K' keine $(n-1)$-dimensionale Torsion.

Wenden wir die bisherigen Ergebnisse auf die „berandeten Flächen" an: Entsteht der Komplex K' dadurch, daß man aus einer simplizialen Zerlegung K einer geschlossenen Fläche b zueinander fremde Dreiecke entfernt, so nennt man $\overline{K'}$ eine „b-fach berandete Fläche". Aus unseren Ergebnissen folgt: 1) *es ist immer*

$$p^2(K') = 0, \quad T^1(K') = 0;$$

2) *ist K orientierbar, so ist*

$$p^1(K') = p^1(K) + b - 1 \quad (b \geqq 1);$$

ist K nicht orientierbar, so ist

$$p^1(K') = p^1(K) + b \quad (b \geqq 0).$$

12. Die Möbiusschen Bänder mod m. Ist in dem letzten Satz $K = P^2$ eine simpliziale Zerlegung der projektiven Ebene und $b = 1$, so ist $\overline{K'}$ ein Möbiussches Band. Wir betrachten den allgemeineren Fall: Es sei $K = P^n_m$ (Nr. 8), und K' sei durch Herausnahme eines n-dimensionalen Simplexes aus K entstanden; $\overline{K'} = \overline{M}^n_m$ nennen wir ein „n-dimensionales Möbiussches Band mod m".

Aufgabe. Man beweise:

$$B^{n-1}_{\mathfrak{G}}(M^n_m) \approx \mathfrak{G}, \quad B^r_{\mathfrak{G}}(M^n_m) = 0 \quad \text{für} \quad 0 < r \neq n-1.$$

Wir fragen jetzt nach den n-dimensionalen Relativzyklen (beliebiger Koeffizientenbereiche) in M^n_m bis auf den Komplex $k^* = |\dot{x}^n|$, wobei $|x^n|$ das Simplex bezeichnet, durch dessen Tilgung aus P^n_m der Komplex M^n_m entstanden ist.

k und z^{n-1} sollen dieselbe Bedeutung wie in Nr. 8 haben; ferner sei $\mathring{z}^{n-1} = \dot{x}^n$; also $\mathring{z}^{n-1}$ Basiselement von $Z^{n-1}_{\mathfrak{G}}(k^*)$. Die Simplexe x^n_i von M^n_m seien so orientiert, daß die Orientierungen längs jeder nicht zu $k + k^*$ gehörigen $(n-1)$-dimensionalen Seite kohärent sind. (Ist $m \neq 2$, so ist $k + k^* = K^*$ im Sinne von Kap. IV, § 5, Nr. 8ff.; für $m = 2$ ist $k^* = K^*$.) Wir setzen $C = \sum x^n_i$; dann ist $\dot{C} = \mathring{z}^{n-1} + m z^{n-1}$.

Ist t ein Element eines beliebigen Koeffizientenbereiches $\mathfrak{J}$ mit $mt = 0$, so ist tC Relativzyklus bis auf k^*. Wir behaupten: andere n-dimensionale Relativzyklen bis auf k^* gibt es nicht. In der Tat ist dies für $m = 2$ bereits in Kap. IV, § 5, Satz VII enthalten; es sei $m \geqq 3$ und Z ein Relativzyklus der fraglichen Art. Z, tC mit beliebigem t und daher auch $Z' = Z - tC$ sind Relativzyklen bis auf $K^* = k + k^*$; wir wählen t so, daß Z' ein bestimmtes Simplex x_1^n nicht enthält; dann folgt aus Kap. IV, § 5, Satz VII, daß $Z' = 0$, also $Z = tC$ ist. Aus $\dot{Z} = t\mathfrak{z}^{n-1} + mt z^{n-1}$, $|\dot{Z}| \subset k^*$ und der Tatsache, daß die $(n-1)$-dimensionalen Simplexe von z^{n-1} die Koeffizienten ± 1 haben, folgt: $mt = 0$. Damit ist in der Tat gezeigt:

Die Komplexe tC mit $mt = 0$, und nur diese Komplexe, sind n-dimensionale Relativzyklen in M_m^n bis auf k^*. Insbesondere gibt es solche von Null verschiedenen Relativzyklen mod m' dann und nur dann, wenn es in $\mathfrak{G}_{m'}$ ein von Null verschiedenes Element t mit $mt = 0$ gibt, wenn also der größte gemeinsame Teiler $(m, m') > 1$ ist.

Auf diese Relativzyklen in M_m^n werden wir mehrere Male zurückkommen (im Kap. VII, § 3, Nr. 11, und im 2. Band bei der Dimensionstheorie).

13. Weitere spezielle Komplexe. Man hefte zwei Möbiussche Bänder mod m_1 und mod m_2, $M_{m_1}^2$ und $M_{m_2}^2$, längs der Komplexe k_1^* und k_2^* aneinander[1] (k_i^* analog definiert wie k^* in Nr. 12); es entsteht ein Komplex Q_{m_1, m_2}^2.

Behauptung:

$$p^2(Q_{m_1, m_2}^2) = 0,$$
$$T^1(Q_{m_1, m_2}^2) = \mathfrak{G}_{(m_1, m_2)} \quad \text{für} \quad (m_1, m_2) > 1,$$
$$T^1(Q_{m_1, m_2}^2) = 0 \quad \text{für} \quad (m_1, m_2) = 1;$$

ist $(m_1, m_2) = 1$, so enthält Q_{m_1, m_2}^2 keinen von 0 verschiedenen zweidimensionalen Zyklus (irgendeines Koeffizientenbereiches); ist $(m_1, m_2) > 1$, so enthält Q_{m_1, m_2}^2 einen Zyklus Z^2 mod (m_1, m_2) mit $|Z^2| = Q_{m_1, m_2}^2$.

Beweis als Aufgabe! (Man benutze Satz V aus Kap. IV, § 5.)

14. Aufgaben: Man zeige: der in Nr. 10 durch die Identifizierungen (12) erzeugte Komplex $K = U$ ist ein H-Simplex (in dem jede Kante auf wenigstens zwei Dreiecken liegt!); man konstruiere ein (krummes) Polyeder $\overline{U} \subset R^3$ mit dieser Simplizialzerlegung U.

Man nehme zwei Exemplare U_1, U_2 von U und hefte sie längs den einfach geschlossenen Kantenzügen k_1, k_2, die bei den Identifizierungen (12) in Nr. 10 aus dem Randkomplex k_0 entstehen, zusammen. Es entsteht ein Komplex V. Man zeige: V ist eine HS^2.

15. Man schneide in eine Kugelfläche N zueinander fremde Löcher und identifiziere sämtliche N Ränder miteinander (alles dies und das folgende in einer simplizialen Zerlegung der Kugel). Die gelochte Kugelfläche C und die Ränder z_i seien so orientiert, daß $\dot{C} = \sum z_i$ ist. Die N Ränder $|z_i|$ sind in zwei Klassen von p und q Rändern $(p + q = N)$ so eingeteilt, daß bei der Identifizierung je zwei z_i derselben Klasse gleichsinnig, je zwei z_i verschiedener Klassen ungleichsinnig aufeinander bezogen sind. Der entstandene Komplex heiße $L_{p,q}$.

Behauptung:

$$p^2(L_{p,q}) = 1 \quad \text{und} \quad T^1(L_{p,q}) = 0 \quad \text{für } |p - q| = 0;$$
$$p^2(L_{p,q}) = 0 \quad \text{und} \quad T^1(L_{p,q}) = 0 \quad \text{für } |p - q| = 1;$$
$$p^2(L_{p,q}) = 0 \quad \text{und} \quad T^1(L_{p,q}) \approx \mathfrak{G}_{|p-q|} \quad \text{für } |p - q| > 1.$$

[1] Das „Aneinanderheften" zweier fremder Komplexe K_1, K_2 längs untereinander isomorpher Teilkomplexe k_1, k_2 ist eine spezielle Identifizierung (Nr. 3) in dem Komplex $K_1 + K_2$. — Offenbar ist es oben erlaubt, k_1^* und k_2^* als isomorph anzunehmen.

Beweis als Aufgabe! (Man benutze Kap. IV, § 5, Satz VII; oder man erzeuge $L_{p,q}$ nach dem Prinzip von Nr. 10.)

$L_{1,1}$ ist ein Torus. Man konstruiere im R^3 ein Polyeder $L_{1,2}$. (Es zerlegt den R^3 nicht, obwohl in $L_{1,2}$ jede Kante auf wenigstens zwei Dreiecken liegt. Dieselbe Eigenschaft hat das Polyeder U in Nr. 14.) Dagegen gibt es für $|p-q|>1$ kein $L_{p,q}\subset R^3$; dies folgt aus Kap. X, § 1, Nr. 10.

16. M' sei ein zweidimensionales Möbiussches Band mod 2, M'' und M''' seien Möbiussche Bänder mod 3 (Nr. 12); ihre Teilkomplexe, die den in Nr. 12 mit k und k^* bezeichneten entsprechen, nennen wir k', $\overset{*}{k}{}'$, k'', $\overset{*}{k}{}''$, k''', $\overset{*}{k}{}'''$ (sie sind einfach geschlossene Polygone). Man nehme folgende drei Zusammenheftungen vor: M' mit M'' längs $\overset{*}{k}{}'$ und $\overset{*}{k}{}''$, M'' mit M''' längs k'' und $\overset{*}{k}{}'''$, M''' mit M' längs k''' und k'. Es entsteht ein Komplex T. Man zeige: Wenn man bei der letzten der drei Zusammenheftungen in geeigneter Weise über die Durchlaufungsrichtungen von k''' und k' verfügt hat, so gibt es solche orientierte Komplexe C', C'', C''' mit $|C'|=M'$, $|C''|=M''$, $|C'''|=M'''$, daß $Z=\mathfrak{r}_7(2C'+2C''+C''')$ ein Zyklus mod 7 mit $|Z|=T$ ist; für $m<7$ gibt es keinen von 0 verschiedenen zweidimensionalen Zyklus mod m; jede Kante liegt auf weniger als 7 Dreiecken; kein echter Teilkomplex von T enthält einen zweidimensionalen Zyklus irgendeines Koeffizientenbereiches. (Man benutze Satz V aus Kap. IV, § 5.)

17. An die projektive Ebene P^2 oder allgemeiner an eine pseudoprojektive Ebene P^2_m (Nr. 8) hefte man längs dem einfach geschlossenen Polygon k (Nr. 8) eine konvexe Zelle E mit ihrem Rande an (alles in simplizialer Zerlegung). Es entsteht ein Komplex W.

Man zeige: W ist eine HS^2. W besitzt also keine Torsion, obwohl ein Teilkomplex P^2_m Torsion besitzt. Ist z Basiselement der Zyklengruppe $Z^2_{\mathfrak{G}}(W)$, so sind die Zyklen beliebiger Koeffizientenbereiche von der Form tz; dabei ist $|z|=W$, es kann aber $|tz|=P^2_m$, also echter Teil von W sein.

18. M', M'' seien gewöhnliche Möbiussche Bänder (mod 2), E sei eine zweidimensionale Zelle (alles in geeigneter simplizialer Zerlegung). Man hefte die drei Komplexe längs ihren Rändern aneinander. Es entsteht ein Komplex D.

Frage: Für welche Koeffizientenbereiche $\mathfrak{J}$ gibt es Zyklen z mit $|z|=D$? — Behauptung: Dann und nur dann gibt es einen solchen Zyklus, wenn $\mathfrak{J}$ zwei voneinander verschiedene Elemente der Ordnung 2 enthält. (Keiner der „elementaren" Koeffizientenbereiche $\mathfrak{G}$, $\mathfrak{G}_m$, $\mathfrak{R}$, $\mathfrak{R}_1$ ist eine solche Gruppe; die einfachste derartige Gruppe ist die „Vierergruppe" oder „Diedergruppe $\mathfrak{D}_2$".)

Beweis. $\mathfrak{J}$ und z seien Koeffizientenbereich und Zyklus der gesuchten Art. Nach Kap. IV, § 5, Satz V ist, da M', M'', E die regulären Komponenten von D sind, $z=t^1C_1+t^2C_2+t^3C_3$ mit $t_i\subset\mathfrak{J}$, $t_i\neq 0$ $(i=1,2,3)$ und $|C_1|=M'$, $|C_2|=M''$, $|C_3|=E$, wobei die C_i orientierte Komplexe sind; aus $\dot z=0$ folgt, daß die t^iC_i Relativzyklen bis auf den gemeinsamen Rand D^* von M', M'', E sind. Da M' und M'' berandete nicht orientierbare Pseudomannigfaltigkeiten sind, haben nach Kap. IV, § 5, Satz VII t^1 und t^2 die Ordnung 2. Da jedes eindimensionale Simplex von D^* in jedem der Ränder $\dot C_i$ mit dem Koeffizienten ± 1 vorkommt, muß $t^1+t^2+t^3=0$ sein — (die Vorzeichen der t^i sind unwesentlich) —, also $t^1+t^2=-t^3\neq 0$, und da $t^2=-t^2$ ist: $t_1\neq t_2$. Es gibt also in $\mathfrak{J}$ zwei verschiedene Elemente t^1, t^2 der Ordnung 2. — Ist umgekehrt $\mathfrak{J}$ ein Koeffizientenbereich, der zwei verschiedene Elemente t^1, t^2 der Ordnung 2 enthält, so nehme man ganz beliebige orientierte Komplexe C_1, C_2, C_3 mit $|C_1|=M'$, $|C_2|=M''$, $|C_3|=E$; dann ist $z=t^1C_1+t^2C_2+(t^1+t^2)C_3$ ein Zyklus in bezug auf $\mathfrak{J}$ mit $|z|=D$.

19. Zellen und Zerspaltungen in Zellen. Aufgabe: Man stelle im Anschluß an Nr. 10 Zerspaltungen der geschlossenen orientierbaren Fläche vom Geschlecht p in Zellen mit folgenden Anzahlen her (β^r bezeichnet immer die Anzahl der r-dimensionalen Zellen): 1) $\beta^2 = 1$, $\beta^1 = 2p$, $\beta^0 = 1$ (für $p \geqq 0$; jedes eindimensionale Element ist ein einfach geschlossenes Polygon); 2) $\beta^2 = 4p$, $\beta^1 = 6p$, $\beta^0 = 2$ (dies nur für $p \geqq 1$; man gehe von der Zerlegung eines $4p$-Ecks in $4p$ Dreiecke aus). Ferner Zellenzerspaltungen der nicht orientierbaren Flächen mit $\beta^2 = 1$, $\beta^1 = q$, $\beta^0 = 1$.

20. Die projektive Ebene wird durch drei Geraden, die nicht durch einen Punkt gehen, in vier Dreiecke eingeteilt; diese vier Dreiecke bilden keinen Komplex, da je zwei von ihnen außer einer Kante noch den gegenüberliegenden Eckpunkt gemeinsam haben. Aber geeignete Unterteilungen dieser Dreiecke und ihrer Seiten bilden die Elemente einer Zellenzerspaltung der projektiven Ebene ($\beta^2 = 4$, $\beta^1 = 6$, $\beta^0 = 3$).

21. Sowohl in einen Meridian als auch in einen Breitenkreis einer Torusfläche spanne man je eine Kreisscheibe ein. E^2 sei eine Triangulation dieses Gebildes; E^2 ist eine HS^2. Ist E^0 irgendein Eckpunkt von E^2, so stellt die Zerspaltung von E^2, deren Elemente E^2 und E^0 sind, eine Zelle dar. Bezeichnet X das algebraische Basiselement (Kap. VI, § 1, Nr. 4), so ist $|X|$ echter Teil von E^2, nämlich eine Triangulation der Torusfläche; die Dreiecke der beiden eingespannten Scheiben sind also neutral (Kap. VI, § 1, Nr. 14).

22. Man nehme den Komplex V aus Nr. 14, entferne ein Dreieck, so daß ein Komplex V' entsteht. $E^2 = V'$, die drei Seiten und die drei Ecken des entfernten Dreiecks bilden eine Zerspaltung von V', die eine Zelle darstellt. Dabei ist $|X| = V'$; man sieht an diesem Beispiel: Ist X das Basiselement einer Zelle, so braucht $|X|$ nicht regulär zusammenhängend zu sein. (Ähnlich: die Zerspaltung von V in $E^2 = V$ und einen Eckpunkt E^0.)

Siebentes Kapitel.

Spezielle Fragen aus der Theorie der Komplexe.

Die drei Paragraphen dieses Kapitels behandeln drei voneinander unabhängige Gegenstände. Ihre Kenntnis ist nur für speziellere Untersuchungen notwendig. Prinzipiell am wichtigsten ist der § 1; die in ihm behandelten Begriffe werden noch öfters auftreten (Kap. X, § 2, Nr. 4; Kap. XI, § 4, Nr. 4; Kap. XIII, § 4). Einige Sätze des § 2 werden im Anhang zum Kap. XI wesentlich verwendet. Aus dem § 3 werden wir in diesem Bande nur die ersten Grundbegriffe benutzen.

§ 1. Geschlossene und irreduzibel geschlossene Komplexe.

§ 2. Additionssätze.

§ 1. Geschlossene und irreduzibel geschlossene Komplexe.

1. Der Begriff des „Zyklus", der im Mittelpunkt aller unserer Betrachtungen steht, ist algebraisch: er setzt einen Koeffizientenbereich $\mathfrak{J}$ voraus; Auftreten und Eigenschaften von Zyklen in einem vorgelegten absoluten Komplex sind von unserer Willkür abhängig: denn wir können $\mathfrak{J}$ frei wählen. Aber die geometrischen Gebilde, an die wir bei Einführung und Benutzung der Zyklen denken — nämlich die geschlossenen Polygone, geschlossenen Flächen usw. — tragen die „zyklischen" Eigenschaften, nämlich das „Unberandetsein" oder die „Geschlossenheit", offenbar ohne Rücksicht auf Koeffizientenbereiche und unabhängig von unserer Willkür von vornherein in sich. Sie sind zwar Träger algebraischer Zyklen, aber diese dienen nur zur Beschreibung eben des „zyklischen" Verhaltens der Gebilde selbst.

Wir werden in diesem Paragraphen absolute Komplexe behandeln, die in dem angedeuteten Sinne „Träger" von Zyklen sind[1]. Bei der Behandlung dieser „geschlossenen" Komplexe werden wir in naheliegender Weise auf „irreduzibel geschlossene" Komplexe geführt werden. Deren Verhältnis zu den Koeffizientenbereichen und zu unserer Willkür ist besonders interessant und wichtig: jedem irreduzibel geschlossenen Komplex ist durch seine Struktur von vornherein ein Koeffizientenbereich — und zwar immer $\mathfrak{G}$ oder ein $\mathfrak{G}_m$ — in natürlicher Weise angemessen, der zur Beschreibung des Komplexes in viel höherem Maße geeignet ist als jeder andere Koeffizientenbereich. Dabei handelt es sich immer nur um Existenz und Eigenschaften n-dimensionaler Zyklen in n-dimensionalen Komplexen.

K bezeichnet ausnahmslos einen homogen n-dimensionalen endlichen Komplex; seine Grundsimplexe heißen immer $|x_i|$.

2. Geschlossene Komplexe. Definition. K heißt *„geschlossen"*, wenn es einen Koeffizientenbereich $\mathfrak{J}$ und in bezug auf $\mathfrak{J}$ einen Zyklus z mit $|z| = K$ gibt.

---

[1] Dieser Paragraph kann als eine Fortsetzung einiger Teile des § 5 im Kap. IV angesehen werden; in der Tat bilden die dort behandelten geschlossenen Pseudomannigfaltigkeiten eine besonders einfache Klasse „geschlossener" absoluter Komplexe.

Satz I. *Gehört jedes Grundsimplex von K einem geschlossenen Teilkomplex von K an, so ist K geschlossen.*

Beweis. Die Grundsimplexe seien x_j ($j = 1, 2, \ldots, a$); zu jedem j gibt es einen Koeffizientenbereich $\mathfrak{J}_j$ und einen Zyklus $z_j = \sum_i t_j^i x_i$ mit $t_j^i \subset \mathfrak{J}_j$ und $t_j^j \neq 0$. Wir bilden die direkte Summe $\mathfrak{J} = \mathfrak{J}_1 + \mathfrak{J}_2 + \cdots + \mathfrak{J}_a$; die Elemente von $\mathfrak{J}$ sind in leicht verständlicher Weise mit $(t_1^{i_1}, t_2^{i_2}, \ldots, t_a^{i_a})$, $t_j^{i_j} \subset \mathfrak{J}_j$, zu bezeichnen. Dann hat x_j in dem algebraischen Komplex in bezug auf $\mathfrak{J}$

$$z = \sum_i (t_1^i, \ldots, t_i^i, \ldots, t_a^i)\, x_i$$

wegen $t_j^j \neq 0$ einen von Null verschiedenen Koeffizienten, es ist also $|z| = K$. Ferner ist z ein Zyklus; denn es ist

$$z = \sum_i (t_1^i, 0, \ldots, 0)\, x_i + \sum_i (0, t_2^i, 0, \ldots, 0)\, x_i + \cdots$$
$$+ \sum_i (0, 0, \ldots, 0, t_a^i)\, x_i,$$

und infolge von $z_1 = (\sum_i t_1^i x_i)^{\cdot} = 0$ ist auch $(\sum_i (t_1^i, 0, \ldots, 0)\, x_i)^{\cdot} = 0$; das Gleiche gilt für die übrigen Summanden in der obigen Darstellung von z. Damit ist die Behauptung bewiesen. —

Auf Grund des Satzes I darf man die Definition der Geschlossenheit durch die folgende ersetzen: *K ist geschlossen, wenn jedes Grundsimplex von K einem Zyklus angehört.*

Kann man die Geschlossenheit von K auch ohne Heranziehung beliebiger Koeffizientenbereiche $\mathfrak{J}$ allein durch die „elementaren" Bereiche $\mathfrak{G}$, $\mathfrak{G}_m$, $\mathfrak{R}_1$ charakterisieren? Das Beispiel des Komplexes D (Nr. 18 im Anhang zu den Kap. IV, V, VI)[1] zeigt, daß unsere ursprüngliche, durch $K = |z|$ gegebene Definition hierfür ungeeignet ist. Aber die zweite Definition, zu der wir soeben gelangt sind, läßt sich in dem gewünschten Sinne umformen; es gelten nämlich die beiden folgenden Sätze:

Satz Ia. *K ist dann und nur dann geschlossen, wenn jedes Grundsimplex einem ganzzahligen Zyklus oder einem Zyklus mod m mit einem gewissen $m \geq 2$ angehört.*

Bemerkung. Man könnte sich hier die Erwähnung der ganzzahligen Zyklen auch sparen; denn ist $z = \sum t^i x_i$ ein ganzzahliger Zyklus und m eine Zahl, durch die kein t^i teilbar ist, so ist $\mathfrak{r}_m(z)$ — (vgl. Kap. V, § 3, Nr. 1) — ein Zyklus mod m mit $|\mathfrak{r}_m(z)| = |z|$. Die Ersparnis wäre aber nur eine formale Vereinfachung.

Satz Ib. *K ist dann und nur dann geschlossen, wenn jedes Grundsimplex einem Zyklus in bezug auf $\mathfrak{R}_1$ angehört.*

---

[1] Dieser Anhang wird im gegenwärtigen Kapitel kurz als *A* zitiert.

Beweis beider Sätze. Daß K geschlossen ist, falls jedes Grundsimplex $|x_i|$ einem ganzzahligen oder einem Zyklus mod m, und ebenso, falls jedes $|x_i|$ einem Zyklus in bezug auf $\mathfrak{R}_1$ angehört, ist bereits in dem oben Bewiesenen enthalten. K sei geschlossen; es ist 1) zu zeigen, daß jedes $|x_i|$ einem ganzzahligen oder einem Zyklus mod m, und 2), daß es einem Zyklus in bezug auf $\mathfrak{R}_1$ angehört.

Es ist $K = |z|$, wobei z Zyklus in bezug auf einen gewissen Koeffizientenbereich $\mathfrak{J}$ ist. Nach Kap. V, § 4, Nr. 3 ist

$$z = \overset{*}{z} + \overset{**}{z}, \quad \overset{*}{z} = \sum \mathfrak{t}^i k_i, \quad \overset{**}{z} = \sum \mathfrak{d}^i y_i;$$

dabei ist k_i ganzzahliger Zyklus; y_i ganzzahliger Komplex mit $\dot{y}_i = f_i z_i^{n-1}$, $f_i \geqq 2$; $\mathfrak{t}^i$ Element von $\mathfrak{J}$; $\mathfrak{d}^i$ Element von $\mathfrak{J}$ mit $f_i \mathfrak{d}^i = 0$. Aus $|x_j| \subset |z|$ folgt, daß wenigstens einer der beiden Fälle vorliegt: 1) $|x_j| \subset |k_i|$ (für wenigstens ein i), 2) $|x_j| \subset |\mathfrak{d}^i y_i|$ (für wenigstens ein i).

Im ersten Fall habe x_j in dem ganzzahligen Zyklus k_i den Koeffizienten p; dann gehört x_j sowohl zu dem Zyklus $\mathfrak{r}_m(k_i)$ mod m, wobei m nicht Teiler von p ist, als auch zu dem Zyklus $t k_i$ in bezug auf $\mathfrak{R}_1$, wobei $t \subset \mathfrak{R}_1$, $pt \neq 0$ ist. Im zweiten Fall habe x_j in y_i den Koeffizienten q; dann ist q wegen $f_i \mathfrak{d}^i = 0$ nicht durch f_i teilbar, und daher gehört x_j sowohl zu dem Zyklus $\mathfrak{r}_{f_i}(y_i)$ mod f_i, als auch zu jedem Zyklus $t y_i$ in bezug auf $\mathfrak{R}_1$, wobei t ein Element der Ordnung f_i von $\mathfrak{R}_1$ ist (aus $f_i t = 0$ folgt, daß $t y_i$ Zyklus ist, aus $qt \neq 0$, daß x_j in $t y_i$ vorkommt).

Damit sind die beiden Sätze bewiesen, und die Definition der Geschlossenheit ist hinreichend geklärt.

Wir stellen leicht fest, daß nicht alle Komplexe, z. B. nicht die Simplexe, geschlossen sind; es gilt nämlich

Satz II. *Jedes $(n-1)$-dimensionale Simplex eines geschlossenen n-dimensionalen Komplexes liegt auf wenigstens zwei Grundsimplexen.*

Beweis. Läge $|y^{n-1}|$ etwa nur auf $|x_1|$, so hätte, wenn $z = \sum t^i x_i$ ist, y^{n-1} in $\dot{z}$ den Koeffizienten $\pm t^1$, es wäre also, wenn z Zyklus ist, $t^1 = 0$, also $|z| \neq K$ und K nicht geschlossen.

Der Satz ist nicht umkehrbar (vgl. **A**, Nr. 14, 15), liefert also eine notwendige, aber keine hinreichende Bedingung für die Geschlossenheit; eine hinreichende, aber (**A**, Nr. 8) nicht notwendige Bedingung gibt

Satz III. *Liegt in K jedes $(n-1)$-dimensionale Simplex $|x_i|$ auf einer geraden Anzahl von Grundsimplexen, so ist K geschlossen.*

Denn mod 2 ist $\sum x_i$ ein Zyklus.

3. Die Definition der irreduziblen Geschlossenheit ist die folgende: Der n-dimensionale *geschlossene* Komplex K heißt „*irreduzibel geschlossen*", wenn kein n-dimensionaler echter Teilkomplex von K geschlossen ist.

Selbstverständlich ist: *Jeder geschlossene Komplex enthält wenigstens einen irreduzibel geschlossenen Teilkomplex* — (es handelt sich immer nur um n-dimensionale Komplexe) —, nämlich unter allen (echten oder unechten) geschlossenen Teilkomplexen einen mit der kleinsten Zahl von Grundsimplexen. Man darf aber nicht erwarten, daß sich jeder geschlossene Komplex aus irreduzibel geschlossenen Komplexen zusammensetzen läßt, d. h. daß jedes seiner Grundsimplexe einem irreduzibel geschlossenen Teilkomplex angehören muß (man betrachte den Komplex W in **A**, Nr. 17).

Wir werden jetzt sehen, daß die besondere Einfachheit der irreduzibel geschlossenen n-dimensionalen Komplexe auch in ihren n-dimensionalen Bettischen Gruppen ihren Ausdruck findet.

4. Die n-dimensionalen Bettischen Gruppen der n-dimensionalen irreduzibel geschlossenen Komplexe. In den beiden folgenden Sätzen ist unter K ein n-dimensionaler irreduzibel geschlossener Komplex, unter einem Zyklus immer ein n-dimensionaler Zyklus zu verstehen.

Satz IV. *Es sei $p^n(K) > 0$. Dann gilt:* 1) *Es ist $p^n(K) = 1$ und die Torsionsgruppe $T^{n-1}(K)$ Null;* 2) *die Grundsimplexe lassen sich so orientieren, daß $Z_0 = \sum x_i$ ein Zyklus ist;* 3) *es gibt in bezug auf einen beliebigen Koeffizientenbereich $\mathfrak{J}$ keine anderen Zyklen als die — infolge* 2) *trivialerweise existierenden — Zyklen tZ_0 mit beliebigem $t \subset \mathfrak{J}$.*

Satz V. *Es sei $p^n(K) = 0$. Dann gilt:* 1) *$T^{n-1}(K)$ ist zyklisch von einer Ordnung $m \geqq 2$;* 2) *es gibt einen Zyklus mod m $Z_m = \mathfrak{r}_m(\sum a^i x_i)$, wobei jeder Koeffizient a^i zu m teilerfremd ist;* 3) *es gibt in bezug auf einen beliebigen $\mathfrak{J}$ keine anderen Zyklen als die — infolge* 2) *trivialerweise existierenden — Zyklen $t\sum a^i x_i$, wobei t ein beliebiges Element von $\mathfrak{J}$ mit $mt = 0$ ist.*

Beweis von IV. Wir beweisen zunächst die Behauptung 2). Wegen $p^n > 0$ gibt es jedenfalls einen ganzzahligen Zyklus $z = \sum a^i x_i \neq 0$. Infolge der Irreduzibilität von K sind alle $a^i \neq 0$. Sind alle $a^i = \pm 1$, so sind wir fertig; andernfalls sei $|a^1| \geqq |a^i|$ für alle i, also $|a^1| \geqq 2$. $\mathfrak{J}$ sei ein Koeffizientenbereich, in dem es ein Element t der Ordnung $|a^1|$ gibt (z. B. $\mathfrak{R}_1$ oder $\mathfrak{G}_{|a^1|}$); dann ist tz ein Zyklus in bezug auf $\mathfrak{J}$, der x_1 nicht enthält, infolge der Irreduzibilität von K ist also $tz = 0$, d. h. $a^i t = 0$ für alle i; folglich ist jedes a^i durch a^1 teilbar und daher $a^i = \pm a^1$, $z = a^1 \sum \pm x_i$. Dann ist auch $\sum \pm x_i$ Zyklus, und wir können die x_i so orientieren, daß $Z_0 = \sum x_i$ Zyklus ist. Damit ist 2) bewiesen.

Ist $z_{\mathfrak{J}} = \sum t^i x_i$ Zyklus in bezug auf den beliebigen Koeffizientenbereich $\mathfrak{J}$, so ist auch $z_{\mathfrak{J}} - t^1 Z_0$ Zyklus in bezug auf $\mathfrak{J}$; er enthält x_1 nicht, wegen der Irreduzibilität von K ist daher $z_{\mathfrak{J}} - t^1 Z_0 = 0$, $z_{\mathfrak{J}} = t^1 Z_0$. Damit ist 3) bewiesen.

Wenden wir 3) auf $\mathfrak{J} = \mathfrak{G}$ an, so folgt zunächst $p^n(K) = 1$. Ferner geht aus 3) hervor, daß es in K keinen n-dimensionalen Zyklus zweiter Art gibt (bei beliebigem $\mathfrak{J}$); folglich gibt es auch keine $(n-1)$-dimensionale Torsion (Kap. V, § 3, Nr. 1).

Beweis von V. Wir beweisen zuerst 1). Nach Kap. V, § 3, Nr. 6 ist $T^{n-1}(K) \approx \overset{**}{B}{}^n_{\mathfrak{R}_1}(K)$; infolge von $p^n = 0$ ist die Gruppe $\overset{*}{Z}{}^n_{\mathfrak{R}_1}(K) = 0$; da immer $\overset{**}{B}{}^n_{\mathfrak{R}_1}(K) \approx Z^n_{\mathfrak{R}_1}(K) - \overset{*}{Z}{}^n_{\mathfrak{R}_1}(K)$ ist, ist somit $Z^n_{\mathfrak{R}_1}(K) \approx T^{n-1}(K)$. Daher ist $Z^n_{\mathfrak{R}_1}(K)$ gewiß endlich; ferner folgt aus Satz Ib, daß $Z^n_{\mathfrak{R}_1}(K) \neq 0$ ist; um 1) zu beweisen, hat man daher nur zu zeigen: $Z^n_{\mathfrak{R}_1}(K)$ ist zyklisch.

x sei ein festes orientiertes Grundsimplex von K. Ordnen wir jedem Zyklus $Z \subset Z^n_{\mathfrak{R}_1}(K)$ den Koeffizienten $t = t(Z)$ zu, mit dem x in Z auftritt, so ist das eine homomorphe Abbildung von $Z^n_{\mathfrak{R}_1}(K)$ auf eine Untergruppe $\mathfrak{U}$ von $\mathfrak{R}_1$. Aus der Irreduzibilität von K folgt: Für $Z \neq 0$ ist $t \neq 0$; der Kern des Homomorphismus ist daher Null, und folglich ist $Z^n_{\mathfrak{R}_1}(K) \approx \mathfrak{U}$. Damit ist die Behauptung 1) auf die folgende Tatsache zurückgeführt: Jede endliche Untergruppe $\mathfrak{U}$ von $\mathfrak{R}_1$ ist zyklisch[1].

Jetzt beweisen wir die Behauptung 2): $Z = \sum r^i x_i$, $r^i \subset \mathfrak{R}_1$, sei erzeugendes Element der zyklischen Gruppe $Z^n_{\mathfrak{R}_1}(K)$; m sei die Ordnung dieser Gruppe, m_i seien die Ordnungen der r^i. Aus $0 = mZ = \sum m r^i x_i$ folgt $m r^i = 0$, also: m ist durch m_i teilbar; andererseits enthält der Zyklus $m_i Z$ das Simplex x_i nicht, aus der Irreduzibilität von K folgt daher $m_i Z = 0$, also: m_i ist durch m teilbar. Folglich ist $m_i = m$.

Da somit r^i die Ordnung m hat, sind die rationalen Zahlen, die in der Restklasse mod 1 r^i enthalten sind, von der Form $\frac{a^i}{m}$ mit ganzem a^i und $(a^i, m) = 1$. Wir wählen für jedes i einen bestimmten Repräsentanten $\frac{a^i}{m}$ der Restklasse r^i und behaupten: $Z_m = \mathfrak{r}_m(\sum a^i x_i)$ ist Zyklus mod m. In der Tat: Ist $(\sum a^i x_i)^{\cdot} = \sum b^j x_j^{n-1}$, wobei x_j^{n-1} die $(n-1)$-dimensionalen Simplexe sind, so ist

$$\left(\sum \frac{a^i}{m} x_i\right)^{\cdot} = \sum \frac{b^j}{m} x_j^{n-1}.$$

Der Umstand, daß Z Zyklus in bezug auf $\mathfrak{R}_1$ ist, bedeutet: $\frac{b^j}{m} \equiv 0 \bmod 1$, also $b^j \equiv 0 \bmod m$, $b^j = m c^j$ für jedes j; mithin ist $(\sum a^i x_i)^{\cdot} = m(\sum c^j x_j^{n-1})$, also Z_m Zyklus mod m. Damit ist 2) bewiesen.

Beweis von 3): Da $(\sum a^i x_i)^{\cdot} = m z^{n-1}$ mit ganzzahligem z^{n-1} ist, ist $t \cdot \sum a^i x_i$ ein Zyklus in bezug auf den (willkürlich gegebenen) Koeffizientenbereich $\mathfrak{J}$, sobald t ein Element von $\mathfrak{J}$ mit $m t = 0$ ist. Es sei nun umgekehrt ein Zyklus $z_{\mathfrak{J}} = \sum t^i x_i$ in bezug auf $\mathfrak{J}$ gegeben; wir behaupten: *es gibt ein Element $t \subset \mathfrak{J}$ mit $m t = 0$ und $a^1 t = t^1$.* Aus dieser Behauptung folgt die Behauptung 3); denn hat t die genannten Eigenschaften, so ist der Komplex $z_{\mathfrak{J}} - t \sum a^i x_i$ erstens ein Zyklus, und zwei-

[1] Beweis dieser Tatsache: Es sei v ein gemeinsames Vielfaches der Ordnungen aller Elemente von $\mathfrak{U}$; bezeichnet $r = \mathfrak{r}_1\left(\frac{1}{v}\right)$ die Restklasse mod 1, in der sich die Zahl $\frac{1}{v}$ befindet, so ist offenbar jedes Element von $\mathfrak{U}$ ein Vielfaches von r, also ein Element der von r erzeugten zyklischen Gruppe. Als Untergruppe einer zyklischen Gruppe ist $\mathfrak{U}$ selbst zyklisch (Anhang I, Nr. 39).

tens enthält er das Simplex x_1 nicht; er ist also 0 infolge der Irreduzibilität der Geschlossenheit von K.

Um die Existenz von t zu beweisen, stellen wir erstens fest: da $p^n = 0$ und $T^{n-1} \approx \mathfrak{G}_m$ ist, ist nach Kap. V, § 4, Nr. 3 die Gruppe $B_{\mathfrak{J}}^n = Z_{\mathfrak{J}}^n \approx C_{\mathfrak{J}}(\mathfrak{G}_m)$, also $Z_{\mathfrak{J}}^n \approx {}_m\mathfrak{J}$ nach Anhang I, Nr. 59, folglich $m z_{\mathfrak{J}} = 0$ und daher $m t^1 = 0$; zweitens: da, wie unter 2) gezeigt wurde, a^1 teilerfremd zu m ist, gibt es Zahlen b und c mit $b a^1 = m c + 1$. Dann hat das Element $t = b t^1$ die gewünschten Eigenschaften. —

Formulieren wir noch ausdrücklich, wie die Gruppen $Z_{\mathfrak{J}}^n(K) = B_{\mathfrak{J}}^n(K)$ mit beliebigem $\mathfrak{J}$ gebaut sind. Es ergibt sich aus Kap. V, § 4, Nr. 3:

Ist $p^n(K) = 1$, so ist $Z_{\mathfrak{J}}^n(K) \approx \mathfrak{J}$; ist $p^n(K) = 0$, so ist $Z_{\mathfrak{J}}^n(K) \approx {}_m\mathfrak{J}$; dabei ist m die Ordnung der zyklischen Torsionsgruppe $T^{n-1}(K)$, ${}_m\mathfrak{J}$ die Gruppe derjenigen Elemente $t \subset \mathfrak{J}$, für die $mt = 0$ ist; insbesondere ist also $Z_{\mathfrak{G}_m}^n(K) \approx \mathfrak{G}_m$.

5. Natürliche Moduln; irreduzible Zyklen. Die Sätze der vorigen Nummer lassen die Berechtigung der Aussage erkennen: *Jedem irreduzibel geschlossenen Komplex K ist von vornherein ein bestimmter Koeffizientenbereich angemessen* — natürlich nur soweit es sich um die Untersuchung der n-dimensionalen Zyklen in dem n-dimensionalen K handelt —, nämlich im Fall $p^n(K) = 1$ der Bereich $\mathfrak{G}$, im Fall $p^n(K) = 0$ der Bereich $\mathfrak{G}_m$, wobei m die Ordnung der Torsionsgruppe T^{n-1} ist. Im ersten Fall nennen wir die Zahl Null, im zweiten die Zahl m den „*natürlichen Modul*" von K; $\mathfrak{G}_0 = \mathfrak{G}$ bzw. $\mathfrak{G}_m$ heiße der „*natürliche Koeffizientenbereich*" von K.

Aber nicht nur der natürliche Bereich $\mathfrak{G}_m$ ($m = 0$ oder $\geqq 2$) ist durch K von vornherein ausgezeichnet, sondern es gibt auch in K ausgezeichnete Zyklen in bezug auf $\mathfrak{G}_m$, nämlich die erzeugenden Elemente der Gruppen $Z_{\mathfrak{G}_m}^n(K)$. Diese Zyklen nennen wir „*irreduzibel*", definieren also: *Es sei $m = 0$ oder $m \geqq 2$; ein n-dimensionaler Zyklus Z in bezug auf $\mathfrak{G}_m$ heißt irreduzibel, wenn* 1) *der absolute Komplex $|Z|$ irreduzibel geschlossen und $\mathfrak{G}_m$ sein natürlicher Koeffizientenbereich,* 2) *Z erzeugendes Element der Gruppe $Z_{\mathfrak{G}_m}^n(K)$ ist.*

Im Fall $m = 0$ ist, wie aus Satz IV hervorgeht, der irreduzible Zyklus, der zu K gehört, bis auf das Vorzeichen eindeutig bestimmt. Im Fall $m \geqq 2$ erzeugt außer dem in Satz V genannten Z_m noch jeder Zyklus qZ_m mit $(q, m) = 1$, und nur ein solcher Zyklus, die zyklische Gruppe $Z_{\mathfrak{G}_m}^n(K)$. Weiter enthalten die Sätze IV und V Aussagen über die Koeffizienten irreduzibler Zyklen; auch dabei spielen in IV die Zahlen $+1$ und -1, in V die a^i mit $(a^i, m) = 1$ eine Rolle. Zwecks Vermeidung der sich hieraus zunächst ergebenden Fallunterscheidung erinnern wir an das folgende:

$\mathfrak{G}$ und $\mathfrak{G}_m$ sind Ringe. Ein Element e eines Ringes $\mathfrak{J}$ heißt eine „Einheit", wenn es zu jedem $a \subset \mathfrak{J}$ wenigstens ein $x \subset \mathfrak{J}$ mit $ex = a$ gibt. Die Einheiten in $\mathfrak{G}$ sind $+1$ und -1, die in $\mathfrak{G}_m$ die zu m teilerfremden Restklassen. Daher können wir formulieren:

Die Koeffizienten der Grundsimplexe eines irreduziblen Zyklus Z in bezug auf $\mathfrak{G}_m$ ($m = 0$ *oder* $\geqq 2$) *sind Einheiten von* $\mathfrak{G}_m$. *Die einzigen irreduziblen Zyklen in* $|Z|$ *sind die Zyklen eZ mod m, wobei e eine beliebige Einheit aus* $\mathfrak{G}_m$ *ist.* Natürlich handelt es sich immer um Zyklen derselben Dimension n.

Bemerkung. Dieser Satz läßt sich nicht dahin verschärfen, daß auch für $m \geqq 2$ die Koeffizienten bis auf das Vorzeichen gleich sein müssen (man betrachte den Komplex T in **A**, Nr. 16). —

Die irreduzibel geschlossenen Komplexe mit dem natürlichen Modul 0 nennen wir auch *„einfach geschlossen"*, die zugehörigen irreduziblen Zyklen *„einfache Zyklen"*. Für die einfach geschlossenen Komplexe ist die folgende Charakterisierung bemerkenswert und praktisch brauchbar:

Dafür, daß der n-dimensionale Komplex K einfach geschlossen ist, sind die folgenden drei Eigenschaften notwendig und hinreichend: 1) $p^n(K) = 1$; 2) $p^n(K') = 0$ *für jeden echten Teilkomplex K' von K;* 3) *kein echter Teilkomplex K' von K besitzt* $(n-1)$*-dimensionale Torsion.*

Beweis. K sei einfach geschlossen. Die Eigenschaft 2) folgt unmittelbar aus der Definition; 1) besteht nach Satz IV; hätte ein echter Teilkomplex K' von K $(n-1)$-dimensionale Torsion, so enthielte er in bezug auf einen gewissen Koeffizientenbereich $\mathfrak{G}_m$ einen Zyklus (zweiter Art), entgegen seiner *irreduziblen* Geschlossenheit; folglich hat K auch die Eigenschaft 3).

K habe andererseits die drei Eigenschaften. Die Eigenschaften 2) und 3), angewandt auf einen echten Teil K' von K, haben zur Folge (Kap. V, § 4, Nr. 3): Kein echter Teil von K enthält einen n-dimensionalen Zyklus nach irgendeinem Koeffizientenbereich. Aus 1) folgt: K enthält einen n-dimensionalen Zyklus; folglich ist K irreduzibel geschlossen, und zwar, wie sich aus 1) und Satz V ergibt, mit dem natürlichen Modul 0.

Genau so beweist man: *Die folgenden drei Bedingungen sind charakteristisch dafür, daß der n-dimensionale Komplex K irreduzibel geschlossen mit dem natürlichen Modul m ist* ($m \geqq 2$): 1) $T^{n-1}(K)$ *ist zyklisch von der Ordnung m;* 2) *und* 3) *wie oben.*

Beispiele findet man in **A**, Nr. 8 und 12—16.

6. Zusammenhang und irreduzible Geschlossenheit. Wie kann man einem Komplex K ansehen, ob er irreduzibel geschlossen und, falls er irreduzibel geschlossen, welches sein natürlicher Modul ist? Diese Frage leitet uns im folgenden, ohne daß wir sie vollständig beantworten.

Zwei hierhergehörige Bedingungen, die sich aber nur auf die Geschlossenheit und nicht auf deren Irreduzibilität beziehen, sind in den Sätzen II und III enthalten. Eine notwendige Bedingung für die irreduzible Geschlossenheit liefert der

Satz VI. *Jeder irreduzibel geschlossene Komplex ist stark zusammenhängend* (Kap. IV, § 5, Nr. 6).

Beweis. Wenn der n-dimensionale geschlossene Komplex $K = |z|$ nicht stark zusammenhängt, so gibt es eine Zerlegung $K = K_1 + K_2$, wobei K_1 und K_2 n-dimensional und nicht leer sind und keine $(n-1)$-dimensionale Seite gemein haben; die Grundsimplexe von K_1 seien x'_i, die von K_2 seien x''_j. Es ist $z = \sum t^i x'_i + \sum t^j x''_j$ mit $t^i \neq 0$, $t^j \neq 0$; aus $\dot{z} = 0$ folgt

$$\sum t^i \dot{x}'_i = -\sum t^j \dot{x}''_j;$$

diese Gleichheit zwischen zwei $(n-1)$-dimensionalen algebraischen Komplexen ohne gemeinsames $(n-1)$-dimensionales Simplex kann nur bestehen, wenn jeder der Komplexe Null ist. Daher ist insbesondere $z' = \sum t^i x'_i$ ein Zyklus mit $|z'| = K_1 \neq K$. Folglich ist K_1 geschlossen und K nicht irreduzibel geschlossen.

Daß der Satz nicht umkehrbar ist, daß es vielmehr stark zusammenhängende, geschlossene Komplexe gibt, die nicht irreduzibel geschlossen sind, sieht man schon am Beispiel einer Lemniskate. Um zu Bedingungen zu kommen, die für die Irreduzibilität der Geschlossenheit hinreichen, muß man den „starken" durch den „regulären" Zusammenhang (Kap. IV, § 5, Nr. 7) ersetzen.

Wir führen noch die folgende abkürzende Bezeichnung ein: Der n-dimensionale Komplex K heißt *„azyklisch"*, wenn er keinen (von Null verschiedenen) n-dimensionalen Zyklus (irgendeines Koeffizientenbereiches) enthält[1].

Satz VII. *Jeder regulär zusammenhängende Komplex ist entweder azyklisch oder irreduzibel geschlossen.*

Beweis. K sei regulär zusammenhängend; ist z irgendein n-dimensionaler Zyklus in K, so ist nach Kap. IV, § 5, Satz V_1: $z = tC$ mit $|C| = K$, also, wenn $z \neq 0$ und daher auch $t \neq 0$ ist: $|z| = K$. Es gibt also keinen von Null verschiedenen z, für den $|z|$ ein echter Teil von K wäre. Das heißt aber: K ist azyklisch oder irreduzibel geschlossen.

7. Geschlossene Pseudomannigfaltigkeiten. Sie sind bereits in Kap. IV, § 5, Nr. 11 definiert und vorläufig behandelt worden.

Satz VIII. *Jede geschlossene orientierbare Pseudomannigfaltigkeit ist ein irreduzibel geschlossener Komplex[2] mit dem natürlichen Modul* 0, *also „einfach geschlossen"; jede geschlossene nicht-orientierbare Pseudomannigfaltigkeit ist irreduzibel geschlossen mit dem natürlichen Modul* 2.

Beweis. Jede geschlossene Pseudomannigfaltigkeit ist nach Satz III ein geschlossener, also nicht azyklischer, und daher nach Satz VII ein irreduzibel geschlossener Komplex. Ist sie orientierbar, so gibt es in ihr, nach Kap. IV, § 5, Satz VIIIa, einen ganzzahligen n-dimensionalen Zyklus, es ist also $p^n > 0$, d. h. ihr natürlicher Modul ist 0; ist

[1] Vgl. Kap. VI, § 1, Nr. 14.

[2] Das Beiwort „geschlossen", wie wir es für Pseudomannigfaltigkeiten verwenden, ist also im Sinne der allgemeinen Definition (Nr. 1) korrekt.

sie nicht orientierbar, so gibt es nach demselben Satz keinen n-dimensionalen ganzzahligen Zyklus, es ist also $p^n = 0$, d. h. ihr natürlicher Modul ist $m \geqq 2$. Daß nicht $m \geqq 3$ sein kann, ergibt sich aus dem

Hilfssatz. *In jedem regulär zusammenhängenden, irreduzibel geschlossenen Komplex K mit dem natürlichen Modul $m \geqq 2$ gibt es wenigstens eine $(n-1)$-dimensionale Seite, die auf wenigstens m Grundsimplexen liegt.*

Beweis. Ein Zyklus Z mit $|Z| = K$ hat, da K regulär zusammenhängend ist, nach Kap. IV, § 5, Satz V_1, die Form $Z = t\sum x_i$; da Z irreduzibel ist, ist t eine beliebige Einheit aus $\mathfrak{G}_m$ (Nr. 5), wir dürfen also $t = 1$, $Z = \mathfrak{r}_m(\sum x_i)$ wählen. Aus $\dot{Z} = 0$ folgt $(\sum x_i)^{\cdot} = mz$ mit ganzzahligem z. Hierin ist $z \neq 0$, da sonst $\sum x_i$ ein ganzzahliger Zyklus wäre und K den natürlichen Modul 0 hätte; es gibt also ein $(n-1)$-dimensionales Simplex y, das in z einen Koeffizienten $a \neq 0$ hat. y komme in p Simplexrändern mit dem Koeffizienten $+1$, in q Simplexrändern mit dem Koeffizienten -1 vor; dann hat y in $(\sum x_i)^{\cdot}$ den Koeffizienten $p - q$. Es folgt: $p + q \geqq |p - q| = m|a| \geqq m$.

Bemerkung. Ohne die Voraussetzung des regulären Zusammenhanges ist der Hilfssatz nicht richtig (vgl. **A**, Nr. 16).

In dem Satz VIII ist enthalten:

Ist die n-dimensionale geschlossene Pseudomannigfaltigkeit K orientierbar, so ist die Bettische Zahl $p^n(K) = 1$ und die Torsionsgruppe $T^{n-1}(K)$ Null; ist sie nicht-orientierbar, so ist $p^n(K) = 0$ und $T^{n-1}(K)$ zyklisch von der Ordnung 2.

8. Komplexe ohne irreduzible Zyklen mod m mit $m \geqq 2$; Streckenkomplexe. Die eindimensionalen oder Streckenkomplexe nehmen in unserem Fragenkreis eine besonders einfache Stellung ein; der wesentliche Grund dafür ist das Fehlen irreduzibel geschlossener Komplexe mit einem natürlichen Modul $\geqq 2$, da es ja keine nulldimensionale Torsion gibt; dazu kommt, daß man die eindimensionalen irreduziblen Zyklen in naheliegender Weise aufzählen kann (Satz XII). Wir ziehen aber zunächst nur Schlüsse aus der ersten Tatsache (Sätze IX, X, XI), betrachten also n-dimensionale Komplexe mit beliebigem n, die keine n-dimensionalen irreduzibel geschlossenen Komplexe mod m mit $m \geqq 2$ enthalten[1].

Satz IX. *Der n-dimensionale Komplex K sei geschlossen und enthalte keinen n-dimensionalen irreduzibel geschlossenen Teilkomplex mit*

---

[1] Diese K^n sind auf Grund des folgenden Satzes (Kap. X, § 1, Nr. 10; Kap. XI, § 3, Nr. 12) einer besonderen Untersuchung wert: Ist K^n die (krumme) Simplizialzerlegung eines (krummen) Polyeders im R^{n+1}, so enthält K^n keinen n-dimensionalen irreduzibel geschlossenen Komplex mit $m \geqq 2$. Das Fehlen n-dimensionaler irreduzibel geschlossener Teilkomplexe mod m ($m \geqq 2$) in K^n bedeutet übrigens, wie man leicht sieht: kein Teilkomplex von K^n hat $(n-1)$-dimensionale Torsion; das Fehlen $(n-1)$-dimensionaler Torsion von K^n ist eine schwächere Forderung (vgl. die Beispiele W in **A**, Nr. 17).

einem natürlichen Modul $\geqq 2$; *dann liegt jedes Grundsimplex von K auf einem irreduzibel geschlossenen Teilkomplex von K.*

Bemerkung. Daß die Behauptung nicht für beliebige geschlossene K gilt, zeigt das Beispiel W in **A**, Nr. 17.

Beweis. Es genügt zu zeigen: K ist entweder irreduzibel geschlossen oder es gibt eine Zerlegung $K = K_1 + K_2$ in zwei nicht leere, geschlossene, echte Teilkomplexe von K; denn eine endlich häufige Wiederholung dieser Zerlegung führt zur Darstellung von K als Summe irreduzibel geschlossener Komplexe. — K enthält jedenfalls einen irreduzibel geschlossenen Komplex $|z|$ (Nr. 3); der irreduzible Zyklus z ist nach Voraussetzung ganzzahlig, die Koeffizienten seiner Simplexe sind ± 1 (Satz IV); z enthalte etwa das Simplex x_1, und zwar mit positivem Zeichen. Die Geschlossenheit von K sei durch den Zyklus $Z = \sum t^i x_i$, $|Z| = K$, gegeben ($t^i \subset \mathfrak{J}$). Wenn $Z = t^1 z$ ist, so ist K irreduzibel geschlossen; wenn $Z \neq t^1 z$ ist, so ist $K = |z| + |Z - t^1 z|$ eine Zerlegung der behaupteten Art.

Dieser Satz, der besagt, daß K aus irreduziblen geschlossenen Komplexen aufgebaut ist, läßt sich in algebraischer Richtung verschärfen:

Satz X. *H sei ein n-dimensionaler Komplex (geschlossen oder nicht), in dem es keinen n-dimensionalen irreduzibel geschlossenen Komplex mit einem natürlichen Modul* $\geqq 2$ *gibt; ist dann* $p^n(H) > 0$, *so gibt es irreduzible Zyklen* $z_1, z_2, \ldots, z_p$, *die eine Basis der Gruppe* $Z^n_{\mathfrak{G}}(H)$ *bilden.*

Bemerkung. Auch hiermit vergleiche man **A**, Nr. 17.

Beweis. Wir dürfen voraussetzen, der Satz sei für jeden Komplex mit weniger Grundsimplexen als H bewiesen, also insbesondere für $H' = H - |x_1|$; die irreduziblen Zyklen $z_1, z_2, \ldots, z_q$ mögen eine Basis in $Z^n_{\mathfrak{G}}(H')$ bilden. Falls x_1 keinem Zyklus aus $Z^n_{\mathfrak{G}}(H)$ angehört, sind wir fertig, da dann $Z^n_{\mathfrak{G}}(H) = Z^n_{\mathfrak{G}}(H')$ ist. Wenn das Simplex x_1 einem Zyklus Z angehört, so liegt es nach Satz IX — angewandt auf $K = |Z|$ — auf einem irreduzibel geschlossenen Komplex, gehört also einem ganzzahligen irreduziblen Zyklus z' mit dem Koeffizienten ± 1 an; das Vorzeichen sei etwa positiv. Wir behaupten: $z_1, \ldots, z_q, z'$ bilden eine Basis von $Z^n_{\mathfrak{G}}(H)$. In der Tat: erstens erzeugen sie $Z^n_{\mathfrak{G}}(H)$; denn ist $z = \sum a^i x_i$ irgendein Zyklus aus $Z^n_{\mathfrak{G}}(H)$, so ist $z - a^1 z'$ Zyklus aus $Z^n_{\mathfrak{G}}(H')$, also nach Induktionsvoraussetzung $z - a^1 z' = \sum_{j=1}^{q} b^j z_j$, $z = a^1 z' + \sum b^j z_j$. Zweitens sind $z_1, \ldots, z_q, z'$ unabhängig; denn aus $c z' + \sum c^j z_j = 0$ folgt zunächst $c = 0$, da x_1 zu z', aber zu keinem z_j gehört, und sodann $c^1 = \cdots = c^q = 0$ wegen der Unabhängigkeit der z_j. —

Die Betrachtung n-dimensionaler Zyklen in H in bezug auf andere Koeffizientenbereiche als auf $\mathfrak{G}$ ist unnötig. Ist nämlich $Z_{\mathfrak{J}} = \sum t^i x_i$ Zyklus inbezug auf irgendeinen $\mathfrak{J}$, so gibt es nach Satz IX einen irreduziblen ganzzahligen Zyklus Z_1 mit $|x_1| \subset |Z_1| \subset |Z_{\mathfrak{J}}|$, er enthält x_1 mit dem Koeffizienten 1, und infolgedessen ist $Z'_{\mathfrak{J}} = Z_{\mathfrak{J}} - t^1 Z_1$

ein Zyklus in bezug auf $\mathfrak{J}$, wobei $|Z'_{\mathfrak{J}}|$ echter Teil von $|Z_{\mathfrak{J}}|$ ist; es gibt ebenso in bezug auf $\mathfrak{J}$ einen Zyklus $Z''_{\mathfrak{J}} = Z'_{\mathfrak{J}} - t^2 Z_2 = Z_{\mathfrak{J}} - t^1 Z_1 - t^2 Z_2$ mit ganzzahligem Z_2, wobei $|Z''_{\mathfrak{J}}|$ echter Teil von $|Z'_{\mathfrak{J}}|$ ist. Nach endlich-vielen Schritten erhält man so $0 = Z_{\mathfrak{J}} - \sum t^k Z_k$, also $Z_{\mathfrak{J}} = \sum t^k Z_k$ mit ganzzahligen Z_k. Diese Z_k kann man nun noch als lineare Verbindungen der Basiselemente z_i aus dem Satz X darstellen. Damit hat sich ergeben:

Satz XI. *Unter den Voraussetzungen und in den Bezeichnungen des Satzes X gibt es in H keine n-dimensionalen Zyklen zweiter Art; die einzigen n-dimensionalen Zyklen in bezug auf irgendeinen Koeffizientenbereich $\mathfrak{J}$ sind die $\sum t_i z_i$ mit beliebigen Koeffizienten $t^i \subset \mathfrak{J}$.*

Wir zeigen nun noch, um den Inhalt dieser Sätze bei ihrer Anwendung auf den Fall $n = 1$ zu präzisieren, daß es keine anderen irreduzibel geschlossenen eindimensionalen Komplexe gibt als die „einfach geschlossenen" im elementaren Sinne: nämlich die Simplizialzerlegungen einer Kreislinie; daß diese in der Tat irreduzibel geschlossen sind, ergibt sich z. B. daraus, daß sie geschlossene Pseudomannigfaltigkeiten sind, da ja jeder Eckpunkt auf genau zwei Strecken liegt. Wir behaupten also noch:

Satz XII. *Jeder irreduzibel geschlossene eindimensionale Komplex ist einer Simplizialzerlegung der Kreislinie isomorph.*

Für den Beweis genügt es, zu zeigen: jeder geschlossene K^1 enthält einen Teilkomplex, der mit einer Simplizialzerlegung der Kreislinie isomorph ist. Da ferner jeder Eckpunkt eines geschlossenen K^1 auf wenigstens zwei Grundsimplexen liegt (Satz II), ist der Satz XII enthalten in

Satz XIIa. *Liegt in K^1 jeder Eckpunkt auf wenigstens zwei Strecken, so enthält K^1 einen Komplex, der mit einer Simplizialzerlegung der Kreislinie isomorph ist.*

Beweis. Jeder Eckpunkt e hat wenigstens zwei verschiedene Nachbarn (d. h. von e verschiedene Eckpunkte, die mit e auf einem Simplex liegen). Wir bezeichnen einen beliebigen Eckpunkt mit e_1, einen seiner Nachbarn mit e_2, und so weiter nach folgender Vorschrift: e_{i+1} ist ein von e_{i-1} verschiedener Nachbar von e_i. Da nur endlich-viele Ecken vorhanden sind, existiert eine kleinste Zahl j, zu der es ein $i < j$ mit $e_i = e_j$ gibt. Dann bilden die Strecken $e_i e_{i+1}, e_{i+1} e_{i+2}, \ldots, e_{j-1} e_j$ einen Komplex, der offenbar mit der Zerlegung der Kreislinie in $j - i$ Kreisbögen isomorph ist. —

Somit dürfen wir unseren Terminus „einfach geschlossen" (Nr. 5) in der Tat im geläufigen Sinne auf Streckenkomplexe anwenden. Es ergibt sich ohne weiteres, daß die einzigen irreduziblen Zyklen die „einmal durchlaufenen einfach geschlossenen Streckenzüge" sind.

Die vorstehenden Sätze, angewandt auf die Streckenkomplexe, sagen nun: Man kann in jedem Streckenkomplex eine Basis der Zyklen aus einmal durchlaufenen einfach geschlossenen Streckenzügen z_i bilden (Satz X); daher ist jeder Zyklus Z als lineare Verbindung $Z = \sum a^i z_i$ derartiger z_i darzustellen. Ein Streckenkomplex ist dann und nur dann geschlossen, wenn jede seiner Strecken auf einem einfach geschlossenen Teilkomplex liegt (Satz IX). Die Betrachtung anderer als ganzzahliger Zyklen verdient kein Interesse (Satz XI). Natürlich kann man diese Tatsachen auch ohne den sonstigen Inhalt dieses Paragraphen begründen.

9. Der Rand eines absoluten Komplexes[1]. Wir kehren wieder zu beliebigen homogen n-dimensionalen Komplexen zurück. Nachdem wir den Begriff der „Geschlossenheit" eingeführt haben, liegt es nahe, nach einem sinngemäßen und brauchbaren Begriff des „Randes" zu fragen [den wir bisher nur für Pseudomannigfaltigkeiten (Kap. IV, § 5) eingeführt haben]. In Analogie mit der Definition der Geschlossenheit werden wir ein (beliebig-dimensionales) Nebensimplex $|y|$ von K als *nicht* zum Rande gehörig betrachten, wenn es einen Koeffizientenbereich $\mathfrak{J}$ und in bezug auf $\mathfrak{J}$ einen algebraischen Komplex C mit $|C| = K$ gibt, so daß $|y|$ nicht zu $|\dot{C}|$ gehört. Unsere *Definition* lautet somit: Das Nebensimplex $|y|$ von K gehört dann und nur dann zum „*Rande*" $\dot{K}$ von K, wenn es bei beliebigem Koeffizientenbereich für *jeden* algebraischen Komplex C mit $|C| = K$ zu $|\dot{C}|$ gehört. Die Dimension von $|y|$ ist dabei, wie gesagt, gleichgültig; $\dot{K}$ braucht daher nicht $(n-1)$-dimensional zu sein. (Beispiel: am Ende dieser Nummer.)

Daß $\dot{K}$ in bezug auf die $(n-1)$-dimensionalen Simplexe sich so verhält, wie man es von dem „Rande" erwartet, und daß für Pseudomannigfaltigkeiten unsere neue Definition mit der früheren übereinstimmt, besagt der

Satz XIII. *Das $(n-1)$-dimensionale Simplex $|y|$ von K gehört dann und nur dann zu $\dot{K}$, wenn es auf genau einem Grundsimplex liegt.*

Beweis. Wenn $|y|$ nur auf $|x_1|$ liegt und $C = \sum t^i x_i$ irgendein Komplex mit $|C| = K$ ist, so hat y in $\dot{C}$ den Koeffizienten $\pm t^1$, und wegen $|C| = K$ ist $t^1 \neq 0$, also $|y| \subset |\dot{C}|$. Liegt andererseits $|y|$ auf den Simplexen $|x_1|, \ldots, |x_m|$ $(m \geqq 2)$, so orientiere man diese Simplexe so, daß y im Rande jedes einzelnen mit dem Koeffizienten $+1$ auftritt, alle anderen Grundsimplexe willkürlich, und bilde den algebraischen Komplex mod m $C = \mathfrak{r}_m(\sum x_i)$, die Summe über alle Grundsimplexe von K erstreckt; dann gehört $|y|$ nicht zu $|\dot{C}|$.

Korollar. *Der Rand eines Streckenkomplexes besteht aus denjenigen Eckpunkten, die auf nur je einer Strecke liegen.* —

Ist K geschlossen, so existiert z mit $|z| = K$ und leerem $|\dot{z}|$; daher gilt:

---

[1] Der hier eingeführte Begriff des „Randes" wird im Kap. XIII, § 4, Nr. 5, topologisch gerechtfertigt werden, im übrigen aber nicht vorkommen.

Ein geschlossener Komplex hat keinen Rand.

Aber die Umkehrung hiervon ist nicht richtig, es gibt vielmehr Komplexe, die keinen Rand besitzen und doch nicht geschlossen sind. Das einfachste Beispiel ist der folgende Streckenkomplex: P_1 und P_2 seien zwei fremde einfach geschlossene Polygone, Q sei eine Strecke, die eine Ecke von P_1 mit einer Ecke von P_2 verbindet; $K^1 = P_1 + P_2 + Q$ ist nicht geschlossen, da Q auf keinem einfach geschlossenen Streckenzug liegt (Nr. 8); K^1 hat keinen Rand, da jeder Eckpunkt [also jede $(n-1)$-dimensionale Seite] auf wenigstens zwei Simplexen liegt und es andere Nebensimplexe nicht gibt. (Ein anderes Beispiel ist der Komplex $L_{1,2}$ in $\boldsymbol{A}$, Nr. 15.)

Trotzdem ist es möglich, den „Rand" allein mit Hilfe der „Geschlossenheit" zu charakterisieren; im Hinblick auf das Korollar zu Satz XIII werden wir uns dabei auf $n \geqq 2$ beschränken.

Wir benutzen die Begriffe des „Sternes" und „Begrenzungskomplexes" aus Kap. III, § 1, Nr. 7. Ist T ein beliebiges Nebensimplex unseres homogen n-dimensionalen Komplexes K und bezeichnet IT die Menge der inneren Punkte von T, so gelten, wie man leicht feststellt, die folgenden Aussagen:

(a) Der Stern $S_K(IT)$ besteht aus denjenigen Grundsimplexen, die T als Seite enthalten.

(b) Der Begrenzungskomplex $B_K(IT)$ ist homogen $(n-1)$-dimensional; er besteht aus denjenigen $(n-1)$-dimensionalen Simplexen von $S_K(IT)$, die T nicht enthalten.

(c) Jede $(n-1)$-dimensionale Seite von $B_K(IT)$ liegt auf genau einem Grundsimplex von $S_K(IT)$.

(d) Jeder Eckpunkt e von T und jedes Simplex von $B_K(IT)$ bestimmen zusammen ein Simplex von $S_K(IT)$.

Der Satz, den wir beweisen werden, lautet:

Satz XIV. *Ist $n \geqq 1$, so gehört das Nebensimplex T von K dann und nur dann nicht zum Rande $\dot{K}$, wenn der Begrenzungskomplex $B = B_K(IT)$ geschlossen ist.*

Beweis. T gehöre nicht zu $\dot{K}$; dann gibt es einen Komplex $C = \sum t^i x_i$, $t^i \neq 0$, die Summe über alle Grundsimplexe erstreckt, so daß die $(n-1)$-dimensionalen Seiten, die T enthalten, nicht zu $|\dot{C}|$ gehören. Daher ist, wenn C_1 derjenige Teil von C ist, dessen Grundsimplexe den Stern $S_K(IT)$ bilden, $|\dot{C}_1| \subset B$; ist aber $|y|$ irgendein $(n-1)$-dimensionales Simplex von B, so tritt es, infolge der Eigenschaft (c), in $\dot{C}_1$ mit demselben von Null verschiedenen Koeffizienten auf wie das n-dimensionale Simplex von $S_K(IT)$, auf dem $|y|$ liegt, in C. Mithin ist $|\dot{C}_1| = B$, und da $\dot{C}_1$ Zyklus ist, ist B geschlossen.

Es sei andererseits B geschlossen; um zu zeigen, daß dann T nicht zu $\dot{K}$ gehört, genügt es, einen algebraischen Komplex C_1 mit $|C_1|$

$= S_K(IT)$, $|\dot{C}_1| \subset B$ anzugeben; denn setzt man dann $C = C_1 + \sum x_i$, die Summe über die nicht zu $S_K(IT)$ gehörigen, beliebig orientierten Grundsimplexe von K erstreckt, so ist C ein Komplex mit $|C| = K$, zu dessen Rand T nicht gehört.

Da B geschlossen ist, gibt es (in bezug auf einen gewissen Koeffizientenbereich) einen Zyklus z mit $|z| = B$. Es sei $z = \sum t^i y_i$, wobei y_i die Grundsimplexe von B sind. Ferner sei e ein fester Eckpunkt von T. Diejenigen y_i, die e nicht enthalten, nennen wir $y_{i'}$; unter $Y_{i'} = (ey_{i'})$ verstehen wir das von e und $y_{i'}$ aufgespannte Grundsimplex von $S_K(IT)$, und wir setzen $C_1 = \sum t^{i'} Y_{i'}$. Da *jedes* Grundsimplex von $S_K(IT)$ von der Form $(ey_{i'})$ ist, ist $|C_1| = S_K(IT)$.

Für diejenigen y_i, die e als Eckpunkt enthalten, setzen wir $(ey_i) = 0$; dann ist $C_1 = \sum t^i (ey_i)$, wobei die Summe über *alle* Grundsimplexe y_i von B zu erstrecken ist. Mit Rücksicht auf $n - 1 > 0$ gilt (vgl. Kap. IV, § 4, Nr. 7)

$$(ey_i)^{\cdot} = y_i - (e\dot{y}_i),$$

und zwar gilt dies, wie man sich leicht überzeugt, auch wenn $(ey_i) = 0$ ist. Daher ist

$$\dot{C}_1 = \sum t^i y_i - \sum t^i (e\dot{y}_i) = z - (e\dot{z}) = z,$$

also $|\dot{C}_1| = B$.

Damit ist Satz XIV bewiesen.

Ein Beispiel: Man schnüre einen Meridian eines Torus auf einen Punkt T zusammen und spanne in eine geschlossene Linie, die aus einem Breitenkreis des Torus entstanden ist, eine Kreisscheibe ein; trianguliert man dieses Gebilde, so entsteht ein zweidimensionaler Komplex K. Man stellt leicht fest, daß $\dot{K} = T$ ist; und zwar ist $B_K(T)$ mit dem oben erklärten Streckenkomplex $K^1 = P_1 + P_2 + Q$ — oder einer Unterteilung von K^1 — isomorph. (Abb. 23 zeigt das Polyeder $\bar{K}$, Abb. 23a den Stern $S_K(T)$.)

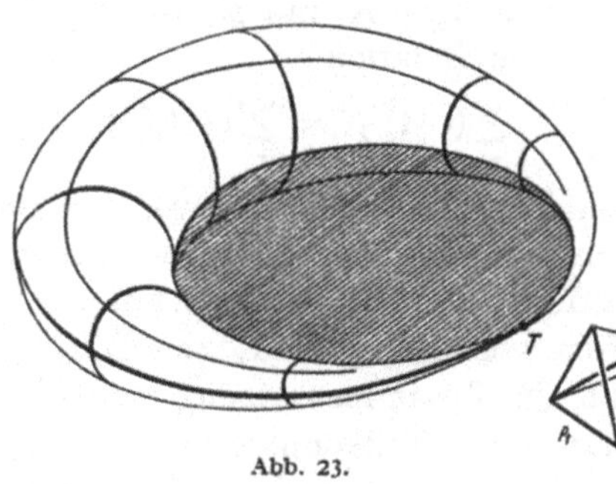

Abb. 23.

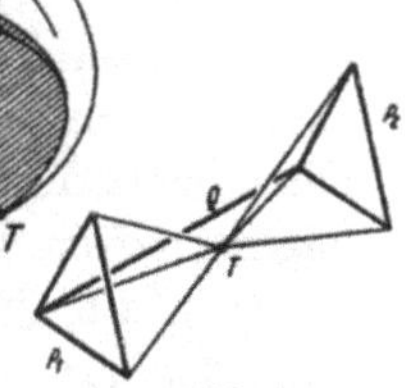
Abb. 23 a.

§ 2. Additionssätze.

1. Die Fragestellung in diesem Paragraphen ist die folgende: Gegeben sind zwei (absolute, *endliche oder unendliche*) Komplexe K_1 und K_2; man „addiert“ sie oder heftet sie zusammen — das heißt: man identifiziert einen Teilkomplex K_1' von K_1 mit einem ihm isomorphen Teilkomplex K_2' von K_2; es entsteht ein Komplex $K = K_1 + K_2$; *welchen Einfluß hat die Art der Zusammenheftung auf die Gestalt von K?* Dabei wird man die „Art der Zusammenheftung" durch die Gestalt von $K_1' = K_2' = K_1 \cdot K_2$ sowie durch die Lage dieses Komplexes in K_1 und in K_2 beschreiben[1].

Da uns Zyklen und Homologieklassen interessieren, handelt es sich also um folgende Aufgabe: Der Komplex K ist mit den beiden Teilkomplexen K_1 und K_2 überdeckt: $K = K_1 + K_2$; es sollen Beziehungen zwischen den Zyklen sowie zwischen den Homologieklassen der vier Komplexe

$$K_1, \quad K_2, \quad K_1 + K_2, \quad K_1 \cdot K_2$$

ermittelt werden.

Bereits an einer früheren Stelle haben wir einen besonders einfachen hierhergehörigen Satz bewiesen: Ist $r > 0$ und $K_1 \cdot K_2$ höchstens $(r-2)$-dimensional, so ist die r-te Bettische Gruppe von $K_1 + K_2$ die direkte Summe der r-ten Bettischen Gruppen von K_1 und K_2 (Kap. V, § 1, Nr. 3).

Eine andere, ebenfalls sehr einfach zu beweisende Beziehung zwischen den Bettischen Zahlen der genannten vier Komplexe ergibt sich folgendermaßen: Zwischen den Eulerschen Charakteristiken — wir setzen hier K_1 und K_2 als endlich voraus — besteht immer die Gleichung

$$\chi(K_1 + K_2) = \chi(K_1) + \chi(K_2) - \chi(K_1 \cdot K_2);$$

man bestätigt sie einfach, wenn man an die Definition von χ als alternierende Summe der Simplexanzahlen denkt; wendet man nun die Euler-Poincarésche Formel an, so erhält man — wenn man die Bettischen Zahlen von $K_1 + K_2$ mit p^r, von $K_1, K_2, K_1 \cdot K_2$ mit p_1^r, p_2^r, p_{12}^r bezeichnet — die Relation

$$\sum_r (-1)^r p^r = \sum_r (-1)^r (p_1^r + p_2^r - p_{12}^r).^{2}$$

In diesem Paragraphen werden wir nun andere Sätze aus demselben Problemkreis beweisen, dem die beiden genannten Beispiele angehören. Diese Sätze führen zu merkwürdigen, ausgesprochen „kombinatorischen" Eigenschaften von Komplexen; zum Teil (Nr. 10) beziehen sie sich übrigens auf die Zusammensetzung eines Komplexes K nicht nur aus zwei, sondern aus n Teilkomplexen K_i $(n \geqq 2)$. Die Tragweite dieser Sätze ist groß (und heute wohl noch nicht voll ausgenützt); jedenfalls reicht sie über den Bereich der Komplexe hinaus: die Sätze dieses Paragraphen lassen sich z. B. — ohne nennenswerte Änderung der Beweise — so wenden, daß sie einen überraschend einfachen Beweis des Jordanschen Satzes für den n-dimensionalen Raum liefern (Anhang zum Kap. XI).

---

[1] Daß der Durchschnitt der Teilkomplexe K_1 und K_2 von K, d. h. die Menge der Simplexe, die sowohl zu K_1 wie K_2 gehören, selbst ein Komplex ist, ergibt sich unmittelbar aus der Definition in Kap. IV, § 1, Nr. 2.

[2] Diese Relation ergibt sich auch leicht aus der schärferen, für jedes einzelne r gültigen Formel von Mayer-Vietoris (Nr. 11).

Unsere Bezeichnungen werden folgendermaßen sein: Unter $C_i, z_i, \ldots$ $(i = 1, 2)$ sind Komplexe in K_i, unter $C_{12}, z_{12}, \ldots$ Komplexe in $K_1 \cdot K_2$ zu verstehen; *alle* vorkommenden Komplexe, ob sie mit Indices versehen sind oder nicht, liegen in $K = K_1 + K_2$.

Ein beliebiger Koeffizientenbereich ist fest zugrunde gelegt.

2. Fast selbstverständlich, aber wichtig, ist der folgende

Hilfssatz. Jeder algebraische Komplex C läßt sich in der Form

$$C = C_1 + C_2 \tag{1}$$

darstellen.

Beweis. $|C_1|$ sei der Komplex der zu K_1 gehörigen, $|C_2|$ der Komplex der nicht zu K_1 gehörigen Grundsimplexe von $|C|$; dann ist $|C_2| \subset K_2$. Versehen wir die Simplexe von $|C_1|$ und $|C_2|$ mit denselben Koeffizienten, die sie in C besitzen, so entstehen algebraische Komplexe C_1 und C_2, wie wir sie brauchen.

Bemerkung. Im allgemeinen gibt es mehrere Darstellungen $C = C_1 + C_2$.

3. Summenzyklen. Fragt man nach den Zyklen in $K = K_1 + K_2$, so ist, wenn man K als durch Addition von K_1 und K_2 entstanden auffaßt, die Existenz derjenigen Zyklen Z trivial, die von der Form

$$Z = Z_1 + Z_2, \qquad Z_i \text{ Zyklus } (i = 1, 2) \tag{2}$$

sind; zu ihnen gehören insbesondere, da ja $Z_2 = 0$ oder $Z_1 = 0$ sein kann, die Zyklen von K_1 und K_2 selbst. Wir nennen einen Zyklus Z von der Form (2) einen „*Summenzyklus*". Interessant sind gerade die Zyklen, die nicht Summenzyklen sind, sondern bei Addition von K_1 und K_2 neu entstehen (wie z. B. ein Kreis bei Addition zweier Halbkreise). Die Summenzyklen bilden offenbar eine Gruppe.

Wichtig ist die folgende Tatsache:

Ist $Z \sim 0$ in K, so ist Z Summenzyklus.

Beweis. Ist $Z \sim 0$, so gibt es einen Komplex C mit $Z = \dot{C}$, also nach (1) zwei Komplexe C_1, C_2 mit $Z = \dot{C}_1 + \dot{C}_2$; $\dot{C}_1 = Z_1$ und $\dot{C}_2 = Z_2$ liefern $Z = Z_1 + Z_2$.

Die Rändergruppe $H^r(K)$ ist also Untergruppe der Gruppe der r-dimensionalen Summenzyklen.

4. Nahtzyklen. Die Zyklen in $K_1 \cdot K_2$ lassen sich nicht nach demselben Gesichtspunkt einteilen, da ja jeder Zyklus z_{12} sowohl Zyklus in K_1 als auch Zyklus in K_2 ist. Jedoch liegt eine andere Unterscheidung nahe, wenn man für einen vorgelegten Zyklus z_{12} fragt, ob er ~ 0 in $K_1 \cdot K_2$ ist; diese Frage ist trivialerweise zu verneinen, falls er $\not\sim 0$ in wenigstens einem K_i ist; besonderes Interesse in der Homologiefrage verdienen also diejenigen z_{12}, die ~ 0 sowohl in K_1 als auch in K_2 sind, zu denen es also Komplexe C_1 und C_2 so gibt, daß

$$z_{12} = \dot{C}_1 = \dot{C}_2 \tag{3}$$

gilt. Einen solchen Zyklus nennen wir einen „*Nahtzyklus*“ — eine Benennung, die in Nr. 5 gerechtfertigt werden wird. Die Nahtzyklen bilden offenbar eine Gruppe.

Wenn $z_{12} \sim 0$ in $K_1 \cdot K_2$ ist, so gibt es einen Komplex C_{12} mit $z_{12} = \dot{C}_{12}$; dann ist (3) erfüllt, da man $C_1 = C_{12}$ und $C_2 = C_{12}$ setzen kann; das heißt:

Ist $z_{12} \sim 0$ *in* $K_1 \cdot K_2$, *so ist* z_{12} *Nahtzyklus.*

Die Rändergruppe $H^r(K_1 \cdot K_2)$ ist also Untergruppe der Gruppe der r-dimensionalen Nahtzyklen.

5. Die Nahtklasse eines Zyklus aus $K_1 + K_2$. Wir stellen jetzt einen Zusammenhang zwischen den $(r+1)$-dimensionalen Zyklen von K und r-dimensionalen Zyklen von $K_1 \cdot K_2$ her. Jeder Zyklus $Z^{r+1} \subset K$ läßt sich nach dem Hilfssatz (Nr. 2) in der Form

$$Z^{r+1} = C_1 - C_2 \tag{4}$$

darstellen; infolge $\dot{Z}^{r+1} = 0$ ist $\dot{C}_1 = \dot{C}_2$; dieser gemeinsame Rand liegt sowohl in K_1 als auch in K_2, ist also ein z_{12}^r, und zwar ein Nahtzyklus, da er ja

$$z_{12}^r = \dot{C}_1 = \dot{C}_2 \tag{3}$$

erfüllt. Wir nennen z_{12}^r eine „Naht von Z^{r+1}“ — denn Z^{r+1} entsteht, indem man C_1 und C_2 längs z_{12}^r zusammenheftet.

Ist umgekehrt ein beliebiger Nahtzyklus z_{12}^r gegeben, so ist er immer Naht eines Z^{r+1}; denn dann gibt es C_1 und C_2, die (3) erfüllen, und aus ihnen kann man Z^{r+1} gemäß (4) bilden. Die in Nr. 4 definierten r-dimensionalen Nahtzyklen sind also mit den Nähten der $(r+1)$-dimensionalen Zyklen identisch.

Ein gegebener Z^{r+1} besitzt mehrere Nähte, da ja die Zerlegung (4) nicht eindeutig ist; über die Gesamtheit der Nähte gibt der folgende Satz Aufschluß:

Satz I. *Die Gesamtheit der Nähte eines beliebigen festen Zyklus* $Z \subset K$ *ist identisch mit einer Homologieklasse in* $K_1 \cdot K_2$.

Beweis. z_{12} und z'_{12} seien Nähte von Z; dann gelten Gleichungen

$$Z = C_1 - C_2, \tag{4}$$

$$Z = C'_1 - C'_2, \tag{4'}$$

$$z_{12} = \dot{C}_1 = \dot{C}_2, \tag{3}$$

$$z'_{12} = \dot{C}'_1 = \dot{C}'_2. \tag{3'}$$

Subtraktion von (4) und (4') liefert

$$C_1 - C'_1 = C_2 - C'_2;$$

dieser Komplex liegt, wie die linke Seite zeigt, in K_1, wie die rechte Seite zeigt, in K_2, er ist also ein C_{12}. Subtraktion von (3) und (3') lehrt

$$z_{12} - z'_{12} = \dot{C}_{12}, \tag{5}$$

also

$$z_{12} \sim z'_{12} \quad \text{in} \quad K_1 \cdot K_2.$$

Ist umgekehrt z_{12} Naht von Z und $z'_{12} \sim z_{12}$ in $K_1 \cdot K_2$, so gelten Gleichungen (4), (3), (5); setzt man

$$C'_1 = C_1 - C_{12}, \quad C'_2 = C_2 - C_{12},$$

so gelten auch (4') und (3'), d. h.: auch z'_{12} ist Naht von Z.

Damit ist der Satz I bewiesen; die nach ihm eindeutig existierende Homologieklasse der Nähte von Z nennen wir kurz die „*Nahtklasse*" von Z.

6. Die naheliegende Frage, für welche Z die Nahtklasse aus den Zyklen besteht, die in $K_1 \cdot K_2$ beranden, wird vollständig beantwortet durch

Satz II. *Die Nähte des Zyklus Z sind dann und nur dann ~ 0 in $K_1 \cdot K_2$, wenn Z Summenzyklus ist.*

Beweis. Wenn Z Summenzyklus ist, so darf man in (4) die Komplexe C_1 und C_2 als Zyklen annehmen; dann wird in (3) $z_{12} = 0$; der Nullzyklus, und nach Satz I nur die mit ihm homologen Zyklen, sind also Nähte von Z. Ist umgekehrt Z ein Zyklus, dessen Nähte ~ 0 in $K_1 \cdot K_2$ sind, so gehört nach Satz I zu diesen Nähten *jeder* Zyklus, der ~ 0 in $K_1 \cdot K_2$ ist, also insbesondere der Nullzyklus $z_{12} = 0$; dann sind die Komplexe C_1 und C_2 in (3) Zyklen, Z ist also nach (4) Summenzyklus.

Damit ist Satz II bewiesen. Da nach Nr. 3 jeder Z, der ~ 0 in K ist, Summenzyklus ist, folgt aus Satz II das „*Alexandersche Lemma*":

Satz IIa. *Ist $Z \sim 0$ in K, z_{12} Naht von Z, so ist $z_{12} \sim 0$ in $K_1 \cdot K_2$.*

7. Spezialisierung von K_1, K_2, K. Wir beweisen jetzt einige Sätze, indem wir über K_1 und K_2 oder über K spezielle Voraussetzungen machen. Der erste von ihnen liefert eine Umkehrung des Satzes IIa.

Satz III. *Sowohl in K_1 als auch in K_2 berande jeder $(r+1)$-dimensionale Zyklus (für ein festes r). Ist dann $Z^{r+1} \not\sim 0$ in K, z^r_{12} Naht von Z^{r+1}, so ist $z^r_{12} \not\sim 0$ in $K_1 \cdot K_2$.*

Beweis. Wir zeigen: Ist z^r_{12} Naht von Z^{r+1} und $z^r_{12} \sim 0$ in $K_1 \cdot K_2$, so ist $Z^{r+1} \sim 0$ in K. In der Tat: Aus $z^r_{12} \sim 0$ in $K_1 \cdot K_2$ folgt nach Satz II: $Z = Z_1 + Z_2$ mit Zyklen Z_1, Z_2; infolge der Voraussetzung über K_1 und K_2 ist $Z_i \sim 0$ in K_i, also erst recht in K, für $i = 1, 2$; folglich ist auch $Z \sim 0$ in K.

Bemerkung: Die Voraussetzung über K_1 und K_2 ist für die Gültigkeit der Behauptung des Satzes III nicht entbehrlich. Beispiel: K_1 und K_2 seien einfach geschlossene Polygone, $K_1 \cdot K_2$ sei eine ihnen gemeinsame Strecke; unter C_i verstehen wir einen orientierten Streckenzug mit $|C_i| = K_i - K_1 \cdot K_2$ $(i = 1, 2)$; dann ist $z^0_{12} = \dot{C}_1 = \dot{C}_2$ Naht von $Z^1 = C_1 - C_2$; z^0_{12} berandet die orientierte gemeinsame Strecke von K_1 und K_2, ist also ~ 0 in $K_1 \cdot K_2$; aber Z^1 ist $\not\sim 0$ in K.

Satz IV. *In $K = K_1 + K_2$ berande jeder $(r+1)$-dimensionale Zyklus (für ein festes r). Ist dann z^r_{12} ein r-dimensionaler Zyklus in*

$K_1 \cdot K_2$, *der* ~ 0 *sowohl in* K_1 *als auch in* K_2 *ist, so ist* $z_{12}^r \sim 0$ *auch in* $K_1 \cdot K_2$.

Beweis. Daß $z_{12}^r \sim 0$ in jedem K_i $(i = 1, 2)$ ist, bedeutet: z_{12}^r ist Nahtzyklus; er sei Naht von Z^{r+1}; wegen der Voraussetzung über K ist $Z^{r+1} \sim 0$; folglich ist nach Satz IIa: $z_{12}^r \sim 0$ in $K_1 \cdot K_2$.

Bemerkung: Daß die Voraussetzung über K nicht entbehrlich ist, zeigt das Beispiel eines Kreises K, der in zwei Halbkreise K_1, K_2 zerlegt ist, wenn man unter z_{12}^0 das Punktepaar versteht, das jeden der (geeignet orientierten) Halbkreise berandet: es ist $z_{12}^0 \not\sim 0$ in $K_1 \cdot K_2 = |z_{12}^0|$.

Korollare zum Satz IV:

1) *Es sei* $r \geqq 1$, $p^{r+1}(K) = p^r(K_1) = p^r(K_2) = 0$; *dann ist auch* $p^r(K_1 \cdot K_2) = 0$.

2) *Es sei* $p^1(K) = 0$, $p^0(K_1) = p^0(K_2) = 1$; *dann ist auch* $p^0(K_1 \cdot K_2) = 1$.

Diese Behauptungen ergeben sich ohne weiteres aus dem Satz IV, wenn man den rationalen Koeffizientenbereich zugrunde legt und bedenkt, daß dann die Gleichungen $p^r = 0$ $(r \geqq 1)$ und $p^0 = 1$ dasselbe bedeuten wie: jeder r-dimensionale bzw. jeder berandungsfähige nulldimensionale Zyklus berandet (Kap. V, § 2, Nr. 10).

Dem Korollar 2 kann man noch eine andere Formulierung geben, indem man den Begriff der „*Unikohärenz*" einführt: der zusammenhängende Komplex K heißt unikohärent, wenn bei jeder Überdeckung von K mit zwei Teilkomplexen K_1 und K_2, von denen jeder zusammenhängend ist, auch $K_1 \cdot K_2$ zusammenhängend ist. Dann lautet das Korollar 2:

Jeder zusammenhängende Komplex K *mit* $p^1(K) = 0$ *ist unikohärent*[1].

8. Der Naht-Homomorphismus. Wir fahren jetzt mit der Untersuchung des Zusammenhanges zwischen den Zyklen $Z^{r+1} \subset K$ und ihren Nahtklassen fort, ohne Spezialisierungen von K, K_1, K_2 vorzunehmen.

Zuerst stellen wir die Linearität der Nahtbildung fest: *Ist* z_{12} *Naht von* Z, z'_{12} *Naht von* Z', *so ist* $z_{12} \pm z'_{12}$ *Naht von* $Z \pm Z'$; denn aus

$$Z = C_1 - C_2, \quad z_{12} = \dot{C}_1 = \dot{C}_2,$$
$$Z' = C'_1 - C'_2, \quad z'_{12} = \dot{C}'_1 = \dot{C}'_2$$

folgt

$$Z \pm Z' = (C_1 \pm C'_1) - (C_2 \pm C'_2), \quad z_{12} \pm z'_{12} = (C_1 \pm C'_1)^{\cdot} = (C_2 \pm C'_2)^{\cdot}.$$

Jetzt ergibt sich weiter: *Ist* $Z \sim Z'$ *in* K, *so ist* $z_{12} \sim z'_{12}$ *in* $K_1 \cdot K_2$; denn aus $Z - Z' \sim 0$ folgt nach Satz IIa, daß jede Naht von $Z - Z'$, also nach dem soeben Bewiesenen, daß $z_{12} - z'_{12} \sim 0$ in $K_1 \cdot K_2$ ist.

---

[1] Hiervon ist folgende Umkehrung bewiesen: Ist $p^1(K) > 0$, so besitzt K eine Unterteilung, die nicht unikohärent ist. Man vgl. Borsuk: Fund. Math. XX (1933) S. 224. Čech: ibidem, S. 232. Rueff: Comm. Math. Helvet. 7 (1934) S. 14.

Somit wird jeder $(r+1)$-dimensionalen Homologieklasse von K durch die Nahtbildung eine bestimmte r-dimensionale Homologieklasse von $K_1 \cdot K_2$ zugeordnet; aus der Linearität der Nahtbildung geht hervor, daß diese Zuordnung homomorph ist. Es liegt also ein *Homomorphismus der Gruppe* $B^{r+1}(K_1 + K_2)$ *in die Gruppe* $B^r(K_1 \cdot K_2)$ vor. Diejenige Untergruppe von $B^r(K_1 \cdot K_2)$, die das Bild von $B^{r+1}(K_1+K_2)$ bei dieser Abbildung ist, besteht aus denjenigen Homologieklassen, deren Elemente Nahtzyklen sind; wir nennen diese Gruppe $N^r(K_1 \cdot K_2)$. Diejenige Untergruppe von $B^{r+1}(K_1 + K_2)$, die der „Kern" des Homomorphismus, d.h. die Gesamtheit der auf die Null von $B^r(K_1 \cdot K_2)$ abgebildeten Elemente von $B^{r+1}(K_1+K_2)$ ist, besteht nach Satz II aus denjenigen Homologieklassen, deren Elemente Summenzyklen sind; wir nennen diese Gruppe $S^{r+1}(K_1 + K_2)$. Dann können wir auf Grund des Homomorphiesatzes (Anhang I, Nr. 9 und 10) das folgende Ergebnis aussprechen:

Satz V. *$S^{r+1}(K_1 + K_2)$ sei die Gruppe derjenigen $(r+1)$-dimensionalen Homologieklassen von $K_1 + K_2$, deren Elemente Summenzyklen sind; $N^r(K_1 \cdot K_2)$ sei die Gruppe derjenigen r-dimensionalen Homologieklassen von $K_1 \cdot K_2$, deren Elemente Nahtzyklen sind. Dann bestehen — für jedes $r \geqq 0$ und für jeden Koeffizientenbereich — die Isomorphien*

$$B^{r+1}(K_1 + K_2) - S^{r+1}(K_1 + K_2) \approx N^r(K_1 \cdot K_2).$$

9. Spezialisierung von K_1 und K_2. Wir ziehen Folgerungen aus diesem allgemeinen Satz durch Spezialisierung von K_1 und K_2. Zunächst nehmen wir an: in jedem der beiden K_i berande jeder $(r+1)$-dimensionale Zyklus; ist dann $Z = Z_1 + Z_2$ irgendein Summenzyklus in K, so folgt aus $Z_i \sim 0$ in K_i, daß erst recht $Z_i \sim 0$ in K, daß also auch $Z \sim 0$ in K ist; die Gruppe $S^{r+1}(K_1 + K_2)$ reduziert sich also auf das Nullelement von $B^{r+1}(K_1 + K_2)$; daher ergibt sich aus Satz V:

Satz VIa. *Wenn sowohl in K_1 wie in K_2 jeder $(r+1)$-dimensionale Zyklus berandet, so ist $B^{r+1}(K_1 + K_2)$ der Untergruppe $N^r(K_1 \cdot K_2)$ von $B^r(K_1 \cdot K_2)$ isomorph.*

Korollar: Ein Komplex K, der eindimensionale Torsion besitzt, läßt sich nicht mit zwei H-Simplexen überdecken, allgemeiner: nicht mit zwei Komplexen K_i, die folgende Eigenschaft haben: jeder (ganzzahlige) eindimensionale Zyklus in K_i berandet in K_i (in bezug auf $\mathfrak{G}$).

Denn $N^0(K_1 \cdot K_2)$ enthält, als Untergruppe von $B^0_{\mathfrak{G}}(K_1 \cdot K_2)$, niemals ein Element endlicher Ordnung.

Beispiel: $\bar{K}$ ist die projektive Ebene.

Nehmen wir jetzt an, daß in jedem K_i nicht nur jeder $(r+1)$-dimensionale, sondern außerdem jeder r-dimensionale (berandungsfähige) Zyklus berandet; da in diesem Falle jeder berandungsfähige Zyklus z^r_{12} Nahtzyklus ist, besteht $N^r(K_1 \cdot K_2)$ aus allen Homologieklassen, deren Elemente berandungsfähig sind; es ist also $N^r(K_1 \cdot K_2) = B^r(K_1 \cdot K_2)$ für $r \geqq 1$, $N^0(K_1 \cdot K_2) = B^{00}(K_1 \cdot K_2)$ für $r = 0$ (wegen der Bedeutung von B^{00} vgl. man Kap. V, § 1, Nr. 5). Somit ergibt sich aus Satz VIa:

Satz VI. *Sowohl in K_1 wie in K_2 berande jeder $(r+1)$-dimensionale sowie jeder (berandungsfähige) r-dimensionale Zyklus. Dann ist*

$$B^{r+1}(K_1 + K_2) \approx B^r(K_1 \cdot K_2) \quad \textit{für } r \geqq 1, \tag{6}$$

$$B^1(K_1 + K_2) \approx B^{00}(K_1 \cdot K_2). \tag{6_0}$$

Um auch noch über die Gruppe $B^0(K_1 + K_2)$, die ja vollständig durch die Komponentenzahl $p^0(K_1 + K_2)$ bestimmt ist (Kap. V, § 1, Nr. 4), eine analoge Aussage zu machen, formulieren wir den folgenden selbstverständlichen

Zusatz zu Satz VI. *Sowohl K_1 wie K_2 sei zusammenhängend. Dann ist*

$$p^0(K_1 + K_2) = 1, \quad \textit{falls } K_1 \cdot K_2 \textit{ nicht leer}^1, \tag{6'}$$

$$p^0(K_1 + K_2) = 2, \quad \textit{falls } K_1 \cdot K_2 \textit{ leer ist}^1. \tag{6''}$$

Ein besonders einfacher Fall liegt vor, wenn K_1 und K_2 H-Simplexe sind (vgl. Kap. IV, § 6, Nr. 5). In diesem Fall sind nämlich *die Bettischen Gruppen von $K_1 + K_2$ vollständig durch die Bettischen Gruppen von $K_1 \cdot K_2$ bestimmt und umgekehrt*; denn da die Voraussetzungen des Satzes VI und seines Zusatzes erfüllt sind, gilt

Satz VI*. *Sind K_1 und K_2 H-Simplexe, so bestehen alle Relationen* (6), (6_0), (6'), (6'').

Interessante Spezialfälle des Satzes VI sind die beiden nächsten Sätze:

Satz VII. *Sind K_1 und K_2 H-Simplexe, so ist $K_1 + K_2$ dann und nur dann ein H-Simplex, wenn $K_1 \cdot K_2$ ein H-Simplex ist.*

Satz VIII. *Sind K_1 und K_2 H-Simplexe, so ist $K_1 + K_2$ dann und nur dann einem Simplexrand $|\dot{x}^{n+1}|$ homologie-äquivalent, wenn $K_1 \cdot K_2$ einem Simplexrand $|\dot{x}^n|$ homologie-äquivalent ist* $(n > 0)$.

Man hat, um sich von der Richtigkeit dieser Sätze zu überzeugen, nur zu bedenken, daß Simplex und Simplexränder die folgenden Bettischen Gruppen und Zahlen haben:

das Simplex: $\quad B^{00} = B^r = 0 \quad (r \geqq 1), \quad p_0 = 1;$

die Simplexränder $|\dot{x}^{n+1}|$:

$$\left\{\begin{array}{ll} \left.\begin{array}{l} B^{00}|\dot{x}^{n+1}| = B^r|\dot{x}^{n+1}| = 0 \ (r \neq n), \ p^0 = 1 \\ B^n|\dot{x}^{n+1}| \approx \mathfrak{J} \end{array}\right\} & \text{für } n \geqq 1, \\ B^r|\dot{x}^1| = 0 \qquad\qquad (r \neq 0), & \\ B^{00}|\dot{x}^1| \approx \mathfrak{J}. & \end{array}\right.$$

Dann verifiziert man die Sätze VII und VIII an Hand der Relationen (6), (6_0), (6'), (6'').

[1] Die Bezeichnung „leer" bezieht sich hier auf den von $K_1 \cdot K_2$ erzeugten *Eckpunktbereich*. Das $K_1 \cdot K_2$ „leer" ist, bedeutet also: der Komplex $K_1 \cdot K_2$ enthält keinen Eckpunkt, d. h. er ist der aus dem leeren Simplex bestehende Komplex; dieses Simplex gehört zu jedem Teilkomplex von K [vorausgesetzt, daß K nicht der leere Komplex ist (vgl. S. 157)], also auch zu $K_1 \cdot K_2$.

Zur Illustration des Satzes VIII dient die Tatsache, daß eine Kugelfläche K die Summe zweier Halbkugeln K_1 und K_2 ist, die einen Kreis $K_1 \cdot K_2$ gemein haben.

Man beachte übrigens: *Die Dimensionen der Komplexe* K_1, K_2, $K_1 \cdot K_2$ *sind auch im Satz VIII ganz gleichgültig.*

10. Die Sätze von Helly. Wir erweitern den Bereich der bisherigen Sätze, indem wir Bedeckungen von K nicht nur mit zwei, sondern mit einer beliebigen Anzahl Teilkomplexen ins Auge fassen. Zunächst verallgemeinern wir den Satz VII; er ist für $m = 2$ mit dem folgenden identisch:

Satz VII$_m$. $K_1, K_2, \ldots, K_m$ *seien Teilkomplexe eines festen Komplexes. Behauptung* A_m: *Wenn alle Komplexe*

$$K_{i_1}, \quad K_{i_1} \cdot K_{i_2}, \quad K_{i_1} \cdot K_{i_2} \cdot K_{i_3}, \quad \ldots, \quad K_1 \cdot K_2 \cdot \ldots \cdot K_m$$

(*mit beliebigen* i_μ) *H-Simplexe sind, so ist auch*

$$K_1 + K_2 + \cdots + K_m$$

ein H-Simplex. Behauptung B_m: *Wenn alle Komplexe*

$$K_{i_1}, \quad K_{i_1} + K_{i_2}, \quad K_{i_1} + K_{i_2} + K_{i_3}, \quad \ldots, \quad K_1 + K_2 + \cdots + K_m$$

(*mit beliebigen* i_μ) *H-Simplexe sind, so ist auch*

$$K_1 \cdot K_2 \cdot \ldots \cdot K_m$$

H-Simplex[1].

Beweis durch vollständige Induktion in bezug auf m. A_1 und B_1 sind trivial (und A_2, B_2 übrigens mit Satz VII identisch).

Beweis von A_m: A_{m-1} sei bewiesen; $K_1, \ldots, K_m$ sollen die Voraussetzung von A_m erfüllen. Wir setzen

$$K_i' = K_i \cdot K_m \quad \text{für } i = 1, 2, \ldots, m-1;$$

diese K_i' sind nach Voraussetzung H-Simplexe; jeder Durchschnitt $K_{i_1}' \cdot \ldots \cdot K_{i_r}' = K_{i_1} \cdot \ldots \cdot K_{i_r} \cdot K_m$ ist ebenfalls nach Voraussetzung H-Simplex. Die K_i' erfüllen also die Voraussetzungen und daher auch die Behauptung von A_{m-1}:

$$K_i' + \cdots + K_{m-1}' = (K_1 + \cdots + K_{m-1}) \cdot K_m$$

ist ein H-Simplex. Nun ist nach A_{m-1} auch $(K_1 + \cdots + K_{m-1})$ ein H-Simplex; folglich ist nach Satz VII auch $(K_1 + \cdots + K_{m-1}) + K_m$ ein H-Simplex. Damit ist A_m bewiesen.

Beweis von B_m: B_{m-1} sei bewiesen; $K_1, \ldots, K_m$ sollen die Voraussetzung von B_m erfüllen. Wir setzen $K_{m-1} + K_m = K'$; dies ist nach Voraussetzung ein H-Simplex; die Komplexe $K_1, \ldots, K_{m-2}, K'$ erfüllen die Voraussetzung von B_{m-1}, denn die Summe beliebiger von ihnen ist zugleich Summe gewisser K_i. Folglich gilt für sie auch die Behauptung von B_{m-1}:

$$K_1 \cdot \ldots \cdot K_{m-2} \cdot K' = K_1 \cdot \ldots \cdot K_{m-2} \cdot K_{m-1} + K_1 \cdot \ldots \cdot K_{m-2} \cdot K_m$$

[1] Man beachte, daß ein H-Simplex wenigstens einen Eckpunkt enthält.

ist H-Simplex. Nach B_{m-1} ist aber auch jeder der beiden auf der rechten Seite stehenden Summanden H-Simplex, und nach Satz VII gilt dasselbe daher auch für ihren Durchschnitt

$$(K_1 \cdot \ldots \cdot K_{m-2} \cdot K_{m-1}) \cdot (K_1 \cdot \ldots \cdot K_{m-2} \cdot K_m) = K_1 \cdot \ldots \cdot K_{m-1} \cdot K_m.$$

Damit ist auch B_m bewiesen.

Satz IX$_n$. *$K_1, K_2, \ldots, K_{n+2}$ seien Teilkomplexe eines festen Komplexes ($n \geqq 0$); jeder Komplex*

$$K_{i_1}, \quad K_{i_1} \cdot K_{i_2}, \quad K_{i_1} \cdot K_{i_2} \cdot K_{i_3}, \quad \ldots, \quad K_{i_1} \cdot K_{i_2} \cdot \ldots \cdot K_{i_{n+1}}$$

(mit beliebigen i_μ) sei ein H-Simplex, der Durchschnitt

$$K_1 \cdot K_2 \cdot \ldots \cdot K_{n+2}$$

aller K_i aber sei leer[1]. *Dann ist die Summe*

$$K = K_1 + K_2 + \cdots + K_{n+2}$$

aller K_i dem Simplexrand $|\dot{x}^{n+1}|$ homologie-äquivalent.

Bemerkung. Das einfachste Beispiel bilden die n-dimensionalen Seiten K_i ($i = 1, 2, \ldots, n+2$) eines Simplexes $|x^{n+1}|$. Der Sinn des Satzes ist: Baut man einen Komplex K in „ähnlicher" Weise aus H-Simplexen K_i auf, wie der Simplexrand $|\dot{x}^{n+1}|$ aus seinen n-dimensionalen Simplexen aufgebaut ist, so hat K dieselben Homologie-Eigenschaften wie $|\dot{x}^{n+1}|$; dabei ist die „Ähnlichkeit" des Aufbaus durch die Homologie-Eigenschaften der Durchschnitte $K_{i_1} \cdot K_{i_2} \cdot \ldots \cdot K_{i_r}$ gegeben. *Die Dimensionen der K_i sind gleichgültig.*

Beweis durch vollständige Induktion. Satz IX$_0$ ist offenbar richtig; denn dann sind K_1, K_2 zueinander fremde H-Simplexe, und $|\dot{x}^1|$ ist ein Punktepaar. Satz IX$_{n-1}$ sei bewiesen; $K_1, K_2, \ldots, K_{n+2}$ sollen die Voraussetzungen des Satzes IX$_n$ erfüllen.

Die Komplexe

$$K_i' = K_i \cdot K_{n+2} \qquad (i = 1, 2, \ldots, n+1)$$

erfüllen dann die Voraussetzung des Satzes IX$_{n-1}$; denn der Durchschnitt von je r von ihnen ($r = 1, 2, \ldots, n$) ist mit dem Durchschnitt von gewissen $r+1$-Komplexen K_i ($r \leqq n+1$) identisch, also H-Simplex; und der Durchschnitt aller K_i' ($i = 1, 2, \ldots, n+1$) ist gleich dem Durchschnitt aller K_i ($i = 1, 2, \ldots, n+2$), also leer[1].

Aus dem Satz IX$_{n-1}$ folgt daher:

$$K' = K_1' + K_2' + \cdots + K_{n+1}'$$

ist mit $|\dot{x}^n|$ homologie-äquivalent.

Aus dem Satz VII$_{n+1}$ (Teil A_{n+1}) folgt:

$$K^* = K_1 + K_2 + \cdots + K_{n+1}$$

ist ein H-Simplex; K_{n+2} ist nach Voraussetzung ein H-Simplex; da

$$K^* \cdot K_{n+2} = K'$$

[1] Es gilt hier das Analoge wie in der Fußnote auf Seite 294.

ist, können wir den Satz VIII anwenden: er besagt, daß $K^* + K_{n+2}$ mit $|\dot{x}^{n+1}|$ homologie-äquivalent ist. Da aber

$$K^* + K_{n+2} = K_1 + K_2 + \cdots + K_{n+2}$$

ist, ist damit der Satz IX_n bewiesen.

Wir heben einige Korollare hervor. Der Kürze halber nennen wir ein System von Komplexen $K_1, K_2, \ldots, K_{n+2}$, welche die Voraussetzungen des Satzes IX_n erfüllen, ein „S^n-System"; über die Dimensionszahlen der K_i wird nichts vorausgesetzt.

Korollar 1. *Ein höchstens $(n-1)$-dimensionaler Komplex enthält niemals ein S^n-System von Teilkomplexen.*

Denn andernfalls enthielte er nach Satz IX_n einen Teilkomplex K mit $p^n(K) = 1$.

Korollar 2. *A sei ein Euklidischer Komplex im R^n; $K_1, K_2, \ldots, K_{n+2}$ seien Teilkomplexe von A mit folgender Eigenschaft: alle Komplexe*

$$K_{i_1}, \quad K_{i_1}\cdot K_{i_2}, \quad K_{i_1}\cdot K_{i_2}\cdot K_{i_3}, \quad \ldots, \quad K_{i_1}\cdot K_{i_2}\cdot\ldots\cdot K_{i_{n+1}}$$

(mit beliebigen i_μ) seien H-Simplexe. Dann ist

$$\bar{K}_1 \cdot \bar{K}_2 \cdot \ldots \cdot \bar{K}_{n+2} \neq 0.$$

Denn andernfalls wären die Voraussetzungen von IX_n erfüllt, und es gäbe daher im R^n einen n-dimensionalen, von Null verschiedenen Euklidischen Zyklus — entgegen Kap. IV, § 5, Nr. 12.

Aufgabe (Analogon aus der Elementargeometrie). Man beweise (elementargeometrisch): $M_1, M_2, \ldots, M_{n+2}$ seien *konvexe* Mengen im R^n, und es sei jeder Durchschnitt $M_{i_1} \cdot M_{i_2} \cdot \ldots \cdot M_{i_{n+1}} \neq 0$. Dann ist auch der Durchschnitt $M_1 \cdot M_2 \cdot \ldots \cdot M_{n+2} \neq 0$.

11. Die Formel von Mayer-Vietoris. Wir kehren zu den Überdeckungen von K mit nur zwei Komplexen K_1, K_2 zurück und werden noch zwei wichtige Isomorphien, ähnlich der des Satzes V, beweisen.

Die Gesamtheit aller Paare $(\mathfrak{Z}_1^r, \mathfrak{Z}_2^r)$ der Homologieklassen $\mathfrak{Z}_1^r$ von K_1 und $\mathfrak{Z}_2^r$ von K_2 wird durch die Festsetzung

$$(\mathfrak{Z}_1^r, \mathfrak{Z}_2^r) + (\mathfrak{Z}_1^{r\prime}, \mathfrak{Z}_2^{r\prime}) = (\mathfrak{Z}_1^r + \mathfrak{Z}_1^{r\prime}, \mathfrak{Z}_2^r + \mathfrak{Z}_2^{r\prime})$$

zu einer Gruppe, welche der direkten Summe $B^r(K_1) + B^r(K_2)$ isomorph ist und die wir geradezu mit $B^r(K_1) + B^r(K_2)$ bezeichnen. Wir betrachten in ihr zwei Untergruppen: V^r sei die Gruppe der Paare $(\mathfrak{Z}_1^r, \mathfrak{Z}_2^r)$ mit

$$z_1^r + z_2^r \sim 0 \quad \text{in } K \text{ für } \quad z_1^r \subset \mathfrak{Z}_1^r,\ z_2^r \subset \mathfrak{Z}_2^r,$$

und W^r die Gruppe der Paare $(\mathfrak{Z}_1^r, \mathfrak{Z}_2^r)$ mit

$$z_1^r - z_2^r \sim 0 \quad \text{in } K \text{ für } \quad z_1^r \subset \mathfrak{Z}_1^r,\ z_2^r \subset \mathfrak{Z}_2^r.$$

Wenn man in jedem Element $(\mathfrak{Z}_1^r, \mathfrak{Z}_2^r)$ der Gruppe $B^r(K_1) + B^r(K_2)$ die Klasse $\mathfrak{Z}_2^r$ durch $-\mathfrak{Z}_2^r$ ersetzt, so entsteht ein Automorphismus von

$B^r(K_1)+B^r(K_2)$, welcher die Untergruppen V^r und W^r miteinander vertauscht; folglich ist

(7) $$V^r \approx W^r.$$

Es ist leicht, die Gruppen V^r und W^r mit den Bettischen Gruppen von K, K_1, K_2, $K_1\cdot K_2$ sowie den Gruppen S^r und N^r, die im Satz V auftraten, in Zusammenhang zu bringen:

Ordnet man erstens jedem Element $(\mathfrak{z}_1^r, \mathfrak{z}_2^r)$ von $B^r(K_1)+B^r(K_2)$ diejenige Homologieklasse von K zu, in welcher die Zyklen $z_1^r+z_2^r$ mit $z_1^r\subset\mathfrak{z}_1^r$, $z_2^r\subset\mathfrak{z}_2^r$ enthalten sind — diese Klasse hängt offenbar nur von $(\mathfrak{z}_1^r, \mathfrak{z}_2^r)$ und nicht von den speziellen Zyklen z_1^r, z_2^r ab —, so entsteht ein Homomorphismus von $B^r(K_1)+B^r(K_2)$ auf $S^r(K)$, dessen Kern V^r ist. Folglich ist

(8) $$(B^r(K_1)+B^r(K_2))-V^r\approx S^r(K).$$

Zweitens: Jede Homologieklasse $\mathfrak{z}_{12}^r$ von $K_1\cdot K_2$ ist in einer Homologieklasse $\mathfrak{z}_1^r$ von K_1 sowie in einer Homologieklasse $\mathfrak{z}_2^r$ von K_2 enthalten; dabei ist $z_1^r\sim z_2^r$ in K für $z_1^r\subset\mathfrak{z}_1^r$, $z_2^r\subset\mathfrak{z}_2^r$, folglich ist $(\mathfrak{z}_1^r, \mathfrak{z}_2^r)\subset W^r$. Umgekehrt behaupten wir: Ist $(\mathfrak{z}_1^r, \mathfrak{z}_2^r)$ irgendein Element von W^r, so gibt es eine Homologieklasse $\mathfrak{z}_{12}^r$ von $K_1\cdot K_2$, die in $\mathfrak{z}_1^r$ und in $\mathfrak{z}_2^r$ enthalten ist. In der Tat: Sind z_1^r, z_2^r Zyklen aus $\mathfrak{z}_1^r$ bzw. $\mathfrak{z}_2^r$, so gibt es einen Komplex C mit $\dot{C}=z_1^r-z_2^r$, und aus dem Hilfssatz (Nr. 2) folgt:

$$z_1^r-\dot{C}_1=z_2^r+\dot{C}_2;$$

der durch jede der beiden Seiten dieser Gleichung dargestellte Zyklus ist ein z_{12}^r, der in $\mathfrak{z}_1^r$ und in $\mathfrak{z}_2^r$ enthalten ist.

Damit haben wir gesehen: Ordnet man jeder Klasse $\mathfrak{z}_{12}^r$ dasjenige Paar $(\mathfrak{z}_1^r, \mathfrak{z}_2^r)$ zu, das durch $\mathfrak{z}_{12}^r\subset\mathfrak{z}_1^r$, $\mathfrak{z}_{12}^r\subset\mathfrak{z}_2^r$ bestimmt ist, so liegt eine Abbildung von $B^r(K_1\cdot K_2)$ *auf* W^r vor; diese Abbildung ist offenbar ein Homomorphismus. Sein Kern besteht aus denjenigen Klassen $\mathfrak{z}_{12}^r$, für welche $\mathfrak{z}_1^r=0$ und $\mathfrak{z}_2^r=0$ ist; die Zyklen aus diesen Klassen $\mathfrak{z}_{12}^r$ sind aber gerade die Nahtzyklen (vgl. Nr. 4); mithin ist $N^r(K_1\cdot K_2)$ der Kern des Homomorphismus, und folglich ist

(9) $$B^r(K_1\cdot K_2)-N^r(K_1\cdot K_2)\approx W^r.$$

Die Isomorphien (7), (8), (9) — die für jedes $r\geqq 0$ und für jeden Koeffizientenbereich gelten — sind in Verbindung mit dem Satz V wesentliche Beiträge zur Beantwortung der am Anfang dieses Paragraphen gestellten Frage. Man sieht dies besonders deutlich, wenn man den Koeffizientenbereich $\mathfrak{G}$ zugrunde legt[1] und die Ränge der auftretenden Gruppen betrachtet: Bezeichnen wir die Ränge von N^r und S^r mit n^r bzw. s^r und den infolge (7) den Gruppen V^r und W^r

[1] Statt $\mathfrak{G}$ kann man auch $\mathfrak{G}_m$ mit einer Primzahl m zugrunde legen.

gemeinsamen Rang mit v^r, so ergeben sich mit Rücksicht auf die Additivität der Ränge (Anhang I, Nr. 32) die folgenden Beziehungen:

aus Satz V: $p^r(K_1 + K_2) - s^r = n^{r-1}$;

aus (8): $p^r(K_1) + p^r(K_2) - v^r = s^r$;

aus (9): $p^r(K_1 \cdot K_2) - n^r = v^r$.

Durch Elimination von v^r und s^r aus diesen drei Gleichungen entsteht die *Formel von* MAYER-VIETORIS:

$$p^r(K_1 + K_2) = p^r(K_1) + p^r(K_2) - p^r(K_1 \cdot K_2) + n^r + n^{r-1}.$$

§ 3. Produktkomplexe.

1. Im Kap. I, § 1, haben wir je zwei topologischen Räumen X, Y ihren „Produktraum" zugeordnet: nämlich die Menge der Paare (x, y) von Punkten $x \subset X$, $y \subset Y$, welche durch eine naheliegende Festsetzung zu einem topologischen Raum gemacht wird. Jetzt werden wir je zwei *Komplexen* K_1, K_2 einen „Produktkomplex" $K_1 \times K_2$ derart zuordnen, daß das Polyeder $\overline{K_1 \times K_2}$ dem Produktraum $\bar{K}_1 \times \bar{K}_2$ der beiden Polyeder $\bar{K}_1$ und $\bar{K}_2$ homöomorph ist. Der anschaulichste Fall ist der, in dem K_2 eine Strecke ist: dann ist $K_1 \times K_2$ der „Zylinder" über K_1.[1] Abgesehen von diesem einfachen Fall werden in diesem Bande übrigens die Produktkomplexe keine Rolle spielen. Jedoch sind sie wichtig in der Dimensionstheorie (2. Band) und besonders in der Theorie der Abbildungen von Mannigfaltigkeiten (3. Band). Die Bestimmung der Bettischen Gruppen des Produktkomplexes aus denen der beiden Faktoren verdient an sich Interesse; ihre Durchführung für den Fall endlicher Komplexe bildet den Hauptinhalt dieses Paragraphen (Nr. 9, Satz von KÜNNETH).

Der Produktkomplex $K_1 \times K_2$ ist, auch im Falle simplizialer Komplexe K_1 und K_2, selbst nicht simplizial, sondern ein *Zellen*komplex, dessen Zellen im allgemeinen keine Simplexe sind. Wir werden daher wesentlich die im Kap. VI, § 1, Nr. 12 konstatierte Tatsache benutzen: die orientierten Zellen eines Zellenkomplexes sind zur Bildung von algebraischen Komplexen, Zyklen, Homologieklassen und Bettischen Gruppen ebensogut zu gebrauchen wie die Simplexe eines simplizialen Komplexes.

2. Produkte konvexer Zellen. Wir beginnen mit elementargeometrischen Bemerkungen. R_1, R_2 seien Euklidische Räume beliebiger Dimension. Wir fassen sie als Koordinatenräume in dem von ihnen „aufgespannten" Raum R_3 auf, d. h.: im R_3 gibt es ein solches Cartesisches Koordinatensystem $x_1, \ldots, x_m, y_1, \ldots, y_n$, daß die x_i Koor-

[1] Der Zylinder $Z(K_1)$ in Kap. IV, § 6, Nr. 2 ist eine simpliziale Unterteilung von $K_1 \times K_2$, und ebenso $\Pi_f(K)$ aus Kap. IV, § 6, Nr. 4, wenn f eine isomorphe Abbildung ist.

dinaten in R_1, die y_j Koordinaten in R_2 sind. Jedem Punktepaar $a \subset R_1$, $b \subset R_2$ ordnen wir denjenigen Punkt $a \times b \subset R_3$ zu, dessen x_i-Koordinaten mit denen von a und dessen y_j-Koordinaten mit denen von b übereinstimmen[1]. Durchläuft a eine Menge A, b eine Menge B, so bezeichnen wir die von $a \times b$ durchlaufene Menge mit $A \times B$; sie ist offenbar dem früher definierten Produktraum von A und B homöomorph.

Wir zählen jetzt eine Reihe von Tatsachen auf, deren elementare Beweise wir dem Leser überlassen:

a) Für beliebige Mengen $A', A'' \subset R_1$, $B', B'' \subset R_2$ gilt

$$(A' \times B') \cdot (A'' \times B'') = A' \cdot A'' \times B' \cdot B''.$$

b) Sind A und B beschränkt und abgeschlossen, so auch $A \times B$.

c) Liegt A in einer p-dimensionalen, B in einer q-dimensionalen Ebene, so liegt $A \times B$ in einer $(p+q)$-dimensionalen Ebene.

d) A liege in der Ebene R_1', die Unterraum von R_1 ist, und A' sei die Menge der inneren Punkte von A relativ zu R_1'; B liege in der Ebene R_2', die Unterraum von R_2 ist, und B' sei die Menge der inneren Punkte von B relativ zu R_2'. Dann ist $A' \times B'$ die Menge der inneren Punkte von $A \times B$ relativ zu $R_1' \times R_2'$.

e) Sind A und B konvex, so auch $A \times B$.

Nunmehr folgt: *Ist A eine p-dimensionale, B eine q-dimensionale konvexe Zelle, so ist $A \times B$ eine $(p+q)$-dimensionale konvexe Zelle.* Denn nach b) und e) ist $A \times B$ beschränkt, abgeschlossen und konvex; nach c) liegt die Menge $A \times B$ in einer $(p+q)$-dimensionalen Ebene; nach d) besitzt sie relativ zu dieser Ebene innere Punkte, also ist sie $(p+q)$-dimensional; nach d) liegt ferner der Punkt $a \times b$ dann und nur dann auf dem Rande von $A \times B$, wenn entweder a auf dem Rande von A oder b auf dem Rande von B liegt, so daß also nach c) der Rand von $A \times B$ in einer endlichen Anzahl von $(p+q-1)$-dimensionalen Ebenen liegt; mithin ist $A \times B$ eine Zelle (Anhang II, § 4, Satz I).

Die soeben festgesetzte Struktur des Randes von $A \times B$ läßt sich auch so beschreiben: Sind A_i die $(p-1)$-dimensionalen Seiten von A, B_j die $(q-1)$-dimensionalen Seiten von B, so sind die $A_i \times B$ und die $A \times B_j$ die $(p+q-1)$-dimensionalen Seiten von $A \times B$. Da nun die niedrigerdimensionalen Seiten einer Zelle die Durchschnitte höherdimensionaler Seiten sind, ergibt sich aus a): *Jede Seite der Produktzelle $A \times B$ ist das Produkt einer Seite von A mit einer Seite von B und umgekehrt.*

3. Produkte Euklidischer Komplexe. Jetzt seien K_1 und K_2 Euklidische Zellenkomplexe in R_1 bzw. R_2; ihre Zellen (die wir auch als Simplexe annehmen dürfen) seien A_i bzw. B_j. Aus $K_1 = \sum_i A_i$, $K_2 = \sum_j B_j$

[1] In der vektoriellen Schreibweise, die im Anhang II benutzt wird (S. 594), hat man $a + b$ statt $a \times b$ zu schreiben.

folgt $\bar{K}_1 \times \bar{K}_2 = \sum_{i,j} (\bar{A}_i \times \bar{B}_j)$; also ist $\bar{K}_1 \times \bar{K}_2$ Summe von Zellen. Der Durchschnitt zweier dieser Zellen ist nach a): $(\bar{A}_1 \times \bar{B}_1) \cdot (\bar{A}_2 \times \bar{B}_2) = \bar{A}_1 \cdot \bar{A}_2 \times \bar{B}_1 \cdot \bar{B}_2$; da $\bar{A}_1 \cdot \bar{A}_2$ und $\bar{B}_1 \cdot \bar{B}_2$ Zellen von K_1 bzw. K_2 (oder leer) sind, ist daher auch $(\bar{A}_1 \times \bar{B}_1) \cdot (\bar{A}_2 \times \bar{B}_2)$ Zelle (evtl. leer). Damit ist gezeigt: *Das Produkt $\bar{K}_1 \times \bar{K}_2$ der Polyeder $\bar{K}_1$ und $\bar{K}_2$ ist selbst in Zellen zerlegt, und zwar sind seine Zellen die Produkte der Zellen von K_1 mit den Zellen von K_2; dabei ist, wie oben festgestellt wurde, das Produkt einer p-dimensionalen mit einer q-dimensionalen Zelle $(p+q)$-dimensional.*

Es ist klar, daß $\bar{K}_1 \times \bar{K}_2$ dem im Kap. I definierten Produktraum von $\bar{K}_1$ und $\bar{K}_2$ homöomorph ist. Ferner ist klar: Sind K_1' und K_2' Zellenkomplexe, die den Komplexen K_1 bzw. K_2 isomorph sind, so ist die Zerlegung von $\bar{K}_1' \times \bar{K}_2'$ in die Produkte der Zellen von K_1' mit denen von K_2' der obigen Zellenzerlegung von $\bar{K}_1 \times \bar{K}_2$ isomorph.

4. Produkte absoluter Komplexe. K_1 und K_2 seien absolute simpliziale Komplexe; wir dürfen sie als Euklidische Komplexe in Euklidischen Räumen R_1, R_2 voraussetzen; dann konstruieren wir $\bar{K}_1 \times \bar{K}_2$. Durch die Zerlegung von $\bar{K}_1 \times \bar{K}_2$ in die Produkte der Simplexe von K_1 mit denen von K_2 wird ein Zellenkomplex definiert, dessen kombinatorischer Typus offenbar (vgl. die Schlußbemerkung der vorigen Nummer) von den speziellen Euklidischen Realisationen von K_1 und K_2 nicht abhängt. Wir nennen ihn den „*Produktkomplex*" von K_1 und K_2 und bezeichnen ihn mit $K_1 \times K_2$. Er hat, wie wir nach dem Vorstehenden wissen, die folgenden Eigenschaften, *die allein wir im folgenden benutzen werden:*

Bezeichnen wir die Simplexe von K_1 mit $|x_i|$, die von K_2 mit $|\xi_j|$, so ist $K_1 \times K_2$ ein Zellenkomplex, dessen Zellen den Paaren $|x_i|$, $|\xi_j|$ eineindeutig derart zugeordnet sind, daß, wenn wir die dem Paar $|x_i|$, $|\xi_j|$ zugeordnete Zelle mit $|x_i| \times |\xi_j|$ bezeichnen, die Regeln gelten:

(1) $$\dim(|x_i| \times |\xi_j|) = \dim|x_i| + \dim|\xi_j|,$$

(2) $$(|x_i| \times |\xi_j|) \cdot (|x_{i'}| \times |\xi_{j'}|) = |x_i| \cdot |x_{i'}| \times |\xi_j| \cdot |\xi_{j'}|.$$

Dabei ist für die Allgemeingültigkeit von (2) die Festsetzung notwendig, daß eine Produktzelle leer ist, falls ein Faktor leer ist; in (1) darf aber keine der Zellen leer sein.

Wir ziehen sogleich eine Folgerung aus (2) [die man übrigens auch aus Nr. 2 entnehmen könnte, was wir aber vermeiden, da alles Weitere aus (1) und (2) folgen soll]: *$|x_{i'}| \times |\xi_{j'}|$ ist dann und nur dann Seite*[1] *von $|x_i| \times |\xi_j|$, wenn $|x_{i'}|$ Seite von $|x_i|$* und *$|\xi_{j'}|$ Seite von $|\xi_j|$ ist.* In der Tat: daß $|x_{i'}| \times |\xi_{j'}|$ Seite von $|x_i| \times |\xi_j|$ ist, ist gleichbedeutend mit
$$(|x_i| \times |\xi_j|) \cdot (|x_{i'}| \times |\xi_{j'}|) = |x_{i'}| \times |\xi_{j'}|,$$
also nach (2) mit
$$|x_{i'}| \times |\xi_{j'}| = |x_i| \cdot |x_{i'}| \times |\xi_j| \cdot |\xi_{j'}|,$$

[1] Es sind auch die uneigentlichen Seiten zugelassen.

also mit
$$|x_{i'}| = |x_i| \cdot |x_{i'}|, \qquad |\xi_{j'}| = |\xi_j| \cdot |\xi_{j'}|,$$
d. h. mit der Tatsache: $|x_{i'}|$ ist Seite von $|x_i|$, $|\xi_{j'}|$ Seite von $|\xi_j|$.

Es sei noch bemerkt: die am Anfang dieser Nummer gemachte Voraussetzung, daß K_1 und K_2 simpliziale Komplexe sind, könnten wir durch die allgemeinere Annahme ersetzen, daß K_1 und K_2 Zellenkomplexe sind; jedoch hätte diese Verallgemeinerung hier keinen praktischen Wert. Die Zellen von $K_1 \times K_2$ sind — außer den null- und eindimensionalen — auch bei simplizialen K_1 und K_2 keine Simplexe.

Wir stellen uns nun die Aufgabe, für *endliche* K_1 und K_2 — also auch für endlichen $K_1 \times K_2$ — die Bettischen Gruppen $B^r(K_1 \times K_2)$ aus den Bettischen Gruppen von K_1 und K_2 zu bestimmen. Als Koeffizientenbereich legen wir $\mathfrak{G}$ zugrunde. Wir werden zunächst die Gruppen $L^r(K_1 \times K_2)$, $Z^r(K_1 \times K_2)$, $H^r(K_1 \times K_2)$ untersuchen[1]. Es wird dabei zweckmäßig sein, auch die Gruppen gemischter Dimension $B = \sum\limits_r B^r$, $L = \sum\limits_r L^r$ usw. zu betrachten.

Algebraische Komplexe in K_1 bezeichnen wir mit lateinischen, algebraische Komplexe in K_2 mit griechischen Buchstaben.

5. Produkte algebraischer Komplexe; die Gruppe $L(K_1 \times K_2)$. Alle Simplexe x_i, ξ_j seien orientiert; wir erteilen jetzt auch jeder Zelle $|x_i| \times |\xi_j|$ eine bestimmte Orientierung (Kap. VI, § 1, Nr. 12), und zwar nach einer Regel, die wir in Nr. 6 formulieren werden, und auf die es vorläufig nicht ankommt; die orientierten Zellen nennen wir $x_i \times \xi_j$. Sie bilden eine Basis in $L(K_1 \times K_2)$, die algebraischen Komplexe in $K_1 \times K_2$ sind also die Linearformen $\sum t^{ij}(x_i \times \xi_j)$.

Es ist zweckmäßig, noch den Begriff des Produktes *algebraischer* Komplexe einzuführen: Sind $C = \sum t^i x_i$, $\Gamma = \sum \tau^j \xi_j$ algebraische Komplexe in K_1 bzw. K_2, so setzen wir
$$C \times \Gamma = (\sum t^i x_i) \times (\sum \tau^j \xi_j) = \sum t^i \tau^j (x_i \times \xi_j).$$
Man bestätigt leicht die Gültigkeit der Rechenregel
$$(\sum a^r C_r) \times (\sum \alpha^\varrho \Gamma_\varrho) = \sum a^r \alpha^\varrho (C_r \times \Gamma_\varrho)$$
mit beliebigen ganzen a^r, α^ϱ, worin insbesondere die distributiven Gesetze enthalten sind:
$$(C_1 + C_2) \times \Gamma = (C_1 \times \Gamma) + (C_2 \times \Gamma),$$
$$C \times (\Gamma_1 + \Gamma_2) = (C \times \Gamma_1) + (C \times \Gamma_2).$$
Wichtig ist der folgende Satz:

Sind C_ϱ, $\varrho = 1, 2, \ldots,$ linear unabhängige Elemente von $L(K_1)$ und ist $\sum (C_\varrho \times \Gamma_\varrho) = 0$, so sind alle $\Gamma_\varrho = 0$.

[1] Diese Gruppen beziehen sich auf den *Zellen*komplex $K_1 \times K_2$; sie sind also gemäß Kap. VI, § 1, Nr. 12 definiert.

Beweis. Es sei $C_\varrho = \sum t^{\varrho i} x_i$, $\Gamma_\varrho = \sum \tau^{\varrho j} \xi_j$; dann ist $\sum (C_\varrho \times \Gamma_\varrho) = \sum_{\varrho, i, j} t^{\varrho i} \tau^{\varrho j} (x_i \times \xi_j) = 0$, also, da die $x_i \times \xi_j$ eine Basis sind, $\sum_\varrho t^{\varrho i} \tau^{\varrho j} = 0$ für alle i, j; Multiplikation mit x_i und Summation über i liefert: $\sum_\varrho \tau^{\varrho j} C_\varrho = 0$, infolge der Unabhängigkeit der C_ϱ ist also $\tau^{\varrho j} = 0$ für alle ϱ, j und daher $\Gamma_\varrho = 0$ für jedes ϱ.

Aus diesem Satz folgt der weitere: *Sind $\{X_i\}$, $\{\Xi_j\}$ Basen in $L(K_1)$ bzw. $L(K_2)$, so ist $\{X_i \times \Xi_j\}$ eine Basis in $L(K_1 \times K_2)$.*

Beweis. Da die x_i bzw. ξ_j lineare Verbindungen der X_i bzw. Ξ_j sind, sind auch die $x_i \times \xi_j$ lineare Verbindungen der $X_i \times \Xi_j$, folglich erzeugen die $X_i \times \Xi_j$ die Gruppe $L(K_1 \times K_2)$. Sie sind unabhängig; denn aus $0 = \sum a^{ij} (X_i \times \Xi_j) = \sum_i (X_i \times \sum_j a^{ij} \Xi_j)$ folgt nach dem vorigen Satz: $\sum a^{ij} \Xi_j = 0$, also wegen der Unabhängigkeit der Ξ_j auch $a^{ij} = 0$. Somit bilden die $X_i \times \Xi_j$ ein unabhängiges Erzeugendensystem, d. h. eine Basis.

Da die Formel (1) natürlich auch für algebraische Komplexe gilt, läßt sich die Gruppe $L(K_1 \times K_2)$ in eindeutiger Weise in die Gruppen $L^r(K_1 \times K_2)$ zerlegen. Die Übertragung der soeben für L bewiesenen Sätze auf die einzelnen Gruppen L^r macht daher keine Schwierigkeit.

6. Wir treffen jetzt eine Verabredung über die Wahl der Orientierung der Zellen $|x_i| \times |\xi_j|$, die bisher willkürlich war. Als Vorbereitung beweisen wir:

Man kann — nachdem die Orientierungen aller Zellen x und ξ von K_1 bzw. K_2 willkürlich festgesetzt sind — die Orientierungen aller Zellen $x \times \xi$ von $K_1 \times K_2$ so wählen, daß

$$(3) \qquad (x^r \times \xi^s)^{\cdot} = (\dot{x}^r \times \xi^s) + (-1)^r (x^r \times \dot{\xi}^s)$$

gilt.

Beweis. Wir führen den Beweis durch vollständige Induktion in bezug auf $n = r + s$. Zuerst verifiziert man leicht: Die eindimensionalen Zellen von $K_1 \times K_2$ können so orientiert werden, daß für sie (3) gilt. Dann nehmen wir an, $n > 1$ sei gegeben, alle Zellen mit $r + s = n - 1$ seien so orientiert, daß (3) gilt, und eine Zelle $|x^r| \times |\xi^s|$ mit $r + s = n$ sei vorgelegt; wir haben zu zeigen: sie läßt sich so orientieren, daß (3) gilt.

Wir geben vorläufig der Zelle $|x^r| \times |\xi^s|$ noch eine willkürliche Orientierung, und bezeichnen die so orientierte Zelle mit $\mathfrak{X}^n$; der — von der Wahl dieser Orientierung unabhängige — Komplex $|\dot{\mathfrak{X}}^n|$ ist einem $(n-1)$-dimensionalen Simplexrand homologie-äquivalent (Kap. VI, § 2, Nr. 7); Z^{n-1} sei Basiselement der Gruppe der $(n-1)$-dimensionalen Zyklen von $|\dot{\mathfrak{X}}^n|$; dann ist $\dot{\mathfrak{X}}^n = t Z^{n-1}$; hierin ist $t = \pm 1$, da in $\dot{\mathfrak{X}}^n$ jedes Simplex offenbar den Koeffizienten ± 1 hat.

$\mathfrak{C}^{n-1}$ sei der auf der rechten Seite von (3) stehende Komplex; aus Nr. 4 geht hervor: Jedes Grundelement von $|\mathfrak{C}^{n-1}|$ ist $(n-1)$-dimensionale Seite von $|\mathfrak{X}^n|$; da die $(n-1)$-dimensionalen Seiten der Zelle $\mathfrak{X}^n$ gerade den Komplex $|\dot{\mathfrak{X}}^n|$ bilden, ist also $\mathfrak{C}^{n-1}$ ein algebraischer Komplex in $|\dot{\mathfrak{X}}^n|$. Wir werden nachher zeigen: $\mathfrak{C}^{n-1}$ *ist Zyklus*; nehmen wir dies im Augenblick als bewiesen an; dann folgt $\mathfrak{C}^{n-1} = t Z^{n-1}$; hierin ist $t = \pm 1$, da in $\mathfrak{C}^{n-1}$ offenbar keine Zelle einen anderen Koeffizienten hat als ± 1.

Da sowohl $\dot{\mathfrak{X}}^n = \pm Z^{n-1}$, als auch $\mathfrak{C}^{n-1} = \pm Z^{n-1}$ ist, ist somit $\dot{\mathfrak{X}}^n = \pm \mathfrak{C}^{n-1}$. *Jetzt bestimmen wir die Orientierung* $\mathfrak{X}^n$ *von* $|\mathfrak{X}^n|$ *so, daß* $\dot{\mathfrak{X}}^n = +\mathfrak{C}^{n-1}$ *ist.* Dann gilt (3).

Wir haben nun noch den Beweis der Behauptung nachzutragen: $\mathfrak{C}^{n-1}$ ist Zyklus. Wir führen ihn auf Grund der Induktionsvoraussetzung; alle $(n-1)$-dimensionalen Zellen von $K_1 \times K_2$, also insbesondere die Zellen von $\mathfrak{C}^{n-1}$, sind so orientiert, daß für jede einzelne von ihnen (3) gilt. Durch Multiplikation mit Koeffizienten und Addition folgt dann

$$(C^{r'} \times \Gamma^{s'})^{\cdot} = (\dot{C}^{r'} \times \Gamma^{s'}) + (-1)^{r'} (C^{r'} \times \dot{\Gamma}^{s'})$$

für beliebige Komplexe $C^{r'}$, $\Gamma^{s'}$ mit $r' + s' = n - 1$, also insbesondere

$$(\dot{x}^r \times \xi^s)^{\cdot} = (-1)^{r-1} (\dot{x}^r \times \dot{\xi}^s),$$

$$(x^r \times \dot{\xi}^s)^{\cdot} = (\dot{x}^r \times \dot{\xi}^s),$$

also

$$\dot{\mathfrak{C}}^{n-1} = ((-1)^{r-1} (\dot{x}^r \times \dot{\xi}^s) + (-1)^r (\dot{x}^r \times \dot{\xi}^s)) = 0.$$

Damit ist der Satz bewiesen. Wir orientieren nun die Zellen so, daß (3) gilt; die genaue Bestimmung des Koeffizienten $(-1)^r$ ist übrigens für das Folgende nicht wesentlich; wir dürfen ihn immer durch das unbestimmte Zeichen $\pm$ ersetzen. Wir werden die Formel (3) nicht nur für Zellen, sondern ebenso wie in dem vorstehenden Beweis für beliebige Komplexe anwenden, also die *für homogen-dimensionale Komplexe gültige* Formel

(4) $$(C \times \Gamma)^{\cdot} = (\dot{C} \times \Gamma) \pm (C \times \dot{\Gamma}).$$

Bemerkung. Sind x^r, $\bar{\xi}^s$ Euklidische Simplexe in den Ebenen R_1, R_2 (Nr. 2), ist ferner der Schnittpunkt o der beiden Ebenen gemeinsamer Eckpunkt der Simplexe, und sind die positiven Orientierungen durch die Eckpunktreihenfolgen $x^r = (o\, a_1 \ldots a_r)$, $\xi^s = (o\, \alpha_1 \ldots \alpha_s)$ gegeben, so fällt die soeben festgesetzte Orientierung von $x^r \times \xi^s$ mit derjenigen zusammen, die durch das orientierte $(r+s)$-dimensionale Teilsimplex $(o a_1 \ldots a_r \alpha_1 \ldots \alpha_s)$ von $\overline{x^r \times \xi^s}$ bewirkt wird. Der Leser überzeuge sich von der Richtigkeit dieser Behauptung.

7. Die Gruppen $Z^n(K_1 \times K_2)$. Wir ermitteln jetzt die Zyklen in $K_1 \times K_2$. Aus (4) ist ersichtlich: Sind z, ζ Zyklen in K_1 bzw. K_2, so ist $z \times \zeta$ Zyklus. Dies sind aber nicht die einzigen Zyklen.

Wir wählen in der gemischten Gruppe $L(K_1)$ eine Basis, ähnlich der kanonischen Basis aus Kap. V, § 2, Nr. 6, jedoch unter Vernachlässigung einiger Unterscheidungen, die wir dort gemacht haben: Die Zyklen z_i und u_i fassen wir jetzt unter dem Namen z_i, die Komplexe

y_i und v_i unter dem Namen v_i zusammen; dann sind die Beziehungen (5), (6) aus Kap. V, § 2, Nr. 6 in

(5) $$\dot{v}_i = e_i z_i, \quad e_i \geqq 1,$$

zusammenzufassen[1]. Unsere Basis besteht also aus Komplexen von drei Arten: Z_i, z_i, v_i. In K_2 sollen Z_j, ζ_j, φ_j, ε_j die analogen Bedeutungen haben wie Z_i, z_i, v_i, e_i in K_1, so daß also

(6) $$\dot{\varphi}_j = \varepsilon_j \zeta_j, \quad \varepsilon_j \geqq 1$$

gilt.

Nach Nr. 5 bilden die Produkte der Elemente dieser beiden Basen eine Basis in $L(K_1 \times K_2)$, die somit aus Komplexen von neun verschiedenen Arten — nämlich $Z_i \times Z_j$, $Z_i \times \zeta_j$, ..., $v_i \times \varphi_j$ — besteht. Insbesondere ist daher jeder Zyklus aus $K_1 \times K_2$ lineare Verbindung dieser Elemente.

Ist ein solcher Zyklus $\mathfrak{z}$ gegeben, so fassen wir vorläufig einmal alle Glieder zusammen, in denen dasselbe Basiselement von $L(K_1)$ als Faktor auftritt, so daß man die Darstellung

$$\mathfrak{z} = \sum (Z_i \times \alpha_i) + \sum (z_i \times \beta_i) + \sum (v_i \times \gamma_i)$$

mit gewissen algebraischen Teilkomplexen α_i, β_i, γ_i von K_2 hat. $\dot{\mathfrak{z}} = 0$ liefert mit Rücksicht auf (4) und (5)

$$\sum \pm (Z_i \times \dot{\alpha}_i) + \sum (z_i \times (\pm \dot{\beta}_i + e_i \gamma_i)) + \sum \pm (v_i \times \dot{\gamma}_i) = 0;$$

nach Nr. 5 ist der Faktor jedes einzelnen Basiselementes gleich Null, also ist $\dot{\alpha}_i = 0$, d. h. α_i Zyklus, und $e_i \gamma_i = \pm \dot{\beta}_i$, d. h. γ_i Zyklus und Rand oder Randteiler (also Element von $H_{\mathfrak{G},\mathfrak{R}}(K_2)$).

Daraus sehen wir: Bei der Darstellung von $\mathfrak{z}$ als lineare Verbindung der Basiselemente der neun Arten treten keine Elemente der Arten $(Z_i \times \varphi_j)$, $(v_i \times Z_j)$, $(v_i \times \varphi_j)$ auf, und $\mathfrak{z}$ ist daher lineare Verbindung der

(7) $$Z_i \times Z_j, \quad Z_i \times \zeta_j, \quad z_i \times Z_j, \quad z_i \times \zeta_j; \quad z_i \times \varphi_j, \quad v_i \times \zeta_j.$$

Wir können nun $\mathfrak{z}$ in eindeutiger Weise als Summe $\mathfrak{z} = \mathfrak{z}_1 + \mathfrak{z}_2$ derart darstellen, daß $\mathfrak{z}_1$ lineare Verbindung von Basiselementen der ersten vier unter (7) aufgezählten Arten und

(8) $$\mathfrak{z}_2 = \sum a^{ij} (z_i \times \varphi_j) + \sum b^{ij} (v_i \times \zeta_j)$$

ist. $\mathfrak{z}_1$ ist Zyklus auf Grund von (4); folglich ist die Bedingung, daß $\mathfrak{z}$ Zyklus ist, gleichbedeutend mit der Bedingung, daß $\mathfrak{z}_2$ Zyklus ist. Diese Bedingung lautet nach (6) und (5)

$$\dot{\mathfrak{z}}_2 = \sum (\pm a^{ij} \varepsilon_j + b^{ij} e_i)(z_i \times \zeta_j) = 0,$$

also (vgl. Nr. 5)

$$\pm a^{ij} \varepsilon_j = -b^{ij} e_i;$$

[1] Statt f_i (im Kap. V) schreiben wir e_i. Die Dimensionszahlen deuten wir nicht an, da wir die gemischte Gruppe $L(K_1)$ betrachten.

folglich ist notwendigerweise

$$a^{ij} = c^{ij} \cdot \frac{e_i}{(e_i, \varepsilon_j)}$$

mit ganzem c^{ij}.

Nun ist aber

$$(v_i \times \varphi_j)^{\dot{}} = e_i (z_i \times \varphi_j) \pm \varepsilon_j (v_i \times \zeta_j),$$

also

$$(9) \quad \mathfrak{C}_{ij} = \frac{1}{(e_i, \varepsilon_j)} (v_i \times \varphi_j)^{\dot{}} = \frac{e_i}{(e_i, \varepsilon_j)} (z_i \times \varphi_j) \pm \frac{\varepsilon_j}{(e_i, \varepsilon_j)} (v_i \times \zeta_j)$$

ein ganzzahliger Zyklus. Folglich ist auch

$$\mathfrak{z}_2 - \sum_{i,j} c^{ij} \mathfrak{C}_{ij} = \sum_{i,j} d^{ij} (v_i \times \zeta_j)$$

Zyklus, also sein Rand

$$\sum d^{ij} e_i (z_i \times \zeta_j) = 0;$$

nach Nr. 5 ist daher $d^{ij} e_i = 0$, mithin $d^{ij} = 0$, folglich

$$\mathfrak{z}_2 = \sum c^{ij} \mathfrak{C}_{ij}.$$

Damit haben wir erkannt: Die Zyklen

$$(10) \quad Z_i \times \mathsf{Z}_j, \quad Z_i \times \zeta_j, \quad z_i \times \mathsf{Z}_j, \quad z_i \times \zeta_j; \quad \mathfrak{C}_{ij} = \frac{1}{(e_i, \varepsilon_j)} (v_i \times \varphi_j)^{\dot{}}$$

erzeugen die Zyklengruppe $Z(K_1 \times K_2)$. Wir zeigen noch weiter: *Die Zyklen* (10) *bilden eine Basis von* $Z(K_1 \times K_2)$, d. h.: sie sind unabhängig. In der Tat: Ist eine lineare Verbindung V der Zyklen (10) vorgelegt, die Null ist, so drücke man $\mathfrak{C}_{ij}$ gemäß (9) durch $(z_i \times \varphi_j)$ und $(v_i \times \zeta_j)$ aus; dann entsteht eine lineare Verbindung V' der Basiselemente (7), die Null ist; nach Nr. 5 sind alle Koeffizienten in V' gleich Null; man bestätigt, daß dann auch die Koeffizienten von V gleich Null sind, denn sie sind denen von V teils gleich, teils unterscheiden sie sich von diesen um Faktoren $\frac{e_i}{(e_i, \varepsilon_j)}$ oder $\frac{\varepsilon_j}{(e_i, \varepsilon_i)}$.

Damit haben wir die Elemente von $Z(K_1 \times K_2)$ ermittelt. Um nun die Zyklen der einzelnen Dimensionen, also eine Basis von $Z^n(K_1 \times K_2)$ zu erhalten, hat man nur aus (10) die n-dimensionalen Zyklen herauszusuchen, was auf Grund von (1) ohne Schwierigkeit geschieht. Das Ergebnis ist: *Die Zyklen*

$$(10_n) \quad \begin{cases} Z_i^r \times \mathsf{Z}_j^s, \quad Z_i^r \times \zeta_j^s, \quad z_i^r \times \mathsf{Z}_j^s, \quad z_i^r \times \zeta_j^s & \text{mit } r + s = n, \\ \mathfrak{C}_{ij}^n = \frac{1}{(e_i, \varepsilon_j)} (v_i^r \times \varphi_j^s)^{\dot{}} & \text{mit } r + s = n + 1 \end{cases}$$

bilden eine Basis von $Z^n(K_1 \times K_2)$. Man beachte: Die Torsionsgruppen, in denen die Zahlen e_i und ε_j, falls sie >1 sind, gemäß ihrer Definition als Ordnungen zyklischer Untergruppen auftreten, sind die der Dimensionen $r-1$ bzw. $s-1$; die Summe dieser beiden Dimensionen ist also $n-1$.

8. Die Gruppen $H^n(K_1 \times K_2)$. Um festzustellen, welche Zyklen von $K_1 \times K_2$ Ränder sind, betrachten wir einen beliebigen Komplex, also eine lineare Verbindung der Produkte der Z_i, z_i, v_i mit den Z_j,

ζ_j, φ_j und bilden seinen Rand. Dabei liefern gemäß (4) die Glieder mit $Z_i \times Z_j$, $Z_i \times \zeta_j$, $z_i \times Z_j$, $z_i \times \zeta_j$ keinen Beitrag, und es bleiben die Verbindungen der

$$Z_i \times \varphi_j, \quad v_i \times Z_j; \quad z_i \times \varphi_j, \quad v_i \times \zeta_j; \quad v_i \times \varphi_j$$

zu berücksichtigen. Es ist

$$\begin{aligned} \sum a^{ij}(Z_i \times \varphi_j)^{\cdot} &= \sum \pm a^{ij}\,\varepsilon_j(Z_i \times \zeta_j), \\ \sum b^{ij}(v_i \times Z_j)^{\cdot} &= \sum b^{ij}\,e_i(z_i \times Z_j); \\ \sum c^{ij}(z_i \times \varphi_j)^{\cdot} + \sum d^{ij}(v_i \times \zeta_j)^{\cdot} &= \sum(\pm c^{ij}\varepsilon_j + d^{ij}e_i)(z_i \times \zeta_j) \\ &= \sum q^{ij}(e_i, \varepsilon_j)(z_i \times \zeta_j); \\ \sum f^{ij}(v_i \times \varphi_j)^{\cdot} &= \sum f^{ij}(e_i, \varepsilon_j)\,\mathfrak{C}_{ij}. \end{aligned}$$

Um die Gesamtheit aller Ränder zu erhalten, hat man die Summe der rechten Seiten dieser Ausdrücke mit beliebigen a^{ij}, b^{ij}, c^{ij}, d^{ij}, f^{ij} zu bilden. Man beachte, daß die Gesamtheit der Zahlen $\pm c^{ij}\varepsilon_j + d^{ij}e_i$ mit beliebigen c^{ij}, d^{ij} dieselbe ist wie die Gesamtheit der Zahlen $q^{ij}(e_i, \varepsilon_j)$ mit beliebigen q^{ij}. Dann sieht man, daß die folgenden Zyklen eine *Basis der Rändergruppe* bilden:

$$(11) \qquad \varepsilon_j(Z_i \times \zeta_j), \quad e_i(z_i \times Z_j), \quad (e_i, \varepsilon_j)(z_i \times \zeta_j), \quad (e_i, \varepsilon_j)\mathfrak{C}_{ij}.$$

Sucht man hier gemäß (1) die n-dimensionalen Zyklen heraus, so erhält man als *Basis der Gruppe* $H^n(K_1 \times K_2)$ die Zyklen

$$(11_n) \quad \begin{cases} \varepsilon_j(Z_i^r \times \zeta_j^s), \quad e_i(z_i^r \times Z_j^s), \quad (e_i, \varepsilon_j)(z_i^r \times \zeta_j^s) & \text{mit } r + s = n, \\ \qquad (e_i, \varepsilon_j)\mathfrak{C}_{ij}^n = (v_i^r \times \varphi_j^s)^{\cdot} & \text{mit } r + s = n + 1. \end{cases}$$

Man beachte: Die Dimensionen der Torsionsgruppen, zu denen e_i und ε_j gehören (falls sie >1 sind), sind in der ersten Zeile von (11_n) r und s, so daß insbesondere die Summe der Dimensionen, zu denen e_i und ε_j in dem Rand $(e_i, \varepsilon_j)(z_i^r \times \zeta_j^s)$ gehören, gleich n ist; dagegen sind die Dimensionen, zu denen e_i und ε_j in $(e_i, \varepsilon_j)\mathfrak{C}_{ij}^n$ gehören, $r-1$ und $s-1$; ihre Summe ist also gleich $n-1$.

9. Die Gruppen $B^n(K_1 \times K_2)$. Der Vergleich der Basen (10_n) und (11_n) liefert nun sehr leicht die Gruppen $B^n(K_1 \times K_2)$. Wir erinnern zunächst an zwei gruppentheoretische Tatsachen. Erstens: Die Gruppe A sei direkte Summe $A = \sum A_\varrho$; ihre Untergruppe A' sei direkte Summe $A' = \sum A'_\varrho$ und es sei A'_ϱ Untergruppe von A_ϱ; dann ist $A - A' \approx \sum\limits_\varrho (A_\varrho - A'_\varrho)$ (Anhang I, Nr. 16). Zweitens: Sind A, B zyklische Gruppen der Ordnungen a bzw. b, so verstehen wir unter (A, B) die zyklische Gruppe der Ordnung (a, b); dabei ist $a = 0$ und $b = 0$ zugelassen, und es ist $(0, m) = m$ zu setzen; die zyklische Gruppe der Ordnung 1 ist die Nullgruppe. Sind nun zwei Gruppen A, B gegeben und sind $A = \sum A_\varrho$, $B = \sum B_\sigma$ direkte Summenzerlegungen in zyklsche Untergruppen A_ϱ, B_σ, so ist die direkte Summe $\sum_{\varrho,\sigma}(A_\varrho, B_\sigma)$ unabhängig von diesen speziellen Zerlegungen und darf daher mit (A, B) bezeichnet werden (Anhang I, Nr. 54).

Wir wenden die erste dieser Bemerkungen auf $A = Z^n(K_1 \times K_2)$, $A' = H^n(K_1 \times K_2)$ an; die A_ϱ sind die unendlichen zyklischen Gruppen, die von den in (10_n) aufgezählten Elementen erzeugt werden, die A'_ϱ die von den Elementen (11_n) erzeugten Untergruppen der A_ϱ; dann ist $B^n(K_1 \times K_2) \approx \sum (A_\varrho - A'_\varrho)$. Entsprechend den fünf in (10_n) aufgezählten Arten von Elementen haben wir fünf Fälle von Gruppen A_ϱ und A'_ϱ zu betrachten.

1. Fall: Erzeugendes Element von A_ϱ ist $Z_i^r \times Z_j^s$; A'_ϱ ist leer; $A_\varrho - A'_\varrho$ unendliche zyklische Gruppe; die Anzahl dieser — zum 1. Fall gehörigen — Gruppen ist, entsprechend der Bedeutung von Z_i^r, Z_j^s, gleich $\sum_{r,s} p^r(K_1)\, p^s(K_2)$, $r + s = n$. Folglich, unter Benutzung der Bezeichnung in der zweiten gruppentheoretischen Bemerkung: $\sum (A_\varrho - A'_\varrho) \approx \sum_{r+s=n} (B_0^r(K_1), B_0^s(K_2))$.

2. Fall: Erzeugendes Element von A_ϱ: $Z_i^r \times \zeta_j^s$; von A'_ϱ: $\varepsilon_j(Z_i^r \times \zeta_j^s)$; ist $\varepsilon_j = 1$, so ist $A_\varrho - A'_\varrho = 0$; ist $\varepsilon_j > 1$, so ist $A_\varrho - A'_\varrho$ zyklisch von der Ordnung ε_j. Aus der Bedeutung von Z_i^r, ζ_j^s, ε_j folgt: $\sum (A_\varrho - A'_\varrho) \approx \sum_{r+s=n} (B_0^r(K_1), T^s(K_2))$.

3. Fall: A_ϱ von $z_i^r \times \zeta_j^s$, A'_ϱ von $e_i(z_i^r \times \zeta_j^s)$ erzeugt; wie im 2. Fall folgt: $\sum(A_\varrho - A'_\varrho) \approx \sum_{r+s=n} (T^r(K_1), B_0^s(K_2))$.

4. Fall: A_ϱ von $z_i^r \times \zeta_j^s$, A'_ϱ von $(e_i, \varepsilon_j)(z_i^r \times \zeta_j^s)$ erzeugt; für $(e_i, \varepsilon_j) = 1$ ist $A_\varrho - A'_\varrho = 0$, sonst zyklisch von der Ordnung (e_i, ε_j). Daher: $\sum (A_\varrho - A'_\varrho) \approx \sum_{r+s=n} (T^r(K_1), T^s(K_2))$.

5. Fall: A_ϱ von $\mathfrak{C}_{ij}$, A'_ϱ von $(e_i, \varepsilon_j)\mathfrak{C}_{ij}$ erzeugt; $A_\varrho - A'_\varrho = 0$ für $(e_i, \varepsilon_j) = 1$, sonst zyklisch von der Ordnung (e_i, ε_j). Unter Beachtung der Bemerkungen über die Dimensionen am Ende von Nr. 7 und Nr. 8 ergibt sich: $\sum (A_\varrho - A'_\varrho) \approx \sum_{r+s=n-1} (T^r(K_1), T^s(K_2))$.

Die Zusammenfassung der fünf Fälle liefert für $B^n(K_1 \times K_2) = \sum_\varrho (A_\varrho - A'_\varrho)$ bei Benutzung der in der zweiten gruppentheoretischen Vorbemerkung genannten Bezeichnung und unter Berücksichtigung von $B^n(K) \approx B_0^n(K) + T^n(K)$ den

Satz von KÜNNETH. *Die ganzzahligen Bettischen Gruppen eines endlichen Produktkomplexes sind mittels der folgenden Formel durch die ganzzahligen Bettischen Gruppen der Faktoren auszudrücken:*

$$(12) \qquad B^n(K_1 \times K_2) \approx \sum_r (B^r(K_1), B^{n-r}(K_2)) + \sum_r (T^r(K_1), T^{n-r-1}(K_2)).$$

Darin ist enthalten:

(13) $$B_0^n(K_1 \times K_2) \approx \sum_r (B_0^r(K_1), B_0^{n-r}(K_2)),$$

also

(13') $$p^n(K_1 \times K_2) = \sum_r p^r(K_1) p^{n-r}(K_2).$$

Korollar. *Es seien K_1, K_2, K_1', K_2' endliche Komplexe, und es sei K_1' mit K_1 sowie K_2' mit K_2 homologie-äquivalent (in bezug auf $\mathfrak{G}$). Dann ist auch $K_1' \times K_2'$ mit $K_1 \times K_2$ homologie-äquivalent (in bezug auf $\mathfrak{G}$, also vollständig homologie-äquivalent nach Kap. V, § 4)*[1].

Aufgabe. Man ermittle für den Produktkomplex $P^n \times P^n$ zweier n-dimensionaler projektiver Räume (Anhang zu den Kap. IV, V, VI, Nr. 7) r-dimensionale Homologiebasen in bezug auf $\mathfrak{G}$ (Kap. V, § 2, Nr. 7) für jedes r mit $0 \leqq r \leqq 2n$.

Ist K_1 p-dimensional, K_2 q-dimensional, so treten in (12) in der ersten Summe nur die r mit $n - q \leqq r \leqq p$, in der zweiten Summe nur die r mit $n - q \leqq r \leqq p - 1$ auf. Daher ist insbesondere

(14) $$\begin{cases} B^{p+q}(K_1^p \times K_2^q) \approx (B^p(K_1^p), B^q(K_2^q)), \\ T^{p+q-1}(K_1^p \times K_2^q) \approx (T^{p-1}(K_1^p), T^{q-1}(K_2^q)). \end{cases}$$

10. Produkte geschlossener Komplexe. Aus den Formeln (14) ergibt sich unter anderem eine Folgerung von prinzipieller Bedeutung: *Das Produkt geschlossener Komplexe* (§ 1) *braucht nicht geschlossen zu sein;* genauer:

Sind K_1^p, K_2^q irreduzibel geschlossen, und sind ihre natürlichen Moduln m_1, m_2 teilerfremd, so ist $K_1^p \times K_2^q$ azyklisch[2].

In der Tat ist unter den Voraussetzungen dieses Satzes $B^p(K_1^p) = 0$, $B^q(K_2^q) = 0$, $T^{p-1}(K_1^p)$ zyklisch von der Ordnung m_1, $T^{q-1}(K_2^q)$ zyklisch von der Ordnung m_2, also nach (14): $B^{p+q}(K_1^p \times K_2^q) = 0$ und $T^{p+q-1}(K_1^p \times K_2^q) = 0$; daraus folgt aber nach Kap. V, § 4, Nr. 3, daß $K_1^p \times K_2^q$ keinen von Null verschiedenen $(p+q)$-dimensionalen Zyklus nach irgendeinem Koeffizientenbereich enthält.

Wir überlassen dem Leser den leicht zu führenden Beweis des folgenden Gegenstückes zu dem letzten Satze:

Sind K_1 und K_2 irreduzibel geschlossen mit den natürlichen Moduln m_1 bzw. m_2, und ist $(m_1, m_2) \neq 1$, so ist $K_1 \times K_2$ irreduzibel geschlossen mit dem natürlichen Modul (m_1, m_2).

11. Relativzyklen; ein Beispiel. Den vorstehenden Untersuchungen der Zyklen in $K_1 \times K_2$ lassen sich ähnliche Untersuchungen mit ähnlichen Ergebnissen über Relativzyklen bis auf einen Teilkomplex von $K_1 \times K_2$ an die Seite stellen. Ohne hierüber allgemeine Sätze zu beweisen, zeigen wir an einem Beispiel — welches eine wichtige

[1] Ob ein ähnlicher Satz für *unendliche* Komplexe gilt, ist uns nicht bekannt.
[2] Vgl. Kap. VII, § 1, Nr. 6.

Anwendung in der Dimensionstheorie (2. Band) besitzt —, daß der Satz aus Nr. 10 sich auf Relativzyklen übertragen läßt:

Es seien M_{m_1}, M_{m_2} zweidimensionale Möbiussche Bänder mod m_1 bzw. mod m_2 (Anhang zu den Kap. IV, V, VI, Nr. 12); die Komplexe in M_{m_1} und M_{m_2}, die den a. a. O. als k^* und C bezeichneten entsprechen, heißen jetzt k_1^* und C_1 bzw. k_2^* und C_2; C_i ist also ein zweidimensionaler ganzzahliger Relativzyklus bis auf k_i^* $(i = 1, 2)$; die Simplexe von M_{m_1} nennen wir x_i, die von M_{m_2} nennen wir ξ_j. Wir behaupten:

Wenn $(m_1, m_2) = 1$ ist, so gibt es in $M_{m_1} \times M_{m_2}$ keinen von 0 verschiedenen vierdimensionalen Relativzyklus bis auf

$$R = (|k_1^*| \times M_{m_2}) + (M_{m_1} \times |k_2^*|).$$

Beweis. m_1, m_2 seien beliebig, $Z = \sum t^{ij}(x_i \times \xi_j) \neq 0$ sei Relativzyklus bis auf R irgendeines Koeffizientenbereiches; es ist

$$\dot{Z} = \sum t^{ij}(\dot{x}_i \times \xi_j) + \sum t^{ij}(x_i \times \dot{\xi}_j).$$

Wir nehmen ein festes j; würde in $(\sum_i t^{ij} x_i)^{\cdot}$ eine Kante x^1 auftreten, die nicht zu $|k_1^*|$ gehört, so träte die nicht zu R gehörige Zelle $x^1 \times \xi_j$ in $\dot{Z}$ auf, was wegen $|\dot{Z}| \subset R$ nicht der Fall ist; mithin ist $\sum_i t^{ij} x_i$ Relativzyklus bis auf $|k_1^*|$, also ist nach Kap. IV, § 5, Nr. 10, $t^{ij} = t^j$ unabhängig von i, und es ist $m_1 t^j = 0$. Ebenso folgt: $t^{ij} = t^i$ ist unabhängig von j, und es ist $m_2 t^i = 0$. Es ist also $t^{ij} = t$ unabhängig von i und j, und es ist $m_1 t = m_2 t = 0$. Hieraus folgt $(p m_1 + q m_2) t = 0$ mit beliebigen p, q, also $(m_1, m_2) t = 0$. Aus $Z \neq 0$ folgt daher $(m_1, m_2) > 1$, w. z. b. w.

Dritter Teil.

Topologische Invarianzsätze und anschließende Begriffsbildungen.

1. Eine Eigenschaft $\mathfrak{E}$ *topologischer Räume* heißt eine „*topologische Invariante*", wenn sie mit jedem Raum R, dem sie zukommt, auch jedem Raum R' zukommt, welcher mit R homöomorph ist.

Eine Eigenschaft $\mathfrak{E}$ von *Komplexen* heißt eine „*topologische Invariante*", wenn sie mit jedem Euklidischen Komplex K, dem sie zukommt, auch jedem Euklidischen Komplex K' zukommt, welcher mit K in der folgenden Beziehung steht: die Polyeder $\bar{K}$ und $\bar{K}'$ sind homöomorph.

Man kann die topologischen Invarianten von *Komplexen* auch als diejenigen topologischen Invarianten Euklidischer Polyeder — also spezieller topologischer Räume — charakterisieren, welche zugleich Eigenschaften der *Simplizialzerlegungen* der Polyeder sind.

2. Entsprechend der Unterscheidung der „inneren" Eigenschaften oder Eigenschaften der „Gestalt" einerseits, den „äußeren" Eigenschaften oder Eigenschaften der „Lage" andererseits" (vgl. Einleitung, § 1, Nr. 4), unterscheidet man „*innere*" und „*äußere*" Invarianten. Beispiele innerer Invarianten sind: die Kompaktheit (in sich) eines topologischen Raumes, die Dimensionszahl und die Struktur der Bettischen Gruppen eines Komplexes; ein Beispiel einer äußeren Invariante liefert der Jordansche Kurvensatz, wenn man ihn folgendermaßen formuliert: „Die Anzahl der Gebiete, in welche die Ebene durch eine beliebige mit der Kreislinie homöomorphe Punktmenge zerlegt wird, ist gleich der Anzahl der Gebiete, in welche die Kreislinie selbst die Ebene zerlegt — nämlich gleich 2."

3. Unter den Eigenschaften topologischer Räume, welche innere Invarianten sind, gibt es solche, bei welchen die Invarianz bereits unmittelbar aus ihrer Definition ersichtlich ist, weil in dieser Definition nur rein topologische Begriffe wie „Häufungspunkt", „Umgebung" usw. auftreten; Beispiele hierfür sind: die Kompaktheit in sich, die Anzahl der Komponenten eines Raumes (Kap. I, § 2, Nr. 14). Derartige Begriffe sind von vornherein „topologisch invariant definiert".

Es kommt auch vor, daß die Definition eines Begriffes zwar nicht nur von rein topologischen Begriffen Gebrauch macht, daß aber die topologische Invarianz doch *fast* unmittelbar evident ist; ein Beispiel: der *metrische* Raum R gestatte für jedes $\varepsilon > 0$ abgeschlossene endliche Überdeckungen der Ordnung λ (Kap. I, § 2, Nr. 13); man sieht sofort, daß jeder mit R homöomorphe metrische Raum R' analoge ε-Überdeckungen für jedes $\varepsilon > 0$ zuläßt.

Ohne eine strenge Grenze zu ziehen, werden wir auch diese und ähnliche Eigenschaften zu denen zählen, deren topologische Invarianz auf der „*invarianten Definition*" der Eigenschaften beruht.

Invarianten von *Komplexen* sowie *äußere* Invarianten topologischer Räume sind nur selten invariant definiert; vielmehr müssen gerade bei den Beweisen der Invarianz dieser Eigenschaften ernsthafte Schwierigkeiten überwunden werden.

4. Es gibt hauptsächlich zwei voneinander verschiedene *Methoden* für Invarianzbeweise. Die erste ist die „*Methode der topologisch invarianten Charakterisierung*"; sie geht folgendermaßen vor: die Invarianz der Eigenschaft $\mathfrak{E}$ des Raumes R (oder Komplexes K) soll bewiesen werden; man zeigt, daß $\mathfrak{E}$ äquivalent mit einer anderen Eigenschaft $\mathfrak{E}'$ des Raumes R (bzw. des Polyeders $\bar{K}$) ist, welche topologisch invariant definiert ist (Nr. 3).

Die zweite Methode kann man die „*Abbildungsmethode*" nennen; sie läßt sich kurz so andeuten: man unterwirft den Raum R oder das Polyeder $\bar{K}$ einer topologischen Abbildung f; man beobachtet die Wirkung, welche f auf die zu untersuchende Eigenschaft $\mathfrak{E}$ des Raumes R

bzw. der Simplizialzerlegung K hat, d. h. wie sie sich beim Übergang von R zu $f(R)$ bzw. von K zu einer Simplizialzerlegung K' des Bildes $f(\bar{K})$ ändert; indem man benutzt, daß f eine eindeutige und stetige Umkehrung f^{-1} besitzt, versucht man zu zeigen, daß $\mathfrak{E}$ ungeändert bleibt.

5. Da es in diesem Buch nicht nur darauf ankommt, die Gültigkeit von Sätzen festzustellen, sondern auch darauf, die Beweismethoden auseinanderzusetzen, werden wir manche der Invarianzsätze nach jeder der beiden Methoden beweisen; und zwar werden die Beweise im Kap. VIII nach der Abbildungsmethode, in den Kapiteln IX und X fast ausschließlich durch invariante Charakterisierung geführt[1].

Die „inneren" Invarianzsätze, die wir behandeln, beziehen sich ausschließlich auf Invarianten von *Komplexen*; es sind dies in erster Linie die Dimensionszahl, die Struktur der Bettischen Gruppen, der starke und der reguläre Zusammenhang (Kap. IV, § 5), und andere.

An „äußeren" Invarianzsätzen werden zwei dargestellt: 1) die Invarianz der Anzahl der Gebiete, in welche der R^n durch ein beliebiges Kompaktum zerlegt wird — also die stärkste Verallgemeinerung des Jordanschen Satzes (vgl. Nr. 2); 2) die Invarianz der Offenheit von Punktmengen des R^n — gewöhnlich als „Gebietsinvarianz" bezeichnet. Beide Sätze werden im Kap. X durch invariante Charakterisierung bewiesen[2]. Eine weitere wichtige äußere Invarianzeigenschaft ist im Alexanderschen Dualitätssatz enthalten (Kap. XI, § 4; man beachte besonders das Korollar II in Nr. 2).

6. Von den beiden angedeuteten Beweismethoden ist die der invarianten Charakterisierung die aufschlußreichere; indem man die Äquivalenz der als invariant nachzuweisenden Eigenschaft $\mathfrak{E}$ mit einer invariant definierten Eigenschaft $\mathfrak{E}'$ feststellt, lernt man $\mathfrak{E}$ von einer neuen Seite kennen. Handelt es sich insbesondere um eine Invariante von Komplexen, ist also $\mathfrak{E}$ eine Eigenschaft eines Komplexes K, so ist $\mathfrak{E}'$ gewöhnlich von vornherein als eine solche Eigenschaft des Polyeders $\bar{K}$ erklärt, die nichts mit Simplizialzerlegungen zu tun hat und die daher sinnvoll auch für allgemeinere topologische Räume ist, als es die Polyeder sind. So kommt man bei den Invarianzbeweisen für Komplexe in natürlicher Weise dazu, die Begriffe der kombinatorischen Topologie auf allgemeinere Räume zu übertragen. Den einfachsten derartigen Übertragungen ist der § 3 des Kap. IX gewidmet.

---

[1] Die Kapitel VIII und IX sind voneinander vollständig unabhängig; das Kapitel X knüpft an das Kapitel IX an.

[2] Beide Sätze lassen sich auch nach der Abbildungsmethode beweisen. Man vgl. für die Gebietsinvarianz den (zweiten) Beweis von BROUWER: Math. Ann. Bd. 72 S. 55, sowie die Note von LERAY: C. R. Acad. Sci., Paris Bd. 200 S. 1082; für den obigen Satz 2) die Arbeit von FREUDENTHAL: Compos. Math. Bd. 2 S. 163, sowie dieselbe Note von LERAY. Besonders kurz und elegant sind die von LERAY skizzierten Beweise; leider konnten wir sie aus Zeit- und Raummangel nicht mehr in das Buch aufnehmen.

Achtes Kapitel.

Simpliziale Approximationen stetiger Abbildungen. Stetige Zyklen.

Die ursprüngliche Brouwersche Methode der simplizialen Approximationen — in der einfachen Form, die ihr von ALEXANDER gegeben worden ist — wird in diesem Kapitel nicht nur für Invarianzbeweise innerer Eigenschaften von Komplexen[1] benutzt (s. o. Nr. 1 und 2), sondern auch dazu, den Übergang von simplizialen zu stetigen Abbildungen[2] zu vollziehen und damit die Darstellung der Theorie der stetigen Abbildungen (Teil IV dieses Bandes) vorzubereiten.

Die simplizialen Approximationen liefern ferner eine solche Verallgemeinerung des — bisher rein algebraisch-simplizialen — Begriffes des „Zyklus", daß man von „stetigen" Zyklen in einem Polyeder reden kann, ohne sich auf simpliziale Zerlegungen des Polyeders zu beziehen; dies ist für viele Anwendungen — so in der Theorie der Verschlingungen (Kap. XI) und der der stetigen Abbildungen (Kap. XII bis XIV) — nützlich.

Als Hilfsmittel für die Untersuchung der Homologieeigenschaften stetiger Zyklen behandeln wir im § 6 einen Begriff, der auch an sich großes Interesse verdient: den von BORSUK eingeführten Begriff des „*Retraktes*".

[1] Die Invarianzbeweise in diesem Kapitel setzen — im Gegensatz zu denen im Kap. IX — die im Kap. VI bewiesene Invarianz der Bettischen Gruppen bei Unterteilungen *nicht* voraus.

[2] Es handelt sich um Abbildungen eines Polyeders in ein beliebiges Polyeder. Auf die — sehr leicht zu behandelnden — simplizialen Approximationen stetiger Abbildungen eines Polyeders in den R^n kommen wir in diesem Kapitel nur gelegentlich zu sprechen (§ 5, Nr. 10).

§ 1. Simpliziale Abbildungen von Unterteilungen eines Komplexes.

1. K sei immer ein Euklidischer (endlicher oder unendlicher) Komplex. Neben K betrachten wir Unterteilungen von K, die wir gewöhnlich mit $K_i, K_j, \ldots$ bezeichnen; die dabei entstehenden Unterteilungen von Teilkomplexen $x, C, z, \ldots$ werden mit $x_i, C_i, z_i, \ldots$ bzw. $x_j, C_j, z_j, \ldots$ bezeichnet (das Ansetzen eines Indexes an die Bezeichnung eines Komplexes bedeutet also immer den Übergang zu der durch denselben Index gekennzeichneten Unterteilung von K). Wegen der Unterteilung algebraischer Komplexe vgl. man Kap. VI, § 2; dort ist unter anderem gezeigt worden (Nr. 2): Ist z Zyklus, so ist auch z_i Zyklus; ist $z \sim 0$ in K, so ist auch $z_i \sim 0$ in K_i. (Die schwieriger beweisbare Umkehrung dieses Satzes [Kap. VI, § 2, Satz VI]: „ist $z_i \sim 0$ in K_i, so ist $z \sim 0$ in K", spielt in diesem Kapitel keine Rolle[1].)

2. Unterteilungen und simpliziale Abbildungen; Homologietypen. Es sei ein System $\mathfrak{U}$ von Unterteilungen von K fest vorgegeben, von dem wir nur voraussetzen, daß K selbst zu $\mathfrak{U}$ gehört. $\mathfrak{U}$ darf also z. B. aus endlich-vielen oder aus allen oder aus den sukzessiven baryzentrischen Unterteilungen von K — (also der Folge K_i mit $K_0 = K$ und K_{i+1} gleich der „eigentlichen" baryzentrischen Unterteilung von K_i, vgl. Kap. III, § 2, Nr. 3) — bestehen.

K' sei ebenfalls ein Euklidischer Komplex. $\mathfrak{F}_{\mathfrak{U}}$ bezeichne die Gesamtheit aller simplizialen Abbildungen der zu $\mathfrak{U}$ gehörigen Komplexe in den Komplex K'; die Gesamtheit der simplizialen Abbildungen von K in K', die wir $\mathfrak{F}_0$ nennen, ist ein Teil von $\mathfrak{F}_{\mathfrak{U}}$. Wir werden die in Kap. V, § 1, Nr. 8 vorgenommene Klasseneinteilung von $\mathfrak{F}_0$ nach Homologietypen — bezüglich beliebig zugrunde gelegter Koeffizientenbereiche $\mathfrak{J}, \mathfrak{J}'$ — zu einer Einteilung von $\mathfrak{F}_{\mathfrak{U}}$ erweitern.

---

[1] Er wird allerdings für den Beweis des Satzes VII aus Kap. VI, § 2, benutzt, auf den wir uns in Nr. 3 berufen; jedoch ist der Inhalt dieser Nummer für die Methode des gegenwärtigen Kapitels nicht wesentlich.

f_i sei eine simpliziale Abbildung des zu $\mathfrak{U}$ gehörigen Komplexes K_i in K'; wir ordnen jedem algebraischen Komplex C aus K den Komplex $f_i(C_i)$ aus K' zu. Diese Zuordnung ist für jedes r ein Homomorphismus der Gruppe $L^r_{\mathfrak{J}}(K)$ in die Gruppe $L^r_{\mathfrak{J}}(K')$; denn es ist $(C' + C'')_i = C'_i + C''_i$ und $f_i(C'_i + C''_i) = f_i(C'_i) + f_i(C''_i)$. Da ferner $(\dot{C})_i = (C_i)^{\cdot}$ und $f_i(\dot{C}_i) = [f_i(C_i)]^{\cdot}$ ist, ergibt sich, daß dabei auch die Gruppen $Z^r_{\mathfrak{J}}(K)$ und $H^r_{\mathfrak{J},\mathfrak{J}'}(K)$ homomorph in die entsprechenden Gruppen von K' abgebildet werden, und daß also schließlich insbesondere ein Homomorphismus $h^r_{f_i}$ von $B^r_{\mathfrak{J},\mathfrak{J}'}(K)$ in $B^r_{\mathfrak{J},\mathfrak{J}'}(K')$ bewirkt wird — analog wie es in Kap. V, § 1, Nr. 8 festgestellt wurde; analog wie früher (a. a. O.) definieren wir jetzt:

Definition. Die Abbildungen f_i und f_j der (zu $\mathfrak{U}$ gehörigen) Unterteilungen K_i bzw. K_j von K besitzen denselben Homologietypus (bezüglich $\mathfrak{J}$, $\mathfrak{J}'$), wenn sie für jedes r denselben Homomorphismus $h^r_{f_i} = h^r_{f_j}$ von $B^r_{\mathfrak{J},\mathfrak{J}'}(K)$ in $B^r_{\mathfrak{J},\mathfrak{J}'}(K')$ bewirken, wenn also

$$f_i(z_i) \sim f_j(z_j) \qquad \text{(in bezug auf } \mathfrak{J}')$$

für jeden Zyklus z (in bezug auf $\mathfrak{J}$) von K gilt.

Hierdurch wird offenbar eine Klasseneinteilung von $\mathfrak{F}_{\mathfrak{U}}$ bewirkt, die unsere frühere Einteilung von $\mathfrak{F}_0$ erweitert.

Ähnlich wie früher sagen wir auch kurz „$f_i \sim f_j$" statt „f_i und f_j haben denselben Homologietypus".

Bemerkung. Wir haben nur solche Zyklen von K_i und K_j herangezogen, die Unterteilungen von Zyklen aus K sind; man könnte auch beliebige Zyklen aus K_i und K_j und somit nicht die Homomorphismen von $B^r_{\mathfrak{J},\mathfrak{J}'}(K)$, sondern die von $B^r_{\mathfrak{J},\mathfrak{J}'}(K_i)$ und $B^r_{\mathfrak{J},\mathfrak{J}'}(K_j)$ in $B^r_{\mathfrak{J},\mathfrak{J}'}(K')$ betrachten; auf Grund der Invarianz der Bettischen Gruppen bei Unterteilungen sowie der übrigen Sätze aus Kap. VI, § 2, ist es leicht, auch auf Grund dieser Homomorphismen die Menge $\mathfrak{F}_{\mathfrak{U}}$ nach Homologietypen einzuteilen und zu zeigen, daß diese Einteilung mit der unsrigen übereinstimmt. Jedoch brauchen wir für unsere Zwecke dies nicht durchzuführen; vielmehr kommen wir in diesem Kapitel ohne den Satz von der Invarianz der $B^r_{\mathfrak{J},\mathfrak{J}'}(K)$ bei Unterteilung und die verwandten Sätze aus.

3. Der Begriff der „vollständigen Homologie" zweier Abbildungen sowie die Sätze und Beweise aus Kap. V, § 4, Nr. 11—16 über die Bestimmung der vollständigen Homologie durch die Homologietypen bezüglich spezieller Koeffizientenbereiche behalten nach unserer Erweiterung des Begriffes des Homologietypus unverändert ihre Gültigkeit; man hat bei den Beweisen nur die Tatsache zu berücksichtigen, daß ein Zyklus „erster Art" oder „zweiter Art" von K oder K' bei Unterteilung von K bzw. K' ein Zyklus derselben Art bleibt (Kap. VI, § 2, Satz VII).

4. Die Modifikationssätze. Wir werden jetzt zeigen, daß bei einem bestimmten, als „Modifikation" bezeichneten Übergang von einer simplizialen Abbildung eines Komplexes zu einer simplizialen Abbildung einer Unterteilung der Homologietypus erhalten bleibt; dies wird eine wichtige Vorbereitung für den im nächsten Paragraphen zu behandelnden Übergang von simplizialen zu stetigen Abbildungen sein.

Vorbemerkung. In dieser ganzen Nummer bedeuten K_j *eine Unterteilung von* K_i, f_j *und* f_i *simpliziale Abbildungen von* K_j *bzw.* K_i *in den Komplex* K'. *Zugleich bezeichnen* f_j *und* f_i *auch die zugehörigen stückweise affinen Abbildungen der Polyeder* $\bar{K}_j$ *bzw.* $\bar{K}_i$ *in das Polyeder* $\bar{K}'$ (vgl. Kap. IV, § 3, Nr. 5).

Definition. f_j heißt eine „Modifikation" von f_i, wenn sie folgende Eigenschaft hat: Ist a irgendein Eckpunkt von K_j und $|y'|$ der Träger des Punktes $f_i(a)$ in K', so ist $f_j(a)$ Eckpunkt von $|y'|$; mit anderen Worten: beim Übergang von f_i zu f_j wird das Bild jedes Eckpunktes von K_j, und daher das Bild jedes beliebigen Punktes überhaupt, nur innerhalb seines Trägersimplexes (d. h. des niedrigst-dimensionalen, dem es angehört) verschoben.

Nun lautet der

Modifikationssatz: *Ist* f_j *eine Modifikation von* f_i, *so hat* f_j *denselben Homologietypus wie* f_i *(in bezug auf beliebige Koeffizientenbereiche* $\mathfrak{J}$, $\mathfrak{J}'$).

Dieser Satz ist offenbar in dem folgenden enthalten: Die Abbildung f_j von K_j sei eine Modifikation der Abbildung f_i von K_i; C_i sei ein algebraischer Komplex in K_i, C_j seine Unterteilung beim Übergang zu K_j; dann ist

$$f_j(C_j) = f_i(C_i). \tag{1}$$

Statt dieser Behauptung werden wir gleich eine allgemeinere beweisen, der ein etwas allgemeinerer Begriff der „Modifikation" zugrunde liegt. Wir nehmen an, daß auch von K' gewisse Unterteilungen gegeben sind. K'_i, K'_j seien solche, und zwar sei K'_j Unterteilung von K'_i; ferner seien f_i, f_j simpliziale Abbildungen von K_i und K_j in K'_i bzw. K'_j. Die Abbildung f_j heiße eine „*allgemeine Modifikation*" von f_i, wenn sie folgende Eigenschaft hat: Ist a irgendein Eckpunkt von K_j und $|y'|$ der Träger von $f_i(a)$ in K'_i, so ist $|f_j(a)|$ Eckpunkt des Komplexes $|y'_j|$; es wird also wieder das Bild eines Eckpunktes von K_j nur innerhalb seines Trägersimplexes in K'_i (das in K'_j durch einen Komplex, nämlich eine Unterteilung, ersetzt ist) verschoben.

Offenbar stimmt im Falle $K'_i = K'_j = K'$ der Begriff der allgemeinen Modifikation mit dem der „speziellen" Modifikation — wie wir die oben zunächst eingeführte Modifikation jetzt nennen wollen — überein; und die Behauptung (1) ist in dem folgenden „allgemeinen Modifikationssatz" enthalten:

f_j *sei eine allgemeine Modifikation von* f_i; C_i *sei ein algebraischer Komplex in* K_i, C_j *seine Unterteilung beim Übergang zu* K_j; *dann ist*

$$f_j(C_j) = (f_i(C_i))_j, \tag{2}$$

d. h.: $f_j(C_j)$ *ist die beim Übergang von* K'_i *zu* K'_j *entstehende Unterteilung von* $f_i(C_i)$. (Koeffizientenbereich beliebig.)

Beweis durch vollständige Induktion bezüglich der Dimension n von C_i. Für $n = 0$ ist (2) trivial, da die Unterteilung eines nulldimensionalen Komplexes mit dem Komplex selbst identisch ist. (2) sei für die Dimension $n - 1$ allgemein bewiesen.

Wir legen zunächst den Koeffizientenbereich $\mathfrak{G}$ zugrunde, und $C_i = x^n$ sei zunächst ein n-dimensionales Simplex von K_i.

Aus der Definition der allgemeinen Modifikation folgt unmittelbar, daß die Simplexe von $f_j|x_j^n|$ in $\overline{f_i(x^n)}$ liegen[1]. Daraus ergibt sich erstens: Ist $f_i(x^n) = 0$, also $f_i|x^n|$ höchstens $(n-1)$-dimensional, so gilt dasselbe für $f_j|x_j^n|$, mithin ist $f_j(x_j^n) = (f_i(x^n))_j = 0$, (2) also richtig. Zweitens folgt: Ist $f_i(x^n) \neq 0$, also $|f_i(x^n)| = |y^n|$ ein Simplex von K_i', so ist, wenn wir

$$(3) \qquad z^n = f_j(x_j^n) - y_j^n = f_j(x_j^n) - (f_i(x^n))_j$$

setzen, $|z^n|$ Teilkomplex von $|y_j^n|$.

Wir bestimmen den Rand von z^n; dabei beachte man, daß auf Grund von Kap. VI, § 2, Satz I $(x_j^n)^{\cdot} = (\dot{x}^n)_j$ und $(y_j^n)^{\cdot} = (\dot{y}^n)_j$ ist, so daß wir diese Komplexe kurz mit $\dot{x}_j^n$ und $\dot{y}_j^n$ bezeichnen dürfen; ferner stellen wir fest, daß, da (2) für den $(n-1)$-dimensionalen Komplex $\dot{x}^n$ nach Induktionsvoraussetzung richtig ist,

$$(4) \qquad f_j(\dot{x}_j^n) = (f_i(\dot{x}^n))_j$$

gilt. Mit Hilfe des 1. Erhaltungssatzes (Kap. IV, § 3, Nr. 7) und der Beziehung (4) ergibt sich aus (3)

$$\dot{z}^n = f_j(\dot{x}_j^n) - \dot{y}_j^n = (f_i(\dot{x}^n))_j - \dot{y}_j^n = (f_i(x^n)^{\cdot} - \dot{y}^n)_j,$$

und dies ist $= 0$, da $y^n = f_i(x^n)$ ist; folglich ist z^n Zyklus. Da aber, wie wir sahen, $|z^n|$ Teilkomplex der Unterteilung $|y_j^n|$ eines n-dimensionalen Simplexes ist, muß $z^n = 0$ sein (Kap. IV, § 5, Nr. 12); mithin gilt nach (3) die Behauptung (2) für den Fall $C_i = x^n$ und den Koeffizientenbereich $\mathfrak{G}$.

Ist $\mathfrak{J}$ ein beliebiger Koeffizientenbereich, $t \subset \mathfrak{J}$, $|x^n|$ ein Simplex von K_i, so folgt (2) genau so wie eben für $C_i = t x^n$, und durch Summation ergibt sich (2) für jeden Komplex $C = \sum t^k x_k^n$.

§ 2. Der Approximationssatz.

1. K sei eine simpliziale Zerlegung des endlichen Polyeders $\bar{K} = P$. Der offene Stern $O_K(a)$ eines beliebigen Eckpunktes a von K (Kap. III, § 1, Nr. 7) ist eine in P offene Menge; ein Punkt $p \subset P$ gehört dann und nur dann zu $O_K(a)$, wenn a Eckpunkt des Trägersimplexes von p ist (a. a. O.); daher gibt es zu jedem p wenigstens einen Eckpunkt a mit $O_K(a) \supset p$. Mit anderen Worten: Sind a_λ die Eckpunkte von K,

[1] Die durch Definition III in Kap. III, § 1 für absolute Euklidische Komplexe K eingeführte Bedeutung von $\bar{K}$ wenden wir auch auf *algebraische* Euklidische Komplexe an: ist C ein solcher Komplex, so ist $\bar{C}$ das Polyeder, dessen Simplizialzerlegung $|C|$ ist.

so bilden die $O_K(a_\lambda)$ eine (offene) Überdeckung von P. Hieraus folgt nach Kap. II, § 3, Satz IV: *Es gibt eine positive Zahl τ mit der Eigenschaft: jede Teilmenge M von P, deren Durchmesser $<\tau$ ist, ist ganz in einem $O_K(a_\lambda)$ enthalten;* dabei sind die a_λ die Eckpunkte einer festgewählten simplizialen Zerlegung von P.

2. Definition der simplizialen Approximation. K, K' seien simpliziale Zerlegungen der Euklidischen (endlichen oder unendlichen) Polyeder P, P'. f sei eine stetige Abbildung von P in P', φ eine simpliziale Abbildung von K in K'.[1]

Definition. φ heißt eine *simpliziale Approximation* von f (in bezug auf K, K'), wenn für jeden Eckpunkt a von K die Beziehung

$$f(O_K(a)) \subset O_{K'}(\varphi(a)) \tag{1}$$

besteht.

Diese Definition wird gerechtfertigt durch den

Satz I. *Ist φ simpliziale Approximation von f (in bezug auf K, K') und p irgendein Punkt von P, so enthält jedes Simplex von K', das $f(p)$ enthält, auch $\varphi(p)$*

Die Behauptung läßt sich offenbar auch so ausdrücken:

Der Träger von $f(p)$ in K' enthält auch $\varphi(p)$.

Beweis. $|x|$ sei der Träger von p, a_λ irgendein Eckpunkt von $|x|$; dann ist $p \subset O_K(a_\lambda)$, also nach (1)

$$f(p) \subset O_{K'}(\varphi(a_\lambda)).$$

Demnach ist, wenn das Simplex $|x'|$ von K' den Punkt $f(p)$ enthält, $\varphi(a_\lambda)$ Eckpunkt von $|x'|$. Da dies für jeden Eckpunkt a_λ von $|x|$ gilt und da φ simplizial ist, bedeutet das, daß das Bildsimplex $\varphi(|x|)$ Seite von $|x'|$ (evtl. $= |x'|$), daß also insbesondere $\varphi(p) \subset |x'|$ ist.

Aus diesem Satz ergibt sich unmittelbar ein Zusammenhang zwischen simplizialen Approximationen und den im vorigen Paragraphen behandelten „Modifikationen“:

Satz Ia. *K_1 sei eine Unterteilung von K, f eine simpliziale Abbildung von K in K', φ eine simpliziale Approximation (in bezug auf K_1, K') von f. Dann ist φ eine Modifikation von f.*

Denn nach Satz I wird beim Übergang von f zu φ das Bild jedes Eckpunktes von K_1 nur innerhalb seines Trägersimplexes verschoben.

Bemerkung. Aus der Definition der simplizialen Approximation ist ersichtlich: *Jede simpliziale Abbildung ist eine simpliziale Approximation von sich selbst.*

3. Der Approximationssatz. P sei endlich, P' beliebig. K_i ($i = 1, 2, \ldots$) seien Komplexe, die simpliziale Zerlegungen von P sind und für die die Simplexdurchmesser mit wachsendem i gegen 0 streben. *K' ist wie bisher eine feste Zerlegung von P'.*

[1] φ bedeutet bald die simpliziale Abbildung des *Komplexes* K in den Komplex K', bald die entsprechende Abbildung des *Polyeders* $\bar{K}$ in das Polyeder $\bar{K}'$ (vgl. Kap. IV, § 3, Nr. 5). Mißverständnisse sind nicht zu erwarten.

Satz II. *Zu jeder stetigen Abbildung f von P in P' gibt es für jedes hinreichend große i eine simpliziale Abbildung, die eine simpliziale Approximation von f in bezug auf K_i, $\tilde{K}'$ ist.*

Beweis. K'_f sei der Komplex derjenigen Simplexe von K', welche nicht fremd zu der Bildmenge $f(P)$ sind; infolge der Endlichkeit von P ist K'_f endlich. τ' sei die gemäß Nr. 1 zu der simplizialen Zerlegung K'_f von $\overline{K'_f}$ gehörige positive Zahl. Infolge der gleichmäßigen Stetigkeit von f gibt es eine positive Zahl d so, daß das Bild jeder Menge, deren Durchmesser $< d$ ist, einen Durchmesser $< \tau'$ hat. Der Index i sei so groß, daß die Simplexdurchmesser von K_i kleiner als $\frac{d}{2}$, also die Durchmesser der Sterne $O_{K_i}(a_\lambda)$ für die Eckpunkte a_λ von K_i kleiner als d, also die Durchmesser der Bilder $f(O_{K_i}(a_\lambda))$ kleiner als τ' sind. Dann gibt es zu jedem a_λ einen Eckpunkt $\varphi(a_\lambda)$ in K', so daß (1) für $a = a_\lambda$ gilt. Wir haben nur noch zu zeigen, daß eine solche Eckpunktzuordnung $\varphi(a_\lambda)$ eine simpliziale Abbildung definiert, d. h. daß sie den Eckpunkten eines Simplexes $|x|$ von K_i stets Eckpunkte eines Simplexes $|x'|$ von K' entsprechen läßt. Aber in der Tat: Ist p ein innerer Punkt von $|x|$, also $|x|$ der Träger von p, und a_λ irgendein Eckpunkt von $|x|$, so ist $p \subset O_{K_i}(a_\lambda)$, also nach (1): $f(p) \subset O_{K'}(\varphi(a_\lambda))$; das heißt: ist $f(p) \subset |x'|$, so ist $\varphi(a_\lambda)$ Eckpunkt von $|x'|$; dies gilt für alle Eckpunkte a_λ von $|x|$, w. z. b. w.

Im folgenden benutzen wir den Begriff des Abstandes $\varrho(f, g)$ zweier Abbildungen f, g von P in P' (vgl. Kap. I, § 3, Nr. 3):

$$\varrho(f, g) = \sup \varrho(f(p), g(p)) \qquad \text{für} \quad p \subset P;$$

da P immer als endlich (also kompakt) vorausgesetzt wird, ist $\varrho(f, g)$ immer endlich.

Wir ziehen jetzt auch eine Folge beliebig fein werdender Zerlegungen K'_j $(j = 1, 2, \ldots)$ von P' heran; dann ergibt sich ohne weiteres der

Satz III (Approximationssatz). *Ist f eine beliebige stetige Abbildung des (endlichen) Polyeders P in das (beliebige) Polyeder P' und ε eine beliebige positive Zahl, so gibt es eine simpliziale Abbildung φ eines K_i in einen K'_j mit $\varrho(f, \varphi) < \varepsilon$.*

Beweis. j sei so groß, daß in K'_j die Simplexdurchmesser $< \varepsilon$ sind. Nach Satz II, angewandt auf K'_j statt auf K', gibt es eine simpliziale Abbildung φ, die eine Approximation von f in bezug auf K_i, K'_j ist. Nach Satz I ist $\varrho(f, \varphi) < \varepsilon$.

§ 3. Homotopie- und Homologietypen stetiger Abbildungen.

1. Homotopietypen oder Abbildungsklassen. Zwei stetige Abbildungen f_0, f_1 eines topologischen Raumes R in einen metrischen Raum R' heißen einander „*homotop*“, wenn f_1 durch eine stetige Abänderung aus f_0 entsteht (Kap. I, § 3, Nr. 4), wenn es also eine Schar von Abbildungen f_t, $0 \leqq t \leqq 1$, von R in R' mit den a. a. O. formulierten Eigenschaften gibt, durch die, wie wir auch sagen, f_0 in f_1 „übergeführt" wird. Es ist klar, daß die Homotopiebeziehung reflexiv, symmetrisch und transitiv ist, daß sie somit eine Klasseneinteilung aller stetigen Abbildungen von R in R' bewirkt; man nennt diese Klassen meistens kurz „*die Abbildungsklassen von R in R'*"; statt: „f_0 und f_1 sind einander homotop" sagen wir auch: „f_0 und f_1 haben denselben Homotopietypus".

2. Simpliziale Abbildungen in einer beliebigen Abbildungsklasse. P sei ein endliches Euklidisches Polyeder; K_i ($i = 1, 2, \ldots$) seien wie im § 2 solche simpliziale Zerlegungen von P, daß die Simplexdurchmesser mit wachsendem i gegen Null streben. K' sei eine feste simpliziale Zerlegung eines endlichen oder unendlichen Euklidischen Polyeders P'.

Die für uns im Augenblick wichtigste Eigenschaft der Abbildungsklassen ist der

Satz I. *Jede Abbildungsklasse von P in P' enthält simpliziale Abbildungen, und zwar für jedes hinreichend große i simpliziale Abbildungen von K_i in K'.* (Die untere Schranke für die genannten i hängt von der gegebenen Abbildungsklasse ab.)

Auf Grund des Satzes II aus § 2 ist der Satz I enthalten in dem

Satz II. *Jede simpliziale Approximation φ einer Abbildung f ist zu f homotop.*

Beweis von II. φ sei eine Approximation von f in bezug auf K und K'. Da nach Satz I (§ 2) für jeden Punkt $p \subset P$ die Bilder $f(p)$ und $\varphi(p)$ einem Simplex von K' angehören, liegt die Strecke $\overline{f(p)\,\varphi(p)}$ in P'. Ist p'_t der Punkt, der diese Strecke im Verhältnis $t:(1-t)$ teilt, so stellt die durch $f_t(p) = p'_t$ erklärte Abbildungsschar die behauptete Homotopie zwischen $f = f_0$ und $\varphi = f_1$ her. (Dabei hat man, um die im Kap. I, § 3, Nr. 4 formulierte stetige Abhängigkeit der Schar f_t von t zu erkennen, in den dortigen Bezeichnungen $\delta = \frac{\varepsilon}{m}$ zu setzen, wobei m das Maximum der Simplexdurchmesser von K' ist.)

Genau so beweist man auf Grund des Approximationssatzes (§ 2), wenn wieder die K'_j eine beliebig fein werdende Folge von Simplizialzerlegungen von P' bilden, den

Satz III. *Jede stetige Abbildung f_0 von P in P' läßt sich für jedes positive ε durch eine Schar f_t, $0 \leqq t \leqq 1$, bei der immer $\varrho(f_0, f_t) < \varepsilon$ bleibt, in eine simpliziale Abbildung f_1 (eines K_i in einen K'_j) stetig überführen.*

3. Der Homologietypus einer Abbildungsklasse. Wir kommen zu dem Hauptsatz dieses Paragraphen. Wenn wie im § 1 ein System $\mathfrak{U}$ von Unterteilungen einer Simplizialzerlegung K von P gegeben ist, so haben wir die Gesamtheit $\mathfrak{F}_{\mathfrak{U}}$ aller simplizialen Abbildungen der zu $\mathfrak{U}$ gehörigen Komplexe in eine feste Simplizialzerlegung K' von P' nach zwei verschiedenen Gesichtspunkten in Klassen eingeteilt: erstens im § 1 nach „Homologietypen" (bezüglich gewisser Koeffizientenbereiche $\mathfrak{J}$, $\mathfrak{J}'$), zweitens soeben, wenn wir die simplizialen Abbildungen als spezielle stetige Abbildungen von P in P' auffassen, nach „Homotopietypen". Wie hängen diese beiden Einteilungen miteinander zusammen? Wir werden beweisen, daß niemals eine Homotopieklasse durch die Homologieeinteilung zerstört wird, sondern daß allenfalls mehrere Homotopieklassen den gleichen Homologietypus haben. Wenn das gezeigt ist, können wir von dem *„Homologietypus einer Abbildungsklasse"* reden und dann die algebraischen Eigenschaften simplizialer Abbildungen auf stetige Abbildungen übertragen. Dabei haben wir vorläufig diese Homologietypen der Abbildungsklassen von P in P' als abhängig von dem System $\mathfrak{U}$ sowie der Zerlegung K' zu betrachten; erst im nächsten Paragraphen werden wir zeigen, daß diese Abhängigkeit tatsächlich nicht besteht (§ 4, Nr. 8).

Über das System $\mathfrak{U}$ werden wir der Bequemlichkeit halber von vornherein die folgenden beiden Annahmen machen: 1) $\mathfrak{U}$ enthält zu jedem $\varepsilon > 0$ einen Komplex, dessen Simplexdurchmesser $< \varepsilon$ sind; 2) alle Komplexe aus $\mathfrak{U}$ sind miteinander kombinatorisch verwandt (Kap. VI, § 2, Nr. 1), genauer: sind K_i, K_j zwei Komplexe aus $\mathfrak{U}$, so gibt es in $\mathfrak{U}$ einen Komplex K_k, der eine gemeinsame Unterteilung von K_i und K_j ist. $\mathfrak{U}$ kann also z. B. aus *allen* Unterteilungen einer festen Simplizialzerlegung K von P bestehen; es genügt aber auch, die sukzessiven baryzentrischen Unterteilungen von K zu betrachten[1]. Offenbar kann man jedes vorgegebene System $\mathfrak{U}_0$ durch Hinzunahme neuer Komplexe zu einem System $\mathfrak{U}$ erweitern, welches die beiden Voraussetzungen erfüllt; daher bedeuten die beiden Annahmen keine Einschränkung. K ist wieder endlich, K' beliebig.

Der Hauptsatz lautet also folgendermaßen:

Satz IV. *Sind die simplizialen Abbildungen f_i und g_j der Simplizialzerlegungen K_i und K_j von P in die Simplizialzerlegung K' von P' einander homotop, so sind sie auch einander vollständig homolog.*

Beweis. Wir nehmen aus $\mathfrak{U}$ eine gemeinsame Unterteilung von K_i und K_j und von dieser eine so feine Zerlegung K_k, daß es nach § 2, Satz II simpliziale Abbildungen f_k und g_k gibt, die simpliziale Approximationen von f_i bzw. g_j in bezug auf K_k und K' sind. Nach § 3, Satz II sind einerseits f_i und f_k, andererseits g_j und g_k einander homotop; folglich sind, da wir f_i und g_j als einander homotop voraussetzen, auch f_k und g_k einander homotop. Andererseits sind nach § 2, Satz Ia f_k und g_k Modifikationen von f_i bzw. g_j, sie haben also nach dem Modifikationssatz (§ 1) die gleichen Homologietypen wie f_i bzw. g_j; für den Beweis des Satzes IV genügt es daher, zu zeigen, daß die Ab-

[1] Aus Kap. III, § 2, Satz IIa folgt, daß in der Folge der sukzessiven baryzentrischen Unterteilungen die Simplexdurchmesser gegen Null streben.

bildungen f_k und g_k, die wir bereits als einander homotop erkannt haben, einander homolog sind. Somit dürfen wir im Satz IV von vornherein $i = j = k$ setzen; wir lassen diesen gemeinsamen Index der Kürze halber weg, sprechen also einfach von K, f, g. Wir haben dann für einen beliebigen Zyklus z aus K zu beweisen, daß

$$(1) \qquad f(z) \sim g(z)$$

ist; die Koeffizientenbereiche $\mathfrak{J}, \mathfrak{J}'$ sind beliebig

Die nach Voraussetzung existierende Abbildungsschar h_t mit $0 \leqq t \leqq 1$, $h_0 = f$, $h_1 = g$ deuten wir folgendermaßen: $\mathsf{Z}(P)$ sei das topologische Produkt (Kap. I, § 1, Nr. 10) von P mit der durch $0 \leqq t \leqq 1$ gegebenen t-Strecke; sind p die Punkte von P, so sind die Punkte von $\mathsf{Z}(P)$ in eineindeutiger Weise mit (p, t) zu bezeichnen $(0 \leqq t \leqq 1)$. Durch die Festsetzung

$$H(p, t) = h_t(p)$$

ist eine eindeutige stetige Abbildung H von $\mathsf{Z}(P)$ in P' erklärt.

Eine simpliziale Zerlegung von $\mathsf{Z}(P)$ erhalten wir folgendermaßen: K_0, K_1 seien zwei mit K isomorphe Komplexe; F sei eine isomorphe Abbildung von K_0 auf K_1; der Komplex $Q = \mathsf{Z}(K_0)$ sei der gemäß Kap. IV, § 6, Nr. 2 konstruierte Zylinder. Dann darf offenbar Q als eine simpliziale Zerlegung von $\bar{Q} = \mathsf{Z}(P)$ gedeutet werden. K_0 und $K_1 = F(K_0)$ sind Teilkomplexe von Q; die Teilpolyeder $\bar{K}_0$ und $\bar{K}_1$ von $\mathsf{Z}(P)$ sind die Mengen der Punkte (p, t) mit $t = 0$ bzw. $t = 1$. Ist z ein Zyklus in K, und sind z_0 und $z_1 = F(z_0)$ die ihm in K_0 und K_1 entsprechenden Zyklen, so folgt aus Kap. IV, § 6, Nr. 2, Satz I, daß $z_0 \sim z_1$ in Q ist.

Nun approximieren wir (gemäß § 2, Satz II) H durch eine simpliziale Abbildung φ einer Unterteilung Q_i von Q. Die beim Übergang von Q zu Q_i entstehenden Unterteilungen von K_0, K_1, z_0, z_1 seien $K_{0i}, \ldots, z_{1i}$. Da H auf K_0 und K_1 mit h_0 bzw. h_1 übereinstimmt, also simplizial ist, ist nach Satz I a (§ 2) die Abbildung φ von K_{0i} und K_{1i} eine Modifikation der Abbildung H von K und K_1; daher ist nach § 1, Nr. 4, Gleichung (1):

$$(2) \qquad \varphi(z_{0i}) = H(z_0), \qquad \varphi(z_{1i}) = H(z_1).$$

Andererseits folgt aus $z_0 \sim z_1$ in Q, daß auch $z_{0i} \sim z_{1i}$ in Q_i ist (Kap. VI, § 2, Satz VI), also nach dem 1. Erhaltungssatz, daß

$$(3) \qquad \varphi(z_{0i}) \sim \varphi(z_{1i}) \quad \text{in } K'$$

ist. Aus (2) und (3) folgt

$$H(z_0) \sim H(z_1);$$

da aber H auf K_0 mit $h_0 = f$, auf K_1 mit $h_1 = g$ übereinstimmt, ist dies die Behauptung (1).

Damit ist der Satz IV bewiesen. Aus ihm zusammen mit der im Satz I enthaltenen Tatsache, daß es zu jeder stetigen Abbildung f von $\bar{K} = P$ in $\bar{K}' = P'$ homotope simpliziale Abbildungen von Unterteilungen von K in K' gibt, ergibt sich die Möglichkeit der folgenden

Definition. *f sei eine stetige Abbildung von P in P'; K und K' seien Simplizialzerlegungen von P und P'; Koeffizientenbereiche $\mathfrak{J}$, $\mathfrak{J}'$ seien fest gegeben; dann verstehen wir unter dem „durch f bewirkten Homomorphismus h_f^r" (in bezug auf K und K') denjenigen Homomorphismus $h_{f_i}^r$ der Gruppe $B_{\mathfrak{J},\mathfrak{J}'}^r(K)$ in die Gruppe $B_{\mathfrak{J},\mathfrak{J}'}^r(K')$, der von den zu f homotopen simplizialen Abbildungen f_i von Unterteilungen K_i von K in K' bewirkt wird; die Gesamtheit dieser Homomorphismen, $r = 0, 1, \ldots$, bezeichnen wir als den „Homologietypus von f". (Im nächsten Paragraphen werden wir uns von der Bezugnahme auf K und K' befreien.)*

Auf Grund dieser Definition ist der folgende Satz trivial:

Alle Abbildungen einer Abbildungsklasse haben denselben Homologietypus (in bezug auf K und K').

Bemerkung. Die Umkehrung hiervon ist nicht richtig; vielmehr können zwei Abbildungen einander vollständig homolog sein, ohne zu derselben Abbildungsklasse zu gehören; vgl. Kap. XIII, Anhang.

4. Schließlich stellen wir noch fest, daß die in Kap. V, § 4, Nr. 11 ff. für simpliziale Abbildungen bewiesenen Beziehungen zwischen den Homologietypen bezüglich verschiedener Koeffizientenbereiche für stetige Abbildungen unveränderte Gültigkeit behalten; dies ergibt sich unmittelbar aus der Art und Weise, wie die Homologietypen stetiger Abbildungen auf die Homologietypen simplizialer Abbildungen zurückgeführt wurden. (Dabei ist — wie Kap. V, § 4 — auch P' als endlich vorausgesetzt.)

§ 4. Topologische Abbildungen; Invarianzsätze.

1. Der Produktsatz. Die Grundlage der nachfolgenden Untersuchung *topologischer* Abbildungen ist eine ebenso wichtige wie plausible Eigenschaft *eindeutiger* Abbildungen. Es seien drei Polyeder P, P', P'' in den Simplizialzerlegungen K, K', K'' gegeben; K und K' seien endlich; f sei eine Abbildung von P in P', f' eine Abbildung von P' in P''; dann ist $g = f'f$ eine Abbildung von P in P''. Wie hängen die am Schluß von Nr. 3 des vorigen Paragraphen erklärten Homologietypen von f, f', g (in bezug auf K und K' bzw. K' und K'' bzw. K und K''), also die Homomorphismen h_f^r, $h_{f'}^r$, h_g^r (bezüglich beliebiger Koeffizientenbereiche $\mathfrak{J}, \mathfrak{J}'$)[1], miteinander zusammen? Die Antwort lautet, wie zu erwarten:

$$h_g^r = h_{f'}^r h_f^r, \tag{1}$$

[1] In diesem ganzen Paragraphen sind $\mathfrak{J}$, $\mathfrak{J}'$ beliebig; wir erwähnen die Koeffizientenbereiche nicht mehr und schreiben z. B. $B^r(K)$ statt $B_{\mathfrak{J},\mathfrak{J}'}^r(K)$.

d. h.: für jedes Element $\zeta \subset B^r(K)$ gilt

$$(1') \qquad h^r_g(\zeta) = h^r_{f'}(h^r_f(\zeta)).$$

Diese Tatsache bezeichnen wir als den „Produktsatz".

Beweis. f_i sei eine zu f homotope simpliziale Abbildung einer Unterteilung K_i von K in K', f'_j eine zu f' homotope simpliziale Abbildung einer Unterteilung K'_j von K' in K''; z sei ein Zyklus in K, z_i seine Unterteilung in K_i, $f_i(z_i) = z'$, z'_j die Unterteilung von z' in K'_j. Es genügt zu zeigen, daß es eine solche zu g homotope simpliziale Abbildung g_k einer Unterteilung K_k von K_i in K'' gibt, daß, wenn z_k die Unterteilung von z_i in K_k ist,

$$(2) \qquad g_k(z_k) \sim f'_j(z'_j)$$

gilt; denn ist ζ die Homologieklasse von z, so ist $h^r_{g_k}(\zeta) = h^r_g(\zeta)$ die Homologieklasse von $g_k(z_k)$ und $h^r_{f'_j}(h^r_{f_i}(\zeta)) = h_{f'}(h_f(\zeta))$ die Homologieklasse von $f'_j(z'_j) = f'_j(f_i(z_i))$; also ist die Behauptung (1') in der Tat in (2) enthalten.

Um (2) zu beweisen, nehmen wir eine solche simpliziale Abbildung f_k einer Unterteilung K_k von K_i in K'_j, daß f_k eine simpliziale Approximation (in bezug auf K_k und K'_j) der Abbildung f_i von $\bar{K}$ in $\bar{K}'$ ist (§ 2, Satz II); dann ist f_k eine „allgemeine Modifikation" von f_i (§ 1, Nr. 4); denn ist a irgendein Eckpunkt von K_k und $|y'|$ der Träger des Bildpunktes $f_i(a)$ in K'_j, so gehört nach Satz I (§ 2) auch $f_k(a)$ dem Simplex $|y'|$ an, ist also Eckpunkt von $|y'_j|$, und mithin ist die simpliziale Abbildung f_k von K_k in K'_j eine allgemeine Modifikation der simplizialen Abbildung f_i von K_i in K'. Nach dem allgemeinen Modifikationssatz (§ 1) ist daher

$$f_k(z_k) = (f_i(z_i))_j = z'_j.$$

Ausübung von f'_j liefert

$$(3) \qquad f'_j f_k(z_k) = f'_j(z'_j).$$

$g_k = f'_j f_k$ ist eine simpliziale Abbildung von K_k in K''; da f'_j homotop zu f', f_k nach Satz II (§ 3) homotop zu f_i und daher auch zu f ist, läßt sich g_k stetig in die Abbildung $g = f'f$ überführen, ist also homotop zu g. Folglich ist in (3) die Behauptung (2) enthalten. —

Aus dem Produktsatz ergibt sich das folgende

Lemma. *Es sei f eine Abbildung von $\bar{K}$ in $\bar{K}'$ und f' eine Abbildung von $\bar{K}'$ in $\bar{K}$, und es sei $f'f$ die identische Abbildung, d. h. $f'f(p) = p$ für jeden Punkt p von $\bar{K}$. Dann ist*

$$h^r_{f'} h^r_f(\zeta) = \zeta$$

für jede r-dimensionale Homologieklasse ζ von K; $r = 0, 1, \ldots$

Denn da $g = f'f$ eine simpliziale Abbildung von K auf sich und da hierbei $g(x) = x$ für jedes Simplex von K gilt, ist auch $h^r_g(\zeta) = \zeta$ für jede Homologieklasse, und aus dem Produktsatz folgt daher das Lemma.

2. Die Invarianz der Dimensionszahl. Der klassische Brouwersche Satz von der Invarianz der Dimensionszahl des Euklidischen Raumes lautet:

Satz I. *Im R^m existiert kein topologisches Bild eines n-dimensionalen Simplexes $\bar{x}^n$ mit $n > m$.*

Er ist offenbar enthalten in dem schärferen

Satz II. *Im R^m existiert kein topologisches Bild eines $(n-1)$-dimensionalen Simplexrandes*[1] $\dot{x}^n$ *mit $n > m$.*

Mit anderen Worten:

Satz IIa. *Im R^m existiere ein topologisches Bild des Simplexrandes $\dot{x}^n$. Dann ist $n \leqq m$.*

Beweis des Satzes IIa. Da es im R^m keinen von Null verschiedenen Euklidischen Zyklus mit einer Dimensionszahl $r > m - 1$ gibt[2], genügt es, zu zeigen: Unter der Voraussetzung des Satzes IIa gibt es im R^m einen von Null verschiedenen $(n-1)$-dimensionalen Euklidischen Zyklus. Mit anderen Worten: Es gibt einen Euklidischen Komplex K' im R^m, dessen $(n-1)$-te Bettische Gruppe $B^{n-1}(K') \neq 0$ ist[3].

Es sei also f eine topologische Abbildung des Randes $\dot{x}^n$ des im Euklidischen Raume R_0^n gelegenen Simplexes $\bar{x}^n$ in den R^m; ferner sei o ein innerer Punkt von $\bar{x}^n$. Die Abbildung f^{-1} der abgeschlossenen Menge $f(\dot{x}^n) = \Phi \subset R^m$ auf die Menge $\dot{x}^n$ kann man (nach Kap. I, § 6, Nr. 10, Zusatz) zu einer eindeutigen und stetigen Abbildung f_1 des ganzen R^m in den R_0^n erweitern. Für hinreichend kleines positives δ ist das Bild $f_1(U)$ der δ-Umgebung $U = U(\Phi, \delta)$ von Φ in $R_0^n - o$ enthalten. Wir verstehen für jeden Punkt $p \subset R_0^n - o$ unter $g(p)$ den Schnittpunkt des Strahles $\overrightarrow{op}$ mit $\dot{x}^n$ und setzen $g f_1(q) = f'(q)$ für jeden Punkt q von U. Dann ist f' eine eindeutige und stetige Abbildung von U auf $\dot{x}^n$, und es ist $f'f(p) = p$ für jeden Punkt p von $\dot{x}^n$ (denn auf Φ stimmt f' mit f^{-1} überein).

Wir zerlegen den R^m in Simplexe mit Durchmessern $< \delta$ und verstehen unter K' den Komplex derjenigen unter diesen Simplexen, welche Punkte mit Φ gemeinsam haben. Dann ist K' ein Euklidischer Komplex, und es ist $\Phi \subset \bar{K}' \subset U$.

Wir wenden das Lemma (Nr. 1) an auf die Abbildung f von $\dot{x}^n$ in das Polyeder $\bar{K}'$ und die Abbildung f' von $\bar{K}'$ in $\dot{x}^n$. Unter ζ verstehen wir diejenige Homologieklasse von $|\dot{x}^n|$, welche den Zyklus $\dot{x}^n$ enthält. Dann ist $\zeta \neq 0$, und da $f'f$ die identische Abbildung von $|\dot{x}^n|$ auf sich ist, ist nach dem Lemma

$$h_{f'}^{n-1}(h_f^{n-1}(\zeta)) \neq 0,$$

[1] Statt für den Simplexrand $\dot{x}^n$ kann man den Satz II ebensogut für die mit $\dot{x}^n$ homöomorphe Sphäre S^{n-1} aussprechen.

[2] Für $r > m$ ist dies trivial, für $r = m$ im Kap. IV, § 5, Satz X bewiesen.

[3] Der Koeffizientenbereich ist in diesem Beweis gleichgültig; es ist am bequemsten, $\mathfrak{G}_2$ zugrunde zu legen.

folglich, da $h_f^{n-1}(0) = 0$ ist:

$$h_f^{n-1}(\zeta) \neq 0.$$

Die Bettische Gruppe $B^{n-1}(K')$ enthält also das von Null verschiedene Element $h_f^{n-1}(\zeta)$. Damit ist der Satz II bewiesen. —

Aus dem Satz I ergibt sich nun weiter die Invarianz der Dimensionszahl eines Polyeders:

Satz III. *Es seien K und K' Euklidische, endliche oder unendliche, Komplexe mit den Dimensionszahlen n bzw. n'; die Polyeder $\bar{K}$ und $\bar{K}'$ seien homöomorph. Dann ist $n = n'$.*

Beweis. Es genügt zu zeigen, daß $n \leqq n'$ ist. Es sei f eine topologische Abbildung von $\bar{K}$ auf $\bar{K}'$ und $|x^n|$ ein Simplex von K; unter allen Simplexen von K', welche Träger von Bildpunkten $f(p)$ mit $p \subset \bar{x}^n$ sind, sei $|y^m|$ eines mit möglichst großer Dimensionszahl. Es gibt einen inneren Punkt q von $\bar{y}^m$, so daß $q = f(p)$, $p \subset \bar{x}^n$ ist; der Punkt p besitzt eine Umgebung U (relativ zu $\bar{x}^n$), deren Bild $f(U)$ in dem offenen Stern $O_{K'}(q)$ enthalten ist (vgl. Kap. III, § 1, Nr. 7). Die Dimensionszahl jedes von $|y^m|$ verschiedenen Simplexes von K', das in $O_{K'}(q)$ eintritt, ist $>m$; aus der Maximaleigenschaft von m folgt daher: $f(U) \subset \bar{y}^m$. Nun enthält U gewiß ein n-dimensionales Simplex $\bar{x}_1^n$; dann ist $f(\bar{x}_1^n) \subset \bar{y}^m$. Daher ist nach Satz I: $n \leqq m$, also $n \leqq n'$, w. z. b. w.

3. Der Gruppenisomorphismus bei einer topologischen Abbildung. Für die topologischen Abbildungen von Polyedern gilt der folgende „topologische Isomorphiesatz":

Satz IV. *Ist f eine topologische Abbildung des endlichen Polyeders P auf das endliche Polyeder P' und sind K und K' Simplizialzerlegungen von P bzw. P', so sind die durch f bewirkten Homomorphismen h_f^r isomorphe Abbildungen der Gruppen $B^r(K)$ auf die Gruppen $B^r(K')$.*

Beweis. Wir setzen $P'' = P$, $K'' = K$, $f' = f^{-1}$ und wenden zweimal das Lemma aus Nr. 1 an. Da $g = f^{-1}f$ jeden Punkt von P sich selbst zuordnet, gilt nach dem Lemma (Nr. 1) für jede r-dimensionale Homologieklasse ζ von K:

$$h_{f^{-1}}^r h_f^r(\zeta) = \zeta. \tag{4}$$

Ebenso ordnet $g' = ff^{-1}$ jeden Punkt von P' sich selbst zu, und daraus folgt analog zu (4)

$$h_f^r h_{f^{-1}}^r(\zeta') = \zeta' \tag{5}$$

für jede r-dimensionale Homologieklasse ζ' von K'. Aus (4) und (5) ergibt sich nach einem allgemeinen gruppentheoretischen Satz (Anhang I, Nr. 8), daß h_f^r die Gruppe $B^r(K)$ isomorph auf $B^r(K')$, $h_{f^{-1}}^r$ die Gruppe $B^r(K')$ isomorph auf $B^r(K)$ abbildet. Damit ist die Behauptung bewiesen und zugleich der folgende

Zusatz. Die durch die topologische Abbildung f und ihre Umkehrung f^{-1} bewirkten Isomorphismen h_f^r und $h_{f^{-1}}^r$ sind Umkehrungen voneinander, d. h. $h^r_{f^{-1}} h^r_f$ ist die Identität in $B^r(K)$, $h^r_f h^r_{f^{-1}}$ die Identität in $B^r(K')$.

4. Die topologische Invarianz der Bettischen Gruppen. Mit dem topologischen Isomorphiesatz haben wir die topologische Invarianz der Bettischen Gruppen von (endlichen)[1] Polyedern bewiesen: Sind P und P' einander homöomorph, so sind die Bettischen Gruppen einer beliebigen Simplizialzerlegung K von P mit den entsprechenden Gruppen einer beliebigen Simplizialzerlegung K' von P' isomorph; mit anderen Worten: K und K' sind einander vollständig homologie-äquivalent.

Wir können diesen Isomorphismus auch genau angeben, d. h. wir können die folgende Frage beantworten: Wenn f eine topologische Abbildung von P auf P' und ζ eine r-dimensionale Homologieklasse von K ist, welches ist dann die Homologieklasse $h_f(\zeta) = \zeta'$ von K', die bei dem durch f zwischen $B^r(K)$ und $B^r(K')$ vermittelten Isomorphismus der Klasse ζ entspricht? Die Antwort lautet: *Man ersetze f durch eine beliebige zu f homotope simpliziale Abbildung f_i einer Unterteilung K_i von K in K'; ist z irgendein Zyklus aus ζ, z_i seine Unterteilung in K_i, so ist ζ' die Homologieklasse, der der Zyklus $z' = f_i(z_i)$ angehört.*

5. Der Gruppenisomorphismus bei einer Unterteilung. Mit der topologischen Invarianz haben wir speziell die Invarianz der Bettischen Gruppen eines (endlichen) Komplexes gegenüber Unterteilungen noch einmal bewiesen (vgl. Kap. VI, § 2); benutzt haben wir diese letztere Tatsache bei unserem topologischen Invarianzbeweis nicht (im Gegensatz zu den Invarianzbeweisen im Kap. IX). Um die Invarianz gegenüber Unterteilungen als Spezialfall der topologischen Invarianz zu erkennen, haben wir K als Unterteilung von K' zu wählen und unter f die identische, d. h. jeden Punkt sich selbst zuordnende, Abbildung des Polyeders $P = \overline{K}$ auf das Polyeder $P = \overline{K'}$ zu verstehen.

Wir wollen nun feststellen, daß die durch f vermittelte isomorphe Beziehung zwischen den Homologieklassen von K und denen von K' die folgende natürliche Zuordnung ist: *Ist z' ein Zyklus in K', z seine Unterteilung in K, und sind ζ, ζ' die Homologieklassen von K, K', die z bzw. z' enthalten, so ist $h_f(\zeta) = \zeta'$. Dabei ist f die identische Abbildung.*

Um dies einzusehen, haben wir die am Schluß von Nr. 4 formulierte Vorschrift zu befolgen. Wir setzen $K_i = K$ und verstehen für jeden Eckpunkt a von K unter $f_i(a)$ einen Eckpunkt des a tragenden Simplexes von K'; dann ergibt sich unsere Behauptung aus den früheren Sätzen dieses Kapitels: Die Eckpunktzuordnung $f_i(a)$ definiert offenbar eine simpliziale Abbildung, die eine simpliziale Approximation (in bezug auf K, K') der Identität f ist [§ 2, Relation (1)]; f_i ist zu f homotop

[1] Für unendliche Polyeder wird der Satz im Kap. IX, § 2, Nr. 8—9, bewiesen werden.

(§ 3, Satz II); f_i ist eine Modifikation von f (§ 2, Satz I a), und daraus folgt nach dem Modifikationssatz (§ 1), daß $f_i(z_i) = z'$ gilt, wenn z' irgendein Zyklus aus K', $z = z_i$ seine Unterteilung in $K = K_i$ ist. Folglich ist nach Nr. 4 $h_f(\zeta)$ diejenige Klasse, die z' enthält, also $h_f(\zeta) = \zeta'$.

6. Krumme Polyeder, krumme Zyklen; Homologieklassen und Bettische Gruppen eines Polyeders. Die topologische Invarianz der Bettischen Gruppen können wir auch als *Unabhängigkeit der algebraischen Struktur dieser Gruppen von der zugrunde gelegten simplizialen Zerlegung des Polyeders* deuten. Hierfür ist es zweckmäßig, die „krummen Polyeder" (Kap. III, § 4, Nr. 2) heranzuziehen. Wir bedienen uns der folgenden Begriffe und Bezeichnungen.

Q sei ein beliebiges, im allgemeinen krummes, Polyeder. Jede „krumme simpliziale Zerlegung" (Kap. III, a. a. O.) von Q kann man sich folgendermaßen gegeben denken: Ein Euklidisches Polyeder $\bar{K}$ mit der simplizialen Zerlegung K ist durch eine Abbildung φ topologisch auf Q abgebildet; die dadurch bestimmte krumme Zerlegung von Q bezeichnen wir mit (K, φ). Den Eckpunkten $a_1, a_2, \ldots, a_m$ von K entsprechen gewisse Punkte $\varphi(a_1), \varphi(a_2), \ldots, \varphi(a_m)$ von Q; die Menge dieser Punkte $\varphi(a_i)$ wird zu einem Eckpunktbereich durch die Festsetzung: die Punkte $\varphi(a_{i_0}), \varphi(a_{i_1}), \ldots, \varphi(a_{i_r})$ bilden dann und nur dann ein Gerüst, wenn die Punkte $a_{i_0}, a_{i_1}, \ldots, a_{i_r}$ ein Gerüst in dem Komplex K bilden; unter dem von den Punkten $\varphi(a_{i_\varrho})$ aufgespannten Simplex des so definierten Eckpunktbereiches E' verstehen wir das krumme Simplex $\varphi(\mathfrak{x})$, welches das Bild des von den Punkten a_{i_ϱ} aufgespannten Simplexes $\mathfrak{x}$ von K ist. Der Eckpunktbereich E' ist nach seiner Definition mit dem von K erzeugten Eckpunktbereich $E(K)$ isomorph (Kap. IV, § 1, Nr. 4, Nr. 5). Wir nennen nun die algebraischen Komplexe, Zyklen, Homologieklassen, Bettischen Gruppen von E' die „*krummen*" algebraischen Komplexe, Zyklen usw. der krummen Zerlegung (K, φ) und bezeichnen sie mit (C, φ), (z, φ), (ζ, φ), $B^r(K, \varphi)$. Infolge der Isomorphie der Eckpunktbereiche E' und $E(K)$ sind die Bettischen Gruppen $B^r(K, \varphi)$ und $B^r(K)$ miteinander isomorph.

Ist (K', φ') eine zweite krumme Zerlegung von Q, so ist $f = \varphi'^{-1} \cdot \varphi$ eine topologische Abbildung des Polyeders $P = \bar{K}$ auf das Polyeder $P' = \bar{K'}$ und daher h_f^r eine isomorphe Abbildung von $B^r(K)$ auf $B^r(K')$ oder, was dasselbe ist, von $B^r(K, \varphi)$ auf $B^r(K', \varphi')$. Bezeichnen wir für den Augenblick eine Homologieklasse (ζ, φ) als „äquivalent" mit einer Homologieklasse (ζ', φ') von (K', φ'), wenn sie ihr durch diesen Isomorphismus zugeordnet ist, so ist dieser Äquivalenzbegriff von vornherein reflexiv, ferner auf Grund des „Zusatzes" aus Nr. 3 symmetrisch und nach dem Produktsatz transitiv; er bewirkt daher eine Einteilung aller Homologieklassen aller krummen Zerlegungen von Q in „Äquivalenzklassen", derart, daß in jeder Äquivalenzklasse genau eine Homologieklasse jeder krummen Zerlegung enthalten ist. Wir vereinigen nun alle krummen Zyklen aus den in einer Äquivalenzklasse enthaltenen Homologieklassen zu einer einzigen großen Klasse krummer Zyklen, ohne Rücksicht auf deren Zugehörigkeit zu verschiedenen Zerlegungen von Q; dies tun wir für jede Äquivalenzklasse. Die entstehenden Klassen von krummen Zyklen nennen wir die „*Homologieklassen von* Q". Daß zwei krumme Zyklen (z, φ), (z', φ') derselben Homologieklasse von Q angehören, drücken wir auch so aus:

$$(z, \varphi) \sim (z', \varphi') \quad in\ Q. \tag{6}$$

Da die eineindeutige Zuordnung der Klassen (ζ, φ) und der Klassen (ζ', φ'), die die Einteilung in Äquivalenzklassen bewirkt, ein Isomorphismus der Gruppen $B^r(K)$ und $B^r(K')$ ist, läßt sich die Gruppenoperation dieser Gruppen auf das System der Äquivalenzklassen und somit auf das System der Homologieklassen von Q übertragen; diese bilden somit Gruppen, die „*Bettischen Gruppen* $B^r(Q)$ *des* (*krummen*) *Polyeders* Q"; daß sie mit den entsprechenden Gruppen $B^r(K)$ für eine beliebige Zerlegung (K, φ) von Q isomorph sind, ergibt sich aus ihrer Definition. Damit ist die Aussage, daß die Bettischen Gruppen eines Polyeders unabhängig von speziellen Simplizialzerlegungen seien, präzisiert und bewiesen.

Alles dies gilt auch in dem Spezialfall, wenn $P = Q$ ein Euklidisches Polyeder ist. Ist K eine Euklidische Simplizialzerlegung von P, so fassen wir K als diejenige „krumme" Zerlegung (K, φ) auf, in der φ die identische Abbildung von $P = \bar{K}$ auf sich ist. Ist K' eine zweite Simplizialzerlegung von P, bezeichnen wir die identische Abbildung von $P = \overline{K'}$ mit φ', und sind z, z' Zyklen aus K bzw. K', so schreibt man statt einer Homologie (6) zuweilen kurz

$$z \sim z' \quad in\ P. \tag{7}$$

In diesem Sinne kann man also auch von Homologien zwischen Zyklen aus verschiedenen Simplizialzerlegungen eines Polyeders sprechen. Den geometrischen Inhalt der Homologie (7) mache man sich noch einmal an Hand der allgemeineren, am Ende von Nr. 4 angegebenen Vorschrift klar.

Ist insbesondere K eine Unterteilung von K', z' ein Zyklus aus K', z seine Unterteilung in K, so ergibt sich aus Nr. 5, daß dann immer (7) gilt.

7. Die Invarianz der n-dimensionalen Zyklen in n-dimensionalen Polyedern, der geschlossenen und irreduzibel geschlossenen Komplexe. P und P' seien n-dimensionale Polyeder, P sei durch f topologisch auf P' abgebildet; dann ist, wenn K, K' Simplizialzerlegungen von P und P' sind, h_f^n eine isomorphe Abbildung von $B^n(K)$ auf $B^n(K')$. Nun ist aber (Kap. V, § 1, Nr. 6) $B^n(K)$ mit $Z^n(K)$, $B^n(K')$ mit $Z^n(K')$ identisch, d. h.: jede n-dimensionale Homologieklasse enthält genau einen Zyklus. Also wird durch f in diesem Falle eine eineindeutige Beziehung zwischen den n-dimensionalen *Zyklen* von K und K' bewirkt.

Dieser Beziehung zwischen zwei Zyklen entspricht nun eine Beziehung zwischen den von ihnen gebildeten Polyedern:

Satz V. *Ist bei der topologischen Abbildung f des n-dimensionalen Polyeders P auf das Polyeder P' dem n-dimensionalen Zyklus z einer Simplizialzerlegung K von P der Zyklus $z' = h_f^n(z)$ der Simplizialzerlegung K' von P' zugeordnet, so ist auch*

$$\overline{z'} = f(\bar{z}),$$

d. h. die durch f gelieferte Bildmenge von $\bar{z}$ ist mit $\overline{z'}$ identisch.

Beweis. Ist K'_j irgendeine Unterteilung von K', z_j die Unterteilung von z' in K'_j, und bezeichnet φ' die jeden Punkt sich selbst zuordnende Abbildung von K' auf $\overline{K'_j}$, so ist der Inhalt von Nr. 5 identisch mit der Aussage: $h_{\varphi'}^n(z') = z'_j$; ferner ist definitionsgemäß $h_f^n(z) = z'$, also nach dem Produktsatz $h_{\varphi' f}^n(z) = z'_j$ (wir haben in den Homomorphismen die n-dimensionalen Homologieklassen bereits durch die einzigen in ihnen enthaltenen Zyklen ersetzt). Die letzte Relation besagt: Ist f_i irgendeine zu $\varphi' f = f$ homotope simpliziale Abbildung einer Unterteilung K_i von K in K'_j und z_i die Unterteilung von z in K_i, so ist

$$(8) \qquad f_i(z_i) = z'_j.$$

Gäbe es nun einen Punkt $p' \subset \overline{z'} = \overline{z'_j}$, der nicht zu $f(\bar{z})$ gehörte, so hätte er von $f(\bar{z})$ eine positive Entfernung und daher könnte man (nach § 3, Satz III) K_i, K'_j und eine zu f homotope simpliziale Abbildung f_i von K_i in K'_j so wählen, daß p' auch nicht zu $f_i(\bar{z}) = f_i(\bar{z}_i)$ gehörte; dann müßte jedes Grundsimplex $|x'|$ von $|z'_j|$, dem p' angehört, in $f_i(z_i)$ mit dem Koeffizienten Null auftreten — entgegen (8).

Da ein derartiger Punkt p' somit nicht existiert, ist $\overline{z'} \subset f(\bar{z})$. Ebenso beweist man — unter Berücksichtigung der Symmetrie des Entsprechens von z und z' —, daß $\bar{z} \subset f^{-1}(\overline{z'})$ ist; hieraus folgt durch Ausübung der topologischen Abbildung f die Inklusion $f(\bar{z}) \subset \overline{z'}$. Folglich ist $f(\bar{z}) = \overline{z'}$.

Wir können den somit bewiesenen Satz auch so aussprechen: *Die Eigenschaft einer Teilmenge eines n-dimensionalen Polyeders, die Vereinigungsmenge der Elemente eines n-dimensionalen Zyklus (d. h. eine Menge $\bar{z}^n$) zu sein, ist unabhängig von Simplizialzerlegungen von P.*

Hierin ist insbesondere die *Invarianz des geschlossenen Komplexes* (Kap. VII, § 1) enthalten: Ist K geschlossen, so gibt es einen Zyklus z (in bezug auf einen geeigneten Koeffizientenbereich) mit $|z| = K$, also $\bar{z} = \bar{K}$; ist $\overline{K'}$ mit $\bar{K}$ homöomorph, so gibt es daher nach dem eben Bewiesenen einen Zyklus z' mit $\overline{z'} = \overline{K'}$, also $|z'| = K'$; dies bedeutet: auch K' ist geschlossen.

Ferner ergibt sich die *Invarianz des irreduzibel geschlossenen Komplexes* (Kap. VII, § 1): Denn ist der n-dimensionale geschlossene Komplex K nicht irreduzibel geschlossen, so gibt es einen n-dimensionalen echten Teilkomplex $K_1 = |z_1|$, wobei z_1 Zyklus ist, $\overline{K}$ enthält also eine echte Teilmenge $\overline{z_1}$; die Eigenschaft, eine solche Teilmenge zu besitzen, kommt aber nach dem Vorstehenden dann auch dem n-dimensionalen Komplex K' zu, wenn $\overline{K'}$ mit $\overline{K}$ homöomorph ist.

Daß schließlich auch der „natürliche Modul" (Kap. VII, § 1) eines irreduzibel geschlossenen Komplexes topologisch invariant ist, ergibt sich aus der Invarianz der Bettischen Gruppen. Daher ist insbesondere auch die Eigenschaft eines Komplexes, „einfach geschlossen" (Kap. VII, § 1) zu sein, topologisch invariant.

Auf Grund dieser Invarianzsätze dürfen wir von geschlossenen und irreduzibel geschlossenen *Polyedern* sowie deren natürlichen Moduln sprechen.

8. Die Invarianz des Homologietypus einer Abbildung. Wir werden jetzt zeigen, daß der Homologietypus einer Abbildung des Polyeders P in das Polyeder P', der in bezug auf Simplizialzerlegungen K und K' von P und P' erklärt ist, tatsächlich von diesen Zerlegungen unabhängig ist. Zunächst müssen wir diese Aussage aber präzisieren, und wir tun dies auf Grund der in Nr. 6 eingeführten „Äquivalenz" von Homologieklassen verschiedener Zerlegungen eines Polyeders, auf der der Begriff der „Homologieklassen des Polyeders" beruht. Dabei werden wir wieder krumme Polyeder betrachten, die ja die gewöhnlichen, Euklidischen Polyeder umfassen.

Es seien also Q, Q' zwei krumme Polyeder, und Q sei durch Φ in Q' abgebildet. Sind (K, φ), (K', φ') Zerlegungen von Q bzw. Q', so ist damit eine Abbildung

$$F = \varphi'^{-1} \Phi \varphi \tag{9}$$

von $\overline{K}$ in $\overline{K'}$ gegeben; ihr Homologietypus ist für jede Dimension r durch den Homomorphismus h_F^r gegeben, der vermöge

$$h_F^r(\zeta) = \zeta' \tag{10}$$

jeder Homologieklasse ζ von K eine Homologieklasse ζ' von K' zuordnet.

Sind (K_1, φ_1), (K_1', φ_1') zwei beliebige andere Zerlegungen von Q und Q', so vermittelt Φ die Abbildung

$$F_1 = \varphi_1'^{-1} \Phi \varphi_1 \tag{11}$$

von $\overline{K}_1$ in $\overline{K_1'}$; sie bewirkt den Homomorphismus

$$h_{F_1}^r(\zeta_1) = \zeta_1', \tag{12}$$

wobei ζ_1 eine Homologieklasse von K_1, ζ_1' eine Homologieklasse von K_1' ist.

Unsere Behauptung, daß der Homologietypus von Φ unabhängig von den zugrunde gelegten Zerlegungen sei, lautet nun präzisiert, unter

Benutzung der in Nr. 6 eingeführten Bezeichnung, so: *Ist* (ζ_1, φ_1) *mit* (ζ, φ) *äquivalent, so ist auch* (ζ_1', φ_1') *mit* (ζ', φ') *äquivalent.* Sie läßt sich auch folgendermaßen ausdrücken: Sind

$$f = \varphi_1^{-1}\varphi, \quad f' = \varphi_1'^{-1}\varphi' \tag{13}$$

die durch Q und Q' vermittelten topologischen Abbildungen von $\bar{K}$ auf $\bar{K}_1$ bzw. von $\overline{K'}$ auf $\overline{K_1'}$ und h_f^r, $h_{f'}^r$ die durch f und f' bewirkten isomorphen Abbildungen von $B^r(K)$ auf $B^r(K_1)$ bzw. von $B^r(K')$ auf $B^r(K_1')$, so entsteht $h_{F_1}^r$ aus h_F^r, indem man die Gruppen $B^r(K)$ und $B^r(K')$ mittels der Isomorphismen h_f^r und $h_{f'}^r$ in die Gruppen $B^r(K_1)$ und $B^r(K_1')$ transformiert; d. h es ist

$$h_{F_1} h_f(\zeta) = h_{f'} h_F(\zeta) \tag{14}$$

für jede Homologieklasse ζ von K.

Die Richtigkeit von (14) aber ergibt sich unmittelbar aus dem Produktsatz (Nr. 1), wenn man F, F_1, f, f' durch die in (9), (11), (13) angegebenen Ausdrücke ersetzt.

Die somit bewiesene Behauptung, daß aus der Äquivalenz von (ζ, φ) und (ζ_1, φ_1) die Äquivalenz von (ζ', φ') und (ζ_1', φ_1') folgt, läßt sich offenbar folgendermaßen deuten: Die Homomorphismen $h_F^r, h_{F_1}^r, \ldots$ ordnen sämtlich einer gegebenen Äquivalenzklasse von Homologieklassen $\zeta, \zeta_1, \ldots$, also einer gegebenen Homologieklasse von Q, dieselbe Äquivalenzklasse von Homologieklassen $\zeta', \zeta_1', \ldots$, also dieselbe Homologieklasse von Q' zu; so entsteht eine homomorphe Abbildung h_Φ^r von $B^r(Q)$ in $B^r(Q')$. Die Gesamtheit dieser Homomorphismen ($r = 0, 1, \ldots$) bildet den Homologietypus der Abbildung Φ von Q in Q', ohne Bezugnahme auf spezielle Simplizialzerlegungen.

§ 5. Stetige Komplexe und Zyklen.

1. Ein Zyklus ist gemäß seiner Definition ein spezieller algebraischer Teilkomplex[1] eines absoluten Komplexes K. Diese Zyklen besitzen jedoch nicht den Grad der Allgemeinheit, der für manche Zwecke erwünscht ist. Man denke an den üblichen Begriff des „geschlossenen Weges" auf einer Fläche, wie man ihn z. B. in der Funktionentheorie benutzt und der den ersten Anstoß zur Definition des „Zyklus" gegeben hat: Unter einem geschlossenen Wege versteht man das eindeutige und stetige Bild einer Kreislinie, und zwar nicht nur als Punktmenge, sondern unter Beachtung der durch die Abbildung gegebenen Beziehung auf die Kreislinie. Man kann einen geschlossenen Weg — d. h. die ihn definierende Abbildung der Kreislinie — stetig abändern, und er bleibt dabei immer ein geschlossener Weg; ein ähnliches stetiges Operieren

[1] Auch in diesem Paragraphen setzen wir beliebige Koeffizientenbereiche $\mathfrak{J}, \mathfrak{J}'$ als fest gegeben voraus.

im Bereich unserer Zyklen — auch bei ausdrücklicher Zulassung der „krummen" Zyklen (§ 4) — ist unmöglich.

Wir werden nun, indem wir den Begriff des geschlossenen Weges als Vorbild benutzen, „stetige Zyklen" in einem Polyeder definieren, die die krummen Zyklen sowie die geschlossenen Wege umfassen, und die einerseits die Elastizität der geschlossenen Wege besitzen, während andererseits die Homologiebegriffe unserer bisherigen Zyklen auf sie übertragen werden können.

2. Definition stetiger Komplexe; Parameterdarstellungen. Wir beginnen mit der Erklärung der *„Parameterdarstellung eines stetigen r-dimensionalen Komplexes"* in dem Polyeder Q: sie ist der Inbegriff zweier Bestandteile, nämlich erstens eines algebraischen r-dimensionalen Euklidischen Komplexes C, zweitens einer eindeutigen und stetigen Abbildung φ von[1] $\bar{C}$ in Q; wir bezeichnen sie durch $[\varphi(C)]$. Jetzt erklären wir, wann zwei Parameterdarstellungen $[\varphi(C)]$, $[\varphi'(C')]$ „äquivalent" sind oder denselben „stetigen Komplex" darstellen; die Bedingung lautet: $|C|$ und $|C'|$ sind isomorph, und zwar gibt es eine solche isomorphe Abbildung T von $|C|$ auf $|C'|$, daß erstens $C' = T(C)$ ist, und daß zweitens die durch T bestimmte simpliziale Abbildung $\bar{T}$ von $\bar{C}$ auf $\bar{C}'$ zwischen φ und φ' die Beziehung

$$\varphi = \varphi' \bar{T}$$

herstellt.

Es ist klar, daß dieser Äquivalenzbegriff reflexiv, symmetrisch und transitiv ist und daher alle möglichen Parameterdarstellungen in zueinander fremde Klassen einteilt; jede derartige Klasse $\mathfrak{C}$ nennen wir einen *„stetigen (algebraischen) Komplex"*[2]; ist $[\varphi(C)]$ eine Parameterdarstellung von $\mathfrak{C}$, so schreiben wir gewöhnlich kurz: $\mathfrak{C} = [\varphi(C)]$.

Ist $\mathfrak{C}$ in einer bestimmten Parameterdarstellung $[\varphi(C)]$ gegeben, so kann man durch eine „Parametertransformation" T zu anderen Parameterdarstellungen übergehen; die Freiheit, die man dabei in der Wahl von T und in der Wahl des neuen „Parameterraumes" $\bar{C}'$ hat, hat insbesondere zur Folge: *Sind $\mathfrak{C}_1$, $\mathfrak{C}_2$ zwei stetige Komplexe in Q, so kann man ihre Parameterräume $\bar{C}_1$, $\bar{C}_2$ stets so wählen, daß sie zueinander fremd sind.*

Ist (K, φ) eine krumme Zerlegung von Q und (C, φ) ein algebraischer Komplex dieser Zerlegung (vgl. § 4, Nr. 6), *so ist dieser krumme Komplex ein spezieller stetiger Komplex*: wir setzen einfach $[\varphi(C)] = (C, \varphi)$; dies ist möglich, denn die auf $\bar{K}$ erklärte topologische Abbildung φ bildet ja zugleich $\bar{C}$ in Q ab.

Ein stetiger Komplex $[\varphi(C)]$ heißt „simplizial" (in bezug auf die simpliziale Zerlegung K von Q), wenn φ eine simpliziale Abbildung von $|C|$ in K ist.

[1] Man beachte die Fußnote auf S. 317.

[2] Das Beiwort „algebraisch" lassen wir gewöhnlich weg.

Insbesondere läßt sich jeder algebraische Komplex C der simplizialen Zerlegung K des Euklidischen Polyeders $\bar{K} = Q$ als Spezialfall eines stetigen Komplexes auffassen: nämlich als $[\omega(C)]$, wobei ω die Abbildung von $\bar{C}$ in $\bar{K}$ bedeutet, die jeden Punkt sich selbst zuordnet.

Man beachte: wenn φ eine simpliziale Abbildung eines algebraischen Komplexes C in den Komplex K und $\varphi(C) = C'$ ist, so ist $[\omega(C')]$ im allgemeinen *nicht* gleich $[\varphi(C)]$. ($|C'|$ und $|C|$ sind ja im allgemeinen nicht einmal isomorph.)

Ist C_1 eine Unterteilung von C und φ_1 eine simpliziale Approximation der stetigen Abbildung φ von $\bar{C}$ (in bezug auf $|C_1|$ und die Zerlegung K von Q), so heißt der simpliziale stetige Komplex $[\varphi_1(C_1)]$ eine „simpliziale Approximation" des stetigen Komplexes $[\varphi(C)]$.

Das stetige Bild eines stetigen Komplexes ist wieder ein stetiger Komplex: Ist $\mathfrak{C} = [\varphi(C)]$ stetiger Komplex in Q, g eine stetige Abbildung von Q in Q', so ist $\mathfrak{C}' = g(\mathfrak{C}) = [g\varphi(C)]$ stetiger Komplex in Q'.

$\varphi(C)$ heißt ein „stetiger Zyklus", wenn C Zyklus ist.

3. Die Homologieklassen stetiger Zyklen. $\mathfrak{z} = [\varphi(z)]$ sei ein stetiger Zyklus in Q; durch die Abbildung φ von $\bar{z}$ in Q wird gemäß § 4, Nr. 8, der — nur den einen Zyklus z enthaltenden — Homologieklasse Z von $\bar{z}$ eine bestimmte Homologieklasse $h^r_\varphi(\mathrm{Z})$ von Q zugeordnet; ist $[\varphi'(z')]$ eine zweite Parameterdarstellung von $\mathfrak{z}$ und ist T die zugehörige Parametertransformation, so folgt aus $z' = T(z)$ und $\varphi' = \varphi \bar{T}^{-1}$, daß $h^r_{\varphi'}(\mathrm{Z}') = h^r_{\varphi'} h^r_T(\mathrm{Z}) = h^r_\varphi(\mathrm{Z})$ ist, wobei Z' die nur aus z' bestehende Homologieklasse von $|z'|$ ist. *Somit wird dem stetigen Zyklus $\mathfrak{z}$ unabhängig von speziellen Parameterdarstellungen eine bestimmte Homologieklasse von Q zugeordnet.* Wir sagen, *daß $\mathfrak{z}$ dieser Klasse angehört;* ist $\mathfrak{z}$ speziell, in dem vorhin besprochenen Sinne, ein krummer Zyklus aus einer Zerlegung von Q, so stimmt diese Klasse, wie aus den Definitionen unmittelbar hervorgeht, mit der Homologieklasse überein, in der er sich gemäß § 4, Nr. 6, befindet.

Somit können wir die Homologieklassen von Q, die nach ihrer im § 4 gegebenen Definition aus krummen Zyklen von Zerlegungen von Q bestanden, jetzt auch als aus allen stetigen Zyklen bestehend annehmen. Der Sinn der Aussagen

$$\mathfrak{z} \sim 0, \quad \mathfrak{z}_1 \sim \mathfrak{z}_2$$

für stetige Zyklen ist klar: die erste bedeutet, daß die $\mathfrak{z}$ enthaltende Klasse das Nullelement der Gruppe $B^r(Q)$ ist, die zweite, daß sich $\mathfrak{z}_1$ und $\mathfrak{z}_2$ in derselben Klasse befinden.

Ist K eine simpliziale Zerlegung von Q, so ist, wie sich aus den Definitionen ergibt, die Homologieklasse von $\mathfrak{z} = [\varphi(z)]$ folgendermaßen zu bestimmen:

z_1 sei eine Unterteilung von z, φ_1 eine simpliziale Abbildung von $|z_1|$ in K, die mit φ homotop ist, also z. B. eine simpliziale Approxima-

tion von φ in bezug auf $|z_1|$ und K; ist dann $z' = \varphi_1(z_1)$, so ist $\mathfrak{z}$ in derselben Homologieklasse wie z'.

Hierin ist enthalten: Ist z' ein gegebener Zyklus von K, und bezeichnen wir ihn, wenn wir ihn gemäß Nr. 2 als stetigen Zyklus $[\omega(z')]$ auffassen (wobei also ω die identische Abbildung ist), mit $\mathfrak{z}$, so ist $\mathfrak{z}$ in der Homologieklasse von z' (denn ω ist eine simpliziale Approximation von sich selbst).

4. Stetige Berandung; stetige Homologien. Wir haben die Homologiebegriffe mittels simplizialer Approximationen von den algebraischen Zyklen der Simplizialzerlegungen des Polyeders Q auf die stetigen Zyklen übertragen. Es liegt jedoch eigentlich näher, die Homologiebeziehungen für die stetigen Zyklen nicht auf dem Umweg über (krumme) Simplizialzerlegungen von Q, sondern auf einem direkten Wege zu definieren: Als „Rand" $\dot{\mathfrak{C}}$ des stetigen Komplexes $\mathfrak{C} = [\varphi(C)]$ bezeichnen wir den stetigen Zyklus $\mathfrak{z} = [\varphi(\dot{C})]$; daß $\dot{\mathfrak{C}}$ von der Parameterdarstellung von $\mathfrak{C}$ nicht abhängt, ist wieder unmittelbar klar.

Gibt es zu $\mathfrak{z}$ einen $\mathfrak{C}$ mit $\dot{\mathfrak{C}} = \mathfrak{z}$, so sagen wir: „$\mathfrak{z}$ *berandet stetig (in Q)*" oder: „$\mathfrak{z}$ *ist stetig homolog Null*", und wir schreiben:

(1) $$\mathfrak{z} \underset{s}{\sim} 0.$$

Wir verallgemeinern diese Definition: Zwei stetige Zyklen $\mathfrak{z}_1$, $\mathfrak{z}_2$ heißen „*einander stetig homolog*", wenn es einen Komplex L, in ihm zwei einander homologe Zyklen z_1, z_2, und wenn es eine solche Abbildung φ von $\bar{L}$ in das Polyeder Q gibt, daß $\mathfrak{z}_1 = [\varphi(z_1)]$, $\mathfrak{z}_2 = [\varphi(z_2)]$ ist; wir schreiben:

(2) $$\mathfrak{z}_1 \underset{s}{\sim} \mathfrak{z}_2.$$

Wir behaupten, daß die durch (2) definierte Beziehung symmetrisch, reflexiv, transitiv ist, d. h. daß die folgenden drei Regeln (3), (4), (5) gelten:

(3) $$\text{aus} \quad \mathfrak{z}_1 \underset{s}{\sim} \mathfrak{z}_2 \quad \text{folgt} \quad \mathfrak{z}_2 \underset{s}{\sim} \mathfrak{z}_1;$$

(4) $$\mathfrak{z} \underset{s}{\sim} \mathfrak{z};$$

(5) $$\text{aus} \quad \mathfrak{z}_1 \underset{s}{\sim} \mathfrak{z}_2, \quad \mathfrak{z}_2 \underset{s}{\sim} \mathfrak{z}_3 \quad \text{folgt} \quad \mathfrak{z}_1 \underset{s}{\sim} \mathfrak{z}_3.$$

Die Gültigkeit von (3) und (4) ist klar.

Beweis von (5): Es sei $\mathfrak{z}_1 \underset{s}{\sim} \mathfrak{z}_2$ und $\mathfrak{z}_2 \underset{s}{\sim} \mathfrak{z}_3$; dann gibt es algebraische Komplexe C_{12}, C_{23} (die in zueinander fremden absoluten Komplexen L_{12} bzw. L_{23} liegen) und Abbildungen φ, ψ von $\bar{C}_{12}$ bzw. $\bar{C}_{23}$ in Q, so daß

$$\dot{C}_{12} = z_1 - z_2, \qquad \dot{C}_{23} = z_2' - z_3,$$

$$\mathfrak{z}_1 = [\varphi(z_1)], \quad \mathfrak{z}_2 = [\varphi(z_2)] = [\psi(z_2')], \quad \mathfrak{z}_3 = [\psi(z_3)]$$

ist. Dabei sind z_2 und z_2' einander isomorph und $[\varphi(z_2)]$, $[\psi(z_2')]$ verschiedene Parameterdarstellungen von $\mathfrak{z}_2$. Infolge der Isomorphie zwischen z_2 und z_2' besteht ein Homöomorphismus zwischen $\bar{z}_2$ und $\bar{z}_2'$; wir identifizieren je zwei hierbei einander entsprechende Punkte, wir heften also $\bar{C}_{12}$ und $\bar{C}_{23}$ längs $\bar{z}_2$ bzw. $\bar{z}_2'$ zusammen[1]; es entsteht ein Polyeder P.

[1] Vgl. Kap. I, § 5, Nr. 3.

Wir verstehen unter χ diejenige Abbildung von P in Q, die auf $\bar{C}_{12}$ mit φ, auf $\bar{C}_{23}$ mit ψ übereinstimmt; daß χ auf $\bar{z}_2 = \bar{z}_2'$ eindeutig ist, folgt daraus, daß $[\varphi(z_2)]$ und $[\psi(z_2')]$ Parameterdarstellungen desselben stetigen Zyklus $\mathfrak{z}_2$ sind. Nun verstehen wir weiter unter C_{13} den Komplex $C_{12} + C_{23}$ (nach Vornahme der Zusammenheftung[1]); dann ist $\dot{C}_{13} = z_1 - z_2 + z_2' - z_3 = z_1 - z_3$, und daher ist $\mathfrak{z}_1 \underset{\cdot}{\sim} \mathfrak{z}_3$, denn $[\chi(z_1)]$, $[\chi(z_3)]$ sind ja Parameterdarstellungen von $\mathfrak{z}_1$ bzw. $\mathfrak{z}_3$.

5. Äquivalenz der beiden Homologiebegriffe. Auf Grund der Regeln (3), (4), (5) wird durch die Beziehung (2) eine *Klasseneinteilung* der stetigen Zyklen bewirkt; wir nennen diese Klassen die *„stetigen Homologieklassen"* des Polyeders Q. Diese Klasseneinteilung liefert aber gegenüber unserer früheren Betrachtungen (Nr. 3) nichts Neues; denn es gilt der folgende

Satz I. *Zwei stetige Zyklen des Polyeders Q sind einander dann und nur dann stetig homolog, wenn sie derselben Homologieklasse (im Sinne von Nr. 3) angehören.*

Wir zerlegen den Satz in zwei Teile:

Satz Ia. *Aus* $\mathfrak{z}_1 \underset{\cdot}{\sim} \mathfrak{z}_2$ *folgt* $\mathfrak{z}_1 \sim \mathfrak{z}_2$.

Satz Ib. *Aus* $\mathfrak{z}_1 \sim \mathfrak{z}_2$ *folgt* $\mathfrak{z}_1 \underset{\cdot}{\sim} \mathfrak{z}_2$.

Beweis des Satzes Ia. Es sei $\mathfrak{z}_1 \underset{\cdot}{\sim} \mathfrak{z}_2$; dann gibt es einen Komplex L, in ihm einen algebraischen Komplex C mit $\dot{C} = z_1 - z_2$, und eine Abbildung φ von $\bar{L}$ in $\bar{Q}$ mit $[\varphi(z_1)] = \mathfrak{z}_1$, $[\varphi(z_2)] = \mathfrak{z}_2$. Es sei K eine Simplizialzerlegung[2] von Q und φ' eine mit φ homotope simpliziale Abbildung einer Unterteilung L' von L in K; dann ist, wenn wir unter C', z_1', z_2' die beim Übergang von L zu L' aus C, z_1, z_2 entstehenden Komplexe verstehen, $\varphi'(z_1') - \varphi'(z_2') = (\varphi(C'))^{\cdot} \sim 0$ in K; dies bedeutet aber: $\mathfrak{z}_1 \sim \mathfrak{z}_2$ (vgl. Nr. 3).

Dem Beweis des Satzes Ib schicken wir zwei Hilfssätze voraus:

Hilfssatz 1. Es sei $\mathfrak{z} = [\varphi(z)]$ ein stetiger Zyklus in dem Polyeder $\bar{K}$ und φ' eine solche simpliziale Abbildung der Unterteilung z'

[1] Wir nehmen dabei an: Die Simplizialzerlegungen $|C_{12}|$, $|C_{23}|$ von $\bar{C}_{12}$ bzw. $\bar{C}_{23}$ ergeben zusammen eine solche Simplizialzerlegung $|C_{13}|$ von P, daß die Teilkomplexe $|C_{12}|$ und $|C_{23}|$ nur solche Simplexe gemeinsam haben, welche dem Komplex $|z_2| = |z_2'|$ angehören. Diese Annahme ist berechtigt, falls der folgende Tatbestand vorliegt: Jedes Simplex von $|C_{12}|$ bzw. $|C_{23}|$, dessen Eckpunkte zu $|z_2| = |z_2'|$ gehören, ist ein Simplex von $|z_2| = |z_2'|$; falls dies nicht von vornherein der Fall ist, z. B. nicht für $|C_{12}|$, so stelle man die folgende Unterteilung $|C_{12}'|$ von $|C_{12}|$ her: ist $|x'|$ eine Kante von $|C_{12}|$, deren beiden Eckpunkte zu $|z_2|$ gehören, die aber nicht selbst zu $|z_2|$ gehört, so nehme man mit jedem Grundsimplex von $|C_{12}|$, dem $|x'|$ angehört, die „Elementarzerlegung" in bezug auf $|x'|$ vor (Kap. III, § 2, Nr. 4); falls auch jetzt noch eine Kante vorliegt, deren beiden Eckpunkte zu $|z_2|$ gehören, die aber nicht selbst zu $|z_2|$ gehört, so verfahre man in bezug auf sie ebenso; usw.

[2] Wir dürfen Q ohne Beeinträchtigung der Allgemeinheit als *Euklidisches* Polyeder annehmen.

von z in den Komplex K, daß die Abbildungen φ und φ' von $\bar{z} = \bar{z}'$ einander homotop sind. Dann ist

(6) $$[\varphi(z)] \underset{s}{\sim} [\varphi'(z')].$$

Beweis. Infolge der Homotopie der Abbildungen φ und φ' existiert eine Abbildungsschar $\varphi_t(p)$ für $0 \leqq t \leqq 1$, $p \subset \bar{z}$ mit $\varphi_0 = \varphi$, $\varphi_1 = \varphi'$. Setzen wir $\varphi_t(p) = \Phi(p, t)$, so ist Φ eine Abbildung des Produktes P von $\bar{z}$ mit der durch $0 \leqq t \leqq 1$ gegebenen t-Strecke in das Polyeder $\bar{K}$. Wir haben zu zeigen: Es gibt einen solchen Komplex C einer Simplizialzerlegung von P, daß $\dot{C} = z_0 - z_1$, daß z_0 mit z, z_1 mit z' isomorph ist, und daß $[\Phi(z_0)]$ und $[\Phi(z_1)]$ Parameterdarstellungen von $[\varphi(z)]$ bzw. $[\varphi'(z')]$ sind.

Man erhält C folgendermaßen: Man konstruiere gemäß Kap. IV, § 6, Nr. 2 den Zylinder $\mathrm{Z}(|z|)$; er ist eine Simplizialzerlegung von P. Die beiden im Kap. IV a. a. O. mit K und K' bezeichneten Teilkomplexe nennen wir $|z_0|$, $|z_0'|$; dabei sind z_0, z_0' Zyklen, die mit z isomorph sind[1]; für den, analog wie a. a. O. erklärten algebraischen Komplex $\mathrm{Z}(z_0)$ gilt (vgl. S. 198, zweite Formel): $\mathrm{Z}(z_0)^{\cdot} = z_0' - z_0$. Nun nehme man mit dem Komplex $\mathrm{Z}(|z|) = |\mathrm{Z}(z_0)|$ eine solche Unterteilung vor, daß aus $|z_0'|$ ein mit $|z'|$ isomorpher Komplex wird und daß $|z_0|$ keine Unterteilung erleidet (die Ausführung dieser Unterteilung überlassen wir dem Leser); der bei dieser Unterteilung aus $\mathrm{Z}(z_0)$ entstehende Komplex C hat, wie man sich leicht überzeugt, die gewünschten Eigenschaften.

Hilfssatz 2. Es sei $[\varphi(z)]$ ein *simplizialer* stetiger Zyklus (Nr. 2) in $\bar{K}$ und es sei $\varphi(z) = y$. Dann ist

(7) $$[\varphi(z)] \underset{s}{\sim} [\omega(y)]$$

(dabei ist ω wie in Nr. 2 die identische Abbildung).

Beweis. Es seien Z und Y zwei mit z bzw. y isomorphe Zyklen[1], und es seien $\bar{Z}$ und $\bar{Y}$ fremd zueinander. Der simplizialen Abbildung φ entspricht eine simpliziale Abbildung Φ von $|Z|$ auf $|Y|$; wir konstruieren gemäß Kap. IV, § 6, Nr. 4 das Prisma $\Pi_\Phi(Z)$. Dann bilden wir dieses Prisma durch die folgende simpliziale Abbildung T in den Komplex K ab: auf $|Y|$ ist T die zugrunde liegende isomorphe Abbildung von Y auf y; ist a ein Eckpunkt von $|Z|$, so sei $T(a) = T\Phi(a)$. Man überzeugt sich leicht davon, daß 1) die Eckpunktzuordnung T eine simpliziale Abbildung bestimmt, und daß 2) $[T(Z)]$, $[T(Y)]$ Parameterdarstellungen von $[\varphi(z)]$, $[\omega(y)]$ sind. Da Z und Y in $\Pi_\Phi(z)$ einander homolog sind (Kap. IV, a. a. O.), gilt daher die Behauptung (7).

Beweis des Satzes Ib. Es sei

(8) $$[\varphi_1(z_1)] \sim [\varphi_2(z_2)];$$

zu zeigen ist:

(9) $$[\varphi_1(z_1)] \underset{s}{\sim} [\varphi_2(z_2)].$$

[1] Zwei algebraische Komplexe z und z' heißen isomorph, wenn es eine solche isomorphe Abbildung f des absoluten Komplexes $|z|$ auf den absoluten Komplex $|z'|$ gibt (Kap. III, § 1, Nr. 3), daß $f(z) = z'$ ist.

Die Homologie (8) bedeutet (Nr. 3): Es gibt simpliziale Approximationen φ_1', φ_2' von φ_1, φ_2, denen Unterteilungen z_1', z_2' von z_1, z_2 zugrunde liegen, so daß φ_1' mit φ_1, φ_2' mit φ_2 homotop ist, und daß, wenn man

$$\varphi_1'(z_1') = y_1, \qquad \varphi_2'(z_2') = y_2$$

setzt, die Homologie

$$(8') \qquad y_1 \sim y_2$$

gilt. Nach Hilfssatz 1 ist:

$$[\varphi_i(z_i)] \simeq [\varphi_i'(z_i')], \qquad i = 1, 2,$$

und nach Hilfssatz 2:

$$[\varphi_i'(z_i')] \simeq [\omega(y_i)], \qquad i = 1, 2;$$

also ist nach dem transitiven Gesetz (5):

$$[\varphi_i(z_i)] \simeq [\omega(y_i)], \qquad i = 1, 2.$$

Für den Beweis der Behauptung (9) genügt es daher, zu zeigen:

$$(9') \qquad [\omega(y_1)] \simeq [\omega(y_2)].$$

Nach (8') gibt es einen Komplex C in K mit $\dot{C} = y_1 - y_2$; wendet man die identische Abbildung ω auf $\bar{C}$ an, so ergibt sich aus der Definition der stetigen Homologie unmittelbar die Gültigkeit von (9'). —

Korollar des Satzes I. *Ein Zyklus z von K ist dann und nur dann ~ 0 in K, wenn er, als stetiger Zyklus $\mathfrak{z} = [\omega(z)]$ in $\bar{K}$ betrachtet* (Nr. 2), *in $\bar{K}$ stetig berandet.*

6. Addition stetiger Zyklen. Für die Homologieklassen ist gemäß Nr. 3 Addition und Subtraktion erklärt; für die einzelnen stetigen Zyklen aber bisher nicht. Wir holen dies hiermit nach: Sind $\mathfrak{z}_1 = [\varphi_1(z_1)]$, $\mathfrak{z}_2 = [\varphi_2(z_2)]$ stetige Zyklen in Q, so können wir, wie in Nr. 2 festgestellt wurde, nach etwaiger Vornahme einer Parametertransformation $\bar{z}_1$, $\bar{z}_2$ als zueinander fremd annehmen; dann verstehen wir unter φ diejenige Abbildung von $\bar{z}_1 + \bar{z}_2$, die auf $\bar{z}_1$ mit φ_1, auf $\bar{z}_2$ mit φ_2 übereinstimmt und definieren:

$$\mathfrak{z}_1 + \mathfrak{z}_2 = [\varphi(z_1 + z_2)], \qquad \mathfrak{z}_1 - \mathfrak{z}_2 = [\varphi(z_1 - z_2)].$$

Daß weitere Parametertransformationen von $\mathfrak{z}_1$ und $\mathfrak{z}_2$ nur Parametertransformationen von $[\varphi(z_1 \pm z_2)]$ bewirken, daß also die Zyklen $\mathfrak{z}_1 + \mathfrak{z}_2$ und $\mathfrak{z}_1 - \mathfrak{z}_2$ durch $\mathfrak{z}_1$ und $\mathfrak{z}_2$ eindeutig bestimmt sind, ist klar[1].

Aus der Homomorphie-Eigenschaft der Abbildung h_φ^r, die den Homologieklassen von $|z_1| + |z_2|$ die Homologieklassen von Q zuordnet, ergibt sich: Sind ζ_1, ζ_2 die Homologieklassen von Q, die $\mathfrak{z}_1$ bzw. $\mathfrak{z}_2$ enthalten, so ist $\mathfrak{z}_1 + \mathfrak{z}_2 \subset \zeta_1 + \zeta_2$ und $\mathfrak{z}_1 - \mathfrak{z}_2 \subset \zeta_1 - \zeta_2$. Die Addition und Subtraktion der Homologieklassen läßt sich also durch die Addition und Subtraktion der in ihnen enthaltenen stetigen Zyklen kennzeichnen.

Der Leser mache sich aber klar, daß — bei Beibehaltung unserer Begriffe der Gleichheit und der Summe für stetige Zyklen — die stetigen

[1] Diese Additions- und Subtraktionsvorschrift ist sinnvoll auch für beliebige stetige *Komplexe*, nicht nur für Zyklen.

Zyklen selbst keine Gruppe bilden; denn zu zwei Zyklen $\mathfrak{z}_1$, $\mathfrak{z}_2$ gibt es keinen Zyklus $\mathfrak{x}$ derart, daß $\mathfrak{z}_1 + \mathfrak{x} = \mathfrak{z}_2$ ist.

7. Eine invariante Charakterisierung der Bettischen Gruppen. Auf Grund des Satzes I lassen sich die Homologieklassen von Q folgendermaßen charakterisieren: Sie bilden eine Klasseneinteilung der Menge aller stetigen Zyklen in Q, und zwar gehören zwei Zyklen $\mathfrak{z}_1$, $\mathfrak{z}_2$ dann und nur dann derselben Klasse an, wenn $\mathfrak{z}_1 \sim \mathfrak{z}_2$ gemäß der Definition in Nr. 4 ist. Die Addition der Homologieklassen, also die Struktur der Gruppen $B^r(Q)$, ist durch Übertragung der Addition der in den Klassen enthaltenen stetigen Zyklen festgelegt (s. oben Nr. 6). Weder bei der Definition der „stetigen Berandung" noch bei der Definition der Addition und Subtraktion der stetigen Zyklen wird auf eine Simplizialzerlegung von Q Bezug genommen. Also haben wir hiermit *eine topologisch invariante Charakterisierung der Bettischen Gruppen eines Polyeders* gewonnen, — im Gegensatz zu unserer früheren Definition der Gruppen $B^r(Q)$ in § 4; denn dort wurden die Gruppen mit Hilfe von Simplizialzerlegungen von Q definiert, und ihre Unabhängigkeit von den Zerlegungen wurde erst nachträglich bewiesen. (Eine andere invariante Charakterisierung der Bettischen Gruppen wird im Kap. IX, § 2, Nr. 4 gegeben.)

Man könnte die soeben gegebene invariante Charakterisierung der Gruppen $B^r(Q)$ geradezu zu ihrer Definition benutzen. Das hätte den Vorteil der von vornherein feststehenden topologischen Invarianz. Es hätte den Nachteil, daß dann der Isomorphismus von $B^r(Q)$ mit der Gruppe $B^r(K)$ für eine Simplizialzerlegung K von Q, und — im Fall eines endlichen K — sogar die Erzeugbarkeit von $B^r(Q)$ durch endlich-viele Elemente erst bewiesen werden müßte. Ein solcher Beweis kann mit denselben Methoden der simplizialen Approximation geschehen, die wir in diesem Kapitel entwickelt und angewandt haben[1]. Es würde sich also, wenn man diesen Weg einschlägt, nicht um eine Vermeidung der Schwierigkeiten handeln, die in den Beweisen der Approximations- und Invarianzsätze enthalten sind, sondern um ihre Verschiebung an eine andere Stelle.

8. Homotopie. Die stetigen Zyklen $\mathfrak{z}_0$, $\mathfrak{z}_1$ in Q sollen einander *homotop* heißen, wenn erstens ihre Parameterkomplexe isomorph sind und sie daher Parameterdarstellungen $\mathfrak{z}_0 = [\varphi_0(z)]$, $\mathfrak{z}_1 = [\varphi_1(z)]$ mit demselben z besitzen, und wenn zweitens die hierin auftretenden Abbildungen φ_0, φ_1 einander homotop sind (§ 3, Nr. 1). Die Unabhängigkeit von den Parameterdarstellungen sowie die Reflexivitut, Symmetrie und Transitivität des Homotopiebegriffes liegen auf der Hand. Somit wird eine Einteilung aller stetigen Zyklen von Q in „*Homotopaeklassen*" bewirkt.

[1] Man vgl. SEIFERT-THRELFALL, Kap. IV. Der dert benutzte Begriff der „singulären Kette" ist unserem Begriff des „stetigen Komplexes" verwandt, wenn auch nicht mit ihm identisch.

Das Verhältnis dieser Klassen zu den Homologieklassen ist durch den folgenden, im Satz IV (§ 3) enthaltenen Satz gekennzeichnet:

Satz II. *Homotope stetige Zyklen sind einander homolog.*

Die hierdurch ausgedrückte Tatsache, daß der Homotopiebegriff eine Verfeinerung des Homologiebegriffes ist, läßt sich auch erkennen, wenn wir die Homologie durch die stetige Berandung charakterisieren: Daß $\mathfrak{z}_0 \sim \mathfrak{z}_1$ ist, bedeutet, daß $\mathfrak{z}_0$ und $\mathfrak{z}_1$ zusammen einen stetigen Komplex $\mathfrak{C}$ beranden (Nr. 4); die Struktur von $\mathfrak{C}$ ist dabei gleichgültig, es kann also, wenn $\mathfrak{C} = [\varphi(C)]$ ist, C ein beliebiger Komplex sein. Aber *dann und nur dann sind $\mathfrak{z}_0$ und $\mathfrak{z}_1$ einander homotop, wenn $\mathfrak{z}_0$ und $\mathfrak{z}_1$ zusammen einen Komplex $\mathfrak{C} = [\varphi(C)]$ beranden, für welchen $C = Z(z)$ der Zylinder über z ist, und wenn $\mathfrak{z}_0 = [\varphi(z_0)]$, $\mathfrak{z}_1 = [\varphi(z_1)]$ ist, wobei z_0 und z_1 die beiden zu z isomorphen Randzyklen des Zylinders sind.* Denn wenn diese Bedingung erfüllt ist, so wird — in analoger Bezeichnungsweise wie im Beweis des Satzes IV (§ 3) — durch die Festsetzung $\varphi_t(p) = \varphi(p, t)$ für die Punkte $p \subset \overline{Z(z)}$ und $0 \leqq t \leqq 1$ die Homotopie zwischen $\mathfrak{z}_0$ und $\mathfrak{z}_1$ hergestellt. Umgekehrt folgt aus der Homotopie der stetigen Zyklen $[\varphi_0(z)]$ und $[\varphi_1(z)]$ mittels derselben Festsetzung, daß sie in der angegebenen Weise einen Komplex $\mathfrak{C}$ mit dem Parametergebilde $Z(z)$ beranden.

Der stetige Zyklus $\mathfrak{z}$ soll „*homotop* 0" heißen, wenn man ihn stetig in einen Punkt zusammenziehen kann, d. h. wenn es in seiner Homotopieklasse einen „einpunktigen" Zyklus $\mathfrak{z}_0$ gibt, d. h. einen solchen, für den, in unserer üblichen Bezeichnungsweise, die durch φ gelieferte Bildmenge von $\bar{z}$ nur aus einem Punkt besteht. Ist $\mathfrak{z}$ homotop 0, so sind alle Zyklen derselben Homotopieklasse homotop 0; offenbar ist die Anzahl der Homotopieklassen, für die dies eintritt, gleich der Anzahl der Komponenten von P.

Satz III. *Ein berandungsfähiger Zyklus $\mathfrak{z}$, der homotop* 0 *ist, ist erst recht* ~ 0.

Denn in seiner Homotopie- und daher erst recht in seiner Homologieklasse gibt es einen stetigen Zyklus $[\varphi'(z)]$, der aus einem Eckpunkt einer Simplizialzerlegung von P besteht; dann ist φ' die simpliziale Abbildung von $|z|$ auf einen einzigen Punkt; es ist $\varphi'(z) = 0$; dies ist selbstverständlich, wenn z wenigstens eindimensional ist, und wenn z nulldimensional ist, so folgt es daraus, daß infolge der Berandungsfähigkeit die Koeffizientensumme der Simplexe von $z = 0$ ist; mit $\varphi'(z) = 0$ ist $\mathfrak{z} \sim 0$ bewiesen.

Auch für die Eigenschaft, homotop 0 zu sein, läßt sich die Tatsache, daß die Homotopie eine verfeinerte Homologie ist, mittels des Begriffes der stetigen Berandung deuten: $\mathfrak{z} \sim 0$ bedeutet, daß $\mathfrak{z} = [\varphi(z)]$ einen stetigen Komplex $\mathfrak{C} = [\varphi(C)]$, $\dot{C} = z$, mit beliebigem C berandet; aber dann und nur dann ist $\mathfrak{z}$ homotop 0, wenn $\mathfrak{z}$ einen Komplex $\mathfrak{C} = [\varphi(C)]$ berandet, für welchen C der „Kegel" über z ist (Kap. IV, § 4,

Nr. 7); der Beweis ist dem obigen analog und ebenso naheliegend. (Ist speziell $\mathfrak{z}$ ein geschlossener Weg, also $\bar{z}$ eine Kreislinie, so ist der Kegel $\bar{C}$ eine Kreisscheibe.)

9. Bemerkung. Ein nahezu triviales Beispiel eines stetigen Zyklus $\mathfrak{z}$, der zwar homolog 0, aber nicht homotop 0 ist, ist das folgende: Es seien z_1, z_2 zwei orientierte, einfach geschlossene Streckenzüge, $\bar{z}_1$ und $\bar{z}_2$ seien zueinander fremd; Q sei eine Kreislinie, φ eine solche Abbildung von $z = z_1 + z_2$ auf Q, daß einmaligen positiven Durchlaufungen von z_1 und z_2 einmalige Durchlaufungen von Q in entgegengesetzten Richtungen entsprechen. Dann ist $\mathfrak{z} = [\varphi(z)] \sim 0$, aber nicht homotop 0 in Q.

Interessant wird die Frage, ob die Homotopie nur begrifflich oder auch tatsächlich eine „Verfeinerung" der Homologie ist, erst dann, wenn man sich auf *irreduzible* Zyklen beschränkt (Kap. VII, § 1). Wir werden im Anhang zum Kap. XIII zeigen, daß es auch irreduzible stetige Zyklen gibt, die zwar homolog 0, aber nicht homotop 0 sind.

10. Simpliziale Approximationen und Homologieklassen stetiger Zyklen im R^n. Bisher war in diesem Kapitel bei allen simplizialen Approximationen der Eckpunktbereich, in welchen hinein abgebildet wird, der von einem (Euklidischen) Komplex erzeugte. Besonders einfach und für Anwendungen wichtig ist aber der Fall, in dem der betreffende Eckpunktbereich der des R^n oder einer offenen Menge $G \subset R^n$ ist (Kap. IV, § 1, Nr. 9).

f sei eine stetige Abbildung eines Euklidischen Polyeders P in den R^n. Unter einer *„simplizialen ε-Approximation"* von f verstehen wir eine solche simpliziale Abbildung f_1 einer simplizialen Zerlegung K von P in den Eckpunktbereich des R^n, daß für die dadurch erzeugte Abbildung von P in den R^n (Kap. IV, § 3, Nr. 5), die wir ebenfalls mit f_1 bezeichnen, $\varrho(f, f_1) < \varepsilon$ gilt. Es gibt — unter der Voraussetzung, daß K endlich ist — immer ε-Approximationen von f: man wähle die Simplexdurchmesser von K so klein, daß die durch f gelieferten Bilder dieser Simplexe Durchmesser $< \frac{\varepsilon}{2}$ haben, und setze $f_1(e) = f(e)$ für jeden Eckpunkt e von K; die dadurch bestimmte simpliziale Abbildung f_1 ist eine ε-Approximation von f.

Unter einer *ε-Approximation eines stetigen (algebraischen) Komplexes* $\mathfrak{C} = [\varphi(C)]$ *im* R^n verstehen wir einen algebraischen Komplex $C' = \varphi_1(C_1)$ des R^n, wobei φ_1 eine ε-Approximation von φ und $|C_1|$ die ihr zugrunde liegende Unterteilung von $|C|$ ist. Ist $\mathfrak{C}$ stetiger Zyklus, so sind auch die Approximationen C' Zyklen. Über stetige Zyklen und ihre Approximationen gilt der naheliegende

Satz IV. *$\mathfrak{z}$ sei stetiger Zyklus in der offenen Menge $G \subset R^n$. Dann gibt es ein solches positives ε, daß alle ε-Approximationen von $\mathfrak{z}$ in G liegen und in G untereinander homolog sind* (Kap. IV, § 4, Nr. 12).

Beweis. Es sei $\varepsilon < \frac{1}{2}\varrho(\mathfrak{z}, R^n - G)$; $z' = \varphi_1(z_1)$ und $z'' = \varphi_2(z_2)$ seien ε-Approximationen von $\mathfrak{z} = [\varphi(z)]$; daß sie in G liegen, ist klar. $|z_3|$ sei eine gemeinsame Unterteilung der Unterteilungen $|z_1|$ und $|z_2|$ von $|z|$ (Kap. III, § 2, Nr. 8). Dann dürfen wir φ_1 und φ_2 zugleich als simpliziale Abbildungen von $|z_3|$ in G auffassen. Nach Kap. IV, § 6, Satz II, ist dann $z_1 \sim z_2$ in G.

Auf Grund des damit bewiesenen Satzes dürfen wir von der „*Homologieklasse eines stetigen Zyklus in G*" sprechen: wir meinen damit die Homologieklasse seiner hinreichend guten simplizialen Approximationen.

Wir stellen noch zwei Tatsachen fest:

1) *Wenn $\mathfrak{z}$ und $\mathfrak{z}'$ einander stetig homolog in G sind* (Nr. 4), *so gehören sie zu derselben Homologieklasse;* denn ist $\mathfrak{C} = [\varphi(C)]$, $\dot{C} = z - z'$, $\mathfrak{z} = [\varphi(z)]$, $\mathfrak{z}' = [\varphi(z')]$, so wird jede ε-Approximation von $\mathfrak{C}$ von zwei Zyklen des Eckpunktbereiches von G berandet, die ε-Approximationen von $\mathfrak{z}$ und $\mathfrak{z}'$ sind[1].

2) *Hat ε für den stetigen Zyklus $\mathfrak{z} = [\varphi(z)] \subset G$ dieselbe Bedeutung wie im Satz IV, und ist $\mathfrak{z}' = [\varphi'(z)]$ mit $\varrho(\varphi, \varphi') < \varepsilon$, so gehören $\mathfrak{z}$ und $\mathfrak{z}'$ zu derselben Homologieklasse*; denn jede hinreichend gute simpliziale Approximation von $\mathfrak{z}'$ ist zugleich eine ε-Approximation von $\mathfrak{z}$.

§ 6. Die Retrakteigenschaft krummer Polyeder; Anwendungen auf Homologien stetiger Zyklen.

1. Retrakte. Definition. Das Kompaktum $F \subset R^n$ heißt ein „*Retrakt*", wenn es eine Umgebung $U(F) \subset R^n$ gibt, die sich so auf F abbilden läßt, daß dabei jeder Punkt von F sich selbst entspricht. Eine solche Abbildung heißt eine „retrahierende" Abbildung oder „Retraktion", $U(F)$ heißt eine „retrahierbare Umgebung" von F.[2]

Bemerkung. Ist $U(F)$ eine retrahierbare Umgebung und $U_1(F) \subset U(F)$, so ist auch $U_1(F)$ eine retrahierbare Umgebung.

Beispiel einer Menge F, die kein Retrakt ist: Die Menge der Punkte $x_0 = 0$, $x_i = \frac{1}{i}$ $(i = 1, 2, \ldots)$ auf der x-Achse R^1. — Anderes Beispiel (in dem F zusammenhängend ist): F besteht aus den Punkten der Kurve $y = \sin\frac{1}{x}$ mit $0 < x \leq 1$ und den Punkten der Grenzstrecke $x = 0$, $-1 \leq y \leq 1$, in der (x, y)-Ebene R^2. — In beiden Fällen ist der Beweis, daß F kein Retrakt ist, leicht zu führen.

Invarianzsatz. *Sind die abgeschlossenen Mengen $F \subset R^n$ und $F' \subset R^{n'}$ homöomorph, und ist F' ein Retrakt, so ist auch F ein Retrakt.*

Beweis. f' sei eine retrahierende Abbildung von $U'(F')$ auf F', t eine topologische Abbildung von F auf F'; nach dem Erweiterungssatz (Kap. I, § 6, Nr. 10, Zusatz) läßt sich t zu einer stetigen — nicht

[1] Auch die Umkehrung dieses Satzes ist richtig: sie ist ähnlich zu beweisen wie der Satz Ib.

[2] Nach K. Borsuk, von dem der Begriff des Retraktes stammt, hätte man in der obigen Definition statt „Retrakt" zu sagen: „Umgebungsretrakt des R^n".

notwendig topologischen — Abbildung T des R^n in den $R^{n'}$ erweitern. Wir wählen eine solche Umgebung $U(F)$, daß $TU(F) \subset U'(F')$ ist. Dann ist $f = t^{-1}f'T$ eine retrahierende Abbildung von $U(F)$ auf F.

2. Satz I. *Der Retrakt Q sei Teilmenge des Retraktes P. Dann gibt es eine Umgebung $W(Q)$ (in bezug auf P), die sich innerhalb von P unter Festhaltung aller Punkte von Q auf die Menge Q deformieren läßt.*

Unter einer Deformation mit den genannten Eigenschaften ist dabei eine stetige Abbildungsschar f_t, $0 \leqq t \leqq 1$, von $W(Q)$ mit folgenden Eigenschaften zu verstehen: $f_t(p) \subset P$ für alle $p \subset W(Q)$ und alle t; $f_t(q) = q$ für alle $q \subset Q$ und alle t; $f_0(p) = p$ und $f_1(p) \subset Q$ für alle $p \subset W(Q)$.

Beweis des Satzes I. Es sei α eine so kleine positive Zahl, daß die Umgebung $U(P, \alpha) \subset R^n$ in einer auf P retrahierbaren Umgebung von P enthalten, also selbst auf P retrahierbar ist; die zugehörige retrahierende Abbildung heiße f. Ferner sei g eine retrahierende Abbildung einer Umgebung $V(Q)$ (in bezug auf R^n) auf Q. Da $\varrho(p, g(p))$ eine für die Punkte $p \subset V(Q)$ stetige Funktion ist, die auf Q verschwindet, dürfen wir, indem wir $V(Q)$ hinreichend klein wählen, voraussetzen, daß $\varrho(p, g(p)) < \alpha$ ist. Wir setzen $P \cdot V(Q) = W(Q)$.

Ist nun p irgendein Punkt von $W(Q)$ und $p' = g(p)$ sein Bild auf Q, so liegt die Strecke $\overline{pp'}$ ganz in $U(P, \alpha)$; verstehen wir unter p_t für $0 \leqq t \leqq 1$ den Punkt, der die Strecke $\overrightarrow{pp'}$ im Verhältnis $t:(1-t)$ teilt, und setzen wir $f_t(p) = f(p_t)$, so leistet die Schar f_t die behauptete Deformation von $W(Q)$.

Damit ist der Satz I bewiesen.

Satz II. *Zu jedem Retrakt P gibt es eine positive Zahl α mit folgender Eigenschaft: je zwei stetige Abbildungen f, g irgendeines topologischen Raumes R in den Retrakt P mit $\varrho(f, g) < \alpha$ sind einander homotop.*

Beweis. α sei so gewählt, daß $U(P, \alpha)$ eine retrahierbare Umgebung von P im R^n ist; die zugehörige retrahierende Abbildung sei h. Für jeden Punkt $x \subset R$ verstehen wir unter x_t den Punkt, der die Strecke $\overrightarrow{f(x)\, g(x)}$ im Verhältnis $t:(1-t)$ teilt $(0 \leqq t \leqq 1)$; er liegt in $U(P, \alpha)$. Die durch $f_t(x) = h(x_t)$ definierte Abbildungsschar leistet die stetige Überführung von $f = f_0$ in $g = f_1$. [Die stetige Abhängigkeit von dem Parameter t (vgl. Kap. I, § 3, Nr. 4) ergibt sich leicht aus der Kompaktheit von P.]

Der damit bewiesene Satz läßt sich verfeinern zu

Satz II'. *Zu jedem Retrakt P und jeder positiven Zahl ε gibt es eine positive Zahl α_ε mit der Eigenschaft: je zwei Abbildungen f, g irgendeines topologischen Raumes R in den Retrakt P mit $\varrho(f, g) < \alpha_\varepsilon$ sind einander ε-homotop.* [Dabei heißen $f = f_0$ und $g = f_1$ ε-homotop, wenn es eine Schar f_t $(0 \leqq t \leqq 1)$ mit $\varrho(f_{t_1}, f_{t_2}) < \varepsilon$ für beliebige t_1, t_2 gibt.]

Beweis. α sei so klein, daß $\overline{U(P, \alpha)}$ in einer retrahierbaren Umgebung von P liegt; die zugehörige retrahierende Abbildung sei h. Dann gibt es ein solches $\alpha_\varepsilon > 0$, daß $\varrho(h(p), h(q)) < \varepsilon$ für je zwei Punkte p, q von $U(P, \alpha)$ mit $\varrho(p, q) < \alpha_\varepsilon$ ist. Dann hat α_ε die behauptete Eigenschaft; dies ergibt sich durch dieselbe Konstruktion von f_t wie im Beweis des Satzes II.

Bemerkung. Für jeden Retrakt P besteht die Frage nach einer möglichst großen Zahl α, für die Satz II gilt; z. B. ist für die n-dimensionale Sphäre, wie man leicht sieht, α gleich dem Durchmesser der Sphäre.

3. Polyeder als Retrakte. Der Wert des Retraktbegriffes und der vorstehenden Sätze für die Topologie der Polyeder ergibt sich aus

Satz III. *Jedes (krumme) endliche Polyeder $F \subset R^n$ ist ein Retrakt.*

Beweis. Es sei $N + 1$ die Anzahl der Eckpunkte einer Simplizialzerlegung K von F; dann läßt sich K isomorph auf einen Komplex abbilden, der aus Seiten eines N-dimensionalen Simplexes besteht. F ist also einem Polyeder P homöomorph, das aus Seiten eines N-dimensionalen Euklidischen Simplexes $X \subset R^N$ gebildet wird. Auf Grund des Invarianzsatzes haben wir nur zu zeigen, daß P ein Retrakt ist.

Es sei $U_0 = R^N$; alle Punkte des R^N, die im Äußeren von X liegen, projizieren wir von einem inneren Punkt von X aus auf den Rand von X; alle Punkte von X halten wir fest; so entsteht eine Abbildung g_0 von U_0 in das Polyeder $P_0 = X$, die jeden Punkt von P_0, also erst recht jeden Punkt von P festhält. Wir nehmen jetzt an: Es seien 1) eine Umgebung U_k von P, 2) ein Polyeder P_k, das P als echten Teil enthält und aus (nicht notwendig eigentlichen) Seiten von X gebildet ist, und 3) eine Abbildung g_k von U_k in P_k, die alle Punkte von P festhält, konstruiert. Dann sei Y unter den nicht zu P, jedoch zu P_k gehörenden Seiten von X eine der höchsten Dimensionszahl, und p_k sei innerer Punkt von Y. Es sei g' die Abbildung von P_k, die $Y - p_k$ von p_k aus auf den Rand von Y projiziert, alle anderen Punkte von P_k festhält. Dann ist $g_{k+1} = g' g_k$ eine Abbildung von

$$U_{k+1} = U_k - g_k^{-1}(p_k)$$

in das Polyeder

$$P_{k+1} = \overline{P_k - Y}.$$

U_{k+1} ist eine Umgebung von P, und alle Punkte von P bleiben bei der Abbildung g_{k+1} fest.

Da jedes P_k aus Seiten von X zusammengesetzt ist und bei dem Übergang von P_k zu P_{k+1} eine unter diesen Seiten verlorengeht, bricht unser Verfahren nach endlich-vielen Schritten ab. Das Resultat ist das Polyeder $P_\nu = P$; $g_\nu = g$ ist eine retrahierende Abbildung der Umgebung $U_\nu = U(P)$ auf $P_\nu = P$.

Damit ist der Satz III bewiesen. Er gestattet die unmittelbare Anwendung der Sätze I, II, II' auf endliche Polyeder P und Q.

4. Die Einbettung von Homologieklassen und Bettischen Gruppen. Den Anwendungen des Satzes I auf Homologien stetiger Zyklen schicken wir einige allgemeinere Überlegungen voraus.

Das (krumme) Polyeder Q liege in dem Polyeder P. Dann ist jeder stetige Zyklus in Q zugleich stetiger Zyklus in P; stetige Zyklen in Q, die einander homolog in Q sind, sind einander auch homolog in P (dies ist bei Benutzung des Begriffes der „stetigen Homologie", § 5, Nr. 4, trivial). Somit ist jede Homologieklasse Z von Q in eine Homologieklasse Z' von P eingebettet.

Diejenigen r-dimensionalen Homologieklassen Z' von P, in welche gewisse Homologieklassen von Z eingebettet sind — mit anderen Worten: diejenigen Z', in welchen es Zyklen $\mathfrak{z}'$ gibt, die in Q liegen —, bilden offenbar eine Untergruppe $B^r(P, Q)$ der Bettischen Gruppe $B^r(P)$[1]. Die Gruppe $B^r(Q)$ wird dadurch, daß man jeder Homologieklasse von Q die sie enthaltende Homologieklasse von P zuordnet, homomorph auf $B^r(P, Q)$ abgebildet. Der Kern dieses Homomorphismus ist die folgendermaßen erklärte Untergruppe $H^r(Q, P)$ von $B^r(Q)$: sie besteht aus denjenigen Homologieklassen von Q, deren Zyklen ~ 0 in P sind. Es ist

$$B^r(Q) - H^r(Q, P) \approx B^r(P, Q). \tag{1}$$

Im allgemeinen ist $H^r(Q, P) \neq 0$, der eben besprochene Homomorphismus also kein Isomorphismus; dann sind verschiedene Homologieklassen von Q in dieselbe Homologieklasse von P eingebettet. (Beispiel: Q ist eine Kreislinie in der Ebene P.) Wenn jedoch $H^r(Q, P) = 0$ ist, *wenn also jeder Zyklus von Q, der in P berandet, auch in Q berandet*, so sagen wir: „die Bettische Gruppe $B^r(Q)$ ist isomorph in die Bettische Gruppe $B^r(P)$ eingebettet"; dann ist

$$B^r(Q) \approx B^r(P, Q). \tag{2}$$

Eine spezielle Art der isomorphen Einbettung ist besonders einfach und für Anwendungen nützlich (Kap. XI, § 3): *die isomorphe Einbettung von $B^r(Q)$ in $B^r(P)$ heißt eine „direkte" isomorphe Einbettung, wenn $B^r(P)$ die direkte Summe von $B^r(P, Q)$ und einer Untergruppe U von $B^r(P)$ ist*, wenn also neben (2) noch

$$B^r(P) = B^r(P, Q) + U \tag{3}$$

gilt. Beispiel einer isomorphen, aber nicht direkten Einbettung: P ist das von einer gewöhnlichen Torusfläche im R^3 begrenzte krumme Polyeder (ein „Vollring"), z Basiselement der (freien zyklischen) Gruppe $B^1_{\mathfrak{G}}(P)$, z' eine einfach geschlossene Linie in P mit $z' \sim 2z$, $Q = \overline{z'}$. Die Einbettung von $B^1_{\mathfrak{G}}(Q)$ in $B^1_{\mathfrak{G}}(P)$ ist isomorph, aber nicht direkt.

Schließlich heben wir noch eine Tatsache hervor, die sich unmittelbar aus der Definition von $B^r(P, Q)$ ergibt: *Liegt das Polyeder Q in dem Polyeder Q', das Polyeder Q' in dem Polyeder P, so ist $B^r(P, Q)$ Untergruppe von $B^r(P, Q')$.*

---

[1] Koeffizientenbereiche $\mathfrak{J}$, $\mathfrak{J}'$ sind willkürlich.

5. Euklidische Hüllen krummer Polyeder. Wir kommen zu Anwendungen dieser Begriffe und des Satzes I. P und Q seien endliche Polyeder; P sei Euklidisch, Q im allgemeinen krumm; im übrigen sollen P, Q, $W(Q)$ dieselben Eigenschaften haben wie im Satz I. Ein endliches Euklidisches Polyeder P', das in $W(Q)$ enthalten ist und Q enthält, nennen wir eine „*Euklidische Hülle von Q in P*“. Ein solches Polyeder P' wird z. B. von denjenigen Simplexen einer hinreichend feinen Unterteilung einer Zerlegung von P gebildet, welche Punkte mit Q gemeinsam haben.

Satz IV. *Ist das Polyeder P' Euklidische Hülle des (krummen) Polyeders Q (in dem Euklidischen Polyeder P), so ist — bei beliebigem r und beliebigen Koeffizientenbereichen — die Einbettung von $B^r(Q)$ in $B^r(P')$ eine direkte isomorphe Einbettung.*

Satz V. *Ist P' Euklidische Hülle von Q (in P), so gibt es zu jedem Zyklus $\mathfrak{z}'$ von P' einen solchen Zyklus $\mathfrak{z}$ von Q, daß*

$$\mathfrak{z}' \sim \mathfrak{z} \quad \textit{in } P$$

ist; mit anderen Worten: es ist $B^r(P, Q) = B^r(P, P')$[1].

Beweis des Satzes IV. Ist $\mathfrak{z}$ stetiger Zyklus in Q, der in P' einen stetigen Komplex $\mathfrak{C}$ berandet, und g die Abbildung, die $W(Q)$ auf Q retrahiert, so ist

$$\mathfrak{z} = g(\mathfrak{z}) = g(\dot{\mathfrak{C}}) = (g(\mathfrak{C}))^{\cdot},$$

also

$$\mathfrak{z} \sim 0 \quad \text{in} \quad Q,$$

da $g(\mathfrak{C})$ ein stetiger Komplex in Q ist. Damit ist (nach Nr. 4) gezeigt: $B^r(Q)$ ist in $B^r(P')$ isomorph eingebettet.

Für den Beweis, daß die Einbettung direkt ist, verstehen wir unter U die Gruppe derjenigen Homologieklassen von P', deren Zyklen $\mathfrak{z}_0$ durch g so abgebildet werden, daß

$$g(\mathfrak{z}_0) \sim 0 \quad \text{in} \quad Q \tag{4}$$

ist. Wir behaupten:

$$B^r(P') = B^r(P', Q) + U. \tag{3'}$$

Erstens haben $B^r(P', Q)$ und U nur das Nullelement gemeinsam; denn ist Z eine Homologieklasse, die in beiden Gruppen enthalten ist, und $\mathfrak{z}_0$ ein Zyklus von Z, so folgt aus $Z \subset U$, daß (4) gilt; da aber $Z \subset B^r(P', Q)$ ist, dürfen wir annehmen, daß $\mathfrak{z}_0$ Zyklus in Q, daß also $g(\mathfrak{z}_0) = \mathfrak{z}_0$ ist; folglich ist $\mathfrak{z}_0 \sim 0$ in Q, und erst recht in P', also $Z = 0$.

Zweitens ist zu zeigen (Anhang I, Nr. 14): Jede Homologieklasse in P' ist Summe einer Klasse in $B^r(P', Q)$ und einer Klasse in U, mit anderen Worten: jeder Zyklus $\mathfrak{z}$ in P' erfüllt eine Homologie

$$\mathfrak{z} \sim \mathfrak{z}_Q + \mathfrak{z}_0 \quad \text{in} \quad P',$$

---

[1] Die Sätze IV und V lassen sich — bei geeigneter Definition von P' — auch ohne den Retraktbegriff beweisen; vgl. die kleingedruckten Teile der Nummern 5 und 7 in Kap. XI, § 3.

wobei $\mathfrak{z}_Q$ in Q liegt und $\mathfrak{z}_0$ die Bedingung (4) erfüllt. Diese $\mathfrak{z}_Q$ und $\mathfrak{z}_0$ erhält man bei gegebenem $\mathfrak{z}$ durch

$$\mathfrak{z}_Q = g(\mathfrak{z}), \quad \mathfrak{z}_0 = \mathfrak{z} - g(\mathfrak{z}).$$

Daß $\mathfrak{z}_0$ in der Tat (4) erfüllt, ergibt sich daraus, daß für die Retraktion g die Funktionalgleichung $gg = g$ gilt.

Damit ist der Satz IV bewiesen.

Beweis des Satzes V. Bezeichnen wir mit f_1 dieselbe Abbildung wie im Beweis des Satzes I, und ist $\mathfrak{z}'$ ein Zyklus in P', so sind $\mathfrak{z}'$ und $\mathfrak{z} = f_1(\mathfrak{z}')$ einander homotop in P. Sie sind daher erst recht einander homolog (§ 5, Nr. 8). — Damit ist der Satz bewiesen.

Wir heben noch zwei Korollare des Satzes IV hervor:

1) *Ein Zyklus $\mathfrak{z} \subset Q$, der in Q nicht berandet, berandet auch in P' nicht.*

2) *Ist $\mathfrak{z}$ ein Zyklus in Q, so ist seine Ordnung in P' dieselbe wie seine Ordnung in Q.* (Die „Ordnung" von $\mathfrak{z}$ ist die kleinste positive Zahl m mit $m\mathfrak{z} \sim 0$, oder, falls ein solches m nicht existiert, gleich Null.)

Die Gültigkeit von 1) und 2) ergibt sich unmittelbar bereits daraus, daß $B^r(Q)$ in $B^r(P')$ *isomorph* eingebettet ist.

Zum Schluß sei noch bemerkt: Der Satz IV und seine Korollare sind besonders dann wichtig, wenn P ein homogen-n-dimensionales Euklidisches Polyeder des R^n ist; man beachte dabei, daß jede hinreichend kleine Polyederumgebung von Q eine Euklidische Hülle ist.

Neuntes Kapitel[1].

Kanonische Verschiebungen. Nochmals Invarianz der Dimensionszahl und der Bettischen Gruppen. Allgemeiner Dimensionsbegriff.

[1] Für die Lektüre dieses Kapitels ist die Kenntnis des Kap. VIII *nicht* notwendig.

§ 1. Erhaltungs- und Überführungssätze für Polyeder.

1. Den eigentlichen Kern der hier gewählten Darstellung der Invarianzbeweise für die Dimensionszahl und die Bettischen Gruppen bildet folgender Satz, der ein gewisses Gegenstück zum 1. Erhaltungssatz (Kap. IV, § 3, Nr. 7) bildet und deshalb als 2. Erhaltungssatz bezeichnet werden soll:

Satz I (2. Erhaltungssatz). *Der homogen n-dimensionale algebraische Komplex C^n, $n \geqq 1$, sei in die Simplexhülle*[1] $|y^n|$ *simplizial abgebildet und es sei dabei $f(\dot{C}^n) = \dot{y}^n$. Dann ist $f(C^n) = y^n$.*

Beweis. Nach der Bemerkung von Kap. IV, § 3, Nr. 3, ist $f(C^n) = t y^n$, also nach dem 1. Erhaltungssatz $f(\dot{C}^n) = t\dot{y}^n$; da nach Voraussetzung $f(\dot{C}^n) = \dot{y}^n$ ist, muß, da $\dot{y}^n \neq 0$ für $n \geqq 1$ ist, $t = 1$ sein, w. z. b. w.

Satz II (3. Erhaltungssatz). *Es sei $C' = \sum t^i X_i$ eine Fortsetzung*[2] *von $C = \sum t^i x_i$; jedem Eckpunkt a' von C' sei ein Eckpunkt $f(a')$ von C zu geordnet, und zwar folgendermaßen: wenn $|y|$ ein (Grund- oder Neben-) Simplex von $|C|$, $|Y|$ der $|y|$ entsprechende Komplex von $|C'|$ und a' ein Eckpunkt von Y ist, so ist $f(a')$ Eckpunkt von y. Dann ergibt die Eckpunktzuordnung f eine simpliziale Abbildung von C' in $|C|$ und es gilt $f(C') = C$.*

Beweis. Wenn C nulldimensional ist, ist der Satz trivial, denn dann ist jedes Element x_i von C sowie das ihm entsprechende X_i ein Eckpunkt, und die Abbildung f besteht lediglich in einer Umnennung der X_i in die x_i.

Wir nehmen an, daß der Satz für alle höchstens $(n-1)$-dimensionalen Komplexe bewiesen ist und beweisen ihn für die Dimensionszahl n, $n \geqq 1$.

---

[1] D. h. in den aus dem Simplex $|y^n|$ und seinen Seiten bestehenden Komplex (vgl. Kap. III, § 1, Nr. 2).

[2] Kap. 6, § 2, Nr. 8.

Da mittels f jedes Eckpunktgerüst des Komplexes $|X_i|$ in das Eckpunktgerüst von $|x_i|$ abgebildet wird, ist klar, daß f eine simpliziale Abbildung von C' in $|C|$ ist. Mittels der Abbildung f wird $|\dot{X}_i|$ in $|\dot{x}_i|$ abgebildet, und zwar so, daß dabei die Voraussetzungen unseres Satzes erfüllt sind, folglich [da $\dot{X}_i$ und $\dot{x}_i$ höchstens $(n-1)$-dimensional sind] $f(\dot{X}_i) = \dot{x}_i$ ist; nach dem 2. Erhaltungssatz ergibt sich daraus $f(X_i) = x_i$. Summiert man über alle Simplexe x_i, so ergibt sich

$$f(C') = f(\sum t^i X_i) = \sum t^i x_i = C,$$

w. z. b. w.

2. Im Falle, wenn die Fortsetzung C' eine Unterteilung von C ist, erhalten wir als Spezialfall des 3. Erhaltungssatzes folgenden

Satz III.[1] *C' sei eine Unterteilung von C; jedem Eckpunkt a' von C' sei ein Eckpunkt seines Trägers zugeordnet, d. h. desjenigen Simplexes von $|C|$, welches a' als inneren Punkt enthält. Diese Eckpunktzuordnung bestimmt eine simpliziale Abbildung von C' in $|C|$ und es ist $f(C') = C$.*

Bemerkung. Diese Sätze gelten natürlich für jeden Koeffizientenbereich; insbesondere zeichnet sich der Fall modulo 2 durch seine Einfachheit aus, die durch den Fortfall aller Orientierungsbetrachtungen bedingt ist. Der 1. Erhaltungssatz läßt sich dann in ganz wenigen Worten beweisen, die Unterteilungen algebraischer Komplexe stimmen mit den Unterteilungen absoluter Komplexe überein, so daß insbesondere *unser letzter Satz* (unter Berücksichtigung von Kap. IV, § 3, Nr. 6, und der Schlußbemerkung von Kap. IV, § 2, Nr. 12) *auch für absolute Komplexe gilt.*

3. Natürliche und kanonische Eckpunktzuordnungen bzw. Verschiebungen. Es sei jetzt K ein Euklidischer Komplex; Q sei ein Komplex in $\bar{K}$, im Sinne von Kap. IV, § 1, Nr. 7, c. Wir lassen jedem Eckpunkt a' von Q einen Eckpunkt des Trägers von a' in K entsprechen. Eine solche Eckpunktzuordnung heißt eine *natürliche* Eckpunktzuordnung. Bestimmt sie eine simpliziale Abbildung von Q in K, so heißt diese eine *natürliche Verschiebung von Q in K oder in bezug auf K.* Einen Spezialfall der natürlichen Eckpunktzuordnungen bzw. Verschiebungen bilden die *kanonischen.* Man erhält sie, wenn man dem Punkt a' den Mittelpunkt eines beliebigen ihn enthaltenden baryzentrischen Sternes[2] von K entsprechen läßt:

$$a = f(a').$$

Alle natürlichen Eckpunktzuordnungen, und nur diese, können auf folgende Weise erhalten werden: *Wir lassen jedem Eckpunkt a' von Q einen Punkt a'' von $\bar{K}$ entsprechen, und zwar unter der einzigen Bedingung: Ist $|x| \subset K$ der Träger von a', so darf a'' nur zu solchen baryzentri-*

[1] Der Satz ist dem „Modifikationssatz", Kap. VIII, § 1, Nr. 4, offenbar nahe verwandt.

[2] Kap. III, § 4, Nr. 1.

schen Sternen von K gehören, welche ihre Mittelpunkte in den Eckpunkten von $|x|$ *haben.*

Nachdem jedem Eckpunkt a' *von* Q *auf diese Weise ein bestimmter Punkt* a'' *von* $\bar{K}$ *zugeordnet ist, definieren wir als* $a = f(a')$ *den Mittelpunkt eines derjenigen baryzentrischen Sterne von* K, *welche den Punkt* a'' *enthalten.* Diese Eckpunktzuordnung ist eine natürliche, denn der Mittelpunkt $a = f(a')$ eines den Punkt a'' enthaltenden baryzentrischen Sternes ist ein Eckpunkt des Trägers $|x|$ von a'. Jede natürliche Eckpunktzuordnung $a = f(a')$ kann umgekehrt auf diese Weise erhalten werden: es genügt als a'' den Schwerpunkt von $|x|$ zu wählen (der ja in jedem baryzentrischen Stern enthalten ist, dessen Mittelpunkt ein Eckpunkt von $|x|$ ist)[1].

Bemerkung. Insbesondere kann man als a'' jeden Punkt von $\bar{K}$ wählen, welcher von a' weniger als um $\varepsilon = \varepsilon(\bar{x})$ entfernt ist[2].

4. Wann definiert eine natürliche bzw. eine kanonische Eckpunktzuordnung eine simpliziale Abbildung, d. h. eine natürliche bzw. kanonische Verschiebung?

Jedenfalls dann, wenn Q eine Unterteilung von K ist (Satz III und „Bemerkung" in Nr. 2); eine kanonische Eckpunktzuordnung definiert ferner eine kanonische Verschiebung, wenn bei jeder Wahl des Simplexes $|x'|$ von Q alle baryzentrischen Sterne, welche Eckpunkte von $|x'|$ enthalten, ihre Mittelpunkte in den Eckpunkten eines und desselben Simplexes von K haben, oder — *was dasselbe ist* — wenn die genannten baryzentrischen Sterne mindestens einen gemeinsamen Punkt haben.

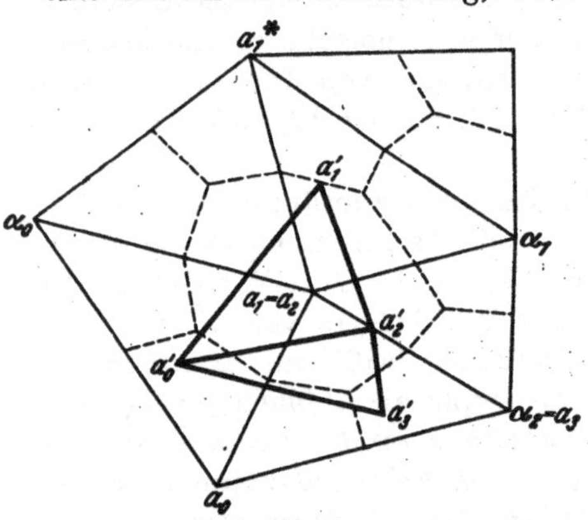

Abb. 24.

Die beigefügte Abbildung 24 soll den Begriff einer kanonischen Verschiebung $f(a_i') = a_i$, $i = 0, 1, 2, 3$ veranschaulichen. Ließe man jedem der drei Eckpunkte a_i' $(i = 0, 1, 2)$ anstatt a_i den Eckpunkt α_i entsprechen, so entstände zwar eine natürliche Eckpunktzuordnung, jedoch keine simpliziale Abbildung des Dreiecks $a_0' a_1' a_2'$. Setzt man $f(a_1') = a_1^*$, $f(a_0') = a_0$, $f(a_2') = a_2$,

---

[1] Kap. III, § 1, Nr. 7.

[2] Die in Kap. III, § 4, Nr. 1, eingeführte Zahl $\varepsilon(\bar{x})$ ist eine so kleine positive Zahl, daß die $\varepsilon(\bar{x})$-Umgebung (in bezug auf $\bar{K}$) von $\bar{x}$ in der Vereinigungsmenge derjenigen baryzentrischen Sterne enthalten ist, welche ihre Mittelpunkte in den Eckpunkten von $\bar{x}$ haben, und zu jedem andern baryzentrischen Stern fremd ist. Ist K ein *endlicher* Komplex, so bezeichnen wir mit $\varepsilon(K)$ die kleinste unter den Zahlen $\varepsilon(\bar{x})$, $|x| \subset K$.

so entsteht zwar eine kanonische Eckpunktzuordnung, aber keine kanonische Verschiebung.

5. Die Zahl $\sigma(K)$. Einen weiteren Fall, in dem eine kanonische Eckpunktzuordnung stets eine kanonische Verschiebung erzeugt, formulieren wir von vornherein für endliche Komplexe. Es ist der Fall, in dem Q aus *hinreichend kleinen* — und sonst beliebigen — Simplexen aufgebaut ist. Genauer ausgedrückt: Q soll ein beliebiger σ'-Komplex in K sein[1], wobei $\sigma' = \sigma'(K)$ die Lebesguesche Zahl[2] der zur Simplizialzerlegung K gehörenden baryzentrischen Überdeckung des Polyeders $\bar{K}$ ist. Aus der Definition der Lebesgueschen Zahl folgt in der Tat, daß in diesem Falle alle baryzentrischen Sterne, die Eckpunkte eines Simplexes x' von Q enthalten, einen nicht leeren Durchschnitt haben.

Definition. *Die kleinere unter den Zahlen $\sigma'(K)$ und $\varepsilon(K)$[3] soll $\sigma(K)$ heißen.*

6. Bettische Gruppen und natürliche Verschiebungen. Es seien ein Euklidischer Komplex K und eine Unterteilung K' von K gegeben; wir wissen aus Kap. VI, § 2, daß die Bettischen Gruppen von K' den entsprechenden Bettischen Gruppen von K isomorph sind; wir wollen jetzt zeigen, daß diese Isomorphie bei einer natürlichen Verschiebung von K' in K realisiert wird. Es gilt mit anderen Worten folgender

Satz IV. *Der durch eine natürliche Verschiebung f von K' in K erzeugte Homomorphismus h_f von $B^r_{\mathfrak{J}}(K')$ in $B^r_{\mathfrak{J}}(K)$[4] ist eine isomorphe Abbildung von $B^r_{\mathfrak{J}}(K')$ auf $B^r_{\mathfrak{J}}(K)$.*

Vorbemerkung. Satz und Beweis gelten auch für $B^r_{\mathfrak{J},\mathfrak{J}'}(K)$ bzw. $B^r_{\mathfrak{J},\mathfrak{J}'}(K')$. Da keine Mißverständnisse möglich sind, schreiben wir in dem folgenden Beweis kurz $B^r(K)$ bzw. $B^r(K')$.

Beweis. Gemäß Anhang I, Nr. 8 haben wir zweierlei zu beweisen: Behauptung 1: die durch h_f gelieferte Bildgruppe von $B^r(K)$ ist $B^r(K')$; Behauptung 2: der Kern des Homomorphismus h_f ist 0.

Beweis der Behauptung 2. Es sei ζ' ein Element des Kernes, also $h_f(\zeta') = 0$; in der Klasse ζ' gibt es nach Kap. VI, § 2, Satz V einen Zyklus z', der die Unterteilung eines Zyklus z von K ist; nach Satz III ist $f(z') = z$, also ist z in der Klasse $h_f(\zeta') = 0$ enthalten, d. h.: $z \sim 0$ in K; dann ist nach Kap. VI, § 2, Satz VI auch $z' \sim 0$ in K', also $\zeta' = 0$.

Beweis der Behauptung 1. Wenn ζ ein beliebiges Element von $B^r(K)$, z ein beliebiger Zyklus aus der Homologieklasse ζ und z' die Unterteilung von z (in K') ist, so ist nach dem Satz III $f(z') = z$, also auch $h_f(\zeta') = \zeta$, wobei ζ' die Homologieklasse von z' in K' bezeichnet. Unser Satz ist hiermit bewiesen.

Bemerkung. Es liegt nahe, die beiden isomorphen Gruppen $B^r(K)$ und $B^r(K')$ als identisch zu betrachten, und zwar das Element ζ von

[1] Kap. IV, § 1, Nr. 7, c.
[2] Kap. II, § 3, Nr. 3.
[3] Vgl. die Fußnote 2 auf S. 350.
[4] Kap. V, § 1, Nr. 8.

$B^r(K)$ mit demjenigen Element ζ' von $B^r(K')$ zu identifizieren, welches man erhält, wenn man in der Homologieklasse ζ einen beliebigen Zyklus z wählt, seine Unterteilung z' betrachtet und die Homologieklasse von z' als ζ' erklärt. Sodann kann man das soeben Bewiesene wie folgt aussprechen:

Eine natürliche Verschiebung von K' in K erzeugt den identischen Automorphismus der Bettischen Gruppen von K.

§ 2. Allgemeine kanonische Verschiebungen. Der Pflastersatz. Invarianz der Dimensionszahl und der Bettischen Gruppen.

1. Kanonische Abbildungen und kanonische Verschiebungen für metrische Räume. In den Betrachtungen der vorigen Nummer (insbesondere Nr. 5 und 6) tritt der Komplex K, wie der Leser leicht bestätigt, lediglich als der Nerv[1] der zugehörigen baryzentrischen Überdeckung von $\bar{K}$ auf. Das führt uns zwangsmäßig zu einer Verallgemeinerung der kanonischen Eckpunktzuordnungen bzw. Verschiebungen auf den Fall beliebiger Kompakten.

Vorbemerkung. Unter einer Überdeckung wird in diesem Kapitel immer eine *endliche abgeschlossene* bzw. *offene* Überdeckung[2], und zwar im ganzen § 2 und in den Nr. 1—3 des § 3 immer eine endliche abgeschlossene Überdeckung verstanden.

Definition. $\mathfrak{U} = \{A_1, A_2, \ldots, A_s\}$ sei eine abgeschlossene Überdeckung des metrischen Raumes R; N sei der Nerv von $\mathfrak{U}$; die Eckpunkte von N seien $a_1, a_2, \ldots, a_s$, wobei a_i und A_i einander entsprechen. Es sei ferner Q ein endlicher (absoluter oder algebraischer) Komplex in R;[3] jedem Eckpunkt b_j von Q soll ein Eckpunkt a_i von N entsprechen, unter der einzigen Bedingung, daß b_j in A_i enthalten ist. Eine solche Eckpunktzuordnung soll *kanonisch* (in bezug auf N) heißen. Wenn sie eine simpliziale Abbildung (von Q in N) definiert, soll diese eine *kanonische Abbildung* von Q in N heißen; ist R eine Punktmenge eines R^n und N *in*[4] bzw. *in der Nähe von*[4] $\mathfrak{U}$ realisiert, so sagt man statt kanonische Abbildung *kanonische Verschiebung* von Q in bezug auf N.

Offenbar enthält diese Definition unsere frühere Definition der kanonischen Verschiebungen (§ 1, Nr. 3) als Spezialfall (indem für $\mathfrak{U}$ die zu $K = N$ gehörende baryzentrische Überdeckung gewählt wird).

Aus der obigen Definition und der Definition der Lebesgueschen Zahl einer Überdeckung folgt unmittelbar folgender

Satz I. *Wenn $R = F$ kompakt*[5], *$\sigma' = \sigma'(\mathfrak{U})$ die Lebesguesche Zahl der Überdeckung $\mathfrak{U}$ von F und Q ein σ'-Komplex in F ist, so definiert*

[1] Kap. III, § 4, Nr. 3 u. Kap. IV, § 1, Nr. 10. [2] Kap. I, § 2, Nr. 13.
[3] Kap. IV, § 1, Nr. 7, c. [4] Kap. IV, § 1, Nr. 11.
[5] F bezeichnet hier und überall im folgenden immer ein Kompaktum.

jede kanonische Eckpunktzuordnung eine kanonische Abbildung bzw. Verschiebung von Q in bezug auf den Nerv N von $\mathfrak{U}$. Falls $\mathfrak{U}$ eine ε-Überdeckung ist und N in hinreichender Nähe von $\mathfrak{U}$ realisiert ist, so ist jede kanonische Verschiebung in bezug auf N eine ε-Verschiebung[1].

2. Pflastersatz und ein Satz über die Bettischen Zahlen. K^n sei eine beliebige Simplizialzerlegung des endlichen Polyeders P. Wir beweisen die folgenden beiden Sätze:

Satz II (der „Pflastersatz"). *Bei hinreichend kleinem ε ist der Nerv einer abgeschlossenen ε-Überdeckung von P mindestens n-dimensional.*

Satz III. *p sei irgendeine Bettische Zahl von K^n; die entsprechende Bettische Zahl des Nerven N einer hinreichend feinen abgeschlossenen Überdeckung von P ist mindestens gleich p.*

Beweis der Sätze II und III. Es sei $\sigma = \frac{1}{2}\sigma(K^n)$.[2] Wir betrachten:

eine σ-Überdeckung $\mathfrak{U}$ von P sowie den in $\mathfrak{U}$ realisierten Nerv N derselben; die Durchmesser der Simplexe von N sind $< 2\sigma = \sigma(K^n)$; die Lebesguesche Zahl von $\mathfrak{U}$ sei σ';

eine σ'-Unterteilung[3] K' von K^n und eine kanonische Verschiebung $K'' = f'(K')$ von K' in bezug auf N (K'' ist also ein Teilkomplex von N).

Da K'' eine σ-Verschiebung von K' ist, ergibt eine beliebige kanonische Verschiebung f'' von K'' in bezug auf K^n eine natürliche Verschiebung $f(K') = f''(f'(K'))$ von K' in bezug auf K^n. Dabei ist nach § 1, Satz III

$$f(K') = K^n,$$

das heißt

$$f''(K'') = K^n. \tag{1}$$

Der Satz II ist hierin bereits enthalten: Da der n-dimensionale Komplex K^n simpliziales Bild von K'' ist, muß K'', folglich auch N (der ja K'' als einen Teilkomplex enthält) mindestens n-dimensional sein.

Um den Satz III zu beweisen, genügt es zu zeigen, daß es in N mindestens so viele im Sinne der Homologie linear-unabhängige Zyklen[4] gibt, wie in K^n.

Es seien nun die Zyklen

$$z_1^r, \ldots, z_p^r$$

in K^n unabhängig; ihre Unterteilungen $z'_1, \ldots, z'_p$ sind in K' unabhängig (nach Kap. VI, § 2, Satz VI). Durch die kanonische Verschiebung f' gehen die z' in gewisse z'' über; diese sind aber in N un-

---

[1] D. h.: jeder Punkt wird um weniger als ε verschoben.

[2] § 1, Nr. 5, Definition.

[3] D. h.: der Durchmesser jedes Simplexes ist $<\sigma'$.

[4] „Lineare Unabhängigkeit von Zyklen im Sinne der Homologie" bedeutet: lineare Unabhängigkeit der diese Zyklen enthaltenden Homologieklassen in der Bettischen Gruppe.

abhängig, denn aus

$$\dot{C} = \sum t^i z_i'' \qquad \text{(in } N\text{)}$$

folgt

$$(f''(C))^{\cdot} = \sum t^i f''(z_i'') = \sum t^i f(z_i') \qquad \text{(in } K^n\text{)},$$

d. h. — da $f(z_i') = z_i$ ist —

$$(f''(C))^{\cdot} = \sum t^i z_i \qquad \text{(in } K^n\text{)},$$

also $t^i = 0$ für alle i. Die Unabhängigkeit der z_i'' in N, also auch der Satz III, sind hiermit bewiesen.

8. Der Invarianzsatz für die Dimensionszahl und die Bettischen Zahlen. Die Bettischen N-Zahlen eines Kompaktums. Für jedes ε gibt es ε-Überdeckungen von $P = \bar{K}^n$, deren Nerv dieselbe Dimensionszahl n und die gleichen Bettischen Zahlen wie K^n hat: es genügt, die baryzentrischen Überdeckungen zu betrachten, die zu hinreichend feinen Unterteilungen von K^n gehören.

Diese Bemerkung gestattet die Sätze II und III in folgender Form auszusprechen:

Die Dimensionszahl bzw. eine Bettische Zahl der Simplizialzerlegung K^n eines Polyeders P ist die kleinste Zahl n bzw. p, die bei jedem ε als Dimensionszahl bzw. als die entsprechende Bettische Zahl des Nerven einer ε-Überdeckung von P auftritt.

Die so definierte Zahl n bzw. p ist eine topologische Invariante des Polyeders P; diese nahezu triviale Behauptung beweisen wir im Rahmen des folgenden allgemeinen Satzes:

Satz IV (Allgemeiner Invarianzsatz). *Es sei J irgendeine nicht negative ganze Zahl, deren Wert für jeden Komplex K erklärt ist* [$J(K)$ kann also z. B. die Dimensionszahl oder eine Bettische Zahl usw. von K sein]. *Für ein Kompaktum F definiere man sodann $J(F)$ als die kleinste Zahl q von der Eigenschaft, daß es zu jedem ε eine abgeschlossene ε-Überdeckung gibt, für deren Nerv N*

$$J(N) = q$$

ist; wenn eine solche kleinste Zahl q nicht existiert [d. h. wenn $J(N)$ bei hinreichend kleinem ε für eine beliebige abgeschlossene ε-Überdeckung notwendig beliebig groß wird], *setzt man $J(F) = \infty$. Die so definierte Zahl $J(F)$ ist eine topologische Invariante von F.*

Beweis. Es seien zwei homöomorphe Räume F und F' mit $J(F) = q$ und ein $\varepsilon > 0$ gegeben. Es ist zu zeigen, daß eine ε-Überdeckung von F' existiert, für deren Nerv N' die Zahl $J(N') = q$ ist. Man betrachte zu diesem Zweck eine topologische Abbildung g von F auf F'; sie ist gleichmäßig stetig, folglich gibt es zu ihr ein δ von der Eigenschaft, daß eine Teilmenge von F mit einem Durchmesser $< \delta$ in eine Teilmenge von F' übergeht, deren Durchmesser $< \varepsilon$ ist. Man wähle eine δ-Überdeckung von F, so daß für ihren Nerv N

$$J(N) = q$$

ist; die Elemente dieser Überdeckung werden mittels g auf Mengen abgebildet, die eine ε-Überdeckung von F' bilden; der Nerv N' dieser Überdeckung ist offenbar mit N isomorph, so daß auch $J(N') = q$ ist, w. z. b. w.

Somit ist bewiesen:

Die Dimensionszahl und sämtliche Bettischen Zahlen der Simplizialzerlegungen eines Polyeders P sind topologische Invarianten von P; sie haben für alle Simplizialzerlegungen, folglich[1] *auch für alle Zellenzerlegungen, aller mit P homöomorphen Polyeder dieselben Werte.*

Hierin ist sowohl der Satz von der Invarianz der Dimensionszahl (Brouwer) als auch der Invarianzsatz für Bettische Zahlen (Alexander) enthalten.

Die nach der Vorschrift des Satzes IV definierten Bettischen Zahlen eines Kompaktums F nennen wir *die Bettischen N-Zahlen von F.*[2]

4. Beweis der Invarianz der Bettischen Gruppen (invariante Charakterisierung der Bettischen Gruppen). Der obige Beweis der Invarianz der Dimensionszahl und der Bettischen Zahlen bestand darin, daß wir für die beiden Begriffe, die sich ursprünglich auf simpliziale Zerlegungen eines Polyeders bezogen, als Eigenschaften des Polyeders selbst (als eines topologischen Raumes) gedeutet und sie somit *invariant charakterisiert* (vgl. S. 311) haben. Denselben Weg wollen wir auch jetzt beim Invarianzbeweis für die Bettischen Gruppen gehen und eine invariante Definition derselben aufstellen.

Vorbemerkung. Den Betrachtungen dieser und der folgenden Nummer liegt eine der Gruppen $\mathfrak{G}$, $\mathfrak{G}_m$ als festgewählter Koeffizientenbereich zugrunde. Da dieser Koeffizientenbereich in diesen Nummern festbleibt, wird auf seine explizite Angabe (durch den Index $\mathfrak{J}$) verzichtet. Da die Bettischen Gruppen $B^r_{\mathfrak{J},\mathfrak{J}'}(K)$ eines endlichen Komplexes K bei *jeder* Wahl der Koeffizientenbereiche $\mathfrak{J}$, $\mathfrak{J}'$ durch die ganzzahligen Bettischen Gruppen $B^r_{\mathfrak{G}}(K)$, $r = 0, 1, \ldots,$ eindeutig bestimmt sind[3], genügt es übrigens den nachfolgenden Invarianzbeweis nur für die letztgenannten Gruppen (also für $\mathfrak{J} = \mathfrak{J}' = \mathfrak{G}$) zu führen.

Algebraischer Hilfssatz. Sind $\mathfrak{A}$ und $\mathfrak{B}$ Abelsche Gruppen mit endlich-vielen Erzeugenden, ist $\mathfrak{A}$ einer Untergruppe $\mathfrak{B}'$ von $\mathfrak{B}$, $\mathfrak{B}$ einer Untergruppe $\mathfrak{A}'$ von $\mathfrak{A}$ isomorph, so sind $\mathfrak{A}$ und $\mathfrak{B}$ isomorph.

Beweis. Anhang I, Nr. 45.

Definition. F sei ein kompakter metrischer Raum. Man betrachte die Menge $\{\mathfrak{B}^r_*(F)\}$ aller Gruppen $\mathfrak{B}^r_*(F)$, welche die folgende

[1] Nach Kap. VI, § 1, Nr. 12.

[2] Die Definition und die vorangehenden Betrachtungen gelten nicht nur für die gewöhnlichen Bettischen Zahlen, sondern ebenso auch für die Bettischen Zahlen modulo einer Primzahl m (Kap. V, § 3, Nr. 9).

[3] Kap. V, § 4.

Eigenschaft haben: $B_*^r(F)$ tritt für jedes $\varepsilon > 0$ als r-te Bettische Gruppe des Nerven einer gewissen ε-Überdeckung von F auf[1].

Nach dem Hilfssatz gibt es (bis auf Isomorphie) *höchstens* eine unter den Gruppen $\mathfrak{B}_*^r(F)$, die einer Untergruppe von allen anderen Gruppen $\mathfrak{B}_*^r(F)$ isomorph ist. Falls sie existiert[2], nennen wir sie die *r-te Bettische N-Gruppe von F* und bezeichnen sie mit $\mathfrak{B}^r(F)$.

Da die Menge $\{\mathfrak{B}_*^r(F)\}$ mit F offenbar topologisch invariant verknüpft ist, stellt auch $\mathfrak{B}^r(F)$ eine topologische Invariante von F dar.

Bemerkung. In Fällen, wo dennoch die Angabe eines Koeffizientenbereiches erwünscht ist, schreibt man $\mathfrak{B}_{\mathfrak{J}*}^r(F)$, oder auch $\mathfrak{B}_{(\mathfrak{J},\mathfrak{J}')*}^r(F)$, bzw. $\mathfrak{B}_{\mathfrak{J}}^r(F)$ und $\mathfrak{B}_{\mathfrak{J},\mathfrak{J}'}^r(F)$.

5. Die in Aussicht gestellte invariante Charakterisierung und mit ihr der Invarianzbeweis für die Bettischen Gruppen der endlichen Euklidischen Komplexe ist geliefert durch folgenden

Satz V. *Wenn P ein endliches Polyeder und K eine Simplizialzerlegung desselben ist, so existieren die Bettischen N-Gruppen von P und sind den entsprechenden Bettischen Gruppen des Komplexes K isomorph.*

Beweis. Die baryzentrischen Sterne einer Unterteilung K' von K bilden — wenn K' hinreichend fein ist — bei beliebigem ε eine ε-Überdeckung, deren Nerv der Komplex K' ist (Kap. III, § 4, Nr. 3). Da $B^r(K')$ mit $B^r(K)$ isomorph ist, folgt daraus, daß $B^r(K)$ eine Gruppe $\mathfrak{B}_*^r(P)$ ist; die Menge $\{\mathfrak{B}_*^r(P)\}$ ist also nicht leer. Übrig bleibt somit nur zu zeigen, daß $B^r(K)$ einer Untergruppe jeder Gruppe $\mathfrak{B}_*^r(P)$ isomorph ist.

Es sei $\sigma = \frac{1}{2}\sigma(K)$, $\mathfrak{B}$ sei irgendeine Gruppe $\mathfrak{B}_*^r(P)$; man kann die σ-Überdeckung $\mathfrak{U}$ mit dem in $\mathfrak{U}$ realisierten Nerven N so wählen, daß $\mathfrak{B}$ der Gruppe $B^r(N)$ isomorph ist (und also mit letzterer identifiziert werden kann). Man wähle jetzt (wie in Nr. 2) die Unterteilung K' von K so fein, daß ihre Simplexe kleiner als σ und als die Lebesguesche Zahl σ' von $\mathfrak{U}$ sind und bezeichne mit f' eine kanonische Verschiebung von K' in bezug auf N. Ihr Resultat $K'' = f'(K')$ ist ein Teilkomplex von N, der als eine σ-Verschiebung von K' anzusprechen ist; daher ergibt eine beliebige kanonische Verschiebung f'' von N in

---

[1] Die Menge $\{\mathfrak{B}_*^r(F)\}$ kann leer sein: wenn $r = 0$ und F aus dem Nullpunkt und den Punkten $\frac{1}{n}$, $n = 1, 2, \ldots$, der Zahlengerade besteht, so wächst bei abnehmendem ε die Anzahl der Komponenten (der Erzeugenden der nullten Bettischen Gruppe) des Nerven einer ε-Überdeckung von F notwendig über alle Grenzen, es gibt also keine einzige Gruppe $\mathfrak{B}_*^0(F)$. Um ein analoges Beispiel für die Dimensionszahl $r = 1$ zu haben, genügt es, F als die aus dem Nullpunkt und den Punkten der Kreislinien

$$\left(x - \frac{3}{2^n}\right)^2 + y^2 = \left(\frac{1}{2^n}\right)^2, \qquad n = 1, 2, \ldots$$

bestehende Menge zu definieren.

[2] Was natürlich (schon nach Fußnote 1) nicht der Fall zu sein braucht.

bezug auf K eine natürliche Verschiebung $f(K') = f''(f'(K'))$ von K', für die

$$f(K') = K,$$

folglich

$$f''(K'') = K$$

gilt[1].

Die Abbildung f' erzeugt einen Homomorphismus von $B^r(K)$ in $B^r(N)$: dieser Homomorphismus (den wir ebenfalls mit f' bezeichnen) entsteht dadurch, daß man jedem Zyklus z^r von K den Zyklus $f'(z')$ von N zuordnet, wobei z' die Unterteilung von z^r in K' ist. Der Homomorphismus f' ist eineindeutig, denn ist $f'(z') \sim 0$ in N, so ist, da $f(z') = f''f'(z') = z^r$ ist, $z^r \sim 0$ in K. Somit ist f' eine isomorphe Abbildung von $B^r(K)$ auf eine Untergruppe von $B^r(N)$, w. z. b. w.

6. Bemerkung I. Es sei F ein kompakter metrischer Raum. *Die Gruppe* $\mathfrak{B}_0^r(F)$ *existiert dann und nur dann, wenn die „Bettische N-Zahl von F", $p^r(F)$, endlich ist; $p^r(F)$ ist dann immer gleich dem Rang der Gruppe* $\mathfrak{B}_0^r(F)$.[2]

Beweis. Wenn $p^r(F) = p$ ist, so gibt es bei jedem ε eine ε-Überdeckung, deren Nerv N als Gruppe $B_0^r(N)$ die freie Abelsche Gruppe mit p unabhängigen Erzeugenden hat; eine solche Abelsche Gruppe (wir bezeichnen sie mit $\mathfrak{A}_p$) ist also eine Gruppe $\mathfrak{B}_{0*}^r(F)$. Da ferner nach der Definition der Zahl $p^r(F)$ jede Gruppe $\mathfrak{B}_{0*}^r(F)$ einen Rang $\geqq p$ hat und folglich eine mit $\mathfrak{A}_p$ isomorphe Untergruppe besitzt, stimmt die Gruppe $\mathfrak{A}_p$ mit $\mathfrak{B}_0^r(F)$ überein.

Daß bei $p^r(F) = \infty$ keine Gruppe $\mathfrak{B}_{0*}^r(F)$ existiert, ist klar.

Da, wenn P ein Polyeder, $P = \bar{K}$, ist, $B_0^r(K)$ mit $\mathfrak{B}_0^r(P)$ isomorph ist, folgt aus der soeben gemachten Überlegung, daß $p^r(K) = p^r(F)$ ist, also ein zweiter Beweis des Satzes III.

Bemerkung II. Aus der Existenz der Gruppe $\mathfrak{B}_0^r(F)$ braucht noch nicht die Existenz von $\mathfrak{B}_{\mathfrak{G}}^r(F)$ zu folgen: es genügt F (etwa als Teilmenge des fünf- [oder sogar vier-] dimensionalen Euklidischen Raumes) als Vereinigungsmenge einer Kugelfläche S, eines Punktes a und einer Folge von gegen den Punkt a konvergierender, untereinander und zu S fremder Flächen $P_1, P_2, \ldots, P_m, \ldots$ zu konstruieren, wobei P_m ein Modell der „pseudoprojektiven Ebene" (im Sinne des Anhanges zu Kap. IV, V, VI; Nr. 8) mod m ist und einen Durchmesser $< \frac{1}{2^m}$ hat.

Dagegen folgt aus der Existenz von $\mathfrak{B}_{\mathfrak{G}}^r(F)$ auch die von $\mathfrak{B}_0^r(F)$, denn die freien direkten Summanden von $\mathfrak{B}_{\mathfrak{G}}^r(F)$ können als die $\mathfrak{B}_{\mathfrak{G}*}^r(F)$ aufgefaßt werden; es gilt dabei die Ungleichung

$$\varrho(\mathfrak{B}_{\mathfrak{G}}^r(F)) \geqq \varrho(\mathfrak{B}_0^r(F))$$

(dabei bedeutet ϱ den Rang der betreffenden Gruppe).

Nachdem auf die eine oder andere Weise der Invarianzbeweis für die Bettischen Gruppen (endlicher) Komplexe erbracht ist, kann man von *Bettischen Gruppen eines (endlichen) Polyeders P* als von den bis auf Isomorphie eindeutig bestimmten Bettischen Gruppen einer beliebigen Zellenzerlegung von P sprechen. Man kann sie natürlich auch

---

[1] Bis hierher ist unser Beweis eine wörtliche Wiedergabe des Beweises des Pflastersatzes.

[2] $\mathfrak{B}_0^r(F)$ bedeutet die der allgemeinen Vorschrift von Nr. 4 entsprechend definierte „Bettische Gruppe modulo Null von F", d. h. $\mathfrak{B}_{\mathfrak{G},\mathfrak{N}}^r(F)$. Analoges gilt für $\mathfrak{B}_{0*}^r(F)$.

direkt als die Bettischen N-Gruppen von P definieren. Analoges gilt auch für Bettische Zahlen.

7. Die Bettischen Gruppen des n-dimensionalen Elementes und der n-dimensionalen Sphäre. Die Euler-Poincarésche Formel. Bekanntlich versteht man unter einem n-dimensionalen Element einen topologischen Raum E^n, welcher einem n-dimensionalen Simplex homöomorph ist, während eine n-dimensionale Sphäre ein topologischer Raum S^n ist, welcher dem Rande eines $(n+1)$-dimensionalen Simplexes homöomorph ist.

Aus Kap. V, § 1, Nr. 4 und Kap. IV, § 6, Nr. 1 und Nr. 7 folgt sodann auf Grund des Invarianzsatzes folgender

Satz VI. *Die nullte ganzzahlige Bettische Gruppe von E^n, sowie die nullte und n-te ganzzahlige Bettische Gruppe von S^n, $n > 0$, sind unendliche zyklische Gruppen. Für alle anderen Dimensionszahlen enthalten die Bettischen Gruppen von E^n und S^n nur das Nullelement.*

Aus der Invarianz der Bettischen Zahlen ergibt sich ferner die Euler-Poincarésche Formel nicht nur für Komplexe, sondern für Polyeder, d. h. die Gleichung

$$\chi(K) = \sum (-1)^r p^r,$$

wobei $\chi(K)$ die Eulersche Charakteristik einer beliebigen Zellenzerlegung des Polyeders P und die p^r die Bettischen Zahlen des Polyeders P sind.

Man kann somit auch von der *Eulerschen Charakteristik eines Polyeders sprechen.* Insbesondere folgt aus dem soeben Bewiesenen, daß die *Eulersche Charakteristik eines Elementes gleich* 1, *die einer n-dimensionalen Sphäre gleich* 2 *oder gleich* 0 *ist, je nachdem n gerade oder ungerade ist.*

8. Der Invarianzsatz für Bettische Gruppen unendlicher Polyeder[1].

Satz VII. *Wenn P und Q zwei homöomorphe (im allgemeinen unendliche) Euklidische Polyeder, K und L zwei beliebige simpliziale Zerlegungen derselben sind, so sind die Bettischen Gruppen von K den entsprechenden Bettischen Gruppen von L isomorph.*

Den Beweis dieses Satzes (der zugleich einen zweiten Beweis für die Invarianz der Bettischen Gruppen endlicher Polyeder liefert)[2], beginnen wir mit folgender

Vorbemerkung. Es sei f eine topologische Abbildung von $P = \bar{K}$ auf $Q = \bar{L}$. Es seien

$$\mathfrak{x}_1, \mathfrak{x}_2, \ldots, \mathfrak{x}_i, \ldots$$

sämtliche Grundsimplexe von K; wir bezeichnen mit L_i den kombinatorischen Stern[3] $S_L(f(\mathfrak{x}_i))$. Wegen der lokalen Endlichkeit von L ist L_i ein endlicher Komplex (vgl. Kap. III, § 1, Nr. 7).

[1] Die Nummern 8—12 können bei erster Lektüre überschlagen werden.

[2] Der folgende Beweis rührt im wesentlichen von PONTRJAGIN her.

[3] Kap. III, § 1, Nr. 7.

Hilfssatz[1]. Es sei f eine topologische Abbildung von P auf Q. Es existiert eine Unterteilung K' von K von der Beschaffenheit, daß für jedes auf $\bar{x}_i$ liegende Simplex $\bar{x}'_i$ des Komplexes K' gilt[2]

$$\delta f(\bar{x}'_i) < \sigma(L_i).$$

Beweis des Hilfssatzes. Wir zerlegen jedes Simplex $\bar{x}_i$ mittels endlich-vieler sukzessiver baryzentrischer Unterteilungen in so feine Simplexe $\bar{x}_{i1}, \bar{x}_{i2}, \ldots, \bar{x}_{is_i}$, daß die $f(\bar{x}_{ij})$ sämtlich kleiner als $\sigma(L_i)$ sind[3]. Es kommt nur darauf an, zu zeigen, daß man die $\bar{x}_{ij}$ so unterteilen kann, daß diese Unterteilungen zusammen einen Komplex — und zwar eine Unterteilung von K — ergeben.

Diese letzte Behauptung bildet aber gerade den Inhalt des Satzes III von Kap. III, § 3. Hiermit ist der Hilfssatz bewiesen.

Aus der Definition von $\sigma(L_i)$ folgt unmittelbar:

Zusatz I zum Hilfssatz. Ist $|x'| = |a'_0 \ldots a'_r|$ ein Simplex von K' und läßt man jedem Eckpunkt a'_i von $|x'|$ den Mittelpunkt b_i eines den Punkt $f(a'_i)$ enthaltenden baryzentrischen Sternes von L entsprechen, so sind die Punkte $b_0, \ldots, b_r$ Eckpunkte eines und desselben Simplexes von L, welches auf diese Weise dem Simplex x' zugeordnet wird.

Hieraus folgt weiter:

Zusatz II zum Hilfssatz. Jede kanonische Eckpunktzuordnung von $f(K')$ in bezug auf L erzeugt eine kanonische Verschiebung. [Dabei ist $f(K')$ als ein Komplex in $Q = \bar{L}$ im Sinne von Kap. IV, § 1, Nr. 8, c, d. h. als Menge der Eckpunktgerüste seiner (krummen) Elemente zu verstehen.]

Bemerkung. Eine Unterteilung von K, die die Behauptung unseres Hilfssatzes erfüllt, nennen wir für einen Augenblick eine (L, f)-Unterteilung von K.

9. Wir gehen jetzt zum eigentlichen Beweis des Invarianzsatzes über. Es seien:

K_1 eine (L, f)-Unterteilung von K;
L' eine (K_1, f^{-1})-Unterteilung von L;
K' eine (L', f)-Unterteilung von K_1.

Wir bezeichnen ferner mit

$$g_1, g_2, g_3$$

die kanonischen Verschiebungen von

$$f(K_1) \text{ in } L; \quad f^{-1}(L') \text{ in } K_1; \quad f(K') \text{ in } L'.$$

---

[1] Im Falle endlicher Komplexe ist der Hilfssatz trivial, denn jede hinreichend feine Unterteilung von K liefert das Gewünschte.

[2] Wegen Definition der Zahl $\sigma(L_i)$ siehe § 1, Nr. 5. Es bedeutet $\delta f(\bar{x}'_i)$ den Durchmesser von $f(\bar{x}'_i)$.

[3] Dies ist möglich auf Grund von Kap. III, § 2, Satz IIa.

Diese kanonischen Verschiebungen erzeugen homomorphe Abbildungen von

$$B^r(K_1) \text{ in } B^r(L); \quad B^r(L') \text{ in } B^r(K_1); \quad B^r(K') \text{ in } B^r(L'),$$

welche wir ebenfalls mit

$$g_1, g_2, g_3$$

bezeichnen.

Zusatz III zum Hilfssatz. Die Abbildungen $g_2 f^{-1} g_3 f$ der Eckpunktmenge von K' in die Eckpunktmenge von K_1 ist eine natürliche Eckpunktzuordnung in bezug auf den Komplex K_1.

Beweis des Zusatzes III. Es sei a' ein Eckpunkt von K', $\bar{x}_i$ der Träger von a' in K_1, $\bar{y}_0$ der Träger von $f(a')$ in L', $\bar{y}_*$ der Träger von y_0 in L. Wir setzen

$$K_0 = S_{K_1}(f^{-1}(\bar{y}_0)), \quad K_* = S_{K_1}(f^{-1}\bar{y}_*).$$

Es genügt nach der Bemerkung von § 1, Nr. 3, zu zeigen, daß

$$\varrho(a', f^{-1} g_3 f(a')) < \varepsilon(\bar{x}_i) \tag{1}$$

ist.

Nun ist aber $g_3 f(a')$ ein Eckpunkt von $\bar{y}_0$, also ist nicht nur a', sondern auch $f^{-1} g_3 f(a')$ in $f^{-1}\bar{y}_0$ enthalten, somit

$$\varrho(a', f^{-1} g_3 f(a')) \leqq \delta f^{-1}(\bar{y}_0).$$

Nach Voraussetzung ist $\delta f^{-1}(\bar{y}_0) < \sigma(K_*) \leqq \varepsilon(K_*)$; da $K_0 \subset K_*$, folglich $\varepsilon(K_*) \leqq \varepsilon(K_0)$ ist, ist $\delta f^{-1}\bar{y}_0 < \varepsilon(K_0)$, also erst recht $\delta f^{-1}(\bar{y}_0) < \varepsilon(x_i)$, also die Ungleichung (1) richtig, der Zusatz III bewiesen.

Da K' eine Unterteilung von K_1 ist, definiert die natürliche Eckpunktzuordnung $g_2 f^{-1} g_3 f$ nach § 1, Nr. 4, eine natürliche Verschiebung von K' in K_1. *Diese Verschiebung bezeichnen wir der Kürze halber mit* $g_2 g_3$.

In genau derselben Weise überzeugt man sich davon, daß die Abbildung $g_1 f g_2 f^{-1}$ der Eckpunkte von L' auf Eckpunkte von L eine natürliche Eckpunktzuordnung ist, welche eine natürliche Verschiebung $g_1 g_2$ von L' in L erzeugt.

Wir führen jetzt den Beweis des Invarianzsatzes in folgenden drei Schritten zu Ende.

α) *Die homomorphen Abbildungen* $g_2 g_3$ (von $B^r(K')$ in $B^r(K_1)$) *bzw.* $g_1 g_2$ (von $B^r(L')$ in $B^r(L)$) *sind Isomorphismen von* $B^r(K')$ *auf* $B^r(K_1)$ *bzw. von* $B^r(L')$ *auf* $B^r(L)$.

Diese Behauptung folgt in der Tat nach § 1, Nr. 6, daraus, daß die genannten homomorphen Abbildungen durch die natürlichen Verschiebungen $g_2 g_3$ bzw. $g_1 g_2$ von K' auf K_1 bzw. von L' auf L erzeugt sind.

Aus α) folgt unmittelbar:

β) *Die homomorphen Abbildungen* g_3 *bzw.* g_2 *sind Isomorphismen* (von $B^r(K')$ in $B^r(L')$ bzw. von $B^r(L')$ in $B^r(K_1)$).

Wir beweisen jetzt

γ) *Der Isomorphismus g_3 ist ein Isomorphismus von $B^r(K')$ auf die ganze Gruppe $B^r(L')$.*

Beweis von γ). Es sei V das Bild von $B^r(K')$ bei dem Isomorphismus g_3. Die Gruppe V ist eine Untergruppe von $B^r(L')$; wir haben zu zeigen, daß $V = B^r(L')$ ist, d. h. daß V von jeder *echten* Untergruppe von $B^r(L')$ verschieden ist. Da nach α)

$$g_2 V = B^r(K_1)$$

ist, haben wir nur zu zeigen, daß bei jeder Wahl der *echten* Untergruppe U von $B^r(L')$

$$g_2 U \neq B^r(K_1) \tag{2}$$

ist. Dies zeigen wir, indem wir irgendein in U nicht enthaltenes Element ξ von $B^r(L')$ wählen und das Bild $g_2(\xi)$ dieses Elementes betrachten. Da nach β) die Abbildung g_2 von $B^r(L')$ isomorph ist, ist bei dieser Abbildung das Bild jedes Elementes von U von $g_2(\xi)$ verschieden. Mit anderen Worten: $g_2 U$ enthält nicht das Element $g_2(\xi)$ von $B^r(K_1)$, woraus (2) und mithin die Behauptung γ) folgt.

Aus γ) folgt: *Die Gruppen $B^r(K')$ und $B^r(L')$ sind isomorph.* Da $B^r(L')$ mit $B^r(L)$ und $B^r(K')$ mit $B^r(K)$ isomorph sind (Kap. VI, § 2), ist auch $B^r(K)$ mit $B^r(L)$ isomorph, w. z. b. w.

10. Anwendung auf offene Mengen des R^n. Nach dem Satz von RUNGE (Kap. III, § 3) ist jede in R^n offene Menge G ein unendliches Polyeder — und nach dem, was soeben bewiesen wurde, sind die Bettischen Gruppen verschiedener, auch krummer, simplizialer Zerlegungen dieses Polyeders untereinander isomorph. Wir haben aber früher (Kap. V, § 1, Nr. 1) die Bettischen Gruppen von G unabhängig von den durch den Satz von RUNGE gelieferten simplizialen Zerlegungen definiert, und zwar direkt unter Zugrundelegung des Eckpunktbereiches von G. Es handelt sich jetzt darum, zu zeigen, *daß die Bettischen Gruppen von G den entsprechenden Bettischen Gruppen einer beliebigen simplizialen Zerlegung K von G isomorph sind.* Daraus wird insbesondere folgen, daß, wenn die beiden offenen Mengen G und G' homöomorph sind, ein Isomorphismus zwischen den Bettischen Gruppen von G und den entsprechenden Gruppen von G' vorliegt. Der Beweis dieser Behauptungen soll nun erbracht werden.

Es sei K eine Simplizialzerlegung der offenen Menge $G \subset R^n$. Eine homomorphe Abbildung g einer Bettischen Gruppe von K in die entsprechende Gruppe von G ist dadurch gegeben, daß jede Homologieklasse von K in einer Homologieklasse von G enthalten ist. Um zu zeigen, daß dieser Homomorphismus eine isomorphe Abbildung der einen Gruppe auf die andere ist, genügt der Nachweis, daß 1) in der Nullklasse von G *nur* die Nullklasse von K und daß 2) in *jeder*

Klasse von G (mindestens) eine Klasse von K enthalten ist. Um dies zu beweisen, brauchen wir einige kurze Hilfsbetrachtungen.

Es sei C ein algebraischer Komplex in $G \subset R^n$. Wir definieren die *Unterteilungen* von C folgendermaßen. In einem hinreichend hochdimensionalen $R^m \supset R^n$ bringen wir das Eckpunktsystem von C durch eine beliebig kleine Verschiebung g in allgemeine Lage. Dadurch geht $|C|$ in einen Euklidischen Komplex $|C'| = g\,|C| \subset R^m$ und C in C' über. Die Abbildung g^{-1} der Eckpunktmenge von C' auf die Eckpunktmenge von C erzeugt eine simpliziale Abbildung g^{-1} von $|C'|$ auf $|C|$ bzw. von C' auf C. Durch diese simpliziale Abbildung geht insbesondere jede Unterteilung C_1' von C' in einen algebraischen Komplex C_1 in G über; *C_1 heißt eine Unterteilung von C.* Offenbar besitzt C beliebig feine Unterteilungen (d. h. Unterteilungen, deren Simplexe einen beliebig kleinen Durchmesser haben).

Hilfssatz. Ist z ein Zyklus in G und z_1 eine Unterteilung von z, so ist $z \sim z_1$ in G.

Denn in den obigen Bezeichnungen ist nach Satz III von § 1 der Zyklus z' simpliziales Bild seiner Unterteilung z_1', wobei jedes Simplex von z_1' auf seinem Bilde liegt. Nach Kap. IV, § 6, Nr. 3 ist $z' \sim z_1'$ in $\bar{z}'$, wobei der durch $z' - z_1'$ berandete Komplex q' so gewählt werden kann, daß seine Simplexe auf den Simplexen von z' liegen. Durch die simpliziale Abbildung g^{-1} von $\bar{z}'$ auf $\bar{z} \subset G$ geht q' in einen algebraischen Komplex q in G über, wobei $\dot{q} = z - z_1$ und folglich $z \sim z_1$ in G ist, w. z. b. w.

11. Wir beschreiben jetzt eine Operation, die wir als *kanonische Verschiebung in bezug auf K eines algebraischen Komplexes C von $G = \bar{K}$* bezeichnen.

Man wählt zuerst einen endlichen Teilkomplex K' von K, welcher eine gewisse Umgebung $U(\bar{C})$ enthält und ersetzt K' durch eine Unterteilung K_1', deren Simplexe kleiner als $\varrho(\bar{K}', R^n - G)$ sind[1]. Es sei C_0 eine Unterteilung von C, deren Simplexe kleiner als $\sigma(K_1')$ sind. Man führt C_0 mittels einer kanonischen Verschiebung in bezug auf K_1' in einen algebraischen Teilkomplex C' von K_1' über, welcher seinerseits durch eine kanonische Verschiebung in bezug auf K' in einen algebraischen Teilkomplex C_1 von K' (also von K) übergeht. C_1 ist die gewünschte kanonische Verschiebung von C. War C von vornherein ein Teilkomplex von K, so liefert dieses Verfahren (wegen § 1, Satz III) das Resultat $C_1 = C$, so daß man in diesem Falle von Anfang an $C_1 = C$ setzen konnte.

Jeder der Schritte, die uns von C_0 zu C_1 geführt haben, stellt eine simpliziale Abbildung dar; daher ist auch C_1 simpliziales Bild von C: $C_1 = f(C_0)$. War C von vornherein ein Teilkomplex von K, so setzen

---

[1] Ist $G = R^n$, so sei $K_1' = K'$.

wir $C_1 = C$; f ist dann die identische Abbildung. Ist C ein Zyklus, so ist $C \sim C_0$ in G (nach dem Hilfssatz). Der Übergang von C_0 zu C_1 vollzieht[1] sich innerhalb der Homologieklasse von C (in bezug auf G); daraus folgt: *Jeder Zyklus von G ist einem Zyklus von K in G homolog.* Aus derselben Konstruktion folgt ferner, daß *ein Zyklus z von K, der in G berandet, auch in K berandet.* Denn berandet z den Komplex C von G, so ergibt unser Verfahren einen Teilkomplex $C_1 = f(C)$ von K, wobei, wie oben bemerkt war, $f(z) = z$ ist. Somit ist $\dot{C}_1 = z$.

Wir haben also gezeigt: Jede Homologieklasse von G enthält eine Homologieklasse von K; die Nullklasse von G enthält nur die Nullklasse von K. Die Gruppen $B^r(G)$ und $B^r(K)$ sind also isomorph und die in Nr. 10 ausgesprochenen Behauptungen sind bewiesen.

12. Aus der Isomorphie der Bettischen Gruppen von G und der entsprechenden Gruppen einer simplizialen Zerlegung K von G ziehen wir eine für die Bettischen Gruppen von G wichtige Folgerung:

Für $r \geqq n$ ist die Bettische Gruppe $B^r(G)$ des Gebietes $G \subset R^n$ die Nullgruppe (Koeffizientenbereich gleichgültig).

Denn erstens ist K ein n-dimensionaler Komplex, daher ist für $r > n$ die Gruppe $B^r(K)$ die Nullgruppe[2]; zweitens ist K ein Euklidischer Komplex des R^n, enthält also keinen von Null verschiedenen n-dimensionalen Zyklus (Kap. IV, § 5, Nr. 12).

§ 3. Allgemeiner Dimensionsbegriff.

1. Gewöhnlich wird der Pflastersatz (§ 2, Nr. 2) so formuliert:

Die Ordnung[3] jeder hinreichend feinen abgeschlossenen Überdeckung[4] eines n-dimensionalen Simplexes ist mindestens gleich $n+1$.

In dieser Formulierung (die der des Textes offenbar äquivalent ist) wurde der Satz zum erstenmal von Lebesgue 1911 ausgesprochen, aber erst von Brouwer 1913 bewiesen. Seitdem ist er zur Grundlage der sog. allgemeinen Dimensionstheorie geworden und zählt mit Recht zu den wichtigsten (andererseits auch anschaulichsten!) topologischen Sätzen[5].

Der allgemeine Dimensionsbegriff wird für ein Kompaktum F nach der Vorschrift des Satzes IV von § 2 folgendermaßen eingeführt: Die kleinste nicht negative ganze Zahl $n = \dim F$ von der Eigenschaft, daß *es zu jedem $\varepsilon > 0$ eine abgeschlossene ε-Überdeckung von F gibt*, deren Nerv ein n-dimensionaler Komplex oder — was dasselbe ist — *deren Ordnung gleich $n+1$ ist*, heißt die *Dimension von F*. Wenn eine solche

[1] Kap. IV, § 6, Satz IIa. [2] Vgl. Kap. IV, § 2, Nr. 14, Bemerkung I.

[3] Wegen der Definition der Ordnung einer Überdeckung siehe Kap. I, § 2, Nr. 13.

[4] In diesem ganzen Paragraphen wird unter einer Überdeckung immer eine *endliche* Überdeckung verstanden.

[5] Im „Anhang" zu diesem Kapitel ist der sehr kurze Spernersche Beweis des Pflastersatzes dargestellt.

Zahl überhaupt nicht existiert, d. h. wenn es zu jeder noch so großen Zahl n ein ε gibt, derart, daß die Ordnung jeder abgeschlossenen ε-Überdeckung $> n+1$ ist, sagt man, daß F unendlich-dimensional ist und schreibt $\dim F = \infty$. Dann wachsen also bei abnehmendem ε die Dimensionszahlen der Nerven der ε-Überdeckungen von F notwendig über alle Grenzen.

Man kann diese Definition offenbar auch so formulieren:

Ein Kompaktum F heißt *höchstens r-dimensional*, wenn es bei jedem ε eine abgeschlossene ε-Überdeckung[1] von einer Ordnung $\leqq r+1$ besitzt; es heißt *r-dimensional*, wenn es höchstens r-dimensional, jedoch nicht höchstens $(r-1)$-dimensional ist; es heißt *unendlich-dimensional*, wenn es bei keinem r höchstens r-dimensional ist.

Satz I. *Ein Kompaktum F ist dann und nur dann höchstens r-dimensional, wenn es bei jedem* $\varepsilon > 0$ *eine offene ε-Überdeckung von einer Ordnung* $\leqq r+1$ *besitzt.*

Mit anderen Worten: man kann in der obigen Dimensionsdefinition von offenen anstatt von abgeschlossenen Überdeckungen sprechen.

Beweis — durch unmittelbare Anwendung der Sätze VI und VII von Kap. I, § 6.

Die allgemeine Dimensionsdefinition erlaubt, den Pflastersatz wie folgt auszusprechen:

Die Dimension eines Polyeders stimmt mit der Dimensionszahl jeder seiner Simplizialzerlegungen (d. h. mit seiner „elementar-geometrischen" Dimensionszahl) *überein.*

2. Von den einfachsten Eigenschaften des allgemeinen Dimensionsbegriffes erwähnen wir hier — neben seiner in § 2, Nr. 3 bewiesenen topologischen Invarianz — in erster Linie die folgenden:

Satz II. *Ist* $F' \subset F$, *so ist* $\dim F' \leqq \dim F$.

Der Beweis ist klar.

Satz III. Brouwersches Invarianzprinzip. *Zu jedem endlich-dimensionalen Kompaktum F gibt es ein solches* $\varepsilon > 0$, *daß F mittels einer ε-Abbildung*[2] *in keinen Raum von kleinerer Dimension transformiert werden kann.*

Beweis. Wir bemerken zuerst, daß der Satz VI von Kap. II, § 3 auch in der folgenden Form ausgesprochen werden kann: Es liege die ε-Abbildung f des Kompaktums X in das Kompaktum Y vor. Es gibt eine Zahl $\eta > 0$ derart, daß aus $\varrho(f(x), f(x')) < \eta$ stets $\varrho(x, x') < \varepsilon$ folgt. Oder mit anderen Worten: *Jede*[3] *Punktmenge B von Y mit einem Durchmesser* $< \eta$ *hat eine Originalmenge von einem Durchmesser* $\leqq \varepsilon$.

---

[1] Siehe Fußnote 4 auf Seite 363. [2] Kap. II, § 3, Nr. 5.

[3] Ist B abgeschlossen und von einem Durchmesser $< \eta$, so hat $f^{-1}(B)$ einen Durchmesser $< \varepsilon$ [denn wäre der Durchmesser von $f^{-1}(B)$ gleich ε, so würde man wegen der Abgeschlossenheit von $f^{-1}(B) \subset F$ in $f^{-1}(B)$ zwei voneinander genau um ε entfernte Punkte finden können].

Nach dieser Vorbemerkung gehen wir zum eigentlichen Beweis des Brouwerschen Invarianzprinzips über. Wir wählen ε so klein, daß F keine 2ε-Überdeckung von einer Ordnung $\leqq r$ zuläßt, und nehmen an, daß F auf ein höchstens $(r-1)$-dimensionales F' ε-abgebildet werden kann. Die betreffende Abbildung heiße f. Wir bestimmen zu ihr die Zahl η wie soeben. Es sei $\mathfrak{U}' = \{F'_1, \ldots, F'_s\}$ eine η-Überdeckung von F'. Setzt man $F_i = f^{-1}(F'_i)$, so erhält man eine Überdeckung $\mathfrak{U} = \{F_1, \ldots, F_s\}$, die dieselbe Ordnung hat wie $\mathfrak{U}'$. Da die Durchmesser der F_i kleiner als 2ε sind, sind wir zu einem Widerspruch mit der Definition der Zahl ε gekommen, und das Brouwersche Invarianzprinzip ist bewiesen.

Wir erwähnen noch einen besonders wichtigen Spezialfall des soeben bewiesenen Satzes: *Zu jedem Kompaktum $F \subset R$ gibt es ein $\varepsilon > 0$ derart, daß F durch keine ε-Verschiebung in eine Menge kleinerer Dimension übergeführt werden kann.*

3. Ausfegungsverfahren; $(n-1)$-dimensionale Kompakten des R^n. Jedes $F \subset R^n$ kann bei beliebigem ε mittels einer ε-Verschiebung in ein endliches Polyeder ε-übergeführt werden. Wir beweisen in der Tat sogar den schärferen

Satz IV (Ausfegungssatz). *Ist F eine Teilmenge des in der simplizialen Zerlegung K vorliegenden Polyeders $\bar{K}$, so gibt es einen Teilkomplex K' von K und eine solche stetige Abbildung f von F auf $\bar{K}'$, daß bei jeder Wahl des Punktes a von F ein Simplex von K existiert, welches a und $f(a)$ enthält. Sind die Simplexe von K ihrem Durchmesser nach kleiner als ε, so ist diese Abbildung f eine ε-Verschiebung.*

Da jedes $F \subset R^n$ in einem endlichen Polyeder (z. B. in einem hinreichend großen Simplex) enthalten ist, folgt die zu Beginn dieser Nummer gemachte Behauptung aus dem Ausfegungssatze.

Beweis des Ausfegungssatzes. Vorbemerkung. Es seien: $F \subset \bar{K}$ und T ein Simplex von K. Es wird vorausgesetzt, daß kein Simplex von K, welches T zu seinen Seiten zählt, in seinem Innern Punkte von F enthält, und daß T mindestens einen inneren Punkt o enthält, welcher nicht zu F gehört. Wir definieren eine stetige Abbildung f von F in $\bar{K}$ — *die Ausfegung von T in bezug auf F* — folgendermaßen: In den im Innern von T liegenden Punkten von F ist f als die Projektion aus dem Punkt o auf den Rand von T erklärt, während in allen übrigen Punkten von F die Abbildung f definitionsgemäß die identische Abbildung ist.

Es seien jetzt $T_1, \ldots, T_s$ alle Simplexe von K, welche Punkte von F enthalten, in einer solchen Reihenfolge, daß die Dimensionszahl von T_{i+1} höchstens so groß ist wie die von T_i. Wir setzen $F_0 = F$ und nehmen an, daß F_i bereits definiert ist. Je nachdem T_{i+1} in F_i enthalten ist oder nicht, erklären wir f_{i+1} als die identische Abbildung von F_i bzw. als die Ausfegung von T_{i+1} in bezug auf F_i und setzen $F_{i+1} = f_{i+1}(F_i)$. Sodann ist F_s ein Polyeder $\bar{K}'$, wobei K' ein Teilkomplex von K ist; die Abbildung $f = f_s f_{s-1} \ldots f_1(F_0)$ ist die gesuchte Abbildung von F auf $F_s = \bar{K}'$. Die Abbildung f von F auf $\bar{K}'$ wird gelegentlich als eine *Ausfegung* (der nicht in F enthaltenen Simplexe) *von K* bezeichnet.

Korollar. *Eine abgeschlossene Menge des Hilbertschen Raumes ist dann und nur dann kompakt, wenn sie bei jedem ε mittels einer ε-Verschiebung in ein endliches Polyeder übergeführt werden kann.* Dieses Korollar folgt unmittelbar aus Kap. II, § 4, Satz VII und dem Ausfegungssatz.

Als Anwendung des Ausfegungssatzes beweisen wir noch folgenden wichtigen Satz:

Satz V. *Im R^n sind die nirgendsdichten beschränkten abgeschlossenen Mengen mit den höchstens $(n-1)$-dimensionalen Kompakten identisch.* (Mit anderen Worten: $F \subset R^n$ ist dann und nur dann n-dimensional, wenn es ein n-dimensionales Simplex enthält.)

Beweis. Es sei T^n ein n-dimensionales Simplex, zu dem F als Teilmenge gehört: $T^n \supset F$; ein solches existiert wegen der Beschränktheit von F. Ist in F ein n-dimensionales Simplex t^n enthalten, so ist nach Satz II

$$\dim T^n \geqq \dim F \geqq \dim t^n,$$

und nach dem Pflastersatz $\dim T^n = \dim t^n = n$, also $\dim F = n$.

Es enthalte F kein n-dimensionales Simplex. Man wähle ein beliebig kleines ε und zerlege T^n in Simplexe, die kleiner als ε sind; jedes dieser Simplexe enthält Punkte, die nicht zu F gehören und kann infolgedessen (in bezug auf F) ausgefegt werden; die Gesamtheit dieser Ausfegungen ergibt offenbar eine ε-Überführung von F in das aus den $(n-1)$-dimensionalen Simplexen der gewählten Zerlegung von T^n zusammengesetzte Polyeder; somit kann F bei jedem ε in eine höchstens $(n-1)$-dimensionale Menge ε-übergeführt werden, woraus vermöge des Brouwerschen Invarianzprinzips folgt, daß $\dim F \leqq n-1$ ist, w. z. b. w.

4. Das Abbildungsverfahren von Kuratowski. Es sei

$$\mathfrak{U} = \{U_1, \ldots, U_s\}$$

eine offene Überdeckung des metrischen Raumes R; es sei N ein Komplex eines R^n, welcher dem Nerven von $\mathfrak{U}$ isomorph ist (N ist eine „Realisation des Nerven" im R^n). Wir konstruieren nach Kuratowski eine stetige Abbildung $\varkappa(p)$ von R in N folgendermaßen. Wir definieren in allen Punkten p von R die s reellen Funktionen

$$\mu_i(p) = \varrho(p, R - U_i), \qquad i = 1, \ldots, s,^{1}$$

und erklären $\varkappa(p)$ als den Schwerpunkt der in den Eckpunkten $b_1, \ldots, b_s$ von N respektive angebrachten Massen $\mu_1(p), \ldots, \mu_s(p)$; dabei entspricht der Eckpunkt b_i von N dem Element U_i von $\mathfrak{U}$.

[1] Ist $U_i = R$, so setzen wir $\mu_i(p) = 1$ für alle p.

Dann und nur dann ist $\mu_i(p) \neq 0$, wenn $p \subset U_i$ ist; daraus folgt, daß, wenn p etwa zu $U_{i_0}, \ldots, U_{i_h}$ und nur zu diesen Elementen gehört, der Punkt $\varkappa(p)$ im Innern des Simplexes $\overline{b_{i_0} \ldots b_{i_h}}$ von N enthalten ist; $\varkappa(p)$ ist also eine Abbildung von F in $\bar{N}$. Da die $\mu_i(p)$ offenbar stetig sind, ist auch $\varkappa(p)$ stetig.

5. Approximation von stetigen Abbildungen; ε-Verschiebungen. Wir wollen jetzt näher untersuchen, was die Kuratowskischen Abbildungen $\varkappa(p)$ in verschiedenen Spezialfällen liefern.

Es sei F ein Kompaktum, f eine stetige Abbildung von F in einen R^n; es sei schließlich $\varepsilon > 0$ beliebig gegeben. Wir wählen $\delta > 0$ so klein, daß für je zwei Punkte p und p' von F, die voneinander um weniger als δ entfernt sind,

$$\varrho(f(p), f(p')) < \varepsilon/2$$

gilt. Es sei

$$\mathfrak{U} = \{U_1, \ldots, U_s\}$$

eine offene δ-Überdeckung von F; ist F endlich-, und zwar r-dimensional, so soll $\mathfrak{U}$ die Ordnung $r + 1$, also der Nerv von U die Dimensionszahl r haben.

In jeder Menge U_i, $1 \leq i \leq s$, wählen wir einen Punkt a_i und lassen jedem a_i einen Punkt $b_i \subset R^n$ unter der Bedingung

$$\varrho(f(a_i), b_i) < \varepsilon/2$$

entsprechen. Die Punkte $b_1, \ldots, b_s$ machen wir zu den Eckpunkten des im R^n realisierten Nerven N von $\mathfrak{U}$ (d. h. wir definieren N als den Komplex des R^n, dessen Eckpunktgerüste diejenigen Teilmengen $b_{i_0}, \ldots, b_{i_h}$ der endlichen Punktmenge $b_1, \ldots, b_s$ sind, denen nichtleere Durchschnittsmengen $U_{i_0} \cdot \ldots \cdot U_{i_h}$ entsprechen). N heißt *eine zu f und ε gehörende Realisation des Nerven von* $\mathfrak{U}$. Die Kuratowskische Abbildung $\varkappa(p)$ von F in N heißt eine *ε-Approximation* der Abbildung f. Der Name ist berechtigt, denn es gilt für jeden Punkt p von F

$$\varrho(f(p), \varkappa(p)) < \varepsilon.$$

Es sei in der Tat p ein beliebiger Punkt von F; er gehöre unter den Elementen von $\mathfrak{U}$ zu $U_{i_0}, \ldots, U_{i_h}$ und nur zu diesen; dann ist p von jedem der Punkte $a_{i_0}, \ldots, a_{i_h}$ um weniger als δ entfernt, also ist die Entfernung zwischen $f(p)$ und jedem der Punkte $f(a_{i_0}), \ldots, f(a_{i_h})$ kleiner als $\varepsilon/2$. Es gehören mit anderen Worten die Punkte $f(a_{i_0}), \ldots, f(a_{i_h})$ zu $U(f(p), \varepsilon/2)$, also die Punkte $b_{i_0}, \ldots, b_{i_h}$ zu $U(f(p), \varepsilon)$. Als Schwerpunkt gewisser in $b_{i_0}, \ldots, b_{i_h}$ angebrachter positiver Massen [nämlich der Massen $\mu_{i_0}(p), \ldots, \mu_{i_h}(p)$, alle übrigen $\mu_i(p)$ sind gleich Null] liegt der Punkt $\varkappa(p)$ ebenfalls in $U(f(p), \varepsilon)$, es ist also $\varrho(f(p), \varkappa(p)) < \varepsilon$.

Im Falle, wenn $F \subset R^n$ und f die identische Abbildung von F ist, ist eine ε-Approximation $\varkappa(p)$ von f eine *ε-Verschiebung*, d. h. es ist $\varrho(p, \varkappa(p)) < \varepsilon$. In etwas verschärfter Fassung erhalten wir:

Satz VI. *Ist* $F \subset R^n$, $\mathfrak{U} = \{U_1, \ldots, U_s\}$ *eine offene* ε-*Überdeckung von* F, N *der in hinreichender Nähe*[1] *von* $\mathfrak{U}$ *realisierte Nerv dieser Überdeckung, so kann man mittels einer* ε-*Verschiebung die Menge* F *in* $\overline{N}$ *abbilden.*

Denn es genügt, b_i so nahe zu a_i zu wählen, daß $\varrho(a_i, b_i) < \varepsilon - \delta(U_i)$ ist. Gehört der beliebig gewählte Punkt p von F zu $U_{i_0}, \ldots, U_{i_h}$ und nur zu diesen Elementen von $\mathfrak{U}$, so liegen $b_{i_0}, \ldots, b_{i_h}$, folglich auch der Punkt $\varkappa(p)$ in $U(p, \varepsilon)$, also ist $\varrho(p, \varkappa(p)) < \varepsilon$.

6. Fall einer Euklidischen Realisation des Nerven. Wir kehren zu den allgemeinen Voraussetzungen von Nr. 4 zurück, nehmen aber an, daß der dortige Komplex N Euklidisch ist. Dann gilt:

Satz VII. *Ist* N *eine Euklidische Realisation des Nerven von* $\mathfrak{U}$, *und ist* $[b_{i_0} \ldots b_{i_h}]$ *das Innere eines beliebig gewählten Simplexes* $\overline{b_{i_0} \ldots b_{i_h}}$ *von* N, *so gilt für das Urbild* $\varkappa^{-1}[b_{i_0} \ldots b_{i_h}]$ *von* $[b_{i_0} \ldots b_{i_h}]$:

$$\varkappa^{-1}[b_{i_0} \ldots b_{i_h}] = U_{i_0} \cdot \ldots \cdot U_{i_h} - \sum_{i \neq i_j} U_i. \tag{1}$$

Beweis. Da N Euklidisch ist, so sind die $[b_{i_0} \ldots b_{i_h}]$ zueinander fremd; wenn also der Punkt $q = \varkappa(p)$ zu $[b_{i_0} \ldots b_{i_h}]$ gehört, so gehört er zum Innern keines anderen Simplexes von N, d. h. es sind die Massen $\mu_{i_0}(p), \ldots, \mu_{i_h}(p)$ und nur diese positiv, so daß p zu $U_{i_0}, \ldots, U_{i_h}$ und nur zu diesen Elementen von $\mathfrak{U}$ gehört, woraus (1) folgt.

Zusatz I. *Ist* $\mathfrak{U}$ *eine* ε-*Überdeckung (und* N *nach wie vor Euklidisch), so ist die Kuratowskische Abbildung* $\varkappa(p)$ *von* F *in* $\overline{N}$ *eine* ε-*Abbildung.*

Denn jeder Punkt $q = \varkappa(p)$ ist in einem Simplexinnern $[b_{i_0} \ldots b_{i_h}]$, nämlich im Innern seines Trägers[2], enthalten.

7. Der Abbildungssatz von Hurewicz. Der Menger-Nöbelingsche Einbettungssatz. Es sei f eine stetige Abbildung des r-dimensionalen Kompaktums F in einen mindestens $(2r+1)$-dimensionalen R^n. Wir konstruieren nach der Vorschrift von Nr. 5 die Überdeckung $\mathfrak{U}$ von F und eine zu f und ε gehörende Realisation N des Nerven von $\mathfrak{U}$. Dabei wählen wir die Eckpunkte $b_1, \ldots, b_s$ von N in allgemeiner Lage, so daß N ein Euklidischer r-dimensionaler Komplex im R^n ist. Sodann ist $\varkappa$ eine ε-Approximation von f, die nach dem Zusatz I eine ε-Abbildung ist. Hiermit ist bewiesen:

Zusatz II. Zu jeder stetigen Abbildung f eines r-dimensionalen Kompaktums F in einen mindestens $(2r+1)$-dimensionalen Euklidischen Raum R^n und zu jedem ε gibt es eine ε-Approximation, die zugleich eine ε-Abbildung ist.

Es sei jetzt $T^n \subset R^n$ ein Euklidisches Simplex, welches die Bildmenge $f(F)$ im Innern enthält. Ist ε hinreichend klein, so sind auch alle ε-Approximationen von f ebenfalls Abbildungen von F in T^n. Da ferner bei beliebigem $\tau > 0$ und $\varepsilon \leqq \tau$ jede ε-Abbildung erst recht eine

[1] Kap. IV, § 1, Nr. 11. [2] Kap. III, § 1, Nr. 4 (Satz III).

τ-Abbildung ist, läßt sich unter den Voraussetzungen des Zusatzes II behaupten:

Bei beliebiger Wahl der positiven Zahlen ε, τ, $\varepsilon \leqq \tau$, gibt es zu f eine τ-Abbildung f_ε, die der Bedingung

$$\varrho(f(p), f_\varepsilon(p)) < \varepsilon$$

für alle $p \subset F$ genügt.

In der Ausdrucksweise von Kap. II, § 4, Nr. 5, heißt das:

Bei jedem $\tau > 0$ bilden die τ-Abbildungen von F in T^n eine in $C(F, T^n)$ dichte Menge.

Hieraus und aus dem Satz VI von Kap. II, § 4, folgt aber, daß auch die topologischen Abbildungen von F in T^n eine in $C(F, T^n)$ dichte, insbesondere also eine nichtleere Menge bilden. Man hat mit anderen Worten die beiden folgenden Sätze, von denen der zweite im ersten enthalten ist:

Satz VIII (Abbildungssatz von Hurewicz). *Zu jeder stetigen Abbildung f des r-dimensionalen Kompaktums F in einen mindestens $(2r+1)$-dimensionalen Euklidischen Raum R^n und zu jedem $\varepsilon > 0$ gibt es eine topologische Abbildung φ von F in diesen R^n, welche für jeden Punkt $p \subset F$ der Bedingung*

$$\varrho(f(p), \varphi(p)) < \varepsilon$$

genügt.

Satz IX (Menger-Nöbelingscher Einbettungssatz). *Jedes r-dimensionale Kompaktum ist einer Punktmenge des R^{2r+1} homöomorph.*

Aus dem Menger-Nöbelingschen Einbettungssatz folgt, daß die *endlich-dimensionalen Kompakten vom topologischen Standpunkt aus nichts anderes sind als die beschränkten abgeschlossenen Punktmengen der Euklidischen Räume.*

8. Dimensionstheoretischer Überführungssatz. Aus dem Zusatz I zum Satz VII folgt, daß ein Kompaktum F bei jedem ε in das Polyeder $\overline{N}$ ε-abgebildet werden kann, wobei N eine beliebige Euklidische Realisation des Nerven einer beliebigen offenen (oder abgeschlossenen) ε-Überdeckung von F ist. Diese Behauptung wollen wir jetzt verschärfen, indem wir zeigen, daß nicht nur ε-Abbildungen von F *in* $\overline{N}$, sondern auch ε-Abbildungen von F *auf ein Polyeder* $\overline{N}'$, $N' \subset N$, existieren.

Zu diesem Zweck gehen wir von der Kuratowskischen Abbildung $\varkappa(p)$ von F in $\overline{N}$ aus und wenden auf $\varkappa(F)$ das Ausfegungsverfahren von Nr. 3 an. Es entsteht dadurch eine Abbildung f von $\varkappa(F)$ auf ein Teilpolyeder $\overline{N}'$ von $\overline{N}$, $N' \subset N$. Sieht man sich das Ausfegungsverfahren näher an, so überzeugt man sich davon, daß bei der Abbildung $f\varkappa$ von F auf $\overline{N}'$ nur solche Punkte p von F in das Innere $[b_{i_0} \ldots b_{i_h}]$ abgebildet werden können, deren Bilder bei der Abbildung $\varkappa$ in einem Simplex von N liegen, welches das Simplex $\overline{b_{i_0} \ldots b_{i_h}}$ als Seite und folglich die $b_{i_0}, \ldots, b_{i_h}$ als Eckpunkte besitzt. Solche Punkte von F liegen aber notwendig in $U_{i_0} \cdot \ldots \cdot U_{i_h}$, ihre Menge hat also einen Durchmesser $< \varepsilon$, so daß $f\varkappa$ eine ε-Abbildung ist. Wir haben somit bewiesen:

Satz X. *Jedes Kompaktum F kann auf ein Teilpolyeder N' von $\overline{N}$, $N' \subset N$, ε-abgebildet werden, wobei N der Euklidisch-realisierte Nerv einer beliebigen offenen ε-Überdeckung von F ist. Diese ε-Abbildung f kann so gewählt werden, daß das Urbild $f^{-1}[b_{i_0} \dots b_{i_h}]$ des Inneren irgendeines Simplexes $\overline{b_{i_0} \dots b_{i_h}}$ von N' in der entsprechenden Durchschnittsmenge $U_{i_0} \cdot \ldots \cdot U_{i_h}$ enthalten ist.*

Bemerkung. Ist $\mathfrak{U} = \{F_1, \dots, F_s\}$ eine abgeschlossene ε-Überdeckung von F, N ihr Euklidisch realisierter Nerv und $\sigma > 0$ beliebig, so existiert eine ε-Abbildung von F auf ein Teilpolyeder $\overline{N'}$ von $\overline{N}$ mit

$$f^{-1}[b_{i_0} \dots b_{i_h}] \subset \prod_{0 \leq j \leq h} U(F_{i_j}, \sigma):$$

es genügt, σ kleiner als $\frac{1}{2}(\varepsilon - \max\delta(F_i))$ und als die Lebesguesche Zahl der Überdeckung $F_1, \dots, F_s$ zu wählen und den Satz X auf die offene Überdeckung $\{U(F_1, \sigma), \dots, U(F_s, \sigma)\}$ anzuwenden.

Im Falle $\dim F = r$ kann N als r-dimensionaler Komplex vorausgesetzt werden. Dann ist auch das Polyeder $\overline{N'} \subset \overline{N}$, auf welches F sich ε-abbilden läßt, höchstens r-dimensional. Bei hinreichend kleinem ε ist dieses Polyeder nach dem Brouwerschen Invarianzprinzip mindestens r-dimensional, es ist also genau r-dimensional. Es gilt somit:

Satz XI. *Jedes r-dimensionale Kompaktum F kann bei jedem $\varepsilon > 0$ auf ein r-dimensionales* (endliches) *Polyeder ε-abgebildet werden, und bei hinreichend kleinem ε auf kein Polyeder kleinerer Dimensionszahl.*

Wir beweisen noch:

Satz XI'. *Jedes im Hilbertschen Raume R^∞ oder in einem Euklidischen Raume R^n liegende r-dimensionale Kompaktum F kann bei jedem $\varepsilon > 0$ mittels einer ε-Verschiebung auf ein r-dimensionales Polyeder und bei hinreichend kleinem ε auf kein Polyeder niedrigerer Dimensionszahl abgebildet werden*[1].

Beweis. Da man mittels einer beliebig kleinen Verschiebung ein $F \subset R^\infty$ in ein $F' \subset R^n$ überführen kann (Kap. II, § 4, Satz VII), so darf man sich von vornherein auf den Fall $F \subset R^n$ beschränken.

In diesem Spezialfall wird aber der Beweis des Satzes XI' durch den Satz VI und eine Anwendung des Ausfegungsverfahrens geliefert[2]: denn die Simplexe von N bzw.[2] von N_1 haben (unter den Voraussetzungen des Satzes VI) je einen Durchmesser $< 2\varepsilon$; das Ausfegungsverfahren bedeutet also eine zusätzliche 2ε-Verschiebung, die zusammen mit der ursprünglichen ε-Verschiebung (deren Existenz im Satz VI behauptet wird) eine 3ε-Verschiebung von F auf ein Teilpolyeder $\overline{N'}$ von $\overline{N}$ bzw. $\overline{N}_1$ liefert.

---

[1] Man vergleiche diesen Satz mit dem Korollar zum Ausfegungssatz (Nr. 3).

[2] Auch im Falle, wenn N keine Euklidische Realisation des Nerven von $\mathfrak{U}$ ist (vgl. Satz VI), ist $\overline{N}$ nach Kap. III, § 3, Satz I ein endliches Polyeder; in diesem Falle ist aber das Ausfegungsverfahren nicht auf N, sondern auf irgendeine hinreichend feine Simplizialzerlegung N_1 des Polyeders $\overline{N}$ anzuwenden.

Im Falle $\dim F = \infty$ gibt es nach Satz X ebenfalls ε-Abbildungen von F auf endliche Polyeder; nur muß nach dem Brouwerschen Invarianzprinzip die Dimensionszahl dieser Polyeder mit abnehmendem ε beliebig groß werden. Ebenso läßt sich nach dem Satz VII von Kap. II, § 4, und dem soeben bewiesenen Satz XI' jedes unendlich-dimensionale Kompaktum $F \subset R^\infty$ bei jedem ε mittels einer ε-Verschiebung auf ein Polyeder P_ε abbilden; auch hier wächst die Dimensionszahl von P_ε mit abnehmendem ε notwendig über alle Grenzen.

Die beiden Sätze XI und XI' zusammen werden als der *dimensionstheoretische Überführungssatz* bezeichnet; sie erlauben, die Dimension eines Kompaktums F mittels ε-Abbildungen bzw. ε-Verschiebungen zu definieren: man kann sagen, daß F höchstens r-dimensional ist, wenn F bei jedem ε auf ein höchstens r-dimensionales Polyeder ε-abgebildet werden kann bzw. wenn ein topologisches Bild $F' \subset R^\infty$ von F bei jedem ε mittels einer ε-Verschiebung in ein höchstens r-dimensionales Polyeder übergeführt werden kann; man definiert dann wieder die r-dimensionalen F als solche, die höchstens r-, jedoch nicht höchstens $(r-1)$-dimensional, und die unendlich-dimensionalen F als solche, die bei keinem r höchstens r-dimensional sind.

9. Die am häufigsten gebrauchte Behauptung, die in den obigen Überführungssätzen enthalten ist, formulieren wir nochmals als einen besonderen Satz und geben ihr einen zweiten Beweis:

Satz XI''. *Ist $F \subset R^n$, $n \leq \infty$, $\mathfrak{U} = \{F_1, \ldots, F_s\}$ eine abgeschlossene ε-Überdeckung von F, N der in hinreichender Nähe von $\mathfrak{U}$ realisierte Nerv von $\mathfrak{U}$, so kann man mittels einer ε-Verschiebung F in $\overline{N}$ stetig abbilden.*

Beweis. Es sei $\varepsilon' < \varepsilon$ das Maximum der Durchmesser der Elemente von $\mathfrak{U}$. Wir wählen σ so, daß 3σ kleiner als $\varepsilon - \varepsilon'$ und als die Lebesguesche Zahl von $\mathfrak{U}$ ist. Z sei eine simpliziale Zerlegung von R^n vom Feinheitsgrade σ, K der Komplex, der aus allen Simplexen von Z besteht, welche mindestens einen Punkt von F enthalten. Es genügt offenbar zu zeigen, daß man *mittels einer ε-Verschiebung K auf einen Teilkomplex von N simplizial abbilden kann.*

Wir definieren zuerst eine simpliziale Abbildung f_1 von K (in den R^n) dadurch, daß wir jedem Eckpunkt a von K einen unter den zu a am nächsten liegenden Punkten von F als den Punkt $f_1(a)$ zuordnen. Da jedes Simplex von K kleiner als σ ist und mindestens einen Punkt von F enthält, ist $\varrho(a, f(a)) < \sigma$, also f_1 eine σ-Verschiebung.

Wenn wir jetzt den Komplex $f(K)$, dessen Eckpunkte zu F gehören und dessen Simplexe kleiner als 3σ sind, einer kanonischen Verschiebung f_2 in bezug auf N unterziehen, so ist die simpliziale Abbildung $f_2 f_1(K)$ eine $(\varepsilon' + 3\sigma)$-, also noch immer eine ε-Verschiebung von K in N, und unser Satz ist bewiesen.

Eine Anwendung des Ausfegungssatzes ergibt sodann den dimensionstheoretischen Überführungssatz ohne Benutzung der Kuratowskischen Abbildungen.

Es sei jetzt P irgendein Polyeder, auf welches F ε-abgebildet werden kann; als stetiges Bild des Kompaktums F ist P kompakt, also endlich. Wir wählen $\eta > 0$ so klein, daß für jede abgeschlossene Teilmenge Φ von P mit[1] $\delta(\Phi) < \eta$

$$\delta(f^{-1}(\Phi)) < \varepsilon$$

gilt[2]. Sodann sei K eine Simplizialzerlegung von P, deren Elemente sämtlich kleiner als $\frac{\eta}{2}$ sind. Da die zu K gehörenden baryzentrischen Sterne

(2) $$B_1, \ldots, B_s$$

offenbar kleiner als η sind, hat jede der abgeschlossenen Mengen $F_i = f^{-1}(B_i)$ einen Durchmesser $< \varepsilon$; die Mengen $F_1, \ldots, F_s$ bilden also eine ε-Überdeckung von F, deren Nerv mit dem Nerv von (2), d. h. mit dem Komplex K isomorph ist. Also:

Satz XII. *Jede hinreichend feine Simplizialzerlegung eines Polyeders, auf das sich F ε-abbilden läßt, kann als Nerv einer ε-Überdeckung von F aufgefaßt werden.*

10. Dimension und wesentliche Abbildungen. Die Bedeutung des dimensionstheoretischen Überführungssatzes beruht im wesentlichen darauf, daß er eine Beziehung zwischen dem allgemeinen Dimensionsbegriff — also einer mengentheoretisch eingeführten topologischen Invariante — und der Dimensionszahl eines Polyeders im elementaren Sinne des Wortes feststellt. Wir wollen jetzt eine andere Beziehung dieser Art kennenlernen, indem wir einen dimensionstheoretischen Abbildungssatz beweisen, der gewissermaßen als ein Gegenstück zum Überführungssatz betrachtet werden kann.

Es sei eine stetige Abbildung f eines Kompaktums F in ein konvexes Element E gegeben; F' sei die Menge der Punkte von F, die auf Randpunkte von E abgebildet werden. Man versuche durch stetige Abänderung der Abbildung f, die diese Abbildung in den Punkten von F' unverändert läßt, zu erreichen, daß mindestens ein innerer Punkt von E *befreit* werde, d. h. bei der abgeänderten Abbildung nicht mehr als Bildpunkt auftrete. Wenn dies nicht gelingt, nennen wir die Abbildung f *wesentlich*[3], sonst aber *unwesentlich*. Wir werden auch öfters die Ausdrücke wesentliche bzw. unwesentliche Bedeckung von E (mit dem Bilde von F) gebrauchen.

---

[1] $\delta(M)$ bezeichnet stets den Durchmesser der Menge M.

[2] Ein solches δ existiert nach Kap. II, § 3, Satz VI.

[3] In der Terminologie aus Kap. XII, § 4, Nr. 6 müßte man hier statt „wesentlich" sagen: „relativ zu F' wesentlich".

Klar ist: wenn F sich auf ein r-dimensionales konvexes Element E_1^r wesentlich abbilden läßt, so läßt sich F auf *jedes* r-dimensionale konvexe Element E^r wesentlich abbilden (insbesondere also auf ein r-dimensionales Simplex, eine r-dimensionale Vollkugel, einen r-dimensionalen Würfel usw.): denn ist f_1 eine wesentliche Abbildung von F auf E_1^r und g eine topologische Abbildung[1] von E_1^r auf E^r (bei der die Ränder von E^r und E_1 einander entsprechen[2]), so ist, wie leicht ersichtlich, $f = g f_1$ eine wesentliche Abbildung von F auf E^r.

Es gilt nun folgender

Satz XIII. *Die Dimension des Kompaktums F ist die größte Zahl r von der Eigenschaft, daß F sich auf eine r-dimensionale Vollkugel wesentlich abbilden läßt.*

Mit anderen Worten: *Jedes r-dimensionale Kompaktum läßt sich auf eine r-dimensionale Vollkugel wesentlich abbilden; eine stetige Abbildung eines r-dimensionalen Kompaktums auf eine Vollkugel höherer Dimension ist dagegen stets unwesentlich.*

Vorbemerkung. Nach dem Urysohnschen Einbettungssatz (Kap. I, § 8) darf angenommen werden, daß F eine Punktmenge des Hilbertschen Raumes ist. Die weiteren Betrachtungen dieser Nummer sind in dieser Annahme gemacht.

Beweis. Die erste Behauptung des Satzes XIII folgt aus dem Überführungssatz. Es sei in der Tat ε so klein, daß F in kein höchstens $(r-1)$-dimensionales Polyeder 2ε-übergeführt werden kann; man betrachte sodann irgendein r-dimensionales Polyeder P, in das F sich ε-überführen läßt, und zerlege es in Simplexe, die sämtlich kleiner als ε sind.

Es seien: K die auf diese Weise entstandene Simplizialzerlegung von P; $T_1, T_2, \ldots, T_s$ ihre Grundsimplexe; $F_1, F_2, \ldots, F_s$ die Originalmengen dieser Simplexe bei der die Überführung von F in P darstellenden Abbildung f; $F_1', F_2', \ldots, F_s'$ die Originalmengen der Ränder der T_i. Unter den T_i gibt es bestimmt r-dimensionale Simplexe; es seien dies $T_1, T_2, \ldots, T_k$. Wir behaupten, daß unter diesen Simplexen mindestens eines bei der Abbildung f wesentlich bedeckt wird. Es sei

[1] Solche Abbildungen existieren nach Anhang II, § 2, Satz X.

[2] In Wirklichkeit geht bei *jeder* topologischen Abbildung eines konvexen Elementes auf ein anderes der Rand des einen Elements in den Rand des anderen über. Es gilt sogar mehr: bei jeder topologischen Abbildung eines beliebigen (nicht notwendig konvexen) Elementes E auf eine konvexe Zelle Q derselben Dimensionszahl entspricht dem Rande von Q immer dieselbe Teilmenge von E; man kann somit vom Rande eines beliebigen Elementes sprechen. Diese Behauptungen sind Spezialfälle des Satzes von der Gebietsinvarianz. Beweise des Satzes von der Gebietsinvarianz sind im Kap. X, § 2, Nr. 5, und in Kap. XII, § 2, Nr. 8, gegeben.

Die Möglichkeit, den Rand eines beliebigen Elementes zu definieren, erlaubt auch von wesentlichen Abbildungen eines Kompaktums auf ein beliebiges Element zu sprechen; dabei folgt aus den gleichen Schlüssen wie eben, daß, wenn F auf ein r-dimensionales Element wesentlich abgebildet werden kann, so auch auf jedes andere.

dies nicht der Fall. Dann definiert man eine Abbildung f' von F folgendermaßen. In den Punkten von F_i, $i > k$, setze man $f' = f$. Man betrachte jetzt ein F_i mit $i \leqq k$. Da die Abbildung f von F_i auf T_i nach Annahme unwesentlich ist, kann man sie — unter Festhaltung in den Punkten von F_i' — so abändern, daß sie einen inneren Punkt a_i von T_i, also auch eine Umgebung $U(a_i)$ dieses Punktes, von Bildpunkten frei hält. Durch Zentralprojektion aus a_i wird die Punktmenge $T_i - U(a_i)$ auf den Rand von T_i abgebildet. Insbesondere wird dadurch das ganze Bild von F_i auf den Rand von T_i befördert, so daß für jedes $i \leqq k$ eine stetige Abbildung von F_i in den Rand von T_i entsteht. Diese Abbildung bezeichnen wir mit f'. Da in Punkten der F_i', also insbesondere in allen Punkten, die zu mehr als einem F_i gehören, f' mit f identisch ist, schließen die in den einzelnen Mengen F_i definierten Abbildungen f' stetig aneinander und ergeben eine Abbildung f' der ganzen Menge F in ein höchstens $(r-1)$-dimensionales Polyeder P', welches aus den Randsimplexen der T_i, $i \leqq k$ und den Simplexen $T_{k+1}, \ldots, T_s$ besteht. Da f' sich von f höchstens um den Maximaldurchmesser eines T_i, also um weniger als ε unterscheidet, stellt die Abbildung f' eine $2\,\varepsilon$-Überführung von F in das Polyeder P' dar, was, da die Dimension von P' kleiner als r ist, der Wahl von ε widerspricht.

Somit gibt es unter den r-dimensionalen Simplexen von K ein wesentlich bedecktes Simplex, etwa T_1. Man ordne jetzt jedem Eckpunkt von T_1 diesen selben, jedem nicht zu T_1 gehörenden Eckpunkt von K irgendeinen Eckpunkt von T_1 zu. Diese Eckpunktzuordnung definiert eine simpliziale Abbildung φ von P auf T_1, die in den Punkten von T_1 die Identität ist. Die Abbildung φf ist sodann eine wesentliche Abbildung von F auf T_1, wie wir sie haben wollten. Die erste Behauptung des Satzes ist hiermit bewiesen.

Den Beweis der zweiten Behauptung beginnen wir mit folgendem

Hilfssatz. Es sei eine wesentliche Abbildung f von F auf eine r-dimensionale Vollkugel E gegeben; e sei eine im Innern von E gelegene konzentrische Kugel.

Es seien: S und s die Ränder von E bzw. e, α eine positive Zahl, die kleiner ist als die Differenz der Radien von S und s, Φ die Originalmenge von S bei der Abbildung f.

Dann bleibt bei jeder Abbildung f_1 von F in E, die in den Punkten a von Φ der Bedingung

$$\varrho(f(a), f_1(a)) < \alpha$$

genügt, die Vollkugel e bedeckt.

Beweis. Es sei a ein beliebiger Punkt von F; man verbinde die beiden Punkte $f(a)$ und $f_1(a)$ geradlinig und bezeichne bei jedem t, $0 \leqq t \leqq 1$, mit $f_t(a)$ den Punkt der Strecke

$$\overline{f(a)\, f_1(a)},$$

welcher sie im Verhältnis $t:(1-t)$ teilt. Man schlage jetzt um den gemeinsamen Mittelpunkt von E und e eine $(r-1)$-dimensionale Kugelfläche $S^* \subset E$ so nahe zu S, daß, wenn für einen Punkt a von F der Bildpunkt $f(a)$ außerhalb oder auf dem Rande von S^* liegt, die Strecke $\overline{f(a)\,f_1(a)}$ noch immer zu e fremd bleibt. Man bestimme $f'_t(a)$ für alle Punkte von F folgendermaßen.

1. Wenn $f(a)$ zur abgeschlossenen Kugelschale zwischen S und S^* gehört, so ziehe man durch $f(a)$ einen Radius von S und betrachte die außerhalb von S^* gelegene Strecke d desselben, von außen nach innen gerichtet. Der Punkt $f'_t(a)$ soll dann auf der Strecke von $f(a)$ nach $f_t(a)$ liegen und sie in demselben Verhältnis teilen, wie $f(a)$ die Strecke d teilt. Insbesondere ist für $f(a) \subset S$ bei jedem t

$$f'_t(a) = f(a),$$

während aus $f(a) \subset S^*$ folgt, daß $f'_t(a) = f_t(a)$ ist.

2. Wenn $f(a)$ zum Innern von S^* gehört, sei $f'_t(a) = f_t(a)$.

Nun ist f'_0 offenbar mit f identisch, so daß die Abbildungsschar f'_t eine stetige Abänderung von f darstellt, die überdies so beschaffen ist, daß für $a \subset \Phi$ fortwährend $f'_t(a) = f(a)$ bleibt. Da die Abbildung f wesentlich war, bleibt die ganze Kugel E bei der Abbildung f'_t bedeckt, also erst recht die Kugel e. Bei den Abbildungen f'_t werden aber nur jene Punkte von F in e abgebildet, deren Bilder bei der Abbildung f innerhalb von S^* liegen; in diesen Punkten stimmen jedoch die Abbildungen f_t und f'_t überein, so daß e auch bei der Abbildung f_t bedeckt wird, w. z. b. w.

Der Radius von E sei 1; e sei eine zu E konzentrische Vollkugel mit dem Radius $\frac{1}{2}$; f sei eine wesentliche Abbildung von F auf E; $\varepsilon > 0$ sei beliebig; die stetige Abbildung f_ε von F in E sei[1] eine ε-Approximation von f (im Sinne von Nr. 5), N eine zu f und ε gehörende Realisation des Nerven einer beliebigen hinreichend feinen Überdeckung $\mathfrak{U}$ von F (vgl. Nr. 5); wenn $\varepsilon < \frac{1}{2}$ ist, so wird nach unserem Hilfssatz bei der Abbildung f_ε die ganze Vollkugel e bedeckt, was bei hinreichend kleinem ε nur dann möglich ist, wenn N und folglich F mindestens r-dimensional ist. Hiermit ist auch die zweite Behauptung des Satzes XIII bewiesen.

Bemerkung. Wir werden später sehen[2], daß jedes Kompaktum F, dessen Dimension endlich, aber größer als r ist, eine r-dimensionale ab-

[1] Unter den ε-Approximationen von f (im Sinne von Nr. 5) gibt es solche, die F in E abbilden: es sei in der Tat f^* irgendeine $\frac{\varepsilon}{2}$-Approximation von f; sie bildet F in die zu E konzentrische Vollkugel E^* vom Radius $1 + \frac{\varepsilon}{2}$ ab. Wir bilden jeden Radius von E^* auf den auf ihm liegenden Radius von E proportional ab; dadurch entsteht eine homothetische Abbildung h von E^* auf E; die Abbildung hf^* von F in E ist die gesuchte ε-Approximation von f.

[2] Im Bande II.

geschlossene Teilmenge F' enthält. Man bilde F' wesentlich auf die r-dimensionale Vollkugel E ab und erweitere diese Abbildung auf ganz F; die dadurch entstandene stetige Abbildung von F auf E ist ebenfalls wesentlich, so daß jede F mit $\dim F \geqq r$ auf eine r-dimensionale Vollkugel wesentlich abgebildet werden kann. Wir können also den Satz XIII mit dem Überführungssatz wie folgt verschmelzen:

Eine abgeschlossene Menge des R^n ist dann und nur dann höchstens r-dimensional, wenn sie bei jedem ε in ein r-dimensionales Polyeder ε-übergeführt werden kann; sie ist dann und nur dann mindestens r-dimensional, wenn sie sich auf ein r-dimensionales Element wesentlich abbilden läßt.

Anhang zum neunten Kapitel.

Elementare Beweise des Fixpunktsatzes für das Simplex und des Pflastersatzes.

In diesem Anhang geben wir für zwei berühmte und wichtige Sätze — den Brouwerschen Fixpunktsatz für das Simplex und den Lebesgueschen Pflastersatz — Beweise wieder[1], die sehr kurz und insofern besonders elementar sind, als sie keine speziellen Kenntnisse aus den Theorien voraussetzen, in welche diese Sätze gehören und in deren Rahmen wir dieselben Sätze noch an anderen Stellen des Buches beweisen[2].

Es ist immer T ein festes n-dimensionales Simplex mit den Eckpunkten $a_0, a_1, \ldots a_n$.

Das Spernersche Lemma. *Der Komplex K sei eine Simplizialzerlegung von T; jedem Eckpunkt e von K sei eine Ziffer $j(e)$ aus der Reihe $0, 1, \ldots, n$ derart zugeordnet, daß der Eckpunkt $a_{j(e)}$ Eckpunkt derjenigen Seite von T ist, die der Träger von e ist. Dann gibt es ein Grundsimplex T' von K, dessen Eckpunkten die $n+1$ voneinander verschiedenen Ziffern $0, 1, \ldots, n$ zugeordnet sind.*

Der Beweis folgt unmittelbar aus Satz III des Kap. IX, § 1: Es sei C das Simplex T, aufgefaßt als algebraischer Komplex des Koeffizientenbereiches $\mathfrak{G}_2$,[3] und C' sei die durch die Simplizialzerlegung K von T bewirkte Unterteilung von C; dann ist nach dem genannten Satz durch $f(e) = a_{j(e)}$ eine simpliziale Abbildung f von C' mit $f(C') = C$ bestimmt; es gibt also gewiß ein Simplex x' von C' mit $f(x') = C$. Das Simplex $|x'| = T'$ erfüllt die Behauptung des Lemmas. —

[1] Die Grundlage dieser Beweise ist das „Spernersche Lemma" [SPERNER: Abh. math. Sem. Hamburg Bd. 6 (1928) S. 265]. Wir folgen hier eng der Darstellung von KNASTER-KURATOWSKI-MAZURKIEWICZ [Fund. Math. Bd. 14 (1929) S. 132].

[2] Kap. IX, § 2, Nr. 2. — Kap. XII, § 3, Nr. 3. — Kap. XIV, § 1, Nr. 4.

[3] Dann ist der Beweis besonders einfach. Man beachte die „Bemerkung" in Kap. IX, § 1, Nr. 2.

Satz A (von Knaster, Kuratowski, Mazurkiewicz). *Es seien* $A_0, A_1, \ldots, A_n$ *abgeschlossene Mengen, welche eine solche Überdeckung des Simplexes* T *bilden, daß für jede Seite* $\overline{a_{i_0} a_{i_1} \ldots a_{i_r}}$ *von* T *gilt:*

$$\overline{a_{i_0} a_{i_1} \ldots a_{i_r}} \subset A_{i_0} + A_{i_1} + \cdots + A_{i_r}. \tag{1}$$

Dann ist $A_0 \cdot A_1 \cdot \ldots \cdot A_n \neq 0$.

Beweis. Es sei σ die Lebesguesche Zahl[1] des Systems $\{A_0, A_1, \ldots A_n\}$ und K eine Simplizialzerlegung des Simplexes T mit Simplexdurchmessern $<\sigma$. Wir ordnen jedem Eckpunkt e von K eine Ziffer $j(e)$ aus der Reihe $0, 1, \ldots, n$ unter den folgenden Bedingungen zu: I) $a_{j(e)}$ ist ein Eckpunkt derjenigen Seite von T, die der Träger von e ist; II) $e \subset A_{j(e)}$. Die Existenz einer solchen Zahl $j(e)$ ist der Inhalt der Voraussetzung (1). Aus der Eigenschaft I) und dem Spernerschen Lemma folgt: Es gibt ein Grundsimplex T' von K, dessen Eckpunkten die $n+1$ verschiedenen Ziffern $0, 1, \ldots, n$ zugeordnet sind. Infolge der Eigenschaft II) hat das Simplex T' mit *jeder* Menge A_i einen Punkt gemein; da sein Durchmesser kleiner ist als die Lebesguesche Zahl des Systems $\{A_0, A_1, \ldots, A_n\}$, ist daher $A_0 \cdot A_1 \cdot \ldots \cdot A_n \neq 0$. —

Der Brouwersche Fixpunktsatz für das Simplex. *Jede stetige Abbildung des Simplexes* T *in sich besitzt wenigstens einen Fixpunkt.*

Beweis (von Knaster, Kuratowski, Mazurkiewicz). Wir bedienen uns der baryzentrischen Koordinaten[2] in bezug auf das Koordinatensystem $(a_0, a_1, \ldots, a_n)$. Hat der Punkt a von T die Koordinaten $\mu_0, \mu_1, \ldots, \mu_n$, ist also

$$a = \mu_0 a_0 + \mu_1 a_1 + \cdots + \mu_n a_n, \tag{2}$$

(2a) $\mu_i \geqq 0;\quad i = 0, 1, \ldots, n;$ (2b) $\sum_{i=0}^{n} \mu_i = 1,$

so habe der Bildpunkt $a' = f(a)$ die Koordinaten $\mu'_0, \mu'_1, \ldots, \mu'_n$:

$$a' = \mu'_0 a_0 + \mu'_1 a_1 + \cdots + \mu'_n a_n, \tag{2'}$$

(2a') $\mu'_i > 0;\quad i = 0, 1, \ldots, n;$ (2b') $\sum_{i=0}^{n} \mu'_i = 1.$

Die Menge aller Punkte a mit

$$\mu'_i \leqq \mu_i \tag{3}$$

nennen wir A_i, $i = 0, 1, \ldots, n$; jede dieser Mengen A_i ist offenbar abgeschlossen.

Die Mengen A_i erfüllen die Voraussetzung des Satzes A. Denn ist a ein Punkt der Seite $\overline{a_{i_0} a_{i_1} \ldots a_{i_r}}$, so ist

$$\mu_{i_0} + \mu_{i_1} + \cdots + \mu_{i_r} = 1 \geqq \mu'_{i_0} + \mu'_{i_1} + \cdots + \mu'_{i_r},$$

[1] Kap. II, § 3, Nr. 3. [2] Vgl. Anhang II, § 1, Nr. 2.

also gilt (3) für wenigstens ein i aus der Reihe $i_0, i_1, \ldots, i_r$, d. h.: $a \subset A_{i_0} + A_{i_1} + \cdots + A_{i_r}$.

Folglich gilt auch die Behauptung des Satzes A, und es existiert also ein solcher Punkt a, daß zwischen seinen Koordinaten und denen seines Bildpunktes $f(a)$ die Ungleichungen (3) für *alle* i gelten. Aus (2b) und (2b') ist ersichtlich: das ist nur möglich, wenn in allen diesen Beziehungen (3) für $i = 0, 1, \ldots, n$ das Gleichheitszeichen gilt, d. h. wenn a Fixpunkt ist. —

Satz B (von SPERNER). *Es sei* $\{A_0, A_1, \ldots, A_n\}$ *eine solche Überdeckung des Simplexes* T *mit abgeschlossenen Mengen* A_i, *daß die Menge* A_i *zu der Seite* $y_i = \overline{a_0 \ldots a_{i-1} a_{i+1} \ldots a_n}$ *fremd ist,* $i = 0, 1, \ldots, n$. *Dann ist* $A_0 \cdot A_1 \cdot \ldots \cdot A_n \neq 0$.

Beweis. Da die Seite $\overline{a_{i_0} a_{i_1} \ldots a_{i_r}}$ auf allen Seiten y_k liegt, für welche die Ziffer k nicht in der Reihe $i_0, i_1, \ldots, i_r$ enthalten ist, ist die Seite $\overline{a_{i_0} a_{i_1} \ldots a_{i_r}}$ fremd zu allen Mengen A_k mit den genannten Indexen k; daher ist sie in der Summe der übrigen A_i enthalten, d. h. es gilt (1). Die Mengen A_i erfüllen also die Voraussetzung des Satzes A, und daher gilt die Behauptung. —

Der Lebesguesche Pflastersatz[1]. *Zu jedem n-dimensionalen Simplex* T *gibt es eine Zahl* $\tau > 0$ *mit folgender Eigenschaft: Die Ordnung jeder Überdeckung* $\{F_1, \ldots, F_m\}$ *von* T *mit abgeschlossenen Mengen* F_λ, *deren Durchmesser sämtlich* $< \tau$ *sind, ist* $\geqq n + 1$.

Zusatz. *Als die Zahl* τ *kann man die Lebesguesche Zahl des Systems* $\{y_0, y_1, \ldots, y_n\}$ *der* $(n-1)$*-dimensionalen Seiten von* T *wählen*[2].

Beweis. Es habe τ die im Zusatz genannte, und $\{F_1, \ldots, F_m\}$ die im Satz genannte Bedeutung. Hätte eine Menge F_λ mit *jeder* Seite y_i einen Punkt gemein, so müßten, da der Durchmesser von F_λ kleiner ist als die Lebesguesche Zahl des Systems der y_i, die Seiten $y_0, y_1, \ldots, y_n$ einen nicht leeren Durchschnitt haben — entgegen der tatsächlichen Situation; daraus sieht man: jede Menge F_λ ist zu wenigstens einer Seite y_i fremd. Es sei nun $\mathfrak{F}_i$ das System derjenigen Mengen F_λ, welche fremd zu y_i, aber nicht fremd zu $y_0, y_1, \ldots, y_{i-1}$ sind, $i = 0, 1, \ldots n$; dann ist jede Menge F_λ in genau einem System $\mathfrak{F}_i$ enthalten. Ferner sei A_i die Vereinigungsmenge aller in $\mathfrak{F}_i$ enthaltenen Mengen F_λ. Dann erfüllen die Mengen A_i die Voraussetzung des Satzes B, und es gibt daher einen Punkt a, der allen Mengen A_i angehört. Dieser Punkt a gehört also einer Menge F_{λ_i} jedes Systems $\mathfrak{F}_i$ für $i = 0, 1, \ldots, n$ an und erfüllt somit die Behauptung des Pflastersatzes. —

Aus dem Pflastersatz folgt nun leicht der

---

[1] Vgl. § 3, Nr. 1 sowie § 2, Satz II.

[2] Aufgabe: Man bestimme, wenn das Simplex T gegeben ist, diese Zahl τ aus den elementargeometrischen Größen (Kantenlängen, Winkeln usw.) von T; insbesondere wenn $n = 2$, also T ein Dreieck ist!

Satz von der Invarianz der Dimensionszahl des R^m (von Brouwer). *Im R^m existiert kein topologisches Bild eines n-dimensionalen Simplexes mit $n > m$.*

Beweis (im Anschluß an Lebesgue). Jedes Kompaktum F des R^m besitzt bei gegebenem $\varepsilon > 0$ Überdeckungen einer Ordnung $\leqq m + 1$ mit abgeschlossenen Mengen, deren Durchmesser $< \varepsilon$ sind: man konstruiere im R^m einen Euklidischen simplizialen Komplex K mit Simplexdurchmessern $< \frac{\varepsilon}{2}$, so daß $F \subset \bar{K}$ ist; seine baryzentrischen Sterne bilden eine derartige Überdeckung[1] von F. Daher gestattet auch jede Punktmenge F', die mit F homöomorph ist, Überdeckungen, deren Ordnungen $\leqq m + 1$ sind, mit beliebig kleinen abgeschlossenen Mengen. Ein n-dimensionales Simplex mit $n > m$ gestattet nach dem Pflastersatz derartige Überdeckungen *nicht* und ist daher keiner Teilmenge des R^m homöomorph.

Zehntes Kapitel.

Der Zerlegungssatz für den Euklidischen Raum. Weitere Invarianzsätze.

[1] Kap. III, § 4, Nr. 1, Zusatz II zum Satz II.

§ 1. Der Zerlegungssatz.

1. Definition. Die Punktmenge A *zerlegt* den topologischen Raum R, wenn $R - A$ nicht zusammenhängend ist, also aus mehr als einer Komponente besteht.

Somit wird der Raum R dann und nur dann durch die leere Menge zerlegt, wenn er nicht zusammenhängend ist.

Vorbemerkung. In diesem Kapitel wird mit F immer ein in einem festen R^n liegendes Kompaktum bezeichnet.

Alle sich auf Bettische Zahlen bzw. Bettische N-Zahlen[1] *beziehenden Behauptungen und Beweise dieses Kapitels gelten bei Zugrundelegung sowohl des Koeffizientenbereiches* $\mathfrak{G}$ *als auch eines Koeffizientenbereiches* $\mathfrak{G}_m$, *wobei* m *eine beliebige Primzahl ist.*

Zerlegungssatz. *F sei ein Kompaktum im R^n. Dann ist die Anzahl der Komponenten der Komplementärmenge $R^n - F$ um 1 größer als die $(n-1)$-te Bettische N-Zahl von F.*

Da für (endliche, auch krumme) Polyeder die Bettischen Zahlen mit den Bettischen N-Zahlen zusammenfallen, folgt aus dem Zerlegungssatz:

Zusatz. *Es sei $P \subset R^n$ ein endliches, im allgemeinen, krummes Polyeder. Die Anzahl der Komponenten von $R^n - P$ ist endlich, und zwar um 1 größer als die $(n-1)$-te Bettische Zahl von P.*

Beweis. *Vorbemerkung.* Die $(n-1)$-te Bettische N-Zahl von F soll mit $p(F)$ bezeichnet werden, die Anzahl der Komponenten von $R^n - F$ mit $q(R^n - F)$.

Unter einem Polyeder schlechtweg wird im Laufe des Beweises des Zerlegungssatzes stets ein endliches Euklidisches Polyeder des R^n verstanden.

Beweis der Ungleichung

$$q(R^n - F) \geqq p(F) + 1.\text{[2]} \tag{1}$$

Die Ungleichung (1) ergibt sich, wie wir gleich sehen werden, aus den folgenden beiden Hilfssätzen:

Hilfssatz I. F läßt sich bei jedem ε mittels einer ε-Verschiebung *auf* ein Polyeder P_ε abbilden, für welches

$$q(R^n - P_\varepsilon) \leqq q(R^n - F) \tag{2}$$

ist.

Hilfssatz II. Für Polyeder P gilt

$$q(R^n - P) \geqq p(P) + 1.\text{[3]} \tag{1a}$$

Wir nehmen für einen Augenblick an, daß die beiden Hilfssätze bewiesen sind, und folgern aus ihnen die Ungleichung (1). Zu diesem

[1] Kap. IX, § 2, Nr. 3.

[2] Der Beweis dieser Ungleichung wird in den Nummern 1 bis 6, der Beweis der Umkehrung von (1) — Ungleichung (7) — in den Nummern 7 und 8 geführt.

[3] Daß hier tatsächlich das Gleichheitszeichen gilt, lehrt der Zerlegungssatz.

Zweck bemerken wir zuerst, daß eine beliebige hinreichend feine simpliziale Zerlegung von P_ε als Nerv einer ε-Überdeckung von F betrachtet werden kann (Kap. IX, § 3, Satz XII); aus (2) und (1a) folgt ferner, daß

$$q(R^n - F) \geqq p(P_\varepsilon) + 1$$

ist, und das bedeutet nach der soeben gemachten Bemerkung, daß zu jedem ε es ε-Überdeckungen von F gibt, deren Nerven N die Ungleichung

$$q(R^n - F) \geqq p^{n-1}(N) + 1$$

erfüllen; folglich gilt nach der Definition der Bettischen N-Zahlen von F auch

$$q(R^n - F) \geqq p(F) + 1,$$

d. h. die Ungleichung (1).

2. Beweis des Hilfssatzes I: *Konstruktion der Polyederumgebung $\overline{U}$, ihrer Simplizialzerlegung K und der Komplexe K_i.* Man betrachte eine simpliziale Zerlegung Z des R^n, deren Elemente kleiner als ε sind; die Gesamtheit aller Simplexe von Z, die Punkte von F enthalten, und ihrer Seiten bildet einen Komplex K', und das Polyeder $\overline{K}'$ ist eine (abgeschlossene) ε-Umgebung von F.

Es seien

$$(3) \qquad T_1^n, T_2^n, \ldots, T_s^n$$

diejenigen n-dimensionalen Simplexe von K', welche *nicht* in F enthalten sind; im Innern eines jeden T_i^n wählen wir ein zu F fremdes Simplex t_i^n; wir können dabei voraussetzen, daß die Simplexe t_1^n, t_2^n, $\ldots$, t_s^n einer hinreichend feinen Unterteilung Z' der simplizialen Zerlegung Z entnommen sind; wenn wir aus jedem T_i^n das Innere von t_i^n entfernen, kommen wir von $\overline{K}'$ zu einem Polyeder $\overline{U}_0$, welches noch immer eine ε-Umgebung von F bildet.

Ist Q ein Simplex, welches $\overline{U}_0$ im Innern enthält, so liegt der Rand von Q in einer Komponente von $R^n - \overline{U}_0$. Diese Komponente bezeichnen wir mit H_0. Da man jeden Punkt von $\overline{R^n - Q}$ mit einem Randpunkt von Q geradlinig in $\overline{R^n - Q}$ (also in H_0) verbinden kann, liegt ganz $\overline{R^n - Q}$ in H_0. Somit gibt es nur endlich-viele Simplexe von Z', welche nicht in H_0 liegen. Da andererseits jede Komponente von $R^n - \overline{U}_0$ das Innengebiet mindestens eines Simplexes von Z' enthält, hat $R^n - \overline{U}_0$ nur endlich-viele Komponenten. Es seien dies

$$H_0, H_1, \ldots, H_\nu.$$

Jedes Gebiet H_i liegt in einer bestimmten Komponente G_j von $R^n - F$, denn nach Kap. I, § 2, Nr. 15 lassen sich je zwei Punkte p, q von H_i durch einen Streckenzug $\overline{pq} \subset H_i \subset R^n - U_0 \subset R^n - F$ verbinden; aber ein und dasselbe G_j enthält im allgemeinen mehrere H_i.

Wir betrachten jetzt irgend zwei Komponenten von $R^n - \overline{U}_0$, die in derselben Komponente G_j von $R^n - F$ liegen; es seien dies etwa H_i und H_k; wir verbinden innerhalb von G_j einen Punkt p_i von H_i mit einem Punkt

p_k von H_k durch einen einfachen Streckenzug $\overline{p_i p_k}$, welcher zu den $(n-2)$-dimensionalen Elementen der Simplizialzerlegung Z fremd ist, und bezeichnen mit a_1 den letzten Punkt von $\overline{p_i p_k}$, welcher noch zu $\overline{H}_i$ gehört, mit a_2 den ersten Punkt von $\overline{a_1 p_k}$, in dem dieser Streckenzug in ein von $\overline{H}_i$ verschiedenes $\overline{H}_h$ eindringt. Der einfache Streckenzug $w = \overline{a_1 a_2}$ liegt gleichzeitig in $\overline{U}_0$ und in G_j; man kann dabei offenbar voraussetzen, daß die Endpunkte a_1 und a_2 von w bzw. im Innern zweier $(n-1)$-dimensionaler Simplexe T_1^{n-1} und T_2^{n-1} liegen, welche zur simplizialen Zerlegung Z' gehören und auf dem Rande von H_i bzw. H_h liegen. Wir bauen jetzt um den Streckenzug w einen „Zylinderkörper" (eine „Röhre") $\overline{V}$, d. h. eine abgeschlossene Polyederumgebung von w, die ein n-dimensionales Element ist, alle Punkte von w bis auf die beiden Endpunkte im Innern enthält, die Punkte a_1 und a_2 dagegen auf dem Rande (und zwar auf den beiden „Grundflächen" des „Zylinders") trägt. Wir nehmen ferner an, daß der ganze Zylinderkörper V in G und bis auf seine beiden Grundflächen im Innern von $\overline{U}_0$ enthalten ist; die Grundflächen aber sollen auf T_1^{n-1} bzw. auf T_2^{n-1} liegen.

Wir definieren nun das Polyeder $\overline{U}_1$ so:

$$\overline{U}_1 = \overline{U}_0 - V$$

(dabei bedeutet V das Innere des Zylinderkörpers und seine beiden Grundflächen). Die Komponenten von $R^n - \overline{U}_1$ sind dieselben wie die von $R^n - \overline{U}_0$ mit dem einzigen (allerdings wesentlichen!) Unterschied, daß jetzt anstatt der beiden Komponenten H_i und H_h die einzige Komponente $H_i + H_h + V$ auftritt. Die Anzahl der Komponenten hat sich also um 1 vermindert.

Dieses Verfahren kann man so lange fortsetzen, wie es noch Komponenten G_j von $R^n - F$ gibt, die mindestens zwei Komponenten von $R^n - \overline{U}_1$, $R^n - \overline{U}_2$, ... enthalten. Nach endlich-vielen Schritten gelangt man also zu einer Polyederumgebung $\overline{U}_m = \overline{U}$ von F, die in $\overline{U}_0$ enthalten (also eine ε-Umgebung von F) ist und die Eigenschaft hat, daß in keiner Komponente von $R^n - F$ mehr als eine Komponente von $R^n - \overline{U}$ liegt, so daß

$$q(R^n - \overline{U}) \leq q(R^n - F) \tag{4}$$

ist.

Offenbar darf man voraussetzen, daß $\overline{U}$ aus Simplexen einer gewissen Unterteilung z_0' von Z' aufgebaut ist; die dadurch definierte simpliziale Zerlegung von $\overline{U}$ möge K heißen. Die Simplexe von K, die in dem Simplex T_i^n von (3) gelegen sind, bilden einen Komplex K_i, wobei K_i jedenfalls nicht das ganze Simplex T_i^n ausfüllt (denn das Simplex t_i^n enthält in seinem Innern keinen Punkt von $\overline{K}_i$).

3. H i n e i n d r ü c k e n von frei gelegenen Simplexen. Wenn in irgendeinem Simplex T^n ein aus Simplexen einer simplizialen Zerlegung von T^n aufgebautes n-dimensionales Polyeder $\overline{K}''$ enthalten ist, welches nicht das ganze Simplex T^n ausfüllt, so gibt es unter den Simplexen D^n von K'' bestimmt „frei gelegene" Simplexe; darunter verstehen wir n-dimensionale Simplexe D^n, die längs einer im Innern von T^n liegenden $(n-1)$-dimensionalen Seite (einer „*freien Seite*" des Simplexes D^n) an $T^n - \bar{K}''$ anschließen. (Die Existenz dieser Simplexe folgt aus dem regulären Zusammenhang der simplizialen Zerlegung von T; vgl. Kap. IV, § 5, Nr. 12.)

In bezug auf jedes frei gelegene Simplex des Komplexes K'' läßt sich eine stetige Abbildung f von $\bar{K}''$ in sich — „das *Hineindrücken* des frei gelegenen Simplexes D^n" — definieren. Es sei $D^{n-1} = |a_1, \ldots a_n|$ eine bestimmte freie Seite von $D^n = |a_0\, a_1 \ldots a_n|$; nur in den inneren Punkten von D^n und D^{n-1} soll f von der Identität verschieden, und zwar folgendermaßen erklärt sein. Wir zerlegen das Simplex $D^n = |a_0 \ldots a_n|$ in die n Simplexe

$$D^n_\nu = |a_0 \ldots a_{\nu-1}\, b\, a_{\nu+1} \ldots a_n|, \qquad \nu = 1, 2, \ldots, n$$

wobei b den Schwerpunkt der freien Seite $|a_1 \ldots a_n|$ bezeichnet; die Abbildung f wird in jedem D^n_ν dadurch definiert, daß die Eckpunkte a_i sämtlich fest bleiben, $f(b) = a_0$ gesetzt wird und sodann D^n_ν affin auf $|a_0 \ldots a_{\nu-1} a_{\nu+1} \ldots a_n|$ abgebildet wird.

Durch wiederholte Anwendung dieses Verfahrens entsteht eine stetige Abbildung g von $\bar{K}''$ auf ein $(n-1)$-dimensionales Polyeder, welches aus lauter $(n-1)$-dimensionalen Simplexen von K'' aufgebaut ist; diese Abbildung läßt alle Punkte von $\bar{K}''$ fest, die auf dem Rande von T^n liegen.

4. Abschluß des Beweises des Hilfssatzes I. Wir wenden jetzt diesen Prozeß auf unsere in den einzelnen Simplexen T^n_i liegenden Polyeder $\bar{K}_i$ an; in jedem $\bar{K}_i$ wird eine Abbildung g erklärt, und da auf allen gemeinsamen Seiten zweier Komplexe K_i und K_j die Abbildung g als die Identität erklärt ist, schließen die in verschiedenen $\bar{K}_i$ erklärten Abbildungen g aneinander und an die identische Abbildung des außerhalb der T^n_i liegenden Teiles von $\bar{U}$ stetig an; es entsteht somit eine Abbildung g von U auf ein Polyeder P. Dabei gilt folgendes:

1) P ist aus gewissen Simplexen von K aufgebaut und liegt somit in einer bestimmten simplizialen Zerlegung Q vor; dabei sind die n-dimensionalen Simplexe von Q (falls solche überhaupt auftreten) unter den in F liegenden n-dimensionalen Simplexen von K enthalten.

2) Ein beliebiger Punkt a von $\bar{U}$ und sein Bildpunkt $g(a)$ gehören stets zu demselben Simplex der (allerersten) simplizialen Zerlegung Z; die Abbildung g ist somit eine ε-Überführung.

3) Da bei einer einzelnen Eindrückung die Komponentenzahl des Komplementärraumes sich offenbar nicht ändert, und die Abbildung g aus einer endlichen Anzahl von sukzessiven Eindrückungen zusammengesetzt ist, ist

$$(5) \qquad q(R^n - P) = q(R^n - \bar{U}) \leqq q(R^n - F).$$

Wir wenden schließlich auf die höchstens $(n-1)$-dimensionalen Simplexe von Q das Ausfegeverfahren (Kap. IX, § 3, Nr. 3) in bezug auf die abgeschlossene Menge $g(F)$ an; dadurch geht $g(F)$ in ein Polyeder $P' \subset P$ über; P' entsteht aus P dadurch, daß gewisse höchstens $(n-1)$-dimensionale Simplexe der gegebenen simplizialen Zerlegung Q von P wegfallen, wodurch die Komponentenzahl des Komplementärraumes höchstens vermindert werden kann; es ist also

$$q(R^n - P') \leqq q(R^n - P);$$

folglich [nach (5)]

$$q(R^n - P') \leqq q(R^n - F);$$

da überdies P' das Bild von F bei einer ε-Verschiebung ist, kann $P' = P_\varepsilon$ gesetzt werden.

Damit ist der Hilfssatz I bewiesen.

5. Beweis des Hilfssatzes II. *Vorbemerkung über die Schnittzahl eines ein- und eines $(n-1)$-dimensionalen Zyklus im R^n.*[1]

Es seien eine orientierte Strecke $x^1 = (a_0 a_1)$ und ein $(n-1)$-dimensionales (Euklidisches) orientiertes Simplex y^{n-1} im R^n gegeben. Wir nehmen an, daß x^1 und y^{n-1} in allgemeiner Lage sind[2], woraus insbesondere folgt, daß keiner der beiden Eckpunkte a_0 und a_1 auf dem Rande von y^{n-1} liegt. Wir setzen ferner voraus, daß der R^n orientiert ist. Falls $\bar{x}^1$ und $\bar{y}^{n-1}$ keinen gemeinsamen Punkt haben, sagen wir, daß ihre Schnittzahl $\sigma(x^1, y^{n-1})$ Null ist; sonst haben x^1 und $\bar{y}^{n-1}$ einen einzigen gemeinsamen Punkt — den Schnittpunkt der Geraden $\overline{a_0 a_1}$ mit der $(n-1)$-dimensionalen Ebene y^{n-1}, die das Simplex y^{n-1} trägt; in diesem Falle sagen wir, daß die Schnittzahl $\sigma(x^1, y^{n-1})$ von x^1 und y^{n-1} gleich $+1$ oder -1 ist und bestimmen das Vorzeichen dieser Schnittzahl folgendermaßen.

Wir betrachten zwei n-dimensionale Simplexe $|x_1^n|$ und $|x_2^n|$, die auf den beiden Seiten der Ebene y^{n-1} liegen und $|y^{n-1}|$ als ihre gemeinsame Seite haben; die Orientierungen x_1^n und x_2^n wählen wir so, daß sie mit der bereits festgelegten Orientierung des R^n übereinstimmen; sodann tritt das orientierte Simplex y^{n-1} im Rande des einen der beiden Simplexe x_1^n und x_2^n, *etwa im Rande von* x_1^n, mit dem Vorzeichen $+$, im Rande des anderen mit dem Vorzeichen $-$ auf.

Wenn man nun die orientierte Strecke $x^1 = (a_0 a_1)$ von a_0 nach a_1 durchläuft und in den Schnittpunkt o (von $\bar{x}^1$ und $\bar{y}^{n-1}$) gelangt, so sind nur zwei Fälle möglich — entweder verläßt man in diesem Augenblick das Simplex $\bar{x}_1^n$ und dringt in $\bar{x}_2^n$ ein —, *in diesem Falle sagen wir, daß die Schnittzahl von x^1 und y^{n-1} gleich* $+1$ ist, oder aber man verläßt das Simplex $\bar{x}_2^n$ und dringt in $\bar{x}_1^n$ ein; *in diesem Falle ist die Schnittzahl gleich* -1. Offenbar hängt diese Definition von der speziellen Wahl der Simplexe x_1^n und x_2^n nicht ab.

---

[1] Die allgemeine Theorie der Schnittzahlen im R^n wird im Kap. XI, § 1, Nr. 1—5 dargestellt.

[2] Das bedeutet: die $n + 2$ Eckpunkte von $|x^1|$ und $|y^{n-1}|$ bilden ein System in allgemeiner Lage gemäß Anhang II, § 1, Nr. 4.

Es seien jetzt ein eindimensionaler algebraischer Komplex[1] $C^1 = \sum u^i x_i^1$ und ein $(n-1)$-dimensionaler algebraischer Komplex $D^{n-1} = \sum v^j y_j^{n-1}$ gegeben, die im R^n zueinander in allgemeiner Lage sind[2]; als Schnittzahl von C^1 und D^{n-1} wird die Zahl

$$\emptyset(C^1, D^{n-1}) = \sum_{i,j} u^i v^j \emptyset(x_i^1, y_j^{n-1})$$

definiert. Offenbar gilt dabei

$$\emptyset(C_1^1 + C_2^2, D^{n-1}) = \emptyset(C_1^1, D^{n-1}) + \emptyset(C_2^1, D^{n-1}),$$
$$\emptyset(C^1, D_1^{n-1} + D_2^{n-1}) = \emptyset(C^1, D_1^{n-1}) + \emptyset(C^1, D_2^{n-1}).$$

Wenn insbesondere C^{n-1} der Rand eines orientierten Simplexes x^n und C^1 ein geschlossenes orientiertes Polygon ist, so behaupten wir: es ist $\emptyset(C^1, C^{n-1}) = 0$. In der Tat, wenn ein geschlossenes Polygon den Rand eines x^n schneidet (und sich zu ihm in allgemeiner Lage befindet), so tritt es eben so oft in das Innere von x^n ein, wie es dieses Innere verläßt; unsere Definition der Schnittzahl war aber so gefaßt, daß jedes Eindringen des Polygons in das Innere von x^n die Schnittzahl -1, jedes Verlassen die Schnittzahl $+1$ liefert, woraus die Behauptung folgt.

Aus dieser Bemerkung folgt aber noch mehr, nämlich:

Wenn z^1 ein geschlossenes orientiertes Polygon und γ^{n-1} ein $(n-1)$-dimensionaler Euklidischer Zyklus ist — allgemeine Lage vorausgesetzt —, *so ist* $\emptyset(z^1, \gamma^{n-1}) = 0$.

Beweis. Der Zyklus γ^{n-1} berandet (Kap. IV, § 4, Nr. 7) einen algebraischen Komplex

$$(o z^{n-1}) = C^n = \sum t^i x_i^n$$

des Euklidischen Eckpunktbereiches von R^n, und es gilt[3]

$$\gamma^{n-1} = \dot{C}^n = \sum t^i \dot{x}_i^n; \qquad \emptyset(z^1, \gamma^{n-1}) = \sum t^i \emptyset(z^1, \dot{x}_i^n) = 0,$$

w. z. b. w.

6. Diese Betrachtung über Schnittzahlen brauchen wir hier nur zum Beweis des folgenden Hilfssatzes IIa zum Hilfssatz II:

Hilfssatz IIa. $P = \bar{K}$ sei ein simplizial-zerlegtes $(n-1)$-dimensionales Polyeder im R^n; γ^{n-1} sei ein Zyklus von K, x^{n-1} ein in γ^{n-1} mit einem von Null verschiedenen Koeffizienten t auftretendes Simplex; a sei ein innerer Punkt von x^{n-1}; b_1 und b_2 seien Punkte auf einer Geraden durch a, auf verschiedenen Seiten der durch x^{n-1} bestimmten

---

[1] Wir legen in diesem Kapitel immer einen der Koeffizientenbereiche $\mathfrak{G}$ oder $\mathfrak{G}_m$ (mit einer Primzahl m) zugrunde.

[2] Das heißt: wenn zwei Simplexe $|x_i^1|$, $|y_j^{n-1}|$ nicht fremd zueinander sind, so bilden ihre $n+2$ Eckpunkte ein System in allgemeiner Lage (Anh. II, § 1, Nr. 4); daraus folgt: $\bar{x}_i^1$ und $\bar{y}_j^{n-1}$ schneiden sich in einem Punkt, der innerer Punkt sowohl von $\bar{x}_i^1$ als auch von $\bar{y}_j^{n-1}$ ist.

[3] Offenbar kann man die Spitze o des über $|z^{n-1}|$ im R^n errichteten Kegels so wählen, daß die Simplexe von $(o z^{n-1})$ Euklidisch und C^n und z^1 zueinander in allgemeiner Lage sind.

Ebene R^{n-1} gelegen, und zwar so, daß die Strecken $\overline{ab_2}$ und $\overline{b_1 a}$ außer a mit P keinen Punkt gemeinsam haben. Dann gehören b_1 und b_2 verschiedenen Komponenten von $R^n - P$ an.

Um diesen Hilfssatz zu beweisen, genügt es zu bemerken, daß, wenn man b_1 und b_2 außerhalb von P mit einem Streckenzug $\overline{b_1 c b_2}$ verbinden könnte, das geschlossene orientierte Polygon $\overline{b_1 c b_2 a b_1}$ mit $\bar{\gamma}^{n-1}$ den einzigen gemeinsamen Punkt a, also mit γ^{n-1} die von Null verschiedene Schnittzahl $\pm t$ hätte.

Wir beweisen jetzt den Hilfssatz II zunächst für den Fall, daß P ein $(n-1)$-dimensionales Polyeder ist. [Die Endlichkeit von $q(R^n - P)$ brauchen wir hier übrigens nicht zu beweisen; denn wäre $q(R^n - P) = \infty$, so wäre der Hilfssatz gewiß richtig.] Wir führen den Beweis durch vollständige Induktion bezüglich der Anzahl der $(n-1)$-dimensionalen Simplexe der Simplizialzerlegung K von P.

Ist diese Anzahl eins, so ist für $n \geqq 2$ offenbar $p(K) = 0$, die Behauptung also richtig [und für $n = 1$ gilt: $p(K) = 1$, $q(R^1 - \bar{K}) = 2$, die Behauptung ist also ebenfalls richtig]. K sei beliebig gegeben, und die Behauptung sei für jeden Komplex K' mit weniger $(n-1)$-dimensionalen Simplexen als K schon bewiesen. Wir wählen den Komplex K' so, daß er durch Tilgung eines Simplexes $|x^{n-1}|$ aus K entstanden ist. Dann haben wir nur zu zeigen:

$$(6) \qquad q(R^n - \bar{K}) - q(R^n - \bar{K}') \geqq p(K) - p(K').$$

Wir unterscheiden zwei Fälle: 1) $|x^{n-1}|$ gehört keinem Zyklus von K an; 2) $|x^{n-1}|$ gehört einem Zyklus von K an.

Die linke Seite von (6) ist in *jedem* Falle $\geqq 0$; denn die Anzahl der Komplementärgebiete wird durch Übergang von $\bar{K}'$ zu $\bar{K}$ gewiß nicht vermindert (da $\bar{x}^{n-1}$ kein Gebiet ausfüllt). Im Falle 1) ist die rechte Seite gleich Null, da die Gruppen $Z^{n-1}(K)$ und $Z^{n-1}(K')$ identisch sind. Also ist (6) im Falle 1) richtig.

Die rechte Seite von (6) ist in *jedem* Falle $\leqq 1$; denn sie ist — wegen der Additivität der Ränge, Anhang I, Nr. 32 — der Rang der Restklassengruppe $Z^{n-1}(K) - Z^{n-1}(K')$; sind aber z_1, z_2 zwei Zyklen aus $Z^{n-1}(K)$, die nicht zu $Z^{n-1}(K')$ gehören, in denen also x^{n-1} mit von Null verschiedenen Koeffizienten t^1, t^2 auftritt, so ist $t^2 z_1 - t^1 z_2 \subset Z^{n-1}(K')$, und das bedeutet: Je zwei Elemente der Restklassengruppe sind linear abhängig, der Rang ist also $\leqq 1$.

Daher bleibt zu zeigen: Im Fall 2) ist die linke Seite von (6) $\geqq 1$. In diesem Fall befinden wir uns aber in den Bedingungen des Hilfssatzes IIa (es genügt die Punkte b_1 und b_2 auf verschiedenen Seiten der durch $|x^{n-1}|$ bestimmten Ebene in der Nähe eines beliebigen inneren Punktes a von $|x^{n-1}|$ zu wählen). Die Komponenten der Punkte b_1 und b_2 in $R^n - \bar{K}$, von denen im Hilfssatz IIa die Rede ist, schmelzen aber beim Übergang von K zu K', also bei Tilgung von $|x^{n-1}|$, zu einer einzigen Komponente zusammen, so daß tatsächlich

$$q(R^n - \bar{K}) - q(R^n - \bar{K}^1) \geqq 1$$

ist. Der Hilfssatz II ist hiermit für den Fall eines $(n-1)$-dimensionalen Polyeders P bewiesen.

Da für ein höchstens $(n-2)$-dimensionales Polyeder P die rechte Seite von (1a) gleich 1, die Formel (1a) also richtig ist, bleibt uns übrig, den Hilfssatz II nur noch im Falle eines n-dimensionalen Polyeders $P = \bar{K}$ zu beweisen. Dieser Fall läßt sich aber leicht auf den schon erledigten Fall eines $(n-1)$-dimensionalen Polyeders zurückführen: Durch sukzessives Tilgen der n-dimensionalen Simplexe von K geht $\bar{K}$ in ein $(n-1)$-dimensionales Polyeder über; man braucht also bloß festzustellen, daß der Einfluß einer solchen Tilgung auf die beiden Zahlen $p^{n-1}(K)$ und $q(R^n - \bar{K})$ *derselbe* ist, und zwar in der Vergrößerung der beiden Zahlen je um 1 besteht. Für $q(R^n - \bar{K})$ ist das klar, denn die einzige neu hinzutretende Komponente des Komplementärraumes ist das Innere des getilgten Simplexes. Daß sich $p^{n-1}(K)$ ebenfalls um 1 erhöht, schließt man am einfachsten aus der Euler-Poincaréschen Formel: durch das Tilgen von $|x^n|$ wird kein $p^r(K)$, $r < n-1$, und kein α_r, $r \leqq n-1$, geändert; da kein Euklidischer Komplex des R^n einen n-dimensionalen Zyklus enthalten kann (Kap. IV, § 5, Nr. 12), ist die n-te Bettische Zahl von K nach und vor der Tilgung dieselbe, nämlich gleich Null; folglich muß auf Grund der Euler-Poincaréschen Formel $(-1)^{n-1} p^{n-1}(K)$ dieselbe Änderung mitmachen wie $(-1)^n \alpha^n$; da sich α^n um 1 erniedrigt, muß sich also $p^{n-1}(K)$ um 1 erhöhen, w. z. b. w.

Der Hilfssatz II, folglich auch die Formel (1) sind hiermit bewiesen.

7. Beweis der Ungleichung

$$p(F) \geqq q(R^n - F) - 1. \tag{7}$$

Vorbemerkung. Der R^n sei orientiert; mit x^n (mit verschiedenen Indexen) bezeichnen wir n-dimensionale Simplexe einer simplizialen Zerlegung $\mathfrak{Z}$ von R^n, die übereinstimmend mit der gewählten Orientierung des R^n orientiert sind; $Q_1, Q_2, \ldots, Q_k$ seien zueinander fremde Polyeder, die aus gewissen n-dimensionalen Simplexen der simplizialen Zerlegung $\mathfrak{Z}$ aufgebaut sind: es bestehe nämlich Q_i aus den Simplexen $x^n_{i1}, x^n_{i2}, \ldots, x^n_{is_i}$. Wir betrachten die algebraischen Komplexe

$$Q_i = \sum_{(j)} x^n_{ij}, \qquad i = 1, 2, \ldots, k$$

und deren Ränder $\dot{Q}_i$ und behaupten:

Hilfssatz III. Falls $a_1, a_2, \ldots, a_k$ innere Punkte bzw. von $Q_1, Q_2, \ldots, Q_k$ sind, so sind die Zyklen $\dot{Q}_i$ in $G = R^n - (a_1 + a_2 + \cdots + a_k)$ im Sinne der Homologie linear unabhängig.

Beweis. Es sei C^n ein Komplex in G mit

$$\dot{C}^n = \sum t^i \dot{Q}_i = Z^{n-1}$$

Zu zeigen ist: $t^i = 0$ für alle i. Dies ist, da die Q_i fremd zueinander sind, gewiß richtig, falls $C^n = 0$ ist. Es sei $C^n \neq 0$, das Polyeder $\bar{C}^n$ also nicht leer.

Wir dürfen annehmen, daß die Simplexe von C^n Euklidisch sind: die Simplexe von $\dot{C}^n$ sind es bereits, und durch eine beliebig kleine Verschiebung der nicht zu $\dot{C}^n$ gehörenden Eckpunkte von C^n kann man erreichen, daß auch jedes Simplex von C^n Euklidisch ist.

Wir wählen $\varepsilon < \varrho\left(\dot{\bar{C}}^n, \sum\limits_1^s a_i\right)$ und bezeichnen mit $\mathfrak{z}$ die h-fache baryzentrische Unterteilung[1] von $\mathfrak{Z}$, wobei h so groß ist, daß die Durchmesser der Simplexe von $\mathfrak{z}$ kleiner als ε sind. Wir bezeichnen ferner mit k den kombinatorischen Stern[2] von $\dot{\bar{C}}^n$ in bezug auf den Komplex $\mathfrak{z}$, mit q_i bzw. z^{n-1} die Unterteilung von Q_i bzw. von Z^{n-1} in $\mathfrak{z}$. Keiner der Punkte a_i ist in $\bar{k}$ enthalten.

Wir bezeichnen mit c' die h'-fache baryzentrische Unterteilung[1] des (aus lauter Euklidischen Simplexen zusammengesetzten) Komplexes C^n, wobei $h' \geqq h$ so groß ist, daß die Simplexe von c' einen Durchmesser $< \sigma = \sigma(k)$ haben. Insbesondere ist dann $\dot{c}'$ entweder mit z^{n-1} identisch oder eine Unterteilung von z^{n-1}. Eine kanonische Verschiebung von c' (als σ-Komplex in k betrachtet) in bezug auf k führt c' in einen algebraischen Teilkomplex c von k und $\dot{c}'$ (nach Kap. IX, § 1, Satz III) in z^{n-1} über. Folglich berandet z^{n-1} den algebraischen Teilkomplex c von k und $c^n - \sum t^i q_i$ ist ein n-dimensionaler Zyklus von $\mathfrak{z}$ und als solcher identisch gleich Null (Kap. IV, § 5, Satz X). Daraus folgt, daß $c^n = \sum t^i q_i$ ist; folglich muß auch das Polyeder $\bar{c}^n$ mit der Vereinigungsmenge derjenigen $\bar{Q}_i$ identisch sein, denen von Null verschiedene Koeffizienten t^i entsprechen; da aber $\bar{c}^n \subset \bar{k}$ keinen der Punkte a_i enthält, während in jedem $\bar{Q}_i$ der entsprechende a_i liegt, ist die Identität $c^n = \sum t^i q_i$ nur dann möglich, wenn alle $t^i = 0$ sind, w. z. b. w.

8. Es sei jetzt k eine natürliche Zahl, die im Falle $q(R^n - F) = \infty$ beliebig groß gewählt werden soll, im Falle aber, wenn $q(R^n - F)$ endlich ist, gleich $q(R^n - F) - 1$ zu setzen ist. Um die Ungleichung (7) und folglich den ganzen Zerlegungssatz zu beweisen, genügt es zu zeigen, daß bei hinreichend kleinem ε der Nerv einer beliebigen ε-Überdeckung von F der Bedingung

$$p^{n-1}(N) \geqq k \tag{8}$$

genügt.

Es seien

$$G_1, G_2, \ldots, G_k$$

---

[1] Vgl. Fußnote 2 auf S. 146. Die dortige Erklärung, ebenso wie der Unterteilungsbegriff überhaupt gilt offenbar nicht nur für Euklidische Komplexe, sondern für beliebige Komplexe des Euklidischen Eckpunktbereiches des R^n (vgl. Kap. IV, § 1, Nr. 1, Schluß).

[2] Kap. III, § 1, Nr. 7.

k verschiedene *beschränkte* Komponenten von $R^n - F$ (sie existieren, da es nur eine unbeschränkte Komponente gibt[1]); in jedem Gebiet G_i wählen wir je einen Punkt a_i und bezeichnen mit G das Komplementärgebiet zu der aus den k Punkten $a_1, a_2, \ldots, a_k$ bestehenden Menge. Die kleinste unter den positiven Zahlen $\varrho(a_i, F)$ bezeichnen wir mit 3ε und wählen eine beliebige ε-Überdeckung $\mathfrak{U} = \{F_1, F_2, \ldots, F_s\}$ von F. Wir wollen beweisen, daß der Nerv N dieser Überdeckung der Ungleichung (8) genügt. Wir betrachten eine Realisation K von N in $\mathfrak{U}$ (Kap. IV, § 1, Nr. 11); K ist also ein aus Simplexen des R^n zusammengesetzter mit N isomorpher Komplex, dessen Eckpunkte zu F gehören und dessen Simplexe kleiner als 2ε sind, *also sämtlich in G liegen.*

Wir bezeichnen mit σ eine so kleine positive Zahl, daß jeder in der σ-Umgebung von F liegende σ-Komplex C mittels einer ε-Verschiebung in einen Teilkomplex von K simplizial abgebildet werden kann[2]; wegen der Isomorphie der Komplexe N und K können wir die erwähnte simpliziale Abbildung nicht nur als eine simpliziale Abbildung f_1 von C in K, sondern auch als eine simpliziale Abbildung f_2 von C in N auffassen.

Z sei nun eine simpliziale Zerlegung des R^n mit einem Feinheitsgrade $< \sigma$. Wir bezeichnen mit Q_i das aus allen in G_i liegenden n-dimensionalen Simplexen von Z aufgebaute Polyeder; wenn wir diese Simplexe übereinstimmend mit der gewählten Orientierung von R^n orientieren, entsteht ein orientierter Komplex Q_i^n. Offenbar liegt a_i im Innern von $\dot{Q}_i$. Die Zyklen $\dot{Q}_i$ sind σ-Zyklen, sie liegen in der σ-Umgebung von F und sind nach Nr. 7 in G linear-unabhängig.

Die Zyklen $f_1(\dot{Q}_i)$ entstehen aus den $\dot{Q}_i$ durch eine ε-Verschiebung; diese geht in einer 3ε-Umgebung von F, also jedenfalls in G vor sich, so daß (nach Kap. IV, § 6, Nr. 3)

$$\dot{Q}_i \sim f_1(\dot{Q}_i) \quad \text{in } G$$

ist und die Zyklen $f_1(\dot{Q}_i)$ in G linear-unabhängig sind. Daraus folgt aber, daß auch die Zyklen $f_2(\dot{Q}_i)$ in N unabhängig sind: $f_2(\dot{Q}_i)$ und $f_1(\dot{Q}_i)$ entsprechen ja einander mittels der zwischen N und K bestehenden Isomorphie; wenn eine Linearkombination $\sum t^i f_2(\dot{Q}_i)$ in N beranden würde, so würde (kraft der soeben erwähnten Isomorphie) $\sum t^i f_1(\dot{Q}_i)$ in K, *also* (da die Simplexe von K in G liegen) ***auch in G beranden***, die t^i müßten also sämtlich gleich Null sein. Somit gibt es

[1] Wir setzen $n \geqq 2$ voraus; die Diskussion des Falles $n = 1$ ist elementar.

[2] Es sei σ kleiner als ein Drittel der Lebesgueschen Zahl von $\mathfrak{U}$ und außerdem so klein, daß der Durchmesser eines jeden $U(F_i, \sigma)$ kleiner als ε ist. Die Mengen $\overline{U}(F_i, \sigma)$ bilden eine abgeschlossene Überdeckung von $\overline{U}(F, \sigma)$; diese Überdeckung hat denselben Nerven N wie $\mathfrak{U}$ und ihre Lebesguesche Zahl ist $\geqq \sigma$. Nach Kap. IX, § 2, Satz I, kann jeder σ-Komplex in $U(F, \sigma)$ mittels einer (kanonischen) ε-Verschiebung in den Komplex K (die geometrische Realisation von N) simplizial abgebildet werden.

in N mindestens k im Sinne der Homologie unabhängige $(n-1)$-dimensionalen Zyklen, d. h. $p^{n-1}(N)$ ist mindestens gleich k, w. z. b. w.

Die Ungleichung (7) ist damit bewiesen, und der Beweis des Zerlegungssatzes ist beendet.

9. Korollar: Ein Invarianzsatz. *Abgeschlossene und beschränkte Mengen, die miteinander homöomorph sind, zerlegen den R^n in dieselbe Anzahl von Gebieten;* mit anderen Worten:

Die Komponentenzahl von $R^n - F$ ist eine topologische Invariante von F.

Zweites Korollar: *Ein höchstens $(n-2)$-dimensionales $F^n \subset R^n$ zerlegt den R^n nicht.*

10. Drittes Korollar: *Die Abwesenheit r-dimensionaler Torsion mit $r \geqq n-2$ im R^n.* Wie schon am Anfang des Paragraphen hervorgehoben wurde, gilt der Zerlegungssatz samt dem vorstehenden Beweis für die Bettischen N-Zahlen $p(F)$ sowohl in bezug auf $\mathfrak{G}$ als auch in bezug auf $\mathfrak{G}_m$ mit einer beliebigen Primzahl m.[1] Da aber die Zahl $q(R^n - F)$ von der Wahl des Koeffizientenbereiches ganz unabhängig ist, gilt der folgende Satz:

Die $(n-1)$-te Bettische N-Zahl (in bezug auf $\mathfrak{G}$) eines beliebigen Kompaktums F des R^n ist gleich der $(n-1)$-ten Bettischen Zahl $p_m^{n-1}(F)$ modulo einer jeden Primzahl m.

Ist F speziell ein Polyeder und ist K eine Simplizialzerlegung von F, so sind die Bettischen N-Zahlen von F gleich den entsprechenden Bettischen Zahlen von K (Kap. IX, § 2, Nr. 3). Nun folgt aus Kap. V, § 3, Nr. 9: Wenn $p_m^{n-1}(K) = p^{n-1}(K)$ für *jede* Primzahl m gilt, so sind die Torsionsgruppen $T^{n-2}(K)$ und $T^{n-1}(K)$ die Nullgruppen. Ferner folgt aus $F = \bar{K} \subset R^n$, daß K höchstens n-dimensional und daher auch $T^r(K) = 0$ für $r \geqq n$ ist. Damit ist bewiesen:

Ein (krummes) Polyeder im R^n besitzt für $r \geqq n-2$ niemals r-dimensionale Torsion.

Hierin ist enthalten:

Jedes $(n-1)$-dimensionale irreduzibel geschlossene Polyeder[2] *im R^n hat den natürlichen Modul 0, ist also „einfach geschlossen".*

Jede geschlossene $(n-1)$-dimensionale Pseudomannigfaltigkeit des R^n ist orientierbar.

§ 2. Gebietsgrenzen. Der Jordan-Brouwersche Satz. Gebietsinvarianz.

1. Vorbemerkung. *G sei ein beschränktes Gebiet des R^n, F die Begrenzung*[3] *von G. Dann ist* $\dim F = n-1$.

[1] Man beachte insbesondere, daß die in Nr. 6 benutzte Additivität der Ränge sowie die daselbst herangezogene Euler-Poincarésche Formel Gültigkeit besitzen, wenn man Ränge mod m bzw. die Bettischen Zahlen mod m betrachtet, vorausgesetzt, daß m Primzahl ist.

[2] Kap. VII, § 1; Kap. VIII, § 4, Nr. 8.

[3] Kap. I, § 2, Nr. 5.

Denn da $R^n - F$ außer G noch wenigstens eine Komponente (nämlich gewiß eine unbeschränkte) besitzt, F also den R^n zerlegt, ist nach dem 2. Korollar des Zerlegungssatzes $\dim F \geqq n - 1$; andererseits ist, da F keinen inneren Punkt enthält, $\dim F \leqq n - 1$ (Kap. IX, § 3, Satz V).

2. Absolute und reguläre Gebietsgrenzen. Wir wenden jetzt den Zerlegungssatz auf die Charakterisierung der sog. *regulären Gebietsgrenzen* im R^n an. Unter einer regulären Gebietsgrenze versteht man eine Punktmenge des R^n $(n > 1)$, die den Raum in zwei (und nur zwei) Gebiete, von denen das eine beschränkt ist, zerlegt und die Begrenzung eines jeden dieser beiden Gebiete bildet[1]. Die regulären Gebietsgrenzen bilden einen Spezialfall unter den sog. *absoluten Gebietsgrenzen*: Eine absolute Gebietsgrenze ist eine Menge, die den R^n in *mindestens* zwei Gebiete (von denen mindestens eins beschränkt ist) zerlegt und die Begrenzung eines jeden unter diesen Gebieten bildet. Zunächst ist eine absolute (also erst recht eine reguläre) Gebietsgrenze, als die Begrenzung von mindestens einem beschränkten Gebiet, eine beschränkte abgeschlossene Teilmenge F des R^n; folglich gibt es unter den (evtl. unendlich-vielen) Gebieten, in die F den R^n zerlegt, ein einziges, welches sich ins Unendliche ausdehnt, während alle übrigen in einer und derselben Vollkugel des R^n enthalten („gleichmäßig beschränkt") sind. Aus dem Zerlegungssatz folgt ferner, *daß eine absolute Gebietsgrenze des R^n dann und nur dann regulär ist, wenn ihre $(n-1)$-dimensionale Bettische N-Zahl gleich 1 ist.*

Daß es überhaupt — und zwar schon in der Ebene — absolute Gebietsgrenzen gibt, welche nicht regulär sind, hat zuerst Brouwer erkannt: er hat gezeigt, daß man die Ebene in beliebig — sogar abzählbar — viele Gebiete zerlegen kann, die alle dieselbe im Endlichen gelegene Begrenzung haben. Diese Brouwerschen Gebietsgrenzen geben uns zugleich ein Beispiel der sog. „unzerlegbaren Kontinuen" (so heißen Kontinuen, die nicht als Vereinigungsmenge zweier echter Teilkontinuen dargestellt werden können), die zu den merkwürdigsten Gebilden der mengentheoretischen Topologie gehören. Wir können auf sie hier nicht weiter eingehen und verweisen in bezug auf Beispiele und die Darstellung ihrer zahlreichen interessanten Eigenschaften auf die in der Einleitung, § 3, angegebene Literatur.

Satz I. *Ein Kompaktum $F \subset R^n$ ist dann und nur dann eine absolute Gebietsgrenze, wenn*

$$p^{n-1}(F) \geqq 1$$

und gleichzeitig für jede abgeschlossene echte Teilmenge F' von F

$$p^{n-1}(F') = 0$$

ist. Dabei bedeutet p^{n-1} die $(n-1)$-te Bettische N-Zahl.

---

[1] Der klassische Jordansche Satz lautet somit: Ein in der Ebene liegendes topologisches Bild der Kreislinie ist eine reguläre Gebietsgrenze. Vgl. Nr. 4.

Vermöge des Zerlegungssatzes kann der Satz II auch folgendermaßen ausgesprochen werden:

Satz I'. *F ist dann und nur dann eine absolute Gebietsgrenze, wenn der R^n durch F, aber durch keine echte abgeschlossene Teilmenge F' von F zerlegt wird.*

In dieser Form läßt sich dieses Resultat in wenigen Worten beweisen.

Zuerst beweisen wir: Wenn F absolute Gebietsgrenze, M eine (nicht notwendig abgeschlossene) Teilmenge von F ist, so ist $R^n - M$ zusammenhängend. Denn sind $G_1, G_2, \ldots$ die Komponenten von $R^n - F$, so ist $R^n - M = (F - M) + \sum G_i = \sum (G_i + (F - M))$. Da jedes $G_i + (F - M)$ nach Kap. I, § 2, Satz XIX zusammenhängend ist, so ist auch $\sum (G_i + (F - M))$, d. h. $R^n - M$ nach a. a. O., Satz XVII zusammenhängend.

Es sei umgekehrt F eine Menge, die den R^n zerlegt und keine echte abgeschlossene Teilmenge von der gleichen Eigenschaft besitzt. Wir haben zu zeigen, daß F die Begrenzung jeder Komponente G von $R^n - F$ bildet. Es sei $F' = \bar{G} - G$; da die Punkte von F' weder zu G noch zu einer anderen Komponente von $R^n - F$ gehören können, gehören sie zu F; es ist also $F' \subset F$. Es sei G' irgendeine von G verschiedene Komponente von $R^n - F$; da $G' \subset R^n - \bar{G}$ ist, ist $R^n - \bar{G}$ nicht leer, so daß die Begrenzung von G, d. h. die Menge F', den Raum zerlegt; nach unserer Voraussetzung muß also F' mit F identisch sein, w. z. b. w.

Korollar. *Die Eigenschaft einer Menge, eine absolute (bzw. reguläre) Gebietsgrenze des R^n zu sein, ist eine topologisch invariante Eigenschaft der Menge F.*

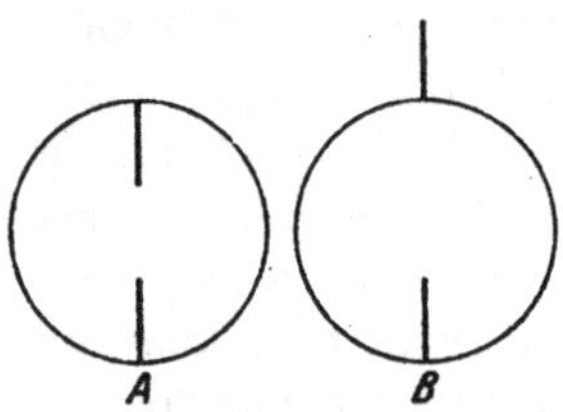

Abb. 25.

Bemerkung. Dagegen ist die Eigenschaft einer Menge, die Begrenzung mindestens eines beschränkten Gebietes des R^n zu sein, nicht topologisch invariant, wie man schon am trivialen Beispiel der Abb. 25 sieht: A ist die Begrenzung eines beschränkten ebenen Gebietes, während B weder ein beschränktes noch ein unendliches Gebiet begrenzt; die beiden Mengen A und B sind offenbar homöomorph.

Die Frage nach den Bedingungen, unter welchen es zu einer gegebenen Menge F eine ihr homöomorphe Menge gibt, die ein beschränktes Gebiet des R^n begrenzt, ist noch ungelöst. Eine solche Menge ist jedenfalls *$(n-1)$-dimensional* (Nr. 1).

3. Geschlossene Gebilde. Die absoluten Gebietsgrenzen des R^n sind $(n-1)$-dimensionale Mengen; sie verdienen es, *die $(n-1)$-dimensionalen geschlossenen Gebilde des R^n* genannt zu werden; zu ihnen gehören insbesondere *die einfach geschlossenen Kurven in der Ebene, die geschlossenen Flächen des dreidimensionalen Raumes* usw.; sie sind (durch den Satz I) topologisch invariant charakterisiert.

Leider läßt sich mit diesen einfachen Mitteln die schwierigere Frage nach der Definition und invarianter Charakterisierung der *r-dimensionalen* geschlossenen Gebilde des R^n für $r < n - 1$ nicht beantworten.

Man könnte natürlich ganz allgemein jedes r-dimensionale Kompaktum F eines beliebigen R^n als ein r-dimensionales geschlossenes Gebilde definieren, wenn $p^r(F) \geqq 1$ und $p^r(F') = 0$ für jede echte abgeschlossene Teilmenge F' von F ist; aber man weiß bis jetzt nicht, ob diese Definition durch die Eigenschaften des Komplementärraumes $R^n - F$ gerechtfertigt wird. Auf diese Fragestellung kommen wir noch im Rahmen der allgemeinen Dimensionstheorie im zweiten Bande zurück, wo sie vor allem auch präzisiert wird.

Bemerkung. Ein Kompaktum $F \subset R^n$, das als gemeinsame Begrenzung von zwei Gebieten auftritt, braucht noch keineswegs eine absolute (geschweige denn reguläre) Gebietsgrenze zu sein: Es kann nämlich vorkommen, daß $R^n - F$ mehr als zwei Komponenten besitzt, daß aber nur zwei unter ihnen durch F begrenzt werden. Die Abb. 26 gibt dafür ein Beispiel. F besteht aus der spiralähnlichen Kurve, die das Gebiet G_1 begrenzt, und der Kreislinie, an die sie sich anschmiegt; die Menge F zerlegt die Ebene in drei Gebiete, G_1, G_2, G_∞ und bildet die Begrenzung von G_1 und G_2, aber nicht von G_∞.

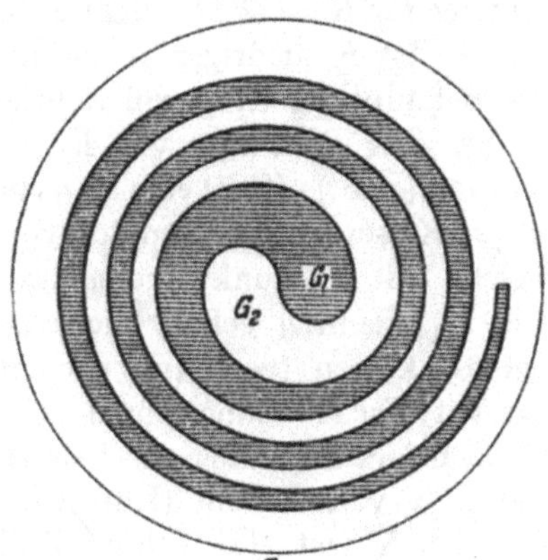

Abb. 26.

Man nennt Kompakten $F \subset R^n$, die die gemeinsame Begrenzung von mindestens zwei Komponenten des Komplementärraumes $R^n - F$ bilden, *$(n-1)$-dimensionale verallgemeinerte geschlossene Gebilde des R^n*.

4. Spezialfall der Polyeder. Der Jordan-Brouwersche Satz und seine Verallgemeinerungen. Wir wenden nun die im vorstehenden besprochenen Begriffe auf die (krummen) Polyeder an. Da werden die Verhältnisse zunächst dadurch vereinfacht, daß die Begriffe der absoluten und der regulären Gebietsgrenzen zusammenfallen:

Satz II. *Wenn das (krumme) Polyeder $P \subset R^n$ eine absolute Gebietsgrenze ist, so ist es sogar eine reguläre Gebietsgrenze.*

Beweis. K sei eine Simplizialzerlegung des Polyeders P, welches absolute Gebietsgrenze des R^n ist. Wir haben zu zeigen: $p^{n-1}(K) = 1$, denn dann folgt aus dem Zerlegungssatz, daß die Anzahl der Gebiete, in die der R^n durch P zerlegt wird, gleich 2 ist.

Es seien z_1 und z_2 zwei $(n-1)$-dimensionale, von Null verschiedene Zyklen in K; da $p^{n-1}(|z_i|) > 0$ ist, folgt aus Satz I: $|z_1| = |z_2| = K$. Das Simplex $|x^h|$ von K kommt also sowohl in z_1 wie in z_2 mit einem von Null verschiedenen Koeffizienten t_1 bzw. t_2 vor. $z = t_2 z_1 - t_1 z_2$ enthält das Simplex x^n nicht; wäre $z \neq 0$, so wäre $p^{n-1}(|z|) > 0$, entgegen Satz I; also ist $z = 0$; mithin sind z_1 und z_2 linear abhängig, es ist also $p^{n-1}(K) \leqq 1$. Nach Satz I ist andererseits $p^{n-1}(K) \geqq 1$, folglich ist die Behauptung bewiesen.

Der Beantwortung der Frage, welche Polyeder $P = \bar{K} \subset R^n$ nun die absoluten und regulären Gebietsgrenzen sind, schicken wir einen Hilfssatz voraus:

Hilfssatz. *Es sei $p^r(K') = 0$ für jeden echten Teilkomplex K' des Komplexes K. Dann ist auch $p^r(F') = 0$ für jede echte Teilmenge F' des Polyeders $\bar{K}$.*

Beweis. Aus der Voraussetzung $p^r(K') = 0$ geht hervor, daß K kein $(r+1)$-dimensionales Simplex $|x^{r+1}|$ enthält, da sonst die Voraussetzung für $K' = |x^{r+1}|$ nicht erfüllt wäre; K ist also höchstens r-dimensional. Ist K niedriger als r-dimensional, so gilt dasselbe von F', und die Behauptung ist gewiß richtig. Es sei also K r-dimensional.

Es sei a ein Punkt von $\bar{K} - F'$, $\varepsilon > 0$ sei beliebig klein, jedenfalls sei $\varepsilon < \varrho(a, F')$; K_1 sei eine Unterteilung von K mit Simplexdurchmessern $< \frac{1}{2}\varepsilon$; K_1' sei der Teilkomplex von K_1, der aus allen Simplexen besteht, welche mit F' Punkte gemeinsam haben. K_1' ist echter Teilkomplex von K_1, denn a gehört nicht zu $\bar{K}_1'$. Wir behaupten zunächst: K_1' enthält keinen (von Null verschiedenen) r-dimensionalen Zyklus. In der Tat: Da K r-dimensional ist, müßte ein solcher Zyklus z_1, wie jeder r-dimensionale Zyklus der Unterteilung K_1 von K, Unterteilung eines Zyklus z von K sein (Kap. VI, § 2, Satz IV), und dabei wäre, da $\bar{z}_1 = \bar{z} \subset \bar{K}_1'$ ist, $|z|$ echter Teilkomplex von K; dies verträgt sich wegen $p^r(|z|) > 0$ nicht mit den Voraussetzungen. Also enthält K_1' keinen r-dimensionalen Zyklus.

Jetzt betrachten wir die zu K_1' gehörige baryzentrische Überdeckung

$$B_1, B_2, \ldots, B_\varkappa \tag{1}$$

von $\bar{K}_1'$ und setzen $F_i = F' \cdot B_i$; da der Nerv von (1) der Komplex K_1' ist, ist der Nerv N der ε-Überdeckung

$$F_1, F_2, \ldots, F_\varkappa$$

von F' ein echter oder unechter Teilkomplex von K_1'; da er, wie oben gezeigt, keinen r-dimensionalen Zyklus enthält, ist $p^r(N) = 0$, und daher ist — weil ε beliebig war — auch $p^r(F') = 0$, w. z. b. w.

Jetzt läßt sich die Frage, welche Polyeder reguläre Gebietsgrenzen sind, folgendermaßen beantworten:

Satz III. *Das Polyeder $P \subset R^n$ mit der Simplizialzerlegung K ist dann und nur dann reguläre Gebietsgrenze, wenn $p^{n-1}(K) = 1$ und $p^{n-1}(K') = 0$ für jeden echten Teilkomplex von K ist.*

Beweis. Wenn $\bar{K}$ reguläre Gebietsgrenze ist, so folgt aus Satz I, daß $p^{n-1}(K) = 1$ und $p^{n-1}(K') = 0$ für jeden echten Teilkomplex K'

ist. Es sei umgekehrt $\bar{K} \subset R^n$ gegeben, $p^{n-1}(K) = 1$, $p^{n-1}(K') = 0$ für jeden echten Teilkomplex K' von K. Dann folgt aus dem Hilfssatz und Satz I, daß $\bar{K}$ absolute, also aus Satz II, daß $\bar{K}$ reguläre Gebietsgrenze ist.

Der Satz III bleibt richtig, wenn man in seinem Wortlaut von p_m^{n-1} (m Primzahl) anstatt von p^{n-1} spricht. Hieraus folgt (durch Spezialisierung $m = 2$):

Satz IV (der Jordan-Brouwersche Satz, spezielle Fassung). *Jede im R^n liegende geschlossene $(n-1)$-dimensionale Pseudomannigfaltigkeit ist eine reguläre Gebietsgrenze des R^n.*

Ist $P \subset R^n$ eine $(n-1)$-dimensionale geschlossene Pseudomannigfaltigkeit, so muß (da P eine reguläre Gebietsgrenze ist) $p^{n-1}(P) = 1$, also P orientierbar sein. Wir haben also zum zweitenmal bewiesen (vgl. § 1, Nr. 10):

Jede geschlossene $(n-1)$-dimensionale Pseudomannigfaltigkeit des R^n ist orientierbar.

Der Satz IV läßt sich verallgemeinern: wenn K ein $(n-1)$-dimensionaler „einfach geschlossener" Komplex (Kap. VII, § 1) ist, so ist $p^{n-1}(K) = 1$ und $p^{n-1}(K') = 0$ für jeden echten Teilkomplex K' von K (Kap. VII, § 1, Nr. 5). Nennen wir nun ein Polyeder $P = \bar{K}$ „einfach geschlossen", wenn K einfach geschlossen ist[1], so können wir auf Grund des Satzes III dem wichtigsten hierhergehörigen Satz die folgende Formulierung geben:

Satz V (der Jordan-Brouwersche Satz, allgemeine Fassung). *Jedes im R^n liegende $(n-1)$-dimensionale einfach geschlossene (krumme) Polyeder bildet eine reguläre Gebietsgrenze des R^n.*

Von diesem Satz gilt in gewissem Sinne auch noch die Umkehrung:

Satz VI. *Das Polyeder $P = \bar{K} \subset R^n$ ist dann und nur dann eine reguläre Gebietsgrenze des R^n, wenn K ein einfach geschlossener $(n-1)$-dimensionaler Komplex ist.*

Beweis. Da der Jordan-Brouwersche Satz V schon bewiesen ist, haben wir nur zu zeigen: Ist $\bar{K}$ reguläre Gebietsgrenze des R^n, so ist K $(n-1)$-dimensional und einfach geschlossen. Die Behauptung über die Dimensionszahl ist gewiß richtig (Nr. 1); um die einfache Geschlossenheit von K zu beweisen, hat man (Kap. VII, § 1, Nr. 5) das Bestehen der folgenden drei Eigenschaften zu zeigen: 1) $p^{n-1}(K) = 1$; 2) $p^{n-1}(K') = 0$ für jeden echten Teilkomplex K' von K; 3) kein (echter oder unechter) Teilkomplex von K besitzt $(n-2)$-dimensionale Torsion. Daß K die Eigenschaften 1) und 2) besitzt, wissen wir aus Satz III; daß K auch die Eigenschaft 3) hat, ist in § 1, Nr. 10 gezeigt worden.

[1] Daß dies eine topologisch invariante Eigenschaft ist, d. h. daß aus $\bar{K}_1 = \bar{K}_2$ und der einfachen Geschlossenheit von K_1 die einfache Geschlossenheit von K_2 folgt, ist im Kap. VIII gezeigt worden.

Aus den Sätzen II und VI ergibt sich das

Korollar. *Das* $(n-1)$*-dimensionale Polyeder* $P \subset R^n$ *ist dann und nur dann einfach geschlossen, wenn es „ein* $(n-1)$*-dimensionales geschlossenes Gebilde des* R^n*"* (im Sinne von Nr. 3) *ist.*

Schließlich heben wir noch eine wichtige unmittelbare Folgerung aus dem oben bewiesenen „Hilfssatz" und dem Zerlegungssatz hervor:

Satz VII. *Eine Menge* $F \subset R^n$*, die einer echten Teilmenge eines* $(n-1)$*-dimensionalen einfach geschlossenen Polyeders* $P = \bar{K}$ *homöomorph ist, zerlegt den* R^n *nicht.* Insbesondere zerlegt die Menge $F \subset R^n$ den R^n nicht, wenn sie einer echten Teilmenge einer $(n-1)$-dimensionalen geschlossenen Pseudomannigfaltigkeit homöomorph ist.

5. Invariante Charakterisierung der inneren und der Randpunkte einer Punktmenge des R^n. Gebietsinvarianz.

Satz VIII. *Ein Punkt a der Menge* $M \subset R^n$ *ist dann und nur dann Randpunkt*[1] *von M, wenn es beliebig kleine Umgebungen von a in bezug auf M gibt, deren Begrenzungen echten Teilmengen der* $(n-1)$*-dimensionalen Sphäre* S^{n-1} *homöomorph sind.*

Beweis. Ist a ein Randpunkt von $M \subset R^n$, so gibt es in beliebiger Nähe von a Punkte p, die nicht zu M gehören; legt man durch einen solchen Punkt eine $(n-1)$-dimensionale Sphäre mit dem Mittelpunkt in a, so erhält man eine beliebig kleine S^{n-1}, die nicht in M enthalten ist. Es sei U das Innere einer solchen Sphäre. Offenbar ist $U \cdot M$ eine beliebig kleine Umgebung von a, deren Begrenzung eine echte Teilmenge von S^{n-1} ist, also die Bedingung unseres Satzes erfüllt.

Es sei andererseits a *kein* Randpunkt, also ein innerer Punkt von M. Dann ist die Entfernung $\varrho(a, R^n - M)$ eine positive Zahl ε. Ist $U(a)$ eine beliebige Umgebung von a in bezug auf M von einem Durchmesser $< \varepsilon$, so ist sie nicht nur in M, sondern auch in R^n offen, und die Begrenzung von $U(a)$ in bezug auf M ist mit der Begrenzung in bezug auf R^n identisch, folglich eine beschränkte abgeschlossene Menge F, die den R^n zerlegt [in die beiden offenen Mengen $U(a)$ und $R^n - \overline{U(a)}$], also — nach dem Satz VII — keiner echten Teilmenge einer $(n-1)$-dimensionalen Sphäre homöomorph sein kann. Unser Satz ist hiermit vollständig bewiesen.

In ihm ist enthalten:

Satz IX (der Satz von der Gebietsinvarianz, Brouwer). *Bei einer topologischen Abbildung zweier homöomorpher Teilmengen des* R^n *aufeinander gehen die inneren bzw. die Randpunkte der einen Menge in die inneren bzw. Randpunkte der anderen über.*

Also insbesondere:

Ist von zwei homöomorphen Teilmengen des R^n *die eine offen (in diesem* R^n*), so ist es auch die andere.*

[1] Kap. I, § 2, Nr. 5.

§ 3. Weitere Anwendungen und Invarianzsätze.

1. Das 2. Korollar des Zerlegungssatzes (§ 1, Nr. 9) läßt sich verschärfen zu dem folgenden

Satz I. *Wenn F ein Gebiet G des R^n zerlegt, so ist* $\dim F \geqq n-1$.

Beweis. Hilfssatz: Wenn F die n-dimensionale Vollkugel zerlegt, so ist $\dim F \geqq n-1$.

Wir nehmen für einen Augenblick diesen Hilfssatz als bewiesen an. Es sei $\dim F \leqq n-2$; wir wollen zeigen, daß $G-F$ zusammenhängend ist. Zu diesem Zwecke betrachten wir die abzählbare Folge von Vollkugeln

$$\overline{U}_1, \overline{U}_2, \ldots, \overline{U}_k, \ldots,$$

die alle in G liegen und deren Innengebiete $U_1, U_2, \ldots, U_k, \ldots$ das ganze Gebiet G ausfüllen.

Das Mengensystem

$$U_1, U_2, \ldots, U_k, \ldots$$

ist (wegen des Zusammenhanges der Vereinigungsmenge $\sum U_k = G$) nach Kap. I, § 2, Satz XV verkettet, zu je zwei (offenen) Kugeln U_i und U_j gibt es also eine Folge

$$U_i = U_{k_0}, \quad U_{k_1}, \ldots, U_{k_s} = U_j,$$

so daß $U_{k_h} \cdot U_{k_{h+1}}$ eine nicht leere, und zwar offene Menge ist; da F höchstens $(n-2)$-dimensional ist, ist $U_{k_h} \cdot U_{k_{h+1}} - F = (U_{k_h} - F) \cdot (U_{k_{h+1}} - F)$ gewiß nicht leer, folglich ist auch das Mengensystem

$$U_1 - F, U_2 - F, \ldots, U_k - F, \ldots,$$

also erst recht

$$\overline{U}_1 - F, \overline{U}_2 - F, \ldots, \overline{U}_k - F, \ldots$$

verkettet. Da andererseits nach dem Hilfssatz die $\overline{U}_k - F$ zusammenhängend sind, ist auch ihre Vereinigungsmenge, d. h. die Menge $G-F$ zusammenhängend, w. z. b. w.

Übrig bleibt also nur der

Beweis des Hilfssatzes. Es sei $\overline{U}$ eine Vollkugel des R^n; wir bezeichnen mit U ihr Inneres, mit $S \doteq \overline{U} - U$ ihren Rand und nehmen an, daß die abgeschlossene Menge F die Vollkugel $\overline{U}$ zerlegt. Dann gilt

$$\overline{U} = A + F + D,$$

wobei A und D zueinander fremd und in $\overline{U}$ offen sind. Offenbar dürfen wir voraussetzen, daß der Mittelpunkt von U nicht zu F gehört: sonst hätte man zuerst $\overline{U}$ einer elementaren topologischen Abbildung auf sich unterzogen, die irgendeinen nicht zu F gehörenden inneren Punkt der Kugel in ihren Mittelpunkt überführt; durch eine solche Transformation wäre weder an den Zerlegungseigenschaften der Menge F (in bezug auf unsere Kugel) noch an ihrer Dimension etwas geändert. Es liege also der Mittelpunkt o von U etwa in A.

Wir nehmen jetzt mit dem Raum R^n, in dem die Vollkugel U liegt, eine Spiegelung an der Sphäre S vor[1]; dadurch geht U in den Außenraum $R^n - \overline{U}$ über, während S punktweise festbleibt. Die Bilder von $A - o$, F, D bei dieser Transformation bezeichnen wir mit A_1, F_1, D_1, wobei zu beachten ist, daß F_1 ganz im Endlichen liegt. Da $A_1 + F_1 + D_1 = R^n - U$ ist, ist

$$R^n = (A + A_1) + (F + F_1) + (D + D_1). \tag{1}$$

Da die Mengen $A \cdot F$, $F \cdot D$, $D \cdot A$ leer sind, gilt dasselbe auch von $A_1 \cdot F_1$, $F_1 \cdot D_1$, $D_1 \cdot A_1$; aber auch die Mengen $A \cdot F_1$, $F \cdot D_1$, $D \cdot A_1$, ebenso wie $A_1 \cdot F$, $F_1 \cdot D$, $D_1 \cdot A$ sind leer, denn wenn es einen z. B. zu $A \cdot F_1$ gehörenden Punkt gäbe, so müßte er auf S liegen, bei unserer Transformation festbleiben und somit auch zu $A \cdot F$ gehören. Die Mengen $A + A_1$, $F + F_1$, $D + D_1$ sind also paarweise zueinander fremd. Da A und D in U offen sind, sind A_1 und D_1 in $R^n - U$, folglich $A + A_1$ und $D + D_1$ im R^n offen. Die beschränkte abgeschlossene Menge $F + F_1$ zerlegt somit den R^n, muß folglich mindestens $(n-1)$-dimensional sein.

Unser Hilfssatz wird also bewiesen sein, wenn wir zeigen:

$$\dim(F + F_1) = \dim F.$$

Es sei $\dim F = r$; es genügt zu zeigen, daß $F + F_1$ bei jedem ε eine ε-Überdeckung von der Ordnung $r + 1$ besitzt. Man wähle zu diesem Zweck ein beliebiges ε und ein so kleines $\delta < \frac{1}{2}\varepsilon$, daß, wenn zwei Punkte von F voneinander um weniger als δ entfernt sind, die ihnen entsprechenden Punkte von F_1 eine Entfernung $< \frac{1}{2}\varepsilon$ haben. Man betrachte sodann eine δ-Überdeckung

$$F^1, F^2, \ldots, F^s$$

von der Ordnung $r + 1$ von F und bezeichne mit F_1^i das Spiegelbild von F^i in bezug auf S. Es seien etwa $F^1, F^2, \ldots, F^q$ diejenigen F^i, die mit S gemeinsame Punkte haben; die Mengen

$$(F^1 + F_1^1), \ldots, (F^q + F_1^q); \; F^{q+1}, \ldots, F^s; \; F_1^{q+1}, \ldots, F_1^s \tag{2}$$

bilden offenbar eine ε-Überdeckung von $F + F_1$.

Es sei a ein beliebiger Punkt von $F + F_1$. Wenn er im Innern von U liegt, gehört er zu höchstens $r + 1$ Mengen F^i und zu keiner Menge F_1^i, also insgesamt zu höchstens $r + 1$ Elementen der Überdeckung (2). Ein analoger Schluß gilt auch im Falle, wenn a in $R^n - \overline{U}$ liegt. Falls aber der Punkt a zu S gehört, so ist er in höchstens $r + 1$ Mengen F^i, $i \leq q$, und in den entsprechenden Mengen F_1^i enthalten, also in höchstens $r + 1$ Mengen von der Form $(F^i + F_1^i)$ und in keinen weiteren Elementen der Überdeckung (2). Die Ordnung der genannten Überdeckung ist also höchstens gleich $r + 1$, w. z. b. w.

[1] R^n ist in der bekannten Weise durch den Punkt ∞ abzuschließen.

2. Definition der Cantorschen Mannigfaltigkeiten. Ein n-dimensionales Kompaktum, welches durch keine höchstens $(n-2)$-dimensionale abgeschlossene Teilmenge zerlegt wird, heißt[1] eine n-dimensionale *Cantorsche Mannigfaltigkeit.*

Wir haben also durch den Hilfssatz in Nr. 1 bewiesen:

Das n-dimensionale Element[2] *ist eine n-dimensionale Cantorsche Mannigfaltigkeit.*

Wenn G ein beliebiges Gebiet des R^n und F höchstens $(n-2)$-dimensional ist, ist $G - F$, folglich[3] auch $\bar{G} - F$ zusammenhängend. Es gilt also das

Korollar. *Die abgeschlossene Hülle eines beliebigen beschränkten Gebietes des R^n ist eine n-dimensionale Cantorsche Mannigfaltigkeit.*

3. Spezialfall der Polyeder. Invarianz des starken Zusammenhanges eines Komplexes. Im Anschluß an diese Resultate entsteht die natürliche Frage nach denjenigen *Polyedern*, die zugleich Cantorsche Mannigfaltigkeiten sind: man will wissen, durch welche Eigenschaften ihrer simplizialen Zerlegungen sie charakterisiert sind. Die Antwort auf diese Frage wird durch folgenden Satz gegeben:

Satz II (Satz von der Invarianz der stark zusammenhängenden Komplexe)[4]. *Wenn eine simpliziale Zerlegung eines Polyeders stark zusammenhängend ist, so ist das Polyeder eine Cantorsche Mannigfaltigkeit; umgekehrt ist jede simpliziale Zerlegung eines Polyeders, das eine Cantorsche Mannigfaltigkeit ist, stark zusammenhängend.*

Hierin ist enthalten: *Wenn eine simpliziale Zerlegung eines Polyeders die Eigenschaft des starken Zusammenhanges besitzt, so gilt dieselbe Eigenschaft für jede simpliziale Zerlegung desselben Polyeders.*

Beweis. Es sei K eine simpliziale Zerlegung des n-dimensionalen Polyeders $\bar{K}$; wenn K nicht stark zusammenhängend ist und K_1 eine starke Komponente von K, K' der aus den in K_1 nicht vorkommenden Grundsimplexen von K gebildete Komplex ist, so ist $\bar{K}_1 \cdot \bar{K}'$ ein höchstens $(n-2)$-dimensionales Polyeder, welches $\bar{K}$ zerlegt; $\bar{K}$ kann also unter diesen Umständen keine Cantorsche Mannigfaltigkeit sein, und die zweite Hälfte unseres Satzes ist bewiesen.

Wenn andererseits K stark zusammenhängend, F eine beliebige, höchstens $(n-2)$-dimensionale Teilmenge von $\bar{K}$ und T_i^n irgendein Grundsimplex von K ist, so ist $\bar{K} - F = \sum_i (T_i^n - F)$. Zu je zwei Simplexen T_i^n und T_j^n gibt es eine sie verbindende Kette

$$T_i^n = T_{k_0}^n,\ T_{k_1}^n,\ \ldots,\ T_{k_s}^n = T_j^n,\quad T_{k_h}^n \cdot T_{k_{h+1}}^n = T_{\nu_h}^{n-1}.$$

---

[1] Nach Urysohn.

[2] D. h.: das topologische Bild eines n-dimensionalen Simplexes.

[3] Nach Kap. I, § 2, Satz XIX; der Satz ist anwendbar, denn, da F in R^n nirgendsdicht ist, ist $\bar{G} - F \subset \overline{G - F}$ (und natürlich $\bar{G} - F \supset G - F$).

[4] Kap. IV, § 5, Nr. 6.

Nun ist aber auch

$$(T^n_{k_h} - F) \cdot (T^n_{k_{h+1}} - F) = T^{n-1}_{\nu_h} - F \neq 0,$$

denn $F \cdot T^{n-1}_{\nu_h}$ ist eine höchstens $(n-2)$-dimensionale, also nirgendsdichte Teilmenge von $T^{n-1}_{\nu_h}$. Das System der Mengen $T^n_i - F$ ist also verkettet, so daß die Vereinigungsmenge $\sum(T^n_i - F) = \bar{K} - F$ zusammenhängend ist. Mit anderen Worten: F zerlegt das Polyeder $\bar{K}$ nicht, $\bar{K}$ ist eine n-dimensionale Cantorsche Mannigfaltigkeit, w. z. b. w.

4. Reguläre und singuläre Punkte eines Polyeders. Für die weiteren Invarianzbetrachtungen an Polyedern führen wir den folgenden Begriff ein: Der Punkt a des n-dimensionalen Polyeders P heißt *„regulär"*, wenn er eine n-dimensionale Euklidische — d. h. dem R^n homöomorphe — Umgebung (relativ zu P) besitzt; andernfalls heißt er *„singulär"*.

Diese Definition ist von vornherein topologisch invariant, d. h. bei einer topologischen Abbildung von P auf ein Polyeder P' gehen die regulären bzw. singulären Punkte von P in die regulären bzw. singulären Punkte von P' über.

Ist $P = \bar{K}$, so sind die inneren Punkte der n-dimensionalen Simplexe von K regulär; ist $r < n$ und $|x^r|$ ein Simplex von K, das auf keinem n-dimensionalen Simplex liegt, so sind alle inneren Punkte von $|x^r|$ — infolge der Invarianz der Dimensionszahl — singulär. Hieraus ist die folgende *topologisch invariante Charakterisierung der homogen-dimensionalen Komplexe* ersichtlich:

Der Komplex K ist dann und nur dann homogen-dimensional, wenn in $\bar{K} = P$ die regulären Punkte dicht liegen.

Wir erwähnen noch: Wie unmittelbar aus der Definition folgt, bilden in jedem Polyeder die regulären Punkte eine offene, die singulären Punkte also eine abgeschlossene Menge.

5. Homogen-dimensionale Komplexe. Invarianz des $(n-1)$-dimensionalen singulären Teils[1] K^* eines Komplexes K^n. Von nun an bis ans Ende des Paragraphen sei K immer ein homogen n-dimensionaler Euklidischer Komplex; unter K^* verstehen wir wie früher[1] den Komplex seiner „singulären" $(n-1)$-dimensionalen Seiten, d. h. derjenigen, die nicht auf genau zwei n-dimensionalen Simplexen liegen. Wir [beha]upten zunächst — und rechtfertigen damit den doppelten Gebrauch [des] Wortes „singulär" —:

[A]lle Punkte von $\bar{K}^*$ sind singuläre Punkte von $\bar{K}$.

[U]m dies zu beweisen, genügt es, da die Menge der singulären Punkte [abge]schlossen ist, zu zeigen: Jeder innere Punkt eines $(n-1)$-dimen[sion]alen Simplexes von K^* ist singulärer Punkt von K.

[E]s sei a innerer Punkt des Simplexes T^{n-1} von K; wir werden die beiden folgenden Behauptungen A und B beweisen, womit der obige

[1] Kap. IV, § 5, Nr. 8.

Satz bewiesen sein wird; dabei verstehen wir unter einer „Euklidischen Umgebung" immer eine solche, die dem R^n homöomorph ist.

A) Wenn an T^{n-1} ein einziges Simplex T^n von K anschließt, so besitzt a keine Euklidische Umgebung;

B) wenn an T^{n-1} drei oder mehr T_i^n anschließen, so besitzt a keine Umgebung, die einer (echten oder unechten) Teilmenge des R^n homöomorph ist.

Beide Behauptungen folgen leicht aus dem Satz von der Gebietsinvarianz.

Beweis der Behauptung A). Es sei T^n das einzige an T^{n-1} anschließende Simplex, R^n der das Simplex T^n tragende Euklidische Raum; wenn a Euklidische Umgebungen besäße, würde man unter ihnen auch beliebig kleine finden können, insbesondere auch eine in T^n liegende Euklidische Umgebung $U(a)$. Diese wäre dem ganzen R^n homöomorph, würde also (nach dem Satz von der Gebietsinvarianz) eine offene Teilmenge des erwähnten R^n bilden; insbesondere müßte also der Punkt a innerer Punkt von T^n (in bezug auf den R^n) sein — *er könnte nicht auf dem Rande von T^n liegen.* Durch diesen Widerspruch ist die Behauptung A) bewiesen.

Beweis der Behauptung B). An T^{n-1} schließen mindestens drei Simplexe

$$T_1^n, T_2^n, \ldots, T_s^n$$

von K an; wir führen die folgende Annahme zum Widerspruch: ein innerer Punkt a von T^{n-1} besitze eine beliebig kleine, also insbesondere eine im Innern des Sternes $E = \overline{T}_1^n + \overline{T}_2^n + \cdots + \overline{T}_s^n$ liegende Umgebung U, die einer Teilmenge des n-dimensionalen Euklidischen Raumes homöomorph ist.

Man kann sich auf die Betrachtung des genannten Sternes E beschränken und dabei annehmen, daß zwei unter den Simplexen T_i^n, etwa T_1^n und T_2^n, einer n-dimensionalen Ebene R^n des Euklidischen Raumes R^m, in dem P liegt, angehören. Es sei jetzt f eine topologische Abbildung von U auf eine Teilmenge U' von R^n; da $V = U \cdot (T_1^n + T_2^n)$ eine offene Teilmenge von R^n ist, ist $f(V) = G$ nach dem Satz von der Gebietsinvarianz offen in R^n, folglich erst recht in U'; da andererseits f^{-1} eine topologische Abbildung von U' auf U ist, muß $f^{-1}(G)$, d. h. V offen in U sein; V ist aber bestimmt nicht offen in U, denn der Punkt $a \subset V$ ist Häufungspunkt z. B. von der Menge $U \cdot (T_3^n - T^{n-1})$, die zu V fremd ist.

Unser Satz ist hiermit bewiesen.

Wir behaupten jetzt, daß K^* *ein topologisch invarianter Teilkomplex von* K ist, mit anderen Worten:

K und K_1 seien homogen n-dimensionale Komplexe; K^* und K_1^* seien die Komplexe ihrer singulären $(n-1)$-dimensionalen Seiten; f sei eine topologische Abbildung von $\bar{K}$ auf $\bar{K}_1$; dann ist

$$f(\bar{K}^*) = \bar{K}_1^*. \tag{3}$$

Beweis. Es genügt zu zeigen, daß

(4) $$f(\bar{K}^*) \subset K_1^*$$

ist, denn aus Symmetriegründen (man vertausche K mit K_1 und f mit f^{-1}) folgt daraus $f^{-1}(\bar{K}_1^*) \subset \bar{K}^*$, also $\bar{K}_1^* \subset f(\bar{K}^*)$, was zusammen mit (4) die Gleichung (3) ergibt.

Da die Punktmenge $\bar{K}^*$ abgeschlossen ist, genügt es, um (4) zu beweisen, eine in $\bar{K}^*$ dichte Menge D zu finden, die mittels f in $\bar{K}_1^*$ abgebildet wird. Um eine solche Punktmenge D zu erhalten, bezeichnen wir mit Q bzw. Q' die Menge aller Punkte von $\bar{K}$ bzw. $\bar{K}_1$, welche zu $(n-2)$-dimensionalen Simplexen (von K bzw. K_1) gehören. Die beiden Mengen Q und Q' sind $(n-2)$-dimensional, woraus folgt, daß sowohl Q als auch $f^{-1}(Q')$ nirgendsdicht in $\bar{K}^*$ sind; somit ist auch $Q + f^{-1}(Q')$ nirgendsdicht, also

$$D = \bar{K}^* - (Q + f^{-1}(Q'))$$

dicht in $\bar{K}^*$. Jeder Punkt a von D ist singulärer Punkt von $\bar{K}$, so daß auch $f(a)$ singulärer Punkt von K_1 ist. Da der Punkt $f(a)$ einerseits zu keinem $(n-2)$-dimensionalen Simplex von K_1 gehört, andererseits als Bild des singulären Punktes a selbst singulär ist, ist er gewiß innerer Punkt eines $(n-1)$-dimensionalen Simplexes von K_1, und zwar eines solchen, das nicht auf genau zwei n-dimensionalen Simplexen von K_1 liegt — er ist also Punkt eines Grundsimplexes von K_1^*, w. z. b. w.

6. Invarianz des regulären Zusammenhanges. Nunmehr geben wir die folgende *topologisch invariante Charakterisierung des regulären Zusammenhanges* eines Komplexes (vgl. Kap. IV, § 5, Nr. 7):

Der (homogen n-dimensionale) Komplex K ist dann und nur dann regulär zusammenhängend, wenn die Menge der regulären Punkte von $\bar{K}$ zusammenhängend ist.

Beweis. G sei die Menge der regulären Punkte von $\bar{K}$. Zunächst sei K regulär zusammenhängend; a und b seien reguläre Punkte von $\bar{K}$; a gehöre dem Simplex $|x^n|$, b dem Simplex $|y^n|$ an; a', b' seien innere Punkte von $|x^n|$ bzw. $|y^n|$. Dann liegt sowohl die Strecke $\overline{a\,a'}$ als auch die Strecke $\overline{b\,b'}$ in G, und ferner kann man infolge des regulären Zusammenhanges von K die Punkte a' und b' in G durch einen Streckenzug verbinden. Da man somit die willkürlich gegebenen regulären Punkte a und b durch einen Weg verbunden hat, der ganz in G verläuft, ist G zusammenhängend.

Jetzt sei K ein Komplex, für welchen die Menge G der regulären Punkte von $\bar{K}$ zusammenhängend ist; Behauptung: K ist regulär zusammenhängend; mit anderen Worten: bei jeder Zerlegung $K = K_1 + K_2$ in zwei homogen n-dimensionale Komplexe K_1, K_2 enthält der Durchschnitt $K_1 \cdot K_2$ eine reguläre $(n-1)$-dimensionale Seite von K. Dabei dürfen wir $K_1 \cdot K_2$ von vornherein als höchstens $(n-1)$-dimensional annehmen.

Da G zusammenhängend ist, haben $G \cdot \bar{K}_1$ und $G \cdot \bar{K}_2$ einen Punkt p gemeinsam. Jeder Punkt einer Umgebung von p ist regulärer Punkt, und daher ist (nach Nr. 5) jede $(n-1)$-dimensionale Seite von K, auf welcher p liegt, eine reguläre Seite von K. Wir haben daher nur zu zeigen: p liegt auf einer $(n-1)$-dimensionalen Seite von $K_1 \cdot K_2$.

Jede Umgebung U von p wird, da sie sowohl Punkte von $K_1 - K_1 \cdot K_2$ als auch Punkte von $K_2 - K_1 \cdot K_2$ enthält, durch die Menge $\bar{K}_1 \cdot \bar{K}_2 \cdot U$ zerlegt. Diese Menge ist nach Satz I, da wir U als n-dimensionales Euklidisches Gebiet ansehen dürfen, wenigstens $(n-1)$-dimensional. Folglich gibt es wenigstens eine $(n-1)$-dimensionale Seite von $K_1 \cdot K_2$, die in U eintritt. Wählen wir U als in dem offenen Stern $O_K(p)$ gelegen (Kap. III, § 1, Nr. 7), so enthält jede Seite von K, die in U eintritt, den Punkt p. Damit ist die Behauptung bewiesen.

Auf Grund des damit bewiesenen Satzes dürfen wir von *regulär zusammenhängenden Polyedern* sprechen — das sind diejenigen mit regulär zusammenhängenden Simplizialzerlegungen.

7. Invarianz der Pseudomannigfaltigkeiten. Auch *die geschlossenen Pseudomannigfaltigkeiten lassen sich topologisch invariant charakterisieren*; denn der Komplex K ist eine geschlossene Pseudomannigfaltigkeit, wenn er regulär zusammenhängend und wenn K^* leer ist (Kap. IV, § 5, Nr. 11) — beide in dieser Definition auftretenden Begriffe sind nach Nr. 5 und 6 topologisch invariant. Ist also $\bar{K}'$ homöomorph mit $\bar{K}$, so ist auch der Komplex K' eine geschlossene Pseudomannigfaltigkeit.

Um auch die berandeten Pseudomannigfaltigkeiten in ähnlicher Weise invariant zu charakterisieren, führen wir den folgenden Begriff ein (vgl. Nr. 5, Behauptung B): Der Punkt a des homogen n-dimensionalen Polyeders P heißt „*Verzweigungspunkt*" von P, wenn er keine Umgebung besitzt, die einer (echten oder unechten) Teilmenge des R^n homöomorph ist. Jeder Verzweigungspunkt ist singulär, und ein innerer Punkt eines $(n-1)$-dimensionalen Simplexes von K ist dann[1] und nur dann Verzweigungspunkt, wenn dieses Simplex auf wenigstens drei n-dimensionalen Simplexen von K liegt. Daraus ergibt sich die folgende *invariante Charakterisierung der berandeten Pseudomannigfaltigkeiten*: der Komplex K ist dann und nur dann berandete Pseudomannigfaltigkeit, wenn er regulär zusammenhängend ist, wenn K^* nicht leer ist und wenn es keine $(n-1)$-dimensionale Menge von Verzweigungspunkten gibt. Daß diese Charakterisierung in der Tat topologisch invariant ist, folgt aus Nr. 5 und dem Umstand, daß die Verzweigungspunkte invariant definiert sind.

8. Invarianz der Orientierbarkeit bzw. Nichtorientierbarkeit regulär zusammenhängender Komplexe (Kap. IV, § 5, Nr. 9).

Wenn K^* leer, also K eine geschlossene Pseudomannigfaltigkeit ist, so ergibt sich diese Invarianz einfach daraus, daß $p^n(K) = 1$ oder $= 0$ ist, je nachdem K orientierbar ist oder nicht (Kap. VII, § 1, Nr. 7).

---

[1] Vgl. Nr. 5, Behauptung B.

Es sei also K^* nicht leer. Wir bemerken zunächst: die Orientierbarkeit bzw. Nichtorientierbarkeit ist *invariant gegenüber Unterteilung von K*. Denn ist K orientierbar und C der Repräsentant einer Orientierung (Kap. IV, § 5, Nr. 9), so ist der beim Übergang zu einer Unterteilung K' von K entstehende Komplex C' offenbar Repräsentant einer Orientierung von K'; umgekehrt: ist die Unterteilung K' von K orientierbar und C' der Repräsentant einer Orientierung, so definieren die kohärent orientierten Simplexe von C', die einem Grundsimplex $|x_i|$ von K angehören, eine Orientierung von $|x_i|$, und die Summe aller dieser orientierten Simplexe x_i ist Repräsentant einer Orientierung von K.

Infolgedessen dürfen wir für unseren Beweis den Komplex K durch eine Unterteilung K' ersetzen; wir wählen diese so, daß sie die folgende Eigenschaft $\mathfrak{E}$ hat: jede Kante von K', deren beiden Eckpunkte zu $\bar{K}^*$ gehören, gehört ganz zu $\bar{K}^*$.[1] Wir schreiben nun wieder K statt K'.

Dann nehmen wir einen mit K isomorphen Komplex K_1 und identifizieren die Eckpunkte von K^* mit den entsprechenden Eckpunkten des entsprechenden Teilkomplexes K_1^* von K_1; bei dieser Identifizierung entsteht ein Komplex K_0, und infolge der Eigenschaft $\mathfrak{E}$ haben die Teilkomplexe K und K_1 von K_0 nur den Komplex $K^* = K_1^*$ gemeinsam. Wir behaupten: Dann und nur dann ist K orientierbar, wenn $p^n(K_0) > 0$ ist. In der Tat: Ist K orientierbar, so sei C ein von Null verschiedener ganzzahliger n-dimensionaler Relativzyklus in K bis auf K^* (Kap. IV, § 5, Satz VIIa) und C_1 der entsprechende algebraische Komplex in K_1; dann ist $C - C_1$ ein von Null verschiedener ganzzahliger Zyklus in K_0, folglich ist $p^n(K_0) > 0$. Andererseits: Ist $p^n(K_0) > 0$, so gibt es in K_0 einen von Null verschiedenen ganzzahligen n-dimensionalen Zyklus Z, und die Simplexe von Z, die zu K gehören, bilden einen ganzzahligen Relativzyklus in K bis auf K^*, aus dessen Existenz (Satz VIIa, a. a. O.) die Orientierbarkeit von K folgt.

Hieraus, aus der Invarianz des Komplexes K^* (Nr. 5), und aus der topologischen Invarianz der Bettischen Zahlen, ist die topologische Invarianz der Orientierbarkeit bzw. Nicht-Orientierbarkeit von K ersichtlich.

9. Definition der Mannigfaltigkeiten. Die geschlossenen Pseudomannigfaltigkeiten sind diejenigen regulär zusammenhängenden Polyeder $\bar{K}$, in denen K^* leer oder, was dasselbe ist, die Menge der singulären Punkte höchstens $(n-2)$-dimensional ist. Unter ihnen sind die wichtigsten die geschlossenen *Mannigfaltigkeiten*: sie sind dadurch definiert, daß es überhaupt keine singulären Punkte gibt, daß also jeder Punkt eine Euklidische Umgebung besitzt. Während aber die geschlossenen Pseudomannigfaltigkeiten durch kombinatorische Eigenschaften

[1] Zum Beispiel die baryzentrische Unterteilung K' von K hat, wie man leicht zeigt, diese Eigenschaft. — Man vgl. auch S. 336, Fußnote 1.

definiert worden sind, weiß man bis heute nicht — abgesehen von $n = 1$, $n = 2$ und $n = 3$ —, durch welche Eigenschaften sich die simplizialen Zerlegungen der n-dimensionalen geschlossenen Mannigfaltigkeiten charakterisieren lassen. Dieses Problem — also die Aufgabe, die Euklidischen Umgebungen kombinatorisch vollständig zu beschreiben — scheint unter den ungelösten Problemen der Topologie eines der schwierigsten zu sein.

Anhang zum zehnten Kapitel.

Raumzerlegung und wesentliche Abbildungen.

Wir haben gesehen[1], daß die Dimension eines Kompaktums sich durch die Existenz von wesentlichen Abbildungen auf Elemente entsprechender Dimensionszahl charakterisieren läßt; wir geben jetzt eine analoge Charakterisierung für die Eigenschaft eines Kompaktums $F \subset R^n$, den R^n zu zerlegen. Der Satz, den wir sogleich aussprechen und beweisen werden, und der Satz XIII von Kap. IX, § 3 sind eng miteinander verwandt; in ihnen werden bereits allgemeine Zusammenhänge zwischen rein mengentheoretischen und kombinatorisch-algebraischen Eigenschaften von Kompakten sichtbar, die wir erst im zweiten Bande dieses Buches in voller Allgemeinheit darstellen werden.

Definition[2]. *Eine stetige Abbildung f des Kompaktums F auf die S^n heißt wesentlich, wenn bei jeder Abbildung f_1* (von F in S^n), *die aus f durch stetige Abänderung entsteht, die Bildmenge $f_1(F)$ die ganze Sphäre S^n ist* (d. h. f_1 eine Abbildung von F *auf* die S^n ist).

Sodann gilt folgender

Satz[3]. *Das Kompaktum $F \subset R^n$ zerlegt dann und nur dann den R^n nicht, wenn jede Abbildung von F in die S^{n-1} unwesentlich ist*[4].

Voraussetzung I. Jede Abbildung von F in die S^{n-1} ist unwesentlich.

Behauptung I. F zerlegt den R^n nicht.

Beweis. Es sei a ein beliebiger Punkt in $R^n - F$; wir behaupten zunächst: man kann F in $R^n - a$ auf einen Punkt zusammenziehen; das heißt: es gibt eine solche stetige Abbildungsschar f_t, $0 \leqq t \leqq 2$, daß f_t bei jedem t das Kompaktum F in $R^n - a$ abbildet, daß $f_0(x) = x$ für jeden Punkt $x \subset F$ ist und daß $f_2(F)$ ein Punkt ist. In der Tat:

---

[1] Kap. IX, § 3, Nr. 10. [2] Vgl. Kap. XII, § 4, Nr. 6.

[3] Wir geben hier denjenigen Beweis des Satzes wieder, der von K. Borsuk stammt.

[4] Auf Grund des Zerlegungssatzes (Kap. X, § 1) kann man denselben Satz auch so aussprechen: *Das Kompaktum $F \subset R^n$ läßt sich dann und nur dann wesentlich auf die S^{n-1} abbilden, wenn seine $(n-1)$-te Bettische N-Zahl nicht Null ist.* Für $(n-1)$-*dimensionale Polyeder F* ist der Satz in dem Satz VI' von Kap. XIII, § 2, enthalten, der von der Voraussetzung $F \subset R^n$ frei ist (man beachte Kap. X, § 1, Nr. 10). Die Verallgemeinerung dieses Satzes VI' für *Kompakten F* wird im 2. Bande bewiesen werden.

S^{n-1} sei eine Sphäre mit dem Mittelpunkt a; für jeden Punkt $x \subset F$ sei $x_1 = f_1(x)$ der Schnittpunkt des Strahles $\overrightarrow{ax}$ mit S^{n-1} und $f_t(x)$ der Punkt, der die Strecke $x x_1$ im Verhältnis $t:(1-t)$ teilt $(0 \leqq t \leqq 1)$. Ferner sei f_t mit $1 \leqq t \leqq 2$ eine — nach Voraussetzung existierende — Abbildungsschar von F in S^{n-1} mit $f_2(F) = b$, wobei b ein Punkt von S^{n-1} ist. — Die Schar f_t mit $0 \leqq t \leqq 2$ deformiert in der Tat die Menge F in dem Raume $R^n - a$ in den Punkt b.

Erweitern wir diese Schar zu einer Abbildungsschar des ganzen R^n in den R^n — was auf Grund des Erweiterungssatzes (Kap. I, § 6, Nr. 9 sowie Nr. 10, Zusatz), angewandt auf das Produkt des R^n mit der t-Strecke, möglich ist —, so gibt es eine Umgebung $U(F)$, deren Bilder $f_t(U(F))$ für alle t $(0 \leqq t \leqq 2)$ in $R^n - a$ liegen. Dann hat $U(F)$ die Eigenschaft: *Jeder in $U(F)$ gelegene stetige Zyklus ist in $R^n - a$ homotop Null, und daher* — vorausgesetzt, daß er berandungsfähig ist — auch *homolog Null in $R^n - a$* (Kap. VIII, § 5, Nr. 8); folglich ist speziell jeder *Euklidische* Zyklus z, der in $U(F)$ liegt, ~ 0 in $R^n - a$.

Nehmen wir nun an, F zerlege — entgegen der Behauptung — den R^n. Dann wählen wir den Punkt $a = a_1$ in einer beschränkten Komponente G von $R^n - F$; der Komplex Q_1 sei ebenso wie in Kap. X, § 1, Nr. 7 definiert; wie a. a. O. bewiesen worden ist, berandet dann $\dot{Q}_1$ in $R^n - a$ nicht. Nun können wir aber andererseits die simpliziale Zerlegung des R^n, welche der Konstruktion von Q_1 zugrunde liegt, so fein wählen, daß die Simplexdurchmesser $< \varrho(F, R^n - U(F))$ sind; dann ist offenbar $\dot{\overline{Q}}_1 \subset U(F)$, und daher ist, wie wir oben sahen, $\dot{Q} \sim 0$ in $R^n - a$. — Aus diesem Widerspruch ergibt sich die Richtigkeit der Behauptung I.

Voraussetzung II. F zerlegt den R^n nicht.

Behauptung II. Jede Abbildung f von F in S^{n-1} ist unwesentlich.

Wir überzeugen uns zunächst davon, daß die Behauptung II enthalten ist in der

Behauptung III. Jede Abbildung f von F in die S^{n-1} läßt sich zu einer Abbildung eines n-dimensionalen Simplexes T, welches F enthält, in die S^{n-1} erweitern.

In der Tat folgt Behauptung II aus Behauptung III: Wenn f eine Abbildung von F in S^{n-1} ist, so erweitere man sie — was nach Behauptung III möglich ist — zu einer Abbildung f von T in S^{n-1}; dann ziehe man F innerhalb von T stetig in einen Punkt zusammen und bilde diesen Vorgang mittels der in T erklärten Abbildung f in die S^{n-1} ab; es ergibt sich eine stetige Abänderung der Abbildung f von F in S^{n-1}, und am Schluß der Abänderung wird F auf einen einzigen Punkt von S^{n-1} abgebildet.

Dem Beweise der Behauptung III schicken wir zwei Hilfssätze voraus.

Hilfssatz A. Es sei K ein echter Teilkomplex des Simplexrandes $|\dot{x}^n|$ und f eine Abbildung von $\bar{K}$ in S^{n-1}. Dann läßt sich f zu einer Abbildung von $\overline{x^n}$ in S^{n-1} erweitern.

Beweis. Wir werden den Hilfssatz I aus Kap. XIII, § 1, Nr. 3 benutzen und kurz als „Hilfssatz I" zitieren. Es sei $|x^{n-1}|$ ein nicht zu K gehöriges Simplex von $|\dot{x}^n|$ und K' der Komplex $|\dot{x}^n| - |x^{n-1}|$. Da jede Abbildung f von $\bar{K}$ zu einer simplizialen Abbildung einer Unterteilung K_1 von K in den Simplexrand $|\dot{y}^n|$ — wobei $\overline{\dot{y}^n} \doteq S^{n-1}$ ist — homotop ist (Kap. VIII, § 3, Satz I), dürfen wir nach Hilfssatz I die Abbildung f als eine simpliziale Abbildung eines Teilkomplexes K_1 einer Unterteilung K_1' von K' in $|\dot{y}^n|$ annehmen. Wir erweitern sie zu einer simplizialen Abbildung von K_1' in $|\dot{y}^n|$, indem wir jedem nicht zu K_1 gehörigen Eckpunkt von K_1' einen beliebigen Eckpunkt von $|\dot{y}^n|$ zuordnen. Da die Punktmenge $\bar{K}_1' = \bar{K}' = \overline{|\dot{x}^n| - |x^{n-1}|}$ offenbar ein $(n-1)$-dimensionales Element ist, kann man sie stetig in sich auf einen Punkt zusammenziehen, d. h. es gibt eine Abbildungsschar g_t von $\bar{K}'$ in sich mit $0 \leqq t \leqq 1$, $g_0(p) = p$ und $g_1(p) = p_1$ für alle Punkte $p \subset \bar{K}'$ und einem festen Punkt $p_1 \subset \bar{K}'$. Wir setzen $f_t(p) = f g_t(p)$ und sehen: die Abbildung f von $\bar{K}'$ ist zu einer Abbildung f_1 von $\bar{K}'$ auf einen einzigen Punkt von S^{n-1} homotop. Da sich f_1 trivialerweise zu einer Abbildung von $\bar{x}^n$ in die S^{n-1} — nämlich auf den Punkt $f_1(\bar{K}')$ — erweitern läßt, läßt sich nach Hilfssatz I auch f zu einer Abbildung von $\bar{x}^n$ in S^{n-1} erweitern. —

Hilfssatz B. Es seien K und K' zwei homogen n-dimensionale Euklidische Komplexe im R^n; K sei echter Teil von K'; weder $\bar{K}$ noch $\bar{K}'$ zerlege den R^n. Dann lassen sich die nicht zu K gehörigen n-dimensionalen Simplexe von K' in eine solche Reihenfolge

$$T_1, T_2, \ldots, T_N$$

bringen, daß für jedes i $(0 \leqq i \leqq N)$ das Polyeder

$$\bar{K}_i = \bar{K} + T_1 + T_2 + \cdots + T_i$$

den R^n *nicht* zerlegt.

Beweis. Wir setzen $K_N = K'$; Komplexe $K_{N-1}, K_{N-2}, \ldots, K_i$ und somit Simplexe $T_N, T_{N-1}, \ldots, T_{i+1}$ seien in der gewünschten Weise ausgezeichnet $(i \geqq 1)$. Wir haben ein Simplex T_i von $K_i - K$ so zu finden, daß das Polyeder $\bar{K}_{i-1} = \overline{K_i - T_i}$ den R^n nicht zerlegt. Es sei T ein nicht zu K gehöriges n-dimensionales Simplex von K_i, und a ein innerer Punkt von T; wir verbinden a durch einen Weg, welcher weder $\bar{K}$ noch eine höchstens $(n-2)$-dimensionale Seite von $\bar{K}_i$ trifft, mit einem Punkt von $R^n - \bar{K}_i$; der letzte Punkt, den dieser Weg mit $\bar{K}_i$ gemeinsam hat, liegt auf einem Simplex $|y^{n-1}|$ von K_i, welches *nur einem* n-dimensionalen Simplex von K_i angehört; dieses n-dimensionale Simplex (das nicht zu K gehört) wählen wir als T_i. Dann ist klar: Da $\bar{K}_i$ den R^n nicht zerlegt, zerlegt auch $\bar{K}_{i-1} = \overline{K_i - T_i}$ den R^n nicht. —

Beweis der Behauptung III. Ebenso wie in Kap. X, § 1, Nr. 2 konstruieren wir eine solche Polyederumgebung $\overline{U}$ von F, daß $R^n - \overline{U}$ aus einer einzigen Komponente besteht, daß also $\overline{U}$ den R^n nicht zerlegt. Das Polyeder $\overline{U}$ sei in Simplexe zerlegt: $\overline{U} = \bar{K}$. Dabei dürfen wir annehmen, daß K Teilkomplex einer Unterteilung K' des F enthaltenden Simplexes T ist. K und K' erfüllen also die Voraussetzungen des Hilfssatzes B.

Wir dürfen weiter annehmen, daß $\overline{U}$ in einer vorgeschriebenen Umgebung V von F enthalten ist. Wir wählen (nachdem die Abbildung f von F in die S^{n-1} gegeben ist, welche wir auf T erweitern wollen) V so klein, daß sich f zu einer Abbildung von V in die S^{n-1} erweitern läßt; [solche V gibt es: man erweitere zunächst auf Grund des Erweiterungssatzes f zu einer Abbildung f' einer Umgebung V' von F in den R^n, in dem S^{n-1} liegt; dann sei V eine solche, in V' enthaltene, Umgebung von F, daß $f'(V)$ den Mittelpunkt von S^{n-1} nicht enthält, und für jeden Punkt $x \subset V$ sei $f(x)$ der Punkt von S^{n-1}, in den der Punkt $f'(x)$ von dem Mittelpunkt aus projiziert wird]. Somit ist f insbesondere auf unser Polyeder $\overline{U} = \bar{K}$ erweitert.

Um diese Abbildung f von $\bar{K}$ auf $\bar{K}' = T$ zu erweitern, ordnen wir die n-dimensionalen Simplexe von $K' - K$ gemäß dem Hilfssatz B. Es sei f bereits in $\bar{K}_i = \bar{K} + T_1 + \cdots + T_i$ erklärt $(i < N)$; da $\bar{K}_i$ den R^n nicht zerlegt, gehört nur ein echter Teil des Randes von T_{i+1} zu K_i; daher läßt sich nach Hilfssatz A die Abbildung f auf T_{i+1}, d. h. auf $\bar{K}_{i+1}$ erweitern. So ergibt sich schließlich die gewünschte Erweiterung auf $\bar{K}'$.

Zweiter Beweis der Behauptung III (nach mündlicher Mitteilung von Herrn Hurewicz): Man verschärft leicht den Hilfssatz A zu Hilfssatz A': Es sei Φ eine abgeschlossene echte Teilmenge von $\bar{x}^n$ und f eine Abbildung von Φ in S^{n-1}. Dann läßt sich f zu einer Abbildung von $\bar{x}^n$ in S^{n-1} erweitern.

Statt III werden wir den äquivalenten Satz beweisen:

III': Es gebe eine Abbildung f von F in S^{n-1}, die sich nicht auf T erweitern läßt. Dann zerlegt F den R^n.

Beweis. Man zeigt erstens leicht: Die folgende Eigenschaft $\mathfrak{E}$ abgeschlossener Teilmengen $\Phi \supset F$ von T ist induktiv[1].

Eigenschaft $\mathfrak{E}$: Die Abbildung f von F in S^{n-1} läßt sich nicht zu einer stetigen Abbildung von Φ in S^{n-1} erweitern.

Nach dem Brouwerschen Reduktionssatz[1] gibt es daher eine *kleinste* Menge F' mit $F \subset F' \subset T$, auf welche sich f nicht erweitern läßt. Die Menge $F' - F$ ist gewiß nicht leer; wir behaupten: sie ist eine *offene* Menge des R^n. In der Tat: Es sei a ein Punkt von $F' - F$ und $|x^n|$ ein Simplex, welches a im Innern enthält und fremd zu F ist; wäre a Randpunkt von $F' - F$, so könnten wir $|x^n|$ so wählen, daß nur ein echter Teil von $\bar{x}^n$ zu F' gehörte; U sei das Innere von $\bar{x}^n$; die Abbildung f ließe sich (wegen der Minimaleigenschaft von F') auf $F' - U$ erweitern; da nur ein echter Teil von $\bar{x}^n$ zu dem Definitionsbereich dieser Abbidung f gehörte, ließe sich f nach Hilfssatz A' weiter auf $\bar{x}^n$, also auf F' erweitern — entgegen der Definition von F'. — Da somit $F' - F$ offen ist, gehört die Begrenzung dieser Menge zu F. Somit besitzt $R^n - F$ wenigstens eine beschränkte Komponente, d. h.: F zerlegt den R^n.

---

[1] Kap. II, Anhang.

Vierter Teil.

Verschlingungen im Euklidischen Raum. Stetige Abbildungen von Polyedern.

Die Invarianzsätze, die in den Kapiteln VIII und IX bewiesen worden sind, ermöglichen die Übertragung der Begriffe und Methoden aus der Topologie der Komplexe auf *Polyeder*; sie sind somit das Fundament der „*Topologie der Polyeder*". Der weitere Ausbau der Polyedertopologie — soweit sie es mit *Homologie*-Eigenschaften zu tun hat und soweit sie sich nicht speziell auf Mannigfaltigkeiten bezieht[1] — soll nun im vierten Teil dieses Bandes erfolgen.

Den gemeinsamen Ausgangspunkt für alle vier Kapitel dieses Teiles bilden die §§ 1 und 2 des Kapitels XI. Diese Paragraphen dienen der Einführung des Begriffes der „*Verschlingungszahl*", eines Begriffes, der zweifellos zu den wichtigsten in der Topologie gehört; er war — für den Spezialfall geschlossener Kurven im R^3 — schon GAUSS bekannt, und er ist — nachdem LEBESGUE den Zusammenhang zwischen den Begriffen „Verschlingung" und „Zerlegung" aufgedeckt hatte — in voller Allgemeinheit und Schärfe von BROUWER aufgestellt worden.

An den Inhalt der beiden genannten Paragraphen schließen zwei voneinander unabhängige Theorien an: einerseits die „höhere Verschlingungstheorie" des Euklidischen Raumes, die in dem Alexanderschen Dualitätssatz gipfelt, andererseits die Theorie der Kroneckerschen Charakteristik und des Brouwerschen Abbildungsgrades. Die erste wird in den §§ 3 und 4 des Kapitels XI, die zweite im Kapitel XII dargestellt; das Kapitel XIII ist die Fortsetzung des Kapitels XII.

Das Kapitel XIV handelt von Fixpunkten; sein § 1 (Existenzsatz für Fixpunkte) ist von den anderen Kapiteln dieses Teiles unabhängig, und auch später werden nur wenige Begriffe und Sätze aus ihnen benutzt (§ 2)[2].

Elftes Kapitel.

Verschlingungstheorie. Der Alexandersche Dualitätssatz.

Den obigen Vorbemerkungen zum vierten Teil sei speziell für dieses Kapitel noch folgendes hinzugefügt: Der Alexandersche Dualitätssatz umfaßt alles Wesentliche, was wir heute über die topologische *Lage* von (krummen) Polyedern im R^n bei beliebigem n wissen; er umfaßt

[1] Vgl. § 2 der Einleitung.

[2] Für die Lektüre aller vier Kapitel wird die Kenntnis des Kapitels VIII, edoch nicht die Kenntnis der Kapitel IX und X, vorausgesetzt.

insbesondere den Jordan-Brouwerschen Zerlegungssatz, der somit — im Sinne der oben angedeuteten Entdeckung von LEBESGUE — in eine allgemeinere Theorie der Verschlingungen eingeordnet wird. Ein zweiter Beweis des Jordan-Brouwerschen Satzes (genauer: eines Spezialfalles dieses Satzes), der den Zusammenhang zwischen dem Begriff der Zerlegung und Verschlingungsbegriffen in besonders markanter Weise benutzt und übrigens auf einer ganz anderen Methode beruht als der Beweis des Dualitätssatzes, wird in dem „Anhang" dargestellt; er stammt von ALEXANDER und kommt dem ursprünglich von LEBESGUE skizzierten Beweis sehr nahe.

§ 1. Schnitt- und Verschlingungszahlen im R^n.

Die Schnittzahl zweier Ebenen. Bereits im Kap. X, § 1, Nr. 4, wir es mit Schnittzahlen zu tun: es handelte sich dort um den einfachsten Fall, nämlich um den Schnitt einer Geraden mit einer $(n-1)$-dimensionalen Ebene des orientierten R^n. Jetzt behandeln wir den allgemeinen Fall.

Es seien X^p und Y^q zwei orientierte Ebenen des orientierten R^n, wobei $p+q=n$ ist[1]. Die Ebenen X^p und Y^q mögen sich im Punkte o schneiden. Diesem Schnittpunkt o soll jetzt ein *Vorzeichen*, mit anderen Worten eine der beiden Zahlen $+1$, -1 nach einer bestimmten Regel zugeordnet werden. Diese Zahl soll sodann die *Schnittzahl* von X^p und Y^q heißen und mit $\varnothing(X^p, Y^q)$ bezeichnet werden. Man nennt den mit dem Koeffizienten $\varnothing(X^p, Y^q)$ versehenen Punkt o auch den „Schnittpunkt der orientierten Ebenen" X^p und Y^q im (orientierten) R^n.

Zu jedem orientierten Simplex x^p bzw. y^q bzw. r^n von X^p bzw. Y^q bzw. R^n gibt es eine Zahl

$$\alpha=\alpha(x^p), \quad \beta=\beta(y^q), \quad \gamma=\gamma(r^n),$$

die ± 1 ist und die Eigenschaft hat, daß die orientierten Simplexe αx^p, βy^q, γr^n die Orientierungen von X^p bzw. Y^q bzw. R^n bestimmen. Es seien nun

$$x^p=(o a_1 \ldots a_p), \qquad y^q=(o b_1 \ldots b_q)$$

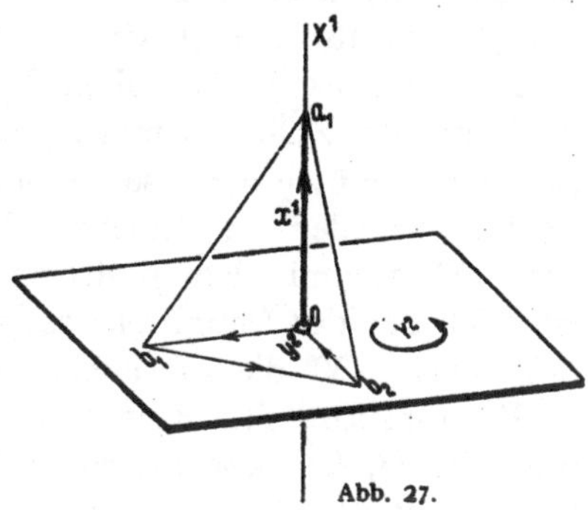

Abb. 27.

irgendwelche orientierte Simplexe von $|X^p|$ bzw. $|Y^q|$ mit dem gemeinsamen Eckpunkt o (Abb. 27; $p=1$, $q=2$); wir setzen noch

$$r^n=(o a_1 \ldots a_p b_1 \ldots b_q)$$

und verstehen unter α, β, γ die soeben eingeführten, zu diesen drei Simplexen gehörigen Zahlen. Dann definieren wir $\varnothing$ durch

$$\varnothing(X^p, Y^q)=\alpha \cdot \beta \cdot \gamma .$$

Um zu zeigen, daß $\varnothing$ von der Wahl von x^p und y^q unabhängig ist, betrachten wir noch zwei Simplexe

$$x'^p=(o a_1' \ldots a_p'), \qquad y'^q=(o b_1' \ldots b_q'),$$

setzen

$$r'^n=(o a_1' \ldots a_p' b_1' \ldots b_q')$$

und verstehen unter α', β', γ' die Zahlen, die an die Stelle der obigen α, β, γ treten. Zu zeigen ist:

$$\alpha\beta\gamma=\alpha'\beta'\gamma' .$$

Zu diesem Zweck betrachten wir die affinen Abbildungen f und g von X^p bzw. Y^q auf sich, die durch

$$f(o)=g(o)=o, \quad f(a_i)=a_i' \; (i=1,2,\ldots,p), \quad g(b_j)=b_j' \; (j=1,2,\ldots,q)$$

[1] In diesem ganzen Kapitel ist n als fest zu betrachten. p und q sollen immer Zahlen mit $p+q=n$, dagegen r und s immer Zahlen mit $r+s=n-1$ bedeuten.

bestimmt sind. Das Vorzeichen von f (Anh. II, § 1, Nr. 5) ist $\alpha\alpha'$, das von g ist $\beta\beta'$. Für die von f und g aufgespannte Abbildung $f \times g = F$ (Anh. II, § 1, Nr. 6) gilt $F(r^n) = r'^n$, und sie hat daher das Vorzeichen $\gamma\gamma'$; andererseits ist ihr Vorzeichen gleich dem Produkt der Vorzeichen von f und g (Anh. II, a. a. O.), also gleich $\alpha\alpha'\beta\beta'$. Es ist also

$$\alpha\alpha'\beta\beta' = \gamma\gamma',$$

woraus durch Multiplikation mit $\alpha'\beta'\gamma$ die Behauptung

$$\alpha\beta\gamma = \alpha'\beta'\gamma'$$

folgt.

Meistens wird man übrigens (vgl. z. B. Nr. 4, Beweis von Satz II) die Orientierungen von x^p und y^q von vornherein so wählen, daß $\alpha = \beta = 1$, also $\varnothing = \gamma$ wird.

Bemerkung I. Die obige Definition der Schnittzahlen gilt auch, wenn eine der Zahlen p und q gleich Null, die andere also gleich n ist; ist etwa $p = 0$, $q = n$, so ist unter X^0 bzw. x^0 der mit dem Koeffizienten $+1$ oder -1 versehene Punkt o zu verstehen. Versteht man unter X^0 den mit dem positiven Zeichen versehenen Punkt o, so ergibt sich aus der Definition: es ist $\varnothing = +1$ oder $\varnothing = -1$, je nachdem $+Y^n$ oder $-Y^n$ die zugrunde gelegte Orientierung des R^n ist.

Bemerkung II. Eine Umkehrung einer der drei Orientierungen (von X^p, Y^q, R^n) bewirkt, wie sich aus der Definition ergibt, die Umkehrung des Vorzeichens von $\varnothing$.

Satz I. *Es gilt*

$$\varnothing(X^p, Y^q) = (-1)^{pq}\,\varnothing(Y^q, X^p).$$

Denn da die Reihenfolge $(o a_1 \dots a_p b_1 \dots b_q)$ durch $p \cdot q$ Transpositionen in die Reihenfolge $(o b_1 \dots b_q a_1 \dots a_p)$ übergeht, ist

$$\gamma(o a_1 \dots a_p b_1 \dots b_q) = (-1)^{pq}\,\gamma(o b_1 \dots b_q a_1 \dots a_p).$$

2. Die Schnittzahl zweier Simplexe definieren wir in den folgenden beiden Fällen. Erstens: es seien $\bar{x}^p$, $\bar{y}^q$ zwei *beliebige geometrische* Simplexe[1] des R^n mit $\bar{x}^p \cdot \bar{y}^q = 0$; dann setzen wir $\varnothing(x^p, y^q) = 0$. Zweitens: es seien x^p und y^q $(p+q=n)$ zwei *orientierte Euklidische* Simplexe des R^n *in allgemeiner Lage*[2] mit $\bar{x}^p \cdot \bar{y}^q \neq 0$, und X^p und Y^q seien die durch sie bestimmten orientierten Ebenen; dann setzen wir $\varnothing(x^p, y^q) = \varnothing(X^p, Y^q)$.

Hierzu ist zu bemerken: Infolge der allgemeinen Lage von x^p und y^q schneiden sich X^p und Y^q in genau einem Punkte o. Dabei ist o innerer Punkt sowohl von $\bar{x}^p$ als auch von $\bar{y}^q$; denn läge er etwa auf der Seite x^{p-1} von x^p, so würden x^{p-1} und y^q eine höchstens $(n-1)$-dimensionale Ebene aufspannen, entgegen der allgemeinen Lage der Eckpunkte.

[1] Anhang II, § 3, Nr. 5.

[2] D. h.: die $p+q+2$ Eckpunkte von $|x^p|$ und $|y^q|$ bilden ein Punktsystem in allgemeiner Lage; vgl. Anhang II, § 1, Nr. 4.

3. Die Schnittzahl zweier algebraischer Komplexe (in relativ-allgemeiner Lage). Als Koeffizientenbereich wird — von nun an bis Nr. 9 — ein *Ring* zugrunde gelegt. Der Eckpunktbereich ist der des R^n (Kap. IV, § 1, Nr. 8 und 9).

Von zwei Komplexen C und D des R^n sagen wir, daß sie sich in „*relativ-allgemeiner Lage*" zueinander befinden, wenn für jedes Paar von Simplexen $|x| \subset |C|$, $|y| \subset |D|$ einer der beiden folgenden Fälle (a) und (b) vorliegt: (a) die Simplexe $|x|$ und $|y|$ sind fremd zueinander, (b) die Simplexe $|x|$ und $|y|$ sind Euklidisch, und ihre Eckpunkte bilden ein Punktsystem in allgemeiner Lage.

Es seien nun

$$C^p = \sum_i u^i x_i^p \quad \text{und} \quad D^q = \sum_j v^j y_j^q \qquad (p + q = n)$$

algebraische Komplexe des R^n in relativ-allgemeiner Lage. Dann definieren wir ihre Schnittzahl

$$(1) \qquad \mathfrak{s}(C^p, D^q) = \sum_{i,j} \mathfrak{s}(x_i^p, y_j^q) u^i v^j;$$

dabei ist $\mathfrak{s}(x_i^p, y_j^q)$ nichts anderes als das positive oder negative Vorzeichen in dem Koeffizientenring. Die Schnittzahl ist also ein Element des zugrunde liegenden Koeffizientenringes $\mathfrak{J}$.

4. Formeln für das Rechnen mit Schnittzahlen. Aus dem Satz I' folgt

$$(2) \qquad \mathfrak{s}(C^p, D^q) = (-1)^{pq} \mathfrak{s}(D^q, C^p).$$

Die folgenden Formeln (3) und (4) ergeben sich unmittelbar aus der Definition (1):

$$(3) \qquad \begin{cases} \mathfrak{s}(C^p, D_1^q + D_2^q) = \mathfrak{s}(C^p, D_1^q) + \mathfrak{s}(C^p, D_2^q), \\ \mathfrak{s}(C_1^p + C_2^p, D^q) = \mathfrak{s}(C_1^p, D^q) + \mathfrak{s}(C_2^p, D^q); \end{cases}$$

$$(4) \qquad \mathfrak{s}(tC^p, D^q) = \mathfrak{s}(C^p, tD^q) = t\mathfrak{s}(C^p, D^q).$$

Die wichtigste Formel ist in dem Satz enthalten:

Satz II. *Es sei $k + l = n + 1$; C^k und D^l seien algebraische Komplexe des R^n in relativ-allgemeiner Lage; dann gilt*

$$(5) \qquad \mathfrak{s}(C^k, \dot{D}^l) = (-1)^k \mathfrak{s}(\dot{C}^k, D^l).$$

Beweis. Nach (1), (3), (4) genügt es, statt (5) die Behauptung

$$(5') \qquad \mathfrak{s}(x^k, \dot{y}^l) = (-1)^k \mathfrak{s}(\dot{x}^k, y^l) \qquad (k + l = n + 1)$$

für orientierte Simplexe x^k, y^l zu beweisen[1].

Wenn $\bar{x}^k \cdot \bar{y}^l = 0$ ist, so ist jede der beiden in (5') auftretenden Schnittzahlen gleich Null, die Behauptung also richtig.

Es sei $\bar{x}^k \cdot \bar{y}^l \neq 0$; da der Durchschnitt der Ebenen, welche $\bar{x}^k$ und $\bar{y}^l$ tragen, infolge der vorausgesetzten allgemeinen Lage, eine Gerade und

[1] Die Formel (5') ist in bezug auf den Koeffizientenring $\mathfrak{G}$ zu verstehen.

da $\dot{x}^k \cdot \dot{y}^l$ konvex und beschränkt ist, ist $\dot{x}^k \cdot \dot{y}^l$ eine Strecke $\overline{ab}$. Jeder der beiden Punkte a und b gehört zum Rande eines unserer Simplexe und ist innerer Punkt des anderen Simplexes. Zwei Fälle sind möglich:

1) a und b gehören zum Rande eines einzigen der Simplexe x^k, y^l;

2) a gehört zu $\dot{x}^k$, b zu $\dot{y}^l$.

Beweis im Falle 1) (Abb. 28a; $k = l = 2$). Wir dürfen annehmen, daß a und b auf $|\dot{x}^k|$ liegen[1]; sie sind dann (mit Rücksicht auf die allgemeine Lage) innere Punkte zweier verschiedener Seiten $|x_1^{k-1}|$ und $|x_2^{k-1}|$ von x^k; ist $|x^{k-2}|$ die gemeinsame Seite von $|x_1^{k-1}|$ und $|x_2^{k-1}|$, und sind a' und b' die nicht auf $|x^{k-2}|$ liegenden Eckpunkte von $|x_1^{k-1}|$ bzw. $|x_2^{k-1}|$, so treten, wenn x^{k-2} eine beliebige Orientierung von $|x^{k-2}|$ ist, die orientierten Simplexe[2]

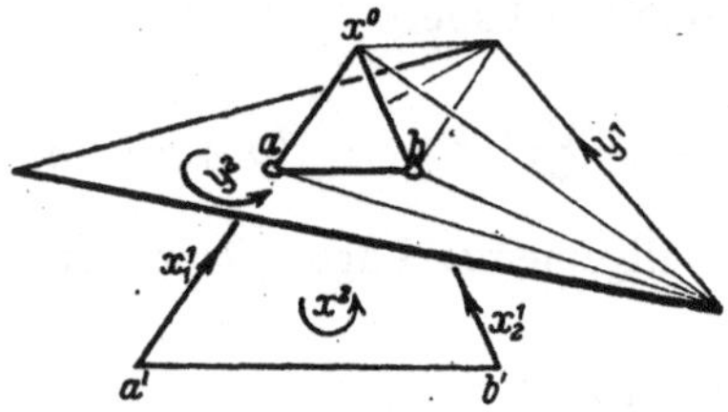

Abb. 28 a.

$$x_1^{k-1} = (a' x^{k-2})$$

und

$$x_2^{k-1} = (b' x^{k-2})$$

in $\dot{x}^k$ mit entgegengesetzten Zeichen auf (Kap. IV, § 2, Nr. 5). Da die linke Seite von (5') verschwindet — denn aus der allgemeinen Lage folgt, daß a und b innere Punkte von $\dot{y}^l$ sind —, ist die Behauptung (5') daher gleichbedeutend mit

$$\varnothing(x_1^{k-1}, y^l) = \varnothing(x_2^{k-1}, y^l)$$

oder, wenn X_1^{k-1}, X_2^{k-1} und Y^l die durch x_1^{k-1}, x_2^{k-1} und y^l bestimmten orientierten Ebenen sind:

$$(5'') \qquad \varnothing(X_1^{k-1}, Y^l) = \varnothing(X_2^{k-1}, Y^l).$$

Nun liegen die Punkte a und a' in X_1^{k-1} auf derselben Seite der durch x^{k-2} bestimmten Ebene; daher ist $(a x^{k-2})$ ein positives Simplex in X_1^{k-1}; in der Ausdrucksweise von Nr. 1 ist somit $\alpha(a x^{k-2}) = +1$; aus dem analogen Grunde ist $\alpha(b x^{k-2}) = +1$; also ist

$$\text{(a)} \qquad \alpha(a x^{k-2}) = \alpha(b x^{k-2}).$$

Ferner sei $|Y^{l-1}|$ eine Ebene in $|Y^l|$, die die Strecke $\overline{ab}$ nicht trifft, und y^{l-1} ein orientiertes Simplex in dieser Ebene, dessen Eckpunkte überdies mit den Eckpunkten von x^{k-2} in allgemeiner Lage seien; da a und b in $|Y^l|$ auf derselben Seite von $|Y^{l-1}|$ liegen, ist

$$\text{(b)} \qquad \beta(a y^{l-1}) = \beta(b y^{l-1}).$$

Die Ebenen von x^{k-2} und von y^{l-1} spannen eine $(n-1)$-dimensionale Ebene auf, und die Punkte a und b liegen auf derselben Seite dieser

[1] Die Behauptung (5') ist symmetrisch in x^k und y^l; denn man verifiziert leicht, daß aus (5') und (2) die zu (5') symmetrische Beziehung folgt: $\varnothing(y^l, \dot{x}^k) = (-1)^l \varnothing(\dot{y}^l, x^k)$.

[2] Wir schreiben hier und im folgenden kurz $(a x)$ statt $(a a_0 \ldots a_r)$, wenn x das orientierte Simplex $(a_0 \ldots a_r)$ ist.

Ebene (da $\overline{ab}$ den Schnitt $|Y^{l-1}|$ dieser Ebene mit $|Y^l|$ nicht trifft); daher ist

(c) $$\gamma(a x^{k-2} y^{l-1}) = \gamma(b x^{k-2} y^{l-1}).$$

Aus den Gleichungen (a), (b), (c) folgt nach der Definition aus Nr. 1 die Behauptung (5'').

Beweis im Falle 2) (Abb. 28b; $k = l = 2$). a gehöre zum Rand von x^k, b zum Rand von y^l. Dann ist — infolge der allgemeinen Lage — a innerer Punkt einer Seite x^{k-1} von x^k, b innerer Punkt einer Seite y^{l-1} von y^l. Dabei sollen die Simplexe x^{k-1} und y^{l-1} so orientiert sein, daß sie in $\dot{x}^k$ bzw. $\dot{y}^l$ mit positivem Zeichen auftreten.

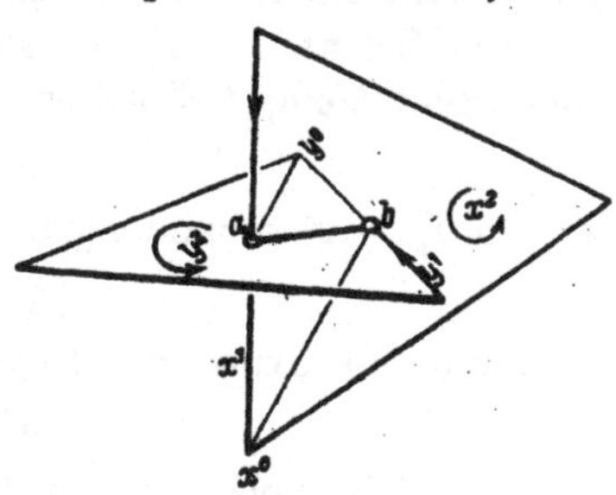

Abb. 28 b.

Es seien

$$X^k, \; Y^l, \; X^{k-1}, \; Y^{l-1}$$

die die Simplexe

$$x^k, \; y^l, \; x^{k-1}, \; y^{l-1}$$

tragenden und durch dieselben orientierten Ebenen; dann lautet die Behauptung:

(5''') $$ø(X^k, Y^{l-1}) = (-1)^k ø(X^{k-1}, Y^l).$$

Wir wählen Simplexe x^{k-2}, y^{l-2} in X^{k-1} bzw. Y^{l-1}, die so orientiert sind, daß die Simplexe $(a x^{k-2})$, $(b y^{l-2})$ mit x^{k-1} bzw. y^{l-1}, also auch mit X^{k-1} bzw. Y^{l-1} gleich orientiert sind. Da die Simplexe $|x^k|$ und $|b a x^{k-2}|$ in $|X^k|$ auf derselben Seite von $|X^{k-1}|$ liegen[1] und in $|X^{k-1}|$ dieselbe Randorientierung bewirken — nämlich die durch x^{k-1} und $(a x^{k-2})$ bestimmte —, sind sie gleichorientiert (Kap. IV, § 2, Nr. 6); d. h. die Orientierung von $(b a x^{k-2})$ ist die durch X^k bestimmte. Ebenso folgt: die Orientierung des Simplexes $(a b y^{l-2})$ ist die durch Y bestimmte.

Daher ist nach Nr. 1:

$$ø(X^k, Y^{l-1}) = \gamma(b a x^{k-2} y^{l-2}),$$
$$ø(X^{k-1}, Y^l) = \gamma(a x^{k-2} b y^{l-2}).$$

Die Eckpunktreihenfolgen auf den rechten Seiten dieser Gleichungen gehen durch k Transpositionen ineinander über. Folglich gilt (5''').

Als Beispiel zu Satz II betrachte man den Fall, in dem $n = 3$, C^3 ein orientiertes Simplex, D^1 ein orientierter einfacher Streckenzug ist. (Drei Möglichkeiten, je nachdem beide Endpunkte von D^1 in $\bar{C}^3$ oder beide außerhalb $\bar{C}^3$ liegen oder einer innerhalb, einer außerhalb liegt.)

5. Die Schnittzahl zweier Zyklen. Aus dem Satz II folgt leicht

Satz III. *Zwei Zyklen z_1^p, z_2^q $(p + q = n)$ des R^n (in relativ-allgemeiner Lage) haben stets die Schnittzahl Null:*

$$ø(z_1^p, z_2^q) = 0.$$

[1] Denn b ist ja innerer Punkt von $|x^k|$.

Beweis. Es sei zunächst $p < n$ und z_1^p berandungsfähig. Dann gibt es einen Komplex C^{p+1} des R^n mit $\dot{C}^{p+1} = z_1^p$; und zwar können wir C^{p+1} so konstruieren, daß er mit z_2^q in relativ-allgemeiner Lage ist (z. B. kann man als C^{p+1} den Kegel über z_1^p mit geeigneter Spitze wählen[1]). Dann folgt aus Satz II:

$$\sigma(z_1^p, z_2^q) = \sigma(\dot{C}^{p+1}, z_2^q) = \pm\sigma(C^{p+1}, \dot{z}_2^q) = \pm\sigma(C^{p+1}, 0) = 0.$$

Jetzt sei z_1^p nicht berandungsfähig; dann ist $p = 0$, $q = n$. Wir dürfen, auf Grund von (3) und (4), annehmen, daß z_1^0 ein Punkt mit dem Koeffizienten $+1$ ist; dann sei y^0 ein zweiter Punkt im R^n mit dem Koeffizienten $+1$, der so gewählt ist, daß er nicht zu der (beschränkten) Menge[2] $\bar{z}_2^n$ gehört, daß also gewiß

$$\sigma(y^0, z_2^n) = 0$$

ist. Da $z_1^0 - y^0$ berandungsfähig ist, gilt, wie schon bewiesen,

$$\sigma(z_1^0 - y^0, z_2^n) = 0;$$

daher gilt auf Grund der Regeln (3) und (4) auch

$$\sigma(z_1^0, z_2^n) = 0.$$

Den allein noch übrigbleibenden Fall $p = n$ brauchen wir nicht besonders zu behandeln; denn dann ist $q = 0$, und da die Behauptung symmetrisch in z_1^p und z_2^q ist, ist dieser Fall schon erledigt.

6. Die Verschlingungszahl. Es seien z_1^r und z_2^s zwei zueinander fremde Zyklen des R^n mit $r + s = n - 1$, und es sei z_1^r berandungsfähig. Unter den von z_1^r berandeten Komplexen C^{r+1} des R^n gibt es solche, die sich zu z_2^s in relativ-allgemeiner Lage befinden (z. B. Kegel über z_1^r mit geeignet gewählter Spitze); für jeden solchen Komplex C^{r+1} ist $\sigma(C^{r+1}, z_2^s)$ erklärt. Wir behaupten: Sind C_1^{r+1}, C_2^{r+1} zwei derartige Komplexe, so ist

(6) $$\sigma(C_1^{r+1}, z_2^s) = \sigma(C_2^{r+1}, z_2^s).$$

In der Tat: $C_1^{r+1} - C_2^{r+1}$ ist ein Zyklus (in relativ-allgemeiner Lage zu z_2^s); nach Satz III ist daher

$$\sigma(C_1^{r+1} - C_2^{r+1}, z_2^s) = 0,$$

und aus (3) folgt die Behauptung (6).

Wir sehen also: *Die Schnittzahl* (6) *eines von z_1^r berandeten Komplexes C^{r+1} mit z_2^s* (wobei C^{r+1} und z_2^s in relativ-allgemeiner Lage sind) *ist unabhängig von der Wahl von C^{r+1}. Diese Schnittzahl nennen wir die „Verschlingungszahl von z_1^r mit z_2^s" und bezeichnen sie durch $\mathfrak{v}(z_1^r, z_2^s)$. Ist sie $\neq 0$, so sagen wir: z_1^r ist mit z_2^s verschlungen.*

Wenn auch z_2^s berandungsfähig ist, so ist ebenso *die Verschlingungszahl $\mathfrak{v}(z_2^s, z_1^r)$ von z_2^s mit z_1^r als Schnittzahl eines beliebigen von z_2^s berandeten Komplexes D^{s+1} mit z_1^r erklärt* (wobei sich D^{s+1} und z_1^r in relativ-allgemeiner Lage befinden müssen).

---

[1] Kap. IV, § 4, Nr. 7. [2] Vgl. die Fußnote auf S. 317.

Es gilt nun die wichtige und merkwürdige *Dualitätsformel:*

$$\mathfrak{v}(z_1^r, z_2^s) = \pm\mathfrak{v}(z_2^s, z_1^r),$$

genauer:

(7) $$\mathfrak{v}(z_1^r, z_2^s) = (-1)^{rs+1}\mathfrak{v}(z_2^s, z_1^r).$$

Beweis. Man kann Komplexe C^{r+1} und D^{s+1} mit

$$\dot{C}^{r+1} = z_1^r, \quad \dot{D}^{s+1} = z_2^s$$

so wählen, daß sie sich in relativ-allgemeiner Lage befinden. Unter Benutzung von (5) und (2) ergibt sich:

$$\begin{aligned}\mathfrak{v}(z_1^r, z_2^s) &= \mathfrak{s}(C^{r+1}, \dot{D}^{s+1}) = (-1)^{r+1}\mathfrak{s}(\dot{C}^{r+1}, D^{s+1}) \\ &= (-1)^{r+1}(-1)^{r(s+1)}\mathfrak{s}(D^{s+1}, \dot{C}^{r+1}) = (-1)^{rs+1}\mathfrak{v}(z_2^s, z_1^r).\end{aligned}$$

Die Zahl $|\mathfrak{v}(z_1^r, z_2^s)| = |\mathfrak{v}(z_2^s, z_1^r)|$ ist *die „gegenseitige Verschlingungszahl" von z_1^r und z_2^s*. Wenn sie $\neq 0$ ist, so heißen z_1^r und z_2^s *„miteinander verschlungen"*.

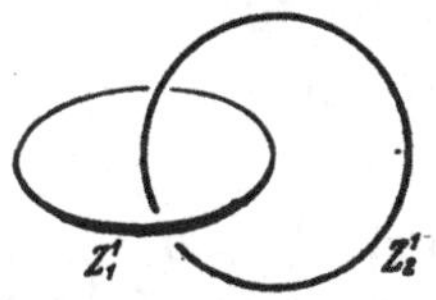

Abb. 29.

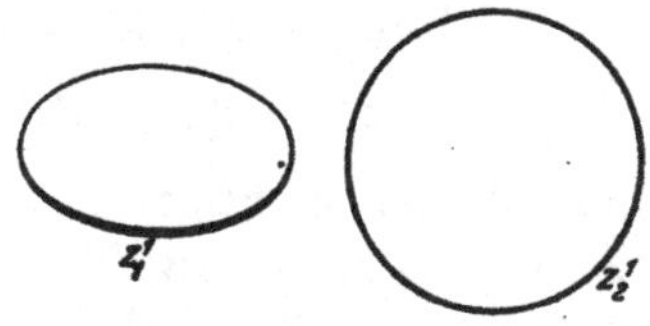

Abb. 30.

Es sei noch darauf hingewiesen, daß die Verschlingungs-„Zahlen" immer Elemente des zugrunde gelegten Koeffizientenringes $\mathfrak{J}$ sind.

Beispiele entnimmt man erstens den Abbn. 28a und 28b, indem man $z_1^1 = \dot{x}^2$, $z_2^1 = \dot{y}^2$ setzt; die Verschlingungszahlen sind 0 bzw. 1. Ferner den Abbn. 29, 30, 31, 32 (in ihnen hat man unter z_1^1, z_2^1 hinreichend feine und geeignet orientierte Sehnenpolygone der gezeichneten krummen Linien zu verstehen); die Verschlingungszahlen (in bezug auf $\mathfrak{G}$)

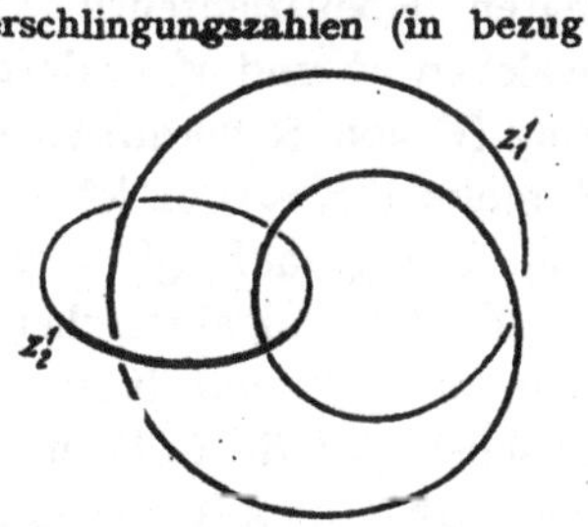

Abb. 31.

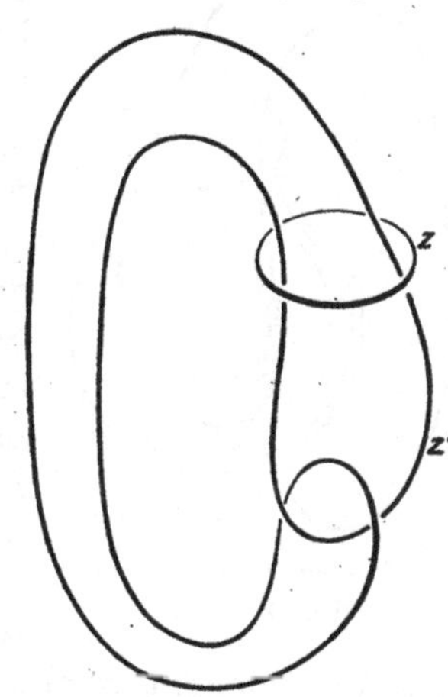

Abb. 32.

sind 1, 0, 2, 0. Man bestätige in allen Fällen durch Konstruktion von Komplexen C_1^2, C_2^2, die von z_1^1 bzw. z_2^1 berandet werden, die Gültigkeit von (6) und (7). Bei Zugrundelegung von $\mathfrak{J} = \mathfrak{G}_2$ ist im Falle der Abb. 31: $\mathfrak{v}(z_1^1, z_2^1) = 0$.

Setzt man in der ebenen Abb. 33 $z_2^0 = (x^0 - u^0) + (y^0 - v^0)$, wobei u^0, v^0 Punkte im Außengebiet von $\bar{z}_1^1$ sind, so ist $\mathfrak{v}(z_1^1, z_2^0) = 0$; es ist aber z_1^1 mit jedem der beiden (berandungsfähigen) Zyklen $x^0 - u^0$, $y^0 - v^0$ verschlungen und sowohl $z_1^1 \not\sim 0$ in $R^2 - \bar{z}_2^0$ als auch $z_2^0 \not\sim 0$ in $R^2 - \bar{z}_1^1$. Man sieht daraus: der Satz IV (Nr. 7) ist im allgemeinen nicht umkehrbar. (Man vgl. aber § 4, Satz V.)

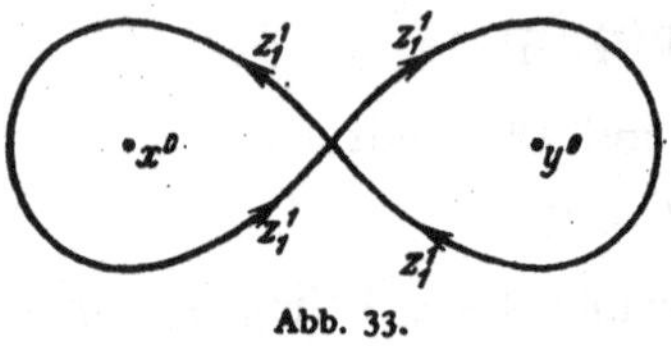

Abb. 33.

Aufgabe. Man konstruiere ein analoges Beispiel im R^3, indem man z_1^1, $x^0 - u^0$ und $y^0 - v^0$ durch Kreise ersetzt.

7. Formeln für das Rechnen mit Verschlingungszahlen. Wir setzen in dieser Nummer z_1^r und $z_1'^r$ als berandungsfähig voraus, während wir die Berandungsfähigkeit von z_2^s und $z_2'^s$ offen lassen; natürlich gelten auch die Formeln, die aus den folgenden durch Vertauschung der Indexe 1 und 2 entstehen, wenn wir z_2^s und $z_2'^s$ als berandungsfähig annehmen.

Aus der Definition von $\mathfrak{v}(z_1^r, z_2^s)$ und aus (3) und (4) ergeben sich die Formeln

$$(8) \quad \begin{cases} \mathfrak{v}(z_1^r, z_2^s + z_2'^s) = \mathfrak{v}(z_1^r, z_2^s) + \mathfrak{v}(z_1^r, z_2'^s), \\ \mathfrak{v}(z_1^r + z_1'^r, z_2^s) = \mathfrak{v}(z_1^r, z_2^s) + \mathfrak{v}(z_1'^r, z_2^s); \end{cases}$$

$$(9) \quad \mathfrak{v}(t z_1^r, z_2^s) = \mathfrak{v}(z_1^r, t z_2^s) = t\,\mathfrak{v}(z_1^r, z_2^s).$$

Ferner gilt der wichtige

Satz IV. *Ist $z_1^r \sim 0$ in $R^n - \bar{z}_2^s$, so ist $\mathfrak{v}(z_1^r, z_2^s) = 0$.*

Denn wenn $z_1^r \sim 0$ in $R^n - \bar{z}_2^s$ ist, so gibt es einen $C^{r+1} \subset R^n - \bar{z}_2^s$ mit $\dot{C}^{r+1} = z_1^r$, und für diesen ist $\mathfrak{s}(C^{r+1}, z_2^s) = 0$.

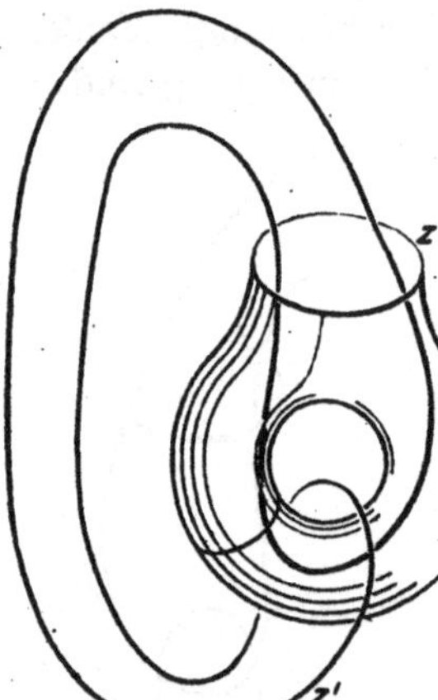

Abb. 34.

Bemerkung. Auf Grund dieses Satzes erkennt man z. B. aus Abb. 34, daß die beiden Kurven in Abb. 32 nicht verschlungen sind (in bezug auf $\mathfrak{G}$); analog tritt die Unverschlungenheit in bezug auf $\mathfrak{G}_2$ der Kurven in Abb. 31 zutage, wenn man in z_1^1 ein zu $\bar{z}_2^1$ fremdes Möbiussches Band einspannt (sein Rand — sowohl mod 2 als auch im anschaulichen Sinne — ist z_1^1).

Im Satz IV dürfen wir neben dem zugrunde gelegten Koeffizientenring $\mathfrak{J}$, in bezug auf welchen z_1^r und z_2^s erklärt sind, einen Oberring $\mathfrak{J}'$ von $\mathfrak{J}$ heranziehen und unter der Homologie $z_1^r \sim 0$ in $R^n - \bar{z}_2^s$ eine Homologie in bezug auf $\mathfrak{J}'$ verstehen; denn dann ist C^{r+1} ein algebraischer Komplex in bezug auf $\mathfrak{J}'$, und hieraus folgt wie oben zunächst, daß die in bezug auf $\mathfrak{J}'$ erklärte Verschlingungszahl $\mathfrak{v}(z_1^r, z_2^s) = 0$ ist; aber diese Verschlingungszahl bleibt natürlich ungeändert, wenn wir von dem Koeffizientenring $\mathfrak{J}'$ zu seinem Unterring $\mathfrak{J}$ übergehen.

Der wichtigste Fall ist wie immer derjenige mit $\mathfrak{J} = \mathfrak{G}$, $\mathfrak{J}' = \mathfrak{R}$; für ihn formulieren wir den

Zusatz zu Satz IV. *Wenn z_1^r und z_2^s ganzzahlige Zyklen sind, und wenn z_1^r in $R^n - \bar{z}_2^s$ schwach berandet, so ist* $\mathfrak{v}(z_1^r, z_2^s) = 0$.

8. Verschlingungszahlen von Homologieklassen. $\mathfrak{J}$ sei wieder ein beliebiger Ring. Aus dem Satz IV und den Formeln (8), (9) folgt

Satz V. *Ist $z_1^r \sim z_1'^r$ in $R^n - \bar{z}_2^s$, so ist* $\mathfrak{v}(z_1^r, z_2^s) = \mathfrak{v}(z_1'^r, z_2^s)$.

Bemerkung I. Falls z_2^s berandungsfähig ist, brauchen z_1^r und $z_1'^r$ nicht berandungsfähig zu sein.

Bemerkung II. Auch im Satz V braucht die Homologie $z_1^r \sim z_1'^r$ nur in bezug auf einen Oberring $\mathfrak{J}'$ von $\mathfrak{J}$ zu gelten.

Der Satz V hat wichtige Folgen. Es seien E_1 und E_2 zwei disjunkte Teileckpunktbereiche[1] im Eckpunktbereich des R^n. Zum Beispiel können E_1 und E_2 die Eckpunktbereiche zweier zueinander fremder offener Mengen oder zweier Euklidischer Komplexe K_1, K_2 mit $\bar{K}_1 \cdot \bar{K}_2 = 0$, oder es kann E_1 der Eckpunktbereich eines Euklidischen Komplexes K und E_2 der Eckpunktbereich der offenen Menge $R^n - \bar{K}$ sein. Es seien weiter ζ_1 und ζ_2 eine r-dimensionale und eine s-dimensionale Homologieklasse $(r + s = n - 1)$ von E_1 bzw. E_2, und die Zyklen etwa aus ζ_1 seien berandungsfähig. Sind dann z_1 und z_1' Zyklen aus ζ_1, z_2 und z_2' Zyklen aus ζ_2, so folgt aus Satz V:

$$\mathfrak{v}(z_1, z_2) = \mathfrak{v}(z_1', z_2');$$

d. h.: *die Verschlingungszahl $\mathfrak{v}(z_1, z_2)$ zweier Zyklen, von denen der eine zu E_1, der andere zu E_2 gehört, ändert sich nicht, wenn man die Zyklen innerhalb ihrer Homologieklassen (in bezug auf E_1 bzw. E_2) variiert.*

Auf Grund dieser Tatsache dürfen wir kurz von der „*Verschlingungszahl $\mathfrak{v}(\zeta_1, \zeta_2)$ der Homologieklassen ζ_1 und ζ_2*" sprechen. Dabei sind, mit Rücksicht auf die Bemerkung II zum Satz V, die Klassen ζ_1 und ζ_2 Elemente der Gruppen $B^r_{\mathfrak{J},\mathfrak{J}'}(E_1)$ bzw. $B^s_{\mathfrak{J},\mathfrak{J}'}(E_2)$, wobei $\mathfrak{J}'$ ein beliebiger Oberring von $\mathfrak{J}$ ist. Im Falle $\mathfrak{J} = \mathfrak{G}$, $\mathfrak{J}' = \mathfrak{R}$ sind also die ganzzahligen Verschlingungszahlen $\mathfrak{v}(\zeta_1, \zeta_2)$ für die Elemente ζ_1, ζ_2 der Gruppen $B_0^r(E_1)$ bzw. $B_0^s(E_2)$ erklärt.

Ist eines der Elemente ζ_1, ζ_2 das Nullelement der Gruppe $B^r_{\mathfrak{J},\mathfrak{J}'}(E_1)$ bzw. $B^s_{\mathfrak{J},\mathfrak{J}'}(E_1)$, so ist auf Grund des Satzes IV $\mathfrak{v}(\zeta_1, \zeta_2) = 0$.

9. Die Ordnung eines Punktes. Ein Spezialfall der Verschlingungszahl verdient es, besonders behandelt zu werden (vgl. Kap. XII, § 1): Es sei z^{n-1} berandungsfähig — (was für $n > 2$ stets der Fall ist) — und x^0 ein Punkt, mit dem Koeffizienten $+1$ versehen, der nicht auf z^{n-1} liegt. Dann ist $\mathfrak{v}(z^{n-1}, x^0)$ erklärt; diese Verschlingungszahl nennt man häufig die „*Ordnung des Punktes x^0 in bezug auf den Zyklus z^{n-1}*" Man kann diese Zahl $\mathfrak{v}(z^{n-1}, x^0)$ auf zweierlei Weise deuten.

[1] Zwei Eckpunktbereiche E_1 und E_2, die Teilbereiche des Eckpunktbereiches des R^n sind, nennen wir *disjunkt*, wenn jedes Simplex von E_1 zu jedem Simplex von E_2 punktfremd ist (die Simplexe des Eckpunktbereiches des R^n sind *geometrische* Simplexe).

Erstens ist sie durch

$$(10) \qquad \mathfrak{v}(z^{n-1}, x^0) = o(C^n, x^0)$$

definiert, wobei C^n irgendein von z^{n-1} berandeter Komplex in relativ-allgemeiner Lage zu x^0 ist; letztere Bedingung bedeutet: Jedes Simplex von $|C^n|$, das x^0 enthält, ist Euklidisch und n-dimensional und enthält x^0 im Innern. Wenn C^n durch $C^n = \sum t^i x_i^n$ gegeben und x^0 in dem Simplex $\bar{x}_i^n$ enthalten ist, so ist $o(x_i^n, x^0) = +1$ oder $= -1$, je nachdem x_i^n ein positives oder ein negatives Simplex des orientierten R^n ist (vgl. Nr. 1, Bemerkung I); wenn wir die Koeffizienten der positiven bzw. negativen Simplexe x_i^n, die x^0 enthalten, mit t_+^i bzw. t_-^j bezeichnen, so folgt aus (10) auf Grund der Definition (1):

$$(11) \qquad \mathfrak{v}(z^{n-1}, x^0) = \sum t_+^i - \sum t_-^j .$$

Die rechte Seite von (11) nennt man die „algebraische Anzahl der Bedeckungen des Punktes x^0 durch den Komplex C^n" oder kurz: die „*Bedeckungszahl*" von x^0 durch C^n. Die Ordnung $\mathfrak{v}(z^{n-1}, x^0)$ läßt sich also gemäß (11) als *Bedeckungszahl von x^0 durch einen beliebigen (zu x^0 in relativ-allgemeiner Lage befindlichen), von z^{n-1} berandeten Komplex C^n* deuten.

Da x^0 nicht berandungsfähig ist, existiert eine Dualitätsformel (7) mit $z_2^s = x^0$ nicht; jedoch liefert eine Betrachtung, die dem Beweise von (7) ähnelt, einen Ersatz dieser Formel und damit eine zweite Deutung der Ordnung $\mathfrak{v}(z^{n-1}, x^0)$. Es sei H^1 ein gerichteter Halbstrahl mit dem Anfangspunkt in x^0; er befinde sich in relativ-allgemeiner Lage zu z^{n-1}, d. h. er treffe keine anderen Simplexe von z^{n-1} als solche, die $(n-1)$-dimensional und Euklidisch sind. Dann ist die Schnittzahl $o(H^1, z^{n-1})$ erklärt, und zwar ist sie definitionsgemäß gleich $o(D^1, z^{n-1})$, wobei $D^1 = \overrightarrow{x^0 y^0}$ eine solche gerichtete Strecke auf H^1 ist, daß auf dem in dem Punkt $\bar{y}^0$ beginnenden unendlichen Teil von H^1 kein Punkt von $\bar{z}^{n-1}$ liegt; im übrigen ist $\bar{y}^0$ willkürlich. Hat C^n dieselbe Bedeutung wie oben, so dürfen wir annehmen, daß $\bar{y}^0$ nicht in C^n liegt. Dann ist unter Berücksichtigung von (5) und (2):

$$\begin{aligned} o(H^1, z^{n-1}) &= o(D^1, z^{n-1}) = o(D^1, \dot{C}^n) = -o(\dot{D}^1, C^n) \\ &= -o(y^0 - x^0, C^n) = -o(y^0, C^n) + o(x^0, C^n) \\ &= o(x^0, C^n) = o(C^n, x^0), \end{aligned}$$

$$(12) \qquad o(H^1, z^{n-1}) = \mathfrak{v}(z^{n-1}, x^0).$$

Damit haben wir die zweite Deutung der Ordnung $\mathfrak{v}(z^{n-1}, x^0)$ gewonnen: sie ist die *Schnittzahl eines beliebigen (zu z^{n-1} in relativ-allgemeiner Lage befindlichen), von x^0 ausgehenden Halbstrahles mit z^{n-1}.*

Wir werden auf die „Ordnung" wiederholt zurückkommen und besonders ausführlich im Kap. XII auf sie eingehen.

10. Schnitt- und Verschlingungszahlen in bezug auf ($\mathfrak{G}$, $\mathfrak{J}$) und in bezug auf ($\mathfrak{J}$, $\mathfrak{G}$). Bisher war als Koeffizientenbereich immer ein fester *Ring* $\mathfrak{J}$ zugrunde gelegt; Schnitt- und Verschlingungszahlen sind

Elemente dieses Ringes; eine Übertragung der vorstehenden Begriffe und Sätze auf den Fall einer beliebigen *Gruppe* $\mathfrak{J}$ scheint zunächst nicht möglich: denn in der grundlegenden Formel (1) in Nr. 3 werden die Elemente u^i und v^j miteinander multipliziert. Trotzdem erweist es sich weder als nötig noch als zweckmäßig, Koeffizientenbereiche, die nicht Ringe sind, aus der Theorie der Schnitte und Verschlingungen auszuschalten; so werden wir in den §§ 3 und 4 die Gruppe $\mathfrak{J} = \mathfrak{R}_1$ mit Nutzen heranziehen.

Es sei also $\mathfrak{J}$ ein beliebiger Koeffizientenbereich. $D^q = \sum v^j y_j^q$ sei ein Komplex des R^n mit $v^j \subset \mathfrak{J}$; dagegen sei $C^p = \sum u^i x_i^p$ ein ganzzahliger Komplex, also $u^i \subset \mathfrak{G}$. Im übrigen sollen C^p und D^q dieselben Voraussetzungen wie in Nr. 3 erfüllen. Dann ist die Schnittzahl

$$\mathfrak{o}_{\mathfrak{G},\mathfrak{J}}(C^p, D^q) = \sum \mathfrak{o}(x_i^p, y_j^q)\, u^i v^j$$

formal genau wie früher erklärt; sie ist ein Element von $\mathfrak{J}$; da $\mathfrak{o}(x_i^p, y_j^q)$ ein Vorzeichen in $\mathfrak{J}$ bedeutet, und da für jede positive oder negative ganze Zahl u^i und jedes Element $v^j \subset \mathfrak{J}$ das Produkt $u^i v^j \subset \mathfrak{J}$ wohlbestimmt ist, ist $\mathfrak{o}_{\mathfrak{G},\mathfrak{J}}(C^p, D^q)$ in der Tat eindeutig definiert.

Offenbar gelten für die Schnittzahlen $\mathfrak{o}_{\mathfrak{G},\mathfrak{J}}(C^p, D^q)$ alle Sätze, die im vorstehenden bewiesen worden sind. In genau derselben Weise lassen sich auch Schnittzahlen $\mathfrak{o}_{\mathfrak{J},\mathfrak{G}}(C^p, D^q)$ erklären und behandeln, wobei C^p ein Komplex des Koeffizientenbereiches $\mathfrak{J}$ und D^q ein ganzzahliger Komplex ist.

Schließlich definieren wir genau wie früher die Verschlingungszahl zweier Zyklen, von denen der eine ganzzahlig, der andere ein Zyklus des Koeffizientenbereiches $\mathfrak{J}$ ist. Wir bezeichnen sie mit $\mathfrak{v}_{\mathfrak{G},\mathfrak{J}}(z_1, z_2)$, falls z_1 zu $\mathfrak{G}$ und z_2 zu $\mathfrak{J}$ gehört, mit $\mathfrak{v}_{\mathfrak{J},\mathfrak{G}}(z_1, z_2)$, falls z_1 zu $\mathfrak{J}$ und z_2 zu $\mathfrak{G}$ gehört. Auch diese Verschlingungszahlen sind Elemente von $\mathfrak{J}$. Daß alle früher bewiesenen Sätze über Verschlingungszahlen ihre Gültigkeit behalten, braucht nicht besonders bewiesen zu werden.

Insbesondere ergibt sich genau so wie in Nr. 8, wenn E_1 und E_2 dieselbe Bedeutung wie dort haben: Ist z_1 ein ganzzahliger Zyklus in E_1, z_2 ein Zyklus in bezug auf $\mathfrak{J}$ in E_2, so ändert sich $\mathfrak{v}_{\mathfrak{G},\mathfrak{J}}(z_1, z_2)$ nicht, wenn man die beiden Zyklen in ihren Homologieklassen variiert; *daher ist die Verschlingungszahl* $\mathfrak{v}_{\mathfrak{G},\mathfrak{J}}(\zeta_1, \zeta_2)$ *für jedes Paar von Homologieklassen* $\zeta_1 \subset B_{\mathfrak{G}}^r(E_1)$, $\zeta_2 \subset B_{\mathfrak{J}}^s(E_2)$ *erklärt*[1].

Dabei verdient folgende Tatsache Erwähnung: *Ist* ζ_1 *Element der Torsionsgruppe* $T^r(E_1)$ — *also* ζ_1 *von endlicher Ordnung* — *und* ζ_2 *Homologieklasse „erster Art"* (vgl. Kap. V, § 3, Nr. 3) — *ist also jeder Zyklus* $z_2 \subset \zeta_2$ *von der Form* $z_2 = \sum t^i Z_i$ *mit ganzzahligen Zyklen* Z_i *und* $t^i \subset \mathfrak{J}$ —, *so ist*

$$\mathfrak{v}_{\mathfrak{G},\mathfrak{J}}(\zeta_1, \zeta_2) = 0.$$

Denn wenn wir unter z_1 einen Zyklus aus ζ_1 verstehen, so sind die ganzzahligen Verschlingungszahlen $\mathfrak{v}(z_1, Z_i) = 0$ nach Nr. 8, da z_1 in E_1

[1] Vorausgesetzt, daß ζ_1 berandungsfähig ist.

schwach berandet, und es ist

$$\mathfrak{v}_{\mathfrak{G},\mathfrak{J}}(\zeta_1, \zeta_2) = \mathfrak{v}_{\mathfrak{G},\mathfrak{J}}(z_1, z_2) = \sum_i \mathfrak{v}(z_1, Z_i) t^i = 0.$$

Infolge dieser Tatsache ist *die Verschlingungszahl* $\mathfrak{v}_{\mathfrak{G},\mathfrak{J}}(\zeta_1, \mathfrak{Z}_2)$ *für jede Homologieklasse* $\zeta_1 \subset T^r(E_1)$ *und jedes Element* $\mathfrak{Z}_2$ *der Restklassengruppe* $\overset{**}{B}{}^s_{\mathfrak{J}}(E_2) = B^s_{\mathfrak{J}}(E_2) - \overset{*}{B}{}^s_{\mathfrak{J}}(E_2)$ erklärt (wobei $\overset{*}{B}{}^s_{\mathfrak{J}}$ die Gruppe der Homologieklassen erster Art ist; vgl. Kap. V, § 3, Nr. 3).

Ganz analog sind die Schnitt- und Verschlingungszahlen $\mathfrak{s}_{\mathfrak{J},\mathfrak{G}}(C, D)$ bzw. $\mathfrak{v}_{\mathfrak{J},\mathfrak{G}}(z_1, z_2)$ erklärt: hier gehört der Komplex C bzw. der Zyklus z_1 zum Koeffizientenbereich $\mathfrak{J}$, während D bzw. z_2 ganzzahlig sind.

11. Schnitt- und Verschlingungszahlen für Zellenkomplexe. Die Theorie der Schnittzahlen läßt sich ohne Mühe auf den Fall algebraischer *Zellen*komplexe (Kap. VI, § 1, Nr. 12) im R^n übertragen. Es seien x^p und y^q, $p + q = n$, zwei orientierte Zellen, deren Ebenen X^p und Y^q sich in einem Punkte o schneiden, der weder zu dem Rande $\dot{x}^p$ noch zu dem Rande $\dot{y}^q$ gehört. Wir orientieren X^p und Y^q übereinstimmend mit x^p bzw. y^q. Wenn $\bar{x}^p$ und $\bar{y}^q$ zueinander fremd sind, so wird $\mathfrak{s}(x^p, y^q) = 0$, sonst wird $\mathfrak{s}(x^p, y^q) = \mathfrak{s}(X^p, Y^q)$ gesetzt. Sodann wird für zwei algebraische Zellenkomplexe C^p und D^q die Schnittzahl ebenso wie in Nr. 3 definiert; dabei wird vorausgesetzt, daß sich C^p und D^q in relativ-allgemeiner Lage befinden, d. h. hier, daß jedes Zellenpaar $|x^p| \subset |C^p|$, $|y^q| \subset |D^q|$, das nicht disjunkt ist, genau einen Punkt o gemein hat, der innerer Punkt sowohl von $\bar{x}^p$ als auch von $\bar{y}^q$ ist.

Es ergibt sich ohne weiteres: Sind U^p und V^q simpliziale Komplexe in relativ-allgemeiner Lage zueinander, die Unterteilungen von C^p bzw. D^q sind, so ist

$$\mathfrak{s}(U^p, V^q) = \mathfrak{s}(C^p, D^q).$$

Darin ist die Tatsache enthalten, daß $\mathfrak{s}(U^p, V^q)$ von der speziellen Wahl der Unterteilungen U^p, V^q nicht abhängt.

Es liegt auf der Hand, daß die im vorstehenden bewiesenen Eigenschaften der Schnittzahlen von Komplexen des Eckpunktbereiches des R^n sich auf Zellenkomplexe übertragen.

Daher läßt sich insbesondere auch der Begriff der Verschlingungszahl für Zellenzyklen einführen: Sind z_1^r, z_2^s disjunkte Zellenzyklen $(r + s = n - 1)$, so definieren wir $\mathfrak{v}(z_1^r, z_2^s)$ durch

$$\mathfrak{v}(z_1^r, z_2^s) = \mathfrak{s}(U_1^{r+1}, V_2^s),$$

wobei U_1^{r+1} ein von einer simplizialen Unterteilung von z_1^r berandeter simplizialer Komplex, V_2^s eine simpliziale Unterteilung von z_2^s ist (relativ-allgemeine Lage, soweit nötig, vorausgesetzt).

Auch den Beweis der Tatsache, daß die oben festgestellten Eigenschaften der Verschlingungszahlen von simplizialen Zyklen des R^n für Zellenzyklen ihre Gültigkeit behalten, können wir übergehen.

Im § 3, Nr. 4, werden wir von den Schnitt- und Verschlingungszahlen für Zellenzyklen eine wichtige Anwendung machen.

§ 2. Verschlingungen stetiger Zyklen.

Als Koeffizientenbereich ist in diesem Paragraphen *entweder* ein fester Ring wie in den Nummern 3—9 des vorigen Paragraphen zu denken, *oder* man hat wie in Nr. 10 des § 1 den Bereich $\mathfrak{G}$ und daneben einen Bereich $\mathfrak{J}$, der eine beliebige Gruppe ist, heranzuziehen, dergestalt, daß von den jeweils betrachteten beiden Zyklen der eine dem Bereich $\mathfrak{G}$, der andere dem Bereich $\mathfrak{J}$ angehört. Man kann jeden der nachfolgenden Sätze sowohl in der einen als auch in der anderen Weise auffassen.

1. Verschlingungszahlen stetiger Zyklen. Es seien $\mathfrak{z} = [f(z)]$ und $\mathfrak{z}' = [f'(z')]$ zwei stetige Zyklen der Dimensionszahlen r bzw. s mit $r + s = n - 1$ im R^n (Kap. VIII, § 5); die Zyklen $\mathfrak{z}$ und $\mathfrak{z}'$ seien disjunkt, d. h. es sei[1] $\bar{\mathfrak{z}} \cdot \bar{\mathfrak{z}}' = 0$; ferner sei wenigstens einer von ihnen, etwa $\mathfrak{z}$, berandungsfähig (d. h.: z ist berandungsfähig). Es seien ferner U und U' beliebige disjunkte Umgebungen von $\bar{\mathfrak{z}}$ bzw. $\mathfrak{z}'$; gemäß Kap. VIII, § 5, Nr. 10, gibt es Homologieklassen ζ bzw. ζ' in U bzw. U', denen $\mathfrak{z}$ bzw. $\mathfrak{z}'$ angehören: es sind dies die Homologieklassen, in denen sich diejenigen Zyklen des Eckpunktbereiches des R^n befinden, welche hinreichend gute simpliziale Approximationen von $\mathfrak{z}$ bzw. $\mathfrak{z}'$ sind. Nach § 1, Nr. 8, ist die Verschlingungszahl $\mathfrak{v}(\zeta, \zeta')$ erklärt. Diese Zahl hängt nur von $\mathfrak{z}$ und $\mathfrak{z}'$, aber nicht von den speziell gewählten offenen Mengen U, U' ab: sind nämlich U_1, U_1' andere Umgebungen von $\bar{\mathfrak{z}}$, $\bar{\mathfrak{z}}'$ und ζ_1, ζ_1' die Homologieklassen in U_1, U_1', die $\mathfrak{z}$ bzw. $\mathfrak{z}'$ enthalten, so gibt es Zyklen z_1, z_1' des R^n in $U \cdot U_1$, bzw. $U' \cdot U_1'$, die $\mathfrak{z}$, $\mathfrak{z}'$ approximieren und daher als Zyklen von U bzw. U' betrachtet in ζ, ζ', als Zyklen von U_1 bzw. U_1' betrachtet in ζ_1, ζ_1' liegen; daher ist

$$\mathfrak{v}(\zeta, \zeta') = \mathfrak{v}(\zeta_1, \zeta_1') = \mathfrak{v}(z_1, z_1').$$

Diese somit nur von $\mathfrak{z}$, $\mathfrak{z}'$ abhängige Zahl nennen wir die *Verschlingungszahl* $\mathfrak{v}(\mathfrak{z}, \mathfrak{z}')$ *der stetigen Zyklen* $\mathfrak{z}$, $\mathfrak{z}'$. Sie ist also durch jede der beiden folgenden Aussagen definiert: 1) $\mathfrak{v}(\mathfrak{z}, \mathfrak{z}')$ *ist gleich* $\mathfrak{v}(\zeta, \zeta')$, *wobei* ζ, ζ' *die Homologieklassen von* $\mathfrak{z}$, $\mathfrak{z}'$ *in beliebigen zueinander fremden offenen Mengen* U, U' *sind, welche* $\bar{\mathfrak{z}}$ *bzw.* $\bar{\mathfrak{z}}'$ *enthalten*; 2) $\mathfrak{v}(\mathfrak{z}, \mathfrak{z}')$ *ist gleich* $\mathfrak{v}(z_1, z_1')$, *wobei* z_1, z_1' *Zyklen des* R^n *und hinreichend gute simpliziale Approximationen von* $\mathfrak{z}$ *bzw.* $\mathfrak{z}'$ *sind.*

Es ist klar, daß die in Nr. 6 und 7 des § 1 ausgesprochenen Regeln (7), (8), (9) sich auf die Verschlingungszahlen $\mathfrak{v}(\mathfrak{z}, \mathfrak{z}')$ stetiger Zyklen übertragen.

Auch der Satz IV behält seine Gültigkeit für stetige Zyklen; es gilt also

Satz IV'. *Ist* $\mathfrak{z} \sim 0$ *in* $R^n - \bar{\mathfrak{z}}'$, *so ist* $\mathfrak{v}(\mathfrak{z}, \mathfrak{z}') = 0$.

Denn daß $\mathfrak{z} \sim 0$ in $R^n - \bar{\mathfrak{z}}'$ ist, bedeutet (Kap. VIII, § 5, Nr. 5) die Existenz eines stetigen Komplexes $\mathfrak{C} \subset R^n - \bar{\mathfrak{z}}'$ mit $\dot{\mathfrak{C}} = \mathfrak{z}$. Versteht

[1] Für den stetigen Komplex $\mathfrak{C} = [f(C)]$ bezeichnet $\bar{\mathfrak{C}}$ die Punktmenge $f(C)$; vgl. die Fußnote auf S 317.

man dann unter U eine zu $\mathfrak{z}'$ fremde Umgebung von $\mathfrak{C}$ und unter U' eine zu U fremde Umgebung von $\mathfrak{z}'$, so ist, in der obigen Bezeichnung, die Homologieklasse ζ die Nullklasse, also $\mathfrak{v}(\zeta, \zeta') = 0$, und daher $\mathfrak{v}(\mathfrak{z}, \mathfrak{z}') = 0$.

Aus Satz IV' folgt in Analogie zu Satz V (§ 1, Nr. 8):

Satz V'. *Ist* $\mathfrak{z}_0 \sim \mathfrak{z}_1$ *in* $R^n - \mathfrak{z}'$, *so ist* $\mathfrak{v}(\mathfrak{z}_0, \mathfrak{z}') = \mathfrak{v}(\mathfrak{z}_1, \mathfrak{z}')$.

Die Bemerkungen über die Koeffizientenbereiche (schwache Berandung usw.), die zu den Sätzen IV und V in Nr. 7, 8, 10 des § 1 gemacht worden sind, behalten natürlich ihre Gültigkeit.

Aufgabe. Man zeige: Je zwei zueinander fremde Großkugeln $\mathfrak{z}^r$, $\mathfrak{z}^s$ der Sphäre S^n $(r + s = n - 1)$ haben die Verschlingungszahl ± 1. Dabei sind $\mathfrak{z}^r$, $\mathfrak{z}^s$ krumme (also stetige) Zyklen; für die Bestimmung der Verschlingungszahl ist die S^n als R^n mit einem nicht auf $\mathfrak{z}^r + \mathfrak{z}^s$ gelegenen Punkt ∞ aufzufassen.

2. Der Deformationssatz. Unter einer Deformation[1] eines stetigen Zyklus $\mathfrak{z}_0 = [f_0(z)]$ verstehen wir eine von dem Parameter t mit $0 \leq t \leq 1$ stetig abhängende Schar stetiger Zyklen $\mathfrak{z}_t = [f_t(z)]$; je zwei Zyklen dieser Schar sind also einander homotop in einem Gebiet, das alle $\mathfrak{z}_t$ enthält (Kap. VIII, § 5, Nr. 10). Geht die ganze Deformation in $R^n - \mathfrak{z}'$ vor sich, ist also immer $\mathfrak{z}_t \subset R^n - \mathfrak{z}'$, so ist (a. a. O.) $\mathfrak{z}_0 \sim \mathfrak{z}_1$ in $R^n - \mathfrak{z}'$, also ist nach Satz V': $\mathfrak{v}(\mathfrak{z}_0, \mathfrak{z}') = \mathfrak{v}(\mathfrak{z}_1, \mathfrak{z}')$. Diese Tatsache läßt sich aber noch verallgemeinern:

Deformationssatz. *Liegt eine gleichzeitige Deformation*

$$\mathfrak{z}_t = [f_t(z)], \quad \mathfrak{z}'_t = [f'_t(z')], \qquad 0 \leq t \leq 1,$$

der beiden stetigen Zyklen

$$\mathfrak{z} = [f_0(z)], \quad \mathfrak{z}' = [f'_0(z')]$$

vor, und ist für jedes t, $0 \leq t \leq 1$, $\mathfrak{z}_t$ *zu* $\mathfrak{z}'_t$ *fremd, so ist*

$$\mathfrak{v}(\mathfrak{z}, \mathfrak{z}') = \mathfrak{v}(\mathfrak{z}_1, \mathfrak{z}'_1).$$

Beweis. Es sei t_0 irgendein Wert mit $0 \leq t_0 \leq 1$; U, U' seien zwei zueinander fremde offene Mengen, die $\mathfrak{z}_{t_0}$ bzw. $\mathfrak{z}'_{t_0}$ enthalten. Dann gibt es infolge der stetigen Abhängigkeit der Zyklen von t ein t-Intervall T_0, das t_0 enthält und relativ zu dem ganzen durch $0 \leq t \leq 1$ gegebenen Intervall offen ist, mit folgender Eigenschaft: für $t \subset T_0$ ist $\mathfrak{z}_t \subset U$ und $\mathfrak{z}'_t \subset U'$; dann sind diese $\mathfrak{z}_t$ untereinander homotop in U, also einander homolog in U, und ebenso sind diese $\mathfrak{z}'_t$ einander homolog in U'. Da die Verschlingungszahlen $\mathfrak{v}(\mathfrak{z}_t, \mathfrak{z}'_t)$ durch die Homologieklassen von $\mathfrak{z}_t$, $\mathfrak{z}'_t$ in U bzw. U' bestimmt sind, ist daher $\mathfrak{v}(\mathfrak{z}_t, \mathfrak{z}'_t)$ konstant für $t \subset T_0$. Zu jedem t_0 gibt es ein solches Intervall T_0; daraus folgt: $\mathfrak{v}(\mathfrak{z}_t, \mathfrak{z}'_t)$ ist konstant für alle t mit $0 \leq t \leq 1$.

In dem damit bewiesenen Satz ist enthalten: Von den Paaren von Kurven, die in den Abbn. 29, 30, 31 angegeben sind, läßt sich keines

---

[1] Vgl. Kap. I, § 3, Nr. 4.

in ein anderes durch eine solche stetige Deformation der Kurven überführen, daß die beiden Kurven in keinem Augenblick zusammenstoßen.

3. Entschlingungsfragen. Eine Deformation von $\mathfrak{z}$ und $\mathfrak{z}'$, die die im Deformationssatz genannten Voraussetzungen erfüllt, möge kurz eine „erlaubte" Deformation heißen. Ferner verstehen wir unter einer „Entschlingung" von $\mathfrak{z}$ und $\mathfrak{z}'$ eine solche erlaubte Deformation, daß es eine Ebene R^{n-1} im R^n gibt, welche die Zyklen $\mathfrak{z}_1$, $\mathfrak{z}_1'$, also die Ergebnisse der Deformation, voneinander trennt; da in diesem Falle offenbar $\mathfrak{v}(\mathfrak{z}_1, \mathfrak{z}_1') = 0$ ist — denn es ist ja $\mathfrak{z}_1 \sim 0$ in einem Halbraum, der $\mathfrak{z}_1'$ nicht enthält —, ergibt sich aus dem Deformationssatz: *notwendig* für die Entschlingbarkeit von $\mathfrak{z}$ und $\mathfrak{z}'$ ist die Bedingung $\mathfrak{v}(\mathfrak{z}, \mathfrak{z}') = 0$.

Die Frage, ob die Bedingung $\mathfrak{v}(\mathfrak{z}, \mathfrak{z}') = 0$ für die Entschlingbarkeit auch hinreicht, verdient nur dann Interesse, wenn $\mathfrak{z}$ und $\mathfrak{z}'$ irreduzibel sind (Kap. VII, § 1); denn andernfalls kann etwa $\mathfrak{z} = \mathfrak{x} + \mathfrak{y}$, $\mathfrak{v}(\mathfrak{x}, \mathfrak{z}') = -\mathfrak{v}(\mathfrak{y}, \mathfrak{z}') \neq 0$, $\mathfrak{v}(\mathfrak{z}, \mathfrak{z}') = 0$ sein (man denke an ein Paar zueinander fremder Kreise $\mathfrak{x}$, $\mathfrak{y}$); dann sind $\mathfrak{z}$ und $\mathfrak{z}'$ natürlich nicht entschlingbar, weil $\mathfrak{x}$ und $\mathfrak{z}'$ verschlungen sind. Unsere Frage lautet daher: *Wenn $\mathfrak{z}$ und $\mathfrak{z}'$ irreduzible, nicht miteinander verschlungene Zyklen sind* [*d. h.* $\mathfrak{v}(\mathfrak{z}, \mathfrak{z}') = 0$], *sind sie dann entschlingbar?*

Auf diese Frage ist uns die Antwort nur in zwei speziellen Fällen bekannt: sie lautet *ja*, 1) für die Dimensionen $r = s = 1$ und daher $n = 3$, sowie 2) für die Dimensionen $r = 0$, $s = n - 1$, bei beliebigem n.

Im Falle 1) wird die Frage durch den *Pannwitzschen Entschlingungssatz* beantwortet: „*Sind $\mathfrak{z}$, $\mathfrak{z}'$ einfach geschlossene Kurven im R^3 mit $\mathfrak{v}(\mathfrak{z}, \mathfrak{z}') = 0$, so sind sie entschlingbar.*" Auf den Beweis gehen wir hier nicht ein[1].

Im Falle 2) ist $\mathfrak{z}$ infolge der Irreduzibilität ein Punkt. Den Beweis der Entschlingbarkeit werden wir im Kap. XIII, § 2, Satz VII, führen.

Eine andere Klasse von Entschlingungsfragen ergibt sich, wenn man die Gesamtheit der betrachteten Zyklen und der „erlaubten" Deformationen einschränkt: die Abbildungen f und f' in $\mathfrak{z} = [f(z)]$ und $\mathfrak{z}' = [f'(z')]$ seien *topologisch*, und dasselbe gelte für alle f_t und f_t' während der Deformation. Bei der jetzt „erlaubten" Deformation sind also nicht nur gegenseitige Durchdringungen der beiden Zyklen, sondern auch Selbstdurchdringungen jedes einzelnen Zyklus verboten. In diesem Sinne sind z. B., wie man — mit ganz anderen Methoden[2] — beweisen kann, die beiden einfach geschlossenen Kurven in Abb. 32 *nicht* entschlingbar, obwohl $\mathfrak{v}(z, z') = 0$ ist, sie also nach dem obengenannten Satz in dem früheren Sinne (bei Zulassung von Selbstdurchdringungen) entschlingbar sind.

4. Die Ordnung. Auch unter den Verschlingungen stetiger Zyklen heben wir, ebenso wie im § 1, Nr. 9, einen Fall wegen seiner Einfachheit und Wichtigkeit für Anwendungen hervor: es sei $r = n - 1$, $s = 0$, z' ein Punkt, also auch $\mathfrak{z}' = [f'(z')] = o$ ein Punkt (und $\mathfrak{z}$ berandungsfähig); dann heißt $\mathfrak{v}(\mathfrak{z}, o)$ *die Ordnung des Punktes o in bezug auf $\mathfrak{z}$*. Sie ist gleich $\mathfrak{v}(z_1, o)$, wenn z_1 eine hinreichend gute simpliziale Approximation von $\mathfrak{z}$ ist. Die Eigenschaften von $\mathfrak{v}(z_1, o)$ haben wir in § 1, Nr. 9, besprochen; ausführlich werden wir im Kap. XII, § 1, auf die Ordnung eingehen; jetzt stellen wir nur noch fest:

Nach Satz V' ist $\mathfrak{v}(\mathfrak{z}, o) = \mathfrak{v}(\mathfrak{z}, o')$, wenn o, o' Punkte mit $o \sim o'$ in $R^n - \bar{\mathfrak{z}}$ sind; daß $o \sim o'$ in $R^n - \bar{\mathfrak{z}}$ ist, bedeutet: o und o' gehören

[1] Man vgl. E. Pannwitz: Eine elementargeometrische Eigenschaft von Verschlingungen und Knoten; Math. Ann. 108 (1933) S. 629—672 (Satz I).

[2] Durch Betrachtung der „Fundamentalgruppe" des Raumes $R^3 - \bar{z} - \bar{z}'$.

derselben Komponente der offenen Menge $R^n - \bar{\mathfrak{z}}$ an. *Daher ist für jedes Komplementärgebiet G von* $\bar{\mathfrak{z}}$ (d. h. für jede Komponente von $R^n - \bar{\mathfrak{z}}$) *die Ordnung* $\mathfrak{v}(\mathfrak{z}, G)$ *erklärt:* sie ist gleich $\mathfrak{v}(\mathfrak{z}, o)$, wobei o ein beliebiger Punkt (mit positivem Zeichen) des Gebietes G ist.

§ 3. Die Existenzsätze der Verschlingungstheorie.

1. Die Fragestellung dieses Paragraphen ist im wesentlichen die folgende: Unter welchen Bedingungen existieren zu einem gegebenen r-dimensionalen stetigen Zyklus des R^n s-dimensionale Zyklen, die mit ihm verschlungen sind $(r + s = n - 1)$? Zum Beispiel: $\mathfrak{z} = [f(z)]$ sei eine Jordankurve im R^3, d. h. es sei z ein einfach geschlossenes Polygon und f eine topologische Abbildung von $\bar{z}$ in den R^3; wir werden zeigen: es existieren eindimensionale Zyklen $\mathfrak{z}'$ mit $\mathfrak{v}(\mathfrak{z}, \mathfrak{z}') = 1$. Oder: es sei $\mathfrak{z}$ eine Jordankurve in der Ebene R^2; einer unserer Sätze wird die Existenz von Punkten o mit $\mathfrak{v}(\mathfrak{z}, o) \neq 0$ behaupten[1]; hierin ist die Tatsache enthalten, daß $\bar{\mathfrak{z}}$ die Ebene R^2 zerlegt: denn für jeden Punkt o' außerhalb eines Dreiecks X, das $\bar{\mathfrak{z}}$ im Innern enthält, ist $\mathfrak{v}(\mathfrak{z}, o') = 0$, weil $\mathfrak{z} \sim 0$ in $\bar{X}$ ist, und daher gehören o und o' nach § 2, Nr. 4, zu verschiedenen Komponenten von $R^2 - \bar{\mathfrak{z}}$.

Die genannten Fälle sind in dem folgenden allgemeineren enthalten: Q sei ein krummes Polyeder im R^n, $\mathfrak{z}$ ein stetiger Zyklus in Q. Wenn $\mathfrak{z} \sim 0$ in Q ist, so gibt es nach § 2, Satz IV', keinen mit $\mathfrak{z}$ verschlungenen Zyklus $\mathfrak{z}' \subset R^n - Q$; die Frage lautet daher: wenn $\mathfrak{z} \not\sim 0$ in Q ist, existiert dann ein $\mathfrak{z}' \subset R^n - Q$ mit $\mathfrak{v}(\mathfrak{z}, \mathfrak{z}') \neq 0$? Wir werden, unter geeigneten Voraussetzungen über die Koeffizientenbereiche, die Existenz solcher Zyklen $\mathfrak{z}'$ beweisen. (In den obigen Beispielen, in denen $\mathfrak{z}$ eine Jordankurve ist, ist $Q = \bar{\mathfrak{z}}$.)

Hat man die soeben ausgesprochene Existenz von $\mathfrak{z}' \subset R^n - Q$ bewiesen, so hat man zugleich eine Aussage über die Bettische Gruppe $B^s(R^n - Q)$ gemacht: denn es ist gewiß $\mathfrak{z}' \not\sim 0$ in $R^n - Q$, da andernfalls $\mathfrak{v}(\mathfrak{z}, \mathfrak{z}') = 0$ wäre; folglich ist $B^s(R^n - Q) \neq 0$. Der angedeutete Existenzsatz zeigt also: wenn $B^r(Q) \neq 0$ ist, d. h. wenn es einen $\mathfrak{z} \subset Q$ gibt, der $\not\sim 0$ in Q ist, so ist auch $B^s(R^n - Q) \neq 0$. So kommt man von den Existenzsätzen in natürlicher Weise zu der Aufgabe: man bestimme, wenn die Bettischen Gruppen von Q bekannt sind, die Bettischen Gruppen von $R^n - Q$.

Diese Aufgabe wird durch den Alexanderschen Dualitätssatz gelöst (§ 4); er ist eine leichte Folge aus den Existenzsätzen des gegenwärtigen Paragraphen. Andererseits haben diese Sätze selbst ihren Ursprung in *Dualitäts*eigenschaften des Euklidischen Raumes, mit deren Behandlung wir jetzt beginnen.

---

[1] Im § 4, Satz III, wird gezeigt werden, daß dann $\mathfrak{v}(\mathfrak{z}, o) = \pm 1$ ist.

2. Duale Zellenzerlegungen des R^n und ihre algebraischen Eigenschaften. Zwei Zellenzerlegungen $\mathfrak{W}$ und $\mathfrak{W}'$ des R^n heißen *zueinander dual*, wenn sie die folgenden beiden Bedingungen erfüllen:

1) Bei jedem p, $0 \leqq p \leqq n$, können die p-dimensionalen Zellen $\bar{x}_i^p$ der einen Zerlegung in eine solche eineindeutige Beziehung zu den $(n-p)$-dimensionalen Zellen $\bar{y}_j^{n-p}$ der anderen Zerlegung gebracht werden, daß für $j \neq i$ die Zellen $\bar{x}_i^p$ und $\bar{y}_j^{n-p}$ disjunkt sind, während $\bar{x}_i^p$ und $\bar{y}_i^{n-p}$ einen einzigen gemeinsamen Punkt besitzen, welcher ein innerer Punkt der beiden Zellen ist; die Zellen $\bar{x}_i^p$ und $\bar{y}_i^{n-p}$ heißen zueinander dual.

2) Falls $\bar{x}_i^k$ und $\bar{y}_j^l$ einen nichtleeren Durchschnitt haben, so enthält jede der beiden Zellen unter ihren Seiten die duale Zelle zur anderen, woraus insbesondere folgt, daß $k + l \geqq n$ ist.

In der nächsten Nummer werden wir sehen, daß Paare dualer Zellenzerlegungen, und zwar Paare beliebig feiner dualer Würfelzerlegungen, des R^n bei jedem n tatsächlich existieren. In dieser Nummer wollen wir aber einige allgemeine Eigenschaften dualer Zellenzerlegungen aufstellen, ohne uns um ihre Existenz zu kümmern.

Wir gebrauchen folgende Bezeichnungen: x_i^r ist eine beliebig orientierte Zelle von $\mathfrak{W}$ (evtl. eines festen absoluten Teilkomplexes K von $\mathfrak{W}$); dann ist x_i' die zu x_i^r duale Zelle mit solcher Orientierung, daß $\sigma(x_i^r, x_i') = 1$ ist. C^r, C^{r+1} usw. bedeuten algebraische Teilkomplexe von $\mathfrak{W}$ (evtl. von K). C' ist immer ein $(n-r)$-dimensionaler algebraischer Teilkomplex, z' ein $(n-r-1)$-dimensionaler Zyklus von $\mathfrak{W}'$. Der Koeffizientenbereich $\mathfrak{J}$ ist ein fest gewählter *Ring*. — Sodann gilt:

I. *Ist* $\sigma(C', x_i^r) = 0$, *so ist* $\bar{C}'$ *fremd zu* $\bar{x}_i^r$.

Denn für $C' = \sum t^j x_j'$ gilt

$$0 = \sigma(C', x_i^r) = \sum_j t^j \sigma(x_j', x_i^r) = t^i \sigma(x_i', x_i^r) = t^i;$$

$t^i = 0$ bedeutet aber, daß $|C'|$ die zu $\bar{x}_i^r$ duale Zelle nicht unter seinen Elementen enthält; da alle übrigen $(n-r)$-dimensionalen Zellen von $\mathfrak{W}'$ zu $\bar{x}_i^r$ fremd sind, ist $\bar{C}'$ zu $\bar{x}_i^r$ fremd, w. z. b. w.

Hieraus folgt leicht:

II. *K sei ein fester (absoluter) Teilkomplex von $\mathfrak{W}$; r sei eine feste Zahl, $0 \leqq r \leqq n$. Wenn für jeden algebraischen Teilkomplex C^{r+1} von K und einen festen C'*

(1) $$\sigma(C', \dot{C}^{r+1}) = 0$$

ist, so liegt der Zyklus $\dot{C}' = z'$ in $R^n - \bar{K}$.

Beweis. Nach § 1, Satz II, folgt aus (1), daß für jeden C^{r+1}

$$\sigma(z', C^{r+1}) = \sigma(\dot{C}', C^{r+1}) = \pm\sigma(C', \dot{C}^{r+1}) = 0$$

ist; insbesondere ist also die Schnittzahl von z' mit jeder $(r+1)$-dimensionalen Zelle von K gleich Null, woraus nach I folgt, daß $\bar{z}'$ zu allen diesen Zellen, also (da die Dimensionszahl von z' gleich $n - r - 1$ ist) zu allen Zellen von K fremd ist, w. z. b. w.

Wir kommen jetzt zu den algebraischen Konsequenzen des obigen Dualitätsbegriffes. Unter einem „*Charakter*" einer Gruppe A verstehen wir[1] im folgenden eine homomorphe Abbildung von A in den Koeffizientenbereich $\mathfrak{J}$. Zunächst gilt offenbar:

III. *K habe dieselbe Bedeutung wie in II. Jeder $(n-r)$-dimensionale C' erzeugt durch die Festsetzung*

$$\chi(C^r) = \mathfrak{s}(C', C^r)$$

einen Charakter χ der Gruppe $L^r_{\mathfrak{J}}(K)$.

Umgekehrt gilt:

IV. *Zu jedem Charakter χ von $L^r_{\mathfrak{J}}(K)$ gibt es einen C'_χ mit $\chi(C^r) = \mathfrak{s}(C'_\chi, C^r)$ für jeden Komplex C^r aus $L^r_{\mathfrak{J}}(K)$.*

Zum Beweise von IV setzen wir

$$C'_\chi = \sum_i \chi(x^r_i)\, x'_i.$$

Dann ist für jedes h

$$\mathfrak{s}(C'_\chi, x^r_h) = \sum_i \chi(x^r_h)\, \mathfrak{s}(x'_i, x^r_h) = \chi(x^r_h),$$

woraus für jeden $C^r = \sum_h t^h x^r_h$

$$\mathfrak{s}(C'_\chi, C^r) = \sum_h t^h\, \mathfrak{s}(C'_\chi, x^r_h) = \sum t^h \chi(x^r_h) = \chi(C^r)$$

folgt, w. z. b. w.

3. Duale Würfelzerlegungen des R^n. Es seien $t_1, t_2, \ldots, t_n$ rechtwinklige Koordinaten im R^n. Ist ε eine feste positive Zahl und durchlaufen $k_1, k_2, \ldots, k_n$ unabhängig voneinander alle ganzen Zahlen, so ist sowohl durch

(1) $$k_i \varepsilon \leqq t_i \leqq (k_i + 1)\varepsilon \qquad (i = 1, 2, \ldots, n)$$

als auch durch

(2) $$(k_j - \tfrac{1}{2})\varepsilon \leqq t_j \leqq (k_j + \tfrac{1}{2})\varepsilon \qquad (j = 1, 2, \ldots, n)$$

eine Zerlegung $\mathfrak{W}$ bzw. $\mathfrak{W}'$ des R^n in Würfel von der Kantenlänge ε gegeben. Wir behaupten, daß $\mathfrak{W}$ und $\mathfrak{W}'$ zueinander dual sind.

Für den Beweis genügt es zu zeigen, daß ein beliebiger Würfel $\bar{x}^r$ von $\mathfrak{W}$ die folgenden beiden Eigenschaften hat:

1) Unter allen $(n-r)$-dimensionalen Würfeln von $\mathfrak{W}'$ gibt es genau einen — *den zu $\bar{x}^r$ dualen* — Würfel $\bar{y}^{n-r}$ von $\mathfrak{W}'$, der zu $\bar{x}^r$ nicht fremd ist; $\bar{x}^r$ und $\bar{y}^{n-r}$ haben genau einen gemeinsamen Punkt, nämlich den gemeinsamen Mittelpunkt.

2) Falls $\bar{x}^r$ und $\bar{y}^q$ aus $\mathfrak{W}$ bzw. $\mathfrak{W}'$ gemeinsame Punkte haben, so enthält $\bar{y}^q$ den zu $\bar{x}^r$ dualen Würfel unter seinen Seiten.

Wir können ohne Einschränkung der Allgemeinheit annehmen, daß $\varepsilon = 1$ und daß $\bar{x}^r$ durch die Relationen

(3) $$k_i \leqq t_i \leqq k_i + 1, \qquad (i = 1, 2, \ldots, r)$$

(4) $$t_i = k_i \qquad (i = r + 1, \ldots, n)$$

bestimmt ist.

[1] Vgl. Anhang I, § 5.

Es sei andererseits y^q durch

$$(3')\qquad \begin{cases} k'_{j_1} - \frac{1}{2} \leqq t_{j_1} \leqq k'_{j_1} + \frac{1}{2} \\ \cdots\cdots\cdots\cdots \\ k'_{j_q} - \frac{1}{2} \leqq t_{j_q} \leqq k'_{j_q} + \frac{1}{2} \end{cases}$$

$$(4')\qquad t_{j_{q+1}} = k'_{j_{q+1}} + \tfrac{1}{2}, \ldots, t_{j_n} = k'_{j_n} + \tfrac{1}{2}$$

gegeben. Wir nehmen an, daß x^r und y^q mindestens einen gemeinsamen Punkt, daß also (3), (4), (3'), (4') eine gemeinsame Lösung haben. Da keine der Gleichungen (4') mit einer Gleichung (4) verträglich ist, muß vor allem $q \geqq n - r$ sein. Ist insbesondere $q = n - r$, so müssen (4) und (3') sowie (3) und (4') einander entsprechen. Es kann also $j_{q+1} = 1, \ldots, j_n = r, j_1 = r + 1, \ldots, j_q = n$ angenommen werden.

Vergleicht man unter dieser Annahme (3'), (4') mit (3), (4), so sieht man sofort, daß $k'_i = k_i$ für alle $i = 1, \ldots, n$ und der einzige Lösungspunkt von (3), (4), (3'), (4') der Punkt

$$t_1 = k_1 + \tfrac{1}{2}, \ldots, \quad t_r = k_r + \tfrac{1}{2}, \quad t_{r+1} = k_{r+1}, \ldots, t_n = k_n$$

ist.

Ist $q > n - r$, so müssen die $j_1, \ldots, j_q$ unter den Zahlen $n - r + 1, \ldots, n$, die $j_{q+1}, \ldots, j_n$ unter den Zahlen $1, \ldots, r$ enthalten sein, so daß wir (3), (4), (3'), (4') zusammen in der Gestalt

$$(5)\qquad \left\{ \begin{array}{c|c} k_1 \leqq t_1 \leqq k_1 + 1 & t_1 = k'_1 + \frac{1}{2} \\ \cdots\cdots\cdots & \cdots\cdots\cdots \\ k_{n-q} \leqq t_{n-q} \leqq k_{n-q} + 1 & t_{n-q} = k'_{n-q} + \frac{1}{2} \\ k_{n-q+1} \leqq t_{n-q+1} \leqq k_{n-q+1} + 1 & k'_{n-q+1} - \frac{1}{2} \leqq t_{n-q+1} \leqq k'_{n-q+1} + \frac{1}{2} \\ \cdots\cdots\cdots & \cdots\cdots\cdots \\ k_r \leqq t_r \leqq k_r + 1 & k'_r - \frac{1}{2} \leqq t_r \leqq k'_r + \frac{1}{2} \\ t_{r+1} = k_{r+1} & k'_{r+1} - \frac{1}{2} \leqq t_{r+1} \leqq k'_{r+1} + \frac{1}{2} \\ \cdots\cdots\cdots & \cdots\cdots\cdots \\ t_n = k_n & k'_n - \frac{1}{2} \leqq t_n \leqq k'_n + \frac{1}{2} \end{array} \right.$$

hinschreiben dürfen. Daraus folgt aber, daß $k'_1 = k_1, \ldots, k'_{n-q} = k_{n-q}$ und $k_{r+1} = k'_{r+1}, \ldots, k_n = k'_n$ ist, während man für jedes k'_i, $n - q + 1 \leqq i \leqq r$, zwei zulässige Werte

$$k'_i = k_i, \qquad k'_i = k_i + 1, \qquad i = n - s + 1, \ldots, r$$

erhält. Somit erfüllen alle Punkte

$$(6)\qquad \begin{cases} t_i = k_i + \frac{1}{2}, & \text{für } i = 1, \ldots, r \\ k_i - \frac{1}{2} \leqq t_i \leqq k_i + \frac{1}{2} & \text{für } i = r + 1, \ldots, n \end{cases}$$

alle Bedingungen der rechten Hälfte des Systems (5), und der [durch (6) definierte] duale Würfel zu $\bar{x}^r$ bildet eine Seite von $\bar{y}^q$, w. z. b. w.

4. Der spezielle Existenzsatz in bezug auf $\mathfrak{R}$. Wir kommen zu den Existenzsätzen; der erste Satz (Satz $E_{\mathfrak{R}}^{\mathfrak{R}}$), den wir beweisen, ist insofern spezieller als die Hauptsätze dieses Paragraphen, als er sich nicht auf stetige Zyklen, sondern auf Zellenzyklen bezieht. Er wird nachher als Hilfssatz beim Beweise der allgemeineren Sätze dienen, deren algebraischen Bestandteile er bereits vollständig enthält. Der Koeffizientenbereich ist $\mathfrak{R}$.

Satz $E^0_{\mathfrak{R}}$. *$\mathfrak{W}$ und $\mathfrak{W}'$ seien duale Zellenzerlegungen des R^n; K sei ein (absoluter) Teilkomplex von $\mathfrak{W}$; z sei ein r-dimensionaler rationaler Zyklus in K, der in K nicht berandet. Dann gibt es in $R^n - \bar{K}$ einen mit z verschlungenen s-dimensionalen (berandungsfähigen) Zyklus z' von $\mathfrak{W}'$* (es ist wie immer $r + s = n - 1$).

Bemerkung. z braucht nicht berandungsfähig zu sein.

Da man den Zyklus z' durch Multiplikation mit einer geeigneten ganzen Zahl $m \neq 0$ zu einem ganzzahligen Zyklus mz' machen kann, und da $\mathfrak{v}(mz', z) = m\,\mathfrak{v}(z', z) \neq 0$ ist, kann man zu dem Satz $E^0_{\mathfrak{R}}$ den Zusatz machen: z' darf man sogar als ganzzahligen Zyklus wählen. Dies ist insbesondere von Interesse, wenn z ganzzahlig ist; wir dürfen dann sagen:

Satz E^0_0. *$\mathfrak{W}$, $\mathfrak{W}'$, K haben dieselben Bedeutungen wie oben. z sei ein ganzzahliger Zyklus in K, der in K in bezug auf $\mathfrak{R}$ nicht berandet (der also nicht schwach berandet). Dann gibt es in $R^n - \bar{K}$ einen mit z verschlungenen ganzzahligen (berandungsfähigen) Zyklus z' von $\mathfrak{W}'$.*

Der Satz $E^0_{\mathfrak{R}}$, und daher auch der Satz E^0_0, ist enthalten in folgender

Verschärfung des Satzes $E^0_{\mathfrak{R}}$. *$\mathfrak{W}$, $\mathfrak{W}'$, K haben wieder dieselben Bedeutungen. Die ganzzahligen Zyklen $Z_1, Z_2, \ldots, Z_p$ mögen eine r-dimensionale Homologiebasis mod 0 in K bilden* (vgl. Kap. V, § 2, Nr. 8)[1]. *Dann gibt es zu jedem $i = 1, 2, \ldots, p$ in $R^n - \bar{K}$ einen s-dimensionalen ganzzahligen (berandungsfähigen) Zyklus Z'_i von $\mathfrak{W}'$ mit*

$$\mathfrak{v}(Z'_i, Z_i) = 1,$$
$$\mathfrak{v}(Z'_i, Z_j) = 0 \quad \textit{für} \quad j \neq i.$$

Hierin ist in der Tat der Satz $E^0_{\mathfrak{R}}$ enthalten: Ist z der in Satz $E^0_{\mathfrak{R}}$ genannte Zyklus, so erfüllt er eine Homologie

$$z \sim \sum a^i Z_i \quad \text{(in bezug auf } \mathfrak{R}\text{)},$$

mit rationalen a^i, die nicht sämtlich Null sind; ist etwa $a^1 \neq 0$ und hat Z'_1 dieselbe Bedeutung wie in der „Verschärfung", so erfüllt der Zyklus $z' = Z'_1$ die Behauptung $E^0_{\mathfrak{R}}$, denn es ist — mit Rücksicht auf § 1; Satz V —

$$\mathfrak{v}(z', z) = \sum a^i \mathfrak{v}(Z'_1, Z_i) = a^1.$$

---

[1] A. a. O. ist die „Homologiebasis mod 0" folgendermaßen definiert worden: Die Zyklen $Z_1, \ldots, Z_p$ bilden eine solche Basis, wenn die Gruppe $L^r_{\mathfrak{G}}(K)$ direkte Summe

$$L^r_{\mathfrak{G}}(K) = H_{\mathfrak{G},\mathfrak{R}}(K) + [Z_1] + \cdots + [Z_p]$$

ist, wobei $[Z_i]$ die von Z_i erzeugte unendliche zyklische Gruppe bezeichnet. — Diese definierende Eigenschaft ist offenbar mit jeder der beiden folgenden äquivalent:

1) Jeder ganzzahlige Zyklus z^r von K erfüllt eine Homologie

$$z^r \sim \sum c^i Z_i \qquad \text{(in bezug auf } \mathfrak{R}\text{)},$$

wobei die c^i ganze Zahlen und durch z^r eindeutig bestimmt sind.

2) Die Gruppe $B^r_{\mathfrak{G},\mathfrak{R}}(K)$ ist direkte Summe

$$B^r_{\mathfrak{G},\mathfrak{R}}(K) = [\zeta_1] + \cdots + [\zeta_p],$$

wobei ζ_i die ganzzahlige Homologieklasse in bezug auf $\mathfrak{R}$ ist, welche den Zyklus Z_i enthält, und $[\zeta_i]$ die von ζ_i erzeugte unendliche zyklische Gruppe bezeichnet.

Beweis der Verschärfung des Satzes $\mathsf{E}^{\mathfrak{R}}_{\mathfrak{R}}$. Die Zyklen Z_1, $Z_2, \ldots, Z_p$ sind in einer kanonischen Basis der Gruppe $L^r_{\mathfrak{G}}(K)$ enthalten (Kap. V, § 2, Nr. 6ff.); die von den Z_i verschiedenen Elemente der Basis seien X_k; gewisse X_k bilden eine Basis der Gruppe $H^r_{\mathfrak{G},\mathfrak{R}}(K)$. Bei festem i wird ein (ganzzahliger) Charakter χ_i von $L^r_{\mathfrak{G}}(K)$ durch die Festsetzungen

$$\chi_i(Z_i) = 1, \quad \chi_i(Z_j) = 0 \quad \text{für} \quad j \neq i, \quad \chi_i(X_k) = 0 \quad \text{für alle } k$$

erklärt[1]. Dann ist $\chi_i(X) = 0$ für jedes Element $X \subset H^r_{\mathfrak{G},\mathfrak{R}}(K)$, also insbesondere $\chi_i(\dot{C}^{r+1}) = 0$ für jeden Komplex C^{r+1}. Nun sei C'_{χ_i} der $(s+1)$-dimensionale Komplex, der gemäß Nr. 2, IV, zu χ_i gehört. Aus $\chi_i(\dot{C}^{r+1}) = \mathfrak{s}(C'_{\chi_i}, \dot{C}^{r+1}) = 0$ für jeden C^{r+1} folgt nach Nr. 2, II, daß der Zyklus $Z'_i = \dot{C}'_{\chi_i}$ in $R^n - \bar{K}$ liegt. Ferner folgt aus Nr. 2 und der Definition von χ_i:

$$\mathfrak{v}(Z'_i, Z_i) = \mathfrak{s}(C'_{\chi_i}, Z_i) = \chi_i(Z_i) = 1,$$
$$\mathfrak{v}(Z'_i, Z_j) = \mathfrak{s}(C'_{\chi_i}, Z_j) = \chi_i(Z_j) = 0 \quad \text{für } j \neq i.$$

Folglich hat Z'_i die gewünschten Eigenschaften.

Aufgabe. Man zeige: dann und nur dann gibt es zu dem ganzzahligen Zyklus Z von K einen ganzzahligen Zyklus Z' von $\mathfrak{W}'$ in $R^n - \bar{K}$ mit $\mathfrak{v}(Z', Z) = 1$, wenn keine Homologie

$$Z \sim mz \quad \text{(in bezug auf } \mathfrak{R}\text{)}$$

mit ganzem m und ganzzahligem z in K besteht. (Andeutung: wenn keine solche Homologie besteht, so ist $Z \sim \sum c^i Z_i$, wobei die c^i teilerfremde ganze Zahlen sind; man setze $Z' = \sum d^i Z'_i$ an.)

5. Ein Lemma. Der Übergang von den Zellenzyklen, um die es sich in den Sätzen der vorigen Nummer handelt, zu beliebigen stetigen Zyklen wird durch das folgende Lemma ermöglicht.

Lemma I. *Es sei $\mathfrak{z}$ ein stetiger Zyklus des krummen Polyeders $Q \subset R^n$, der in Q nicht berandet. Dann gibt es eine Polyederumgebung*[2] *$\bar{U}$ von Q, in welcher $\mathfrak{z}$ ebenfalls nicht berandet. [Dabei gehört $\mathfrak{z}$ zu irgendeinem festen Koeffizientenbereich $\mathfrak{J}$, während die Berandung in bezug auf einen beliebigen (ebenfalls festen) Koeffizientenbereich $\mathfrak{J}' \supset \mathfrak{J}$ gemeint ist.] Wenn eine Folge $\mathfrak{W}_i$ $(i = 1, 2, \ldots)$ beliebig fein werdender Zellenzerlegungen des R^n vorgegeben ist, so kann man $\bar{U}$ als aus Zellen einer Zerlegung $\mathfrak{W}_i$ aufgebaut wählen.*

Beweis. Es gibt eine Umgebung $W(Q)$, die sich auf Q retrahieren läßt (Kap. VIII, § 6). Man bestimme i so groß, daß jede Zelle von $\mathfrak{W}_i$, die einen Punkt mit Q gemeinsam hat, ganz in $W(Q)$ liegt und verstehe unter $\bar{U}$ das von diesen Zellen gebildete Polyeder. Es ist eine „Euklidische Hülle" von Q und hat daher die behauptete Eigenschaft (a. a. O., Satz IV, Korollar 1).

[1] Anhang I, Nr. 60, 61.

[2] Eine „Polyederumgebung" einer Menge M des R^n ist ein homogen n-dimensionales Euklidisches Polyeder, das die abgeschlossene Hülle einer Umgebung U von M ist.

Wir geben noch einen zweiten Beweis an, der den Begriff des „Retraktes" nicht benutzt, sondern lediglich mit kanonischen Verschiebungen (Kap. IX) und simplizialen Approximationen arbeitet:

K sei eine (natürlich krumme) Simplizialzerlegung von Q; z sei ein Zyklus von K, der derselben Homologieklasse von Q angehört wie $\mathfrak{z}$ (Kap. VIII, § 5, Nr. 3). Dann genügt es für den Beweis des Lemmas, zu zeigen, daß $z \not\sim 0$ in einem geeignet gewählten $\overline{U}$ ist. Somit lautet die Behauptung: Man kann U so wählen, daß jede hinreichend gute Approximation z_0 von z (in bezug auf den Eckpunktbereich der offenen Menge $U \subset R^n$) in $\overline{U}$ nicht berandet. Um diese Behauptung zu beweisen, wähle man eine solche Zerlegung $\mathfrak{W}_i$, daß die Durchmesser der Zellen kleiner als $\varepsilon = \sigma(K)/3$ sind[1]. $\overline{U}$ bestehe sodann aus allen Zellen von $\mathfrak{W}_i$, die im Innern oder auf dem Rande Punkte von Q enthalten. Es sei z_0 eine in U liegende Approximation von z. Wir dürfen annehmen, daß die Simplexe von z_0 kleiner als ε sind und daß das Eckpunktnetz von z_0 dasjenige einer Unterteilung von z ist. Wir nehmen jetzt an — im Gegensatz zu dem zu beweisenden Satz —, daß es in $\overline{U}$ einen durch z_0 berandeten Komplex C gibt. Es darf offenbar vorausgesetzt werden, daß die Simplexe von C kleiner als ε sind.

Für jeden nicht zu z_0 gehörenden Eckpunkt a_i von C wählen wir einen Punkt b_i von Q unter der Bedingung

$$\varrho(a_i, b_i) = \varrho(a_i, Q);$$

falls a_i selbst zu Q gehört, soll $b_i = a_i$ sein. Dadurch, daß man jeden Eckpunkt a_i durch den ihm zugeordneten Punkt b_i ersetzt, geht C in einen ebenfalls durch z_0 berandeten Komplex C' des R^n über, dessen Simplexe kleiner als $3\varepsilon = \sigma(K)$ sind, und dessen Eckpunkte zu Q gehören. Eine kanonische Verschiebung von C' in bezug auf K ergibt einen Teilkomplex C'' von K, der durch z berandet ist, denn — auf Grund der Voraussetzung über das Eckpunktnetz von z_0 — geht bei einer kanonischen Verschiebung z_0 in z über. Unser Lemma ist hiermit bewiesen.

Zusatz zum Lemma I. *Die Zyklen $Z_1, Z_2, \ldots, Z_p$ mögen eine r-dimensionale Homologiebasis mod 0 in K bilden, wobei K eine (krumme) Simplizialzerlegung von Q ist. Dann kann man das im Lemma I genannte Polyeder $\overline{U}$ so wählen, daß die Z_i zusammen mit gewissen Zyklen Y_j von $\overline{U}$ eine Homologiebasis mod 0 von $\overline{U}$ bilden. (Die Anzahl der Y_j kann 0 sein.)*

Dabei hat die Aussage, daß ein System stetiger Zyklen eine r-dimensionale Homologiebasis mod 0 von $\overline{U}$ bildet, den folgenden Sinn: die Homologieklassen dieser Zyklen bilden eine Basis der Gruppe $B^r_{\mathfrak{G},\mathfrak{R}}(\overline{U})$ (Anhang I, Nr. 17).

Der Beweis des „Zusatzes" ergibt sich wieder einfach aus der Tatsache, daß man $\overline{U}$ als Euklidische Hülle von Q wählen kann, in Verbindung mit Satz IV im Kap. VIII, § 6: nach diesem Satz besitzt $B^r_{\mathfrak{G},\mathfrak{R}}(\overline{U})$ eine solche Untergruppe V, daß

$$B^r_{\mathfrak{G},\mathfrak{R}}(\overline{U}) \approx B^r_{\mathfrak{G},\mathfrak{R}}(Q) + V$$

ist. Bezeichnen wir eine Basis von V mit Y_j, so bilden die Z_i und die Y_j eine Basis von $B^r_{\mathfrak{G},\mathfrak{R}}(\overline{U})$.

Aufgabe. Man beweise auch diesen „Zusatz" ohne den Begriff des Retraktes lediglich mit Hilfe von simplizialen Approximationen und kanonischen Verschiebungen.

[1] Wegen der Definition der Zahl $\sigma(K)$ siehe Kap. IX, § 1, Nr. 5.

6. Der (allgemeine) 1. Existenzsatz in bezug auf $\mathfrak{R}$ lautet:

Satz $E_{\mathfrak{R}}$. *Ist der (stetige) Zyklus $\mathfrak{z}$ des krummen Polyeders $Q \subset R^n$ nicht ~ 0 in Q, so gibt es in $R^n - Q$ einen mit $\mathfrak{z}$ verschlungenen (Euklidischen, berandungsfähigen) Zyklus z'. (Dabei sind Zyklen, Berandungen, Verschlingungen in bezug auf den rationalen Koeffizientenbereich $\mathfrak{R}$ zu verstehen.)*

Analog wie bei Behandlung des Satzes $E^0_{\mathfrak{R}}$ in Nr. 4 sieht man, daß der Satz $E_{\mathfrak{R}}$ den folgenden Satz E_0 enthält und in der nachstehenden „Verschärfung" enthalten ist:

Satz E_0. *Ist der ganzzahlige (stetige) Zyklus $\mathfrak{z}$ des krummen Polyeders $Q \subset R^n$ nicht ~ 0 in Q (in bezug auf $\mathfrak{R}$), so gibt es in $R^n - Q$ einen mit $\mathfrak{z}$ verschlungenen ganzzahligen (Euklidischen, berandungsfähigen) Zyklus z'.*

Verschärfung des Satzes $E_{\mathfrak{R}}$. *Die ganzzahligen (krummen) Zyklen $Z_1, Z_2, \ldots, Z_p$ mögen eine r-dimensionale Homologiebasis mod 0 des krummen Polyeders $Q \subset R^n$ bilden. Dann gibt es in $R^n - Q$ ganzzahlige (Euklidische, berandungsfähige) Zyklen $Z'_1, Z'_2, \ldots, Z'_p$ mit*

$$\mathfrak{v}(Z'_i, Z_i) = 1,$$

$$\mathfrak{v}(Z'_i, Z_j) = 0 \quad \textit{für } j \neq i.\text{[1]}$$

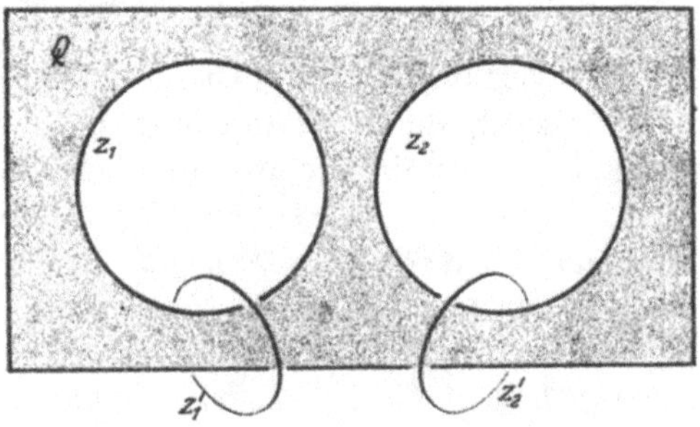

Abb. 35.

Beweis der Verschärfung. $\bar{U}$ sei ein aus Zellen einer Zerlegung $\mathfrak{W}$ aufgebautes Polyeder, welches die im „Zusatz zum Lemma I" genannten Eigenschaften hat. Dann bilden die Z_i zusammen mit gewissen Zyklen Y_j eine Homologiebasis von $\bar{U}$. Es sei K die zu $\mathfrak{W}$ gehörige Zellenzerlegung von $\bar{U}$, und es seien z_i und y_j Zyklen von K, die denselben Homologieklassen ζ_i und η_j von K angehören, wie die Z_i bzw. Y_j, und die daher eine Homologiebasis mod 0 von K bilden[2]. Zu diesen z_i und y_j bestimme man in $R^n - \bar{K}$ Zyklen Z'_i und Y'_j gemäß der „Verschärfung des Satzes $E^0_{\mathfrak{R}}$" (Nr. 4) mit

$$\mathfrak{v}(Z'_i, z_i) = \mathfrak{v}(Y'_j, y_j) = 1,$$

$$\mathfrak{v}(Z'_i, z_j) = \mathfrak{v}(Y'_i, y_j) = 0 \quad \text{für } j \neq i,$$

$$\mathfrak{v}(Z'_i, y_j) = \mathfrak{v}(Y'_i, z_j) = 0.$$

Uns interessieren hier nur die Verschlingungszahlen der Z'_i mit den z_i und z_j; da $z_j \sim Z_j$ in $\bar{K}$ und $Z'_i \subset R^n - \bar{K}$ ist, erfüllen die Z'_i die Behauptung.

[1] Hierzu Abb. 35.

[2] Daß es in jeder Zellenzerlegung von $\bar{U}$ Zyklen gibt, die zu den Homologieklassen ζ_i bzw. η_j gehören, ist im Kap. VI, § 1, bewiesen worden (Satz II und Nr. 12).

Bemerkung. Der Satz $\mathsf{E}_{\mathfrak{R}}$ ohne die „Verschärfung“ läßt sich insofern etwas einfacher beweisen, als man mit dem „Lemma I“ an Stelle des „Zusatzes“ zu diesem Lemma auskommt; im übrigen ist der Beweisgang genau so wie oben.

Beispiele. 1) z sei eine Jordankurve im R^3 (vgl. Nr. 1). Da $z \not\sim 0$ in $Q = \bar{z}$ ist, gibt es einen mit z verschlungenen eindimensionalen (Euklidischen) Zyklus z'. Man kann ihn (nach der Verschärfung von $\mathsf{E}_{\mathfrak{R}}$) so wählen, daß $\mathfrak{v}(z', z) = 1$ ist. 2) Q sei ein $(n-1)$-dimensionales krummes Polyeder im R^n mit $p^{n-1}(Q) \geqq 1$. Dann gibt es in Q einen Zyklus z^{n-1}, der $\not\sim 0$ in Q (in bezug auf $\mathfrak{R}$) ist, und folglich in $R^n - Q$ einen nulldimensionalen Zyklus z' mit $\mathfrak{v}(z', z) \neq 0$. — Daher gibt es einen Punkt o mit der Ordnung $\mathfrak{v}(z^{n-1}, o) \neq 0$; denn andernfalls wäre $\mathfrak{v}(z^{n-1}, z') = 0$ für jeden nulldimensionalen z'. Hieraus folgt (vgl. Nr. 1): $\bar{z}^{n-1}$ zerlegt den R^n; erst recht zerlegt somit Q den R^n. 3) Man betrachte die Abb. 35.

7. Ein zweites Lemma. Unser nächstes Ziel ist, dem 1. Existenzsatz einen 2. Existenzsatz für stetige Zyklen an die Seite zu stellen, in welchem, im Vergleich mit dem 1. Existenzsatz, die Rollen von Q und $R^n - Q$ vertauscht sind. Dieser 2. Existenzsatz wird sich leicht aus dem Satz $\mathsf{E}^{\square}_{\mathfrak{R}}$ durch Vermittlung des folgenden Lemmas ergeben, in welchem wieder die Koeffizientenbereiche beliebig sind:

Lemma II. *$P = U$ sei eine Euklidische Polyederumgebung des krummen Polyeders Q. Dann gibt es eine in P gelegene Polyederumgebung P_1 von Q mit folgender Eigenschaft: zu jedem Zyklus $\overset{*}{\mathfrak{z}}$ von P_1 gibt es einen solchen Zyklus z von Q, daß $\overset{*}{\mathfrak{z}} \sim z$ in P ist. Ist eine Folge $\mathfrak{W}_i$ beliebig fein werdender Zellenzerlegungen des R^n vorgegeben, so kann man P_1 aus Zellen einer Zerlegung $\mathfrak{W}_i$ aufgebaut wählen.*

Der Beweis ergibt sich unmittelbar aus Kap. VIII, § 6, Satz V: man wähle i so groß, daß jede Zelle von $\mathfrak{W}_i$, die Punkte mit Q gemeinsam hat, sowohl in P liegt, als auch Euklidische Hülle von Q ist. Dann hat das aus allen diesen Zellen bestehende Polyeder P' die gewünschte Eigenschaft.

Zweiter Beweis, ohne Benutzung des Retrakt-Begriffes: K sei eine (krumme) Simplizialzerlegung von Q. Wir wählen:

eine positive Zahl $\varepsilon < \frac{1}{3}\varrho(Q, R^n - P)$;
eine ε-Unterteilung K_1 von K;
eine positive Zahl $\delta < \varepsilon$, $\delta < \frac{1}{3}\sigma(K_1)$;
i so groß, daß $\mathfrak{W}_i$ eine δ-Zerlegung des R^n ist.

Dann sei L der Komplex aller Zellen, die mit Q Punkte gemeinsam haben, und $\bar{L} = P_1$. Jeder stetige Zyklus $\overset{*}{\mathfrak{z}}$ von L ist in $\bar{L}$ einem Zyklus $\overset{*}{\mathfrak{y}}$ von L homolog; mittels einer kanonischen Verschiebung in bezug auf K_1 geht $\overset{*}{\mathfrak{y}}$ in einen Zyklus y des R^n über, dessen Eckpunktnetz dasjenige eines Zyklus z von K_1 ist. Der Zyklus y ist eine simpliziale Approximation des krummen Zyklus z; jede Approximation von z, der eine Unterteilung von z zugrunde gelegt ist, geht durch eine kanonische Verschiebung in bezug auf K_1 innerhalb U in y über. Daher sind y und z, und folglich auch $\overset{*}{\mathfrak{z}}$ und z innerhalb U einander homolog.

8. Der 2. Existenzsatz in bezug auf $\mathfrak{R}$ lautet:

Satz $\mathsf{E}'_{\mathfrak{R}}$. *$Q$ sei ein krummes Polyeder des R^n. Dann ist jeder stetige rationale berandungsfähige, aber in $R^n - Q$ nicht berandende Zyklus $\mathfrak{z}'$ von*

$R^n - Q$ mit einem krummen Zyklus z von Q verschlungen (Koeffizientenbereich $\mathfrak{R}$).

Beweis. P sei eine zu $\bar{\mathfrak{z}}'$ fremde Polyederumgebung von Q; ferner sei $\mathfrak{W}$ eine so feine Würfeleinteilung des R^n, daß es eine aus Würfeln von $\mathfrak{W}$ aufgebaute Polyederumgebung $P_1 = \bar{U}$ von Q gibt, die die im Lemma II genannten Eigenschaften hat; W sei ein aus Würfeln von $\mathfrak{W}$ aufgebauter großer Würfel, der Q und $\bar{\mathfrak{z}}'$ im Innern enthält, und Q' sei das Polyeder $\overline{W - P_1}$. Dann ist $\mathfrak{z}' \not\sim 0$ in Q', da $Q' \subset R^n - Q$ ist; folglich gibt es nach dem 1. Existenzsatz (Satz $E_{\mathfrak{R}}$) einen mit $\mathfrak{z}'$ verschlungenen Zyklus Z in $R^n - Q' = U + (R^n - W)$. Dann ist $Z = z_1 + z_0$ mit $z_1 \subset P_1$, $z_0 \subset R^n - W$; es ist also

$$0 \neq \mathfrak{v}(\mathfrak{z}', Z) = \mathfrak{v}(\mathfrak{z}', z_1) + \mathfrak{v}(\mathfrak{z}', z_0).$$

Da der berandungsfähige Zyklus $\mathfrak{z}'$ im Innern des Würfels W berandet, ist $\mathfrak{v}(\mathfrak{z}', z_0) = 0$ und folglich $\mathfrak{v}(\mathfrak{z}', z_1) \neq 0$. Nun gibt es, da P_1 gemäß dem Lemma II gebildet ist, einen Zyklus z in Q, der derselben Homologieklasse von P angehört wie z_1. Dann ist auch $\mathfrak{v}(\mathfrak{z}', z) \neq 0$.

Korollar. *Ist der berandungsfähige Zyklus $\mathfrak{z}' \subset R^n - Q$ mit keinem $z \subset Q$ verschlungen, so ist $\mathfrak{z}' \sim 0$ in $R^n - Q$.*

Ähnlich wie bei dem 1. Existenzsatz heben wir hervor, daß in dem 2. Existenzsatz $E'_{\mathfrak{R}}$ der folgende enthalten ist:

Satz E'_0. *Jeder ganzzahlige stetige berandungsfähige, aber in $R^n - Q$ in bezug auf $\mathfrak{R}$ nicht berandende Zyklus $\mathfrak{z}'$ von $R^n - Q$ ist mit einem ganzzahligen Zyklus z von Q verschlungen.*

(Bemerkung. Eine „Verschärfung" von $E'_{\mathfrak{R}}$, ähnlich derjenigen von $E_{\mathfrak{R}}$, können wir nicht aussprechen, da der Begriff der „Homologiebasis" in der offenen Menge $R^n - Q$ nicht definiert ist; daß er definiert werden kann, d. h. daß die Bettischen Gruppen von $R^n - Q$ endlichviele Erzeugende und daher auch Basen besitzen, wird sich im § 4 (Nr. 2) herausstellen; man könnte es auch bereits jetzt zeigen.)

Beispiele von Anwendungen (Spezialfälle des Alexanderschen Dualitätssatzes[1]):

1) Es sei $p^r(Q) = 0$. Aus dem Korollar zu $E'_{\mathfrak{R}}$ folgt: Ist $\mathfrak{z}' \subset R^n - Q$ berandungsfähig, so ist $\mathfrak{z}' \sim 0$ in $R^n - Q$; [$\mathfrak{z}'$ ist $(n-r-1)$-dimensional]. Folglich:

$$p^{n-r-1}(R^n - Q) = 0 \quad \text{für} \quad r \neq n-1, \quad p^0(R^n - Q) = 1 \quad \text{für} \quad r = n-1.$$

Hierin ist enthalten: Ist $p^{n-1}(Q) = 0$, so zerlegt Q den R^n nicht (einfachstes Beispiel: Q ist ein „Element", d. h. topologisches Bild eines Simplexes beliebiger Dimension); ferner: Im Komplementärraum eines Elementes, z. B. eines Jordanbogens, im R^n, $n \geqq 3$, ist jeder eindimensionale Zyklus ~ 0.

2) Es sei $p^r(Q) = 1$ und der Zyklus $z \subset Q$ Basiselement von $B^r_0(Q)$. Nach dem 1. Existenzsatz gibt es einen (berandungsfähigen) Zyklus $z' \subset R^n - Q$ mit $\mathfrak{v}(z', z) = a \neq 0$; es sei z'_1 irgendein berandungsfähiger s-dimensionaler Zyklus

[1] Der wichtigste Teil des Alexanderschen Dualitätssatzes (Teil I in § 4, Nr. 1) samt seinen Folgerungen (§ 4) kann bereits jetzt, vor Lektüre des Restes des gegenwärtigen Paragraphen, gelesen werden.

in $R^n - Q$ und $\mathfrak{v}(z_1', z) = b$. Dann ist $\mathfrak{v}(bz' - az_1', cz) = 0$ für jedes c, also nach dem Korollar: $bz' - az_1' \sim 0$ in $R^n - Q$. Da $z' \not\sim 0$ in $R^n - Q$ ist, bedeutet dies: Die Gruppe der berandungsfähigen s-dimensionalen Homologieklassen in $R^n - Q$ hat den Rang 1. Folglich:

$$p^{n-r-1}(R^n - Q) = 1 \quad \text{für } r = n-1, \qquad p^0(R^n - Q) = 2 \quad \text{für } r = n-1.$$

Die letzte Formel enthält den Jordan-Brouwerschen Satz für den R^n.

9. Die Existenzsätze mod m. Wir legen den Koeffizientenbereich $\mathfrak{G}_m$ mit beliebigem $m \geqq 2$ zugrunde; alle Zyklen, Berandungen, Verschlingungen sind also mod m zu verstehen. Wir werden uns davon überzeugen, daß dann die den vorstehenden analogen Sätze gelten.

Wir knüpfen an Nr. 4 an; $\mathfrak{W}$, $\mathfrak{W}'$, K sollen dieselben Bedeutungen haben wie dort. Dann gilt zunächst

Satz $\mathsf{E}_m^{\square}$. *Zu jedem r-dimensionalen Zyklus z mod m in K, der $\not\sim 0$ in K ist, gibt es einen mit ihm verschlungenen berandungsfähigen Zyklus z' mod m von $\mathfrak{W}'$ in $R^n - \dot{K}$.*

Es gilt auch hier sogar die folgende

Verschärfung von $\mathsf{E}_m^{\square}$. *Die Zyklen $Z_1, Z_2, \ldots, Z_q$ mögen eine r-dimensionale Homologiebasis mod m in K bilden; ihre Ordnungen seien $m_1, m_2, \ldots, m_q$. Dann gibt es zu jedem $i = 1, 2, \ldots, q$ in $R^n - \dot{K}$ einen Zyklus Z_i' mod m von $\mathfrak{W}'$ mit*

$$\mathfrak{v}(Z_i', Z_i) = \mathfrak{r}_m(m/m_i)\,,^{1}$$

$$\mathfrak{v}(Z_i', Z_j) = 0 \quad \textit{für} \quad j \neq i.$$

Daß die Z_i eine Homologiebasis bilden und daß ihre Ordnungen m_i sind, bedeutet dabei: die Gruppe $B_{\mathfrak{G}_m}^r(K)$ ist direkte Summe zyklischer Gruppen $\mathfrak{Z}_1, \mathfrak{Z}_2, \ldots, \mathfrak{Z}_q$ der Ordnungen $m_1, m_2, \ldots, m_q$, wobei jede Gruppe $\mathfrak{Z}_i$ von der Homologieklasse ζ_i erzeugt wird, welche Z_i enthält.

Der Satz $\mathsf{E}_m^{\square}$ ist in der Tat in der „Verschärfung" enthalten; denn der Zyklus z aus Satz $\mathsf{E}_m^{\square}$ erfüllt eine Homologie $z \sim \sum a^i Z_i$, wobei nicht jedes Element a^i ein ganzes Vielfaches von $\mathfrak{r}_m'(m_i)$ ist; ist etwa a^1 ein solches Element, und hat Z_1' dieselbe Bedeutung wie in der „Verschärfung", so erfüllt $z' = Z_1'$, wie man leicht bestätigt, die Behauptung $\mathsf{E}_m^{\square}$.

Der Beweis der „Verschärfung" verläuft analog dem Beweis in Nr. 4: es kommt nur darauf an, bei festem i einen mit χ_i zu bezeichnenden Charakter mod m von $L_{\mathfrak{G}_m}^r(K)$, d. h. eine homomorphe Abbildung χ_i von $L_{\mathfrak{G}_m}^r(K)$ in $\mathfrak{G}_m$, zu konstruieren, der die Bedingungen

$$\chi_i(Z_i) = \mathfrak{r}_m(m/m_i), \quad \chi_i(Z_j) = 0 \quad \text{für } j \neq i,$$

$$\chi_i(X) = 0 \quad \text{für jeden Rand } X \subset H_{\mathfrak{G}_m}^r(K)$$

erfüllt. Diese Konstruktion geschieht folgendermaßen: Man definiert zunächst einen Charakter χ_i' der Gruppe $B_{\mathfrak{G}_m}^r(K)$ durch die Festsetzungen

$$\chi_i'(\zeta_i) = \mathfrak{r}_m(m/m_i), \quad \chi_i'(\zeta_j) = 0 \quad \text{für } j \neq i,$$

[1] Definition von $\mathfrak{r}_m$: Kap. V, § 3, Nr. 1.

wobei ζ_j die oben erklärten Homologieklassen sind; die angegebene Festsetzung von $\chi_i'(\zeta_i)$ ist möglich, weil ζ_i die Ordnung m_i hat (Anh. I, Nr. 60). Versteht man für jeden Zyklus z unter ζ seine Homologieklasse, so ist durch $\chi_i(z) = \chi_i'(\zeta)$ ein Charakter der Zyklengruppe $Z^r_{\mathfrak{G}_m}(K)$ mit den gewünschten Eigenschaften erklärt; nach Nr. 70 des Anhanges I kann man ihn zu einem Charakter von $L^r_{\mathfrak{G}_m}(K)$ erweitern.

Damit ist die Verschärfung von $\mathsf{E}^{\square}_m$ bewiesen.

Nun ergeben sich ähnlich wie früher die folgenden Sätze, in denen immer Q ein krummes Polyeder im R^n ist:

Satz E_m (1. Existenzsatz mod m). *Ist $\mathfrak{z}$ stetiger Zyklus in Q und $\mathfrak{z} \not\sim 0$ in Q, so gibt es in $R^n - Q$ einen mit $\mathfrak{z}$ verschlungenen (berandungsfähigen, Euklidischen) Zyklus z'.*

Satz E'_m (2. Existenzsatz mod m). *Jeder stetige, berandungsfähige, aber in $R^n - Q$ nicht berandende Zyklus $\mathfrak{z}'$ von $R^n - Q$ ist mit einem (krummen) Zyklus z von Q verschlungen.*

Verschärfung des Satzes E_m. *Die (krummen) Zyklen $Z_1, Z_2, \ldots, Z_q$ mögen eine r-dimensionale Homologiebasis mod m von Q bilden; ihre Ordnungen seien $m_1, m_2, \ldots, m_q$. Dann gibt es in $R^n - Q$ (Euklidische, berandungsfähige) Zyklen $Z'_1, Z'_2, \ldots, Z'_q$ mit*

$$\mathfrak{v}(Z'_i, Z_i) = \mathfrak{r}_m(m/m_i),$$

$$\mathfrak{v}(Z'_i, Z_j) = 0 \quad \textit{für } j \neq i.$$

Die Beweise sind auf Grund des Satzes $\mathsf{E}^{\square}_m$ und seiner Verschärfung genau so zu führen wie früher die Beweise der Sätze $\mathsf{E}_{\mathfrak{R}}$, $\mathsf{E}'_{\mathfrak{R}}$ und der Verschärfung von $\mathsf{E}_{\mathfrak{R}}$ auf Grund des Satzes $\mathsf{E}^{\square}_{\mathfrak{R}}$ und seiner Verschärfung. Für den Beweis der Verschärfung von E_m beachte man, daß der „Zusatz zum Lemma I" (Nr. 5) samt seinem Beweis seine Gültigkeit behält, wenn die Z_i eine Homologiebasis nicht mod 0, sondern mod m bilden, und daß die Homologieklassen ζ_i der Z_i als Elemente von $B^r_{\mathfrak{G}_m}(\bar{U})$ dieselben Ordnungen haben wie als Elemente von $B^r_{\mathfrak{G}_m}(K)$ (vgl. Kap. VIII, § 6, Korollar 2 des Satzes IV).

10. Die Existenzsätze in bezug auf ($\mathfrak{R}_1$, $\mathfrak{G}$). Wir verwenden jetzt den Verschlingungsbegriff in bezug auf ($\mathfrak{J}$, $\mathfrak{G}$), wie wir ihn im § 1, Nr. 10, für den Fall eingeführt haben, daß $\mathfrak{J}$ eine beliebige Gruppe, nicht notwendigerweise ein Ring, ist; und zwar sei $\mathfrak{J} = \mathfrak{R}_1$. Die Frage ist in erster Linie: gibt es zu einem ganzzahligen, nicht berandenden Zyklus $z \subset K$ einen mit ihm in bezug auf ($\mathfrak{R}_1$, $\mathfrak{G}$) verschlungenen Zyklus z' (in bezug auf $\mathfrak{R}_1$) in $R^n - \bar{K}$? Die Frage ist ohne weiteres zu bejahen, wenn $z \not\sim 0$ in bezug auf $\mathfrak{R}$ in Q ist: dann gibt es nach $\mathsf{E}^{\square}_0$ einen mit z verschlungenen ganzzahligen $Z' \subset R^n - \bar{K}$, und $z' = tZ'$ mit solchem $t \subset \mathfrak{R}_1$, daß $\mathfrak{v}(Z', z) \cdot t \neq 0$ ist, ist mit z verschlungen[1].

[1] Z. B. kann man $t = \mathfrak{r}_1(1/k)$ wählen, wobei k eine ganze Zahl ist, welche nicht Teiler von $\mathfrak{v}(Z', z)$ ist. Hierbei wie auch im folgenden bezeichnet $\mathfrak{r}_1(c)$ für jede rationale Zahl c die Restklasse mod 1, welche c enthält.

Wir werden also annehmen, daß $z \sim 0$ in bezug auf $\mathfrak{R}$, d. h. daß z Randteiler ist. Dann gibt es bestimmt keinen mit z verschlungenen Zyklus erster Art (vgl. § 1, Nr. 10). Übrig bleibt somit die Frage: Gibt es zu einem Randteiler z von Q einen mit ihm verschlungenen Zyklus zweiter Art in bezug auf $\mathfrak{R}_1$ in $R^n - \bar{K}$?

Die Frage wird durch den folgenden Satz $E^{\square}_{\mathfrak{R}_1,\mathfrak{G}}$ bejaht, aus dem weitere Sätze dann wieder in der bereits bekannten Weise folgen; $\mathfrak{W}$, $\mathfrak{W}'$, K haben ihre alten Bedeutungen.

Satz $E^{\square}_{\mathfrak{R}_1,\mathfrak{G}}$. *Zu jedem Randteiler $z \subset K$, der $\not\sim 0$ (in bezug auf $\mathfrak{G}$) ist, gibt es in $R^n - \bar{K}$ einen mit ihm in bezug auf $(\mathfrak{R}_1, \mathfrak{G})$ verschlungenen Zyklus zweiter Art in bezug auf $\mathfrak{R}_1$ von $\mathfrak{W}'$.*

Um den Satz zu beweisen, müssen wir auf Nr. 2 zurückgehen; unter einem Charakter von $L^r_{\mathfrak{G}}(K)$ verstehen wir jetzt eine homomorphe Abbildung von $L^r_{\mathfrak{G}}(K)$ in $\mathfrak{R}_1$; dann gelten die Sätze von Nr. 2 wie früher, nur haben wir jetzt unter C' immer einen Komplex des Koeffizientenbereiches $\mathfrak{R}_1$ zu verstehen. Der Satz $E^{\square}_{\mathfrak{R}_1,\mathfrak{G}}$ wird bewiesen sein, wenn es uns gelungen ist, einen Charakter χ von $L^r_{\mathfrak{G}}(K)$ so zu konstruieren, daß $\chi(z) \neq 0$ für den gegebenen Zyklus z und $\chi(X) = 0$ für jeden Rand $X \subset H^r_{\mathfrak{G}}(K)$ ist; denn wenn dann C'_χ den gemäß Nr. 2, IV, zu χ gehörigen Komplex bedeutet, hat der Zyklus $z' = \dot{C}'_\chi$ die gewünschten Eigenschaften. (Daß er von der zweiten Art ist, folgt aus seiner Verschlingung mit z; vgl. § 1, Nr. 10.)

Um χ zu konstruieren, führen wir in $L^r_{\mathfrak{G}}(K)$ eine kanonische Basis ein wie in Kap. V, § 2, Nr. 6, und wir halten uns auch an die dortigen Bezeichnungen. Unser Zyklus z erfüllt eine Homologie $z \sim \sum b^i z^r_i$, und hierin ist nicht für jedes i der Koeffizient a^i durch f^r_i teilbar (Bedeutung von f^r_i a. a. O.); es sei etwa b^i nicht durch f^r_1 teilbar. Der Zyklus z^r_1 gehört der Basis von $L^r_{\mathfrak{G}}(K)$, der Zyklus $f^r_1 z^r_1$ einer Basis von $H^r_{\mathfrak{G}}(K)$ an. Setzen wir

$$\chi(z_1) = \mathfrak{r}_1(1/f^r_1) \quad \text{und} \quad \chi(X) = 0$$

für *alle* von z^r_1 verschiedenen Elemente X der kanonischen Basis (wobei wir unter $\mathfrak{r}_1$ die durch Reduktion mod 1 entstehende Abbildung der rationalen Zahlen auf $\mathfrak{R}_1$ verstehen), so definieren wir einen Charakter, wie wir ihn brauchen (Anh. I, Nr. 60).

Aus dem damit bewiesenen Satz $E^{\square}_{\mathfrak{R}_1,\mathfrak{G}}$ ergeben sich nun analog wie in den Nummern 5, 6, 7, 8 die folgenden beiden Existenzsätze, in denen wieder Q ein krummes Polyeder bezeichnet:

Satz $E_{\mathfrak{R}_1,\mathfrak{G}}$ (1. Existenzsatz in bezug auf $(\mathfrak{R}_1, \mathfrak{G})$). *Ist $\mathfrak{z}$ stetiger ganzzahliger Zyklus in Q und Randteiler, aber nicht Rand in Q — d. h.: $\mathfrak{z} \not\sim 0$ in bezug auf $\mathfrak{G}$, aber ~ 0 in bezug auf $\mathfrak{R}$ —, so gibt es in $R^n - Q$ einen mit ihm verschlungenen (berandungsfähigen, Euklidischen) Zyklus zweiter Art in bezug auf $\mathfrak{R}_1$.*

Satz $E'_{\mathfrak{R}_1,\mathfrak{G}}$ (2. Existenzsatz in bezug auf $(\mathfrak{R}_1, \mathfrak{G})$). *Jeder stetige, ganzzahlige Zyklus in $R^n - Q$, der Randteiler, aber nicht Rand in $R^n - Q$*

ist, ist mit einem (krummen) Zyklus zweiter Art in bezug auf $\mathfrak{R}_1$ von Q verschlungen.

Aus dem Beweis des Satzes $E^{\square}_{\mathfrak{R}_1, \mathfrak{G}}$ leitet man leicht „Verschärfungen" der Sätze $E^{\square}_{\mathfrak{R}_1, \mathfrak{G}}$ und $E_{\mathfrak{R}_1, \mathfrak{G}}$ ab, analog denen in Nr. 6 und Nr. 9. Wir überlassen die Durchführung dem Leser und begnügen uns hier mit der Formulierung der

Verschärfung des Satzes $E_{\mathfrak{R}_1, \mathfrak{G}}$. *Die (krummen) Zyklen $Z_1, Z_2, \ldots, Z_q$ mögen eine r-dimensionale „Torsionsbasis"* [s. unten] *von Q bilden; ihre Ordnungen seien $f_1, f_2, \ldots, f_q$. Dann gibt es in $R^n - Q$ (Euklidische, berandungsfähige) Zyklen $Z'_1, Z'_2, \ldots, Z'_q$ in bezug auf $\mathfrak{R}_1$ mit*

$$\mathfrak{v}(Z'_i, Z_i) = \mathfrak{r}_1\left(\frac{1}{f_i}\right),$$
$$\mathfrak{v}(Z'_i, Z_j) = 0 \quad \textit{für} \quad j \neq i.$$

Daß die Zyklen Z_i eine r-dimensionale „Torsionsbasis" von Q bilden, bedeutet dabei: Die Torsionsgruppe $T^r(Q)$ ist die direkte Summe der zyklischen Gruppen, die von denjenigen Homologieklassen $\zeta_1, \zeta_2, \ldots, \zeta_q$ erzeugt werden, welche $Z_1, Z_2, \ldots, Z_q$ enthalten.

11. Die Existenzsätze in bezug auf $(\mathfrak{G}, \mathfrak{R}_1)$ unterscheiden sich von den vorigen Sätzen durch Vertauschung der beiden Koeffizientenbereiche: es ist also jetzt immer der gegebene Zyklus ein Zyklus zweiter Art in bezug auf $\mathfrak{R}_1$, und der Zyklus, dessen Existenz behauptet wird, ein ganzzahliger Randteiler. Wir begnügen uns mit der Formulierung des Satzes $E^{\square}_{\mathfrak{G}, \mathfrak{R}_1}$; wie die Sätze $E_{\mathfrak{G}, \mathfrak{R}_1}$ und $E'_{\mathfrak{G}, \mathfrak{R}_1}$ lauten, ist dann klar.

Satz $E^{\square}_{\mathfrak{G}, \mathfrak{R}_1}$. *Zu jedem Zyklus zweiter Art in bezug auf $\mathfrak{R}_1$ in K gibt es in $R^n - \bar{K}$ einen mit ihm verschlungenen ganzzahligen Randteiler von $\mathfrak{W}'$.*

Wir führen ihn direkt auf den Satz $E^{\square}_{\mathfrak{R}_1, \mathfrak{G}}$ zurück:

Der in K gegebene Zyklus zweiter Art sei Z; er entsteht durch Reduktion mod 1 aus einem rationalen Komplex; folglich gibt es einen ganzzahligen Komplex Y und eine ganze Zahl e mit

$$Z = \mathfrak{r}_1\left(\frac{1}{e} Y\right);$$

aus $\dot{Z} = 0$ folgt

$$\dot{Y} = e z$$

mit ganzzahligem z. Wäre $z = \dot{C}$ mit ganzzahligem C, so wäre $Y - eC = X$ ein ganzzahliger Zyklus, also wäre $\frac{1}{e} Y = C + \frac{1}{e} X$ und $Z = \mathfrak{r}_1\left(\frac{1}{e} X\right) = \mathfrak{r}_1\left(\frac{1}{e}\right) \cdot X$ von der ersten Art; da dies nicht der Fall ist, ist $z \not\sim 0$ in bezug auf $\mathfrak{G}$, also z Randteiler. Folglich gibt es nach $E_{\mathfrak{R}_1, \mathfrak{G}}$ in $R^n - \bar{K}$ einen Zyklus Z' zweiter Art in bezug auf $\mathfrak{R}_1$ (von der Dimension $s + 1$, wenn, wie immer, der Zyklus Z von der Dimension r und $r + s = n - 1$ ist) mit $\mathfrak{v}_{\mathfrak{R}_1, \mathfrak{G}}(Z', z) \neq 0$. Zu ihm gibt es einen ganzzahligen Komplex Y' (der dualen Würfelzerlegung $\mathfrak{W}'$) und eine ganze Zahl e' mit

$$Z' = \mathfrak{r}_1\left(\frac{1}{e'} Y'\right);$$

dann ist durch

$$\dot{Y}' = e' z'$$

ein ganzzahliger Zyklus z' bestimmt, von dem man — analog wie oben von z — erkennt, daß er Randteiler ist. Wir behaupten: z' ist mit Z verschlungen.

Beweis. Es ist[1]

$$\mathfrak{v}_{\mathfrak{S},\mathfrak{R}_1}(z', Z) = \mathfrak{r}_1 \mathfrak{v}_{\mathfrak{R}}\left(z', \frac{1}{e} Y\right) = \mathfrak{r}_1 \mathfrak{v}_{\mathfrak{R}}\left(\frac{1}{e'} \dot{Y}', \frac{1}{e} Y\right),$$

$$\mathfrak{v}_{\mathfrak{R}_1,\mathfrak{S}}(Z', z) = \mathfrak{r}_1 \mathfrak{v}_{\mathfrak{R}}\left(\frac{1}{e'} Y', z\right) = \mathfrak{r}_1 \mathfrak{v}_{\mathfrak{R}}\left(\frac{1}{e} \dot{Y}, \frac{1}{e'} Y'\right),$$

folglich (§ 1, Nr. 6, Dualitätsformel)

$$\mathfrak{v}_{\mathfrak{S},\mathfrak{R}_1}(z', Z) = \pm \mathfrak{v}_{\mathfrak{R}_1,\mathfrak{S}}(Z', z) \neq 0 .$$

Damit ist $E^0_{\mathfrak{S},\mathfrak{R}_1}$ bewiesen. Die Existenzsätze $E_{\mathfrak{S},\mathfrak{R}_1}$ und $E'_{\mathfrak{S},\mathfrak{R}_1}$ ergeben sich dann analog wie früher.

12. Die Abwesenheit r-dimensionaler Torsion mit $r \geqq n-2$ im R^n. Zum Schluß ziehen wir eine wichtige Folgerung aus dem Satz $E_{\mathfrak{S},\mathfrak{R}_1}$:

Satz. *Ein krummes Polyeder im R^n besitzt für $r \geqq n-2$ keine r-dimensionale Torsion*[2].

Beweis. Das krumme Polyeder $Q \subset R^n$ besitze r-dimensionale Torsion; dann gibt es in Q einen $(r+1)$-dimensionalen Zyklus Z zweiter Art in bezug auf $\mathfrak{R}_1$ (Kap. V, § 3, Nr. 6). Folglich gibt es nach $E_{\mathfrak{S},\mathfrak{R}_1}$ in $R^n - Q$ einen mit Z verschlungenen $(n-r-2)$-dimensionalen Randteiler; dieser ist $\not\sim 0$, und daher ist $n-r-2>0$, also $r<n-2$, w. z. b. w.

Korollar. *Jedes irreduzible (krumme) $(n-1)$-dimensionale Polyeder im R^n hat den natürlichen Modul*[3] *Null. Jede geschlossene $(n-1)$-dimensionale (krumme) Pseudomannigfaltigkeit im R^n ist orientierbar.*

§ 4. Der Alexandersche Dualitätssatz.

1. Formulierung und Beweis des Satzes. Der Satz handelt von einem krummen Polyeder $Q \subset R^n$ und von dessen Komplementärmenge. Wir zerlegen ihn in drei Teile:

I. *Der Dualitätssatz für die Bettischen Zahlen:*

$$\text{(1)} \quad \text{I} \begin{cases} p^r(Q) = p^{n-r-1}(R^n - Q) & \text{für } r \neq n-1,^4 \\ p^{n-1}(Q) = p^0(R^n - Q) - 1 . \end{cases} \quad (1_0)$$

II. *Der Dualitätssatz für die Torsionsgruppen:*

$$\text{(2)} \qquad \text{II} \quad T^{r-1}(Q) \approx T^{n-r-1}(R^n - Q) .$$

---

[1] Die Bezeichnungen $\mathfrak{v}_{\mathfrak{J},\mathfrak{S}}$, $\mathfrak{v}_{\mathfrak{S},\mathfrak{J}}$ sind im § 1, Nr. 10, eingeführt worden. $\mathfrak{v}_{\mathfrak{R}}$ ist die Verschlingungszahl in bezug auf $\mathfrak{R}$; offenbar ist $\mathfrak{v}_{\mathfrak{R}} = \mathfrak{v}_{\mathfrak{R},\mathfrak{S}} = \mathfrak{v}_{\mathfrak{S},\mathfrak{R}}$.

[2] Vgl. Kap. X, § 1, Nr. 10; der Satz ist noch einmal in Formel (2) des folgenden § 4 enthalten.

[3] Kap. VII, § 1, Nr. 5.

[4] Bettische Zahlen und Gruppen negativer Dimension sind Null bzw. die Nullgruppe.

III. *Der Dualitätssatz modulo m:*

$$\text{III}\begin{cases} B^r_{\mathfrak{G}_m}(Q) \approx B^{n-r-1}_{\mathfrak{G}_m}(R^n - Q) & \text{für } r \neq n-1, \quad (3) \\ B^{n-1}_{\mathfrak{G}_m}(Q) \approx B^{00}_{\mathfrak{G}_m}(R^n - Q).^1 & (3_0) \end{cases}$$

Den Aussagen I können wir[2] auch die folgende Gestalt geben:

$$\text{I}'\begin{cases} B^r_{\mathfrak{R}}(Q) \approx B^{n-r-1}_{\mathfrak{R}}(R^n - Q) & \text{für } r \neq n-1, \quad (1') \\ B^{n-1}_{\mathfrak{R}}(Q) \approx B^{00}_{\mathfrak{R}}(R^n - Q); & (1'_0) \end{cases}$$

oder auch die folgende Gestalt:

$$\text{I}''\begin{cases} B^r_{\mathfrak{G},\mathfrak{R}}(Q) \approx B^{n-r-1}_{\mathfrak{G},\mathfrak{R}}(R^n - Q) & \text{für } r \neq n-1, \quad (1'') \\ B^{n-1}_{\mathfrak{G},\mathfrak{R}}(Q) \approx B^{00}_{\mathfrak{G},\mathfrak{R}}(R^n - Q). & (1''_0) \end{cases}$$

Da ferner die Gruppen $T^{r-1}(Q)$ und $\overset{**}{B}{}^r_{\mathfrak{R}_1}(Q)$ isomorph sind (Kap. V, § 3, Nr. 6), ist (2) gleichbedeutend mit

$$\text{(2')} \qquad \text{II}' \quad \overset{**}{B}{}^r_{\mathfrak{R}_1}(Q) \approx T^{n-r-1}(R^n - Q).$$

Wir werden den Alexanderschen Dualitätssatz in den Formen I'', II', III beweisen.

Beweis. Die behauptete Isomorphie wird sich in jedem Fall daraus ergeben, daß die beiden zu vergleichenden Gruppen ein „duales Gruppenpaar" im Sinne der algebraischen Dualitätssätze von PONTRJAGIN (Anhang I, Nr. 64—66) bilden, wenn man die Bildung der Verschlingungszahlen als Gruppenmultiplikation auffaßt. Wir verstehen unter A die auf der linken Seite einer der Formeln I'', II', III, unter B die in derselben Formel rechts stehende Gruppe.

Im Falle I'' ist A eine freie Gruppe mit endlich-vielen Erzeugenden; jedem Paar von Elementen $x \subset A$, $y \subset B$ wird die ganzzahlige Verschlingungszahl $\mathfrak{v}(y, x)$ zugeordnet; $\mathfrak{v}(y, x)$ hat die für die Gültigkeit des 1. algebraischen Dualitätssatzes[3] notwendigen Eigenschaften: erstens ist sie distributiv, und zweitens gibt es zu jedem $x_0 \neq 0$ ein y mit $\mathfrak{v}(y, x_0) \neq 0$ und zu jedem $y_0 \neq 0$ ein x mit $\mathfrak{v}(y_0, x) \neq 0$ — das ist gerade der Inhalt der Existenzsätze E_0 und E'_0. Mithin sind A und B dual, also isomorph.

Im Falle II' ist A eine endliche Gruppe; die Verschlingungszahl $\mathfrak{v}_{\mathfrak{G},\mathfrak{R}_1}(y, x)$ ist für jedes Elementenpaar $x \subset A$, $y \subset B$ definiert (vgl. § 1, Nr. 10); sie ist Element von $\mathfrak{R}_1$. Hier ist der 2. algebraische Dualitätssatz anwendbar: dies folgt aus der Distributivität von $\mathfrak{v}_{\mathfrak{G},\mathfrak{R}_1}(y, x)$ und aus den Existenzsätzen $\mathsf{E}_{\mathfrak{G},\mathfrak{R}_1}$ und $\mathsf{E}'_{\mathfrak{R}_1,\mathfrak{G}}$.

Im Falle III ist A eine endliche Gruppe, deren Elemente Ordnungen haben, die Teiler von m sind. Daß die Verschlingungszahl mod m $\mathfrak{v}(y, x)$ eine Gruppenmultiplikation ist, welche die Voraussetzungen des

[1] Definition von B^{00}: Kap. V, § 1, Nr. 5.

[2] Auf Grund von Kap. V, § 2, Nr. 10 und § 1, Nr. 5.

[3] Die in Anh. I, Nr. 66 mit α, β, γ bezeichneten Fälle nennen wir den 1., 2., bzw. 3. algebraischen Dualitätssatz.

3. algebraischen Dualitätssatzes erfüllt, ergibt sich aus den Existenzsätzen E_m und E'_m.

Damit ist der Alexandersche Dualitätssatz in allen drei Teilen bewiesen.

Korollar. *Die Bettischen Zahlen von $R^n - Q$ sind endlich. Die Torsionsgruppen und die Bettischen Gruppen mod m von $R^n - Q$ sind endliche Gruppen.*

2. Die ganzzahligen Bettischen Gruppen von $R^n - Q$. Wir behaupten, daß die Strukturen dieser Gruppen durch die folgenden Formeln bestimmt sind:

$$\text{IV}\begin{cases} B^r_{\mathfrak{G},\mathfrak{R}}(Q) + T^{r-1}(Q) \approx B^{n-r-1}_{\mathfrak{G}}(R^n - Q) \quad \text{für } r \neq n-1, & (4)\\ B^{n-1}_{\mathfrak{G},\mathfrak{R}}(Q) + \mathfrak{G} \approx B^0_{\mathfrak{G}}(R^n - Q). & (4_0)\end{cases}$$

Beweis. Die Formel (4_0) ist mit Rücksicht auf Kap. V, § 1, Nr. 5 bereits in der Formel $(1''_0)$ enthalten. Es sei also $r \neq n-1$. Nach Kap. V, § 2, Nr. 3 ist[1]

$$B^{n-r-1}_{\mathfrak{G}} - T^{n-r-1} = B^{n-r-1}_0 \approx B^{n-r-1}_{\mathfrak{G},\mathfrak{R}}. \tag{5}$$

Nun folgt aus (2) und (1''), daß T^{n-r-1} und $B^{n-r-1}_{\mathfrak{G},\mathfrak{R}}$ Gruppen mit endlich-vielen Erzeugenden sind; daher ist nach (5) und Nr. 38 des Anhanges I auch $B^{n-r-1}_{\mathfrak{G}}$ eine Gruppe mit endlich-vielen Erzeugenden. Folglich ist (Anhang I, Nr. 43) eine direkte Summendarstellung

$$B^{n-r-1}_{\mathfrak{G}} = T^{n-r-1} + U \tag{6}$$

gültig, und hierbei ist (Anhang I, Nr. 15)

$$U \approx B^{n-r-1}_{\mathfrak{G}} - T^{n-r-1}. \tag{7}$$

Aus (6), (2), (7), (5), (1'') ergibt sich (4).

Korollar I. *Die Gruppen $B^s_{\mathfrak{G}}(R^n - Q)$ sind Gruppen mit endlich-vielen Erzeugenden.*

Korollar II. *Sind Q und Q' zwei Polyeder im R^n, die miteinander homologie-äquivalent in bezug auf $\mathfrak{G}$ sind, so sind auch die Komplemente $R^n - Q$ und $R^n - Q'$ miteinander homologie-äquivalent in bezug auf $\mathfrak{G}$. Die Voraussetzung ist insbesondere erfüllt, wenn Q und Q' homöomorph sind*[2].

3. Duale Basen. Wir werden jetzt dadurch, daß wir die „Verschärfungen" der Sätze $\mathsf{E}_{\mathfrak{R}}$ und E_m (§ 3, Nr. 6 und Nr. 9) heranziehen, die Dualität zwischen den Bettischen Gruppen von Q und denen von $R^n - Q$ noch klarer in Evidenz setzen. Den in Nr. 1 gegebenen Beweis des Dualitätssatzes werden wir übrigens nicht benutzen.

---

[1] Alle Bettischen und Torsionsgruppen in diesem Beweise sind diejenigen von $R^n - Q$.

[2] Das analoge Korollar gilt, wie aus dem Teil III des Alexanderschen Dualitätssatzes unmittelbar folgt, für die Koeffizientenbereiche $\mathfrak{G}_m$, $m \geqq 2$.

Satz I (Verschärfung des Teiles I des Dualitätssatzes). *Die Zyklen $Z_1, Z_2, \ldots, Z_p$ mögen eine beliebige r-dimensionale Homologiebasis mod* 0 *in Q bilden, und $Z'_1, Z'_2, \ldots, Z'_r$ seien die gemäß der Verschärfung von $\mathrm{E}_{\mathfrak{R}}$ existierenden Zyklen in $R^n - Q$. Dann bilden die Z'_i eine Homologiebasis mod* 0 *in $R^n - Q$. Dabei sei*

$$r \leqq n - 2.$$ [1]

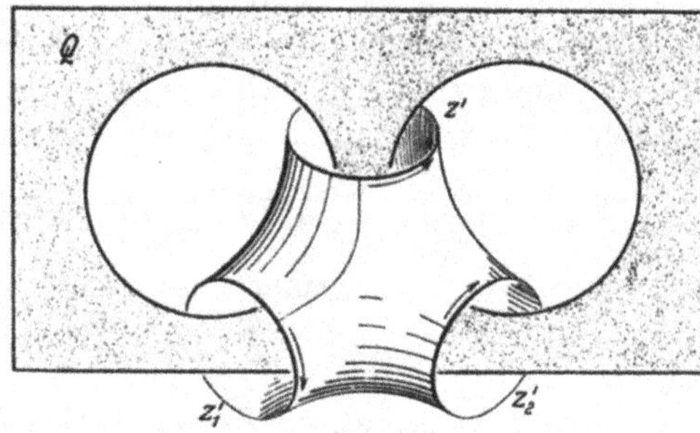

Abb. 36.

Beweis. Es sei Z' ein beliebiger ganzzahliger s-dimensionaler Zyklus in $R^n - Q$, $r + s = n - 1$. Dann ist

$$\mathfrak{v}(\{Z' - \sum_j \mathfrak{v}(Z', Z_j) Z'_j\}, Z_i) = 0$$

für $i = 1, 2, \ldots, p$. Da der Zyklus $Z' - \sum_j \mathfrak{v}(Z', Z_j) Z'_j$ somit mit keinem Basiselement Z_i verschlungen ist, ist er überhaupt mit keinem Zyklus aus Q verschlungen; da seine Dimension $s \geqq 1$ ist, ist er berandungsfähig; aus dem Korollar zum Satz $\mathrm{E}'_{\mathfrak{R}}$ folgt daher, daß er in bezug auf $\mathfrak{R}$ berandet, d. h.

$$Z' \sim \sum_j \mathfrak{v}(Z', Z_j) Z'_j \qquad \text{(in bezug auf } \mathfrak{R}).$$

Somit erzeugen die Homologieklassen der Z'_j die Gruppe $B_0^s(R^n - Q)$. Für den Beweis, daß die Z'_i eine Basis bilden, ist noch zu zeigen: Aus

$$\sum_j a^j Z'_j \sim 0 \qquad \text{(in bezug auf } \mathfrak{R})$$

folgt $a^i = 0$ für alle i. Dies ergibt sich aber daraus, daß

$$\mathfrak{v}(\sum_j a^j Z'_j, Z_i) = a^i$$

ist.

Satz II (Verschärfung des Teiles III des Dualitätssatzes). *Die Zyklen $Z_1, Z_2, \ldots, Z_q$ mögen eine beliebige r-dimensionale Homologiebasis mod m in Q bilden, ihre Ordnungen seien $m_1, m_2, \ldots, m_q$; ferner seien $Z'_1, Z'_2, \ldots, Z'_q$ die gemäß der Verschärfung von E_m existierenden Zyklen in $R^n - Q$. Dann hat auch Z'_i die Ordnung m_i, und die Z'_i bilden eine Homologiebasis mod m in $R^n - Q$ ($r \leqq n - 2$).*

Beweis. Wir zeigen zuerst, daß Z'_i die Ordnung m_i hat: Da der Zyklus $m_i Z'_i$ nicht nur mit Z_j für $j \neq i$, sondern infolge $\mathfrak{v}(Z'_i, Z_i) = \mathfrak{r}_m(m/m_i)$ auch mit Z_i die Verschlingungszahl 0 hat, ist er mit keinem Zyklus

[1] In Abb. 35 bilden demnach Z'_1, Z'_2 eine Basis in $R^3 - Q$; daß in der Tat z. B. der in Abb. 36 gezeichnete Zyklus Z' einer linearen Verbindung von Z'_1, Z'_2 homolog ist, wird durch Abb. 36 illustriert ($Z' \sim Z'_1 + Z'_2$).

von Q verschlungen, also ist er ~ 0 in $R^n - Q$ nach E'_m; ist andererseits $aZ'_i \sim 0$, so ist $\mathfrak{v}(aZ'_i, Z_i) = \mathfrak{r}_m(am/m_i) = 0$, d.h. am/m_i durch m, und a durch m_i teilbar.

Jetzt beweisen wir, daß die Homologieklassen der Z'_i die Gruppe $B^s_{\mathfrak{G}_m}(R^n - Q)$ erzeugen: Z' sei ein beliebiger s-dimensionaler Zyklus in $R^n - Q$, und es sei $\mathfrak{v}(Z', Z_i) = \mathfrak{r}_m(a^i)$; da Z_i die Ordnung m_i hat, ist $m_i \mathfrak{r}_m(a^i) = 0$, d. h. $m_i a^i = m b^i$ mit ganzem b^i. Nun ist

$$\mathfrak{v}(\{Z' - \sum_j \mathfrak{r}_m(b^j) Z'_j\}, Z_i) = \mathfrak{r}_m\left(a^i - \frac{b^i m}{m_i}\right) = 0$$

für $i = 1, 2, \ldots, q$. Daher folgt aus E'_m, daß

$$Z' \sim \sum_j \mathfrak{r}_m(b^j) Z'_j \quad \text{in } R^n - Q$$

ist.

Für den Beweis, daß die Z'_j eine Basis bilden, ist noch zu zeigen: Aus

$$\sum \mathfrak{r}_m(c^j) Z'_j \sim 0 \quad \text{in } R^n - Q$$

folgt $c^j = m_j d^j$ mit ganzem d^j. Dies ergibt sich aber aus

$$\mathfrak{v}(\sum \mathfrak{r}_m(c^j) Z'_j, Z_i) = \mathfrak{r}_m(c^i m/m_i),$$

da $\mathfrak{r}_m(c^i m/m_i) = 0$ gleichbedeutend mit $c^i = m_i d^i$ ist.

Bemerkung. Die Beschränkung $r \leqq n - 2$, die wir den beiden soeben bewiesenen Sätzen auferlegt haben, ist nicht wesentlich: die Sätze behalten samt den Beweisen auch für $r = n - 1$ ihre Gültigkeit, wenn man nur die Behauptung so ausspricht: *Die Zyklen Z'_i bilden eine Homologiebasis für die berandungsfähigen Zyklen in $R^n - Q$* [ihre Homologieklassen also im Fall $r = n - 1$ eine Basis von $B^{00}_{\mathfrak{G}}(R^n - Q)$ bzw. $B^{00}_{\mathfrak{G}_m}(R^n - Q)$].

Eine analoge Verschärfung des Teiles II des Dualitätssatzes aufzustellen, überlassen wir dem Leser (man vgl. den kleingedruckten Abschnitt in § 3, Nr. 10).

4. Die $(n - 1)$-dimensionalen Polyeder im R^n. Der Jordan-Brouwersche Satz. Aus jeder der Formeln (1_0) und (3_0) — letztere mit beliebigem m — in Nr. 1 läßt sich der folgende Satz ablesen:

Spezieller[1] Zerlegungssatz. *Ist Q ein krummes Polyeder im R^n, so besteht $R^n - Q$ aus $1 + p^{n-1}(Q)$ Komponenten.*

Wir gelangen jetzt auch leicht zum

Jordan-Brouwerschen Satz (allgemeine Fassung)[2]. *Jedes einfach geschlossene $(n-1)$-dimensionale krumme Polyeder Q des R^n ist eine reguläre Gebietsgrenze, d. h.: Q zerlegt den R^n in genau zwei Gebiete und ist mit der Begrenzung jedes der beiden Gebiete identisch.*

Beweis. Daß die Anzahl der Gebiete zwei ist, ist in dem (speziellen) Zerlegungssatz enthalten. Um zu zeigen, daß Q mit der Grenze jedes Gebietes identisch ist, genügt es, wie im Kap. X, § 2, Satz I' (2. Teil des Beweises), gezeigt wurde, zu beweisen, daß keine echte Teilmenge F' von Q den R^n zerlegt. Nun ist aber jede echte Teilmenge F' von Q' in

[1] Im Gegensatz zu dem allgemeinen Satz des Kap. X. [2] Kap. X, § 2, Satz V.

einem echten Teilpolyeder Q' von Q enthalten (das aus Simplexen einer hinreichend feinen Simplizialzerlegung von Q besteht); da Q einfach geschlossen ist, ist $p^{n-1}(Q') = 0$, folglich zerlegt Q' den R^n nicht, und hieraus folgt leicht, daß auch F' den R^n nicht zerlegt.

Als Zusatz heben wir die folgende, schon im § 3, Nr. 12, bewiesene Tatsache hervor:

Jedes irreduzibel geschlossene $(n-1)$-dimensionale krumme Polyeder des R^n ist einfach geschlossen (d. h. sein natürlicher Modul ist Null).

Neben diesen Sätzen, die alle schon im Kap. X bewiesen worden sind, läßt sich auch die Gebietsinvarianz (Satz IX aus Kap. X, § 2) leicht im Rahmen der Sätze des gegenwärtigen Paragraphen beweisen[1]. —

Schließlich betrachten wir noch die „Ordnungen" (§ 2, Nr. 4) der beiden Gebiete, in welche der R^n durch ein einfach geschlossenes Polyeder Q zerlegt wird. Von diesen Gebieten ist eines unbeschränkt — wir nennen es das „Außengebiet" G_a —, das andere beschränkt — es heißt das „Innengebiet" G_i. Der irreduzible $(n-1)$-dimensionale Zyklus, der Q zugrunde liegt, sei Z, also $Q = \bar{Z}$. Dann ist die Ordnung[2] $\mathfrak{v}(Z, G_a) = 0$; denn definitionsgemäß ist $\mathfrak{v}(Z, G_a) = \mathfrak{v}(Z, o_a)$ für jeden Punkt $o_a \subset G_a$; nun kann man o_a außerhalb eines Simplexes annehmen, das Q im Innern enthält; dann sieht man, daß $Z \sim 0$ in $R^n - o_a$, also $\mathfrak{v}(Z, o_a) = 0$ ist. Nun bestimmen wir die Ordnung $\alpha = \mathfrak{v}(Z, G_i)$; o_i sei ein fester Punkt von G_i (mit positivem Zeichen); nach der Verschärfung von $E_{\mathfrak{R}}$ (§ 3, Nr. 6) gibt es einen nulldimensionalen Zyklus Z' mit $\mathfrak{v}(Z', Z) = 1$ in $R^n - Q$. Es ist $Z' \sim a o_i + b o_a$ in $R^n - Q$, also $1 = \mathfrak{v}(Z', Z) = a \cdot \alpha$, und folglich $\alpha = \pm 1$. Damit haben wir den folgenden Satz bewiesen:

Satz III. *Es sei Z ein $(n-1)$-dimensionaler irreduzibler krummer Zyklus im R^n. Dann hat das Außengebiet G_a von $\bar{Z}$ in bezug auf Z die Ordnung $\mathfrak{v}(Z, G_a) = 0$, das Innengebiet G_i die Ordnung $\mathfrak{v}(Z, G_i) = \pm 1$.*

5. Irreduzibel geschlossene Polyeder. Die Invarianz der Verschlingungszahl. Die irreduzibel geschlossenen Polyeder (Kap. VII, § 1; Kap. VIII, § 4, Nr. 7) verdienen auch innerhalb der Verschlingungstheorie besondere Beachtung. Es bezeichne im folgenden Z einen r-dimensionalen irreduziblen Zyklus; sein natürlicher Koeffizientenbereich sei $\mathfrak{G}_m$, wobei $m = 0$ oder $m \geqq 2$ und *stets* $\mathfrak{G}_0 = \mathfrak{G}$ *zu setzen* ist; $\bar{Z} = Q$ sei ein krummes Polyeder im R^n.

Zunächst ergibt sich leicht

Satz IV. *In $R^n - \bar{Z}$ gibt es einen Zyklus Z_1' mit $\mathfrak{v}(Z_1', Z) = 1$ (in bezug auf $\mathfrak{G}_m$); die Homologieklasse ζ_1' jedes solchen Zyklus Z_1' erzeugt die Gruppe $B^s_{\mathfrak{G}_m}(R^n - \bar{Z})$; es ist $B^s_{\mathfrak{G}_m}(R^n - \bar{Z}) \approx \mathfrak{G}_m$.*

Dies gilt für $s \neq 0$; für $s = 0$ hat man $B^0_{\mathfrak{G}_m}$ durch $B^{00}_{\mathfrak{G}_m}$ zu ersetzen.

---

[1] Ein solcher Beweis wird in Nr. 9 des „Anhanges" zu dem gegenwärtigen Kapitel dargestellt.

[2] Vgl. § 2, Nr. 4.

Beweis. Da Z eine Homologiebasis in $\bar{Z}$ bildet, ergibt sich die Existenz von Z_1' und die Gleichung $\mathfrak{v}(Z_1', Z) = 1$ aus den Verschärfungen der Sätze $E_{\mathfrak{R}}$ und E_m (§ 3) [bei der Anwendung der Verschärfung von E_m hat man zu beachten, daß (in der dortigen Bezeichnung) $m_1 = m$ ist]. Daß $B^s_{\mathfrak{G}_m}(R^n - \bar{Z}) \approx \mathfrak{G}_m$ ist, folgt aus den Teilen III (Nr. 1) und IV (Nr. 2) des Dualitätssatzes[1]. Daß ζ_1' die Gruppe $B^s_{\mathfrak{G}_m}(R^n - \bar{Z})$ erzeugt[1], ergibt sich im Fall $m \geqq 2$ unmittelbar aus Satz II; im Falle $m = 0$ bildet Z_1' nach Satz I eine Homologiebasis mod 0 in $R^n - \bar{Z}$; da aber in diesem Fall $B^s_{\mathfrak{G}}(R^n - \bar{Z}) \approx \mathfrak{G}$ ist, also $R^n - \bar{Z}$ keine s-dimensionale Torsion besitzt, also $B^s_{\mathfrak{G}} = B^s_{\mathfrak{G},\mathfrak{R}}$ ist, bildet Z_1' sogar eine Homologiebasis in bezug auf $\mathfrak{G}$; das bedeutet: ζ_1' erzeugt $B^s_{\mathfrak{G}}(R^n - \bar{Z})$.

Damit ist der Satz IV bewiesen. —

Weiter muß die folgende Tatsache hervorgehoben werden: Für jeden beliebigen Zyklus $z \subset R^n$ gilt der Satz, daß jeder mit ihm verschlungene Zyklus $\not\sim 0$ in $R^n - \bar{z}$ ist (§ 1, Satz IV; § 2, Satz IV'), jedoch ist dieser Satz im allgemeinen nicht umkehrbar — man vgl. § 1, Nr. 6, Abb. 33 und den Text zu dieser Abbildung; für *irreduzible* Zyklen aber ist der Satz umkehrbar, d. h. es gilt

Satz V. *Ist Z irreduzibel und $\mathfrak{v}(z', Z) = 0$, so ist $z' \sim 0$ in $R^n - \bar{Z}$.*

Beweis. Ist Z_1' der im Satz IV auftretende Basiszyklus in $R^n - \bar{Z}$, so ist $z' \sim a Z_1'$ in $R^n - \bar{Z}$, also $0 = \mathfrak{v}(z', Z) = a$, d. h.: $z' \sim 0$. (Es ist immer der natürliche Koeffizientenbereich $\mathfrak{G}_m$ von Z zugrunde gelegt.) —

Die wesentliche Bedeutung der irreduzibel geschlossenen Polyeder für die Verschlingungstheorie beruht darin, daß bei Beschränkung auf diese Polyeder der Verschlingungsbegriff einen in jeder Hinsicht topologisch invarianten Sinn erhält:

Es seien Q und Q' zwei zueinander fremde, irreduzibel geschlossene, krumme Polyeder im R^n; ihre Dimensionszahlen seien r und s, $r + s = n - 1$; Q und Q' sollen den gleichen natürlichen Modul m, $m = 0$ oder $m \geqq 2$ besitzen. Sind K, K' (krumme) Simplizialzerlegungen von Q bzw. Q' und bezeichnen Z, Z' irreduzible Zyklen mit $|Z| = K$, $|Z'| = K'$, so sind Z, Z' bis auf Faktoren, welche Einheiten des Ringes $\mathfrak{G}_m$ sind, eindeutig durch K bzw. K' bestimmt (Kap. VII, § 1, Nr. 5); die Homologieklassen von Z und Z' in Q bzw. Q' sind daher bis auf die genannten Faktoren eindeutig durch Q bzw. Q' bestimmt. Folglich ist auch die Verschlingungszahl $\mathfrak{v}(Z', Z)$ bis auf einen Faktor der genannten Art eindeutig durch das Polyederpaar Q, Q' bestimmt[2]; wir nennen sie

---

[1] Im Fall $s = 0$ ist immer B^{00} an die Stelle von B^0 zu setzen.

[2] $\mathfrak{v}(Z', Z)$ ist also im Fall $m = 0$ bis auf das Vorzeichen, im Fall $m = 2$ vollständig bestimmt; für jedes m ist die Tatsache, daß $\mathfrak{v}(Z', Z) \neq 0$ bzw. $= 0$ ist, unabhängig von dem unbestimmten Faktor. Ist m Primzahl, so ist jedes von Null verschiedene Element von $\mathfrak{G}_m$ Einheit, also kann man dann nur die beiden Fälle $\mathfrak{v}(Z', Z) \neq 0$ und $\mathfrak{v}(Z', Z) = 0$ unterscheiden.

die Verschlingungszahl der irreduziblen *Polyeder* Q und Q' und bezeichnen sie mit $\mathfrak{v}(Q, Q')$.

Wir dürfen also sagen:

Für zwei zueinander fremde, krumme Polyeder Q, Q' der Dimensionszahlen r, s mit $r + s = n - 1$ im R^n, welche irreduzibel geschlossen sind und den gleichen natürlichen Modul m, $m = 0$ oder $m \geqq 2$, besitzen, ist die Verschlingungszahl $\mathfrak{v}(Q', Q)$ erklärt; sie ist ein Element des Ringes $\mathfrak{G}_m$ und eindeutig bis auf einen Faktor bestimmt, der eine Einheit aus $\mathfrak{G}_m$ ist (vgl. Fußnote 2 auf S. 446).

Q und Q' heißen miteinander verschlungen oder unverschlungen, je nachdem $\mathfrak{v}(Q', Q) \neq 0$ oder $\mathfrak{v}(Q', Q) = 0$ ist.

Die Verschlingungszahl $\mathfrak{v}(Q', Q)$ hängt nicht von speziellen Simplizialzerlegungen von Q und Q' ab; vielmehr drückt sie eine Eigenschaft eines Paares von *Polyedern*, also von speziellen Punktmengen, aus, und zwar bezieht sich diese Eigenschaft auf *die gegenseitige Lage von Q und Q'* im R^n; daß dies eine *topologisch invariante* Lageeigenschaft ist, lehrt der

Satz VI (Satz von der Invarianz der Verschlingungszahl). *Die Polyeder Q und Q' des R^n mögen dieselben Voraussetzungen wie bisher erfüllen; ferner sei f eine topologische Abbildung des R^n auf einen zweiten Euklidischen Raum R_1^n. Dann ist*

$$\mathfrak{v}(f(Q'), f(Q)) = e \cdot \mathfrak{v}(Q', Q)$$

wobei e eine Einheit des Ringes $\mathfrak{G}_m$ ist[1].

Beweis. Es seien Z, Z' irreduzible Zyklen mit $\bar{Z} = Q$, $\bar{Z}' = Q'$. Nach dem Satz IV gibt es Zyklen Y', Y_1' in $R^n - Q$ bzw. $R_1^n - f(Q)$ mit

$$\text{(8)} \qquad \mathfrak{v}(Y', Z) = 1, \qquad \text{(8}_1\text{)} \qquad \mathfrak{v}(Y_1', f(Z)) = 1,$$

und die Homologieklassen dieser Zyklen erzeugen die Gruppen $B^s_{\mathfrak{G}_m}(R^n - Q)$ bzw. $B^s_{\mathfrak{G}_m}(R_1^n - f(Q))$. Daher gelten Homologien in bezug auf $\mathfrak{G}_m$

$$\text{(9)} \qquad f(Y') \sim e Y_1' \quad \text{in } R_1^n - f(Q),$$

$$\text{(9}_1\text{)} \qquad f^{-1}(Y_1') \sim e_1 Y' \quad \text{in } R^n - Q,$$

wobei e, e_1 Elemente von $\mathfrak{G}_m$ sind. Übt man f^{-1} auf (9) aus, so folgt mit Hilfe von (9$_1$)

$$Y' \sim e e_1 Y' \quad \text{in } R^n - Q,$$

also, da die Homologieklasse von Y' die Gruppe $B^s_{\mathfrak{G}_m}(R^n - Q)$ erzeugt,

$$e e_1 = 1.$$

Folglich ist e eine Einheit aus $\mathfrak{G}_m$.

Der Zyklus Z' erfüllt eine Homologie

$$\text{(10)} \qquad Z' \sim c Y' \quad \text{in } R^n - Q,$$

[1] Man beachte: Im Fall $m = 0$ ist $e = \pm 1$, im Fall $m = 2$ ist $e = \mathfrak{r}_2(1)$.

und aus (8) folgt, daß hierin

$$(10') \qquad c = \mathfrak{v}(Z', Z)$$

ist. Aus (10), (10'), (9) ergibt sich

$$f(Z') \sim \mathfrak{v}(Z', Z) \cdot e \cdot Y_1' \quad \text{in } R_1^n - f(Q),$$

und mit Hilfe von (8_1) folgt daher

$$\mathfrak{v}(f(Z'), f(Z)) = e \cdot \mathfrak{v}(Z', Z).$$

Damit ist der Satz bewiesen.

Korollar. *Die Polyeder $f(Q)$, $f(Q')$ sind dann und nur dann miteinander verschlungen, wenn Q, Q' miteinander verschlungen sind*[1].

Bemerkung. Die Verschlingungszahl zweier irreduzibel geschlossener Polyeder Q, Q' läßt sich auch erklären, wenn Q einen natürlichen Modul $m \geqq 2$, Q' den natürlichen Modul 0 hat: Man setzt $\mathfrak{v}(Q', Q) = \mathfrak{v}(\mathfrak{r}_m(Z'), Z)$, wobei Z' ein ganzzahliger irreduzibler Zyklus mit $\bar{Z}' = Q'$, Z ein irreduzibler Zyklus mod m mit $\bar{Z} = Q$ ist und $\mathfrak{v}$ die Verschlingungszahl in bezug auf $\mathfrak{G}_m$ bezeichnet. — Man überzeuge sich davon, daß alle Ausführungen dieser Nummer, die sich auf $\mathfrak{v}(Q', Q)$ beziehen, bei dieser neuen Definition ihre Gültigkeit behalten. —

6. Weitere spezielle Polyeder. Es sei $p^r(Q) = 0$ und $T^{r-1}(Q)$ die Nullgruppe. Dann ist auch $B^r_{\mathfrak{G}_m}(Q)$ für jedes m die Nullgruppe (Kap. V, § 4, Nr. 6, Korollar). Aus den Sätzen E_0' und E_m' folgt, daß in $R^n - Q$ jeder berandungsfähige s-dimensionale Zyklus berandet, wenn man als Koeffizientenbereich $\mathfrak{G}$ oder einen $\mathfrak{G}_m$ zugrunde legt. Es gilt aber sogar

Satz VII. *Ist $Q \subset R^n$, $p^r(Q) = 0$, $T^{r-1}(Q)$ die Nullgruppe, so berandet in $R^n - Q$ jeder (berandungsfähige) s-dimensionale Zyklus z' jedes beliebigen Koeffizientenbereiches $\mathfrak{J}$* (es ist wie immer $r + s = n - 1$).

Beweis. Ist $s = 0$, also $r = n - 1$, so folgt aus (1_0) in Nr. 1, daß $R^n - Q$ zusammenhängend, die Behauptung also richtig ist. Es sei $s \geqq 1$, also jeder s-dimensionale Zyklus berandungsfähig. Nach Kap. V, § 4, Nr. 3, ist[2] $z' = \sum s^i Z_i + \sum t^j y_j$, wobei $s^i, t^j \subset \mathfrak{J}$, Z_i ganzzahlige Zyklen des Komplexes $K = |z'|$, y_j ganzzahlige Komplexe von K mit $\dot{y}_j = f_j z_j^{s-1}$ (f_j ganz, z_j^{s-1} ganzzahlig) sind und $f_j t^j = 0$ ist. Wie wir soeben (am Anfang dieser Nummer) sahen, ist $Z_i \sim 0$ in $R^n - Q$, also $Z_i = \dot{C}_i$ mit ganzzahligem $C_i \subset R^n - Q$; da ferner $\mathfrak{r}_{f_j}(y_j)$ Zyklus mod f_j ist, ist, wie wir ebenfalls soeben sahen, $\mathfrak{r}_{f_j}(y_j) \sim 0$ in $R^n - Q$, also $\mathfrak{r}_{f_j}(y_j) = \mathfrak{r}_{f_j}(\dot{D}_j)$ mit ganzzahligem $D_j \subset R^n - Q$, d. h.: $y_j = \dot{D}_j + f_j E_j$. Es folgt

$$z' = (\sum s^i C_i + \sum t^j D_j)^{\cdot} \sim 0 \quad \text{in } R^n - Q$$

[1] Dies kann man auch leicht aus dem Satz V folgern.

[2] Wir benutzen die Bezeichnungen aus Kap. V, a. a. O.; da wir den s-dimensionalen Zyklus z' in dem s-dimensionalen Komplex $|z'| = K$ betrachten, treten die dort eingeführten Zyklen z_i und u_i nicht auf.

Bemerkung. Die Umkehrung des Satzes VII folgt unmittelbar aus den Sätzen E_0 und E_m.

Aufgabe. Man beweise den

Satz VIII. *Unter allen r-dimensionalen Polyedern des R^n sind die irreduzibel geschlossenen durch die folgenden beiden Eigenschaften ausgezeichnet:* 1) *In $R^n - Q$ gibt es einen nicht berandenden (berandungsfähigen) s-dimensionalen Zyklus z' eines gewissen Koeffizientenbereiches;* 2) *für keinen echten Teilkomplex Q' von Q gibt es in $R^n - Q'$ einen solchen Zyklus z' (irgendeines Koeffizientenbereiches).*

7. Allgemeine Bemerkungen über Eigenschaften der Lage. Der Alexandersche Dualitätssatz gehört zweifellos zu den wichtigsten topologischen Entdeckungen der letzten Jahrzehnte; alles, was wir über die Lageeigenschaften von Polyedern und abgeschlossenen Mengen der *mehrdimensionalen* Räume wissen, führt direkt oder indirekt zu diesem Satz. Die Lageeigenschaften einer Menge F in einem Raume R sind ja in erster Linie die gestaltlichen Eigenschaften des Komplementärraumes $R - F$, und der Dualitätssatz lehrt uns für ein Polyeder im Euklidischen Raume diese Eigenschaften zu bestimmen, soweit sie sich durch Bettische Zahlen und Torsionsgruppen ausdrücken lassen.

Andererseits aber zeigt der Satz, daß die Untersuchung gerade dieser genannten Lageeigenschaften bei der wichtigsten Aufgabe versagen muß: man soll die Verschiedenheit zweier Lagen feststellen. Wir werden von zwei miteinander homöomorphen Mengen F und F' in einem Raume R sagen, daß sie „gleiche topologische Lage" haben, wenn man R topologisch so auf sich abbilden kann, daß F in F' übergeht; andernfalls sind die beiden Lagen voneinander verschieden. Die Aufgabe besteht in der Angabe von Eigenschaften, durch welche sich F und F', wenn sie verschiedene Lage haben, voneinander unterscheiden. Der Alexandersche Dualitätssatz zeigt: die Homologieeigenschaften des Komplementärraumes des Polyeders Q im R^n sind hierfür ungeeignet. Denn aus dem Alexanderschen Dualitätssatz folgt ja die Homologieäquivalenz der Komplementärmengen $R^n - Q$ und $R^n - Q'$ homöomorpher Polyeder Q und Q' (vgl. Nr. 2, Korollar II), obwohl, wie man weiß, $R^n - Q$ und $R^n - Q'$ nicht homöomorph zu sein brauchen.

Das sich damit eröffnende Problem ist nur in einem einzigen Fall systematisch in Angriff genommen worden: in der *Knotentheorie* untersucht man die Lage eines einfach geschlossenen Polygons im R^3 dadurch, daß man in erster Linie die „*Homotopie*"-Eigenschaften der Außenräume der Knoten studiert, um Unterscheidungsmerkmale zwischen verschiedenen Knoten zu erhalten. Aber von abgeschlossenen Resultaten ist man auch hier weit entfernt.

Verläßt man den polygonalen Fall, fragt man also z. B. nach den Lageeigenschaften einer beliebigen krummen Linie im dreidimensionalen Raume, so muß man, gewarnt durch die von Antoine entdeckten Beispiele, auf Überraschungen gefaßt sein. Begibt man sich gar in mehr Dimensionen, so gerät man in ein Gebiet, das heute noch völlig dunkel ist.

Anhang zum elften Kapitel.

Der Lebesgue-Alexandersche Beweis des speziellen Jordan-Brouwerschen Satzes.

1. Die folgenden beiden Zerlegungssätze sollen — nach den Beweisen in den Kapiteln X und XI — hier zum dritten Male bewiesen werden:

Satz I. *Durch das auf der Sphäre S^n gelegene topologische Bild E^r eines r-dimensionalen Simplexes wird die S^n nicht zerlegt* (r *beliebig*).

Satz II (Spezieller Jordan-Brouwerscher Satz). *Durch das auf der Sphäre S^n gelegene topologische Bild J^{n-1} einer* $(n-1)$*-dimensionalen Sphäre wird die S^n in genau zwei Gebiete zerlegt.*

Da die Sphäre S^n als Euklidischer R^n mit einem nicht auf E^r bzw. J^{n-1} gelegenen unendlich fernen Punkt aufgefaßt werden kann, sind hierin die entsprechenden Zerlegungssätze für den R^n enthalten ($n \geqq 2$).

Der Beweis wird sich wesentlich von den beiden früheren Beweisen unterscheiden. Er benutzt weder die Verschlingungs- oder Schnittmethoden des gegenwärtigen Kapitels noch die Methoden der Invarianzbeweise, sondern an ihrer Stelle die „Additionssätze" der kombinatorischen Topologie (Kap. VII, § 2). Er hat einen ausgesprochen kombinatorischen Charakter, und erstaunlich ist das geringe Maß mengentheoretischer Überlegungen, die er benötigt: sie sind vollständig in einem ganz elementaren Hilfssatz enthalten (Nr. 3)[1].

Obwohl der Beweis, wie schon erwähnt, sich nicht auf die in diesem Kapitel bewiesenen Verschlingungssätze stützt, wird auch er — ähnlich wie der Beweis im vorigen Paragraphen — die „Zerlegung" als Spezialfall der „Verschlingungen" deuten. Die Verknüpfung zwischen diesen beiden Begriffen wird aber jetzt noch enger als früher: bei der Herleitung des Jordan-Brouwerschen Satzes als eines Spezialfalles des Alexanderschen Dualitätssatzes hätten wir uns von vornherein auf Verschlingungen zwischen nulldimensionalen und $(n-1)$-dimensionalen Zyklen beschränken können; in dem Lebesgue-Alexanderschen Beweis aber ist der Zerlegungssatz das letzte Glied einer Kette von Verschlingungssätzen, die sich nicht nur auf das Dimensionenpaar $0, n-1$, sondern der Reihe nach auf die Paare $n-1, 0$; $n-2, 1$; ...; $0, n-1$ beziehen[2].

2. Es sei immer K ein endlicher Euklidischer Komplex, G eine offene (echte oder unechte) Teilmenge von $\bar{K}$. Unter einem „algebraischen Komplex in G" verstehen wir in diesem Anhang einen algebraischen Komplex C von K *oder einer Unterteilung von* K mit $\bar{C} \subset G$.

---

[1] Für das Verständnis dieses Beweises ist daher nur die Kenntnis der Grundbegriffe der kombinatorischen Topologie einschließlich einiger Additionssätze, jedoch keinerlei Kenntnis von Invarianzsätzen, Approximationsmethoden u. dgl. erforderlich.

[2] Vgl. die Erläuterungen in Nr. 8.

Den Begriff der „*Homologie in G*" definieren wir — im Gegensatz zu allen anderen Teilen des Buches — hier folgendermaßen: Es sei z ein Zyklus in G; dann bedeutet die Aussage „$z \sim 0$ in G" die Existenz eines Komplexes C in G mit $\dot{C} = z'$, *wobei* z' *Zyklus in* G *und Unterteilung von* z *ist* (die natürlich auch mit z identisch sein darf). Die Aussage „$z_1 \sim z_2$ in G" für zwei Zyklen z_1, z_2 in G bedeutet die Existenz eines Komplexes C in G mit $\dot{C} = z_1' - z_2'$, wobei z_1', z_2' Zyklen in G und Unterteilungen von z_1, z_2 sind.

Man beweist leicht die Gültigkeit des transitiven Gesetzes: „Aus $z_1 \sim z_2$ und $z_2 \sim z_3$ folgt $z_1 \sim z_3$." Daraus ergibt sich, daß auch dieser Homologiebegriff eine Einteilung der Menge aller Zyklen in „*Homologieklassen*" bewirkt[1].

Für diese Homologieklassen erklärt man die Addition folgendermaßen: Sind z_1, z_2 Zyklen aus den Homologieklassen ζ_1, ζ_2, so ist $\zeta_1 + \zeta_2$ diejenige Homologieklasse, in welcher sich ein Zyklus $z_1' + z_2'$ befindet, wobei z_1', z_2' Unterteilungen von z_1, z_2 sind; man überzeugt sich leicht davon, daß $\zeta_1 + \zeta_2$ durch ζ_1 und ζ_2 eindeutig bestimmt ist. Offenbar bilden die Homologieklassen in bezug auf diese Addition eine Gruppe. Wir nennen die sich so ergebenden Gruppen $B^r(G)$. Es ist klar, daß die damit definierte Gruppe $B^r(\bar{K})$ mit der in der früheren Weise erklärten Bettischen Gruppe $B^r(K)$ isomorph ist[2].

Dies gilt für jeden Koeffizientenbereich $\mathfrak{J}$. Dessen Wahl ist für das Folgende gleichgültig[3].

3. Ein Hilfssatz. Es seien G_1, G_2 zwei offene Mengen von $\bar{K}$. Wir betrachten nur noch Komplexe und Zyklen in $G_1 + G_2$. Daß ein Komplex ein Komplex in G_1 oder G_2 ist, deuten wir durch den unteren Index 1 bzw. 2 an ($C_1, C_2, z_1, \ldots$); ist er Komplex in $G_1 \cdot G_2$, so erhält er den Doppelindex 12 (vgl. Kap. VII, § 2, Nr. 1).

Hilfssatz. *Zu jedem algebraischen Komplex* C *in* $G_1 + G_2$ *gibt es eine Unterteilung* C', *die sich als Summe* $C' = C_1 + C_2$ *darstellen läßt.*

Beweis. Es sei $F_1 = \bar{K} - G_1$, $F_2 = \bar{K} - G_2$; da $C \subset G_1 + G_2$ ist, ist $\bar{C} \cdot F_1 \cdot F_2 = 0$, also $\varrho(\bar{C} \cdot F_1, F_2) = a > 0$. Unter $|C'|$ verstehen wir die durch eine Unterteilung von K mit Simplexdurchmessern $< a$ bewirkte Unterteilung von $|C|$. Es bestehe $|C_1|$ aus den zu F_1 fremden

[1] Man sieht auch leicht: Ist z' eine Unterteilung von z, so ist $z' \sim z$ in G.

[2] In dem für uns wichtigen Falle $\bar{K} = S^n$ ist jede echte offene Teilmenge G von $\bar{K}$ einer offenen Menge des R^n homöomorph. Dann ist, wie man ohne große Schwierigkeit zeigt, die soeben erklärte Gruppe $B^r(G)$ mit der Bettischen Gruppe im früheren Sinne (Kap. V, § 1, Nr. 1; Kap. IX, § 2, Nr. 10 und 11) isomorph.

[3] Will man den in diesem Anhang gegebenen Beweis der Sätze I und II ab ovo durchführen, und verzichtet man darauf, außerdem noch möglichst allgemeine Sätze zu erhalten, so empfiehlt sich der Koeffizientenbereich $\mathfrak{J} = \mathfrak{G}_2$: man braucht die Hilfsmittel aus der kombinatorischen Topologie dann nur modulo 2, also ohne jede Vorzeichenbetrachtung, herzuleiten.

Simplexen von $|C'|$ und deren Seiten, $|C_2|$ aus den übrigen Simplexen von $|C'|$ und deren Seiten; unter C_1 und C_2 sind die entsprechenden algebraischen Komplexe zu verstehen, in denen die Simplexe dieselben Koeffizienten haben wie in C'. Dann ist $\bar{C}_1 \cdot F_1 = 0$, also $\bar{C}_1 \subset G_1$; ferner ist, da jedes Grundsimplex von C_2 einen Punkt von $\bar{C} \cdot F_1$ enthält, $\bar{C}_2 \cdot F_2 = 0$ (auf Grund der Definition von a), also $\bar{C}_2 \subset G_2$.

4. Additionssätze. Es ist jetzt leicht, festzustellen, daß die Additionssätze aus Kap. VII, § 2, sich von den dort betrachteten Komplexen auf unsere offenen Mengen G_1, G_2, $G_1 + G_2$, $G_1 \cdot G_2$ übertragen lassen. Die einzigen Abänderungen haben darin zu bestehen, daß man zuweilen einen Komplex durch eine seiner Unterteilungen ersetzen muß. So definieren wir jetzt: Der Zyklus Z in $G_1 + G_2$ heißt Summenzyklus, wenn er eine Unterteilung Z' mit $Z' = Z_1 + Z_2$ besitzt; der Zyklus z_{12} in $G_1 \cdot G_2$ heißt Nahtzyklus, wenn es Komplexe C_1, C_2 und eine Unterteilung z'_{12} von z_{12} mit $\dot{C}_1 = \dot{C}_2 = z'_{12}$ gibt (dabei sind verabredungsgemäß Z_1, C_1 in G_1 und Z_2, C_2 in G_2). Bei dieser Festsetzung und auf Grund unseres soeben bewiesenen Hilfssatzes (der den Hilfssatz aus Kap. VII, § 2, Nr. 2 ersetzt), lassen sich nun sämtliche früher bewiesenen „Additionssätze" auf unseren Fall übertragen; dabei sind natürlich alle Homologien und Bettischen Gruppen so zu verstehen, wie wir es in Nr. 2 erklärt haben. Der Unterschied von dem früheren Standpunkt besteht, kurz gesagt, darin, daß wir jetzt nicht mehr zwischen einem Komplex und seinen Unterteilungen unterscheiden — und zwar bezieht sich dies sowohl auf die Definition der Homologie, als auch auf den Hilfssatz, als auch auf die Summen- und Nahtzyklen.

Die Durchführung der Beweise der neuen Additionssätze ist eine Wiederholung der alten Beweise, die wir uns ersparen dürfen. Von den Additionssätzen, zu denen man gelangt, werden wir nur die beiden folgenden benutzen — sie entsprechen dem Satz IV und einer Hälfte des Satzes VIII aus Kap. VII, Nr. 2:

1. Additionssatz. *In $G_1 + G_2$ sei, für ein gewisses r, jeder $(r+1)$-dimensionale Zyklus ~ 0. Ist dann z^r_{12} ein Zyklus in $G_1 \cdot G_2$, der ~ 0 sowohl in G_1 als auch in G_2 ist, so ist $z^r_{12} \sim 0$ auch in $G_1 \cdot G_2$.*

2. Additionssatz. *Es seien G_1 und G_2 offene H-Simplexe*[1], *und $G_1 + G_2$ sei der Sphäre S^{r+1} homologie-äquivalent*[1]. *Dann ist $G_1 \cdot G_2$ der Sphäre S^r homologie-äquivalent.*

[1] Daß die offene Menge G offenes H-Simplex ist, bedeutet: sie ist nicht leer, und jeder berandungsfähige Zyklus in G ist ~ 0 in G. Daß die offene Menge G der Sphäre S^r homologie-äquivalent ist, bedeutet: 1) jeder s-dimensionale berandungsfähige Zyklus in G mit $s < r$ ist ~ 0 in G; 2) $B^r_{\mathfrak{J}}(G) \approx \mathfrak{J}$ für $r > 0$, $B^r_{\mathfrak{J}}(G) \approx \mathfrak{J} + \mathfrak{J}$ für $r = 0$. Die Homologie-Äquivalenz mit einem Simplex oder einer Sphäre braucht übrigens nicht im Sinne der „vollständigen" Homologie-Äquivalenz, sondern nur in bezug auf den zugrunde gelegten Koeffizientenbereich $\mathfrak{J}$ verstanden zu werden.

5. Zwei Eigenschaften der Sphäre. Bisher war K beliebig; jetzt sei K einer Simplizialzerlegung der Sphäre S^n isomorph (Kap. III, § 4, Nr. 2), also etwa ein n-dimensionaler simplizialer Zellenrand (Kap. III, § 1, Nr. 2). Der Komplex K hat die beiden folgenden Eigenschaften:

A) *$\bar{K}$ ist der Sphäre S^n homologie-äquivalent.*

B) *Für jeden Punkt $p \subset \bar{K}$ ist die offene Teilmenge $\bar{K} - p$ ein offenes H-Simplex.*

Die Eigenschaft A ist bekannt (vgl. Kap. VI, § 2, Nr. 7). Wir deuten den leichten Beweis von B an: $\bar{K}$ sei der Rand einer $(n+1)$-dimensionalen Zelle Q; z sei ein berandungsfähiger Zyklus in $\bar{K} - p$; man konstruiere einen in der Zelle Q gelegenen Kegel über z, auf welchem p nicht liegt; man projiziere den Kegel von einem derart gewählten Punkt von Q aus auf $\bar{K}$, daß die Projektion den Punkt p nicht enthält; man nehme eine solche Unterteilung von K, daß sie eine Unterteilung der Projektion als Teilkomplex enthält; der Rand der so untergeteilten Projektion ist eine Unterteilung von z; folglich ist $z \sim 0$ in $\bar{K} - p$.[1]

Bemerkung. Wir werden keine anderen Eigenschaften der Sphäre benutzen als A und B. Die Sätze I und II (und ihre späteren Verallgemeinerungen) gelten also nicht nur für die Sphäre $\bar{K} = S^n$, sondern für jedes Polyeder $\bar{K}$, welches die Eigenschaften A und B besitzt.

6. Die r-dimensionalen Elemente auf der Sphäre. Wir kommen zum Beweise des Satzes I, den wir jetzt verschärfen und genauer als Satz I_r bezeichnen $(r \geqq 0)$:

Satz I_r. *Ist E^r ein r-dimensionales Element — d. h. topologisches Bild eines r-dimensionalen Simplexes — auf der Sphäre $\bar{K} = S^n$, so ist die offene Menge $\bar{K} - E^r$ ein offenes H-Simplex.*

Beweis durch vollständige Induktion in bezug auf r (bei festem n): Der Satz I_0 ist mit der Eigenschaft B identisch; der Satz I_{r-1} sei bewiesen, und $E^r \subset \bar{K}$ sei gegeben.

E_r können wir statt als topologisches Bild eines Simplexes auch als topologisches Bild eines r-dimensionalen Würfels W deuten, der im Euklidischen $(x_1, x_2, \ldots, x_r)$-Raum durch $0 \leqq x_j \leqq 1$ $(j = 1, 2, \ldots, r)$ gegeben sei. Dem durch $x_r = t$ gegebenen $(r-1)$-dimensionalen Würfel in W entspricht ein $(r-1)$-dimensionales Element E_t^{r-1}, das Teil von E^r ist. Dem durch $t_1 \leqq x_r \leqq t_2$, $t_1 < t_2$, gegebenen Teilquader von W entspricht ein r-dimensionales Teilelement $E_{t_1 t_2}^r$ von E^r.

Zuerst zeigen wir, daß $\bar{K} - E^r$ nicht leer ist: t sei ein fester Wert zwischen 0 und 1; dann ist $E^r = E_{0t}^r + E_{t1}^r$; da es Punkte in E_{t1}^r gibt, die nicht zu E_{0t}^r gehören, ist $G_0 = \bar{K} - E_{0t}^r$ nicht leer; ebenso ist $G_1 = \bar{K} - E_{t1}^r$ nicht leer; wäre nun $\bar{K} - E^r = G_0 \cdot G_1$ leer, so bestünde

---

[1] Setzt man die einfachsten Invarianzsätze als bekannt voraus, so sind die Eigenschaften A und B völlig trivial.

$G_0 + G_1 = \bar{K} - E_t^{r-1}$ aus zwei Komponenten, was nicht der Fall ist, da diese Menge nach Satz I_{r-1} ein offenes H-Simplex ist.

Wir haben zu zeigen: z sei ein berandungsfähiger Zyklus in $\bar{K} - E^r$; dann ist $z \sim 0$ in $\bar{K} - E^r$.

Es sei $0 \leqq t_1 < t_2 < t_3 \leqq 1$; falls $z \sim 0$ sowohl in $\bar{K} - E^r_{t_1 t_2}$ als auch in $\bar{K} - E^r_{t_2 t_3}$ ist, so ist $z \sim 0$ auch in $\bar{K} - E^{r-1}_{t_1 t_3}$; denn setzt man $G_1 = \bar{K} - E^r_{t_1 t_2}$, $G_2 = \bar{K} - E^r_{t_2 t_3}$, so ist $G_1 + G_2 = \bar{K} - E^{r-1}_{t_2}$ nach Satz I_{r-1} ein offenes H-Simplex; daher ist der 1. Additionssatz anwendbar, und nach ihm ist $z \sim 0$ in $G_1 \cdot G_2 = \bar{K} - E^r_{t_1 t_3}$. Durch Wiederholung dieser Überlegung ergibt sich: Ist $0 = t_0 < t_1 < t_2 < \cdots < t_k = 1$, und ist $z \sim 0$ in $\bar{K} - E^r_{t_{j-1} t_j}$ für $j = 1, 2, \ldots, k$, so ist $z \sim 0$ in $\bar{K} - E^r$. Man hat also zur Vollendung unseres Beweises nur die t_j so zu finden, daß $z \sim 0$ in jedem $\bar{K} - E^r_{t_{j-1} t_j}$ ist.

Nach Satz I_{r-1} ist $z \sim 0$ in $\bar{K} - E_t^{r-1}$ für jedes t; es gibt also für jedes t einen von einer Unterteilung von z berandeten Komplex C_t mit $\bar{C}_t \cdot E_t^{r-1} = 0$; infolge der gleichmäßigen Stetigkeit der zwischen W und E^r bestehenden topologischen Beziehung gibt es dann zu jedem t ein t enthaltendes, relativ zu der Strecke $\overline{01}$ offenes Intervall $t' t''$, so daß für $t' \leqq a < b \leqq t''$ auch E^r_{ab} fremd zu $\bar{C}_t$, daß also $z \sim 0$ auch in $\bar{K} - E^r_{ab}$ ist. Da die abgeschlossene Strecke $\overline{01}$ mit diesen $t' t''$-Intervallen vollständig bedeckt ist, gibt es eine natürliche Zahl k so, daß jede t-Strecke von der Länge $1/k$ ganz in einen $t' t''$-Intervall enthalten ist. Dann haben die Zahlen $t_j = j/k$ mit $j = 1, 2, \ldots, k$ die gewünschte Eigenschaft.

Der Satz I_r ist damit bewiesen.

7. Krumme r-dimensionale Sphären auf der n-dimensionalen Sphäre. Wir sprechen den Satz II in verallgemeinerter und verschärfter Form aus und wenden die genauere Bezeichnung „Satz II_r" an:

Satz II_r. *Es sei $S^n = \bar{K}$ die n-dimensionale Sphäre; ferner sei J^r eine auf S^n gelegene krumme r-dimensionale Sphäre — d. h. das topologische Bild einer S^r. Dann ist $\bar{K} - J^r$ der $(n - r - 1)$-dimensionalen Sphäre homologie-äquivalent.*

Bemerkung. Hierin ist der Satz II enthalten; denn für $r = n - 1$ ist $n - r - 1 = 0$, die nulldimensionale Sphäre ist ein Punktepaar, und jede mit dem Punktepaar homologie-äquivalente Menge besteht aus zwei Komponenten.

Beweis durch vollständige Induktion in bezug auf r: Es sei zuerst $r = 0$; dann ist J^r ein Punktepaar p_1, p_2. Da nach der Eigenschaft B die Mengen $G_1 = \bar{K} - p_1$ und $G_2 = \bar{K} - p_2$ offene H-Simplexe sind, da ferner $G_1 + G_2 = \bar{K}$ und da $\bar{K}$ nach der Eigenschaft A mit der S^n homologie-äquivalent ist, folgt aus dem 2. Additionssatz: $G_1 \cdot G_2 = \bar{K} - J^0$ ist der S^{n-1} homologie-äquivalent.

Der Satz II_{r-1} sei bewiesen, und $J^r \subset \bar{K}$ sei gegeben. J^r ist topologisches Bild einer Kugel S^r; einem „Äquator" S^{r-1} von S^r entspricht eine J^{r-1}, die Teil von J^r ist. Die von S^{r-1} begrenzten r-dimensionalen Halbkugeln sind Elemente (denn man kann jede von ihnen eineindeutig auf die von S^{r-1} in der Äquatorebene begrenzte r-dimensionale Vollkugel projizieren); diesen Halbkugeln entsprechen also in J^r zwei Elemente E_1^r, E_2^r. Setzen wir $G_1 = \bar{K} - E_1^r$, $G_2 = \bar{K} - E_2^r$, so ist $G_1 + G_2 = \bar{K} - J^{r-1}$, $G_1 \cdot G_2 = \bar{K} - J^r$. Nach dem Satz I_r sind G_1 und G_2 offene H-Simplexe; nach dem Satz II_{r-1} ist $G_1 + G_2$ der S^{n-r} homologie-äquivalent; daher folgt aus dem 2. Additionssatz: $G_1 \cdot G_2$ ist der S^{n-r-1} homologie-äquivalent.

Der Satz II_r ist damit bewiesen.

8. Erläuterungen zu den Beweisen. Umschlingungen. Mit den Sätzen I_r und II_r haben wir nicht nur die in Nr. 1 ausgesprochenen Zerlegungssätze bewiesen, sondern allgemeinere Sätze, die man als „Verschlingungssätze" bezeichnen könnte — allerdings bei einer etwas anderen Definition der „Verschlingung", als wir sie bisher benutzt haben. Früher handelte es sich immer um die Verschlingung zwischen zwei Zyklen; jetzt brauchen wir den folgenden verwandten Begriff der „*Umschlingung*": die Menge F wird von dem (zu F fremden, berandungsfähigen) Zyklus z „umschlungen", wenn $z \not\sim 0$ in $S^n - F$ ist[1]. Nach unseren früheren Verschlingungssätzen ist klar: sind die Zyklen z und z' miteinander verschlungen, so wird $\bar{z}$ von z' und $\bar{z}'$ von z umschlungen (§ 1, Satz IV); sowie (§ 4, Nr. 5): ist z irreduzibel, und wird $\bar{z}$ von z' umschlungen, so sind z und z' miteinander verschlungen.

Bei Benutzung dieses Umschlingungsbegriffes lauten die Sätze I_r und II_r: *Ein Element $E^r \subset S^n$ wird von keinem Zyklus umschlungen;* und: *Eine krumme Sphäre $J^r \subset S^n$ wird von keinem q-dimensionalen Zyklus mit $q \neq n-r-1$ umschlungen; es gibt einen sie umschlingenden Zyklus z^{n-r-1}, und im wesentlichen nur einen einzigen solchen Zyklus* [die letzte Behauptung soll sagen: man kann z^{n-r-1} so wählen, daß jeder $(n-r-1)$-dimensionale Zyklus in $S^n - J^r$ einem Vielfachen von z^{n-r-1} homolog ist].

Diese Umschlingungssätze sind nicht nur Nebenergebnisse bei den Beweisen unserer Zerlegungssätze, sondern unentbehrliche Hilfsmittel bei diesen Beweisen selbst. Man erkennt dies, wenn man den Induktionsschluß in den Beweisen genauer betrachtet:

Die Behauptung des Satzes I_r besteht darin, daß E^r von keinem z^q, q beliebig, umschlungen wird (für den Satz I ist $q = 0$); für den Beweis muß man wissen, daß die Voraussetzung des 1. Additionssatzes in der folgenden Form erfüllt ist: ein E^{r-1} wird von keinem z^{q+1} umschlungen. Diese Tatsache wird durch den Induktionsschluß darauf zurückgeführt, daß die Voraussetzung des 1. Additionssatzes in der Form erfüllt ist: ein E^{r-2} wird von keinem z^{q+2} umschlungen; und so fort, bis man zu der, in der Eigenschaft B enthaltenen, Tatsache gelangt: ein Punkt E^0 wird von keinem z^{q+r} umschlungen.

Bei einer ähnlichen Analyse des Beweises von Satz II beschränken wir uns auf denjenigen Teil des Satzes, der besagt: J^{n-1} zerlegt S^n in *wenigstens* zwei Gebiete, mit anderen Worten: J^{n-1} wird von einem z^0 umschlungen. Bei seinem Beweise benutzt man von dem 2. Additionssatz, wie man sich leicht überlegt, den folgenden Teil (Satz III aus Kap. VII, § 2):

Sowohl in G_1 als auch in G_2 sei, für ein gewisses r, jeder $z^{r+1} \sim 0$. Ist dann $Z^{r+1} \not\sim 0$ in $G_1 + G_2$, z_{12}^r Naht von Z^{r+1}, so ist $z_{12}^r \not\sim 0$ in $G_1 \cdot G_2$.

[1] Auf diesen Begriff kommen wir im 2. Band zurück. Vgl. *Alexandroff*, „Gestalt und Lage" (Annals of Math. 30), Kap. IV und „Dimensionstheorie" (Math. Annalen 106), §§ 4, 5.

Die Existenz des z^0, der J^{n-1} umschlingt, ergibt sich nun so: J^{n-1} wird durch den „Äquator“ J^{n-2} in zwei Elemente E_1^{n-1}, E_2^{n-1} mit $E_1^{n-1} \cdot E_2^{n-1} = J^{n-2}$ zerlegt; es sei schon bewiesen: 1_1) E^{n-1} wird von keinem z^1 umschlungen, 2_1) J^{n-2} wird von einem Z^1 umschlungen; dann ist nach dem soeben formulierten Additionssatz jede Naht von Z^1 ein z^0, wie wir ihn suchen. Nun ist die Behauptung 1_1) schon durch den Satz I_{n-1} — auf Grund des oben analysierten Induktionsschlusses — sichergestellt; um die Behauptung 2_1) zu beweisen, hat man wieder folgendermaßen zu schließen: J^{n-2} wird durch J^{n-3} in die Elemente E_1^{n-2}, E_2^{n-2} zerlegt; die Existenz von Z^1 steht nach dem Additionssatz fest, falls man weiß: 1_2) E^{n-2} wird von keinem z^2 umschlungen, 2_2) J^{n-3} wird von einem Z^2 umschlungen; und so fort, bis zu den beiden folgenden Behauptungen: 1_{n-1}) E^1 — also ein Jordanbogen — wird von keinem z^{n-1} umschlungen[1], 2_{n-1}) J^0 — also ein Punktepaar — wird von einem Z^{n-1} umschlungen. Die Behauptung 1_{n-1}) ist bereits im Satz I_1 bewiesen; die Richtigkeit von 2_{n-1}) ist trivial — man braucht als Z^{n-1} nur den Rand eines Simplexes x^n zu wählen, welches den einen, aber nicht den anderen Punkt des Paares J^0 enthält [oder man kann 2_{n-1}) noch einmal, wie oben im Beweis von II_{n-1}, auf einen Additionssatz zurückführen].

9. Zusätze. Wir wissen von früher (Kap. X, § 2, Nr. 4, und Kap. XI, § 4, Nr. 6), daß man zu dem Satz II den folgenden Zusatz machen kann:

$J^{n-1} \subset S^n$ ist mit der Grenze jedes der beiden durch J^{n-1} bestimmten Gebiete identisch, in welche die S^n durch J^{n-1} zerlegt wird.

Es ist leicht, auch diesen Zusatz ganz im Rahmen der Sätze dieses Anhanges zu beweisen; es genügt ja zu wissen (Kap. X, a. a. O.): eine echte Teilmenge F von J^{n-1} zerlegt die S^n nicht. Dies ergibt sich aber unmittelbar aus dem Satz I, im Spezialfall $r = n - 1$, da jede F in einem Teilelement E^{n-1} von J^{n-1} enthalten ist. —

Ferner ist es leicht, den Satz von der *Gebietsinvarianz* (vgl. Kap. X, § 2, Nr. 5) aus unseren Sätzen I und II — dem Satz I für $r = n$ — herzuleiten[2]; er ist ja enthalten in der folgenden Behauptung:

Ist f eine topologische Abbildung eines Simplexes $\bar{x}^n$ in die S^n und p innerer Punkt von $\bar{x}^n$, so ist $f(p)$ innerer Punkt des Elementes $E^n = f(\bar{x}^n)$.

Beweis dieser Behauptung: Nach Satz II wird S^n durch $J^{n-1} = f(\dot{x}^n)$ in zwei Gebiete G_1, G_2 zerlegt; es sei etwa $f(p) \subset G_1$. Da $f(p)$ innerer Punkt von G_1 ist, genügt es, zu zeigen: $G_1 \subset E^n$. Vorher zeigen wir: $E^n \subset G_1 + J^{n-1}$; in der Tat: ist $q' = f(q)$ ein nicht zu J^{n-1} gehöriger Punkt von E^n, so ist q innerer Punkt von $\bar{x}^n$, also mit p durch die zu $\dot{x}^n$ fremde Strecke $\overline{qp}$ verbindbar, und daher ist $f(q)$ mit $f(p)$ durch den zu J^{n-1} fremden Weg $f(\overline{qp})$ verbindbar, folglich $f(q) \subset G_1$. Die damit bewiesene Inklusion $E^n \subset G_1 + J^{n-1}$ bedeutet: kein Punkt von G_2 gehört zu E^n. Gäbe es nun einen Punkt $r' \subset G_1$, der nicht zu E^n gehörte — wäre also $G_1 \not\subset E^n$ —, so könnte man r' nach Satz I mit jedem Punkt von $S^n - E^n$, also insbesondere mit einem Punkt s' von G_2, durch einen zu E^n fremden Weg verbinden; dieser Weg wäre auch fremd zu J^{n-1} — im Widerspruch zu $r' \subset G_1$, $s' \subset G_2$. —

[1] Man beachte, daß wir uns in der S^n, nicht im R^n befinden.

[2] Wir hätten diesen Beweis auch an die Sätze des § 4 anschließen können.

Schließlich heben wir noch hervor:

Jedes der beiden Komplementärgebiete G_1 und G_2 von J^{n-1} ist ein offenes H-Simplex[1].

Denn ist z ein berandungsfähiger Zyklus etwa in G_1, so folgt aus Satz II_{n-1}: $z \sim 0$ in $S^n - J^{n-1} = G_1 + G_2$, also existiert ein Komplex C in $G_1 + G_2$ mit $\dot{C} = z'$, wobei z' Unterteilung von z ist. Nun ist C als Summe $C = C_1 + C_2$ darstellbar, mit $\overline{C}_1 \subset G_1$, $\overline{C}_2 \subset G_2$. Da $\dot{C}_1 + \dot{C}_2 = z'$ in G_1, $\dot{C}_1$ in G_1, $\dot{C}_2$ in G_2 liegt, und $G_1 \cdot G_2 = 0$ ist, muß $\dot{C}_2 = 0$, $z' = \dot{C}_1$, also $z \sim 0$ in G_1 sein.

Zwölftes Kapitel.

Der Brouwersche Abbildungsgrad. Die Kroneckersche Charakteristik.

Obwohl die Begriffe und Sätze dieses Kapitels Spezialfälle teils der Verschlingungstheorie (Kap. XI), teils der Theorie der Homologietypen stetiger Abbildungen (Kap. VIII) sind, verdienen sie eine besondere und ausführliche Darstellung; erstens wegen ihrer geometrischen Einfachheit, zweitens im Hinblick auf ihre wichtigen und verschiedenartigen Anwendungen und drittens aus einem historischen Grunde: der von Brouwer entdeckte Abbildungsgrad bildet die Grundlage einer ganzen Reihe der klassischen Brouwerschen Arbeiten. Wir werden in unserer Darstellung allerdings nicht die ursprüngliche Definition des Grades, sondern die allgemeine Verschlingungstheorie (Kap. XI, §§ 1 und 2) zum Ausgangspunkt nehmen. Daß man andererseits auch die Theorie des Abbildungsgrades an die Spitze der Verschlingungstheorie stellen kann, geht aus dem „Anhang" zu diesem Kapitel hervor.

[1] Die Gebiete G_i brauchen aber nicht mit den Innengebieten von Simplexen *homöomorph* zu sein — das lehrt ein *Antoine-Alexander*sches Beispiel (mit $n = 3$). Für $n = 2$ allerdings sind die Komplementärgebiete G_1, G_2 einer Jordankurve auf der Kugel immer auf das Innengebiet eines Kreises topologisch abbildbar — das ist aus der Theorie der konformen Abbildungen bekannt. Für $n = 3$, *aber nur für diesen Fall*, hat Alexander bewiesen: ist die krumme Sphäre J^2 ein *Euklidisches Polyeder*, so sind G_1 und G_2 dem Innengebiet einer Kugel homöomorph.

§ 1. Die Ordnung eines Punktes in bezug auf einen Zyklus.

1. Bereits an drei Stellen des Kap. XI — (§ 1, Nr. 9; § 2, Nr. 4; § 4, Nr. 4 (Satz III)) — haben wir die „Ordnung" eines Punktes o in bezug auf einen $(n-1)$-dimensionalen (berandungsfähigen) stetigen Zyklus $\mathfrak{z}$ im R^n als einfachsten Spezialfall der Verschlingungszahl hervorgehoben: diese „Ordnung" ist die Verschlingungszahl $\mathfrak{v}(\mathfrak{z}, o)$. Der Inhalt dieses und der folgenden beiden Paragraphen besteht im wesentlichen aus Anwendungen und Deutungen allgemeinerer Sätze der Verschlingungstheorie in diesem Spezialfall.

Der genannte Zyklus $\mathfrak{z}$ gehöre immer zu einem beliebigen Koeffizientenbereich $\mathfrak{J}$; der Punkt o dagegen soll immer als ganzzahliger Komplex, und zwar als Simplex mit dem Koeffizienten $+1$, aufgefaßt werden; die Ordnung $\mathfrak{v}(\mathfrak{z}, o)$ ist also eine Verschlingungszahl in bezug auf $(\mathfrak{J}, \mathfrak{G})$ im Sinne von Kap. XI, § 1, Nr. 10; sie ist ein Element von $\mathfrak{J}$.

Der Definition von $\mathfrak{v}(\mathfrak{z}, o)$ kann man jede der beiden Eigenschaften zugrunde legen, die durch die Formeln (10) bzw. (12) in Kap. XI, § 1, Nr. 9, ausgedrückt werden; es möge jetzt die Formel (12) ins Auge gefaßt werden; sie liefert, in Verbindung mit den Approximationsbetrachtungen aus Kap. XI, § 2, die folgende Definition:

Die Ordnung $\mathfrak{v}(\mathfrak{z}, o)$ des Punktes o in bezug auf den $(n-1)$-dimensionalen (berandungsfähigen)[1] *stetigen Zyklus $\mathfrak{z}$ im R^n ist die Schnittzahl $\mathfrak{s}(H, z_1)$ eines beliebigen von o ausgehenden Halbstrahles H mit einer*

[1] Da der Fall $n = 1$ kaum Interesse verdient, werden wir im folgenden die Voraussetzung der Berandungsfähigkeit des $(n-1)$-dimensionalen Zyklus $\mathfrak{z}$ nicht mehr hervorheben.

hinreichend guten, im übrigen beliebigen, simplizialen Approximation z_1 *von* $\mathfrak{z}$. (Dabei müssen sich H und z_1 natürlich in relativ-allgemeiner Lage befinden.)

Nach Kap. XI, § 2, Nr. 4, ändert sich $\mathfrak{v}(\mathfrak{z}, o)$ nicht, wenn man o innerhalb einer Komponente von $R^n - \bar{\mathfrak{z}}$ variiert. In Abb. 37 sind die Ordnungen der fünf Komponenten von $R^2 - \bar{\mathfrak{z}}$ angegeben ($\mathfrak{J} = \mathfrak{G}$).

2. Die Sätze von Poincaré-Bohl und Rouché. Für viele Anwendungen ist es zwecks Bestimmung von $\mathfrak{v}(\mathfrak{z}, o)$ nützlich, bei festem Punkt o den Zyklus $\mathfrak{z}$ mit einem anderen Zyklus $\mathfrak{z}'$ zu vergleichen. Dabei ist ein gutes Hilfsmittel der

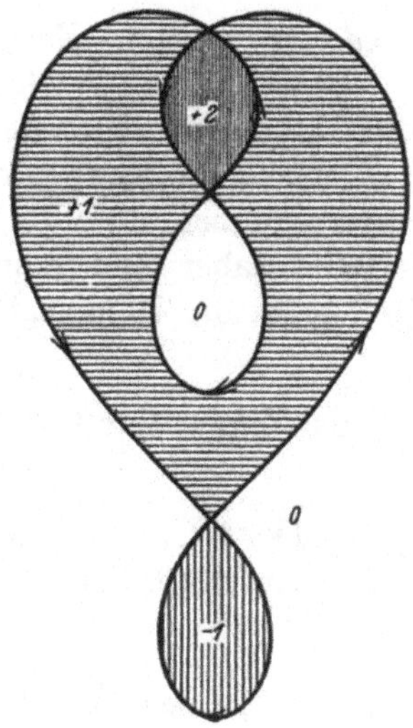

Abb. 37.

Satz von Poincaré-Bohl. *Es seien* f_0 *und* f_1 *zwei solche Abbildungen des* $(n-1)$-*dimensionalen Zyklus* z *in den* R^n, *daß der Punkt* o *des* R^n *für keinen Punkt* p *von* $\bar{z}$ *auf der Strecke* $\overline{f_0(p)\, f_1(p)}$ *liegt. Dann sind* $[f_0(z)]$ *und* $[f_1(z)]$ *einander homotop in* $R^n - o$, *und es ist* $\mathfrak{v}([f_0(z)], o) = \mathfrak{v}([f_1(z)], o)$.

Beweis. Für jeden Punkt $p \subset \bar{z}$ und jeden Wert t mit $0 \leqq t \leqq 1$ sei $f_t(p)$ der Punkt des R^n, der die Strecke $\overline{f_0(p)\, f_1(p)}$ im Verhältnis $t:(1-t)$ teilt. Dann ist immer $f_t(p) \neq o$, und daher sind die stetigen Zyklen $[f_0(z)]$ und $[f_1(z)]$ einander homotop in $R^n - o$. Auf Grund des „Deformationssatzes" in Kap. XI, § 2, Nr. 2, gilt

$$\mathfrak{v}([f_0(z)], o) = \mathfrak{v}([f_1(z)], o).$$

Aus dem Satz von Poincaré-Bohl folgt der

Satz von Rouché. *Es seien* f_0 *und* f_1 *zwei solche Abbildungen des* $(n-1)$-*dimensionalen Zyklus* z *in den* R^n, *daß für den festen Punkt* $o \subset R^n$ *und jeden Punkt* $p \subset \bar{z}$

$$\varrho(f_0(p), f_1(p)) < \varrho(f_0(p), o)$$

ist. Dann ist $\mathfrak{v}([f_0(z)], o) = \mathfrak{v}([f_1(z)], o)$.

Denn wenn die Voraussetzung des Satzes von Rouché gilt, so ist die des Satzes von Poincaré-Bohl erst recht erfüllt.

3. Homologien in $R^n - o$. Der R^n sei — wie auch in den vorigen Nummern — orientiert, x sei ein positives n-dimensionales Euklidisches Simplex im R^n und o ein innerer Punkt von $\dot{x}$. Dann ist

$$\mathfrak{v}(\dot{x}, o) = +1 \tag{1}$$

(Koeffizientenbereich $\mathfrak{G}$); dies folgt aus Kap. XI, § 1, Formel (10) in Nr. 9 und der Bemerkung I in Nr. 1.

Wir behaupten nun:

Die Ordnung von o in bezug auf einen beliebigen Zyklus $\mathfrak{z} \subset R^n - o$ *läßt sich folgendermaßen charakterisieren: es ist*

(2) $$\mathfrak{z} \sim t\dot{x} \quad \text{in } R^n - o$$

und hierin ist t durch

(3) $$t = \mathfrak{v}(\mathfrak{z}, o)$$

eindeutig bestimmt (Koeffizientenbereich beliebig).

Beweis. Der Zyklus $\mathfrak{z} = [f(z)] \subset R^n - o$ sei gegeben. Für jeden Punkt $q \subset R^n - o$ verstehen wir unter $\Phi(q)$ den Punkt von $\bar{x}$, in den q von o aus projiziert wird. Dann ist $\mathfrak{z}' = [\Phi f(z)]$ ein stetiger Zyklus, der zusammen mit $\mathfrak{z}$ die Voraussetzung des Satzes von POINCARÉ-BOHL erfüllt; daher sind $\mathfrak{z}$ und $\mathfrak{z}'$ einander homotop in $R^n - o$, und es gilt erst recht die Homologie

$$\mathfrak{z}' \sim \mathfrak{z} \quad \text{in } R^n - o.$$

Da der Zyklus $\mathfrak{z}'$ auf dem Simplexrand $\bar{x}$ liegt, erfüllt er eine Homologie

$$\mathfrak{z}' \sim t\dot{x} \quad \text{in } \bar{x}, \text{ also in } R^n - o$$

(Kap. IV, § 4, Nr. 6, und Kap. VIII, § 5). Folglich gilt auch (2), und daher ist (Kap. XI, § 2, Satz V'):

$$\mathfrak{v}(\mathfrak{z}, o) = \mathfrak{v}(t\dot{x}, o)$$

und mit Rücksicht auf Formel (9) in Kap. XI, § 1, Nr. 7:

$$\mathfrak{v}(\mathfrak{z}, o) = t \cdot \mathfrak{v}(\dot{x}, o).$$

Hieraus und aus (1) folgt (3).

Es bleibt noch festzustellen, daß t durch die Homologie (2) in *eindeutiger* Weise bestimmt ist; hierfür genügt es, zu zeigen: ist $t\dot{x} \sim 0$ in $R^n - o$, so ist $t = 0$. Aber in der Tat: ist $t\dot{x} \sim 0$ in $R^n - o$, so ist

$$0 = \mathfrak{v}(t\dot{x}, o) = t \cdot \mathfrak{v}(\dot{x}, o) = t.$$

Damit ist der Satz bewiesen.

Korollar. *Zwei $(n-1)$-dimensionale Zyklen $\mathfrak{z}, \mathfrak{z}'$ (desselben Koeffizientenbereiches) sind dann und nur dann einander homolog in $R^n - o$, wenn $\mathfrak{v}(\mathfrak{z}, o) = \mathfrak{v}(\mathfrak{z}', o)$ ist.*

Der obige Satz läßt sich folgendermaßen verallgemeinern:

Ist Z irgendein (i. a. krummer) ganzzahliger Zyklus in $R^n - o$ mit

(1') $$\mathfrak{v}(Z, o) = +1,$$

so gilt für jeden beliebigen Zyklus $\mathfrak{z} \subset R^n - o$ eine Homologie

(2') $$\mathfrak{z} \sim t \cdot Z \quad \text{in } R^n - o,$$

und hierin ist t durch (3) eindeutig bestimmt.

Denn um (2') mit dem durch (3) gegebenen Wert von t zu beweisen, hat man nur das obige „Korollar" auf $\mathfrak{z}$ und $\mathfrak{z}' = \mathfrak{v}(\mathfrak{z}, o) \cdot Z$ anzuwenden; daß andererseits $\mathfrak{v}(\mathfrak{z}, o)$ durch (2') eindeutig bestimmt ist, ergibt sich genau so wie die analoge Tatsache in dem oben bewiesenen Satze.

Für viele Anwendungen ist es praktisch, den Zyklus Z folgendermaßen zu wählen: Es sei S^{n-1} eine Sphäre mit dem Mittelpunkt o, ferner $\bar{x}$ ein n-dimensionales Simplex, das o im Inneren enthält, und $\varphi(q)$ bezeichne für jeden Punkt $q \subset R^n - o$ denjenigen Punkt von S^{n-1}, in den q von o aus projiziert wird; dann ist $\varphi(|\dot{x}|)$ eine krumme Simplizialzerlegung von S^{n-1} und $Z_0 = [\varphi(\dot{x})]$ ein ganzzahliger Zyklus dieser Zerlegung[1]. Unter einer (durch die Orientierung des R^n) *„in natürlicher Weise orientierten Sphäre"* verstehen wir nun einen *orientierten* (krummen) Zyklus Z mit $\bar{Z} = S^{n-1}$, welcher in S^{n-1} derselben Homologieklasse angehört wie Z_0. Da die Zyklen $\dot{x}$ und $Z = [\varphi(\dot{x})]$ die Voraussetzungen des Satzes von Poincaré-Bohl erfüllen, folgt aus (1), daß auch $\mathfrak{v}(Z_0, o) = +1$ ist; da eine beliebige, in natürlicher Weise orientierte Sphäre Z (mit $\bar{Z} = \bar{Z}_0$) in S^{n-1}, also in $R^n - o$, derselben Homologieklasse angehört wie Z_0, ist daher auch $\mathfrak{v}(Z, o) = +1$. Mithin sehen wir:

Jede in natürlicher Weise orientierte Sphäre Z, deren Mittelpunkt o ist, kann zur Bestimmung der Ordnung $\mathfrak{v}(\mathfrak{z}, o)$ eines beliebigen Zyklus $\mathfrak{z}$ mit Hilfe der Homologie (2′) und der Gleichung (3) verwendet werden.

4. Der Abbildungsgrad im Großen. Wir führen jetzt einen Begriff ein, der für die Untersuchung stetiger Abbildungen von höchster Bedeutung ist; an dieser Stelle werden wir ihn verwenden, um der „Ordnung" eine neue Deutung zu geben (Nr. 5); im § 4 werden wir dann ausführlich auf ihn zurückkommen.

Es sei K ein einfach geschlossener r-dimensionaler Komplex (Kap. VII, § 1); dann gibt es einen, bis auf das Vorzeichen eindeutig bestimmten, irreduziblen ganzzahligen Zyklus $Z = \sum X_j$ (wobei X_j die orientierten Grundsimplexe von K sind) mit folgender Eigenschaft: *jeder r-dimensionale* Zyklus (irgendeines Koeffizientenbereiches $\mathfrak{J}$) in K ist von der Form tZ, wobei t ein durch z eindeutig bestimmtes Element von $\mathfrak{J}$ ist (Kap. VII, § 1, Satz IV).

Hieraus und aus Kap. VIII, § 5, folgt: *Ist $[g(z)]$ ein stetiger r-dimensionaler Zyklus in $\bar{K}$, so gibt es ein und nur ein Element t von $\mathfrak{J}$, für welches*

$$[g(z)] \sim tZ \quad \text{in} \quad \bar{Z} = \bar{K}$$

gilt.

Dieses Element t heißt der *„Grad"* — oder zur Unterscheidung von dem „lokalen" Grade, der im nächsten Paragraphen eingeführt wird — der *„Grad im Großen"* der Abbildung g des Zyklus z in das einfach geschlossene Polyeder $\bar{K}$.

Dabei ist das Vorzeichen des Grades allerdings unbestimmt; es wird erst bestimmt, nachdem man sich für einen der beiden irreduziblen

[1] Die Orientierung von x^n ist durch die Orientierung des R^n bestimmt; dadurch ist Z_0 eindeutig festgelegt.

Zyklen Z und $Z' = -Z$ in K oder, invariant ausgedrückt, für eines der beiden erzeugenden Elemente der freien zyklischen Gruppe $B^r_{\mathfrak{G}}(\bar{K})$ entschieden hat. Man spricht dann von dem *Grad der Abbildung g von z in Z* (*bzw.* Z'). Falls $\bar{K}$ ein orientierbares regulär zusammenhängendes Polyeder ist (Kap. X, § 3, Nr. 7) ist diese Entscheidung gleichbedeutend mit der Auszeichnung einer Orientierung.

Wir werden im § 4 den Grad noch ausführlicher betrachten. Im Augenblick heben wir besonders seine *anschauliche* Bedeutung hervor; diese tritt am klarsten zutage, wenn g eine *simpliziale* Abbildung von z in K ist:

Die Grundsimplexe von z und Z seien x_i bzw. X_j, derart, daß $z = \sum t^i x_i$, $Z = \sum X_j$ ist; dann ist

$$\sum t X_j = tZ = g(z) = \sum t^i g(x_i).$$

Hieraus ist ersichtlich:

Für ein beliebiges festes Grundsimplex von Z, etwa für X_1, seien x^+_{1k} und x^-_{1l} diejenigen Simplexe von z, die im positiven bzw. im negativen Sinne auf X_1 abgebildet werden (d. h. für welche $g(x^+_{1k}) = +X_1$ bzw. $g(x^-_{1l}) = -X_1$ ist), und es seien t^{1k}_+ bzw. t^{1l}_- die Koeffizienten dieser x^+_{1k} bzw. x^-_{1l} in z. *Dann ist*

$$t = \sum_k t^{1k}_+ - \sum_l t^{1l}_-,$$

unabhängig von der Wahl des Simplexes X_1.

Ist der Zyklus z insbesondere ein orientierter Komplex, sind also alle $t^i = +1$, so sind die Zahlen $\sum_k t^{1k}_+$ und $\sum_l t^{1l}_-$ die *Anzahlen* der Simplexe x^+_{1k} bzw. x^-_{1l}; *in diesem Fall ist der Grad t somit gleich der Anzahl der positiven Bedeckungen von* X_1 *vermindert um die Anzahl der negativen Bedeckungen von* X_1, *bei willkürlich gewähltem* $|X_1|$.

Im gegenwärtigen Paragraphen wird übrigens $\bar{K}$ immer eine Sphäre sein.

5. Deutung der Ordnung als Grad. Kehren wir zu den Betrachtungen von Nr. 3 zurück, so sehen wir, daß der folgende Satz gilt:

Es sei Z eine in natürlicher Weise orientierte $(n-1)$*-dimensionale Sphäre im* R^n *mit dem Mittelpunkt o und* $\mathfrak{z} = [f(z)]$ *ein stetiger* $(n-1)$*-dimensionaler Zyklus in* $R^n - o$; *ferner bezeichne* $\varphi(q)$ *für jeden Punkt* $q \subset R^n - o$ *den Punkt von* $\bar{Z}$, *in den q von o aus projiziert wird. Dann ist die Ordnung* $\mathfrak{v}(\mathfrak{z}, o)$ *gleich dem Grade der Abbildung* φf *von z in Z.*

Die hierin ausgedrückte Charakterisierung der Ordnung ist praktisch brauchbar (man vgl. die nächsten beiden Nummern) und wird oft geradezu als *Definition* der Ordnung benutzt.

6. Die Umlaufzahl in der Ebene. Wir betrachten den Spezialfall, in dem $n = 2$ und z eine Zerlegung einer orientierten Kreislinie in Kreisbögen ist. Ferner sei f eine Abbildung von $\bar{z}$ in die Ebene R^2 und o ein Punkt in R^2, der nicht auf dem „geschlossenen Wege" $\mathfrak{z} = [f(z)]$ liegt (d. h. nicht zu der Punktmenge $\bar{\mathfrak{z}} = f(\bar{z})$ gehört).

Der Punkt o sei der Pol eines in der üblichen Weise in R^2 definierten Polarkoordinatensystems (r, φ). Die Punkte $p = p(s) \subset \bar{z}$ seien derart auf einen von $-\infty$ bis $+\infty$ laufenden Parameter s bezogen, daß zu zwei Werten s_1, s_2 dann und nur dann derselbe Punkt $p(s_1) = p(s_2)$ von $\bar{z}$ gehört, wenn $s_1 \equiv s_2 \bmod 1$ ist und daß dem Wachsen von s die positive Durchlaufung des orientierten Kreises z entspricht. Unter einer „zu f gehörigen Winkelfunktion" F verstehen wir jede reelle Funktion $F(s)$, welche die beiden folgenden Eigenschaften hat: I. $F(s)$ ist eindeutig und stetig für $-\infty < s < +\infty$. II. Für jeden Wert s ist $F(s)$ einer der Werte des Polarwinkels φ, welche zu dem Bildpunkt $fp(s)$ gehören (dabei ist zu beachten, daß der Winkel φ für jeden Punkt $q \subset R^2 - o$ nur mod 2π bestimmt ist).

Um eine solche Winkelfunktion F zu konstruieren, teilen wir die Strecke $0 \leqq s \leqq 1$ in so kleine Strecken $S_1, S_2, \ldots, S_m$ ein, daß für je zwei s-Werte s' und s'' desselben Intervalles S_i immer

$$\varrho(fp(s'), fp(s'')) < \varrho(\mathfrak{z}, o)$$

ist; dann liegt offenbar das dem Intervall S_i entsprechende Stück von $\mathfrak{z}$ ganz in einer Halbebene, welche von einer Geraden durch den Punkt o begrenzt wird. Daraus folgt offenbar: Wenn für *einen* Wert $s' \subset S_i$ ein Wert $F(s')$, der die Eigenschaft II besitzt, festgesetzt ist, so läßt sich eine eindeutige und stetige Funktion F für das ganze Intervall S_i so erklären, daß dort die Eigenschaft I besteht.

Nun verstehe man unter $F(0)$ einen willkürlichen der zum Punkte $fp(0)$ gehörigen Werte von φ; damit ist $F(s)$, wie wir eben gesehen haben, in dem ganzen Intervall S_1 bestimmt, also insbesondere auch im Anfangspunkt von S_2; daher auch im ganzen Intervall S_2; so fortschreitend bestimmt man F für alle s mit $0 \leqq s \leqq 1$. Dann ist infolge der Eigenschaft II: $F(1) = F(0) + u \cdot 2\pi$ mit einer ganzen Zahl u. Nun definiert man weiter $F(s)$ für *alle* s durch die Funktionalgleichung

$$F(s+1) - F(s) = u \cdot 2\pi.$$

Damit ist eine Winkelfunktion $F(s)$ konstruiert. Ist $F'(s)$ eine zweite zu f gehörige Winkelfunktion, so folgt aus II, daß es für jedes s eine ganze Zahl $k(s)$ so gibt, daß

$$F'(s) - F(s) = k(s) \cdot 2\pi$$

ist; infolge der Stetigkeit von F und F' ist auch k stetig, also infolge der Ganzzahligkeit konstant, d. h. es ist

$$F'(s) = F(s) + k \cdot 2\pi$$

mit konstantem ganzem k. Infolgedessen ist auch

$$F'(s+1) - F'(s) = u \cdot 2\pi.$$

Die ganze Zahl u ist somit von der speziellen Konstruktion der Winkelfunktion F unabhängig. Wir nennen sie die „*Umlaufzahl*" des geschlossenen Weges $\mathfrak{z} = [f(z)]$ um den Punkt o — eine Bezeichnung, deren geometrische Berechtigung wohl einleuchtet.

Nun gilt der Satz:

Die Umlaufzahl u von $\mathfrak{z}$ um o ist gleich der Ordnung von o in bezug auf $\mathfrak{z}$ (Koeffizientenbereich $\mathfrak{G}$).

Beweis. Setzen wir für $0 \leqq \tau \leqq 1$

$$F_\tau(s) = (1-\tau)F(s) + \tau \cdot u \cdot s \cdot 2\pi, \tag{4}$$

wobei F eine zu f gehörige Winkelfunktion, u die Umlaufzahl von $\mathfrak{z}$ ist, so erfüllen alle Funktionen F_τ dieselbe Funktionalgleichung

$$F_\tau(s+1) - F_\tau(s) = u \cdot 2\pi \tag{5}$$

wie $F_0 = F$. Verstehen wir für jeden Punkt $p = p(s) \subset \bar{z}$ unter $f_\tau(p)$ den Punkt, der von o denselben Abstand hat wie $f(p)$ und dessen Winkelkoordinate $F_\tau(s)$ ist, so ist f_τ eine eindeutige und stetige Abbildung von $\bar{z}$ in $R^2 - o$; die stetigen Zyklen $\mathfrak{z}_\tau = [f_\tau(z)]$ sind einander homotop in $R^2 - o$, und daher ist $\mathfrak{v}(\mathfrak{z}_\tau, o) = \mathfrak{v}(\mathfrak{z}, o)$ für alle τ; ferner haben sie, wie (5) zeigt, sämtlich die Umlaufzahl u um o. Es genügt daher, zu zeigen, daß $\mathfrak{v}(\mathfrak{z}_1, o) = u$ ist.

Wir bestimmen $\mathfrak{v}(\mathfrak{z}_1, o)$ als Abbildungsgrad gemäß Nr. 5: indem man $\mathfrak{z}_1$ von o aus auf eine Kreislinie $\bar{Z}$ um o projiziert, entsteht eine Abbildung g von z in $\bar{Z}$; da nach (4) die Winkelfunktion $F_1(s) = u \cdot s \cdot 2\pi$ ist, sieht die Abbildung g folgendermaßen aus: während der Punkt p die Kreislinie $\bar{z}$ einmal im positiven Sinne durchläuft, durchläuft der Bildpunkt $g(p)$ die Kreislinie $\bar{Z}$ monoton genau $|u|$-mal, und zwar im positiven oder negativen Sinne, je nachdem u positiv oder negativ ist (ist $u = 0$, so ist $g(\bar{z})$ ein fester Punkt von $\bar{Z}$). Diese Abbildung g läßt sich bei geeigneter Zerlegung von $\bar{z}$ und $\bar{Z}$ in Kreisbögen als simpliziale Abbildung von $|z|$ in $|Z|$ auffassen, bei der jeder Bogen von Z durch die Bilder von genau $|u|$ Bögen von z bedeckt wird, und zwar sind alle Bedeckungen positiv oder negativ, je nach dem Vorzeichen von u. Daraus ist ersichtlich: $Z = \dot{u}z$, d. h.: die Abbildung g hat den Grad u, w. z. b. w.

Bemerkung. Für die Anwendungen der Theorie der Ordnung (wie sie in den nächsten beiden Paragraphen behandelt werden) ist es bei Beschränkung auf den Fall $n = 2$ sehr bequem, die Ordnung $\mathfrak{v}(\mathfrak{z}, o)$ für geschlossene Wege $\mathfrak{z}$ von vornherein als Umlaufzahl zu *definieren*. Man beweist dann zunächst durch Betrachtung der Winkelfunktion F (ohne Benutzung von Homologiebegriffen) sehr leicht den „Deformationssatz": Wenn man o und $\mathfrak{z}$ stetig so abändert, daß o niemals auf $\bar{\mathfrak{z}}$ liegt, so bleibt die Umlaufzahl $\mathfrak{v}(\mathfrak{z}, o)$ ungeändert. Dieser Satz bildet zusammen mit den aus ihm folgenden Sätzen von POINCARÉ-BOHL und ROUCHÉ die Grundlagen für die meisten Anwendungen[1].

[1] Darstellungen von Theorie und Anwendungen im Fall $n = 2$: W. FENCHEL: Elementare Beweise und Anwendungen einiger Fixpunktsätze. Mat. Tidsskr. B 1932. — E. SCHMIDT: Über den Jordanschen Kurvensatz. Sitzgsber. preuß. Akad. Wiss. Bd. 28 (1923).

7. Das Kroneckersche Integral. Es sei wieder n beliebig. Wir werden zeigen, daß — unter geeigneten Regularitätsvoraussetzungen für die Abbildung f — die Ordnung $\mathfrak{v}([f(z)], o)$ durch ein Integral, welches über $\bar{z}$ zu erstrecken ist, ausgedrückt werden kann[1].

Wir beschränken uns im wesentlichen auf den wichtigsten Fall: der Zyklus z sei ein orientierter Komplex, es sei also $z = \sum x_i$, wobei die x_i $(n-1)$-dimensionale orientierte Simplexe sind. Ferner setzen wir zunächst voraus: f sei eine *simpliziale* Abbildung von z in $R^n - o$. Um die Ordnung zu bestimmen, bedienen wir uns der Deutung als Abbildungsgrad wie in Nr. 5; dabei sei Z die orientierte $(n-1)$-dimensionale Sphäre mit dem Mittelpunkt o und dem Radius 1. Da f simplizial ist, ist das durch die Abbildung $g = \varphi f$ (Nr. 5) gelieferte Bild eines Simplexes $|x_i|$ von $|z|$ ein krummes (sphärisches) Simplex von $\bar{Z}$; verschiedene Bildsimplexe $\overline{g(x_i)}$ können sich vollständig oder teilweise überdecken; jedoch gibt es offenbar eine solche Simplizialzerlegung $|Z|$ von $\bar{Z}$, daß jedes Bildsimplex $|g(x_i)|$ Summe gewisser Simplexe von $|Z|$ ist; indem wir dann zu einer geeigneten Unterteilung $|z'|$ von $|z|$ übergehen, erreichen wir, daß g eine simpliziale Abbildung von $|z'|$ in $|Z|$ ist.

Wir setzen wieder $z = \sum x_i$ statt z' und nehmen also an, daß g eine simpliziale Abbildung von z in $Z = \sum X_j$ ist. Das $(n-1)$-dimensionale (*positive*) Volumen des sphärischen Simplexes $\bar{X}$ nennen wir $Vol\,X$, und unter $Vol\,(-X)$ verstehen wir die negative Zahl $-Vol\,X$. Bezeichnen wir nun, bei festem X_j, mit x_{jk} die Simplexe von z, die auf X_j abgebildet werden, für die also $g(x_{jk}) = \pm X_j$ und daher auch

$$\mathrm{Vol}\,g(x_{jk}) = \pm \mathrm{Vol}\,X_j$$

ist, so ergibt sich aus Nr. 5, daß

$$\sum_k \mathrm{Vol}\,g(x_{jk}) = t \cdot \mathrm{Vol}\,X_j$$

ist, wobei t den zu bestimmenden Grad von g bezeichnet. Durch Summation über j ergibt sich

$$\sum_i \mathrm{Vol}\,g(x_i) = t \cdot \sum_j \mathrm{Vol}\,X_j,$$

wobei links über alle Simplexe x_i von z, rechts über alle Simplexe X_j von Z zu summieren ist. Bezeichnen wir mit k_{n-1} das (Oberflächen-) Volumen der $(n-1)$-dimensionalen Sphäre vom Radius 1, so ist demnach

$$t = \frac{1}{k_{n-1}} \sum_i \mathrm{Vol}\,g(x_i). \tag{6}$$

Es handelt sich also um die Aufgabe, das Volumen des sphärischen Simplexes $g(x_i)$ durch ein Integral auszudrücken. Es seien $u_1, u_2, \ldots, u_{n-1}$ Cartesische Koordinaten in $\bar{x}_i$; die Abbildung g ist durch den Vektor $\mathfrak{y}(u_1, u_2, \ldots, u_{n-1})$ gegeben, dessen Anfangspunkt o und dessen Endpunkt der Punkt $g(u_1, u_2, \ldots, u_{n-1})$ ist. Wir setzen $\frac{\partial \mathfrak{y}}{\partial u_j} = \mathfrak{y}_j$. Um das Volumenelement $d\omega$ von $\bar{Z}$ zu berechnen,

---

[1] Wir werden uns in dieser Nummer zum Teil mit Andeutungen begnügen und die Durchführung mancher Einzelheiten dem Leser überlassen.

Wir empfehlen hier die Lektüre der Note von J. HADAMARD: Sur quelques applications de l'indice de Kronecker (abgedruckt in TANNERY: Introduction à la théorie des fonctions d'une variable II, 2. éd. 1910). — Während in unserer Darstellung von der topologischen Theorie der „Ordnung" ausgegangen wird, woraus sich insbesondere die Ganzzahligkeit des Kroneckerschen Integrals (9) ohne weiteres ergibt, wird bei HADAMARD umgekehrt zuerst mit den Methoden der Integralrechnung die Ganzzahligkeit dieses Integrals bewiesen und auf dieser Tatsache die Theorie der Ordnung aufgebaut.

bringen wir im Endpunkt des Vektors $\mathfrak{y}$ die Tangentenvektoren $\mathfrak{y}_1\,du_1, \mathfrak{y}_2\,du_2, \ldots, \mathfrak{y}_{n-1}\,du_{n-1}$ an. Das $(n-1)$-dimensionale Volumen des von ihnen aufgespannten Parallelepipedes ist, da der Vektor $\mathfrak{y}$ auf ihnen senkrecht steht und die Länge 1 hat, gleich dem n-dimensionalen Volumen des von $\mathfrak{y}, \mathfrak{y}_1 du_1, \mathfrak{y}_2 du_2, \ldots, \mathfrak{y}_{n-1} du_{n-1}$ aufgespannten Parallelepipedes, also bekanntlich gleich der Determinante $D(\mathfrak{y}, \mathfrak{y}_1 du_1, \mathfrak{y}_2 du_2, \ldots, \mathfrak{y}_{n-1} du_{n-1})$.[1] Daraus folgt

$$d\omega = D(\mathfrak{y}, \mathfrak{y}_1, \mathfrak{y}_2, \ldots \mathfrak{y}_{n-1})\, du_1\, du_2 \ldots du_{n-1}.$$

Nun betrachten wir die Abbildung f; sie ist durch die Vektoren $\mathfrak{x}(u_1, u_2, \ldots, u_{n-1})$ mit dem Anfangspunkt o und den Endpunkten $f(u_1, u_2, \ldots, u_{n-1})$ bestimmt. Es ist

$$\mathfrak{y} = \frac{1}{|\mathfrak{x}|}\mathfrak{x}$$

(wobei $|\mathfrak{x}|$ wie üblich die Länge des Vektors $\mathfrak{x}$ bezeichnet). Wenn wir $\frac{\partial \mathfrak{x}}{\partial u_j} = \mathfrak{x}_j$ setzen, folgt

$$\mathfrak{y}_j = \frac{1}{|\mathfrak{x}|}\mathfrak{x}_j + \lambda_j \mathfrak{x},$$

wobei es auf den Wert des skalaren Faktors λ_j nicht ankommt. Es folgt weiter

$$\begin{aligned} d\omega &= D\left(\frac{1}{|\mathfrak{x}|}\mathfrak{x}, \frac{1}{|\mathfrak{x}|}\mathfrak{x}_1 + \lambda_1\mathfrak{x}, \frac{1}{|\mathfrak{x}|}\mathfrak{x}_2 + \lambda_2\mathfrak{x}, \ldots, \frac{1}{|\mathfrak{x}|}\mathfrak{x}_{n-1} + \lambda_{n-1}\mathfrak{x}\right) du_1\, du_2 \ldots du_{n-1} \\ &= D\left(\frac{1}{|\mathfrak{x}|}\mathfrak{x}, \frac{1}{|\mathfrak{x}|}\mathfrak{x}_1, \frac{1}{|\mathfrak{x}|}\mathfrak{x}_2, \ldots, \frac{1}{|\mathfrak{x}|}\mathfrak{x}_{n-1}\right) du_1\, du_2 \ldots du_{n-1} \end{aligned}$$

und daher

$$\text{(7)} \qquad \mathrm{Vol}\, g(x_i) = \int\limits_{x_i} \frac{1}{|\mathfrak{x}|^n} D(\mathfrak{x}, \mathfrak{x}_1, \mathfrak{x}_2, \ldots, \mathfrak{x}_{n-1})\, du_1\, du_2 \ldots du_{n-1}$$

[Dabei hat man, damit $\mathrm{Vol}\, g(x_i)$ das richtige Vorzeichen erhält, die Orientierung des Integrationsbereiches x_i in der üblichen Weise zu berücksichtigen.] Durch Summation über alle Simplexe x_i ergibt sich schließlich mit Rücksicht auf (6):

$$\text{(8)} \qquad t = \frac{1}{k_{n-1}} \int\limits_{z} \frac{1}{|\mathfrak{x}|^n} D(\mathfrak{x}, \mathfrak{x}_1, \mathfrak{x}_2, \ldots, \mathfrak{x}_{n-1})\, du_1\, du_2 \ldots du_{n-1},$$

wobei das rechts stehende Integral als, über alle i erstreckte, Summe der in (7) rechts stehenden Integrale zu verstehen ist.

Bisher haben wir vorausgesetzt, daß f simplizial ist; von dieser Voraussetzung kann man sich leicht befreien, falls die Koordinaten der durch f gelieferten Bildpunkte stetig differenzierbar nach den Parametern u_j sind; denn dann wende man die Formel (8) auf eine Folge gegen f konvergierender simplizialer Approximationen f_h an; dann sind von einem gewissen h an die zugehörigen Abbildungsgrade t_h gleich dem zu f gehörigen Grade t, und die in (8) rechts stehenden Integrale konvergieren — wenn man bei der Auswahl der Folge f_h eine gewisse Vorsicht walten läßt — gegen das entsprechende Integral für f.

Fassen wir zusammen:

Satz: Es seien: f eine Abbildung des $(n-1)$-dimensionalen orientierten Zyklus z in den R^n, welche in jedem Simplex von z stetig differenzierbar ist; o ein Punkt

[1] Haben die Vektoren $\mathfrak{a}_j$ die Komponenten a_{jk} $(j, k = 1, 2, \ldots, n)$, so ist definitionsgemäß

$$D(\mathfrak{a}_1, \mathfrak{a}_2, \ldots, \mathfrak{a}_n) = \begin{vmatrix} a_{11} & a_{12} & \cdots & a_{1n} \\ a_{21} & \cdot & \cdots & \cdot \\ \vdots & & & \vdots \\ a_{n1} & a_{n2} & \cdots & a_{nn} \end{vmatrix}$$

in $R^n - f(\bar{z})$; $\mathfrak{x}(p)$ für jeden Punkt $p \subset \bar{z}$ der Vektor mit dem Anfangspunkt o und dem Endpunkt $f(p)$; $u_1, u_2, \ldots, u_{n-1}$ Cartesische Koordinaten in den einzelnen Grundsimplexen von z (diese Koordinatensysteme wechseln also von Simplex zu Simplex); k_{n-1} das („Oberflächen"-) Volumen der $(n-1)$-dimensionalen Kugel vom Radius 1. Dann ist die Ordnung $\mathfrak{v}([f(z)], o)$ — die etwa wie in Nr. 1 als Schnittzahl $s(H, [f(z)])$ eines von o ausgehenden Halbstrahls mit $[f(z)]$ erklärt ist — durch das (über den *orientierten* Komplex z erstreckte) „*Kroneckersche Integral*"

$$\mathfrak{v}([f(z)], o) = \frac{1}{k_{n-1}} \int_z \frac{1}{|\mathfrak{x}|^n} \cdot D\left(\mathfrak{x}, \frac{\partial \mathfrak{x}}{\partial u_1}, \frac{\partial \mathfrak{x}}{\partial u_2}, \ldots, \frac{\partial \mathfrak{x}}{\partial u_{n-1}}\right) du_1\, du_2 \ldots du_{n-1} \tag{9}$$

auszudrücken.

Zusatz. Wenn der Zyklus z nicht ein orientierter Komplex, sondern von der Form $z = \sum t^i x_i$, $t_i \subset \mathfrak{J}$ ($\mathfrak{J}$ beliebig) ist, so tritt an die Stelle von (6):

$$t = \frac{1}{k_{n-1}} \sum_i t^i \operatorname{Volg}(x_i), \tag{6'}$$

also an die Stelle von (9):

$$\mathfrak{v}([f(z)], o) = \frac{1}{k_{n-1}} \int_{\sum x_i} \tau \cdot \frac{1}{|\mathfrak{x}|^n} D\left(\mathfrak{x}, \frac{\partial \mathfrak{x}}{\partial u_1}, \frac{\partial \mathfrak{x}}{\partial u_2}, \ldots, \frac{\partial \mathfrak{x}}{\partial u_{n-1}}\right) du_1 du_2 \ldots du_{n-1}, \tag{9'}$$

wobei τ diejenige stückweise konstante Funktion auf $\bar{z}$ ist, die in den Simplexen $\bar{x}_i$ die Werte t^i besitzt.

Bemerkung. Ist $\bar{z}$ eine Kreislinie (also $n = 2$), s der Parameter auf $\bar{z}$, sind ferner ξ_1, ξ_2 rechtwinklige Cartesische Koordinaten in R^2 mit o als Anfangspunkt, so läßt sich $\mathfrak{v}([f(z)], o)$ nach (9) folgendermaßen ausrechnen:

$$\mathfrak{v}([f(z)], o) = \frac{1}{2\pi} \int_z \frac{1}{\xi_1^2 + \xi_2^2} \cdot \begin{vmatrix} \xi_1 & \xi_2 \\ \frac{d\xi_1}{ds} & \frac{d\xi_2}{ds} \end{vmatrix} \cdot ds = \frac{1}{2\pi} \int_z \frac{d \operatorname{arctg} \frac{\xi_2}{\xi_1}}{ds}\, ds$$

Das bedeutet: die Ordnung $\mathfrak{v}(z, o)$ ist die durch 2π dividierte Änderung, die der Winkel $\varphi = \operatorname{arctg} \frac{\xi_2}{\xi_1}$ bei Durchlaufung des geschlossenen Weges z erleidet; sie ist also die „Umlaufzahl" von z um o — in Übereinstimmung mit Nr. 6.

§ 2. Die Kroneckersche Charakteristik. Der lokale Grad von Abbildungen in den R^n.

Die Grundlage des gegenwärtigen Paragraphen besteht aus der Formel (10) in Kap. XI, § 1, Nr. 9, der unmittelbar aus ihr folgenden Formel (11) (a. a. O.) sowie den eng mit ihr zusammenhängenden Sätzen IV und IV' (§ 1, Nr. 7 bzw. § 2, Nr. 1 des Kap. XI).

1. Der Existenzsatz für o-Stellen. Wenden wir den zitierten Satz IV' auf den Fall an, in dem $\mathfrak{z}'$ ein Punkt o ist, und benutzen wir die Bezeichnungen und Begriffe des vorigen Paragraphen[1], so ergibt sich: wenn $\mathfrak{z} \sim 0$ in $R^n - o$ ist, so ist die Ordnung $\mathfrak{v}(\mathfrak{z}, o) = 0$; hieraus folgt unmittelbar der

Satz I (Allgemeiner Kroneckerscher Existenzsatz). *Es seien: C^n ein Euklidischer n-dimensionaler algebraischer Komplex; f eine*

[1] Auch das in Nr. 1 des vorigen Paragraphen bezüglich der Koeffizientenbereiche Gesagte soll seine Gültigkeit behalten.

Abbildung von $\bar{C}^n$ in den R^n; o ein Punkt in $R^n - \overline{f(\dot{C}^n)}$. Falls dann die Ordnung $\mathfrak{v}([f(\dot{C}^n)], o)$ des Punktes o in bezug auf das Bild des Randes von C^n nicht Null ist, so gibt es in $\bar{C}^n$ wenigstens einen Punkt p mit $f(p) = o$.

Denn wenn es keinen solchen Punkt p gibt, so berandet $[f(\dot{C}^n)]$ den in $R^n - o$ gelegenen stetigen Komplex $[f(C^n)]$, und es ist daher $\mathfrak{v}([f(\dot{C}^n)], o) = 0$.

Im Hinblick auf zahlreiche Anwendungen verdient der folgende Spezialfall hervorgehoben zu werden:

Satz Ia (Spezieller Kroneckerscher Existenzsatz). *Es seien: E^n eine n-dimensionale Vollkugel*[1]*; S^{n-1} der Rand von E^n; Z eine orientierte Sphäre mit $\bar{Z} = S^{n-1}$; f eine Abbildung von E^n in den R^n; o ein Punkt in $R^n - f(S^{n-1})$. Falls dann die Ordnung $\mathfrak{v}([f(Z)], o) \neq 0$ ist, so gibt es wenigstens einen Punkt $p \subset E^n$ mit $f(p) = o$.*

Offenbar ist der „spezielle" in dem „allgemeinen" Existenzsatz enthalten: man braucht ja nur unter $|C^n|$ eine krumme Simplizialzerlegung von E^n zu verstehen und die krummen Simplexe von $|C^n|$ geeignet zu orientieren, um einen solchen algebraischen Komplex C^n zu erhalten, daß $\dot{C}^n = Z$ wird. Jedoch kann man den speziellen Existenzsatz auch folgendermaßen auf den „Deformationssatz" (Kap. XI, § 2, Nr. 2) zurückführen[2]:

Es gebe keinen Punkt $p \subset E^n$ mit $f(p) = o$; dann ist $f(E^n) \subset R^n - o$. Die Sphäre S^{n-1} läßt sich innerhalb E^n stetig in einen Punkt q zusammenziehen; diesem Vorgang entspricht vermöge der Abbildung f eine Zusammenziehung des stetigen Zyklus $[f(Z)]$ in den Punkt $f(q)$, welche ganz innerhalb $R^n - o$ vor sich geht und bei welcher daher — nach dem Deformationssatz — die Ordnung des Punktes o in bezug auf den deformierten stetigen Zyklus ungeändert bleibt. Diese Ordnung ist am Schluß des Vorganges gewiß Null, da dann der stetige Zyklus punktförmig ist; sie war daher auch am Anfang, also in bezug auf $[f(Z)]$, gleich Null, w. z. b. w.

Der einfachste Fall des speziellen Existenzsatzes ist der, in dem $n = 1$ und E^n daher eine *Strecke* ist; dann besteht S^0 aus zwei Punkten a, b, und die orientierte Sphäre Z ist der nulldimensionale Zyklus $b - a$. Aus der Definition von $\mathfrak{v}(z, o)$ als Schnittzahl eines von o ausgehenden Halbstrahles mit z — (vgl. § 1, Nr. 1) — ist ersichtlich: ist $n = 1$ und $z = b' - a'$ (wobei a', b' positiv signierte Punkte sind), so ist dann und nur dann $\mathfrak{v}(z, o) \neq 0$ (und zwar $= \pm 1$), falls o *zwischen* a' und b' liegt. Daher ist im Fall $n = 1$ der spezielle Kroneckersche Exi-

[1] Eine n-dimensionale Vollkugel ist eine im n-dimensionalen Euklidischen $(x_1, x_2, \ldots, x_n)$-Raume durch $\sum x_i^2 \leq r^2$ definierte Punktmenge.

[2] Dadurch ergibt sich insbesondere ein einfacher Beweis für $n = 2$, da in diesem Fall der Deformationssatz besonders einfach zu beweisen ist (vgl. die Bemerkung in § 1, Nr. 6).

stenzsatz gleichbedeutend mit dem klassischen Satz von BOLZANO: Eine auf der Strecke $\overline{ab}$ stetige reelle Funktion f nimmt dort jeden *zwischen* $f(a)$ und $f(b)$ gelegenen Wert an.

Somit kann der Kroneckersche Satz als Verallgemeinerung des elementaren Bolzanoschen Satzes gelten; die Aussage „o liegt zwischen $f(a)$ und $f(b)$" ist zu der Aussage verallgemeinert: „o hat in bezug auf $[f(\dot{C}^n)]$ eine von Null verschiedene Ordnung".

2. Als Anwendung[1] beweisen wir den Fundamentalsatz der Algebra: *Jedes komplexe Polynom*

$$f(p) = p^n + a_1 p^{n-1} + \cdots + a_n \qquad (n \geqq 1)$$

besitzt wenigstens eine Nullstelle. (Mit p bezeichnen wir sowohl die komplexe Variable als auch den entsprechenden Punkt der Gaußschen Zahlenebene.)

Der Beweis wird außer dem speziellen Kroneckerschen Existenzsatz (für $n = 2$) nur die übliche geometrische Deutung der komplexen Zahlen und die Tatsache benutzen, daß $f(p)$ eine *stetige* Funktion von p ist, jedoch nicht die Differenzierbarkeit von $f(p)$, also — im Gegensatz zu bekannten anderen Wendungen desselben Beweises — keine für *analytische* Funktionen typischen Eigenschaften eines Polynoms[2].

Beweis. Wir setzen $g(p) = p^n$ und fassen f und g als Abbildungen der p-Ebene in eine zweite Ebene von komplexen Zahlen auf, deren Nullpunkt o heiße. Ist r eine positive Zahl, für die

$$r > 1, \tag{1a}$$

$$r > |a_1| + \cdots + |a_n| \tag{1b}$$

gilt, und Z die Kreislinie mit dem Radius r um den Nullpunkt der p-Ebene, so gilt für $p \subset Z$:

$$\begin{aligned} \varrho(f(p), g(p)) = |f(p) - g(p)| &\leqq |a_1| r^{n-1} + |a_2| r^{n-2} + \cdots + |a_n| \\ &\leqq r^{n-1}(|a_1| + |a_2| + \cdots + |a_n|) && \text{[nach (1a)]} \\ &< r^n && \text{[nach (1b)]} \\ &= |g(p)| = \varrho(g(p), o), \end{aligned}$$

also

$$\varrho(f(p), g(p)) < \varrho(g(p), o).$$

Hieraus folgt nach dem Satz von ROUCHÉ (§ 1, Nr. 2):

$$\mathfrak{v}([f(Z)], o) = \mathfrak{v}([g(Z)], o). \tag{2}$$

Die Abbildung g des Kreises Z sieht aber folgendermaßen aus: Während p den Kreis Z einmal monoton durchläuft, durchläuft $g(p)$ einen Kreis mit o als Mittelpunkt genau n-mal monoton; folglich (§ 1, Nr. 6) ist $\mathfrak{v}([g(Z)], o) = n \neq 0$. Nach (2) ist auch $\mathfrak{v}([f(Z)], o) \neq 0$, und nach dem speziellen Kroneckerschen Existenzsatz gibt es in der von Z begrenzten Kreisscheibe E^2 wenigstens einen Punkt p mit $f(p) = o$, w. z. b. w.

3. Die Charakteristik eines Funktionensystems. Es handelt sich dabei im Grunde nur um eine andere Formulierung des Begriffes der Ordnung:

Es sei z ein $(n-1)$-dimensionaler Euklidischer Zyklus, und auf z seien n reelle Funktionen $f_1, f_2, \ldots, f_n$ gegeben, die daselbst keine

---

[1] Weitere Anwendungen werden im § 3 gemacht.

[2] Man beachte überdies die „Bemerkung" über die Einfachheit des Falles $n = 2$ in § 1, Nr. 6. Man vgl. OSGOOD: Lehrbuch der Funktionentheorie, Bd. I (zweite Auflage) S. 220—221.

gemeinsame Nullstelle besitzen. Dann definiert man die „*Charakteristik* des Systems der f_i auf dem Zyklus z" folgendermaßen: Es seien $x_1, x_2, \ldots, x_n$ Cartesische rechtwinklige Koordinaten im R^n; zu diesem Koordinatensystem gehört eine bestimmte Orientierung des R^n gemäß Kap. IV, § 2, Nr. 6; der Nullpunkt der Koordinaten heiße o; durch

$$x_i = f_i(p) \qquad (i = 1, 2, \ldots, n; \; p \subset \bar{z})$$

wird eine Abbildung f von $\bar{z}$ in den Raum $R^n - o$ erklärt; unter der *Charakteristik des Funktionensystems f_i auf z* versteht man die Ordnung $\mathfrak{v}([f(z)], o)$. Falls die f_i stetig differenzierbar nach Cartesischen Koordinaten in den Simplexen von z sind, kann man die Charakteristik auch durch das Integral (9) in § 1, Nr. 7, ausdrücken.

Der allgemeine Existenzsatz aus Nr. 1 läßt sich nun so aussprechen:

Es sei C^n ein Euklidischer algebraischer Komplex, und auf $\bar{C}^n$ seien n stetige reelle Funktionen $f_1, f_2, \ldots, f_n$ gegeben, welche auf dem Rande $\dot{\bar{C}}^n$ keine gemeinsame Nullstelle besitzen. Falls dann die Charakteristik dieses Funktionensystems auf $\dot{C}^n$ von Null verschieden ist, besitzen die Funktionen in $\bar{C}^n$ wenigstens eine gemeinsame Nullstelle.

4. Der Index einer o-Stelle. Um die bisherigen Existenzsätze für o-Stellen p — d. h. für Punkte p mit $f(p) = o$ — zu Sätzen über die *Anzahl* der o-Stellen verfeinern zu können, führen wir den Begriff des „Index" oder der „Vielfachheit" einer o-Stelle ein.

Es sei f eine Abbildung des n-dimensionalen Euklidischen Simplexes $\bar{X}$ in den R^n; es gebe einen inneren Punkt p von $\bar{X}$ mit $f(p) = o$, für alle von p verschiedenen Punkte q einer Umgebung U von p sei aber $f(q) \neq o$; p sei also eine „isolierte o-Stelle". Es sei nun X orientiert, x ein entsprechend orientiertes n-dimensionales Simplex in U, das p im Innern enthält, und Z eine dadurch in natürlicher Weise orientierte $(n-1)$-dimensionale Sphäre in $\bar{x}$ mit dem Mittelpunkt p. Da auf $\bar{Z}$ keine o-Stelle liegt, ist $[f(Z)]$ ein stetiger Zyklus in $R^n - o$, und daher ist die (ganzzahlige) Ordnung $\mathfrak{v}([f(Z)], o)$ erklärt. Diese Zahl heißt der „Index" von p. Sie ändert bei Umkehrung der Orientierung von X das Vorzeichen, da dann Z durch $-Z$ zu ersetzen ist.

Dieser Index ist von dem Radius der gewählten Sphäre $\bar{Z}$ unabhängig; es gilt sogar der viel allgemeinere Satz: ist $\mathfrak{z} = [h(z)]$ irgendein ganzzahliger $(n-1)$-dimensionaler stetiger Zyklus in $\bar{x} - p$, für welchen $\mathfrak{v}(\mathfrak{z}, p) = +1$ ist, so ist die Ordnung von o in bezug auf $f(\mathfrak{z})$ — also die Zahl $\mathfrak{v}([fh(z)], o)$ — unabhängig von der Wahl des Zyklus $\mathfrak{z}$, und somit gleich dem soeben mit Hilfe von Z erklärten Index.

In der Tat: es sei $\mathfrak{z} \subset \bar{x} - p$ und $\mathfrak{v}(\mathfrak{z}, p) = 1$; dann ist $\mathfrak{z} \sim Z$ in $\bar{x} - p$ nach § 1, Nr. 3 (daß wir früher statt des Simplexes $\bar{x}$ den ganzen R^n zur Verfügung hatten, spielt für den Beweis keine Rolle). Hieraus folgt, da $f(\bar{x} - p) \subset R^n - o$ ist:

$$f(\mathfrak{z}) \sim [f(Z)] \quad \text{in } R^n - o,$$

also $\mathfrak{v}([f(\mathfrak{z})], o) = \mathfrak{v}([f(Z)], o)$, w. z. b. w.

Man kann somit zur Bestimmung des Index $\mathfrak{v}([f(\mathfrak{z})], o)$ von p einen beliebigen stetigen Zyklus $\mathfrak{z} \subset \bar{x} - p$ mit $\mathfrak{v}(\mathfrak{z}, p) = 1$ zugrunde legen. Oft ist es bequem, einfach $\mathfrak{z} = \dot{x}$ zu wählen.

Bemerkung I. Es sei speziell f eine nicht-singuläre affine Abbildung von $\bar{x}$, also $x' = f(x)$ ein (orientiertes) n-dimensionales Euklidisches Simplex des R^n, und o innerer Punkt von $\bar{x}'$; dann gibt es in $\bar{x}$ genau eine o-Stelle p, und zwar liegt sie im Innern von $\bar{x}$; sie besitzt also einen Index. Wir behaupten: *der Index ist $+1$ oder -1, je nachdem $x' = f(x)$ ein positives oder negatives Simplex des orientierten R^n ist.*

In der Tat: je nachdem x' positiv oder negativ ist, ist die Schnittzahl $\mathfrak{s}(x', o)$ gleich $+1$ oder gleich -1 (Kap. XI, § 1, Nr. 1, Bemerkung I); daher ist nach Kap. XI, § 1, Nr. 9, Formel (10), auch $\mathfrak{v}(x', \dot{o})$ $= \pm 1$ je nach dem Vorzeichen von x'.

Bemerkung II. *Wenn die o-Stelle p einen von Null verschiedenen Index hat, so ist o innerer Punkt der Bildmenge $f(\bar{x})$.*

Denn ist G die Komponente von $R^n - f(\dot{\bar{x}})$, welche o enthält, und o' irgendein Punkt von G, so ist auch $\mathfrak{v}([f(\dot{x})], o') \neq 0$ nach Kap. XI, § 2, Nr. 4, und daher $o' \subset f(\bar{x})$ nach Satz I; da somit $G \subset f(\bar{x})$, da ferner $o \subset G$ und da G offen ist, ist o innerer Punkt von $f(\bar{x})$.

Bemerkung III. Es ist klar, was man bei Benutzung der Terminologie aus Nr. 3 unter dem „Index" oder der „Vielfachheit" einer isolierten gemeinsamen Nullstelle der Funktionen $f_1, f_2, \ldots, f_n$ zu verstehen hat.

Daß der „Index" eine Verallgemeinerung des in der Funktionentheorie üblichen Begriffes der „Vielfachheit" ist, lehrt der Satz:

Durch die Potenzreihe $a_n p^n + a_{n+1} p^{n+1} + \cdots$ mit $n \geqq 1$, $a_n \neq 0$ sei eine in der Umgebung von $p = 0$ analytische Funktion $f(p)$ der komplexen Veränderlichen p gegeben. Fassen wir f als Abbildung der Umgebung des Punktes $p = 0$ der p-Ebene in eine Ebene komplexer Zahlen mit dem Nullpunkt o auf, so hat die (isolierte) o-Stelle $p = 0$ den Index n.

Beweis als Aufgabe! (Anleitung: Man beschränke sich auf eine Umgebung von $p = 0$, in der $|a_{n+1} + a_{n+2} p + \cdots| < M$ ist, wähle eine positive Zahl r mit $M \cdot r < |a_n|$, verstehe unter Z den Kreis mit dem Mittelpunkt $p = 0$ und dem Radius r und vergleiche f mit der durch $g(p) = a_n p^n$ gegebenen Abbildung g. Ähnlich wie in Nr. 2 ergibt sich $\mathfrak{v}([f(Z)], o) = \mathfrak{v}([g(z)], o)$ und hieraus die Behauptung.)

5. Die algebraische Anzahl der o-Stellen. Es sei wieder f eine Abbildung des Euklidischen n-dimensionalen algebraischen Komplexes C^n in den R^n und o ein Punkt des R^n. Eine o-Stelle $p \subset C^n$ von f heiße „regulär", wenn sie 1) im Innern eines n-dimensionalen Simplexes $\bar{X}$ von $\bar{C}^n$ liegt und 2) isoliert ist; sie hat dann einen (von der Orientierung von X abhängigen) Index. Wir setzen voraus, daß f

keine anderen als reguläre o-Stellen in $\dot{C}^n$ besitzt; deren Anzahl ist dann gewiß endlich, da andernfalls ein Häufungspunkt der o-Stellen eine irreguläre o-Stelle wäre. Es seien p_h die o-Stellen, j_h ihre Indexe, für jedes h sei X_h das Simplex von C^n, in welchem p_h liegt, und t^h der Koeffizient von X_h in C^n; dann ist $j_h \cdot t^h$ unabhängig von der Orientierung des Simplexes X_h, da bei Umkehrung dieser Orientierung sowohl j_h als auch t^h das Vorzeichen wechselt. Die Summe $J = \sum_h j_h t^h$ heißt die *„algebraische Anzahl"* der o-Stellen von f in C^n; wenn $C^n = \sum X_i$ ein orientierter Komplex ist, so ist J einfach gleich der Summe $\sum j_h$ der Vielfachheiten.

Es gilt nun der grundlegende

Satz II. *Wenn die Abbildung f des n-dimensionalen Komplexes C^n in den R^n keine anderen als reguläre o-Stellen besitzt, so ist deren algebraische Anzahl gleich der Ordnung von o in bezug auf das Randbild $[f(\dot{C}^n)]$, also gleich $\mathfrak{v}([f(\dot{C}^n)], o)$.*

Beweis. Die Bezeichnungen p_h, j_h, t^h sollen dieselbe Bedeutung haben wie oben. Wir stellen eine solche Unterteilung $|C_1^n|$ von $|C^n|$ her, daß für jedes h der Punkt p_h im Innern eines n-dimensionalen Simplexes $|x_h|$ von $|C_1^n|$ liegt und daß jedes Simplex $|x_h|$ höchstens *eine* o-Stelle p_h enthält[1]; unter C_1^n verstehen wir den bei dieser Unterteilung aus C^n entstehenden algebraischen Komplex; in ihm haben die Simplexe x_h die Koeffizienten t^h.

Die Abbildung f hat in dem Polyeder $C_1^n - \sum_h t^h x_h$ keine o-Stelle; daher ist nach Nr. 1:

$$\mathfrak{v}([f(C_1^n - \sum_h t^h x_h)^{\cdot}], o) = 0,$$

also — mit Rücksicht auf Kap. XI, § 1, Nr. 7 —:

$$\mathfrak{v}([f(\dot{C}_1^n)], o) = \sum_h t^h \mathfrak{v}([f(\dot{x}_h)], o).$$

Nun ist aber nach Nr. 4:

$$\mathfrak{v}([f(\dot{x}_h)], o) = j_h,$$

und außerdem ist, da $\dot{C}_1^n$ eine Unterteilung von $\dot{C}^n$ ist, $\mathfrak{v}([f(\dot{C}_1^n)], o) = \mathfrak{v}([f(\dot{C}^n)], o)$; mithin gilt in der Tat die behauptete Gleichheit

$$\mathfrak{v}([f(\dot{C}^n)], o) = \sum j_h t^h.$$

Aus dem damit bewiesenen Satz ergibt sich mit Hilfe des Satzes von ROUCHÉ (§ 1, Nr. 2) das

Korollar I. *Es seien f_1 und f_2 zwei Abbildungen von C^n in den R^n, die beide nur reguläre o-Stellen besitzen, und deren Abweichung voneinander auf dem Rand $\dot{C}^n$ durch*

$$\varrho(f_1(p), f_2(p)) < \varrho(f_1(p), o) \quad \text{für } p \subset \dot{C}^n$$

---

[1] Eine solche Unterteilung konstruiert man leicht nach den Methoden von Kap. III, § 2, Nr. 8.

beschränkt ist. Dann haben f_1 und f_2 die gleichen algebraischen Anzahlen von o-Stellen in C^n.

Ferner ergibt sich auf Grund von Kap. XI, § 2, Nr. 4, das

Korollar II. *Es sei f eine Abbildung von C^n in den R^n, es seien o und o′ zwei Punkte in derselben Komponente von $R^n - \overline{f(\dot{C}^n)}$, und f besitze in C^n nur reguläre o-Stellen und nur reguläre o′-Stellen. Dann ist die algebraische Anzahl der o-Stellen gleich der algebraischen Anzahl der o′-Stellen.*

Bemerkung I. Es liegt auf der Hand, wie die Sätze dieser Nummer zu formulieren sind, wenn man sich der Terminologie aus Nr. 3 bedient. Man kann dann, falls die Funktionen $f_1, f_2, \ldots, f_n$ stetig differenzierbar sind, die algebraische Anzahl ihrer gemeinsamen Nullstellen durch das über $\dot{C}^n$ erstreckte Integral (9) bzw. (9′) aus § 1, Nr. 7, ausdrücken.

Bemerkung II. Wenn $n = 2$ und f die durch eine analytische Funktion vermittelte Abbildung des (im allgemeinen krummen) Teilpolyeders $\overline{C}^2$ einer Ebene oder einer Riemannschen Fläche ist, so erhält man bekannte Sätze aus der klassischen Funktionentheorie.

6. Der lokale Abbildungsgrad im R^n. Wir verzichten jetzt auf die Voraussetzung der Regularität aller o-Stellen in C^n. Dann bemerken wir erstens, daß der folgende Satz gilt:

Satz III. *Ist f eine beliebige Abbildung von $\overline{C}^n$ in den R^n, o ein beliebiger Punkt im R^n und ε eine beliebige positive Zahl, so gibt es Abbildungen f_i mit*

$$\varrho(f_i(p), f(p)) < \varepsilon \quad \text{für alle Punkte } p \subset \overline{C}^n,$$

welche nur reguläre o-Stellen (oder gar keine o-Stellen) besitzen.

In der Tat kann man ja unter f_i z. B. eine beliebig gute simpliziale Approximation von f verstehen (Kap. VIII, § 5, Nr. 10), bei welcher die Bilder der Eckpunkte der zugrunde gelegten Unterteilung $|C_i^n|$ von $|C^n|$ derart gewählt sind, daß o nicht dem Bild eines Nebensimplexes von $|C_i^n|$ angehört[1].

Zweitens gilt:

Satz IV. *Es sei f eine Abbildung von C^n in den R^n, bei welcher keine o-Stelle auf $\dot{C}^n$ liegt. Dann sind für je zwei Abbildungen f_1, f_2 von C^n, welche f hinreichend gut approximieren und welche beide nur reguläre o-Stellen besitzen, die algebraischen Anzahlen der o-Stellen einander gleich.*

Beweis. Da auf $\dot{C}^n$ keine o-Stelle von f liegt, ist

$$\varrho(\overline{f(\dot{C}^n)}, o) = \alpha > 0. \tag{3}$$

Sind dann f_1, f_2 zwei Abbildungen von $\overline{C}^n$ in den R^n mit

$$\varrho(f_i(p), f(p)) < \tfrac{1}{3}\alpha, \qquad (i = 1, 2;\ p \subset \dot{C}^n) \tag{4}$$

[1] Im Kap. VIII a. a. O. haben wir $f_i(e) = f(e)$ für die Eckpunkte von $|C_i^n|$ gesetzt; es genügt aber für die Güte der Approximation, $f_i(e)$ in hinreichender Nähe von $f(e)$ zu wählen; diese Wahl kann man so treffen, daß die obige Forderung bezüglich der Nebensimplexe erfüllt wird.

so ist offenbar die Voraussetzung des Korollars I in Nr. 5 erfüllt, und daher ist unsere Behauptung richtig. —

Die Sätze III und IV berechtigen zu der folgenden

Definition. Es sei f eine Abbildung von C^n in den R^n, welche auf $\dot{C}^n$ keine o-Stelle besitzt. Dann verstehen wir unter dem „*lokalen*[1] *Grad der Abbildung f im Punkte o*" die algebraische Anzahl der o-Stellen einer beliebigen, jedoch hinreichend guten[2] Approximation f_i von f, welche nur reguläre o-Stellen besitzt.

Der „lokale Grad" ist somit ein Ersatz für die „algebraische Anzahl", wenn statt der Voraussetzung der Regularität aller o-Stellen nur die schwächere Voraussetzung erfüllt ist: auf $\dot{C}^n$ liegt keine o-Stelle. Aus seiner Definition, aus dem Satz II und aus der Tatsache, daß $\mathfrak{v}([f_i(\dot{C}^n)], o) = \mathfrak{v}([f(\dot{C}^n)], o)$ für jede hinreichend gute Approximation f_i von f ist (Satz von Rouché), ergibt sich in Verallgemeinerung des Satzes II der folgende *Hauptsatz* dieses Paragraphen:

Satz V. *Es sei f eine Abbildung von C^n in den R^n, welche auf $\dot{C}^n$ keine o-Stelle besitzt. Dann ist der Grad von f in o gleich der Ordnung von o in bezug auf* $[f(\dot{C}^n)]$.

Bemerkung. Man kann sich bei der Definition des lokalen Grades auf *simpliziale* Approximationen von f beschränken; da die Indexe der o-Stellen einer simplizialen Abbildung nach Nr. 4 gleich ± 1 sind, ist die „algebraische Anzahl" der o-Stellen dann gleich der „Bedeckungszahl"

$$J = \sum_k t_+^k - \sum_l t_-^l$$

(vgl. Kap. XI, § 1, Nr. 9), wobei t_+^k bzw. t_-^l den in C^n auftretenden Koeffizienten eines Simplexes bezeichnet, welches eine o-Stelle enthält und im positiven bzw. negativen Sinne in den R^n abgebildet wird. Ist insbesondere $C^n = \sum x_i$ ein orientierter Komplex, so ist die Bedeckungszahl gleich der Anzahl der den Punkt o positiv bedeckenden Bildsimplexe, vermindert um die Anzahl der ihn negativ bedeckenden Bildsimplexe. Der lokale Grad einer *beliebigen* Abbildung f im Punkte o ist gleich der *Bedeckungszahl* von o bei einer hinreichend guten, im übrigen beliebigen *simplizialen* Approximation von f, von der nur vorausgesetzt ist, daß alle o-Stellen im *Inneren* von Grundsimplexen von $|C|$ liegen.

Dies ist die ursprüngliche Definition des Grades von Brouwer.

7. Topologische Abbildungen. Der folgende Satz trägt zur Rechtfertigung der Aussage bei, daß der Index eine „Vielfachheit" ist.

Satz VI. *Es sei p innerer Punkt des n-dimensionalen Simplexes $\bar{x}$ und f eine topologische Abbildung von $\bar{x}$ in den R^n mit $f(p) = o$. Dann hat die o-Stelle p den Index* ± 1.

[1] Den Zusatz „lokal" lassen wir zuweilen weg, wenn keine Verwechslung mit dem „Grad im Großen" aus § 1, Nr. 4, zu befürchten ist.

[2] Die durch (3) und (4) gegebene Güte der Approximation ist hinreichend.

Beweis. Nach Satz III in Kap. XI, § 4, Nr. 5, gibt es einen Punkt $o' \subset R^n - f(\dot{\bar{x}})$ mit $\mathfrak{v}([f(\dot{x})], o') = \pm 1$.[1] Nach Satz I (des gegenwärtigen Paragraphen) gibt es einen Punkt $p' \subset \bar{x}$ mit $f(p') = o'$; da $o' \subset R^n - f(\dot{\bar{x}})$ ist, ist $p' \subset \bar{x} - \dot{\bar{x}}$, also innerer Punkt von $\bar{x}$. Das durch f gelieferte Bild der Strecke $\overline{pp'}$ ist ein stetiger, o mit o' verbindender Weg in $R^n - f(\dot{\bar{x}})$; da somit o und o' zu derselben Komponente von $R^n - \dot{\bar{x}}$ gehören, ist $\mathfrak{v}([f(\dot{x})], o) = \mathfrak{v}([f(\dot{x})], o')$, also $\mathfrak{v}([f(\dot{x})], o) = \pm 1$.

Aus dem damit bewiesenen Satz VI und der Bemerkung II in Nr. 4 folgt noch einmal (vgl. Kap. X, § 2, Nr. 5; Kap. XI, Anhang, Nr. 9) der Satz von der Gebietsinvarianz: *Ist f eine topologische Abbildung einer offenen Menge G des R^n in einen ebenfalls n-dimensionalen Euklidischen Raum R_1^n, so ist die Bildmenge $f(G)$ eine in R_1^n offene Menge.*

Der Beweis des Satzes VI zeigt überdies, daß die Indexe der o-Stelle p und der o'-Stelle p' entweder beide gleich $+1$ oder beide gleich -1 sind. Wir verallgemeinern diese Tatsache sogleich zu

Satz VII. *Es sei G ein Gebiet im n-dimensionalen Euklidischen Raume R_1^n und f eine topologische Abbildung von G in einen n-dimensionalen Euklidischen Raum R_2^n. Dann sind die Indexe der Punkte*[2] *von G entweder sämtlich gleich $+1$ oder sämtlich gleich -1.*

Beweis. Der Punkt $p \subset G$ habe den Index $+1$; d. h. es sei $\mathfrak{v}([f(\dot{x})], f(p)) = +1$, wobei x ein positiv orientiertes n-dimensionales Simplex in G ist, welches p im Innern enthält; ist p' ein beliebiger innerer Punkt von $\bar{x}$, so ergibt sich wie im Beweis des Satzes VI, daß auch $\mathfrak{v}([f(x)], f(p')) = +1$ ist. Daraus ist ersichtlich: die Punkte mit dem Index $+1$ bilden eine offene Teilmenge von G. Dasselbe gilt für die Punkte vom Index -1. Da G ein Gebiet, also zusammenhängend ist, muß eine der beiden Teilmengen leer sein, w. z. b. w. —

Je nachdem die Punkte von G die Indexe $+1$ oder -1 haben, sagt man, daß die topologische Abbildung f den *Grad* $+1$ oder -1 hat; diese Ausdrucksweise ist berechtigt, da ja die Abbildung eines beliebigen in G gelegenen, positiv orientierten n-dimensionalen Simplexes x in dem Bildpunkt $f(p)$ eines beliebigen inneren Punktes p von $\bar{x}$ den lokalen Grad $+1$ oder -1 besitzt, je nachdem p den Index $+1$ oder -1 hat.

---

[1] Der zitierte Satz war das Ergebnis verhältnismäßig schwieriger Betrachtungen (Alexanderscher Dualitätssatz); für den Fall $n = 2$ findet man einen sehr einfachen Beweis dieses Satzes im § 2 der auf S. 464 zitierten Arbeit von E. Schmidt. — Einen Beweis des Satzes VI, der den Satz III aus Kap. XI, § 4, nicht benutzt, entnimmt man leicht den in der Fußnote auf S. 312 zitierten Arbeiten von Brouwer und Leray.

[2] Unter dem Index des *Punktes* p ist natürlich der Index der *$f(p)$-Stelle* p zu verstehen.

Von den topologischen Abbildungen des Grades $+1$ sagt man gewöhnlich, daß sie „die Orientierung erhalten", von denen des Grades -1, daß sie „die Orientierung umkehren". Dabei sind natürlich immer feste Orientierungen der Räume R_1^n und R_2^n zugrunde gelegt. Ändert man die Orientierung *eines* dieser Räume, so ändert der Grad das Vorzeichen; ändert man sowohl die Orientierung von R_1^n, als auch die von R_2^n, so bleibt der Grad ungeändert. Hieraus folgt: Falls R_1^n mit R_2^n identisch ist, *falls man also ein Gebiet des R^n topologisch auf ein Gebiet desselben R^n abbildet, so ist der Grad von der Orientierung des R^n nicht abhängig.*

8. Invarianzsätze. Satz VIII (Invarianz der Ordnung). *Es sei: o ein Punkt des R_1^n; $\mathfrak{z}$ ein stetiger $(n-1)$-dimensionaler Zyklus in $R_1^n - o$; $\bar{x}$ ein n-dimensionales Simplex des R_1^n, welches sowohl o als auch $\bar{\mathfrak{z}}$ im Innern enthält; f eine topologische Abbildung von $\bar{x}$ in einen n-dimensionalen Euklidischen Raum R_2^n* und $\tau = \pm 1$ *der Grad von f. Dann ist* $\mathfrak{v}(f(\mathfrak{z}), f(o)) = \tau \cdot \mathfrak{v}(\mathfrak{z}, o)$.

Beweis. Es sei x das positiv orientierte Simplex $\bar{x}$ und ferner y ein positiv orientiertes Simplex in R_2^n, welches den Punkt $o' = f(o)$ im Innern enthält. Setzen wir $\mathfrak{z}' = f(\mathfrak{z})$, so ist nach § 1, Nr. 3:

$$\mathfrak{z} \sim \mathfrak{v}(\mathfrak{z}, o) \cdot \dot{x} \quad \text{in} \quad \bar{x} - o, \tag{5}$$

$$\mathfrak{z}' \sim \mathfrak{v}(\mathfrak{z}', o') \cdot \dot{y} \quad \text{in} \quad R_2^n - o'. \tag{6}$$

Nach Nr. 7 ist $\mathfrak{v}([f(\dot{x})], o') = \tau$, also (§ 1, Nr. 3):

$$[f(\dot{x})] \sim \tau \dot{y} \quad \text{in} \quad R_2^n - o', \tag{7}$$

wobei $\tau = \pm 1$ der Grad von f ist. Aus (5) folgt, da $f(\bar{x} - o) \subset R_2^n - o'$ ist:

$$f(\mathfrak{z}) = \mathfrak{z}' \sim \mathfrak{v}(\mathfrak{z}, o) \cdot f(\dot{x}) \quad \text{in} \quad R_2^n - o',$$

also mit Rücksicht auf (7):

$$\mathfrak{z}' \sim \tau \cdot \mathfrak{v}(\mathfrak{z}, o) \cdot \dot{y} \quad \text{in} \quad R_2^n - o'. \tag{8}$$

Aus (6) und (8) folgt nach § 1, Nr. 3, die behauptete Beziehung $\mathfrak{v}(\mathfrak{z}', o') = \tau \cdot \mathfrak{v}(\mathfrak{z}, o)$.

Aus dem Satz VIII folgt auf Grund des Satzes V unmittelbar

Satz IX (Invarianz des lokalen Grades). *Es sei h eine Abbildung des Komplexes C^n in den R_1^n, welche auf $\dot{C}^n$ keine o-Stelle hat und für welche somit der lokale Grad J im Punkte o definiert ist; es seien weiter $\bar{x}$ ein Simplex des R_1^n, welches sowohl $h(\dot{C}^n)$ als auch o im Innern enthält, und f eine topologische Abbildung von $\bar{x}$ in den Raum R_2^n. Dann hat die Abbildung fh von C^n im Punkte $f(o)$ den lokalen Grad $\tau \cdot J$, wobei $\tau = \pm 1$ der Grad von f ist.*

Daß in analogem Sinne auch der „Index" topologisch invariant ist, ergibt sich unmittelbar aus dem Satz VIII, da der Index ja als eine spezielle Ordnung definiert ist.

9. Funktionaldeterminanten. Es seien R_1^n und R_2^n zwei Euklidische Räume, in denen Cartesische Koordinaten $\xi_1, \xi_2, \ldots, \xi_n$ bzw. $\eta_1, \eta_2, \ldots, \eta_n$ eingeführt sind; der Nullpunkt in R_1^n heiße p_0, der in R_2^n heiße q_0. Eine Umgebung von p_0 sei durch eine Abbildung f, die durch

$$\eta_i = f_i(\xi_1, \xi_2, \ldots, \xi_n) \qquad (i = 1, 2, \ldots, n) \tag{9}$$

gegeben ist, so in R_2^n abgebildet, daß $f(p_0) = q_0$, d. h.

$$f_i(0, 0, \ldots, 0) = 0 \qquad (i = 1, 2, \ldots, n) \tag{9_0}$$

ist. Dann gilt bekanntlich der Satz: Wenn die Funktionen f_i stetig differenzierbar nach den ξ_j sind und wenn die Funktionaldeterminante $D = \left|\frac{\partial f_i}{\partial \xi_j}\right|$ an der Stelle p_0 nicht Null ist, so gibt es eine Umgebung von p_0, die durch f topologisch auf eine Umgebung von q_0 abgebildet wird. Es besteht daher die Frage: Wie entscheidet man, ob diese topologische Abbildung den Grad $+1$ oder -1 hat? Wir werden diese Frage, ohne den soeben zitierten Satz zu benutzen, beantworten, indem wir den folgenden Satz beweisen:

Die Funktionaldeterminante D sei an der Stelle p_0 von Null verschieden. Dann ist p_0 eine isolierte q_0-Stelle, und ihr Index ist $+1$ oder -1 je nach dem Vorzeichen von D.

Beweis. Wir setzen

$$a_{ij} = \frac{\partial f_i}{\partial \xi_j}(p_0), \tag{10}$$

$$g_i(p) = \sum a_{ij}\xi_j \tag{11}$$

(hier wie auch im folgenden setzen wir als Argument den Punkt p statt seiner Koordinaten $\xi_1, \xi_2, \ldots, \xi_n$ ein).

Dann folgt aus der stetigen Differenzierbarkeit der Funktionen f_i in der Umgebung von p_0 leicht, daß

$$f_i(p) = g_i(p) + \varphi_i(p) \tag{12}$$

mit

$$\lim_{\varrho(p, p_0) \to 0} \frac{\varphi_i(p)}{\varrho(p, p_0)} = 0 \tag{13}$$

ist. Aus (12) folgt.

$$\varrho(f(p), g(p)) = \sqrt{\sum \varphi_i(p)^2},$$

also mit Rücksicht auf (13):

$$\lim_{\varrho(p, p_0) \to 0} \frac{\varrho(f(p), g(p))}{\varrho(p, p_0)} = 0; \tag{14}$$

mit anderen Worten: zu jedem $\alpha > 0$ gibt es ein solches $r > 0$, daß

$$\varrho(f(p), g(p)) < \alpha \cdot \varrho(p, p_0) \qquad \text{für} \quad \varrho(p, p_0) < r \tag{15}$$

ist.

Da nun nach Voraussetzung die Determinante

$$D = \text{Det.}\,(a_{ij}) \neq 0$$

ist, ist $g(p) \neq q_0$ für $p \neq p_0$; folglich besitzt $\varrho(g(p), q_0)$, wenn p auf der Sphäre mit dem Mittelpunkt p_0 und dem Radius 1 variiert, ein positives Minimum α; dann gilt infolge der Linearität von g für alle p:

$$\varrho(g(p), q_0) \geqq \alpha \cdot \varrho(p, p_0). \tag{16}$$

Wir bestimmen zu dieser Zahl α eine Zahl r so, daß (15) gilt; dann ergibt sich aus (15) und (16):

$$\varrho(f(p), g(p)) < \varrho(g(p), q_0), \qquad \text{für } \varrho(p, p_0) < r. \tag{17}$$

Hieraus folgt erstens: für $\varrho(p, p_0) < r$ ist $f(p) \neq q_0$, d. h.: p_0 *ist isolierte* q_0-*Stelle*. Zweitens: ist x ein in der r-Umgebung von p_0 gelegenes, p_0 im Innern enthaltendes Simplex, so folgt aus (17) auf Grund des Satzes von Rouché:

$$\mathfrak{v}([f(\dot{x})], q_0) = \mathfrak{v}([g(\dot{x})], q_0).$$

Aber nach der Bemerkung I in Nr. 4 ist $\mathfrak{v}([g(\dot{x})], q_0)$ gleich $+1$ oder gleich -1, je nachdem das Simplex $g(x)$ positiv oder negativ ist, also je nach dem Vorzeichen der Determinante D.

Damit ist der Satz bewiesen.

Bemerkung I. Aus dem soeben bewiesenen Satz und der Bemerkung II in Nr. 4 folgt die (in dem am Anfang der Nummer zitierten bekannten Satz enthaltene) Tatsache: Zu jedem hinreichend nahe bei q_0 gelegenen Punkt q gibt es (wenigstens) einen Punkt p mit $f(p) = q$.

Bemerkung II. Unser Beweis zeigt: Die Voraussetzung, daß die f_i in einer Umgebung von p_0 stetig differenzierbar sind, kann durch die schwächere Voraussetzung ersetzt werden: die Funktionen f_i besitzen in p_0 ein „totales Differential", d. h. sie gestatten eine Darstellung (12), wobei die g_i durch (11) mit konstanten a_{ij} gegeben sind und die φ_i die Bedingung (13) erfüllen.

§ 3. Spezielle Sätze und Anwendungen.

1. Der Zusammenhang zwischen Vektorfeldern im R^n und Abbildungen. Ist auf einer Punktmenge M des R^n ein System von n reellen stetigen Funktionen $v_1, v_2, \ldots, v_n$ gegeben, so können wir es auf zweierlei Weisen geometrisch deuten: erstens wie in den vorigen Paragraphen als *Abbildung* v, dergestalt, daß wir für jeden Punkt $p \subset M$ unter $v(p)$ denjenigen Punkt eines Euklidischen, mit Cartesischen Koordinaten $v_1, v_2, \ldots, v_n$ versehenen Raumes R_1^n verstehen, der die Koordinaten $v_1(p), v_2(p), \ldots, v_n(p)$ hat; zweitens als *Vektorfeld*, indem wir in jedem Punkt $p \subset M$ denjenigen Vektor $\mathfrak{v}(p)$ anbringen, dessen Komponenten die Werte $v_1(p), v_2(p), \ldots, v_n(p)$ besitzen.

Somit ist die Untersuchung von Vektorfeldern im R^n mit der Untersuchung von Abbildungen äquivalent; insbesondere kann man den meisten Begriffen und Sätzen aus den vorigen beiden Paragraphen einen auf Vektorfelder bezüglichen Sinn geben. Wir werden dies hier nur in einigen speziellen Fällen tun (Nr. 1, 3, 4)[1]. Wir werden, wenn die Vektoren $\mathfrak{v}$ die Komponenten v_i besitzen, unter der „zu dem Vektorfeld $\mathfrak{v}$ gehörigen Abbildung" immer die obengenannte Abbildung v verstehen.

Es sei Z ein $(n-1)$-dimensionaler (im allgemeinen krummer) Zyklus im R^n, und auf $\bar{Z}$ sei ein stetiges Vektorfeld $\mathfrak{v}$ gegeben, das auf $\bar{Z}$ keine Nullstelle besitzt (d. h. es ist $\mathfrak{v}(p) \neq 0$ für $p \subset \bar{Z}$); unter der „Charakteristik" des Feldes $\mathfrak{v}$ auf Z versteht man die Kroneckersche Charakteristik des Systems der Komponenten $v_1, v_2, \ldots, v_n$ oder, was dasselbe ist: die Ordnung des Nullpunktes o des Raumes R_1^n in bezug auf den Zyklus $[v(Z)]$, wobei v die zu dem Felde $\mathfrak{v}$ gehörige Abbildung ist.

[1] Wegen der Übertragung des Begriffes des „Index" auf Vektorfelder vgl. man Kap. XIV, § 2.

Die folgenden Tatsachen ergeben sich unmittelbar aus den vorigen Paragraphen:

(a) Es seien $\mathfrak{v}$ und $\mathfrak{w}$ zwei Felder auf $\overline{Z}$, welche dort nirgends Null sind und welche die Eigenschaft besitzen: in keinem Punkte p von $\overline{Z}$ sind die Richtungen der Vektoren $\mathfrak{v}(p)$ und $\mathfrak{w}(p)$ einander entgegengesetzt. Dann haben die beiden Felder die gleiche Charakteristik. (Satz von POINCARÉ-BOHL.)

Hierin ist insbesondere die Tatsache enthalten, daß es bei der Bestimmung der Charakteristik eines Feldes nur auf die Richtungen, aber nicht auf die Längen der Vektoren ankommt.

(b) Jedes Vektorfeld, das in einer n-dimensionalen Vollkugel E^n stetig und dort überall von Null verschieden ist, hat auf der Randsphäre von E^n die Charakteristik 0 (§ 2, Satz Ia).

(c) Auf einer $(n-1)$-dimensionalen Sphäre hat das Feld der äußeren Normalen die Charakteristik $+1$, das Feld der inneren Normalen die Charakteristik $(-1)^n$ (Koeffizientenbereich $\mathfrak{G}$).

Denn wenn die Sphäre durch die Gleichung $\sum x_i^2 = 1$ gegeben ist und wenn die Normalenvektoren die Längen 1 haben, so ist die zugehörige Abbildung v im Falle der äußeren Normalen durch $v_i = x_i$, im Falle der inneren Normalen durch $v_i = -x_i$ gegeben; sie ist affin[1], und ihre Determinante ist $+1$ bzw. $(-1)^n$; nach § 2, Nr. 4, Bemerkung I hat sie daher überall den Index $+1$ bzw. $(-1)^n$; die Charakteristik auf der Sphäre ist aber der Index in ihrem Mittelpunkt. —

2. Vektorfelder in der Vollkugel[2]. Aus den soeben festgestellten Tatsachen folgern wir leicht den

Satz I. *Jedes Vektorfeld, das in einer n-dimensionalen Vollkugel E^n stetig und von Null verschieden ist, enthält auf der Randsphäre $\overline{Z}$ von E^n wenigstens einen Vektor, der eine äußere, sowie wenigstens einen Vektor, der eine innere Normale ist.*

Beweis. Das gegebene Feld $\mathfrak{v}$ hat nach (b) auf Z die Charakteristik 0. Ist $\mathfrak{w}$ irgendein Feld auf Z ohne Nullstelle und mit einer von Null verschiedenen Charakteristik, so gibt es nach (a) eine Stelle p auf $\overline{Z}$, in welcher $\mathfrak{v}(p)$ und $\mathfrak{w}(p)$ einander entgegengesetzt gerichtet sind. Nach (c) können wir unter $\mathfrak{w}$ das Feld der äußeren oder das der inneren Normalen verstehen; daher enthält das Feld $\mathfrak{v}$ auf $\overline{Z}$ wenigstens einen inneren und wenigstens einen äußeren Normalenvektor.

Analytische Formulierung des Satzes I. Für $\sum_{i=1}^{n} x_i^2 \leq 1$ seien n stetige reelle Funktionen $v_i(x_1, x_2, \ldots, x_n)$ gegeben, für welche das Gleichungssystem

$$v_i(x_1, x_2, \ldots, x_n) = 0, \qquad i = 1, 2, \ldots, n$$

[1] Wir betrachten die durch $v_i = \pm x_i$ gegebene Abbildung v des ganzen R^n.

[2] Für $n = 2$ und $n = 3$ lassen sich die meisten Sätze dieses Paragraphen besonders einfach beweisen. Man vgl. außer der auf S. 464 zitierten Arbeit von W. FENCHEL noch: B. JESSEN: Elementare Beweise einiger Sätze über stetige Abbildungen einer Kugel auf sich. Mat. Tidsskr. B 1933.

keine Lösung besitzt. Dann gibt es eine positive Zahl λ und eine negative Zahl μ, so daß jedes der beiden Gleichungssysteme

$$v_i(x_1, x_2, \ldots, x_n) = \lambda x_i \qquad i = 1, 2, \ldots, n$$

und

$$v_i(x_1, x_2, \ldots, x_n) = \mu x_i \qquad i = 1, 2, \ldots, n$$

je eine Lösung $x_1, x_2, \ldots, x_n$ mit $\sum x_i^2 = 1$ besitzt.

3. Der Brouwersche Fixpunktsatz für das n-dimensionale Element. Es sei f eine Abbildung der im R^n gelegenen Vollkugel E^n in diesen selben R^n hinein; in jedem Punkt $p \subset E^n$ bringen wir den Vektor $\mathfrak{v}(p) = \overrightarrow{p f(p)}$ an; dieses stetige Vektorfeld hat Nullstellen dort und nur dort, wo $f(p) = p$ ist, d. h. in den „*Fixpunkten*" der Abbildung f. Wenn f keinen Fixpunkt besitzt, so sind daher die Voraussetzungen des Satzes I erfüllt, und daher gibt es auf dem Rande S^{n-1} von E^n wenigstens einen Punkt p, in welchem der Vektor $\mathfrak{v}(p)$ die äußere Normale ist; dann liegt der Bildpunkt $f(p)$ außerhalb von E^n. Die Existenz eines solchen Punktes p bei jeder *fixpunktfreien* Abbildung von E^n ist gleichbedeutend mit

Satz II. *Es sei E^n eine Vollkugel im R^n und S^{n-1} die Randsphäre von E^n; ferner sei f eine Abbildung von E^n in denselben R^n, bei welcher $f(S^{n-1}) \subset E^n$ ist. Dann besitzt diese Abbildung wenigstens einen Fixpunkt in E^n.*

Insbesondere besitzt daher jede Abbildung mit $f(E^n) \subset E^n$, d. h. jede Abbildung von E^n in sich, einen Fixpunkt; diese Eigenschaft kommt dann aber offenbar auch jeder mit der Vollkugel homöomorphen Menge, d. h. jedem n-dimensionalen Element (z. B. dem Simplex) zu; es gilt also

Satz IIa (Brouwerscher Fixpunktsatz für das Element). *Jede Abbildung eines n-dimensionalen Elementes in sich besitzt wenigstens einen Fixpunkt*[1].

Als Beispiel einer Anwendung dieses Fixpunktsatzes geben wir einen Beweis für den folgenden Satz von Frobenius:

Jede reelle quadratische Matrix (a_{ij}) mit lauter nicht-negativen Elementen a_{ij} besitzt eine reelle nicht-negative charakteristische Wurzel[2].

Beweis. Wenn die Determinante $|a_{ij}| = 0$ ist, ist $\lambda = 0$ eine nicht-negative charakteristische Wurzel; es sei $|a_{ij}| \neq 0$; dann ist durch

$$x'_i = \sum a_{ij} x_j, \qquad i = 1, 2, \ldots, n$$

eine Abbildung f des $(n-1)$-dimensionalen projektiven Raumes P^{n-1} in sich bestimmt; dabei sind $x_1 : x_2 : \cdots : x_n$ die Koordinaten in P^{n-1}. Die Punkte mit lauter nicht-negativen Koordinaten bilden bekanntlich ein $(n-1)$-dimensionales Simplex in P^{n-1}; da alle $a_{ij} \geqq 0$ sind, wird dieses Simplex durch f in sich abgebildet.

[1] Vgl. den Anhang zum Kap. IX (der dortige Beweis enthält übrigens sogar einen Beweis des obigen Satzes II) sowie Kap. XIV, § 1, Nr. 4, a.

[2] Unter einer charakteristischen Wurzel der Matrix (a_{ij}) versteht man bekanntlich eine Zahl λ, für welche die Determinante $|a_{ij} - \lambda\delta_{ij}| = 0$ ist ($\delta_{ij} = 0$ für $i \neq j$, $\delta_{ii} = 1$).

Folglich gibt es in ihm einen Fixpunkt; die Koordinaten x_i dieses Punktes erfüllen die Gleichungen

$$\lambda x_i = \sum a_{ij} x_j, \qquad i = 1, 2, \ldots, n,$$

wobei λ eine reelle charakteristische Wurzel der Matrix (a_{ij}) ist; da alle $a_{ij} \geqq 0$ und alle $x_i \geqq 0$, aber nicht alle $x_i = 0$ sind, ist $\lambda > 0$.

4. Vektorfelder auf den Sphären gerader Dimension; ein Fixpunktsatz. Es sei n ungerade und S^{n-1} eine Sphäre im R^n. Nach Nr. 1 (c) besitzen das Feld $\mathfrak{n}_a$ der äußeren und das Feld $\mathfrak{n}_i$ der inneren Normalen von S^{n-1} voneinander verschiedene Charakteristiken; daraus folgt: ist $\mathfrak{v}$ irgendein Vektorfeld auf S^{n-1}, das dort überall von Null verschieden ist, so ist seine Charakteristik von der Charakteristik wenigstens eines der beiden Felder $\mathfrak{n}_a$ und $\mathfrak{n}_i$ verschieden; folglich gibt es nach Nr. 1 (a) eine Stelle auf S^{n-1}, an welcher der Vektor $\mathfrak{v}$ einem Normalenvektor entgegengesetzt gerichtet, also selbst ein Normalenvektor ist. Damit haben wir bewiesen:

Satz III. *Es sei $n-1$ gerade und S^{n-1} eine Sphäre im R^n. Dann enthält jedes auf S^{n-1} stetige und von Null verschiedene Vektorfeld wenigstens einen Normalenvektor von S^{n-1}.*

Analytische Formulierung: Es sei n ungerade und für $\sum_{i=1}^{n} x_i^2 = 1$ seien n stetige Funktionen $v_i(x_1, x_2, \ldots, x_n)$ gegeben. Dann gibt es eine reelle Zahl λ, so daß das Gleichungssystem

$$v_i(x_1, x_2, \ldots, x_n) = \lambda x_i \qquad i = 1, 2, \ldots, n$$

eine Lösung $x_1, x_2, \ldots, x_n$ (mit $\sum x_i^2 = 1$) besitzt.

Der Satz III enthält[1] den

Satz IIIa (Satz von Poincaré-Brouwer). *Bei geradem n gibt es auf der Sphäre S^n kein stetiges Feld tangentialer Richtungen*[2].

Dagegen wird bei ungeradem n durch

$$v_{2j-1} = -x_{2j}, \qquad v_{2j} = x_{2j-1} \quad \left(j = 1, 2, \ldots, \frac{n+1}{2}\right)$$

ein stetiges Feld tangentialer Richtungen mit den Komponenten v_i auf der durch $\sum_{i=1}^{n+1} x_i^2 = 1$ gegebenen Sphäre S^n bestimmt. —

Im folgenden verstehen wir unter dem „Antipoden" eines Punktes p der Sphäre S^n immer den von p verschiedenen Endpunkt desjenigen Durchmessers von S^n, auf dem p liegt.

Dann folgt aus Satz III leicht[1]

Satz IV. *Ist n gerade, so gibt es bei jeder Abbildung der Sphäre S^n in sich entweder einen Fixpunkt oder einen Punkt, der auf seinen Antipoden abgebildet wird* (oder Punkte beider Arten).

Beweis. Wenn die Abbildung f von S^n in sich keinen Fixpunkt besitzt, so bilden die Vektoren $\overrightarrow{pf(p)}$ ein auf S^n stetiges und von Null

---

[1] Wir ersetzen n durch $n+1$.

[2] Der Satz wurde für $n = 2$ von Poincaré, für $n > 2$ von Brouwer entdeckt; er ist ein Spezialfall des allgemeineren Satzes III in Kap. XIV, § 4.

verschiedenes Vektorfeld. Nach Satz III gibt es daher einen Punkt p, in welchem der Vektor $\overrightarrow{pf(p)}$ eine Normale von S^n ist. Dies ist nur möglich, wenn $f(p)$ der Antipode von p ist.

Dagegen ist bei ungeradem n durch

$$x'_{2j-1} = -x_{2j}, \quad x'_{2j} = x_{2j-1} \qquad \left(j = 1, 2, \ldots, \frac{n+1}{2}\right)$$

eine Abbildung der (durch $\sum x_i^2 = 1$ gegebenen) Sphäre S^n in sich bestimmt, bei welcher weder ein Punkt auf sich noch ein Punkt auf seinen Antipoden abgebildet wird.

5. Spiegelungen von Sphären; noch ein Fixpunktsatz. Unter der „Spiegelung" des R^n an der in ihm gelegenen r-dimensionalen Ebene R^r $(0 \leqq r \leqq n-1)$ verstehen wir die folgende Abbildung des R^n auf sich: man wähle das Koordinatensystem im R^n so, daß R^r durch die Gleichungen

$$x_1 = x_2 = \cdots = x_{n-r} = 0$$

gegeben ist; dann ist die durch

$$(1) \qquad \begin{cases} x'_i = -x_i & \text{für } 1 \leqq i \leqq n-r, \\ x'_i = x_i & \text{für } n-r+1 \leqq i \leqq n \end{cases}$$

bestimmte Abbildung die Spiegelung an R^r. Dabei geht jede $(n-1)$-dimensionale Sphäre, deren Mittelpunkt auf R^r liegt, in sich über.

Wir fragen, wann eine Spiegelung f einer Sphäre S^{n-1} an einer r-dimensionalen Ebene durch den Mittelpunkt o von S^{n-1} innerhalb von $R^n - o$ zu der Identität homotop ist, d. h. wann es eine solche stetige Schar f_t, $0 \leqq t \leqq 1$, von Abbildungen der Sphäre S^{n-1} in den Raum $R^n - o$ gibt, daß $f_0(p) = p$ für jeden Punkt $p \subset S^{n-1}$ und $f_1 = f$ ist. Die Frage wird beantwortet durch den

Satz V. *Eine Spiegelung der Sphäre S^{n-1} im R^n an einer durch den Mittelpunkt o von S^{n-1} gehenden r-dimensionalen Ebene ist dann und nur dann innerhalb von $R^n - o$ zu der Identität homotop, wenn*

$$r \equiv n \mod 2$$

ist.

Beweis. Die Determinante der durch (1) gegebenen Abbildung f ist $(-1)^{n-r}$; daher (vgl. § 2, Nr. 4, Bemerkung I) ist, wenn wir unter Z eine in natürlicher Weise orientierte Sphäre mit $\overline{Z} = S^{n-1}$ verstehen, die Ordnung

$$(2) \qquad \mathfrak{v}([f(Z)], o) = (-1)^{n-r}.$$

Da andererseits immer $\mathfrak{v}(Z, o) = +1$ ist, sind die Zyklen Z und $[f(Z)]$ nicht einander homotop in $R^n - o$, falls $r \not\equiv n \mod 2$, also $(-1)^{n-r} = -1$ ist. Also ist in diesem Falle die Spiegelung f nicht innerhalb von $R^n - o$ zu der Identität homotop.

Ist andererseits $r \equiv n \mod 2$, also $n - r$ gerade, so wird durch

$$\begin{aligned} x'_{2j-1} &= (\cos t\pi) x_{2j-1} - (\sin t\pi) x_{2j} \\ x'_{2j} &= (\sin t\pi) x_{2j-1} + (\cos t\pi) x_{2j} \end{aligned} \qquad \left(j = 1, 2, \ldots, \frac{n-r}{2}\right)$$

$$x'_i = x_i \qquad (i = n - r + 1, \ldots, n)$$

für $0 \leqq t \leqq 1$ eine Abbildungsschar f_t erklärt, die die gewünschte Überführung der Identität in die Spiegelung herstellt (dabei wird sogar S^{n-1} *in sich* deformiert, und diese Deformation ist eine *Bewegung*).

Besondere Beachtung verdient der Fall $r = 0$:

Satz V_0. *Die Spiegelung einer Sphäre S^{n-1} an ihrem Mittelpunkt o ist dann und nur dann innerhalb $R^n - o$ zu der Identität homotop, wenn n gerade ist.*

Aus diesem Satz ergibt sich weiter

Satz VI. *Ist n ungerade und g eine solche Abbildung von S^{n-1} in sich, welche innerhalb $R^n - o$ zu der Identität homotop ist, so besitzt g einen Fixpunkt auf S^{n-1}.*[1]

Beweis. Besäße g keinen Fixpunkt, so würden g und die Spiegelung f von S^{n-1} am Mittelpunkt o die Voraussetzungen des Satzes von Poincaré-Bohl erfüllen; daher wäre f mit g und folglich auch mit der Identität innerhalb $R^n - o$ homotop — entgegen Satz V_0.

6. Der Borsuksche Satz über antipodentreue Abbildungen. Im folgenden verstehen wir immer, wenn p einen Punkt der Sphäre S^n bezeichnet, unter p^* den Antipoden von p. Es sei f eine Abbildung von S^n in den R^{n+1} und o ein Punkt in $R^{n+1} - f(S^n)$; dann nennen wir die Abbildung f „*antipodentreu*" (in bezug auf o), falls o für jeden Punkt $p \subset S^n$ auf der Strecke $\overline{f(p) f(p^*)}$ liegt.

Satz VII (Satz von Borsuk). *Es sei f eine Abbildung der Sphäre S^n in den R^{n+1}, die in bezug auf den Punkt o antipodentreu ist; dann ist — wenn wir unter Z^n einen solchen Zyklus modulo 2 verstehen, daß $|Z^n|$ eine Simplizialzerlegung von S^n ist —*

$$\mathfrak{v}([f(Z^n)], o) = 1 \quad \textit{in bezug auf } \mathfrak{G}_2.$$

Bemerkung. Wenn wir den Koeffizientenbereich $\mathfrak{G}$ statt $\mathfrak{G}_2$ zugrunde legen und unter Z^n eine *orientierte* Sphäre mit $\overline{Z^n} = S^n$ verstehen, so bedeutet der Satz VII: *die ganzzahlige Ordnung* $\mathfrak{v}([f(Z^n)], o)$ ist *ungerade.*

Beweis durch vollständige Induktion in bezug auf n: Der Satz ist für $n = 0$ richtig; denn dann besteht S^0 aus zwei Punkten a, b; der Punkt o der Geraden R^1 liegt infolge der Antipodentreue von f *zwischen* $f(a)$ und $f(b)$, und daher ist die Ordnung (mod 2) von o in bezug auf $f(a) + f(b)$ nicht Null.

[1] Die Voraussetzung ist nach Kap. XIII, § 2, Satz I erfüllt, falls g den Grad 1 hat; vgl. Kap. XIV, § 1, Nr. 4, d.

Wir geben — obwohl dies für den Induktionsschluß nicht nötig wäre — noch einen besonderen Beweis für $n = 1$. In diesem Falle lautet die Behauptung, wenn wir unter Z^1 einen orientierten Kreis mit $\overline{Z}^1 = S^1$ verstehen: die Umlaufzahl von $f(Z^1)$ um o ist ungerade. Wie in § 1, Nr. 6 führen wir auf S^1 einen Parameter s ein und zwar so, daß für jeden Wert von s die zu s und $s + \frac{1}{2}$ gehörigen Punkte antipodisch sind. Dann drückt sich, in der Bezeichnungsweise aus § 1, Nr. 6, die Antipodentreue von f durch die Funktionalgleichung

$$F(s + \tfrac{1}{2}) - F(s) = q \cdot \pi \tag{3}$$

mit einer ungeraden ganzen Zahl q aus; aus der Stetigkeit von F folgt, daß q von s unabhängig ist; es gilt also für jedes s auch

$$F(s + 1) - F(s + \tfrac{1}{2}) = q \cdot \pi \tag{4}$$

mit derselben Zahl q wie in (3). Addition von (3) und (4) ergibt

$$F(s + 1) - F(s) = q \cdot 2\pi,$$

und dies bedeutet: q ist die Umlaufzahl.

Der Satz sei für die Dimensionszahl $n - 1$ bewiesen, und die antipodentreue Abbildung f von S^n sei vorgelegt. Wir wählen die Simplizialzerlegung $|Z^n|$ von S^n in spezieller Weise[1], nämlich so, daß sie die folgenden drei Eigenschaften hat: 1) $|Z^n|$ wird durch die Spiegelung am Mittelpunkt von S^n isomorph auf sich abgebildet; 2) $|Z^n|$ enthält einen Teilkomplex $|Z^{n-1}|$, der eine Simplizialzerlegung einer $(n-1)$-dimensionalen Äquatorsphäre S^{n-1} von S^n ist; 3) für jedes Simplex $|X|$ von $|Z^n|$ ist der Durchmesser des Bildes $f(\overline{X})$ kleiner als $\frac{1}{2}\varrho(f(S^n), o)$. — Es ist klar, daß es derartige Zerlegungen $|Z^n|$ gibt.

Wir ersetzen nun f durch diejenige simpliziale Abbildung f' von $|Z^n|$ in den R^{n+1}, welche durch die Eckpunktzuordnung $f'(e) = f(e)$ für alle Eckpunkte e von $|Z^n|$ bestimmt ist. Aus der Eigenschaft 3) folgt leicht auf Grund des Satzes von ROUCHÉ: $\mathfrak{v}(f'(Z), o) = \mathfrak{v}([f(Z)], o)$; aus der Eigenschaft 1) und der Antipodentreue von f folgt: f' ist eine antipodentreue Abbildung (in bezug auf o) von $S^n = Z^n$.

Wir dürfen daher, indem wir statt f' wieder f schreiben, die zu untersuchende Abbildung f als *simplizial* annehmen, wobei eine Zerlegung $|Z^n|$ mit den Eigenschaften 1) und 2) zugrunde liegt.

Der Zerlegung von S^n durch S^{n-1} in zwei Halbkugeln entspricht eine solche Zerlegung von Z^n in zwei Teilkomplexe C_1^n, C_2^n, welche durch Spiegelung am Mittelpunkt von S^n ineinander übergehen, daß

$$C_1^n + C_2^n = Z^n, \tag{5}$$

$$\dot{C}_1^n = \dot{C}_2^n = Z^{n-1} \tag{6}$$

ist (der Koeffizientenbereich ist $\mathfrak{G}_2$).

Es sei nun G eine Gerade in R^{n+1} durch den Punkt o, die sich zu $f(Z^n)$ in allgemeiner Lage befindet, d. h. die kein höchstens $(n-1)$-

[1] Man beachte, daß es auf die spezielle Wahl des im Satz VII genannten Zyklus Z^n nicht ankommt; sind nämlich Z, Z' zwei Zyklen in S^n, die in S^n miteinander homolog sind, so ist auch $f(Z) \sim f(Z')$ in $f(S^n)$, also in $R^{n+1} - o$, und daher $\mathfrak{v}([f(Z)], o) = \mathfrak{v}([f(Z')], o)$.

dimensionales Simplex trifft. Wir behaupten, daß die Schnittzahl

$$(7) \qquad \mathfrak{o}(f(C_1^n), G) = 1$$

ist[1].

Um dies zu beweisen, verstehen wir unter R^n die zu G senkrechte n-dimensionale Ebene durch den Punkt o und für jeden Punkt a des R^{n+1} unter $P(a)$ seine senkrechte Projektion auf R^n. Dann ist die Abbildung Pf von $|Z^{n-1}|$ eine simpliziale und in bezug auf o antipodentreue Abbildung in den R^n; daher ist nach Induktionsvoraussetzung

$$\mathfrak{v}(Pf(Z^{n-1}), o) = 1;$$

auf Grund von (6) sowie der Formel (10) in Kap. XI, § 1, Nr. 9, ist dies gleichbedeutend mit

$$\mathfrak{o}(Pf(C_1^n), o) = 1.$$

Das heißt: bei der Abbildung Pf wird der Punkt o durch eine ungerade Anzahl von Bildern von Simplexen des Komplexes C_1^n bedeckt; und dies ist gleichbedeutend mit der Tatsache, daß die Gerade G eine ungerade Anzahl der durch f gelieferten Bildsimplexe von C_1^n schneidet — also mit der Beziehung (7), die damit bewiesen ist.

Die Gerade G wird durch den Punkt o in zwei Halbstrahlen H_1 und H_2 zerlegt; aus (7) folgt

$$(8) \qquad \mathfrak{o}(f(C_1^n), H_1) + \mathfrak{o}(f(C_1^n), H_2) = 1.$$

Da C_1^n durch Spiegelung am Mittelpunkt von S^n in C_2^n übergeht, und da die Abbildung f antipodentreu ist, ist

$$(9) \qquad \mathfrak{o}(f(C_1^n), H_2) = \mathfrak{o}(f(C_2^n), H_1).$$

Aus (8) und (9) ergibt sich

$$\mathfrak{o}(f(C_1^n), H_1) + \mathfrak{o}(f(C_2^n), H_1) = 1,$$

also mit Rücksicht auf (5):

$$\mathfrak{o}(f(Z^n), H_1) = 1.$$

Dies ist aber — auf Grund der Formel (12) in Kap. XI, § 1 — gerade die Behauptung des Satzes VII, und dieser ist somit bewiesen.

Korollar. *Ist f eine Abbildung von S^n in den R^{n+1}, die in bezug auf den Punkt o antipodentreu ist, so wird die Menge $f(S^n)$ von jedem Halbstrahl getroffen, der von o ausgeht.*

Denn andernfalls wäre $0 = \mathfrak{o}(H, f'(Z)) = \mathfrak{v}(f'(Z), o)$ für einen gewissen von o ausgehenden Halbstrahl H und jede hinreichend gute simpliziale Approximation f' von f — im Widerspruch zu Satz VII.

7. Analytische Folgerungen. Abbildungen der S^n in den R^n. Satz VIII.[2] *Auf der S^n seien n stetige Funktionen f_i gegeben, welche*

---

[1] Da der Koeffizientenbereich $\mathfrak{G}_2$ zugrunde liegt, können alle Vorzeichen vernachlässigt werden.

[2] Auf diesen Satz hat uns Herr PÓLYA aufmerksam gemacht.

die Funktionalgleichungen

$$(10) \qquad f_i(p^*) = -f_i(p), \qquad i = 1, 2, \ldots, n$$

erfüllen[1]. *Dann besitzen sie eine gemeinsame Nullstelle auf der S^n.*

Beispiel. Die f_i seien n reelle algebraische Formen ungeraden Grades in $n+1$ Veränderlichen x_i, und S^n sei durch $\sum x_i^2 = 1$ gegeben.

Beweis. Im R^{n+1} seien Cartesische Koordinaten $y_1, y_2, \ldots, y_{n+1}$ eingeführt; durch

$$y_i = f_i(p), \qquad i = 1, 2, \ldots, n,$$
$$y_{n+1} = 0$$

wird eine Abbildung f von S^n in den R^{n+1} erklärt. Gäbe es keine gemeinsame Nullstelle der f_i auf S^n, so würde der Nullpunkt o der Koordinaten in R^{n+1} nicht zu $f(S^n)$ gehören, und f wäre infolge (10) antipodentreu in bezug auf o. Andererseits würde $f(S^n)$ von der y_{n+1}-Achse nicht getroffen; dies ist nach dem „Korollar" in Nr. 6 unmöglich.

Aus dem damit bewiesenen Satz VIII folgt sofort

Satz VIII'. *Auf der S^n seien n beliebige stetige Funktionen g_i gegeben. Dann gibt es einen Punkt p auf der S^n, in dem das Gleichungssystem*

$$g_i(p^*) = g_i(p), \qquad i = 1, 2, \ldots, n$$

gilt.

Denn man hat den Satz VIII nur auf die Funktionen

$$f_i(p) = g_i(p) - g_i(p^*)$$

anzuwenden, um den Satz VIII' zu erhalten.

Wir deuten jetzt den Satz VIII' geometrisch: Es seien y_i ($i = 1, 2, \ldots, n$) Koordinaten im R^n, und durch $y_i = g_i(p)$ sei eine Abbildung g von S^n in den R^n gegeben; dann ist der Satz VIII' gleichbedeutend mit dem folgenden Satz von Borsuk-Ulam:

Satz IX. *Bei jeder Abbildung der Sphäre S^n in den R^n gibt es auf S^n ein Antipodenpaar p, p^*, das auf einen Punkt abgebildet wird.*

Korollar I. *Der R^n enthält kein topologisches Bild einer S^n, also auch kein topologisches Bild eines Simplexes $\bar{x}^m$ mit $m > n$.*[2] (Satz von der Invarianz der Dimensionszahl des R^n.)

Korollar II. *Ist f eine solche Abbildung der n-dimensionalen Sphäre S^n in eine n-dimensionale Sphäre S_1^n, daß $f(p^*) \neq f(p)$ für jeden Punkt $p \subset S^n$ ist, so ist f eine Abbildung auf S_1^n (d. h. $S_1^n = f(S^n)$).*

Denn jeder *echte* Teil F von S_1^n ist einer Teilmenge des R^n homöomorph (die sich durch stereographische Projektion von einem Punkt von $S_1^n - F$ aus ergibt).

8. Ein Überdeckungssatz für die S^n. Den folgenden Satz beweisen wir als Anwendung des soeben ausgesprochenen Korollars II.

---

[1] p^* bezeichnet, wie in Nr. 6, den Antipoden von p.

[2] Vgl. Kap. VIII, § 4, Satz I und Satz II.

Satz X. *Es sei $\mathfrak{F}$ eine solche Überdeckung der S^n mit $n+2$ abgeschlossenen Mengen $F_1, F_2, \ldots, F_{n+2}$, daß keine von ihnen ein Antipodenpaar p, p^* enthält. Dann ist der Nerv von $\mathfrak{F}$ dem n-dimensionalen Simplexrand $|\dot{X}^{n+1}|$ isomorph, mit anderen Worten: der Durchschnitt aller $n+2$ Mengen F_i ist leer, aber je $n+1$ der Mengen F_i haben einen nicht-leeren Durchschnitt.*

Beweis. Man verstehe unter $f_i(p)$ eine stetige Funktion auf S^n, welche dann und nur dann verschwindet, wenn $p \subset F_i$ ist[1] $(i = 1, 2, \ldots, n+2)$. Dann ist der Satz X enthalten in dem folgenden

Hilfssatz. *Auf S^n seien $n+2$ stetige Funktionen $f_i(p), i = 1, 2, \ldots, n+2$, mit der folgenden Eigenschaft gegeben: zu jedem Punkt p von S^n gibt es wenigstens eine Funktion f_i mit*

$$f_i(p) = 0 \neq f_i(p^*). \tag{10}$$

Dann besitzen zwar die $n+2$ Funktionen f_i keine gemeinsame Nullstelle, aber je $n+1$ von ihnen besitzen wenigstens eine gemeinsame Nullstelle.

Beweis des Hilfssatzes. Daß nicht sämtliche f_i eine gemeinsame Nullstelle besitzen, daß also in jedem Punkt p wenigstens eine Funktion $\neq 0$ ist, ergibt sich, wenn man in (10) p durch p^* ersetzt.

Es seien $a_1, a_2, \ldots, a_{n+2}$ die Eckpunkte eines Euklidischen Simplexes $\overline{X}^{n+1}$. Für jeden Punkt p von S^n sei $f(p)$ der Schwerpunkt der in den Punkten a_i angebrachten Massen $|f_i(p)|$. Dann ist f eine stetige Abbildung[2] von S^n in das Simplex $\overline{X}^{n+1}$; da in jedem Punkt p wenigstens eine Funktion f_i verschwindet, ist f eine Abbildung von S^n in den Simplexrand $\dot{\overline{X}}^{n+1}$; da es zu jedem p eine Funktion f_i gibt, die (10) erfüllt, ist $f(p^*) \neq f(p)$ für je zwei Antipoden p, p^*. Daher ist f nach dem Korollar II in Nr. 7 eine Abbildung von S^n *auf* $\dot{\overline{X}}^{n+1}$. Somit gehört insbesondere jeder Eckpunkt a_i von $\overline{X}^{n+1}$ zu $f(S^n)$. Das bedeutet: zu jedem i aus der Reihe $1, 2, \ldots, n+2$ gibt es einen Punkt $p_i \subset S^n$ mit $f(p_i) = a_i$, also mit $f_j(p_i) = 0$ für alle $j \neq i$.

In dem damit bewiesenen Satz X wird nicht vorausgesetzt, daß alle $n+2$ Mengen F_i nicht-leer sind; die Behauptung des Satzes aber enthält die Tatsache, daß keine Menge F_i leer ist. Daher ergibt sich als Korollar der folgende

Satz XI (Satz von Lusternik-Schnirelmann-Borsuk). *Bei jeder Überdeckung der S^n mit $n+1$ abgeschlossenen Mengen ist in wenigstens einer dieser Mengen ein Antipodenpaar von S^n enthalten.*

§ 4. Der Grad von Abbildungen in ein Polyeder.

1. Definition des lokalen Grades. Wir betrachten jetzt Abbildungen eines n-dimensionalen algebraischen Komplexes C^n (eines beliebigen Koeffizientenbereiches) *in ein beliebiges n-dimensionales Euklidisches Polyeder $\overline{K}^n$*; diesem allgemeinen Fall ordnet sich der im § 2 behandelte Spezialfall unter, indem man unter $\overline{K}^n$ ein n-dimensionales Simplex versteht.

Es sei also f eine stetige Abbildung von C^n in K^n; ferner o ein innerer Punkt eines Simplexes $|X^n|$ von K^n, welcher nicht auf $f(\dot{C}^n)$ liegt. Wir werden den „lokalen Grad" von f im Punkte o durch eine naheliegende Zurückführung auf den früheren Spezialfall erklären.

---

[1] Z. B. $f_i(p) = \varrho(p, F_i)$, falls F_i nicht leer, und $f_i(p) = 1$ für alle $p \subset S^n$, falls F_i leer ist; wegen dieses letzteren Falles vgl. man Satz XI.

[2] Man vergleiche das Kuratowskische Verfahren in Kap. IX, § 3, Nr. 4.

Der Kürze halber verstehen wir unter einem n-dimensionalen „Teilkomplex" von C^n immer einen algebraischen Komplex Γ^n mit folgenden Eigenschaften: $|\Gamma^n|$ ist absoluter Teilkomplex von $|C^n|$ oder von einer Unterteilung $|C_1^n|$ von $|C^n|$, und jedes Grundsimplex von Γ^n ist mit demselben Koeffizienten versehen wie in C^n bzw. in C_1^n.

Es sei Γ^n ein Teilkomplex von C^n mit folgenden beiden Eigenschaften: 1) $|\Gamma^n|$ enthält alle diejenigen n-dimensionalen Simplexe von $|C^n|$ bzw. von $|C_1^n|$, die Punkte der Originalmenge $f^{-1}(o)$ von o enthalten (Γ^n darf außerdem noch mehr Simplexe enthalten); 2) $f(\overline{\Gamma^n})$ liegt im Innern von $\overline{X^n}$.

Aus diesen Eigenschaften folgt weiter die folgende Eigenschaft 3): $\overline{\dot{\Gamma}^n}$ ist fremd zu $f^{-1}(o)$. Denn da $\dot{\Gamma}^n = \dot{C}^n - (C^n - \Gamma^n)^{\cdot}$ ist — (wir nehmen bei dieser Schreibweise an, daß $|\Gamma^n|$ aus Simplexen von $|C^n|$ selbst besteht) —, ist $\overline{\dot{\Gamma}^n} \subset \overline{\dot{C}^n} + (\overline{C^n - \Gamma^n})$; da o nicht auf $f(\overline{\dot{C}^n})$ liegt, ist $f^{-1}(o)$ fremd zu $\overline{\dot{C}^n}$; aus der Eigenschaft 1) folgt, daß $f^{-1}(o)$ fremd zu $\overline{C^n - \Gamma^n}$ ist. Folglich ist $f^{-1}(o)$ fremd zu $\overline{\dot{\Gamma}^n}$.

Daß es Komplexe Γ^n mit den Eigenschaften 1) und 2) gibt, ist klar: man braucht nur unter $|C_1^n|$ eine hinreichend feine Unterteilung von $|C^n|$ und unter $|\Gamma^n|$ den Komplex aller derjenigen n-dimensionalen Simplexe von $|C_1^n|$ zu verstehen, welche Punkte mit $f^{-1}(o)$ gemeinsam haben.

Auf Grund der Eigenschaften 2) und 3) ist gemäß der Definition aus § 2 der Grad J der Abbildung f von Γ^n im Punkte o erklärt, nachdem man noch eine Orientierung X^n von $|X^n|$ ausgezeichnet hat. Ist Γ_1^n ein zweiter n-dimensionaler Teilkomplex von C^n, der ebenfalls die Eigenschaften 1) und 2) besitzt, so ist analog ein Grad J_1 erklärt. Wir behaupten, daß $J_1 = J$ ist. In der Tat: wir dürfen — indem wir nötigenfalls zu einer weiteren Unterteilung von $|C^n|$ übergehen — annehmen, daß der Komplex $|\Gamma_2^n| = |\Gamma^n| \cdot |\Gamma_1^n|$ existiert; er hat dann auch die Eigenschaften 1) und 2), und die Abbildung f von Γ_2^n hat in o einen Grad J_2. Da Γ_2^n die Eigenschaft 1) besitzt, ist $f^{-1}(o)$ fremd zu $\overline{\Gamma^n - \Gamma_2^n}$, und daher ist $J_2 = J$; ebenso ist $J_2 = J_1$; folglich ist $J_1 = J$.

Dieses Element J (des zugrunde gelegten Koeffizientenbereiches), das somit von der Wahl des Komplexes Γ^n nicht abhängt, heißt der *„lokale Grad" der Abbildung f im Punkte o* (dabei ist eine Orientierung X^n des o enthaltenden Simplexes ausgezeichnet).

Der einfachste Spezialfall ist der, in dem f *simplizial* ist; dann ist $f(C^n) = \sum t^i X_i^n$, und aus der Definition des Grades folgt unmittelbar: *die simpliziale Abbildung f, für welche $f(C^n) = \sum t^i X_i^n$ sei, hat in jedem inneren Punkte von X_i^n den Grad $J = t^i$.* (Man hat dabei, damit die Eigenschaft 2) gilt, unter Γ^n einen Komplex zu verstehen, der aus *inneren Teilsimplexen* der Grundsimplexe von C^n besteht.)

2. Stetige Abänderung der Abbildung. Satz I. *Es sei C^n ein algebraischer Komplex und f_t eine für $0 \leqq t \leqq 1$ von dem Parameter t stetig abhängende Schar von Abbildungen von $\overline{C}^n$ in das Polyeder $\overline{K}^n$; es sei ferner o ein solcher innerer Punkt eines n-dimensionalen Simplexes $|X^n|$ von K^n, daß er für keinen Wert von t auf $f_t(\dot{C}^n)$ liegt. Dann ist der Grad J_t der Abbildung f_t von C^n im Punkte o unabhängig von t.*

Beweis. Es genügt, zu zeigen: zu jedem Wert t_0 der durch $0 \leqq t \leqq 1$ gegebenen t-Strecke T gibt es ein ihn enthaltendes, in T offenes Intervall T_0 mit der Eigenschaft, daß J_t konstant für $t \subset T_0$ ist.

Es sei also t_0 gegeben, und Γ^n sei ein Komplex, der für die Abbildung $f = f_{t_0}$ die in Nr. 1 genannten Eigenschaften 1) und 2) besitzt. Dann wählen wir ein so kleines Intervall T_0, welches t_0 enthält, daß für $t \subset T_0$

(1) $$\varrho(f_t, f_{t_0}) < \varrho(f_{t_0}(\overline{C^n - \Gamma^n}), o),$$

(2) $$\varrho(f_t, f_{t_0}) < \varrho(f_{t_0}(\overline{\Gamma}^n), \overline{K^n - |X^n|}),$$

(3) $$\varrho(f_t, f_{t_0}) < \varrho(f_{t_0}(\dot{\overline{\Gamma}}^n), o)$$

ist. Aus (1) folgt: $o \not\subset f_t(\overline{C^n - \Gamma^n})$, d. h.: Γ^n besitzt die Eigenschaft 1) nicht nur für f_{t_0}, sondern auch für f_t; aus (2) folgt: $f_t(\overline{\Gamma}^n)$ ist fremd zu $\overline{K^n - |X^n|}$, d. h.: Γ^n besitzt die Eigenschaft 2) nicht nur für f_{t_0}, sondern auch für f_t. Folglich ist für jedes $t \subset T_0$ der zu untersuchende Grad J_t gleich dem Grade der Abbildung f_t von Γ^n im Punkte o. Aus (3) folgt infolge des Satzes von Rouché:

$$\mathfrak{v}([f_t(\dot{\Gamma}^n)], o) = \mathfrak{v}([f_{t_0}(\dot{\Gamma}^n), o),$$

also $J_t = J_{t_0}$, w. z. b. w.

3. Abbildung von Zyklen. Der einfachste und wichtigste Fall ist der, in dem $C^n = z^n$ ein *Zyklus* ist. Da $\dot{z}^n = 0$ ist, ergibt sich mit Rücksicht auf Satz I unmittelbar

Satz II. *Ist z^n Zyklus, K^n ein Euklidischer Komplex und f eine Abbildung von $\bar{z}^n$ in $\bar{K}^n$, so ist in jedem inneren Punkt jedes n-dimensionalen Simplexes von K^n der Grad definiert. Er bleibt ungeändert bei stetiger Abänderung der Abbildung f.*

Nun kann man nach Kap. VIII, § 3, die Abbildung f stetig in eine *simpliziale* Abbildung f_1 (von z^n oder einer Unterteilung von z_1^n) überführen. Ist dabei $f_1(z^n) = \sum t^i X_i^n$, so erfüllt der stetige Zyklus $[f(z^n)]$ die Homologie (Kap. VIII, § 5)

(4) $$[f(z^n)] \sim \sum t^i X_i^n.$$

Daher ergibt sich aus Satz II und aus der Bemerkung über simpliziale Abbildungen am Schluß von Nr. 1:

Satz III. *Die Abbildung f des Zyklus z^n in das Polyeder $\bar{K}^n$ hat in allen inneren Punkten eines Simplexes X_i^n von K^n denselben Grad J_i. Diese Grade J_i stimmen mit den Koeffizienten t^i in der Homologie (4) überein.*

4. Abbildungen von Zyklen in irreduzibel geschlossene und azyklische Polyeder. Die Übereinstimmung des lokalen Grades mit dem Grad im Großen. Es sei zunächst K^n *einfach geschlossen* (Kap. VII, § 1) und Z^n ein irreduzibler ganzzahliger Zyklus mit $|Z^n| = K^n$; dann ist bei geeigneter Orientierung der Simplexe von K^n

(5) $$Z^n = \sum X_i^n,$$

und jeder n-dimensionale stetige Zyklus $[f(z^n)]$ irgendeines Koeffizientenbereiches erfüllt eine Homologie

(6) $$[f(z^n)] \sim t Z^n.$$

Das Element t ist der „*Grad im Großen*" der Abbildung f (vgl. § 1, Nr. 4).

Aus diesen Tatsachen und dem Satz III ergibt sich ohne weiteres der wichtige

Satz IV. *Die Abbildung f des Zyklus z^n in das einfach geschlossene Polyeder $\bar{K}^n$ hat überall*[1] *denselben lokalen Grad J. Dieser lokale Grad J stimmt mit dem durch* (6) *gegebenen „Grad im Großen" t überein.* (Dabei sind für die Bestimmung von J die Orientierungen der Simplexe X_i^n so zu wählen, daß (5) gilt.)

Ähnlich verhält es sich, wenn K^n irreduzibel geschlossen mit dem natürlichen Modul $m \geqq 2$ ist (Kap. VII, § 1); wir heben hier besonders den Fall $m = 2$ hervor. In ihm gibt es einen durch K^n eindeutig bestimmten irreduziblen Zyklus Z^n in bezug auf $\mathfrak{G}_2$ mit $|Z^n| = K^n$; jeder stetige n-dimensionale Zyklus $[f(z^n)]$ (irgendeines Koeffizientenbereiches $\mathfrak{J}$) erfüllt eine Homologie

(7) $$[f(z^n)] \sim t Z^n$$

wobei t ein gewisses Element von $\mathfrak{J}$ mit

(8) $$2t = 0$$

ist[2] (Kap. VII, § 1, Satz V). Dieses Element heißt der „*Grad im Großen mod* 2" von f. Nun ergibt sich aus Satz III in Analogie zu Satz IV:

Satz V. *Es sei z^n ein Zyklus in bezug auf den beliebigen Koeffizientenbereich $\mathfrak{J}$ und K^n ein irreduzibel geschlossener Komplex mit dem natürlichen Modul* 2. *Dann hat jede Abbildung f von z^n in $\bar{K}^n$ überall*[1] *denselben lokalen Grad J, und dieser stimmt mit dem durch* (7) *gegebenen Element t, also dem „Grad im Großen mod 2", überein.*

Falls der Koeffizientenbereich $\mathfrak{J}$ kein Element der Ordnung 2 enthält, ergibt sich weiter aus (8), daß der Grad $J = t = 0$ ist; wir beweisen gleich eine allgemeinere Tatsache:

Satz VI. *Es sei $m \geqq 2$ und $\mathfrak{J}$ ein Koeffizientenbereich, der kein von Null verschiedenes Element t mit $mt = 0$ enthält* (*also z. B.* $\mathfrak{J} = \mathfrak{G}$);

[1] D. h. überall dort, wo der lokale Grad erklärt ist, also in den inneren Punkten der Grundsimplexe von K.

[2] Genauer: es ist $Z = \mathfrak{r}_2(\sum X_i^n)$, wobei die X_i^n die willkürlich orientierten Grundsimplexe von K sind, und $[f(z^n)] \sim t \sum X_i^n$.

ferner sei K^n ein irreduzibel geschlossener Komplex mit dem natürlichen Modul m und z^n ein Zyklus in bezug auf $\mathfrak{J}$. Dann hat jede Abbildung f von z^n in $\bar{K}^n$ überall den lokalen Grad Null.

Beweis. Nach Kap. VII, § 1, Satz V, gibt es in K^n keinen von Null verschiedenen n-dimensionalen Zyklus in bezug auf $\mathfrak{J}$. Daher ist der stetige Zyklus $[f(z^n)]$ homolog Null in K^n, und in (4) sind daher alle $t^i = 0$. Hieraus und aus Satz III folgt unsere Behauptung.

Die Aufstellung eines zu den Sätzen IV und V analogen Satzes für die Moduln $m > 2$ überlassen wir dem Leser. Es ergibt sich: In jedem Simplex X_i^n von K^n hat f einen bestimmten lokalen Grad J_i; dabei ist J_i ein Element von $\mathfrak{J}$ mit $mJ_i = 0$; es gibt ein Element $t \subset \mathfrak{J}$, so daß $J_i = a^i \cdot t$ für jedes i ist, wobei die a^i ganze, zu m teilerfremde Zahlen sind; das Element t, für das ebenfalls $mt = 0$ gilt, ist nur bis auf einen ganzzahligen, zu m teilerfremden Faktor bestimmt; es kann der „Grad im Großen mod m" genannt werden.

Schließlich formulieren wir noch den folgenden Satz, der ebenfalls unmittelbar aus dem Satz III folgt:

Satz VII. *Jede Abbildung eines beliebigen n-dimensionalen Zyklus z^n (eines beliebigen Koeffizientenbereiches) in ein azyklisches[1] n-dimensionales Polyeder $\bar{K}^n$ hat überall den lokalen Grad Null.*

Die Sätze IV, V, VI, VII sind insbesondere anwendbar, wenn K^n eine geschlossene orientierbare (IV) bzw. eine geschlossene nicht-orientierbare (V, VI) bzw. eine beliebige berandete (VII) *Pseudomannigfaltigkeit* ist.

5. Die Sonderstellung des „Grades im Großen" unter den Konstanten des Homologietypus. Der „Grad im Großen" t ist durch die Homologie $[f(z^n)] \sim tZ^n$ erklärt worden oder, wenn wir unter h_f^n den durch f bewirkten Homomorphismus der Bettischen Gruppe $B^n(\bar{z}^n)$ in die Gruppe $B^n(\bar{K}^n)$ verstehen (vgl. Kap. VIII, § 3ff.), durch

$$h_f^n(\zeta) = t \cdot \mathrm{Z},$$

wobei ζ und Z die Homologieklassen von z^n bzw. Z^n bezeichnen. Er ist also eine „Konstante des Homologietypus" von f; derartige Konstanten gibt es auch außer dem Grade: etwa, wenn wir das Polyeder P in das Polyeder P' abbilden, den *Rang* der Untergruppe $h_f^r(B_{\mathfrak{G}}^r(P))$ von $B_{\mathfrak{G}}^r(P')$ ($r = 0, 1, \ldots$); oder die Elementarteiler der Restklassengruppe $B_{\mathfrak{G}}^r(P') - h_f^r(B_{\mathfrak{G}}^r(P))$; usw. Alle diese Konstanten besitzen die wichtigen Invarianzeigenschaften, die im Kap. VIII behandelt worden sind, insbesondere: sie bleiben ungeändert bei stetiger Abänderung von f.

Während aber den meisten dieser Konstanten kaum eine unmittelbar anschauliche geometrische Bedeutung zukommt, drückt der Grad infolge seiner im Satz IV (bzw. V) bewiesenen Übereinstimmung mit dem *lokalen Grade* eine sehr elementare und naheliegende Eigenschaft einer Abbildung aus; diese Eigenschaft tritt besonders klar zutage, wenn die Abbildung simplizial ist — wir haben hierauf in § 1, Nr. 4 und § 2, Nr. 6 hingewiesen.

Der Zusammenhang zwischen dem Grade im Großen und dem lokalen Grade legt die folgende allgemeinere Betrachtung nahe: die Eigenschaften des *Homologietypus* beziehen sich auf die durch f bewirkten Homomorphismen der *Bettischen Gruppen* $B^r(|C|)$ des abgebildeten Komplexes $|C|$; unter *„elementaren"* Eigenschaften einer (simplizialen) Abbildung dagegen wird man diejenigen ver-

[1] Kap. VII, § 1, Nr. 6.

stehen, die sich auf die durch f bewirkten Homomorphismen der *Komplexgruppen* $L^r(|C|)$ beziehen, also direkt auf die Abbildung der einzelnen Simplexe. Die letzteren Eigenschaften haben einen besonders anschaulichen Sinn, die ersteren sind durch topologische Invarianzeigenschaften ausgezeichnet; von besonderer Bedeutung werden solche Eigenschaften einer Abbildung sein, welche sich gleichzeitig in jeder der beiden Weisen äußern. Es besteht daher die wichtige Aufgabe: Man finde Beziehungen zwischen den Homomorphismen der Gruppen L^r einerseits und den Homomorphismen der Gruppen B^r andererseits. In dieser Hinsicht ist wenig bekannt; durch den Grad in seiner Doppelrolle als *lokalem* Grad (oder „Bedeckungszahl" — vgl. § 1, Nr. 4) und Grad *im Großen* wird die einfachste derartige Beziehung hergestellt[1].

6. Wesentlichkeit von Abbildungen. Eine der wichtigsten Anwendungsmöglichkeiten des Abbildungsgrades besteht in dem Nachweis der „Wesentlichkeit" von Abbildungen.

Definitionen[2]. Es sei f eine Abbildung des topologischen Raumes P in den beschränkten metrischen Raum P';[3] sie heißt „*in dem Punkt o (von P') wesentlich*", wenn $o \subset g(P)$ für jede mit f homotope Abbildung g ist; sie heißt „*wesentlich*" schlechthin, wenn sie in jedem Punkte o wesentlich ist, wenn also jede mit ihr homotope Abbildung eine Abbildung *auf* P' ist. Es sei ferner Q eine Teilmenge von P; die Abbildung f von P in P' heißt „*relativ zu Q im Punkte o (von P') wesentlich*", wenn $o \subset g(P)$ für jede Abbildung g ist, in die sich f durch eine solche stetige Abänderung überführen läßt, daß dabei das Bild jedes Punktes von Q ungeändert bleibt; schließlich heißt f „*relativ zu Q wesentlich*" schlechthin, wenn f relativ zu Q in jedem Punkte o wesentlich ist.

Wir wenden diese Begriffe auf die in den Nummern 1 bis 4 betrachteten Abbildungen eines Komplexes C^n oder eines Zyklus z^n in ein Polyeder $\bar{K}^n$ an. Der Koeffizientenbereich ist beliebig.

Satz VIII. *Es sei f eine Abbildung von $\bar{C}^n$ in $\bar{K}^n$ und o ein nicht auf $f(\dot{\bar{C}}^n)$ gelegener innerer Punkt eines n-dimensionalen Simplexes von K^n. Falls dann der lokale Grad der Abbildung f von C^n in o von Null verschieden ist, ist die Abbildung f von $\bar{C}^n$ relativ zu $\dot{\bar{C}}^n$ wesentlich in o.*

Beweis. Wenn f nicht wesentlich relativ zu $\dot{\bar{C}}^n$ im Punkte o ist, gibt es für $0 \leqq t \leqq 1$ eine stetige Abbildungsschar f_t mit $f_0 = f$, $o \not\subset f_t(\dot{\bar{C}}^n)$ für $0 \leqq t \leqq 1$ und $o \not\subset f_1(\bar{C}^n)$. Aus dem zuletzt genannten Grunde hat f_1 in o den Grad Null; folglich hat nach Satz I auch f im Punkte o den Grad Null. Damit ist der Satz bewiesen.

Satz IX. *Es sei z^n Zyklus und f eine Abbildung von $\bar{z}^n$ in $\bar{K}^n$; sie habe in den inneren Punkten[4] des Simplexes $|X^n|$ von K^n einen von Null verschiedenen Grad. Dann ist sie in allen Punkten von $\bar{X}^n$ wesentlich.*

[1] Eine weitere derartige Beziehung wird im Kap. XIV, § 1, Nr. 2, behandelt werden.

[2] Vgl. Kap. IX, § 3, Nr. 9 und Kap. X, Anhang.

[3] Vgl. Kap. I, § 3, Nr. 3—4. [4] Vgl. Satz III.

Beweis. Aus Satz VIII folgt, da $\dot{z}^n = 0$ ist, unmittelbar die Wesentlichkeit von f in den inneren Punkten von $|X^n|$; für jede mit f homotope Abbildung g gehört also das Innere von X zu der Menge $g(\overline{z}^n)$; da aber diese Menge abgeschlossen ist, ist $\overline{X}^n \subset g(\overline{z}^n)$; folglich ist f in *allen* Punkten von $\overline{X}^n$ wesentlich.

Hierin ist auf Grund der Sätze IV und V der folgende Satz enthalten:

Satz X. *Es sei f eine Abbildung des Zyklus z^n in das einfach geschlossene Polyeder $\overline{K^n}$, und der Grad (im Großen) von f sei nicht Null. Dann ist f eine wesentliche Abbildung von $\overline{z}^n$ auf $\overline{K}^n$. Der analoge Satz gilt, wenn $\overline{K^n}$ irreduzibel geschlossen mit dem natürlichen Modul 2 ist.*

Im nächsten Kapitel werden wir an diese Sätze anknüpfen; insbesondere werden wir die Frage nach ihrer Umkehrbarkeit behandeln — d. h. die Frage, ob man aus dem Verschwinden des Grades auf die Unwesentlichkeit einer Abbildung schließen kann; wir werden sehen, daß in gewissen Fällen, die zwar speziell, aber wichtig sind, diese Frage zu bejahen ist (§ 1, Satz IV; § 2, Satz V).

Anhang zum zwölften Kapitel.

Die Brouwersche Deutung der Verschlingungszahl als Charakteristik. Das Gaußsche Integral.

Die „Ordnung" $\mathfrak{v}(Z^{n-1}, o)$ ist ein Spezialfall der, für beliebige r und s mit $r + s = n - 1$ erklärten, Verschlingungszahl $\mathfrak{v}(z^r, z^s)$; jetzt werden wir andererseits sehen: jede Verschlingungszahl $\mathfrak{v}(z^r, z^s)$ läßt sich als Ordnung $\mathfrak{v}(Z^{n-1}, o)$ deuten, wobei Z^{n-1} ein durch z^r und z^s bestimmter Zyklus ist. Diese Deutung ist an sich geometrisch interessant, und außerdem verdient sie aus methodischen Gründen Interesse: während in unserer Darstellung der Begriff der „Verschlingung" der Ausgangspunkt auch für die Theorie der Charakteristik und des Abbildungsgrades war, kann man auch umgekehrt den Begriff des „Grades" oder den der „Charakteristik" an die Spitze der Verschlingungstheorie stellen.

1. Die Schnittzahl als Abbildungsgrad. Es seien C^p, D^q zwei algebraische Komplexe des R^n in relativ-allgemeiner Lage zueinander[1], $p+q=n$; der Koeffizientenbereich sei ein Ring. Wir konstruieren den Produktkomplex[2] $C^p \times D^q$ und bilden ihn folgendermaßen in den R^n ab: o sei ein fester Punkt des R^n, und unter $s = s(a, b)$ verstehen wir für beliebige Punkte a und b des R^n denjenigen Punkt des R^n, für welchen der Vektor $\overrightarrow{os}$ gleich dem Vektor $\overrightarrow{ab}$ ist; die Punkte von $\overline{C^p \times D^q}$ be-

[1] Kap. XI, § 1, Nr. 3.

[2] Vgl. Kap. VII, § 3; nur die Nummern 1 bis 6 dieses Paragraphen werden hier benutzt werden; in diesen Nummern (nicht in den späteren) darf man statt $\mathfrak{G}$ offenbar einen beliebigen Ring als Koeffizientenbereich zugrunde legen.

zeichnen wir mit (a, b), wobei a und b beliebige Punkte von $\overline{C^p}$ bzw. $\overline{D^q}$ sind. Indem wir den Punkt $s(a, b)$ dem Punkte (a, b) von $\overline{C^p \times D^q}$ zuordnen, definieren wir eine Abbildung s von $\overline{C^p \times D^q}$ in den R^n. Dann und nur dann ist $s(a, b) = o$, wenn $a = b$ ist.

Da sich C^p und D^q in relativ-allgemeiner Lage zueinander befinden, ist insbesondere $\overline{\dot{C}^p}$ fremd zu $\overline{D^q}$ und $\overline{\dot{D}^q}$ fremd zu $\overline{C^p}$; da

$$(C^p \times D^q)^{\cdot} = (\dot{C}^p \times D^q) \pm (C^p \times \dot{D}^q)$$

ist, ist daher $s(a, b) \neq o$ für $(a, b) \subset \overline{(C^p \times D^q)^{\cdot}}$. Folglich besitzt die Abbildung s von $C^p \times D^q$ im Punkte o einen lokalen Grad; wir nennen ihn $J(C^p, D^q)$. Dabei ist der R^n als orientiert vorausgesetzt. — Wir behaupten nun:

Der Grad $J(C^p, D^q)$ ist bis auf das Vorzeichen gleich der Schnittzahl von C^p und D^q; genauer: es ist

$$\text{(1)} \qquad \varnothing(C^p, D^q) = (-1)^p J(C^p, D^q).$$

Beweis. Bezeichnen wir die Simplexe von C^p und D^q mit x_i^p bzw. y_j^q, und sind C^p und D^q durch

$$C^p = \sum u^i x_i^p, \qquad D^q = \sum v^j y_j^q$$

gegeben, so ist einerseits

$$\text{(2)} \qquad \varnothing(C^p, D^q) = \sum u^i v^j \varnothing(x_i^p, y_j^q),$$

andererseits

$$C^p \times D^q = \sum u^i v^j (x_i^p \times y_j^q),$$

also, wie sich aus der Definition des Grades J als algebraischer Anzahl der o-Stellen ohne weiteres ergibt,

$$\text{(3)} \qquad J(C^p, D^q) = \sum u^i v^j J(x_i^p, y_j^q);$$

dabei sind die $(x_i^p \times y_j^q)$ die n-dimensionalen Zellen von $C^p \times D^q$, und für die Gültigkeit von (3) hat man zu bedenken, daß infolge der relativ-allgemeinen Lage von C^p und D^q niemals eine o-Stelle auf

$$(x_i^p \times y_j^q)^{\cdot} = (\dot{x}_i^p \times y_j^q) \pm (x_i^p \times \dot{y}_j^q)$$

liegt, daß also die Grade $J(x_i^p, y_j^q)$ in der Tat für alle i, j definiert sind.

Aus (2) und (3) ist ersichtlich: An Stelle von (1) brauchen wir nur die spezielle Behauptung

$$\text{(1')} \qquad \varnothing(x^p, y^q) = (-1)^p J(x^p, y^q)$$

zu beweisen, wobei $\bar{x}^p$, $\bar{y}^q$ Simplexe in relativ-allgemeiner Lage sind.

Falls $\bar{x}^p$ und $\bar{y}^q$ fremd zueinander sind, ist einerseits $\varnothing(x^p, y^q) = 0$, andererseits $\overline{x^p \times y^q}$ frei von o-Stellen der Abbildung s, also auch $J(x^p, y^q) = 0$; in diesem Falle gilt somit (1').

Es seien also $\bar{x}^p$ und $\bar{y}^q$ nicht fremd zueinander; dann ist $\varnothing(x^p, y^q) = \pm 1$; da bei Umkehrung der Orientierung von y^q sowohl die Schnittzahl $\varnothing(x^p, y^q)$ ihr Vorzeichen ändert, als auch die Orientierung der Zelle

$x^p \times y^q$ und damit das Vorzeichen von $J(x^p, y^q)$ umgekehrt werden, dürfen wir uns auf den Fall beschränken, in dem $\o(x^p, y^q) = +1$ ist; die Behauptung lautet also:

$$(1'') \qquad J(x^p, y^q) = (-1)^p \quad \text{für} \quad \o(x^p, y^q) = +1.$$

Für den Beweis von (1'') realisieren wir die Zelle $|x^p \times y^q|$ im R^n: in den Ebenen $|X^p|$ bzw. $|Y^q|$, welche die Simplexe $|x^p|$ bzw. $|y^q|$ tragen, führen wir Cartesische Koordinaten ξ_i $(i = 1, 2, \ldots, p)$ bzw. η_j $(j = 1, 2, \ldots, q)$ mit dem Schnittpunkt o' der Ebenen als Anfangspunkt ein; dann bilden die ξ_i und η_j zusammen ein (im allgemeinen schiefwinkliges) Koordinatensystem in R^n; ist nun a ein Punkt von $|x^p|$ mit den Koordinaten ξ_i und b ein Punkt von $|y^q|$ mit den Koordinaten η_j, so verstehen wir unter (a, b) den Punkt des R^n mit den Koordinaten ξ_i, η_j.

Aus der Voraussetzung $\o(x^p, y^q) = +1$ einerseits (vgl. Kap. XI, § 1, Nr. 1), aus der Vorschrift für die Orientierung von $x^p \times y^q$ andererseits (vgl. Kap. VII, § 3, Nr. 6, „Bemerkung"), ergibt sich: *Die Orientierung der, nunmehr im R^n realisierten, Zelle $x^p \times y^q$ fällt mit der von vornherein zugrunde gelegten Orientierung des R^n zusammen.*

Daher können wir uns von der Zelle $x^p \times y^q$ ganz befreien: der R^n ist fest orientiert; in einer Umgebung des Punktes o' des R^n ist die (am Anfang dieser Nummer definierte) Abbildung s in denselben R^n hinein gegeben; sie besitzt in o' eine isolierte o-Stelle; die Behauptung lautet: der Index dieser o-Stelle ist gleich $(-1)^p$.

Lassen wir, was offenbar erlaubt ist, den Punkt o mit dem Anfangspunkt o' der Koordinaten ξ_i, η_j zusammenfallen, so geht bei der Abbildung s der Punkt mit den Koordinaten

$$\xi_1, \xi_2, \ldots, \xi_p, \eta_1, \eta_2, \ldots, \eta_q$$

in den Punkt mit den Koordinaten

$$-\xi_1, -\xi_2, \ldots, -\xi_p, \eta_1, \eta_2, \ldots, \eta_q$$

über. Das ist eine affine Abbildung mit der Determinante $(-1)^p$; damit ist die Behauptung bewiesen (vgl. Kap. XII, § 2, Nr. 4, Bemerkung I).

2. Die Verschlingungszahl als Ordnung. Jetzt seien $[f(z_1^r)]$ und $[g(z_2^s)]$ mit $r + s = n - 1$ zwei zueinander fremde, stetige Zyklen im R^n. Ähnlich wie vorhin verstehen wir, wenn a einen Punkt von $\bar{z}_1^r$ und b einen Punkt von $\bar{z}_2^s$ bezeichnet, unter (a, b) den zu diesem Punktepaar gehörigen Punkt des Produktraumes $\bar{z}_1^r \times \bar{z}_2^s$; hat ferner $s(a', b')$ für je zwei Punkte a', b' des R^n dieselbe Bedeutung wie in Nr. 1, so ist durch $s'(a, b) = s(f(a), g(b))$ eine Abbildung s' von $z_1^r \times z_2^s$ in den R^n erklärt, und zwar infolge der Fremdheit von $f(\bar{z}_1^r)$ und $g(\bar{z}_2^s)$ sogar eine Abbildung in den Raum $R^n - o$; daher ist die Ordnung $\mathfrak{v}([s'(z_1^r \times z_2^s)], o)$ definiert. — Wir behaupten:

Die Verschlingungszahl $\mathfrak{v}([f(z_1^r)], [g(z_2^s)])$ *ist bis auf das Vorzeichen gleich der Ordnung des Punktes* o *in bezug auf den Zyklus* $[s'(z_1^r \times z_2^s)]$; *genauer: es ist*

(4) $$\mathfrak{v}([f(z_1^r)], [g(z_2^s)]) = (-1)^{r+1}\mathfrak{v}([s'(z_1^r \times z_2^s)], o).$$

Zweite Formulierung desselben Satzes (vgl. Kap. XII, § 1, Nr. 5): Es sei Z eine in natürlicher Weise orientierte $(n-1)$-dimensionale Sphäre mit dem Mittelpunkt o im R^n; für je zwei voneinander verschiedene Punkte a', b' des R^n verstehen wir unter $\varphi = \varphi(a', b')$ denjenigen Punkt auf Z, für welchen $\overrightarrow{o\varphi}$ zu $\overrightarrow{a'b'}$ parallel ist; *dann ist die Verschlingungszahl* $\mathfrak{v}([f(z_1^r)], [g(z_2^s)])$ *bis auf den Faktor* $(-1)^{r+1}$ *gleich dem Grade der durch*

(5) $$\sigma(a, b) = \varphi(f(a), g(b))$$

gegebenen Abbildung σ *von* $z_1^r \times z_2^s$ *in die Sphäre* Z.

Dritte Formulierung (vgl. § 2, Nr. 3): Im R^n seien solche Cartesische Koordinaten $t_1, t_2, \ldots, t_n$ eingeführt, daß zu ihnen die zugrunde gelegte Orientierung des R^n gehört (Kap. IV, § 2, Nr. 6), und die Abbildungen f und g seien durch Funktionen

$$t_i = f_i(a) \quad \text{für} \quad a \subset \bar{z}_1^r,$$
$$t_i = g_i(b) \quad \text{für} \quad b \subset \bar{z}_2^s$$

gegeben; *dann ist die Verschlingungszahl* $\mathfrak{v}([f(z_1^r)], [g(z_2^s)])$ *bis auf den Faktor* $(-1)^{r+1}$ *gleich der Kroneckerschen Charakteristik des Funktionensystems*

(6) $$v_i(a, b) = g_i(b) - f_i(a), \qquad i = 1, 2, \ldots, n$$

auf dem $(n-1)$*-dimensionalen Zyklus* $z_1^r \times z_2^s$.

Beweis. Da sich keine der auf den beiden Seiten der Behauptung (4) stehenden Verschlingungszahlen ändert, wenn man f und g durch hinreichend benachbarte Abbildungen ersetzt, dürfen wir f und g von vornherein als simplizial annehmen; setzen wir dann $f(z_1^r) = Z_1^r$, $f(z_2^s) = Z_2^s$, so sind Z_1^r, Z_2^s Zyklen des R^n, die wir überdies als in relativallgemeiner Lage befindlich annehmen dürfen; die Behauptung lautet:

(4') $$\mathfrak{v}(Z_1^r, Z_2^s) = (-1)^{r+1}\mathfrak{v}([s(Z_1^r \times Z_2^s)], o),$$

wobei die Abbildung s dieselbe Bedeutung hat wie in Nr. 1.

Nun konstruieren wir im R^n einen Komplex C^{r+1} mit $\dot{C}^{r+1} = Z_1^r$, der zu Z_2^s in relativ-allgemeiner Lage ist; dann ist

$$\mathfrak{v}(Z_1^r, Z_2^s) = \mathfrak{s}(C^{r+1}, Z_2^s),$$

also nach (1):

(7) $$\mathfrak{v}(Z_1^r, Z_2^s) = (-1)^{r+1} J(C^{r+1}, Z_2^s),$$

wobei $J(C^{r+1}, Z_2^s)$ der Grad der Abbildung s von $C^{r+1} \times Z_2^s$ im Punkte o ist; nach § 2, Nr. 6, Satz V ist dieser Grad:

$$J(C^{r+1}, Z_2^s) = \mathfrak{v}([s(C^{r+1} \times Z_2^s)^{\cdot}], o),$$

also, da

$$(C^{r+1} \times Z_2^s)^{\cdot} = (\dot{C}^{r+1} \times Z_2^s) \pm (C^{r+1} \times \dot{Z}_2^s) = Z_1^r \times Z_2^s$$

ist:

$$J(C^{r+1}, Z_2^s) = \mathfrak{v}([s(Z_1^r \times Z_2^s)], o).$$

Hieraus und aus (7) folgt die Behauptung (4').

Bemerkung. Auf Grund der oben ausgesprochenen „zweiten Formulierung" des soeben bewiesenen Satzes kann man, wenn man den „Grad" als „Grad im Großen", also als Konstante des Homologietypus einer stetigen Abbildung auffaßt, die Verschlingungszahl $\mathfrak{v}(\mathfrak{z}_1^r, \mathfrak{z}_2^s)$ ohne Benutzung irgendwelcher Begriffe aus der Verschlingungstheorie *definieren.* — Aufgabe: Ausgehend von dieser Definition beweise man ohne Benutzung von Begriffen aus der Verschlingungstheorie die „Dualitätsformel" (7) in Kap. XI, § 1, Nr. 6, sowie alle Behauptungen aus Kap. XI, § 2.

8. Das Gaußsche Integral. Wir drücken die auf der rechten Seite der Formel (4) stehende Ordnung durch das Kroneckersche Integral aus (§ 1, Nr. 7). Die stetigen Zyklen $[f(z_1^r)]$ und $[g(z_2^s)]$ seien vektoriell gegeben: $\mathfrak{f}(a)$ und $\mathfrak{g}(b)$ seien für alle Punkte a von $\bar{z}_1^r$ bzw. b von $\bar{z}_2^s$ die Vektoren mit dem Anfangspunkt o und den Endpunkten $f(a)$ bzw. $g(b)$; dann wird jedem Punkt (a, b) von $\overline{z_1^r \times z_2^s}$ der Vektor $\mathfrak{x}(a, b) = \mathfrak{g}(b) - \mathfrak{f}(a)$ zugeordnet, und für diese Vektoren $\mathfrak{x}$ ist das Kroneckersche Integral zu bilden. Wenn $a_1, a_2, \ldots, a_r$ Cartesische Koordinaten in den orientierten Simplexen von z_1^r und $b_1, b_2, \ldots, b_s$ Cartesische Koordinaten in den orientierten Simplexen von z_2^s sind, so sind $a_1, a_2, \ldots, a_r, b_1, \ldots, b_s$ Parameter in den orientierten Zellen von $z_1^r \times z_2^s$. Daher ergibt sich aus (4) und der Kroneckerschen Integralformel (wenn wir uns der Einfachheit halber auf solche Zyklen beschränken, die orientierte Komplexe sind, so daß Formel (9) in § 1, Nr. 7, anzuwenden ist), das *Verschlingungsintegral*

$$(8)\quad \begin{cases} \mathfrak{v}([f(z_1^r)], [g(z_2^s)]) = \\ -\dfrac{1}{k_{n-1}} \displaystyle\int\limits_{z_1^r}\int\limits_{z_2^s} \frac{1}{|\mathfrak{g}-\mathfrak{f}|^n} \cdot D\left(\mathfrak{g}-\mathfrak{f}, \frac{\partial \mathfrak{f}}{\partial a_1}, \ldots, \frac{\partial \mathfrak{f}}{\partial a_r}, \frac{\partial \mathfrak{g}}{\partial b_1}, \ldots, \frac{\partial \mathfrak{g}}{\partial b_s}\right) d a_1 \ldots d a_r\, d b_1 \ldots d b_s. \end{cases}$$

Für den Fall zweier geschlossener Kurven $\mathfrak{z}_1 = [f(z_1)]$, $\mathfrak{z}_2 = [g(z_2)]$ im R^3, also für $r = s = 1$, lautet es:

$$(9)\quad \mathfrak{v}(\mathfrak{z}_1, \mathfrak{z}_2) = -\frac{1}{4\pi} \int\limits_{\mathfrak{z}_1}\int\limits_{\mathfrak{z}_2} \frac{1}{|\mathfrak{g}-\mathfrak{f}|^3} \cdot D(\mathfrak{g}-\mathfrak{f}, d\mathfrak{f}, d\mathfrak{g}).$$

Das ist das *Integral von* GAUSS.

Auf Grund potentialtheoretischer Betrachtungen, auf die wir nicht eingehen[1], kann man diesem Integral (9) noch eine andere Gestalt und damit eine andere geometrische Deutung geben: Verstehen wir für jeden nicht auf $\mathfrak{z}_1 = [f(z_1^1)]$ gelegenen Punkt p des R^3 unter $W(p)$ den in bekannter Weise definierten „räumlichen Winkel, unter dem $\mathfrak{z}_1$ von p aus gesehen wird", so ist der Gradient dieser Ortsfunktion W durch das Kurvenintegral

$$\operatorname{grad} W = \int\limits_{\mathfrak{z}_1} \frac{1}{|\mathfrak{g}-\mathfrak{f}|^3} [(\mathfrak{g}-\mathfrak{f}) \times d\mathfrak{f}]$$

[1] Man vgl. z. B.: PICARD: Traité d'Analyse, tome 1, 3° éd. (1920) pp. 146ff.

auszudrücken (wobei $\mathfrak{g}$ der Ortsvektor $\overrightarrow{op}$ von p ist und $[(\mathfrak{g}-\mathfrak{f})\times d\mathfrak{f}]$ das vektorielle Produkt der Vektoren $\mathfrak{g}-\mathfrak{f}$ und $d\mathfrak{f}$ bezeichnet). Hieraus ergibt sich, daß die rechte Seite von (9) sich in der folgenden Gestalt schreiben läßt:

$$\frac{1}{4\pi}\int\limits_{\mathfrak{z}_2}(\operatorname{grad} W,\, d\mathfrak{g}) = \frac{1}{4\pi}\int\limits_{\mathfrak{z}_2} dW.$$

Das bedeutet: *die Verschlingungszahl von $\mathfrak{z}_1$ und $\mathfrak{z}_2$ ist gleich der durch 4π dividierten Änderung, welche bei der Durchlaufung von $\mathfrak{z}_2$ der räumliche Winkel erleidet, unter dem $\mathfrak{z}_1$ von dem laufenden Punkt aus gesehen wird.*

Es ist das ein Analogon zu der Deutung der Ordnung $\mathfrak{v}(\mathfrak{z}^1, o)$ in der Ebene als „Umlaufzahl".

Dreizehntes Kapitel.

Homotopie- und Erweiterungssätze für Abbildungen.

Unter einem „*Homotopie*"-Satz verstehen wir einen Satz, in welchem von zwei Abbildungen, die gewisse Voraussetzungen erfüllen, *behauptet* wird: sie sind einander homotop (Kap. VIII, § 3); unter einem „*Erweiterungs*"-Satz verstehen wir einen Satz, in welchem von einer Abbildung, die eine Teilmenge P_0 eines topologischen Raumes P in einen topologischen Raum Q abbildet und gewisse Voraussetzungen erfüllt, *behauptet* wird: sie läßt sich zu einer Abbildung von P in Q erweitern. Ohne daß systematisch eine Homotopie- und Erweiterungstheorie aufgebaut wird, werden in diesem Kapitel solche Homotopie- und Erweiterungssätze dargestellt, die sich in die *Homologie*-Theorie einordnen lassen. In der Homologietheorie der früheren Kapitel sind Sätze folgender Art enthalten: I. „Wenn zwei Abbildungen einander homotop sind, so sind sie einander vollständig homolog" (Kap. VIII, § 3). II. „Wenn sich die Abbildung f des Teilpolyeders P_0 des Polyeders P in das Polyeder Q zu einer Abbildung von P in Q erweitern läßt, so hat sie notwendigerweise die folgende Eigenschaft: für jeden Zyklus $\mathfrak{z}$ in P_0, welcher ~ 0 in P ist, ist $f(\mathfrak{z}) \sim 0$ in Q" (denn ist $\mathfrak{z} = \dot{\mathfrak{C}}$, $\mathfrak{C} \subset P$, so ist $f(\mathfrak{z}) = f(\mathfrak{C})^{\cdot}$, $\overline{f(\mathfrak{C})} \subset Q$).

In diesem Kapitel werden wir zeigen, daß diese Sätze sich in manchen Fällen — die zwar recht speziell, jedoch an sich interessant und für Anwendungen wichtig[1] sind — *umkehren* lassen; diese Umkehrungen sind dann Homotopie- und Erweiterungssätze von dem oben beschriebenen Typus. Ihre Gültigkeit beleuchtet die Zweckmäßigkeit und Tragweite der Begriffsbildungen aus der Homologietheorie. Die Sätze der §§ 2, 3, 4 zeigen, daß gewisse Homologie-Eigenschaften eines Poly-

[1] Z. B. haben die Sätze IV des § 1 und VI des § 2 dimensionstheoretische Konsequenzen (2. Band).

eders durch dessen Verhalten bei stetigen Abbildungen auf eine Sphäre oder auf sich selbst charakterisiert werden können.

Der eigentliche Kern des Kapitels ist ein Erweiterungssatz: die „Umkehrung des Kroneckerschen Existenzsatzes" im § 1; aus ihm folgen die übrigen Sätze ohne große Schwierigkeit.

§ 1. Die Umkehrung des Kroneckerschen Existenzsatzes.

1. Eine Erweiterungsaufgabe für Abbildungen in den Euklidischen Raum. Der allgemeine Kroneckersche Existenzsatz (Kap. XII, § 2, Nr. 1) sagt aus: Es sei C^n ein algebraischer Komplex und f eine solche Abbildung von $\dot{C}^n$ in den R^n, daß der Punkt o des R^n nicht zu $f(\overline{\dot{C}^n})$ gehört und in bezug auf $[f(\dot{C}^n)]$ eine von Null verschiedene Ordnung hat; dann tritt, falls die Abbildung f nicht nur auf $\overline{\dot{C}^n}$, sondern auf dem ganzen Polyeder $\overline{C^n}$ erklärt ist, notwendigerweise ein Punkt $p \subset \overline{C^n}$ mit $f(p) = o$ auf; es ist also — unter der Voraussetzung $\mathfrak{v}([f(\dot{C}^n)], o) \neq 0$ — unmöglich, die Abbildung f von $\dot{C}^n$ zu einer solchen Abbildung von $\overline{C^n}$ in den R^n zu erweitern, daß $f(p) \neq o$ für alle Punkte p von $\overline{C^n}$ bleibt.

Wir können diesen Sachverhalt folgendermaßen in Form einer Aufgabe und einer für ihre Lösbarkeit notwendigen Bedingung ausdrücken (dabei erhöhen wir die Dimensionszahl um 1):

E r w e i t e r u n g s a u f g a b e. *Es sei K ein beliebiger (endlicher) Euklidischer Komplex, K_0 ein Teilkomplex von K und f eine Abbildung von $\bar{K}_0$ in den Raum $R^{n+1} - o$. Man soll diese Abbildung zu einer Abbildung von $\bar{K}$ in den Raum $R^{n+1} - o$ erweitern.*

Notwendig für die Lösbarkeit dieser Aufgabe ist die

Kroneckersche Bedingung. *Für jeden n-dimensionalen Zyklus* z^n *von* K_0, *welcher homolog Null in K ist, ist* $\mathfrak{v}([f(z^n)], o) = 0$; *und zwar gilt dies für jeden Koeffizientenbereich* $\mathfrak{J}$.[1]

Ist diese Bedingung auch *hinreichend* für die Lösbarkeit der Erweiterungsaufgabe? Diese Frage wird für den wichtigsten Fall durch den Hauptsatz dieses Kapitels bejaht, nämlich durch

Satz I (Umkehrung des allgemeinen Kroneckerschen Existenzsatzes). *Wenn K höchstens* $(n+1)$*-dimensional ist, so ist die Kroneckersche Bedingung für die Lösbarkeit der Erweiterungsaufgabe hinreichend.*

Bemerkung I. Wenn die Dimension von K kleiner als $n+1$ ist, so ist jeder Zyklus z^n, welcher ~ 0 in K ist, *gleich* Null, also ist auch $\mathfrak{v}([f(z^n)], o) = 0$; die Kroneckersche Bedingung ist also in diesem Falle immer erfüllt, und die Erweiterungsaufgabe daher auf Grund des eben formulierten Satzes *immer* lösbar.

Bemerkung II. Die Voraussetzung, daß die Dimensionszahl von K höchstens $n+1$ ist, ist im allgemeinen unentbehrlich; man vgl. Nr. 2 des „Anhanges" zu diesem Kapitel.

Bemerkung III. Aus dem Beweis des Satzes wird sich ergeben, daß man sich in der Formulierung des Satzes auf die Koeffizientenbereiche $\mathfrak{J} = \mathfrak{G}_m$, $m = 2, 3, \ldots$, beschränken kann; man könnte sich dies auch von vornherein durch Überlegungen klarmachen, die denen aus Kap. V, § 4, Nr. 11, verwandt sind. —

Der Beweis des Satzes wird aus einer Anzahl verschiedener Schritte bestehen und den größten Teil dieses Paragraphen einnehmen.

2. Zurückführung auf Abbildungen in die S^n. Wir führen im R^{n+1} ein „Polarkoordinatensystem" mit o als Pol ein: es sei S^n eine Sphäre mit dem Mittelpunkt o; für jeden Punkt $q \subset R^{n+1} - o$ verstehen wir unter $\varphi(q)$ denjenigen Punkt von S^n, in den q von o aus projiziert wird, und unter $r(q)$ die Entfernung $\varrho(q, o)$; dann sind die Punkte $q \subset R^{n+1} - o$ eineindeutig auf die „Polarkoordinaten" r, φ bezogen.

Die Erweiterungsaufgabe aus Nr. 1 läßt sich in zwei Teile zerlegen: 1) Man erweitere die für alle Punkte $p \subset \bar{K}_0$ gegebene positive Funktion $rf(p)$ zu einer Funktion rf auf $\bar{K}$, die auch dort überall positiv ist; 2) man erweitere die Abbildung φf von $\bar{K}_0$ in die Sphäre S^n zu einer Abbildung φf von $\bar{K}$ in die S^n.

Die Erledigung des ersten Teiles macht keine Schwierigkeit: diese Erweiterung ist auf Grund des allgemeinen Erweiterungssatzes für stetige Funktionen (Kap. I, § 6, Nr. 10, Zusatz) immer möglich.

Es bleibt somit nur der zweite Teil der Aufgabe zu behandeln; da, wenn wir unter Z^n eine orientierte Sphäre mit $\bar{Z}^n = S^n$ verstehen, die

---

[1] Es ist also, wenn $\mathfrak{J}$ ein beliebiger Koeffizientenbereich ist, z^n ein Zyklus in bezug auf $\mathfrak{J}$, der ~ 0 in bezug auf $\mathfrak{J}$ ist, und $\mathfrak{v}$ ist die Verschlingungszahl (Ordnung) in bezug auf $(\mathfrak{J}, \mathfrak{G})$.

Ordnung $\mathfrak{v}([f(z^n)], o)$ gleich dem Grade der Abbildung φf von z^n in die Sphäre Z^n ist (Kap. XII, § 1, Nr. 5), ist die Behauptung der Lösbarkeit dieses zweiten Teiles der Aufgabe gleichbedeutend mit dem folgenden Satz II, auf den damit der Satz I zurückgeführt ist.

Satz II. *Es sei K ein höchstens $(n+1)$-dimensionaler Komplex, K_0 ein Teilkomplex von K und f eine solche Abbildung von $\bar{K}_0$ in die Sphäre $\bar{Z}^n$, daß jeder Zyklus z^n von K_0, der ~ 0 in K ist, mit dem Grade Null abgebildet wird (für jeden Koeffizientenbereich). Dann läßt sich f zu einer Abbildung von $\bar{K}$ in $\bar{Z}^n$ erweitern*[1].

3. Elementare Hilfssätze über Erweiterbarkeit und Homotopie von Abbildungen. Bevor wir den Beweis des Satzes II angreifen, stellen wir einige Hilfssätze auf, die insofern „elementar" sind, als sie nichts mit dem Abbildungsgrad oder anderen Homologiebegriffen zu tun haben.

Hilfssatz I. *K_0 sei ein Teilkomplex des (endlichen, im übrigen beliebigen) Komplexes K; f_0 und f_1 seien zwei homotope Abbildungen von $\bar{K}_0$ in ein Polyeder Q; f_0 sei zu einer Abbildung von $\bar{K}$ in Q erweiterbar. Dann ist auch f_1 zu einer Abbildung von $\bar{K}$ in Q erweiterbar.* (Q darf übrigens auch ein beliebiger topologischer Raum sein.)

Zwecks Beweises durch vollständige Induktion verschärfen wir diesen Hilfssatz zu

Hilfssatz Ia. *Ist f_t $(0 \leqq t \leqq 1)$ eine von t stetig abhängende Schar von Abbildungen von $\bar{K}_0$ in Q, und ist f_0 zu einer Abbildung F_0 von $\bar{K}$ in Q erweiterbar, so läßt sich die ganze Schar zu einer Abbildungsschar f_t von $\bar{K}$ in Q erweitern, die für $t=0$ mit F_0 übereinstimmt.*

Beweis durch vollständige Induktion bezüglich der Dimension von K: Die Behauptung ist trivial, wenn diese Dimension Null ist; denn dann braucht man nur $f_t(p) = F_0(p)$ für alle nicht zu $\bar{K}_0$ gehörigen Punkte p von $\bar{K}$ und alle t zu setzen. Sie sei für alle n-dimensionalen Komplexe K bewiesen, und $K = K^{n+1}$ sei $(n+1)$-dimensional. Ist K^n der Komplex der n-dimensionalen Simplexe von K^{n+1}, so dürfen wir annehmen, daß die Schar f_t bereits auf $\bar{K}_0 + \bar{K}^n$ erklärt ist. Wir haben sie noch im Innern jedes einzelnen $(n+1)$-dimensionalen, nicht zu K_0 gehörigen Simplexes x^{n+1} zu erklären; auf dem Rande $\dot{x}^{n+1}$ ist sie bereits gegeben. Die Definition von f_t im Innern von x^{n+1} geschieht nun so: q_1 sei ein fester innerer Punkt von x^{n+1}, $q = q_0$ ein variabler Punkt auf $\dot{x}^{n+1}$; unter q_s verstehen wir den Punkt, der die Strecke $\overrightarrow{q_0 q_1}$ im Verhältnis $s:(1-s)$ teilt $(0 \leqq s \leqq 1)$. Dann sei

$$f_t(q_s) = f_{\frac{t-2s}{1-s}}(q_0) \quad \text{für } t \geqq 2s, \qquad f_t(q_s) = f_0\left(q_{\frac{2s-t}{2-t}}\right) \quad \text{für } t \leqq 2s.$$

[1] Für *berandungsfähige* Zyklen z^0 — nur solche treten im folgenden auf — läßt sich die Definition des Grades im Großen (Kap. XII, § 1, Nr. 4) einer Abbildung g von z^0 in die Sphäre Z^0, wie man sich leicht überlegt, aufrechterhalten, obwohl der Zyklus Z^0 nicht irreduzibel ist.

$f_t(q_s)$ hängt offenbar stetig von den drei Veränderlichen s, t, $q = q_0$ ab; für $t = 0$ und beliebiges s fällt sie mit der auf $\dot{\bar{x}}^{n+1}$ gegebenen Abbildung, für $s = 0$ und beliebiges t fällt sie mit der auf $\dot{\bar{x}}^{n+1}$ gegebenen Abbildungsschar zusammen.

Hilfssatz II. *Eine Abbildung f des Simplexrandes $\dot{\bar{x}}^n$ in das (beliebige) Polyeder Q läßt sich dann und nur dann zu einer Abbildung des Simplexes $\bar{x}^n$ in das Polyeder Q erweitern, wenn $[f(\dot{\bar{x}}^n)]$ homotop Null in Q ist, d. h. wenn es eine solche Abbildungsschar f_t, $0 \leqq t \leqq 1$, von $\dot{\bar{x}}^n$ in Q gibt, daß $f_0 = f$ und $f_1(\dot{\bar{x}}^n)$ ein einziger Punkt ist.* (Q darf auch ein beliebiger topologischer Raum sein.)

Beweis. Wir verstehen unter q_1 einen festen inneren Punkt von $\bar{x}^n$ und für jeden Punkt $q = q_0$ von $\bar{x}^n$ unter q_t denjenigen Punkt, der die Strecke $\overrightarrow{qq_1}$ im Verhältnis $t:(1-t)$ teilt $(0 \leqq t \leqq 1)$. Wenn f zu einer Abbildung von $\bar{x}^n$ erweitert werden kann, wenn also f als Abbildung des ganzen Simplexes $\bar{x}^n$ angenommen werden darf, so wird durch die auf $\dot{\bar{x}}^n$ erklärte Abbildungsschar $f_t(q) = f(q_t)$, $0 \leqq t \leqq 1$, die Menge $f(\dot{\bar{x}}^n)$ auf den Punkt $f(q_1)$ zusammengezogen. Ist andererseits eine solche Zusammenziehung möglich, existiert also die in unserem Hilfssatz genannte Abbildungsschar f_t von $\dot{\bar{x}}^n$, so ist die in dem ganzen Simplex $\bar{x}^n$ erklärte Abbildung $f(q_t) = f_t(q)$ eine Erweiterung der Abbildung f von $\dot{\bar{x}}^n$. (Der zweite Teil des Hilfssatzes ist übrigens ein Spezialfall des Hilfssatzes I, da die zu f homotope Abbildung f_1, welche $\dot{\bar{x}}^n$ auf einen einzigen Punkt abbildet, zu der Abbildung von $\bar{x}^n$ auf denselben Punkt erweitert werden kann.)

Hilfssatz III. *Es seien f_0 und f_1 zwei Abbildungen des Kompaktums F in die Sphäre S^n; in S^n gebe es eine nichtleere offene Menge G mit folgender Eigenschaft: für jeden Punkt $q \subset G$ sind die Originalmengen $f_0^{-1}(q)$ und $f_1^{-1}(q)$ miteinander identisch. Dann sind f_0 und f_1 miteinander homotop.*

Beweis. Wir fassen S^n als Euklidischen Raum R^n mit einem zu G gehörigen unendlich fernen Punkt u auf. Für jeden Punkt $p \subset F$, dessen Bild nicht u ist, — bei f_0 und f_1, was nach Voraussetzung dasselbe ist, — verstehen wir unter $f_t(p)$ den Punkt des R^n, der die Strecke $\overrightarrow{f_0(p)\, f_1(p)}$ im Verhältnis $t:(1-t)$ teilt. Ist $f_0(p) \subset G - u$, so ist $f_0(p) = f_1(p)$, also $f_t(p) = f_0(p)$ für alle t. Hieraus und aus der Tatsache, daß u innerer Punkt von G ist, folgt: setzen wir $f_t(p) = f_0(p)$ für alle t und alle Punkte p mit $f_0(p) = u$, so ist die Schar $f_t(p)$ für alle Punkte $p \subset F$ und alle t mit $0 \leqq t \leqq 1$ stetig; sie leistet die stetige Überführung von f_0 in f_1.

Hilfssatz IV. *Es sei $n \geqq 2$, f eine Abbildung der Sphäre S_0^n in die Sphäre S^n, p ein Punkt auf S^n. Dann gibt es eine zu f homotope Abbildung f_1 mit folgender Eigenschaft: die Menge $f_1^{-1}(p)$ liegt im Innern eines n-dimensionalen (krummen) Simplexes $\bar{X}$ von S_0^n, dessen Bild $f_1(\bar{X})$ echter Teil von S^n ist.*

Beweis. Da es zu f homotope simpliziale Abbildungen einer Simplizialzerlegung K_0 von S_0^n in eine Simplizialzerlegung K von S^n gibt, dürfen wir f von vornherein als simplizial annehmen; wir dürfen dabei weiter annehmen, daß p innerer Punkt eines Grundsimplexes von K ist. Es sei u ein von p verschiedener innerer Punkt eines Grundsimplexes von K. Dann hat sowohl p wie u nur endlich-viele Originalpunkte in $\bar{K}$ (weitere Eigenschaften der Simplizialität von f werden nicht benutzt).

Wir fassen S^n als Euklidischen Raum R^n mit u als unendlich fernem Punkt auf und ebenso S_0^n als Euklidischen Raum R_0^n mit einem solchen unendlich fernen Punkt u_0, daß er nicht zu der endlichen Menge $f^{-1}(p) + f^{-1}(u)$ gehört. Es sei nun $\overline{X}$ ein n-dimensionales Simplex des R_0^n, das keinen Punkt $f^{-1}(u)$ enthält, so daß also $f(\overline{X}) \subset R^n$ ist.

Ist p_1 ein Originalpunkt von p, der nicht im Innern von $\overline{X}$ liegt, so gibt es, da $n \geqq 2$ ist, im Innern von $\overline{X}$ einen Punkt p' derart, daß auf der Strecke $p_1 p'$ kein Originalpunkt von u liegt, und es gibt infolgedessen sogar ein n-dimensionales Simplex $\bar{x}_1$ des R_0^n, das die Strecke $p_1 p'$ im Innern enthält und auch noch fremd zu der Originalmenge von u ist; daher ist $f(\bar{x}_1) \subset R^n = S^n - u$. Nun verstehen wir unter f_1 die folgende Abbildung: im Äußern und auf dem Rande von $\bar{x}_1$ ist $f_1 = f$; es sei weiter $f_1(p') = p$, und schließlich sei, wenn q irgendein Randpunkt von $\bar{x}_1$ ist, die Strecke $\overrightarrow{p'q}$ durch f_1 proportional auf die Strecke $\overrightarrow{p\,f(q)}$ des R^n abgebildet. Da sich f_1 von f nur im Innern von $\bar{x}_1$ unterscheidet, und da die Bilder $f(\overline{\bar{x}_1})$ und $f_1(\overline{\bar{x}_1})$ abgeschlossene und beschränkte Mengen des R^n sind, erfüllt die Menge $G = S^n - (f(\bar{x}_1) + f_1(\bar{x}_1))$ die Voraussetzungen des Hilfssatzes III; folglich ist f_1 zu f homotop. In $\bar{x}_1$ ist p' der einzige Originalpunkt von p, und p' ist innerer Punkt von $\overline{X}$. Die Anzahl der nicht im Innern von $\overline{X}$ gelegenen Originalpunkte von p ist somit verringert worden. Durch Wiederholung dieses Prozesses beseitigt man, indem man immer zu homotopen Abbildungen übergeht, schließlich alle Originalpunkte von p, die nicht im Innern von $\overline{X}$ liegen. Das Bild von $\overline{X}$ bleibt dabei immer eine beschränkte Menge im R^n, also ein echter Teil von S^n. Damit ist der Hilfssatz IV bewiesen.

Aufgabe. Man beweise: 1) die Behauptung des Hilfssatzes IV ist für $n = 1$ falsch; 2) er kann für $n \geqq 2$ dahin verschärft werden, daß bei f_1 die Originalmenge von p aus einem einzigen Punkt besteht.

4. Lösung der Erweiterungsaufgabe für das Simplex. Bevor wir den Satz II (und damit den Satz I) in voller Allgemeinheit beweisen, erledigen wir den wichtigsten Spezialfall: K ist eine $(n+1)$-dimensionale Simplexhülle $|x^{n+1}|$ und K_0 der zugehörige Simplexrand $|\dot{x}^{n+1}|$. Die Sätze I und II gehen dann, bei festem n, in zwei spezielle Sätze, „Satz I_n^*" und „Satz II_n^*", über:

Satz I_n^*. *Es sei f eine Abbildung von $\dot{x}^{n+1}$ in den Raum $R^n - o$ und* $\mathfrak{v}([f(\dot{x}^{n+1})], o) = 0$ *(in bezug auf* $\mathfrak{G}$*). Dann läßt sich f zu einer Abbildung von $\overline{x^{n+1}}$ in $R^n - o$ erweitern.*

Satz II_n^*. *Es sei f eine Abbildung von $\dot{x}^{n+1}$ in die Sphäre $\overline{Z}^n$ mit dem Grade* 0. *Dann läßt sich f zu einer Abbildung von $\overline{x^{n+1}}$ in $\overline{Z}^n$ erweitern*[1].

Gleichzeitig mit diesen Sätzen werden wir noch den folgenden beweisen (der in dem Satz V des nächsten Paragraphen enthalten ist):

Satz III_n. *Hat die Abbildung f der Sphäre S_0^n in die Sphäre S^n den Grad Null (in bezug auf* $\mathfrak{G}$*), so ist f zu einer Abbildung von S_0^n auf einen einzigen Punkt von S^n homotop*[1].

Der Beweis der Sätze I_n^*, II_n^* und III_n wird durch vollständige Induktion in bezug auf n erfolgen. Dabei werden wir nacheinander zeigen, daß die folgenden Behauptungen richtig sind:

1) Die Sätze III_0 und III_1 gelten.
2) Aus III_n folgt II_n^* (für $n \geqq 0$).
3) Aus II_n^* folgt I_n^* (für $n \geqq 0$).
4) Aus I_n^* folgt III_{n+1} (für $n \geqq 1$).

Dann werden die drei Sätze für alle $n \geqq 0$ bewiesen sein.

Beweis der Behauptung 1. Der Satz III_0 ist trivial, da eine Abbildung eines Punktepaares S_0^0 in ein Punktepaar S^0 nur dann den Grad Null hat, wenn sie S_0^0 auf *einen* der beiden Punkte von S^0 abbildet. — Im Satz III_1 handelt es sich um eine solche Abbildung f einer Kreislinie $\dot{z} = S_0^1$ in eine Kreislinie S^1, daß die Umlaufzahl (Kap. XII, § 1, Nr. 6) von $[f(z)]$ um den Mittelpunkt o von S^1 gleich Null ist. Verstehen wir unter f_τ genau dieselben Abbildungen wie im Kap. XII a. a. O. in dem Beweis für den Satz, daß die Umlaufzahl gleich dem Grade ist, so haben diese Abbildungen von S_0^1 in S^1 die folgenden Eigenschaften: sie hängen für $0 \leqq \tau \leqq 1$ stetig von τ ab, es ist $f_0 = f$ und $f_1(S_0^1)$ ein einziger Punkt von S^1. Folglich gilt Satz III_1.

Der Beweis der Behauptung 2 ist in dem Hilfssatz II (Nr. 3) enthalten.

Der Beweis der Behauptung 3 ist bereits in Nr. 2 geführt worden.

Beweis der Behauptung 4. Es ist eine Abbildung f des Grades Null von S_0^{n+1} in die S^{n+1} mit $n \geqq 1$ gegeben; wir sollen sie stetig so abändern, daß die Bildmenge schließlich ein einziger Punkt ist; hierfür genügt es, zu erreichen, daß die Bildmenge ein echter Teil von S^{n+1} ist; denn dann kann man diese Menge stetig auf einen Punkt zusammenziehen. Wir brauchen also nur einen gewissen Punkt $o \subset S^{n+1}$ durch stetige Abänderung von f von der Bedeckung durch das Bild von S_0^{n+1} zu befreien.

Da $n + 1 > 1$ ist, dürfen wir den Hilfssatz IV anwenden und daher von vornherein annehmen: es gibt einen Punkt $o \subset S^{n+1}$, für den die

---

[1] Wegen des Falles $n = 0$ beachte man die Fußnote auf S. 501.

Menge $f^{-1}(o)$ im Innern eines $(n+1)$-dimensionalen Simplexes $\bar{X}$ enthalten ist, dessen Bild $f(\bar{X})$ ein echter Teil von S^{n+1} ist. Nun sei u ein Punkt von $S^{n+1} - f(\bar{X})$, und S^{n+1} sei als Euklidischer R^{n+1} mit dem unendlich fernen Punkt u aufgefaßt; dann ist $f(\bar{X}) \subset S^{n+1} - u = R^{n+1}$. Da der „Grad im Großen" der Abbildung f gleich Null ist, ist auch der „lokale Grad" von f im Punkte o gleich Null (Kap. XII, § 4, Nr. 4); da $\bar{X}$ die ganze Menge $f^{-1}(o)$ enthält, ist Null auch der lokale Grad der Abbildung f des Simplexes X im Punkte o des R^{n+1}; hieraus folgt (Kap. XII, § 2, Satz V): es ist $\mathfrak{v}([f(\dot{X})], o) = 0$.

Folglich gibt es nach dem Satz I_n^* (den wir ja als bewiesen annehmen) eine Abbildung f_1 von $\bar{X}$ in den Raum $R^{n+1} - o$, welche auf $\dot{\bar{X}}$ mit f übereinstimmt. Setzen wir noch $f_1(p) \doteq f(p)$ für alle Punkte $p \subset S_0^{n+1} - \bar{X}$, so ist f_1 eine Abbildung von S_0^{n+1} in die Menge $S^{n+1} - o$, also auf einen echten Teil von S^{n+1}. Für jeden Punkt q der offenen Menge $G = S^{n+1} - (f(\bar{X}) + f_1(\bar{X}))$ stimmen die Originalmengen $f_1^{-1}(q)$ und $f^{-1}(q)$ miteinander überein; G ist nicht leer, denn es ist $u \subset G$; daher sind nach dem Hilfssatz III die Abbildungen f und f_1 miteinander homotop.

Damit ist auch die Behauptung 4 bewiesen, und der Beweis der Sätze I_n^*, II_n^*, III_n für alle $n \geqq 0$ ist vollständig geführt.

5. Zurückführung des Satzes II auf ein Lemma. Wir nehmen jetzt den Beweis des Satzes II (Nr. 2) in Angriff und knüpfen unmittelbar an dessen Wortlaut an. Da wir nach Hilfssatz I die gegebene Abbildung f von $\bar{K}_0$ durch eine ihr homotope ersetzen dürfen, und da es zu f homotope simpliziale Abbildungen von Unterteilungen von K_0 in eine beliebig vorgeschriebene Simplizialzerlegung von S^n gibt (Kap. VIII, § 3, Satz I), dürfen wir annehmen: f ist eine simpliziale Abbildung in einen Simplexrand $|\dot{X}^{n+1}|$. Die zugrunde gelegte Unterteilung von K_0 dürfen wir als Bestandteil einer Unterteilung von K annehmen; dabei ist zu beachten: die im Satz II genannte Voraussetzung bezüglich der n-dimensionalen Zyklen bleibt bei Unterteilung erhalten (dies folgt leicht aus den topologischen Invarianzsätzen oder auch aus Kap. VI, § 2). Die Unterteilungen von K und K_0 bezeichnen wir jetzt auch wieder mit K bzw. K_0.

Der Beweis des Satzes II hat in einer Erweiterung der Abbildung f zu bestehen; wir werden diese Erweiterung in drei Schritten ausführen; unter K^r verstehen wir im folgenden den Komplex aller höchstens r-dimensionalen Seiten von K.

1. Schritt: Erweiterung zu einer Abbildung von $\bar{K}_0 + \bar{K}^{n-1}$.

2. Schritt: Erweiterung zu einer solchen Abbildung von $\bar{K}_0 + \bar{K}^n$, daß der Rand $\dot{x}^{n+1}$ jedes $(n+1)$-dimensionalen Simplexes von K mit dem Grade Null (in bezug auf $\mathfrak{G}$) abgebildet wird.

3. Schritt: Erweiterung zu einer Abbildung von $\bar{K}$.

Den 1. Schritt führen wir einfach dadurch aus, daß wir jedem nicht zu K_0 gehörigen Eckpunkt von K einen willkürlichen Eckpunkt von

$|\dot{X}^{n+1}|$ zuordnen, und unter $f(K_0+K^{n-1})$ die durch diese Eckpunktzuordnung definierte simpliziale Abbildung verstehen.

Falls K höchstens n-dimensional ist, führen wir in derselben Weise auch den 2. — und in diesem Falle letzten — Schritt aus: unter der Abbildung f von $K = K^n$ verstehen wir die durch die bereits vorhandene Eckpunktzuordnung erklärte simpliziale Abbildung in den Simplexrand $|\dot{X}^{n+1}|$. Die auf die n-dimensionalen Simplexränder $\dot{x}^{n+1}$ von K bezügliche Vorschrift ist in diesem Falle inhaltslos.

Von nun an setzen wir K als $(n+1)$-dimensional voraus.

Wir nehmen für einen Augenblick an, auch der 2. Schritt sei ausgeführt. Dann läßt sich auch der 3. Schritt ausführen, indem man auf jedes einzelne $(n+1)$-dimensionale Simplex den Satz II_n^* anwendet.

Es bleibt also der 2. Schritt auszuführen; schreiben wir der Kürze halber K_0 statt K_0+K^{n-1}, so ist die Ausführbarkeit dieses Schrittes enthalten in folgendem

Lemma. *Es sei: K^{n+1} ein $(n+1)$-dimensionaler Komplex; K_0 ein Teilkomplex von K^{n+1}, welcher alle höchstens $(n-1)$-dimensionalen Simplexe von K^{n+1} enthält; K^n der Komplex aller höchstens n-dimensionalen Seiten von K^{n+1}; f eine solche simpliziale Abbildung von K_0 in den Simplexrand $|\dot{X}^{n+1}|$, daß für jeden n-dimensionalen Zyklus z^n von K_0, welcher ~ 0 in K^{n+1} ist, gilt: $f(z^n) = 0$ (in bezug auf jeden Koeffizientenbereich). Dann läßt sich f zu einer solchen stetigen Abbildung von $\overline{K_0+K^n}$ in den Simplexrand $\overline{\dot{X}^{n+1}}$ erweitern, daß der Rand $\dot{x}^{n+1}$ jedes Simplexes x^{n+1} von K^{n+1} mit dem Grade Null (in bezug auf $\mathfrak{G}$) abgebildet wird.*

6. Algebraischer Teil des Beweises des Lemmas. Die in dem Lemma genannten Voraussetzungen seien erfüllt. Wir zeichnen unter den $n+1$ orientierten n-dimensionalen Simplexen von $|\dot{X}^{n+1}|$ eines aus; es heiße Y^n. Da f eine simpliziale Abbildung ist, ist für jeden n-dimensionalen ganzzahligen Teilkomplex C^n von K_0 das Bild $f(C^n)$ eine Linearform in den orientierten n-dimensionalen Simplexen von $|\dot{X}^{n+1}|$; mit $\chi(C^n)$ bezeichnen wir den Koeffizienten von Y^n in dieser Linearform; die Zahl $\chi(C^n)$ ist der lokale Grad der Abbildung f von C^n in den inneren Punkten von $\overline{Y^n}$. Offenbar ist χ ein ganzzahliger Charakter der Gruppe $L^n(K_0)$.[1]

Diese Gruppe ist Untergruppe von $L^n(K^{n+1})$; eine andere Untergruppe von $L^n(K^{n+1})$ ist die Rändergruppe $H^n(K^{n+1})$; wir stellen die Aufgabe, den in $L^n(K_0)$ erklärten Charakter χ zu einem solchen Charakter von $L^n(K^{n+1})$ zu erweitern, daß er für alle Elemente von $H^n(K^{n+1})$ den Wert Null hat (Anh. I, § 5).

Wir behaupten: Die Aufgabe ist infolge der in dem Lemma ausgesprochenen Voraussetzung lösbar. Die für die Lösbarkeit notwendige und hinreichende Bedingung ist bekannt (Anhang I, Nr. 69); sie lautet:

---

[1] Es sind hier immer die *ganzzahligen* Gruppen gemeint.

„ist u irgendein Element von $L^n(K_0)$, welches von der Form $u = mx + y$ mit $m \geqq 2$, $x \subset L^n(K^{n+1})$, $y \subset H^n(K^{n+1})$ ist, so ist $\chi(u) \equiv 0 \mod m$“ Wir haben zu zeigen, daß diese Bedingung erfüllt ist.

Ist $u = mx + y \subset L^n(K_0)$ und $y \subset H^n(K^{n+1})$, so ist u ein ganzzahliger Komplex in K_0, und für den Komplex $\mathfrak{r}_m(u)$ (vgl. Kap. V, § 3) gilt: $\mathfrak{r}_m(u) = \mathfrak{r}_m(y)$, wobei y ein Rand, also $y = \dot{C}$ ist; folglich ist $\mathfrak{r}_m(u)$ ein Zyklus mod m, und es ist

$$\mathfrak{r}_m(u) = \mathfrak{r}_m(\dot{C}) \sim 0 \quad (\text{in } K^{n+1} \text{ in bezug auf } \mathfrak{G}_m).$$

Infolge der Voraussetzung des Lemmas ist daher

$$f(\mathfrak{r}_m(u)) = 0 \qquad (\text{in bezug auf } \mathfrak{G}_m);$$

das ist gleichbedeutend mit

$$\mathfrak{r}_m(f(u)) = 0 \qquad (\text{in bezug auf } \mathfrak{G}_m),$$

d. h.: jeder Koeffizient in der ganzzahligen Linearform $f(u)$, also insbesondere die Zahl $\chi(u)$, ist $\equiv 0 \mod m$.

Die Erweiterungsaufgabe für den Charakter χ ist also lösbar; wir haben somit einen ganzzahligen Charakter χ in $L^n(K^{n+1})$, der die folgenden Eigenschaften besitzt: 1) für jedes n-dimensionale Simplex x_0^n von K_0 ist $\chi(x_0^n)$ der Grad der Abbildung f im Innern von $\overline{Y}^n$; 2) für jeden Simplexrand $\dot{x}^{n+1}$ von K^{n+1} ist $\chi(\dot{x}^{n+1}) = 0$.

7. Geometrischer Teil des Beweises des Lemmas. Wir werden jetzt die in $\overline{K}_0$ erklärte simpliziale Abbildung f zu einer solchen stetigen Abbildung f von $\overline{K_0 + K^n}$ in $\overline{\dot{X}^{n+1}}$ erweitern, daß die Abbildung *jedes* n-dimensionalen Simplexes x^n von K^n in den inneren Punkten von $\overline{Y}$ den Grad $\chi(x^n)$ hat. Damit wird das Lemma bewiesen sein; denn bei dieser Abbildung f hat für jeden Teilkomplex C^n von K^n der Grad in den inneren Punkten von $\overline{Y}^n$ den Wert $\chi(C^n)$; ist C^n Zyklus, so ist dies zugleich der Grad („im Großen“) der Abbildung f von C^n in $\dot{X}^{n+1}$; da $\chi(\dot{x}^{n+1}) = 0$ für jeden Simplexrand $\dot{x}^{n+1}$ in K^{n+1} ist, erfüllt somit f die Behauptung des Lemmas.

Wir verstehen unter K_1^n den Komplex derjenigen n-dimensionalen Simplexe von K^n, welche nicht zu K_0 gehören, und unter K_1^{n-1} den Komplex der $(n-1)$-dimensionalen Simplexe von $\dot{K}_1^n$. Dann ist die Möglichkeit der Konstruktion von f enthalten in dem folgenden elementaren

Hilfssatz. *Es sei K_1^n ein n-dimensionaler Komplex und K_1^{n-1} der Komplex seiner $(n-1)$-dimensionalen Seiten; eine simpliziale Abbildung f von K_1^{n-1} in den Simplexrand $|\dot{X}^{n+1}|$ ist gegeben; ferner ist jedem orientierten n-dimensionalen Simplex x_i^n von K_1^n eine ganze Zahl $\chi(x_i^n)$ zugeordnet. Dann läßt sich f zu einer solchen stetigen Abbildung von $\overline{K_1^n}$ in $\overline{\dot{X}^{n+1}}$ erweitern, daß die Abbildung jedes Simplexes x_i^n in den inneren Punkten des fest gewählten n-dimensionalen Simplexes $\overline{Y}^n$ von $|\dot{X}^{n+1}|$ einen Grad besitzt*[1] *und daß dieser den Wert $\chi(x_i^n)$ hat* $(n > 0)$.

---

[1] D. h. daß die Randbilder $f(\dot{x}_i^n)$ nicht in das Innere von $\overline{Y}^n$ eintreten.

Beweis des Hilfssatzes. Im Innern jedes Simplexes $\bar{x}_i^n$ zeichnen wir $|\chi(x_i^n)|$ zueinander fremde n-dimensionale Simplexe aus und bilden jedes von ihnen affin auf $|Y^n|$ ab, und zwar, bei Zugrundelegung der durch x_i^n gegebenen Orientierungen, positiv oder negativ auf Y^n je nach dem Vorzeichen von $\chi(x_i^n)$. Verstehen wir unter P_i das Polyeder, welches aus $\bar{x}_i^n$ durch Herausnahme der Innengebiete dieser Simplexe entsteht, so müssen wir noch P_i so in $\overline{X^{n+1}}$ abbilden, daß das Innengebiet von $\overline{Y^n}$ keine neue Bedeckung mehr erleidet. Sowohl $\dot{\bar{x}}_i^n$ als auch die Ränder der herausgenommenen Simplexe sind in die Menge $E = \overline{|\dot{X}^{n+1}| - |Y^n|}$ abgebildet; diese Abbildung soll zu einer Abbildung von P_i in E erweitert werden. Da E offenbar ein n-dimensionales Element ist, ist diese Erweiterung auf Grund des allgemeinen Erweiterungssatzes (Kap. I, § 6, Nr. 10, Zusatz) möglich.

Hiermit ist der Hilfssatz bewiesen, und dadurch sind auch die Beweise des Lemmas (Nr. 5), des Satzes II (Nr. 2) und des Satzes I (Nr. 1) vollständig zu Ende geführt.

8. Das Kriterium für die lokale Wesentlichkeit von Abbildungen in den R^n. Wir benutzen den soeben bewiesenen Satz I, um eine wichtige Tatsache zu beweisen, die sich auf den Begriff der „relativen Wesentlichkeit einer Abbildung in einem Punkte" (Kap. XII, § 4, Nr. 6) bezieht.

Satz IV. *Es sei: K ein n-dimensionaler Komplex, K_0 ein Teilkomplex von K; ferner f eine Abbildung von $\bar{K}$ in den R^n und o ein Punkt in $R^n - f(\bar{K}_0)$. Dann lautet die notwendige und hinreichende Bedingung dafür, daß die Abbildung f von $\bar{K}$ relativ zu $\bar{K}_0$ wesentlich in o ist, folgendermaßen: es gibt*[1] *einen n-dimensionalen Relativzyklus in K bis auf K_0, dessen Abbildung im Punkte o einen von Null verschiedenen Grad hat*[2].

Beweis. Wenn es einen derartigen Relativzyklus C^n gibt, so ist die Abbildung von $\overline{C^n}$ relativ zu $\overline{\dot{C}^n}$ wesentlich in o (Kap. XII, § 4, Satz VIII; das dort als $\bar{K}$ bezeichnete Polyeder ist jetzt der R^n); da aber $\overline{\dot{C}^n} \subset \bar{K}_0$ ist, besteht diese Wesentlichkeit erst recht relativ zu $\bar{K}_0$.

Es gebe jetzt keinen derartigen Relativzyklus C^n. Dann erfüllen die Abbildung f, die Komplexe K und K_0 sowie der Punkt o die „Kroneckersche Bedingung" (Nr. 1; gegenüber der dortigen Bezeichnung ist die Dimensionszahl um 1 erniedrigt). In der Tat: Ist z^{n-1} ein Zyklus in K_0, der ~ 0 in K ist, so gibt es einen Komplex $C^n \subset K$ mit $\dot{C}^n = z^{n-1} \subset K_0$; dieser C^n ist ein Relativzyklus bis auf K_0; der Grad seiner Abbildung im Punkte o ist nach Voraussetzung Null; dieser Grad ist aber[3] gleich der Ordnung von o in bezug auf $[f(z^{n-1})]$; da diese Ordnung somit Null ist, ist die Kroneckersche Bedingung erfüllt.

Daher gibt es nach dem Satz I eine Abbildung f_1 von $\bar{K}$ in den Raum $R^n - o$, die auf $\bar{K}_0$ mit f übereinstimmt. Verstehen wir für

[1] In bezug auf einen gewissen Koeffizientenbereich.

[2] Ein Analogon zu diesem Satz ist der Satz V des § 2.

[3] Kap. XII, § 2, Satz V.

$0 \leqq t \leqq 1$ und für jeden Punkt $p \subset \bar{K}$ unter $f_t(p)$ denjenigen Punkt des R^n, der die Strecke $\overrightarrow{f(p) f_1(p)}$ im Verhältnis $t : (1 - t)$ teilt, so wird, wenn t von 0 bis 1 läuft, f unter Festhaltung der Bilder aller Punkte von $\bar{K}_0$ in die Abbildung f_1 übergeführt. Da $o \not\subset f_1(\bar{K})$ ist, bedeutet dies: die Abbildung f ist relativ zu $\bar{K}_0$ unwesentlich im Punkte o.

Damit ist der Satz IV bewiesen.

Korollar. *Wenn die Abbildung f von $\bar{K}$ in den R^n relativ zu $\bar{K}_0$ wesentlich in einem Punkt von $R^n - f(\bar{K}_0)$ ist, so enthält K einen n-dimensionalen von Null verschiedenen Relativzyklus bis auf K_0.*

Bemerkung. Über den Koeffizientenbereich dieses Relativzyklus sagt der Satz IV unmittelbar nichts aus. Jedoch ergibt sich aus der „Bemerkung III" in Nr. 1: es existiert jedenfalls ein Relativzyklus in bezug auf einen der Koeffizientenbereiche $\mathfrak{G}_m$, $m \geqq 2$.

§ 2. Die Abbildungen n-dimensionaler Polyeder in die n-dimensionale Sphäre.

1. Äquivalenz von Homologie und Homotopie. Nach Kap. VIII, § 3, sind zwei homotope Abbildungen einander stets vollständig homolog. Hiervon beweisen wir jetzt für einen wichtigen Fall die Umkehrung:

Satz I. *Sind zwei Abbildungen eines (endlichen) n-dimensionalen Polyeders in die n-dimensionale Sphäre einander vollständig homolog*[1], *so sind sie einander auch homotop.*

Bemerkung. Der analoge Satz für die Abbildungen eines r-dimensionalen Polyeders in die S^n ist für $r < n$ offenbar trivial; für $r > n$ ist er falsch: man vgl. Nr. 2 des „Anhanges" zu diesem Kapitel.

Beweis. Es sei K ein n-dimensionaler Komplex, und f_0, f_1 seien zwei Abbildungen von $\bar{K} = P$ in die Sphäre S^n, die miteinander vollständig homolog sind.

Um zu zeigen, daß f_0 und f_1 einander homotop sind, konstruieren wir — ähnlich wie bei dem Beweise des Satzes IV in Kap. VIII, § 3 — das topologische Produkt $\mathsf{Z}(P)$ von P mit der durch $0 \leqq t \leqq 1$ gegebenen t-Strecke; die Bezeichnungen (p, t), K_0, K_1, $\mathsf{Z}(K_0)$ haben dieselben Bedeutungen wie a. a. O. im Kap. VIII. Durch $f(p, 0) = f_0(p)$ und $f(p, 1) = f_1(p)$ ist eine Abbildung von $\overline{K_0 + K_1}$ in die S^n gegeben; wir haben die Aufgabe, sie zu einer Abbildung f von $\mathsf{Z}(P)$ zu erweitern; denn ist eine solche Erweiterung konstruiert, so wird uns durch $f_t(p) = f(p, t)$ für $0 \leqq t \leqq 1$ eine Abbildungsschar f_t von P in S^n geliefert, welche die Überführung von f_0 in f_1 leistet.

Wir haben also zu zeigen, daß die Erweiterung der auf $\overline{K_0 + K_1}$ gegebenen Abbildung f zu einer Abbildung von $\mathsf{Z}(P) = \overline{\mathsf{Z}(K_0)}$ möglich ist. Auf Grund des Satzes II im § 1 lautet die hinreichende (und auch

---

[1] Vgl. Kap. V, § 4, Nr. 16. Man beachte übrigens die Fußnote auf S. 510.

notwendige) Bedingung für diese Erweiterbarkeit folgendermaßen: „Ist Z ein n-dimensionaler Zyklus in $K_0 + K_1$, welcher ~ 0 in $\mathsf{Z}(K_0)$ ist, so wird Z durch f mit dem Grade Null in die S^n abgebildet."

Um zu beweisen, daß diese Bedingung erfüllt ist, bestimmen wir zunächst diejenigen n-dimensionalen Zyklen in $K_0 + K_1$, welche ~ 0 in $\mathsf{Z}(K_0)$ sind: jeden solchen Zyklus Z können wir in der Form $Z = z_1 - z_0'$ schreiben, wobei z_1, z_0' algebraische Komplexe in K_1 bzw. K_0 sind; da $\dot{Z} = 0$ und daher $\dot{z}_1 = \dot{z}_0'$, andererseits aber $z_1 \subset K_1$, $z_0' \subset K_0$, also $|z_1|$ und $|z_0'|$ fremd zueinander sind, ist $\dot{z}_1 = \dot{z}_0' = 0$; somit sind z_1 und z_0' Zyklen. Vermöge der zwischen K_0, K_1 und K bestehenden Isomorphismen entsprechen ihnen Zyklen z bzw. z' in K. Bezeichnet ferner z_0 den Zyklus in K_0, der z und z_1 entspricht, so ist (vgl. Kap. IV, § 6, Nr. 2) $z_1 \sim z_0$ in $\mathsf{Z}(K_0)$; folglich ist

$$Z \sim z_0 - z_0' \quad \text{in } \mathsf{Z}(K_0).$$

Da wir voraussetzen, daß $Z \sim 0$ in $\mathsf{Z}(K_0)$ ist, ist auch $z_0 - z_0' \sim 0$ in $\mathsf{Z}(K_0)$. Wir behaupten: es ist sogar

$$(1) \qquad z_0 - z_0' \sim 0 \quad \textit{in } K_0.$$

In der Tat: φ sei die Abbildung von $\overline{\mathsf{Z}(K_0)}$ auf $\bar{K}_0$, die durch $\varphi(p, t) = (p, 0)$ gegeben ist; aus der Homologie $z_0 \sim z_0'$ in $\mathsf{Z}(K_0)$ folgt: $[\varphi(z_0 - z_0')] \sim 0$ in $\bar{K}_0$, also, da φ auf $\bar{K}_0$ die Identität ist, die Homologie (1).

Da nun unsere Zyklen ebenso wie K_0 n-dimensional sind, ist die Homologie (1) eine *Gleichheit*, und daher ist

$$(2) \qquad Z = z_1 - z_0,$$

wobei die in K_1 bzw. K_0 gelegenen Zyklen z_1, z_0 demselben Zyklus z in K entsprechen. Die derart gebildeten Zyklen Z sind somit die einzigen n-dimensionalen Zyklen in $K_0 + K_1$, welche ~ 0 in $\mathsf{Z}(K)$ sind.

Infolge der vorausgesetzten Homologie-Äquivalenz der Abbildungen f_0 und f_1 wird der Zyklus z durch f_0 und durch f_1 mit demselben Grade abgebildet; d. h.: z_0 und z_1 werden durch f mit demselben Grade abgebildet; daher ist der Grad, mit dem der durch (2) gegebene Zyklus Z abgebildet wird, gleich Null.

Die Bedingung für die Erweiterbarkeit der auf $\overline{K_0 + K_1}$ gegebenen Abbildung f zu einer Abbildung von $\overline{\mathsf{Z}(K)}$ ist also erfüllt, und der Satz I ist bewiesen.

Auf Grund von Kap. V, § 4, Nr. 16, können wir dem Satz I auch die folgende Fassung geben[1]:

[1] A. a. O. ist nur von simplizialen Abbildungen die Rede; da es aber zu je zwei stetigen Abbildungen f_0, f_1 von $\bar{K}$ in S^n ihnen homotope simpliziale Abbildungen f_0', f_1' ein und derselben (hinreichend feinen) Unterteilung K' von K in eine feste Simplizialzerlegung von S^n gibt (Kap. VIII, § 3, Satz I), lassen sich die zitierten Sätze aus Kap. V ohne weiteres auf stetige Abbildungen übertragen.

Satz I'. *Es sei $n > 0$.*[1] *Dafür, daß die Abbildungen f_0 und f_1 des n-dimensionalen Polyeders $\bar{K} = P$ in die Sphäre S^n einander homotop sind, ist jede einzelne der beiden folgenden Bedingungen notwendig und hinreichend:*

1) *jeder n-dimensionale Zyklus in bezug auf $\mathfrak{R}_1$ in K wird durch f_0 und durch f_1 mit dem gleichen Grade (in bezug auf $\mathfrak{R}_1$) abgebildet;*

2) *für jede Zahl $m \geqq 2$ wird jeder n-dimensionale Zyklus mod m in K durch f_0 und durch f_1 mit dem gleichen Grade (in bezug auf $\mathfrak{G}_m$) abgebildet.*

2. Aufzählung der Abbildungsklassen in den einfachsten Fällen. Es bezeichne auch weiterhin K einen n-dimensionalen Komplex; wir werden uns jetzt aber auf besonders einfache Komplexe beschränken[2]. Wir beginnen mit dem folgenden

Hilfssatz. *Ist z ein n-dimensionaler Zyklus (irgendeines Koeffizientenbereiches $\mathfrak{J}$) in dem n-dimensionalen Komplex K^n, und tritt in z ein Simplex x^n von K^n mit dem Koeffizienten t auf, so gibt es zu jeder ganzen Zahl k eine solche Abbildung f von $\bar{K}^n$ in die S^n, daß z mit dem Grade kt (in bezug auf $\mathfrak{J}$) abgebildet wird*[3] $(n > 0)$.

Beweis. Wir dürfen S^n als Simplexrand $\dot{X}^{n+1}$ auffassen; dem orientierten Komplex $\dot{X}^{n+1}$ entspreche die zugrunde gelegte Orientierung von S^n; in $\dot{X}^{n+1}$ trete das n-dimensionale Simplex Y^n mit dem Koeffizienten $+1$ auf. Wir bilden das aus den $(n-1)$-dimensionalen Seiten von K^n bestehende Polyeder $\bar{K}^{n-1}$ auf den nicht zu $|Y^n|$ gehörigen Eckpunkt von $|\dot{X}^{n+1}|$ ab; ferner setzen wir $\chi(x^n) = k$ und $\chi(x_i^n) = 0$ für jedes von $|x^n|$ verschiedene n-dimensionale Simplex $|x_i^n|$ von K. Dann erweitern wir die schon erklärte Abbildung von $\bar{K}^{n-1}$ gemäß dem Hilfssatz in § 1, Nr. 7, zu einer Abbildung f von $\bar{K}^n$ in $\dot{X}^{n+1} = S^n$. Diese Abbildung f hat offenbar die gewünschte Eigenschaft.

Satz II. *Die Abbildungen des n-dimensionalen Polyeders $P = \bar{K}$ in die S^n bilden dann und nur dann eine einzige Abbildungsklasse, wenn K azyklisch ist* (Kap. VII, § 1, Nr. 6).

Beweis. Für $n = 0$ ist der Satz richtig: denn dann enthält einerseits K einen von Null verschiedenen n-dimensionalen Zyklus, ist

---

[1] Im Fall $n = 0$ kann man nicht von dem Grade einer Abbildung eines Zyklus Z^n in die Sphäre S^n sprechen, da S^0 nicht einfach geschlossen ist.

[2] Der Fall *beliebiger* n-dimensionaler Komplexe wird in den folgenden Arbeiten erledigt: H. Hopf: Die Klassen der Abbildungen der n-dimensionalen Polyeder auf die n-dimensionale Sphäre. Comm. Math. Helvet. 5 (1932). — H. Freudenthal: Die Hopfsche Gruppe. Compos. Math. 2 (1935). — In der Arbeit von Freudenthal wird gezeigt, daß man die Bettische Zahl $p^n(K^n)$ eines n-dimensionalen Komplexes durch die Betrachtung der Abbildungsklassen von $\bar{K}^n$ in die Sphäre S^n bestimmen kann. Diese Arbeit bezieht sich übrigens nicht nur auf Polyeder, sondern auf beliebige n-dimensionale Kompakten.

[3] Hier und im folgenden ist immer eine Orientierung von S^n fest zugrunde gelegt.

also *nicht* azyklisch, und andererseits bilden die Abbildungen von $\bar{K}$ in das Punktepaar S^0 wenigstens zwei Klassen. Es sei also $n > 0$.

Wenn K nicht azyklisch ist, also einen von Null verschiedenen n-dimensionalen Zyklus z enthält, so gibt es nach dem Hilfssatz eine Abbildung, bei welcher z mit von Null verschiedenem Grade abgebildet wird; diese Abbildung hat einen anderen Homologietypus, gehört also zu einer anderen Abbildungsklasse als die Abbildung F_q von $\bar{K}$ auf einen einzigen Punkt q von S^n; die Klassenanzahl ist also größer als Eins.

Wenn K azyklisch ist, so folgt aus dem Satz I′, daß jede Abbildung f mit der eben genannten Abbildung F_q homotop ist; folglich gehören alle Abbildungen zu derselben Klasse wie die Abbildung F_q.

In dem damit bewiesenen Satz II haben wir keinen Koeffizientenbereich bevorzugt; wir können aber denselben Satz auch folgendermaßen aussprechen:

Satz II′. *Dafür, daß die Abbildungen des n-dimensionalen Polyeders $P = \bar{K}$ in die S^n eine einzige Klasse bilden, ist jede einzelne der folgenden drei Bedingungen notwendig und hinreichend:*

1) *es ist* $p^n(K) = 0$ *und* $T^{n-1}(K) = 0$;

2) *es ist* $B^n_{\mathfrak{R}_1}(K) = 0$, *d. h. K enthält keinen von Null verschiedenen n-dimensionalen Zyklus in bezug auf* $\mathfrak{R}_1$;

3) *für jedes* $m \geqq 2$ *ist* $B^n_{\mathfrak{G}_m}(K) = 0$, *d. h. K enthält keinen von Null verschiedenen n-dimensionalen Zyklus mod m.*

Denn die Bedingung 1) ist nach Kap. V, § 4, Nr. 3 gleichbedeutend damit, daß es in K keinen von Null verschiedenen n-dimensionalen Zyklus in bezug auf irgendeinen Koeffizientenbereich gibt; daß die Bedingung 2) mit der Bedingung 1) gleichwertig ist, ergibt sich aus Kap. V, § 4, Nr. 7, und die Gleichwertigkeit der Bedingungen 3) und 1) folgt aus Kap. V, § 4, Nr. 9 (oder auch schon aus Kap. V, § 3, Nr. 8). —

Satz III. *Das n-dimensionale Polyeder $P = \bar{K}$ sei einfach geschlossen; Z sei ein (ganzzahliger) irreduzibler Zyklus mit $|Z| = K$. Dann gibt es unendlich viele Klassen von Abbildungen von $\bar{K}$ in S^n, nämlich zu jeder ganzen Zahl k genau eine Klasse, durch deren Abbildungen Z mit dem Grade k abgebildet wird* ($n > 0$).

Beweis. Da jedes Simplex in Z den Koeffizienten ± 1 hat[1], gibt es nach dem am Anfang dieser Nummer bewiesenen Hilfssatz zu jeder Zahl k eine Abbildung, durch welche Z mit dem Grade k abgebildet wird. Um zu zeigen, daß zwei Abbildungen mit übereinstimmender Gradzahl zu derselben Klasse gehören, haben wir uns infolge des Satzes I nur davon zu überzeugen, daß zwei solche Abbildungen denselben Homologietypus besitzen. Dies aber ergibt sich einfach daraus, daß es in K keine anderen n-dimensionalen Zyklen (irgendwelcher Koeffizientenbereiche) gibt als die Zyklen tZ (Kap. VII, § 1, Satz IV).

[1] Kap. VII, § 1, Nr. 5.

Satz IV. *Das Polyeder $\bar{K} = P$ sei irreduzibel geschlossen und sein natürlicher Modul sei $m \geqq 2$; Z sei ein irreduzibler Zyklus mod m mit $|Z| = K$. Dann gibt es genau m Klassen von Abbildungen von $\bar{K}$ in S^n, nämlich zu jedem Element $t \subset \mathfrak{G}_m$ genau eine Klasse, durch deren Abbildungen Z mit dem Grade t (in bezug auf $\mathfrak{G}_m$) abgebildet wird.*

Beweis. Wir dürfen annehmen, daß in Z ein Simplex mit dem Koeffizienten $\mathfrak{r}_m(1)$ auftritt (Kap. VII, § 1, Nr. 5). Daher ergibt sich wie im Beweise des Satzes III: zu jeder ganzen Zahl k gibt es wenigstens eine Klasse, durch deren Abbildungen Z mit dem Grade $\mathfrak{r}_m(k)$ abgebildet wird. Zu zeigen bleibt: zwei Abbildungen f und g mit gleichem k haben denselben Homologietypus.

Wir dürfen f und g als *simpliziale* Abbildungen von K in den Komplex $|Z_1|$ annehmen, wobei Z_1 eine orientierte Sphäre ist; dann ist

$$f(Z) = g(Z) = \mathfrak{r}_m(k) \cdot Z_1.$$

Bei Benutzung der Bezeichnungen aus Satz V in Kap. VII, § 1, ist daher

$$\sum a^i f(x_i) = k Z_1 + m C, \qquad \sum a^i g(x_i) = k Z_1 + m C',$$

wobei C und C' ganzzahlige Komplexe in $|Z_1|$ sind. Ist nun z irgendein n-dimensionaler Zyklus (irgendeines Koeffizientenbereiches $\mathfrak{J}$) in K, so ist $z = t \sum a^i x_i$, wobei $t \subset \mathfrak{J}$ und $mt = 0$ ist, also

$$f(z) = k t Z_1, \qquad g(z) = k t Z_1;$$

da somit $f(z) = g(z)$ für jeden n-dimensionalen Zyklus z in K ist, sind f und g einander vollständig homolog, w. z. b. w.

Folgerung aus den Sätzen III und IV. *Die Abbildungen der n-dimensionalen geschlossenen Pseudomannigfaltigkeit $\bar{K}$ in die Sphäre S^n bilden unendlich viele oder zwei Klassen, je nachdem K orientierbar oder nichtorientierbar ist.*

3. Wesentlichkeit von Abbildungen. Daß eine Abbildung f von $\bar{K}$ in die S^n unwesentlich ist, bedeutet (Kap. XII, § 4, Nr. 6): es gibt eine mit f homotope Abbildung f', bei welcher die Bildmenge $f'(\bar{K})$ ein echter Teil von S^n ist; da man jeden echten Teil von S^n auf der S^n stetig in einen Punkt zusammenziehen kann, ist dann f sogar zu einer Abbildung F_0 von $\bar{K}$ auf einen einzigen Punkt homotop; daher bilden (für $n > 0$) die unwesentlichen Abbildungen von $\bar{K}$ in die S^n eine einzige Klasse. Nach Satz I ist die Homotopie zwischen f und F_0 *gleichbedeutend* mit der vollständigen Homologie zwischen diesen beiden Abbildungen; daher gilt der

Satz V. *Für einen n-dimensionalen Komplex K ist die Abbildung f von $\bar{K}$ auf die Sphäre S^n dann und nur dann wesentlich, wenn es in K einen n-dimensionalen Zyklus z gibt, der durch f mit einem von Null verschiedenen Grade abgebildet wird* ($n > 0$).[1]

[1] Ein Analogon zu diesem Satz ist der Satz IV des § 1.

Beispiel. Es sei Q ein ebener Kreisring mit den Randkreisen K_1, K_2; ferner seien m_1, m_2 zwei ganze positive Zahlen; man identifiziere auf K_i je zwei Punkte, die bei einer Drehung von K_i um den Winkel $\frac{2\pi}{m_i}$ zur Deckung gebracht werden können ($i = 1, 2$); dann entsteht aus Q ein Komplex Q_{m_1, m_2} (vgl. Nr. 13 des Anhanges zu den Kap. IV, V, VI); aus K_1, K_2 werden zwei einfach geschlossene Polygone k_1, k_2. Nun sei f die folgende Abbildung von $\bar{Q}_{m_1, m_2}$ auf die Kugelfläche S^2: die Polygone $\bar{k}_1$, $\bar{k}_2$ werden auf zwei zueinander antipodische Punkte a_1, a_2 von S^2 abgebildet und diese Abbildung wird in naheliegender Weise durch eine topologische Abbildung von $\bar{Q}_{m_1, m_2} - \bar{k}_1 - \bar{k}_2$ auf $S^2 - a_1 - a_2$ zu einer Abbildung von $\bar{Q}_{m_1, m_2}$ auf S^2 erweitert.

Wenn der größte gemeinsame Teiler $(m_1, m_2) = 1$ ist, so enthält Q_{m_1, m_2} keinen von Null verschiedenen zweidimensionalen Zyklus (irgendeines Koeffizientenbereiches); ist aber $(m_1, m_2) > 1$, so gibt es einen zweidimensionalen Zyklus Z mod(m_1, m_2) mit $|Z| = Q_{m_1, m_2}$, und dieser wird durch f mit dem Grade ± 1 (in bezug auf $\mathfrak{G}_{(m_1, m_2)}$) abgebildet. Daraus folgt nach Satz V:

Die Abbildung f ist dann und nur dann wesentlich, wenn der größte gemeinsame Teiler $(m_1, m_2) > 1$ ist. —

Wenn wir die Homotopie zwischen f und F_0 nicht wie im Satz V auf Grund des Satzes I, sondern auf Grund des Satzes I′ charakterisieren, so ergibt sich der

Satz V′. *Dafür, daß die Abbildung f des n-dimensionalen Polyeders $\bar{K}$ auf die S^n wesentlich ist, ist jede einzelne der beiden folgenden Bedingungen notwendig und hinreichend* ($n > 0$):

1) *ein n-dimensionaler Zyklus in bezug auf $\mathfrak{R}_1$ in K wird mit von Null verschiedenem Grade (in bezug auf $\mathfrak{R}_1$) abgebildet;*

2) *ein n-dimensionaler Zyklus mod m (mit einem gewissen $m \geqq 2$) in K wird mit von Null verschiedenem Grade (in bezug auf $\mathfrak{G}_m$) abgebildet.*

Ferner können wir die Sätze II und II′ folgendermaßen formulieren:

Satz VI. *Das n-dimensionale Polyeder $\bar{K}$ läßt sich dann und nur dann wesentlich auf die S^n abbilden, wenn es in K einen von Null verschiedenen n-dimensionalen Zyklus gibt* ($n > 0$).

Satz VI′. *Für die Unmöglichkeit, das n-dimensionale Polyeder $\bar{K}$ wesentlich auf die S^n abzubilden, ist jede einzelne der im Satz II′ genannten Bedingungen* 1, 2, 3 *notwendig und hinreichend* ($n > 0$).

4. Ein Entschlingungssatz. Mit Hilfe der vorstehenden Sätze III und IV beantworten wir jetzt eine „Entschlingungsfrage" (Kap. XI, § 2, Nr. 3):

Satz VII. *Es sei o ein Punkt im R^n und $\mathfrak{z} = [f(Z)]$ ein irreduzibler stetiger $(n-1)$-dimensionaler Zyklus in $R^n - o$, für den $\mathfrak{v}(\mathfrak{z}, o) = 0$ ist (in bezug auf $\mathfrak{G}$ oder $\mathfrak{G}_m$ je nach dem natürlichen Modul von Z), der also „unverschlungen" mit o ist. Dann ist $\mathfrak{z}$ homotop Null in $R^n - o$, d. h.: man kann $\mathfrak{z}$ innerhalb $R^n - o$ auf einen Punkt zusammenziehen; mit anderen Worten: die Zyklen $\mathfrak{z}$ und o sind „entschlingbar".*

Beweis. Verstehen wir wie früher unter S^{n-1} eine Sphäre mit dem Mittelpunkt o und für jeden Punkt $q \subset R^n - o$ unter $\varphi(q)$ den Punkt von S^{n-1}, in den q von o aus projiziert wird, so sind die Zyklen

$[f(Z)]$ und $[\varphi f(Z)]$ einander homotop in $R^n - o$ (Satz von POINCARÉ-BOHL). Die Abbildung φf von Z in die S^{n-1} hat den Grad $\mathfrak{v}([\varphi f(Z)], o) = \mathfrak{v}([f(Z)], o) = 0$; sie gehört daher nach den Sätzen III und IV zu derselben Klasse wie eine beliebige andere Abbildung F von Z in die S^{n-1}, deren Grad ebenfalls Null ist; wir wählen als F die Abbildung von Z auf einen einzigen Punkt von S^{n-1}. Durch die stetige Überführung von φf in F wird der Zyklus $[\varphi f(Z)]$ innerhalb $R^n - o$ auf einen Punkt zusammengezogen; damit ist der Satz bewiesen.

§ 3. Die Abbildungen n-dimensionaler Polyeder in die Kreislinie.

1. Die Abbildungen der n-dimensionalen Sphären in die Kreislinie. Wir beginnen mit einem Satz, den wir nachher (Satz VI) verallgemeinern werden:

Satz I. *Ist $n \geqq 2$, so bilden die Abbildungen der n-dimensionalen Sphäre S^n in die Kreislinie S^1 eine einzige Klasse und sind also unwesentlich.*

Beweis. Wir führen auf S^1 eine Winkelkoordinate β in der üblichen Weise ein und werden zu jeder Abbildung f von S^n in S^1 eine für alle Punkte $p \subset S^n$ eindeutige und stetige Funktion $B(p)$ mit folgender Eigenschaft konstruieren: $B(p)$ ist einer der Werte von β, die zu dem Punkte $f(p)$ gehören; dabei ist zu beachten, daß β in jedem Punkt von S^1 nur modulo 2π bestimmt ist.

Wenn $B(p)$ konstruiert ist, wird unser Satz in wenigen Worten bewiesen sein: wir verstehen dann unter f_t die Abbildung von S^n in S^1, welche jedem Punkt p als Bild $f_t(p)$ den Punkt mit der Koordinate $tB(p)$ zuordnet; diese Schar f_t $(0 \leqq t \leqq 1)$ vermittelt die Homotopie zwischen $f_1 = f$ und der Abbildung f_0, die S^n auf einen einzigen Punkt von S^1, nämlich den Punkt $\beta = 0$, abbildet.

Es handelt sich also nur um die Konstruktion von $B(p)$. Hierfür zeichnen wir einen Punkt p_0 auf S^n aus und verstehen unter $B(p_0)$ einen willkürlich, aber fest gewählten unter den Werten von β, die zu $f(p_0)$ gehören. Nun sei p irgendein Punkt auf S^1 und $\mathfrak{w}$ ein Weg in S^n, der p_0 mit p verbindet, d. h. ein stetiger Komplex $[g(x)]$, wobei x eine orientierte Strecke, $\dot{x} = b - a$, $g(a) = p_0$, $g(b) = p$ ist. Die Strecke $\bar{x}$ ist durch fg in S^1 abgebildet; dann läßt sich — analog wie in Kap. XII, § 1, Nr. 6 — auf $\bar{x}$ eine eindeutige und stetige Winkelfunktion F mit folgenden Eigenschaften erklären: für jeden Punkt $q \subset \bar{x}$ ist $F(q)$ einer der zu $fg(q)$ gehörigen Werte von β, und es ist $F(a) = B(p_0)$; hierdurch ist F eindeutig gegeben.

Wir setzen nun $B(\mathfrak{w}) = F(b)$ und behaupten: der Wert $B(\mathfrak{w})$ ist von der Wahl des Weges $\mathfrak{w}$ unabhängig, also — nach Festlegung von $B(p_0)$ — nur von dem Punkt p abhängig.

In der Tat: ist $\mathfrak{w}'$ ein zweiter Weg von p_0 nach p, so sei $\mathfrak{z}$ der geschlossene Weg, der entsteht, wenn man auf $-\mathfrak{w}$ von p nach p_0 und dann auf $\mathfrak{w}'$ von p_0 nach p zurück läuft (es ist klar, wie man eine Parameterdarstellung $[G(z)]$ von $\mathfrak{z}$ aus den Parameterdarstellungen von $\mathfrak{w}$ und $\mathfrak{w}'$ zusammensetzt); nun durchlaufe der Punkt q den Weg $\mathfrak{z}$, und die Winkelkoordinate β des Bildpunktes $f(q)$ hänge stetig von $f(q)$ ab. Während q den ersten Teil $-\mathfrak{w}$ von $\mathfrak{z}$ durchläuft, ist die Änderung von β gleich $-B(\mathfrak{w})$; beim Durchlaufen des zweiten Teiles $\mathfrak{w}'$ ist die Änderung gleich $B(\mathfrak{w}')$; die Gesamtänderung ist somit $B(\mathfrak{w}') - B(\mathfrak{w})$. Andererseits ist diese Änderung gleich $k \cdot 2\pi$, wobei k die Umlaufzahl des auf S^1 gelegenen stetigen Zyklus $f(\mathfrak{z}) = [fG(z)]$ um den Mittelpunkt von S^1, also der Grad der Abbildung fG ist.

Nun ist aber $\mathfrak{z} \backsim 0$ in S^n, da S^n die n-dimensionale Sphäre und $n \geqq 2$ ist; da f eine Abbildung von S^n in den Kreis S^1 ist, ist daher auch $f(\mathfrak{z}) = [fG(z)] \backsim 0$ in S^1; folglich hat die Abbildung fG den Grad Null, es ist also $k = 0$, und daher auch $B(\mathfrak{w}') - B(\mathfrak{w}) = 0$. Damit ist gezeigt, daß in der Tat die Zahl $B(\mathfrak{w})$ von der Wahl des Weges $\mathfrak{w}$ unabhängig ist; wir dürfen sie daher $B(p)$ nennen. Die Stetigkeit dieser auf S^n eindeutigen Funktion ergibt sich unmittelbar aus der Stetigkeit der oben eingeführten Winkelfunktion F. Damit ist der Satz I bewiesen.

2. Erweiterungssätze. Aus diesem Satz und dem Hilfssatz II in § 1, Nr. 3, folgt

Satz II. *Es sei $n \geqq 2$ und f eine beliebige Abbildung des Simplexrandes $\dot{x}^{n+1}$ in die Kreislinie S^1. Dann läßt sich f zu einer Abbildung des Simplexes x^{n+1} in S^1 erweitern.*

Hieraus leiten wir leicht den folgenden Zusatz zu dem Satz II des § 1 ab:

Satz III. *Es sei K ein Komplex beliebiger Dimension, K_0 ein Teilkomplex von K und f eine solche Abbildung von $\bar{K}_0$ in die Kreislinie S^1, daß jeder eindimensionale Zyklus z^1 von K_0, der $\backsim 0$ in K ist, mit dem Grade Null abgebildet wird (für jeden Koeffizientenbereich). Dann läßt sich f zu einer Abbildung von $\bar{K}$ in S^1 erweitern.*

Beweis. Unter K^r verstehen wir für $r = 0, 1, \ldots$ den Komplex der höchstens r-dimensionalen Seiten von K. Dann ist die Erweiterbarkeit von f zu einer Abbildung von $\overline{K_0 + K^2}$ in dem Satz II des § 1 enthalten. Nun sei f bereits zu einer Abbildung von $\overline{K_0 + K^r}$ erweitert $(r \geqq 2)$; um f auch auf dem Polyeder $\bar{K}^{r+1}$ zu erklären, hat man für jedes einzelne $(r+1)$-dimensionale Simplex x^{r+1} von K^{r+1} die auf dem Rande $\dot{x}^{r+1}$ schon gegebene Abbildung zu einer Abbildung x^{r+1} zu erweitern. Dies ist auf Grund des Satzes II immer möglich. Damit ist der Satz III bewiesen.

Bemerkung. Auf Grund der Tatsache, daß jeder eindimensionale Zyklus ein Zyklus erster Art ist[1], läßt sich zeigen, daß man die im Satz III für Zyklen

[1] Vgl. Kap. V § 4, Nr. 3, Formel (6**).

beliebiger Koeffizientenbereiche formulierte, für die Erweiterbarkeit der Abbildung hinreichende Bedingung durch die folgende ersetzen kann, die formal schwächer ist: „Jeder ganzzahlige Zyklus z^1 in K_0, welcher mod m in K berandet (vgl. Kap. V, § 3, Nr. 10), wird mit einem (ganzzahligen) Grade abgebildet, der $\equiv 0$ mod m ist." — Den Beweis der Äquivalenz beider Bedingungen überlassen wir dem Leser.

Ebenso wie im § 1 der Satz I aus dem Satz II hergeleitet wurde, können wir jetzt aus dem soeben bewiesenen Satz III die folgende Tatsache ableiten:

Für die Lösbarkeit der im § 1, Nr. 1, formulierten „Erweiterungsaufgabe" ist, wenn $n = 1$ ist, die dort ausgesprochene „Kroneckersche Bedingung" nicht nur notwendig, sondern auch hinreichend, — gleichgültig, welche Dimension der Komplex K hat.

3. Abbildungsklassen; Wesentlichkeit. Dieselbe Betrachtung, welche im § 2 den Satz I auf den Satz II des § 1 zurückzuführen gestattet hat, lehrt — ohne daß wir sie zu wiederholen brauchen —, daß der nachstehende Satz eine Folge des soeben bewiesenen Satzes III ist:

Satz IV. *Sind zwei Abbildungen des (beliebig dimensionalen) Polyeders $\bar{K}$ in die Kreislinie S^1 einander vollständig homolog, so sind sie einander auch homotop.*

Infolge des Fehlens nulldimensionaler Torsion in K kann man auf Grund von Kap. V, § 4, Nr. 14, den Satz IV auch in folgender Form aussprechen:

Satz IV'. *Für die Homotopie zweier Abbildungen von $\bar{K}$ in die Kreislinie S^1 ist notwendig und hinreichend, daß sie einander homolog in bezug auf $\mathfrak{G}$ sind, d. h. daß sie jeden ganzzahligen eindimensionalen Zyklus von K mit dem gleichen Grade abbilden.*

Hierin ist der folgende Satz enthalten:

Satz V. *Eine Abbildung des Polyeders $\bar{K}$ in die Kreislinie S^1 ist dann und nur dann wesentlich, wenn sie einen ganzzahligen eindimensionalen Zyklus von K mit einem von Null verschiedenen Grade abbildet.*

Der nächste Satz zeigt, daß die Anzahl der Abbildungsklassen von $\bar{K}$ in die Kreislinie S^1 durch die Bettische Zahl $p^1(K)$ bestimmt ist[1]:

Satz VI. *Wenn die Bettische Zahl $p^1(K) = 0$ ist, so bilden die Abbildungen von $\bar{K}$ in die Kreislinie S^1 eine einzige Klasse; wenn $p^1(K) > 0$ ist, so bilden sie unendlich viele Klassen.*

Beweis. Wenn $p^1(K) = 0$ ist, so gibt es zu jedem eindimensionalen ganzzahligen Zyklus z^1 in K eine ganze Zahl $m \neq 0$, so daß $mz^1 \sim 0$ in K ist; dann ist $[f(mz^1)] \sim 0$ in S^1, d. h.: der Zyklus mz^1 und folglich auch der Zyklus z^1 wird mit dem Grade Null abgebildet. Somit sind nach Satz IV' alle Abbildungen einander homotop.

---

[1] Umgekehrt kann man auch durch Betrachtung der Abbildungsklassen die Bettische Zahl $p^1(P)$ eines beliebigen Polyeders P bestimmen: N. Bruschlinsky: Stetige Abbildungen und Bettische Gruppen der Dimensionszahlen 1 und 3. Math. Ann. 109 (1934). Diese Arbeit bezieht sich übrigens nicht nur auf Polyeder, sondern auf beliebige Kompakten.

Es sei $p^1(K) > 0$. Dann sei Z_1^1 ein ganzzahliger Zyklus, welcher einer Homologiebasis in bezug auf $\mathfrak{G}$, $\mathfrak{R}$ angehört (Kap. V, § 2, Nr. 7—8). Wir werden für jede ganze Zahl k eine Abbildung von $\bar{K}$ in S^1 konstruieren, durch welche Z_1^1 mit dem Grade k abgebildet wird. Dann wird der Satz bewiesen sein.

Z_1^1 ist in einer kanonischen Basis (Kap. V, § 2, Nr. 6) der Gruppe $L^1_{\mathfrak{G}}(K)$ enthalten. Setzen wir $\chi(Z_1^1) = k$ und $\chi(X_i^1) = 0$ für alle von Z_1^1 verschiedenen Elemente X_i^1 dieser Basis, so wird hierdurch ein Charakter χ von $L^1_{\mathfrak{G}}(K)$ bestimmt (Anhang I, Nr. 61). Da unter den soeben genannten Elementen X_i^1 eine Basis der Rändergruppe $H^1_{\mathfrak{G}}(K)$ enthalten ist, ist $\chi(\dot{x}_j^2) = 0$ für jedes zweidimensionale Simplex x_j^2 von K.

Unter K^r verstehen wir den Komplex aller höchstens r-dimensionalen Seiten von K. Wir nehmen einen Simplexrand $|\dot{X}^2|$ und bilden zunächst $\bar{K}^0$ irgendwie in die Eckpunkte von $|\dot{X}^2|$ ab. Diese Abbildung läßt sich auf Grund des Hilfssatzes in § 1, Nr. 7, zu einer Abbildung f von $\overline{K^1}$ in $\overline{\dot{X}^2}$ mit folgender Eigenschaft erweitern: die Abbildung jedes Simplexes x_i^1 von K^1 hat in den inneren Punkten der fest gewählten Seite $|Y^1|$ von $|\dot{X}^2|$ den Grad $\chi(x_i^1)$. Dann hat die Abbildung jedes beliebigen ganzzahligen algebraischen Komplexes C^1 in den genannten Punkten den Grad $\chi(C^1)$. Dieser Grad hat für $C^1 = Z_1^1$ den Wert k, für jeden Simplexrand $C^1 = \dot{x}_j^2$ den Wert Null; für Zyklen, also insbesondere für Z_1^1 und die $\dot{x}_j^2$ ist er zugleich der „Grad im Großen". Da jeder Simplexrand $\dot{x}_j^2$ mit dem Grade Null abgebildet wird, wird auch der Rand eines beliebigen zweidimensionalen Komplexes $\sum t^j x_j^2$ in K (irgendeines Koeffizientenbereiches) mit dem Grade Null abgebildet. Folglich läßt sich nach Satz III die Abbildung f von $\bar{K}^1 = \bar{K}_0$ zu einer Abbildung von $\bar{K}$ in S^1 erweitern. Damit ist der Satz VI bewiesen.

Aus ihm folgt unmittelbar

Satz VII. *Das Polyeder $\bar{K}$ läßt sich dann und nur dann wesentlich auf die Kreislinie S^1 abbilden, wenn $p^1(K) > 0$ ist.*

§ 4. Die Charakterisierung der Geschlossenheit und des Randes von Polyedern durch Deformationseigenschaften.

1. Im Kap. I, § 3, Nr. 4, ist definiert worden, was eine „Deformation" der Menge X in dem metrischen Raume Y ist: eine solche stetige Schar f_t $(0 \leqq t \leqq 1)$ von Abbildungen von X in den Raum Y, daß f_0 die identische Abbildung ist. Wenn $X = Y$ ist, so liegt eine „Deformation von Y in sich" vor. In diesem Paragraphen werden wir es mit Deformationen homogen n-dimensionaler Polyeder in sich zu tun haben.

Aus den Sätzen des Kap. XII, § 4, folgt leicht der

Satz I. *Es sei C ein homogen n-dimensionaler algebraischer Komplex, f_t $(0 \leqq t \leqq 1)$ eine Deformation des Polyeders $\bar{C}$ in sich und q ein* *solcher Punkt von $\overline{C}$, daß er für keinen Wert des Parameters t der Menge $f_t(\dot{\overline{C}})$ angehört. Dann ist $q \subset f_1(\overline{C})$.*

Beweis. Es gibt eine Umgebung $U(q)$, die fremd zu allen Mengen $f_t(\dot{C})$ mit $0 \leqq t \leqq 1$ ist; q ist Häufungspunkt der Menge derjenigen Punkte o von $U(q)$, welche innere Punkte von Grundsimplexen von $|C|$ sind; infolge der Abgeschlossenheit der Menge $f_1(\overline{C})$ genügt es daher, zu zeigen, daß jeder derartige Punkt o der Menge $f(\overline{C})$ angehört. Das Grundsimplex, welches einen solchen Punkt o enthält, tritt in C mit einem von Null verschiedenen Koeffizienten t auf; die identische Abbildung f_0 von $\overline{C}$ hat in o den Grad t (Kap. XII, § 4, Satz III); folglich hat auch f_1 in o den Grad t (Kap. XII, § 4, Satz I); da $t \neq 0$ ist, ist daher $o \subset f_1(\overline{C})$, w. z. b. w.

2. Die Wesentlichkeit eines Polyeders auf sich. Anknüpfend an Kap. XII, § 4, Nr. 6, definieren wir: Der metrische Raum Y heiße „*wesentlich auf sich*", wenn die identische Abbildung von Y eine wesentliche Abbildung von Y auf Y ist, mit anderen Worten: wenn $f_1(Y) = Y$ für das Endergebnis f_1 einer beliebigen Deformation von Y in sich ist.

Es besteht die Frage: Welche Eigenschaften eines Komplexes K sind charakteristisch dafür, daß das Polyeder $\bar{K}$ wesentlich auf sich ist? Die Antwort auf diese Frage ist uns nicht bekannt[1].

Jedoch ist es leicht, eine Eigenschaft von K anzugeben, welche für die Wesentlichkeit von $\bar{K}$ auf sich *hinreichend* ist:

Satz II. *Wenn K geschlossen[2] ist, so ist $\bar{K}$ wesentlich auf sich.*

Beweis. Wenn K geschlossen ist, so gibt es einen Zyklus z mit $|z| = K$. Der Satz I, angewandt auf $z = C$, einen beliebigen Punkt q von $\bar{K} = \bar{C}$ und auf eine beliebige Deformation f_t von $\bar{K}$ in sich, besagt, da $\dot{C} = 0$ ist: q ist in $f_1(\bar{K})$ enthalten.

Der Satz ist nicht umkehrbar; es gibt vielmehr Polyeder $\bar{K}$, die wesentlich auf sich, aber nicht geschlossen sind; und zwar existieren, wie sich aus dem nächsten Satz ergibt, bereits derartige *Polygone*, d. h. homogen eindimensionale Polyeder[3].

3. Der Spezialfall der Polygone. Satz III. *Ein Polygon ist dann und nur dann wesentlich auf sich, wenn es keinen freien Eckpunkt besitzt.*

Dabei heißt ein $(n-1)$-dimensionales Simplex des n-dimensionalen Komplexes K^n „frei", wenn es auf genau einem n-dimensionalen Simplex von K^n liegt. Der folgende Komplex K^1 besitzt keinen freien Eckpunkt und ist doch

---

[1] Die hiermit verwandte Frage nach denjenigen Eigenschaften von K, welche charakteristisch dafür sind, daß $\bar{K}$ in sich *auf einen einzigen Punkt* deformiert werden kann, ist neuerdings von HUREWICZ in seiner neuen Homotopie-Theorie (vgl. Proc. Akad. Amsterdam, 1935) beantwortet worden. Wir beabsichtigen, im 3. Bande hierauf einzugehen.

[2] Kap. VII, § 1.

[3] Weitere Beispiele wie auch andere Beiträge zu den Fragestellungen des gegenwärtigen Paragraphen findet man in der Arbeit von H. HOPF u. E. PANNWITZ: Über stetige Deformationen von Komplexen in sich. Math. Ann. 108 (1933).

nicht geschlossen (vgl. Kap. VII, § 1, Nr. 9): P_1 und P_2 sind zwei zueinander fremde einfach geschlossene Polygone, Q ist eine Strecke, die einen Eckpunkt von P_1 mit einem Eckpunkt von P_2 verbindet, und es ist $K^1 = P_1 + Q + P_2$ (vgl. Kap. VII, § 1, Nr. 9). Auf Grund des Satzes III ist also $\overline{K}^1$ ein Gegenbeispiel gegen die Umkehrung des Satzes II.

Beweis des Satzes III. Daß das Polygon $\overline{K}$ nicht wesentlich auf sich ist, falls K einen freien Eckpunkt a enthält, ist klar: denn die Strecke, auf welcher a liegt, läßt sich unter Festhaltung des anderen Eckpunktes in sich auf einen echten Teil von sich zusammenziehen.

K besitze keinen freien Eckpunkt; f_t $(0 \leqq t \leqq 1)$ sei eine Schar von Abbildungen von $\overline{K}$ in sich, und f_0 sei die Identität; zu zeigen ist: jeder Punkt $q \subset \overline{K}$ gehört zu der Menge $f_1(\overline{K})$; da diese Menge abgeschlossen ist, genügt es, dies für die inneren Punkte q der Strecken von K zu beweisen.

Es sei $|x|$ eine Strecke von K. Wir unterscheiden zwei Fälle:

Fall 1: $|x|$ liegt auf einem einfach geschlossenen Teilkomplex von K; dann gibt es einen Zyklus z, in dem x mit von Null verschiedenem Koeffizienten t vorkommt. Die identische Abbildung f_0 von z hat in den inneren Punkten von $|x|$ den Grad t und ist daher nach Kap. XII, § 4, Satz IX, in diesen Punkten wesentlich.

Fall 2: $|x|$ liegt auf keinem einfach geschlossenen Teilkomplex von K. Dann gehören die beiden Eckpunkte a_1, a_2 von $|x|$ zu verschiedenen Komponenten des Komplexes $K - |x|$; denn andernfalls gäbe es in $K - |x|$ einen einfachen Streckenzug K', der a_1 mit a_2 verbände, und $|x|$ läge auf dem einfach geschlossenen Komplex $K' + |x|$. Die Komponenten von $K - |x|$, welchen a_1 und a_2 angehören, seien K_1 bzw. K_2. Da K keinen freien Eckpunkt besitzt, besitzt K_1 keinen von a_1 verschiedenen freien Eckpunkt (a_1 selbst kann frei oder nicht frei sein); folglich besitzt jeder von a_1 verschiedene Eckpunkt b von K_1 wenigstens zwei voneinander verschiedene Nachbarpunkte (ein Nachbarpunkt von b ist ein von b verschiedener Eckpunkt, der zusammen mit b einer Strecke von K_1 angehört). Wir setzen nun $b_1 = a_1$, verstehen unter b_2 einen Nachbarpunkt von b_1 in K_1 und für $i > 1$ unter b_{i+1} immer einen von b_{i-1} verschiedenen Nachbarpunkt von b_i in K_1; da nur endlich-viele Eckpunkte zur Verfügung stehen, gibt es eine kleinste Zahl j mit $b_j = b_i$, $i < j$; dann bilden die Strecken $|b_i b_{i+1}|$, $|b_{i+1} b_{i+2}|$, ..., $|b_{j-1} b_j|$ einen einfach geschlossenen Streckenzug in K_1. Damit ist gezeigt: Es gibt einen von Null verschiedenen Zyklus z_1^1 in K_1; ebenso gibt es einen von Null verschiedenen Zyklus z_2^1 in K_2.

Nun seien q_1', q_2' Punkte von $\overline{z}_1^1$ bzw. $\overline{z}_2^1$; da (vgl. Fall 1) die identische Abbildung von $\overline{z}_1^1$ in q_1', die identische Abbildung von $\overline{z}_2^1$ in q_2' wesentlich ist, gibt es Punkte $q_1 \subset \overline{z}_1^1 \subset \overline{K}_1$, $q_2 \subset \overline{z}_2^1 \subset \overline{K}_2$ mit $f_1(q_1) = q_1'$, $f_1(q_2) = q_2'$. Da $K_1 + |x| + K_2$ zusammenhängend ist, gibt es einen Weg w in $\overline{K}$, der q_1 mit q_2 verbindet; dann ist $f_1(w)$ ein Weg in $\overline{K}$, der q_1' mit q_2' verbindet. Da eine solche Verbindung in $\overline{K - |x|}$ unmöglich ist, gehört $\overline{x}$ zu $f_1(w)$, also zu $f_1(K)$.

Damit ist der Satz III bewiesen. —.

Ein analoger Satz für n-dimensionale Komplexe mit $n \geqq 2$ gilt nicht. Zwar ist natürlich ein n-dimensionales Polyeder $\overline{K}$ nicht wesentlich auf sich, falls K eine freie $(n-1)$-dimensionale Seite besitzt; jedoch gibt es bereits zweidimensionale Polyeder, welche keine freie Kante besitzen und trotzdem nicht wesentlich auf sich sind. Beispiele hierfür werden wir in Nr. 7, 1 und 2, angeben.

4. Charakterisierung der Geschlossenheit. Wenn auch, wie wir gesehen haben, die Geschlossenheit von K nicht mit der Wesentlichkeit von $\overline{K}$ auf sich gleichbedeutend ist, so läßt sich doch die „Geschlossenheit" durch eine Eigenschaft charakterisieren, welche der „Wesentlichkeit auf sich" nahe verwandt ist.

Wir definieren: Es sei Y_0 eine Punktmenge des metrischen Raumes Y. Der Raum Y heißt *„relativ zu Y_0 wesentlich auf sich"*, wenn die identische Abbildung von Y eine „relativ zu Y_0 wesentliche" Abbildung von Y auf Y ist (Kap. XII, § 4, Nr. 6), mit anderen Worten: wenn $Y = f_1(Y)$ für das Endergebnis f_1 jeder solchen Deformation f_t von Y in sich ist, daß die Punkte von Y_0 dauernd festgehalten werden ($f_t(p) = p$ für $p \subset Y_0$ und $0 \leqq t \leqq 1$).

Bei Benutzung dieses Begriffes ist eine unmittelbare Folge des Satzes I der

Satz Ia. *Ist C ein beliebiger homogen n-dimensionaler algebraischer Komplex, so ist das Polyeder $\overline{C}$ relativ zu $\dot{\overline{C}}$ wesentlich auf sich.*

Zum Zweck der angekündigten Charakterisierung der Geschlossenheit eines Komplexes K betrachten wir neben K noch den „Kegel" K' über K (Kap. IV, § 4, Nr. 7); das Polyeder $\overline{K}'$ ist offenbar bis auf Homöomorphien durch das Polyeder $\overline{K}$ eindeutig bestimmt; es enthält $\overline{K}$ als Teilpolyeder.

Satz IV. *Der homogen n-dimensionale Komplex K ist dann und nur dann geschlossen, wenn der Kegel $\overline{K}'$ über $\overline{K}$ relativ zu $\overline{K}$ wesentlich auf sich ist ($n \geqq 1$)*[1].

Beweis. K sei geschlossen, es gebe also einen Zyklus z mit $|z| = K$. Ist o die Spitze des Kegels K', so ist, wenn wir $C = (oz)$ setzen, $|C| = K'$ und $\dot{C} = z$ (Kap. IV, a. a. O.; hier benutzen wir die Voraussetzung $n \geqq 1$). Daher ist nach dem Satz Ia der Kegel $\overline{K}' = \overline{C}$ relativ zu $\overline{K} = \dot{\overline{C}}$ wesentlich auf sich.

Jetzt sei K nicht geschlossen; zu zeigen ist: $\overline{K}'$ ist relativ zu $\overline{K}$ nicht wesentlich auf sich. Wir zerlegen diese Behauptung in einen „Satz IVa" (den Hauptsatz dieses Paragraphen) und einen „Hilfssatz":

Satz IVa. *Ist K nicht geschlossen, so gibt es eine solche Abbildung f von $\overline{K}'$ auf einen echten Teil von $\overline{K}'$, daß $f(p) = p$ für alle Punkte p von $\overline{K}$ ist*[2].

Hilfssatz. *Ist f eine Abbildung von $\overline{K}'$ in sich mit $f(p) = p$ für alle Punkte p von $\overline{K}$, so gibt es eine Abbildungsschar f_t, $0 \leqq t \leqq 1$, von $\overline{K}'$ in sich mit folgenden Eigenschaften: $f_t(p) = p$ für alle Punkte p von $\overline{K}$ und alle t, sowie $f_0(p') = p'$ und $f_1(p') = f(p')$ für alle Punkte p' von $\overline{K}'$.* (Dabei ist K ein beliebiger Komplex, K' der Kegel mit der Spitze o über K.)

Beweis des Hilfssatzes. Für jeden Punkt p von $\overline{K}$ verstehen wir unter (p, s) denjenigen Punkt von $\overline{K}'$, der die Strecke $\overrightarrow{op}$ im Verhältnis $s : (1 - s)$ teilt; dann ist also $(p, 0) = o$ und $(p, 1) = p$ für jeden Punkt p von $\overline{K}$; jeder von o verschiedene Punkt von $\overline{K}'$ ist eindeutig

[1] Der Satz gilt, wie man leicht sieht, auch noch für $n = 0$, falls K aus wenigstens zwei Punkten besteht.

[2] Dies ist ein „Erweiterungssatz" im Sinne der Einleitung zu diesem Kapitel.

durch (p, s) bezeichnet $(0 < s \leqq 1)$. Wir setzen nun $f_t(p, s) = (p, s)$ für $0 \leqq t \leqq s \leqq 1$, und für $0 \leqq s \leqq t \leqq 1$ verstehen wir unter $f_t(p, s)$ denjenigen Punkt, der die Strecke $\overrightarrow{o f\left(p, \frac{s}{t}\right)}$ im Verhältnis $t:(1-t)$ teilt. Man überzeugt sich leicht davon, daß die damit definierte Schar f_t die Behauptung des Hilfssatzes erfüllt.

Beweis des Satzes IVa. Auf jeder von der Kegelspitze o ausgehenden Kante von K' nehmen wir einen inneren Punkt c_k $(k = 1, 2, \ldots)$ an; je $n+1$ Punkte c_k, die einem Simplex von $\bar{K}'$ angehören, bestimmen ein Simplex $|x_i^n|$, und jedes solche Simplex $|x_i^n|$ bestimmt zusammen mit o ein Simplex $|x_i^{n+1}|$; die Simplexe $|x_i^n|$ bilden einen mit K isomorphen Komplex K_1, die Simplexe $|x_i^{n+1}|$ den mit K' isomorphen Kegel K_1' über K_1 mit der Spitze o. Da K nicht geschlossen ist, ist auch K_1 nicht geschlossen; es gibt also ein Simplex $|x_0^n|$ von K_1, das keinem Zyklus in K_1 angehört. Wir werden $\bar{K}'$ so in sich abbilden, daß kein Bildpunkt im Innern des Simplexes $\bar{x}_0^{n+1} = \overline{o x_0^n}$ liegt und daß jeder Punkt von $\bar{K}$ sich selbst entspricht; dann wird der Satz bewiesen sein.

Erstens definieren wir eine simpliziale Abbildung f von K_1 in den Simplexrand $|\dot{\bar{x}}_0^{n+1}|$: es sei $f(c_k) = c_k$ für die Eckpunkte c_k von $|x_0^n|$ und $f(c_k) = o$ für alle anderen Eckpunkte c_k von K_1; da in $|\dot{\bar{x}}_0^{n+1}|$ je $n+1$ Punkte ein Simplex aufspannen, bestimmt diese Eckpunktzuordnung eine simpliziale Abbildung von K_1 in $|\dot{\bar{x}}_0^{n+1}|$. Sie hat die folgenden drei Eigenschaften: 1) das Simplex $|x_0^n|$ wird identisch auf sich abgebildet; 2) kein von $|x_0^n|$ verschiedenes Simplex $|x_i^n|$ von K_1 wird auf $|x_0^n|$ abgebildet (da jedes derartige Simplex $|x_i^n|$ einen Eckpunkt c_k mit $f(c_k) = o$ besitzt); 3) für *jedes* Simplex $|x_i^n|$ von K_1 ist $f(|x_i^n|)$ Seite des Simplexes $|x_i^{n+1}| = |o x_i^n|$ (da jeder Eckpunkt auf sich oder auf o abgebildet wird).

Zweitens erweitern wir diese Abbildung f von $\bar{K}_1$ zu einer Abbildung f von $\bar{K}_1'$ in $\dot{\bar{x}}_0^{n+1}$; diese Erweiterung — die der wesentlichste Schritt in unserem Beweise ist — ist möglich auf Grund des Satzes II im § 1: denn ist z irgendein n-dimensionaler Zyklus in K_1, so enthält er nach Voraussetzung das Simplex x_0^n nicht; infolge der soeben formulierten Eigenschaft 2) enthält daher auch das Bild $f(|z|)$ das Simplex x_0^n nicht; folglich hat die Abbildung f von z in den Simplexrand $\dot{\bar{x}}_0^{n+1}$ den Grad Null; somit ist die Voraussetzung des Satzes II (§ 1) erfüllt, und f läßt sich zu einer Abbildung von $\bar{K}_1'$ in $\dot{\bar{x}}_0^{n+1}$ erweitern.

Drittens erweitern wir die Abbildung f von $\bar{K}_1'$ in $\overline{\dot{x}_0^{n+1}}$ zu einer Abbildung f von $\bar{K}'$ in das Polyeder $\overline{\bar{K}' - \bar{x}_0^{n+1}}$: auf jedem von o ausgehenden Strahl bezeichne p_1 den Schnittpunkt mit $\bar{K}_1$ und p den Schnittpunkt mit $\bar{K}$; wenn p_1 dem Simplex $|x_i^n|$ angehört, so gehört infolge der oben formulierten Eigenschaft 3) der Abbildung f der Punkt $f(p_1)$ zu dem Simplex $|x_i^{n+1}|$ von K_1'; ist $|X_i^{n+1}|$ das Simplex von K', in welchem $|x_i^{n+1}|$

liegt, so liegen also die Punkte p, p_1 und $f(p_1)$ in $|X_i^{n+1}|$. Wir bilden nun die Strecke $\overrightarrow{pp_1}$ proportional auf die Strecke $\overrightarrow{pf(p_1)}$ ab. Liegt p_1 auf $\bar{x}_0^n$, so folgt aus der obigen Eigenschaft 1), daß $f(p_1) = p_1$ ist; die Strecke $\overrightarrow{pp_1}$ wird also identisch auf sich abgebildet und liefert daher keinen Bildpunkt im Innern von $\bar{x}_0^{n+1}$; liegt p_1 nicht auf $\bar{x}_0^n$, so enthält das Simplex $|X_i^{n+1}|$, $i \neq 0$, in dem die Bildstrecke $\overrightarrow{pf(p_1)}$ liegt, das Simplex $\bar{x}_0^n$ nicht. Somit bleibt das Innere von $\bar{x}_0^{n+1}$ frei von Bildpunkten. Ferner ist $f(p) = p$ für jeden Punkt p von $\bar{K}$.

Folglich ist f in der gewünschten Weise konstruiert; der Satz IVa, und mit ihm auch der Satz IV, ist bewiesen.

Zusatz zum Satz IV. *K sei nicht geschlossen. Dann kann man die Deformation f_t, $0 \leqq t \leqq 1$, von $\bar{K}'$ in sich, für welche $f_1(\bar{K}')$ echter Teil von K' ist, so wählen, daß sie nicht nur auf $\bar{K}$, sondern außerhalb einer beliebig vorgegebenen Umgebung U der Kegelspitze o für alle t die Identität ist und daß U in sich deformiert wird* (also: $f_t(p) = p$ für $p \subset \bar{K}' - U$ und $f_t(p) \subset U$ für $p \subset U$; $0 \leqq t \leqq 1$).

Denn analog zu der Konstruktion des Kegels K_1' über dem Komplex K_1 in dem soeben geführten Beweis des Satzes IVa kann man einen zu K' isomorphen Kegel K_0' mit der Spitze o über einem zu K isomorphen Komplex K_0 so konstruieren, daß $\bar{K}_0' \subset U$ ist. Auf K_0' wende man den Satz IV an; die auf Grund dieses Satzes existierende Deformation f_t, $0 \leqq t \leqq 1$, von $\bar{K}_0'$ in sich, welche alle Punkte von $\bar{K}_0$ festhält und für welche $f_t(\bar{K}_0')$ echter Teil von $\bar{K}_0'$ ist, ergänze man zu einer Deformation von $\bar{K}'$ in sich durch die Festsetzung: $f_t(p) = p$ für alle Punkte p von $\bar{K}' - \bar{K}_0'$ und alle t.

Beispiel. K' sei der Kegel über dem in Nr. 3 (im Anschluß an Satz III) betrachteten Streckenkomplex $K^1 = P_1 + Q + P_2$; das Polyeder $\bar{K}'$ ist in Abb. 23a, S. 287, dargestellt[1]. Nach Satz IV kann man es unter Festhaltung aller Punkte von $\bar{K}^1$ so in sich deformieren, daß bei dem Endergebnis f_1 die Bildmenge $f_1(\bar{K}')$ ein echter Teil von $\bar{K}'$ ist. Aufgabe: Man gebe eine solche Deformation f_t, $0 \leqq t \leqq 1$, explizit an[2].

5. Charakterisierung des Randes. Definition: Der Punkt p des metrischen Raumes Y heiße ein *„labiler"* Punkt, wenn es zu jeder Umgebung $U(p)$ in Y eine Deformation f_t, $0 \leqq t \leqq 1$, von Y in sich mit folgenden drei Eigenschaften gibt: 1) jeder Punkt von $Y - U(p)$ wird festgehalten (also $f_t(q) = q$ für $q \subset Y - U(p)$ und $0 \leqq t \leqq 1$); 2) $U(p)$ wird in sich deformiert (also $f_t(q) \subset U(p)$ für $q \subset U(p)$ und $0 \leqq t \leqq 1$); 3) die Menge $f_1(Y)$ ist ein echter Teil von Y. — Ein Punkt, der nicht labil ist, heiße ein *„stabiler"* Punkt.

Die Aufgabe, für einen gegebenen (homogen n-dimensionalen) Komplex K zu entscheiden, welche Punkte von $\bar{K}$ labil und welche stabil

[1] A. a. O. heißt es $S_K(T)$ statt K'.

[2] Man vgl. die in Fußnote 3, S. 519, zitierte Arbeit.

sind, wird durch den nächsten Satz gelöst. Dieser Satz gibt zugleich eine *topologisch invariante Charakterisierung des „Randes" $\dot K$ eines absoluten Komplexes* (Kap. VII, § 1, Nr. 9).

Satz V. *Der Punkt p des (homogen n-dimensionalen) Polyeders $\bar K$ ist dann und nur dann labil, wenn er Punkt des Randes $\overline{\dot K}$ ist.*

Beweis. Der Punkt p liege nicht auf $\overline{\dot K}$; dann gibt es, infolge der Definition des Randes $\dot K$ (Kap. VII, a. a. O.), einen solchen algebraischen Komplex C mit $|C| = K$, daß p nicht auf $\overline{\dot C}$ liegt. Wir setzen $U(p) = \bar C - \overline{\dot C}$; wenn dann f_t eine Deformation von $\bar K$ ist, welche die Eigenschaften 1) und 2) aus der Definition der Labilität hat, so besitzt sie infolge des Satzes I a (Nr. 4) nicht die Eigenschaft 3). Folglich ist der Punkt p nicht labil.

Es liege andererseits p auf $\overline{\dot K}$. Ist $n = 1$, so ist p ein freier Eckpunkt (Kap. VII, § 1, Satz XIII, Korollar) und daher labil. Es sei jetzt $n \geqq 2$; bezeichnen wir das Trägersimplex von p in K mit T, so ist nach Kap. VII, § 1, Satz XIV, der Begrenzungskomplex $B_K(I\,T)$ des Innengebietes $I\,T$ von T *nicht geschlossen*. Diejenigen Simplexe, welche von dem Punkt p und je einem Grund- oder Nebensimplex des Komplexes $B_K(I\,T)$ aufgespannt werden, bilden einen Komplex K', der eine Unterteilung des kombinatorischen Sternes $S_K(I\,T)$ und offenbar nichts anderes ist, als der Kegel über $B_K(I\,T)$ mit der Spitze p. Indem man auf $\bar K'$ den „Zusatz" zum Satz IV (Nr. 3) anwendet, erkennt man die Labilität des Punktes p.

6. Die Stabilität von Polyedern. Wir nennen den metrischen Raum Y *„labil"*, wenn es zu jedem positiven ε eine solche Deformation f_t, $0 \leqq t \leqq 1$, von Y in sich gibt, daß 1) $\varrho(f_t(p), p) < \varepsilon$ für alle Punkte p von Y und für alle t, und daß 2) bei dem Endergebnis f_1 die Menge $f_1(Y)$ ein echter Teil von Y ist. Ist der Raum Y nicht labil, so heiße er *„stabil"*. Offenbar ist die Stabilität eine Abschwächung der „Wesentlichkeit auf sich" (Nr. 2): wenn der Raum Y wesentlich auf sich ist, so ist er erst recht stabil. (In Nr. 7 geben wir ein Beispiel eines Polyeders an, das zwar stabil, aber nicht wesentlich auf sich ist.)

Während eine Charakterisierung der Wesentlichkeit auf sich eines Polyeders $\bar K$ durch kombinatorische Eigenschaften des Komplexes K nicht bekannt ist, wird die entsprechende Charakterisierung der Stabilität durch den folgenden Satz geleistet:

Satz VI. *Das (homogen n-dimensionale) Polyeder $\bar K$ ist dann und nur dann stabil, wenn der Komplex K keinen Rand besitzt.*

Beweis. Wenn K einen nichtleeren Rand $\dot K$ besitzt, so gibt es nach Satz V einen labilen Punkt p in $\bar K$, und aus dessen Existenz ergibt sich unmittelbar die Labilität von $\bar K$.

Jetzt sei $\bar K$ labil; zu zeigen ist: $\dot K$ ist nicht leer.

Es sei ε_i $(i = 1, 2, \ldots)$ eine gegen Null konvergierende Folge positiver Zahlen. Infolge der Labilität von $\bar K$ gibt es zu jedem i eine Deformation f_t^i, $0 \leqq t \leqq 1$, von $\bar{K}$ in sich, so daß $\varrho(f_t^i(p), p) < \varepsilon_i$ für alle Punkte p und alle Werte t und daß $f_1^i(\bar{K})$ ein echter Teil von $\bar{K}$ ist. Für jedes i sei q_i ein Punkt von $\bar{K} - f_1^i(\bar{K})$; indem wir allenfalls zu einer Teilfolge übergehen, dürfen wir annehmen, daß die Punktfolge q_i gegen einen Punkt q von $\bar{K}$ konvergiert. Wir behaupten: q ist Punkt von $\dot{\bar{K}}$.

Wäre q nicht Punkt von $\dot{\bar{K}}$, so gäbe es einen algebraischen Komplex C mit $|C| = K$, so daß q nicht auf $\dot{\bar{C}}$ läge, daß also $\varrho(q, \dot{\bar{C}}) = \alpha > 0$ wäre. Wir könnten den Index i so wählen, daß $\varepsilon_i + \varrho(q, q_i) < \alpha$ wäre; dann wäre der Punkt q_i für keinen Wert von t in der Menge $f_t^i(\dot{\bar{C}})$ enthalten, und nach Satz I würde er zu der Menge $f_1^i(\bar{K})$ gehören — entgegen seiner Definition. Aus diesem Widerspruch ergibt sich, daß q Punkt von $\dot{\bar{K}}$, daß also $\dot{K}$ nicht leer ist. — Damit ist der Satz VI bewiesen.

7. Beispiele. 1) Das durch Abb. 23, S. 287 dargestellte zweidimensionale Polyeder ist labil, denn es besitzt einen nichtleeren Rand (er besteht aus dem Punkt T).

2) Ein weiteres Beispiel eines zweidimensionalen Polyeders, das labil ist, ohne eine freie Kante zu besitzen, ist das in Nr. 14 des „Anhanges" zu den Kap. IV, V, VI genannte Polyeder $\bar{U}$. Man kann $\bar{U}$ sogar derart in sich deformieren, daß schließlich $f_1(\bar{U})$ ein einziger Punkt ist[1].

3) Beispiel eines Polyeders, das zwar stabil, aber nicht wesentlich auf sich ist: man spanne sowohl in einen Meridian- als auch in einen Breitenkreis einer Torusfläche je eine Kreisscheibe ein; daß das so entstandene zweidimensionale Polyeder $\bar{K}$ stabil ist, beweist man leicht mit Hilfe des Satzes VI; daß es nicht wesentlich auf sich ist, kann man zeigen, indem man explizit eine solche Deformation f_t von $\bar{K}$ in sich angibt, daß $f_1(\bar{K})$ nur noch aus der Torusfläche und einer der beiden Kreisscheiben besteht. Aufgabe: Man konstruiere eine solche Deformation[1]

Anhang zum dreizehnten Kapitel.

Abbildungen, die einander zwar vollständig homolog, aber nicht homotop sind.

1. Die Sätze I des § 2 und IV des § 3 könnten es fraglich erscheinen lassen, ob es Paare von Abbildungen mit dem soeben in der Überschrift genannten Verhalten überhaupt gibt. Das nachstehende Beispiel beweist ihre Existenz. Dieses Beispiel lehrt zugleich: Ein stetiger irreduzibler eindimensionaler Zyklus in einem Polyeder kann daselbst homolog Null sein, ohne homotop Null zu sein[2].

Es sei: T eine Simplizialzerlegung einer Torusfläche; $|x|$ ein zweidimensionales Simplex von T; K der Komplex $T - |x|$; φ die identische Abbildung von $\dot{x}$. Wir fassen φ als Abbildung von $\dot{\bar{x}}$ in das Polyeder $\bar{K}$ auf. Daraus, daß $\varphi(\dot{x}) = \dot{x} \sim 0$ in K ist — (denn $\dot{x}$ ist der Rand des Trägers einer Orientierung der berandeten Pseudomannigfaltigkeit K) —, folgt: die Abbildung φ ist der Abbildung F von $\dot{\bar{x}}$

[1] Man vgl. die in Fußnote 3, S. 519, zitierte Arbeit.

[2] Vgl. Kap. VIII, § 5, Nr. 9.

auf einen einzigen Punkt von $\bar{K}$ vollständig homolog. Wir behaupten: *φ ist nicht zu F homotop*; diese Behauptung ist gleichbedeutend mit der folgenden: *der stetige Zyklus $[\varphi(\dot{x})]$ ist nicht homotop Null in $\bar{K}$.*

Den Beweis stützen wir auf den folgenden

Hilfssatz. *Jede Abbildung einer Kugelfläche S^2 in eine Torusfläche $\overline{T}$ ist unwesentlich und daher vom Grade Null.*

Beweis. $\overline{T}$ ist das topologische Produkt[1] zweier Kreislinien S_1^1, S_2^1; die Punkte von $\overline{T}$ lassen sich also in eindeutiger Weise durch (q', q'') bezeichnen, wobei q' ein beliebiger Punkt von S_1^1, q'' ein beliebiger Punkt von S_2^1 ist. Jede Abbildung f von S^2 in $\overline{T}$ erzeugt zwei Abbildungen f', f'' von S^2 in S_1^1 bzw. S_2^1: bezeichnen wir die Punkte von S^2 mit p, und ist $f(p) = (q', q'')$, so ist $f'(p) = q'$, $f''(p) = q''$; und umgekehrt bestimmt jedes Paar von Abbildungen f', f'' von S^2 in die Kreise S_1^1, S_2^1 auf diese Weise eine Abbildung f von S^2 in $\overline{T}$.

Nun sei eine Abbildung f von S^2 in $\overline{T}$ gegeben; nach Satz I des § 3 sind die zugehörigen Abbildungen f', f'' unwesentlich; es gibt also Abbildungsscharen f'_t, f''_t $(0 \leqq t \leqq 1)$ von S^2 in S_1^1 bzw. S_2^1, so daß $f'_0 = f'$, $f''_0 = f''$ und daß $f'_1(p) = q'_1$, $f''_1(p) = q''_1$ für alle Punkte p von S^2 ist, wobei q'_1, q''_1 feste Punkte von S_1^1 bzw. S_2^1 sind. Setzen wir $f_t(p) = (f'_t(p), f''_t(p))$, so haben wir eine solche stetige Abbildungsschar f_t von S^2 in $\overline{T}$ mit $f_0 = f$, daß $f_1(p)$ für alle Punkte p von S^2 derselbe Punkt (q'_1, q''_1) von $\overline{T}$ ist. f ist also unwesentlich und hat daher (Kap. XII, § 4, Satz X) den Grad Null. Der Hilfssatz ist damit bewiesen.

Den *Beweis, daß $[\varphi(\dot{x})]$ nicht homotop Null auf $\bar{K}$ ist*, führen wir jetzt indirekt: wir nehmen einen Simplexrand $|\dot{Y}^3|$; ein Eckpunkt sei a, und das ihm gegenüberliegende zweidimensionale Simplex sei $|y|$. Wir bilden $|\dot{y}|$ isomorph auf $|\dot{x}|$ und den Punkt a auf einen inneren Punkt von $\bar{x}$ ab; diese Abbildung $\underline{f}$ erweitern wir zu einer topologischen Abbildung f des Teiles von $\dot{Y}^3$, der aus den drei von a und $|y|$ aufgespannten Dreiecken besteht, auf das Dreieck $\bar{x}$. Wäre nun $[\varphi(\dot{x})]$ homotop Null in $\bar{K}$, so wäre auch $[f(\dot{y})]$ homotop Null in $\bar{K}$, und nach dem Hilfssatz II in § 1, Nr. 3, ließe sich die Abbildung f (von $\bar{y}$ in $\bar{K}$) zu einer Abbildung von $\bar{y}$ in das Polyeder $\bar{K}$ erweitern. Dann läge eine Abbildung g von $\dot{Y}^3$ auf die Torusfläche $\overline{T}$ vor, welche im Innern von $\bar{x}$ topologisch wäre, also den Grad ± 1 hätte — entgegen dem Hilfssatz[2]. —

2. Ein anderes Beispiel, das gerade im Zusammenhang mit den Sätzen dieses Kapitels, in denen es sich ja in erster Linie um Abbildungen auf eine Sphäre handelt, wichtig ist, wird durch den folgenden Satz geliefert:

---

[1] Vgl. Kap. I, § 1, Nr. 10.

[2] Die Homotopie-Eigenschaften geschlossener Wege werden systematisch mit Hilfe der sog. „Fundamentalgruppe" untersucht; dabei ergibt sich leicht, daß der obige Zyklus $[\varphi(\dot{x})]$ nicht homotop Null auf $\bar{K}$ ist. Wir werden hierauf im 3. Band eingehen.

Es gibt eine wesentliche Abbildung Φ der Sphäre S^3 auf die Sphäre S^2.

Beweisen werden wir diesen Satz erst im 3. Band[1]. Jetzt sei nur auf seine Stellung zu den Sätzen des gegenwärtigen Paragraphen hingewiesen; er lehrt:

1) die Sätze I und V des § 2 verlieren ihre Gültigkeit, wenn man Abbildungen *drei*dimensionaler (statt zweidimensionaler) Polyeder in die S^2 betrachtet;

2) Sätze, welche denen des § 3 analog wären, über Abbildungen mehrdimensionaler Polyeder in die S^2 (statt in die S^1) gelten im allgemeinen nicht;

3) für die Lösbarkeit der Erweiterungsaufgabe (§ 1, Nr. 1) ist die Kroneckersche Bedingung (a. a. O.) im allgemeinen nicht hinreichend (man vgl. § 1, Satz I, und die Schlußbemerkung in § 3, Nr. 2); denn wenn o der Mittelpunkt der Kugel S^2 im R^3, wenn ferner $K = |X^4|$ eine vierdimensionale Simplexhülle und wenn Φ eine wesentliche Abbildung von $S^3 = \dot{X}^4$ auf die S^2 ist, so ist die Kroneckersche Bedingung erfüllt, die Erweiterungsaufgabe aber nicht lösbar. —

3. Ein drittes Beispiel: Durch Identifizierung von je zwei antipodischen Punkten der S^2 entsteht eine projektive Ebene P^2, und zugleich ist damit eine stetige Abbildung f von S^2 auf P^2 gegeben. Diese Abbildung f ist mit der Abbildung f_0 von S^2 auf einen einzigen Punkt von P^2, wie man leicht verifiziert, vollständig homolog; man kann aber beweisen, daß f und f_0 nicht miteinander homotop sind[2].

Vierzehntes Kapitel.

Fixpunkte.

In diesem Kapitel werden „*elementare*" Fixpunktsätze behandelt, d. h. solche, die erstens *Homologie*-Eigenschaften sind, und zweitens für *beliebige* (endliche) Polyeder gelten. Die Theorie von J. Nielsen, die auf dem *Homotopie*-Begriff der Fundamentalgruppe beruht, sowie die Theorie von Lefschetz, die sich wesentlich auf *Mannigfaltigkeiten* bezieht, sollen im 3. Bande dargestellt werden. Mannigfaltigkeiten spielen in diesem Kapitel nur insofern eine Rolle, als im § 4 einfache *Anwendungen* eines vorher bewiesenen Fixpunktsatzes (§ 3, Satz I) auf Richtungsfelder in differenzierbaren Mannigfaltigkeiten gemacht werden.

---

[1] Vgl. H. Hopf: Über die Abbildungen der dreidimensionalen Sphäre auf die Kugelfläche. Math. Ann. 104 (1931).

[2] Wegen allgemeiner Sätze, aus denen dies folgt, vgl. man H. Hopf: Zur Topologie der Abbildungen von Mannigfaltigkeiten, 2. Teil. Math. Ann. 102 (1929).

§ 1. Ein Existenzsatz für Fixpunkte.

1. Fixsimplexe. K_1 sei eine simpliziale Unterteilung des Euklidischen simplizialen Komplexes K, und f sei eine simpliziale Abbildung von K_1 in K. Ist $|x|$ ein r-dimensionales Simplex von K_1, so ist $f(|x|)$ ein höchstens r-dimensionales Simplex von K. Wenn $f(|x|)$ r-dimensional ist, so kann es vorkommen, daß $|x|$ ein Teilsimplex von $f(|x|)$ ist, d. h. ein Simplex des Komplexes, der beim Übergang von K zu der Unterteilung K_1 aus $f(|x|)$ entsteht; in diesem Falle nennen wir $|x|$ ein „*Fixsimplex*" von f.

Ist x ein orientiertes Fixsimplex, so tritt, da $y = f(x)$ ein orientiertes Simplex und die Unterteilung y_1 von y ein orientierter Komplex ist, x in y_1 entweder mit dem Koeffizienten $+1$ oder mit dem Koeffizienten -1 auf; dieser Koeffizient hängt von der Wahl der Orientierung von x nicht ab: denn wenn wir x durch $-x$ ersetzen, so haben wir auch $f(x)$ durch $f(-x) = -f(x)$, y_1 durch $-y_1$ zu ersetzen, und $-x$ tritt in $-y_1$ mit demselben Koeffizienten auf wie x in y_1. Somit hängt das betreffende Vorzeichen nur von $|x|$ ab, und wir können nach diesen Vorzeichen die Fixsimplexe in „positive" und „negative" einteilen.

In Analogie zu dem Begriff der „Bedeckungszahl" (Kap. XII, § 2, Nr. 6, „Bemerkung") definieren wir nun: Unter der r-ten „*Fixsimplexzahl*" von f verstehen wir die Anzahl der r-dimensionalen positiven Fixsimplexe, vermindert um die Anzahl der r-dimensionalen negativen Fixsimplexe.

Wir können die Fixsimplexzahl auf folgende Weise deuten: Wir legen den Koeffizientenbereich $\mathfrak{G}$ zugrunde; die Gruppe $L^r = L^r_{\mathfrak{G}}(K_1)$ der r-dimensionalen Komplexe wird durch f in die Gruppe $L^r_{\mathfrak{G}}(K)$ abgebildet und die Gruppe $L^r_{\mathfrak{G}}(K)$ durch den Übergang von jedem Komplex von K zu seiner Unterteilung wieder in die Gruppe L; da jede dieser Abbildungen ein Homomorphismus ist, ergibt ihre Zusammensetzung einen Autohomomorphismus h der freien Gruppe L^r; wir behaupten: die *Spur* SL^r dieses Autohomomorphismus ist die r-te Fixsimplexzahl (vgl. Anhang I, Nr. 26).

In der Tat: Die orientierten r-dimensionalen Simplexe x_i ($i = 1, 2, \ldots, \alpha^r$) bilden eine Basis in L^r; bezeichnen wir wieder für jeden

Komplex $y \subset K$ mit y_1 seine Unterteilung in K_1 und also mit $f(x_i)_1$ die Unterteilung von $f(x_i)$, so ist der Autohomomorphismus h von L^r durch ein Gleichungssystem

(1) $$h(x_i) = f(x_i)_1 = \sum_{j=1}^{\alpha^r} a_{ij} x_j$$

gegeben, in dem die $a_{ij} = 0$ oder $= \pm 1$ sind; $|x_i|$ ist dann und nur dann Fixsimplex, wenn $a_{ii} \neq 0$ ist, und zwar positives oder negatives Fixsimplex, je nachdem $a_{ii} = +1$ oder $= -1$ ist; folglich ist die Fixsimplexzahl:

(2) $$\sum_{i=1}^{\alpha^r} a_{ii} = SL^r.$$

2. Eine Verallgemeinerung der Euler-Poincaréschen Formel. Das Auftreten von Fixsimplexen — wofür die Bedingung $SL^r \neq 0$ hinreichend ist — sowie die Fixsimplexzahl selbst gehören zu derjenigen Sorte von Eigenschaften der simplizialen Abbildung f, auf deren elementaren und anschaulichen Charakter wir in Kap. XII, § 4, Nr. 5, hingewiesen haben. Wie dort auseinandergesetzt wurde, wird die besondere topologische Bedeutung der Fixsimplexzahlen festgestellt sein, sobald es gelungen ist, sie mit solchen Größen in Verbindung zu bringen, die topologisch invariant sind, mit Größen also, die nicht von den Gruppen L^r, sondern von den Bettischen Gruppen abhängen. Einen solchen Zusammenhang werden wir jetzt herstellen; dabei dient uns die Euler-Poincarésche Formel als Vorbild, die ja ebenfalls einen Zusammenhang zwischen den genannten Gruppen ausdrückt; der Unterschied von dem Beweis dieser Formel (Kap. V, § 2, Nr. 5) wird im wesentlichen nur darin bestehen, daß die dort auftretenden *Ränge* der verschiedenen Gruppen jetzt durch die *Spuren* der Autohomomorphismen zu ersetzen sind, welche diese Gruppen erleiden.

Infolge der Erhaltung des Randes bei simplizialen Abbildungen[1] und bei Unterteilungen[2] werden bei Ausübung von f und darauffolgendem Übergang von den Komplexen in K zu ihren Unterteilungen in K_1 mit der Gruppe L^r auch ihre Untergruppen $Z^r = Z^r_{\mathfrak{G}}(K_1)$, $\hat{H}^r = H^r_{\mathfrak{G},\mathfrak{R}}(K_1)$ und $H^r = H^r_{\mathfrak{G}}(K_1)$ homomorph in sich abgebildet, und dasselbe gilt daher auch für die Restklassengruppen $L^r - Z^r$ und $Z^r - \hat{H}^r = B^r_0$ (Anhang I, Nr. 7); alles dies sind freie Gruppen: Z^r, $\hat{H}^r$, H^r als Untergruppen der freien Gruppe L^r und die beiden Restklassengruppen, weil Z^r und $\hat{H}^r$ Untergruppen mit Division von L^r bzw. Z^r sind (Anhang I, Nr. 45 u. 15); daher sind für die Autohomomorphismen dieser Gruppen Spuren SZ^r, $S\hat{H}^r$, SH^r, $S(L^r - Z^r)$, SB^r_0 erklärt, und zwar für $r = 0, 1, \ldots, n$, wobei wir K als n-dimensional annehmen.

Wir bezeichnen die Autohomomorphismen von $L^r - Z^r$ und von H^{r-1} mit φ bzw. φ'; ordnet man jedem Komplex $C^r \subset L^r$ seinen Rand

[1] Kap. IV, § 3, Nr. 7. [2] Kap. VI, § 2, Nr. 2.

$\dot{C}^r \subset H^{r-1}$ zu, so entsteht (Kap. V, § 2, Nr. 5) eine isomorphe Abbildung von $L^r - Z^r$ auf H^{r-1}, die wir R nennen. Wir behaupten: Überträgt man φ mittels R auf H^{r-1}, so entsteht φ', d. h. es ist

$$R\varphi(\zeta) = \varphi' R(\zeta)$$

für jede Restklasse $\zeta \subset L^r - Z^r$. Die Richtigkeit dieser Behauptung ergibt sich einfach aus der Gleichheit

$$(f(C^r)_1)^{\dot{}} = f(\dot{C}^r)_1$$

für jeden Komplex $C^r \subset \zeta$, die infolge der Invarianz des Randes bei simplizialer Abbildung und bei Unterteilung besteht (der untere Index 1 bedeutet wieder den Übergang zu der Unterteilung K_1). Da also in der Tat φ durch den Isomorphismus R in φ' transformiert wird, haben φ und φ' die gleichen Spuren, d. h. es ist

(3) $$S(L^r - Z^r) = SH^{r-1}.$$

Wegen der Additivität der Spuren (Anhang I, Nr. 27) ist

(4) $$SL^r - SZ^r = S(L^r - Z^r).$$

Aus (3) und (4) folgt

(5) $$SL^r = SZ^r + SH^{r-1}.$$

Ferner folgt aus der Additivität der Spuren, da $B_0^r = Z^r - \hat{H}^r$ und $\hat{H}^r$ die Divisionshülle von H^r ist,

(6) $$SB_0^r = SZ^r - SH^r.$$

Nun multipliziere man jede der Gleichungen (5) und (6) mit $(-1)^r$ und summiere über r von 0 bis n; dann ergibt sich — bei Berücksichtigung der Tatsache, daß H^{-1} und H^n Nullgruppen, also SH^{-1} und SH^n gleich Null sind —:

(7) $$\sum_{r=0}^{n} (-1)^r SL^r = \sum_{r=0}^{n} (-1)^r SB_0^r.$$

Dies ist eine *Verallgemeinerung der Euler-Poincaréschen Formel*; denn wenn K_1 mit K identisch und f die Identität ist, so werden die Gruppen identisch auf sich abgebildet, und die Spuren sind durch die Ränge zu ersetzen; dann ist also $SL^r = \alpha^r$ und $SB_0^r = p^r$.

Eine unmittelbare Folgerung aus (7) ist der folgende Existenzsatz für Fixsimplexe: *Wenn*

(8) $$\sum_{r=0}^{n} (-1)^r SB_0^r \neq 0$$

ist, so gibt es wenigstens ein Fixsimplex.

Denn aus (8) und (7) folgt: es gibt wenigstens ein r mit $SL^r \neq 0$; für dieses r gibt es ein i, für welches in (1) $a_{ii} \neq 0$, also $|x_i|$ Fixsimplex ist.

Ist z. B. K eine Simplizialzerlegung eines n-dimensionalen Simplexes, so sind für $r > 0$ alle Gruppen $B^r = 0$, und außerdem ist

$SB_0^0 = 1$ — wie bei jeder Abbildung für einen zusammenhängenden K; daher ist $\sum(-1)^r SB_0^r = 1$, mithin gibt es in K_1 ein Fixsimplex.

3. Die Lefschetzsche Zahl einer stetigen Abbildung eines Polyeders in sich. Der Existenzsatz für Fixpunkte. Nachdem wir somit die Fixsimplexe mit dem Verhalten der Bettischen Gruppen bei der Abbildung in Verbindung gebracht haben, ziehen wir die hierauf bezüglichen Konsequenzen aus den topologischen Invarianzeigenschaften der Bettischen Gruppen.

f sei eine stetige Abbildung des n-dimensionalen Polyeders P in sich. Gemäß Kap. VIII, §§ 3 und 4, bewirkt f für jede Dimension r eine homomorphe Abbildung der Bettischen Gruppe $B_{\mathfrak{G}}^r(P)$ in sich; dabei wird die Untergruppe der Elemente endlicher Ordnung, also die Torsionsgruppe $T^r(P)$, in sich abgebildet, und mithin erleidet auch die Gruppe $B_0^r(P) = B_{\mathfrak{G}}^r(P) - T^r(P)$ einen Autohomomorphismus h_f^r (Anhang I, Nr. 7); da $B_0^r(P)$ eine freie Gruppe ist, existiert die Spur $SB_0^r(P) = SB_0^r$ von h_f^r. Ist $P = \bar{K} = \bar{K}_1$ und f wie in Nr. 1 eine simpliziale Abbildung der Unterteilung K_1 von K in K, so ist die früher erklärte Spur SB_0^r offenbar gleich der jetzt definierten (da jeder Zyklus aus K und seine Unterteilung in K_1 derselben Homologieklasse von P angehören). Wir setzen nun

$$\Lambda_f = \sum_{r=0}^{n} (-1)^r SB_0^r$$

— das ist die „*Lefschetzsche Zahl*“ der Abbildung f — und behaupten:

Existenzsatz für Fixpunkte. *Ist f eine Abbildung des Polyeders P in sich, für welche $\Lambda_f \neq 0$ ist, so besitzt f wenigstens einen Fixpunkt.*

Beweis. f erfülle die genannte Voraussetzung; es ist zu zeigen, daß die Funktion $\varphi(p) = \varrho(p, f(p))$ eine Nullstelle in P besitzt. Da P kompakt und φ stetig ist, genügt es, zu beweisen: Zu jedem positiven ε gibt es einen Punkt $p \subset P$ mit $\varrho(p, f(p)) < \varepsilon$.

Es sei also $\varepsilon > 0$ gegeben. Es gibt eine Simplizialzerlegung K von P, eine Unterteilung K_1 von K und eine simpliziale Abbildung f_1 von K_1 in K, so daß 1) die Simplexdurchmesser von K kleiner als $\varepsilon/2$ sind, und daß 2)

$$\varrho(f_1(p), f(p)) < \frac{\varepsilon}{2} \tag{9}$$

für alle Punkte $p \subset P$ ist (Kap. VIII, § 2); dabei dürfen wir den Unterschied zwischen f_1 und f überdies als so klein annehmen, daß f_1 zu f homotop, also erst recht homolog ist (Kap. VIII, § 3), so daß insbesondere $\Lambda_{f_1} = \Lambda_f$, also $\Lambda_{f_1} \neq 0$ ist. Dann besitzt f_1, wie am Schluß von Nr. 2 festgestellt wurde, ein Fixsimplex $|x|$ in K_1. Es sei p_1 ein Punkt von $\bar{x}$; dann gehören p_1 und $f_1(p_1)$ demselben Simplex von K an, es ist also

$$\varrho(p_1, f_1(p_1)) < \frac{\varepsilon}{2}; \tag{10}$$

aus (9) — für $p = p_1$ — und (10) folgt

$$\varrho(p_1, f(p_1)) < \varepsilon .$$

4. Beispiele. a) Aus der geometrischen Bedeutung der nullten Bettischen Gruppe (Kap. V, § 1) ergibt sich unmittelbar, daß für jede Abbildung eines zusammenhängenden Polyeders in sich $SB_0^0 = 1$ ist. Sind nun weiter für $r > 0$ die Bettischen Zahlen $p^r = 0$, also die Gruppen B_0^r gleich Null, so sind die Spuren $SB_0^r = 0$. Folglich ist für jede Abbildung eines solchen Polyeders in sich $\Lambda_f = 1$, und es gilt daher der folgende Satz:

Ist P ein zusammenhängendes Polyeder, dessen sämtliche Bettischen Zahlen p^r für $r > 0$ verschwinden, so besitzt jede Abbildung von P in sich wenigstens einen Fixpunkt[1].

Zu diesen Polyedern gehören z. B. *die n-dimensionalen Simplexe*[2], *die H-Simplexe* (Kap. IV, § 6, Nr. 5) *und die projektiven Räume gerader Dimension* (Anhang zu den Kap. IV, V, VI, Nr. 7).

b) Homotope Abbildungen sind einander homolog, haben also dieselben Lefschetzschen Zahlen; dies werden wir in den nächsten beiden Sätzen benutzen.

Bildet man ein beliebiges Polyeder auf einen seiner Punkte ab, so ist $SB_0^0 = 1$, $SB_0^r = 0$ für $r > 0$, also $\Lambda_f = 1$. Folglich gilt der Satz:

Jede Abbildung eines beliebigen Polyeders in sich, die einer Abbildung auf einen einzigen Punkt homotop ist, besitzt wenigstens einen Fixpunkt.

c) Die identische Abbildung eines Polyeders bewirkt auch die identische Abbildung jeder Gruppe B_0^r; daher ist $SB_0^r = p^r$ für jedes r, und Λ_f hat den Wert $\sum_{r=0}^{n}(-1)^r p^r$, ist also gleich der Eulerschen Charakteristik einer beliebigen Simplizialzerlegung von P; mithin gilt:

Ist die Eulersche Charakteristik des Komplexes K von Null verschieden, so besitzt jede Abbildung des Polyeders $\bar{K}$ in sich, die zu der Identität homotop ist, wenigstens einen Fixpunkt.

Zu diesen Polyedern $\bar{K}$ gehören z. B. *alle geschlossenen und berandeten Flächen mit Ausnahme des Torus, des Kleinschen Schlauches, des Kreisringes und des Möbiusschen Bandes* (Anhang zu den Kap. IV, V, VI, Nr. 10 u. 11) *sowie die Sphären gerader Dimension*[3].

d) Ist P ein n-dimensionales einfach geschlossenes Polyeder, so ist SB_0^n gleich dem Grade c der Abbildung f (Kap. XII, § 1, Nr. 4); die

[1] Der Satz ist nicht umkehrbar; es gibt vielmehr zusammenhängende Polyeder P mit der Eigenschaft, daß jede Abbildung von P in sich einen Fixpunkt besitzt, obwohl für ein gewisses $r \geqq 1$ die Bettische Zahl $p^r(P) > 0$ ist. Ein Beispiel ist die komplexe projektive Ebene P. Dies soll im 3. Band behandelt werden; vorläufig vgl. man H. Hopf: Zur Algebra der Abbildungen von Mannigfaltigkeiten; Crelles Journal Bd. 163.

[2] Vgl. Kap. XII, § 3, Satz II a. [3] Vgl. Kap. XII, § 3, Satz VI.

Lefschetzsche Zahl hat dann die Gestalt

$$\Lambda_f = 1 + (-1)^n c + \sum_{r=1}^{n-1} (-1)^r S B_0^r.$$

Hieraus ist ersichtlich:

Ist P ein n-dimensionales und einfach geschlossenes Polyeder, dessen r-te Bettische Zahlen mit $0 < r < n$ *verschwinden, und ist f eine Abbildung von P in sich, deren Grad* $c \neq (-1)^{n+1}$ *ist, so besitzt f wenigstens einen Fixpunkt.*

Zu diesen Polyedern gehören z. B. *alle n-dimensionalen Sphären und die projektiven Räume ungerader Dimension* (Anhang zu den Kap. IV, V, VI, Nr. 7).

5. Bemerkungen. Die Lefschetzsche Zahl Λ_f einer Abbildung ist durch die Transformation der Gruppen B_0^r bestimmt; die Gruppe B_0^r eines Komplexes besteht aus Homologieklassen, wobei die Elemente dieser Klassen ganzzahlige Zyklen, die Homologien aber in bezug auf den rationalen Koeffizientenbereich $\mathfrak{R}$ zu nehmen sind. Daraus ergibt sich: *Sind f und g zwei Abbildungen von P in sich, die einander homolog in bezug auf* $\mathfrak{R}$ *sind, so ist* $\Lambda_f = \Lambda_g$. Für alle Sätze, deren Voraussetzungen in Aussagen über den Wert von Λ_f bestehen, wird man also die Abbildungen des betrachteten Polyeders P in sich nach Homologietypen in bezug auf $\mathfrak{R}$ einteilen; das ist im allgemeinen — wie man sich z. B. leicht für die projektive Ebene klarmacht — eine gröbere Einteilung als die in bezug auf $\mathfrak{G}$; alle Abbildungen, die bei dieser Einteilung einer Klasse angehören, haben dieselbe Lefschetzsche Zahl.

Man kann also geradezu von der Lefschetzschen Zahl Λ eines Homologietypus (in bezug auf $\mathfrak{R}$) sprechen. Ihr Nichtverschwinden ist hinreichend dafür, daß alle Abbildungen von diesem Typus Fixpunkte haben[1]. Ist diese Bedingung auch notwendig? Mit anderen Worten: Wenn ein Homologietypus (in bezug auf $\mathfrak{R}$) von Abbildungen von P in sich vorliegt, dessen Lefschetzsche Zahl Null ist, gibt es dann immer eine fixpunktfreie Abbildung von diesem Typus? Wir werden diese Frage verneinen, d. h. wir werden zeigen: *es gibt eine Abbildung f mit* $\Lambda_f = 0$, *die sich nicht durch Übergang zu homologen Abbildungen (in bezug auf* $\mathfrak{R}$*), geschweige denn zu homotopen Abbildungen, von Fixpunkten befreien läßt.*

Der Angabe eines derartigen Beispieles schicken wir einen Satz über die Abbildungen der Kreislinie in sich voraus, der den am Schluß von Nr. 4 bewiesenen Fixpunktsatz über die n-dimensionale Sphäre für $n = 1$ verschärft:

Jede Abbildung der Kreislinie in sich vom Grade c besitzt wenigstens $|c-1|$ *voneinander verschiedene Fixpunkte.*

Beweis. Die zu der Abbildung f der Kreislinie in sich gehörige Funktion $F(s)$ sei wie in Kap. XII, § 1, Nr. 6, definiert; dann ist $F(1) - F(0) = c \cdot 2\pi$. Die Funktion $G(s) = F(s) - s$ ist ebenfalls eindeutig und stetig, und es ist $G(1) - G(0) = (c-1) \cdot 2\pi$. Daher gibt es wenigstens $|c-1|$ Stellen s_i mit $0 \leq s_i < 1$, für die $G(s_i)$ ein ganzes Vielfaches von 2π ist. Dann ist $F(s_i) = s_i + k_i \cdot 2\pi$ mit ganzen k_i, d. h. die Punkte mit den Koordinaten s_i sind Fixpunkte.

Zusatz. Die Mindestzahl $|c-1|$ wird für jedes $c \neq 1$ von der durch $F(s) = cs \cdot 2\pi$ gegebenen Abbildung erreicht.

Wir kommen jetzt zu dem angekündigten Beispiel. K sei ein eindimensionales Polyeder, das einer Lemniskate homöomorph ist, oder, was dasselbe ist,

[1] Daher lassen sich z. B. die Sätze in Nr. 4, in denen etwas über die Homotopietypen der Abbildungen vorausgesetzt war, dadurch verallgemeinern, daß man in ihren Voraussetzungen die Homotopietypen durch die Homologietypen in bezug auf $\mathfrak{R}$ ersetzt.

einem Paar sich berührender Kreislinien. Sind z_1, z_2 Zyklen in K, die den eben genannten Kreisen in einmaligen Durchlaufungen entsprechen, so bilden — was zu beweisen wir dem Leser überlassen — z_1, z_2 eine Basis der Gruppe B_0^1. Wir betrachten nun die Abbildungen von $\bar{K}$ in sich, deren Homologietypus durch

$$(11) \qquad \begin{aligned} h_f^1(z_1) &= -z_1 \\ h_f^1(z_2) &= \quad 2z_2 \end{aligned}$$

gegeben ist (wir können hier, da K eindimensional ist, die eindimensionalen Zyklen selbst an Stelle ihrer Homologieklassen einsetzen).

Zunächst überzeugen wir uns davon, daß es derartige Abbildungen wirklich gibt: Man fasse $\bar{K}$ als Paar von Kreisen $\bar{z}_1$, $\bar{z}_2$ auf, die sich in dem Punkt p_0 berühren, führe auf $\bar{z}_1$ und $\bar{z}_2$ Winkelkoordinaten α_1 bzw. α_2 mit p_0 als Nullpunkt ein und bilde jeden der beiden Kreise vermöge der Formeln $\alpha_1' = -\alpha_1$ bzw. $\alpha_2' = 2\alpha_2$ auf sich ab. Zu dieser Abbildung gehört offenbar die Transformation (11).

Für jede Abbildung von diesem Typus ist $\Lambda_f = 0$, da $SB_0^0 = 1$ und, wie man aus (11) abliest, $SB_0^1 = 1$ ist. Wir behaupten, daß trotzdem jede derartige Abbildung f einen Fixpunkt besitzt, und zwar auf $\bar{z}_1$.

In der Tat: Wir betrachten die Abbildung f' von $\bar{z}_1$ in sich, die folgendermaßen erklärt ist: $f'(p) = f(p)$, wenn $f(p) \subset \bar{z}_1$ ist; $f'(p) = p_0$, wenn $f(p) \subset \bar{z}_2$ ist. [Man beachte: Trotz (11) braucht $\bar{z}_1$ durch f nicht in sich abgebildet zu sein.] In eine Strecke $\bar{x}$ von $\bar{z}_1$, die p_0 nicht enthält, werden durch f' dieselben Punkte von $\bar{z}_1$ abgebildet wie durch f (daß durch f außerdem noch Punkte von $\bar{z}_2$ in $\bar{x}$ abgebildet werden können, spielt keine Rolle). Die Abbildung f' von z_1 hat daher in x denselben Grad wie die Abbildung f; der letztere Grad ist infolge (11) gleich -1; folglich hat die Abbildung f' von z_1 in sich den Grad -1. Sie hat daher, wie oben gezeigt wurde, wenigstens $|-1-1| = 2$ voneinander verschiedene Fixpunkte. Es gibt also auf $\bar{z}_1$ einen Punkt p_1 mit $f'(p_1) = p_1 \neq p_0$; aus der Definition von f' ergibt sich, daß dann auch $f(p_1) = p_1$ ist.

Die damit bewiesene Tatsache legt es nahe, Bedingungen zu suchen, die für die Existenz von Fixpunkten hinreichen und die im allgemeinen auch dann nicht versagen, wenn die Lefschetzsche Zahl verschwindet; derartige Bedingungen werden in der Nielsenschen Theorie der „Fixpunktklassen" aufgestellt, auf die wir im 3. Band eingehen werden.

§ 2. Der Index eines Fixpunktes.

1. Der Index der Nullstelle eines Vektorfeldes und der Singularität eines Richtungsfeldes. Wie im Kap. XII, § 3, Nr. 1 betrachten wir ein System stetiger Funktionen $v_1, v_2, \ldots, v_n$, das auf einer Teilmenge des R^n gegeben ist, und deuten es als Vektorfeld; den Begriff der Charakteristik eines solchen Feldes $\mathfrak{v}$ auf einem (krummen) $(n-1)$-dimensionalen Zyklus haben wir bereits a. a. O. behandelt. Jetzt betrachten wir *isolierte Nullstellen* eines Vektorfeldes.

Der *Index* einer isolierten Nullstelle o des Feldes $\mathfrak{v}$ ist gemäß Kap. XII, § 3, Nr. 1 und Kap. XII, § 2, Nr. 4 erklärt: es sei v die zu dem Feld $\mathfrak{v}$ gehörige Abbildung (Kap. XII, § 3, Nr. 1) in den Raum R_1^n, und o_1 sei der Koordinatenanfangspunkt in R_1^n; dann ist o eine isolierte o_1-Stelle der Abbildung v, und der Index j dieser o_1-Stelle (Kap. XII, § 2, Nr. 4) ist definitionsgemäß der Index der Nullstelle o unseres Vektorfeldes. Er ist also folgendermaßen erklärt (vgl. Kap. XII, § 2,

Nr. 4): *er ist gleich der Charakteristik des Feldes* $\mathfrak{v}$ *auf einem* $(n-1)$-*dimensionalen Zyklus* z, *in bezug auf welchen der Punkt* o *die Ordnung* $+1$ *hat* (dabei ist z ein krummer Zyklus, der in einem Simplex liegt, in welchem das Feld $\mathfrak{v}$ definiert ist und außer o keine Nullstelle besitzt).

Aus der Definition der „Charakteristik" und aus Kap. XII, § 1, Nr. 5 ergibt sich, daß man den Index j auch folgendermaßen erklären kann:

Es sei o *die einzige Nullstelle des in einem Gebiet* G *des* R^n *stetigen Vektorfeldes* $\mathfrak{v}$; *ferner sei* z *ein* $(n-1)$-*dimensionaler* (*krummer*) *Zyklus in* G, *in bezug auf welchen der Punkt* o *die Ordnung* $+1$ *hat;* Z *sei eine in natürlicher Weise orientierte* $(n-1)$-*dimensionale Sphäre des* R^n (Kap. XII, § 1, Nr. 3) *und* o_1 *der Mittelpunkt von* Z. *Für jeden Punkt* p *von* z *bezeichne* $\varphi(p)$ *den Punkt von* Z, *für welchen der Strahl* $\overrightarrow{o_1\varphi(p)}$ *dem Vektor* $\mathfrak{v}(p)$ *parallel ist. Dann ist der Index* j *von* o *gleich dem Grade der Abbildung* φ *von* z *in* Z.

Die Sphäre Z bezeichnen wir hierbei als die „*Richtungskugel*". Es ist ersichtlich — was übrigens schon im Kap. XII, § 3, Nr. 1 festgestellt worden war —, daß es für die Bestimmung des Index j nicht auf die Längen, sondern nur auf die *Richtungen* der Vektoren $\mathfrak{v}$ ankommt. Infolgedessen läßt sich der Begriff des Index statt auf Vektorfelder auch auf *Richtungsfelder* anwenden. Dabei hat man unter einer „Richtung" — oft auch „Linienelement" genannt — die Menge derjenigen Vektoren zu verstehen, die aus einem von Null verschiedenen Vektor durch Multiplikation mit beliebigen positiven Zahlen hervorgehen. An die Stelle der *Nullstellen des Vektorfeldes* treten die *Singularitäten des Richtungsfeldes*, d. h. die Stellen, in welchen die Feldrichtungen entweder nicht erklärt oder unstetig sind. Jedes Vektorfeld bestimmt in eindeutiger Weise ein Richtungsfeld; umgekehrt kann man jedes Richtungsfeld dadurch zu einem Vektorfeld machen, daß man den gegebenen Richtungen noch „Längen" zuordnet, welche stetig vom Ort abhängen und in den Singularitäten des Richtungsfeldes, und nur dort, verschwinden.

Beispiele isolierter Singularitäten von Richtungsfeldern in der Ebene werden durch die Abb. 38 und 39 gegeben: man hat jedem, von der Singularität verschiedenen Punkt die Richtung der durch ihn gehenden, mit einem Durchlaufungssinn versehenen Kurve zuzuordnen.

2. Der Index eines Fixpunktes. Es sei f eine stetige Abbildung des Gebietes $G \subset R^n$ in diesen selben R^n hinein. Ist im R^n ein Cartesisches Koordinatensystem eingeführt, und verstehen wir für jeden Punkt $p \subset G$ unter t_i $(i = 1, 2, \ldots, n)$ seine eigenen, unter t'_i die Koordinaten seines Bildes $f(p)$, so sind die Fixpunkte der Abbildung f identisch mit den Nullstellen des Funktionensystems

$$v_i(p) = v_i(t_1, t_2, \ldots, t_n) = t'_i - t_i \qquad (i = 1, 2, \ldots, n). \tag{1}$$

Der Punkt o sei „*isolierter*“ Fixpunkt von f, d. h. es sei $f(o) = o$, aber $f(p) \neq p$ für alle von o verschiedenen Punkte p der Umgebung G von o (die wir von vornherein hinreichend klein annehmen); dann verstehen wir unter dem „*Index*“ des Fixpunktes o den Index der Nullstelle o des Systems (1). Er ist identisch mit dem Index der Nullstelle o des Vektorfeldes $\mathfrak{v}(p)$, dessen Komponenten v_i durch (1) gegeben sind. Der Vektor $\mathfrak{v}(p)$ hat den Anfangspunkt p, den Endpunkt $f(p)$, er ist also der zu f gehörige „Verschiebungsvektor“ im Punkte p; folglich: *Der Index des isolierten Fixpunktes o der Abbildung f ist die Charakteristik des Feldes der Verschiebungsvektoren von f auf einem beliebigen $(n-1)$-dimensionalen (krummen) Zyklus z, in bezug auf welchen der Punkt o die Ordnung $+1$ hat* (dabei liegt z natürlich in einer Umgebung G von o, welche außer o keinen Fixpunkt enthält).

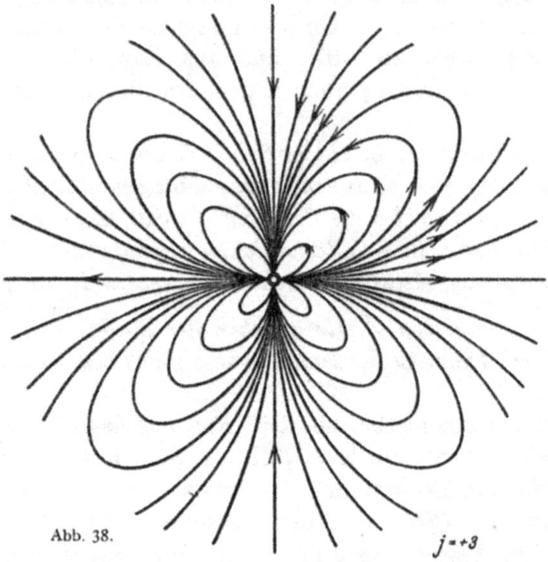
Abb. 38. $j = +3$

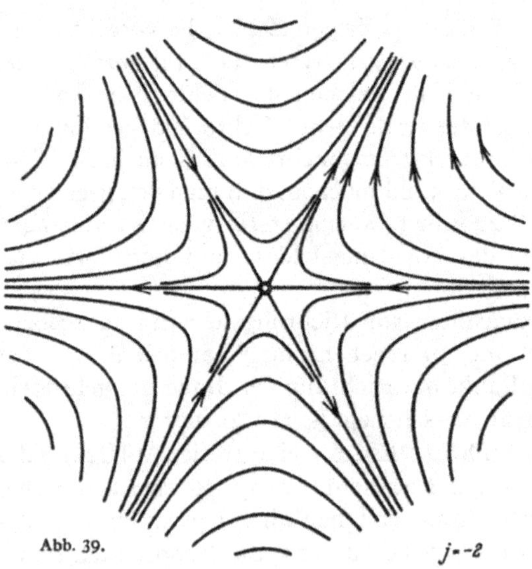
Abb. 39. $j = -2$

3. Eigenschaften des Indexes. Wir heben einige der Tatsachen hervor, die sich ohne weiteres aus der Theorie der Kroneckerschen Charakteristik ergeben. Dabei bezeichnen wir, wenn die Abbildung f in einem Gebiete G nur endlich-viele Fixpunkte besitzt, die Summe der Indexe dieser Fixpunkte als die „*algebraische Anzahl*“ der Fixpunkte von f in G.

a) f sei eine stetige Abbildung des n-dimensionalen Simplexes $\mathfrak{x} \subset R^n$ in diesen R^n; auf $\dot{\mathfrak{x}}$ sollen keine, in $\mathfrak{x}$ höchstens endlich-viele Fixpunkte liegen. Dann ist die Charakteristik des Feldes der Verschiebungsvektoren von f auf $\dot{\mathfrak{x}}$ gleich der algebraischen Anzahl der Fixpunkte in $\mathfrak{x}$. Ist diese Charakteristik von Null verschieden, so existiert wenigstens ein Fixpunkt in $\mathfrak{x}$. (Vgl. Kap. XII, § 2, Satz II und Satz I a.)

b) Aus dem Satz von ROUCHÉ (Kap. XII, § 1, Nr. 2) in Verbindung mit der Tatsache a) folgt: $\mathfrak{x}$ und f mögen dieselben Eigenschaften wie unter a) haben, und auch f' sei eine Abbildung von $\mathfrak{x}$, welche bezüglich der Fixpunkte dieselben Voraussetzungen erfüllt wie f; ferner sei

$$\varrho(f(p), f'(p)) < \varrho(f(p), p) \qquad \text{für jeden Punkt } p \subset \dot{\mathfrak{x}}.$$

Dann haben f und f' die gleichen algebraischen Anzahlen von Fixpunkten in $\mathfrak{x}$.

c) Die Abbildung f in Nr. 2 sei durch die Funktionen

$$t'_i = f_i(t_1, t_2, \ldots, t_n) \qquad (i = 1, 2, \ldots, n)$$

gegeben, und diese Funktionen seien stetig differenzierbar nach den t_j. Dann ist der Index des Fixpunktes o „im allgemeinen" gleich ± 1; er kann nämlich höchstens dann $\neq \pm 1$ sein, wenn die Determinante

$$(2) \qquad \left|\frac{\partial v_i}{\partial t_j}\right| = \left|\frac{\partial f_i}{\partial t_j} - \delta^i_j\right|, \qquad \delta^i_j = \begin{Bmatrix} 1\ (i = j) \\ 0\ (i \neq j) \end{Bmatrix},$$

an der Stelle o verschwindet, d. h. wenn die Funktionalmatrix

$$\left(\frac{\partial f_i}{\partial t_j}\right)$$

der Abbildung f die charakteristische Wurzel $+1$ hat; andernfalls ist der Index $+1$ oder -1 je nach dem Vorzeichen der Determinante (2). (Vgl. Kap. XII, § 2, Nr. 9.)

d) Es sei o eine isolierte Singularität des *Richtungsfeldes* $\mathfrak{v}$ im R^n (vgl. Nr. 1); ferner sei für jeden Punkt p des Definitionsgebietes von $\mathfrak{v}$ die Richtung $\bar{\mathfrak{v}}(p)$ die der Feldrichtung $\mathfrak{v}(p)$ *entgegengesetzte* Richtung. Dann besteht zwischen den Indexen j und $\bar{j}$ der Singularität o des Feldes $\mathfrak{v}$ bzw. des Feldes $\bar{\mathfrak{v}}$ die Beziehung

$$\bar{j} = (-1)^n j.$$

Beweis. Wir deuten, wie in Nr. 1, die Indexe j und $\bar{j}$ als *Grade* zweier Abbildungen φ bzw. $\bar{\varphi}$ des Zyklus z in die Richtungskugel Z. Bezeichnet σ die Spiegelung der Sphäre Z an ihrem Mittelpunkt, so ist $\bar{\varphi} = \sigma\varphi$. Dabei hat σ den Grad $(-1)^n$ [dies ist z. B. aus Kap. XII, § 3, Nr. 5, Formel (2) abzulesen]. Der „Produktsatz" (Kap. VIII, § 4, Nr. 1) liefert daher — wenn man die Definition des „Grades im Großen" (Kap. XII, § 1, Nr. 4) zugrunde legt — die behauptete Gleichung.

e) Es sei $\mathfrak{v}$ ein Richtungsfeld, das im Innern des n-dimensionalen Simplexes $\mathfrak{x}$ eine einzige Singularität o, im übrigen in $\mathfrak{x}$ keine Singularität besitzt; der Index von o sei Null. Dann gibt es ein Richtungsfeld $\mathfrak{v}_1$, das auf $\dot{\bar{x}}$ mit $\mathfrak{v}$ übereinstimmt und in dem ganzen Simplex $\bar{x}$ keine Singularität besitzt.

Beweis. Die durch das Feld v bestimmte Abbildung φ von $\dot{x}$ in die Richtungskugel Z hat den Grad 0; nach Kap. XIII, § 1, Nr. 4, Satz II_{n-1}^* gibt es daher eine stetige Abbildung φ_1 von $\bar{x}$ in Z, welche auf $\dot{\bar{x}}$ mit φ übereinstimmt. Ordnet man jedem Punkt $p \subset \bar{x}$ die Richtung $\mathfrak{v}_1(p)$ des Strahles $\overrightarrow{o_1 \varphi_1(p)}$ zu, wobei o_1 den Mittelpunkt von Z bezeichnet, so erhält man ein Feld $\mathfrak{v}_1$ von der gewünschten Art.

4. Normale Fixpunkte. Ein bemerkenswerter Spezialfall eines Fixpunktes liegt vor, wenn sich die Abbildung f in der Umgebung G ihres isolierten Fixpunktes o folgendermaßen verhält: Es gibt ein n-dimensionales Element (d. h. krummes Simplex) $\bar{x} \subset G$, dessen Inneres den (einzigen) Fixpunkt o, aber keinen Punkt des Randbildes $f(\dot{\bar{x}})$ enthält; in diesem Falle möge o ein „normaler" Fixpunkt heißen. Wir behaupten:

Der Index des normalen Fixpunktes o von f ist gleich dem Grade der Abbildung f des positiv orientierten Elementes $\bar{x}$ im Punkte o.

Beweis. Der Index von o ist definitionsgemäß die Charakteristik des Feldes der Verschiebungsvektoren $\mathfrak{v}(p)$ auf $\dot{x}$. Für jeden Punkt $p \subset \bar{x}$ und für $0 \leqq t \leqq 1$ verstehen wir unter p_t den Punkt, der die Strecke $\overrightarrow{po}$ im Verhältnis $t:(1-t)$ teilt („Strecke" und „Verhältnis" im Sinne der affinen Geometrie des Simplexes $|x|$ verstanden, so daß also die Strecke $\overrightarrow{po}$ im allgemeinen eine krumme Linie des R^n ist); infolge der Normalität von o ist $p_t \not\subset f(\dot{\bar{x}})$ für $t > 0$, also ist immer $p_t \neq f(p)$. Setzen wir

$$\mathfrak{v}_t(p) = \overrightarrow{p_t f(p)},$$

und lassen wir t stetig von 0 bis 1 laufen, so geht das ursprüngliche Feld $\mathfrak{v} = \mathfrak{v}_0$ in das Feld der Vektoren

$$\mathfrak{v}_1(p) = \overrightarrow{o f(p)}$$

über, ohne das jemals ein Vektor verschwindet. Daher hat $\mathfrak{v}_1$ auf $\dot{x}$ dieselbe Charakteristik wie $\mathfrak{v}_0$; die Charakteristik von $\mathfrak{v}_1$ auf $\dot{x}$ ist aber die Ordnung von o in bezug auf $f(\dot{x})$, also der Grad von $f(\bar{x})$ im Punkte o (Kap. XII, § 2, Satz V); damit ist die Behauptung bewiesen.

5. Die Fixpunkte affiner Abbildungen. Aus den vorstehenden Tatsachen ergibt sich leicht der folgende Satz:

$\bar{x}$ sei ein n-dimensionales Euklidisches Simplex des R^n, f eine solche affine Abbildung von $\bar{x}$ in den R^n, daß $\bar{x} \subset f(\bar{x})$ ist und daß auf $\dot{\bar{x}}$ kein Fixpunkt liegt. Dann gibt es im Innern von $\bar{x}$ genau einen Fixpunkt, und zwar hat dieser den Index $+1$ oder -1, je nachdem f positiv oder negativ ist (Anh. II, § 1, Nr. 5).

Beweis. Da das n-dimensionale Simplex $\bar{x}$ in dem Simplex $\bar{y} = f(\bar{x})$ enthalten ist, ist auch $\bar{y}$ n-dimensional, die Abbildung f also nicht singulär, d. h. es existiert f^{-1}. Die Abbildung f^{-1} von $\bar{y}$ auf die Teilmenge $\bar{x}$ von $\bar{y}$ besitzt wenigstens einen Fixpunkt (dies folgt sowohl aus § 1, Nr. 4, a, als auch aus Nr. 3, a, des gegenwärtigen Paragraphen, wenn man die Verschiebungsvektoren auf $\dot{\bar{y}}$ betrachtet; vgl. Kap. XII, § 2, Satz I a); ein solcher Fixpunkt ist zugleich Fixpunkt von f in $\bar{x}$. Hätte f zwei Fixpunkte o_1, o_2 in $\bar{x}$, so würde wegen der Affinität von f die ganze Gerade $o_1 o_2$ punktweise festbleiben, also wären insbesondere die Schnittpunkte dieser Geraden mit $\dot{\bar{x}}$ Fixpunkte, entgegen der Voraussetzung über $\bar{x}$. Es gibt also genau einen Fixpunkt o in $\bar{x}$; dieser ist normal; mithin ist nach Nr. 4 sein Index gleich dem Grade der Abbildung f im Punkte o, also $+1$ oder -1 je nach dem Vorzeichen von f.

Bemerkung. Die Existenz eines Fixpunktes bei dieser affinen Abbildung f läßt sich natürlich auch elementar, d. h. ohne Stetigkeitsbetrachtungen mit den Hilfsmitteln der analytischen Geometrie, beweisen. Aufgabe für den Leser!

Wir werden den soeben bewiesenen Satz in § 3, Nr. 4, auf die im § 1 betrachteten „Fixsimplexe" anwenden.

6. Die topologische Invarianz des Fixpunktindexes. Wir zeigen jetzt, daß der Index des isolierten Fixpunktes o der Abbildung f *topologisch invariant*, d. h. von dem in G zugrunde gelegten Koordinatensystem unabhängig ist. Wir wissen zwar bereits aus Kap. XII, § 2, Nr. 8, daß der Index der Nullstelle o eines vorgegebenen Funktionensystems (1) diese Invarianzeigenschaft besitzt; aber das System (1), das wir zu betrachten haben, ist ja selbst mit Hilfe eines speziellen Koordinatensystems definiert, und daher muß die Invarianz des Fixpunktindex gegenüber einer topologischen Koordinatentransformation noch bewiesen werden.

Die behauptete Invarianz besteht gewiß, falls o ein normaler Fixpunkt ist (Nr. 4); denn der lokale Abbildungsgrad ist, wie wir früher bewiesen haben (Kap. XII, § 2, Nr. 8), topologisch invariant.

Es sei jetzt o zwar nicht normal, aber „normalisierbar", d. h.: es gibt ein n-dimensionales Element $\bar{x}$, das o im Innern enthält, und eine stetige Abbildungsschar f_t $(0 \leqq t \leqq 1)$ mit $f_0 = f$ und folgenden Eigenschaften: keine Abbildung f_t besitzt einen Fixpunkt auf $\dot{\bar{x}}$, und $f_1(\dot{\bar{x}})$ ist fremd zu $\bar{x}$ (so daß also o bei der Abbildung f_1 normal ist). Auch in diesem Fall ist der Index topologisch invariant: denn verstehen wir, nachdem ein Koordinatensystem $\mathfrak{S}$ zugrunde gelegt ist, unter $\mathfrak{v}_t(p)$ die Verschiebungsvektoren von f_t, so ist das Feld $\mathfrak{v}_t$ auf $\dot{\bar{x}}$ für alle t frei von Nullstellen; es hängt stetig von t ab; daher ist seine Charakteristik auf $\dot{x}$ unabhängig von t; für $t = 0$ ist sie der Index j des Fixpunktes o von f, gemessen in dem Koordinatensystem $\mathfrak{S}$ (denn j ist definitionsgemäß gleich der Charakteristik von $\mathfrak{v}_0$ auf irgendeinem krummen Zyklus z, in bezug auf den o die Ordnung Eins hat, und wir können $z = \dot{x}$ wählen).

Dieser Index j ist daher zugleich der Index des normalen Fixpunktes o der Abbildung f_1 — also unabhängig vom Koordinatensystem $\mathfrak{S}$.

Für den Beweis, daß der Index *jedes* isolierten Fixpunktes topologisch invariant ist, genügt es somit, zu zeigen: jeder isolierte Fixpunkt ist normalisierbar. Zum Zweck dieser Normalisierung legen wir ein Koordinatensystem zugrunde und wählen ein beliebiges n-dimensionales Euklidisches Simplex $\bar{x}$ — („Euklidisch" im Sinne der Geometrie dieses Koordinatensystems) —, das o im Innern enthält und im Definitionsgebiet G von f liegt (G enthält keinen anderen Fixpunkt als o). Der Durchmesser von $\bar{x}$ sei d. Dann verstehen wir für jeden Punkt $q \subset \bar{x}$ unter $\mathfrak{h}(q)$ den Strahl, der in Richtung des Verschiebungsvektors $\mathfrak{v}(q)$ von q ausgeht, unter $\varphi(q)$ eine beliebige nichtnegative stetige Funktion in $\bar{x}$ mit $\varphi(o) = 0$ und $\varphi(p) = 1$ für $p \subset \dot{\bar{x}}$, und unter $f_t(q)$ für $0 \leqq t \leqq 1$ den Punkt auf $\mathfrak{h}(q)$ mit

$$\varrho(f_t(q), q) = \varrho(f(q), q) + t\, d \cdot \varphi(q).$$

Die Abbildungsschar f_t leistet eine Normalisierung des Fixpunktes o.

Damit ist die Invarianz des Index vollständig bewiesen. Man kann diesen Satz offenbar auch so aussprechen:

o sei der einzige Fixpunkt der Abbildung f des Gebietes $G \subset R^n$ in diesen R^n. T sei eine topologische Abbildung des R^n auf sich (oder auf einen anderen R^n). Dann hat der Fixpunkt $o' = T(o)$ der Abbildung $f' = T f T^{-1}$ von $G' = T(G)$ denselben Index wie o.

7. Die Invarianz des Singularitätenindexes in einem Richtungsfeld. Es sei wieder $G \subset R^n$ eine Umgebung des Punktes o, und in G sei ein stetiges Richtungsfeld $\mathfrak{v}$ gegeben, das nur in o eine Singularität besitzt. Der Index j ist gemäß Nr. 1 definiert; gemäß Nr. 2 können wir ihn auch als Fixpunktindex deuten, indem wir jeden Punkt p ein gewisses Stück längs der in ihm ausgezeichneten Richtung verschieben. Die folgende Verallgemeinerung dieser Deutung ist für unsere weiteren Zwecke angebracht:

Für jeden Punkt $p \neq o$ bezeichne $k(p)$ einen stetig differenzierbaren einfachen Kurvenbogen, der in p mit der Richtung $\mathfrak{v}(p)$ beginnt; er sei auf einen Parameter t mit $0 \leqq t \leqq 1$ so bezogen, daß p zum Werte $t = 0$ gehört; die Bögen sollen in folgendem Sinne stetig von p abhängen: Bezeichnet $P(p, t)$ den zum Parameterwert t gehörigen Punkt auf $k(p)$, so ist $P(p, t)$ stetig in p und t.

Es sei nun $g(p)$ eine beliebige, in G erklärte stetige Funktion mit $g(o) = 0$ und $0 < g(p) \leqq 1$ für $p \neq o$; dann ist $f(p) = P(p, g(p))$ eine stetige Abbildung mit o als einzigem Fixpunkt. Wir behaupten: *Der Index j_f des Fixpunktes o der Abbildung f ist gleich dem Index j der Singularität o des Feldes $\mathfrak{v}$.*

Beweis. Der Fixpunktindex j_f ist definitionsgemäß identisch mit dem Index der Singularität o des Feldes der Richtungen

$$\mathfrak{v}_1(p) = \overrightarrow{p P(p, g(p))};$$

definieren wir für $0 < s < 1$ die Richtungen

$$\mathfrak{v}_s(p) = \overrightarrow{pP(p, s \cdot g(p))}$$

und setzen wir außerdem

$$\mathfrak{v}_0(p) = \mathfrak{v}(p),$$

so geht, während s stetig von 1 nach 0 läuft, das Feld der Richtungen $\mathfrak{v}_1$ stetig in das Feld der $\mathfrak{v}$ über, ohne daß jemals eine von o verschiedene Singularität entsteht. Daher ist j_f gleich dem Index j der Singularität o des Feldes $\mathfrak{v}$.

Aus dem damit bewiesenen Satz und der in Nr. 6 bewiesenen Invarianz des Fixpunktindexes ergibt sich leicht eine wichtige Invarianzeigenschaft des Indexes j einer Singularität eines Richtungsfeldes. Bei der Definition von j wird auf ein bestimmtes Koordinatensystem Bezug genommen; die Begriffe des stetigen Richtungsfeldes und seiner isolierten Singularität sind offenbar invariant gegenüber stetig differenzierbaren Koordinatentransformationen mit von Null verschiedener Funktionaldeterminante; daher besteht die Frage: Ist der Index j', den man bei Bezugnahme auf ein neues Koordinatensystem erhält, gleich dem alten Index j?

Die soeben gegebene Charakterisierung von j als Fixpunktindex bei der Abbildung f, die mit Hilfe der Bögen $k(p)$ konstruiert wurde, zeigt, daß in der Tat $j' = j$ ist; denn da die Kurven $k(p)$ auch in dem neuen Koordinatensystem stetig differenzierbar sind, ist f völlig unabhängig von der Wahl des Koordinatensystems. Es gilt also der Invarianzsatz:

Der Index einer Singularität eines Richtungsfeldes ist invariant gegenüber stetig differenzierbaren Koordinatentransformationen mit von Null verschiedener Funktionaldeterminante.

§ 3. Die algebraische Anzahl der Fixpunkte einer stetigen Abbildung eines Polyeders in sich.

1. Die algebraische Anzahl regulärer Fixpunkte. P sei ein Euklidisches *homogen n-dimensionales* Polyeder, f eine Abbildung von P in sich, o ein Fixpunkt von f. Der Fixpunkt o heiße „regulärer Fixpunkt" von P, wenn er 1) „regulärer Punkt" von P ist (Kap. X, § 3, Nr. 4), wenn er also in einer n-dimensionalen „Euklidischen" offenen Teilmenge G von P liegt, 2) isoliert (d. h. in einer gewissen Umgebung von sich der einzige Fixpunkt) ist. Infolge der Stetigkeit von f liegt das Bild jedes hinreichend kleinen, o enthaltenden Teilgebietes von G ebenfalls in G; indem wir G als Teil eines R^n auffassen, ist daher dem Fixpunkt o ein Index zugeordnet. Wenn f nur reguläre Fixpunkte besitzt, so nennen wir deren Indexsumme die *„algebraische Anzahl"* der Fixpunkte von f; *sie ist durch den Homologietypus von f vollständig bestimmt*, denn es gilt

Satz I. *Besitzt die Abbildung f des homogen n-dimensionalen Polyeders P in sich nur reguläre Fixpunkte, so ist deren algebraische Anzahl gleich $(-1)^n \Lambda_f$, wobei Λ_f die Lefschetzsche Zahl von f ist.*

Wir werden diesen Satz in Nr. 3, 4, 5 beweisen. Er ist eine Verschärfung des Existenzsatzes in § 1; die Aussagen über die dort (§ 1, Nr. 4) behandelten Beispiele lassen sich jetzt verfeinern: *Ist $p^r(P) = 0$ für $r > 0$ und P zusammenhängend, so ist die algebraische Fixpunktzahl jeder Abbildung (mit nur regulären Fixpunkten) gleich $(-1)^n$; ist P beliebig und f zu der Identität homotop, so ist die Anzahl gleich $(-1)^n$ mal der Charakteristik von P; ist f eine Abbildung der Sphäre S^n in sich vom Grade c, so ist die algebraische Fixpunktzahl gleich $(-1)^n + c$; usw.*

2. Der allgemeine Fixpunktsatz. Auch auf Abbildungen mit beliebigen Fixpunktmengen, für die also die algebraische Anzahl zunächst gar nicht erklärt zu sein braucht, läßt sich der Satz I ausdehnen, und zwar auf Grund von

Satz II. *Jede Abbildung von P in sich läßt sich für jedes $\varepsilon > 0$ durch Abbildungen ε-approximieren, die nur reguläre Fixpunkte besitzen. Bei hinreichend kleinem ε haben alle diese Abbildungen die gleiche algebraische Fixpunktzahl.*

Die laut der zweiten Behauptung dieses Satzes existierende Zahl dürfen wir die „*algebraische Fixpunktzahl von f*" nennen. Dann gilt der allgemeine Fixpunktsatz:

Satz Ia. *Für jede Abbildung f von P in sich hat die algebraische Fixpunktzahl von f den Wert $(-1)^n \Lambda_f$.*

Der zweite Teil des Satzes II und der Satz Ia sind sofort aus dem Satz I zu folgern: Wenn die Approximation so gut ist, daß die approximierenden Abbildungen denselben Homologietypus wie f haben (Kap. VIII, § 3), so haben sie insbesondere alle dieselbe Lefschetzsche Zahl Λ_f, und diese ist nach Satz I gleich der algebraischen Fixpunktzahl jeder einzelnen dieser Abbildungen.

3. Reguläre Fixpunkte simplizialer Abbildungen. Es bleiben also Satz I und der erste Teil des Satzes II zu beweisen; wir verschärfen diesen Teil des Satzes II zunächst noch, indem wir von den approximierenden Abbildungen sogar fordern, daß sie simplizial sind. Bevor wir diese Verschärfung formulieren, werden wir aber für die Eigenschaft einer simplizialen Abbildung, nur reguläre Fixpunkte zu besitzen, eine einfache hinreichende Bedingung angeben:

f sei eine simpliziale Abbildung der Unterteilung K_2 des homogen n-dimensionalen Komplexes K_1 in den Komplex K_1. Wenn es kein r-dimensionales Fixsimplex mit $r < n$ gibt, so gibt es nur reguläre Fixpunkte, und zwar genau einen in jedem n-dimensionalen Fixsimplex von K_2.

In der Tat: Es gebe kein r-dimensionales Fixsimplex mit $r < n$; o sei ein Fixpunkt, $\bar{x}$ das Simplex von K_2, das ihn trägt (d. h. im

Innern enthält); dann ist $|x|$ Fixsimplex, also n-dimensional; auf $\bar{x}$ liegt kein Fixpunkt, da das einen solchen tragende Simplex ein höchstens $(n-1)$-dimensionales Fixsimplex wäre; folglich ist (§ 2, Nr. 5) o der einzige Fixpunkt in $\bar{x}$, also regulär. Daß andererseits jedes Fixsimplex einen Fixpunkt enthält, folgt ebenfalls aus § 2, Nr. 5.

Die angekündigte Verschärfung des ersten Teiles des Satzes II läßt sich jetzt so aussprechen:

Approximationssatz. *Zu jeder Abbildung f des homogen n-dimensionalen Polyeders $P = \bar{K}$ in sich und jedem $\varepsilon > 0$ gibt es eine simpliziale Approximation f' mit folgenden Eigenschaften:* 1) *es gibt kein r-dimensionales Fixsimplex mit $r < n$;* 2) $\varrho(f', f) < \varepsilon$.

4. Zurückführung auf den Approximationssatz. Außer dem Approximationssatz haben wir noch den Satz I zu beweisen; wir führen den letzteren auf den Approximationssatz zurück, den wir also vorläufig als bewiesen annehmen:

f erfülle die Voraussetzungen des Satzes I, o_i seien die endlichvielen Fixpunkte von f. Für jedes i sei G_i ein o_i enthaltendes n-dimensionales Euklidisches Gebiet von $\bar{K}$ und $\bar{x}_i$ ein n-dimensionales Teilsimplex[1] von G_i, das o_i im Innern enthält und so klein ist, daß auch $f(\bar{x}_i)$ im Innern von G_i liegt. Die Entfernung $\varrho(f(p), p)$ hat für $p \subset \overline{P - \sum_i \bar{x}_i}$ ein positives Minimum b. Ferner gibt es nach § 2, Nr. 3, b, zu jedem i ein solches positives a_i [nämlich das Minimum von $\varrho(f(p), p)$ auf $\dot{\bar{x}}_i$], daß jede Abbildung f' mit $\varrho(f', f) < a_i$ in $\bar{x}_i$ dieselbe algebraische Fixpunktzahl hat wie f.

Es sei nun ε eine positive Zahl, die kleiner als b und als alle a_i ist; ferner sei f' eine ε-Approximation von f, die die im Approximationssatz genannten Eigenschaften besitzt. Infolge von $\varepsilon < b$ hat f' außerhalb der $\bar{x}_i$ keinen Fixpunkt; aus $\varepsilon < a_i$ folgt, wie schon gesagt, daß f' dieselbe algebraische Fixpunktzahl wie f in jedem $\bar{x}_i$ besitzt; aus beiden Tatsachen folgt, wenn wir mit J und J' die algebraischen Fixpunktzahlen von f bzw. f' in P bezeichnen:

$$J' = J. \tag{1}$$

Andererseits ist f' mit f homotop (Kap. VIII, § 3, Nr. 2), also erst recht (vollständig) homolog (Kap. VIII, § 3, Nr. 3), so daß also insbesondere

$$\Lambda_{f'} = \Lambda_f \tag{2}$$

ist.

Auf Grund von (1) und (2) ist die zu beweisende Behauptung

$$J = (-1)^n \Lambda_f$$

---

[1] $|x_i|$ soll ein Euklidisches Simplex im Sinne einer Euklidischen Geometrie in G_i sein. Für $i \neq j$ seien $\bar{x}_i$ und $\bar{x}_j$ disjunkt.

gleichbedeutend mit

(3) $$J' = (-1)^n \Lambda_{f'}.$$

Wir haben uns also nur davon zu überzeugen, daß der Satz I für jede simpliziale Abbildung gilt, die kein r-dimensionales Fixsimplex mit $r < n$ besitzt. Für eine solche Abbildung f' ist aber, in der Bezeichnung aus § 1, $SL^r = 0$ für $r < n$, und die Formel (7) aus § 1 lautet daher:

(4) $$SL^n = (-1)^n \Lambda_{f'};$$

dabei ist SL^n die Anzahl der n-dimensionalen positiven Fixsimplexe vermindert um die Anzahl der n-dimensionalen negativen Fixsimplexe. Nach § 2, Nr. 5, ist diese Differenz gleich der Summe der Indexe in den n-dimensionalen Fixsimplexen; folglich ist, da es andere Fixpunkte nicht gibt,

(5) $$SL^n = J'$$

Aus (4) und (5) folgt die Behauptung (3). Damit ist der Satz I auf den Approximationssatz zurückgeführt, der allein noch zu beweisen bleibt.

5. Beweis des Approximationssatzes. Da man jede Abbildung beliebig gut simplizial approximieren kann, dürfen wir f von vornherein als simpliziale Abbildung einer Unterteilung K_0 von K in den Komplex K annehmen; wir dürfen ferner, bei vorgegebenem ε, annehmen, daß die Durchmesser der Simplexe von K kleiner als d mit $2nd = \varepsilon$ sind; und schließlich dürfen wir, da wir K_0 einer beliebigen Folge beliebig fein werdender Unterteilungen von K entnehmen können (vgl. Kap. VIII, § 2), voraussetzen, daß K_0 eine Unterteilung der baryzentrischen Unterteilung K_* von K ist.

Wir werden eine mit f beginnende Kette

$$f = f_0, f_1, f_2, \ldots, f_n = f'$$

von Abbildungen von P in sich mit folgenden Eigenschaften konstruieren:

1) f_r ist eine simpliziale Abbildung einer Unterteilung K_r von K in K und besitzt für $s < r$ kein s-dimensionales Fixsimplex;

2) $\varrho(f_r, f_{r+1}) < 2d$;

3) K_r ist eine Unterteilung von K_*.

Dann wird der Satz bewiesen sein; denn f' besitzt kein Fixsimplex von einer Dimension $s < n$, und es ist $\varrho(f'(p), f(p)) < n \cdot 2d = \varepsilon$; [die Eigenschaft 3) verlangen wir nur mit Rücksicht auf den durchzuführenden Induktionsschluß].

Wir dürfen annehmen, daß f_r für ein gewisses $r < n$ bereits vorliegt, und wir haben f_{r+1} zu konstruieren.

Wir beginnen mit einigen Vorbemerkungen:

a) Ein r-dimensionales Simplex einer Unterteilung K' von K heiße ein „Hauptsimplex" (in bezug auf K), wenn es der Unterteilung eines

r-dimensionalen Simplexes von K angehört (und nicht nur Unterteilungen von höherdimensionalen Simplexen). Ist K'' eine Unterteilung von K', so ist ein r-dimensionales Simplex von K'', das Hauptsimplex in bezug auf K ist, offenbar auch Hauptsimplex in bezug auf K', und zwar entsteht es bei der Unterteilung eines r-dimensionalen Hauptsimplexes von K'. Ferner ist klar: Jedes Fixsimplex einer simplizialen Abbildung von K' in K ist Hauptsimplex.

b) Für jedes Simplex $|x|$ verstehen wir unter Ix die Menge der inneren Punkte von $\bar{x}$, also derjenigen Punkte, deren Träger $|x|$ ist. Ist $\bar{y}$ ein zweites Simplex desselben Komplexes, so sind die beiden Aussagen „$|x|$ ist Seite von $|y|$" und „$\bar{y} \cdot Ix \neq 0$" offenbar miteinander gleichbedeutend. Daher lassen sich die in Kap. III, § 1, Nr. 7, eingeführten Komplexe und Mengen für jedes Simplex $|x|$ von K_r folgendermaßen charakterisieren:

der Komplex $S_{K_r}(Ix)$ besteht aus denjenigen Grundsimplexen von K_r, die $|x|$ als Seite besitzen, und aus den Seiten dieser Grundsimplexe;

der Komplex $B_{K_r}(Ix)$ besteht aus denjenigen Nebensimplexen von $S_{K_r}(Ix)$, die $|x|$ nicht als Seite enthalten;

ein Punkt p gehört dann und nur dann zu der offenen Menge $O_{K_r}(Ix) = \overline{S_{K_r}(Ix)} - \overline{B_{K_r}(Ix)}$, wenn $|x|$ Seite des Trägersimplexes von p ist.

Hieraus ist insbesondere ersichtlich: Wenn $\bar{x}$ ein r-dimensionales Simplex ist, so hat für $s < r$ kein s-dimensionales Simplex von K_r einen Punkt mit $O_{K_r}(Ix)$ gemeinsam, und das einzige r-dimensionale Simplex, das Punkte mit $O_{K_r}(Ix)$ gemeinsam hat, ist $\bar{x}$ selbst.

c) Aus der Definition der baryzentrischen Unterteilung K_* von K ergibt sich leicht: Jedes s-dimensionale Simplex von K_* hat für jedes $r \leqq s$ *höchstens ein* r-dimensionales Hauptsimplex als Seite; daher hat, da K_r Unterteilung von K_* ist, auch jedes s-dimensionale Simplex von K_r *höchstens ein* r-dimensionales Hauptsimplex (in bezug auf K) als Seite. Sind also $\bar{x}^r$, $\bar{y}^r$ r-dimensionale voneinander verschiedene Hauptsimplexe (in bezug auf K) von K_r, so gibt es kein Simplex von K_r, das sowohl $\bar{x}^r$ als auch $\bar{y}^r$ als Seite besitzt; ***mithin haben*** $O_{K_r}(Ix^r)$ ***und*** $O_{K_r}(Iy^r)$ ***keinen gemeinsamen Punkt.*** —

6. Wir betrachten jetzt die Abbildung f_r; ihre r-dimensionalen Fixsimplexe seien $\bar{x}_i^r$ $(i = 1, 2, \ldots, k)$; da sie Hauptsimplexe sind, sind $O_{K_r}(Ix_i^r)$ und $O_{K_r}(Ix_j^r)$ für $j \neq i$ fremd zueinander (nach Nr. 5, c). Wir werden den Übergang von f_r zu f_{r+1} dadurch ausführen, daß wir f_r in jeder einzelnen Menge $O_{K_r}(Ix_i^r)$ abändern, in $P - \sum_i O_{K_r}(Ix_i^r)$ ungeändert lassen.

Zum Zweck der Abänderung nehmen wir eine Unterteilung von $S_{K_r}(Ix_i^r)$ vor: p_i sei ein fester innerer Punkt von $\bar{x}_i^r$; zuerst konstruieren wir die Zentralunterteilung von $\bar{x}_i^r$ in bezug auf $|\dot{x}_i^r|$ mit p_i als Zentrum (Kap. III, § 2, Nr. 2); darauf wählen wir in jedem $(r+1)$-dimensionalen

Simplex $\bar{y}^{r+1}$, das $\bar{x}_i^r$ als Seite besitzt, einen inneren Punkt q und konstruieren die Zentralunterteilung von $\bar{y}^{r+1}$ in bezug auf den bereits untergeteilten Randkomplex von $\bar{y}^{r+1}$ mit q als Zentrum; darauf verfahren wir ebenso mit den $(r+2)$-dimensionalen Simplexen $\bar{y}^{r+2}$, die $\bar{x}_i^r$ als Seite besitzen, indem wir in jedem von ihnen einen inneren Punkt auszeichnen. So fahren wir fort bis zu den n-dimensionalen Simplexen von $S_{K_r}(I x_i^r)$. Es entsteht eine Unterteilung S_i' von $S_{K_r}(I x_i^r)$, bei der aber kein Simplex des Begrenzungskomplexes $B_{K_r}(I x_i^r)$ untergeteilt worden ist; daher bilden die S_i' zusammen mit den nicht zu ihnen gehörigen Simplexen von K_r eine Unterteilung K_{r+1} von K_r.[1]

Um f_{r+1} zu definieren, setzen wir zunächst fest, daß für jeden Eckpunkt von K_{r+1}, der nicht zu einem S_i' gehört, sowie für jeden Eckpunkt eines $B_{K_r}(I x_i^r)$ die Abbildung f_{r+1} mit f_r übereinstimmt. Es bleibt f_{r+1} in jedem einzelnen S_i' zu erklären[1]. Die inneren Punkte, die wir bei der Konstruktion von S_i' in den Simplexen $\bar{y}^s$ $(s > r)$ gewählt haben, mögen q_λ, $\lambda = 1, 2, \ldots$, heißen. Es soll nun $f_{r+1}(q_\lambda)$ ein beliebiger Eckpunkt des Bildsimplexes $|X_i^r| = f_r(|x_i^r|)$ sein; dagegen sei $f_{r+1}(p_i)$ ein nicht zu $|X_i^r|$ gehöriger Eckpunkt von $S_K(I X_i^r)$; da $r < n$ ist, gibt es einen solchen Punkt. Wir haben uns davon zu überzeugen, daß durch diese Eckpunktzuordnung eine simpliziale Abbildung von S_i' bestimmt ist, daß also die Bilder der Eckpunkte jedes Simplexes $|y'|$ von S_i' ein Simplex in K, und zwar in $S_K(I X_i^r)$, bilden. Wir unterscheiden zwei Fälle. Erstens: p_i sei Eckpunkt von $|y'|$; dann besitzt $|y'|$ als weitere Eckpunkte noch Eckpunkte von $|x_i^r|$ und Punkte q_λ; das System der Eckpunktbilder besteht also aus dem Eckpunkt $p_i' = f_{r+1}(p_i)$ von $S_K(I X_i^r)$ und aus Eckpunkten von $|X_i^r|$; nach Definition von $S_K(I X_i^r)$ liegt ein solches Punktsystem auf einem Grundsimplex von $S_K(I X_i^r)$. Zweitens: p_i sei nicht Eckpunkt von $|y'|$; dann sind die Eckpunkte von $|y'|$ teils Punkte q_λ, teils Eckpunkte eines Simplexes $|Y|$ von $B_{K_r}(I x_i^r)$; das System der Bildpunkte besteht also aus einer Seite von $|X_i^r|$ und, da $S_{K_r}(I x_i^r)$ durch f_r in $S_K(I X_i^r)$ abgebildet wird, aus dem Simplex $f_r(|Y|)$ von $S_K(I X_i^r)$, es bildet also ebenfalls nach der Definition von $S_K(I X_i^r)$ ein Simplex von $S_K(I X_i^r)$.

Die somit in jedem S_i' erklärte Abbildung bildet zusammen mit der Abbildung f_r, die wir außerhalb der S_i' beibehalten, eine simpliziale Abbildung f_{r+1} von K_{r+1} in K. Wir haben zu zeigen, daß sie die oben aufgezählten Eigenschaften 1), 2), 3) besitzt.

Sie hat die Eigenschaft 3), da K_{r+1} Unterteilung von K_r und K_r Unterteilung von K_* ist. Sie hat die Eigenschaft 2); denn f_{r+1} unterscheidet sich von f_r nur in den Mengen $O_{K_r}(I x_i^r)$, es ist sowohl $f_{r+1}(O_{K_r}(I x_i^r)) \subset \overline{S_K(I X_i^r)}$ als auch $f_r(O_{K_r}(I x_i^r)) \subset \overline{S_K(I X_i^r)}$, und der Durchmesser von $\overline{S_K(I X_i^r)}$ ist kleiner als $2d$. Um zu beweisen, daß f_{r+1} auch die Eigen-

[1] Man beachte: Zufolge der Schlußbehauptung von Nr. 5 sind $O_{K_r}(I x_i^r)$ und $O_{K_r}(I x_j^r)$, und daher auch S_i' und S_j', zueinander fremd $(i \neq j)$.

schaft 1) besitzt, haben wir ein beliebiges s-dimensionales Simplex $|y'|$ von K^{r+1} mit $s \leqq r$ zu nehmen und zu zeigen, daß es nicht Fixsimplex ist.

Dies ist klar, falls $|y'|$ zu dem Komplex $K_{r+1} - \sum_i S_i' + \sum_i B_{K_r}(I x_i^r)$ gehört; denn dann stimmt f_{r+1} mit f_r überein; aber f_r besitzt nirgends ein s-dimensionales Fixsimplex mit $s < r$ und in dem genannten Komplex auch kein r-dimensionales Fixsimplex $|x_i^r|$. Falls $|y'|$ nicht diesem Komplex angehört, so hat $\bar{y}'$ mit einem $O_{K_r}(I x_i^r)$ gemeinsame Punkte; da nach Nr. 5, a) nur Hauptsimplexe als Fixsimplexe in Frage kommen, dürfen wir annehmen, daß $\bar{y}'$ Hauptsimplex ist; $\bar{y}$ sei das s-dimensionale Simplex von K_r, bei dessen Unterteilung $\bar{y}'$ entstanden ist; da auch $\bar{y}$ mit demselben $O_{K_r}(I x_i^r)$ Punkte gemeinsam hat, ist nach dem Schlußsatz von Nr. 5, b) $|y| = |x_i^r|$; folglich ist $\bar{y}'$ eines der Simplexe, die bei der Zerlegung von $\bar{x}_i^r$ entstehen und p_i als Ecke haben. Da $|x_i^r|$ Fixsimplex von f_r ist, ist $|X_i^r| = f_r(|x_i^r|)$ dasjenige Simplex von K, bei dessen Unterteilung $\bar{x}_i^r$ und bei dessen weiterer Unterteilung $\bar{y}'$ entsteht; wäre $|y'|$ Fixsimplex von f_{r+1}, so müßte also $f_{r+1}(|y'|) = |X_i^r|$ sein; dies ist aber nicht der Fall, da $f_{r+1}(p_i) = p_i'$ infolge der Konstruktion von f_{r+1} nicht Ecke von $|X_i^r|$ ist; somit ist $|y'|$ in keinem Falle Fixsimplex.

Damit ist der Approximationssatz bewiesen.

7. Bemerkungen über den Begriff der „Anzahl" von Fixpunkten. Die *„algebraische"* Anzahl von Fixpunkten, die wir hier behandelt und bestimmt haben, darf natürlich nicht mit der *„wirklichen"* Anzahl a_f der Fixpunkte einer Abbildung f, wie sie sich bei naiver Abzählung ergibt, verwechselt werden. Offenbar ist dann und nur dann die absolut genommene algebraische Anzahl $|\Lambda_f| = a_f$, wenn entweder alle Fixpunkte den Index $+1$ oder alle den Index -1 haben. Nennen wir einen Fixpunkt „einfach", wenn sein Index ± 1 ist, so gilt ferner: Wenn f nur einfache Fixpunkte hat, so ist $a_f \geqq |\Lambda_f|$; denn ist p die Anzahl der Fixpunkte mit dem Index $+1$, q die Anzahl derjenigen mit dem Index -1, so ist $p + q = a_f$, $p - q = \Lambda_f$. Dieser Fall, in dem somit die Kenntnis von Λ_f eine wichtige Aussage über die wirkliche Fixpunktzahl zu machen gestattet, kann bei vielen Anwendungen in einem gewissen Sinne als der „allgemeine" Fall gelten, während man das Auftreten eines Fixpunktes mit einem von ± 1 verschiedenen Index als „Ausnahme" ansehen darf (vgl. § 2, Nr. 3, c). Daher können wir sagen: *„Im allgemeinen" ist die Anzahl a_f der Fixpunkte* $\geqq |\Lambda_f|$.

Wenn wir aber über die Einfachheit der Fixpunkte keine Annahme machen, so gibt uns Λ_f nur wenig Auskunft über a_f. Nun verdient die Zahl a_f als Ausdruck einer zufälligen Eigenschaft der einzelnen Abbildung f kein allzu großes Interesse; wir werden als wesentliche, nicht zufällige, Eigenschaften einer Abbildung f ja immer diejenigen ansehen, die sich bei stetiger Abänderung von f nicht ändern, die also Invarianten der Abbildungsklasse sind. Man wird daher nicht nach der Zahl a_f, vielmehr nach einer für alle Abbildungen der Klasse von f gültigen unteren Schranke der Anzahl der Fixpunkte fragen und somit definieren: λ_f sei die Mindestzahl von Fixpunkten, die eine Abbildung aus der durch f bestimmten *Klasse* besitzt (daß λ_f für jede Klasse endlich ist, ergibt sich aus dem Approximationssatz der vorigen Nummer). Ähnlich wie λ_f kann man auch die Zahl λ_f' als Mindestzahl von Fixpunkten einer Abbildung von demselben *Homologietypus* wie f einführen. Offenbar ist $a_f \geqq \lambda_f \geqq \lambda_f'$.

Die Nielsensche Theorie der Fixpunktklassen, auf die wir im 3. Bande eingehen werden, macht sich die Untersuchung von λ_f zur Aufgabe. Jetzt wollen wir nur darauf hinweisen, daß kein allgemeiner sichtbarer Zusammenhang zwischen Λ_f und λ_f besteht. Zwar folgt aus $\Lambda_f \neq 0$ natürlich $\lambda_f > 0$; jedoch haben wir schon an dem Beispiel einer Abbildung der Lemniskate in sich in § 1, Nr. 5, gesehen, daß $\lambda_f > \Lambda_f = 0$ sein kann. Für den umgekehrten Fall $\lambda_f < \Lambda_f$ liefern die Abbildungen der Kugelfläche S^2 einfache Beispiele: Man fasse S^2 als Ebene mit unendlich fernem Punkt auf, unterwerfe die Ebene einer Translation und halte den unendlich fernen Punkt fest; das ist eine Abbildung von S^2 auf sich vom Grade 1, also ist $\Lambda_f = 2$, aber $\lambda_f = 1$. Andererseits ist $\lambda_f = \Lambda_f$ z. B. bei den Abbildungen eines Simplexes in sich ($\lambda_f = \Lambda_f = 1$) oder bei den in § 1, Nr. 5, behandelten Abbildungen einer Kreislinie in sich mit dem Grade c; bei diesen Abbildungen ist $\Lambda_f = 1 - c$, $\lambda_f = |1 - c|$.

§ 4. Richtungsfelder in geschlossenen Mannigfaltigkeiten.

1. Vorbemerkungen über differenzierbare Mannigfaltigkeiten. Eine geschlossene n-dimensionale Mannigfaltigkeit M ist ein endliches homogen n-dimensionales Polyeder ohne singuläre Punkte (vgl. Kap. X, § 3, Nr. 9); jeder Punkt besitzt daher eine Umgebung, die ein n-dimensionales „offenes Element", d. h. dem Innern eines n-dimensionalen Simplexes homöomorph ist. $\mathfrak{B}$ sei eine Überdeckung von M mit offenen Elementen; in jedem dieser Elemente läßt sich ein Cartesisches Koordinatensystem auszeichnen; dann liegt in jedem Gebiete von M, das zwei verschiedenen Elementen von $\mathfrak{B}$ angehört, eine Transformation des einen in das andere Koordinatensystem vor. Wir definieren: M heißt eine „*differenzierbare*" Mannigfaltigkeit, wenn eine solche Überdeckung $\mathfrak{B}$ und eine Auszeichnung solcher Koordinatensysteme in den Elementen von $\mathfrak{B}$ möglich ist, daß alle Koordinatentransformationen, die im Durchschnitt je zweier Elemente stattfinden, stetig differenzierbar mit von Null verschiedener Funktionaldeterminante sind.

M sei von jetzt an immer eine differenzierbare Mannigfaltigkeit[1]. Außer den ursprünglich in den Elementen von $\mathfrak{B}$ ausgezeichneten Koordinatensystemen ist noch jedes Koordinatensystem „zulässig", das in einem Gebiet von M erklärt ist und wieder die Eigenschaft hat: in jedem Teilgebiet von G, das gleichzeitig einem Element E von $\mathfrak{B}$ angehört, geschieht der Übergang zu dem ursprünglich in E ausgezeichneten System durch eine „zulässige", d. h. stetig differenzierbare Transformation mit von Null verschiedener Funktionaldeterminante. Die Zusammensetzung zulässiger Transformationen führt offenbar immer zu zulässigen Koordinatensystemen.

In M haben jetzt Begriffe wie „differenzierbare Funktion", „differenzierbare Kurve" und „Richtung" einen wohlbestimmten Sinn, denn sie sind ja in bezug auf jedes zulässige Koordinatensystem so erklärt, daß sie bei zulässigen Transformationen erhalten bleiben[2].

---

[1] Ob man jede Mannigfaltigkeit zu einer differenzierbaren machen kann, ist nicht bekannt.

[2] Unter einer „Richtung" verstehen wir immer eine „Richtung in einem Punkt" von M, oft auch „orientiertes Linienelement" genannt.

2. Wichtig ist für uns die folgende Eigenschaft $\mathfrak{K}$ einer differenzierbaren Mannigfaltigkeit M:

Eigenschaft $\mathfrak{K}$: *Jeder Richtung* $\mathfrak{z}$ *in* M *läßt sich ein stetig differenzierbarer einfacher Kurvenbogen* $k(\mathfrak{z})$ *in* M *mit folgenden Eigenschaften zuordnen:* $\mathfrak{z}$ *ist die Anfangsrichtung von* $k(\mathfrak{z})$; *jeder Bogen* $k(\mathfrak{z})$ *ist auf einen Parameter* t *mit* $0 \leqq t \leqq 1$ *bezogen; bezeichnet* $P(\mathfrak{z}, t)$ *den zum Parameterwert* t *gehörigen Punkt auf* $k(\mathfrak{z})$, *so ist* $P(\mathfrak{z}, 0)$ *der Trägerpunkt der Richtung* $\mathfrak{z}$; *die Punkte* $P(\mathfrak{z}, t)$ *hängen stetig von* $\mathfrak{z}$ *und* t *ab*[1].

Wir verzichten hier, um nicht zu weit abzuschweifen, auf den Beweis des Satzes, daß *jede* differenzierbare Mannigfaltigkeit die Eigenschaft $\mathfrak{K}$ besitzt; wir fügen vielmehr der Annahme, daß M differenzierbar ist, noch die weitere *Annahme* hinzu: *M besitzt die Eigenschaft* $\mathfrak{K}$. In vielen Fällen, die für Anwendungen von Interesse sind, wird übrigens in M von vornherein ein Kurvensystem $k(\mathfrak{z})$ mit den genannten Eigenschaften vorliegen; z. B. wenn M eine Riemannsche Differentialgeometrie trägt, in Gestalt geodätischer Bögen.

3. Richtungsfelder und ihre Singularitäten in Mannigfaltigkeiten. *M ist immer eine geschlossene differenzierbare Mannigfaltigkeit mit der Eigenschaft* $\mathfrak{K}$. Ebenso wie der Begriff der „Richtung" hat der Begriff des stetigen „Richtungsfeldes" in M oder einem Teil von M einen Sinn, unabhängig von dem speziellen Koordinatensystem, das man aus der Gesamtheit der zugelassenen Systeme gerade auswählt; dasselbe gilt von dem Begriff der „isolierten Singularität" eines Richtungsfeldes und ihres „Index"; daß insbesondere der Index bei zulässigen Koordinatentransformationen ungeändert bleibt, ist in § 2, Nr. 7 gezeigt worden.

Satz I. *Die Summe der Indexe der Singularitäten eines stetigen Richtungsfeldes mit endlich-vielen Singularitäten in M ist gleich der Eulerschen Charakteristik* $\chi(M)$.

Beweis. Es seien: $\mathfrak{D}$ das Richtungsfeld; $\mathfrak{z}(p)$ die Richtung von $\mathfrak{D}$ im Punkte p; o_i die Singularitäten, j_i ihre Indexe ($i = 1, 2, \ldots, m$), $k(\mathfrak{z})$ Kurvenbögen, wie sie in M kraft der Eigenschaft $\mathfrak{K}$ existieren (Nr. 2); $r(p)$ für jeden Punkt $p \subset M$ die kleinere der beiden Zahlen 1 und $\varrho(p, \sum o_i)$[2]. Ferner habe $P(\mathfrak{z}, t)$ dieselbe Bedeutung wie in Nr. 2; wir setzen für $0 \leqq s \leqq 1$

$$(1) \quad \begin{cases} f_s(p) = P(\mathfrak{z}(p), s \cdot r(p)) & \text{für } p \neq o_i, \quad i = 1, 2, \ldots, m. \\ f_s(o_i) = o_i. \end{cases}$$

Dann ist f_1 eine stetige Abbildung von M in sich mit den Fixpunkten o_i; die Indexe dieser Fixpunkte sind nach § 2, Nr. 7 gleich den Indexen j_i. Andererseits ist f_1 mit der identischen, jeden Punkt sich

[1] Dabei ist die Gesamtheit der $\mathfrak{z}$ in naheliegender Weise als topologischer Raum aufzufassen [der übrigens eine $(2n-1)$-dimensionale geschlossene Mannigfaltigkeit ist].

[2] Falls keine Singularität vorhanden ist, sei $r(p) = 1$ für alle p.

selbst zuordnenden Abbildung f_0 homotop, wie man unmittelbar aus (1) sieht; daher ist die Indexsumme der Fixpunkte nach § 3, Nr. 1, gleich $(-1)^n \chi(M)$. Es ist also

$$\sum_i j_i = (-1)^n \chi(M). \tag{2}$$

Für gerades n ist damit der Satz I bewiesen. Ist n ungerade, so haben wir gezeigt, daß

$$\sum_i j_i = -\chi(M) \tag{3}$$

ist. Nun hat aber das Feld $\overline{\mathfrak{D}}$, das aus den Richtungen $\overline{\mathfrak{z}}(p)$ besteht, die zu den $\mathfrak{z}(p)$ entgegengesetzt sind — der Begriff der „entgegengesetzten" Richtungen ist offenbar invariant gegenüber den zulässigen Koordinatentransformationen —, dieselben Singularitäten o_i, und für die zugehörigen Indices $\bar{j}_i$ gilt ebenfalls

$$\sum_i \bar{j}_i = -\chi(M). \tag{3'}$$

Andererseits ist nach § 2, Nr. 3, d

$$\bar{j}_i = -j_i. \tag{4}$$

Aus (3), (3'), (4) folgt

$$\sum j_i = \chi(M) = 0. \tag{5}$$

Damit ist der Satz I auch für ungerades n bewiesen.

Zugleich ist gezeigt worden, daß $\chi(M) = 0$ für ungerades n ist[1] — allerdings nur unter der Voraussetzung, daß es in M ein Richtungsfeld mit (höchstens) endlich-vielen Singularitäten gibt. Diese Voraussetzung ist aber immer erfüllt; dadurch gewinnt auch der Satz I selbst an Interesse; es gilt sogar

Satz II. *In jeder differenzierbaren Mannigfaltigkeit*[2] *M gibt es Richtungsfelder mit endlich-vielen Singularitäten und sogar Richtungsfelder mit einer einzigen Singularität.*

Dem Beweis schicken wir einen Hilfssatz voran:

Hilfssatz. *In jeder n-dimensionalen Pseudomannigfaltigkeit lassen sich die n-dimensionalen Simplexe in eine solche Reihenfolge $X_1^n, X_2^n, \ldots, X_{m-1}^n, X_m^n$ bringen, daß es für jedes $i < m$ eine $(n-1)$-dimensionale Seite X_i^{n-1} von X_i^n gibt, die keinem $X_{i'}^n$ mit $i' < i$ angehört.*

Beweis. Wir werden eine Reihenfolge herstellen, so daß jedes X_i^n mit $i < m$ eine Seite X_i^{n-1} besitzt, die zugleich einem X_j^n mit $j > i$ angehört; da es sich um eine Pseudomannigfaltigkeit handelt, liegt X_i^{n-1} dann auf keinem $X_{i'}^n$ mit $i' \neq i$, $i' \neq j$, also mit $i' < i$.

X_m^n wählen wir beliebig, X_{m-1}^n so, daß X_m^n und X_{m-1}^n eine gemeinsame $(n-1)$-dimensionale Seite haben. $X_m^n, X_{m-1}^n, \ldots, X_{i+1}^n$ seien schon in der gewünschten Weise gewählt ($i \geqq 1$). Da eine Pseudo-

---

[1] Vgl. Satz IV und die Fußnote auf S. 552.

[2] Die Eigenschaft $\mathfrak{K}$ setzen wir immer stillschweigend voraus.

mannigfaltigkeit vorliegt, hat der Komplex $K = X_m^n + \cdots + X_{i+1}^n$ eine $(n-1)$-dimensionale Seite X_i^{n-1} mit dem komplementären Komplex K' gemeinsam; das n-dimensionale Simplex von K', auf dem X_i^{n-1} liegt, sei X_i^n. So entsteht die gewünschte Anordnung.

Beweis des Satzes II. Es gibt eine Zahl $\tau > 0$ so, daß jede Menge mit einem Durchmesser $< \tau$ ganz in einem Gebiet enthalten ist, in dem ein ausgezeichnetes Cartesisches Koordinatensystem vorliegt (Kap. II, § 3, Nr. 2). Wir betrachten eine Simplizialzerlegung von M, deren Simplexe Durchmesser $< \tau$ haben, so daß also jedes n-dimensionale Simplex $\overline{X}_i$ ganz in ein zugelassenes Koordinatensystem $\mathfrak{U}_i$ eingebettet ist. Die X_i seien so geordnet, wie es dem „Hilfssatz" entspricht.

Wir konstruieren zunächst in $\overline{X}_1 + \overline{X}_2 + \cdots + \overline{X}_{m-1}$ ein Richtungsfeld $\mathfrak{D}$ ohne Singularität, und zwar führen wir die Konstruktion der Reihe nach für $\overline{X}_1, \overline{X}_2, \ldots$ durch. In $\overline{X}_1$ wird das Feld durch eine beliebig gewählte Abbildung von $\overline{X}_1$ in die Richtungskugel von $\mathfrak{U}_1$ bestimmt[1]. $\mathfrak{D}$ sei bereits für $\overline{X}_1 + \overline{X}_2 + \cdots + \overline{X}_{i-1}$, $i < m$, konstruiert. Falls $\overline{X}_i$ überhaupt fremd zu allen $\overline{X}_{i'}$ mit $i' < i$ ist, können wir auch in $\overline{X}_i$ das Feld durch eine ganz beliebige Abbildung auf die Richtungskugel von $\mathfrak{U}_i$ festlegen; hat X_i mit $X_1 + X_2 + \cdots + X_{i-1}$ einen nicht leeren Durchschnitt, so besteht dieser, da die Simplexe dem Hilfssatz entsprechend geordnet sind, nur aus einem echten Teilkomplex K von $|\dot{X}_i|$. Die in K schon erklärten Richtungen vermitteln eine Abbildung von $\overline{K}$ in die $(n-1)$-dimensionale Richtungskugel von $\mathfrak{U}_i$; da K als echter Teil der Sphäre $|\dot{X}_i|$ keinen $(n-1)$-dimensionalen Zyklus enthält, läßt sich diese Abbildung zu einer Abbildung von $\overline{X}_i$ in diese Richtungskugel erweitern (Kap. XIII, § 1, Satz 2[2]); dieser Erweiterung der Abbildung entspricht eine Erweiterung des Richtungsfeldes auf $\overline{X}_i$. So konstruiert man das Feld $\mathfrak{D}$ ohne Singularität schließlich in allen $\overline{X}_i$ mit $i < m$.

Damit ist $\mathfrak{D}$ auch auf $\dot{\overline{X}}_m$ festgelegt. p_0 sei ein innerer Punkt von X_m; wir definieren Richtungen in $\overline{X}_m - p_0$ durch die Festsetzung: Ist r irgendein Randpunkt von $\overline{X}_m$, so sollen in allen von p_0 verschiedenen Punkten der Strecke $\overline{p_0 r}$ die Richtungen der Richtung in r parallel sein — „parallel" natürlich im Sinne des Koordinatensystems $\mathfrak{U}_m$. Damit ist in M ein Richtungsfeld mit der einzigen Singularität p konstruiert.

Auch die durch den Satz II nahegelegte Frage nach der Existenz von Richtungsfeldern, die überhaupt keine Singularität haben, können wir jetzt vollständig beantworten:

---

[1] Z. B. sei das Bild von X_1 ein einziger Punkt der Richtungskugel.

[2] Der Leser möge sich klarmachen, daß wir hier nur einen fast trivialen Spezialfall dieses Satzes brauchen, den man ganz elementar beweisen kann. Der oben benutzte Satz ist übrigens in dem Hilfssatz A des Anhanges zum Kap. X enthalten.

Satz III. *In der Mannigfaltigkeit M gibt es dann und nur dann Richtungsfelder ohne Singularität, wenn die Eulersche Charakteristik* $\chi(M) = 0$ *ist.*

Beweis. Wenn es in M ein Feld $\mathfrak{D}$ ohne Singularität gibt, so ist dessen Indexsumme gleich Null, also nach Satz I $\chi(M) = 0$. Ist andererseits $\chi(M) = 0$, so konstruiere man zunächst nach Satz II ein Feld mit einer einzigen Singularität p_0; diese hat nach Satz I den Index 0. Daher kann man nach § 2, Nr. 3, e), das Feld in der Umgebung von p_0 ohne Störung der Stetigkeit so abändern, daß auch die Singularität p_0 beseitigt wird. —

Am Schluß des Beweises von Satz I haben wir unter der Voraussetzung der Existenz von Richtungsfeldern mit endlich-vielen Singularitäten bemerkt, daß immer $\chi(M) = 0$ bei ungeradem n ist; nach Satz II ist diese Voraussetzung richtig; wir erhalten also, wenn wir außerdem noch den Satz III heranziehen, den

Satz IV. *In jeder differenzierbaren Mannigfaltigkeit M ungerader Dimensionszahl existieren Richtungsfelder ohne Singularität; die Charakteristik von M ist Null*[1]. —

Die Sätze dieser Nummer lassen sich sowohl verallgemeinern als auch durch Spezialisierung verschärfen: einerseits haben neue Untersuchungen von Stiefel über *Systeme mehrerer Richtungsfelder*[2] zu Ergebnissen geführt, in denen unsere Sätze als Spezialfälle enthalten sind; andererseits erhält man bei Beschränkung auf *Gradienten*, also auf spezielle Vektorfelder, Verschärfungen unserer Sätze — das ist die „*Theorie der kritischen Punkte reeller Funktionen*" von Morse, die für die Anwendung der Topologie auf die Variationsrechnung grundlegend ist[3]. Wir hoffen, auf diese beiden Theorien im 3. Bande eingehen zu können.

---

[1] Daß $\chi(M) = 0$ auch ohne die Voraussetzung der Differenzierbarkeit gilt, wird im 3. Bande gezeigt werden. Vgl. auch Seifert-Threlfall, § 69, Satz IV.

[2] E. Stiefel, Richtungsfelder und Fernparallelismus in n-dimensionalen Mannigfaltigkeiten. Comm. Math. Helvet. Bd. 8.

[3] Man vgl. das Buch von M. Morse: „The calculus of variations in the large" (Amer. Math. Soc. Coll. XVIII), in dem die hierhergehörigen Arbeiten seines Verfassers aufgezählt sind.

Anhang I.

Abelsche Gruppen.

In diesem Anhang werden die algebraischen Hilfsmittel für den vorliegenden Band dargestellt. Dem elementaren Charakter des topologischen Stoffes entsprechend (vgl. Einleitung § 2, Nr. 3 und 4) handelt es sich dabei ausschließlich um Abelsche Gruppen. Die Darstellung wird stellenweise knapper sein, als es am Platze wäre, wenn die Absicht bestünde, hier eine vollständige und unabhängige „Einführung in die Theorie der Abelschen Gruppen" zu geben. Diese Absicht haben wir nicht; vielmehr setzen wir beim Leser zwar — außer der Kenntnis des Gruppen*begriffes* — keine speziellen Kenntnisse aus der Gruppentheorie, jedoch einige Vertrautheit mit den einfachsten Begriffsbildungen der allgemeinen Algebra voraus; insbesondere überlassen wir ihm im ersten Paragraphen die Durchführung mancher Beweise[1].

§ 1. Allgemeine Begriffe und Sätze.

1. Die Definition der Gruppe. — 2. Untergruppen. — 3. Die Ordnung eines Elementes. — 4. Restklassen; Restklassengruppen. — 5. Untergruppen mit Division. — 6. Homomorphismus. — 7. Homomorphe Abbildungen von Restklassengruppen. — 8. Isomorphismus. Das 1. und das 2. Isomorphie-Kriterium. — 9. Die Noetherschen Homomorphiesätze. — 10. Isomorphie von Gruppen. — 11. Homomorphe Bilder. — 12. Zerlegung einer Gruppe in direkte Summanden. — 13. Bildung der direkten Summe gegebener Gruppen. — 14, 15, 16. Sätze über direkte Summen.

§ 2. Moduln (Freie Gruppen).

17. Definition. — 18. Definition des Ranges einer Gruppe. — 19, 20. Der Rang eines Moduls. — 21. Lineare Gleichungen. — 22. Die Basen eines Moduls. — 23, 24, 25. Die Untergruppen eines Moduls. — 26. Die Spur eines Autohomomorphismus. — 27. Die Additivität der Spuren.

§ 3. Der Rang und die Ränge mod m einer Gruppe.

28. Gruppen vom Range Null. — 29. Lineare Abhängigkeit und Rang mod m. — 30. Beziehungen zwischen r und r_m. — 31, 32. Die Additivität der Ränge.

§ 4. Gruppen mit endlich-vielen Erzeugenden.

33. Definition. — 34, 35, 36, 37, 38. Sätze. — 39. Zyklische Gruppen. — 40, 41, 42. Zerlegung in zyklische Gruppen. — 43. Zerlegung in eine endliche Gruppe und einen Modul. — 44, 45, 46. Folgerungen. Das 3. Isomorphie-Kriterium. — 47, 48, 49. Die Zerlegbarkeit zyklischer Gruppen. — 50, 51. Zerlegung in zyklische Gruppen von Primzahlpotenz-Ordnungen. — 52. Zerlegung in unzerlegbare Gruppen. — 53. Folgerung. — 54. Eine Gruppenkomposition. — 55. Elementarteiler.

---

[1] Als erste Einführung in die Gruppentheorie empfehlen wir: VAN DER WAERDEN: Moderne Algebra, Erster Teil (Berlin 1930), 2. Kapitel. Die Kenntnis dieses Kapitels ist eine genügende Vorbereitung für die Lektüre des obigen Anhanges.

§ 1. Allgemeine Begriffe und Sätze.

1. Die Definition der Gruppe wird als bekannt vorausgesetzt. Wir schreiben alle Gruppen *additiv;* es wird also die gruppenbildende Operation durch das Zeichen „+", das neutrale Gruppenelement mit „0", das inverse Element eines Gruppenelementes x mit „$-x$", das a-fach iterierte Element des Elementes x, also das Element

$$\underbrace{x + x + \cdots + x}_{a\text{-mal}}$$

mit „ax" bezeichnet.

Alle vorkommenden Gruppen sind Abelsche Gruppen, d. h. es gilt das kommutative Gesetz

$$x + y = y + x;$$

wir heben dies im folgenden nicht mehr hervor[1].

2. Untergruppen. Wenn eine nichtleere Teilmenge U der Gruppe J bei Ausübung der in J erklärten „Addition" auf die Elementenpaare von U selbst eine Gruppe ist, so heißt U eine „Untergruppe" von J. Man beweist leicht den folgenden

Satz[2]. *Die (nichtleere) Untermenge U der Gruppe J ist dann und nur dann Untergruppe von J, wenn die folgenden beiden Bedingungen erfüllt sind:*

1) *U enthält mit je zwei Elementen x, y auch die Summe $x + y$;*

2) *U enthält mit jedem Element x auch das inverse Element $-x$.*

Beispiele von Untergruppen einer beliebigen Gruppe J:

a) J selbst.

b) Die nur aus dem Element 0 bestehende „Nullgruppe".

c) Es sei m eine beliebige ganze Zahl; die Gesamtheit aller Elemente mx mit $x \subset J$ ist eine Untergruppe von J; wir bezeichnen sie mit mJ.

d) Es sei m eine beliebige ganze Zahl; die Gesamtheit aller Elemente $x \subset J$ mit $mx = 0$ ist eine Untergruppe von J; wir bezeichnen sie mit ${}_mJ$.

e) Es sei U eine Untergruppe von J; die Gesamtheit aller derjenigen Elemente $x \subset J$, zu denen es von 0 verschiedene ganze Zahlen m mit $mx \subset U$ gibt, bilden eine Untergruppe von J; wir nennen sie die „Divisionshülle" von U und bezeichnen sie mit $\bar{U}$.

Die Beweise, daß hier in der Tat Untergruppen vorliegen, überlassen wir dem Leser.

---

[1] Die meisten Begriffsbildungen und Sätze dieses § 1 behalten mutatis mutandis — im wesentlichen bei Ersetzung des Begriffes der „Untergruppe" durch den spezielleren des „Normalteilers" — auch für nicht-kommutative Gruppen Sinn und Gültigkeit.

[2] Vgl. VAN DER WAERDEN: a. a. O., § 7.

3. Die Ordnung eines Elementes. Zu jedem Element $x \subset J$ betrachten wir die Menge $M(x)$ derjenigen ganzen Zahlen m, für welche $mx = 0$ ist; sie hat, wie man leicht sieht, die folgenden Eigenschaften: 1) Mit m gehört jedes ganze Vielfache von m zu $M(x)$, 2) mit m gehört $-m$, mit m_1 und m_2 gehört $m_1 + m_2$ zu $M(x)$. Mit anderen Worten: Die Menge $M(x)$ ist ein Ideal im Bereich der ganzen Zahlen; sie ist daher bekanntlich ein „Hauptideal", d. h. es gibt eine und nur eine nicht-negative ganze Zahl m, so daß $M(x)$ mit der Menge der ganzen Vielfachen von m identisch ist[1]. Diese Zahl m heißt die „Ordnung" des Elementes x. Man beweist ohne Mühe:

Das Element 0 *ist das einzige Element mit der Ordnung* 1.

Hat x die Ordnung 0, *so ist $ax \neq bx$ für $a \neq b$ (a, b ganz).*

Hat x die Ordnung $m \geqq 2$, so ist m die kleinste positive Zahl mit $mx = 0$; es ist dann und nur dann $ax = bx$ (a, b ganz), wenn $a \equiv b$ modulo m ist.

Die Elemente, deren Ordnung $\neq 0$ ist, nennt man häufig auch die Elemente „*endlicher Ordnung*"[2]. Es gilt der Satz:

Die Elemente endlicher Ordnung bilden eine Untergruppe von J.

Dieser Satz ergibt sich aus Nr. 2, e, wenn man dort unter U die Nullgruppe von J versteht.

4. Restklassen; Restklassengruppen. Es sei U eine Untergruppe von J. Für zwei Elemente $x, y \subset J$ soll die Aussage

(1) $$x \equiv y \pmod U$$

bedeuten, daß $x - y \subset U$ ist. Aus der Untergruppen-Eigenschaft 2 in Nr. 2 folgt: Wenn (1) gilt, so gilt auch

$$y \equiv x \pmod U;$$

aus der Untergruppen-Eigenschaft 1 in Nr. 2 folgt: Wenn (1) und

$$y \equiv z \pmod U$$

gilt, so gilt auch

$$x \equiv z \pmod U.$$

Die durch (1) erklärte Kongruenzbeziehung ist also symmetrisch und transitiv und überdies, da U das Nullelement enthält, reflexiv. Infolgedessen wird eine Einteilung von J in zueinander fremde Klassen durch die Vorschrift bewirkt: Zwei Elemente x, y von J gehören dann und nur dann in dieselbe Klasse, wenn (1) gilt. Diese Klassen heißen die „*Restklassen mod U*" (oder auch „in bezug auf U"). Die Gruppe U ist selbst eine Restklasse.

Es seien nun U_1, U_2 zwei (nicht notwendigerweise verschiedene) Restklassen mod U und x_1, y_1 bzw. x_2, y_2 Elemente aus U_1 bzw. U_2.

[1] Vgl. VAN DER WAERDEN, a. a. O., §§ 14 und 16.

[2] Diese Ausdrucksweise hat folgende Ursache: Die Gesamtheit aller Elemente ax mit ganzen a bildet immer eine Untergruppe von J; sie besteht dann und nur dann aus *endlich-vielen* — und zwar aus m — Elementen, wenn die Ordnung von x nicht Null — und zwar gleich m — ist.

Dann ergibt sich: Es ist auch

$$x_1 + x_2 \equiv y_1 + y_2 \pmod{U},$$

d. h.: die Restklasse U_3, in welcher sich die Summe eines Elementes x_1 aus U_1 mit einem Element x_2 aus U_2 befindet, hängt von der speziellen Wahl der Elemente x_1, x_2 nicht ab; U_3 ist vielmehr allein durch U_1 und U_2 bestimmt, und daher dürfen wir setzen:

$$U_3 = U_1 + U_2.$$

Nun bestätigt man leicht, daß die Gesamtheit der Restklassen mod U durch die hiermit definierte Additionsvorschrift zu einer *Gruppe* wird, in welcher U das Nullelement ist. Diese Gruppe heißt die *„Restklassengruppe von J mod U“* und wird mit

$$J - U$$

bezeichnet. —

Ist U die Nullgruppe, so besteht jede Restklasse aus genau einem Element, und die Gruppe $J - U$ ist mit J identisch.

Weiteres Beispiel: Es sei $U = mJ$ wie in Nr. 2, c erklärt; die zugehörige Restklassengruppe

$$J_m = J - mJ$$

spielt öfters eine Rolle; ihre Elemente, also die Restklassen mod mJ, sind folgendermaßen erklärt: dann und nur dann sind die Elemente x, y von J in einer Klasse, dann und nur dann also ist

$$x \equiv y \pmod{mJ},$$

wenn es ein Element $z \subset J$ mit

$$x = y + mz$$

gibt[1].

Der bekannteste und wichtigste Spezialfall ist der folgende: $\mathfrak{G}$ bezeichne die additive Gruppe der ganzen Zahlen. Dann ist mG die Gruppe der durch m teilbaren Zahlen und $\mathfrak{G}_m = \mathfrak{G} - m\mathfrak{G}$ die aus der elementaren Zahlentheorie bekannte „Restklassengruppe mod m“.

Aufgabe. Man beweise[2]:

$${}_n(\mathfrak{G}_m) \approx (\mathfrak{G}_m)_n \approx \mathfrak{G}_{(m,n)}$$

(${}_nJ$ ist in Nr. 2, d erklärt; (m, n) ist der größte gemeinsame Teiler von m und n; es ist $m > 0$ vorausgesetzt).

5. Untergruppen mit Division. Die Untergruppe U von J heißt eine „Untergruppe mit Division“, wenn sie mit ihrer Divisionshülle (Nr. 2, e) identisch ist, d. h. wenn sie folgende Eigenschaft hat: aus $mx \subset U$, $m \neq 0$ (m ganz), folgt $x \subset U$.

Ein Beispiel einer Untergruppe mit Division ist die Gruppe T der Elemente endlicher Ordnung von J (vgl. Nr. 3); offenbar ist T in jeder Untergruppe mit Division von J enthalten.

---

[1] Insbesondere ist $J_0 = J$ und $J_1 = 0$ für jede Gruppe J.

[2] Die Bedeutung des Zeichens „$\approx$“ (das „isomorph“ zu lesen ist) wird in Nr. 10 erklärt.

Satz. *Die Untergruppe U von J ist dann und nur dann Untergruppe mit Division, wenn die Restklassengruppe $J - U$ außer ihrem Nullelement kein Element endlicher Ordnung enthält.*

Beweis. Es sei U Untergruppe mit Division und X ein Element endlicher Ordnung von $J - U$; dann gibt es eine ganze Zahl $m \neq 0$, so daß $mX = 0$, daß also, wenn x ein in der Klasse X enthaltenes Element von J ist, $mx \subset U$ ist; dann ist auch $x \subset U$, also $X = 0$, d. h. $J - U$ enthält kein anderes Element endlicher Ordnung als das Nullelement. Hat andererseits $J - U$ diese Eigenschaft, so ergibt sich in analoger Weise, daß U Untergruppe mit Division ist.

6. Homomorphismus. Definition: Eine Abbildung[1] f der Gruppe J in die Gruppe J' heißt eine „homomorphe Abbildung" oder ein „Homomorphismus", falls für je zwei Elemente x, y von J die Gleichung

$$f(x + y) = f(x) + f(y) \tag{2}$$

erfüllt ist.

Setzt man in (2) $y = 0$, so folgt

$$f(0) = 0; \tag{2'}$$

setzt man $x + y = 0$, so folgt

$$f(-x) = -f(x). \tag{2''}$$

Weiter folgt für jede ganze Zahl a

$$f(ax) = af(x). \tag{2'''}$$

Aus den Gleichungen (2) und (2'') in Verbindung mit den Untergruppeneigenschaften 1 und 2 in Nr. 2 ergibt sich:

Es sei f eine homomorphe Abbildung der Gruppe J in die Gruppe J'. Ist dann U eine Untergruppe von J, so ist die Bildmenge $f(U)$ eine Untergruppe von J'; und ist U' eine Untergruppe von J', so ist die Originalmenge $f^{-1}(U')$ eine Untergruppe von J.

Insbesondere ist das Bild $f(J)$ von J selbst eine Untergruppe von J'; sie heißt die „*Bildgruppe*" des Homomorphismus. Andererseits ist die Originalmenge $f^{-1}(0)$ der Nullgruppe von J' eine Untergruppe von J; sie heißt der „*Kern*" des Homomorphismus f.

7. Homomorphe Abbildungen von Restklassengruppen. Es sei f eine homomorphe Abbildung von J in J', und es seien ferner U und U' solche Untergruppen von J bzw. J', daß $f(U) \subset U'$ ist. Sind nun x, y Elemente aus derselben Restklasse $\operatorname{mod} U$ von J, ist also $x - y \subset U$, so folgt aus (2) und (2''), daß $f(x) - f(y) \subset U'$ ist, daß also $f(x), f(y)$ in derselben Restklasse $\operatorname{mod} U'$ von J' liegen. Somit wird durch f jede Restklasse $U_1 \operatorname{mod} U$ von J in eine bestimmte Restklasse $\operatorname{mod} U'$ von J' abgebildet, die wir $F(U_1)$ nennen. Aus der Homomorphieeigenschaft von f und der Definition der Restklassenaddition ver-

[1] Vgl. Kap. I, § 3, Nr. 1.

mittels der Addition der in den Restklassen enthaltenen Gruppenelemente folgt ohne weiteres: auch F ist ein Homomorphismus. Es gilt also:

Ist f eine homomorphe Abbildung von J in J' und sind U, U' solche Untergruppen von J bzw. J', daß $f(U) \subset U'$ ist, so wird eine homomorphe Abbildung F der Restklassengruppe $J - U$ in die Restklassengruppe $J' - U'$ durch die Festsetzung bewirkt: ist x in der Restklasse U_1 mod U enthalten, so ist $f(x)$ in der Restklasse $F(U_1)$ mod U' enthalten.

8. Isomorphismus. Definition. Die homomorphe Abbildung f von J *auf* J' heißt eine „isomorphe" Abbildung oder ein „Isomorphismus" von J auf J', wenn sie eineindeutig, d. h. wenn

$$f(x) \neq f(y) \quad \text{für } x \neq y$$

ist.

Satz. *Die homomorphe Abbildung f von J auf J' ist dann und nur dann ein Isomorphismus, wenn ihr Kern* (Nr. 6) *die Nullgruppe ist.*

Beweis. f sei ein Isomorphismus; ist x ein von 0 verschiedenes Element von J, so ist $f(x) \neq f(0) = 0$, also x nicht im Kern enthalten; d. h.: der Kern ist die Nullgruppe. Es sei andererseits f ein Homomorphismus, dessen Kern 0 ist; ist dann $x \neq y$, so ist $x - y$ nicht im Kern enthalten, also $f(x - y) = f(x) - f(y) \neq 0$, $f(x) \neq f(y)$; d. h.: f ist ein Isomorphismus.

In diesem Satz ist enthalten das

1. Isomorphie-Kriterium[1]. *Die homomorphe Abbildung f von J in J' ist ein Isomorphismus von J auf J', wenn sie die folgenden beiden Eigenschaften hat:*

1) *die Bildgruppe $f(J)$ ist J';*

2) *der Kern ist die Nullgruppe von J.*

Hieraus ergibt sich das folgende

2. Isomorphie-Kriterium[1]. *Es seien f eine homomorphe Abbildung von J in J' und f' eine homomorphe Abbildung von J' in J mit den folgenden Eigenschaften:*

$$f'f(x) = x \quad \text{für jedes } x \subset J, \tag{3}$$

$$ff'(x') = x' \quad \text{für jedes } x' \subset J'. \tag{3'}$$

Dann sind f und f' Isomorphismen von J auf J' bzw. von J' auf J.

Beweis. Zu jedem Element $x' \subset J'$ gibt es nach (3') ein Element $x \subset J$, nämlich $x = f'(x')$, mit $f(x) = x'$; folglich ist die Bildgruppe $f(J) = J'$. Ist x ein Element des Kernes von f, ist also $f(x) = 0$, so folgt aus (3): $x = f'(0) = 0$; folglich ist der Kern die Nullgruppe. Nach dem 1. Isomorphie-Kriterium ist daher f ein Isomorphismus von J auf J'. Ebenso ergibt sich, daß f' ein Isomorphismus von J' auf J ist.

9. Die Noetherschen Homomorphiesätze. Allgemeiner Homomorphiesatz. *Es sei f eine homomorphe Abbildung von J auf J'; die Untergruppe U von J sei das Urbild $f^{-1}(U')$ der Untergruppe U' von J'*

[1] Die beiden Isomorphie-Kriterien gelten auch für nicht-kommutative Gruppen.

Dann ist die durch f bewirkte Abbildung F von $J - U$ in $J' - U'$ (Nr. 7) *ein Isomorphismus von $J - U$ auf $J' - U'$.*

Beweis. Da f nach Voraussetzung eine Abbildung von J *auf* J' ist, ist auch F eine Abbildung von $J - U$ *auf* $J' - U'$; d. h.: die Bildgruppe $F(J - U)$ ist $J' - U'$. Ist die Restklasse U_1 ein Element des Kernes von F, ist also $F(U_1)$ das Nullelement U' von $J' - U'$, so gehören alle Elemente von J, die in U_1 enthalten sind, zu dem Urbild U von U', es ist also $U_1 = U$; der Kern von F besteht also nur aus dem Nullelement U der Gruppe $J - U$. Daher ist nach dem 1. Isomorphie-Kriterium F ein Isomorphismus von $J - U$ auf $J' - U'$.

Ist in diesem Satz U' die Nullgruppe von J', so ist $U = K$ der Kern von f und die Gruppe $J' - U'$ mit J identisch; daher gilt der

Spezielle Homomorphiesatz oder kurz: Homomorphiesatz. *Es sei f eine homomorphe Abbildung von J auf J' und K der Kern von f. Dann ist die durch f bewirkte Abbildung F von $J - K$ in J' ein Isomorphismus von $J - K$ auf J'.*

10. Isomorphie von Gruppen. Wenn f eine isomorphe Abbildung von J auf J' ist, so ist, wie man leicht bestätigt, f^{-1} eine isomorphe Abbildung von J' auf J. Diese Bemerkung gestattet die folgende

Definition. Zwei Gruppen J, J' heißen „miteinander isomorph", in Zeichen:

$$J \approx J' \quad \text{oder} \quad J' \approx J,$$

wenn man die eine auf die andere isomorph abbilden kann; man sagt auch: zwischen J und J' besteht „Isomorphie".

Es ist klar, daß erstens jede Gruppe mit sich selbst isomorph ist und daß zweitens das transitive Gesetz gilt: aus $J \approx J'$ und $J' \approx J''$ folgt $J \approx J''$. Man kann daher die Gesamtheit aller Gruppen in „Isomorphieklassen" durch die Bestimmung einteilen, daß zwei Gruppen dann und nur dann derselben Klasse angehören, wenn sie miteinander isomorph sind. Von Gruppen derselben Isomorphieklasse sagt man auch: sie haben dieselbe „Struktur".

Für die Isomorphie zweier Gruppen sind brauchbare hinreichende Bedingungen in den vorstehenden Nummern 8 und 9 enthalten: die beiden Kriterien in Nr. 8 ermöglichen oft den Nachweis, daß eine gegebene Abbildung von J in J' ein Isomorphismus ist, daß also J und J' isomorph sind; und in den Noetherschen Homomorphiesätzen sind die folgenden Aussagen enthalten:

Es sei f eine homomorphe Abbildung von J auf J'; ist dann U das Urbild der Untergruppe U' von J', so ist

$$J - U \approx J' - U'; \tag{4}$$

ist K der Kern von f, so ist

$$J - K \approx J'. \tag{5}$$

Beide Aussagen, besonders (5), werden sehr oft zum Nachweis von Isomorphien verwendet.

11. Homomorphe Bilder. Die Gruppe J' heißt ein „homomorphes Bild" der Gruppe J, wenn es eine homomorphe Abbildung f von J *auf* J' gibt.

Satz. *Die Gruppe J' ist dann und nur dann homomorphes Bild der Gruppe J, wenn J' mit einer Restklassengruppe von J isomorph ist, d. h. wenn es eine solche Untergruppe U von J gibt, daß*

$$J - U \approx J' \tag{6}$$

ist.

Beweis. Wenn J' homomorphes Bild von J ist, so gilt (5), also (6) mit $U = K$. Es bestehe umgekehrt eine Isomorphie (6); dann ordne man erstens jedem Element x von J diejenige Restklasse mod U zu, welche x enthält, und zweitens dieser Restklasse dasjenige Element $f(x)$ von J', das ihr bei einer isomorphen Abbildung, welche die Isomorphie (6) vermittelt, entspricht. Dann ist f offenbar eine homomorphe Abbildung von J auf J'.

12. Zerlegung einer Gruppe in direkte Summanden. Die Gruppe J heißt die „direkte Summe" ihrer Untergruppen $U_1, U_2, \ldots, U_n$, wenn jedes Element x von J auf eine und nur eine Weise in der Form

$$x = u_1 + u_2 + \cdots + u_n \text{ mit } u_i \subset U_i \text{ für } i = 1, 2, \ldots, n$$

dargestellt werden kann. Daß J direkte Summe der U_i ist, wird durch die Schreibweise

$$J = U_1 + U_2 + \cdots + U_n$$

ausgedrückt. Die U_i heißen dabei die „direkten Summanden", und man sagt: J ist in diese direkten Summanden „zerlegt"[1].

Durch die Zerlegung einer Gruppe J in direkte Summanden U_i wird die Untersuchung der Struktur von J auf die Untersuchung der Strukturen der U_i zurückgeführt; die Untersuchung von J wird daher erleichtert, wenn es gelingt, J in möglichst einfache direkte Summanden zu zerlegen. Hierin liegt der Hauptwert des Begriffes der direkten Summe.

13. Bildung der direkten Summe gegebener Gruppen. Außerdem dient der Begriff der direkten Summe zur Konstruktion neuer Gruppen; wenn irgendwelche Gruppen $U_1, U_2, \ldots, U_n$ gegeben sind, so kann man ihre direkte Summe

$$U_1 + U_2 + \cdots + U_n$$

bilden; damit ist folgendes gemeint:

Man betrachtet die Gesamtheit J aller n-Tupel

$$(u_1, u_2, \ldots, u_n),$$

wobei u_i alle Elemente von U_i durchläuft, und erklärt in J eine Addition durch die Vorschrift

$$(u_1, u_2, \ldots, u_n) + (u'_1, u'_2, \ldots, u'_n) = (u_1 + u'_1, u_2 + u'_2, \ldots, u_n + u'_n);$$

[1] Die Definition behält ihre Gültigkeit auch für unendlich-viele Summanden U; dabei darf das System der U beliebige Mächtigkeit haben, es werden aber natürlich nur Darstellungen $x = u_{i_1} + u_{i_2} + \cdots + u_{i_n}$ mit endlichem n betrachtet.

hierdurch wird J, wie man leicht sieht, zu einer *Gruppe*. Die Elemente $(0, \ldots, u_i, 0, \ldots, 0)$ von J mit beliebigem $u_i \subset U_i$ bilden eine Untergruppe U_i^0 von J, die mit U_i isomorph ist, und es ist offenbar

$$J = U_1^0 + U_2^0 + \cdots + U_n^0.$$

Nun betrachte man die Gruppen U_i^0 und U_i als nicht voneinander verschieden, d. h. man setze geradezu

$$(0, \ldots, 0, u_i, 0, \ldots, 0) = u_i;$$

dann wird

$$(u_1, u_2, \ldots, u_n) = u_1 + u_2 + \cdots + u_n$$

und

$$J = U_1 + U_2 + \cdots + U_n.$$

Damit hat man die direkte Summe der gegebenen Gruppen U_i gebildet.

14. Sätze über direkte Summen.

Satz. *Es seien U_1, U_2 Untergruppen von J, und jedes Element x von J lasse sich auf wenigstens eine Weise als*

$$x = u_1 + u_2 \quad \text{mit } u_1 \subset U, \ u_2 \subset U_2 \tag{7}$$

darstellen. Dann und nur dann ist

$$J = U_1 + U_2, \tag{8}$$

wenn der Durchschnitt $U_1 \cdot U_2$ nur aus dem Nullelement besteht.

Beweis. Erstens: es sei x ein von 0 verschiedenes Element von $U_1 \cdot U_2$; dann sind zwei verschiedene Darstellungen (7) möglich, nämlich einerseits $u_1 = x$, $u_2 = 0$, andererseits $u_1 = 0$, $u_2 = x$; daher gilt nicht (8). Zweitens: $U_1 \cdot U_2$ enthalte nur das Element 0; ist dann für irgendein Element x von J

$$x = u_1 + u_2 = u_1' + u_2' \quad \text{mit } u_i, u_i' \subset U_i,$$

so ist das Element

$$u_1 - u_1' = -u_2 + u_2'$$

sowohl in U_1 als auch in U_2 enthalten, also gleich 0; folglich ist $u_1' = u_1$, $u_2' = u_2$; d. h.: die Darstellung (7) ist auf nur eine Weise möglich, es gilt also (8).

15. Satz. *Ist $J = U_1 + U_2$, so ist die Restklassengruppe $J - U_1$ mit U_2 isomorph, es ist also*

$$J - U_1 = (U_1 + U_2) - U_1 \approx U_2.$$

Beweis. Ist X eine Restklasse von J mod U_1 und $x = u_1 + u_2$ mit $u_1 \subset U_1$ ein Element von X, so ist auch u_2 Element von X; da die Differenz zweier Elemente von U_2, die ja selbst Element von U_2 ist, nur dann in U_1 liegen kann, wenn sie 0 ist (Nr 14), ist u_2 das *einzige* Element von U_2 in der Klasse X. Daher ist, wenn man $f(u_2) = X$ setzt, f eine eineindeutige Abbildung von U_2 auf $J - U_1$; offenbar ist sie ein Homomorphismus, also ein Isomorphismus.

16. Wenn $J = U_1 + U_2 + \cdots + U_n$ ist und U'_i Untergruppen der U_i $(i = 1, 2, \ldots, n)$ sind, so bilden die Elemente $u'_1 + u'_2 + \cdots + u'_n$ mit $u'_i \subset U'_i$ offenbar eine Untergruppe J' von J, welche die direkte Summe der U'_i ist.

Satz. *Es sei* $$J = U_1 + U_2 + \cdots + U_n,$$ *es seien ferner* U'_i *Untergruppen der* U_i *und*

$$J' = U'_1 + U'_2 + \cdots + U'_n.$$

Dann gilt für die Restklassengruppen:

$$J - J' \approx (U_1 - U'_1) + (U_2 - U'_2) + \cdots + (U_n - U'_n). \tag{9}$$

(Dabei ist die auf der rechten Seite von (4) stehende direkte Summe im Sinne von Nr. 13 gebildet.)

Beweis. Die Elemente der Gruppe $W = (U_1 - U'_1) + \cdots + (U_n - U'_n)$ sind von der Gestalt $U^*_1 + \cdots + U^*_n$, wobei U^*_i die Restklassen von U_i mod U'_i durchläuft. Jedem Element $x = u_1 + \cdots + u_n$ von J (mit $u_i \subset U_i$) ordnen wir dasjenige Element von W zu, das durch $U^*_i \supset u_i$, $i = 1, 2, \ldots, n$, bestimmt ist. Diese Zuordnung ist ein Homomorphismus von J auf W. Um (9) zu beweisen, haben wir infolge des Homomorphiesatzes (Nr. 9) nur zu zeigen: dieser Homomorphismus hat den Kern J'. Dies ist aber richtig: denn da die Nullelemente der Restklassengruppen $U_i - U'_i$ die Gruppen U'_i sind, wird dem Element $x = u_1 + \cdots + u_n$ nur dann das Nullelement von W zugeordnet, wenn $u_i \subset U'_i$ für alle i, also $x \subset J'$ ist.

§ 2. Moduln (Freie Gruppen).

17. Definition. Eine Gruppe M heißt ein „n-gliedriger Modul", wenn es in ihr solche Elemente $x_1, x_2, \ldots, x_n$ gibt, daß sich jedes Element x von M auf eine und nur eine Weise als lineare Verbindung

$$x = a_1 x_1 + a_2 x_2 + \cdots + a_n x_n$$

(mit ganzen a_i) darstellen läßt. Das System der Elemente $x_1, x_2, \ldots, x_n$ heißt eine „Basis" des Moduls; man schreibt

$$M = [x_1, x_2, \ldots, x_n].$$

Statt „Modul" sagt man auch „*freie Gruppe*" und statt „Basis" auch „*freies Erzeugendensystem*" von M.

Die Moduln sind die einfachsten Beispiele direkter Summen: es ist offenbar

$$[x_1, x_2, \ldots, x_n] = [x_1] + [x_2] + \cdots + [x_n];$$

dabei ist jeder eingliedrige Modul $[x_i]$ mit der additiven Gruppe der ganzen Zahlen isomorph.

Die Gesamtheit der *Linearformen*

$$a_1 y_1 + a_2 y_2 + \cdots + a_n y_n$$

in n *Unbestimmten* y_i mit ganzzahligen Koeffizienten a_i wird vermöge der üblichen Additionsvorschrift zu einem Modul $L_n = [y_1, y_2, \ldots, y_n]$. Jeder n-gliedrige Modul ist mit L_n isomorph.

18. Definition des Ranges. Die Elemente $x_1, x_2, \ldots, x_r$ einer Gruppe J heißen „linear abhängig", wenn es ganze Zahlen $c_1, c_2, \ldots, c_r$ gibt, die nicht sämtlich 0 sind und für die

$$c_1 x_1 + c_2 x_2 + \cdots + c_r x_r = 0$$

ist. Wenn es in J zwar ein System von r linear unabhängigen — d. h. nicht linear abhängigen — Elementen, aber kein System von mehr als r linear unabhängigen Elementen gibt, so heißt die Zahl $r = r(J)$ der „Rang" von J; wenn es keine Zahl r mit dieser Maximaleigenschaft gibt, so sagt man, J habe den Rang „unendlich".

Aus der Definition folgt unmittelbar: *Isomorphe Gruppen haben den gleichen Rang.*

Wir werden auf den Begriff des Ranges einer beliebigen Gruppe im § 3 zurückkommen; jetzt wenden wir ihn nur auf Moduln an.

19. Der Rang eines Moduls. Satz. *Jeder n-gliedrige Modul hat den Rang n.*

Beweis. Die Elemente $x_1, x_2, \ldots, x_n$ einer Basis des Moduls sind linear unabhängig; denn da sich das Element 0 auf nur eine Weise als lineare Verbindung der x_i darstellen läßt, folgt aus

$$a_1 x_2 + a_2 x_2 + \cdots + a_n x_n = 0,$$

daß

$$a_1 = a_2 = \cdots = a_n = 0$$

ist. Wir haben zu zeigen: Je $n+1$ Elemente $X_1, X_2, \ldots, X_{n+1}$ des Moduls $M = [x_1, x_2, \ldots, x_n]$ sind linear abhängig; dies beweisen wir durch vollständige Induktion in bezug auf n:[1] für $n = 1$ ist $X_1 = a x_1$, $X_2 = b x_1$; die lineare Abhängigkeit von X_1 und X_2 wird im Falle $a = 0$ durch

$$1 \cdot X_1 + 0 \cdot X_2 = 0,$$

im Falle $a \neq 0$ durch

$$-b \cdot X_1 + a \cdot X_2 = 0$$

in Evidenz gesetzt.

Es sei ein festes n gegeben und der Satz für jeden $(n-1)$-gliedrigen Modul schon bewiesen. Die gegebenen Elemente seien

$$(1) \qquad X_h = \sum_{i=1}^{n} a_{hi} x_i, \qquad h = 1, 2, \ldots, n, n+1.$$

Die n Elemente

$$Y_h = X_h - a_{h1} x_1, \qquad h = 1, 2, \ldots, n$$

---

[1] Die Behauptung folgt auch sofort aus dem bekannten Satz über lineare Gleichungen in Nr. 21; wir wollen diesen Satz hier aber nicht voraussetzen, sondern herleiten.

gehören dem $(n-1)$-gliedrigen Modul $[x_2, x_3, \ldots, x_n]$ an und sind daher nach Induktionsannahme linear abhängig; es gibt also solche Zahlen c_h, die nicht sämtlich 0 sind, daß

$$\sum_{h=1}^{n} c_h Y_h = 0,$$

also

$$(2_1) \qquad \sum_{h=1}^{n} c_h X_h = b x_1$$

wird, wobei wir

$$\sum_{h=1}^{n} c_h a_{h1} = b$$

gesetzt haben. Falls $b = 0$ ist, so sind nach (2_1) die $X_1, \ldots, X_n$, also erst recht die $X_1, \ldots, X_n, X_{n+1}$ linear abhängig; wir dürfen also annehmen, daß $b \neq 0$ ist.

Indem wir statt des Index 1 einen beliebigen Index i aus der Reihe $1, 2, \ldots, n$ auszeichnen, erhalten wir Gleichungen

$$(2_i) \qquad \sum_{h=1}^{n} c_{ih} X_h = b_i x_i, \qquad i = 1, 2, \ldots, n,$$

wobei wir voraussetzen dürfen, daß alle $b_i \neq 0$ sind.

Aus (1) für $h = n + 1$ und (2_i) ist ersichtlich, daß das Element

$$b_1 \cdot b_2 \cdot \ldots \cdot b_n \cdot X_{n+1}$$

eine ganzzahlige lineare Verbindung von $X_1, X_2, \ldots, X_n$ ist; dabei ist der Koeffizient von X_{n+1} nicht 0. Folglich sind $X_1, \ldots, X_n, X_{n+1}$ linear abhängig.

20. Die damit erfolgte Charakterisierung der Zahl n als *Rang* des Moduls $[x_1, x_2, \ldots, x_n]$ zusammen mit der Tatsache, daß isomorphe Gruppen gleichen Rang haben (Nr. 18), lassen die Richtigkeit der folgenden beiden Sätze erkennen:

Jede Basis des Moduls $[x_1, x_2, \ldots, x_n]$ besteht aus n Elementen.

Sind die Moduln $[x_1, x_2, \ldots, x_m]$ und $[y_1, y_2, \ldots, y_n]$ miteinander isomorph, so ist $m = n$.

Daß umgekehrt je zwei n-gliedrige Moduln miteinander isomorph sind, ist trivial.

21. Lineare Gleichungen. Eine leichte Folgerung aus Nr. 19 ist der bekannte

Satz. *Ein System*

$$\sum_{k=1}^{n+1} a_{ik} \xi_k = 0, \qquad i = 1, 2, \ldots, n$$

von n linearen homogenen Gleichungen mit $n+1$ Unbekannten ξ_k und ganzzahligen Koeffizienten a_{ik} besitzt stets ein solches ganzzahliges Lösungssystem $\xi_1, \xi_2, \ldots, \xi_{n+1}$, daß nicht alle $\xi_k = 0$ sind.

Beweis. Die $n+1$ Elemente

$$X_k = \sum_{i=1}^{n} a_{ik} x_i, \qquad k = 1, 2, \ldots, n+1,$$

des Moduls L_n der Linearformen in den Unbestimmten $x_1, x_2, \ldots, x_n$ sind nach Nr. 19 linear abhängig, d. h. es gibt ganze Zahlen $\xi_1, \xi_2, \ldots, \xi_{n+1}$, die nicht sämtlich 0 sind, so daß

$$0 = \sum_{k=1}^{n+1} \xi_k X_k = \sum_{i=1}^{n} \left(\sum_{k=1}^{n+1} a_{ik} \xi_k \right) x_i$$

ist; diese ξ_k sind daher Lösungen des gegebenen Systems.

Da man die ξ_k durch einen etwa vorhandenen gemeinsamen Teiler dividieren kann, können wir noch den folgenden Zusatz machen: *Die Zahlen $\xi_1, \xi_2, \ldots, \xi_{n+1}$ dürfen als teilerfremd angenommen werden.*

22. Die Basen eines Moduls. Die Elemente $x_1, x_2, \ldots, x_n$ bilden nicht die einzige Basis des Moduls $M = [x_1, x_2, \ldots, x_n]$; vielmehr ist irgendein System $\{X_1, X_2, \ldots, X_n\}$ von Elementen des Moduls M eine Basis von M, wenn es die folgenden beiden Eigenschaften hat: 1) jedes Element x von M ist von der Form $x = \sum a_i X_i$; 2) die Koeffizienten a_i sind durch x eindeutig bestimmt. Nun zeigt sich aber, daß die Eigenschaft 2) eine Folge der Eigenschaft 1) ist; es gilt nämlich der

Satz. *Es seien $X_1, X_2, \ldots, X_n$ Elemente des Moduls $M = [x_1, x_2, \ldots, x_n]$ mit der Eigenschaft, daß jedes Element von M eine (ganzzahlige) lineare Verbindung $\sum a_i X_i$ ist. Dann bilden die X_i eine Basis von M.*

Beweis. Wir betrachten noch einen Modul $M' = [Y_1, Y_2, \ldots, Y_n]$ und ordnen jedem Element $y = \sum a_i Y_i$ von M' das Element $f(y) = \sum a_i X_i$ von M zu. Das ist ein Homomorphismus von M' *auf* M mit $f(Y_i) = X_i$. Da die Y_i eine Basis in M' bilden, ist unser Satz bewiesen, wenn gezeigt ist: f ist ein Isomorphismus. Hierfür genügt es nach Nr. 8, zu beweisen: der Kern von f ist die Nullgruppe, mit anderen Worten: aus $f(y) = 0$ folgt $y = 0$.

Es sei also y ein Element von M' mit $f(y) = 0$; ferner seien $y_1, y_2, \ldots, y_n$ Elemente von M' mit $f(y_i) = x_i$. Nach Nr. 19 gibt es Zahlen $b, b_1, b_2, \ldots, b_n$, die nicht alle 0 sind, so daß

$$b y + b_1 y_1 + b_2 y_2 + \cdots + b_n y_n = 0$$

ist. Hieraus folgt, da f ein Homomorphismus ist:

$$b_1 x_1 + b_2 x_2 + \cdots + b_n x_n = 0,$$

also $b_1 = b_2 = \cdots = b_n = 0$ und daher $b y = 0$ und $b \neq 0$. Da aber in jedem Modul das Nullelement offenbar das einzige Element endlicher Ordnung ist, ist $y = 0$, w. z. b. w.

Aus dem damit bewiesenen Satz ergibt sich weiter:

Die Elemente $X_1, X_2, \ldots, X_n$ bilden (dann und nur dann) eine Basis des Moduls $M = [x_1, x_2, \ldots, x_n]$, wenn Gleichungen

$$x_i = \sum_{k=1}^{n} a_{ik} X_k, \qquad i = 1, 2, \ldots, n$$

bestehen.

Denn aus diesen Gleichungen folgt, daß jedes Element von M, das ja definitionsgemäß eine lineare Verbindung der x_i ist, auch eine lineare

Verbindung der X_k ist — und diese Tatsache bedeutet nach dem vorigen Satz, daß die X_k eine Basis bilden.

Beispiel. Es sei

$$X_1 = x_1 + c_2 x_2 + c_3 x_3 + \cdots + c_n x_n$$

mit beliebigen (ganzen) c_i; dann bilden

$$X_1, x_2, x_3, \ldots, x_n$$

eine Basis in M. Denn es gelten die Gleichungen

$$x_1 = X_1 - c_2 x_2 - c_3 x_3 - \cdots - c_n x_n,$$
$$x_j = x_j, \qquad j = 2, 3, \ldots, n.$$

23. Die Untergruppen eines Moduls. Es seien $Y_1, Y_2, \ldots, Y_r$ Elemente des Moduls $M = [x_1, x_2, \ldots, x_n]$; die linearen Verbindungen $\sum a_j Y_j$ bilden eine Untergruppe U von M; wenn die Y_j linear unabhängig sind, so läßt sich jedes Element von U offenbar *auf nur eine Weise* in der Form $\sum a_j Y_j$ schreiben, und daher ist U ein Modul: $U = [Y_1, Y_2, \ldots, Y_r]$; er heißt ein „Teilmodul" von M. Insbesondere enthält man Teilmoduln, wenn man $Y_j = a_j x_j$, $j = 1, 2, \ldots, r$ $(r \leqq n)$ setzt, wobei die $a_j \neq 0$ sind; denn dann sind die Elemente $a_j x_j$ linear unabhängig.

Die Teilmoduln von M sind als *spezielle* Untergruppen erklärt; jedoch gilt der wichtige

Satz. *Jede Untergruppe eines Moduls M ist ein Teilmodul von M.*

Dieser Satz ist in dem folgenden schärferen enthalten:

Satz. *Es sei U eine (von 0 verschiedene) Untergruppe des n-gliedrigen Moduls M. Dann gibt es eine solche Basis $X_1, X_2, \ldots, X_n$ von M, daß*

$$U = [a_1 X_1, a_2 X_2, \ldots, a_r X_r]$$
$$(r \leqq n; \quad a_j > 0 \text{ für } j = 1, 2, \ldots, r)$$

ist.

Der Satz ergibt sich leicht aus dem folgenden

Hilfssatz. Es gibt — unter den Voraussetzungen des Satzes — eine solche Basis $X_1, x_2, \ldots, x_n$ von M und eine solche Zerlegung $U = U_1 + U'$ von U in zwei direkte Summanden U_1 und U', daß

$$U_1 = [a_1 X_1] \quad (a_1 > 0), \qquad U' \subset [x_2, x_3, \ldots, x_n]$$

ist.

Wir zeigen zunächst, daß der Satz aus dem Hilfssatz folgt. Erstens enthält der Hilfssatz bereits den Satz für $n = 1$. Der Satz sei für die $(n-1)$-gliedrigen Moduln bewiesen; dann gibt es eine solche Basis $X_2, X_3, \ldots, X_n$ in $[x_2, x_3, \ldots, x_n]$ und solche von 0 verschiedene Zahlen $a_2, \ldots, a_r$ $(r \leqq n)$, daß die im Hilfssatz genannte Gruppe U' entweder 0 oder ein Modul

$$U' = [a_2 X_2, \ldots, a_r X_r]$$

ist. Im Fall $U' = 0$ ist man fertig; ist $U' \neq 0$, so ist

$$U = U_1 + U' = [a_1 X_1] + [a_2 X_2, \ldots, a_r X_r]$$
$$= [a_1 X_1, a_2 X_2, \ldots, a_r X_r];$$

mithin gilt der behauptete Satz.

Beweis des Hilfssatzes. Es sei $\{y_1, y_2, \ldots, y_n\}$ eine Basis von M; wir betrachten die Gesamtheit derjenigen Linearformen $\sum a_i y_i$, die in U enthalten sind; in der Menge aller derjenigen positiven Zahlen, welche als Koeffizienten in wenigstens einer dieser Linearformen auftreten, gibt es eine kleinste Zahl; wir nennen sie die „Höhe" von U über der Basis $\{y_1, y_2, \ldots, y_n\}$. Unter allen Basen wählen wir eine solche, daß die Höhe von U über ihr möglichst klein ist. Diese Basis heiße $\{x_1, x_2, \ldots, x_n\}$; die zugehörige Höhe sei h; sie trete als Koeffizient in dem Element z von U auf, und zwar sei

$$z = h x_1 + a_2 x_2 + \cdots + a_n x_n.$$

Setzen wir für $j = 2, 3, \ldots, n$

$$a_j = h q_j + r_j \qquad q_j, r_j \text{ ganz}; \ 0 \leqq r_j < h$$

und

$$X_1 = x_1 + q_2 x_2 + \cdots + q_n x_n,$$

so ist

$$z = h X_1 + r_2 x_2 + \cdots + r_n x_n.$$

Nun bilden die Elemente $X_1, x_2, \ldots, x_n$ eine Basis in M (Nr. 22, Beispiel); aus der Minimaleigenschaft von h und den Ungleichungen $0 \leqq r_j < h$ folgt daher: $r_j = 0$ für $j = 2, 3, \ldots, n$, also:

(3) $$z = h X_1.$$

Ist

$$y = b_1 X_1 + b_2 x_2 + \cdots + b_n x_n$$

irgendein Element von U und

$$b_1 = hq + r, \qquad q, r \text{ ganz}, \ 0 \leqq r < h$$

so ist auch

$$y - qz = r X_1 + b_2 x_2 + \cdots + b_n x_n$$

Element von U, und aus der Minimaleigenschaft von h folgt $r = 0$, d. h.

$$y = qz + (b_2 x_2 + \cdots + b_n x_n).$$

Da $y \subset U$ und $z \subset U$ ist, ist auch

$$y' = b_2 x_2 + \cdots + b_n x_n \subset U,$$

und zwar ist y' Element des Durchschnittes U' der Gruppe U mit dem Modul $[x_2, x_3, \ldots, x_n]$; dabei ist U' als Durchschnitt zweier Untergruppen von M selbst eine Gruppe. Da andererseits qz nach (3) Element des Moduls $[h X_1]$ ist, so sehen wir: jedes Element y von U ist Summe eines Elementes qz von $[h X_1]$ und eines Elementes y' von U'; nun haben aber die Moduln $[h X_1]$ und $[x_2, \ldots, x_n]$ nur das Nullelement gemeinsam, und dasselbe gilt, da $U' \subset [x_2, \ldots, x_n]$ ist, auch für $[hX_1]$ und U'; daher ist (Nr. 14)

$$U = [hX_1] + U',$$

w. z. b. w.

24. Auf Grund des damit bewiesenen Satzes ist es auch leicht, die Divisionshülle $\hat{U}$ (Nr 2, e) der Untergruppe U von M zu bestimmen: wenn wie bisher

$$M = [X_1, X_2, \ldots, X_n],$$

$$U = [a_1 X_1, a_2 X_2, \ldots, a_r X_r], \quad a_j \neq 0 \text{ für } j = 1, 2, \ldots, r$$

ist, so sieht man, daß

$$\hat{U} = [X_1, X_2, \ldots, X_r]$$

ist.

Wir teilen nun das System $\{X_1, X_2, \ldots, X_n\}$ in drei Klassen: erstens die X_i mit $i \leqq r$ und $a_i \geqq 2$ — diese Elemente nennen wir jetzt Z_j; zweitens die X_i mit $i \leqq r$ und $a_i = 1$ — diese nennen wir jetzt Y_i; drittens die X_i mit $i > r$ — diese nennen wir auch weiterhin X_h. Dann gilt nach dem Obigen der folgende

Satz. *Es sei U eine (von 0 verschiedene) Untergruppe des n-gliedrigen Moduls M. Dann kann man in M eine Basis*

$$X_1, \ldots, X_k, Y_1, \ldots, Y_l, Z_1, \ldots, Z_m, \qquad k + l + m = n$$

mit folgender Eigenschaft wählen: die Y_i und Z_j bilden zusammen eine Basis der Divisionshülle $\hat{U}$ von U; es gibt Zahlen $b_j \geqq 2$, $j = 1, 2, \ldots, m$, so daß die Y_i und $b_j Z_j$ zusammen eine Basis in U bilden.

25. Wenn $\hat{U}$ Untergruppe mit Division (Nr. 5) und nicht 0 ist, so gibt es, wie wir eben sahen, eine solche Basis $\{x_1, x_2, \ldots, x_n\}$ von M, daß $\hat{U} = [x_1, x_2, \ldots, x_r]$ ist. Dann ist entweder $r = n$ und $\hat{U} = M$ oder

$$M = \hat{U} + [x_{r+1}, \ldots, x_n].$$

Hieraus folgt nach Nr. 15:

Satz. *Ist $\hat{U}$ eine (von M verschiedene) Untergruppe mit Division des Moduls M, so ist die Restklassengruppe $M - \hat{U}$ ebenfalls ein Modul.*

Aus dem Beweis in Nr. 15 ergibt sich noch der folgende

Zusatz. Sind $X_{r+1}, \ldots, X_n$ die Restklassen von M mod $\hat{U}$, in welchen die in Nr. 25 erklärten Elemente $x_{r+1}, \ldots, x_n$ enthalten sind, so ist

$$M - \hat{U} = [X_{r+1}, \ldots, X_n].$$

26. Die Spur eines Autohomomorphismus. Es sei f ein Autohomomorphismus des Moduls M, d. h. eine homomorphe Abbildung von M in sich. Bilden die Elemente $x_1, x_2, \ldots, x_n$ eine Basis in M, so gelten Gleichungen[1]

$$f(x_h) = \sum_i a_{hi} x_i; \tag{4}$$

[1] In dieser Nummer laufen alle Indexe $h, i, j, \ldots$ von 1 bis n.

die Zahl
$$\sum_h a_{hh}$$
heißt die „Spur" von f in bezug auf die Basis $\{x_1, \ldots, x_n\}$.

Bilden auch die Elemente $y_1, y_2, \ldots, y_n$ eine Basis, so gelten ebenfalls Gleichungen

(5)
$$f(y_j) = \sum_k b_{jk} y_k,$$

und die Spur von f in bezug auf diese Basis ist demnach
$$\sum_j b_{jj}.$$

Wir behaupten:

(6)
$$\sum_h a_{hh} = \sum_j b_{jj}.$$

Beweis. Da sowohl die x_h als auch die y_j Basen bilden, bestehen Beziehungen

(7)
$$y_p = \sum_q u_{pq} x_q,$$

(8)
$$x_q = \sum_r v_{qr} y_r.$$

Setzt man x_q aus (8) in (7) ein, so ergibt sich
$$y_p = \sum_{q,r} u_{pq} v_{qr} y_r,$$
also infolge der linearen Unabhängigkeit der y_r:

(9)
$$\sum_q u_{pq} v_{qr} = \delta_{pr},$$
wobei

(10)
$$\delta_{pr} = \begin{cases} 0 & \text{für } p \neq r \\ 1 & \text{für } p = r \end{cases}$$

ist. Analog erhält man durch Einsetzen von y_p aus (7) — wo man die Indexe p, q durch r, s ersetzt — in (8) infolge der linearen Unabhängigkeit der x_s:

(11)
$$\sum_r v_{qr} u_{rs} = \delta_{qs}.$$

Trägt man auf der rechten Seite von (5) den Ausdruck für y_k aus (7) ein, so erhält man

(12)
$$f(y_j) = \sum_{k,q} b_{jk} u_{kq} x_q;$$

trägt man in $f(y_i)$ erstens den Ausdruck für y_j aus (7) ein, berücksichtigt man zweitens, daß f ein Homomorphismus, daß also stets
$$f\Big(\sum_h c_h x_h\Big) = \sum_h c_h f(x_h)$$
ist, und trägt man schließlich den Ausdruck für $f(x_h)$ aus (4) ein, so ergibt sich

(13)
$$f(y_j) = f\Big(\sum_h u_{jh} x_h\Big) = \sum_h u_{jh} f(x_h) = \sum_{h,q} u_{jh} a_{hq} x_q.$$

Da die x_q eine Basis bilden, folgt aus (12) und (13)

$$\sum_k b_{jk} u_{kq} = \sum_h u_{jh} a_{hq}. \tag{14}$$

Man multipliziere diese Gleichungen mit v_{qr} und summiere über q; mit Rücksicht auf (9) ergibt sich

$$\sum_k b_{jk} \delta_{kr} = \sum_{h,q} u_{jh} a_{hq} v_{qr},$$

also infolge (10):

$$b_{jr} = \sum_{h,q} u_{jh} a_{hq} v_{qr}.$$

Daher ist infolge (11) und (10)

$$\sum_j b_{jj} = \sum_{h,q,j} v_{qj} u_{jh} a_{hq} = \sum_{q,h} \delta_{qh} a_{hq} = \sum_h a_{hh}.$$

Damit ist (6) bewiesen. —

Infolgedessen dürfen wir die auf beiden Seiten von (6) stehende Zahl die „Spur des Autohomomorphismus f", ohne Bezugnahme auf eine Basis, nennen.

27. Die Additivität der Spuren. Es sei U eine Untergruppe des Moduls M, welche durch den Autohomomorphismus f von M ebenfalls in sich abgebildet wird; da auch U ein Modul ist (Nr. 23), ist auch für diesen Autohomomorphismus von U die Spur definiert. Wir bezeichnen die Spuren von f in M und U mit $S(M)$ bzw. $S(U)$.

Aus $f(U) \subset U$ folgt, daß auch die Divisionshülle $\hat{U}$ von U durch f in sich transformiert wird; denn ist $x \subset \hat{U}$, so gibt es eine Zahl $m \neq 0$ mit $mx \subset U$; dann ist $mf(x) = f(mx) \subset U$, also $f(x) \subset \hat{U}$. Da $\hat{U}$ in sich transformiert wird, bewirkt f einen Autohomomorphismus F der Restklassengruppe $M - \hat{U}$ (Nr. 7). Wenn $M - \hat{U} \neq 0$ ist, so ist $M - \hat{U}$ ein Modul (Nr. 25), also ist die Spur $S(M - \hat{U})$ von F erklärt; wenn $M - \hat{U} = 0$ ist, so verstehen wir unter $S(M - \hat{U})$ die Zahl 0.

Satz. *Ist f ein Autohomomorphismus des Moduls M, und wird durch f die Untergruppe U in sich transformiert, so gilt*

$$S(M) = S(U) + S(M - \hat{U}).$$

Beweis. Wir dürfen $U \neq 0$ voraussetzen, da sonst der Satz trivial ist. Nach Nr. 24 können wir die Basis $\{x_1, \ldots, x_n\}$ von M so wählen, daß

$$\hat{U} = [x_1, \ldots, x_r], \qquad U = [c_1 x_1, \ldots, c_r x_r]$$

ist; sind $X_{r+1}, \ldots, X_n$ die Restklassen von M mod $\hat{U}$, welche die Elemente $x_{r+1}, \ldots, x_n$ enthalten, so ist ferner (vgl. Nr. 25)

$$M - \hat{U} = [X_{r+1}, \ldots, X_n].$$

Es sei nun

$$f(x_h) = \sum_{i=1}^{n} a_{hi} x_i, \qquad h = 1, 2, \ldots, n; \tag{15}$$

da $\hat{U}$ in sich transformiert wird, ist hierbei

$$(16) \qquad a_{hi} = 0 \quad \text{für} \begin{cases} h = 1, 2, \ldots, r \\ i = r+1, r+2, \ldots, n. \end{cases}$$

Für die Basiselemente $c_h x_h$ von U folgt aus (15) und (16)

$$f(c_h x_h) = \sum_{i=1}^{r} a_{hi} c_i x_i, \qquad h = 1, 2, \ldots, r;$$

daher ist

$$(17) \qquad S(U) = \sum_{h=1}^{r} a_{hh}.$$

Im Fall $r = n$, also $M - \hat{U} = 0$, ist der Satz damit bewiesen; es sei $r < n$. Aus den Gleichungen (15) für $h = r+1, \ldots, n$ und der Tatsache, daß $x_1, \ldots, x_r$ Elemente der Gruppe $\hat{U}$ sind, die das Nullelement von $M - \hat{U}$ ist, folgt für die Basiselemente X_h von $M - \hat{U}$

$$F(X_h) = \sum_{h=r+1}^{n} a_{ih} X_h, \qquad h = r+1, r+2, \ldots, n;$$

daher ist

$$(18) \qquad S(M - \overline{U}) = \sum_{h=r+1}^{n} a_{hh}.$$

Durch (17) und (18) ist die Behauptung des Satzes bewiesen.

§ 3. Der Rang und die Ränge mod m einer Gruppe.

28. Gruppen vom Range 0. Den in Nr. 18 für eine beliebige Gruppe definierten, bisher aber nur auf Moduln angewandten Begriff des „Ranges" betrachten wir jetzt für eine beliebige Gruppe J. Zunächst stellen wir fest:

Dann und nur dann ist $r(J) = 0$, wenn J nur Elemente endlicher Ordnung enthält.

Beweis. Wenn J nur Elemente endlicher Ordnung enthält, so gibt es zu jedem Element x eine Zahl $c \neq 0$ mit $cx = 0$; folglich ist $r(J) = 0$. Wenn umgekehrt $r(J) = 0$ ist, so gibt es zu jedem x eine Zahl $c \neq 0$ mit $cx = 0$, d. h.: x hat endliche Ordnung.

29. Lineare Abhängigkeit und Rang mod m. Es sei m eine ganze Zahl $\geqq 2$. Die Elemente $x_1, x_2, \ldots, x_r$ heißen „linear abhängig mod m", wenn es ganze Zahlen $c_1, c_2, \ldots, c_r$ gibt, die nicht sämtlich $\equiv 0 \bmod m$ sind und für die

$$c_1 x_1 + c_2 x_2 + \cdots + c_r x_r = 0$$

ist. Analog wie in Nr. 18 verstehen wir dann unter dem „Rang mod m" von J die Maximalzahl von mod m linear unabhängigen Elementen in J — vorausgesetzt, daß diese Maximalzahl existiert; existiert sie nicht, so ist der Rang mod m gleich „unendlich". Wir bezeichnen den Rang mod m von J mit $r_m = r_m(J)$; im Anschluß hieran geben wir dem gewöhnlichen „Rang" mitunter die Bezeichnung $r_0 = r_0(J)$ und nennen die gewöhnliche lineare Abhängigkeit auch „lineare Abhängigkeit mod 0".

Analog wie für den gewöhnlichen Rang ergibt sich unmittelbar aus der Definition: *Isomorphe Gruppen haben für jedes m gleichen Rang mod m.*

30. Beziehungen zwischen r und r_m. Wenn die Elemente $x_1, x_2, \ldots, x_k$ linear abhängig mod m für ein gewisses m sind, so sind sie erst recht linear abhängig im gewöhnlichen Sinne; *folglich ist immer*

$$r(J) \leqq r_m(J).$$

Weiter behaupten wir: *Wenn J kein Element endlicher Ordnung außer dem Nullelement enthält, so ist*

$$r(J) = r_m(J).$$

Denn wenn die Elemente $x_1, x_2, \ldots, x_k$ linear abhängig im gewöhnlichen Sinne sind, so besteht eine Relation

$$\sum a_i x_i = 0$$

mit ganzen a_i, die nicht alle 0 sind; es sei t der größte gemeinsame Teiler der a_i und $a_i = t b_i$; dann ist wenigstens ein $b_i \not\equiv 0 \bmod m$; aus

$$t \cdot \sum b_i x_i = 0$$

und der Tatsache, daß 0 das einzige Element endlicher Ordnung gibt, folgt

$$\sum b_i x_i = 0;$$

die x_i sind also linear abhängig mod m; daher ist

$$r_m(J) \leqq r(J).$$

Hieraus und der oben bewiesenen umgekehrten Ungleichung folgt die behauptete Gleichheit der Ränge. —

Da ein Modul kein von 0 verschiedenes Element endlicher Ordnung enthält, folgt aus dem soeben Bewiesenen und Nr. 19:

Für jeden n-gliedrigen Modul M und jedes m ist $r_m(M) = n$.

31. Die Additivität der Ränge. Satz. *Für jede Gruppe J, jede Untergruppe U von J und jede Zahl $m = 0$ oder $m \geqq 2$ gilt*

$$r_m(J) \geqq r_m(U) + r_m(J - U). \tag{1}$$

Beweis. Die Elemente $x_1, x_2, \ldots, x_e$ von U seien linear unabhängig mod m, und ebenso seien die Elemente $Y_1, Y_2, \ldots, Y_f$ von $J - U$ linear unabhängig mod m; ferner seien y_j Elemente von J, die in den Restklassen Y_j enthalten sind ($j = 1, 2, \ldots, f$). Wir behaupten: die Elemente $x_1, x_2, \ldots, x_e, y_1, y_2, \ldots, y_f$ sind linear unabhängig mod m.

In der Tat: es seien a_i und b_j solche ganze Zahlen, daß

$$\sum_{i=1}^{e} a_i x_i + \sum_{j=1}^{f} b_j y_j = 0$$

ist; hieraus folgt, da $\sum a_i x_i \subset U$ ist:

$$\sum_{j=1}^{f} b_j Y_j = 0,$$

also wegen der linearen Unabhängigkeit mod m der Elemente Y_j:

$$b_j \equiv 0 \mod m \quad \text{für } j = 1, 2, \ldots, f.$$[1]

Somit ist

$$\sum_{i=1}^{e} a_i x_i = 0,$$

und wegen der linearen Unabhängigkeit der Elemente x_i ist

$$a_i \equiv 0 \mod m \quad \text{für } i = 1, 2, \ldots, e.$$

Die Elemente $x_1, \ldots, x_e, y_1, \ldots, y_f$ sind also in der Tat linear unabhängig mod m, und daher ist

(1') $$r_m(J) \geqq e + f.$$

Falls nun beide Ränge $r_m(U)$ und $r_m(J - U)$ endlich sind, kann man $e = r_m(U)$, $f = r_m(J - U)$ setzen; falls einer der beiden Ränge unendlich ist, so verstehe man unter der entsprechenden Zahl e oder f eine beliebig große Zahl; in jedem Falle folgt die Behauptung (1) aus (1').

Korollar. *Der Rang mod m einer beliebigen Untergruppe oder Restklassengruppe von J ist höchstens gleich dem Rang $r_m(J)$. Wenn $r_m(J)$ endlich ist, so sind auch die Ränge mod m aller Untergruppen und aller Restklassengruppen von J endlich ($m = 0$ oder $m \geqq 2$).*

32. Satz. *Es sei entweder $m = 0$ oder m eine Primzahl. Dann gilt für jede Gruppe J und jede Untergruppe U von J*

(2) $$r_m(J) = r_m(U) + r_m(J - U).$$

Beweis. Im Hinblick auf Nr. 31 genügt es, die Ungleichung

(3) $$r_m(J) \leqq r_m(U) + r_m(J - U)$$

für die soeben hervorgehobenen m zu beweisen. Dabei dürfen wir die beiden auf der rechten Seite von (3) stehenden Ränge als endlich voraussetzen, da andernfalls (3) trivial ist.

Durch $x_1, \ldots, x_e$; $Y_1, \ldots, Y_f$; $y_1, \ldots, y_f$ sollen dieselben Elemente und Restklassen bezeichnet werden wie in Nr. 31, und dabei sei $e = r_m(U)$, $f = r_m(J - U)$. Ferner sei z ein beliebiges Element von J und Z seine Restklasse mod U. Da die $f + 1$ Elemente $Z, Y_1, \ldots, Y_f$ der Gruppe $J - U$ linear abhängig mod m sind, besteht eine Gleichung

(4) $$\beta Z - \sum_{j=1}^{f} b_j Y_j = 0,$$

[1] Unter einer „Kongruenz mod 0" ist immer eine *Gleichung* zu verstehen.

wobei nicht alle Koeffizienten $\beta, b_1, \ldots, b_f \equiv 0 \bmod m$ sind; und zwar ist infolge der Unabhängigkeit der Y_j gewiß

$$\beta \not\equiv 0 \bmod m. \tag{5}$$

Die Gleichung (4) bedeutet:

$$z' = \beta z - \sum_{j=1}^{f} b_j y_j \subset U. \tag{6}$$

Da die $e+1$ Elemente $z', x_1, \ldots, x_e$ der Gruppe U linear abhängig mod m sind, besteht eine Gleichung

$$\alpha z' - \sum_{i=1}^{e} a_i x_i = 0, \tag{7}$$

wobei nicht alle Koeffizienten $\alpha, a_1, \ldots, a_e \equiv 0 \bmod m$ sind; und zwar ist infolge der Unabhängigkeit der x_i gewiß

$$\alpha \not\equiv 0 \bmod m. \tag{8}$$

Aus (6) und (7) folgt

$$\alpha\beta \cdot z = \sum_{i=1}^{e} a_i x_i + \alpha \sum_{j=1}^{f} b_j y_j. \tag{9}$$

Indem wir die Elemente $x_1, \ldots, x_e, y_1, \ldots, y_f$ fortlaufend mit $x_1, x_2, \ldots, x_{e+f}$ bezeichnen und außerdem die Bezeichnungen der Zahlenkoeffizienten in (9) ändern, geht (9) über in

$$\gamma \cdot z = \sum_{i=1}^{e+f} c_i x_i. \tag{10}$$

Dabei ist $\gamma = \alpha\beta$; aus (5), (8) und aus der Tatsache, daß entweder $m = 0$ oder m eine Primzahl ist, folgt

$$\gamma \not\equiv 0 \bmod m. \tag{11}$$

Nach dieser Vorbereitung kommen wir zum Beweise von (3); wir haben zu zeigen: sind $z_1, z_2, \ldots, z_{e+f+1}$ irgendwelche Elemente von J, so sind sie linear abhängig mod m.

Entsprechend (10) und (11) gelten Gleichungen

$$\gamma_k z_k = \sum_{i=1}^{e+f} c_{ik} x_i, \qquad k=1, 2, \ldots, e+f+1 \tag{10'}$$

mit

$$\gamma_k \not\equiv 0 \bmod m, \qquad k=1, 2, \ldots, e+f+1. \tag{11'}$$

Nach Nr. 21 gibt es teilerfremde Zahlen $\xi_1, \xi_2, \ldots, \xi_{e+f+1}$, so daß

$$\sum_{k=1}^{e+f+1} c_{ik} \xi_k = 0, \qquad i=1, 2 \ldots, e+f \tag{12}$$

ist. Aus (10′) und (12) folgt

$$\sum_{k=1}^{e+f+1} \xi_k \gamma_k z_k = 0. \tag{13}$$

Da die ξ_k teilerfremd zueinander sind, gibt es wenigstens ein k mit

$$\xi_k \not\equiv 0 \bmod m;$$

dann ist nach (11′) mit Rücksicht darauf, daß $m = 0$ oder m Primzahl ist, auch

$$\xi_k \gamma_k \not\equiv 0 \bmod m.$$

Unter den Koeffizienten der Elemente z_k in (13) ist also wenigstens einer $\not\equiv 0 \bmod m$; d. h.: die z_k sind linear abhängig $\bmod m$, w. z. b. w.

Aufgabe. Man zeige, daß der analoge Satz für $m = 4$ *nicht* gilt.

§ 4. Gruppen mit endlich-vielen Erzeugenden.

33. Definition. Das System $\mathfrak{S}$ von Elementen der Gruppe J heißt ein „Erzeugendensystem" und die Elemente von $\mathfrak{S}$ heißen „Erzeugende" von J, wenn sich jedes Element von J auf wenigstens eine Weise als ganzzahlige lineare Verbindung $\sum a_i x_i$ von Elementen x_i aus $\mathfrak{S}$ darstellen läßt.

Wir beschäftigen uns jetzt mit denjenigen Gruppen, welche *endliche* Erzeugendensysteme besitzen.

Beispiele hierfür sind erstens die Moduln: in ihnen bilden die Elemente jeder Basis ein endliches Erzeugendensystem; zweitens die endlichen — d. h. aus endlich-vielen Elementen bestehenden — Gruppen: denn *jede* Gruppe wird von dem System ihrer *sämtlichen* Elemente erzeugt.

34. *Die Gruppe J besitzt dann und nur dann ein System von n Erzeugenden, wenn sie ein homomorphes Bild eines n-gliedrigen Moduls ist* (Nr. 11).

Beweis. Erstens: J werde von den Elementen $x_1, x_2, \ldots, x_n$ erzeugt; dann ist durch $f(\sum a_i y_i) = \sum a_i x_i$ eine homomorphe Abbildung f des Moduls $[y_1, y_2, \ldots, y_n]$ auf J erklärt. Zweitens: es sei f eine homomorphe Abbildung des Moduls $[y_1, y_2, \ldots, y_n]$ auf die Gruppe J; dann bilden die Elemente $f(y_1), f(y_2), \ldots, f(y_n)$ ein Erzeugendensystem von J.

35. Hieraus und aus Nr. 11 folgt weiter:

Die Gruppe J läßt sich dann und nur dann durch n ihrer Elemente erzeugen, wenn sie einer Restklassengruppe des n-gliedrigen Moduls $M = [y_1, y_2, \ldots, y_n]$ isomorph ist, d. h. wenn es eine solche Untergruppe U von M gibt, daß $J \approx M - U$ ist.

36. Hieraus, aus Nr. 31 und aus den Sätzen über die Ränge eines Moduls (Nr. 19, 30) ergibt sich:

Für jede Gruppe, die sich durch n ihrer Elemente erzeugen läßt, ist

$$r_m(J) \leqq n$$

für $m = 0$ und $m \geqq 2$; alle Ränge sind also endlich.

37. *Die Restklassengruppe $J - V$ einer von n Elementen erzeugten Gruppe J modulo einer beliebigen Untergruppe läßt sich durch n ihrer Elemente erzeugen.*

Beweis. J ist homomorphes Bild eines n-gliedrigen Moduls M (Nr. 34); $J - V$ ist homomorphes Bild von J (Nr. 11); die Zusammensetzung zweier Homomorphismen ist ein Homomorphismus; folglich ist $J - V$ homomorphes Bild von M und daher (Nr. 34) durch n Elemente erzeugbar.

Jede Untergruppe V einer von n Elementen erzeugten Gruppe läßt sich durch (höchstens) n ihrer Elemente erzeugen.

Beweis. Der n-gliedrige Modul M sei durch f homomorph auf J abgebildet (Nr. 34); das Urbild $f^{-1}(V)$ ist eine Untergruppe U von M (Nr. 6); die Gruppe U ist ein höchstens n-gliedriger Modul (Nr. 23); da V homomorphes Bild von U ist, folgt die Behauptung aus Nr. 34.[1]

38. *Die Untergruppe U sowie die zugehörige Restklassengruppe $J - U$ der Gruppe J seien Gruppen mit endlich-vielen Erzeugenden. Dann ist auch J selbst eine Gruppe mit endlich-vielen Erzeugenden.*

Beweis. Es sei $\{x_1, \ldots, x_r\}$ ein Erzeugendensystem von U und $\{Y_1, \ldots, Y_s\}$ ein Erzeugendensystem von $J - U$. Ferner seien $y_1, \ldots, y_s$ Elemente aus den Restklassen $Y_1, \ldots, Y_s$. Ist dann z irgendein Element von J, so ist die Restklasse mod U, in der es sich befindet, von der Form $\sum b_j Y_j$; also ist $z = x + \sum b_j y_j$ mit $x \subset U$ und daher $z = \sum a_i x_i + \sum b_j y_j$. Das heißt: die Elemente $x_1, \ldots, x_r$, $y_1, \ldots, y_s$ erzeugen die Gruppe J.

39. Zyklische Gruppen. Definition. Eine Gruppe Z heißt „zyklisch", wenn sie der additiven Gruppe der ganzen Zahlen, G, oder einer Restklassengruppe von G mod m, also einer Gruppe $G_m = G - mG$ (vgl. Nr. 4), isomorph ist[2]. Im ersten Fall ist Z unendlich, im zweiten endlich.

Jede Gruppe J, die sich durch ein Element erzeugen läßt, ist zyklisch.

Beweis. Nach Nr. 35 ist J einer Restklassengruppe $M - U$ isomorph, wobei $M = [x]$ ein eingliedriger Modul ist; nach Nr. 23 ist entweder $U = 0$ oder man darf $U = [mx]$, $m \neq 0$ annehmen. Im ersten Fall ist $J \approx M \approx \mathfrak{G}$; im zweiten Fall ist offenbar $J \approx \mathfrak{G}_m$.

Aus diesem Satz und Nr. 37 folgt unmittelbar:

Jede Untergruppe sowie jede Restklassengruppe einer zyklischen Gruppe ist selbst zyklisch.

40. Zerlegung in zyklische Gruppen. Der Hauptsatz über die Gruppen mit endlich-vielen Erzeugenden lautet:

Jede Gruppe J mit n Erzeugenden ist direkte Summe von höchstens n zyklischen Gruppen.

Beweis. Nach Nr. 35 ist $J \approx M - U$, wobei M ein n-gliedriger Zyklus ist; nach Nr. 23 dürfen wir

$$M = [X_1, X_2, \ldots, X_n], \quad U = [a_1 X_1, a_2 X_2, \ldots, a_r X_r].$$

[1] Von den beiden Sätzen der Nr. 37 behält der erste, jedoch nicht der zweite, seine Gültigkeit auch für nicht-kommutative Gruppen (für welche der Begriff des „Erzeugendensystems" in naheliegender Weise zu modifizieren ist).

[2] Unter $\mathfrak{G}_1$ hat man die Nullgruppe zu verstehen.

also $$M = [X_1] + \cdots + [X_r] + [X_{r+1}] + \cdots + [X_n],$$
$$U = [a_1 X_1] + \cdots + [a_r X_r] + 0 + \cdots + 0$$
annehmen. Dann ist nach Nr. 16:
$$M - U \approx ([X_1] - [a_1 X_1]) + \cdots + ([X_r] - [a_r X_r]) + [X_{r+1}] + \cdots + [X_n].$$
Jeder der auf der rechten Seite stehenden direkten Summanden ist nach Nr. 39 als Restklassengruppe einer zyklischen Gruppe $[X_i]$ zyklisch. Damit ist der Satz bewiesen.

41. Eine Darstellung von J als direkte Summe

(1) $$J = Z_1 + Z_2 + \cdots + Z_n,$$

wobei die Z_i zyklische und von 0 verschiedene Gruppen sind, nennen wir kurz eine „zyklische Zerlegung" von J. Eine Gruppe J kann mehrere voneinander verschiedene zyklische Zerlegungen gestatten; jedoch gilt:

Die Anzahl der unendlichen zyklischen Gruppen Z_i in einer zyklischen Zerlegung (1) *ist stets gleich dem Rang $r(J)$.*

Dies folgt aus der Additivität der Ränge (Nr. 32) und der Tatsache, daß jede Gruppe, die nur Elemente endlicher Ordnung enthält, den Rang 0 hat (Nr. 28).

42. Weiter gilt:

In jeder zyklischen Zerlegung (1) *ist die direkte Summe der endlichen unter den Gruppen Z_i — falls solche vorhanden sind — mit der Gruppe T aller Elemente endlicher Ordnung von J identisch.*

Beweis. Wir schreiben (1) in der genaueren Form

(1') $$J = X_1 + \cdots + X_k + Y_1 + \cdots + Y_r,$$

wobei $X_1, \ldots, X_k$ die endlichen, $Y_1, \ldots, Y_r$ die unendlichen Z_i bezeichnen sollen; dabei darf auch $k = 0$ oder $r = 0$ sein.

Daß jedes Element der direkten Summe $X_1 + \cdots + X_k$ endliche Ordnung hat, ist klar. Es sei umgekehrt z ein Element endlicher Ordnung von J, und zwar sei
$$z = a_1 x_1 + \cdots + a_k x_k + b_1 y_1 + \cdots + b_r y_r,$$
wobei x_i, y_j erzeugende Elemente der zyklischen Gruppen X_i bzw. Y_j sind. Aus $mz = 0$, also
$$m a_1 x_1 + \cdots + m a_k x_k + m b_1 y_1 + \cdots + m b_r y_r = 0$$
und $m \neq 0$ folgt $b_j = 0$ für $j = 1, 2, \ldots, r$, also $z \subset X_1 + \cdots + X_k$. Daher ist in der Tat
$$X_1 + \cdots + X_k = T.$$

43. Zerlegung in eine endliche Gruppe und einen Modul. In Nr. 41 und 42 ist der wichtige Satz enthalten:

Jede Gruppe J mit endlich-vielen Erzeugenden ist eine direkte Summe

(2) $$J = T + M,$$

wobei T die Gruppe aller Elemente endlicher Ordnung von J und M ein r-gliedriger Modul mit $r = r(J)$ ist. (Unter einem 0-gliedrigen Modul ist die Nullgruppe zu verstehen.)

Korollar I. *Die Struktur einer Gruppe mit endlich-vielen Erzeugenden ist vollständig durch ihren Rang und durch die Struktur der Gruppe ihrer Elemente endlicher Ordnung bestimmt.*

Korollar II. *Eine Gruppe mit endlich-vielen Erzeugenden, welche kein von 0 verschiedenes Element endlicher Ordnung enthält, ist ein Modul.*

44. Folgerungen. Das 3. Isomorphie-Kriterium[1]. *Es seien A, B zwei Gruppen, von denen eine — etwa A — ein endliches Erzeugendensystem besitze; ferner seien A', B' Untergruppen von A bzw. B, und es sei*

(3a) $\quad A \approx B', \qquad$ (3b) $\quad B \approx A'.$

Dann ist

$$A \approx B.$$

Beweis. Zunächst folgt aus (3b) und Nr. 37, daß auch B ein endliches Erzeugendensystem besitzt. Ferner sieht man aus (3a) und (3b) unter Beachtung von Nr. 31, daß

$$r(A) \leqq r(B), \qquad r(B) \leqq r(A),$$

also

$$r(A) = r(B)$$

ist. Infolge des Korollars I in Nr. 43 haben wir daher nur noch die Isomorphie

(4) $$T_A \approx T_B$$

nachzuweisen, wobei T_A, T_B die Gruppen der Elemente endlicher Ordnung von A bzw. B sind. Wenn $T_{A'}$, $T_{B'}$ die analog erklärten Untergruppen von A' bzw. B' sind, so folgt aus (3a) und (3b):

(5a) $\quad T_A \approx T_{B'}, \qquad$ (5b) $\quad T_B \approx T_{A'}.$

Bezeichnen wir die Ordnungen[2] der Gruppen T_A, T_B, $T_{A'}$, $T_{B'}$ mit a, b, a', b', so ist also

(6a) $\quad a = b', \qquad$ (6b) $\quad b = a'.$

Da $T_{B'} \subset T_B$ ist, ist $b' \leqq b$, also nach (6a) und (6b): $a \leqq a'$; da aber auch $T_{A'} \subset T_A$ ist, muß $a' = a$ und $T_{A'} = T_A$ sein. Hieraus und aus (5b) folgt die Behauptung (4).

45. Satz. *Es sei J eine Gruppe mit endlich-vielen Erzeugenden und U eine Untergruppe mit Division von J* (Nr. 5); *dann gibt es eine Untergruppe V von J, so daß $J = U + V$ ist; V ist ein Modul* (*oder* 0).

Beweis. Die Gruppe $J - U$ enthält kein von 0 verschiedenes Element endlicher Ordnung (Nr. 5); da sie eine Gruppe mit endlich-vielen Erzeugenden ist (Nr. 37), ist sie daher entweder 0 oder ein Modul

[1] Vgl. Nr. 8.

[2] Unter der „Ordnung" einer Gruppe versteht man immer die Anzahl ihrer Elemente.

(Nr. 43, Korollar II). Der Fall $J - U = 0$, also $J = U$, ist trivial; es sei also

$$J - U = [X_1, \ldots, X_s].$$

Dabei sind die X_i Restklassen von J mod U; aus jeder Klasse X_i wählen wir ein Element x_i; unter V verstehen wir die Gruppe aller linearen Verbindungen $\sum a_i x_i$. Um die Behauptung zu beweisen, haben wir zu zeigen (Nr. 14): 1) jedes Element y von J ist von der Form $y = u + v$, $u \subset U$, $v \subset V$; 2) der Durchschnitt $U \cdot V$ ist die Nullgruppe.

Beweis von 1: Ist $\sum a_i X_i$ die Restklasse mod U, in der sich y befindet, so ist $y - \sum a_i x_i = u \subset U$, also $y = u + v$ mit $v = \sum a_i x_i \subset V$.

Beweis von 2: Ist $\sum a_i x_i \subset U$, so ist $\sum a_i X_i = 0$, also $a_i = 0$ für alle i.

46. Die nach Nr. 40 bestehende Tatsache, daß jede endliche Gruppe T direkte Summe endlicher zyklischer Gruppen ist, gestattet die Übertragung mancher elementarer Eigenschaften der endlichen zyklischen auf beliebige endliche Gruppen.

Wir erinnern an folgende Definitionen (Nr. 2, c, d; Nr. 4): Unter ${}_mJ$ verstehen wir die Gruppe aller Elemente x von J mit $mx = 0$; unter mJ die Gruppe aller Elemente x von J mit $x = my$, $y \subset J$; unter J_m die Restklassengruppe $J - mJ$.

Man sieht ohne Mühe: wenn

$$J = U' + U'' + \cdots + U^{(n)}$$

ist, so ist auch

$$(7) \qquad {}_mJ = {}_mU' + {}_mU'' + \cdots + {}_mU^{(n)},$$

$$(8) \qquad mJ = mU' + mU'' + \cdots + mU^{(n)},$$

sowie (auf Grund von Nr. 16)

$$(9) \qquad J_m = U'_m + U''_m + \cdots + U^{(n)}_m.$$

Ferner überzeugt man sich leicht davon (vgl. die Aufgabe in Nr. 4), daß für die Gruppe $\mathfrak{G}_m$, also die Restklassengruppe mod m der ganzen Zahlen, die Isomorphien

$${}_{m_2}(\mathfrak{G}_{m_1}) \approx (\mathfrak{G}_{m_1})_{m_2} \approx \mathfrak{G}_{(m_1, m_2)}$$

gelten ($m_i \geqq 2$)[1]. Folglich gilt auch für jede endliche zyklische Gruppe Z, die ja mit einer Gruppe $\mathfrak{G}_{m_1}$ isomorph ist:

$${}_mZ \approx Z_m.$$

Da nun jede endliche Gruppe direkte Summe endlicher zyklischer Gruppen ist, so folgt aus (8), (9), (10) der

Satz. *Für jede endliche Gruppe T und jedes $m \geqq 2$ ist*

$${}_mT \approx T_m.$$

---

[1] (m_1, m_2) bezeichnet wie immer den größten gemeinsamen Teiler von m_1 und m_2.

47[1]**. Die Zerlegbarkeit zyklischer Gruppen.** Eine Gruppe heißt „zerlegbar", wenn sie direkte Summe zweier von Null verschiedener Untergruppen ist.

Auf Grund des Hauptsatzes (Nr. 40) kann eine Gruppe mit endlichvielen Erzeugenden allenfalls dann unzerlegbar sein, wenn sie zyklisch ist. Welche zyklischen Gruppen sind unzerlegbar? Diese Frage wird durch die folgenden drei Sätze beantwortet:

Satz A. *Jede unendliche zyklische Gruppe ist unzerlegbar.*

Satz B. *Jede endliche zyklische Gruppe, deren Ordnung keine Primzahlpotenz ist, ist zerlegbar.*

Satz C. *Jede endliche Gruppe, deren Ordnung eine Primzahlpotenz ist, ist unzerlegbar.*

48. Beweis des Satzes A. Eine unendliche zyklische Gruppe J hat den Rang 1; aus $J = U + V$ folgt daher, daß eine der Gruppen U und V den Rang 0 hat (Nr. 15 und Nr. 31), also nur Elemente endlicher Ordnung enthält (Nr. 28); aber das einzige Element endlicher Ordnung in J ist 0.

49. Der Satz B ist in dem folgenden schärferen enthalten:

Satz B'. *Sind u, v teilerfremde Zahlen, so ist*[2]

$$\mathfrak{G}_{uv} = U + V, \quad U \approx \mathfrak{G}_u, \quad V \approx \mathfrak{G}_v.$$

Im Hinblick auf eine spätere Anwendung (Nr. 54) verallgemeinern wir den Satz B' zu

Satz B''. *Sind u, v teilerfremde Zahlen und ist J eine beliebige Gruppe, so ist*

$$J_{uv} = U + V, \quad U \approx J_u, \quad V \approx J_v.$$

Beweis des Satzes B''. Wir machen drei Vorbemerkungen:

1) *Jedes Element z von J ist von der Form $z = ux + vy$, $x \subset J$, $y \subset J$.* Denn es gibt ganze Zahlen p, q mit $pu + qv = 1$, also $z = u \cdot pz + v \cdot qz$.

2) *Sind x, y, z Elemente von J mit $z = ux = vy$, so gibt es ein Element z' mit $z = uv \cdot z'$.* Denn das Element $z' = qx + py$ (mit denselben Zahlen p, q wie in 1) hat, wie man sofort bestätigt, diese Eigenschaft.

3) *Sind x, y Elemente mit $v \cdot x = uv \cdot y$, so gibt es ein Element z mit $x = u \cdot z$.* Denn das Element $z = p \cdot x + qv \cdot y$ hat, wie man bestätigt, diese Eigenschaft. —

Wenn in einer der Restklassen, in welche J modulo uvJ zerfällt, *ein* Element der Form vx enthalten ist, so ist offenbar *jedes* Element dieser Klasse von der Form vx' $(x, x' \subset J)$. Diese Restklassen, deren

[1] Die Nummern 47 bis 52 (deren Inhalt an sich einen wichtigen Teil der Theorie der Abelschen Gruppen bildet) dienen uns hier nur zur Herleitung des Satzes in Nr. 53, den wir in Kap. V, § 4, Nr. 10, brauchen.

[2] Wegen der Bezeichnungen vgl. man Nr. 4; aus dem Beweis in Nr. 39 geht hervor, daß jede zyklische Gruppe der Ordnung m mit G_m isomorph ist. J_1 ist immer die Nullgruppe.

Elemente von der Form vx sind, bilden eine Untergruppe U der Gruppe J_{uv}. Die Restklassen, welche zu U gehören, sind ihrer Definition nach nichts anderes als diejenigen Klassen, in welche die Gruppe[1] vJ modulo ihrer Untergruppe uvJ zerfällt; es ist also

$$(11u) \qquad U = vJ - uvJ.$$

Ebenso bilden diejenigen Restklassen von J modulo uvJ, deren Elemente die Form ux haben, die Untergruppe

$$(11v) \qquad V = uJ - uvJ$$

der Gruppe $J_{uv} = J - uvJ$.

Jedes Element Z der Gruppe J_{uv} ist von der Form $Z = X + Y$ mit $X \subset V$, $Y \subset U$. Denn ist z ein Element aus der Restklasse Z, so stelle man es gemäß der Vorbemerkung 1 als $z = ux + vy$ dar und verstehe unter X und Y diejenigen Restklassen mod uvJ, in denen die Elemente ux bzw. vy liegen.

Die Gruppen U und V haben nur das Nullelement der Gruppe J_{uv} gemeinsam. Denn die Elemente z einer Restklasse, welche sowohl zu U als auch zu V gehört, sind von der Form $z = ux = vy$, also nach der Vorbemerkung 2 von der Form $z = uv \cdot z'$; d. h. sie sind in der Gruppe uvJ enthalten; diese Gruppe ist aber das Nullelement der Restklassengruppe J_{uv}.

Damit ist gezeigt: es ist $J = U + V$. Zu zeigen bleibt noch:

$$(12u) \qquad U \approx J_u, \qquad (12v) \qquad V \approx J_v.$$

Setzen wir $f(x) = vx$ für jedes Element x von J, so ist f ein Homomorphismus von J auf vJ. Wenn $x \subset uJ$, also $x = uz$ ist, so ist $f(x) = uv \cdot z \subset uvJ$; umgekehrt: es sei x ein Element mit $f(x) \subset uvJ$, also $vx = uv \cdot y$; dann folgt aus der 3. Vorbemerkung: $x = uz \subset uJ$. Damit ist gezeigt: es ist $uJ = f^{-1}(uvJ)$. Aus dem allgemeinen Homomorphiesatz (Nr. 9) folgt daher:

$$J_u = J - uJ \approx vJ - uvJ,$$

Infolge von (11u) gilt daher (12u). Ebenso ergibt sich (12v).

Damit ist der Satz B″ bewiesen.

50. Zerlegungen in zyklische Gruppen von Primzahlpotenz-Ordnungen. Der noch unbewiesene Satz C wird sich (in Nr. 51) aus dem nachstehenden Satz D ergeben. Zunächst definieren wir: Zwei Zerlegungen der Gruppen J und J'

$$J = U_1 + U_2 + \cdots + U_m, \qquad J' = V_1 + V_2 + \cdots + V_n$$

heißen einander „ähnlich“, wenn $m = n$ ist und wenn bei geeigneter Anordnung der direkten Summanden die Isomorphien

$$U_i \approx V_i, \qquad i = 1, 2, \ldots, n$$

bestehen.

---

[1] mJ ist die Gruppe aller Elemente mx mit $x \subset J$; vgl. Nr. 2c.

Satz D. Sind

$$J = Z_1 + Z_2 + \cdots + Z_m, \quad J = Z'_1 + Z'_2 + \cdots + Z'_n$$

zwei Zerlegungen der Gruppe J in zyklische Gruppen Z_i bzw. Z'_j, deren Ordnungen Primzahlpotenzen sind, so sind diese Zerlegungen einander ähnlich.

Dieser Satz ist offenbar in dem folgenden enthalten:

Satz E. *Es sei*

(13) $$J = Z_1 + \cdots + Z_n$$

eine Zerlegung der Gruppe J in zyklische Gruppen Z_i, deren Ordnungen Primzahlpotenzen sind; es seien ferner p eine beliebige Primzahl, t eine beliebige Zahl $\geqq 1$ und k_t die Anzahl derjenigen Gruppen Z_i, deren Ordnungen gleich der Potenz p^t sind. Dann ist k_t durch die Struktur von J bestimmt: es ist

(14) $$k_t = r_{p^{t+1}} - r_{p^t},$$

wobei r_m der Rang mod m von J ist (Nr. 29).

Beweis. Die Behauptung (14) ist in der folgenden enthalten: Setzt man

$$K_t = k_t + k_{t+1} + k_{t+2} + \cdots$$

— man bedenke, daß $k_s = 0$ für hinreichend großes s ist —, so ist

(15) $$r_{p^t} = K_t.$$

Die Ordnungen der zyklischen Gruppen Z_i in (13) seien e_i; da sie Primzahlpotenzen sind, ist die Zahl K_t ihrer Definition nach die Anzahl derjenigen e_i, die durch p^t teilbar sind. Es seien $x_1, x_2, \ldots, x_{K_t}$ die erzeugenden Elemente derjenigen Gruppen Z_i, deren Ordnungen durch p^t teilbar sind, und y_j die erzeugenden Elemente der übrigen Z_j, $j = 1, 2, \ldots, n - K_t$.

Die Behauptung (15) zerlegen wir in zwei Teile:

(15a) $r_{p^t} \geqq K_t$, (15b) $r_{p^t} \leqq K_t$.

Beweis von (15a): Die Elemente $x_1, \ldots, x_{K_t}$ sind linear unabhängig mod p^t; denn aus $\sum a_i x_i = 0$ folgt, daß a_i durch e_i, also auch durch p^t teilbar ist.

Beweis von (15b): Es sei zunächst $z' = \sum a_i x_i + \sum b_j y_j$ irgendein Element von T; da die Ordnungen e_j der y_j nicht durch p^t teilbar sind, besitzen sie ein gemeinsames Vielfaches q, das ebenfalls nicht durch p^t teilbar ist; es ist

$$q \cdot z' = \sum c_i x_i \qquad (c_i = q a_i).$$

Demnach gilt, wenn Elemente $z'_1, z'_2, \ldots, z'_{K_t+1}$ gegeben sind,

(16) $$q \cdot z'_h = \sum_{i=1}^{K_t} c_{hi} x_i, \qquad h = 1, 2, \ldots, K_t + 1.$$

(17) $$q \not\equiv 0 \bmod p^t.$$

Nach Nr. 21 gibt es Zahlen $\xi_1, \ldots, \xi_{K_t+1}$, so daß

(18) $$\sum_{h=1}^{K_t+1} \xi_h c_{hi} = 0, \qquad i = 1, 2, \ldots, K_t$$

ist, wobei die ξ_h teilerfremd sind; daher ist wenigstens ein ξ_h nicht durch p teilbar, und infolge von (17) gilt für dieses h:

(19) $$\xi_h q \not\equiv 0 \bmod p^t.$$

Aus (16) und (18) folgt

$$\sum_{h=1}^{K_t+1} \xi_h q \cdot z'_h = 0.$$

Mit Rücksicht auf (19) bedeutet dies: die Elemente $z'_1, \ldots, z'_{K_t+1}$ sind linear abhängig mod p^t; folglich gilt (15b).

Damit ist der Satz E bewiesen.

51. Beweis des Satzes C (Nr. 47). Es sei Z eine zyklische Gruppe von Primzahlpotenzordnung. Wäre $Z = U + V$, $U \neq 0$, $V \neq 0$, so könnte man die endlichen Gruppen U und V durch wiederholte Anwendung des Satzes B (Nr. 47) als direkte Summen zyklischer Gruppen Z_i von Primzahlpotenzordnungen darstellen, und man erhielte eine Zerlegung $Z = Z_1 + \cdots + Z_n$ mit $n \geqq 2$ — im Widerspruch zu Satz D.

52. Die Zerlegung einer Gruppe in unzerlegbare Gruppen. Wenn in einer zyklischen Zerlegung (vgl. Nr. 40)

(1) $$J = Z_1 + Z_2 + \cdots + Z_n$$

der Gruppe J ein Summand Z_i eine endliche Ordnung hat, die nicht Primzahlpotenz ist, so kann man diese Gruppe Z_i durch wiederholte Anwendung des Satzes B' (Nr. 49) als direkte Summe zyklischer Gruppen von Primzahlpotenzordnungen darstellen. Auf Grund der Sätze A und C gilt daher der

Satz. *Jede Gruppe mit endlich-vielen Erzeugenden läßt sich in direkte Summanden zerlegen, welche selbst unzerlegbar sind.*

Und ferner gilt der wichtige

Eindeutigkeitssatz. *Je zwei Zerlegungen einer Gruppe mit endlich-vielen Erzeugenden in unzerlegbare direkte Summanden sind einander ähnlich*[1].

Beweis. Es seien

$$J = U_1 + \cdots + U_m, \quad J = V_1 + \cdots + V_n$$

zwei Zerlegungen der Gruppe J mit endlich-vielen Erzeugenden in unzerlegbare Summanden U_i bzw. V_j. Da die U_i und V_j selbst Gruppen mit endlich-vielen Erzeugenden sind (Nr. 38), sind sie zyklisch; denn sonst ließen sie sich nach Nr. 40 weiter zerlegen. Ihre Ordnungen sind nach Satz B (Nr. 47) entweder 0 oder Primzahlpotenzen. Sowohl die

[1] Definition der Ähnlichkeit in Nr. 50.

Anzahl der U_i mit der Ordnung 0 als auch die Anzahl der V_j mit der Ordnung 0 ist gleich $r(J)$ (Nr. 41). Einerseits die U_i mit endlicher Ordnung, andererseits die V_j mit endlicher Ordnung bilden je eine Zerlegung der Gruppe T aller endlichen Elementen von J (Nr. 42); diese beiden Zerlegungen von T sind nach Satz D (Nr. 50) einander ähnlich. Folglich sind die beiden vorgelegten Zerlegungen von J einander ähnlich.

53. Folgerung. Den soeben bewiesenen Eindeutigkeitssatz kann man auch folgendermaßen aussprechen: Wenn

(20) $$J = U_1 + \cdots + U_n$$

eine Zerlegung von J in unzerlegbare Summanden ist, so sind die zu den Gruppen U_i gehörigen Ordnungen (d. h. die Ordnungen der die zyklischen Gruppen U_i erzeugenden Elemente)

(21) $$u_1, u_2, \ldots, u_n,$$

abgesehen von der Reihenfolge, *eindeutig durch die Struktur der Gruppe J* bestimmt — unabhängig von der speziellen Zerlegung (20). Wir nennen das Zahlensystem (21) *die „Basisreihe“* der Gruppe J.

Die Basisreihe von J ist vollständig durch die beiden folgenden Eigenschaften charakterisiert:

1) Jede Zahl u_i ist entweder 0 oder eine Primzahlpotenz;

2) die Gruppe J ist eine direkte Summe (20), wobei U_i eine zyklische Gruppe mit der Ordnung u_i ist[1], $i = 1, 2, \ldots, n$.

Aus dieser Charakterisierung der Basisreihe ergibt sich unmittelbar: *Sind*

$$u_1, u_2, \ldots, u_n \quad \textit{und} \quad u'_1, u'_2, \ldots, u'_{n'}$$

die Basisreihen der Gruppen U bzw. U', so ist

$$u_1, u_2, \ldots, u_n, u'_1, u'_2, \ldots, u'_{n'}$$

die Basisreihe der direkten Summe $U + U'$.

Umgekehrt sieht man hieraus: Wenn man die Basisreihe von $U + U'$ sowie die Basisreihe von U kennt, so kennt man auch die Basisreihe von U'; da nun nicht nur die Basisreihe durch die Struktur der Gruppe, sondern natürlich auch die Struktur der Gruppe durch die Basisreihe bestimmt ist, gilt der folgende

Satz. *Durch die Struktur der Gruppe $J = U + U'$ und die Struktur des einen Summanden U ist die Struktur des anderen Summanden U' bestimmt.*

Mit anderen Worten:

Aus $$U + U' \approx V + V'$$

und $$U \approx V$$

folgt $$U' \approx V'.$$

[1] Unter einer zyklischen Gruppe mit der Ordnung 0 ist eine unendliche zyklische Gruppe zu verstehen.

Dabei ist vorausgesetzt, daß $J = U + U'$ eine Gruppe mit endlich-vielen Erzeugenden ist.

54. Eine Gruppenkomposition. Die folgende Begriffsbildung wird in diesem Buche zuweilen verwendet:

Es seien J eine beliebige Gruppe, A eine Gruppe mit endlich-vielen Erzeugenden und $a_1, a_2, \ldots, a_n$ die Basisreihe von A; dann verstehen wir unter (J, A) die folgendermaßen definierte abstrakte Gruppe[1]:

$$(J, A) \approx J_{a_1} + J_{a_2} + \cdots + J_{a_n}. \tag{22}$$

Aus Nr. 53 ergibt sich unmittelbar die Gültigkeit des rechtsseitigen distributiven Gesetzes

$$(J, A + A') \approx (J, A) + (J, A'). \tag{23}$$

Aus der Regel (9) in Nr. 46 folgt ferner das linksseitige distributive Gesetz

$$(J + J', A) \approx (J, A) + (J', A). \tag{24}$$

Wir behaupten weiter: Ist Z eine zyklische Gruppe mit der Ordnung m, also $Z \approx \mathfrak{G}_m$, so ist

$$(J, Z) \approx (J, \mathfrak{G}_m) \approx J_m. \tag{25}$$

Denn wenn $m = a_1 \cdot a_2 \cdot \ldots \cdot a_n$ die Zerlegung von m in teilerfremde Primzahlpotenzen a_i ist, so folgt aus dem Satz B″ (Nr. 49) einerseits

$$J_m \approx J_{a_1} + J_{a_2} + \cdots + J_{a_n}, \tag{26}$$

andererseits

$$\mathfrak{G}_m \approx \mathfrak{G}_{a_1} + \mathfrak{G}_{a_2} + \cdots + \mathfrak{G}_{a_n}. \tag{27}$$

Wie man aus (27) sieht, hat die Gruppe $\mathfrak{G}_m$ die Basisreihe $a_1, a_2, \ldots, a_n$; daher ist

$$(J, \mathfrak{G}_m) \approx J_{a_1} + J_{a_2} + \cdots + J_{a_n};$$

hieraus und aus (26) folgt (25). —

Aus (23) und (25) ergibt sich: Es sei

$$A = Z' + Z'' + \cdots + Z^{(k)} \tag{28}$$

eine beliebige Zerlegung der Gruppe A in zyklische Gruppen $Z^{(i)}$ (die nicht unzerlegbar zu sein brauchen), und es seien $e_1, e_2, \ldots, e_k$ die Ordnungen dieser zyklischen Gruppen; dann ist

$$(J, A) \approx J_{e_1} + J_{e_2} + \cdots + J_{e_k}. \tag{29}$$

Da eine Gruppe A gewöhnlich durch eine Zerlegung (28) gegeben ist, liefert (29) eine praktische Regel zur Bildung von (J, A). —

---

[1] Diese direkte Summe ist im Sinne von Nr. 13 zu bilden. Ist etwa $a_1 = a_2 = a$, so hat man unter $J_a + J_a$ die aus zwei Gruppen J', J'', welche beide mit J_a isomorph sind, gebildete direkte Summe $J' + J''$ zu verstehen. — Man beachte übrigens: Es ist $J_0 \approx J$ und $J_1 = 0$ für jede Gruppe J.

Wenn nicht nur A, sondern auch $J = B$ eine Gruppe mit endlich-vielen Erzeugenden ist, so ist nicht nur (B, A), sondern auch (A, B) erklärt; wir behaupten:

(30) $$(B, A) \approx (A, B).$$

Beweis: Auf Grund der distributiven Gesetze (23) und (24), der Zerlegbarkeit von A und B in zyklische Summanden sowie der Regel (29) genügt es, die Richtigkeit von (30) in dem Fall festzustellen, wenn A und B zyklisch sind. Ist aber

$$A \approx \mathfrak{G}_a, \quad B \approx \mathfrak{G}_b,$$

so ist, wie man ohne Mühe feststellt (vgl. die Aufgabe in Nr. 4)

(31) $$(A, B) \approx (B, A) \approx \mathfrak{G}_{(a,b)},$$

wobei (a, b) der größte gemeinsame Teiler von a und b ist (dabei ist $\mathfrak{G}_1$ die Nullgruppe).

Aus (29), (31) und den distributiven Gesetzen ergibt sich die folgende Regel: Sind $A = \sum_i A^{(i)}$, $B = \sum_j B^{(j)}$ Zerlegungen der Gruppen A und B in zyklische Gruppen $A^{(i)}$ bzw. $B^{(j)}$ mit den Ordnungen a_i bzw. b_j, so ist

(32) $$(A, B) \approx \sum_{i,j} \mathfrak{G}_{(a_i, b_j)}.$$

55. Elementarteiler. Die nachstehenden bekannten Begriffe und Tatsachen werden zuweilen auch in der Topologie verwendet; da sie in diesem Buch keine Rolle spielen, verzichten wir auf die Beweise.

Die zyklische Zerlegung $J = Z' + Z'' + \cdots + Z^{(k)}$ heiße eine „Normalzerlegung", wenn die Ordnungen e_i der Gruppen $Z^{(i)}$ die folgenden Bedingungen erfüllen: e_{i+1} ist durch e_i teilbar ($i = 1, 2, \ldots, k-1$). Es gelten die beiden Sätze[1]:

1) *Jede Gruppe mit endlich-vielen Erzeugenden gestattet eine Normalzerlegung.*

2) *Je zwei Normalzerlegungen einer Gruppe sind einander ähnlich* (vgl. Nr. 50).

Auf Grund des Satzes 2 sind die Ordnungen e_i, die in einer Normalzerlegung von J auftreten, durch J eindeutig bestimmt; umgekehrt bestimmen sie die Struktur von J. Die von Null verschiedenen e_i heißen die „*Elementarteiler*" von J.

§ 5. Charaktere.

56. Erklärung. Das Wort „Charakter" ist hier nur eine andere Bezeichnung für den Begriff „Homomorphismus" (Nr. 6): wenn A und J zwei beliebige Gruppen sind, so verstehen wir unter einem „J-Charakter von A" eine homomorphe Abbildung von A in J. Insbesondere gibt man für gewisse spezielle Gruppen J, die wir unten (Nr. 61, 62, 63) besonders betrachten werden, der Bezeichnung „Charakter" den Vorzug vor der Bezeichnung „Homomorphismus"; wir werden jetzt aber durchweg, auch bei beliebigen J, von „Charakteren" sprechen.

[1] Einen Beweis findet man z. B. im § 86 des Buches von SEIFERT-THRELFALL.

57. Die Charakterengruppe. Es seien f und g zwei J-Charaktere der Gruppe A; setzen wir für jedes Element x von A

$$h(x) = f(x) + g(x), \tag{1}$$

so ist auch die damit definierte Abbildung h von A in J ein J-Charakter; wir bezeichnen ihn als die „Summe" von f und g:

$$h = f + g. \tag{2}$$

Offenbar wird die Gesamtheit der J-Charaktere durch diese Additionsvorschrift zu einer *Gruppe*; wir nennen diese Gruppe $C_J(A)$. Ihr Nullelement ist derjenige Charakter, der allen Elementen von A das Nullelement von J zuordnet.

Bei gegebenen Gruppen A und J bestehen die folgenden beiden Fragen: I) Wie konstruiert man alle J-Charaktere von A? II) Wie bestimmt man die Struktur der Gruppe $C_J(A)$ aus den Strukturen von A und J? — Wir werden nachher (Nr. 60) beide Fragen für den Fall beantworten, daß A eine Gruppe mit endlich-vielen Erzeugenden ist. —

58. Zunächst nehmen wir nur an, daß die Gruppe A eine direkte Summe, $A = U_1 + U_2$, im übrigen beliebig, ist. Ein J-Charakter f bewirkt in U_1 — wie in jeder Untergruppe von A — einen J-Charakter f_1 durch die Vorschrift:

$$f_1(x) = f(x) \quad \text{für} \quad x \subset U_1;$$

analog wird durch f ein J-Charakter f_2 in U_2 bewirkt. Aber auch umgekehrt: es seien J-Charaktere f_1, f_2 in U_1, U_2 gegeben; dann ist durch

$$f(x_1 + x_2) = f_1(x_1) + f_2(x_2), \quad x_1 \subset U_1, \quad x_2 \subset U_2 \tag{3}$$

ein J-Charakter f in A bestimmt, und die durch ihn in U_1 und U_2 bewirkten J-Charaktere sind gerade die gegebenen f_1 und f_2. Die Aufgabe der Konstruktion aller J-Charaktere von A ist damit auf die Konstruktion der J-Charaktere von U_1 und von U_2 zurückgeführt: *man erhält den allgemeinsten J-Charakter f von A, wenn man f durch* (3) *erklärt und f_1, f_2 alle J-Charaktere von U_1 bzw. U_2 durchlaufen läßt.*

Zugleich sieht man hieraus unmittelbar: *es ist*

$$C_J(U_1 + U_2) \approx C_J(U_1) + C_J(U_2); \tag{4}$$

dabei sind die mit $C_J(U_1)$ und $C_J(U_2)$ isomorphen Untergruppen V_1 und V_2, deren direkte Summe $C_J(U_1 + U_2) = C_J(A)$ ist, folgendermaßen erklärt: V_1 ist die Gruppe derjenigen Charaktere von A, welche in allen Elementen von U_2 den Wert 0 haben; und das Analoge gilt für V_2. —

59. Jetzt sei A eine zyklische Gruppe, also $A \approx \mathfrak{G}_m$ mit $m = 0$ oder $m \geqq 2$. Es sei z ein festes Element, das A erzeugt. Ist dann f ein Charakter von A und $f(z) = \zeta$, so ist $m\zeta = f(mz) = 0$; das heißt:

$\zeta \subset {}_mJ$.[1] Umgekehrt: es sei ζ ein beliebiges Element der Gruppe ${}_mJ$; wir setzen

$$f(az) = a\zeta \tag{5}$$

für jede ganze Zahl a; dann ist f eine *eindeutige* Funktion des Arguments $x = az$; denn es ist dann und nur dann $a'z = az$, wenn $a' \equiv a$ mod$m$ ist[2]; aber dann ist $(a' - a)\zeta = 0$, also $a'\zeta = a\zeta$. Daß die durch (5) gegebene eindeutige Abbildung von A in J ein Charakter ist, ist klar. Damit haben wir erkannt: *man erhält den allgemeinsten J-Charakter der zyklischen Gruppe $A \approx \mathfrak{G}_m$, indem man dem (fest gewählten) erzeugenden Element z von A ein beliebiges Element $f(z) = \zeta$ der Gruppe ${}_mJ$ zuordnet.* Die Werte von f für die übrigen Elemente $x = az$ von A sind dann durch (5) bestimmt.

Für die Gruppe $C_J(\mathfrak{G}_m)$ ergibt sich aus der eineindeutigen Beziehung zwischen den J-Charakteren und den Elementen ζ:

$$C_J(\mathfrak{G}_m) \approx {}_mJ. \tag{6}$$

Insbesondere ist (im Fall $m = 0$)

$$C_J(\mathfrak{G}) \approx J. \tag{6_0}$$

60. Nunmehr sei A eine beliebige Gruppe mit endlich-vielen Erzeugenden, und es sei

$$A = Z' + Z'' \ldots + Z^{(k)}, \quad Z^{(i)} \approx \mathfrak{G}_{m_i}, \quad i = 1, 2, \ldots, k \tag{7}$$

eine zyklische Zerlegung (Nr. 40); die zyklischen Gruppen $Z^{(i)}$ seien durch die Elemente z_i erzeugt; ihre Ordnungen seien m_i. Durch Vereinigung der Ergebnisse von Nr. 58 und Nr. 59 ergibt sich: *Man erhält den allgemeinsten Charakter der Gruppe A, wenn man für $i = 1, 2, \ldots, n$ dem Element z_i ein beliebiges Element $f(z_i) = \zeta_i$ der Gruppe ${}_{m_i}J$ zuordnet und im übrigen*

$$f(\sum a_i z_i) = \sum a_i \zeta_i$$

setzt. Und für die Gruppe $C_J(A)$ gilt:

$$C_J(A) \approx {}_{m_1}J + {}_{m_2}J + \cdots + {}_{m_k}J. \tag{8}$$

61. Ganzzahlige Charaktere. Es sei $J = \mathfrak{G}$, also die additive Gruppe der ganzen Zahlen. Einen $\mathfrak{G}$-Charakter nennt man einen „ganzzahligen Charakter" oder auch kurz einen „Charakter".

Da ${}_m\mathfrak{G} = 0$ für $m \neq 0$ ist, vereinfacht sich das Ergebnis der Nr. 60 folgendermaßen: den allgemeinsten ganzzahligen Charakter der durch (7) gegebenen Gruppe A erhält man, indem man jedem Element z_i mit der Ordnung 0 eine beliebige Zahl $f(z_i)$, jedem Element z_i mit von 0 verschiedener Ordnung die Null zuordnet.

---

[1] ${}_mJ$ ist die Gruppe derjenigen Elemente x von J, für die $mx = 0$ ist. Es ist also ${}_0J = J$, ${}_1J = 0$.

[2] Kongruenzen mod 0 sind Gleichungen.

Für die Gruppe $C_{\mathfrak{G}}(A)$ folgt aus (8): *Die Gruppe der ganzzahligen Charaktere von A ist ein r-gliedriger Modul, wobei r der Rang von A ist* (denn dieser Rang ist gleich der Anzahl der z_i mit der Ordnung 0).

Hierin ist enthalten: *Für einen Modul M ist*

(9) $$C_{\mathfrak{G}}(M) \approx M.$$

62. Zyklische Charaktere. Jetzt betrachten wir den Fall, in dem J *die Gruppe $\mathfrak{R}_1$ der Drehungen eines Kreises um rationale Teile von π* ist; diese Gruppe läßt sich auch als *die additive Gruppe der modulo 1 zu reduzierenden rationalen Zahlen erklären.* Einen $\mathfrak{R}_1$-Charakter nennt man einen „zyklischen Charakter".

Aus der Definition von $\mathfrak{R}_1$ ist ersichtlich: für jedes $m > 0$ ist ${}_m(\mathfrak{R}_1) \approx \mathfrak{G}_m$. Daher ergibt sich aus (8): Wenn alle $m_i \neq 0$ sind, d. h. *wenn A endlich ist, so ist*

(10) $$C_{\mathfrak{R}_1}(A) \approx A.$$

Ist A nicht endlich, so ist (Nr. 43) $A = M + T$, wobei M ein Modul, T die endliche Gruppe der Elemente endlicher Ordnung von A ist; ist r der Rang von A und von M, so ist nach (8):

(11) $$C_{\mathfrak{R}_1}(A) = C_{\mathfrak{R}_1}(M + T) \approx \underbrace{\mathfrak{R}_1 + \mathfrak{R}_1 + \cdots + \mathfrak{R}_1}_{r\text{-mal}} + T.$$

63. Charaktere mod m. Schließlich sei $J = \mathfrak{G}_m$, also die Restklassengruppe modulo m, $m \geqq 2$. Einen $\mathfrak{G}_m$-Charakter nennt man einen „Charakter mod m".

Es ist[1] ${}_{m_i}(\mathfrak{G}_m) \approx \mathfrak{G}_{(m, m_i)}$. Daher folgt aus (8): *Die Struktur der Gruppe der Charaktere mod m der durch (7) gegebenen Gruppe A ist durch*

(12) $$C_{\mathfrak{G}_m}(A) \approx \mathfrak{G}_{(m, m_1)} + \mathfrak{G}_{(m, m_2)} + \cdots + \mathfrak{G}_{(m, m_k)}$$

bestimmt. Hieraus liest man ab:

(12') $$C_{\mathfrak{G}_m}(A) \approx A_m.$$

Darin ist enthalten: *Wenn A die Eigenschaft hat, daß die Ordnung jedes Elementes ein Teiler von m ist, wenn also $mx = 0$ für alle Elemente x von A gilt, so ist*

(13) $$C_{\mathfrak{G}_m}(A) \approx A.$$

Denn die Voraussetzung besagt[1]: $mA = 0$, also $A_m = A - mA = A$; in der Voraussetzung ist enthalten, daß A eine *endliche* Gruppe ist.

64. Die Pontrjaginschen Dualitätssätze. Es seien A, B, J drei beliebige Gruppen. Jedem Paar $\{x, y\}$ von Elementen $x \subset A$, $y \subset B$ sei ein Element

$$z = F(x, y)$$

von J derart zugeordnet, daß die folgenden beiden „distributiven Gesetze" gelten:

(14a) $$F(x_1 + x_2, y) = F(x_1, y) + F(x_2, y),$$

(14b) $$F(x, y_1 + y_2) = F(x, y_1) + F(x, y_2).$$

---

[1] Vgl. Nr. 4.

Dann sagen wir: F ist eine „Gruppenmultiplikation" von A und B in bezug auf J.

Ferner definieren wir: Die Gruppen A und B sind „dual in bezug auf J", wenn es eine solche Gruppenmultiplikation F gibt, daß die beiden folgenden Gesetze gelten:

(15a): Zu jedem $x \neq 0$ gibt es wenigstens ein y mit $F(x, y) \neq 0$;

(15b): Zu jedem $y \neq 0$ gibt es wenigstens ein x mit $F(x, y) \neq 0$.

65. Nun gilt der Satz:

Wenn A und B dual in bezug auf J sind, so ist A mit einer Untergruppe V von $C_J(B)$ und B mit einer Untergruppe U von $C_J(A)$ isomorph.

Beweis. Es sei F zunächst irgendeine Gruppenmultiplikation von A und B in bezug auf J. Ferner sei y ein festes Element von B. Wir setzen

$$f_y(x) = F(x, y).$$

Das Gesetz (14a) bedeutet: f_y ist ein *J-Charakter* der Gruppe A, also ein Element der Charakterengruppe $C_J(A)$. Wir ordnen dem Element y von B das Element f_y von $C_J(A)$ zu: $f_y = \varphi(y)$. Das Gesetz (14b) bedeutet: φ ist eine *homomorphe* Abbildung von B in $C_J(A)$; die Bildgruppe $\varphi(B)$ nennen wir U.

Nun erfülle die Gruppenmultiplikation F auch das Gesetz (15b). Dieses Gesetz bedeutet: Ist $y \neq 0$, so ist auch $\varphi(y) \neq 0$; denn der Charakter f_y ist nicht das Nullelement von $C_J(A)$, da es ein x mit $f_y(x) \neq 0$ gibt. Folglich besteht der Kern des Homomorphismus φ nur aus dem Nullelement von B; daher ist (nach Nr. 8) φ ein Isomorphismus der Gruppe B auf die Untergruppe U von $C_J(A)$.

Ebenso ergibt sich, falls A und B dual in bezug auf J sind, die Existenz einer Untergruppe V von $C_J(B)$, mit welcher A isomorph ist.

66. Dualitätssätze. *Es sei eine der drei folgenden Voraussetzungen* (α), (β), (γ) *erfüllt:*

(α): *A ist ein Modul, und J ist gleich $\mathfrak{G}$;*

(β): *A ist eine endliche Gruppe, und J ist gleich $\mathfrak{R}_1$;*

(γ): *A ist eine endliche Gruppe, die Ordnungen aller Elemente von A sind Teiler der Zahl m, und J ist gleich $\mathfrak{G}_m$ ($m \geqq 2$);*

ferner sei B eine Gruppe, die mit A dual in bezug auf J ist. Dann sind A und B miteinander isomorph.

Beweis. Es ist nach (9) bzw. (10) bzw. (13)

$$C_J(A) \approx A. \tag{16}$$

Nach Nr. 65 ist daher B mit einer Untergruppe A' von A isomorph; infolgedessen ist die Gruppe B im Falle (α) ein Modul (Nr. 23), im Falle (β) eine endliche Gruppe, im Falle (γ) eine endliche Gruppe, deren sämtliche Elemente Ordnungen besitzen, die Teiler von m sind. In jedem Falle also erfüllt auch B die Voraussetzung (α) bzw. (β)

bzw. (γ). Infolgedessen ist auch A mit einer Untergruppe B' von B isomorph. Nun ist in jeder der drei Voraussetzungen (α), (β), (γ) die Tatsache enthalten; A ist eine Gruppe mit endlich-vielen Erzeugenden. Daher folgt die Isomorphie von A und B aus dem 3. Isomorphie-Kriterium (Nr. 44).

67. Erweiterungssätze. Es handelt sich um Fragen der folgenden Art: In der Untergruppe U der Gruppe A ist ein Charakter f gegeben; läßt er sich zu einem Charakter F von A erweitern, d. h. gibt es einen Charakter F von A, der in den Elementen von U mit f übereinstimmt?

Bis Nr. 69 ist unter $A = M$ ein *Modul* und unter einem Charakter ein *ganzzahliger* Charakter zu verstehen.

Satz. *Jeder Charakter f einer Untergruppe mit Division* (Nr. 5) *des Moduls M läßt sich zu einem Charakter F von M erweitern.*

Beweis. Ist $\hat{U}$ Untergruppe mit Division von M, so ist (nach Nr. 25) M direkte Summe $M = \hat{U} + V$. Dann definiere man F durch

$$F(x + y) = f(x),$$

wobei x die Elemente von $\hat{U}$, y die Elemente von V durchläuft. Offenbar ist F ein Charakter von M, der in $\hat{U}$ mit f übereinstimmt. (Vgl. Nr. 58.)

68. Satz. *Es sei U eine beliebige Untergruppe des Moduls M. Ein Charakter f von U läßt sich dann und nur dann zu einem Charakter F von M erweitern, wenn die folgende Bedingung erfüllt ist:*

(I): *Ist z ein Element von M, m eine ganze Zahl ≥ 2. und $mz = x \subset U$, so ist $f(x) \equiv 0 \bmod m$.*

Beweis. Die Notwendigkeit der Bedingung (I) für die Existenz von F ist klar: wenn F existiert, so ist $f(x) = mF(z)$.

Die Bedingung (I) sei erfüllt. Nach Nr. 24 dürfen wir annehmen:

$$U = [a_1 X_1, a_2 X_2, \ldots, a_r X_r], \qquad \hat{U} = [X_1, X_2, \ldots, X_r];$$

dabei ist $\hat{U}$ Untergruppe mit Division von M. Infolge der Bedingung (I) ist $f(a_i X_i) = a_i b_i$ mit ganzem b_i. Wir setzen $F(X_i) = b_i$ und allgemein: $F(\sum c_i X_i) = \sum c_i b_i$ für jedes Element $\sum c_i X_i$ von $\hat{U}$. Damit haben wir f zu einem Charakter F von $\hat{U}$ erweitert. Nach Nr. 68 können wir, da $\hat{U}$ Untergruppe mit Division von M ist, diesen Charakter von $\hat{U}$ noch zu einem Charakter von M erweitern.

69. Satz. *Es seien U und V Untergruppen des Moduls M. In U ist ein Charakter f gegeben; man soll ihn zu einem solchen Charakter F von M erweitern, daß $F(y) = 0$ für jedes Element y von V ist. Dies ist dann und nur dann möglich, wenn die folgende Bedingung* (II) *erfüllt ist:*

(II) *Ist z ein Element von M, m eine ganze Zahl ≥ 2, y ein Element von V, und ist $mz + y = x \subset U$, so ist $f(x) \equiv 0 \bmod m$.*

Beweis. Die Notwendigkeit der Bedingung (II) für die Existenz von F ist wieder klar: wenn F existiert, so ist $f(x) = mF(z)$.

Die Bedingung (II) sei erfüllt. Dann behaupten wir zunächst: für jedes Element x des Durchschnittes $U \cdot V$ ist $f(x) = 0$. In der Tat: es sei m eine beliebige ganze Zahl $\geqq 2$; dann ist $x = mz + y$ mit $z = 0$ und $y = x \subset V$, also nach (II): $f(x) \equiv 0 \mod m$; da dies für jedes $m \geqq 2$ gilt, ist $f(x) = 0$.

Jetzt betrachten wir die Gruppe U' aller Elemente

$$z = x + y \quad \text{mit } x \subset U,\ y \subset V. \tag{17}$$

Wenn das Element z zwei solche Darstellungen besitzt,

$$z = x + y = x' + y',$$

so ist $x - x' = -y + y' \subset U \cdot V$, also, wie wir eben sahen,

$$f(x - x') = f(x) - f(x') = 0.$$

Daraus folgt: Wenn wir für jedes Element (17)

$$f'(z) = f(x)$$

setzen, so ist f' eine *eindeutige* Funktion in U', und zwar ist sie ein Charakter, da f ein solcher ist. In der Untergruppe U von U' stimmt f' mit f überein. Damit ist also f zu einem Charakter f' von U' erweitert.

Um zu zeigen, daß wir diesen Charakter f' zu einem Charakter F von M erweitern können, haben wir zu zeigen: f' erfüllt die Bedingung (I) aus Nr. 68, wobei man dort f durch f' und U durch U' zu ersetzen hat.

Es sei also $z \subset M$ und $mz \subset U'$ mit $m \geqq 2$; dann ist $mz = x + y$, $x \subset U$ $y \subset V$, also nach (II): $f(x) \equiv 0 \mod m$. Nach Definition von f' ist aber $f'(z) = f(x)$; folglich erfüllt f' die Bedingung (I). Damit ist der Satz bewiesen.

70. Satz. *Es sei J eine endliche Gruppe, und die Ordnung jedes Elementes von J sei Teiler der festen Zahl $m \geqq 2$; ferner sei U eine beliebige Untergruppe von J und f ein Charakter $\mathrm{mod}\, m$ von U. Dann läßt sich f zu einem Charakter $\mathrm{mod}\, m$ von J erweitern.*

Beweis. Wir erledigen zunächst den folgenden *Spezialfall*: *J sei zyklisch.* Dann sei z_0 erzeugendes Element von J, seine Ordnung sei m_0; die Untergruppe U wird von einem Element az_0 erzeugt, wobei a Teiler von m_0 ist. Ist $f(az_0) = \mathfrak{r}_m(b)$, wobei b eine ganze Zahl und $\mathfrak{r}_m(b)$ die sie enthaltende Restklasse $\mathrm{mod}\, m$ ist, so ist, da az_0 die Ordnung $\frac{m_0}{a}$ hat,

$$\frac{m_0 b}{a} \equiv 0 \qquad (\mathrm{mod}\, m), \tag{18}$$

also $\frac{m_0 b}{m a}$ ganz, und da $\frac{m}{m_0}$ ganz ist, auch $\frac{b}{a}$ ganz. Es ist $m_0 \cdot \mathfrak{r}_m\left(\frac{b}{a}\right) = 0$ nach (18), und daher wird (vgl. Nr. 59) durch die Festsetzung $g(z_0) = \mathfrak{r}_m\left(\frac{b}{a}\right)$ ein Charakter g von J erklärt; da $g(az_0) = \mathfrak{r}_m(b)$ ist, stimmt er in U mit f überein. — Damit ist der Satz für zyklische Gruppen J bewiesen.

Jetzt sei J beliebig. Es genügt offenbar, unter der Voraussetzung, daß U *echte* Untergruppe von J ist, zu zeigen, daß sich f zu einem

Charakter einer gewissen Untergruppe U' von J erweitern läßt welche U als echte Untergruppe enthält; denn falls U' auch noch echte Untergruppe von J ist, kann man dann den Charakter von U' ebenso zu einem Charakter einer größeren Untergruppe U'' von J erweitern, und so fort, bis man bei der Gruppe J angelangt ist.

Es sei z_0 ein nicht in U enthaltenes Element von J und J_0 die Gruppe aller Vielfachen von z_0; da J_0 zyklisch ist, gibt es, wie wir schon gezeigt haben, einen Charakter g von J_0, der in der Durchschnittsgruppe $U_0 = U \cdot J_0$ mit f übereinstimmt.

Unter U' verstehen wir die Gruppe aller Elemente $x + z$ mit $x \subset U$, $z \subset J_0$; sie ist eine echte Obergruppe von U. Ist x' ein Element von U', und zwar etwa

$$x' = x_1 + z_1 = x_2 + z_2, \quad x_i \subset U, \quad z_i \subset J_0, \qquad i = 1, 2,$$

so ist $x_1 - x_2 = -z_1 + z_2$ Element von U_0 und daher

$$f(x_1 - x_2) = g(-z_1 + z_2),$$

also

$$f(x_1) - f(x_2) = -g(z_1) + g(z_2),$$

$$f(x_1) + g(z_1) = f(x_2) + g(z_2).$$

Hieraus ist ersichtlich: Wenn man $f'(x')$ für jedes Element $x' = x + z$ von U' durch

$$f'(x') = f(x) + g(z)$$

erklärt, so ist f' eine *eindeutige* Funktion in U'. Daß f' ein *Charakter* mod m ist, ergibt sich unmittelbar daraus, daß f und g Charaktere sind. Daher stellt f' die gewünschte Erweiterung von f dar.

Anhang II.

Der R^n und seine konvexen Zellen.

Vorbemerkungen. Die Grundtatsachen der mehrdimensionalen analytischen Geometrie, etwa soweit sie in der „Einführung in die analytische Geometrie und Algebra" von SCHREIER-SPERNER dargestellt sind[1], setzen wir als bekannt voraus. Infolgedessen dürfen wir im ersten Paragraphen alle Beweise dem Leser überlassen.

Wir werden uns der vektoriellen Terminologie für das Rechnen mit *Punkten* bedienen und dabei die Punkte mit lateinischen Buchstaben bezeichnen: Sind a und b die Punkte des R^n mit den Koordinaten

$$\alpha_1, \alpha_2, \ldots, \alpha_n \quad \text{bzw.} \quad \beta_1, \beta_2, \ldots, \beta_n,$$

so ist $a+b$ der Punkt mit den Koordinaten

$$\alpha_1+\beta_1, \alpha_2+\beta_2, \ldots, \alpha_n+\beta_n.$$

Ferner ist λa der Punkt mit den Koordinaten

$$\lambda\alpha_1, \lambda\alpha_2, \ldots, \lambda\alpha_n.$$

Unter $|a|$ verstehen wir die Zahl $\sqrt{\sum_{i=1}^{n}\alpha_i^2}$. Die Entfernung der Punkte a und b ist also

$$\varrho(a, b) = |a-b|.$$

Die Dreiecksungleichung[2] lautet

$$|c-a| \leqq |c-b| + |b-a|$$

oder, wenn man hier $c-b$ durch a und $b-a$ durch b ersetzt:

$$|a+b| \leqq |a| + |b|.$$

Ferner ist

$$|\lambda a| = |\lambda| \cdot |a|.$$

Durch Kombination dieser Regeln ergibt sich

$$\left|\sum \lambda_i a_i\right| \leqq \sum |\lambda_i|\,|a_i|.$$

§ 1. Der R^n und seine Ebenen.

Den n-dimensionalen Euklidischen Raum bezeichnen wir immer mit R^n. Seine r-dimensionalen linearen Unterräume[3], $0 \leqq r \leqq n$, bezeichnen wir mit R^r; wir nennen die linearen Unterräume gewöhnlich „Ebenen", ohne Rücksicht auf ihre Dimensionszahl r. Der R^n gehört daher selbst zu seinen Ebenen.

---

[1] Leipzig-Berlin 1931. — Für unsere Zwecke genügen der I. Abschnitt und kleine Teile des II. Abschnittes aus diesem Buch.

[2] Vgl. Kap. I, § 1, Nr. 3 und Nr. 11. [3] SCHREIER-SPERNER: a. a. O.

1. Lineare Unabhängigkeit von Punkten. Definition. $r+1$ Punkte $a_0, a_1, \ldots, a_r$ heißen „*linear unabhängig*“, wenn sie in keiner Ebene von einer Dimensionszahl $< r$ liegen.

Je $n+2$ oder mehr Punkte des R^n sind demnach linear abhängig. Haben die Punkte a_i die Koordinaten $t_i^1, t_i^2, \ldots, t_i^n$, so ist die lineare Unabhängigkeit gleichbedeutend damit, daß die Matrix

$$\begin{pmatrix} t_0^1 \ldots t_0^n & 1 \\ \cdots\cdots & \cdot \\ t_r^1 \ldots t_r^n & 1 \end{pmatrix}$$

den Rang $r+1$ hat. Dieselbe Tatsache kann man auch so ausdrücken: Aus dem gleichzeitigen Bestehen der beiden Gleichungen

$$\lambda_0 a_0 + \lambda_1 a_1 + \cdots + \lambda_r a_r = 0$$

und

$$\lambda_0 + \lambda_1 + \cdots + \lambda_r = 0$$

folgt

$$\lambda_0 = \lambda_1 = \cdots = \lambda_r = 0.$$

Durch je $r+1$ linear unabhängige Punkte $a_0, \ldots, a_r$ geht eine und nur eine r-dimensionale Ebene — die von $a_0, \ldots, a_r$ „aufgespannte“ Ebene $R(a_0, \ldots, a_r)$. Sie ist in jeder Ebene R^s enthalten, in welcher die Punkte $a_0, \ldots, a_r$ liegen.

2. Baryzentrische Koordinaten. Die Ebene $R(a_0, \ldots, a_r)$ besteht aus denjenigen Punkten, die sich in der Form

$$(1) \qquad a = \mu_0 a_0 + \mu_1 a_1 + \cdots + \mu_r a_r$$

mit der Nebenbedingung

$$(2) \qquad \mu_0 + \mu_1 + \cdots + \mu_r = 1$$

darstellen lassen; andererseits sind die Zahlen $\mu_0, \mu_1, \ldots, \mu_r$ durch den Punkt a und die Relationen (1) und (2) eindeutig bestimmt; man nennt sie die „baryzentrischen Koordinaten“ des Punktes a in dem baryzentrischen Koordinatengerüst $(a_0, \ldots, a_r)$.

Diese — auf F. A. Möbius zurückgehende — Bezeichnung hat den folgenden Grund: Unter einem „materiellen Punkt“ des R^n versteht man einen Punkt mit einer ihm zugeordneten reellen Zahl σ, der „Masse“ des materiellen Punktes; sind die materiellen Punkte a_i mit den Massen σ_i gegeben, so ist der durch (1) bestimmte Punkt a der *Schwerpunkt* dieser Massenverteilung, wenn man

$$\mu_i = \frac{\sigma_i}{\sigma_0 + \cdots + \sigma_r}$$

setzt. Dabei brauchen die σ_i nicht positiv zu sein; man muß lediglich voraussetzen, daß

$$\sigma_0 + \cdots + \sigma_r \neq 0 \quad \text{ist.}$$

3. Schnitt- und Aufspannungssätze. Unter dem „Durchschnitt“ zweier Ebenen R^r, R^s des R^n verstehen wir wie üblich die Menge der

Punkte, die den beiden Ebenen gemeinsam sind; unter dem von R^r und R^s „aufgespannten" Raum oder kurz der „linearen Hülle" zweier Ebenen die — offenbar eindeutig bestimmte — Ebene kleinster Dimensionszahl, welche sowohl R^r als auch R^s enthält.

Man beweist leicht die folgenden Sätze:

Satz I. *Der Durchschnitt von R^r und R^s ist entweder leer oder eine Ebene R^d mit $d \geqq r + s - n$.*

Satz II. *Die Dimensionszahl h der linearen Hülle von R^r und R^s genügt der Ungleichung $h \leqq r + s + 1$.*

Satz III. *Wenn der Durchschnitt von R^r und R^s nicht leer ist, so ist $d + h = r + s$.*

(Da jedenfalls $h \leqq n$ ist, ist im Satz III der Satz I enthalten.)

4. Allgemeine Lage. Definition. Ein endliches oder unendliches Punktsystem heißt ein System „*in allgemeiner Lage*", wenn für jede Zahl $r \leqq n + 1$ je r Punkte des Systems linear unabhängig sind.

Unmittelbar aus den Sätzen der vorigen Nummer ergibt sich der

Satz IV. *Die Punkte $a_0, \ldots, a_r, b_0, \ldots, b_s$ seien einem System in allgemeiner Lage entnommen; es sei $r \leqq n$, $s \leqq n$. Dann gilt für den Durchschnitt und die lineare Hülle der Ebenen $R^r = R(a_0, \ldots, a_r)$ und $R^s = R(b_0, \ldots, b_s)$:*

Wenn $r + s < n$ ist, so hat die lineare Hülle die Dimensionszahl $r + s + 1$, und der Durchschnitt ist leer.

Wenn $r + s \geqq n$ ist, so hat die lineare Hülle die Dimensionszahl n (sie ist also der R^n), und der Durchschnitt ist entweder leer oder er hat die Dimensionszahl $r + s - n$. —

Man kann *jedes* endliche Punktsystem durch beliebig kleine Verschiebung seiner Punkte in allgemeine Lage bringen; d. h.:

Satz V. *Es sei $\{a_0, a_1, \ldots\}$ ein beliebiges endliches oder abzählbar unendliches Punktsystem im R^n und ε eine positive Zahl. Dann gibt es ein Punktsystem $\{a'_0, a'_1, \ldots\}$, das sich in allgemeiner Lage befindet und dessen Punkte von den entsprechenden Punkten des ersten Systems um weniger als ε entfernt sind: $\varrho(a'_i, a_i) < \varepsilon$ für $i = 0, 1, \ldots$.*

Beweis. Es sei $a'_0 = a_0$; für $i = 0, 1, \ldots, m$ sei schon der Punkt a'_i der ε-Umgebung von a_i so gewählt, daß $a'_0, a'_1, \ldots, a'_m$ in allgemeiner Lage sind. Dann verstehe man unter a'_{m+1} einen Punkt der ε-Umgebung von a_{m+1}, der auf keiner der endlich-vielen Ebenen

$$R(a'_{i_0}, a'_{i_1}, \ldots, a'_{i_r}), \quad i_\varrho \leqq m, \quad r \leqq n$$

liegt.

Die Bezeichnung „allgemeine" Lage hat folgende Berechtigung: Daß sich ein System $\{a_0, \ldots, a_k\}$ *nicht* in allgemeiner Lage befindet, bedeutet, daß unter gewissen Determinanten, welche aus den Koordinaten der Punkte a_i zu bilden sind und welche nicht identisch Null sind, wenigstens eine verschwindet — daß also ein „Ausnahmefall" vorliegt. Aus der Tatsache, daß diese Determinanten *stetige* Funktionen der Punkte a_i sind, ergibt sich leicht das folgende Gegenstück zu dem Satz IV: Wenn das System $\{a_0, \ldots, a_k\}$ in allgemeiner Lage ist, so gibt es ein solches $\delta > 0$, daß auch jedes System $\{a'_0, \ldots, a'_k\}$ mit $\varrho(a'_i, a_i) < \delta$ für $i = 0, 1, \ldots, k$ ein System in allgemeiner Lage ist.

5. Affine Abbildungen. Wegen der Definition der affinen Abbildungen des R^n in sich vgl. etwa SCHREIER-SPERNER, § 13. Von den Eigenschaften affiner Abbildungen erwähnen wir hier in erster Linie die durch einfache Rechnung leicht zu bestätigende *Invarianz des Schwerpunktes*: Liegt eine affine Abbildung f des R^n in sich vor und ist a Schwerpunkt der materiellen Punkte a_k, $k = 0, 1, \ldots, r$, mit den Massen m_k, so ist $f(a)$ der Schwerpunkt der materiellen Punkte $f(a_k)$ mit denselben Massen m_k. Hieraus folgt:

Satz VI. *Sind im R^n zwei Punktsysteme gegeben: ein aus $n+1$ linear unabhängigen Punkten bestehendes System $a_0, \ldots, a_n$ und ein System von nicht notwendig verschiedenen Punkten $b_0, \ldots, b_n$, so existiert eine einzige affine Abbildung f von R^n auf einen echten oder unechten linearen Unterraum, welche a_i in b_i überführt, $i = 0, \ldots, n$.*

Man erhält die Abbildung f, wenn man jedem Punkt a mit den baryzentrischen Koordinaten $\sigma_0, \ldots, \sigma_n$ [in bezug auf das Koordinatengerüst $(a_0, \ldots, a_n)$] den Schwerpunkt der in den Punkten $b_0, \ldots, b_n$ respektive angebrachten Massen $\sigma_0, \ldots, \sigma_n$ zuordnet.

Eine affine Abbildung heißt *eigentlich* oder *uneigentlich*, je nachdem sie eineindeutig ist oder nicht. Die eigentlichen Abbildungen, und nur diese, sind Abbildungen *auf* den R^n. Sie lassen sich dadurch charakterisieren, daß sie ein linear unabhängiges System von $n+1$ Punkten des R^n auf ein ebenfalls linear unabhängiges System aus der gleichen Anzahl von Punkten abbilden. Analytisch ausgedrückt lautet diese Bedingung folgendermaßen: Die durch

$$t'_i = u_i^1 t_1 + \cdots + u_i^n t_n + u_i, \qquad i = 1, \ldots, n$$

gegebene affine Abbildung (wobei die t_i und t'_i die Koordinaten des Original- bzw. Bildpunktes sind) ist dann und nur dann eigentlich, wenn die *Determinante der Abbildung* von Null verschieden ist:

$$D(f) = \begin{vmatrix} u_1^1 & \ldots & u_1^n \\ \vdots & & \vdots \\ u_n^1 & \ldots & u_n^n \end{vmatrix} \neq 0.$$

Das Vorzeichen dieser Determinante ändert sich bei einer Koordinatentransformation im R^n nicht; man kann somit, unabhängig von dem im R^n gewählten Koordinatensystem, von *positiven* und *negativen* eigentlichen affinen Abbildungen sprechen — je nach dem Vorzeichen der Determinante.

6. Aufspannen einer affinen Abbildung des R^n durch affine Abbildungen zweier Teilräume. Es seien R^p und R^q zwei Ebenen des R^n, $p + q = n$, die sich in einem Punkt o, und nur in diesem, schneiden und deren lineare Hülle somit (Satz III) der R^n ist. Es seien ferner f_1 und f_2 zwei eigentliche Abbildungen von R^p bzw. R^q auf sich, beide mit dem Fixpunkt o. *Dann existiert eine und nur eine affine Abbildung f des R^n auf sich, welche in R^p bzw. R^q mit f_1 bzw. f_2 zusammenfällt.* Die Abbildung f heißt die von f_1 und f_2 *aufgespannte* Abbildung.

Wählt man ein Koordinatensystem im R^n mit dem Anfangspunkt o so, daß seine p ersten Einheitsvektoren in R^p, die übrigen in R^q liegen, so sind die Abbildungen f_1, f_2, f als homogene Lineartransformationen in den Variablenreihen $(t_1, \ldots, t_p)$, $(t_{p+1}, \ldots, t_n)$, $(t_1, \ldots, t_n)$ durch die Matrizen

$$U_1 = \begin{pmatrix} u_{11}, \ldots, u_{1p} \\ \cdots\cdots\cdots \\ \cdots\cdots\cdots \\ u_{p1}, \ldots, u_{pp} \end{pmatrix}, \quad U_2 = \begin{pmatrix} u_{p+1,p+1}, \ldots, u_{p+1,n} \\ \cdots\cdots\cdots \\ \cdots\cdots\cdots \\ u_{n,p+1}, \ldots, u_{nn} \end{pmatrix}, \quad U = \begin{pmatrix} U_1 & 0 \\ 0 & U_2 \end{pmatrix}$$

gegeben. Daraus folgt, daß $D(f) = D(f_1)\,D(f_2)$ ist.

§ 2. Konvexe Mengen.

1. Definition der konvexen Mengen. Die durch zwei Punkte a, b bestimmte Gerade ist (§ 1, Nr. 1) die Menge aller Punkte $\lambda a + \mu b$ mit $\lambda + \mu = 1$. Diejenige Teilmenge dieser Geraden, für deren Punkte überdies $\lambda \geqq 0$, $\mu \geqq 0$ ist, heißt die „Strecke" $\overline{ab}$.

Definition. Die Punktmenge M des R heißt „konvex", wenn sie zu je zwei ihrer Punkte a und b auch die ganze Strecke $\overline{ab}$ enthält.

Triviale Beispiele konvexer Mengen sind: der ganze R^n; die einpunktigen (d. h. aus nur je einem Punkte bestehenden) Mengen; die Ebenen; die leere Menge. Man zeigt leicht: jede Strecke ist konvex.

2. Die einfachsten Eigenschaften konvexer Mengen. Satz I. *Jede konvexe Menge ist zusammenhängend.*

Dies folgt aus Kap. I, § 2, Nr. 14 (Satz XVIII) und Nr. 15. — Unmittelbar aus der Definition der Konvexität ergibt sich

Satz II. *Der Durchschnitt einer beliebigen (endlichen oder unendlichen) Anzahl konvexer Mengen ist konvex.*

Weiter gilt

Satz III. *Ist M konvex und $\delta > 0$, so ist auch $U(M, \delta)$ konvex*[1].

Beweis. Es seien b_1, b_2 Punkte von $U(M, \delta)$ und b ein Punkt der Strecke $\overline{b_1 b_2}$; zu zeigen ist: b gehört zu $U(M, \delta)$. — Es gibt Punkte a_1, a_2 in M mit $|b_1 - a_1| < \delta$, $|b_2 - a_2| < \delta$. Daß b Punkt von $\overline{b_1 b_2}$ ist, bedeutet:

$$b = \lambda b_1 + \mu b_2, \quad \lambda \geqq 0, \quad \mu \geqq 0, \quad \lambda + \mu = 1.$$

Verstehen wir unter a den Punkt $a = \lambda a_1 + \mu a_2$ der Strecke $\overline{a_1 a_2}$, so ist

$$b - a = \lambda(b_1 - a_1) + \mu(b_2 - a_2),$$

[1] $U(M, \delta)$ bedeutet wie üblich die Menge aller Punkte des R^n, die von M um weniger als δ entfernt sind.

also (vgl. die „Vorbemerkungen" zu diesem Anhang)

$$|b-a| \leqq \lambda |b_1 - a_1| + \mu |b_2 - a_2| < (\lambda + \mu)\,\delta = \delta;$$

dies bedeutet, da a wegen der Konvexität von M zu M gehört: $b \subset U(M, \delta)$, w. z. b. w.

Korollar. *Die „sphärischen Umgebungen" $U(p, \delta)$ eines Punktes p sind konvex.* —

Der Durchschnitt aller Mengen $U(M, \delta)$ mit beliebigen Zahlen $\delta > 0$ ist die abgeschlossene Hülle von M. Daher folgt aus den Sätzen II und III der

Satz IV. *Die abgeschlossene Hülle einer konvexen Menge ist konvex.*

3. Innere Punkte und Randpunkte einer konvexen Menge.

Satz V. *Es sei M eine konvexe Menge, a ein beliebiger Punkt von M, b ein innerer Punkt von M, c ein von a verschiedener Punkt der Strecke $\overline{ab}$. Dann ist c innerer Punkt von M.*

Beweis. Es gibt ein $\delta > 0$ mit $U(b, \delta) \subset M$; es ist $c = \lambda a + \mu b$ mit $\lambda + \mu = 1$, $\lambda \geqq 0$, und, da $c \neq a$ ist, $\mu > 0$. Wir behaupten: $U(c, \mu\delta) \subset M$.

Ist d ein Punkt von $U(c, \mu\delta)$, d. h.

$$|d - c| = |d - \lambda a - \mu b| < \mu\delta,$$

so ist

$$\left|\frac{1}{\mu} d - \frac{\lambda}{\mu} a - b\right| < \delta;$$

folglich ist der Punkt

$$d' = \frac{1}{\mu} d - \frac{\lambda}{\mu} a$$

in $U(b, \delta)$ und daher in M enthalten. Da

$$d = \lambda a + \mu d'$$

ist, liegt d auf der Strecke $\overline{ad'}$, also wegen der Konvexität von M in M, w. z. b. w.

Korollar. *Die Menge der inneren Punkte einer konvexen Menge ist konvex (evtl. leer).* —

Nach dem Satz V kann insbesondere, wenn a ein Randpunkt, b ein innerer Punkt von M ist, auf der Strecke $\overline{ab}$ kein zweiter Randpunkt liegen; daher gilt

Satz VI. *Auf jedem von einem inneren Punkt der konvexen Menge M ausgehenden Strahl*[1] *liegt höchstens ein Randpunkt von M.*

Wenn M eine abgeschlossene und beschränkte Menge ist, so liegt auf jedem Strahl, der von einem inneren Punkt von M ausgeht, *wenigstens* ein Randpunkt; daher folgt aus Satz VI:

Satz VIa. *Es sei M eine abgeschlossene, beschränkte, konvexe Menge. Dann liegt auf jedem Strahl, der von einem inneren Punkt von M ausgeht, genau ein Randpunkt von M; jede Gerade durch einen inneren*

[1] Unter einem „Strahl" verstehen wir eine abgeschlossene Halbgerade.

Punkt b von M enthält also genau zwei Randpunkte a_1, a_2 von M, und zwar derart, daß b auf der Strecke $\overline{a_1 a_2}$ liegt. —

Ferner folgt aus Satz V, daß, wenn es überhaupt einen inneren Punkt b gibt, in jeder Umgebung des beliebigen Punktes a von M unendlich-viele innere Punkte c liegen; es gilt also

Satz VII. *Wenn die konvexe Menge M innere Punkte besitzt, so ist jeder Punkt von M Häufungspunkt innerer Punkte von M.*

4. Schnittebenen. Eine $(n-1)$-dimensionale Ebene R^{n-1} des R^n, deren Gleichung im $(t_1, t_2, \ldots, t_n)$-Koordinatensystem

$$L(t_1, \ldots, t_n) \equiv \alpha_1 t_1 + \cdots + \alpha_n t_n - \beta = 0$$

lautet, zerlegt den R^n in zwei „offene Halbräume" G_1 und G_2, die durch

$$L(t_1, \ldots, t_n) > 0 \quad \text{bzw.} \quad L(t_1, \ldots, t_n) < 0$$

bestimmt sind. Sowohl die offenen Halbräume G_1, G_2 als auch ihre abgeschlossenen Hüllen $\bar{G}_i = G_i + R^{n-1}$, $i = 1, 2$, die kurz „Halbräume" genannt werden, sind, wie man leicht zeigt, konvex. Ferner ist klar: Jede Strecke, die einen Punkt von G_1 mit einem Punkt von G_2 verbindet, enthält einen (und nur einen) Punkt von R^{n-1}.

Wir sagen, daß eine Menge M durch R^{n-1} „zerlegt" wird, wenn es sowohl in G_1 als auch in G_2 wenigstens einen Punkt von M gibt.

Satz VIII. *Es sei Q eine konvexe Menge des R^n, welche innere Punkte besitzt. Dann und nur dann wird Q durch die Ebene R^{n-1} zerlegt, wenn R^{n-1} einen inneren Punkt von Q enthält.*

Beweis. Wenn R^{n-1} einen inneren Punkt von Q enthält, so ist klar, daß in beiden offenen Halbräumen Punkte von Q liegen. Andererseits: die Ebene R^{n-1} zerlege Q; dann gibt es also in G_1 und in G_2 Punkte a_1 bzw. a_2 von Q; nach Satz VII gibt es dann in G_1 und in G_2 sogar *innere* Punkte c_1 bzw. c_2 von Q; auf der Strecke $\overline{c_1 c_2}$ liegt ein Punkt c von R^{n-1}, und dieser Punkt ist, infolge der Konvexität der Menge der inneren Punkte von Q (Korollar zu Satz V), selbst innerer Punkt von Q. Damit ist der Satz bewiesen.

Durch den Satz VIII ist es gerechtfertigt, die Ebenen, welche innere Punkte mit der konvexen Menge Q gemeinsam haben, die „*Schnittebenen*" von Q zu nennen. Eine Ebene, welche zwar wenigstens einen Punkt von Q, aber keinen inneren Punkt von Q enthält, heißt[1] eine „*Stützebene*"; eine Stützebene von Q zerlegt Q *nicht*. —

Aus dem Satz VIII folgt unmittelbar

Satz VIIIa. *Jede Schnittebene der konvexen Menge Q zerlegt auch die Menge der inneren Punkte von Q.*

Ferner beweisen wir noch den

Satz IX. *Es sei Q eine konvexe abgeschlossene Menge des R^n. Dann ist der Durchschnitt einer beliebigen Schnittebene R^{n-1} mit dem Rand $\dot{Q}$ von Q nirgends dicht in $\dot{Q}$.*[1]

[1] Es wird vorausgesetzt, daß Q innere Punkte besitzt.

Beweis. Es sei a ein Punkt von $\dot{Q} \cdot R^{n-1}$ und U eine Umgebung von a; wir haben zu zeigen: in U gibt es einen Punkt b von Q, der nicht auf R^{n-1} liegt. Wir nehmen einen inneren Punkt o, der auf R^{n-1} liegt; auf dem Strahle $\overrightarrow{oa}$ wählen wir in U einen zwischen o und a gelegenen Punkt a' und einen hinter a gelegenen Punkt a''; dann liegt a' in Q und a'' außerhalb Q (Satz V). Ferner betrachten wir eine zweidimensionale Ebene R^2, welche R^{n-1} in der Geraden oa schneidet[1]; in ihr konstruieren wir einen Halbkreis mit dem Durchmesser $a'a''$; er muß — da a' in Q, a'' außerhalb Q liegt und Q abgeschlossen ist — einen Randpunkt b von Q enthalten. Da wir überdies den Halbkreis als in U gelegen annehmen dürfen, hat b die gewünschte Eigenschaft.

5. Die Homöomorphie der n-dimensionalen konvexen Körper. Eine konvexe Menge des R^n, welche abgeschlossen und beschränkt ist und innere Punkte besitzt, nennen wir einen „n-dimensionalen konvexen Körper".

Satz X. *Alle n-dimensionalen konvexen Körper sind einander homöomorph.*

Beweis. Wir werden einen beliebigen n-dimensionalen konvexen Körper Q topologisch auf die durch $\sum_{i=1}^{n} \eta_i^2 \leqq 1$ in einem Euklidischen $(\eta_1, \eta_2, \ldots, \eta_n)$-Raum gegebene Vollkugel K abbilden. In dem R^n, in dem Q liegt, machen wir einen inneren Punkt o zum Nullpunkt eines Euklidischen $(\xi_1, \xi_2, \ldots, \xi_n)$-Koordinatensystems. Ist x irgendein Punkt von $Q - o$, so verstehen wir unter $P(x)$ den — auf Grund des Satzes VIa eindeutig bestimmten — Punkt, in welchem der Strahl $\overrightarrow{ox}$ den Rand $\dot{Q}$ von Q trifft; die Entfernung $\varrho(P(x), o)$ nennen wir $|P(x)|$. Nun sei f die folgende Abbildung von Q auf K: erstens ist $f(o) = o'$, wobei o' der Nullpunkt des $(\eta_1, \eta_2, \ldots, \eta_n)$-Systems ist; zweitens wird dem Punkt x von $Q - o$, dessen Koordinaten $\xi_1, \xi_2, \ldots, \xi_n$ sind, der Punkt y von K mit den Koordinaten

$$\eta_i = \frac{1}{|P(x)|} \cdot \xi_i, \qquad i = 1, 2, \ldots, n,$$

zugeordnet.

Diese Abbildung f ist offenbar eine *eineindeutige* Abbildung von Q auf K; um zu zeigen, daß sie topologisch ist, genügt es (nach Kap. II, § 3, Nr. 1) infolge der Kompaktheit von Q, zu zeigen: f ist stetig.

Die Stetigkeit im Punkte o ist klar: bei gegebenem $\varepsilon > 0$ ist $f(U(o, \delta)) \subset U(o', \varepsilon)$, wenn man $\delta = \varepsilon \cdot \operatorname{Min}_{p \in \dot{Q}} \varrho(p, o)$ setzt.

Für den Beweis der Stetigkeit von f im Punkte x von $Q - o$ genügt es zu zeigen: $|P(x)|$ ist eine stetige Funktion von x; und da $|P(x)|$ eine stetige Funktion des Punktes $P(x)$ ist, hat man nur zu beweisen: die Abbildung P von $Q - o$ auf $\dot{Q}$ ist stetig.

---

[1] Für $n = 1$ ist der Satz IX trivial, da dann $\dot{Q} \cdot R^{n-1} = 0$ ist; es sei $n \geqq 2$.

Es sei S die durch die Gleichung $\sum_{i=1}^{n} \xi_i^2 = 1$ gegebene $(n-1)$-dimensionale Sphäre. Für jeden Punkt x von $Q - o$ sei $P_S(x)$ der Schnittpunkt des Strahles $\overrightarrow{ox}$ mit S. Die Abbildung P_S ist gewiß stetig: denn sie ordnet dem Punkt mit den Koordinaten ξ_i den Punkt mit den Koordinaten $\frac{1}{\sqrt{\sum \xi_i^2}} \cdot \xi_i$ zu $(i = 1, 2, \ldots, n)$. Die durch P_S bewirkte Abbildung p_S von $\dot{Q}$ auf S ist eineindeutig, also ist infolge der Kompaktheit von $\dot{Q}$ auch die Umkehrung p_S^{-1} stetig (Kap. II, § 3, Nr. 1). Da aber $P = p_S^{-1} P_S$ ist, ist auch P eine stetige Abbildung, w. z. b. w.

§ 3. Konvexe und baryzentrische Hüllen. Simplexe.

1. Die konvexe Hülle einer beliebigen Menge $M \subset R^n$ wird als der Durchschnitt aller konvexen Mengen, welche M enthalten, erklärt. Nach § 2, Satz II, ist sie eine konvexe Menge. Offenbar ist eine Menge M dann und nur dann mit ihrer konvexen Hülle identisch, wenn M konvex ist. —

Satz I. *Der Durchmesser*[1] *der konvexen Hülle M^* von M ist gleich dem Durchmesser von M.*

Beweis. Es genügt zu zeigen: die Zahl δ habe die Eigenschaft, daß $|x - y| < \delta$ für je zwei Punkte x und y von M ist; dann ist auch $|a - b| < \delta$ für je zwei Punkte a und b von M^*.

Es seien also a und b zwei feste Punkte von M^*; ferner sei x ein beliebiger Punkt von M. Da $|x - y| < \delta$ für alle Punkte $y \subset M$ ist, ist $M \subset U(x, \delta)$; wegen der Konvexität von $U(x, \delta)$ — (Korollar zu Satz III, § 2) — ist infolge der Definition der konvexen Hülle auch $M^* \subset U(x, \delta)$, also insbesondere $a \subset U(x, \delta)$, d. h. $|a - x| < \delta$. Daher ist auch umgekehrt $x \subset U(a, \delta)$. Dies gilt für jeden Punkt $x \subset M$; es ist also $M \subset U(a, \delta)$, und hieraus folgt wie oben: $M^* \subset U(a, \delta)$, also insbesondere $b \subset U(a, \delta)$. Dies bedeutet: $|a - b| < \delta$, w. z. b. w.

Satz II. *Jede abgeschlossene beschränkte konvexe Menge Q ist die konvexe Hülle ihres Randes $\dot{Q}$.*

Beweis. Es genügt zu zeigen: K sei eine konvexe Menge, die $\dot{Q}$ enthält, und b sei ein innerer Punkt von Q; dann ist auch $b \subset K$. Nach Satz VIa (§ 2) gibt es zwei solche Punkte a_1, a_2 von $\dot{Q}$, daß b auf der Strecke $\overline{a_1 a_2}$ liegt. Da a_1 und a_2 als Punkte von $\dot{Q}$ in K liegen und K konvex ist, ist auch $b \subset K$, w. z. b. w.

2. Die baryzentrische Hülle einer endlichen Punktmenge. Wir stellen die Frage nach der analytischen Charakterisierung der konvexen Hülle einer *endlichen* Punktmenge $\{a_1, a_2, \ldots, a_k\}$.

Definition. Unter der „baryzentrischen Hülle“ $[a_1, a_2, \ldots, a_k]$ der genannten Punktmenge versteht man die Menge aller Punkte

(1) $$a = \mu_1 a_1 + \mu_2 a_2 + \cdots + \mu_k a_k$$

[1] Kap. I, § 1, Nr. 3

mit

(2) $\mu_i \geqq 0, \quad \sum \mu_i = 1; \quad i = 1, 2, \ldots, k.$

Man kann diese Punkte a als die Schwerpunkte aller Massenverteilungen in den Punkten a_i charakterisieren[1]. Im Fall $k = 2$ ist $[a_1, a_2]$ die Strecke $\overline{a_1 a_2}$ (vgl. § 2, Nr. 1).

Satz III. *Die konvexe Hülle der Punktmenge* $\{a_1, a_2, \ldots, a_k\}$ *ist mit der baryzentrischen Hülle* $[a_1, a_2, \ldots, a_k]$ *identisch.*

Dem Beweise schicken wir drei Hilfssätze voraus.

Hilfssatz I. *Die baryzentrische Hülle* $[a_1, a_2, \ldots, a_k]$ *ist konvex.*

Beweis. Es seien $a' = \sum_i \mu_i' a_i$, $a'' = \sum_i \mu_i'' a_i$, wobei die μ_i' bzw. μ_i'' die obigen Bedingungen (2) erfüllen, Punkte von $[a_1, a_2, \ldots, a_k]$, und es sei ferner a ein Punkt der Strecke $\overline{a'a''}$, also

$$a = \lambda' a' + \lambda'' a'', \quad \lambda' \geqq 0, \quad \lambda'' \geqq 0, \quad \lambda' + \lambda'' = 1.$$

Dann ist

$$a = \sum_i (\lambda' \mu_i' + \lambda'' \mu_i'') a_i;$$

dies bedeutet, da

$$\lambda' \mu_i' + \lambda'' \mu_i'' \geqq 0, \quad \sum_i (\lambda' \mu_i' + \lambda'' \mu_i'') = 1$$

ist, daß a Punkt von $[a_1, a_2, \ldots, a_k]$ ist.

Hilfssatz II. *Es sei* $1 \leqq r < k$. *Zu jedem Punkt* $a \subset [a_1, a_2, \ldots, a_k]$ *gibt es einen Punkt* $a' \subset [a_1, \ldots, a_r]$ *und einen Punkt* $a'' \subset [a_{r+1}, \ldots, a_k]$, *so daß* a *auf der Strecke* $\overline{a'a''}$ *liegt.*

Beweis. Der Punkt a sei durch (1) unter Geltung von (2) gegeben. Wir setzen $\lambda' = \sum_{i=1}^{r} \mu_i$, $\lambda'' = \sum_{i=r+1}^{k} \mu_i$; wenn $\lambda' = 0$ ist, so ist $a \subset [a_{r+1}, \ldots, a_k]$ und die Behauptung trivial; es sei also $\lambda' \neq 0$; ebenso sei $\lambda'' \neq 0$. Dann sind

$$a' = \sum_{i=1}^{r} \frac{\mu_i}{\lambda'} a_i, \quad a'' = \sum_{i=r+1}^{k} \frac{\mu_i}{\lambda''} a_i$$

Punkte von $[a_1, \ldots, a_r]$ bzw. $[a_{r+1}, \ldots, a_k]$. Ferner ist

$$a = \lambda' a' + \lambda'' a'',$$

und dies bedeutet — mit Rücksicht auf $\lambda' \geqq 0$, $\lambda'' \geqq 0$, $\lambda' + \lambda'' = 1$ —, daß a auf $\overline{a'a''}$ liegt.

Hilfssatz III. *Die Punkte* $a_1, a_2, \ldots, a_k$ *seien in der konvexen Menge* Q *enthalten. Dann ist auch* $[a_1, a_2, \ldots, a_k] \subset Q$.

Beweis durch vollständige Induktion in bezug auf k: die Behauptung ist für $k = 1$ (und übrigens auch für $k = 2$) trivial; sie sei für die Zahl $k - 1$ bewiesen, und k Punkte a_i seien vorgelegt. Zu zeigen ist: es sei a ein Punkt von $[a_1, a_2, \ldots, a_k]$; dann ist $a \subset Q$.

[1] Die Zahlen μ_i sind nur dann durch den Punkt a eindeutig bestimmt, wenn $a_1, \ldots, a_k$ linear unabhängig sind; vgl. § 1, Nr. 2.

Nach Hilfssatz II — (mit $r = 1$) — gibt es einen Punkt $a'' \subset [a_2, \ldots, a_k]$, so daß a auf der Strecke $\overline{a_1 a''}$ liegt. Nach Induktionsvoraussetzung ist $[a_2, \ldots, a_k] \subset Q$, also $a'' \subset Q$; da auch $a_1 \subset Q$ und Q konvex ist, ist auch $a \subset Q$, w. z. b. w.

Beweis des Satzes III. Nach Hilfssatz I ist die konvexe Hülle in der baryzentrischen, nach Hilfssatz III die baryzentrische Hülle in der konvexen enthalten. Mithin sind die beiden Hüllen identisch. —

Aus den Sätzen I und III folgt der

Satz IV. *Der Durchmesser der baryzentrischen Hülle* $[a_1, a_2, \ldots, a_k]$ *ist gleich der größten unter den Entfernungen* $|a_i - a_j|$; $i, j = 1, 2, \ldots, k$.

Ferner gilt:

Satz V. *Die baryzentrische Hülle* $[a_1, a_2, \ldots, a_k]$ *ist eine beschränkte und abgeschlossene Menge.*

Beweis. Wir fassen $\mu_1, \mu_2, \ldots, \mu_k$ als Koordinaten in einem Euklidischen Raum R^k auf. Die in diesem Raum durch die Bedingungen (2) bestimmte Punktmenge M ist offenbar beschränkt und abgeschlossen. Wir bilden sie dadurch auf die Menge $[a_1, a_2, \ldots, a_k]$ ab, daß wir dem Punkt von M, der die Koordinaten $\mu_1, \mu_2, \ldots, \mu_k$ hat, den Punkt $\mu_1 a_1 + \mu_2 a_2 + \cdots + \mu_k a_k$ zuordnen. Diese Abbildung f ist stetig (sie ist sogar affin). Folglich ist auch das Bild $f(M) = [a_1, a_2, \ldots, a_k]$ beschränkt und abgeschlossen (vgl. Kap. II, § 1, Nr. 5 und § 3, Nr. 1).

Bemerkung: Die Beschränktheit von $[a_1, a_2, \ldots, a_k]$ ergibt sich auch direkt aus Satz IV.

3. Eindeutigkeitssatz. Mehrere verschiedene Punktsysteme können dieselbe baryzentrische Hülle haben: z. B. ist $[a_1, a_2, a_3] = [a_1, a_2]$, wenn a_3 auf der Strecke $[a_1, a_2] = \overline{a_1 a_2}$ liegt. Jedoch gilt der folgende wichtige

Satz VI. *Sind sowohl* $a_1, a_2, \ldots, a_r$ *linear unabhängige Punkte*[1] *als auch* $b_1, b_2, \ldots, b_s$ *linear unabhängige Punkte, und sind die beiden Punktsysteme nicht miteinander identisch, so sind auch ihre konvexen (oder baryzentrischen) Hüllen voneinander verschieden.*

Beweis. Wir werden den Satz in folgender Form beweisen: Es sei — unter der Voraussetzung der linearen Unabhängigkeit der a_ϱ sowie der b_σ —

$$[a_1, \ldots, a_r] = [b_1, \ldots, b_s];$$

dann ist das System der a_ϱ mit dem System der b_σ identisch. Es genügt zu zeigen: der Punkt a_1 fällt mit einem Punkt b_{σ_1} zusammen.

Da $a_1 \subset [b_1, \ldots, b_s]$ ist, ist

$$(3) \qquad a_1 = \sum_\sigma \mu_\sigma b_\sigma; \quad \mu_\sigma \geqq 0, \quad \sum_\sigma \mu_\sigma = 1; \qquad \sigma = 1, 2, \ldots, s.$$

[1] Vgl. § 1, Nr. 1. — In der Voraussetzung der linearen Unabhängigkeit ist enthalten, daß $r \leqq n + 1$, $s \leqq n + 1$ ist.

Da $b_\sigma \subset [a_1, \ldots, a_r]$ ist, ist für jedes σ

(4) $b_\sigma = \sum_\varrho \lambda_{\sigma\varrho} a_\varrho;\ \lambda_{\sigma\varrho} \geqq 0,\ \sum_\varrho \lambda_{\sigma\varrho} = 1;\ \varrho = 1, 2, \ldots, r;\ \sigma = 1, 2, \ldots, s.$

Setzt man b_σ aus (4) in (3) ein, so erhält man

$$a_1 = \sum_{\varrho, \sigma} \mu_\sigma \lambda_{\sigma\varrho} a_\varrho,$$

also, wenn man δ_ϱ durch

$$\delta_1 = 1, \quad \delta_2 = \delta_3 = \cdots = \delta_r = 0$$

definiert,

$$\sum_\varrho \Big(\sum_\sigma \mu_\sigma \lambda_{\sigma\varrho} - \delta_\varrho\Big) a_\varrho = 0.$$

Hierin ist, wie man nachrechnet, die Koeffizientensumme

$$\sum_\varrho \Big(\sum_\sigma \mu_\sigma \lambda_{\sigma\varrho} - \delta_\varrho\Big) = 0.$$

Infolge der linearen Unabhängigkeit der Punkte a_ϱ ist daher (vgl. § 1, Nr. 1) jeder einzelne Koeffizient gleich 0, und also insbesondere

$$\sum_\sigma \mu_\sigma \lambda_{\sigma\varrho} = 0 \qquad \text{für } \varrho = 2, 3, \ldots, r.$$

Da alle μ_σ sowie alle $\lambda_{\sigma\varrho}$ nicht-negativ sind, ist hierin jeder einzelne Summand

(5) $$\mu_\sigma \lambda_{\sigma\varrho} = 0; \qquad \sigma = 1, 2, \ldots, s;\ \varrho = 2, 3, \ldots, r.$$

Nun gibt es unter den Zahlen μ_σ wenigstens eine, die nicht 0 ist; es sei $\mu_{\sigma_1} \neq 0$; dann folgt aus (5):

$$\lambda_{\sigma_1 \varrho} = 0 \qquad \text{für } \varrho = 2, 3, \ldots, r.$$

Hieraus und aus $\sum_{\varrho=1}^{r} \lambda_{\sigma_1\varrho} = 1$ ergibt sich weiter $\lambda_{\sigma_1 1} = 1$. Daher ist nach (4): $b_{\sigma_1} = a_1$, w. z. b. w.

4. Euklidische Simplexe. Definition. Die konvexe Hülle eines Systems von *linear unabhängigen* Punkten $a_0, a_1, \ldots, a_r$ des R^n heißt ein „*Euklidisches Simplex*" des R^n, und zwar das Simplex mit den „*Eckpunkten*" $a_0, a_1, \ldots, a_r$. Das Punktsystem $\{a_0, \ldots, a_r\}$ — das nach Satz VI durch das Simplex eindeutig bestimmt ist — heißt das „Eckpunktgerüst" oder kurz „Gerüst" des Simplexes.

Die um 1 verminderte Anzahl der Eckpunkte eines Simplexes heißt seine „*Dimensionszahl*". Im R^n existieren nur Simplexe der Dimensionszahlen $\leqq n$. Ein 0-dimensionales Simplex ist ein einzelner Punkt, ein eindimensionales eine Strecke. Es gibt ein und nur ein (—1)-dimensionales Simplex: die leere Menge.

Das Simplex mit den Eckpunkten $a_0, \ldots, a_r$ wird mit $\overline{a_0 \ldots a_r}$ bezeichnet[1]. Kommt es auf die genaue Angabe der Eckpunkte nicht an, so schreibt man für ein r-dimensionales Simplex kurz $\bar{x}^r$.

[1] Die Reihenfolge der Eckpunkte ist gleichgültig; es ist also z. B. $\overline{a_0 a_1} = \overline{a_1 a_0}$.

Entsprechend dem Satz III ist das Simplex $\overline{a_0 \ldots a_r}$ mit der baryzentrischen Hülle $[a_0, \ldots, a_r]$ identisch; seine Punkte sind also die Punkte

$$a = \mu_0 a_0 + \cdots + \mu_r a_r \text{ mit } \mu_i \geqq 0, \ \sum \mu_i = 1, \quad i = 0, 1, \ldots, r;$$

und zwar sind hier infolge der linearen Unabhängigkeit der Punkte $a_0, \ldots, a_r$ die Koeffizienten μ_i durch den Punkt a *eindeutig* bestimmt; sie sind nichts anderes als die baryzentrischen Koordinaten der von den Punkten $a_0, \ldots, a_r$ aufgespannten r-dimensionalen Ebene R^r im Koordinatensystem $(a_0 \ldots a_r)$ (vgl. § 1, Nr. 2). Diese Ebene R^r heißt die das Simplex „tragende" Ebene.

Wählt man unter den Eckpunkten von $\mathfrak{x}^r$ ein Teilsystem von $p+1$ Eckpunkten $(-1 \leqq p \leqq r)$, so heißt das von diesen Eckpunkten bestimmte p-dimensionale Simplex eine p-dimensionale „*Seite*" von $\mathfrak{x}^r$. Die Seiten mit $-1 < p < r$ nennt man die „eigentlichen" Seiten, das leere Simplex und $\mathfrak{x}^r$ selbst sind also die „uneigentlichen" Seiten von $\mathfrak{x}^r$. Ein Punkt von $\mathfrak{x}^r$ liegt dann und nur dann auf einer eigentlichen Seite, wenn wenigstens eine seiner baryzentrischen Koordinaten gleich 0 ist.

Zu jeder Seite $\mathfrak{x}^p$ von $\mathfrak{x}^r$ gibt es eine und nur eine ihr „gegenüberliegende" Seite $\mathfrak{x}^{r-p-1}$: sie ist das Simplex, dessen Eckpunktgerüst aus denjenigen Eckpunkten von $\mathfrak{x}^r$ besteht, die unter den Eckpunkten von $\mathfrak{x}^p$ nicht vorkommen. Aus dem Hilfssatz II (Nr. 2) folgt:

Satz VII. *Sind in $\mathfrak{x}^r$ zwei gegenüberliegende Seiten $\mathfrak{x}^p$ und $\mathfrak{x}^q$, $p+q = r-1$ gegeben, so liegt jeder Punkt von $\mathfrak{x}^r$ auf einer Strecke, die einen Punkt von $\mathfrak{x}^p$ mit einem Punkt von $\mathfrak{x}^q$ verbindet.* —

Relativ zu der das Simplex $\mathfrak{x}^r$ tragenden Ebene R^r (s. oben) kann man zwischen „inneren" und „Randpunkten" von $\mathfrak{x}^r$ unterscheiden. Wir behaupten:

Satz VIII. *Ein Punkt a des Euklidischen Simplexes $\mathfrak{x}^r$ ist dann und nur dann Randpunkt relativ zu der das Simplex tragenden r-dimensionalen Ebene, wenn er auf einer eigentlichen Seite von $\mathfrak{x}^r$ liegt.*

Dies folgt daraus, daß die baryzentrischen Koordinaten von R^r in bezug auf die Eckpunkte von $\mathfrak{x}^r$ *eindeutige und stetige* Funktionen in R^r sind: wenn der Punkt a von $\mathfrak{x}^r$ auf keiner eigentlichen Seite liegt, so sind seine baryzentrischen Koordinaten sämtlich positiv, und daher gibt es infolge der Stetigkeit der Koordinaten eine ganze Umgebung von a, in der sie positiv sind; diese Umgebung gehört daher zu $\mathfrak{x}^r$, und a ist innerer Punkt von $\mathfrak{x}^r$ (relativ zu R^r). Liegt andererseits a auf einer eigentlichen Seite, so ist eine baryzentrische Koordinate gleich 0; in beliebiger Nähe gibt es daher Punkte von R^r, für welche die betreffende Koordinate negativ ist, welche also nicht zu $\mathfrak{x}^r$ gehören — d. h.: a ist Randpunkt von $\mathfrak{x}^r$. —

Korollar des Satzes VIII. *Jedes n-dimensionale Simplex des R^n enthält innere Punkte (relativ zu R^n)* — nämlich die Punkte, deren sämtlichen baryzentrischen Koordinaten positiv sind. —

Auch bei einem r-dimensionalen Simplex des R^n spricht man kurz von „inneren“ und von „Randpunkten“. Diese Begriffe sind dann relativ zu der das Simplex tragenden Ebene zu verstehen oder, was nach dem Satz VIII dasselbe ist: ein Punkt ist Randpunkt von $\bar{x}^r$, wenn er auf einer höchstens $(r-1)$-dimensionalen Seite von $\bar{x}^r$ liegt, sonst innerer Punkt[1]. —

Wir weisen noch auf die Eigenschaften der Simplexe hin, die in den Sätzen IV und V enthalten sind:

Satz IV'. *Der Durchmesser eines Simplexes ist gleich der Länge seiner längsten Kante;* dabei hat man unter den „Kanten“ die eindimensionalen Seiten eines Simplexes zu verstehen. Sowie:

Satz V'. *Jedes Simplex ist abgeschlossen und beschränkt.*

5. Geometrische Simplexe. Definition. Der Inbegriff einer endlichen Punktmenge $\{a_0, \ldots, a_k\}$ des R^n und ihrer konvexen Hülle heißt ein „*k-dimensionales geometrisches Simplex*“ des R^n; die Punkte $a_0, \ldots, a_k$ heißen seine Eckpunkte. Dabei ist k ganz beliebig, und lineare Unabhängigkeit der Eckpunkte wird nicht vorausgesetzt[2].

Die Euklidischen Simplexe sind spezielle geometrische Simplexe: nämlich diejenigen geometrischen Simplexe mit linear unabhängigen Eckpunkten.

Öfters sprechen wir statt von „geometrischen“ auch kurz von „Simplexen des R^n“.

Man beachte, daß der Begriff des „geometrischen Simplexes“ von dem der „baryzentrischen Hülle“ verschieden ist: wenn $\{a_0, \ldots, a_k\}$ und $\{b_0, \ldots, b_l\}$ zwei miteinander nicht identische Punktsysteme sind, deren baryzentrischen Hüllen zusammenfallen, so sind die Simplexe mit den Eckpunkten $a_0, \ldots, a_k$ bzw. $b_0, \ldots, b_l$ voneinander verschieden.

6. Weitere Eigenschaften baryzentrischer Hüllen. Satz IX. *Es seien $a_0, a_1, \ldots, a_k$ Punkte des R^n und a ein Punkt der baryzentrischen (oder konvexen) Hülle $[a_0, \ldots, a_k]$. Dann liegt a in einem Euklidischen — also höchstens n-dimensionalen — Simplex, dessen Eckpunkte unter den $k+1$ Punkten $a_0, \ldots, a_k$ enthalten sind.*

Beweis. Es sei r die kleinste Zahl, für welche es in dem System $\{a_0, a_1, \ldots, a_k\}$ $r+1$ Punkte gibt, deren baryzentrischer Hülle der Punkt a angehört, und zwar sei etwa $a \subset [a_0, a_1, \ldots, a_r]$. Der Satz ist bewiesen, wenn wir gezeigt haben: die Punkte $a_0, a_1, \ldots, a_r$ sind linear unabhängig. Diese Behauptung ist gleichbedeutend mit der folgenden:

Es sei $a \subset [a_0, a_1, \ldots, a_r]$, und die Punkte $a_0, a_1, \ldots, a_r$ seien linear abhängig; dann ist a in der baryzentrischen Hülle eines echten Teilsystems von $\{a_0, a_1, \ldots, a_r\}$ enthalten.

---

[1] Der einzige Punkt eines nulldimensionalen Simplexes $\bar{x}^0$ ist demnach *innerer* Punkt von $\bar{x}^0$.

[2] Die Reihenfolge der Eckpunkte ist gleichgültig.

Beweis dieser Behauptung: Die lineare Abhängigkeit der Punkte $a_0, a_1, \ldots, a_r$ bedeutet (vgl. § 1, Nr. 1) die Existenz von Zahlen $\lambda_0, \lambda_1, \ldots, \lambda_r$, die nicht sämtlich 0 sind, so daß die beiden Gleichungen

$$\lambda_0 a_0 + \lambda_1 a_1 + \cdots + \lambda_r a_r = 0, \tag{6}$$

$$\lambda_0 + \lambda_1 + \cdots + \lambda_r = 0 \tag{7}$$

gelten. Der Punkt a läßt sich, da er zu $[a_0, \ldots, a_r]$ gehört, als

$$a = \mu_0 a_0 + \mu_1 a_1 + \cdots + \mu_r a_r \tag{8}$$

mit

$$\mu_\varrho \geqq 0, \quad \sum \mu_\varrho = 1, \qquad \varrho = 0, 1, \ldots, r \tag{9}$$

darstellen.

Unter den Zahlen λ_ϱ gibt es, wie man aus (7) sieht, wenigstens eine, die positiv ist; unter allen Indexen ϱ mit $\lambda_\varrho > 0$ sei r ein solcher, daß der Quotient $\frac{\mu_\varrho}{\lambda_\varrho}$ möglichst klein ist. Dann ist

$$\mu_\varrho - \frac{\mu_r}{\lambda_r}\lambda_\varrho \geqq 0 \quad \text{für alle } \varrho \tag{10}$$

(für $\lambda_\varrho \leqq 0$ ist dies trivial, und für $\lambda_\varrho > 0$ folgt es aus der Minimaleigenschaft von $\frac{\mu_r}{\lambda_r}$). Ferner folgt aus (7) und (9):

$$\sum_\varrho \left(\mu_\varrho - \frac{\mu_r}{\lambda_r}\lambda_\varrho\right) = 1. \tag{11}$$

Multipliziert man (6) mit $-\frac{\mu_r}{\lambda_r}$ und addiert (8), so erhält man

$$a = \sum_\varrho \left(\mu_\varrho - \frac{\mu_r}{\lambda_r}\lambda_\varrho\right) a_\varrho; \tag{12}$$

in dieser Summe ist der Koeffizient von a_r gleich 0. Aus (12), (11) und (10) sieht man daher: es ist $a \subset (a_0, \ldots, a_{r-1})$; damit ist die Behauptung bewiesen. —

Ist das Simplex $\overline{a_0 \ldots a_r}$ unter allen Simplexen, welche die Behauptung des Satzes IX erfüllen, eines mit der kleinsten möglichen Dimensionszahl, so ist a *innerer* Punkt dieses Simplexes. Da $\overline{a_0 \ldots a_r} \subset [a_0, \ldots, a_k]$ ist, so ist, falls $r = n$ ist, a auch innerer Punkt der Menge $[a_0, \ldots, a_k]$ relativ zu dem R^n, in dem die Punkte $a_0, \ldots, a_k$ gegeben sind. Daher gilt:

Satz X. *Jeder Randpunkt der konvexen Hülle $[a_0, \ldots, a_k]$ der im R^n gelegenen endlichen Punktmenge $\{a_0, \ldots, a_k\}$ liegt in einem höchstens $(n-1)$-dimensionalen Euklidischen Simplex, dessen Eckpunkte der Menge $\{a_0, \ldots, a_k\}$ angehören.*

7. Die Dimension einer konvexen Menge M im R^n wird folgendermaßen erklärt: sie ist gleich der größten Zahl r von der Eigenschaft, daß es $r + 1$ linear unabhängige Punkte in M gibt.

Satz XI. *Eine konvexe r-dimensionale Menge $M \subset R^n$ liegt in einer eindeutig bestimmten r-dimensionalen Ebene $R^r \subset R^n$ und enthält innere Punkte relativ zu R^r.*

Beweis. Man wähle $r+1$ linear unabhängige Punkte $a_0, \ldots, a_r$ der Menge M. Sie spannen eine Ebene R^r auf. Gäbe es einen außerhalb von R^r gelegenen Punkt a_{r+1} von M, so wären die Punkte $a_0, \ldots, a_r, a_{r+1}$ linear unabhängig, und die Dimension von M wäre $\geqq r+1$. Es ist also $M \subset R^r$. Da M das Simplex $\overline{a_0 \ldots a_r}$ enthält und dieses Simplex innere Punkte relativ zu R^r besitzt (Korollar des Satzes VIII), enthält auch M innere Punkte relativ zu R^r. —

Bemerkung. Der Satz XI gestattet es häufig, sich bei der Untersuchung der konvexen Mengen auf die konvexen Mengen des R^n mit inneren Punkten zu beschränken. Sätze über diese Mengen haben wir in den Nummern 3, 4, 5 des § 2 bewiesen.

§ 4. Konvexe Raumstücke. Konvexe Zellen.

1. Definition. *Der Durchschnitt von endlich-vielen (abgeschlossenen) Halbräumen*[1] *heißt ein konvexes Raumstück.*

Ein konvexes Raumstück ist konvex nach § 2, Satz II; nach Kap. I, § 2, Satz III ist es abgeschlossen.

Dieselbe Definition kann auch wie folgt formuliert werden:

Ein konvexes Raumstück ist eine durch endlich-viele Ungleichungen von der Form

$$L(t_1, \ldots, t_n) \equiv a_1 t_1 + \cdots + a_n t_n - b \geqq 0 \tag{1}$$

definierte Punktmenge des R^n.[1]

Offenbar ist die abgeschlossene Hülle eines jeden der endlich-vielen Gebiete, in die der R^n durch ein endliches System von $(n-1)$-dimensionalen Ebenen zerlegt wird, ein konvexes Raumstück.

In unserer Definition ist ferner enthalten, daß der Durchschnitt endlich-vieler konvexer Raumstücke, sowie der Durchschnitt eines konvexen Raumstückes mit einer Ebene stets ein konvexes Raumstück (evtl. niedrigerer Dimensionszahl) ist.

2. Der Rand eines konvexen Raumstückes. Wir untersuchen den Rand eines konvexen Raumstückes P. Wir können (auf Grund der „Bemerkung" in § 3, Nr. 7) annehmen, daß P n-dimensional, folglich durch ein System von Ungleichungen

$$\left\{\begin{array}{l} L_1(t_1, \ldots, t_n) \geqq 0 \\ \cdot\;\cdot\;\cdot\;\cdot\;\cdot\;\cdot\;\cdot\;\cdot \\ L_m(t_1, \ldots, t_n) \geqq 0 \end{array}\right. \tag{2}$$

definiert ist, welches kein Teilsystem enthält, das einer oder mehreren Gleichungen äquivalent ist.

[1] Vgl. § 2, Nr. 4.

Man erhält alle Randpunkte von P, indem man in je einer der Ungleichungen (2) das Zeichen $\geqq$ durch das Gleichheitszeichen ersetzt. *Somit liegt der Rand von P auf endlich-vielen* $(n-1)$*-dimensionalen Ebenen*

$$(3) \qquad L_h(t_1, \ldots, t_n) = 0, \qquad h = 1, \ldots, m.$$

Es läßt sich auch umgekehrt zeigen: *Liegt der Rand der konvexen abgeschlossenen Menge* $Q \subset R^n$ *auf endlich-vielen Ebenen*[1] $R_1, R_2, \ldots, R_m$, *so ist* Q *ein konvexes Raumstück.*

Beim Beweise dieser Behauptung können wir zunächst annehmen, daß alle R_k die Dimensionszahl $n-1$ haben [hätte z. B. R_1 eine kleinere Dimensionszahl, so würden wir durch R_1 eine $(n-1)$-dimensionale Ebene ziehen und R_1 durch dieselbe ersetzen]. Unter den Ebenen R_k können ferner gewisse — etwa $R_1, \ldots, R_t$ — Schnittebenen von Q sein. Nach § 2, Satz IX können jedoch diese Ebenen insgesamt nur eine nirgends-dichte Teilmenge F des Randes $\dot{Q}$ von Q enthalten; die in $\dot{Q}$ dichte und offene Menge $\dot{Q} - F$ liegt also auf den übrigen Ebenen R_k, d. h. auf lauter Stützebenen von Q (§ 2, Nr. 4). Dann enthalten aber diese Stützebenen die ganze Menge $\dot{Q}$. Wir haben also nur zu zeigen: Liegt $\dot{Q}$ auf endlich-vielen Stützebenen $R_1^{n-1}, \ldots, R_s^{n-1}$, so ist Q ein konvexes Raumstück. Zunächst liegt Q in einem durch die Ebene R_k bestimmten Halbraum H_k $(k = 1, \ldots, s)$, folglich in dem Durchschnitt dieser Halbräume, d. h. in einem konvexen n-dimensionalen Raumstück P. Um zu zeigen, daß $Q = P$ ist, genügt es zu beweisen, daß jeder innere Punkt von P zu Q gehört. Wäre dies nicht der Fall, so müßte die Strecke $\overline{ab}$, welche einen nicht zu Q gehörenden inneren Punkt b von P mit einem inneren Punkt a von Q verbindet, notwendig den Rand von Q treffen. Dies ist jedoch unmöglich, denn die Strecke $\overline{ab}$ verläuft ganz im Innern von P, ist also zu den Ebenen $R_1^{n-1}, \ldots, R_s^{n-1}$ fremd, während andererseits der Rand von Q auf diesen Ebenen liegt.

Somit gilt

Satz I. *Die konvexen Raumstücke des* R^n *sind identisch mit denjenigen konvexen abgeschlossenen Mengen, deren Ränder auf je endlich-vielen [höchstens* $(n-1)$*-dimensionalen] Ebenen liegen.*

3. Die $(n-1)$-dimensionalen Seiten eines n-dimensionalen konvexen Raumstückes. Der Durchschnitt des konvexen Raumstückes P und einer Stützebene von P ist eine nicht-leere konvexe abgeschlossene Menge; ist diese Menge $(n-1)$-dimensional, so nennt man die Stützebene eine *Seitenebene* von P, ihren Durchschnitt mit P eine $(n-1)$-*dimensionale Seite von* P.

Es ist nun klar, *daß alle Seitenebenen von* P *unter den* m *Ebenen* $L_h(t_1, \ldots, t_n) = 0$, $1 \leqq h \leqq m$ [vgl. (2)] *enthalten sind.* Eine beliebige Seitenebene R^{n-1} enthält in der Tat ein aus Randpunkten von P be-

[1] Unter einer „Ebene" des R^n soll im folgenden immer eine höchstens $(n-1)$-dimensionale Ebene verstanden werden.

stehendes $(n-1)$-dimensionales Simplex. Da alle Randpunkte von P auf den Ebenen $L_h(t_1, \ldots, t_n) = 0$ liegen, liegt das erwähnte Simplex auf einer dieser Ebenen und R^{n-1} ist mit ihr identisch.

Wir beweisen jetzt andererseits, daß zur Bestimmung des konvexen Raumstückes P diejenigen unter den Ungleichungen (2) genügen, für welche $L_h(t_1, \ldots, t_n) = 0$ eine Seitenebene von P ist.

Für $m = 1$ ist die Behauptung klar. Wir nehmen an, daß sie für $m-1$ bewiesen ist und beweisen sie für das durch die m Ungleichungen (2) definierte Raumstück P. Es sei P' das durch die ersten $m-1$ unter den Ungleichungen (2) definierte konvexe Raumstück. Nach Induktionsannahme können wir voraussetzen, daß die Ebenen $L_h(t_1, \ldots, t_n)=0$, $h \leqq m-1$, Seitenebenen des Raumstückes P' sind. Die letzte unter den Ungleichungen (2) liefert aber nur dann etwas Neues — d. h. es ist nur dann $P \neq P'$ —, wenn die durch $L_m(t_1, \ldots, t_n) = 0$ gegebene Ebene R^{n-1} eine *Schnitt*ebene von P' ist; sie ist Stützebene von P, und jeder Punkt des Durchschnittes $P' \cdot R^{n-1}$ ist Punkt von P. Die konvexe Menge $P' \cdot R^{n-1}$ enthält einen inneren Punkt von P' (§ 2, Satz VIII); sie enthält daher eine offene Menge der Ebene R^{n-1} und ist infolgedessen $(n-1)$-dimensional. Da $P' \cdot R^{n-1}$ überdies zu P gehört, ist die Stützebene R^{n-1} eine *Seiten*ebene von P.

Damit ist bewiesen:

Satz II. *Der Rand eines konvexen n-dimensionalen Raumstückes P besteht aus endlich-vielen, eindeutig bestimmten $(n-1)$-dimensionalen konvexen Raumstücken — den $(n-1)$-dimensionalen Seiten von P. Sind $L_h(t_1, \ldots, t_n) = 0$, $h = 1, 2, \ldots, m$, die Gleichungen der Seitenebenen des n-dimensionalen Raumstückes $P \subset R^n$, so wird P durch m Ungleichungen $\pm L_h(t_1, \ldots, t_n) \geqq 0$ definiert, wobei dieses System von Ungleichungen durch kein echtes Teilsystem ersetzt werden kann.*

4. Die r-dimensionalen Seiten. Der Durchschnitt von endlich-vielen $(n-1)$-dimensionalen Seiten des n-dimensionalen Raumstückes P ist ein konvexes Raumstück; wir nennen es eine *Seite* von P. Man kann also bei jedem $r \leqq n-1$ von r-dimensionalen Seiten des Raumstückes P sprechen, wobei man für $r = n-1$ auf die alte Definition zurückkommt.

Bemerkung. Zu den Seiten des Raumstückes P zählen wir noch: 1) das Raumstück P selbst (als einzige n-dimensionale), 2) die leere Menge (als einzige (-1)-dimensionale Seite). Diese beiden Seiten heißen gelegentlich die *uneigentlichen* Seiten des Raumstückes.

Analytisch erhält man die Seiten von P, wenn man in dem System von Ungleichungen (2) gewisse Ungleichheitszeichen durch Gleichheitszeichen ersetzt[1].

Ersetzt man nur je eine Ungleichung durch die entsprechende Gleichung, so erhält man die $(n-1)$-dimensionalen Seiten von P.

[1] Hier und im folgenden setzen wir voraus, daß das Ungleichungssystem (2) *irreduzibel* ist, d. h. daß $L_h(t_1, \ldots, t) = 0$ die Seitenebenen von P sind.

Es sei jetzt Q eine r-dimensionale Seite von P; die Punkte von Q seien durch das System

$$(4)\qquad \begin{cases} L_1(t_1, \ldots, t_n) = 0 \\ \cdots\cdots\cdots \\ L_s(t_1, \ldots, t_n) = 0 \\ L_{s+1}(t_1, \ldots, t_n) \geqq 0 \\ \cdots\cdots\cdots \\ L_{s+t}(t_1, \ldots, t_n) \geqq 0 \end{cases}$$

definiert. Die in (4) enthaltenen s Gleichungen definieren die r-dimensionale Ebene R^r, in der Q liegt. Adjungiert man zu dem System dieser Gleichungen je eine der Ungleichungen $L_{s+i}(t_1, \ldots, t_n) \geqq 0$, $i = 1, 2, \ldots, t$, so erhält man entweder nichts Neues (d. h. es zeigt sich, daß die betreffende Ungleichung aus den obigen s Gleichungen folgt), oder aber einen Halbraum von R^n, in welchem Q liegt. Q ist dabei der Durchschnitt von R^r und diesen Halbräumen, so daß insbesondere alle Seitenebenen von Q unter den Ebenen mit den Gleichungen

$$\begin{cases} L_1(t_1, \ldots, t_n) = 0 \\ \cdots\cdots\cdots \\ L_s(t_1, \ldots, t_n) = 0 \\ L_{s+i}(t_1, \ldots, t_n) = 0 \end{cases}$$

vorkommen. Es folgt daraus insbesondere, daß *alle* $(r-1)$-*dimensionalen Seiten von* Q *Seiten von* P *sind*, worin seinerseits enthalten ist, daß *der Rand* (d. h. die Menge aller Randpunkte) *einer* r-*dimensionalen Seite von* P (in bezug auf den durch diese Seite bestimmten r-dimensionalen linearen Raum) *aus* $(r-1)$-*dimensionalen Seiten von* P *besteht.*

Satz III. *Jede* $(r-1)$-*dimensionale Seite von* P *liegt auf mindestens einer* r-*dimensionalen Seite von* P.

Denn wäre dies nicht der Fall, so gäbe es eine $(r-1)$-dimensionale Seite Q', die zu einer k-dimensionalen Seite Q, $k \geqq r+1$, und zu keiner Seite niedrigerer Dimensionszahl von P gehörte[1]. Da aber Q' auf dem Rande von Q liegt und dieser aus lauter $(k-1)$-dimensionalen Seiten von Q besteht, ist die obige Annahme widerspruchsvoll und der Satz III bewiesen.

Satz IV. *Jede* $(r-1)$-*dimensionale Seite* Q' *von* P, *die auf einer* r-*dimensionalen Seite* Q *von* P *liegt, ist eine* $(r-1)$-*dimensionale Seite von* Q.

Beweis.

Hilfssatz. Ist die r-dimensionale Seite Q von P durch das System (4) gegeben, so kann man in (4) das System der ersten s Gleichungen durch ein aus $n-r$ Gleichungen bestehendes Teilsystem ersetzen.

Für $r = n-1$ ist dieser Hilfssatz offenbar richtig. Wir nehmen ihn für r als bewiesen an und beweisen ihn für die $(r-1)$-dimensionale

[1] P selbst wird dabei als seine einzige n-dimensionale Seite betrachtet.

Seite Q' von P. Die Seite Q' liegt auf einer r-dimensionalen Seite Q, die durch (4) bestimmt sein möge. Wir dürfen dabei voraussetzen, daß $s = n - r$ ist und die Gleichungen in (4) ein linear-unabhängiges System bilden. Sodann erhält man Q', wenn man in (4) einige weitere Ungleichungen durch Gleichungen ersetzt. Man erhält so etwa

$$(5) \qquad \begin{cases} L_{n-r+1}(t_1, \ldots, t_n) = 0 \\ \cdot\;\cdot\;\cdot\;\cdot\;\cdot\;\cdot\;\cdot\;\cdot\;\cdot\;\cdot \\ L_{n-r+u}(t_1, \ldots, t_n) = 0. \end{cases}$$

Unter den Gleichungen in (4) und (5) kann es höchstens $n - r + 1$ linear-unabhängige geben [denn sonst würden die entsprechenden Ebenen einen höchstens $(r-2)$-dimensionalen Durchschnitt haben]. Folglich genügt es zu den Gleichungen des Systems (4) aus (5) nur noch eine hinzuzufügen. Der Hilfssatz ist hiermit bewiesen.

Beweis des Satzes IV. Die beim Beweis des Hilfssatzes gewonnenen Gleichungen ergeben eine $(r-1)$-dimensionale Ebene, die mit Q den $(r-1)$-dimensionalen Durchschnitt Q' hat und folglich (da sie in dem durch Q bestimmten r-dimensionalen Raume liegt) eine Seitenebene von Q bildet. Q' ist also eine $(r-1)$-dimensionale Seite von Q, w. z. b. w.

Aus dem Satz IV folgt, daß die $(n-2)$-dimensionalen Seiten des n-dimensionalen konvexen Raumstückes P nichts anderes als die $(n-2)$-dimensionalen Seiten seiner $(n-1)$-dimensionalen Seiten sind, usw. — bis zu den nulldimensionalen Seiten oder *Eckpunkten*.

Zusammenfassend können wir sagen: *Der Durchschnitt von zwei oder mehreren Seiten eines konvexen n-dimensionalen Raumstückes P ist stets eine Seite dieses Raumstückes.*

Der Rand des Raumstückes besteht aus seinen $(n-1)$-dimensionalen Seiten; der Rand einer r-dimensionalen Seite von P aus den auf ihr liegenden $(r-1)$-dimensionalen Seiten von P; diese sind die $(r-1)$-dimensionalen Seiten der gegebenen r-dimensionalen Seite.

Die eindimensionalen Seiten eines Raumstückes heißen seine *Kanten*, die nulldimensionalen seine *Eckpunkte*.

5. Konvexe Zellen. Definition. Ein beschränktes konvexes Raumstück heißt eine *konvexe Zelle.*

Satz V. *Die konvexen Zellen sind identisch mit den konvexen Hüllen endlicher Punktsysteme*[1].

Beweis. Erste Behauptung: Jede konvexe Zelle ist die konvexe Hülle der Menge ihrer Eckpunkte. Diese Behauptung ist für nulldimensionale Zellen trivial; sie sei für alle $(n-1)$-dimensionalen Zellen bewiesen. Es sei P eine n-dimensionale konvexe Zelle und P' die konvexe

[1] Einen rein algebraischen, d. h. von Stetigkeitsbetrachtungen freien Beweis dieses Satzes findet man in der Arbeit von H. Weyl: Elementare Theorie der konvexen Polyeder. Comment math. helv. Bd. 7 (1935).

Hülle der Menge ihrer Eckpunkte. Dann ist gewiß $P' \subset P$, und man hat noch zu zeigen, daß $P \subset P'$ ist. Infolge der Induktionsvoraussetzung enthält P' jede $(n-1)$-dimensionale Seite von P, also (Satz II) den ganzen Rand von P, und daher (nach § 3, Satz II) die ganze Menge P.

Zweite Behauptung: Die baryzentrische Hülle endlich-vieler Punkte ist eine konvexe Zelle. Nach § 3, Satz X ist der Rand der baryzentrischen Hülle $[a_0, \ldots, a_k]$ in der Vereinigungsmenge der endlich-vielen, höchstens $(n-1)$-dimensionalen Simplexe enthalten, deren Eckpunktgerüste dem Punktsystem $\{a_0, \ldots, a_k\}$ angehören; nach § 3, Satz V ist $[a_0, \ldots, a_k]$ abgeschlossen und beschränkt. Nach Satz I des gegenwärtigen Paragraphen ist daher $[a_0, \ldots, a_k]$ ein beschränktes konvexes Raumstück, d. h. eine konvexe Zelle.

Korollar. *Unter allen konvexen Zellen sind die Euklidischen Simplexe dadurch ausgezeichnet, daß sie die für ihre Dimensionszahl kleinstmögliche Anzahl von Eckpunkten besitzen.*

Denn weniger als $n+1$ Punkte bestimmen, da sie in einer $(n-1)$-dimensionalen Ebene liegen, als konvexe Hülle eine Zelle von einer Dimensionszahl $\leqq n-1$.

1. Nachtrag: Zentralprojektion.

Es sei ein Punkt $o \subset R^n$, das *Zentrum der Projektion*, gegeben; wir betrachten alle in o beginnenden Halbgeraden $h(o)$ des R^n. Liegt eine den Punkt o nicht enthaltende Punktmenge M des R^n vor, so verstehen wir unter *Projektion von M aus dem Punkt o* die Vereinigungsmenge oM aller Punkte, die auf geradlinigen Strecken liegen, welche o mit Punkten von M verbinden. Unter *erweiterter Projektion von M aus o* verstehen wir ferner die Vereinigungsmenge aller Punkte, die auf Halbstrahlen liegen, welche durch o und einen Punkt von M gehen. Es sei schließlich N irgendeine Punktmenge des R^n, welche den Punkt o nicht enthält und mit jeder Halbgeraden $h(o)$, die durch einen Punkt von M geht, genau einen gemeinsamen Punkt hat. Den Durchschnitt von N mit der erweiterten Projektion von M nennen wir die *Projektion von M aus o auf N*. Offenbar liegt auch eine Abbildung von M in N vor, denn jedem Punkt von M entspricht ja der Schnittpunkt der Halbgeraden $h(o)$ durch diesen Punkt mit der Menge N; diese *Abbildung* wird ebenfalls als Projektion von M aus o auf N bezeichnet; falls Mißverständnisse zu befürchten sind, spricht man von *Projektionsabbildung*; fehlt dabei die Angabe der Menge M, spricht man also schlechtweg von *Projektion aus o auf N*, so heißt das, daß als Menge M die Menge $R^n - o$ gedacht ist; dann wird natürlich vorausgesetzt, daß N mit jeder Halbgeraden $h(o)$ einen einzigen gemeinsamen Punkt hat.

Ist die Menge M leer, so wird unter ihrer Projektion aus o sowie unter ihrer erweiterten Projektion der Punkt o selbst verstanden. Die Projektion von M auf N ist dementsprechend leer.

Wir nehmen jetzt an, *daß die Menge M mit jeder Halbgeraden $h(o)$ höchstens einen gemeinsamen Punkt hat.* Dann gilt folgender

Satz I. *Es seien M_1 und M_2 zwei Teilmengen von M; der Durchschnitt ihrer Projektionen ist gleich der Projektion ihres Durchschnittes:* $oM_1 \cdot oM_2 = o(M_1 \cdot M_2)$.

Beweis. Ist p ein von o verschiedener Punkt von $oM_1 \cdot oM_2$, so gehört p (als Punkt von oM_1) zu einer Strecke oq_1, wobei q_1 ein Punkt von M_1 ist; ebenso gehört p (als Punkt von oM_2) zu einer Strecke oq_2 mit $q_2 \subset M_2$. Da die beiden Punkte q_1 und q_2 auf derselben Halbgeraden $h(o)$ — nämlich auf der Halbgeraden durch o und p — liegen, und diese mit M höchstens einen gemeinsamen Punkt hat, ist $q_1 = q_2 = q \subset M_1 \cdot M_2$ und $p \subset oq \subset o(M_1 \cdot M_2)$. Da stets auch $o \subset o(M_1 \cdot M_2)$ ist, ist die Inklusion $oM_1 \cdot oM_2 \subset o(M_1 \cdot M_2)$ bewiesen.

Es sei jetzt $p \subset o(M_1 \cdot M_2)$, $p \neq o$; dann gibt es einen Punkt $q \subset M_1 \cdot M_2$, so daß $p \subset oq$ ist. Die Strecke oq gehört zu oM_1 und zu oM_2, so daß insbesondere auch $p \subset oM_1 \cdot oM_2$ ist. Somit ist $o(M_1 \cdot M_2) \subset oM_1 \cdot oM_2$, und unser Satz ist bewiesen.

Wir überlassen dem Leser den Beweis der folgenden Sätze:

Satz II. *Die Projektion einer konvexen Menge ist konvex.*

Satz III. Es sei N eine $(n-1)$-dimensionale Ebene des R^n, o ein Punkt außerhalb N, M eine Punktmenge, die mit keiner zu N parallelen Halbgeraden $h(o)$ gemeinsame Punkte hat. Die Projektion von M aus o auf N ist eine stetige Abbildung von M in N.

Satz IV. N und o haben dieselbe Bedeutung wie in Satz III. Es sei M eine Punktmenge in N. Bedeutet X den Rand von M in bezug auf N und Y den Rand von oM in bezug auf R^n, so ist

$$Y = oX + M.$$

Aus diesen Sätzen II und IV sowie dem Satz I des § 4 folgt unmittelbar

Satz V. Ist Q^r eine Zelle des R^n, o ein außerhalb der durch Q^r bestimmten Ebene liegender Punkt, so ist oQ^r eine $(r+1)$-dimensionale Zelle.

Eine Zelle von der Form oQ^r wird gelegentlich ein *Kegel* mit der *Spitze* o und der *Basis* Q^r genannt.

2. Nachtrag: Der Schwerpunkt.

Den Schwerpunkt einer Verteilung *gleicher* Massen in den Punkten $a_1, a_2, \ldots, a_k$, also den Punkt[1]

$$s = \frac{1}{k}(a_1 + a_2 + \cdots + a_k) \tag{1}$$

nennt man kurz *den Schwerpunkt des Punktsystems* $\{a_1, a_2, \ldots, a_k\}$.

[1] Vgl. § 1, Nr. 2.

Satz. *Es sei M eine Punktmenge vom Durchmesser d, ferner* $\mathfrak{S}_1$ *ein aus* k_1 *Punkten bestehendes Teilsystem von M und* $\mathfrak{S}_2$ *ein Teilsystem von* $\mathfrak{S}_1$. *Dann gilt für die Entfernung der Schwerpunkte* s_1, s_2 *der Systeme* $\mathfrak{S}_1, \mathfrak{S}_2$:

$$(2) \qquad |s_2 - s_1| \leqq \frac{k_1 - 1}{k_1} \cdot d.$$

Beweis. Es sei $\mathfrak{S}_1 = \{a_1, \ldots, a_{k_1}\}$, $\mathfrak{S}_2 = \{a_1, \ldots, a_{k_2}\}$, $1 \leqq k_2 \leqq k_1$, also

$$s_1 = \frac{1}{k_1} \sum_{i=1}^{k_1} a_i, \qquad s_2 = \frac{1}{k_2} \sum_{j=1}^{k_2} a_j.$$

Dann ist

$$s_2 - s_1 = \frac{1}{k_2}\left(\sum_{j=1}^{k_2} a_j - k_2 s_1\right) = \frac{1}{k_2} \sum_{j=1}^{k_2} (a_j - s_1),$$

$$a_j - s_1 = \frac{1}{k_1}\left(k_1 a_j - \sum_{i=1}^{k_1} a_i\right) = \frac{1}{k_1} \sum_{i=1}^{k_1} (a_j - a_i),$$

also

$$(3) \qquad s_2 - s_1 = \frac{1}{k_1 k_2} \sum_{i=1}^{k_1} \sum_{j=1}^{k_2} (a_j - a_i).$$

Die Anzahl der Summanden $(a_j - a_i)$ ist $k_1 \cdot k_2$; diejenigen mit $j = i \leqq k_2$, also k_2 unter den Summanden, sind gleich 0; die Anzahl der von 0 verschiedenen Summanden ist somit $k_1 \cdot k_2 - k_2 = k_2 \cdot (k_1 - 1)$; daher folgt aus (3) und der Voraussetzung $|a_j - a_i| \leqq d$:

$$|s_2 - s_1| \leqq \frac{1}{k_1 k_2} \cdot k_2 (k_1 - 1) \cdot d,$$

also die Behauptung (2). —

Korollar. *Es sei* $\bar{x}^n$ *ein n-dimensionales Simplex vom Durchmesser* $\leqq d$, $\bar{x}'$ *eine (beliebig-dimensionale, eigentliche oder uneigentliche) Seite von* $\bar{x}^n$, *und* $\bar{x}''$ *eine Seite von* $\bar{x}'$. *Dann gilt für die Entfernung der Schwerpunkte* s' *und* s'' *der Eckpunktsysteme von* $\bar{x}'$ *bzw.* $\bar{x}''$:

$$|s' - s''| \leqq \frac{n}{n+1} \cdot d.$$

Denn ist $\bar{x}'$ r-dimensional, so ist nach (2) $|s' - s''| \leqq \frac{r}{r+1} \cdot d$, und es ist $\frac{r}{r+1} \leqq \frac{n}{n+1}$ für $r \leqq n$.

Verzeichnis topologischer Bücher[1].

DEHN und HEEGAARD: Analysis Situs. Enzykl. Math. Wiss. III AB 3. Leipzig 1907.
[Vgl. Einleitung[2], § 1, Nr. 16.]

SCHOENFLIES: Die Entwickelung der Lehre von den Punktmannigfaltigkeiten. 2. Teil. Jber. dtsch. Math.-Ver. (2. Ergänzungsband). Leipzig 1908.
[Vgl. Einleitung, § 1, Nr. 9.]

HADAMARD: Note sur quelques applications de l'indice de Kronecker (Anhang zur „Introduction à la théorie des fonctions", t. 2 (2. éd.), von TANNERY). Paris 1910.
[Analytische Begründung der Theorie der Kroneckerschen Charakteristik mit zahlreichen topologischen Anwendungen.]

WEYL: Die Idee der Riemannschen Fläche. Leipzig 1913.
[Dieses Buch enthält nicht nur eine Darstellung der Flächentopologie, sondern es hat auch zur Klärung vieler allgemein-topologischer Begriffe — Umgebung, Mannigfaltigkeit, Fundamentalgruppe, Überlagerung u. a. — wesentlich beigetragen.]

HAUSDORFF: Grundzüge der Mengenlehre. Leipzig 1914.
[Vgl. Einleitung, § 1, Nr. 12.]

VEBLEN: Analysis Situs (Amer Math. Soc. Coll. Lectures, vol. V). New York 1922.[3]
[Erste systematische Darstellung der Polyedertopologie.]

VON KERÉKJÁRTÓ: Vorlesungen über Topologie. Berlin 1923.
[Flächentopologie vom kombinatorischen und vom mengentheoretischen Standpunkt.]

LEFSCHETZ: L'Analysis Situs et la Géométrie algébrique (Collection Borel). Paris 1924.

SAINTE-LAGÜE: Les réseaux (ou graphes) (Mémorial des Sciences Math.). Paris 1926.
[Kombinatorische Theorie eindimensionaler Komplexe.]

HAUSDORFF: Mengenlehre. Berlin 1927.
[Wesentlich veränderte Auflage der „Grundzüge" (s. o.); weggeblieben ist die Theorie der topologischen Räume, hinzugekommen eine Darstellung der „deskriptiven Punktmengenlehre" (vgl. Einleitung, § 3, Nr. 12).]

BIRKHOFF: Dynamical Systems (Amer. Math. Soc. Coll. Lectures, vol. IX). New York 1927.
[Vgl. Einleitung, § 3, Nr. 13; insbesondere werden Beweis und Anwendungen des „letzten geometrischen Theorems von POINCARÉ" dargestellt.]

MENGER: Dimensionstheorie. Leipzig 1928.
[Darstellung der Urysohn-Mengerschen Dimensionstheorie.]

FRÉCHET: Les espaces abstraits (Coll. Borel). Paris 1928.
[Enzyklopädische Darstellung der abstrakten Topologie in der vom Verfasser begründeten Richtung. Vgl. Einleitung, § 1, Nr. 11.]

LEVI, F.: Geometrische Konfigurationen. Leipzig 1929.
[Enthält ein Kapitel über kombinatorische Flächentopologie.]

---

[1] Chronologisch geordnet.

[2] Unter „Einleitung" ist in diesem Verzeichnis immer die Einleitung *unseres Buches* zu verstehen.

[3] 2. Auflage: 1931.

SAINTE-LAGUË: Géométrie de situation et jeux (Mémorial des Sciences Math.). Paris 1929.
[Fortsetzung des oben zitierten Buches desselben Verfassers unter besonderer Berücksichtigung des Vierfarbenproblems.]

LEFSCHETZ: Topology (Amer. Math. Soc. Coll. Lectures, vol. XII). New York 1930.
[Im wesentlichen Topologie der Polyeder und Mannigfaltigkeiten beliebiger Dimension; mit einem Kapitel über Anwendungen auf analytische Mannigfaltigkeiten und algebraische Geometrie. Vgl. Einleitung, § 3, Nr. 15.]

CARTAN: La Théorie des Groupes Finis et Continus et l'Analysis Situs (Mémorial des Sciences Math.). Paris 1930.
[Vgl. Einleitung, § 3, Nr. 17.]

LUSIN: Leçons sur les ensembles analytiques. Paris 1930.
[Vgl. Einleitung, § 3, Nr. 12.]

MENGER: Kurventheorie. Leipzig 1932.
[Darstellung der Urysohn-Mengerschen Kurventheorie. Vgl. Einleitung, § 3, Nr. 7.]

REIDEMEISTER: Knotentheorie. Berlin 1932.
[Vgl. Einleitung, § 3, Nr. 2.]

REIDEMEISTER: Einführung in die kombinatorische Topologie. Braunschweig 1932.
[Gruppentheoretisch orientierte Darstellung der Topologie ein- und zweidimensionaler Komplexe.]

HILBERT und COHN-VOSSEN: Anschauliche Geometrie. Berlin 1932.
[Enthält ein Kapitel über Topologie, hauptsächlich anschauliche Flächentopologie.]

ALEXANDROFF: Einfachste Grundbegriffe der Topologie. Berlin 1932.
[Einführung in die Topologie der Polyeder und der abgeschlossenen Mengen.]

KURATOWSKI: Topologie I. Warszawa 1933.
[Mengentheoretische Topologie der metrisierbaren Räume. Deskriptive Mengenlehre. Vgl. Einleitung, § 3, Nr. 8—12.]

SEIFERT und THRELFALL: Lehrbuch der Topologie. Leipzig 1934.
[Topologie der Polyeder und Mannigfaltigkeiten, unter besonderer Berücksichtigung von zwei und drei Dimensionen.]

Literaturverzeichnis.

In diesem Verzeichnis sind — ohne jeden Anspruch auf Vollständigkeit — solche Abhandlungen angegeben, auf die wir uns bei der Abfassung der einzelnen Abschnitte dieses Buches besonders stark gestützt haben und die zugleich dem Leser zur näheren Orientierung über Fragen dienen können, welche *unmittelbar* an den Inhalt dieser Abschnitte anschließen.

Wenn eine Arbeit als zu einer größeren Sektion des Buches (Teil, Kapitel) gehörend erwähnt ist, so wird sie bei den Untersektionen dieser Sektion (Kapitel, Paragraph) nicht mehr erwähnt.

Erster Teil.

HAUSDORFF: Grundzüge der Mengenlehre[1].
HAUSDORFF: Mengenlehre[1].

Kapitel I.

§ 1: FRÉCHET: Les espaces abstraits[1].
§ 2: KURATOWSKI: L'opération $\bar{A}$ de l'Analysis Situs. Fund. Math. Bd. 3 (1922) S. 181.

[1] S. Bücherverzeichnis.

§ 5: R. BAER und F. LEVI: Stetige Funktionen in topologischen Räumen. Math. Z. Bd. 34 (1931) S. 110;
ALEXANDROFF: Stetige Abbildungen kompakter Räume. Math. Ann. Bd. 96 (1926) S. 555;
(außerdem ein unpubliziertes Manuskript von KOLMOGOROFF).
§ 6: TIETZE: Beiträge zur allgemeinen Topologie. Math. Ann. Bd. 88 (1923) S. 301;
ALEXANDROFF und URYSOHN: Mémoire sur les espaces topologiques compacts. Verh. Kon. Akad. Amsterdam, Deel XIV (1929) S. 1;
KURATOWSKI: Topologie I[1].

Kapitel II.

§ 1: ALEXANDROFF-URYSOHN: Wie in Kap. I.
§ 2: Wie in Kap. I, § 5.
§§ 3—6: HAUSDORFF: Mengenlehre.
§ 3: LEBESGUE: Correspondances entre deux espaces. Fund. Math. Bd. 2 (1921) S. 256.
§ 4: HUREWICZ: Abbildungen endlich-dimensionaler Räume auf Teilmengen Cartesischer Räume. S.-B. Akad. Berlin, phys.-math. Kl. 1933.

Zweiter Teil.

POINCARÉ: Analysis Situs. J. Ecole Pol. (2) Bd. 1 (1895) S. 1;
„ Complément à l'Analysis Situs. Rendic. Palermo Bd. 13 (1899) S. 285;
VEBLEN: Analysis Situs[1].

Kapitel III.

§ 4: ALEXANDROFF: Untersuchungen über Gestalt und Lage abgeschlossener Mengen. Ann. of Math. (2) Bd. 30 (1928) S. 101;
KNESER: Topologie der Mannigfaltigkeiten. Jber. dtscn. Math.-Ver. Bd. 34 (1925) S. 1.

Kapitel IV.

§ 3: BROUWER: Beweis der Invarianz der Dimensionenzahl. Math Ann. Bd. 70 (1911) S. 161;
BROUWER: Über Abbildung von Mannigfaltigkeiten. Math. Ann. Bd. 71 (1912) S. 97.

Kapitel V.

§ 2: POINCARÉ: Deuxième complément à l'Analysis Situs. Proc. London Math. Soc. Bd. 32 (1900) S. 277.
§ 3: VEBLEN und ALEXANDER: Manifolds of n dimensions. Ann. of Math. (2) Bd. 14 (1913) S. 163;
ALEXANDER: Combinatorial Analysis Situs. Trans. Amer. Math. Soc. Bd. 28 (1926) S. 301.
§ 4: Nach Beendigung des Buches erschien die folgende Arbeit:
ČECH: Les groupes de Betti d'un complexe infini. Fund. Math. Bd. 25 (1935) S. 33; in ihr wird gezeigt, daß auch für *unendliche* Komplexe K bei beliebigem $\mathfrak{J}$ die Gruppe $B^r_{\mathfrak{J}}(K)$ durch die Gruppen $B^r_{\mathfrak{G}}(K)$, $T^{r-1}(K)$ und $\mathfrak{J}$ bestimmt ist.

Kapitel VII.

§ 1 (Nr. 9): HOPF und PANNWITZ: Über stetige Deformationen von Komplexen in sich. Math. Ann. Bd. 108 (1933) S. 433.
§ 2: ALEXANDER: A proof and extension of the Jordan-Brouwer separation theorem. Trans. Amer. Math. Soc. Bd. 23 (1922) S. 333 (Nr. 9 dieser Arbeit);

[1] S. Bücherverzeichnis.

HELLY: Über Systeme von abgeschlossenen Mengen mit gemeinschaftlichen Punkten. Mh. Math. Physik Bd. 37 (1930) S. 281;
MAYER: Über abstrakte Topologie. Ebenda Bd. 36 (1929) S. 1;
VIETORIS: Über die Homologiegruppen der Vereinigung zweier Komplexe. Ebenda Bd. 37 (1930) S. 159.
§ 3: STEINITZ: Beiträge zur Analysis situs. S.-B. Berliner Math.-Ges. Bd. 7 (1908) S. 29;
LEFSCHETZ: Intersections and transformations of complexes and manifolds. Trans. Amer. Math. Soc. Bd. 28 (1926) S. 1;
KÜNNETH: Über die Bettischen Zahlen einer Produktmannigfaltigkeit. Math. Ann. Bd. 90 (1923) S. 65;
KÜNNETH: Über die Torsionszahlen von Produktmannigfaltigkeiten. Math. Ann. Bd. 91 (1924) S. 125.

Dritter Teil.

BROUWER: Wie in Kap. IV;
ALEXANDER: A proof of the invariance of certain constants of Analysis Situs. Trans. Amer. Math. Soc. Bd. 16 (1915) S. 148;
ALEXANDER: Wie in Kap. V.

Kapitel VIII.

§ 6: BORSUK: Sur les rétractes. Fund. Math. Bd. 17 (1931) S. 152.

Kapitel IX.

ALEXANDROFF: Wie in Kap. III.
§ 2: BROUWER: Über den natürlichen Dimensionsbegriff. J. reine angew. Math. Bd. 142 (1913) S. 146; (Berichtigung dazu ebenda S. 153).
§ 3: BROUWER: Wie soeben;
URYSOHN: Mémoire sur les multiplicités Cantoriennes. Fund. Math. Bd. 7 (1925) S. 32; Bd. 8 (1926) S. 225 (posthum);
MENGER: Dimensionstheorie[1];
KURATOWSKI: Sur un théorème fondamental concernant le nerf d'un système d'ensembles. Fund. Math. Bd. 20 (1932) S. 191;
HUREWICZ: Wie in Kap. II;
ALEXANDROFF: Dimensionstheorie. Math. Ann. Bd. 106 (1932) S. 161.
Anhang: Vgl. Fußnote 1 auf S. 376.

Kapitel X.

BROUWER: Beweis der Invarianz der geschlossenen Kurve. Math. Ann. Bd. 72 (1913) S. 422;
ALEXANDROFF: Wie in Kap. III.
§ 2: BROUWER: Beweis des Jordanschen Satzes für den n-dimensionalen Raum. Math. Ann. Bd. 71 (1912) S. 314;
BROUWER: Über Jordansche Mannigfaltigkeiten. Ebenda S. 320;
BROUWER: Beweis der Invarianz des n-dimensionalen Gebiets. Ebenda S. 305;
BROUWER: Zur Invarianz des n-dimensionalen Gebiets. Ebenda Bd. 72 (1913) S. 55.
Anhang: BORSUK: Über Schnitte der n-dimensionalen Euklidischen Räume. Math. Ann. Bd. 106 (1932) S. 239;
ALEXANDROFF: Wie in Kap. IX (besonders § 5 dieser Arbeit).

[1] S. Bücherverzeichnis.

Vierter Teil.

Kapitel XI.

§§ 1—2: LEBESGUE: Sur l'invariance du nombre de dimensions d'un espace et sur le théorème de M. Jordan relatif aux variétés fermées. C. R. Acad. Sci., Paris Bd. 152 (1911) S. 841;

BROUWER: On looping coefficients. Proc. Kon. Akad. Wetensch. Amsterdam Bd. 15 (1912) S. 113;

LEFSCHETZ: Wie in Kap. VII;

§§ 3—4: ALEXANDER: Wie in Kap. VII;

PONTRJAGIN: Über den algebraischen Inhalt topologischer Dualitätssätze. Math. Ann. Bd. 105 (1931) S. 165;

ferner zu § 4, Nr. 7: ANTOINE: Sur l'homéomorphie de deux figures et de leurs voisinages. J. Math. pures appl. (8) Bd. 4 (1921) S. 221; sowie drei Noten von ALEXANDER in Proc. Nat. Acad. USA. Bd. 10 (1924).

Anhang: LEBESGUE: Wie in §§ 1—2;

ALEXANDER: Wie in §§ 3—4 (besonders: Theorem T^i und Theorem X^i).

Kapitel XII.

BROUWER: Wie in Kap. IV;

HADAMARD: Note sur quelques applications de l'indice de Kronecker[1].

HOPF: Zur Topologie der Abbildungen von Mannigfaltigkeiten. Erster Teil. Math. Ann. Bd. 100 (1928) S. 579.

§ 3 (Nr. 6—8): BORSUK: Drei Sätze über die n-dimensionale Euklidische Sphäre. Fund. Math. Bd. 20 (1933) S. 177.

Anhang: BROUWER: Wie in Kap. XI.

Kapitel XIII.

§ 1: HOPF: Über wesentliche und unwesentliche Abbildungen von Komplexen. Moskauer Math. Sammlung 1930 S. 53;

HOPF: Die Klassen der Abbildungen der n-dimensionalen Polyeder auf die n-dimensionale Sphäre. Comment math. helv. Bd. 5 (1932) S. 39.

§ 2: BROUWER: Sur la notion de „classe" de transformations d'une multiplicité. Proc. V. Intern. Congress of Math. Cambridge 1912 II, 9;

BROUWER: Aufzählung der Abbildungsklassen endlichfach zusammenhängender Flächen. Math. Ann. Bd. 82 (1921) S. 280;

HOPF: Abbildungsklassen n-dimensionaler Mannigfaltigkeiten. Math. Ann. Bd. 96 (1927) S. 209;

HOPF: Wie in § 1.

§ 3: HOPF: Über die Abbildungen der dreidimensionalen Sphäre auf die Kugelfläche (Anhang). Math. Ann. Bd. 104 (1931) S. 637.

§ 4: HOPF-PANNWITZ: Wie in Kap. VII.

Kapitel XIV.

LEFSCHETZ: Wie in Kap. VII;

HOPF: Über die algebraische Anzahl von Fixpunkten. Math. Z. Bd. 29 (1929) S. 493.

§ 1: HOPF: Eine Verallgemeinerung der Euler-Poincaréschen Formel. Nachr. Ges. Wiss. Göttingen 1928 S. 127.

§ 2: BROUWER: Über Abbildung von Mannigfaltigkeiten. Wie in Kap. IV;

HADAMARD: Wie in Kap. XII.

§ 4: HOPF: Vektorfelder in n-dimensionalen Mannigfaltigkeiten. Math. Ann. Bd. 96 (1927) S. 225.

[1] S. Bücherverzeichnis.

Sachverzeichnis.

Druck der Spamer A.-G. in Leipzig.

Berichtigungen.

Seite 23, Zeile 2 v. u.[1]:

Die Fußnotenziffer 1 bezieht sich auf die Fußnote der S. 24.

Seite 74, Zeile 4 muß lauten:

Der Beweis dieser wichtigen Tatsache beruht auf folgendem von URYSOHN herrührenden ...

Seite 107, Zeilen 11—14 müssen lauten:

3. Vollständigkeit des Raumes $C(X, Y)$ der stetigen Abbildungen[1] eines topologischen Raumes X in einen beschränkten vollständigen metrischen Raum Y. Ein weiteres wichtiges Beispiel vollständiger Räume ist durch die Räume $C(X, Y)$ im Falle, daß X ein beliebiger topologischer Raum, und Y ein beschränkter vollständiger Raum ist, gegeben.

Seite 107, Zeilen 18 u. 19:

lies ... des beschränkten vollständigen Raumes Y ...
statt ... des kompakten Raumes Y ...

Seite 114, Zeilen 11 u. 12 v. u. müssen lauten:

Satz V. *Ist* $\overline{lt}\, M_k = A \neq 0$ *und gilt für die Folge* $\{M_k\}$ *das Cauchysche Konvergenzkriterium, so ist* $A = lt\, M_k$ *(also konvergiert die Folge* $\{M_k\}$ *topologisch).*

Seite 114, Zeile 2 v. u.

lies ... Satz IV ... statt Satz III ...

Seite 115, Zeilen 23 u. 24:

lies ... so wäre $p(a, M_k) \geqq \varepsilon$ (für $a \subset A$) und alle M_k, während ja $a\, \varepsilon\, \overline{lt}\, M_k$ ist.
statt ... so wäre $p(a, A) \geqq \varepsilon$ im Widerspruch zu $a \subset A$.

Seite 117, Zeilen 22—27:

Von „Korollar ... bis ... enthalten." streichen.

---

[1] Bei Zählung der Zeilen von unten sind Fußnoten auszuschließen.

Seite 118, Zeile 3 muß lauten:

Satz II. *In einem Kompaktum K ist* $K'(p) = K(p) = K_0(p)$, *(insbesondere also stimmen die 0-Komponenten* $K_0(p)$ *eines Kompaktums mit seiner Komponente* $K(p)$ *überein).*

Seite 254, Fußnote:

lies „Fußnote 1" statt „Fußnote 2".

Seite 280, Zeile 22:

lies „... entgegen der irreduziblen Geschlossenheit von K" statt „entgegen seiner ...".

Seite 286, Zeile 14 v. u.:

lies in Satz XIV: „$n \geqq 2$" statt „$n \geqq 1$".

Seite 392, Zeile 1:

lies „Satz I" statt „Satz II".

GPSR Compliance

The European Union's (EU) General Product Safety Regulation (GPSR) is a set of rules that requires consumer products to be safe and our obligations to ensure this.

If you have any concerns about our products, you can contact us on ProductSafety@springernature.com

In case Publisher is established outside the EU, the EU authorized representative is:

Springer Nature Customer Service Center GmbH
Europaplatz 3
69115 Heidelberg, Germany

Batch number: 10431214

Printed by Printforce, the Netherlands